WISSENSCHAFTLICHE FORSCHUNGSBERICHTE
NATURWISSENSCHAFTLICHE REIHE

Herausgegeben von

Dr. W. BRÜGEL
Ludwigshafen/Rh.

und

Dr. R. JÄGER
Bad Homburg v. d. H.

Band 71

FELDER, STRÖME UND AEROSOLE IN DER UNTEREN TROPOSPHÄRE

SPRINGER-VERLAG BERLIN HEIDELBERG GMBH

1964

FELDER, STRÖME UND AEROSOLE IN DER UNTEREN TROPOSPHÄRE

NACH UNTERSUCHUNGEN IM HOCHGEBIRGE BIS 3000 m NN

Von

DR. REINHOLD REITER

Leiter der Physikalisch-Bioklimatischen Forschungsstelle
in Garmisch-Partenkirchen
der Fraunhofer-Gesellschaft zur Förderung der angewandten Forschung e. V.

Mit einem Geleitwort von

Prof. Dr. BORIS RAJEWSKY

Direktor des Max-Plank-Institutes für Biophysik, Frankfurt/M.

Mit 217 Abbildungen
in 352 Einzeldarstellungen und 50 Tabellen

SPRINGER-VERLAG BERLIN HEIDELBERG GMBH
1964

Copyright 1964 by Springer-Verlag Berlin Heidelberg
Ursprünglich erschienen bei Dr. Dietrich Steinkopff, Darmstadt 1964

ISBN 978-3-642-86693-7   ISBN 978-3-642-86692-0 (eBook)
DOI 10.1007/ 978-3-642-86692-0

Herstellung: Universitätsdruckerei Mainz GmbH

Zweck und Ziel der Sammlung

Als RAPHAEL EDUARD LIESEGANG am 13. November 1947 starb, lagen 57 Bände der Sammlung vor, die er gegründet und mehr als ein Vierteljahrhundert lang herausgegeben hatte.

Brücken zu schlagen zwischen den einzelnen Teilgebieten von Naturwissenschaft und Medizin, ist das Ziel der „Wissenschaftlichen Forschungsberichte". Schon unter LIESEGANGS Herausgeberschaft wandelten und erweiterten sich Charakter und Absichten der Sammlung. Die ersten Bände erfaßten in Form kritischer Sammelreferate die Literatur einzelner Disziplinen aus der Zeit des ersten Weltkrieges. Später folgten monographische Darstellungen junger, inzwischen selbständig gewordener Zweige der Wissenschaft und neuer Methoden, die auf vielen Teilgebieten naturwissenschaftlicher Forschung allgemeine Bedeutung erlangt hatten.

Verlag und Herausgeber bemühen sich, die „Wissenschaftlichen Forschungsberichte" im Geiste LIESEGANGS weiterzuführen, und sie sind überzeugt, daß der Sinn dieser Tradition gerade darin besteht, die Sammlung so lebendig und wandlungsfähig zu erhalten, daß sie die Forderungen des Tages zu erfüllen vermag.

Physikalische Meßmethoden werden heute auf vielen weit auseinanderliegenden Teilgebieten der Naturwissenschaft, der Medizin und der Biologie angewandt. Wo gemessen wird, da ist Physik. Die Brücken, die die Einzeldisziplinen verbinden, sind heute zu einem guten Teil die allgemein angewandten physikalischen Methoden. Sie sollen in künftigen Bänden unserer Sammlung so dargestellt werden, daß der Physiker findet, was er braucht, also theoretische Grundlagen, Kenntnis der apparativen Hilfsmittel und eine Übersicht über die wichtigste Literatur. Der Nicht-Physiker soll aber soviel über die Grundlagen, Anwendungsmöglichkeiten und Grenzen finden, daß er die Meßergebnisse der Physiker interpretieren und für seine Wissenschaft verwenden kann.

April 1956

Die Herausgeber:

WERNER BRÜGEL   ROLF JÄGER
Ludwigshafen/Rhein   Bad Homburg v. d. H.

Geleitwort

Die alten Vorstellungen, wonach die Erdatmosphäre lediglich infolge der darin enthaltenen Gase, die sich an den Atmungsvorgängen in den lebenden Organismen beteiligen, für die Aufrechterhaltung und den ungestörten Ablauf des menschlichen Lebens von Bedeutung ist, haben sich durch die Ergebnisse der wissenschaftlichen Forschung in unserem Jahrhundert nicht unwesentlich geändert. Die Erdatmosphäre wird nicht mehr als eine Mischung der für die Atmung notwendigen Gase betrachtet, sondern als ein kompliziert zusammengesetzter Körper, in dem außer den grundsätzlichen Gaskomponenten auch andere Komponenten in flüssiger und fester Phase vorhanden sind. Diese letztgenannten Bestandteile der Atmosphäre stellen zwar, mengenmäßig gesehen, nur verhältnismäßig kleine und kleinste Beimischungen dar, können aber bei gegebenen Verhältnissen eine wesentliche Bedeutung für den Ablauf der Lebensprozesse gewinnen. In erster Linie müssen hierbei die geladenen und ungeladenen Aerosole, die „Luftionen", Kondensationskerne und größere Partikel bis zu den Stäuben und radioaktiven Teilchen — besser gesagt: verschiedene Träger der Radioaktivität — genannt werden. Abgesehen davon ist die Erdatmosphäre als Trägerin elektrischer und akustischer Felder zu betrachten, die ebenfalls den Ablauf der Lebensprozesse beeinflussen können. So entstand ein weites Gebiet der biophysikalischen Erforschung der Erdatmosphäre, die Biometeorologie u. a. m. Verständlicherweise sind mit diesen Forschungsrichtungen die einschlägigen Problemstellungen der Klimatologie und Balneologie eng verbunden. Seit Beginn der Atomkernenergie-Epoche haben die einschlägigen Forschungsarbeiten an Bedeutung gewonnen und sind sehr aktuell geworden.

Das vorliegende Werk von Herrn Dr. REITER enthält ein außerordentlich reichhaltiges Material, das in den letzten Dezennien auf allen diesen Forschungsgebieten gesammelt worden ist. In erster Linie befaßt sich das neue Werk mit den Ergebnissen eigener Forschungsarbeiten des Verfassers und mit den Ergebnissen, die in der von ihm geleiteten Forschungsstelle gewonnen worden sind. Aus den vorgelegten und erläuterten Resultaten zahlreicher Untersuchungen ergeben sich viele neue Erkenntnisse und neue Vorstellungen über die Physik und Biophysik der Erdatmosphäre und neue Konzeptionen hinsichtlich der weiteren Forschungsarbeit. Es ist nicht daran zu zweifeln, daß das Buch von Herrn Dr. REITER bald zu einem Nachschlagwerk für die interessierten und für die Fachkreise wird. Man kann den Verfasser zu der sorgfältigen und sachkundigen Bearbeitung des großen Materials und den Verlag zu der guten Ausstattung des Buches nur beglückwünschen.

Frankfurt am Main, Mai 1964

B. RAJEWSKY

Vorwort

Dieses Buch ist, wie in Kapitel 1.0. näher ausgeführt, ein Forschungsbericht im engeren Sinne, denn es enthält überwiegend die Erfahrungen des Verfassers, welche seit 1950 auf dem Gebiet der luftelektrischen Synopsis und seit 1956 auf dem der atmosphärischen Radioaktivität an der *Physikalisch-Bioklimatischen Forschungsstelle* gesammelt werden konnten. Neben einer lückenlosen und systematischen Darstellung dieses Erfahrungsgutes wurde aber auch versucht, der einschlägigen Fachliteratur gerecht zu werden und alle wichtigen Ergebnisse anderer Forschergruppen zum Vergleich heranzuziehen und zu den eigenen Befunden in Beziehung zu setzen. Vielleicht muß hier – es findet sich mehr über Problemstellung und Stoffabgrenzung in den Kapiteln 0. und 1. – besonders auf eine Eigenart der wissenschaftlichen Konzeption der gesamten Arbeit hingewiesen werden: die kontinuierliche Erfassung einer möglichst dicken troposphärischen Schicht über lange Zeit durch Betrieb von ständigen Meß- und Registrierstationen im Hochgebirge in verschiedenen Höhenlagen und ferner die synoptische Auswertung des Datengutes zusammen mit den wichtigsten Bestimmungsstücken des jeweiligen meteorologischen Zustandes. Außerdem soll auch hier schon klargestellt werden, daß atmosphärische Ionen, Kondensationskerne, radioaktive Partikel verschiedenster Art und Eigenschaft unter dem Oberbegriff „Aerosole" im Titel des Buches zusammengefaßt sind.

Der gesamte Stoff und das bereitgestellte Datengut wurde für diese Monographie vollkommen neu bearbeitet und durch zahlreiche zusätzliche Auswertungen und Berechnungen ergänzt, deren Ergebnisse bisher unveröffentlicht sind. Dem großzügigen Entgegenkommen des Verlages ist es zu danken, daß der Verfasser im Frühjahr 1963, noch während der Druckarbeiten, jüngste Erfahrungen und neueste Literatur einarbeiten konnte. Der Verlag erhielt das Buchmanuskript in seiner endgültigen Form Ende April 1963, also wenige Tage vor der *Third International*

Conference on Atmospheric and Space Electricity in Montreux. Diese Tagung zeigte übrigens deutlich, daß das vorliegende Buch viele Probleme behandelt, denen heute große Aktualität zukommt und daß gerade die in dem Buch eingehend dargelegten Erfahrungen über synoptische Luftelektrizität und luftelektrische Erscheinungen und Vorgänge während Niederschlag und im Bereich von Wolken dazu beitragen könnten, Lücken im Wissensgefüge wenigstens zum Teil zu schließen.

Bei der genannten Ergänzung des Buchmanuskriptes konnte auch die schlagartige Veränderung des Status der atmosphärischen Radioaktivität nach Wiederaufnahme der Kernwaffenversuche im Herbst 1961 mit aufgenommen werden. Zwar sind diese glücklicherweise wieder eingestellt worden, jedoch muß aus verschiedenen Gründen dennoch ständig mit dem unkontrollierten Freiwerden von Kernspaltprodukten an irgendeiner Stelle des Erdballs gerechnet werden. Die ab Herbst 1961 und in den früheren Jahren gesammelten Erfahrungen können dann unmittelbar angewandt und sinngemäß übertragen werden.

Der Blick und das Interesse vieler Forscher richtet sich heute im Zuge der Erschließung des Weltraumes auf die höchsten Schichten der Atmosphäre, auf den interplanetarischen Raum und auf die Atmosphären der Planeten und Trabanten. Vergessen wir aber nicht, daß uns nach wie vor noch sehr vieles in den untersten Atmosphärenschichten verborgen geblieben ist und daß die vollständige und gründliche Kenntnis aller Vorgänge und Zustände in der Erdatmosphäre die Voraussetzung und Grundlage für eine erfolgreiche Erforschung der Atmosphären ferner Gestirne ist. Es mutet eigenartig an: während Anzahl, Reichweite und Meßprogramm der Forschungs-Raumsonden schnell zunehmen, wissen wir bis heute nichts Sicheres über das Zustandekommen der Elektrizität eines irdischen Gewitters, und nicht genug über die Bedingungen für die Verteilung von Aerosolen in unserer Troposphäre.

Die Zahl derer, welche zu dem Fortschreiten der Arbeiten, über welche in diesem Buche berichtet wird, beigetragen haben, ist – und das stellt der Verfasser mit Freude und Dankbarkeit fest – so groß, daß all ihrer in einem gesonderten Abschnitt (10.) gedacht wurde. Hier ist jedoch der Ort, um meinen ganz besonderen und aufrichtigen Dank dem Herausgeber, Herrn Dr. W. BRÜGEL zu sagen, welcher mit so großem Interesse das Werden dieses Buches verfolgt und angeregt hat und nicht zuletzt Herrn Dr. D. STEINKOPFF als Verleger und dem gesamten Verlag für das wirklich großzügige Entgegenkommen bei der Gestaltung des Buches und für das verständnisvolle Eingehen auf viele Wünsche des Verfassers. Frl. cand. med. INGRID HESSE danke ich für die Sorgfalt und unermüdliche Geduld beim Mitlesen der Korrekturen.

Garmisch-Partenkirchen, im Herbst 1963

REINHOLD REITER

Inhalt

Zweck und Ziel der Sammlung V

Geleitwort VI

Vorwort VIII

Verzeichnis der häufig verwendeten Symbole XXIII

Berichtigung XXIV

0. Absteckung des Themas 1

1. Einführung 2

1.-0. Das Problem und die Arbeitsbasis zu seiner Lösung 2

1.-1. Zur Abgrenzung des Arbeits- und Stoffgebietes 4

1.-2. Zum Umfang und zur Verarbeitung des Datengutes 6

1.-3. Vor- und Nachteile alpiner Stationen 6

1.-4. Vor- und Nachteile von Sondierungen der freien Atmosphäre . . . 9

*1.-5. Zur Verknüpfung der Luftelektrizität mit der atmosphärischen
Radioaktivität* 12

*1.-6. Prinzipien der Synopsis, der Klimatologie und der Aerologie als
tragende Pfeiler der Arbeit* 14

**2. Das Stationsnetz, die geographische Lage seiner Stationen und ihre
instrumentelle Ausrüstung** 18

*2.-0. Tabellarische Zusammenstellung der charakteristischen Merkmale
der Registrierstationen* 18

2.-0.0. Die älteren Stationen, so weit sie nicht im Wettersteingebirge liegen 18

2.-0.1. Die Stationen im Wettersteingebirge 18

2.-1. Zur Geographie der Stationen 24

2.-1.0. Allgemeines 24

2.-1.1. Die älteren Stationen außerhalb des Wetterstein-Gebietes. 24

2.-1.1.0. München 24

2.-1.1.1. Fürstenfeldbruck 25

2.-1.1.2. Bad Tölz 25

2.-1.1.3. Predigtstuhl 25

2.-1.1.4. *Bad Reichenhall* 25
2.-1.1.5. *Nebelhorn* 25
2.-1.1.6. *Oberstdorf* 26

2.-1.2. Die Stationen des Wettersteinnetzes 26
2.-1.2.0. *Geographische Gesamtübersicht* 26
2.-1.2.1. *Zugspitzgipfel* 30
2.-1.2.2. *Schneefernerhaus* 32
2.-1.2.3. *Zugspitzplatt* 33
2.-1.2.4. *Wankgipfel* 33
2.-1.2.5. *Riffelriß* 34
2.-1.2.6. *Obermoos bei Ehrwald in Tirol* 35
2.-1.2.7. *Eibsee* 35
2.-1.2.8. *Garmisch-Partenkirchen* 36
2.-1.2.9. *Farchant* 36

2.-2. *Die luftelektrischen Größen und ihre meßtechnische Erfassung* . . . 37
2.-2.0. Übersicht, Definitionen 37
2.-2.0.0. *Luftelektrisches Feld, Potentialgradient, die Größe E* . . . 37
2.-2.0.1. *Vertikalstromdichte, Leitungsstromdichte, Niederschlags-*
stromdichte; die Größen i und IN 39
2.-2.0.2. *Luftleitfähigkeit, die Größe λ* 40
2.-2.0.3. *Kleinionendichte, die Größen n_+ und n_-* 40
2.-2.0.4. *Atmospherics* 41
2.-2.1. Registrierung des Potentialgradienten und der Vertikalstromdichte 41
2.-2.2. Registrierung des Niederschlagsstromes 50
2.-2.3. Messung der elektrischen Leitfähigkeit der Luft 51
2.-2.4. Registrierung der positiven und negativen Kleinionendichte 52
2.-2.5. Registrierung atmosphärischer Längstwellen-Impulse
(Atmospherics) 53
2.-2.6. Sonden und Geräte an den Stationen Zugspitze, Zugspitzplatt und Farchant im Bild 54

2.-3. *Die Komponenten der atmosphärischen Radioaktivität und ihre*
meßtechnische Erfassung 62
2.-3.0. Übersicht, Definitionen 62
2.-3.0.0. *Natürliche Radioaktivität der Luft, die Größe Rn* 62
2.-3.0.1. *Künstliche Radioaktivität der Luft, die Größe Rk* 68
2.-3.0.2. *Künstliche Radioaktivität der Niederschläge, NR* 69
2.-3.0.3. *Deponierte und inkorporierte künstliche Radioaktivität*
(Schnee- und Eisoberflächen, Bewuchs) 70

2.-3.1. Methoden zur Messung der Komponenten der Luftradioaktivität 70

2.-3.1.0. *Ionisationskammerverfahren* 70

2.-3.1.1. *Elektrostatische Abscheideverfahren* 71

2.-3.1.2. *Abscheidung radioaktiver Aerosolpartikel mittels Schwebstoffilter* 73

2.-3.1.2.0. *Grundsätzliches* 73

2.-3.1.2.1. *Der Abscheide-Wirkungsgrad und die Möglichkeit seiner Verbesserung* 74

2.-3.1.2.2. *Durchführung des Meßvorganges im allgemeinen* . . . 80

2.-3.1.2.3. *Die spezielle Meßanordnung der Stationen Farchant und Wank* 83

2.-3.2. Messung der künstlichen Radioaktivität in Niederschlägen, in geschmolzenem Eis und Schnee 84

2.-3.3. Messung der künstlichen Radioaktivität in biologischen Proben 87

2.-3.4. Getrennte Bestimmung einzelner radioaktiver Elemente aus Sammelproben 87

2.-3.5. Die Radioaktivitätsmeßeinrichtungen im Bild 88

2.-4. Messung bzw. Registrierung der zusätzlich verwendeten Elemente und Größen 90

2.-4.0. Filterschwärzung, ein Maß für den Grad der Luftverunreinigung 90

2.-4.1. Meteorologische Elemente 91

2.-4.2. Zählung der Kondensationskerne 93

2.-4.3. Analytische Bestimmung der Konzentration von Nitrit- und Nitrat-Ionen in Niederschlägen 94

2.-5. Auswertungsverfahren 96

2.-5.0. Ermittlung des Schönwetter-Tagesganges luftelektrischer und meteorologischer Größen 96

2.-5.1. Die Synoptischen Tafeln 97

2.-5.2. Bewegungsdiagramme 98

3. Die Abhängigkeit der luftelektrischen Elemente von meteorologischen Zuständen und Vorgängen in der Schicht von ca. 500 bis 3000 m NN 102

3.-0. Niederschlagsfreie Zeiträume 102

3.-0.0. Reines Schönwetter 102

3.-0.0.0. Repräsentative Einzelbeispiele 102

*3.-0.0.1. Schwankungsbreite von E und i in Abhängigkeit von
Aerosolstruktur, Stationshöhe, Tages- und Jahreszeit* . . . 107

*3.-0.0.2. Synoptisch-klimatische Darstellung der stündlichen
Mittelwerte und der Tagesgänge von E und i* 112

3.-0.0.2.0. Ältere eigene Registrierungen 112
3.-0.0.2.1. Weltweite Vergleiche. 116
*3.-0.0.2.2. Tagesgänge von E und i an den ständigen Stationen des
Wetterstein-Netzes unter Berücksichtigung der Jahreszeit* 118
*3.-0.0.2.3. Einiges über den funktionellen Zusammenhang
zwischen den luftelektrischen Elementen* 123

3.-0.0.3. Spezielle Untersuchungen am Zugspitzplatt 128

3.-0.0.3.0. Synopsis der Tagesgänge an 9 Stationen. 128
*3.-0.0.3.1. Tagesgang von Windgeschwindigkeit
und Kleinionendichte* 130
*3.-0.0.3.2. Einfluß des vertikalen Austausches auf Potential-
gradient, Leitungsstromdichte, Luftleitfähigkeit,
Kleinionendichte, Kondensationskerndichte und
meteorologische Größen.* 131

*3.-0.0.4. Vergleich der Tagesgänge von Potentialgradient,
Leitungsstromdichte, Kleinionendichte, Luftleitfähigkeit,
Raumladungsdichte und vertikalem Säulenwiderstand mit
den Tagesgängen meteorologischer Größen, getrennt nach
Jahreszeiten und Stationen* 134

*3.-0.0.5. Die Verknüpfung von Leitfähigkeit, Raumladungsdichte
und Säulenwiderstand mit der potentiellen Äquivalenttemperatur* 153

*3.-0.0.6. Die Höhenabhängigkeit der Leitfähigkeit, der Raum-
ladungsdichte, des Potentialgradienten und des Säulenwiderstandes unter verschiedenen meteorologischen
Bedingungen.* 158

*3.-0.0.7. Gedrängte Literaturübersicht zu den Abschnitten 3.-0.0.2.
bis 3.-0.0.6.* 167

3.-0.0.8. Der Sonnenuntergangseffekt 170

3.-0.0.8.0. Einzelbeispiele 171
3.-0.0.8.1. Mittlere Gänge um den Sonnenuntergang pro Jahreszeit 176
*3.-0.0.8.2. Ionenverhältnis n_+/n_- als Funktion der Wind-
geschwindigkeit im Tal, d. h. der Austauschintensität* . 177
*3.-0.0.8.3. Ionenverhältnis n_+/n_- an Stratustagen und an
Schönwettertagen* 179

*3.-0.0.9. Lokale Variationen der luftelektrischen Elemente an Tal-
und Hangstationen* 180

3.-0.0.9.0. Veränderungen der Aerosolkonstitution als Ursachen . 180
3.-0.0.9.1. Raumladungsvariationen als Ursachen 182
3.-0.0.9.2. Hangluftlawinen 185
3.-0.0.9.3. Extreme Spitzenwerte der Kleinionendichte 185
3.-0.0.9.4. Literatur 188

3.-0.1. Messungen und Registrierungen in Zusammenhang mit
Inversionspassagen, Nebel, Schicht- und Quellwolken,
Kondensation, Föhn, Schneefegen u. a. 188

*3.-0.1.0. Der Einfluß von Inversionspassagen auf das Verhalten
luftelektrischer Größen an Hochstationen* 188

3.-0.1.0.0. Inversionspassagen ohne Beteiligung von Nebel. . . . 189
3.-0.1.0.1. Inversionspassagen mit Stratocumulus an der Inversion 191
*3.-0.1.0.2. Ein Ordnungsprinzip für die vorkommenden E,i-
Variationstypen bei Inversionspassagen; die
Verminderung von E und i unter Schichtwolken.* . . . 196
*3.-0.1.0.3. Synoptische Betrachtung des Verhaltens von E und i
über, an und unter homogenen Schichtwolken.* 199
*3.-0.1.0.4. Der Vorgang der Schichtwolken-Polarisierung; die
luftelektrische Schwebebedingung für geladene Partikel;
Stratus-Prognose* 204

*3.-0.1.1. Extreme Stromdichtewerte in Höhen über 2500 m NN in
Dunstgrenzen und in der Austausch-Obergrenze* 209

*3.-0.1.2. Verhalten der luftelektrischen Größen während beginnender
Kondensation in größerer Höhe* 215

*3.-0.1.3. Lichtelektrischer Effekt an sonnenbeschienenen Wolken-
tröpfchen in großer Höhe; die Beladung von Altocumuli* . . 215

*3.-0.1.4. Luftelektrische Registrierungen unter und in der Umgebung
von wachsenden Cumuli* 218

*3.-0.1.5. Luftelektrische Untersuchungen während Schneefegen an
Gebirgskämmen und Hängen und in durchziehenden
Saharastaubwolken* 224

3.-0.1.6. Literatur zum Abschnitt 3.-0.1. 227

3.-0.2. Luftelektrische Zustände und Vorgänge bei Südföhn in den
Nordalpen 231

3.-0.2.0. Vorbemerkungen 231

3.-0.2.1. *Synoptische Tagesbeispiele* 232

3.-0.2.1.0. *Beispiele zum Föhntyp I* 233

3.-0 2 1 0 0 *Anhaltender Föhn an allen Stationen* 233

3.-0.2.1.0.1. *Diskrete Föhnvorstöße ins Tal* 235

3.-0.2.1.1. *Beispiel zum Föhntyp II* 236

3.-0.2.2. *Mittlerer Föhntag vom Typ I, Station Farchant* 237

3.-0.2.3. *Mittlerer Föhntag vom Typ I, synoptisch-klimatische
Betrachtung des atmosphärisch-elektrischen Zustandes
zwischen 675 m und 3000 m NN* 239

3.-0.2.4. *Mittlerer Föhntag vom Typ II, Station Farchant* 241

3.-0.2.5. *Schwingungen elektrisch beladener Inversionsobergrenzen
die durch Föhnströmung angeregt sind* 241

3.-0.2.6. *Abschließendes Ergebnis* 243

3.-0.2.7. *Literatur über Luftelektrizität während Föhn* 244

3.-0.3. Mittlere Werte der Kleinionendichte, Luftleitfähigkeit und
Kondensationskerndichte unter verschiedenen Wetterbedingungen; Abschätzung der Kleinionenbeweglichkeit . 245

3.-0.3.0. *Ergebnisse von Station Farchant* 245

3.-0.3.1. *Ergebnisse von Station Zugspitzplatt* 247

3.-1. *Die Abhängigkeit der luftelektrischen Elemente von meteorologischen
Zuständen und Vorgängen in der Schicht von ca. 700—3000 m NN
während Niederschlag* 250

3.-1.0. Vorbemerkungen 250

3.-1.1. Gleichmäßiger Niederschlag, synoptische Tafeln als
Einzelbeispiele 252

3.-1.1.0. *Regen an allen Stationen* 252

3.-1.1.1. *Schneefall an allen Stationen* 255

3.-1.1.2. *Bedeutung der Schmelzzone* 256

3.-1.1.3. *Der Fremd-Potentialgradient unter sich verdichtendem
Altostratus bei progressivem Aufgleiten* 258

3.-1.1.4. *Im freien Fall verdampfender Niederschlag,
schwacher Niederschlag bis zum Talboden* 261

3.-1.1.5. *Das luftelektrisch-synoptische Bild während Übergang
von Altostratus in Nimbostratus mit Niederschlag* 265

3.-1.2. Schauerniederschläge, synoptische Tafeln als Einzelbeispiele 268

3.-1.2.0. *Regenschauer, Schneeschauer und Bedeutung der
Schmelzzone* 268

3.-1.2.1. Der chaotische Schauertyp 271

3.-1.2.2. Gibt es ein „wave pattern"? 272

3.-1.2.3. Der elektrische Aufbau der Gewitterwolke 274

3.-1.2.4. Tabellarische Zusammenstellung der Fallzahlen für die einzelnen Typen von Beobachtungen 278

3.-1.3. Statistische Auswertungen 278

3.-1.3.0. Die Grundlagen 278

3.-1.3.1. Verhalten des Fremd-Potentialgradienten während Schauerniederschlag. 279

3.-1.3.2. Die Richtungswechsel-Häufigkeit des Fremd-Potentialgradienten als Funktion der atmosphärischen Labilität zwischen 500 und 700 mb. 282

3.-1.3.3. Verhalten des Fremd-Potentialgradienten während gleichmäßigem Niederschlag 285

3.-1.3.4. Die Stärke des Fremd-Potentialgradienten während gleichmäßigem Niederschlag in Abhängigkeit von der Stationshöhe 289

3.-1.3.5. Einfluß der Schneekristallgröße auf die Stärke des Fremd-Potentialgradienten 291

3.-1.3.6. Beziehung zwischen Niederschlagsstrom und Fremd-Potentialgradient im Talniveau und in 1780 m NN 293

3.-1.3.7. Positive und negative Kleinionendichten während Niederschlag. 306

3.-1.3.7.0. Einzelbeispiele 306

3.-1.3.7.1. Mittelwerte zum Verhalten der Kleinionendichten während Niederschlag an Station Farchant 308

3.-1.3.7.2. Kleinionendichte während Niederschlag an Station Zugspitzplatt. 311

3.-1.4. Beziehung zwischen dem Gehalt der Niederschläge an NO_2' und NO_3' und gleichzeitigen luftelektrischen und meteorologischen Vorgängen und Zuständen in der Troposphäre 311

3.-1.4.0. Die Bildung nitroser Gase und ihr Übertritt in Wasser; Ergebnisse älterer Untersuchungen. 311

3.-1.4.1. Einfluß der Stationshöhe auf den Gehalt der Niederschläge an NO_2' und NO_3' 314

3.-1.4.2. Beziehung zwischen NO_2' und NO_3' im Niederschlag und NO_2' und NO_3' im Aerosol in Bodennähe 315

3.-1.4.3. Einfluß bodennaher Spitzenentladungen auf den Gehalt der Niederschläge an NO_2' und NO_3'. 317

3.-1.4.4. Beziehung zwischen Labilitätsenergie in der Schicht 700 bis 500 mb und Gehalt der Niederschläge an NO_2' und NO_3' . . 322

3.-1.4.5. Beziehung zwischen Häufigkeit der Richtungswechsel des Fremd-Potentialgradienten und des Gehaltes der Niederschläge an NO_2' und NO_3' 324

3.-1.4.6. Arithmetische Mittelwerte für den Gehalt der Niederschläge an NO_2' und NO_3' an den Stationen Farchant und Wank im gesamten Untersuchungszeitraum 327

3.-1.5. Physikalische Gesetzmäßigkeiten, Beziehungen, Theorien   335

3.-1.5.0. Wechselbeziehung zwischen atmosphärischen Ionen und Niederschlagspartikeln 335

3.-1.5.1. Niederschlags-elektrische Prozesse bei Übergang von Altostratus in Nimbostratus 339

3.-1.5.2. Niederschlags-Elektrizität bei instabiler Schichtung und Turbulenz 346

3.-1.5.3. Die Vorgänge in der Schmelzzone 352

3.-1.5.4. Feldstärken in den Wolken 355

3.-1.5.5. Einiges zu den Gewittertheorien 357

3.-2. Einfache Regeln für die praktische Verwertung luftelektrischer Registrierungen an Bergstationen 361

3.-3. Kurzfristige Vorhersage der Gewitterhäufigkeit mit Hilfe von Atmospherics 363

4. Solar-terrestrische Beziehungen 365

4.-0. Vorbemerkungen, solare Aktivität und Großwetter 365

4.-1. Beziehung zwischen Sonneneruptionen (H_α-Eruptionen) einerseits und Atmospherics-Pegel bzw. Gewitterhäufigkeit andererseits . . . 366

4.-2. Beziehung zwischen Sonneneruptionen einerseits und Potential-gradient und Leitungsstrom andererseits 369

5. Luftradioaktivität und Ionisation der Luft 372

5.-0. Die Ionisationsquellen, das Ionisationsgleichgewicht 372

5.-1. Die Kleinionenbilanz in 2600 m NN, Bestimmung des Kombinations- und Rekombinationskoeffizienten 374

5.-2. Beziehung zwischen Kleinionendichte, natürlicher Luftradioaktivität und Schmutzgehalt der Luft in Farchant 377

5.-3. Beeinflußt die Radioaktivität der Kernspaltprodukte in der Luft den elektrischen Zustand der Atmosphäre ? 379

5.-4. Die Aerosolstruktur der Inversionsschicht 384

**6. Ergebnisse der Untersuchungen über atmosphärische Radio-
   aktivität und ihre Auswirkungen an der Erdoberfläche** 386

6.-0. Natürliche und künstliche Radioaktivität der Luft 386

6.-0.0. Einfluß der Windrichtung auf natürliche und künstliche
   Radioaktivität der Luft; Vergleiche mit meteorologischen
   Elementen. 386

6.-0.0.0. *Vorbemerkungen* 386

6.-0.0.1. *Großräumige Untersuchung: Einfluß der mittleren Wind-
   richtung über dem Zentralalpenkamm auf die natürliche
   Luftradioaktivität, Bedeutung der alpinen geologischen
   Struktur* 387

6.-0.0.2. *Großräumige Untersuchung: Beziehung zwischen Windrichtung über dem Zentralalpenkamm und der Spaltprodukt-
   Radioaktivität der Luft* 396

6.-0.0.3. *Kleinräumige Untersuchung: Einfluß der lokalen Windrichtung auf die Komponenten der Luftradioaktivität und auf
   meteorologische Elemente am Wankgipfel* 397

6.-0.0.4. *Beobachtungen im Talniveau; Einfluß von Frontpassagen
   und Föhneinbrüchen* 402

6.-0.1. Synopsis der Jahresgänge von natürlicher und künstlicher
   Radioaktivität sowie der Luftverschmutzung 403

6.-0.2. Synopsis der Tagesgänge und ihrer jahreszeitlichen
   Variationen 411

6.-0.3. Extremalwerte der Luftradioaktivität vom Blickwinkel
   der natürlichen Strahlenbelastung des Menschen aus
   gesehen 416

6.-0.4. Vergleich zwischen Beta- und Gamma-Radioaktivität der
   Kernspaltprodukte in der Luft 429

6.-0.5. Einfluß lokaler meteorologischer Größen auf die Konzentration von Kernspaltprodukten, *RaB* und *ThB* an den
   Stationen Farchant und Wank 430

6.-0.5.0. *Luftdrucktendenz* 430
6.-0.5.1. *Windgeschwindigkeit* 432
6.-0.5.2. *Relative Feuchte* 434
6.-0.5.3. *Gehalt der Luft an Verunreinigungen* 437

6.-0.6. Die Abhängigkeit der Konzentration von Kernspaltprodukten, des *RaB*, sowie der Luftverschmutzung vom Luftkörpertyp 439

6.-0.7. Die Abhängigkeit der Konzentration von Kernspaltprodukten sowie *RaB* der Luftverschmutzung vom Großwetterlagentyp 449

6.-0.8. Einfluß des vertikalen Temperaturgradienten bzw. der
Labilitätsenergie auf die Konzentration von *RaB*, *ThB*,
Kernspaltprodukten und Grobaerosolen 451

6.-0.8.0. *Das Verhältnis RaB-Konzentration Berg/Tal in Abhängig-*
keit vom vertikalen Temperaturgradienten; die Halbwerts-
höhe von RaB und Radon 451

6.-0.8.1. *Das Verhältnis ThB-Konzentration Berg/Tal in Abhängig-*
keit vom vertikalen Temperaturgradienten 454

6.-0.8.2. *Schmutzgehalt der Luft Berg/Tal in Abhängigkeit vom*
vertikalen Temperaturgradienten 455

6.-0.8.3. *Die künstliche Radioaktivität der Luft in Abhängigkeit vom*
vertikalen Temperaturgradienten und vom atmosphärischen
Labilitätsgrad 456

6.-0.9. Ableitung des vertikalen Austauschkoeffizienten aus *RaB-*
Messungen, seine Abhängigkeit vom atmosphärischen
Labilitätsgrad und vom Temperaturgradienten. Vertikale
Transportgeschwindigkeiten 458

6.-0.9.0. *Berechnung und Bedeutung des Austauschkoeffizienten A* . 458

6.-0.9.1. *Austauschkoeffizient A als Funktion des vertikalen*
Temperaturgradienten 460

6.-0.9.2. *Der Austauschkoeffizient als Funktion der atmosphärischen*
Labilitätsenergie in der Luftschicht zwischen den beiden
Stationen 464

6.-0.9.3. *Skala der vertikalen Transportgeschwindigkeiten* 465

6.-0.10 Bewegungsdiagramme 467

6.-0.10.0. *Natürliche Luftradioaktivität (RaB)* 467

6.-0.10.1. *Künstliche Luftradioaktivität, laufender Vergleich mit RaB* 471

6.-0.10.2. *Anwendung des Bewegungsdiagrammes in zwei konkreten*
Fällen der akuten Luftkontamination: Spaltprodukt-
schwaden aus Kernexplosionen in der Sahara. 477

6.-0.11. Trennung zwischen kurzlebiger und langlebiger künstlicher Luftradioaktivität durch den atmosphärischen
Austauschzustand 480

6.-0.12. Ergebnisse des Separations-Doppelfilter-Verfahrens. Die
Sofortangabe der künstlichen Luftradioaktivität an einer
Bergstation 483

6.-0.12.0. *Die Separation unterschiedlich großer Aerosolpartikel* . . 483

6.-0.12.1. *Der mittlere Absolutwert der Abscheideverhältnisse für*
künstlich und natürlich radioaktives Aerosol, ihre Jahres-
und Tagesgänge 484

6.-0.12.2. Die Abhängigkeit des Abscheidegrades von relativer Feuchte und vom Schmutzgehalt der Luft 488

6.-0.12.3.0. Das Verfahren zur sofortigen Abschätzung der künstlichen Luftradioaktivität nach Ende der Exposition 489

6.-0.12.3.1. Ergebnis der praktischen Anwendung des Verfahrens . . 490

6.-0.13. Einfluß des *ThB*-Pegels auf die Meßgenauigkeit bei der Bestimmung der Spaltproduktaktivität in Abhängigkeit von der Abklingdauer 493

6.-0.14. Unterschiedlicher Zeitablauf der gleichzeitig abgeschiedenen natürlichen Beta- und Gamma-Radioaktivität des Aerosols in Abhängigkeit von Partikelgröße und -konzentration, Vertikalaustausch und Temperaturschichtung 495

6.-0.15. Besteht eine Beziehung zwischen jet-stream-Nähe und Anstieg der Spaltprodukt-Aktivität in der Luft? 500

6.-0.16. Kleine Literaturzusammenstellung zum Kapitel 6.-0. . . 502

6.-0.16.0. Natürliche Luftradioaktivität 502

6.-0.16.1. Künstliche Luftradioaktivität 504

6.-1. Künstliche Radioaktivität der Niederschläge 505

6.-1.0. Bemerkungen zur Wechselwirkung zwischen Aerosol und atmosphärischem Niederschlag 505

6.-1.1. Allgemeine Vergleiche zwischen den Ergebnissen Wank und Farchant 506

6.-1.2. Zeitlicher Verlauf der spezifischen Spaltprodukt-Aktivität im Niederschlag am Wank und in Farchant im Jahre 1960. 507

6.-1.3. Bestimmung des Kernexplosions-Zeitpunktes aus dem Zeitabfallgesetz 512

6.-1.4. Beziehung zwischen Aktivität im Niederschlag an der Bergstation zu der im Talniederschlag 514

6.-1.5. Beziehung zwischen künstlicher Aktivität im Niederschlag und Relativwert der Labilitätsenergie zwischen 500 und 700 mb 515

6.-1.6. Der wash-out-Effekt 516

6.-1.6.0. Vorbemerkungen 516

6.-1.6.1. Ergebnisse 519

6.-2. Künstliche Radioaktivität auf einer Gletscheroberfläche 526

6.-2.0. Orographische Übersicht 528

6.-2.1. Die örtliche Verteilung der Spaltprodukte auf der Gletscheroberfläche und in Schmelzwasserseen 529

6.-2.2. Zeitliche Änderung der Spaltproduktaktivität auf der
Gletscherfläche 532

6.-2.3. Das Gamma-Spektrum einer Gletscheroberflächen-
Durchschnittsprobe von 1958 535

6.-3. Künstliche Radioaktivität im Gras in verschiedenen Höhenlagen . . 536

6.-4. Einige Literatur zu den Abschnitten 6.-1.—6.-3. 539

    6.-4.0. Radioaktivität der Niederschläge 539

    6.-4.1. Radioaktivität in hohen Breiten 540

    6.-4.2. Spezielle Untersuchungen über die Verteilung einzelner
Radio-Nuklide, sowie über die Aufnahme von Spaltprodukten durch Böden und Pflanzen 540

**7. Ergebnisse quantitativer chemisch-radiologischer Analysen von
Proben aus den Jahren 1958—1961** 542

7.-0. Künstliche radioaktive Elemente im Niederschlag. 542

*7.-1. Künstlich radioaktive Elemente auf dem Schneeferner und auf
Spitzbergengletschern* 544

7.-2. Künstlich radioaktive Elemente in Grasproben und Tierorganen. . 548

**8. Änderung der Kontamination von Luft, Niederschlägen und
Gräsern durch Kernspaltprodukte nach Beginn der Kernwaffentests im Herbst 1961** 551

9. Rückblick und Ausblick. 555

10. Danksagungen 558

Anhang 560

Literaturverzeichnis 562

Sachverzeichnis 599

Verzeichnis der häufig verwendeten Symbole

A vertikaler atmosphärischer Austauschkoeffizient (g cm^{-1} sec^{-1})

a in Verbindung mit Halbwertszeiten: Jahre

η Zähigkeit (Viskosität) der Luft (g cm^{-1} sec $^{-1}$)

C Curie

c_1 Rekombinationskoeffizient der Kleinionen (cm^3 sec^{-1})

c_2 Kombinationskoeffizient für Vereinigung von Kleinionen mit Kernen oder Großionen (cm^3 sec^{-1})

d in Verbindung mit Halbwertszeiten: Tage

ΔR Differenz zwischen R_G und R_Z

ΔT Temperaturdifferenz zwischen zwei Stationen

E Potentialgradient (Vm^{-1})

e Dampfdruck (mm Hg)

$E_+\%$ Prozentuale Zeitdauer, in welcher der Fremd-Potentialgradient während der Gesamt-Niederschlagsdauer ($= 100\%$ gesetzt) positiv ist (vgl. S. 278)

E_{Oz} ozeanischer Potentialgradient

H Helligkeit des Zenits in relativen Einheiten

i Vertikalstromdichte (Acm^{-2})

IN Niederschlagsstromdichte (Acm^{-2})

k Ionenbeweglichkeit (cm^2 V^{-1} sec^{-1})

λ totale elektrische Leitfähigkeit der Luft (Ohm^{-1} cm^{-1})

λ_+, λ_- polare elektrische Leitfähigkeit der Luft (Ohm^{-1} cm^{-1})

λ^* Zerfallskonstante

m in Verbindung mit Halbwertszeiten: Minuten

μC Mikro-Curie (10^{-6} Curie)

N Kondensationskerndichte (cm^{-3})

n_+, n_- positive bzw. negative Kleinionendichte der Luft (cm^{-3})

q Ionisierungsstärke (Ionenpaare $\cdot$ sec^{-1} cm^{-3})

R vertikaler Säulenwiderstand der Luft (Ohm $\cdot$ cm^{-2})

r Teilchenradius

RF relative Feuchte (%)

R_G vertikaler Säulenwiderstand über Station Garmisch

R_W vertikaler Säulenwiderstand über Station Wank

R_Z vertikaler Säulenwiderstand über Station Zugspitze

Rk spezifische künstliche Radioaktivität der Luft (Konzentration von Kernspaltprodukten in der Luft)

RN spezifische künstliche Radioaktivität des Niederschlags

Rn natürliche spezifische Radioaktivität der Luft, gem. Definition identisch mit der Konzentration des RaB in der Luft

Rn Radon

RaB Radium B

s in Verbindung mit Halbwertszeiten: Sekunden

Sh Häufigkeit des Richtungswechsels des Fremd-Potentialgradienten pro Stunde (vgl. S. 278)

Sp Spitzenentladungsstrom

T Temperatur (°C)

t Zeit

Tn Thoron

T_p Potentielle Äquivalenttemperatur

ThB Thorium B

V elektr. Potential Ionosphäre – Erde (Volt)

V_{Fk} Analogon zu V_{Fn} für künstliche Radioaktivität

V_{Fn} Verhältniswert: natürliche Radioaktivität am Glasfaserfilter geteilt durch natürliche Radioaktivität am gleichzeitig exponierten Kunststoffilter

W Windgeschwindigkeit (m · sec^{-1})

w spez. elektr. Widerstand der Luft

ϱ^* Dichte der Luft

ϱ Raumladungsdichte (Ladung/cm³)

z vertikale Ortskoordinate

Berichtigung

Seite 460: Die Formel in der Mitte der Seite muß richtig lauten:

$$c = c_0\, e^{-\sqrt{\lambda^* \cdot \overline{\varrho^*}/A} \cdot h}.$$

Seite 588: Die beiden Zitate nach REIFFERSCHEID, H.

    — u. M. REITER, ...

    — u. H. ZIEHR, ...

gehören auf Seite 589 hinter das lange Zitat REITER, also nach den ersten Absatz.

0. Absteckung des Themas

Die Untersuchungen, von welchen die Rede sein wird, wurden in der unteren Troposphäre (der mittleren Breiten) ausgeführt und beanspruchen Gültigkeit für eben diesen Abschnitt der Atmosphäre. Die Troposphäre hat über den mittleren Breiten eine Dicke von etwa 12 km. Man teilt sie gewöhnlich in folgende Stockwerke auf:

a) planetarische Grenzschicht oder Grundschicht 0— 1 km Höhe
b) Konvektionsschicht   1— 8 km Höhe
c) Tropopausenschicht   8—12 km Höhe.

Die Meß-, Registrier- und Beobachtungsdaten wurden an Stationen eines Hochgebirges gewonnen, dessen höchster Gipfel bei knapp 3000 m NN liegt. Es wurden also durch die Untersuchungen sowohl die planetarische Grenzschicht als auch ein Teil der Konvektionsschicht erfaßt.

Überall in der Troposphäre findet man statische (und zeitlich veränderliche) elektrische Felder sowie elektrisch geladene Atome, Moleküle, Molekülkomplexe und Partikel verschiedenster Größe und Eigenschaft. An diesen in der Gasphysik allgemein als Ionen[1]) bezeichneten Teilchen greifen deshalb elektrische Kräfte an und verursachen räumliche Verschiebungen. Die Summe dieser Verschiebungen geladener Teilchen findet ihren Ausdruck in den atmosphärischen Strömen. Elektrische Felder, geladene Materieteilchen und elektrische Ströme müssen also gemeinsam betrachtet und in ihrer Wechselbeziehung miteinander gesehen werden, denn Ionen und Ströme wirken in gewissen Fällen auch wieder auf die Felder zurück. Auf einige dieser Wechselbeziehungen werden wir später eingehender zurückkommen.

Im Titel ist aber nicht die Rede von Ionen, sondern von Aerosolen. Das hat folgenden Grund: nur ein Teil der Atome, Moleküle und der suspendierten Molekülkomplexe und Partikel eines Gases oder Gasgemisches (z. B. der Luft) trägt elektrische Ladung. Ein anderer Teil ist ungeladen. Nun sind aber auch die ungeladenen materiellen Beimengungen eines Gases im Rahmen luftelektrischer Betrachtungen von Bedeutung. Es wurde deshalb der Begriff „Aerosol" eingeführt. Man versteht darunter ein Gas oder Gasgemisch — z. B. Luft — in dem feste oder flüssige Partikel in sehr feiner Verteilung suspendiert sind. Unter Partikel in diesem Sinn sind bereits Komplexe aus zahlreichen Einzelmolekülen [„Cluster" nach J. ZELENEY (1930)] zu verstehen, aber auch gröbere Partikel, jedoch nur insoweit sie noch nicht einer merklichen Sedimentation unterliegen.

---

[1]) Nicht zu verwechseln mit den Ionen in Elektrolyten!

Deutlich sedimentierende Partikel rechnet man bereits nicht mehr zum Bestandteil eines Aerosols, sondern spricht sie als Staub an.

Atmosphärische Ionen aller Klassen, von den Kleinionen, den elektrisch geladenen Molekül-Clustern (ca. $5 \cdot 10^{-7}$ cm Radius) angefangen bis zu den Ultra-Großionen (ca. 10^{-4} cm Radius), aber auch die Kondensationskerne, Nebeltröpfchen usw. sind Bestandteile des Aerosols. Sie unterscheiden sich aber nicht nur durch ihre Größe und Ladung bzw. Ungeladenheit, sondern auch durch ihre chemische Beschaffenheit (Verbindungen des Stickstoffs, Schwefels, Chlors, Jods usw.), ihre Bildungsgeschichte (Dispersionskerne, Koagulationskerne, Initialkerne, maritime Kerne) und nicht zuletzt durch physikalische Eigenschaften (wie natürliche und künstliche Radioaktivität). Die Folgeprodukte der gasförmigen Emanationen sind nämlich weit überwiegend an Kerne verschiedenster Größenklassen, Herkunft usw. angelagert und markieren sie in sehr auffälliger Weise. Ebenso gehören die Partikel des fall out zum charakteristischen Bestandteil des Aerosols.

Wir sehen also: mit dem atmosphärischen Aerosol ziehen wir die Summe aller in der Luft suspendierten Partikel ohne Rücksicht auf ihre chemischen und physikalischen Eigenschaften mit in unsere Betrachtung ein. Allerdings werden wir bei der Behandlung der Ergebnisse Unterscheidungen der Hauptmerkmale atmosphärischer Partikel vornehmen müssen, je nachdem wir uns mit überwiegend luftelektrischen Problemen oder Problemen der atmosphärischen Radioaktivität zu befassen haben.

Das Thema „Felder, Ströme und Aerosole der unteren Troposphäre" schließt also in gleicher Weise die Behandlung von Problemen der Luftelektrizität und der atmosphärischen Radioaktivität ein.

1. Einführung

1.-0. Das Problem und die Arbeitsbasis zu seiner Lösung

Der Inhalt des vorliegenden Buches trägt den Charakter eines Forschungsberichtes im engeren Sinne: die während einer mehrjährigen praktischen Arbeit im Hochgebirge gewonnenen Registrierdaten, Meßergebnisse und Beobachtungen sollen systematisch und konzentriert zusammengestellt und besprochen werden. Es geht also primär um eine Sammlung und Sichtung von Tatsachen. Insoweit es die aus ihnen gewonnenen Einsichten erlauben, wird auch versucht werden, einige gegenseitige Beziehungen der gefundenen Phänomene anschaulich darzulegen. Ergebnisse theoretischer Behandlungen des Stoffes sind aber nur in einigen wenigen Fällen verfügbar, vor allem deshalb, weil Zeit und Umstände eine durchdringende mathematische Behandlung bis jetzt noch nicht erlaubt haben. Im übrigen müßte auch schon mit Rücksicht auf den vorgegebenen Raum von der Diskussion weitergehender Folgerungen aus den darzulegenden Befunden abgesehen werden. Ebenso muß alles, was zum Inhalt eines Lehrbuches gehört oder was leicht aus einem solchen entnommen werden kann, beiseite gelassen werden. Dasselbe gilt für rein meßtechnische Details. In jüngster Zeit sind viele neue Meßverfahren auf den einschlägigen Gebieten entwickelt und veröffentlicht worden. Es kann sich deshalb das Kapitel 2, so weit es die angewandten Meßmethoden betrifft, auf eine relativ knappe Beschreibung der Grundprinzipien beschränken. Lediglich das für die vorliegende Arbeit Typische und bei Untersuchungen im Hochgebirge besonders zu Beachtende soll schärfer herausgearbeitet werden.

Die Problemstellung der gesamten Arbeit war von Anfang an bewußt sehr weit gefaßt, nämlich: *Welches sind die typischen Erscheinungsbilder, Verwandlungsformen und Wechselbeziehungen der wichtigsten Elemente der Luftelektrizität und Radioaktivität und wie sind sie an das meteorologische Geschehen in einem gegebenen Raum der unteren Atmosphäre gebunden, der durch die Arbeit im Hochgebirge überschaubar wird?*

Da die Elemente der Luftelektrizität und Radioaktivität zu jedem Zeitpunkt und an jeder beliebigen Stelle des Raumes von den dort und in der Umgebung herrschenden meteorologischen Zuständen und Vorgängen weitgehend abhängen, müssen bei der Bearbeitung des gestellten Problems dieselben Grundprinzipien angewandt werden, wie sie in der Meteorologie selbst gelten: *unter dem erzwungenen Verzicht auf das gezielte Experiment ist der zeitliche und räumliche Ablauf des atmosphärischen Geschehens und der mit ihm gekoppelten physikalischen Größen in seiner Gesamtheit möglichst lückenlos zu erfassen.* Freilich ist diese Forderung stets nur bruchstückhaft erfüllbar. Selbst der mit technischen Möglichkeiten gut und modern ausgestattete synoptische meteorologische Dienst liefert nur ein zeitliches und räumliches Mosaikbild eines Teils der Atmosphäre trotz zahlreicher Bodenstationen, Radiosondenaufstiege, Flugzeugmessungen, Wetter-Radar usw.

Die finanzielle Basis der hier zu besprechenden Arbeiten hingegen war schmal. Der Start mußte ganz aus persönlichen Mitteln finanziert werden. Das zwang von Anfang an zu einer Beschränkung der meßtechnischen Ausrüstung, regte aber andererseits dazu an, die gegebenen Möglichkeiten optimal auszunutzen. Die Lösung der gestellten Aufgabe schien bei Inangriffnahme der Arbeiten auf folgender Basis möglich zu sein:

1. Errichtung eines möglichst dichten Netzes von Registrier- bzw. Meßstationen.
2. Höhenstaffelung der Stationen durch Ausnutzung der Hochgebirgsverhältnisse, und zwar so, daß trotz großer Höhendifferenzen möglichst kleine Basisabstände gewahrt bleiben.
3. Ausrüstung der Stationen mit möglichst einfachen, übersichtlichen, betriebssicheren und hochgebirgsfesten Registrier- bzw. Meßgeräten und Sonden, die ein Minimum an Wartung erfordern und möglichst

auch von ungeschultem Personal (z. B. Bahnpersonal, Strecken-arbeiter) bedient werden können.

4. Durchführung gleichzeitiger Messungen bzw. Registrierungen der wichtigsten meteorologischen Größen wie Temperatur, Feuchte und Wind an einigen der Stationen.

5. Aufstellung luftelektrischer Geräte — soweit möglich — unmittelbar an Stationen des Deutschen Wetterdienstes um die große Zahl der dort anfallenden meteorologischen Daten mit einbeziehen zu können.

6. Durchführung laufender, möglichst genauer Augenbeobachtungen über Bewölkung, Niederschlag und sonstige Wetterverhältnisse im Stationsgebiet von einem geeigneten Punkt aus, unterstützt durch Wolkenphotographie.

7. Errichtung zusätzlicher, beweglicher Stationen über kürzere Zeit während Exkursionen zur Untersuchung spezieller Probleme.

8. Aufbietung aller Möglichkeiten, die einen kontinuierlichen Betrieb garantieren und zur Sammlung absolut homogener Datenreihen führen.

9. Ausdehnung der Arbeit über mehrere Jahre unter gleichbleibenden technischen Bedingungen, um schließlich eine genügend hohe Aussagesicherheit auch in bezug auf relativ seltene Effekte zu erreichen.

10. Zeitliche Einbeziehung eines solaren Aktivitätsmaximums um Einflüsse sonnenphysikalischer Vorgänge auf die untersuchten Elemente abschätzen zu können.

11. Schrittweise Auswertung der gewonnenen Daten schon von Beginn der Arbeiten ab.

Kurz zusammengefaßt ist das Hauptmerkmal des Arbeitsverfahrens also: Durchführung und laufende Auswertung homogener Messungen, Registrierungen und Beobachtungen über lange Zeit und an den Stationen eines steil höhengestaffelten Netzes im Hochgebirge mit dem Ziel, einen Schatz von Erfahrungen zu sammeln, der es erlaubt, hinreichend sichere Aussagen zum oben gestellten Problem zu liefern.

In den nächsten Abschnitten dieses Kapitels wird der eine oder andere das Arbeitsverfahren kennzeichnende Punkt noch zu besprechen sein.

1.-1. Zur Abgrenzung des Arbeits- und Stoffgebietes

Die Grenzen des Arbeitsgebietes werden zwanglos durch die angewandte Methodik, nämlich die Anwendung eines Netzes von Gebirgsstationen zur Untersuchung eines bestimmten atmosphärischen Stockwerkes abgesteckt, wie wir sie oben definiert haben. Sie läßt leicht eine Trennungslinie zwischen den Ergebnissen ziehen, die im Rahmen des vorliegenden Buches dargelegt und diskutiert werden können und anderen, die im Flachland oder mittels Sondenträger in der freien Atmosphäre, und zwar auch meist unter anderen Aspekten ausgeführt worden sind. Die trennende Grenze soll aber durch möglichst umfangreiche Literaturangaben über sich anschließende oder berührende Arbeiten jenseits des oben umrissenen Gebietes jederzeit leicht überschreitbar gemacht werden. Die unumgängliche Beschränkung des Stoffes führt schließlich auch dazu, daß überwiegend eigene Erfahrungen zur Diskussion zu stellen sein werden, da einerseits ähnlich angelegte Arbeiten bisher nur vereinzelt und meist über kürzere Dauer ausgeführt worden sind und andererseits, da, wie eingangs gesagt, das Buch den Charakter eines Forschungsberichtes haben soll.

Innerhalb des gewählten Gebietes wurde von Anfang an danach getrachtet, den Blickwinkel recht weit zu halten und möglichst alle erfaßbaren Phänomene mit einzubeziehen. Die prinzipielle Ausschließung tewa anfangs vielleicht unwichtig oder störend erscheinender Vorgänge wäre gewiß falsch gewesen.

Hierzu ein Beispiel: luftelektrische Registrierungen, die während und in der Nähe von Schneefegen gewonnen werden, zeigen beim flüchtigen Ansehen ein wirres, verwaschenes Bild. Man könnte sich deshalb leicht dazu veranlaßt sehen, diese Registrierungen ganz zu verwerfen, da sie ja während „gestörter Zeitabschnitte" gewonnen worden sind. Es wird später zu zeigen sein, daß auch die während Schneefegen erhaltenen Registrierungen zu wichtigen Ergebnissen geführt haben. Vom Blickwinkel „gestörter Zeitabschnitte" aus wurde in der „klassischen Luftelektrizität" überhaupt sehr vieles unberücksichtigt gelassen, so daß man lange Zeit eigentlich nur Phänomene der Schönwetterelektrizität exakt studierte. Freilich stellt auch das „schlechte Wetter" wesentlich höhere Anforderungen an die technische Ausrüstung und es ist nicht ganz leicht, luftelektrische Registrierungen an einem Hochgebirgsgipfel in Nebel, Sturm und Rauhfrost aufrecht zu erhalten, wenn sich an Trägern und Verspannungen oft zentnerschwere Eisansätze bilden.

So wenig vorgefaßte Meinungen über die Bedeutung der einen oder anderen Erscheinung oder Schwierigkeiten bei der Erfassung auch der Schlechtwetterdaten zu einer Einengung des Arbeitsprogramms führen sollten, so wenig sollte ferner die Arbeit darauf ausgerichtet sein, die eine oder andere Theorie über luftelektrische Vorgänge oder Erscheinungen zu bestätigen oder zu widerlegen. Viele luftelektrische Untersuchungen wurden und werden z. B. allein nur mit dem Ziel unternommen und methodisch darauf abgestellt, die Herkunft der Gewitterelektrizität zu erklären. Solche Begrenzungen, so notwendig sie von Fall zu Fall sein mögen, führen sehr leicht zu einem Verlust an wertvollem Datengut, das vielleicht von einer ganz anderen Sicht her ein Licht auf das zu bearbeitende Hauptproblem werfen würde.

Es wurde deshalb versucht, den Rahmen der Messungen und Registrierungen einerseits und der Auswertungen andererseits durch volle Ausschöpfung der gegebenen Arbeitsbedingungen so weit wie möglich abzustecken, aber gleichzeitig auch zu verhindern, daß die Übersicht in einer Flut von Details verloren geht.

1.-2. Zum Umfang und zur Verarbeitung des Datengutes

Hier sind einige allgemeine Bemerkungen zur Auswertungstechnik anzuführen. Die Auswertung im Archiv gesammelter Daten wurde bereits nach Möglichkeit und Schritt für Schritt parallel mit dem weiteren Fortschreiten der Arbeiten vorgenommen. Das war Voraussetzung, um sowohl einerseits die Registrierungen und Beobachtungen an Hand erster Ergebnisse verbessern und ergänzen zu können, aber auch um andererseits Auswertungsverfahren und Gesichtspunkte laufend den Erfordernissen anzupassen, auszubauen und zu revidieren.

Für die praktische Durchführung der Auswertungen standen leider keine automatischen Geräte zur Verfügung. Die Übersetzung der Registrierwerte (in der Regel Kurven) in Zahlen, deren Aufgliederung und Mittelung mußten von Hand mittels Additionsmaschine, Rechenschieber, Planimeter usw. erfolgen. Sehen wir von der Vorperiode, in welcher die ersten Erfahrungen (1950—1953) gesammelt worden sind, ab, so liegen lückenlose luftelektrische Daten aus 6 Jahren und Daten über atmosphärische Radioaktivität aus 4 Jahren — jeweils von mehreren Stationen — vor.

In einigen groben Zahlen umfaßt das Archiv jetzt für die Jahre 1954 bis 1961 (jeweils einschließlich):

fast 20 000 luftelektrische Registriertage über alle Stationen,
    400 luftelektrisch-synoptische Tafeln über je einen Tag mit den Registrierdaten aller Stationen (siehe 2.–5.1.).
180 000 luftelektrische Schönwetter-Stundenmittelwerte über alle Stationen und Elemente,
180 000 meteorologische Schönwetter-Stundenmittelwerte der Größen Temperatur und Feuchte über alle Registrierstationen,
 11 000 Einzelmessungen über alle Tage und Komponenten (RaB, ThB und Spaltprodukte) der Luftradioaktivität an der Bergstation (s. Tab. 2),
 21 000 Einzelmessungen derselben Größen an der Talstation (s. Tab. 2),
   250 Bestimmungen der Niederschlagsradioaktivität an der Bergstation und
   600 gleiche Messungen an der Talstation.

Diese summarische Zusammenstellung mag verstehen lassen, daß es nicht ganz einfach war, ohne technische Hilfsmittel den laufenden Überblick über den eigentlichen wissenschaftlichen Gehalt des Datengutes nicht zu verlieren. Der Deutschen Forschungsgemeinschaft gebührt deshalb hier ganz besonderer Dank für mehrere Sachbeihilfen, aus welchen die umfangreichen Auswertungen zum Teil bestritten werden konnten.

1.-3. Vor- und Nachteile alpiner Stationen

Wir haben hier noch die Frage zu diskutieren, warum die Untersuchungen gerade im Hochgebirge ausgeführt worden sind, wie sie sich ihrer Art nach von Arbeiten, die mit Hilfe von Sondenträgern (Ballon, Flugzeug u. a.) ausgeführt wurden, unterscheiden und worin Vorteil und Nachteil von Hochgebirgsuntersuchungen zu sehen sind, wenn es darum geht, die untere Troposphäre in einer gewissen Dicke zu durchschauen.

Fassen wir erst ihre Vorteile ins Auge. Wir können sie etwa folgendermaßen umreißen:

1. Bei jeweils gleichbleibenden Ortskoordinaten sind Registrierungen und Messungen von beliebig langer Dauer an Gebirgsstationen möglich.
2. Es sind Registrierungen und Messungen unter gleichbleibenden und übereinstimmenden äußeren Bedingungen gleichzeitig an mehreren geographisch fest einander zugeordneten Stationen durchführbar.
3. An Gebirgsstationen sind — unter der Voraussetzung, daß die Geräte konstruktiv darauf abgestimmt wurden — auch Messungen und Registrierungen während Schlechtwetter jeder Art und beliebiger Dauer möglich.
4. Mit Ausnahme an Gipfelstationen — und dort auch nur während Schauer und Gewitter — treten in der Regel keine örtlich bedingten luftelektrischen Störerscheinungen auf (die Nähe von Hochspannungsleitungen ist allerdings zu meiden).
5. Meß- und Registriergeräte sind jederzeit zugänglich und auch im Betrieb leicht zu kontrollieren.
6. In der Regel steht Netzspannung zur Verfügung, so daß die Energieversorgung der Geräte meist keine Schwierigkeiten mit sich bringt.
7. Bei stationären Registrierungen braucht auf das Gerätegewicht kaum Rücksicht genommen zu werden. Das gilt freilich nicht für Geräte, die auf Exkursionen mitgeführt werden müssen.
8. Die Unterhaltskosten für den Betrieb von Hochgebirgsstationen sind niedrig und gut überschaubar.
9. Bei der Installation sowohl als auch bei der Auswertung der Registrierungen können bekannte Erfahrungen der alpinen Meteorologie verwertet werden.

Einige der oben aufgestellten Vorteile lassen ihr volles Gewicht bei der Entscheidung über die Alternative, nämlich ob Stationen im Hochgebirge oder Sondierungen in der freien Atmosphäre vorzuziehen sind, erst im Vergleich mit den Nachteilen der Sondierungsverfahren spüren, die in 1.4. besprochen sind.

Man wird also, um es kurz zusammenzufassen, Messungen und Registrierungen auf den Gebieten Luftelektrizität und Luftradioaktivität dann im Hochgebirge ausführen, wenn es darum geht, in einem vertikalen Profil über lange Zeit und in allen Wetterlagen mit mäßigem materiellem Aufwand eine Erforschung der unteren Troposphäre durchzuführen.

Den Vorteilen einer Arbeit im Gebirge stehen gewisse Nachteile gegenüber:

1. In bezug auf das maximal erreichbare Niveau über Meeresspiegel setzt die Natur eine feste Grenze. Sie wird außerdem noch stark durch Vorhandensein oder Fehlen technischer Beförderungseinrichtungen, Berghütten u. a. mitbestimmt.
2. Die Steilheit der Höhenstaffelung von Stationen ist durch das Gelände vorgegeben und ebenfalls stark begrenzt. Das Verhältnis:
vertikale Stationsentfernung/horizontale Stationsentfernung
wird kaum den Wert 1 übersteigen können. Ein Wert von 0,3—0,5 muß noch als ideal selbst im Hinblick auf hochalpine Möglichkeiten hingenommen werden.
3. Messungen oder Registrierungen, die an einer Bergstation ausgeführt sind, liefern unter Umständen andere Ergebnisse als solche im gleichen Niveau, aber in der freien Atmosphäre, also weit ab von der Erdoberfläche, und zwar aus folgenden Gründen:
   a) oft besteht kein Strahlungs- und Temperaturgleichgewicht zwischen Erdoberfläche in Stationsumgebung und der aufliegenden Lufthülle. Es werden deshalb lokale Konvektionsvorgänge (in der Regel tags Aufwinde, nachts Abwinde) ausgelöst, die zu einem vertikalen Stoffaustausch führen. Dieser wirkt sich in bezug auf den Zustand der freien Atmosphäre als Störung aus. So kann z. B. eine Inversion in Hangnähe zerstört, eine Nebenschicht lokal aufgelöst sein.
   b) Windumlenkungen und Wirbelbildungen können an Geländeformen ortsgebundene Störungen verursachen, die z. B. zu Kondensation (Hinderniswolken) oder Wolkenauflösung (föhnähnliche Effekte) führen. Oft genügen geringfügige Winddrehungen, um die Strömungsbedingungen wesentlich zu ändern, was dazu führen kann, daß plötzlich durch Sog Aerosol aus dem Tal herauf oder von der Höhe herab an die Bergstation geführt wird.
   c) Durch im Boden vorhandene radioaktive Elemente erfolgt eine Ionisation der Luft in der Umgebung der Bergstation, die eine merkliche zusätzliche Komponente zur Ionisation allein durch die Ultrastrahlung und das radioaktive Aerosol in gleicher Seehöhe liefert.
   d) Die in der äußersten Schicht des Bodens enthaltenen Elemente Radium und Thorium bewirken einen lokalen Zustrom von Radon und Thoron zur Luft in der Umgebung der Station, wodurch einerseits ein Beitrag zur Radioaktivität der Luft der freien Atmosphäre in gleicher Seehöhe geliefert und andererseits als Folge davon ebenfalls die Ionenkonzentration erhöht wird [c)].
   e) In Nähe der Erdoberfläche befinden sich bekanntlich auch fast alle Quellen für Kondensationskerne und sonstige zur Luftverunreinigung beitragende Aerosolpartikel und Stäube. Während im Hochgebirge zwar glücklicherweise noch wenig Quellen für Verbrennungsprodukte aus Kaminen und Motoren zu finden sind, muß gelegentlich mit stärkerem Staubabhub infolge der Verwitterung und Bildung von Dispersionskernen gerechnet werden. Ganz entsprechendes gilt für den Zustrom elektrischer Ladungen auf Aerosolpartikeln zur umgebenden Luft aus Kernquellen.

f) Im Winter werden von der Schneeoberfläche durch Wind genügender Heftigkeit gelegentlich Eiskristalle abgehoben (Schneefegen), die sich dann als weithin sichtbare „Jochfahnen" von den Graten und Jochen weg leeseitig in den umgebenden Luftraum erstrecken. Die Länge der sichtbaren Fahnen kann einige 100 m erreichen, dann sind die Kristalle meist verdampft. Durch Schneefegen werden beträchtliche elektrische Ladungen frei, wie sie auf Grund vergleichbarer Vorgänge in der freien Atmosphäre nur im Inneren von Gewitter- und Schauerwolken in Zonen heftiger Aufwinde und Turbulenz gebildet werden dürften.

4. Durch Gebirge von der Ausdehnung etwa der Alpen erfolgt auch eine großräumige Beeinflussung der Klima-, Wetter- und Witterungsverhältnisse, die sich weit in die umgebende und darüber gelagerte freie Atmosphäre hinein strecken können. Hierzu gehören die verstärkte Thermik, die Verdichtung der Strömungslinien über den Gebirgszügen, Staueffekte im Luv, föhnähnliche Absinkvorgänge im Lee und so manches andere an Folgeerscheinungen wie die vermehrte Gewitterneigung.

Wägt man Vor- und Nachteile, die sich im Alpenraum im Hinblick auf geophysikalische Arbeiten unserer Zielsetzung bieten, gegeneinander ab, so liegt das Übergewicht doch wohl dann eindeutig auf der Seite der Vorteile, wenn man sich diese bei der Planung und Ausführung betont zu Nutze macht ohne die Nachteile alpiner Untersuchungen dabei aus den Augen zu verlieren. Letzteres ist wichtig. Es wird nämlich unumgänglich sein, viele der später zu besprechenden Ergebnisse ganz besonders daraufhin zu sondieren, ob und inwieweit sie auch Gültigkeit außerhalb des lokalen Stationsbereiches und außerhalb des Alpenraumes in der freien Atmosphäre beanspruchen können.

1.-4. Vor- und Nachteile von Sondierungen der freien Atmosphäre

Ohne Anspruch auf Vollständigkeit, auch im Hinblick auf die Literaturangaben, sollen im Folgenden vergleichsweise und summarisch die Vor- und Nachteile der gebräuchlichsten Sondierungsverfahren der freien Atmosphäre kurz erörtert werden. Als Verfahren kommen in Betracht:

Drachenaufstiege: [F. HERATH (1949, 1951)]

Fesselballonaufstiege: [F. HERATH (1949, 1951), C. B. MOORE, B. VONNEGUT und A. T. BOTKA (1958a), R. MÜHLEISEN (1959)]

Bemannte Freiballonaufstiege: [VON SCHWEIDLER (1929), O. H. GISH und K. L. SHERMAN (1936), C. B. MOORE, B. VONNEGUT und A. T. BOTKA (1958a)]

Radioaktivitätsmessungen: H. FLEMMING (1908)

Altielectrograph-Registrierungen mittels Ballon: [G. C. SIMPSON und F. J. SCRASE (1957), G. C. SIMPSON und G. D. ROBINSON (1940), s. a. J. A. CHALMERS (1957)]

Radiosondenaufstiege mittels Ballon: [L. KOENIGSFELD und PH. PIRAUX (1951), S. C. CORONITI und Mitarb. (1954), L. KOENIGSFELD (1955, 1958), B. VONNEGUT und C. B. MOORE (1958b), R. MÜHLEISEN und H. J. FISCHER (1958), H. ERBE (1959), S. P. VENKITESHWARAN (1958), H. HATAKEYAMA und Mitarb. (1958), H.-J. FISCHER (1962)]

Ballone, welche automatisch arbeitende Registriergeräte bis in größte Höhen tragen, jedoch nach Landung aufgefunden werden müssen: C. E. JUNGE (1960), C. E. JUNGE u. J. E. MANSON (1961) und C. E. JUNGE, C. W. CHAGNON u. J. E. MANSON (1961), Kondensationskernzählungen in der Stratosphäre; J. Z. HOLLAND (1959), J. BAUMSTARK u. Mitarb (1960), H. HALLE (1960) und H. T. MANTIS u. J. R. WINCKLER (1960), Sammlung von radioaktiven Partikeln in der Stratosphäre]

Abwurf-Fallschirmsonde: [P. LAUTNER (1941)]

Segelflugzeug: [F. ROSSMANN (1950), R. LECOLAZET (1948)]

Motorflugzeug: [A. WIGAND (1924, 1925), R. GUNN (1948), O. H. GISH und G. R. WAIT (1950), R. C. CALLAHAN, S. C. CORONITI, A. J. PARZIALE und R. PATTEN (1951), R. C. SAGALYN und G. A. FAUCHER (1954), B. VONNEGUT und C. B. MOORE (1958b), R. C. SAGALYN (1958), J. F. CLARK (1958), D. R. FITZGERALD und H. R. BYERS (1958)]; Radioaktivitätsmessungen: H. BONGARDS (1924), A. WIGAND und F. WENK (1928), J. P. FRIEND und Mitarb. (1961) mit ihrem „high alitude"-Großprogramm, H. J. PLAGGE (1961) mit Messungen (Maschine KDB-1) in niedrigen Höhen und A. K. STEBBINS (1961) mit U-2 Messungen in der Stratosphäre (ca 20000 m NN).

Die Vorteile von Sondierungen mit Hilfe oben genannter Instrumententräger können etwa folgendermaßen umrissen werden:

1. Es lassen sich verhältnismäßig große Höhen (mit Ausnahme beim Fesselballon) erreichen.

2. In der Regel ist die Rückwirkung des Trägers auf den ihn umgebenden Luftraum klein und zu vernachlässigen (Ausnahmen siehe Zusammenstellung der Nachteile), so daß mehr oder weniger angenähert der Zustand der freien Atmosphäre studiert werden kann. Vergleiche zwischen Temperaturmessungen mittels Radiosonde und Flugzeug wurden z. B. von F. H. LUDLAM und P. M. SAUNDERS (1958) ausgeführt; sie erbrachten immerhin Abweichungen um 1—3° C infolge von Trägheit und Strahlungseinflüssen.

3. Einige der Träger lassen Messungen in der freien Atmosphäre annähernd senkrecht über einer Bodenstation zu (Fesselballon, Flugzeug).

4. Über die Ortskoordinaten einiger der Träger kann teilweise frei verfügt werden (Fesselballon, Flugzeug), so daß es z. B. möglich ist, Messungen in bestimmten Stockwerken von Inversionen, Quellwolken usw. durchzuführen.

5. Ein mit kontinuierlich registrierenden oder übermittelnden Geräten ausgeführter Sondenaufstieg liefert ein lückenloses Profil durch den „befahrenen" Querschnitt der Atmosphäre.

Als Nachteile müssen bei der Verwendung von Sondierungsmethoden in Kauf genommen werden:

1. Außer beim Fesselballon (und mit ihm auch nur angenähert) können keinesfalls alle Ortskoordinaten willkürlich konstant gehalten werden. Gefundene Variationen können also zeitlich oder (und) örtlich bedingt sein. Da Translationen meist unvermeidlich sind, können keine Messungen über längere Dauer hinweg in einem beliebig kleinen Raumgebiet ausgeführt werden. Die Durchstoßung von Unstetigkeitsstellen (Inversionen z. B.) erfolgt u. U. so schnell, daß die Registriergeräte nicht mitkommen. Alle Sondagen sind in der Regel von nur kurzer Dauer.

2. Abgesehen von der — sehr aufwendigen — Möglichkeit eines gleichzeitigen Einsatzes mehrerer unabhängiger Sondenträger ist es kaum möglich — auch mit Rücksicht auf 1) — an mehreren Punkten der freien Atmosphäre gleichzeitige Messungen auszuführen.

3. Mit Hilfe von Sondenträgern ist es sehr schwierig Messungen über Luftelektrizität und Radioaktivität während Schlechtwetter auszuführen (Ballonaufstiege und Flugzeugaufstiege wurden in einigen Fällen ausgeführt), insbesondere über längere Dauer (Vereisung, Beschlagen von Isolatoren usw.).

4. Durch einige der Sondenträger erfolgt eine mehr oder weniger starke Beeinflussung der luftelektrischen Größen in ihrer Umgebung (Eigenaufladung von Ballon und Flugzeug, besonders störend beim Motorflug, Stahlseil bei Fesselaufstiegen).

5. Meß-, Registrier- und Übermittlungsgeräte sind im Einsatz in der Regel (Ausnahme Flugzeug, bemannter Ballon) unzugänglich und können nur schwer auf richtige Funktion überprüft werden.

6. Alle Gerätekonstruktionen sind auf Batteriebetrieb abzustimmen. Die elektrische Leistungsaufnahme muß niedrigst gehalten werden, was z. B. den Verzicht auf elektrische Beheizung von Isolatoren bedeutet.

7. Gerätegewichte sind so niedrig wie möglich zu halten.

8. Alle Sondierungsverfahren sind sehr kostspielig, sowohl einerseits Flugzeugaufstiege, obwohl die Geräte beliebig oft eingesetzt werden können, als auch andererseits die Ballonsondierungen, da in der Regel mit dem Verlust der Geräte zu rechnen ist. Ein Optimum dürften Fesselaufstiege bieten, mit denen jedoch wieder viele andere Nachteile verbunden sind.

9. Alle Verfahren, die auf Sammlung von Proben über längere Zeit beruhen, können an Sondenträgern nur bedingt verwendet werden, da ja (Ausnahme: Fesselballon) die ständige Veränderung der Ortskoordinate eingeht, die u. U. beträchtliche zusätzliche Variationen der Meßgröße bewirken kann.

Wir sehen, daß es mit Hilfe von Sondenträgern wenn überhaupt, dann nur mit überaus großem Aufwand möglich ist, regelmäßige, über verschiedene Tages- und Jahreszeiten gleichmäßig verteilte und hinreichend dicht aufeinanderfolgende Profilmessungen in der freien Atmosphäre während verschiedenster Wetterlagen — auch bei Schlechtwetter — auszuführen. Die aufzuwendenden Mittel werden in nur wenigen und besonderen Fällen durch die Erfolge gerechtfertigt sein. Freilich müssen andererseits Sondenträger dann zur Anwendung kommen, wenn es gilt, atmosphärische Stockwerke über etwa 3000 bis 4000 m NN zu erforschen.

Während der Sondenträger einerseits örtliche Kontinuität durch ein atmosphärisches Stockwerk hindurch gewährt, aber andererseits durch Sondierungen große zeitliche Lücken in Kauf genommen werden müssen, nämlich von einer Sondierung zur anderen, liegen die Verhältnisse genau umgekehrt, wenn ein höhengestaffeltes Netz von Gebirgsstationen eingesetzt wird. Die zeitliche Kontinuität muß hier durch Lücken im Profil erkauft werden.

Immerhin stellen wir im Vergleich mit Abschnitt 1.3. fest, daß in Anbetracht so mancher Nachteile der Sondierungsverfahren die Arbeit im Hochgebirge der Anwendung von Sonden dann vorzuziehen ist, wenn man sich auf maximale Höhen von etwa 3000 m NN beschränken kann und das Schwergewicht der Arbeit auf solche Themen gelenkt wird, deren Bearbeitung gerade mit Hilfe eines Netzes von Hochgebirgsstationen zu einem Optimum an Ausbeute führt, während andererseits Sondenträger nur unzureichende Ergebnisse liefern würden.

1.-5. Zur Verknüpfung der Luftelektrizität mit der atmosphärischen Radioaktivität

Es ist kein Zufall, daß Ergebnisse aus den beiden Gebieten Luftelektrizität und atmosphärische Radioaktivität im vorliegenden Buch nebeneinander dargestellt werden. Drei Gründe dafür sind maßgebend:

1. Auf beiden Gebieten sind dieselben Grundverfahren anwendbar und angebracht: synchrone Registrierungen bzw. Messungen an Gebirgsstationen verschiedener Höhenlage über lange Dauer zur Erforschung der typischen Variationen und ihrer Ursachen in einer atmosphärischen Schicht. Die Gewinnung der Daten auf beiden Gebieten kann also leicht aufeinander abgestimmt werden.

2. Die Elemente der Luftelektrizität sowohl als auch die der atmosphärischen Radioaktivität werden durch dieselben meteorologischen Größen — oft gleichzeitig und gemeinsam — beeinflußt oder gesteuert.

3. Die atmosphärische Radioaktivität liefert einen erheblichen Beitrag zur Ionisation der Luft (in jener Schicht der Troposphäre, die etwa

durch den Vertikalaustausch erfüllt wird) und beeinflußt auf diese Weise die atmosphärisch-elektrischen Elemente nicht unerheblich.

Die Verknüpfung zwischen meteorologischen Faktoren, Luftelektrizität und atmosphärischer Radioaktivität läßt sich in folgendem Schema anschaulich machen:

Schema 1

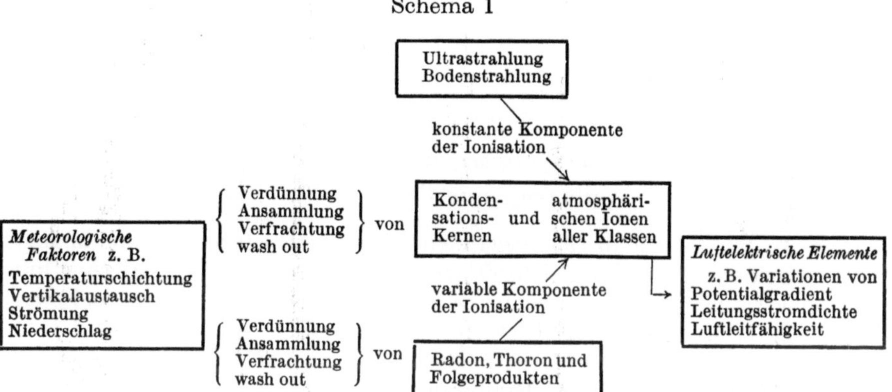

Die Fäden, welche die Verknüpfung herstellen, werden wir nach und nach bei der Besprechung der Ergebnisse in die Hand bekommen, sie brauchen an dieser Stelle nicht einzeln ins Auge gefaßt zu werden. Vielmehr kommt es darauf an, den engen physikalischen Kontakt zwischen den beiden zu behandelnden Gebieten im Prinzip aufzuzeigen.

In der Tat hat die Einsicht, daß luftelektrische Untersuchungen ohne die Erfassung der Luftradioaktivität unvollständig sind, den Anlaß zur Aufnahme von Radioaktivitätsmessungen auch in unserem Fall gegeben[1]).

Während einer Exkursion im Sommer 1954 auf das Zugspitzplatt [R. REITER (1955a)] wurden Variationen der elektrischen Leitfähigkeit festgestellt, die den Verdacht aufkommen ließen, daß sie durch Zustrom natürlich radioaktiven Aerosols ausgelöst sein könnten. Bereits auf der nächsten Exkursion im Sommer 1955 [R. REITER (1956a)] wurden deshalb Relativmessungen der natürlichen Luftradioaktivität ausgeführt, welche eine Reihe wertvoller Ergänzungen zu den luftelektrischen Untersuchungen erbrachten. Aus diesem Anfang heraus entwickelte sich dann das gesamte Radioaktivitätsmeßprogramm im Hochgebirge.

Bei der Darlegung und Diskussion der Ergebnisse wird wegen der gegenseitigen Berührung und Überschneidung von Luftelektrizität und Luftradioaktivität wohl am besten diese Reihenfolge einzuhalten sein:

---

[1]) Bereits in der „klassischen Zeit" der Luftelektrizität wurden an den Observatorien in der Regel auch Radioaktivitätsmessungen ausgeführt.

a) Allgemeine Ergebnisse der luftelektrischen Untersuchungen, wobei die natürliche Radioaktivität der Atmosphäre insoweit einbezogen wird als sie zur Erklärung luftelektrischer Phänomene erforderlich ist (Kapitel 3.).

b) Eingehende Darlegung der Kontaktstellen zwischen Luftelektrizität und Radioaktivität im besonderen (Kapitel 5.).

c) Allgemeine Ergebnisse der Untersuchungen über atmosphärische Radioaktivität unabhängig von den Problemen der Luftelektrizität (Kapitel 6.).

1.-6. Prinzipien der Synopsis, der Klimatologie und der Aerologie als tragende Pfeiler der Arbeit

In den Jahren ab 1950 begannen mehrere Arbeitsgruppen unabhängig voneinander mit der gleichzeitigen und koordinierten Registrierung luftelektrischer Elemente an einer diskreten Anzahl von Stationen, und zwar:

R. E. HOLZER [siehe R. E. HOLZER (1955), R. E. HOLZER und G. F. SCHILLING (1952, 1953), G. F. SCHILLING und P. L. CHILDRESS (1954), R. E. HOLZER und P. L. RUTTENBERG (1955) u. a.]:

Zahlreiche Stationen ab 1951 mit teils kürzerer, teils längerer Arbeitsdauer (im Durchschnitt 2—3 Jahre); Geographische Verteilung: Gebiet Californien (11 Stationen, darunter Bergstationen bis über 4000 m NN), Pazifik (4 Stationen), Hawaii (3 Stationen); Registrierung von Potentialgradient, elektrischer Leitfähigkeit und Leitungsstrom; nur Schönwetteruntersuchungen.

H. ISRAEL [siehe H. ISRAEL, H. W. KASEMIR und K. WIENERT (1955), H. ISRAEL (1956), H. ISRAEL (1957a), H. ISRAEL (1958a)]:

Im Sommer und Herbst 1950 am Sonnblick und am Jungfraujoch, später über ein volles Jahr am Jungfraujoch, Gornergrat und Payerne; Registrierung von Potentialgradient und Leitungsstrom; nur Schönwetteruntersuchungen.

M. KAWANO [M. KAWANO (1958), siehe auch H. HATAKEYAMA und M. KAWANO (1953)] im Raum von Tokyo: Registrierung von Potentialgradient, Raumladung und elektrischer Leitfähigkeit (z. Tl. auch natürl. Luftradioaktivität); nur Schönwetteruntersuchungen.

R. REITER [siehe R. REITER (1952a, 1954a, 1955b, 1955c, 1956b, 1957a, 1958b, 1960a)]:

Ab Frühjahr 1950 in München, Fürstenfeldbruck, Bad Tölz und Predigtstuhl bei Bad Reichenhall; Registrierung des Potentialgradienten; sowohl Schönwetter- als auch Schlechtwetterregistrierungen.

Nach vorübergehenden Registrierungen auch im Allgäu (Oberstdorf und Nebelhorn) wurden in den Jahren 1952—1954 alle verfügbaren Geräte im Wettersteingebirge zusammengezogen, wo sie bis 1960 kontinuierlich über 6 Jahre im Einsatz geblieben sind. Nähere Einzelheiten hierzu siehe 2.0. und 2.1.

Für die koordinierte Planung, Durchführung und Auswertung synchroner luftelektrischer Registrierungen an mehreren Stationen wurde von R. REITER (1951, 1952) der Begriff der luftelektrischen Synopsis eingeführt und ein Programm (1952a) entworfen, das einige Möglichkeiten umreißt, die das Arbeitsverfahren der Synopsis in der Luftelektrizität bietet.

Mit Hinweis auf die Arbeitsweise der praktischen Synoptik in der Meteorologie verlangt H. ISRAEL (1954a, b) allerdings, daß an den Stationen, deren Daten synoptisch betrachtet werden sollen, nicht etwa nur ein Element, sondern mindestens zwei oder mehr luftelektrische Elemente gleichzeitig registriert werden. Diese Forderung erscheint jedoch unbegründet, denn die Anwendbarkeit des Begriffes „Synoptik" ist ja nicht vom Sprachgebrauch in der Meteorologie abhängig, wenngleich sich für den Meteorologen mit ihm bestimmte feste Vorstellungen verbinden mögen. Synopsis ist jegliches einheitliche Betrachten und Verwerten von Daten, Erfahrungen usw. schlechthin, die z. B. gleichzeitig an verschiedenen Orten gewonnen wurden, auch dann, wenn überall nur ein Element erfaßt worden ist. In diesem letzteren Falle nach H. ISRAEL (1954a, b) anstatt Synopsis den Begriff „Feld" anzuwenden trifft den Sachverhalt nicht, und zwar aus drei ganz verschiedenen Gründen:

1. Die an 2 oder mehreren örtlich weit voneinander entfernten Stationen ausgeführten Registrierungen eines einzelnen Elementes (z. B. Potentialgradient, aber ebenso Temperatur oder Wind) würden keinesfalls ausreichen, das Feld der betreffenden Größe anzugeben, denn der Feldbegriff ist ja für die Ortsabhängigkeit einer physikalischen Größe reserviert und setzt somit ihre Kenntnis wenn nicht kontinuierlich, so doch in hinreichend engen, unmittelbar aneinander anschließenden Intervallen voraus. Die kontinuierlich gegebene Zeitabhängigkeit des Potentialgradienten an zwei entfernten Stationen kann also voraussetzungsgemäß nicht zur Beschreibung des Potentialfeldes dienen.
2. Synopsis schließt nicht nur die Gewinnung und das Vorhandensein einer gewissen Menge von Daten ein, sondern über diese Voraussetzung hinaus viel mehr und dem Sinne nach anderes als dem Feldbegriff eigen sein kann, nämlich das aktive „Schauen", das Sehen von Zusammenhängen, Gemeinsamkeiten, Beziehungen. In diesem ganz klassischen Sinne soll Synopsis eines der Grundprinzipien der luftelektrischen Arbeit sein, mit welcher wir uns zu befassen haben [vgl. R. REITER (1952a, 1954b, 1955b, 1960b]).
3. Ein wesentlicher Bestandteil der luftelektrischen Synopsis ist notwendigerweise auch die Mit-Betrachtung der synchronen meteorologischen Daten, die ja erst den Schlüssel zum Verständnis der atmosphärischelektrischen Vorgänge und Zustände liefern. Demgegenüber bleibt „Feld" die Ortsfunktion einzig und allein einer Größe.

Würde man übrigens die Vorstellungen des Meteorologen von Synopsis mit voller Strenge auf die luftelektrische Synopsis übertragen, so könnte bei nur

zwei gleichzeitig zur Verfügung stehenden Stationen bestenfalls von Stationsvergleich oder -Anschluß, aber gewiß nicht von Synopsis gesprochen werden,
welche ja in der Meteorologie erst an Hand eines Netzes von Stationen denkbar ist.

Der andere Begriff, der im übertragenen Sinne aus der Meteorologie
übernommen werden soll, ist der des Klimas. Den Inhalt des Begriffes
Klima gibt DE RUDDER (1952) sehr treffend wieder:

Klima ist „das Bleibende im Wechsel der Atmosphäre, das Statische,
das aus der Gesamtheit atmosphärischer Änderungen sich Herausschälende", und zwar jeweils in bezug auf ein gegebenes geographisches
Gebiet. Um das Bleibende im Wechsel erkennen zu können ist notwendige und einleuchtende Voraussetzung, daß ausreichende Erfahrungen über den Wechsel, d. h. über Typen und Amplituden der Witterungseinflüsse bekannt sind. Erfahrung geht hier direkt proportional zur Beobachtungsdauer. Da aber der Witterungsablauf jahreszeitlich gebunden
ist, müssen wir den Ablauf eines Kalenderjahres als die kleinste, unteilbare Einheit für die Gewinnung gültiger Erfahrung im Sinne der Klimatologie ansehen. Man wird also z. B. luftelektrische Untersuchungen von
der Dauer eines Kalenderjahres gerade noch als Beitrag zur Kenntnis des
„luftelektrischen Klimas" der betreffenden Gegend gelten lassen können,
unter der stillen Voraussetzung allerdings, daß die Variationsbreite von
Jahr zu Jahr geringfügig ist. Eigentlich müßten sich aber luftelektrischklimatische Arbeiten über mindestens mehrere Jahre hinweg lückenlos
erstrecken.

Gehen wir nun zum dritten Begriff, dem der Aerologie über, so wäre
wohl von einer luftelektrisch-aerologischen Arbeit zu fordern, daß sie sich
mit der Untersuchung einer gewissen Dicke der Atmosphäre befaßt, also
nicht nur mit der Gewinnung von Erfahrung in einem einzigen Niveau. In
Anlehnung an den Gebrauch des Begriffes in der Meteorologie müssen wir
wohl auch die Verwertung von Daten zulassen, die an Gebirgsstationen,
also zwar noch an der Erdoberfläche, aber immerhin in einem anderen
Niveau als an zugehörigen Tal- oder Flachlandstationen, gewonnen
worden sind. Luftelektrische Aerologie soll also nicht allein auf die Verwendung von Messungen in der freien Atmosphäre mittels Sondenträger
beschränkt sein, wenn gleich diese natürlich wesentliche Beiträge zu
liefern imstande sind.

Fassen wir kurz zusammen, was unter synoptisch-klimatischen
Arbeiten von aerologischem Charakter auf unserem Gebiet zu verstehen
ist, so können wir in Übereinstimmung mit unserem Programm 1.0.
sagen: es müssen Untersuchungen sein, die durch mehrjährige kontinuierliche und synchrone Registrierungen der in Betracht zu ziehenden
Elemente der Luftelektrizität und der Radioaktivität einschließlich
meteorologischer Größen an mehreren Stationen eines hinreichend höhengestaffelten Netzes gekennzeichnet sind. Kennzeichen ist aber außerdem

die durchgreifende systematische Bearbeitung des erhaltenen Datengutes nach einheitlichen Gesichtspunkten und unter Einschluß aller in Betracht kommenden Nebenbedingungen und Begleitumstände einschließlich lokaler und orographischer Verhältnisse aber auch globaler, weltweiter, ja kosmischer (z. B. solarer) Beziehungen.

Es sind hier noch einige Worte zur synoptisch-klimatischen und aerologischen Arbeit auf dem Gebiet der atmosphärischen Radioaktivität zu sagen. Während sich zwar von etwa 1952 ab die Zahl der Stationen in allen Ländern zunächst vervielfachte, wurden nur da und dort Untersuchungen ausdrücklich vom Gesichtspunkt der Synopsis eingerichtet und am wenigsten unter dem der Aerologie, während andererseits sich der Gesichtspunkt der Klimatologie ganz von selbst aus der Notwendigkeit langzeitlicher Untersuchungen ergab. Aerologische Untersuchungen stießen auf erhebliche Schwierigkeiten, weil es nur mit großem Aufwand, nämlich praktisch nur mit dem Flugzeug, möglich ist, Radioaktivitätsmessungen in der freien Atmosphäre durchzuführen. Dagegen bot sich die Möglichkeit der Messung im Mittel- [A. SITT-KUS (1955)] und im Hochgebirge an. Hochgebirgsmessungen an Einzelstationen wurden von J. JAUFMANN (1907, 1909), A. GOCKEL u. TH. WULF (1908), H. GARRIGUE (1935, 1936, 1937), J. A. PRIEBSCH, G. RODINGER und P. L. DYMEK (1942) und R. REITER (1955d, 1956c, 1957b) ausgeführt. Kontinuierliche synoptisch-klimatologische Messungen der Luftradioaktivität hat R. REITER (1959a, b, 1960c, d, e) ab Sommer 1958 durch Errichtung eines Stationspaares mit relativ großem Höhenunterschied in den Nordalpen in Gang gebracht.

2. Das Stationsnetz, die geographische Lage seiner Stationen und ihre instrumentelle Ausrüstung

2.-0. Tabellarische Zusammenstellung der charakteristischen Merkmale der Registrierstationen

2.-.0.0. Die älteren Stationen, soweit sie nicht im Wettersteingebirge liegen

Tab. 1 enthält nähere Angaben über jene älteren Stationen, die bis zum Jahre 1954 außerhalb des Wettersteingebirges in Betrieb waren. Den im Wettersteingebirge errichteten Stationen ist ein gesonderter Abschnitt (2.–0.1.) gewidmet, da sie ein Netz für sich bilden.

Neben den Namen der Stationen enthält die Tabelle: Stationshöhe, registrierte oder gemessene luftelektrische Elemente und Dauer der jeweiligen Registrierung.

Die Stationsgruppe München–Fürstenfeldbruck–Bad Tölz–Predigtstuhl bildete das erste synoptisch-luftelektrische Netz. Hier ist noch anzumerken, daß die Registrierung des Potentialgradienten in Fürstenfeldbruck[1]) bei München am Erdmagnetischen Observatorium mit einem Benndorf-Registrierelektrometer ausgeführt worden ist. Alle anderen Stationen arbeiteten mit dem in 2.2. angeführten Meßverstärker. Im selben Abschnitt sind auch die übrigen Meß- und Registriergeräte und -Verfahren eingehend beschrieben.

Auf die Untersuchungen in den Ostbayerischen Alpen (Predigtstuhl und Bad Reichenhall) folgte die Errichtung der Stationen im Allgäu (Nebelhorn, Oberstdorf) und der laufende Vergleich mit der Station München-Süd. In Oberstdorf wurde von der Möglichkeit Gebrauch gemacht, zwei Sonden zur Erfassung des Potentialgradienten mit einer Höhendifferenz von ca. 6 m aufstellen zu können.

2.-0.1. Die Stationen im Wettersteingebirge

Tab. 2 gibt einen vollständigen Überblick über Höhenlage, geographische Koordinaten und Art sowie Dauer der Registrierungen oder Messungen an den Stationen des Wetterstein-Netzes. Die Namen der ständigen Stationen sind fett gedruckt. In den Kolonnen a und b sind außerden nähere Angaben über die relative Lage der Station zur nächstgelegenen Gipfelstation zu finden, wobei die Steilheit des Netzes aus Kolonne b entnommen werden kann. Sie ist am größten im Gebiet zwischen Eibsee und Zugspitze. Auf die geographischen Besonderheiten kommen wir in 2.–1. eingehender zu sprechen.

---

[1]) Diese Registrierungen, sowie die vorangegangenen Anschluß-Registrierungen mit einem unserer Meßverstärker (siehe (2.–2.1.) standen unter der Aufsicht von Herrn Dr. K. Burkhart, welchem wir zu besonderem Dank verbunden sind.

Tabelle 1. *Luftelektrische Registrierungen bis 1954*

a: Basisabstand von der nächstgelegenen Gipfel- bzw. Bergstation

b) Verhältnis Vertikalabstand/Horizontalabstand von der nächstgelegenen Gipfel- bzw. Bergstation

Name der Station	m NN	gemessene bzw. registrierte luftelektrische Elemente	registriert: r in Abständen gemessen: ma	Beginn und Ende der Registrierung
München (südlicher Stadtrand)	545	*Potentialgradient* *Vertikalstromdichte*	r r	Herbst 1948–Somm. 1954 Frühjahr 1950 bis Sommer 1954
		Luftleitfähigkeit *Atmospherics 4—12 kHz* *Atmospherics 10—50 kHz*	ma r r	ab 1952—1954 ab Herbst 1949 ab Herbst 1949
Fürstenfeldbruck (Erdmagnetisches Observatorium)	535	*Potentialgradient*	r	Febr. 1950—August 1950
Bad Tölz (Wetterwarte)	660	*Potentialgradient*	r	Juni 1950—1953
Predigtstuhlgipfel (b. Bad Reichenhall)	1618	*Potentialgradient*	r	März 1950—August 1950
Bad Reichenhall a = 3200 m b = 0,37	417	*Potentialgradient*	r	August 1950—Juni 1952
Nebelhorn (Bergbahnstation)	1920	*Potentialgradient*	r	Juli 1952—Frühjahr 1954
Oberstdorf (Wetterwarte) a = 5500 m b = 0,21	810	*Potentialgradient* 1. in 1,8 m über Boden 2. am Turm, ca. 8 m über Boden	r	Juli 1952—Frühjahr 1954

Tabelle 2. *Das Stationsnetz im Wettersteingebirge*

a: Basisabstand von der nächstgelegenen Gipfel- bzw. Bergstation

b: Verhältnis Vertikalabstand/Horizontalabstand von der nächstgelegenen Gipfel- bzw. Bergstation

Name der Station	Kurz-zeichen	m NN	a	b	nördl. Breite	östl. Länge	Registrierte oder gemessene Elemente der atmosphärischen *Elektrizität* und *Radioaktivität*, sowie *meteorologische Elemente*	Kurz-zeichen	registriert: r; zeitlich dicht auf-einanderfolgend gemessen: mr; in Abständen gemessen: ma	Beginn und Ende der Registrierung
Zugspitze (Wetterwarte)	**Z**	2963	—	—	47° 25′	10° 59′	*Potentialgradient*	E	r	3. 9. 1952 bis gegenwärtig
							Leitungsstromdichte	i	r	19. 7. 1954 bis gegenwärtig
							Luftleitfähigkeit	λ	ma	Herbst 1952 bis Herbst 1959
							Temperatur	T	r	
							relative Feuchte	RF	r	laufend
							Windgeschwindigkeit,	—	r	
							Windrichtung, u. a.	—	r	
Schneeferner-haus	S	2700	650	0,40	47° 25′	10° 59′	*Potentialgradient*	E	r	13.8—17.10.1958
							Natürliche Luftradio-aktivität	Rn	mr	,,
							künstliche Luftradio-aktivität	Rk	mr	,,
							Schmutzgehalt der Luft	S	mr	,,
							künstliche Niederschl.-Rad.	RN	mr	,,
							Temperatur	T	r	,,
							Feuchte	RF	r	,,

Station							Merkmal			Zeitraum
Zugspitzplatt	P	2650	900	0,34	47° 25′	10° 59′	*Potentialgradient*	E	r	Aug. 1954
										Aug./Sept. 1955
							Luftleitfähigkeit	λ	ma	13.8.—17.10.1958
							Kondensationskerndichte	N	ma	
							Leitungsstromdichte	i	r	13.8.—17.10.1958
							Kleinionendichten	n_+, n_-	r	,,
							NO_2' und NO_3' im			
							Niederschlag	—	ma	,,
							Temperatur	T	r	Aug./Sept. 1955
							relative Feuchte	RF	r	u. 13. 8. bis
							Windgeschwindigkeit	W	r	17. 10. 1958
							Windrichtung	—	r	
							Globalstrahlung	—	r	
Wankgipfel	**W**	1780	—	—	47° 30′	11° 09′	*Potentialgradient*	E	r	12. Juli 1955 bis
										gegenwärtig
							Leitungsstromdichte	i	r	,,
							Luftleitfähigkeit	λ	ma	ab Juli 1955
							Natürliche	Rn	mr	1. 12. 1958 bis
							Luftradioaktivität			gegenwärtig
							künstliche			
							Luftradioaktivität	Rk	mr	,,
							künstliche			
							Niederschl.Rad.	RN	mr	,,
							Schmutzgehalt der Luft	S	mr	,,
							NO_2' und NO_3'			Mitte 1956 bis
							im Niederschlag	—	ma	gegenwärtig
							Temperatur	T	r	1. 12. 1958 bis
										gegenwärtig
							relative Feuchte	RF	r	,,
							Windgeschwindigkeit	W	r	,,
							Windrichtung	—	r	,,
							Zenithelligkeit	Z	r	,,

Tabelle 2 (Fortsetzung)

Name der Station	Kurz-zeichen	m NN	a	b	nördl. Breite	östl. Länge	Registrierte oder gemessene Elemente der atmosphärischen *Elektrizität* und *Radioaktivität*, sowie *meteorologische Elemente*	Kurz-zeichen	registriert: r; zeitlich dicht aufeinanderfolgend gemessen: mr; in Abständen gemessen: ma	Beginn und Ende der Registrierung
Riffelriß	**R**	1565	1400	0,96	47° 25′	10° 59′	*Potentialgradient*	E	r	17. 3. 1954 bis 15. 1. 1960
							Luftleitfähigkeit	λ	ma	,,
Obermoos	**O**	1250	3300	0,52	47° 26′	10° 56′	*Potentialgradient*	E	r	10. Aug. 1954 bis 15. Jan. 1960
							Luftleitfähigkeit	λ	ma	
Eibsee	**E**	1005	1960	0,50	47° 27′	10° 59′	*Potentialgradient*	E	r	22. 10. 1953 bis 15. 1. 1960
							Luftleitfähigkeit	λ	ma	,,
Garmisch-Partenkirchen	**G**	705	3750	0,29	47° 30′	11° 06′	*Potentialgradient*	E	r	20. Mai 1953 bis 15. Jan. 1960
							Vertikalstromdichte	i	r	19. Juli 1954 bis 15. Jan. 1960
(Wetterstation)							*Luftleitfähigkeit*	λ	ma	20. Mai 1953 bis Herbst 1959 laufend
							Temperatur	T	r	
							relative Feuchte	RF	r	
							Windgeschwindigkeit		r	
							Windrichtung, u. a.		r	

Farchant	**F**	675	2500	0,44	47° 31′	11° 07′	*Potentialgradient*	E	r	1. 12. 1954 bis gegenwärtig
							Leitungsstromdichte	i	r	1. 11. 1957 bis gegenwärtig
							Luftleitfähigkeit	λ	ma	ab Dez. 1954
							Spitzenentladungsstrom	*sp*	r	1.2. 1957–1.1. 60
							Kleinionendichten	n_{+}, n_{-}	r	1. 10. 1957 bis gegenwärtig
							Niederschlagsstrom	*IN*	r	1. 4. 1960 bis gegenwärtig
							atmospherics 3—20 kHz	*Sf*	r	1. 1. 1956 bis 1. 10. 1958
							Natürliche Luftradioaktivität	*Rn*	mr	1. 4. 1957 bis gegenwärtig
							künstliche Luftradioaktivität	*Rk*	mr	,,
							Schmutzgehalt der Luft	*S*	mr	,,
							künstliche Niederschl.Rad.	*RN*	mr	,,
							NO$_2$′ und NO$_3$′ im Niederschlag	—	ma	Anfang 1956 bis gegenwärtig
							Temperatur (doppelt)	T	r	1. 7. 1956 bis gegenwärtig
							relative Feuchte (doppelt)	*RF*	r	,,
							Windgeschwindigkeit	W	r	,,
							Zenithelligkeit	Z	r	,,

Neben den luftelektrischen Registrierungen oder Messungen (kursiv) sind in Tab. 2 außerdem die an den Stationen ausgeführten wichtigsten[1]) meteorologischen Registrierungen (petit) angegeben. An Station Farchant und Wankgipfel wurden außerdem fast lückenlose meteorologische Beobachtungen über Himmelsbedeckung, Dunst, Nebel, Art und Dauer der Niederschläge usw. ausgeführt, was nicht eigens in Tab. 2 vermerkt ist. Überdies standen die meteorologischen Beobachtungen der beiden Wetterdienststellen Zugspitze und Garmisch bei den Auswertungen zur Verfügung, wobei sich besonders die „Mont"-Gruppen der Station Zugspitze bewährten.

Der Kürze halber werden die Stationen des Wetterstein-Netzes und die an ihnen registrierten luftelektrischen Größen im folgenden Text in der Regel mit den in Tab. 2 angegebenen Kurzzeichen benannt werden.

2.-1 Zur Geographie der Stationen

2.-1.0. Allgemeines

Es ist bekannt, daß lokalklimatische Faktoren das Verhalten der Elemente der Luftelektrizität und Radioaktivität mehr oder weniger stark beeinflussen und es wird in späteren Abschnitten Umfang und Art dieser Einflüsse eingehender besprochen werden. Da nun aber das Lokalklima weitgehend durch geographische Lage, Form des umliegenden Geländes, Nähe von Siedlungen usw. bestimmt wird, muß diesen Gegebenheiten im Rahmen der Untersuchungen besondere Beachtung geschenkt werden. Es wird deshalb zweckmäßig sein, diese hier schon vor der Besprechung der Ergebnisse eingehender darzulegen, um später darauf verweisen zu können.

2.-1.1. Die älteren Stationen außerhalb des Wetterstein-Gebietes

2.-1.1.0. München

Die Registrierungen wurden am Südrand der Stadt in einer Villenkolonie ausgeführt. Sie lag auf einer ebenen Hochfläche etwa 30 m über dem Niveau der eigentlichen Großstadt. Von dieser wurden Rauch und Schwebstoffe nur durch Wind aus NE bis NW an die Station herangetragen. Die Sonde zur Registrierung des Potentialgradienten war am Balkon des Hauses etwa 4 m über dem Boden angebracht. Die Meßantennen (Vertikalstrom, atmospherics) waren zu den Dächern der umliegenden Häuser ausgespannt.

---

[1]) An Wetterwarte Zugspitze und Wetterstation Garmisch werden natürlich über die genannten meteorologischen Elemente hinaus noch andere registriert oder gemessen, die jedoch in unserem Zusammenhang von geringerer Bedeutung sind.

2.-1.1.1. Fürstenfeldbruck

Das Benndorf-Registrierelektrometer befand sich in einem Holzhäuschen auf einem freien, ebenen Gelände des Erdmagnetischen Observatoriums Fürstenfeldbrück. Die zugehörige Sonde (Poloniumkollektor) war in 3,0 m Höhe über dem Boden aufgestellt. Bei den Anschlußregistrierungen (siehe (2.–2.1.) stand die Meßsonde des Röhrenelektrometers in 12 m Abstand von der Benndorfhütte, und zwar 1,2 m über dem Boden. Das sehr einförmige Gelände war für die Anschlußregistrierung außerordentlich gut geeignet.

2.-1.1.2. Bad Tölz

Das Gerät wurde an der Bioklimatischen Forschungsstelle des Deutschen Wetterdienstes in Bad Tölz aufgestellt. Die Sonde fand auf einem Rohrstab im Beobachtungsgarten Platz. Trotz der Lage im Bade-Teil von Bad Tölz erwies sich der Platz als weniger geeignet für luftelektrische Untersuchungen, da direkt am Beobachtungsgarten die Bundesstraße nach Kochel-Innsbruck vorbeiführte. Aufgewirbelter Staub und Auspuffgase verursachten zuweilen zusätzliche lokale Störungen.

2.-1.1.3 Predigtstuhl

Dicht unter dem Gipfel des Predigtstuhls bei Bad Reichenhall befindet sich eine Höhenstrahlen-Registrierstation der Bundespost. Dort konnte das Gerät untergestellt und die Sonde auf einem etwa 30° geneigten freien Hang unweit vom Haus installiert werden (ca. 1,2 m über dem Boden auf einem Stativ). Leider erwies sich der Platz als stark blitzgefährdet, so daß wegen mehrmaliger Blitzschäden die Registrierungen im Sommer 52 eingestellt werden mußten.

2.-1.1.4. Bad Reichenhall

In Bad Reichenhall wurden die Registrierungen am südöstlichen Ortsende in staubfreier Lage ausgeführt (Klinisches Laboratorium Dr. RIEDEL). Die Sonde befand sich 2 m über dem Boden.

2.-1.1.5. Nebelhorn

Die Registriersonde für den Potentialgradienten konnte auf einem Stativ in 1,5 m Höhe auf einem langgestreckten, niederen Flachdach der Nebelhornbahn A.G. aufgestellt werden. Das Registriergerät befand sich im Maschinenhaus der Bahn. Es muß noch darauf hingewiesen werden, daß die Bergstation der Nebelhornbahn nicht am Gipfel des Berges, sondern 300 m darunter auf einem Geländevorsprung liegt, der nach Westen freien Blick gewährt, der aber mit von SE über E nach N zum Nebelhorngipfel aufsteigenden Bergrücken umschlossen ist. Das bedeutet, daß wir im vorliegenden Fall nur von einer Hanglage sprechen können und daß z. B. nächtliche Hangabwinde die Registrierstation passieren mußten.

2.-1.1.6. Oberstdorf

Das mit dem Nebelhorn-Gerät synchron laufende Talgerät war an der Bioklimatischen Forschungsstelle des Deutschen Wetterdienstes in Oberstdorf untergebracht. Diese lag an der südlichen Ortsgrenze, abseits geschlossener Siedlungsgebiete am Rande freier, ebener Wiesen. Die Potentialgradient-Registrierungen erfolgten mit Hilfe zweier Sonden, die auf automatischem Wege alternierend an das Gerät angeschlossen wurden (Umschaltzeit 60 sec.).

Die eine Sonde (auf einem Rohrstab) stand im Beobachtungsgarten des Hauses auf einer kleinen Wiese in ca. 1,8 m Höhe, die andere am Beobachtungsturm der Forschungsstelle ca. 8 m über dem Boden, wobei sie den Dachfirst um gut 1 m überragte. Noch wesentlich höher waren allerdings Windmast und Blitzableiter. Erwähnenswert ist noch, daß die Mündung des dem Oberstdorfer Kessels zustrebenden Tales der Stillach direkt auf den Registrierort gerichtet war. Das ist mit Rücksicht auf die Konvektionsbedingungen (Berg-Talwinde) nicht ohne Interesse.

2.-1.2. Die Stationen des Wettersteinnetzes

2.-1.2.0. Geographische Gesamtübersicht

Die in Abb. 1 dargestellte schematische Karte des Stationsgebietes will einen Eindruck von der Gestalt des Geländes und der Lage der Stationen relativ zueinander und in bezug auf die Geländestruktur vermitteln. In dieser Darstellung wurde bewußt auf Details verzichtet, da solche viel besser aus einigen Luftaufnahmen hervorgehen, die den Gesamteindruck vertiefen und abrunden sollen. Die Karte beschränkt sich deshalb auf Wiedergabe der Höhenschichtlinien, der Haupt-Fluß-Läufe, Andeutung der bebauten Flächen (Schraffur) und nicht zuletzt auf Angabe der 9 Stationen durch verschiedene Punktsymbole:

- ◉ Stationen I. Ordnung: Registrierung des Potentialgradienten E und mindestens eines weiteren luftelektrischen Elements sowie meteorologischer Größen. Die Station ist kontinuierlich in Betrieb.
- ◯ Stationen II. Ordnung: Registrierung nur des Potentialgradienten E, jedoch ist die Station kontinuierlich in Betrieb.
- ◎ Stationen III. Ordnung: Registrierung eines luftelektrischen Elementes oder mehrerer solcher, Station nur zeitweise in Betrieb (während Exkursionen im Sommer).

Es sind — geographisch gesehen — zwei Gruppen von Stationen zu unterscheiden, nämlich die Gruppe W, G und F und die Gruppe Z, R, E und O (mit P und S). Zu jeder dieser Gruppen gehört eine Gipfelstation (Wank- bzw. Zugspitze). Man wird der Wank-Gruppe einen gemäßigtalpinen Charakter zuschreiben können, die Zugspitz-Gruppe hingegen trägt ausgesprochen hochalpinen Charakter. Das wird bei der Besprechung der einzelnen Stationen selbst noch deutlicher werden.

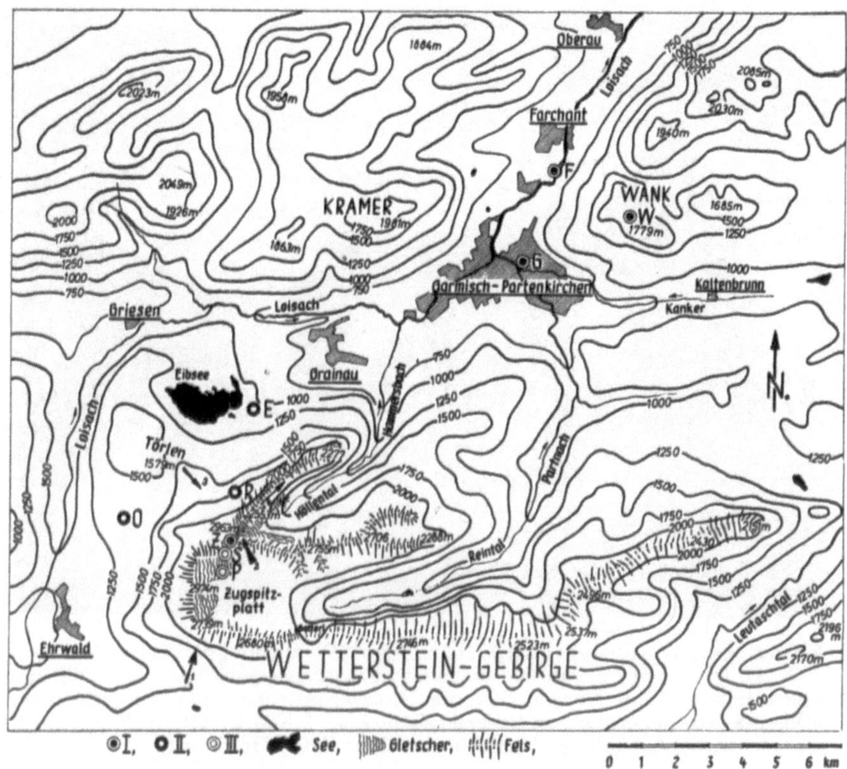

Abb. 1. Das synoptische Netz der Stationen im Wettersteingebirge mit Topographie des Geländes (stark schematisiert). I, II, III Rangordnung der Stationen (siehe Text). Abkürzungen: siehe Tab. 2

Wir wollen nun — im Bilde allerdings (Abb. 2—4) — das Zugspitzmassiv überfliegen, um die ihm eigene Struktur und seine nähere und weitere Umgebung, in die es hineingestellt ist, noch besser kennen zu lernen. Die Karte in Abb. 1 wird uns dabei jeweils zur Orientierung dienen können. Das Zugspitzplatt wird von etwa SSW aus in ca. 3200 m NN angeflogen (Abb. 2, siehe auch Pfeil 1 in Abb. 1). Es liegt als eine in seichten Stufen nach E abfallende, wellige, karstige, z. T. mit ewigem Schnee (Schneeferner) bedeckte und von einer mäßig hohen aber schroffen Felsenmauer eingezäunte Hochfläche vor uns. Ihre Sanftheit und ihre weite, fast horizontale Erstreckung steht in einem krassen Gegensatz zu den steilen, schrundigen und gegen die Latschenregion zu von Kalkschuttkegeln bedeckten Steilwänden, die das Wettersteinmassiv von Süden, Osten und auch Nordwesten her umfassen. Die Krone dieser huf-

Abb. 2. Das Wettersteingebirge wird aus SSW angeflogen (siehe Pfeil 1 in Abb. 1). In seinen Felsrahmen eingebettet liegt das sanft nach E abfallende Zugspitzplatt. Im Norden ist der Loisachtal-Einschnitt zu erkennen. Folgende Stationen sind am Bild zu sehen: Z, S, P und W (vgl. Abb. 1, Tab. 2) (Aufnahme: Deutsche Luftbild K.G., Hamburg)

eisenförmig gebogenen Felsmauer trägt Zacken unterschiedlicher Höhe. Den Gipfel bildet die Zugspitze, dann folgen im Nicht-Uhrzeigersinn Zugspitzeck, Schneefernerkopf, Wetterwandeck (in Abb. 2 vorne) und Plattspitzen. Drei Stationen der Zugspitzgruppe und ihre orographische Lage sind auf Abb. 2 zu erkennen: Z, S und P (Nennung mit abnehmender Höhe). Im Hintergrund des Bildes sieht man das dunsterfüllte, nach NNE in die Vorebene ausstreichende Loisachtal und seine beidseitigen Begrenzungen, von welchen uns vor allem als der eine Eckpfeiler, der Wank, wegen seiner Gipfelstation interessiert. Er ist rechts oben in Abb. 2 über den Höllentalspitzen zu finden (W).

Das direkt auf dem Westgipfel der Zugspitze stehende Münchner Haus mit seinem, die Wetterwarte und unsere Station Z bergenden Beobachtungsturm sehen wir auf Abb. 3 aus der Vogelschau (Pfeil 2 in Abb. 1). Am Fuß des fast 2000 m tiefen NW-Absturzes der Zugspitze (Bayerisches Schneekar) liegt, umsäumt von waldbedeckten Hügeln, der dunkle Eibsee. Unsere Station E (rechts im Bild) liegt etwas abseits von seinem Ufer.

Die Steilheit des zwischen den Stationen E, R und Z (und der Station O im Westen) ausgespannten Netzes wird durch die Luftaufnahme Abb. 4 (vgl. Pfeil 3 in Abb. 1) sehr deutlich, auf der die Station Z hoch über R zu sehen ist. Basisabstand Z-R ist fast gleich der Höhendifferenz der beiden Stationen Z und R. Unterhalb der rechten unteren Bildecke wäre Station Obermoos zu denken.

Richten wir nun auf Abb. 4 den Blick in die Ferne (Blickrichtung ESE), so wird die beherrschende Position der Zugspitze im Raum der nördlichen Kalkalpen ganz besonders deutlich: hoch überragt sie die südliche Umzäunung des Zugspitzplatt, aber auch die sich zwischen Leutaschtal und Inn erhebenden, südlicheren Kalkberge (Mieminger, im Bilde ist rechts die charakteristische Hohe Munde gerade noch z. T. zu erkennen). Erst weit südlich des Inntals drängen sich die Gipfel der Zentralalpen zusammen und heben den Horizont in sanftem Bogen über das Niveau der Zugspitze hinaus (auf Abb. 4 von der Bildmitte am Horizont nach rechts: Hohe Tauern und Zillertaler Alpen mit dem Olperer [3480 m NN] als der im Blickfeld liegenden höchsten Erhebung).

Abschließend schauen wir nach NE über den großen Waxenstein weg (im Vordergrund von Abb. 5, vgl. Pfeil 4 in Abb. 1) hinunter in den

Abb. 3. Vogelschau auf den Zugspitzgipfel (Station Z) und auf den Eibsee (Station E) aus WSW (vgl. Pfeil 2 in Abb. 1 und Tab. 2).
(Aufnahme: Deutsche Luftbild K.G., Hamburg)

Abb. 4. Station Zugspitze (Z) und Station Riffelriß (R) aus NW gesehen mit Blick auf Zentralalpen (siehe Pfeil 3 in Abb. 1).   (Luftaufnahme: Photogrammetrie GmbH, München). Freigabevermerk: B St MWV 97/4601

Garmisch-Partenkirchener Talkessel. Sein Ausgang zur Voralpenebene durch das Loisachtal wird von Kramer und Wank flankiert. Etwa auf der Verbindungslinie dieser beiden Berge liegt — im Dunst — Station F auf der Talsohle, während Station G gerade hinter dem Waxensteingipfel verschwindet. Gipfelstation Wank hingegen ist weithin zu erkennen.

Im folgenden seien die charakteristischen geographischen Eigenheiten der jeweiligen Stationen eingehender besprochen.

2.-1.2.1. Zugspitzgipfel

Die Luftbilder Abb. 2—4 zeigen deutlich, daß Station Zugspitze auf dem Buckel eines langgestreckten, teils hufeisenförmig umgebogenen (SW → S → E), teils (nach E und NE) aufgegabelten Grates liegt. Während nun zwar die Zugspitze infolge ihrer die Umgebung weit überragenden Höhe den

Winden aus allen Richtungen frei ausgesetzt ist, bewirkt die Gratlage, daß
orographisch bedingte Windablenkungen auftreten können und ferner, daß je
nach Sonnenstand verschiedene Konvektionsbahnen von den lokalen Luft-

Abb. 5. Blick vom Zugspitzgipfel nach NE (vgl. Pfeil 4 in Abb. 1). Im dunst-
erfüllten Tal liegen die Stationen Farchant (F) und Garmisch (G, verdeckt).
Station W (Wank) überragt Dunst und Nebel

strömungen bevorzugt werden. So können Windsprünge an der Station, die
meist auch jeweils mit einem Wechsel der Aerosol-Konstitution verbunden
sind, rein lokaler Natur sein und müssen nicht mit Wetterveränderungen im
Zusammenhang stehen. Durch die Drängung der Strömungslinien im Gipfelgebiet werden dort in der Regel auch höhere Windgeschwindigkeiten als in

der freien Atmosphäre in gleicher Höhe, aber in größerer Entfernung vom Gipfel gemessen. Windablenkung und Strömungsdrängung, verbunden mit der Auslösung von Leewirbeln, bewirken auch, daß die Bedingungen für Wolkenbildung am Gipfel und in seiner Umgebung etwas verschieden von denen in der freien Atmosphäre sind. Es bilden sich am Gipfel gerne Haufenwolken — wenn die Voraussetzungen für Kondensation gegeben sind, und zwar einerseits weil durch das Gebirgsmassiv die Strömung passiv nach oben abgedrängt wird und andererseits weil die an sonnenbeschienenen, geneigten Hängen und Felswänden erhitzte Luft aktiv zum Aufstrudeln veranlaßt wird. In beiden Fällen können dann leicht in der Umgebung des Gipfels und über ihm die Kondensationsbedingungen erfüllt sein und es kommt zu lokaler Wolkenbildung. Ganz Ähnliches gilt für Luv- und Leewolken, die sich ebenfalls gerne im Gipfelgebiet bilden. Sorgfältige Beobachtung der Bewölkungsverhältnisse von einem günstig gelegenen Talpunkt (Farchant) aus sind deshalb im Rahmen unserer Untersuchungen von besonderer Bedeutung.

Zu den lokalen Besonderheiten des Zugspitzgipfels gehört auch das häufige und heftige Schneefegen: besonders nach Neuschnee bläst der Sturm die oberste Schneeschicht von den Felshängen ab und treibt sie als „Jochfahnen" oft hunderte von Metern über Gipfel und Grate hinaus, – eine Erscheinung übrigens, der wir noch besondere Beachtung zu schenken haben.

Bei schwachem geostrophischem Wind und mäßiger oder fehlender Konvektion liefert die Station Zugspitze in vielfacher Hinsicht Meßwerte, die solchen der freien Atmosphäre sicherlich sehr nahe kommen. Hier wirkt sich die stark exponierte Lage der Station in jeder Beziehung günstig aus, denn sie hat dann den Charakter einer in das Luftmeer aufragenden Sonde.

Reifansatz und Rauheisbildung sind am Zugspitzgipfel ganz besonders stark, was entsprechend berücksichtigt werden muß, wenn empfindliche Geräteteile im Freien am Turm auf längere Dauer angebracht werden sollen (siehe 2.–2.1., 2.–2.6.).

Trotz einer gewissen Bebauung des Gipfels werden in seinem Bereich keine störenden Aerosolquellen beobachtet.

An die südöstliche Brüstung der Plattform auf dem Beobachtungsturm war die Feld-Registriersonde montiert. Die Meßantenne für die Vertikalstrom-Registrierung war horizontal und parallel zur Brüstung zwischen Trägerisolatoren ausgespannt, die an der W- bzw. S-Ecke des Turmes auf Stahlrohrträgern ruhten (siehe auch Abschnitt 2.–2.6. und Abb. 12 u. 13). Die Länge der Antenne betrug ca. 2 m, ihr Wandabstand ca. 0,7 m.

2.-1.2.2. Schneefernerhaus

Das mehrstöckige Hotel Schneefernerhaus ist in den Felshang eingebaut, der vom Zugspitzgrat zum Schneeferner steil abfällt (siehe Abb. 2). Man kann hier nur von einer hochalpinen, extremen Hanglage sprechen. Der Ort ist den Winden aus W über S nach E ausgesetzt. Nördliche Strömungen erreichen ihn nur durch scharfe Umlenkung. Die Hangkonvektion ist sehr ausgeprägt. In klaren, ruhigen Nächten tropfen Kaltluftlawinen oft in regelmäßiger Folge zu

Tal und an Strahlungstagen steigt die über dem Zugspitzplatt und an den der
Sonne ausgesetzten Felshängen erhitzte Luft empor, das Aerosol aus niedrigeren Höhen mit sich führend. Registrierungen der Elemente der Luftelektrizität und Radioaktivität werden durch den Hotelbetrieb nicht merklich beeinflußt, wenn die Geräte in einem etwas abseits gelegenen Nebentrakt aufgestellt sind.

Das Gerät für Luft-Radioaktivitätsmessungen stand in einem wetter-
dichten, unbenutzten Vorbau an der SW-Ecke des „Touristenhauses". Die
Einsaugöffnung befand sich in ca. 1 m Abstand von der Südwand an sehr gut
belüfteter Stelle. In der Nähe war auch die Feld-Registriersonde auf einer
2 m langen, horizontalen Angel angebracht.

2.-1.2.3. Zugspitzplatt

Geradezu ideale Bedingungen für Messungen und Registrierungen der
Elemente der Radioaktivität und Luftelektrizität, sowie der Aerosol-
beschaffenheit in größerer Höhe bietet das Zugspitzplatt, wenn man
davon absieht, daß es dort keinen fest gebauten Raum gibt und ganz-
jährige Arbeiten wegen der winterlichen Schneeverhältnisse (Schnee-
höhen von 7 m und mehr) unmöglich sind.

Allen Untersuchungen an Gipfel- Grat- und Hangstationen — ganz besonders im hochalpinen Raum — ist gemeinsam, daß Lokalbedingungen zu Modifikationen führen, die als solche von untergeordneter Bedeutung nicht sofort
zu erkennen sind (z. B. Spitzenentladungseffekte, Hangwinde, lokale Kondensationsprozesse u. a. m.). Vergleichsuntersuchungen, die auf einer Hochfläche — wenn auch nur über kürzere Zeit — ausgeführt werden, sind deshalb
von großem Wert. Wie Abb. 2 zeigt, liegt Station Zugspitzplatt weit ab von
scharfen Graten, Gipfeln und steilen Abstürzen. Die Neigung der Hochfläche
selbst ist sanft, ihre Struktur recht homogen. Die Luftzufuhr ist nur aus dem
Sektor NW bis NE behindert. Künstliche Aerosolquellen liegen alle so weit
ab, daß Störungen unmittelbar durch solche ganz auszuschließen sind.
Staubaufwirbelung tritt nur gelegentlich bei Wind von Sturmesstärke in
Erscheinung, da die Hochfläche lückenlos — mit Ausnahme des Gletschers
und der Firnfelder — mit grobem Schutt und mit Felsblöcken bedeckt ist,
auf denen sich Feinstaub nicht ansetzen kann. Vom Stationsplatz aus ist auch
freie Horizontalsicht über einen weiten Winkel möglich, so daß laufende
genaue Himmelsbeobachtungen durchführbar sind.

Ein Nachteil des Stationsplatzes liegt — neben der schon erwähnten
Unmöglichkeit, im Winter dort zu arbeiten — in der Schwierigkeit, schweres
Gerät zum Aufstellungsort zu bringen.

Eine genauere Schilderung der Geräteaufstellungen an Station Zugspitzplatt findet sich — mit Bildern — in Absatz 2.-2.6., so daß hier keine weiteren
Hinweise nötig sind.

2.-1.2.4. Wankgipfel

Obwohl ebenfalls Gipfelstation, trägt die Station am Wank einen von
der Zugspitze in jeder Beziehung verschiedenen geographischen Charakter.

Während die bis jetzt beschriebenen Stationen innerhalb der Felsregionen liegen, ist der Wank völlig mit Gras und z. T. sogar mit Latschen bewachsen. Fels tritt nur an ganz wenigen Stellen und in geringem Ausmaß zu Tage. Was den Wank vor allen anderen Bergen der Umgebung und etwa gleicher Höhe besonders auszeichnet, ist die flache Wölbung seines Gipfels (siehe Abb. 5). Er wird zwar von den nordöstlich gelegenen, durch einen tiefen Einschnitt getrennten „Esterbergen" überragt, trotzdem können wir von einer idealen, freien Gipfellage sprechen. Die Umströmung des Gipfels erfolgt dank seiner Kuppelform praktisch laminar, Kondensation durch Luv- oder Lee-Effekte tritt nicht auf. Doch ist die Konvektion gerade durch den wohlgeformten Berg und seine ausgedehnten südlichen Hänge bei Einstrahlung sehr begünstigt, und man findet im Frühjahr bis Herbst an warmen Tagen nicht selten einen isolierten, stationären Cumulus über dem Wankgipfel. Die Windgeschwindigkeiten am Gipfel sind überraschend mäßig. Sie liegen im Mittel eher niedriger als im Tal an Station Farchant (s. u.).

Die Gipfelstruktur läßt den Wank für luftelektrische Untersuchungen besonders begünstigt erscheinen, zumal die sehr nahegelegenen Talstationen optimale Profiluntersuchungen zulassen und die Seilbahn schnelle und leichte Erreichbarkeit garantiert. Störende Aerosolquellen treten nur gelegentlich einmal in Erscheinung und können leicht erkannt werden, da die Station ständig besetzt ist. Schneefegen ist am Wank recht selten und Reif- sowie Rauheisansätze bleiben in sehr mäßigen Grenzen. Staubaufwirbelung kommt am Wank so gut wie nicht vor.

Sehr vorteilhaft ist, daß vom Wank aus gute Beobachtungen über die Wolkenverteilung und der Wolkentypen zwischen Tal und Zenit und in einer Rundsicht von fast 360° möglich sind. Auch sind die Stationen Z, R, E und G zu sehen.

Die Potentialgradient-Registriersonde wurde von einem 2,5 m aus der Wand des Stationsgebäudes herausragenden Stahlträger gehalten (ca. 6 m über der Hangfläche). An ihm war auch der eine Antennen-Isolator der Vertikalstrom-Registrierantenne befestigt. Sie war ca. 8 m lang und horizontal gegen einen Mauervorsprung erstreckt (dort 2. Isolator). Der mittlere Wandabstand betrug ca. 2,4 m.

2.-1.2.5. Riffelriss

Station Riffelriß lag am steilen NW-Absturz des Zugspitzmassivs (vgl. Abb. 4), und zwar nahe der Verschneidung von schroffem Fels mit den Kalkschuttflächen, die allerdings in der Umgebung der Station schon mit Gras, Latschen und kargen Fichten und Lärchen bewachsen sind.

Wir haben es mit einer extremen, exponierten Hanglage zu tun, deren Merkmal einerseits die starke Konvektion (tagsüber Aufwinde, nachts Luftlawinen), andererseits die Stauwirkung ist, die dem gesamten, sich allen aus NW anbrandenden Luftmassen (maritimen bis polarmaritimen

Charakters) entgegenstemmenden Zugspitzmassiv zukommt. Nicht selten steckt Station R inmitten einer Staubewölkung, während in der Umgebung schon oder noch heiteres Wetter herrscht.

Station R befand sich sehr oft auch im Einflußbereich von Schneefegen, das — je nach Windrichtung — entweder nur an den Kämmen über der Station oder auch in den zur Station abfallenden Felswänden tobte. Die Umgebung der Station war frei von künstlichen Aerosolquellen.

Die Potentialgradient-Registriersonde befand sich auf einem Rohrstab an der südlichen Dachkante des Streckenwärterhäuschens, ca. 1 m über dem Dach.

2.-1.2.6. Obermoos bei Ehrwald in Tirol

Weit weniger exponiert als Station R lag südlich des Höhenzuges der Törlen auf einer schmalen Geländeterrasse die Station O. Die Törlen bilden eine relativ hohe natürliche Mauer, die das Loisachtal erheblich einschnürt und die oft als eine Wetterscheide im kleinen wirken.

An Station Obermoos sind vor allem abendliche Hangabwinde sehr ausgeprägt, die allerdings durch den lockeren Waldbestand, der die nähere und weitere Umgebung bis einige 100 m über die Station hinaus hangaufwärts bedeckt, etwas gedämpft werden. Die Registrierstation lag genügend weit abseits von Straße und Parkplatz, so daß sie von technischen Aerosolen kaum erreicht wurde. So sehr die Station vor N -und E-Winden geschützt lag, so sehr war sie durchgreifenden Föhnströmungen ausgesetzt.

Als Aufstellungsort der Feld-Registriersonde bot sich eine kleine, abseits gelegene Trafostation an, die die Registrierungen in keiner Weise beeinträchtigen konnte, da Zu- und Ableitungen (auch der Hochspannung) in der Erde verlegt waren. Die Potentialgradient-Registriersonde befand sich am Dach der Trafostation, etwa 6 m über dem Boden und 1 m über dem Dachfirst.

2.-1.2.7. Eibsee

An einem sanft zum Eibsee abfallenden, dicht bewaldeten Abhang, der einen Teil der Umfassung des Eibsees bildet und terrassenartig dem Fuß des Zugspitzmassivs vorgelagert ist, lag Station Eibsee (vgl. Abb. 3).

Horizontalabstand (0,4 km) und Niveaudifferenz (32 m) Station E — Eibsee garantierten, daß die Registrierungen an Station E nicht durch das lokale Seeklima unmittelbar beeinflußt wurden (z. B. durch Nebelbänke, Versprühen von Seewasser bei hohen Windgeschwindigkeiten u. a.). Station E lag auch durchaus noch im Bereich der starken Hangkonvektion und im Einflußgebiet des Staues am Zugspitz-NW-Absturz. An die Station gelangten nur mehrfach umgelenkte Winde, wobei die orographisch bedingten Berg-Tal-Strömungen überwogen. Im Gegensatz zu O war E an das Konvektionssystem des Garmischer Talkessels „angeschlossen". In der Nähe der Station E befanden sich keine Siedlungen und auch keine störenden Aerosolquellen.

Die Station wurde in einem größeren Gebäude der Zugspitzbahn untergebracht, das völlig abseits von der Straße und umgeben von lichtem Fichten-
wald lag. Die Potentialgradient-Registriersonde befand sich an einer horizontalen „Angel" etwa 7 m über dem Boden und 2 m von der südlichen Hauswand entfernt.

2.-1.2.8. Garmisch-Partenkirchen

Station Garmisch-Partenkirchen war vom locker bebauten, nach
Norden sich verdünnenden und auslaufenden Ende des Ortsteils Parten-
kirchen umgeben.

Die Gestalt des Talbeckens und die Gliederung der umrahmenden Gebirge
läßt eine Belüftung des Talkessels entweder nur aus NNE zu, wobei der im
nördlichen Loisachtal zusammengedrängte und beschleunigte Luftstrom
stark divergiert, sich verflacht und verlangsamt (Hochnebelauflösung im
Herbst!), aber auch aus östlichen oder westlichen Richtungen. An Schönwettertagen wird die Luft durch das nördliche Loisachtal wie durch die „Luft-
röhre" begierig angesaugt und dann auf die verschiedenen aufwärtsführenden
„Bronchienäste" verteilt (Kankertal, Reintal, Höllental, oberes Loisachtal).
In klaren Nächten verläuft der Luftstrom umgekehrt, wenngleich auch
weniger zügig und ausgeprägt. Überlagern sich den Zirkulationsströmen
stärkere geostrophische Winde, so führt das entweder zu markanten Wind-
sprüngen, z. B. von NNE auf W oder E (als Wetterboten wohlbekannt), oder
zu einer auffallenden Verstärkung der Schönwetterzirkulation.

Die eben skizzierte Lage der Station G bedingte, daß sie praktisch
immer und bei jeder Windrichtung im Einflußbereich künstlicher Aerosolquellen in ihrer Umgebung blieb. Die Konzentration der künstlichen
Aerosole und Luftverunreinigungen schwankte dabei sehr je nach Wetterlage, Jahreszeit, atmosphärischer Temperaturschichtung, Windrichtung,
Föhneinfluß usw.

Zur Halterung der Potentialgradient-Registriersonde diente eine horizontale Angel (Wandabstand ca. 2 m, Abstand vom Boden ca. 8 m) an der W-
Wand des Hauses weit ab von Straße und Staubquellen. Die 40 m lange
Vertikalstrom-Antenne war zwischen den Trägerisolatoren in 5—8 m Höhe
über dem Boden fast horizontal in E-W-Richtung ausgespannt.

2.-1.2.9. Farchant

Im Gegensatz zu Station G arbeitet die Basisstation Farchant abseits
geschlossener Siedlungsgebiete. Kaminrauch aus einzelnen benachbarten
Häusern stört nicht merklich. Die Hauptverkehrsstraße liegt weit ab. Dio
geographische Lage der Station bedingt ein ausgesprochenes Talklima
mit starken Schwankungen der Windgeschwindigkeit und hohen Spitzenwerten an Strahlungstagen (Alleebäume im Tal zeigen „Windfahnen-

wuchs", ihre Kronen sind deutlich nach Süden ausgebogen). Außerdem gibt es nur eine fast nördliche und eine etwa südliche Vorzugs-Windrichtung. Windsprünge zeigen Einsatz und Ende der strahlungsbedingten Konvektion, aber auch plötzliche Wetterveränderungen an. Mit Wechsel der Windrichtung tritt jedesmal eine wesentliche Änderung der Aerosolstruktur ein. Nordwind bringt in der Regel verschmutzte Luft von den im Loisachtal und in der Voralpenebene gelegenen kleineren Industriebetrieben heran, während die aus südlichen Richtungen herangeführte Luft meistens besonders rein ist.

Nachts werden häufig Luftlawinen beobachtet, die von den benachbarten Berghängen abtropfen.

Von Station Farchant aus läßt sich übrigens das Wettersteingebirge in der Umgebung der Zugspitze sehr gut überschauen. Es können deshalb an Station F laufende genaue und spezielle Wetterbeobachtungen im Zusammenhang mit den Registrierungen der Elemente der Radioaktivität und Luftradioaktivität ausgeführt werden.

Zur Registrierung des Vertikalstromes wurde eine ca. 80 m lange, horizontale Antenne verwendet, die in einer mittleren Höhe von 5 m über dem Boden zwischen dem Haus und einem Mast quer zur Talrichtung ausgespannt war. Über den Mast hinweg bis zum Berghang im Osten lief auch die etwa 300 m lange Empfangsantenne für Atmospherics. Die Haupt-Sonde zur Registrierung des Potentialgradienten stand frei auf einem Rohrstab in ca. 2,2 m Höhe über dem Boden im Garten. Die Einsaugkanäle des Kleinionenzählers lagen 1,5 m über dem Boden und in ca. 0,7 m Entfernung von der östlichen Hauswand. Die Luft zur Bestimmung ihrer Radioaktivität wurde in 3 (später in 5) m Höhe über dem Boden und in ca. 1 m Entfernung von der Hauswand abgesaugt (siehe 2.–2.6. und 2.–3.5., sowie Abb. 17).

2.-2. Die luftelektrischen Größen und ihre meßtechnische Erfassung

2.-2.0. Übersicht, Definitionen

Vor der später folgenden, knappen Erörterung der angewandten meßtechnischen Verfahren ist es nötig, die registrierten oder gemessenen luftelektrischen Größen hier kurz vorzustellen und ihre Benennung festzulegen.

2.-2.0.0. Luftelektrisches Feld, Potentialgradient, die Größe E

Die Komponente des elektrischen Feldes in einer beliebigen Richtung w des Raumes ist gleich dem negativen Gradienten des elektrischen Potentials in der Richtung w. Elektrische Feldstärke und Potentialgradient sind also, bezogen auf dieselbe Richtung im Raum, einander proportional und entgegengesetzt zueinander gerichtet. Die Registrierung der zeitlichen Änderungen der elektrischen Feldstärke kann also durch Registrierung des elektrischen Potentials zwischen zwei festen Punkten im Raum erfolgen, wobei die Orientierung im Raum gleichgültig ist, wenn nur die Potentialdifferenz ausreicht, um die Registrieranlage sicher auszusteuern. Will man nicht nur die zeitlichen Änderungen der atmosphärisch-elektrischen Feldstärke wissen, sondern auch deren absoluten Betrag, so beschränkt man sich in der Luftelektrizität in der Regel auf die Angabe des vertikalen Potentialgradienten oder -Gefälles, da ja in der freien, elektrisch ungestörten Atmosphäre die Äquipotentialflächen parallel zur Erdoberfläche verlaufen, das elektrische Feld der Atmosphäre also weitgehend durch Angabe allein seiner Vertikalkomponente beschrieben werden kann. Erfolgt nun die Registrierung der zeitlichen Änderungen des luftelektrischen Feldes in einem Gebiet starker Feldinhomogenität, was die Regel ist, so versucht man einen „Reduktionsfaktor" zu bestimmen, welcher, mit dem registrierten Wert multipliziert, zum Absolutwert des vertikalen, örtlich ungestörten Potentialgefälles führt. Zu diesem Zweck sind vorübergehende gleichzeitige Messungen oder Registrierungen des Potentialgradienten im Freien auf einer ebenen Fläche (z. B. Wiese, s. u.) notwendig, die frei von störenden Erhebungen ist. Näheres hierzu ist aus Lehrbüchern zu entnehmen.

Das zeitliche Verhalten des luftelektrischen Feldes sei im folgenden durch die zeitliche Funktion des vertikalen Gradienten des luftelektrischen Potentials, kurz „Potentialgradient", ausgedrückt, wobei wir dieser Größe den Buchstaben E zuordnen wollen. Im Falle ungestörter atmosphärisch-elektrischer Verhältnisse ist die Lufthülle positiv gegen die gesamte Erdoberfläche geladen, auf der sie aufliegt. Das elektrische Schönwetterfeld ist also negativ, d. h. von der Luft zur Erdoberfläche hin gerichtet („Normalrichtung"). Die Richtung[1]) des Potentialgradienten E muß also unter den gleichen Voraussetzungen positiv sein. Die hier gegebene Festlegung der Richtung von Potentialgradient und Feldstärke, an welcher in diesem Buche grundsätzlich festgehalten wird, ist sozusagen die „*physikalisch richtige*", wenn man daran festhält, daß die Richtung vom Bezugspunkt nach abwärts negativ zu zählen ist. Es ist jedoch in der Luftelektrizität seit Jahrzehnten üblich, die Richtung des elektrischen Feldes während Schönwetter positiv zu zählen, d. h. den Schönwetterpotentialgradienten negativ [s. z. B. H. ISRAEL (1957 c)]. Diese andersartige Definition kann bei den Ausführungen in 3.–1.3.6 zu Verwirrungen führen, worauf hier unbedingt hingewiesen werden muß. Dort ist die Rede vom mirror-image Effekt: nach G. C. SIMPSON (1949) der spiegelbildliche Verlauf von luftelektrischem Feld und Niederschlagsladung; im positiv geladenen Niederschlag wird negatives Feld

---

[1]) Zum Problem des Vorzeichens des luftelektrischen Feldes siehe auch H. DOLEZALEK (1961) und H. ISRAEL (1962).

beobachtet und umgekehrt, wobei das Schönwetterfeld positiv gezählt ist. Halten wir aber an der *physikalischen* Definition fest, so besteht Spiegelbildlichkeit zwischen Niederschlagsladung und Potentialgradient. Das muß in 3.–1.3.6 berücksichtigt werden. E wird in der Luftelektrizität allgemein in Volt/Meter angegeben[1]).

An dieser Stelle sei noch folgende Definition eingeführt:

Es kommt nicht selten vor, daß sich dem luftelektrischen Schönwetterfeld ein von diesem unabhängiges, „fremdes" Feld überlagert, z. B. durch eine geladene Wolke, durch geladenen Niederschlag u. a. Dieses überlagerte Feld sei als „Fremdfeld" bezeichnet und sein Gradient der „Fremd-Potentialgradient" genannt. Die Unterscheidung zwischen Schönwetter-Potentialgradient und Fremd-Potentialgradient wird später bei der Betrachtung der luftelektrischen Zustände in Zusammenhang mit Wolken- und Niederschlagsladungen unumgänglich sein.

2.–2.0.1. *Vertikalstromdichte, Leitungsstromdichte, Niederschlagsstromdichte; die Größen i und IN*

Der in der Atmosphäre fließende elektrische Gesamt-Strom setzt sich aus folgenden Teil-Strömen zusammen:

a) Bewegung von Ladungsträgern in einem elektrischen Feld durch elektrische Kräfte (Leitungsstrom).

b) Schwerebewegung elektrisch geladener Teilchen, in der Regel Niederschlagsteilchen (Niederschlagsstrom).

c) Windversetzung geladener Teilchen, in der Regel Ionen (Konvektionsstrom).

Jenes luftelektrische Element, welches über das OHMsche Gesetz die beiden Größen Feldstärke und Leitfähigkeit (siehe 2.–2.0.2.) miteinander verbindet, ist die elektrische Leitungsstromdichte, welche wir mit i benennen und wie üblich in Ampere/cm² angeben wollen. Die in Abschnitt 2.–2.1. näher beschriebene luftelektrische Stromregistrierung liefert praktisch nur diese Größe i bzw. einen ihr proportionalen Relativwert. Die Teilströme b) und c) gehen dabei⁻ nicht merklich ein. Allerdings kommen gelegentlich MAXWELLsche Verschiebungsströme und Spitzenentladungsströme als Störungen hinzu, auf die aber erst später eingegangen sei (2.–2.1.).

Die zweite Teilkomponente des luftelektrischen Gesamt-Stromes, die Niederschlagsstromdichte, wird uns ebenfalls beschäftigen; sie sei mit IN

---

[1]) Es bedeutet eine gewisse Inkonsequenz, einige Einheiten auf m, andere auf cm (siehe nächste Abschnitte) zu beziehen. Diese historisch zu begründende Inkonsequenz wurde aber in Kauf genommen, um leichten Vergleich mit den aus der klassischen Literatur her geläufigen und gewohnten Zahlengrößen zu ermöglichen.

bezeichnet. Richtungsdefinition: $+ IN$ bedeutet Niederschlagsteilchen tragen $+$ Ladung zur Erde, $- IN$ bedeutet Zufuhr von $-$ Ladung zur Erde. Auf die Betrachtung des Konvektionsstromes kann hier verzichtet werden.

Hier ist noch etwas über die Definition der Richtung der Leitungsstromdichte zu sagen: Richtung der Feldstärke und Richtung des Stromes stimmen immer überein, d. h. bei positivem Strom ist ein negativer Potentialgradient vorhanden und umgekehrt. Um nun das Bild der luftelektrischen Registrierungen nicht zu verwirren, soll beiden Größen jeweils gleiches Vorzeichen zugesprochen werden. Bei positivem Potentialgradienten (Schönwetter) sei also der Leitungsstrom ebenfalls „positiv" gezählt.

2.-2.0.2. *Luftleitfähigkeit, die Größe λ*

Die elektrische Leitfähigkeit der Luft ist die dritte Fundamentalgröße der Luftelektrizität. Sie sei mit λ bezeichnet und in $1/Ohm.cm$ angegeben. Trägt λ keinen Index, so sei darunter die „totale Leitfähigkeit" verstanden, welche sich aus dem Beitrag der positiven und negativen Elektrizitätsträger zur Luftleitfähigkeit (λ_+, λ_-) zusammensetzt. Die elektrische Leitfähigkeit der Luft umfaßt auch alle Teilbeiträge der diversen Ionenklassen mit unterschiedlicher Beweglichkeit. Allerdings überwiegt der Beitrag der Kleinionen (siehe 2.–2.0.3.) den aller anderen Ionenklassen in der Regel erheblich.

2.-2.0.3. *Kleinionendichte, die Größen n_+ und n_-*

Kleinionen sind bekanntlich Komplexe aus zahlreichen (größenordnungsmäßig einigen 100) Molekülen, die durch eine einzige Elementarladung zusammengehalten werden. Ihre Beweglichkeit (siehe 3.–0.3.) liegt im Gebiet zwischen 1 und maximal 3 $cm^2/V \cdot sec$ [siehe R. MÜHLEISEN (1957)] und ihre Lebensdauer im Bereich höchstens weniger Minuten. Voraussetzung für die Bildung von Kleinionen sind Ionisationsprozesse, ausgelöst durch energiereiche Strahlungen (Ultrastrahlung, α-, β- und γ-Strahlungen aus dem Boden und von radioaktiven Partikeln in der Luft), aber auch durch Spitzenentladungen, Reibungsvorgänge, UV-Einstrahlung. Ein großer Teil der frisch gebildeten Atom- und Molekülionen rekombiniert zwar sofort, aber ein anderer Teil lagert neutrale Moleküle an, wodurch Kleinionen entstehen. Diese entarten dann wieder — so weit sie nicht rekombinieren — durch weiteres Wachstum und Anlagerung an größere Schwebstoffe, wobei die Kleinionen in Mittel- und Großionen übergehen.

Positive und negative Kleinionen werden in der Regel getrennt für sich mittels „Ionenzähler" (siehe 2.–2.4.) gemessen, welche die Zahl der

Kleinionen pro cm³ angeben. Die Kleinionendichten, also die Zahl der Kleinionen pro cm³, seien mit n_+ bzw. n_- bezeichnet.

2.-2.0.4. Atmospherics

Unter Atmospherics [auch Infra-Langwellen, siehe R. REITER (1960b), dort ausführliche Literatur] versteht man elektromagnetische Impulse atmosphärischen Ursprungs, deren Hauptenergie etwa im Frequenzband zwischen 1 kHz und wenigen 100 kHz anzutreffen ist. Es ist sehr schwer, Atmospherics quantitativ anzugeben, da es eigentlich keine repräsentative Maßzahl dafür gibt. Grundfrequenz, Impulshöhe und -Breite, Häufigkeit der Impulse pro Zeiteinheit, pro Empfangsband u.a. können herangezogen werden.

Was nun im folgenden über Meß- bzw. Registrierverfahren zu sagen sein wird, kann nur als spezielle Ergänzung zu bekannten Verfahren der luftelektrischen Meßtechnik angesehen werden und zwar vom Blickwinkel der besonderen äußeren Voraussetzungen, unter welchen die Untersuchungen des Verfassers vorgenommen worden sind. Einzelheiten über Theorie und Praxis der luftelektrischen Meßverfahren mögen aus Lehrbüchern, Handbüchern und Originalarbeiten entnommen werden.

2.-2.1. Registrierung des Potentialgradienten und der Vertikalstromdichte

Bei der Planung der Registriereinrichtung wurde bereits zu Anfang von folgender Überlegung ausgegangen:

Registrierverfahren, die an Bergstationen in Dauereinsatz kommen sollen, müssen unter allen Umständen durch ein Minimum an Störanfälligkeit ausgezeichnet sein. Mit zu den unangenehmsten Störungen bei luftelektrischen Messungen und Registrierungen gehören schleichende Isolationsfehler, die vor allem an Isolatoren auftreten, soweit sie der Witterung ausgesetzt sind. Solche Fehler sind später in den Registrierungen nicht ohne weiteres zu erkennen, da ja selten die Isolation schlagartig und völlig zusammenbricht. Es ist deshalb besser, den Einfluß schwankender Isolation durch geeignete Maßnahmen rigoros zu beseitigen und dafür u. U. sogar kleine, aber überschaubare und deshalb leicht in Kauf zu nehmende Meßungenauigkeiten hinzunehmen.

Rein statisch arbeitende Verfahren kamen somit grundsätzlich nicht in Betracht [vergl. H. ISRAEL u. H. DOLEZALEK (1957), sowie J. A. CHALMERS (1957c): BENNDORF-Registrier-Elektrometer, WILSON-Platte, Leitungsstrom-Registrierverfahren nach G. C. SIMPSON (1910), F. J. SCRASE (1933), J. A. CHALMERS and E. W. R. LITTLE (1947), u. ä.]. Auch schieden alle Methoden aus, welche mit bewegten Sondenteilen arbeiten, wie z. B. mit mechanischen Kollektoren [N. RUSSELTVEDT (1925)] oder

Feldmühlen [G. P. Harnwell und S. N. van Voorhis (1933), L. C. van Atta, D. L. Northrup, C. M. van Atta und R. J. van de Graaff (1936), H. Lueder (1943), E. von Kilinsky (1950), D. J. Malan und B. F. J. Schonland (1950), H. Schwenkhagen (1943) u. a., siehe auch Literatur bei H. Israel u. H. Dolezalek (1957) und E. von Kilinsky (1958)], denn es wäre im Winter im Hochgebirge ganz unmöglich, eine solche Anlage in Betrieb zu erhalten. Als Sonde zum Abgreifen des luftelektrischen Potentialgradienten kam nur der radioaktive Kollektor in Betracht und zur Aufnahme des Leitungsstromes mußte aus praktischen Gründen die Horizontalantenne aus Draht verwendet werden. Eine Empfangsplatte etwa zur Leitungsstrom-Aufnahme im Winter vom Boden isoliert und im Niveau der Erdoberfläche zu halten, dürfte, vor allem im Gebirge, fast unmöglich sein.

Es stand von Anfang an fest, daß zur Registrierung des Kollektorpotentials und des Antennenstromes nur ein Röhrenvoltmeter bzw. Röhrengalvanometer mit hinreichend großer Ausgangsleistung, die zum Betrieb eines elektrischen Schreibers (Punktschreiber, elektronischer Kompensograph) ausreicht, geeignet sein kann. Jedoch mußten zwei Punkte unter unseren Bedingungen besonders beachtet werden:

1. Dimensionierung des Eingangswiderstandes und 2. Einfachheit und Betriebssicherheit des Gerätes selbst.

Es gibt inzwischen eine ganze Fülle verschiedenster elektronischer Meßgeräte für luftelektrische Zwecke, es seien hier nur folgende Veröffentlichungen genannt: K. Burkhart (1947), L. Koenigsfeld und Ph. Piraux (1951), H. W. Kasemir (1951), M. Bossolasco (1953), H. Ehmert und R. Mühleisen (1953), B. B. Huddar (1953), L. G. Smith (1954), C. G. Stergis, G. C. Rein und T. Kangas (1957), B. Vonnegut und C. B. Moore (1958b). Höchstempfindliche Gleichspannungsverstärker werden jetzt auch von in- und ausländischen Firmen in verschiedenen Ausführungen gebaut. Den Vorzug genießen immer solche Geräte, die mit möglichst wenig Röhren auskommen.

Was die Dimensionierung des Eingangswiderstandes betrifft, so hat man sich vor Augen zu halten, daß unter ungünstigsten Bedingungen ein Sondenträger-Isolationswiderstand von höchstens 10^{10} Ohm garantiert werden kann, selbst wenn gut durchdachte Heizungen eingebaut sind (s. u.).

Es wurde schon viel Mühe darauf verwendet, hier zu einer grundsätzlichen Verbesserung zu kommen; so entwickelte R. Mühleisen (1956) eine Kunstschaltung und H. Dolezalek (1956) beschreibt Sondenanordnungen, die auch unter schwierigeren klimatischen Verhältnissen (Hochgebirge, Tropen) Registrierungen zulassen sollen. Aber auch H. Dolezalek schränkt die Verwendbarkeit seiner Anordnung im Dauerbetrieb stark ein, indem verlangt wird, den Sondenisolator möglichst allabendlich auf abgelagerte Spinnenfäden[1]) abzusuchen. Das dürfte aber nicht immer sehr einfach und praktisch sein, insbesondere bei einer großen Zahl von Stationen und der oft nicht zu umgehenden Anbringung der Sonden an schwer zugänglichen Stellen. Und schließlich darf die Registrierung schon grundsätzlich nicht durch einen Spinnenfaden zu gefährden sein, weil sonst allzuleicht unkontrollierbare Störungen auftreten können.

Ein sehr einfaches Verfahren, wie es der Verfasser seit 1948 anwendet [R. REITER (1951)], besteht darin, den Eingangswiderstand um rund 2 Zehnerpotenzen niedriger zu halten als der zu befürchtende niedrigste Isolationswiderstand sein kann (ca. 10^{10} Ohm), d. h. in der Größenordnung von einigen 10^8 Ohm. Dadurch wird zwar der Kollektor laufend „belastet", jedoch sind dann Isolationsstörungen grundsätzlich ausgeschaltet. Während nun diese Belastung beim Kollektor gewisse Nachteile mit sich bringen könnte — wir kommen gleich noch darauf zurück — ist andererseits bei der Antennenstrom-Registrierung eine gewisse Belastung ohnedies nötig.

Die Fehlerquellen, die durch die Belastung des Kollektors hervorgerufen werden können, wurden bereits eingehend diskutiert [R. REITER (1951)], so daß wir hier nicht nochmals im einzelnen darauf einzugehen brauchen. Sowohl diese Untersuchung als auch die Anschlußregistrierungen mit dem BENNDORFschen Elektrometer und nicht zuletzt der jahrelange praktische Einsatz der Sonden und Geräte erbrachte, daß das Registrierverfahren als einwandfrei angesehen werden muß. Da bei der Sondenbelastung durch einen relativ niedrigen Ohmschen Widerstand der Übergangswiderstand Sonde-Luft in die Messung eingeht, muß die Ionisation in der Umgebung der Sonde durch das angewandte radioaktive Präparat konstant gehalten werden. Man kann also kein Präparat verwenden, dessen Aktivität mit der Zeit merklich abnimmt, und es muß Vorsorge getroffen werden, daß der Austritt der ionisierenden Partikelstrahlen aus der Präparatoberfläche nicht zeitweise behindert wird, so z. B. durch Tau und Reif. Es wurde deshalb eine Sondenkonstruktion [siehe R. REITER (1957a)] gewählt, die solche Einflüsse mit Sicherheit ausschaltet, auch unter rauhesten Bedingungen wie an der Zugspitze.

Abb. 6 zeigt die Sonde im Schnitt. Der Kupferteller (1) trägt an seiner konkaven Unterseite das radioaktive Präparat (2). Er ist massiv mit dem Kupferstiel (3) verbunden, der in einem beheizten (5) Porzellanrohr (4) steckt. In rauhen Klimaten wird dieses noch von einer weiteren konzentrischen Heizung umgeben (6, 8). Das beheizte Teil des Isolators und die Heizwick-

---

[1]) Spinnenfäden sind von jeher vom Luftelektriker gefürchtet. Bei trockenem Wetter beeinträchtigen sie u. U. die Isolation, z. B. eines Bernsteinträgers, den sie überbrücken, kaum. Aber schon am Abend, wenn die Feuchte sich der Sättigung nähert, kann ein Spinnenfaden den Isolationswert um Größenordnungen reduzieren. Man erhält dann feuchteabhängige „Effekte", die gar nicht so ohne weiteres als Störungen in registrierten Kurven zu erkennen sind.

lungen sind durch die Glocke (7) geschützt[1]). Der Heizisolator steckt auf einem Stahlrohr (11) mit Muffe (13), das gleichzeitig das Meßkabel (10) gegen Beschädigung schützt. Dieselbe Isolator-Anordnung, ohne radioaktiven Kollektor selbstverständlich, dient auch als Träger an den beiden Enden der Vertikalstrom-Meßantenne. Mit Rücksicht auf die freiwillige Beschränkung des Isolationswiderstandes können auch gewöhnliche, bleiarmierte Telefonkabel als Meßkabel verwendet werden, die sowohl in der Erde als auch im Freien an Stellen, die der Witterung ausgesetzt sind, bequem zu verlegen sind.

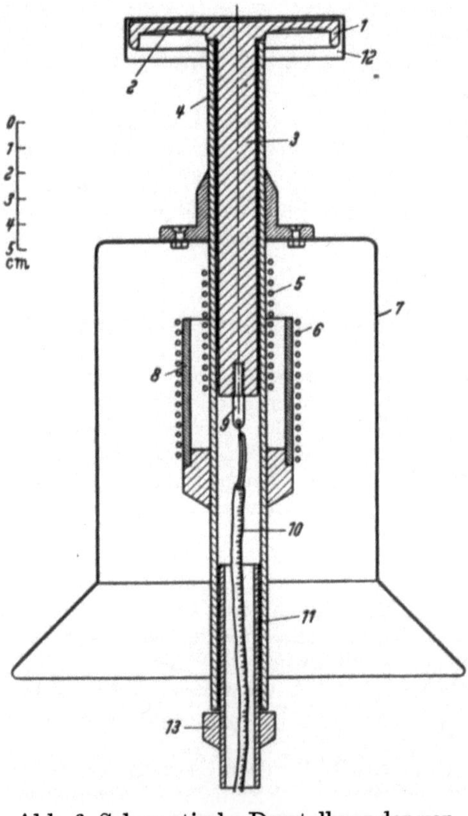

Die Wärmeleitung der Kupferteile 3 und 1 sorgt dafür, daß die Sondenplatte (radioaktiver Kollektor) stets frei von Tau und Reif bleibt, und zwar — bei genügend großer Heizleistung (20—80 Watt) — auch unter härtesten Wetterbedingungen (vgl. Abb. 12, 13). Damit ist der konstante Übergangswiderstand Kollektor-Luft gewährleistet, und zwar gleichzeitig mit dem geforderten Mindestisolationswiderstand von etwa 10^{10} Ohm.

Abb. 6. Schematische Darstellung der verwendeten Stütze für Sonden und Antennen mit Isolator und elektrischer Beheizung (Zeichenerklärung siehe Text)

Wie schon erwähnt, besteht gegenüber strombelasteten Kollektoren der Verdacht, ihr Potential könnte direkt von der lokalen Windgeschwindigkeit abhängen [siehe R. MÜHLEISEN (1951)] und zwar, weil durch Variation der Windgeschwindigkeit das Ionenmilieu in unmittelbarer Umgebung des Kollektors und damit wiederum sein Übergangswiderstand gegen die Luft fühlbar verändert werden könnte. Drei

---

[1]) Diese sehr einfache Anordnung von Isolatorrohr und geheizten Mänteln hat sich — nicht zuletzt in Verbindung mit der Wärmeleitungsheizung der Sondenplatte — im Hochgebirge besser bewährt als kompliziertere Heizisolatoren mit zahlreichen Kammern und nur kleinen Luftaustauschöffnungen, die allzuleicht bei heftigem Schneefall und starkem Wind verkleben.

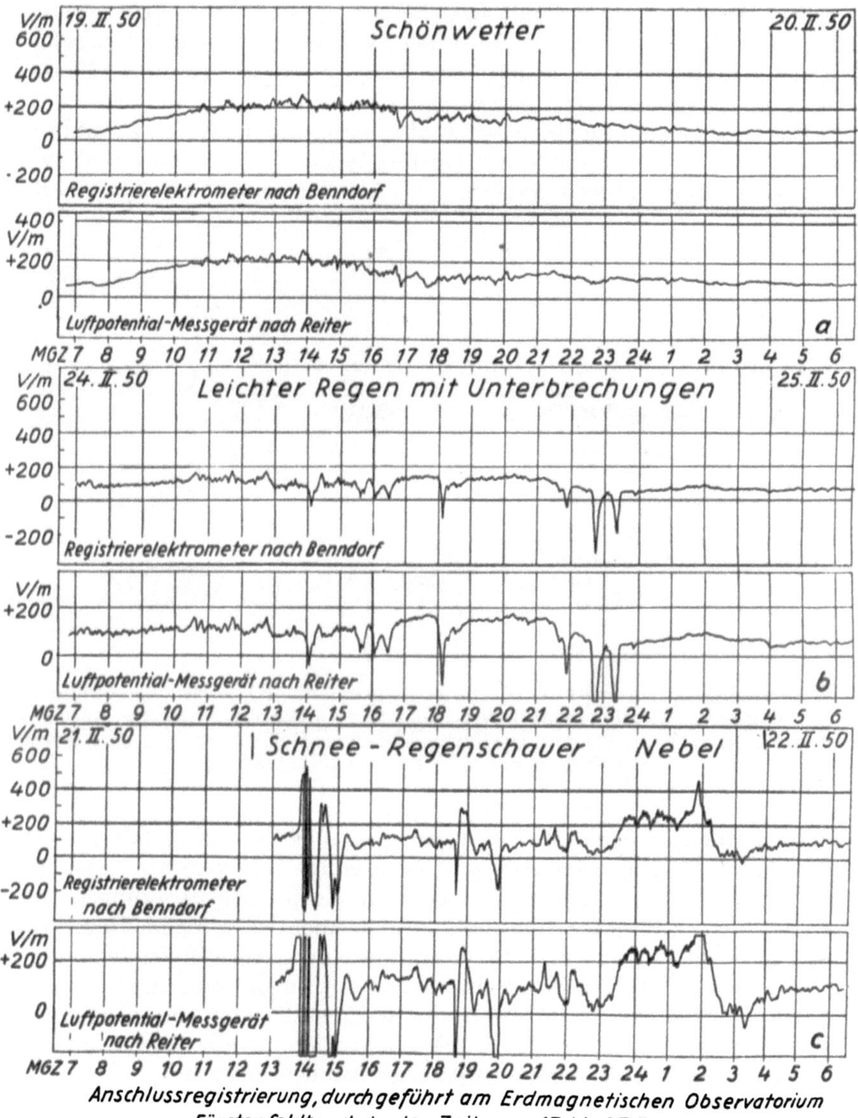

Abb. 7. Drei durch verschiedene Wetterlagen charakterisierte Ausschnitte aus den mehrtägigen Vergleichsregistrierungen des Potentialgradienten mittels Benndorf-Registrierelektrometer (jeweils obere Zeile der Kurvenpaare) und Registrieranordnung des Verfassers (jeweils untere Zeile)

verschiedene Untersuchungen haben ergeben, daß dem in der Praxis nicht
so ist. Da wir uns später mit Beziehungen zwischen Windgeschwindigkeit und Potentialgradient, die durch ganz andere Vorgänge ausgelöst
sind, zu befassen haben, sollen wenigstens zwei dieser erwähnten Untersuchungen genauer ausgeführt werden.

Die erste bestand in einer Anschlußregistrierung [siehe K. BURKHART
(1950)], die in Fürstenfeldbruck (Erdmagnetisches Observatorium) zwischen BENNDORF-Elektrometer und der Anordnung des Verfassers ausge-

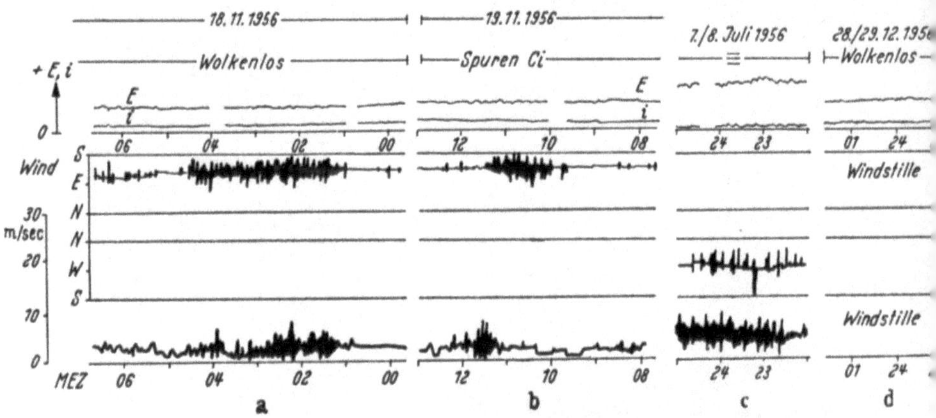

Abb. 8. Registriervergleiche für Potentialgradient *(E)*, Vertikalstromdichte
(i), Windgeschwindigkeit und Windrichtiung an Station Zugspitze während
verschiedener Wetterlagen. Die luftelektrischen Registrierungen sind durch
das Verhalten des Windes nicht beeinflußt.

führt worden ist (siehe 2.-1.1.1.). Aus der 10 Tage umfassenden kontinuierlichen Vergleichsregistrierung seien einige Kurvenpaare herausgegriffen (Abb. 7). Sie zeigen, daß zwischen beiden Registrierungen und
zwar sowohl während Schönwetter (a), als auch bei leichtem Regen (b)
oder in Nebel und Schauer (c) kein irgendwie ins Gewicht fallender Unterschied besteht. Würden Windschwankungen die nicht-statische Registrierung (nach REITER) beeinflussen, die streng statische (nach BENNDORF)
aber nicht, so müßten bei der Anschlußregistrierung unbedingt markante
Abweichungen zu Tage treten. Das aber ist nicht der Fall.

Die zweite Untersuchung bestand im unmittelbaren Vergleich zwischen
Windgeschwindigkeit und registriertem Potentialgradienten. Hier ist
allerdings darauf hinzuweisen, daß in niedrigen Höhen Windschwankungen fast immer mit einer Veränderung der Aerosolkonstitution verbunden
sind, welche ihrerseits die luftelektrischen Verhältnisse beeinflußt. Die
Prüfung, ob schwankende Windgeschwindigkeit auf dem Wege über die

Meßtechnik die Anzeige beeinflußt, konnte deshalb nur an Station Zugspitze ausgeführt werden, wo übrigens das Windmeßgerät nur wenige Meter vom Kollektor entfernt war (siehe Abb. 12). Das Ergebnis zeigt Abb. 8 [siehe auch R. REITER (1957a)]. Weder langsamste Luftschwaden bei Windstille (8d), noch böiger Wind bei Nebel (8c), noch gleichmäßige oder böige Winde bei Schönwetter (8a, b) verursachen erkennbare Veränderungen im registrierten Potentialgradienten E (auch nicht im Kurvenbild der Vertikalstromdichte i).

Bei einer dritten Untersuchung [siehe R. REITER (1951)] wurde der Kollektor künstlich angeblasen, wobei Windgeschwindigkeit (Hitzdrahtwindmesser) und Potentialgradient mit hoher Schreibgeschwindigkeit registriert wurden. Erst bei kleinen Zeitkonstanten (10 sec und darunter) zeigten sich andeutungsweise Beziehungen. Da aber grundsätzlich mit Zeitkonstanten von über 30 Sekunden registriert wurde, ist dieses Ergebnis ebenfalls sehr befriedigend.

Seit Herbst 1962 läuft an unserem neuen Observatorium in Garmisch-Partenkirchen (Skistadion) parallel zu den üblichen und altbewährten luftelektrischen Registrierungen auch eine Feldmühle zur Registrierung des Potentialgradienten. Windeinflüsse, wie sie beim radioaktiven Kollektor zunächst befürchtet werden könnten, scheiden bei der Feldmühlensonde grundsätzlich aus. Mehrmonatige Vergleiche zeigten nun, daß, auch bezogen auf die Feldmühle, unsere Potentialregistrierung mittels radioaktiver Kollektoren richtige Werte liefert.

Wir sind also berechtigt zu sagen, daß kein Einfluß der Windgeschwindigkeit auf die Registrierung und Anzeige des Potentialgradienten besteht, der etwa auf dem Wege über die angewandte Meßtechnik zustande käme.

Trotz Belastung des Kollektors mit einem Ableitwiderstand von einigen 10^8 Ohm erhält man eine einwandfreie Potentialgradient-Registrierung, die frei von einem störenden Windeinfluß ist und die in befriedigender Übereinstimmung mit Registrierungen steht, die mit rein statischen Verfahren gewonnen werden. Es muß ferner ausdrücklich darauf hingewiesen werden, daß die langjährigen, kontinuierlichen luftelektrischen Registrierungen im Hochgebirge ohne Kollektorbelastung praktisch undurchführbar gewesen sein würden.

Wir haben uns nun noch mit einigen Problemen der Vertikalstromdichte-Registrierungen zu befassen. Es kam uns darauf an, möglichst nur den atmosphärischen Leitungsstrom dem Meßgerät zuzuführen. Will man, um das zu erreichen, den Anteil von Konvektionsströmen und den der Niederschlagsströme möglichst niedrig halten, so wird man zweckmäßigerweise zur horizontalen Drahtantenne greifen [in Übereinstimmung mit H. W. KASEMIR und L. H. RUHNKE (1959)]; H. W. KASEMIR hat sich sehr eingehend mit der Messung des luftelektrischen Leitungsstromes[1]) befaßt [H. W. KASEMIR (1951, 1955), siehe aber auch R. MÜHLEISEN (1953), J. ADAMSON und J. A. CHALMERS (1956), H. DOLEZALEK (1960) und H. ISRAEL und H. DOLEZALEK (1960) und R. REITER (1951)]. Die beiden möglichst zu unterdrückenden Stromkomponenten (Konvektions- und Niederschlagsstrom) gehen nämlich nur etwa proportional zum geometrischen Querschnitt des Antennenkörpers ein, den er dem jeweiligen Stromfluß entgegenstellt. Demgegenüber ist der durch die Meßantenne aufgefangene Leitungsstrom abhängig von der „effektiven Antennenfläche", die sich aus Höhe der Antenne über dem Boden und deren Länge ergibt [siehe R. REITER (1951)] und gegen welche der geometrische Querschnitt des Antennendrahtes senkrecht zur Stromdichtung völlig zu vernachlässigen ist. Je höher und je länger nämlich die Antenne ist, desto mehr Feldlinien enden auf ihr und desto größer ist der gesamte über die Antenne abgeführte Leitungsstrom.

Allerdings ist es nicht ratsam, die Antenne höher als wenige m über dem Boden zu legen, da sonst unmittelbar an der Antenne, die ja praktisch Erdpotential hat, schon bei relativ niedriger luftelektrischer Feldstärke Spitzenentladung einsetzt. Dieser dann auftretende zusätzliche Ionenstrom ist um Zehnerpotenzen größer als jener im Gebiet homogener Felder und ist nicht mehr als eigentlicher Leitungsstrom zu betrachten, wie er über die Luftleitfähigkeit mit dem Potentialgradienten verknüpft ist. Man spricht dann von Spitzenentladungsstrom. Um diesen zu registrieren genügt es, auf einen der beschriebenen Sondenträger eine nicht rostende Stahlspitze hinreichend hoch über dem Boden anzubringen. Ausführliche Literatur über Spitzenentladungsströme findet sich bei J. A. CHALMERS (1957a, 1961).

In jüngster Zeit greift J. A. CHALMERS (1961) sowohl das von H. W. KASEMIR und L. H. RUHNKE (1959) als auch jenes von H. DOLEZALEK (1960) und H. ISRAEL und H. DOLEZALEK (1960) angegebene Verfahren zur Messung des Leitungsstromes an und findet, daß keines der beiden Verfahren befriedigt. CHALMERS schlägt vor eine im Prinzip schon von C. T. R. WILSON (1908) angegebene Anordnung zu verwenden. Sie ist aber nach unserer Meinung wiederum im Hochgebirge, vor allem im Winter, nicht zu brauchen (isolierte Platte im Niveau der Erdoberfläche). Vergl. auch J. A. CHALMERS (1962) und G. KONDO (1962).

Schließlich ist noch auf Verschiebungsströme als störende Erscheinungen bei Vertikalstromdichte-Registrierungen hinzuweisen. Zeitliche Änderungen der elektrischen Feldstärke lösen in einem Leiter, der sich in dem sich ändernden elektrischen Feld befindet, oder der es (z. B. als Elektrode) begrenzt und auf dem also Feldlinien enden, MAXWELLsche Verschiebungsströme aus, deren Stärke der Feldänderungsgeschwindig-

---

[1]) Ein nach dem Prinzip der Feldmühle arbeitendes Gerät zur Messung des vertikalen Leitungsstromes siehe bei E. VON KILINSKI (1958).

keit proportional und deren Richtung durch die Richtung der Feldänderung (Zu- oder Abnahme) bestimmt ist. Diese Verschiebungsströme können gegenüber den registrierten luftelektrischen Leitungsströmen aus
langen Antennen durchaus dann ins Gewicht fallen, wenn sich der Potentialgradient sehr schnell ändert (vor allem während Gewitter, Schauer,
Schneefegen usw.).

Die Verschiebungsströme lassen sich weitgehend unterdrücken, wenn man
bereits am Röhrengalvanometer zum Eingangswiderstand (s. o.) eine genügend große Kapazität parallelschaltet. Die Zeitkonstante aus Eingangswiderstand × Kapazität soll mindestens in der Größenordnung weniger
Minuten liegen. Dabei muß dann allerdings auf die Registrierung schneller
„echter" Vertikalstromdichte-Änderungen grundsätzlich verzichtet werden,
was jedoch mit Rücksicht auf die Registriergeschwindigkeit selbst moderner
Registriergeräte (elektronische Kompensographen mit 12 Kanälen tasten
eine Meßstelle auch nur im Abstand von etwa 30 sec bis 1 Min. ab, photographische Schnellregistrierung kommt wegen hoher Betriebskosten kaum in
Betracht) nicht sehr schwer fällt. Trotz dieser vorgeschlagenen Zeitkonstante
[siehe auch H. W. KASEMIR (1955)] werden sich in der Regel während
Schauer und Gewitter Verschiebungsströme nicht ganz vermeiden lassen. In
diesen Fällen ist aber eine Auswertung der Strom-Registrierkurven mit hoher
zeitlicher Auflösung ohnedies nicht von besonderem Interesse, zumindest nicht
im Rahmen unserer Problemstellung. Jedenfalls steht fest, daß die später zu
diskutierenden Ergebnisse nicht irgendwie durch Verschiebungsströme beeinflußt oder verfälscht sein können.

Schließlich sind noch ein paar Worte zur Absoluteichung, sowohl der
Potentialgradient-Registrierung, als auch der Vertikalstromdichte-Registrierung zu sagen. Wie oben schon kurz erwähnt, geht man im ersteren
Falle so vor, daß in der Nähe der Registrierstation auf einem freien Gelände über längere Zeit hinweg nach bekannten Regeln Absolutmessungen
des Potentialgradienten mit Kollektor und Elektrometer ausgeführt werden. Diese Messungen liefern dann einen zeitlichen Mittelwert des Potentialgradienten in V/m, wenn die effektive Kollektorhöhe über dem Boden
berücksichtigt wird. Diese Messung führt zu einem Reduktionsfaktor, der
es erlaubt, auch die Registrierwerte in absoluten Einheiten auszudrücken.
Eine solche Eichung ist natürlich des öfteren zu wiederholen. Wesentlich schwieriger und weniger genau ist die Eichung der Vertikalstromdichte-Registrierung. Man kann sie auf rechnerischem Wege vornehmen,
wobei aber die effektive Antennenfläche bekannt sein muß [d. h. Größe
jener gedachten ebenen, zur Erdoberfläche parallelen Schnittebene, die
gerade von all jenen elektrischen Kraftlinien durchsetzt wird, die auf
der Antenne enden, vergl. R. REITER (1951) und H. W. KASEMIR (1955)].
Da bei geometrisch komplizierten Anordnungen und Drahtantennen die
effektive Antennenfläche nur annähernd bestimmt werden kann, bleibt
meist nichts anderes übrig, als die Eichung über gleichzeitige absolute

Feldstärke- und Leitfähigkeitsmessung (siehe 2.–2.3) und Anwendung des OHMschen Gesetzes $i = \lambda \cdot E$ auszuführen[1]).

Eine Absoluteichung und Reduktion auf homogenes Feld über freiem Gelände ist natürlich u. U. je nach Geländebeschaffenheit unmöglich, wie z. B. an der Zugspitze. Es werden deshalb alle E- und i-Registrierwerte, die an Station Z erhalten worden sind, in relativen Einheiten angegeben. Ähnliche Verhältnisse lagen an Station S vor. An den übrigen Stationen konnten Reduktionen auf „freies Gelände" vorgenommen werden. Allerdings ist dabei die Deformation des luftelektrischen Feldes durch die Gebirgszüge selbst und durch die Talform nicht berücksichtigt. Diese zu eliminieren wäre fast unmöglich. Ausgeschaltet ist durch die Absoluteichung lediglich Einfluß von Bewuchs und Bebauung auf die Feldverteilung. Theoretische Berechnungen über die Feldverteilung an Kanten und Graten (mit Berücksichtigung der Verhältnisse im Wettersteingebirge) siehe bei R. RABICH (1959).

2.–2.2. Registrierung des Niederschlagsstromes

Als elektrischer Niederschlagsauffänger diente an den beiden Stationen Farchant und Wank eine Anordnung (vergl. auch Abb. 17), wie sie in Abb. 9 schematisch dargestellt ist.

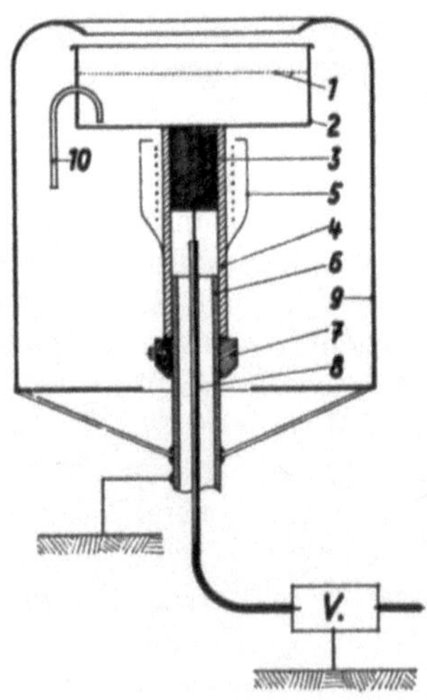

Abb. 9. Auffänger zur Registrierung des elektrischen Niederschlagsstromes IN (Zeichenerklärung im Text)

Der Niederschlag fällt durch eine weitmaschige Siebplatte 1 in einen Kupfertopf 2 (32 cm $\varnothing$), der mit innigem Kontakt auf einen Kupferstiel 3 hart aufgelötet ist. Er ragt in ein kräftiges Porzellanrohr 4, das den Kupfertopf trägt und das von einer Heizwicklung 3 umgeben ist. Ein Aluminiumschirm 5 verhindert Abstrahlung von der Heizung und leitet die erwärmte Luft nach oben. Das Porzellanrohr 4 ist auf das Stahlrohr 6 aufgesteckt und steht auf einer mit 6 fest verbundenen Muffe 7. Im Stahlrohr ist das Meßkabel 8 verlegt. Heizung und Topf sind von einem geerdeten, oben offenen Aluminiummantel 9 umgeben (elektrostatische Abschirmung), dessen Formung Wirbelbildung am Auffängerrand herabsetzt. Ein automatischer Abfluß 10 sorgt für die rechtzeitige Entleerung des Auffängers. Die elektrische Heizung ist so dimensioniert, daß auch bei starkem Schneefall die Flocken auf dem Gitter 1 ankleben und abschmelzen. Das Gitter verhindert weitgehend „splashing-Effekte": feste Niederschlagsteilchen bewirken kein Aufsprit-

---

[1]) Es sei denn, man verfügt über eine Plattenanordnung nach WILSON zur absoluten Messung der Vertikalstromdichte.

zen, wenn sie auf das Schmelzwasser im Auffänger fallen, aber auch bei flüssigem Niederschlag wird Aufspritzen weitgehend verhindert. Zumindest bleiben große und kleine Teilchen nach dem Verspritzen gleichermaßen im System hängen, so daß zunächst eingetretene Ladungstrennung wieder aufgehoben wird. Über dem Niederschlagsauffänger befindet sich noch eine elektrostatische Abschirmung, welche den Ionenstrom der Luft abfängt.

Der Auffänger ist mit dem Eingang eines Meßverstärkers V verbunden, der seinerseits wieder an den elektronischen Kompensographen als Schreiber angeschlossen ist. Als Meßverstärker bewährte sich im vorliegenden Fall ein Zweikanal-Zerhacker-Gleichstromverstärker (Type 3z spez.) der Firma U. Knick[1]), Berlin. Sein Eingangswiderstand liegt bei nur 50 Meg-Ohm, so daß es überhaupt keine Isolationsschwierigkeiten geben kann. Mit der Anordnung wurde unschwer eine Empfindlichkeit von $5 \cdot 10^{-15}$ Ampere/mm Ausschlag am Schreiber ($= 2 \cdot 10^{-17}$ A/cm^2 Niederschlagsstrom) erreicht.

Vorrichtungen zur Registrierung des Niederschlagsstromes wurden z. B. von F. J. SCRASE (1938), J. A. CHALMERS und E. W. R. LITTLE (1940) und J. A. CHALMERS (1956) beschrieben. Die Literatur über Verfahren zur Messung der Ladung einzelner Niederschlagsteilchen ist sehr zahlreich, siehe u. a. R. GUNN (1947, 1949), R. MÜHLEISEN und W. HOLL (1952), L. G. SMITH (1955), CH. MAGONO, K. ORIKASA und H. OKABE (1957).

2.-2.3. Messung der elektrischen Leitfähigkeit der Luft

Die Luftleitfähigkeits-Messungen sollten unschwer mit Hilfe eines leicht transportablen und energieunabhängigen Gerätchens an jeder der Stationen ausgeführt werden können und zwar auch im freien Gelände. Mit Rücksicht auf diese Forderung wurde darauf verzichtet, moderne elektronische Apparate zu verwenden. Vielmehr bedienten wir uns der klassischen Anordnung nach dem Prinzip der „Elektrizitäts-Zerstreuung" [J. ELSTER und H. GEITEL (1899), E. RIEKE (1903)], welche auf der von COULOMB entdeckten Erscheinung beruht, daß isoliert aufgestellte geladene Leiter ihre Ladung wegen der endlichen Leitfähigkeit der Luft langsam verlieren.

Zur Messung diente ein Zweifaden-Elektrometer (nach WULF) mit Auflade-vorrichtung für beide Ladungsvorzeichen, ein „Zerstreuungskörper" in Form einer verchromten Kugel von 10 cm ⌀, ein Abschirmdach, welches die Kugel sowohl gegen Sonneneinstrahlung[2]) als auch gegen das luftelektrische Feld

---

[1]) Die genannten Verstärker der Firma U. Knick haben sich dermaßen gut im Dauerbetrieb bewährt, daß wir seit Sommer 1962 sämtliche luftelektrischen Elemente (auch E, i, sp) mit diesen netzbetriebenen Geräten registrieren. Die Nullpunktskonstanz der Verstärker ist erstaunlich gut.

[2]) Um lichtelektrische Effekte zu verhindern.

abschirmte und die Stoppuhr zur Messung der Entladezeit. Aus der Entladezeit bei positiv geladener Kugel konnte die negative polare Luftleitfähigkeit, aus der bei negativ geladener Kugel die positive polare Luftleitfähigkeit nach E. Rieke (1903) errechnet werden. Zu bemerken ist noch, daß die erwähnte Abschirmvorrichtung die notwendige Luftbewegung in der Umgebung des Zerstreuungskörpers nicht behinderte, eine Bedingung, die unbedingt eingehalten werden muß, wenn die Meßergebnisse hinreichend genau sein sollen. Die im Freien fast ausnahmslos vorhandenen schwachen Luftbewegungen reichen so gut wie immer aus, um einen Elektrodeneffekt an der Oberfläche des Zerstreuungskörpers zu verhindern.

Die ebenso einfache wie zuverlässige Anordnung hat sich unter allen äußeren Bedingungen während Schönwetter und sogar während Nebel sehr bewährt.

Verbesserte, „klassische" Verfahren siehe H. Schering (1908), H. Gerdien (1905), J. J. Nolan und P. J. Nolan (1937) und A. R. Hogg (1939), moderne elektronische Verfahren siehe z. B. bei G. F. Schilling, L. G. Smith und Mitarb. (1953), S. C. Coroniti und Mitarb. (1954), D. H. Garber und Mitarb. (1955) und L. Koenigsfeld (1955).

2.-2.4. Registrierung der positiven und negativen Kleinionendichte

Die erste praktische Ausführungsform eines Ionenzählers wurde von H. Ebert (1901) angegeben: die Meßluft wird durch einen Zylinderkondensator gesaugt, in dem ein elektrisches Feld aufrecht erhalten wird. Die Abscheidung der Ionen aus der Meßluft erfolgt entsprechend ihrem Vorzeichen und in Abhängigkeit von den geometrischen Dimensionen der Elektroden und der Beweglichkeit der Ionen. Man kann die Dimensionen des Apparates so wählen, daß bevorzugt Ionen einer bestimmten Größenklasse abgeschieden werden und in die Messung eingehen, Ionen anderer Klassen aber nicht. Einzelheiten hierüber sind wieder aus Lehr- und Handbüchern zu entnehmen.

Verbesserte Ionenzähler mit Lindemann-Elektrometer wurden von H. Israel (1929) und R. Siksna (1953) angegeben.

Das vom Verfasser verwendete Gerät zur kontinuierlichen Registrierung der negativen und positiven Kleinionendichte geht in seiner Grundstruktur auf die elektronische Anordnung von R. Mühleisen und U. Creuzburg [siehe R. Mühleisen (1957)] zurück. Das Gerät wurde am Institut für Technische Elektronik der Technischen Hochschule München gebaut[1]) und für unsere Untersuchungen freundlicherweise zur Verfügung gestellt. Die Ausgangsspannungen der beiden Verstärker (positiver und negativer Kanal) wurden wieder dem elektronischen Kompensographen zur Registrierung zugeleitet. Das Gerät bewährte sich her-

---

[1]) Siehe H. R. Schmeer (1960).

vorragend und zeichnete sich vor allem durch höchste Nullpunktkonstanz und Wetterunempfindlichkeit aus. Eine Anlage zur Registrierung des Ionenspektrums wurde jüngst von M. Misaki (1961) und von P. A. Junod, R. Sänger und J. C. Thams (1962) angegeben.

2.-2.5. Registrierung atmosphärischer Längstwellen-Impulse (Atmospherics)

Die Registrierung atmosphärischer Längstwellen-Impulse (Atmospherics, Infralangwellen) erfolgte mit einer Anlage, wie sie vom Verfasser

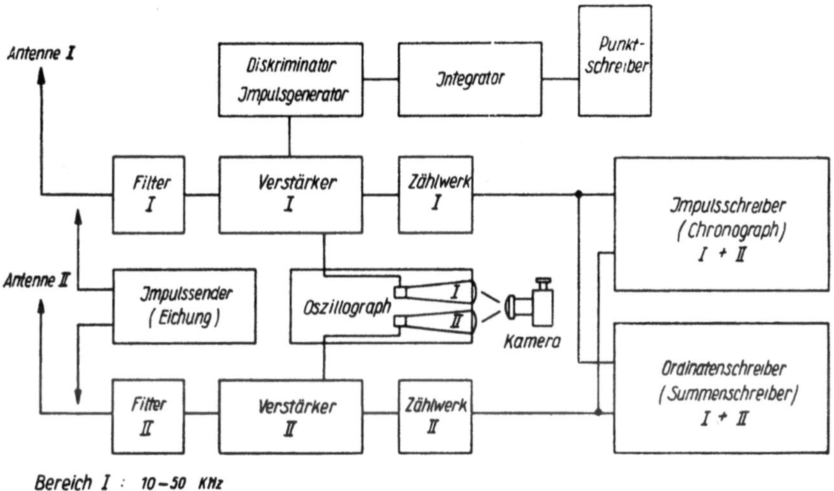

Abb. 10. Blockschaltbild der Anordnung zur Registrierung von Atmospherics, gleichzeitig auf 2 Breitband-Bereichen

bereits bei Untersuchungen auf dem Gebiet der Meteorobiologie verwendet worden ist [R. Reiter (1960 b), siehe dort ausführliches Literaturverzeichnis].

Das Blockschaltbild geht aus Abb. 10 hervor. Der Empfang erfolgte mittels hinreichend langer Horizontalantennen. Ein Filter vor dem Verstärkereingang sorgte für die Ausblendung des gewünschten Frequenzbandes. An den Verstärker waren Zählwerke und Impulsschreiber angeschlossen, die sowohl Summierung der Impulse über wählbare Zeitintervalle erlaubten als auch die Feinauswertung der zeitlichen Impulsdichte in kurzen aufeinanderfolgenden Zeitabschnitten. Auch Integration und Registrierung der Impulsdichte pro Zeit durch Punktschreiber war vorgesehen. Mittels Kathodenstrahl-Oszillographen konnten Bilder der Impulsformen aufgenommen

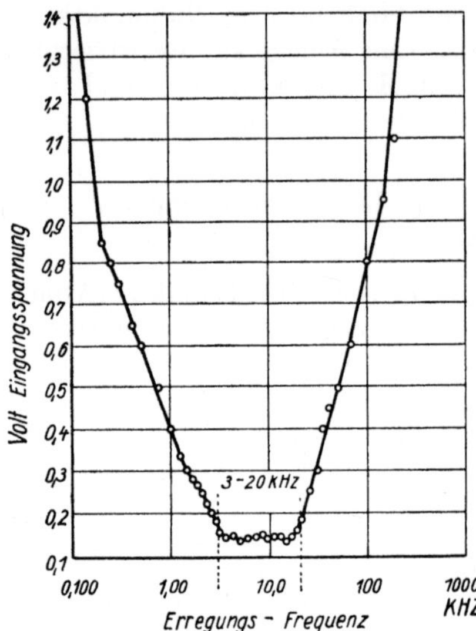

Abb. 11. Eingangsempfindlichkeit der Registrieranordnung für Atmospherics (siehe Abb. 10) als Funktion der Erregungsfrequenz

werden. Ein Impulssender diente dazu, die Ansprechschwelle des Verstärkers und der angeschlossenen Relais und Zähler als Funktion der Erregungsfrequenz aufzunehmen. Diese Funktion, und zwar gültig für das jenige Gerät, mit welchem die später beschriebenen Untersuchungen ausgeführt wurden, ist aus Abb. 11 zu ersehen.

Wir haben es also mit einem Breitbandempfang im Bereich sehr langer Wellen zu tun. Die Eingangsspannung war, selbst im Bereich des Schwellen-Minimums (3–20 kHz), verhältnismäßig hoch. Es wurden deshalb nur kräftige Längstwellen-Impulse empfangen und Störungen aus technischen Quellen (Bahn, Hochspannungsleitungen, Zündfunken) konnten den Verstärker nicht zum Ansprechen bringen.

2.-2.6. Sonden und Geräte an den Stationen Zugspitze, Zugspitzplatt und Farchant im Bild

Wir haben in den vorangegangenen Abschnitten die geographische Lage jeder Station, ihre instrumentelle Ausrüstung und die angewandten luftelektrischen Meß- und Registrierverfahren besprochen, so weit dies im vorgegebenen Rahmen notwendig erschien und möglich war. An Hand weniger Photographien der Stationen Zugspitze, Zugspitzplatt und Farchant soll nun abschließend noch ein Einblick in den Aufbau der Sonden und der Registrieranordnungen in Beziehung zu den jeweiligen örtlichen Gegebenheiten vermittelt werden. Sie mögen das Gesamtbild von der Ausstattung des luftelektrischen Netzes im Wettersteingebirge ergänzen und abschließen.

Abb. 12 zeigt den Turm der Wetterwarte Zugspitze am frühen Morgen im Winter nach einer nebligen und stürmischen Nacht.

Windmast (1), Blitzableiter, Verspannungen, Brüstung usw. tragen schwere Eislasten. Man erkennt deutlich die bereifte Vertikalstromdichte-Meßantenne zwischen den beiden beheizten Trägerisolatoren (2, 3), die nach dem in Abb. 7 dargestellten Prinzip gebaut sind. Auf Abb. 13 ist der eine Antennenträger (1) und die Potentialgradient-Sonde (2) aus der Nähe zu sehen (im Hintergrund die eben abgesunkene Wolkenobergrenze).

Trotz stärkster äußerer Vereisung blieben die Isolatoren unter den Glocken trocken und auch die Sondenplatte zeigte keine Spur von Eisansatz. Beide Abbildungen geben einen kleinen Eindruck von den äußeren Schwierigkeiten, die mit luftelektrischen Dauerregistrierungen in 3000 m NN verbunden sind. Es sei in diesem Zusammenhang noch erwähnt, daß

Abb. 12. Station Zugspitze nach einer stürmischen Nacht bei Sonnenaufgang; zwischen den Isolatoren 2 und 3 ist die Meßantenne ausgespannt

es auch darauf ankam, alle Meß- und Energieleitungen absolut fest an den Wänden, Gestängen usw. zu verlegen, weil sie sonst, durch Eisansatz schwer beladen, im Sturm unweigerlich zerrissen wurden. Die Registrierantenne war an ihrem einen Ende gefedert aufgehängt um zu vermeiden, daß Windstöße harte mechanische Spannungsschläge auf die Isolatoren übertrugen. Eine Abreißstelle an der Antenne verhinderte zudem, daß bei extremer Eislast an der Antenne die Isolatoren zerstört wurden. Eine ähnliche Gefahr bildeten die vom Gestänge herabstürzenden Eistrümmer.

Die einfache Registriereinrichtung an Station Zugspitze zeigt Abb. 14.
Rechts neben dem Zweifarben-Punktschreiber (1) steht der Meßverstärker (2) und links oben unter der Decke hängt ein Kästchen (3) mit Relais,

Abb. 13. Meßantenne mit Trägerisolator (1) und Potentialgradientsonde (2)
an der Zugspitze, die dank Beheizung eisfrei geblieben ist.

Blitzschutzvorrichtungen und den Eingangsgliedern des Meßverstärkers.
Die ganze Anordnung nimmt wenig Platz ein und verlangt lediglich einmal am Tage eine kurze, einfache Revision.

Ganz andere Aufbauten und Anordnungen forderten die Verhältnisse am Zugspitzplatt.

Abb. 15 zeigt einen Teil des Meßplatzes, der im Sommer und Herbst 1958 an der auf Abb. 1 u. 2 bezeichneten Stelle des Zugspitzplatt errichtet worden war. Man erkennt links in Abb. 15 die kleine Blockhütte, in der die Ver-

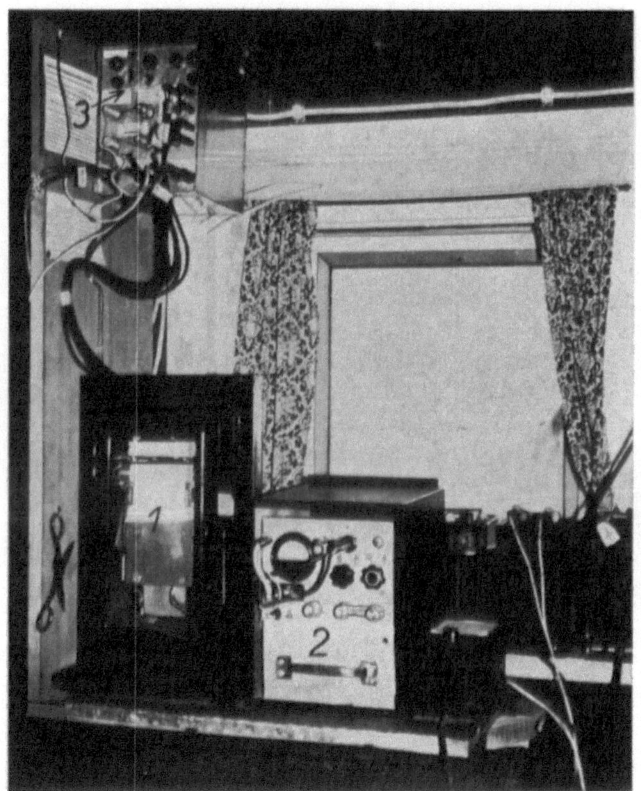

Abb. 14. Die Registriereinrichtung an Station Zugspitze;
1: Zweifarbenschreiber, 2: Meßverstärker, 3: Eingangsglieder, Umschaltrelais
und Blitzschutz

stärker und Registriergeräte, sowie die nötigen Zubehörteile untergebracht waren. Sie trug auch die beiden Windmesser (gewöhnliches Windweg-Registriergerät, großes Schalenkreuz-Anemometer mit Windfahne und elektrischer Fernübertragung in die Meßhütte). In der Bildmitte etwa findet

man die Sonde (nach Abb. 7) zur Registrierung des Potentialgradienten (S_1).
Mehrere Meter rechts davon hebt sich gegen den Hintergrund die Potential-
gradient-Eichsonde (S_2) ab, die gerade während der Aufnahme zusammen mit
dem Elektrometer (E) aufgestellt war, um den Reduktionsfaktor zu ermitteln. Die übrigen Einrichtungen der Station Zugspitzplatt sind auf Abb. 16
zu sehen: ganz rechts unter einer Blech-Schutzhaube war der Kleinionenzähler aufgestellt. Energie- und Registrierleitungen führten von dort in die

Abb. 15. Station Zugspitzplatt mit Registrier- (S_1) und Eichsonde (S_2) samt
Elektrometer (E). W: Windmesser

Blockhütte, deren Windmesser wiederum im Bild gut zu erkennen sind. Auf
dem Weg zwischen Blockhütte und Ionenzähler stand die Klimahütte. Sie
enthielt den Thermohygrographen und das Stationsthermometer, sowie ein
AssmannNsches Aspirationspsychrometer. Die Vertikalstrom-Meßantenne, die
zwischen genügend hohen Antennenträgern ausgespannt war (30 m Länge,
5 m über Boden), ist auf beiden Bildern nicht zu sehen. Alle Meß- und
Registrierkabel waren elektrostatisch abgeschirmt um Influenzeffekte
während naher Gewitter sicher auszuschalten.

Die getroffenen Anordnungen an der Station P haben sich auch während
der herbstlichen Schneefälle und Stürme bewährt.

Abb. 17 zeigt die wichtigsten Teile der Außenanlagen von Station Farchant[1]) (die zum Programm Radioaktivität gehörigen Teile werden später besprochen):

Abb. 16. Station Zugspitzplatt mit Kleinionenzähler (rechts), Klimahütte und Blockhütte mit Registriergeräten und Windmesser

[1]) Dank der intensiven Unterstützung seitens der Marktgemeinde-Verwaltung Garmisch-Partenkirchen und der Fraunhofer-Gesellschaft zur Förderung der angewandten Forschung e. V. konnte die Forschungsstelle im Sommer 1962 neue, zahlreiche Institutsräume mit Geräte- und Beobachtungsplattform in Garmisch-Partenkirchen (Skistadion) beziehen. Dadurch ist sowohl eine Erweiterung des Observatoriumsbetriebes als auch eine wesentlich günstigere Aufstellung aller Geräte und Sonden möglich geworden.

Abb. 17. Station Farchant, Außenanlagen; 1: Potentialsonde, 2: Ende der i-Meßantenne, 3: Niederschlagsstrom-Auffänger, 4: Kleinionenzähler, 5: Niederschlagssammler für NO_2'- und NO_3'-Bestimmung, 6: Klimahütte, 7: Einsaugkamin für Luft-Radioaktivitätsmeßanlage, 8: Pumpe hierzu, 9: Veraschungshütte, 10: Niederschlagsauffänger für Radioaktivitäts-untersuchung

(1) eine der beiden Sonden für Potentialgradient-Registrierung.
(2) Halteisolatoren der Vertikalstromdichte-Antenne, deren anderes Ende in ca. 80 m Entfernung auf einem 8 m hohen Mast gehalten wird, der auch das elektrische Anemometer trägt.
(3) Niederschlagsstrom-Auffänger.

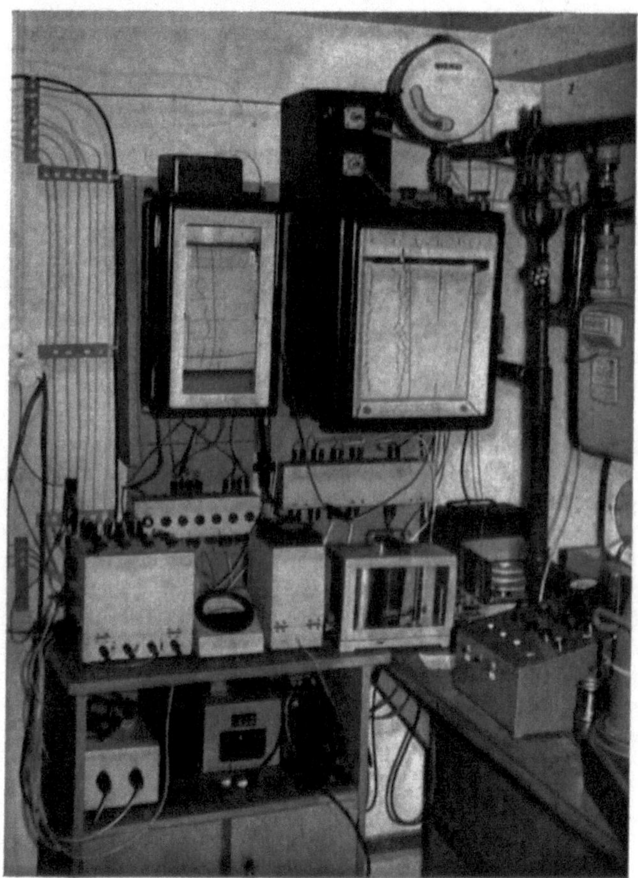

Abb. 18. Station Farchant, Innenanlagen für luftelektrisches Programm

(4) Kleinionenzähler, an dem gerade eine Nullpunktskorrektur ausgeführt wird.
(5) Niederschlagsauffänger für NO_2'- und NO_3'-Analyse (siehe 2.–4.3.), welcher gerade entleert wird.
(6) Klimahütte mit Thermohygrograph, Thermosäule zur elektrischen Temperaturregistrierung und Hygrometer mit elektrischer Fernübertragung (siehe 2.–4.1.).

Die luftelektrischen Registriereinrichtungen im Inneren der Station zeigt Abb. 18: In der Mitte links ein 6-Farben Punktschreiber zur Registrierung der meteorologischen Größen (Windgeschwindigkeit, Temperatur, relative Feuchte, Zenit-Helligkeit); rechts daneben der elektronische Kompensograph, welcher die luftelektrischen Größen registriert (positive und negative Kleinionendichte, 2 Potentialgradient-Kurven, Vertikalstromdichte und Niederschlagsstrom). Unter den Registriergeräten stehen Shuntkästen, Meßverstärker, Schaltuhr, Batteriekästen usw. Die von den Sonden hereinführenden Meßleitungen sind am linken Bildrand zu erkennen.

2.-3. Die Komponenten der atmosphärischen Radioaktivität und ihre meßtechnische Erfassung

2.-3.0. Übersicht, Definitionen

2.-3.0.0. Natürliche Radioaktivität der Luft, die Größe Rn

In den die Erdoberfläche und Erdkruste bildenden Gesteinen und ihren Verwitterungsprodukten finden sich Spuren radioaktiver Elemente, die jeweils ganz bestimmten Elementfamilien zuzuordnen sind (Uran-Radium-Reihe, Thorium-Reihe und Aktiniumreihe; letztere können wir wegen ihres unbedeutenden Beitrages zur Gesamt-Radioaktivität ganz außer Betracht lassen). Bei jeder dieser Zerfallsreihen kommt einmal der Fall vor, daß aus einem festen radioaktiven Element (Radium, Thorium X) ein gasförmiges radioaktives Element (Edelgas Radon bzw. Thoron) entsteht, welches dann seinerseits wieder in radioaktive Elemente von festem Aggregatzustand übergeht. Allein die Tatsache, daß ein gasförmiges radioaktives Element als Glied in der jeweiligen Zerfallsreihe vorkommt, ist für die nicht unbeträchtliche natürliche Radioaktivität der bodennahen Luft entscheidend. Im folgenden seien die in unserem Zusammenhang wichtigen Ausschnitte aus den beiden zu betrachtenden Zerfallsreihen wiedergegeben:

Thoriumreihe:

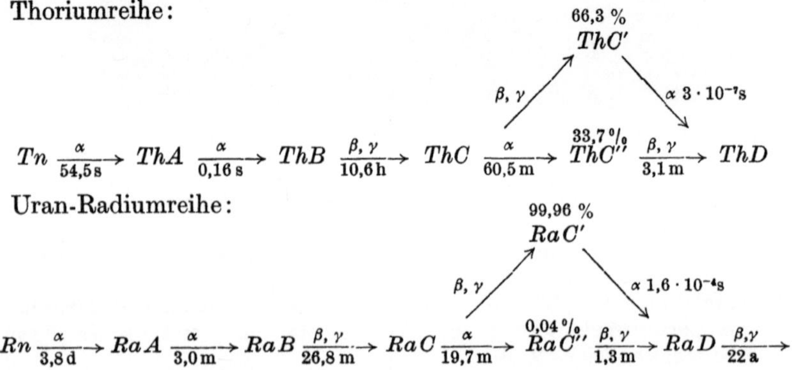

Uran-Radiumreihe:

Die beiden Zerfallsreihen-Ausschnitte enthalten auch Angaben über die jeweiligen Halbwertszeiten und die emittierten Strahlenarten (Näheres siehe Lehr -und Handbücher).

Maßgebend für den Pegel der gesamten natürlichen Radioaktivität der Luft sind folgende Bedingungen:

a) Gehalt der Erdoberfläche (und des Untergrundes bis zu einer gewissen Tiefe, je nach seiner geologischen Beschaffenheit: fest gefügt und homogen, zerklüftet, gefaltet, verworfen, von Spalten durchzogen usw.) an Radium und Thorium (Konzentrationsangaben siehe 6.-0.0.1).

b) Struktur der Erdoberfläche (Humus, glatter oder zerklüfteter Fels, starke Verwitterung und Verkarstung u. a.).

c) Bedeckung der Erdoberfläche (Schnee, Eis, aber auch See- und Meerwasser, in die Bodenkapillaren eindringendes Regenwasser u.a.).

d) Luftdruck-Tendenz an der Erdoberfläche (durch Druckfall wird die „Exhalation" verstärkt), Temperatureinstrahlung (Austreibung von Bodengasen durch Erwärmung).

e) Lebensdauer der exhalierten radioaktiven Gase und ihrer Folgeprodukte.

f) vertikale und horizontale meteorologische Verteilungsbedingungen.

g) Entfernung radioaktiver Elemente aus der Luft durch Sedimentation und Auswaschung (Niederschläge).

In diesem Abschnitt sollen zunächst einmal die physikalischen Grundbedingungen e) eingehender diskutiert werden, da diese von maßgebender Bedeutung für die Meßtechnik sind, die anzuwenden ist, und da sie ferner eine Definition erlauben, wie späterhin ganz allgemein der Pegel der natürlichen Luftradioaktivität angegeben werden kann. Punkt a) wird uns später noch eingehender beschäftigen, b) wird im Rahmen dieser Untersuchung wenig zur Sprache kommen. Die übrigen Punkte werden in Kapitel 6 behandelt. Bevor wir uns mit Punkt e) eingehender befassen, muß noch einiges Grundsätzliche über das Schicksal der auf die radioaktiven Edelgase folgenden Elemente gesagt werden, was von erheblicher Bedeutung für die Beurteilung der später zu besprechenden Ergebnisse ist.

Die aus radioaktiven Gasatomen entstandenen Folgeelemente liegen zunächst in atomarer Verteilung vor. Dieser Zustand dauert aber nur gewisse Zeit, denn infolge der sehr schnell aufeinander folgenden gaskinetischen Stöße ist die Anlagerungswahrscheinlichkeit gegenüber suspendierten Aerosolpartikeln überaus groß, zumal auch die frisch gebildeten Zerfallsprodukte elektrisch geladen sind. Die Geschwindigkeit dieses Alterungsprozesses, d. h. die Geschwindigkeit, mit welcher die kleinen Partikel (p, aus Rn frisch gebildete Poloniumatome $= RaA$) mit großen (P, Aerosol-Schwebeteilchen, Kondensationskerne) kombinieren, ist in etwa gegeben durch $dp/dt = -k^* \cdot p \cdot P$, wenn p bzw. P die Zahl der Teilchen/cm³ bedeuten; k^* = Anlagerungskonstante. In die Anlagerungskonstante k gehen absolute Temperatur, die mittlere freie Weglänge, die Zähigkeit der Luft und einige weitere Größen ein. Eine genaue Ableitung findet sich bei Ch. Junge (1952).

Die Anlagerungsgeschwindigkeit ist also in erster Näherung, analog dem Fall der Kleinionen-Alterung durch Anlagerung, von der Konzentration der RaA-Atome und der der Aerosol-Schwebeteilchen abhängig. Da nun letztere, nämlich P, sehr stark von meteorologischen Bedingungen, von der Höhe über Boden u. a. abhängig ist, wir kommen ausführlich darauf zurück, muß auch mit starken Schwankungen des Alterungszustandes der frisch aus Rn und Tn gebildeten Tochterelemente (p) gerechnet werden. Aber da, wie in 2.3.1. ausgeführt, die Messung der Luftradioaktivität durch Abfangen der auf Rn und Tn folgenden Elemente mittels Schwebstoffilter ausgeführt wird, kommt der Alterungsgeschwindigkeit erhebliche Bedeutung zu. W. Jacobi, A. Schraub, K. Aurand und H. Muth (1959) haben eine Formel zu ihrer Berechnung angegeben, deren Grundlage auf Ableitungen von Ch. Junge (1953) zurückgeht. Bezeichnet man die Halbwertszeit des Alterungsprozesses $RaA \rightarrow$ Aerosolpartikel (Kondensationskerne) mit $T_{1/2}$, so gilt:

$$T_{1/2} = \frac{2 \ln 2 \cdot \ln r_2/r_1}{3 \, V \cdot D \cdot (1/r_1{}^2 - 1/r_2{}^2)}$$

Es bedeuten: r_1 und r_2 die Teilchen-Grenzradien und zwar für Großstadtbedingungen nach Ch. Junge (1953)

$$r_1 = 5 \cdot 10^{-6} \, cm \leq r \leq 5 \cdot 10^{-4} \, cm = r_2,$$

wobei die Verteilung der vorkommenden Teilchenradien in etwa durch die Funktion

$$dv/d \, \log r = C/r^3; \quad C = 3 \, V/4\pi \cdot \log \frac{r_2}{r_1}$$

ausgedrückt werden kann, ferner: D Diffusionskonstante für RaA-Atome; sie beträgt nach A. C. Chamberlain und E. D. Dyson (1956) $D = 0{,}05 \, cm^2/sec$.

V Aerosolvolumen pro cm³ Luft, d. h. Summe der Volumina aller in einem cm³ suspendierten einzelnen Aerosolpartikel.

W. Jacobi, A. Schraub, K. Aurand und H. Muth (1959) kommen mit Hilfe dieser Ansätze und einem mittleren Wert für V, gemessen im Stadtgebiet von Frankfurt/Main [nach Ch. Junge (1955)] zu einem Wert von

$$T_{1/2} \simeq 1 \text{ Minute.}$$

Das bedeutet, daß sich unter den genannten Bedingungen das RaA bereits zum größten Teil an die vorhandenen Schwebeteilchen angelagert hat, bevor es in RaB übergeht. Dieser und der sich anschließende radioaktive Zerfall findet dann an den Trägerpartikeln statt.

Nun muß aber schon hier darauf hingewiesen werden, daß außerhalb von Städten und ganz besonders im Hochgebirge der Wert von V wesentlich kleiner sein wird und zwar einmal, weil die Zahl der Kerne geringer ist und zum anderen, weil auch die Verteilung der Teilchenradien etwas nach kleineren Werten hin verschoben sein wird. So entsprechen nach CH. JUNGE (1952a) 10^4–10^5 Kernen/cm³ einem mittleren Radius von etwa $5 \cdot 10^{-6}$ cm (Stadtgebiete), 10^3–10^4 Kernen/cm³ einem mittleren Radius von etwa 10^{-6} cm (Landgebiete). Das bedeutet, daß im freien Land, noch mehr im Hochgebirge oder über den Ozeanen, mit Verlängerung von $T_{1/2}$ um mindestens Faktor 10, wenn nicht noch mehr, gerechnet werden muß. Es ist sehr schwer, hierüber exakte Angaben zu machen, da die Kerndurchmesser mit der 3. Potenz in die Rechnung eingehen und keine genauen Angaben über das Teilchengrößenspektrum in verschiedenen Gegenden und unter verschiedenen meteorologischen Bedingungen vorliegen. Beträgt $T_{1/2}$ 10 und mehr Minuten, so ist das *RaA* schon zum großen Teil zerfallen, bevor es sich an grobe Partikel anlagern konnte. Die Anlagerung erfolgt dann in der *RaB*-Generation der Zerfallsreihe.

Daraus ergeben sich zwei Gesichtspunkte für die Gestaltung der in 2.-3.1. zu besprechenden Meßanordnung. Da nämlich das Verfahren der Direktbestimmung von Radon und Thoron in der Ionisationskammer aus verschiedenen praktischen Gründen nicht in Frage kommen kann (siehe 2.-3.1.), sondern vielmehr die Folgeprodukte der Emanationen mittels Schwebstoffilter aus der Luft abgeschieden und am Filter angereichert werden müssen, ist folgendes zu beachten:

a) Mit Rücksicht darauf, daß sowohl *RaA* als vor allem auch *ThA* schon zerfallen sein können, bevor sie an abscheidbare Schwebstoffe angelagert sind, ist es zweckmäßig, das Meßverfahren auf Erfassung des *RaB* (und unmittelbar folgende Elemente) bzw. *ThB* (und unmittelbar folgende Elemente) abzustellen;

b) Unter extremen Bedingungen, wie etwa bei sehr geringem Gehalt der Luft an Kernen und erheblicher Verschiebung der Größenverteilung nach kleineren Partikeldurchmessern ist damit zu rechnen, daß auch ein Teil des *RaB* und *RaC* noch nicht in abscheidbarer Form vorliegt und noch nicht oder nur unzureichend vom Filter abgeschieden wird (diese Gefahr besteht beim *ThB*, dessen Halbwertszeit ja 10,6 Stunden beträgt, nicht).

Es scheint also zweckmäßig zu sein, den Gehalt der Luft an natürlich radioaktiven Elementen durch die Konzentration von *RaB* bzw. *ThB* auszudrücken. Dabei ist natürlich nicht unbedingt gesagt, daß diese beiden Elemente mit ihren Mutterelementen einschließlich den Emanationen während der Messung im Gleichgewicht gestanden haben. Zwar dürfte das für *RaB/Rn* in einem Abstand von mindestens wenigen Metern vom Erdboden hinreichend genau gelten [W. JACOBI, A. SCHRAUB, K. AURAND und H. Muth (1959)], doch ist sicher, daß *ThB* und *Tn* in der Luft über der Erdoberfläche kaum im Gleichgewicht stehen können.

Hierzu betrachten wir Abb. 19[1]) und behalten gleichzeitig die oben angeschriebenen Zerfallsreihen im Auge. Der Übertritt radioaktiver Elemente aus der Erdkruste in die der Erdoberfläche aufliegende Luftschicht kann nur auf dem Wege über die Gasphase erfolgen (Radon, Thoron).

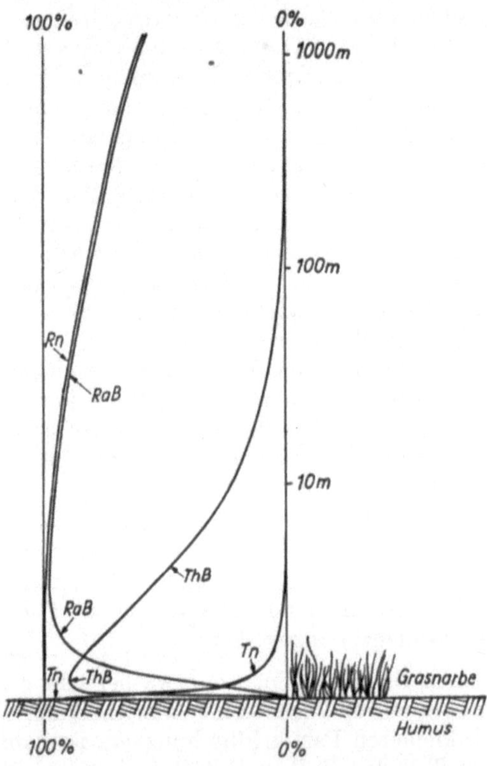

Abb. 19. Schema zur Frage der Abhängigkeit der Konzentration von Radon und *RaB* bzw. Thoron und *ThB* in der Luft von der Höhe über der Bodenoberfläche

Die für diesen Übertritt maßgebenden Diffusionsvorgänge sind recht genau untersucht und theoretisch begründet [siehe z. B. J. Elster und H. Geitel (1902), H. M. Dadaurian (1905), H. Bender (1934), H. Israel (1934),

---

[1]) Abb. 19 ist ein sehr grobes Schema. Der Verlauf der Kurven ist nicht errechnet, sondern geschätzt. Die Abbildung sei nicht mehr als eine Kreideskizze auf der Tafel. Theoretische Behandlung siehe z. B. bei W. Schmidt (1926) und H. Lettau (1941).

P. R. ZEILINGER (1934, 1935), H. ISRAEL-KÖHLER und F. BECKER (1935, 1936), W. KOSMATH (1933, 1935), H. ISRAEL (1958b, 1959)].

Ist nun die Lebensdauer des gasförmigen Elements so kurz, daß seine Folgeelemente bereits schon z. T. in den Bodenkapillaren, Bodenspalten oder in der dichten Vegetationsschicht der Bodenoberfläche abgelagert werden, so sind alle Bedingungen, die den Übertritt der betreffenden radioaktiven Stoffe in die bodennahe Lufthaut irgendwie beeinflussen, für den Konzentrationspegel in der bodennahen Luft von entscheidender Bedeutung. Wir haben auch zu beachten, daß die Lebensdauer des Radon viel größer ist als die seiner unmittelbaren Folgeprodukte, während umgekehrt die Lebensdauer des Thoron ungleich kürzer ist als die seines nächsten Folgeelements. Das bedeutet, daß überall da, wo RaA, RaB usw. in der Luft angetroffen werden, auch das Rn in der Luft zu finden ist (welches im Gleichgewicht mit seinen unmittelbar folgenden Elementen steht, wenn genügend Zeit für die Gleichgewichtseinstellung gegeben war). Das Radon kann sich auch wegen seiner langen Lebensdauer weit von seinen Ursprungsgebieten entfernen. Umgekehrt ist das Thoron schon auf allerkürzesten Wegstrecken zerfallen, doch das ThB bleibt relativ lange am Leben und kann sich weit vom Ursprungsort fortbewegen. Wir denken uns nun in Abb. 19 ein Luftvolumen von der Bodenoberfläche weg mit gleichmäßiger Geschwindigkeit in die Höhe gehoben. Vor dem Start sei dem Luftvolumen eine bestimmte Ausgangsmenge Radon und Thoron (= jeweils 100% gesetzt) zugefügt. Im Verlaufe der Hebung des Luftvolumens zerfällt das Thoron sehr schnell, während sich gleichzeitig das ThB bildet. Ist das Thoron völlig verbraucht, nimmt auch die ThB-Konzentration wieder ab. Betrachten wir nun das Radon. Aus ihm bildet sich — über das RaA — das RaB, dessen Konzentration bald einen Maximalwert erreicht, womit sich Gleichgewicht Rn/RaB einstellt. Die weitere Verminderung der Radon- und RaB-Konzentration bei fortgesetzter Hebung erfolgt dann in jeweils gleichem Ausmaß, jedoch, verglichen mit dem ThB-Schwund, relativ langsam. Aus dieser Betrachtung wird klar:

a) *Messungen der natürlichen Radioaktivität der Luft liefern Ergebnisse, die bis zu einem gewissen Grad davon abhängen, in welcher Höhe über der freien Erdoberfläche die Luftproben genommen werden. Es ist zweckmäßig, mindestens einige Meter über dem Boden abzusaugen und die Entnahmehöhe konstant zu halten.*

b) *Grad und Typ des atmosphärischen Mischungszustandes sind von erheblichem Einfluß auf den Pegel der radioaktiven Elemente in der Luft und auf ihren Gleichgewichtszustand.*

c) *Die RaB-Konzentration läßt unter gewissen Voraussetzungen auf die Konzentration von Radon in Luft schließen und zwar umso sicherer, in je größerer Entfernung vom Boden die Luftprobe genommen wird.*

d) Die ThB-Konzentration läßt keine Rückschlüsse auf den Gehalt der Luft an Thoron zu, es sei denn, die Messung wird unmittelbar an der Erdoberfläche selbst vorgenommen.

Wenn nun im folgenden vom Pegel der natürlichen Luftradioaktivität Rn gesprochen wird, sei darunter stets der Gehalt der Luft allein an RaB verstanden. Er kann auf Grund der angewandten Methodik (2.-3.1.2.) auch für den Pegel des RaA und Radon, sowie des RaC als repräsentativ angesehen werden, eine Annahme, die zwar stets angenähert, aber nicht immer exakt richtig ist. Der Pegel des ThB ist meist gegen den des RaB zu vernachlässigen. Er wird aber ebenfalls laufend gemessen und später gesondert betrachtet und verwertet.

2.-3.0.1. Künstliche Radioaktivität der Luft, die Größe Rk

Würde man Aerosolfilter, die vor der ersten, im großen Ausmaß ausgelösten ungesteuerten und explosiven Kernreaktion mit 50–100 m³ Luft exponiert worden sind, mehrere Tage liegen gelassen haben, so hätte man nach dieser Wartezeit keine merkliche Radioaktivität mehr an den Filtern finden können. Das verbliebene ThD ist ein stabiles Bleiisotop und das RaD emittiert wegen seiner langen Halbwertszeit (22 a) so wenige Teilchen pro Zeiteinheit, daß man dessen Aktivität nur mit großem Meßaufwand hätte sicher nachweisen können. Seit eine große Anzahl an Kernexplosionen in der Atmosphäre, am oder im Boden oder unter Wasser, ausgelöst worden ist, verbleibt auf einem exponierten Aerosolfilter nach 100–150 Stunden eine „Restaktivität", die so gut wie ausschließlich von der Strahlung abgefilterter Kernspaltprodukte herrührt. Man ist deshalb übereingekommen, die gesamte „Restaktivität", die sich nach einer Abklingzeit von mindestens 48[1]), möglichst 120 Stunden nach Ende der Exposition am Filter feststellen läßt, der „künstlichen Radioaktivität der Luft" zuzuschreiben. Diese künstliche Luftradioaktivität oder Spaltproduktaktivität der Luft sei im folgenden mit Rk bezeichnet. Man begnügt sich in der Regel mit der Bestimmung der Gesamt-Restaktivität, ohne sich näher für die Komponenten der Strahlung zu interessieren, aus denen sie sich zusammensetzt. Unter den langlebigen und somit in die Messung eingehenden künstlich radioaktiven Isotopen befinden sich sowohl Beta- als auch Gammastrahler, so daß es immer interessant ist, beide Strahlenarten getrennt zu bestimmen. Die Ermittlung der hauptsächlich zur Gesamtstrahlung beitragenden Isotope ist auf dem Wege über eine chemische Trennung oder mittels Gamma-Spektrometer möglich. Beides ist an einzelnen exponierten Schwebstoffiltern wegen der meist nur geringen Aktivitäten unbequem und mit nur großem Aufwand auszuführen.

---

[1]) Bei einem so niedrigen Stand der Spaltproduktaktivität wie in den Jahren 1960/61 ist eine Abklingzeit von 48 h viel zu kurz [siehe R. REITER (1960)].

Die mittlere Halbwertszeit des abgefilterten Strahlengemisches schwankt, je nach dem Alter der aufgefangenen radioaktiven Nuklide[1]), zwischen wenigen Wochen, Monaten und Jahren. Es liegt deshalb nahe, sie von jeder Filterprobe gesondert zu bestimmen und dann das Meßergebnis, welches ja mehrere Tage nach Ende der Exposition gewonnen wurde, auf den Zeitpunkt (oder das Intervall) der Probenahme zu korrigieren. Die konsequente Durchführung dieses Vorhabens ist aber bei einem Anfall von mehreren Proben pro Tag technisch fast unmöglich, so daß auf diese Zeitkorrektur grundsätzlich verzichtet wurde, zumal sie nicht erheblich ist und für die geplanten Untersuchungen kaum von Belang sein konnte.

Die Berechnung der künstlichen Radioaktivität der Luft Rk erfolgte also unmittelbar aus der nach einer angemessenen Wartezeit festgestellten Restaktivität der Aerosolfilter.

2.-3.0.2. Künstliche Radioaktivität der Niederschläge, NR

Es mag vielleicht überraschen, daß die Radioaktivität des Niederschlags auch zur atmosphärischen Radioaktivität gezählt werden soll. Doch besteht eine enge Beziehung zwischen Radioaktivität der Luft und der des Niederschlags. Dieser, gleich welcher Art, führt nämlich einen gewissen Teil der atmosphärischen Radioaktivität zur Erdoberfläche. Ohne späteren ausführlicheren Darlegungen (in 6.-1.6.) vorgreifen zu wollen, seien hier vier Hauptvorgänge unterschieden:

a) Inkorporation radioaktiver Kondensationskerne durch Niederschlagsteilchen in der Bildungs- und Wachstumsphase unabhängig von deren Bewegungszustand (Prozeß läuft praktisch nur innerhalb von Wolken ab).

b) Aufnahme oder Adsorption von radioaktiven Aerosolteilchen durch den fallenden Niederschlag infolge Zusammenstoß oder inniger Berührung (Prozeß geht in- und außerhalb von Wolken vor sich)

c) Vorgang wie bei b), jedoch Staubteilchen betreffend[2]).

d) Lösung radioaktiver Gase aus der Luft in den Niederschlagsteilchen.

Die genannten Prozesse führen zur Aufnahme sowohl natürlich wie künstlich radioaktiver Elemente durch den Niederschlag. Läßt man die gesammelte Probe mindestens 48 Stunden lang stehen (Abklingzeit der ins Gewicht fallenden natürlichen radioaktiven Elemente), so rührt die verbleibende Restaktivität (vergl. 2.-3.0.1.) fast ausschließlich von Kernspaltprodukten her. Auf diese wollen wir uns bei der Betrachtung der Niederschlagsradioaktivität beschränken, die mit *NR* bezeichnet sein soll.

---

[1]) Radioaktives Nuklid = radioaktives Element.
[2]) Wir wollen, wie allgemein üblich, streng zwischen Staubteilchen und Aerosolpartikeln unterscheiden, siehe Abschnitt 0.

*2.-3.0.3. Deponierte und inkorporierte künstliche Radioaktivität (Schnee-
und Eisoberflächen, Bewuchs)*

Zwar kann die Radioaktivität, die wir im abgesetzten Schnee und vor
allem auf Altschnee- und Eisflächen finden können, oder die vom Bewuchs der Erdoberfläche aufgenommen und in die Pflanzen eingebaut
worden ist, nicht mehr direkt zur atmosphärischen Radioaktivität gezählt werden, doch ist sie immerhin eine sehr unmittelbare Folge des
Gehalts der Atmosphäre an radioaktiven Elementen. Darüber hinaus
kann die am Boden deponierte Radioaktivität als Indikator für Ausmaß
und Geschwindigkeit des Herabtransportes radioaktiver Elemente aus
der Höhe betrachtet werden, insbesondere unter Berücksichtigung verschiedener Niveaus über NN. Nicht zuletzt ist die Frage nach der Radioaktivität der Bodenoberfläche von nicht unerheblich biologischem Interesse. Aus diesem Grunde sollen die Ergebnisse der vom Verfasser im
Alpengebiet ausgeführten Untersuchungen über deponierte und durch
Bewuchs inkorporierte Radioaktivität auch in dieser Monographie dargestellt werden.

In diesem Zusammenhang wäre auch noch erwähnenswert, daß ver-
schiedentlich diskutiert worden ist, ob und wieweit die luftelektrischen
Bedingungen in Bodennähe durch die Vermehrung radioaktiver Elemente
(Kernspaltungsprodukte) an der Erdoberfläche verändert werden könn-
ten. Insofern besteht sogar ein engerer unmittelbarer Zusammenhang mit
Problemen der Luftelektrizität.

2.-3.1. Methoden zur Messung der Komponenten der Luftradioaktivität

2.-3.1.0. Ionisationskammerverfahren

Das älteste und wohl auch genaueste Meßprinzip zur Erfassung der
Radioaktivität von Gasen oder Aerosolen ist das Ionisationskammerverfahren.

Eine vollständige Übersicht der älteren Meß- und Registrierverfahren
geben H. ISRAEL und H. DOLEZALEK (1957). In neuester Zeit wurde von
E. POHL (1953, 1954) ein Präzisions-Emanometer entwickelt und für die
verschiedensten Meßaufgaben mit Erfolg eingesetzt [s. z. B. E. POHL und
J. POHL-RÜLING (1954) und J. POHL-RÜLING und E. POHL (1954)]. Mit
diesem Emanometer können auch Messungen von Radonkonzentrationen
vorgenommen werden, wie sie in der bodennahen Atmosphäre im Freien
vorkommen [E. POHL und J. POHL-RÜLING (1954, 1955)]. Allerdings sind
diese Messungen bei niedrigen Aktivitäten recht zeitraubend.

Das Ionisationskammerverfahren eignet sich deshalb nicht gut für
fortlaufende Bestimmungen der natürlichen Radioaktivität der Freiluft
im Sinne der Routine. Seine Anwendung bleibt letzten Endes auf Messung

höherer Gehalte radioaktiver Elemente in der Luft (Balneologie, Bergbau u. a.) beschränkt. Zwar kann man den Kunstgriff der Anreicherung des Radon in Lösungsmitteln [s. z. B. R. Hofmann (1905)], durch Adsorption an Aktivkohle, durch Ausfrieren mittels flüssiger Luft usw. anwenden, doch kommen auch diese Techniken aus verschiedensten Gründen für den Routinebetrieb kaum in Betracht.

Zur Messung der künstlichen Radioaktivität — neben der natürlichen— in Luft der bodennahen Atmosphäre eignen sich Ionisationskammerverfahren praktisch überhaupt nicht, denn die Zahl der durch natürlich radioaktive Atome im Gas erzeugten Ionen ist in der Regel — außer im Katastrophenfall — ungleich größer als die durch Kernspaltungsprodukte erzeugte Anzahl von Ionen. Hierzu ein Beispiel: beträgt die Radonkonzentration $220 \cdot 10^{-12} \mu C/cm^3$ (d. i. etwa der Mittelwert über dem Festland), die Konzentration von Kernspaltprodukten aber gleichzeitig $2 \cdot 10^{-12}$ $\mu C/cm^3$ (ein mittlerer Pegel, wie er in Europa über längere Zeit hinweg gemessen worden ist), so werden durch die natürlich radioaktiven Elemente in der Luft mindestens rund 850 mal mehr Ionen erzeugt als durch die radioaktiven Kernspaltungsprodukte [R. Reiter (1959 c)]. Nach Abklingenlassen der natürlichen Aktivität in der Ionisationskammer ist der verbleibende Ionisationsstrom, der durch die Kernspaltprodukte hervorgerufen würde, kaum sicher zu messen und insbesondere würde — bei oftmaliger Wiederholung — die fortlaufende Verseuchung der Kammer durch *RaD* die untere Meßgrenze laufend heraufsetzen.

Große geschlossene Ionisationskammern werden heute [siehe H. Böhm (1957)] bei der Überwachung atmosphärischer Luft praktisch nur als Gamma-Pegel-Messer angewandt, die einen Alarm auslösen, wenn der Grundpegel der Gamma-Radioaktivität (hauptsächlich Höhenstrahlung. *RaC* im Boden) stark überschritten wird.

2.-3.1.1. *Elektrostatische Abscheideverfahren*

Das älteste Verfahren der elektrostatischen Abscheidung radioaktiver Partikel aus der atmosphärischen Luft stammt von J. Elster und H. Geitel (1901, 1902, 1903) und J. Elster (1902). Da es bei einigen Untersuchungen, deren Ergebnisse später besprochen werden, angewandt worden ist, wollen wir kurz auf sein Prinzip eingehen.

Dieses älteste Abscheideverfahren beruht auf der Erfahrung, daß ein Großteil der natürlich radioaktiven Zerfallsprodukte in der Luft (früher „Induktionen" genannt) positive Ladung trägt. Lädt man einen mehrere Meter langen Draht, der frei und isoliert über dem Boden ausgespannt ist, stark negativ auf (einige kV negativ gegen Erde), so scheidet sich an dem Draht ein gewisser Teil der auf das Radon folgenden natürlich radioaktiven Elemente aus der Luft ab. Statt nun, wie früher gehandhabt, den exponierten Draht zusammenzurollen und in eine Ionisationskammer zu bringen, wischt man ihn besser mit einem Filterpapiertupfer ab und bestimmt dessen Radioaktivität mit einem Beta-Zählrohr. Am wirkungsvollsten ist der Abwischvorgang wenn man gleichzeitig die äußerste Oberfläche des Drahtmaterials selbst mit abführen kann. Verwendet man Kupferdraht, so gelingt das leicht, indem man das Filterpapier vorher mit Ammoniaklösung tränkt. Dieses Verfahren liefert naturgemäß nur Relativwerte der natürlichen Luftradioaktivität, deren Genauigkeit verständlicherweise nicht übermäßig hoch ist, geht doch der Einfluß der Luftbewegung in der Drahtumgebung (im Bereich kleinster Windgeschwindigkeiten vor allem) bis zu einem gewissen Grad mit ein.

Die Ergebnisse werden verläßlicher, wenn man mehrere Drähte parallel in einem genügend weiten Metallrohr ausspannt, gegen welches sie negativ aufgeladen sind. Durch das Metallrohr wird die Meßluft mit konstanter und bekannter Geschwindigkeit gesaugt. Die Abscheidung wird noch verstärkt, wenn man den Drähten Schneiden gegenübersetzt, die auf dem Potential des Rohrmantels liegen. Eine solche Anordnung ist parallel zur Filterabscheideanlage an den beiden Stationen Farchant und Wank laufend in Betrieb.

Ein von dem Verfahren ELSTER und GEITEL abweichendes Prinzip der elektrostatischen Abscheidung wurde von G. ALIVERTI (1933, 1935) und G. ALIVERTI und G. ROSA (1935) entwickelt und angewandt.

Auch können Aerosolpartikel (sowie Staubteilchen, Ruß usw. siehe Verfahren zur Entstaubung von Industrieabgasen usw.) durch Koronaentladung künstlich aufgeladen, im elektrostatischen Feld zwischen zwei Elektroden bewegt und auf einer der Elektroden[1]) im elektrischen Feld abgeschieden werden. Dieses Verfahren dürfte zum ersten Male von O. MACEK und W. ILLING (1935) zur Messung der natürlichen Luftradioaktivität angewandt worden sein. Neuere Anordnungen sind bei M. H. WILKENING (1952), J. LABEYRIE und M. PELLE (1953), R. NEUWIRTH (1957, 1958), W. GERLACH, K. STIERSTADT und J. ZEISING (1958), W. KERN (1959), M. KAWANO und S. NAKATANI (1959) u. a. beschrieben. Ein empfindlicher Nachteil der elektrostatischen Abscheider besteht darin, daß der Abscheidewirkungsgrad relativ niedrig liegt. R. NEUWIRTH z. B. gibt einen Abscheidungswirkungsgrad von nur 25–30% an. Wäre dieser Wirkungsgrad von den Meßbedingungen und vor allem von der Partikelgröße weitgehend unabhängig, könnte das Ergebnis mit befriedigender Sicherheit durch einen Eichfaktor auf 100% Abscheidung extrapoliert werden. Leider ist jedoch über den Einfluß der Partikelgröße auf den Abscheidevorgang im elektrostatischen Abscheider noch sehr wenig Sicheres bekannt [siehe Diskussion zu R. NEUWIRTH (1958)]. Eine kritische Studie über elektrostatische Abscheideverfahren bringt D. L. LAMBERSON (1961).

---

[1]) Wobei die Gefahr einer Störung durch Exoelektronen besteht [siehe W. FETT (1961)], welche u. U. mitgemessen werden.

In jüngerer Zeit haben W. JACOBI und H. STEPHAN (1959) kritische Vergleiche zwischen verschiedenen Meßanordnungen ausgeführt (Schwebstofffilterverfahren, Korona-Elektroabscheideverfahren). Es zeigte sich, daß der Abscheidewirkungsgrad der Elektroabscheider im Mittel während der Expositionsintervalle stark absinkt (von 26% auf 12%), was deren Verwendbarkeit stark einengt.

2.-3.1.2. Abscheidung radioaktiver Aerosolpartikel mittels Schwebstofffilter

2.-3.1.2.0. Grundsätzliches

Mit einem Faserfilter können nur Schwebstoffe innerhalb gewisser Partikelgrößen-Intervalle abgefangen werden und selbstverständlich keine Gase oder festen Elemente, die in atomarer oder molekularer Dispersion vorliegen. Saugt man atmosphärische Luft durch ein Schwebstofffilter, so werden von diesem nur jene radioaktiven Elemente zurückgehalten, die an abscheidbare Partikel angelagert sind. Diese Methode eignet sich — im Gegensatz zur Ionisationskammer — nur zur Messung der Konzentration der Folgeprodukte der Emanationen, nicht aber für radioaktive Gase (Radon, Thoron).

Besonders hervorzuheben ist eine in jüngster Zeit von J. FONTAN und Mitarb. (1962) angegebene Kombination von Radon-Zerfallskammer und nachfolgender Filteranordnung. Die Anordnung gestattet eine genauere Bestimmung der natürlichen Elemente der Luftradioaktivität.

Zwar befürchtet H. ISRAEL (1934), es könnten durch Filterung nicht unbeträchtliche Mengen von Radon, die an atmosphärische Kerne gebunden sind, bei der Filterung mit abgeschieden werden, doch konnten G. ALIVERTI und G. ROSA (1936), G. ROSA (1935), sowie vor allem mit Hilfe ausführlicher Untersuchungen O. MACEK (1935, 1936a, b) zeigen, daß höchstens verschwindend geringe Mengen von Radon an Kerne gebunden sein können. O. MACEK stellte fest, daß nicht mehr als 1—2% des in der Luft vorhandenen Radon an Kerne adsorbiert oder von feinsten Tröpfchen absorbiert sein können, was aber innerhalb der Meßgenauigkeit der Verfahren liegt. Es ist interessant, daß in jüngster Zeit W. GERLACH, K. STIERSTADT und I. ZEISING (1958) in Übereinstimmung mit O. MACEK gefunden haben, daß beim Veraschen von exponierten Schwebstofffiltern wenige Prozent der Aktivität verloren gehen, die von Radon herrühren.

Es besteht also keine Gefahr einer Beeinflussung der Meßergebnisse durch merkliche Miterfassung von Radon bei der Abfilterung der Aerosolpartikel. Mißt man übrigens nur deren Beta- bzw. Gamma- und nicht auch deren Alpha-Radioaktivität, so bleibt *Rn* ohnedies völlig außer Betracht.

2.-3.1.2.1. Der Abscheide-Wirkungsgrad und die Möglichkeit seiner Verbesserung

Die Brauchbarkeit einer Luftradioaktivitäts-Anordnung hängt weitgehend vom Abscheide-Wirkungsgrad des verwendeten Filters ab. Dieser beträgt beim „Idealfilter" nahe 100% und ist weitgehend unabhängig von der Partikelgröße und der Durchströmungsgeschwindigkeit. Abweichungen des Abscheide-Wirkungsgrades von 100% sind umso eher vertretbar, je weniger diese Abweichung eine Funktion der angebotenen, variierenden Partikelgröße ist[1]). Nur wenn diese Voraussetzung gegeben ist, kann rechnerisch auf 100% extrapoliert werden. Beeinflußt aber die Partikelgröße das Abscheidungsdefizit stark, so können unkontrollierbare Fehler von ganz erheblichem Ausmaß in das Ergebnis eingehen, da es ja unmöglich ist, jeweils auch das Partikelgrößen-Spektrum mit zu bestimmen und seine Variationen routinemäßig zu überwachen.

Eine in bezug auf die anzuwendende Meßtechnik recht unangenehme Eigenschaft der Faserfilter ist, daß ihr Abscheide-Wirkungsgrad direkt mit ihrer Luftdurchlässigkeit gekoppelt ist. Hohe Abscheidefähigkeit muß also durch hohen Luftwiderstand erkauft werden. Andererseits aber ist die Empfindlichkeitsgrenze einer Filter-Meßanordnung von der Luftmenge abhängig, mit welcher das Filter exponiert wird. Bei gleicher Pumpenleistung geht demnach mit steigender Abscheidesicherheit am Filter die Meßempfindlichkeit der Anordnung zurück. Dieses Dilemma bedingt, daß es bis jetzt noch nicht gelungen ist, kontinuierlich arbeitende Filterbandgeräte zu bauen, deren Filter eine sichere Abscheidung von mehr als mindestens 90% aller vorkommenden Partikel gestatten würden. Für das Bandgerät von FRIESEKE und HÖPFNER wird ein Abscheidegrad von 55% [W. BUCHNER (1957)], für das Gerät von LANDIS und GYR ein solcher von 70% [A. STEBLER (1958), M. HINZPETER, F. BECKER und H. REIFERSCHEID (1958)] angegeben. Da nun mit Rücksicht auf die erforderliche Meßgenauigkeit und untere Meßgrenze bei den Geräten mit Filterbandvorlauf ein Filtermaterial mit relativ guter Luftdurchlässigkeit und deshalb niedriger Abscheidesicherheit verwendet werden muß, kommt für anspruchsvolle Messungen mit befriedigender absoluter Genauigkeit nach wie vor nur die Exposition ruhender Filter über gewisse Tagesabschnitte in Betracht. Führt man 4 Expositionen pro Tag aus, so folgt aus dem diskontinuierlichen Betrieb gegenüber einer Anordnung mit nur 4 cm Filtervorschub pro Tag und einer mittleren Expositionszeit pro Flächeneinheit von 13 Stunden [M. HINZPETER, F.

---

[1]) Die fast unvermeidliche Abhängigkeit des Abscheide-Wirkungsgrades von der Durchströmungsgeschwindigkeit stört dann nicht, wenn diese durch konstruktive Maßnahmen konstant gehalten werden kann, was nicht allzu schwierig ist.

BECKER und H. REIFFERSCHEID (1958)] gar kein Nachteil mehr, weil bei dem so langsamen Vorschub ohnedies rasche zeitliche Änderungen der Aktivität meßtechnisch sehr stark über längere Zeit „verschmiert" werden. Dafür kann man die diskontinuierlich arbeitende Anlage mit hochwirksamen Filtern versehen und die Saugleistung entsprechend anpassen.

Sehr dichte Faserfilter mit hohem Abscheidegrad haben noch einen weiteren Vorzug. Da die Eindringtiefe der Partikel in solche Filter wesentlich geringer ist als in Filter mit niedriger Abscheide-Wirksamkeit, wird der Fehler durch Eigenabsorption der von den Teilchen emittierten Betastrahlung (die Alphastrahlung bleibt ohnedies außer Betracht) entsprechend gering und bis zu einem gewissen Grad vernachlässigbar.

Wie experimentelle Untersuchungen von W. JACOBI, A. SCHRAUB, K. AURAND und H. MUTH (1959) gezeigt haben [vergl. auch W. JACOBI (1958)], zeigen Faserfilter ein Minimum des Abscheide-Wirkungsgrades zwischen etwa 1 und 0,05μ. Ein Zellulosefilter, das bei 10 μ und 0,001 μ 100% der Teilchen abscheidet, hält bei 0,5 μ nur etwa noch 40% zurück. Schwankungen der Teilchengröße, wie sie in der Atmosphäre durch verschiedenste Vorgänge sehr häufig ausgelöst werden, können somit erhebliche Meßfehler verursachen. Der Abscheide-Wirkungsgrad, der bei unseren Untersuchungen verwendeten Glasfaserfilter (SCHLEICHER & SCHÜLL Nr. 8) liegt für natürlich radioaktives Aerosol bei 96—97% (nach Messungen, die SCHLEICHER & SCHÜLL auf unsere Bitte hin vornehmen ließ). Auch andere Messungen an Glasfaserfiltern führten zu Werten, die stets weit über 90% lagen [D. HASENCLEVER, (1959), B. VONNEGUT und C. B. MOORE (1958)].

Die Tatsache, daß es letzten Endes kein Filtermaterial geben kann, das über das gesamte vorkommende Partikelspektrum hinweg ideal abscheidet, muß in Verbindung mit den u. U. recht langen Anlagerungszeiten frisch gebildeter RaA-Atome (siehe Abschnitt 2.-3.0.0.) gesehen werden. Daraus folgt, daß zumindest natürlich radioaktive Elemente durchaus der Erfassung entgehen können, wenn sie a) noch in größenordnungsmäßig atomarer Dispersion vorliegen und b) wenn sie an Teilchen angelagert sind, deren Durchmesser in bezug auf die Abscheidesicherheit kritisch ist. Variationen der Aerosolpartikel-Durchmesser im Bereich zwischen etwa 0,5 und 5 μ, wie sie in der Atmosphäre fast täglich vorkommen, müssen sich dabei ganz besonders stark auswirken [nach den Messungen von W. JACOBI (1958)].

Wissenswerte technische Angaben über Filtereigenschaften und Filterverfahren finden sich bei A. D. LITTLE (1950), U.S. Atomic Energy Commission (1956, 1959), D. E. ANDERSON (1960), P. DIAMOND (1960), K. S. SOMAYAJI (1961), F. E. ADLEY und D. E. WISEHART (1962), G. T. ANTON (1962), H. GILBERT (1962), B. J. HELD (1962), S. POSNER (1962), J. THOMAS (1962), J. A. YOUNG (1962), G. SCHUMANN (1962), W. L. TORGESON (1963) u. a.

Mit Rücksicht auf diese Grundprobleme soll hier ein jüngst vom Verfasser ausgearbeitetes Verfahren erwähnt werden, welches gestattet, die Abscheide-Wirksamkeit von Schwebstoffiltern deutlich zu erhöhen. Dieser Hinweis ist auch deshalb notwendig, weil bei einem Teil der später zu besprechenden Untersuchungen das Verfahren praktisch angewandt worden ist.

Bei der Besprechung des Verfahrens müssen die verschiedenen möglichen Gründe für die Abscheidung eines Aerosolpartikels an einem Filter genauer auseinander gehalten werden:

a) Der Teilchendurchmesser ist größer als der Porendurchmesser. Diese Siebwirkung ist nur von Interesse in bezug auf Staubpartikel und bleibt für unsere Probleme außer Betracht.

b) Das Aerosolpartikel wird infolge von Trägheitskräften an die Filterfaser geschleudert. Wegen seiner Masse ist es nicht in der Lage, den Strömungslinien um die Faser herum zu folgen. Die Wirksamkeit dieses Abscheidevorganges ist groß bei Teilchen von weniger als ungefähr 1 μ Radius [siehe W. Zumach (1957) und H. Engelhard (1960), dort findet sich auch Besprechung der theoretischen Grundlagen und eine gute Literaturzusammenstellung].

c) Das Aerosolpartikel ist zwar so klein, daß Trägheitskräfte keine Rolle mehr spielen, dafür ist seine Brownsche Bewegung groß genug, um Zusammenstöße zwischen Teilchen und Faser herbeizuführen. Dieser Abscheidemechanismus wird besonders wirksam bei Teilchen, deren Durchmesser kleiner als ungefähr 0,02 μ ist.

In dem dazwischen liegenden Gebiet von 1 μ bis 0,02 μ ist, wie oben schon erwähnt, die Abscheidung relativ schlecht. Es kommt also darauf an, weitere Kräfte wirksam werden zu lassen, die zusätzliche Kollisionen zwischen Faser und Aerosolpartikel, insbesondere im kritischen Größenbereich bewirken. Solche Kräfte können auch elektrischer Natur sein.

Bei der Anordnung des Verfassers (siehe Abb. 20a) durchströmt das Aerosol das Rohrsystem 1—2. Die Innenwand des Systems ist mit Teflon ausgekleidet. Wenige Zentimeter nach (in der Strömungsrichtung gesehen) einem, in Teflon eingebetteten Schneidenring 4, ist das Schwebstoffilter 3 eingespannt. Etwa in der Ebene der Schneide 5 liegt das Ende einer scharfen Metallspitze als Ausläufer einer ebenfalls mit Teflon umkleideten Zuleitung 8. Die Formung der Elektroden und ihre Teflonumkleidung ergibt sich aus der Notwendigkeit, eine Abscheidung der Aerosolpartikel im elektrischen Feld und damit an einer Elektrode zu vermeiden. An die Elektroden 5 und 7 wird über die Anschlüsse 6 Spannung gelegt (3—5 kV, je nach Apparatedimensionen, Elektrodenabstand u. a.), und zwar erhält die Spitze negative Ladung. An ihr erfolgt in einer Koronaentladung Kaltemission von Elektronen. Das führt, wenn Elektronenerzeugung und Strömungsgeschwindigkeit richtig aufeinander abgestellt sind, zu einer starken unipolaren Aufladung der Aerosolpartikel bevor sie in das Filter eintreten. Kurze Zeit nach Ingangsetzen des Apparates trägt das Filter selbst ebenfalls negative Ladung. Voraussetzung ist dabei, daß isolierendes Filtermaterial verwendet wird (z. B. Glasfaser, Kunstfasern) und der Aerosolstrom nicht wasserdampfgesättigt ist (evtl. Vorschaltung eines Gaserwärmers).

Das Abscheidevermögen des Filters ist bei unipolarer Aufladung des Aerosols und Filtermaterials wesentlich größer als ohne diese. Das geht aus Tab. 3 hervor. Sie enthält Ergebnisse, die durch gleichzeitige Exposition zweier Filter gewonnen worden sind. Einem Glasfaserfilter (SCHLEICHER & SCHÜLL Nr. 8) war unmittelbar aufliegend ein Polyvinylchlorid-Faserfilter („Rhovyl", SCHLEICHER & SCHÜLL, Nr. 1001) vorgeschaltet.

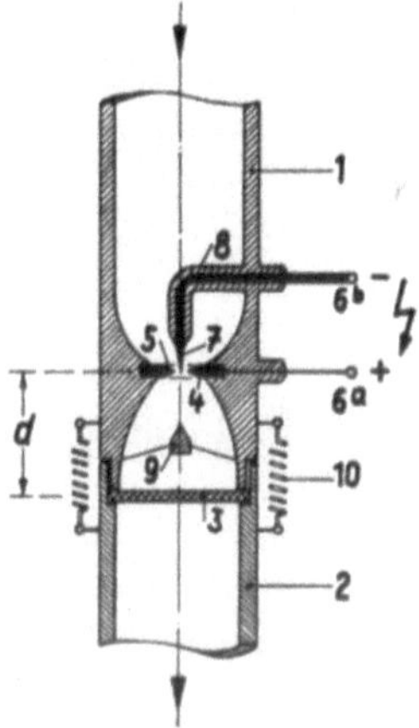

Abb. 20. a) Anordnung des Verfassers zur Steigerung des Abscheidegrades von Schwebstoffiltern durch elektrische Beladung der Aerosolpartikel. 1, 2: Rohrsystem aus Teflon; 3: Schwebstoffilter; 4, 5: Schneidenring aus Metall; 6: Zuleitungen zu den Elektroden; 7: Metallspitze; 8: Teflonumkleidung; 9: Wirbelkörper; 10: Spannfedern.

Die in der Tab. 3 genannten %-Werte geben an, welcher Prozentsatz von der im zufließenden Aerosolstrom vorhandenen Radioaktivität oder Partikelmenge bereits vom vorgeschalteten Kunststoffilter abgefangen worden ist und zwar einmal ohne, einmal mit unipolarer Aufladung von Partikel und Schwebstoffilter.

An der Wirksamkeit dieser einfachen Anordnung ist also nicht zu zweifeln. Die Abscheidung der natürlich radioaktiven Aerosolpartikel steigt um Faktor 4,7, die der künstlich radioaktiven Partikel und der zur Filterschwärzung beitragenden Partikel um Faktor 2,2. Da, wie wir später noch sehen werden, das natürlich radioaktive Aerosol im Mittel in feinerer Dispersion vorliegt als das künstlich radioaktive (wenigstens in unserem geographischen Meßgebiet), so bedeutet dies, daß durch die unipolare Aufladung vor allem die Abscheidung der kleineren Partikel wesentlich heraufgesetzt wird, und zwar offenbar in jenem Gebiet (um 0,1 μ), in dem die normale Abscheidung ohne Aufladung besonders schlecht ist (sonst wäre die Verbesserung der Abscheidung durch Aufladung kaum so ausgeprägt). Da nun andererseits gerade diese Partikel-Größenklasse nach

Messungen von W. Jacobi (1958) in bodennaher Luft am häufigsten vertreten ist, kommt der Erhöhung der Abscheide-Wahrscheinlichkeit durch die Aerosol-Aufladung praktische Bedeutung zu, ganz besonders bei der Messung natürlich radioaktiver Partikel, aber auch bei der Erfassung kleiner Partikel, die durch künstlich radioaktive Elemente kontaminiert sind.

Tabelle 3.

Wird ein Kunstfaserfilter gleichzeitig mit einem nachgeschalteten Glasfaserfilter exponiert, so ergeben sich mit und ohne unipolare Aufladung der Aerosolpartikel folgende Abscheidegrade beim vorgeschalteten Kunststofffilter (in Klammern: Anzahl der Messungen).

Gemessene Größe	Abscheidung am grobporigen, vorgeschalteten Kunststoffilter	
	keine Aufladung des Aerosols	mit Aufladung des Aerosols
Natürliche Radioaktivität der Luft	10,4% (857)	49% (1013)
Künstliche Radioaktivität der Luft	25% (806)	54% (851)
Optische Schwärzung der Filter als Maß für die abgeschiedene Partikelmenge	23% (866)	48% (998)

Die Frage nach dem Wirkungsmechanismus der Abscheideverbesserung durch gleichnamige Aufladung von Aerosolpartikel und Filterfasermaterial kann heute ohne eingehendere Untersuchungen noch nicht sicher beantwortet werden.

Ohne Zweifel unterscheidet sich aber diese Anordnung wesentlich von anderen, bekannten Verfahren, die mit einer Unterstützung durch elektrostatische Aufladung arbeiten. So versucht V. Dahlmann (1952) das Filtermaterial durch einen Generator mit einer Ladung zu versehen, die der der Staubpartikel (die Anordnung ist zur Staubabscheidung gedacht) entgegengesetzt ist. Auch Selbstaufladung von Kunststoffiltern gegen den Luftstrom durch Reibungsvorgänge trägt zur Steigerung ihrer Abscheidefähigkeit bei [E. Landt (1956)]. Doch haben diese Verfahren erhebliche Nachteile. Beim ersteren stellt sich eine stark inhomogene Ladungsverteilung auf der Filterfläche ein und die Selbstaufladung ist empfindlich von äußeren Bedingungen (Luftdurchsatz, Feuchte, elektrische Beschaffenheit der abgeschiedenen Partikel) abhängig und kommt außerdem u. U. erst in tieferen Schichten des Filters zur Wirkung.

Folgendes kann heute über den Wirkungsmechanismus der Anordnung des Verfassers angenommen werden: Die Abscheidung von Aerosolpartikeln an der Faser eines Filters erfolgt ausschließlich dadurch, daß Partikel durch Kräfte, die an ihnen in einem gewissen Winkel zur Richtung der Strömungslinien angreifen, von den Strömungsbahnen abgelenkt werden. Die Haftung an der Faser wird dann durch elektrische Dipolkräfte bewirkt. Elektrostatische Kräfte zwischen geladenen Partikeln und geladenen Fasern wirken sich im selben Sinne aus wie Trägheitskräfte oder gaskinetische Stöße [siehe oben, b) und c)]: Sie lenken die Partikel von den Strömungslinien ab. Gleichnamige Aufladung von Teilchen und Faser führen nun zur statistischen Zerstreuung der Partikel im Fasergestrüpp.

Wie es aber trotz Abstoßung zu einer Abscheidung kommen kann, soll Abb. 20b veranschaulichen. Wir betrachten der Einfachheit halber drei symmetrisch angeordnete, von der Papierebene senkrecht geschnittene Filterfasern. An diesen befinden sich bereits vereinzelte negativ geladene,

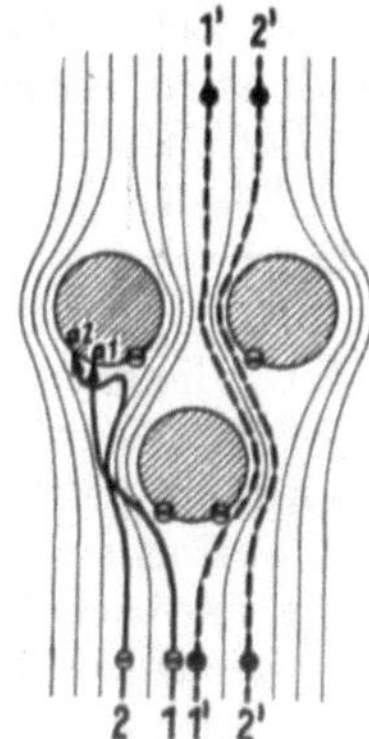

Abb. 20. b) Schema zur Erklärung der verbesserten Abscheidung durch gleichnamige Aufladung von Filter und Aerosol. DünneLinien: Strömungslinien; 1, 2: negativ geladene Aerosolpartikel, die von den negativen Ladungen $\ominus$ an den Filterfasern (schraffiert) abgestoßen werden und an den Stellen a1, a2 abgelagert werden. 1' und 2': ungeladene Aerosolpartikel, die den Strömungsbahnen folgen und nicht abgeschieden werden

abgelagerte Partikel ($\ominus$). Elektrisch neutrale Aerosolpartikel (1', 2') bewegen sich auf den Strömungsbahnen um die Fasern herum (gestrichelte Wege), wenn keine Trägheitskräfte oder gaskinetischen Stöße einwirken oder diese zu vernachlässigen sind. Elektrostatische Induktionskräfte treten nicht merklich in Erscheinung, da die induzierten Dipole ja nur über verschwindend geringe Entfernungen hinweg wirksam werden können (Haftwirkung). Negativ geladene Aerosolpartikel (1, 2) hingegen werden unter gleichen geometrischen Ausgangsbedingungen durch Abstoßungskräfte von den Strömungsbahnen abgelenkt und können sich dann, je nach den gegebenen räumlichen Bedingungen, an bestimmten Stellen der Fasern (elektrisch neutrale Stellen, geringe Strömungsgeschwindigkeit) ablagern. Man kann den Effekt durch Auswahl optimaler Bedingungen (Strömungsgeschwindigkeit, Ladungsdichte, elektrische Eigenschaften der Fasern, Faserdurchmesser und Porenweite usw.) weiter verbessern. Das Verfahren führt übrigens zu einer bevorzugten Partikel-Abscheidung in geringen Tiefen des Filters, was sehr vorteilhaft ist (Selbstabsorption gering).

Immerhin besteht jetzt die Möglichkeit, durch Anwendung des oben skizzierten Verfahrens den Abscheide-Wirkungsgrad stark luftdurchlässiger Kunststoffilter (z. B. Rhovyl 1001) ganz wesentlich anzuheben

und auf dieser Basis ein kleines, batteriebetriebenes Abscheidegerät zu
bauen. Das erste seiner Art ist rechts oben in Abb. 21 zu erkennen. Es
wurde bereits mit Erfolg für Luftradioaktivitätsmessungen unter Tage
verwendet. Seine Weiterentwicklung ist im Gange.

2.-3.1.2.2. *Durchführung des Meßvorganges im allgemeinen*

Das erste praktisch angewandte Filterverfahren (ruhendes Filter) zur
Messung der Luftradioaktivität hat O. HAXEL (1953) angegeben. Ver-
besserungen und Ergebnisse wurden von O. HAXEL und G. SCHUMANN
(1953, 1955), sowie von G. SCHUMANN (1956a, b, 1958b und 1958c, 1962)
veröffentlicht. Eine ähnliche Anordnung und mit ihr gewonnene Ergebnisse werden von W. GERLACH, K. STIERSTADT und I. ZEISING (1958)
angegeben. In der gleichen Arbeit finden sich auch Formeln, die zur
Berechnung der Konzentration von RaB und RaC, sowie ThB und ThC
in der Luft aus den Meßdaten benutzt werden können. In jüngster Zeit
wird ein automatisch arbeitendes Gerät beschrieben, welches nach
Angabe des Konstrukteurs [H. SIEMANN (1962)] „die stündlichen Mittelwerte der Komponenten RaB, RaC, $ThB + C$" liefert. Es zeigt sich
jedoch, daß man mit diesem Gerät lediglich, wenn auch automatisch, die
Abfallkurve für alle diese Elemente zusammen erhält und man die
Komponenten aus den Meßwerten rechnerisch mittels eines Gleichungs-
systems selbst ermitteln muß. Die Anordnung unterscheidet sich also
nicht prinzipiell von unserer oder von jener, welche von W. GERLACH
und Mitarb. (1958) angegeben worden ist. Vergl. auch J. A. SPAA (1960).
Über industrielle Geräte zur Messung der Luftradioaktivität nach der
Filterbandmethode berichten A. STEBLER (1958) und W. BUCHNER (1957,
1958). Die komplizierten Verhältnisse in bezug auf die Gleichgewichtseinstellung der natürlichen radioaktiven Elemente auf dem Filter werden
von W. JACOBI, A. SCHRAUB, K. AURAND und H. MUTH (1959) dargelegt.
Angaben über Eigenabsorption und Eichung mit K^{40} finden sich bei
W. JACOBI (1958), A. SCHRAUB (1958) und W. JACOBI und H. STEPHAN
(1959). Ein von den bisherigen Verfahren abweichendes Meßprinzip
beschreiben H. KLUMB und T. DAHLEM (1960). G. THURONYI (1956, 1958)
gibt eine recht vollständige Übersicht vor allem der angelsächsischen
Literatur über atmosphärische Radioaktivität, desgleichen B. STYRA
(1959) mit Einschluß der im russischen Sprachraum entstandenen wissen-
schaftlichen Arbeiten. Neueste Literatur über Filtertechnik siehe
L. LASSEN (1960). Ein automatisches Gerät zum Wechsel und Ausmessen
(α, β-Aktivität) ruhender Filter (bis zu 87 vorbereitete Filter!) haben
M. D. THAXTER und T. TAUSSIG (1959) entwickelt.

Hier muß vor allem noch einiges zur Wahl der Dauer der Exposition
des fest eingespannten Filters gesagt werden (Filterbandgeräte wollen
wir außer Betracht lassen): ist die Halbwertszeit des radioaktiven Zer-

falls eines abzuscheidenden Elements sehr lang im Vergleich zur Expositionsdauer, so erfolgt die Mengenzunahme des betreffenden Elements am Filter praktisch linear mit der Sammelzeit (bei konstantem Luftdurchsatz) und die Gesamt-Aktivität am Filter kann dann leicht unter Berücksichtigung der abgesaugten Luftmenge in die spezifische Aktivität (bezogen auf das Einheitsvolumen Luft) umgerechnet werden. Ändert sich die angebotene Aktivität während der Exposition, so erhält man von selbst das arithmetische Mittel der Aktivität über die Sammlungszeit. Etwas schwieriger liegen die Verhältnisse bei kürzerlebigen Elementen.

Nehmen wir das *ThB*, so findet man nach einer Expositionszeit von 10,6 h gerade die halbe Gleichgewichtsmenge (Gleichgewicht würde bedeuten, daß am Filter ebensoviel *ThB* zerfällt als neu abgeschieden wird). Bei der Berechnung der während der Sammlung gegebenen spezifischen *ThB*-Aktivität in der Luft ist deshalb die Zerfallsgleichung unter Berücksichtigung der *ThB*-Halbwertszeit anzuwenden. Zeitliche Änderungen der angebotenen *ThB*-Konzentration wirken sich um so stärker aus, je näher sie zum Ende der Expositionszeit hin erfolgen. Das Ergebnis liefert nicht mehr den arithmetischen Mittelwert über die Sammelzeit. Zu bedenken ist bei der Berechnung ferner, daß das *ThB* mit seinem Folgeprodukt *ThC* zusammen abgeschieden wird mit dem es in der Regel in Gleichgewicht steht.

Recht verwickelt liegen die Dinge bei den *Rn*-Folgeprodukten. Unterdrückt man die Alphastrahlung des *RaA* und *RaC'*, so gehen in die Messung immerhin noch die abgeschiedenen bzw. nachgebildeten Elemente *RaB* und *RaC* ein. *RaC'* steht im Gleichgewicht mit *RaC*, während Gleichgewicht zwischen *RaB* und *RaC* nicht unbedingt vorausgesetzt werden kann. Hier ist nun die Wahl des Meßzeitpunktes von Bedeutung. Die optimale Ausbeute an *RaB* dürfte man erhalten, wenn man 10 Minuten nach Ende der Exposition die Aktivität des Filters 5 Minuten lang mit dem Zählrohr mißt. Die Anteile von *RaC* sind dabei rechnerisch zu berücksichtigen. Da die mittlere Halbwertszeit von *RaB* über *RaC* in der Größenordnung von 30 Minuten liegt, ist auch die Länge der Expositionszeit bei der Ausrechnung von großer Bedeutung. Sie soll nicht unter 3 Stunden liegen, um wenigstens angenähert Gleichgewicht zu erreichen. Mit Rücksicht auf die kurze Lebensdauer der in die Messung eingehenden Elemente wirken sich zeitliche Änderungen in der *RaB*-Konzentration des angebotenen Aerosols besonders ungleich aus, je nachdem sie gegen Anfang oder Ende des Expositionsintervalls auftreten. Ihr Gewicht wird bei der Ausrechnung des Ergebnisses ungleich größer, je mehr sie gegen Ende der Expositionszeit erfolgen.

In Anbetracht all dieser Gegebenheiten erwies es sich als zweckmäßig, die Exposition über mindestens 3—4 Stunden auszudehnen und drei Aktivitätsmeßtermine pro exponiertes Filter einzuführen, und zwar: 10 Minuten, 4—10 Stunden und 48, besser 120, Stunden nach Ende der Exposition.

Unter Berücksichtigung der jeweiligen Meßkonstanten (Luftvolumen, Expositionsdauer, Abstand zwischen Exposition und Messung, Zerfallszustand und Anteile der Folgeelemente usw.) läßt sich aus den Messungen schließlich die spezifische Aktivität von RaB, ThB und Kernspaltprodukten in der zur Messung gekommenen Luft ausrechnen.

Einige Worte zur Radioaktivitätsmeßtechnik und zur Absoluteichung sind noch angebracht. In der Regel wird zur Beta-Radioaktivitätsmessung ein Stirnfenster-Zähler verwendet. In diesem Fall ist das Luftfilter eine runde Scheibe mit einem wirksamen Durchmesser, der gleich dem Fensterdurchmesser des Zählers ist. Eine bessere Ausbeute bekommt man durch Umwickeln des exponierten Filters um ein Mantelzählrohr (2-π-Geometrie) oder, noch besser, durch Einbringen des Filters in einen 4π-Methan-Durchflußzähler. Während man beim Mantelzählrohr nicht unter eine Mindestdicke der Zählrohrwand gehen kann, was nachteilig ist, besitzt der Methandurchflußzähler den Nachteil der etwas schwerfälligeren Handhabung im Routinebetrieb, der nicht immer durch den Gewinn an Empfindlichkeit auf weichste Strahlen aufgewogen wird. Am zweckmäßigsten scheint für den Routinebetrieb die Verwendung eines Dünnfenster-Durchflußzählers zu sein. Er vereinigt hohe Ansprechempfindlichkeit auf weiche Strahlen (allerdings bei ebener Geometrie) mit einfachster und zeitsparender Handhabung, auch bei Anwendung eines automatischen Probenwechslers (siehe Abschnitt 2.-3.5.).

Im Rahmen der vom Sonderausschuß Radioaktivität veranstalteten Eichaktionen[1]) hat sich gezeigt, daß die Absoluteichung der Meßanlage auf Betaaktivität schließlich doch am einfachsten und sichersten bei genügender absoluter Genauigkeit mittels K^{40} erfolgt, wobei für 1 g natürliches Kalium 28 Zerfälle pro Sekunde angenommen werden. Doch ist der Selbstabsorptionskoeffizient im jeweiligen Filtermaterial erst noch zu bestimmen.

Die Gamma-Radioaktivität wird mit einem geeigneten Szintillationszähler gemessen, dessen Geometrie in der Regel mit der eines Stirnfenster-Betazählers übereinstimmt, so daß sich weiter keine praktischen Schwierigkeiten beim Übergang von der einen zur anderen Meßanordnung ergeben. Die Absoluteichung erfolgt — bei leider nur mäßiger Genauigkeit — mit Gammastrahlen künstlich radioaktiver Elemente von bekannter Aktivität, wie sie von verschiedenen Lieferfirmen zu haben sind.

Verfahren, welche eine Größenverteilung des radioaktiven Aerosols liefern, wurden von J. BRICARD und Mitarb. (1961), M. KAWANO und S. NAKATANI (1961) und S. P. JONES und Mitarb. (1963) angegeben.

---

[1]) Eine Anschlußeichung in Farchant mit einer Anlage nach O. HAXEL und G. SCHUMANN durch den SAR führte zu einem erfreulich guten Ergebnis [siehe SONDERAUSSCHUSS RADIOAKTIVITÄT, 3. Bericht (1963)].

2.-3.1.2.3. Die spezielle Meßanordnung der Stationen Farchant und Wank

Nachdem nun die allgemeinen Meßprinzipien im Vorangegangenen bereits besprochen worden sind, können wir uns hier auf die Nennung der speziellen Bedingungen und Meßanordnungen an den Stationen Farchant und Wank beschränken.

An beiden Stationen werden gleichzeitig 2 Schwebstoffilter exponiert, und zwar ein Rhovylfaserfilter (SCHLEICHER & SCHÜLL, 1001), das unmittelbar auf einem Glasfaserfilter (SCHLEICHER & SCHÜLL, Nr. 8) aufliegt. Der wirksame Durchmesser beträgt jeweils 25 mm. An Station Farchant wird das Aerosol (seit Winter 1959/60) in der oben (2.-3.1.2.1.) beschriebenen Weise unipolar aufgeladen. Die abgesaugte Luftmenge (ca. 10 m^3 in 3 Stunden) wird mit einem Haushalt-Gaszähler gemessen. Die Absaugeöffnung (niederschlagsgeschützt) befindet sich in Farchant 5 m und am Wank 6 m über dem Boden (siehe 2.-3.5., Abb. 17). Gleichzeitig mit der Filterexposition erfolgt die Exposition negativ aufgeladener Kupferdrähte in einem von der Meßluft durchströmten Metallrohr (siehe 2.-3.1.1., dort auch Präparationsverfahren). Die Filterpapierscheibchen (30 mm Rundfilter), mit welchen die Aktivität von den Drähten abgewischt worden ist, werden wie die Schwebstoffilter unter den jeweiligen Detektoren auf Aktivität ausgemessen.

Zur Radioaktivitätsmessung standen Glimmerfenster-Stirnzähler (für die „1." und „2." Messung), ein Dünnfenster-Durchflußzähler, ein Gamma-Szintillometer, sowie ein automatischer Probenwechsler und Datendrucker zur Verfügung, neben den üblichen Dekadenzählgeräten[1]).

Die Expositionsintervalle wurden folgendermaßen festgesetzt (es mußte dabei auch auf den Fahrplan der Wankbahn Rücksicht genommen werden):

> 09.50 — 12.20 Uhr Wank und Farchant
>
> 12.50 — 16.20　„　Wank und Farchant
>
> 16.50 — 21.20　„　　　nur Farchant
>
> 21.50 — 09.20　„　Wank und Farchant

(An Sonn- und Feiertagen fielen die Mittags-Meßtermine aus).

Die Messung der Radioaktivität der Filter wurde in den folgenden Zeitabständen nach Ende der Exposition vorgenommen:

„1." Messung	10 Minuten (Glasfaserfilter),
	Dauer der Messung: 5 Minuten
(auf Radon- u.	15 Minuten (Kunststoffilter),
Thoronfolge-	Dauer der Messung: 5 Minuten
produkte und	20 Minuten (Wischfilter),
Kernspalt-	Dauer der Messung: 5 Minuten
produkte)	Gerät: Glimmerfenster-Stirnzähler 2 (mg/cm^2) in Farchant; Glimmerfenster-Stirnzähler und Gamma-szintillometer gleichzeitig (siehe 2.3.5.) am Wank

---

[1]) Sämtliche Meßgeräte wurden von Tracerlab über Fa. Leybold, Köln, geliefert.

„2." Messung	4—10 Stunden (sämtliche Filter zeitlich nacheinander), Dauer der Messung: 10 Minuten
(auf Thoron-Folgeprodukte u. Kernspaltprodukte)	Gerät: wie „1." Messung
„3." Messung	mindestens 48 Stunden, ab 1. 1. 60 120 Stunden. (sämtliche Filter), Dauer der Messung: 10 bis 100 Minuten (1000 Imp.Vorwahl)
(auf Kernspaltprodukte)	Gerät: Dünnfenster-Durchflußzähler und Gammaszintillometer; Filter vom Wank und von Farchant werden in Farchant mit dem Probenwechsler ausgezählt. Bei allen Meßserien wird ein Kaliumpräparat mitgemessen. Außerdem wird am Anfang und Ende der Leerwert bestimmt (gleiche vorgewählte Impulssumme wie bei den Messungen selbst).

2.-3.2. Messung der künstlichen Radioaktivität in Niederschlägen, in geschmolzenem Eis und Schnee

Bei den Untersuchungen über die Radioaktivität in Niederschlägen, in Eis und Schnee wurde die natürliche Radioaktivität grundsätzlich verworfen. Um zu verhindern, daß diese in die Messungen einging, wurde eine Wartezeit von 2—3 Tagen, von der Probenahme ab gerechnet, eingehalten. Bei der Bestimmung der künstlichen Radioaktivität im flüssigen oder geschmolzenen Niederschlag sind wir von der Tatsache ausgegangen, daß neben feinen und feinsten Partikeln auch Staub vom Niederschlag aufgenommen wird und daß vor allem Schnee- und Eisoberflächen Sammler für Partikel verschiedenster Größenklassen sind. Von Gesichtspunkten aus, die erst später zur Diskussion gestellt werden, schien es nicht unangebracht, die filtrierbare Komponente (jene also, die durch ein Filter zurückgehalten werden kann) von der nicht filtrierbaren (welche das Filter passiert) zu unterscheiden.

Wir haben uns von Anfang an auf das Schwarzbandfilter von Schleicher & Schüll (Nr. 589[3]) zur Abtrennung der beiden Komponenten festgelegt. Sein mittlerer Porenradius wird von der Lieferfirma mit $7,4\,\mu$ angegeben. Die filtrierte Flüssigkeitsmenge betrug stets 1000 cm³. Die Veraschung der Filter erfolgte schonend bei etwa 700° im Muffelofen. Die Asche wurde in einem Meßschälchen fixiert. Die Behandlung des Filtrats mit der nicht-filtrierbaren Komponente der Radioaktivität erfolgte nach der von A. Hinzpeter (1957a, vgl. auch 1957b und 1959) angegebenen Methode. Der Kationenaustauscher (S 100, Bayer) wurde dem Filtrat zugegeben, ca. 30 Minuten gerührt und dann dekantiert. Die Aktivität des beladenen Austauschers haben wir dann unmittelbar unter dem Detektor ausgemessen. Kontrolleindampfungen zeigten, daß die Ausbeute bei der Austauscherbehandlung zufriedenstellend ist. Das aus einer Reihe von Kontrolleindampfungen ermittelte durchschnittliche Defizit wurde als Korrekturgröße eingesetzt.

Angesichts der sehr hohen künstlichen Radioaktivität auf Schnee- und Eisflächen [R. REITER (1960c)] wurde vom Blickwinkel des praktischen Einsatzes zur Dekontamination von Schmelzwasser[1]) ein verbessertes Filterverfahren entwickelt. Wir gingen dabei von folgenden Gesichtspunkten aus, denen im Alpengebiet Rechnung zu tragen ist:

a) das Verfahren muß sehr schnell und einfach anzuwenden sein,

b) es muß hinreichend wirksam sein, insbesondere mit Rücksicht auf die auf Schnee und Eis vorkommenden Aktivitäten und Partikelgrößen,

c) das Verfahren soll billig sein und nur die primitivsten Einrichtungen voraussetzen,

d) es soll auch auf Touren anwendbar sein, was verlangt, daß keine Energiequelle nötig ist und alle erforderlichen Teile sehr leicht und unzerbrechlich sind.

Der Arbeitsvorgang ist folgender: der Schmelze wird pro Liter 1 cm³ Aluminiumhydroxyd-Gel beigesetzt. Nach Rühren oder kräftigem Umschütteln (über mehrere Minuten) wird über ein Aktivkohle-Filter (SCHLEICHER & SCHÜLL Nr. 508) abfiltriert. Die Wirksamkeit dieses einfachen und billigen Verfahrens geht aus nachfolgender Zusammenstellung hervor, die sich auf eine größere Meßreihe an besonders stark verschmutzten und hochaktiven Proben von 1958 stützt:

1. Verbleibende Aktivität nach Filterung mit gewöhnlichem Papierfilter und nachfolgender Behandlung des Filtrats mit Kationenaustauscher: 0,6% der Ausgangsaktivität.

2. Verbleibende Aktivität nach Filterung mit Aktivkohlefilter und nachfolgender Behandlung des Filtrats mit Kationenaustauscher: 0,15% der Ausgangsaktivität.

3. Verbleibende Aktivität nach Anwendung des Aluminiumhydroxydgels und nachfolgender Filtration durch Aktivkohlefilter (keine Ionenaustauscherbehandlung mehr): 0,05% der Ausgangsaktivität.

Eine Ausgangsaktivität von $3000 \cdot 10^{-7}$ µC/cm³, wie sie tatsächlich vorkommt, kann also auf den Wert von $1 \cdot 10^{-7}$ µC/cm³ reduziert werden, was für den praktischen Gebrauch ausreicht[2]).

---

[1]) Manche Bewohner des Hochgebirges (Hüttenwirte, Grenzpolizei, Zolldienst, Truppen) sind auf die Verwendung von Schmelzwasser in der Küche angewiesen.

[2]) Bei der routinemäßigen Aufarbeitung der Gletscherproben haben wir grundsätzlich das Gel-Verfahren angewandt, jedoch ohne Kohlefilter. Durch

Es sind schließlich noch einige Worte zur Probenahme zu sagen. Die Niederschläge wurden in lackierten Blechwannen aufgefangen (siehe Abb. 17). Bei der Entnahme der Proben ist darauf geachtet worden, daß auch alle sedimentierten gröberen Partikel mit zur Untersuchung kamen. Nach Abmessung der Gesamtniederschlagsmenge wurde jeweils 1 Liter verarbeitet. So weit es die Umstände erlaubt haben, geschah die Probenahme an den beiden Stationen Farchant und Wank gleichzeitig. Dies ist besonders für die washout-Untersuchungen von Wichtigkeit [R. REITER (1960f)].

Zur Messung der künstlichen Radioaktivität der Proben dienten die in 2.-3.1.2.3. angegebenen Meßgeräte. Die Eichung erfolgte auch hier mittels K^{40}. Eichanschlüsse, die vom Sonderausschuß Radioaktivität mit künstlich radioaktiven Isotopen ausgeführt worden sind, ergaben befriedigende Übereinstimmung.

Die Ergebnisse wurden sowohl auf die Volumeneinheit des Niederschlags (spezifische Aktivität), als auch auf die pro Flächeneinheit zugeführte Niederschlagsmenge (dem Boden pro Flächeneinheit zugeführte Aktivität) bezogen.

Da die Auffangwannen ständig offen standen, wurden mit der Niederschlagsradioaktivität auch die in den Niederschlagspausen sedimentierten radioaktiven Partikel mitgemessen. Dieses Verfahren ist in allgemeiner Übereinstimmung mit dem Sonderausschuß Radioaktivität angewandt worden [siehe auch A. SITTKUS (1958b)].

Erste ausgedehnte Untersuchungen und methodische Vorbereitungen zur Messung der künstlichen Radioaktivität in Niederschlägen wurden im Bundesgebiet vor allem von A. SITTKUS (1955) und W. GERLACH (1956) ausgeführt [siehe auch W. GERLACH und Mitarb. (1957) und nachfolgende Arbeiten].

Einen Überblick über den Stand der Methoden zur Untersuchung der Radioaktivität von Niederschlägen gibt A. SITTKUS (1958b). Verfahren zur Flußwasseruntersuchung werden von K. HABERER (1958), zur Messung der Trinkwasseraktivität von C. R. BAIER (1958) mitgeteilt. Methodische Hinweise finden sich ferner bei H. MÜNZEL (1958) und A. PFAU (1957). Verfahren zur Direktmessung der künstlichen Radioaktivität im Wasser werden von R. NEUWIRTH (1957b), K. JORDAN (1957) und W. BUCHNER (1957b) angegeben. Über den neuesten Stand der fall-out Überwachung in Niederschlag berichten F. G. HOUTERMANS und C. MÜHLEMANN (1959), sowie H. KIEFER und R. MAUSHART (1960) und besondere Beachtung verdient die jüngste sehr

---

die Gel-Zellulose-Filterung erhielten wir in den letzten Jahren folgende Restaktivitäten in den Filtraten:

	1960	1961	1962
saubere Gletscherproben:	7,1%	6,2%	2,2%
schmutzige ,,	0,3%	0,6%	0,6%

Man sieht wiederum den besseren Wirkungsgrad bei schmutzigeren Proben.

empfindliche Fällungsmethode von A. DANNECKER, H. KIEFER und R. MAUSHART (1959).

2.-3.3. Messung der künstlichen Radioaktivität in biologischen Proben

Die Untersuchungen beschränken sich in der Hauptsache auf die Feststellung der künstlichen Radioaktivität im Gras. Die Probenahmen an den drei Sammelstellen Farchant, Wank und Zugspitzplatt (nahe dem „Gatterl", siehe Abb. 1) erfolgten in regelmäßigen Zeitabständen (Farchant 2—3, Wank 2, Gatterl etwa 1 Probe pro Woche). Die Gesamtzahl der Proben pro Vegetationsperiode nimmt mit der Höhe verständlicherweise ab. Das Gras wurde jeweils an der gleichen Stelle in einem Umkreis von 10—100 m gepflückt, zerkleinert, und aus einer Gesamtmenge von einigen 100 g eine Teilprobe von ca. 50 g genommen. Diese wurde im Muffelofen bei 700° unter Luftzufuhr schonend verascht. Je 300 mg von jeder Asche fixierten wir in einem Probeschälchen. Vom verbleibenden Rest wurde der Gehalt an natürlichem Kalium chemisch-quantitativ (mittels Kalignost oder Flammenphotometer) bestimmt. Bei der Berechnung der spezifischen Spaltproduktaktivität der Aschen wurde alsdann der Anteil der natürlichen Kalium-Aktivität berücksichtigt. Ganz ähnlich wurde bei der Bestimmung der Radioaktivität von Tierorganproben verfahren.

Von den Proben wurde sowohl die Beta- als auch die Gamma-Radioaktivität bestimmt.

Über die Messung der Radioaktivität von Pflanzen siehe z. B. W. HERBST, H. LANKENDORFF, K. PHILIPP, K. SOMMERMEYER (1957) und W. HERBST (1958, 1959). Eine gute Literaturzusammenstellung findet sich bei H. LINSER und K. KAINDL (1960).

2.-3.4. Getrennte Bestimmung einzelner radioaktiver Elemente aus Sammelproben

Die Niederschlags-Präparate, Gletscherproben, Pflanzen- und Tierorganproben wurden jeweils über ein gesamtes Jahr hinweg zu Sammelpräparaten zusammengefaßt (pro Einzelprobe gleiche Menge), und zwar getrennt nach den Probenahmestellen. Von diesen Sammelpräparaten wurden auf analytisch chemischem Wege die wichtigsten künstlich radioaktiven Isotopen und Isotopengruppen abgetrennt, und zwar:

^{144}Ce $+^{144}$ Pr (zusammen mit ^{147}Pm und ^{151}Sm deren Aktivität relativ wenig ins Gewicht fällt),

^{90}Sr $+$ ^{90}Y, ^{137}Cs $+$ ^{137}Ba, sowie die Elemente der Ba-Gruppe.

Für diese Trennungsvorgänge wurden von K. PÖTZL neue Verfahren und Praktiken entwickelt [siehe V. GAZERT, K. PÖTZL und R. REITER

(1962), K. Pötzl (1962)]. Sie zeichnen sich gegenüber den bisher bekannten Trennungsgängen durch methodische Einfachheit (z. B. ist kein Abzug erforderlich) und hohe Trennschärfe aus. Letztere ist dann von besonderer Bedeutung, wenn die Strahlung einzelner Isotope (z. B. ^{144}Ce) die der anderen an Intensität stark übertrifft. Es zeigte sich übrigens, daß bei den meisten Ausgangssubstanzen silikatchemische Verfahren zur Trennung anzuwenden sind, da sie hohe Anteile von kristallinem Gesteinsmehl enthalten. Aus demselben Grund mußte auch auf den Gehalt an natürlichen Strahlern, vor allem Radium, geachtet werden.

Die Literatur über chemische Trennungsvorgänge zur Gewinnung einzelner radioaktiver Elemente ist in jüngster Zeit sehr reichhaltig geworden. Es seien hier vor allem erwähnt: G. Herrmann und G. Erdelen (1959), welche die Bestimmungsmethoden für Strontium eingehend beschreiben und ein Bericht von H. Bergh, G. Finstad, L. Lund, O. Michelsen und B. Ottar (1959) über Methoden und Ergebnisse von Strontium- und Cäsium-Bestimmungen in Milch und Trinkwasser.

2.-3.5. Die Radioaktivitätsmeßeinrichtungen im Bild

Einen Eindruck von der Radioaktivitäts-Meßeinrichtung im Laboratorium Farchant vermittelt Abb. 21.

Links im Bild findet man die Abscheideanlage für Aerosolpartikel aus der Luft. In dem horizontalen Rohr unter der Decke werden die auf Hochspannung liegenden Drähte im Luftstrom exponiert, der mit dem Rotameter (dicht rechts neben der Gasuhr) gemessen und kontrolliert wird. Das Filterlager befindet sich links über der Gasuhr, mit welcher das Volumen der Luft gemessen wird, die während der Exposition das Filter passiert hat. Der Luftdruck auf der Saugseite wird mit einem Präzisionsmanometer laufend kontrolliert (unter der Wandlampe). Unter dem Gaszähler befinden sich die Schalt- und Kontrolluhren, die für die automatische Einschaltung der Expositions- und Auszählzeiten sorgen, sowie das Bedienungspult für die Steuerung der Anlage. Rechts neben dem Schaltpult vor der Gasuhr steht der automatische Probenwechsler, dessen Drehteller unter einer Plastikhaube vor Flugstaub geschützt ist. In der Abschirmung des Probenwechslers steckt das Dünnfenster-Durchflußzählrohr (TGC 14). Es wird aus der ganz rechts im Bild zu erkennenden Stahlflasche mit Zählgas versorgt. Links neben der Abschirmung des Probenwechslers steht das Gammaszintillometer. Es kann gegen das Dünnfenster-Durchflußzählrohr ausgetauscht und in die Probenwechsler-Abschirmung eingeführt werden. Rechts neben dem Probenwechsler schließt sich der automatische Datendrucker und das Automatik-Zählgerät[1]) an. Eine zweite, nicht automatische Zählanlage, die auf dem Bild nicht sichtbar ist, dient zur Ausführung der „aktuellen" Filtermessungen.

---

[1]) Gesamte Auszählanlage Fabrikat Tracerlab. Filter-Elektroabscheider- und Saugeinrichtung mit Steueranlage ist Eigenbau.

Die zur Anlage gehörigen Außeneinrichtungen sind auf Abb. 17 zu sehen. Durch den Kamin 7 wird die Luft angesaugt; die Pumpe befindet sich in dem Gehäuse 8. Die Veraschungen der Gras-, Organ- und Filterproben werden — da kein Abzug im Labor vorhanden ist — in dem Hüttchen 9 vorgenommen, in dem der Muffelofen steht.

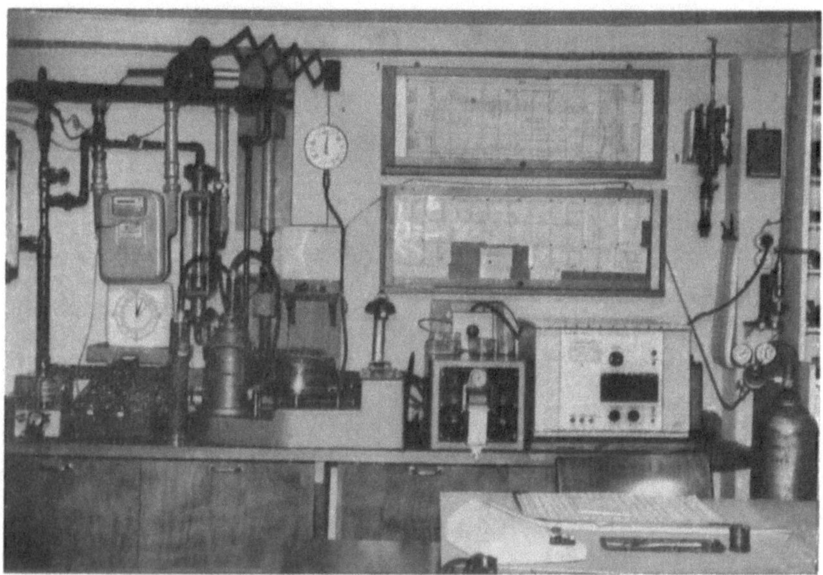

Abb. 21. Radioaktivitäts-Meßeinrichtung im Laboratorium Farchant mit Filteranlage und elektrostatischem Abscheider (Luftradioaktivitätsmessung)

Die Auszähleinrichtung an Station Wank zeigt Abb. 22.

Sie zeichnet sich dadurch aus, daß in *einem* Meßvorgang Beta- und Gamma-radioaktivität gleichzeitig und getrennt bestimmt werden können. Man erkennt die auf dem Schemel stehende Abschirmung mit dem Präparat-schlitten. Von oben in die Abschirmung ragt das Gamma-Szintillometer. Von unten ist an die große Abschirmung eine zweite, kleinere angeschraubt, die das Beta-Stirnfenster-Zählrohr birgt. Da die Filter mit der heißen Seite nach unten eingeschoben werden, kommt die exponierte Fläche direkt über dem Eintrittsfenster des Betazählrohres zu liegen. Der darüber stehende Szintillo-meterkristall nimmt die Gammastrahlung auf, welche im Filtermaterial so gut wie nicht absorbiert wird. Jeder der beiden Detektoren ist an ein separates Zählgerät angeschlossen (im Hintergrund).

Rechts neben der Abschirmung steht auf dem Tisch die Vorrichtung zur Messung der „Filterschwärzung", welche in Abschnitt 2.-4.0. näher beschrieben wird. Sie besteht aus Lichtmarkengalvanometer und (rechts daneben) dem „Leukometer" (beide Geräte von Fa. Lange, Berlin).

Die am Wank betriebene Abscheideanlage für Aerosolpartikel unterscheidet sich von der in Farchant verwendeten in keinem wesentlichen Punkt. Sie steht in einem Holzverschlag in der Einfahrtshalle der Wankbahn-Gipfelstation.

Abb. 22. Einrichtung zur Messung der Beta- und Gamma-Radioaktivität des natürlich radioaktiven Aerosols und der Filterschwärzung an Station Wankgipfel

2.-4. Messung bzw. Registrierung der zusätzlich verwendeten Elemente und Größen

2.-4.0. Filterschwärzung, ein Maß für den Grad der Luftverunreinigung

Als eine sehr wichtige Hilfsgröße bei der Auswertung und Ausdeutung der Luftradioaktivitäts-Meßergebnisse erwies sich ein Relativmaß für den Gehalt der Luft an Verunreinigungen, nämlich der Schwärzungsgrad der exponierten Filter.

Er wird mittels Photometer im reflektierten Licht gemessen („Leukometer" nach B. Lange, siehe Abb. 22) und in prozentualer Schwärzung, bezogen auf 10 m³ Luftdurchsatz, ausgedrückt, wobei 0% dem unexponierten, weißen Filter, 100% dem vollkommen schwarzen Filter zugeordnet sind. Eine — wegen der sehr geringen abgeschiedenen Substanzmengen leider nur ungenaue — gravimetrische Eichung des Verfahrens ergab, wie zu erwarten war, eine logarithmische Beziehung zwischen Schwärzungsgrad und abgeschiedener Masse an Partikeln [R. Reiter (1959c)]. Eine gewisse Ungenauigkeit bewirkt natürlich auch die endliche Eindringtiefe der abgeschiedenen Partikel, hingegen ist der Einfluß des Farbgehaltes der abgeschiedenen Stoffe sehr gering. Die Filter sind fast ausnahmslos rein grau, nur gelegentlich schwach bräunlich.

Der Kuriosität halber sei erwähnt, daß wir im Winter auch zweimal schwach grüne Filter bekamen. Es herrschte nach Neuschnee heftiges Schneefegen in den umliegenden Fichtenwäldern. Dabei rieben die scharfkantigen Eiskristalle etwas von dem Chlorophyll ab, das dann kurze Zeit über in der Luft in feinster Form suspendiert verblieb, nachdem die kleinen Trägerkriställchen verdampft waren.

Auch wenn man, wie gesagt, die „Filterschwärzung" nur als ein grobes Maß für den relativen Gehalt der Luft an Verunreinigungen betrachtet, liefert diese Größe sehr wertvolle Einblicke in die jeweilige Konstitution des gegebenen atmosphärischen Aerosols.

Die Filterschwärzung wurde sowohl an Station Farchant als auch an Station Wank gemessen. Die dort verwendete Apparatur ist auf Abb. 22 zu sehen.

Verfahren und seine Anwendungsmöglichkeiten zur Bestimmung des Aerosolpartikel-Spektrums werden von A. Goetz (1960), A. Goetz und Mitarb. (1960, 1961) und von A. Goetz (1961) beschrieben. Die laufende Erfassung des Partikelspektrums neben dem Gesamtgehalt der Luft an Verunreinigungen würde natürlich wesentlich bessere Einblicke in den Aerosolzustand der Luft liefern.

2.-4.1. Meteorologische Elemente

Die Registrierung der Temperatur und der relativen Feuchte der Luft erfolgte an beiden Stationen mittels Thermograph bzw. Hygrograph im Inneren von Klimahütten, die an geeigneten Plätzen aufgestellt waren. Die Hütten beider Stationen waren von gleicher Bauart. In den Hütten befand sich außerdem ein Vergleichs-Thermometer (vergl. Abb. 17, Nr.6). Tägliche Ablesungen derselben ermöglichen die ständige Kontrolle der Temperaturregistrierung und u. U. notwendige Korrekturen. Die Hygrographen wurden regelmäßig mittels eines Assmannschen Aspirationspsychrometers kontrolliert. Die stündlichen Temperatur- und Feuchtemittelwerte haben wir durch Planimetrieren der Registrierkurven des

Thermographen bzw. Hygrographen gewonnen (unter Berücksichtigung von Korrekturgrößen).

Unabhängig von den in der Meteorologie üblichen Tinten-Registriergeräten wurden Temperatur und relative Feuchte in Farchant auch noch auf elektrischem Wege auf einen Punktschreiber (siehe Abb. 18, linker Schreiber) übertragen. Diese Registrierungen, die mit der gleichen Papiervorschub-Geschwindigkeit erfolgten wie bei der Registrierung der luftelektrischen Größen, ermöglichen exakte synchrone Vergleiche zwischen meteorologischen und luftelektrischen Variationen. Sie erwiesen sich vor allem bei der Betrachtung plötzlicher Änderungen, kurzzeitiger Spitzen oder Minima usw. als sehr wichtig.

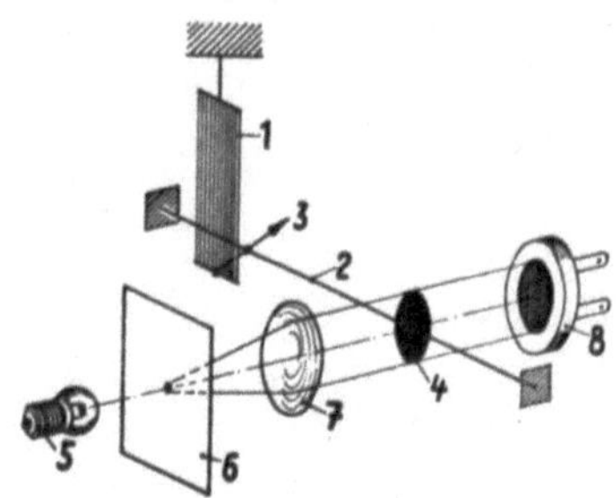

Abb. 23. Schema der Anordnung zur lichtelektrischen Fernübertragung der relativen Feuchte vom Haar zum Punktschreiber

Als Sonde zur Temperaturregistrierung diente eine Thermosäule, die aus 7 einzelnen Thermoelement-Paaren bestand. Die eine Elementgruppe wurde etwa 2 m tief in den Boden eingegraben, die andere Elementgruppe befand sich in der Klimahütte hinter einem Temperaturstrahlungs-Schutzschirm. Diese Anordnung hatte sehr geringe Wärmeträgheit und zeigte plötzliche Temperaturänderungen verläßlich und mit geringer Verzerrung an. Zur absoluten Auswertung dienten die Thermometerablesungen als Basis. Zwei bis drei tägliche Ablesungen genügten hierzu, da in einer Tiefe von 2 m im Boden kein täglicher Temperaturgang mehr besteht.

Zur elektrischen Übertragung der relativen Feuchte auf den Schreiber hat sich die in Abb. 23 schematisch dargestellte Anordnung sehr bewährt. Eine Haarharfe (1) greift über einen kurzen Hebel an einer drehbar gelagerten Welle (2) an. Der Zeiger (3) dient zur Kontrolle und gleichzeitig als Gegengewicht. Auf der Welle sitzt eine kreisförmige lichtundurchlässige Scheibe(4). Durch ihr Zentrum geht die Achse eines zylinderförmigen Lichtstrahlenbündels, das durch die Lichtquelle (5), Lochblende (6) und Linse (7) erzeugt wird. Steht die Scheibe 4 so, daß ihre Fläche vom Lichtbündel nur gestreift wird, so fällt dieses fast vollständig (nämlich vom strichförmigen Schatten der Blende abgesehen) auf die Photozelle (8). Der Durchmesser des Lichtbündels darf nicht größer sein als der Durchmesser der lichtempfindlichen Zelle selbst. Wird die Achse 2 um 90° gedreht, so ist die Photozelle völlig abgedeckt. Man justiert das System zweckmäßigerweise so ein, daß bei 100% relativer Feuchte der Photostrom 0 wird. Registriert man den Photostrom am Schreiber gegen einen zeitlich konstanten Kompensationsstrom, so erhält man bei 100% Feuchte ein Strommaximum. Der Meßstrom sinkt mit der Feuchte.

Diese Anordnung hat den Vorteil, daß gerade im so sehr wichtigen Bereich zwischen 100 und etwa 60% die Anzeige besonders empfindlich ist.

Aus Serien von Psychrometer-Messungen läßt sich eine Ableseskala ableiten. Die Lichtquelle muß selbstverständlich zeitlich gut konstant sein, was aber leicht mit bekannten technischen Hilfsmitteln erreicht werden kann.

Die Windgeschwindigkeit wurde in Farchant mit einem Schalenkreuzanemometer bestimmt, das einen Wechselstromdynamo antrieb. Es war 8 m über dem Boden frei auf einem Mast montiert. Die Registrierung erfolgte über Zweiweg-Gleichrichter und Dämpfungslglied mittels Punktschreiber, zusammen mit den übrigen meteorologischen Größen. An Station Wank wurde ein Windwegschreiber verwendet, der die Windwegsumme in Wachspapier eindrückte. Auf denselben Streifen wurde gleichzeitig die Windrichtung übertragen (Windfahne mit Drehfeldübertragung).

An beiden Stationen Farchant und Wank wurde außerdem noch die Helligkeit des Zenits mittels Photoelement und Punktschreiber registriert. Diese Anordnung diente in erster Linie dazu, Bewölkungsschwankungen zu erfassen. In zweiter Linie konnten aus den Registrierungen Schlüsse auf die Lufttrübung an wolkenarmen Tagen gezogen werden.

2.-4.2. Die Zählung der Kondensationskerne

Während zweier Exkursionen auf das Zugspitzplatt wurde auch die Zahl der Kondensationskerne pro cm^3 bestimmt. Wir verwendeten hierzu beide Male den kleinen SCHOLZschen Kondensationskernzähler. Man erfaßt mit ihm die Klasse der AITKEN-Kerne, deren Radius [nach CH. JUNGE (1952)] im Bereich zwischen 0,1 und 0,001 μ liegt.

Es ist bekannt, daß das SCHOLZsche Gerät eine Reihe Mängel aufweist, weshalb man auch in jüngster Zeit versucht hat, neuere und vor allem automatisch registrierende Geräte zu entwickeln (s. u.). Immerhin können nach unserer Erfahrung mit dem verwendeten Kernzähler, der nach dem Prinzip der WILSON-Kammer arbeitet, reproduzierbare Ergebnisse dann erzielt werden, wenn folgende Punkte beachtet werden:

a) es ist für jede Messung immer die gleiche Luftmenge in die Meßkammer einzuführen,

b) die Lufteinsauggeschwindigkeit ist möglichst niedrig zu halten, da sich sonst leicht „neue Kerne" bilden,

c) der von SCHOLZ vorgesehene Rührflügel darf nicht bewegt werden. Statt dessen ist abzuwarten, bis sich in der Kammer Gleichgewicht eingestellt hat,

d) für die Auszählung ist immer dasselbe Zählfeld zu verwenden,

e) Messungen unter etwa 0° C sind zu vermeiden, sie liefern oft falsche Ergebnisse,

f) künstliche und konstante Beleuchtung des Zählfeldes ist der Spiegelbeleuchtung vorzuziehen.

Erfahrungsgemäß arbeitet der Zähler auch nur dann verläßlich, wenn die Kernzahlen nicht zu hoch liegen. Die oberste Grenze liegt bei mehreren 1000 Kernen pro cm^3. Natürlich ist die visuelle Kernzählung über viele Stunden des Tages hinweg in zeitlich geringen Abständen äußerst anstrengend und ermüdend. Wir haben während unserer Exkursion im Abstand von 15 Minuten jeweils 5 Messungen hintereinander ausgeführt.

Trotz der oben angeführten Nachteile des handbetriebenen, visuellen Kernzählers kommt für Messungen im Hochgebirge unter schwierigen äußeren Bedingungen doch wohl nur dieses relativ kleine und robuste Gerät in Frage. Die bisher von L. W. POLLAK (1952, 1959), L. W. POLLAK und T. C. O'CONNOR (1955), W. HOLL und R. MÜHLEISEN (1954), R. SIKSNA (1955), F. VERZAR (1956), T. MURPHY (1958) und L. W. POLLAK und A. L. METNIEKS (1959) beschriebenen automatischen Kernzähler sind heute noch rein stationäre Laboratoriumsgeräte[1]). Störend bei Kondensations-Kernzählungen (siehe e) oben) sind tiefe Temperaturen. Von L. W. POLLAK und A. L. METNIEKS (1961) wurden deshalb Untersuchungen über den Einfluß tiefer Temperaturen auf die Zählrate von Kondensationskernen untersucht. Der Temperaturfehler läßt sich nach dieser Untersuchung berücksichtigen.

Neue Verfahren zur Kondensationskernzählung siehe bei R. SIKSNA (1961), J. A. RICH (1961) und J. LAW (1961). Über Teilchengrößen-Spektrometer berichten T. C. O'CONNOR und V. P. FLANAGAN (1961), sowie A. GOETZ, O. PREINING und T. KALLAI (1961); vergleiche auch R. A. GUSSMAN und Mitarb. (1962). Ein Verfahren zur Bestimmung von Kondensationskerndichten in der Stratosphäre mittels Ballonaufstiegen hat C. E. JUNGE (1961) ausgearbeitet und erfolgreich angewandt. Siehe auch C. E. JUNGE, C. W. CHANAGON und J. E. MANSON (1961).

2.-4.3. Analytische Bestimmung der Konzentration von Nitrit- und Nitrat-Ionen in Niederschlägen

Die Konzentration von NO_2' und NO_3' im Niederschlag erwies sich in bezug auf die atmosphärische Elektrizität von besonderer Bedeutung. Es wurde deshalb gemeinsam mit K. PÖTZL [K. PÖTZL und R. REITER (1960a)] ein einfaches und hinreichend genaues Verfahren zur Bestimmung kleinster Konzentrationen ausgearbeitet, das auch außerhalb des Laboratoriums, ja auch auf Exkursionen leicht angewandt werden kann.

Die Bestimmung kleiner Mengen von NO_2' in Wasser wird bekanntlich nach der einfachen und sehr empfindlichen kolorimetrischen Methode von GRIESS-ILOSVAY ausgeführt. Die durch das Reagens in Gegenwart von NO_2'

---

[1]) Der Kondensations-Kernzähler nach VERZAR wird von Firma A. Balzer, Basel/Schweiz, hergestellt.

hervorgerufene Rosafärbung läßt sich mit einem elektrischen Kolorimeter schnell und sicher bestimmen. Eine ähnliche einfache und vor allem vergleichsweise empfindliche Methode zum direkten Nachweis und zur Bestimmung von NO_3' existierte bislang noch nicht. Es lag deshalb nahe, das NO_3' zu NO_2' zu reduzieren und dann mit dem Reagens nach GRIESS-ILOSVAY kolorimetrisch zu bestimmen. Dieser Reduktionsvorgang gelingt

Abb. 24. Anordnung zur Bestimmung von NO_2'- und NO'_3-Spuren im Niederschlag. Rechts drei Cadmiumreduktoren, im Vordergrund das Kolorimeter

in schwach saurem Milieu ($n/1000$ bis $n/10000$ Schwefelsäure)im JONES-Reduktor [CL. JONES (1890)] sehr zuverlässig. Zwar erfolgt die Reduktion nicht vollständig (nämlich zu 75—80%), doch stört dieser Umstand in keiner Weise, wenn als Bezugslösung bei der nachfolgenden NO_2'-Bestimmung nicht eine NO_2'-Lösung bekannter Konzentration verwendet wird, sondern man statt dessen eine NO_3'-Lösung bekannter Konzentration ebenfalls durch den Reduktor schickt. Es erfolgt dann die Reduktion der Eichlösung zur selben Ausbeute wie bei den Analysensubstanzen. Der Reduktor besteht aus einer senkrechten Bürette, die im unteren Drittel mit grobkörnigem Cadmium-

Metall gefüllt ist. Dieses ist stets unter Luftabschluß, am besten in verdünnter Schwefelsäure zu halten. Durch diesen Reduktor wird die angesäuerte, unbekannte NO_3'-Lösung langsam hindurchgeschickt (1 Tropfen pro Sekunde Durchlaßgeschwindigkeit). Die Bestimmung des aus dem NO_3' entstandenen NO_2' erfolgt alsdann auf bekannte Weise. Der Arbeitsbereich der Methode liegt in dem Gebiet zwischen 0,05 und 3 Gamma NO_3'/cm^3, die Fehlergrenze kann mit $\pm$ 5% angegeben werden (nähere Einzelheiten siehe Originalarbeit).

Abb. 24 zeigt die Anordnung im Bild, wie sie auch am Zugspitzplatt verwendet worden ist. Das tragbare Kästchen links am Tisch enthält die Reagenzien, Säuren, Pipetten, Küvettenblöcke usw. Die Meßküvetten sind Mikro-Reagensgläschen mit Schräganschliff; sie stehen in Holzblöcken parat. Der rechte Tragekasten enthält drei JONES-Reduktoren, die zur raschen Aufarbeitung zahlreicher Proben gleichzeitig beschickt werden können. Die reduzierten Lösungen tropfen in die am Ende der Büretten aufgestellten Küvetten. Nach Zugabe des GRIESS-ILOSVAY-Reagens, Schütteln und Wartezeit kommen die Küvetten der Reihe nach in das kleine Kolorimeter. Es steht im Vordergrund zwischen dem Lichtmarkengalvanometer und der Kompensationsmeßbrücke (rechts vorne).

2.-5. *Auswertungsverfahren*

An dieser Stelle sei einiges über Auswertungsverfahren gesagt, die bei der Verwertung und Aufbereitung der Registrier- und Meßdaten laufend angewandt worden sind, wobei wir uns auf drei ganz bestimmte Verfahren beschränken wollen. Diese Vorwegnahme, hier am Ende dieses Kapitels, enthebt uns dann der Aufgabe, die Verfahren später bei der Darlegung der Ergebnisse genauer auszuführen.

2.-5.0. Ermittlung des Schönwetter-Tagesganges luftelektrischer und meteorologischer Größen

„Schönwettertage" [vergl. H. ISRAEL und G. LAHMEIER (1948)] seien folgendermaßen definiert:

    a) Während des Registriertages (aus praktischen Erwägungen von 07.30—07.30 MEZ) wurden im Stationsgebiet nicht mehr als ca. 50% Bedeckung festgestellt und zwar durch keine anderen Wolkentypen als: Cumulus humilis, Altocumulus, Cirrus, ausgenommen Cirrus densus mit Tendenz zum Übergang in Altostatus opaccus.

    b) Es wurde kein Nebel an der betreffenden Station beobachtet, ebenso waren keine sonstigen störenden Einflüsse vorhanden (wie z. B. starke Rauchentwicklung aus Abbränden, ungewöhnliche Staubabhebungen, Schneefegen usw.)

    c) Es trat an und über der Station kein Niederschlag auf, was praktisch allein schon durch a) ausgeschlossen ist.

Zunächst wurden aus den luftelektrischen Registrierkurven (E, i, n_+, n_-) und aus den meteorologischen Registrierungen *(T, RF)* durch planimetrieren die stündlichen Mittelwerte gewonnen[1]). Aus den Temperatur- und Feuchte-Stundenmitteln sind dann abgeleitete Größen berechnet worden, wie z. B. Dampfdruck, potentielle Äquivalent-Temperatur, vertikale Temperaturgradienten u. a.

Aus den 24 luftelektrischen Stundenmittelwerten pro Tag und Element haben wir schließlich den Tagesmittelwert berechnet (in absoluten bzw. in relativen Einheiten). Mittelung über alle einzelnen Stundenmittel gleicher Uhrzeit pro Monat und Element führte zum „mittleren monatlichen Tagesgang". Mittelung über dessen 24 Werte ergab den monatlichen Generalmittelwert. Wird dieser $= 100\%$ gesetzt, so kann auf dieser Basis der prozentuale mittlere Tagesgang pro Monat (Station, Jahr usw.) errechnet werden. Der prozentuale Tagesgang ist von besonderer Wichtigkeit, weil er es erlaubt, Variationsform und -Amplitude von Station zu Station, von Monat zu Monat usw., aber auch E- und i-Variationen miteinander, mit den prozentualen n-Variationen usw. unmittelbar zu vergleichen.

Mittlere monatliche Tagesgänge können wieder zu mittleren jahreszeitlichen Tagesgängen zusammengesetzt werden. Schließlich ist es möglich und zweckmäßig, den mittleren Tagesgang für jeweils dieselbe Jahreszeit über mehrere Jahre hinweg zu berechnen. Wichtig ist hierbei aber vor allem, daß niemals monatliche Mittelwerte gemittelt werden, sondern daß jeweils auf die einzelnen planimetrierten und ursprünglichen Stundenmittel zurückgegriffen wird.

2.-5.1. Die Synoptischen Tafeln

Wie in 1.6 näher ausgeführt, ist die synoptische Betrachtung aller an allen Stationen gleichzeitig gewonnenen Daten und Beobachtungen wesentliche und unentbehrliche Grundlage für die Typisierung, Untersuchung und Aufklärung der luftelektrischen und luftelektrisch-meteorologischen Zustände und Vorgänge. Da es nun einfach unmöglich wäre, die in Tab. 2 aufgeführten Meß- und Registrierdaten in der ursprünglichen Form, also als Registrierstreifen, Zahlentabellen, Tagebuchnotizen usw. nebeneinander zu halten und zu vergleichen, wurden sie tageweise zu einheitlichen graphischen Tafeln (von 07.30 bis 07.30 MEZ jeweils) zusammengefaßt, denen die Bezeichnung „Synoptische Tafeln"[2]) gegeben wurde.

---

[1]) Die stündlichen Temperatur- und Feuchtewerte der meteorologischen Stationen Garmisch und Zugspitze wurden uns freundlicherweise vom Wetteramt München zur Verfügung gestellt.

[2]) Synoptische Tafeln wurden nicht für jeden einzelnen Tag gezeichnet, sondern für Tage mit wichtigeren Erscheinungen, vor allem solchen mit Niederschlägen. Etwa jeder 3. bis 4. Registriertag wurde zu einer synoptischen Tafel „verdichtet".

Sie enthalten von oben nach unten in der Reihenfolge der Stationshöhe die abgezeichneten und synchronisierten Registrierkurven (luftelektrische und, so weit vorhanden, meteorologische Größen), die gemessenen meteorologischen und luftelektrischen Größen und die visuellen meteorologischen Feststellungen über Bewölkung, Niederschläge, Frontvorgänge usw. (siehe Abb. 66, 69, 71, 76, 77, 82, 86 u. a.).

Weiter wurden in die synoptischen Tafeln auch die für den jeweiligen Monat gültigen mittleren Tagesgänge der Größen E und i als gestrichelte Kurven eingetragen. Sie geben eine Basis für die Beurteilung der aktuell registrierten Größen E und i.

Diese synoptischen Tafeln bildeten auch die Grundlage für weitere statistische Auswertungen wie z. B. Häufigkeit der Feldrichtungswechsel, Dauer positiver oder negativer Potentialgradienten während Niederschlägen usw.

Zeichenerklärungen:

Himmelsbedeckung in $^1/_8$-Einheiten: $^1/_8$ $^2/_8$ $^3/_8$ $^4/_8$ $^0/_8$ $^5/_8$ $^6/_8$ $^7/_8$ $^8/_8$

● Regen   ✳ Schneefall   ●✳ Regen/Schneefall gemischt

❜ Nießeln   △ Graupel   ▲ Hagel

▽ Schauer   ⃗Ⱪ Gewitter   (Ⱪ) Gewitter in der Ferne

≡ Nebel   ∞ Dunst   ⇗ Schneefegen

Ⓩ Symbol für die Station, siehe Tab. 2

2.-5.2. Bewegungsdiagramme

Zur anschaulichen Darstellung des jeweiligen Typs der vertikalen Verfrachtung radioaktiver Aerosole hat sich das Bewegungsdiagramm bewährt [R. REITER (1959a, 1960c)]. Es werden die gleichzeitig an beiden Meßstationen Farchant und Wank bzw. Farchant und Schneefernerhaus gemessenen Werte der Luftradioaktivität (natürliche oder künstliche) in zeitlicher Folge gegeneinander aufgetragen. Ein Wertepaar liefert also nur einen Punkt im Diagramm. Die Punkte werden dann in der zeitlichen Reihenfolge durch Pfeile miteinander verbunden.

Der Aussagegehalt eines solchen Bewegungsdiagramms ergibt sich aus folgender Überlegung:

Sollen überhaupt merkliche Unterschiede in der an zwei räumlich getrennten Stationen gemessenen Konzentration radioaktiver Stoffe in der Luft meßbar werden, so ist Voraussetzung, daß der Stationsabstand größer, höchstens aber etwa gleich ist dem Weg, den das Aerosol im Expositionsintervall zurücklegt.

Hierzu ein Beispiel: Das Aerosol wird mit einer Geschwindigkeit von 5 m/sec in einer horizontalen Richtung bewegt. Es legt während eines Expositionsintervalls von 5 Stunden Dauer einen Weg von 90 km zurück.

Beträgt der horizontale Abstand zweier Stationen nur 10 km, so können horizontale Inhomogenitäten im Aerosolstrom nicht durch Vergleich der Meßwerte beider Stationen erfaßt werden. Der Stationsabstand müßte entweder viel größer oder die Expositionszeit wesentlich kürzer sein.

Die mittlere Vertikalgeschwindigkeit von Luftmassen ist ungleich geringer als deren Horizontalgeschwindigkeit. Die über größere horizontale Querschnitte gemittelte Vertikalgeschwindigkeit pflegt in der Größenordnung von cm/s[1]) zu liegen, der Neigungswinkel des Bewegungsvektors gegen die Horizontale beträgt [nach H. Berg (1948)] zwischen 1:800 und 1:100, in extremen Fällen bis zu 1:50. Nehmen wir eine Vertikalgeschwindigkeit von 1 cm/sec an, so bedeutet das eine zurückgelegte Wegstrecke von 180 m in 5 Stunden. Da nun die Höhendifferenz zwischen Wank und Farchant 1100 m beträgt, so ergibt sich hieraus die Möglichkeit, in aufeinanderfolgenden Expositionsintervallen die Änderung der vertikalen Konzentrationsunterschiede als Folge von Vertikalbewegungen des Aerosols verschiedener Luftkörper zu verfolgen und zu untersuchen. Horizontale Inhomogenitäten gehen hierbei in die Untersuchung grundsätzlich nicht ein, wenn die Horizontalkomponente der Aerosolbewegung wenigstens etwa 0,20 m/sec beträgt, was im Falle von Advektion praktisch immer der Fall ist. Aber gerade eben nur die Vertikalbewegungen des Aerosols bzw. die zeitlichen Änderungen des vertikalen Konzentrationsgefälles anschaulich darzustellen und der tieferen Betrachtung zuzuführen ist Sinn und Zweck des Bewegungsdiagrammes.

Wir besprechen nun an Hand von Schema Abb. 25 die am häufigsten vorkommenden Typen von vertikalen Bewegungsprozessen. Das nach dem eingangs erwähnten graphischen Verfahren erhaltene Diagramm muß in Bezug auf die „Mischungsdiagonale M" gelesen werden. Würde über die gesamte Zeit hinweg gleichbleibend eine ideale ungeordnete Durchmischung zwischen Tal und Berg stattfinden, so müssen alle Punkte genau auf dieser Diagonalen M liegen. Haben wir radioaktive Stoffe in der Luft, deren Lebensdauer viel größer ist als mehrere Tage, so würde die Mischungsdiagonale bei gleichem Maßstab an Ordinate und Abszisse mit einem Winkel von 45° durch den Achsenschnittpunkt gehen. Bei kurzlebigen Elementen, deren Quelle die Erdoberfläche ist, würde — gemäß der Halbwertshöhe — die Mischungsdiagonale entsprechend steiler verlaufen, oder der Abszissenmaßstab müßte gedehnt werden, um die Neigung von 45° zu erhalten.

Es ist zwischen zyklischen und treppenförmigen Prozessen zu unterscheiden. Wenden wir uns den ersteren zu. Schwankt die Radioaktivität

---

[1]) Es gibt natürlich innerhalb beschränkter Querschnitte gerichtete Konvektionsströme mit wesentlich höherer Vertikalgeschwindigkeit. Sie kann bei starker Cumuluskonvektion durchaus 10 m/sec erreichen, doch sehen wir hier zunächst einmal von diesen Spezialfällen ab, auf die wir bei der Behandlung des Austauschkoeffizienten noch zu sprechen kommen werden.

lediglich im Tal[1]), nicht aber in der Höhe, dann haben wir Typ a), im umgekehrten Fall b) vor uns. Bei idealer Durchmischung erhalten wir defini-
tionsgemäß eine Bewegung entlang der Mischungsdiagonalen M (Typ c).
Wird der Bergstation aus der Höhe kommende Radioaktivität zugeführt
und sinkt diese „radioaktive Luftmasse" in das Tal ab, so erhalten wir
Typ d). Umgekehrt führt eine aus dem Talniveau aufsteigende „radio-

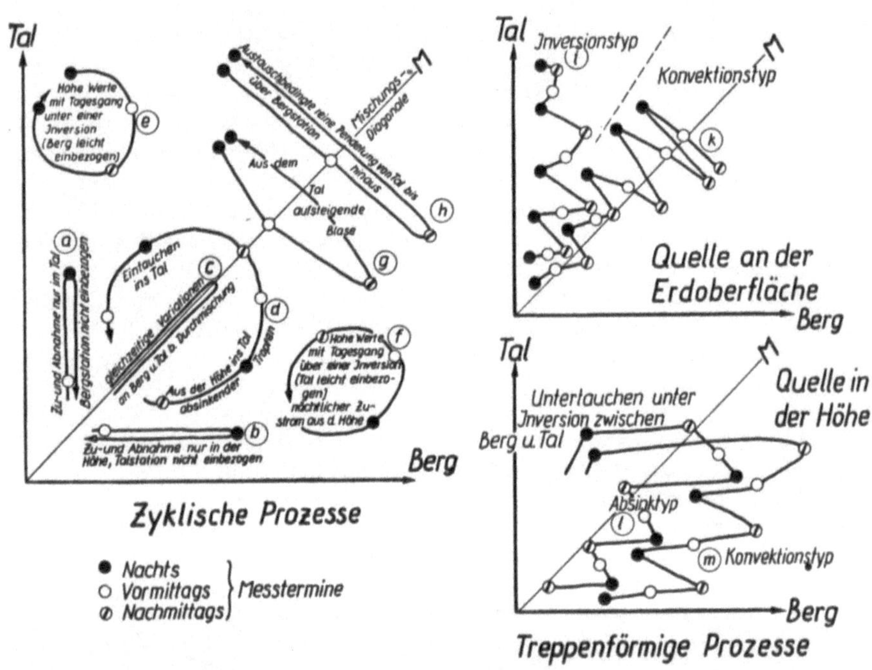

Abb. 25. Schematische Ableitung der verschiedenen Typen von Bewegungsdiagrammen, die die Veränderung des vertikalen Konzentrationsgefälles
radioaktiver Aerosole beschreiben

aktive Blase" zum Typ g). Stellt sich z. B. im Sommer bei Schönwetter
der typische Wechsel zwischen Hebung am Tage und Absinken in der
Nacht ein, im Gebirge verstärkt durch Hangauf- und Hangabwinde, so
erhalten wir Typ h): nächtliche Konzentrierung im Tal und übernormal
starkes Hochtragen am Tage, vor allem am Nachmittag, so daß die
Mischungsdiagonale (deren Neigung ein mittlerer Austauschkoeffizient

---

[1]) Der Anschaulichkeit halber sprechen wir hier weiter von Tal und Berg.
Selbstverständlich gelten diese Zusammenhänge ohne wesentliche Veränderungen auch für die freie Atmosphäre über der ebenen Erdoberfläche.

zugrunde liegt) infolge der Heftigkeit der Vertikalbewegung überschritten wird. Das Gegenstück zur verstärkten Konvektion ist die Abriegelung des Tals gegen die Höhe durch dazwischenliegende Inversionen. Hohe Luftradioaktivität unter der Inversion bleibt im Tal gefangen. Der Tagesgang kann zu Typ a), aber auch e) führen, denn je nach der Heftigkeit der Einstrahlung wird die Inversion am Tage mehr oder weniger angehoben, so daß im Tal eine vorübergehende Konzentrationsverminderung stattfindet, der dann wieder eine nächtliche Verdichtung folgt. Eben in dem Maße, wie der Gipfel in dieses „Atmen" mit einbezogen wird, geht a) in e) über. Befindet sich umgekehrt vermehrte Radioaktivität in der Höhe über der Inversion, so stellen sich die Typen b) oder f) ein, je nachdem in welchem Maße ein Durchgriff ins Tal möglich ist (z. B. durch nächtliche Hangabwinde).

Nun gehen wir zu den treppenförmigen Prozessen über. Zunächst betrachten wir den Fall einer Quelle für radioaktives Aerosol an der Erdoberfläche und nehmen an, daß durch Niederschläge zunächst viel Radioaktivität aus der Luft ausgewaschen worden sei. Der Radioaktivitätspegel hebt sich anschließend, wobei jeweils nachts ein starker progressiver Anstieg im Tal, jedoch am Tage (vor allem nachmittags) infolge Durchmischung ein solcher in der Höhe erfolgt. Schließt sich das Tal gegen die Höhe durch eine Inversion als Barriere ab, so erhalten wir Typ i), tritt das nicht ein, sondern schaukelt sich der tagesgangbedingte Vertikalaustausch weiter auf, so haben wir Typ k), der dann in h) übergeht.

Befindet sich die Quelle radioaktiver Luft in der Höhe, so kann es zwei Typen geben, die zu einem systematischen, progressiven Anstieg führen. Beim Typ l) erfolgt ein Zustrom aus der Höhe ausschließlich nachts durch Absinkbewegung und am Tage tritt eine Annäherung an die Mischungsdiagonale ein. Beim Typ m) wird die radioaktive Luft aus der Höhe aktiv durch Konvektion am Tage heruntergeholt, während nachts eine Ausgleichung mit dem Tal (z. B. durch Hangabwinde) erfolgt. Beide Typen können mit einem Vorstoß der radioaktiven Luft zum Tal enden, wo sie unter einer auftretenden Inversion relativ lange liegen zu bleiben vermag, je nach den gegebenen meteorologischen Bedingungen (horizontale Versetzung) und den Zerfallskonstanten. Wir haben dann eine Kombination von l) oder m) mit Typ d).

Natürlich muß man sich vorstellen, daß es verschiedene Kombinationen von Typen geben kann und vor allem, daß sich unmittelbar an einen Typ ein anderer als Fortsetzung anschließt und daß die Figuren wie beim Eislauf dauernd wechseln und ineinander übergehen. Auch wird unsere Liste von Typen gewiß noch nicht vollständig sein.

3. Die Abhängigkeit der luftelektrischen Elemente von meteorologischen Zuständen und Vorgängen in der Schicht von ca 500 bis 3000 m NN

3.-0. *Niederschlagsfreie Zeiträume*

3.-0.0. Reines Schönwetter

Bereits in Abschnitt 2.-5.0. wurde eine Definition des Begriffes „Schönwetter" gegeben, wie er der Auswahl ungestörter Tage zur Berechnung der luftelektrischen Schönwetter-Tagesgänge zu Grunde gelegt worden ist. Es sei hier darüber hinaus noch ausdrücklich betont, daß für die Betrachtungen im folgenden Abschnitt 3.-0.0. auch Föhntage, Fälle von Inversionspassagen, Schneefegen und ähnliche Erscheinungen, die bei Schönwetter auftreten können, ausgeschlossen seien. Ihre Behandlung erfolgt gesondert in den nächsten Abschnitten. „Zugelassen" ist lediglich der meteorologische Vertikalaustausch als typische Folgeerscheinung des reinen Schönwetters mit gleichzeitig höchstens unmerklicher bis schwacher Advektion.

3.0.0.0. *Repräsentative Einzelbeispiele*

Das typische Verhalten der luftelektrischen Größen in den verschiedenen Niveaus an einem reinen Schönwettertag zeigt die synoptische Tafel Abb. 26. Es herrscht an diesem Tag vorfrühlinghaftes Strahlungswetter bei schwacher Cirrusbewölkung. An Hand der synoptischen Tafel können wir feststellen:

1. An Station Zugspitze weichen die Registrierkurven E und i nicht merklich vom monatlichen Mittelwert (dünn gestrichelte Linien) ab. Die Tagesgänge von E und i stimmen miteinander überein. Beide Kurven zeigen ein Maximum am frühen Abend (wenn wir von dem schwachen E-Maximum um 15.00 absehen wollen) und ein Minimum in der späten Nacht. Dieser Tagesgang von E und i entspricht dem „weltzeitlichen" Gang, worauf in 3.-0.0.2. noch genauer einzugehen sein wird. E- und i-Registrierkurven sind auffallend glatt.

2. Die Registrierkurven von Station Wank zeigen ein anderes Bild: davon abgesehen, daß ihr Verlauf ganz allgemein unruhiger ist als jener der Kurven an Z, stellen wir am Nachmittag eine starke Aufbeulung und Unruhe von E und eine gleichzeitige Absenkung von i fest. Es wird später im einzelnen nachgewiesen werden, daß wir es hier

mit einer Auswirkung des vertikalen Massenaustausches Berg-Tal zu tun haben, der durch die Sonneneinstrahlung ausgelöst wird. Er erreicht in unserem Falle zwar offenbar Station W, aber nicht mehr Z[1]). Mit

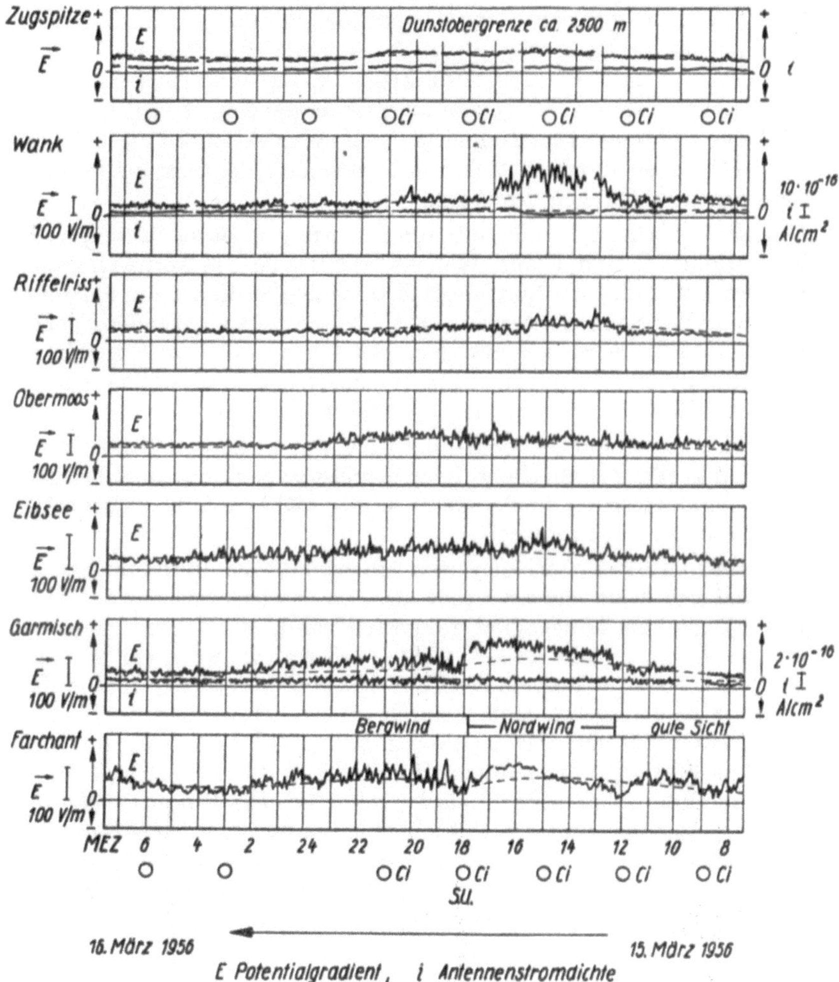

Abb. 26. Synoptische Tafel. Reiner Schönwettertag mit Vertikalaustausch mittags und nachmittags bis zum Niveau der Station Wank. Reiner weltzeitlicher Gang an Station Zugspitze

[1]) Das geringfügige Maximum von E an Z um 15 MEZ deutet auf ganz schwach ausgeprägte Austauschvorgänge in der Gipfelumgebung hin, die vermutlich lokalen Charakter haben.

der jahreszeitlichen Abhängigkeit der Austauschobergrenze werden wir uns ebenfalls später noch zu befassen haben.

3. An den tiefer gelegenen Stationen R, O und E zeigt sich eine von der Tageszeit abhängige Schwankungsbreite der E-Kurven. Austauschbedingte Anhebungen von E am Nachmittag erkennen wir an R und E. Sie sind weniger ausgeprägt als an W. Es wird das leicht verständlich, wenn wir uns die Geländegestaltung (siehe 2.-1.2.) in Erinnerung rufen: Die Stationen R und E liegen an nördlichen Hängen, O liegt am NW-Fuß des Gebirges. Die nachmittägliche Konvektion ist deshalb an diesen Gebirgshängen schwächer als an den ausgedehnten und sonnenbeschienen Südhängen des Wank.

4. Charakteristische Besonderheiten in ihren Registrierungen weisen die Talstationen G und F auf. Während der Dauer des konvektionsbedingten Talwindes aus Nord steigt E an beiden Stationen an, um dann 1 Stunde vor Sonnenuntergang (S. U.) rasch fallende Tendenz anzunehmen und zum Sonnenuntergang gleichzeitig mit dem Einschlafen des Konvektionswindes ein Minimum zu erreichen. Diese Phänomene werden in 3.-0.0.7. eingehender besprochen.

5. Die Schwankungsbreite der E- und i-Kurven ist an den Talstationen deutlich größer als an Hang- oder Gipfelstationen. Sie wird bei heftiger Windbewegung (mehr als 5—6 m/s, siehe Abb. 26, Station F, 15—17 MEZ) stark reduziert.

6. Während an allen Stationen zwar ein nächtliches Minimum der E- und i-Werte in der späten Nacht, also wie an allen Stationen der Erde unabhängig vom Längengrad, festgestellt wird, ist ein Maximum zum weltzeitlichen Termin (18—20 GMT), außer an Z, an keiner anderen Station sicher zu erkennen. Die weltzeitlichen Variationen werden also offenbar in geringeren Höhen durch ortszeitlich gebundene Einwirkungen übertönt und es ist keineswegs sicher, daß das nächtliche Minimum an Stationen in niedrigen Höhen durch das gleichzeitige Minimum des Ionosphärenpotentials ausgelöst ist. Die Hauptursache für die ortszeitlich gebundenen Störungen ist im tageszeitlichen Gang des Vertikalaustausches zu sehen. Das ist zwar schon seit längerer Zeit im Prinzip bekannt, doch wird es unsere Aufgabe sein, den luftelektrisch-meteorologischen Koppelungsmechanismus in den späteren Abschnitten genauer aufzuzeigen.

Den Gang der Kleinionendichten an einem reinen Schönwettertag[1]) in Beziehung zu E, i und meteorologischen Größen an Station F zeigt Abb. 27 (Ausschnitt aus einer synoptischen Tafel). Wir können den Punkten 1) bis 6) bei der Betrachtung von Abb. 27 hinzufügen:

---

[1]) Seit August 1962 laufen Kleinionenregistrierungen in Garmisch. Sie erbringen dieselben Tagesvariationen wie in Farchant. Diese sind also nicht durch rein örtliche Bedingungen in der Stationsumgebung bestimmt.

7. An einer Talstation wird die höchste Kleinionendichte am frühen Morgen kurz vor Sonnenaufgang beobachtet, wobei n_- und n_+ praktisch einander gleich sind. Auffallend ist der kontinuierliche Anstieg von n durch die Nacht bis zum Morgen. Ein Minimum der Kleinionendichte tritt am frühen Abend ein und ein schwaches, breites Maximum findet man am Tage, wobei n_+ deutlich größer ist als n_-. Mehr wird darüber in 3.-0.0.4. zu sagen sein, insbesondere was die ursächlichen Zusammenhänge betrifft.

In Abb. 27 ist auch die Beziehung zwischen E und n deutlich zu sehen: bei niedriger Kleinionendichte, also verminderter Leitfähigkeit der Luft,

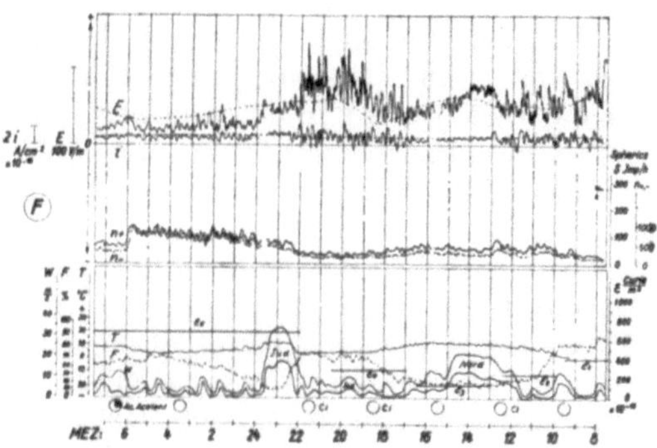

Abb. 27. Verhalten der positiven und negativen Kleinionendichten an einem Schönwettertag an Station Farchant

ist E stark erhöht (Abend) und umgekehrt (früher Morgen). Auch zeigt Abb. 27 wieder die Erhöhung von E während konvektivem Talwind (12.30—14.30 MEZ), wobei gleichzeitig der Überschuß von n_+ über n_- besonders stark ausgeprägt ist.

Wir wollen uns hier noch etwas eingehender mit der Frage nach der Ursache und der Abhängigkeit der Schwankungsbreite der luftelektrischen Größen von verschiedenen Bedingungen befassen. Grundsätzlich steht fest, daß die relativ raschen Variationen (etwa einige Minuten bis einige Stunden Dauer) von E, i, n, λ usw. nur von ortsnahen Variationen der Aerosolkonstitution herrühren können. Als solche kommen in Betracht:

a) Veränderungen der Kondensationskerndichte oder (und) der Konzentration natürlich radioaktiver Elemente in der Luft, welche Variationen der Kleinionendichten und damit auch von E, i und λ hervorrufen;

b) Bildung und Verschiebung positiver oder (und) negativer Raumladungen, welche Variationen von E und i auslösen.

Je größer der Gehalt der Luft an inhomogen verteilten Aerosolpartikeln, bestehend aus Kondensationskernen und Großionen (die teilweise radioaktive Elemente tragen) ist, desto größer sind notwendigerweise auch die absoluten zeitlichen und örtlichen Schwankungen deren Konzentration und damit der luftelektrischen Größen. Es liegt also nahe anzunehmen, daß die Schwankungsbreite der luftelektrischen Elemente in erster Näherung ein Ausdruck für den Gehalt der Luft an Aerosolpartikeln ist. Diese Annahme steht in Übereinstimmung mit der Beobachtung, daß die Schwankungsbreite von E und i mit wachsender Stationshöhe abnimmt, und daß sie zunimmt, wenn eine Bergstation in das durch Austausch hochgetragene Aerosol gerät. Darauf soll im nächsten Abschnitt genauer eingegangen werden. Es sei nur bemerkt, daß vom Verfasser bereits vor längerer Zeit auf die Höhenabhängigkeit der Schwankungsbreite von E hingewiesen worden ist [R. REITER (1952a, 1952b, 1953a, 1954a, 1955c) u. a.], in der eine Bestätigung für die Anwendbarkeit der E-Schwankungsbreite in der Meteorobiologie [Näheres siehe R. REITER (1960b)] als Indikator für die Aerosolstruktur der Luft gesehen werden mußte.

In jüngster Zeit wurde die Frage nach der Abhängigkeit der Schwankungsbreite luftelektrischer Größen erneut aufgeworfen [siehe vor allem T. OGAWA (1960a, b) und H. ISRAEL (1958a), aber auch R. MÜHLEISEN (1959)]. H. ISRAEL schließt aus seinen Untersuchungen in den Schweizer Alpen, daß die luftelektrische Unruhe („agitation") eine unmittelbare Folge atmosphärischer Austauschprozesse sei. T. OGAWA (1960a) stellte zunächst fest, daß die Struktur des E-Tagesganges nach seiner Fourierzerlegung eine Abhängigkeit von der atmosphärischen Turbulenz zeigt. In einer weiteren Untersuchung kommt T. OGAWA (1960b) jedoch zum Ergebnis, daß, im Gegensatz zu den Feststellungen von H. ISRAEL, die Schwankungsbreite („fluctuation") der luftelektrischen Größe keine direkte Abhängigkeit von der atmosphärischen Turbulenz erkennen läßt, ja, daß sogar eine inverse Beziehung angedeutet ist.

Bei der Betrachtung dieser Befunde muß zunächst einmal festgehalten werden, was die Autoren unter agitation bzw. fluctuation verstehen. ISRAEL geht von der „Mikrostruktur" aus und zählt die pro Stunde registrierten kleinen Maxima bzw. Minima der Registrierkurven und mißt die absolute Breite der maximalen Schwankung während einer Stunde. OGAWA hingegen untersucht die Abweichung des Einzel-Stundenmittelwertes vom übergreifenden Stundenmittelwert.

Da nun die Mikrostruktur sehr stark von apparativen Konstanten, der räumlichen Sondenanordnung und anderen mehr zufälligen Nebenbedingungen abhängt, dürfte es zweckmäßiger sein, sich auf Stundenmittelwerte zu stützen, wenngleich dann die Schwankungsamplituden wesentlich kleiner werden[1]). Dafür haben sie jedoch größeres statistisches Gewicht. Was nun den Zusammenhang zwischen Turbulenz und luftelek trischer Unruhe betrifft, so muß gesagt werden, daß sich ja Turbulenz bei reinem Schönwetter nur in dem Ausmaß auf die luftelektrischen Größen auswirken kann, als Kerne und Großionen vorhanden sind. Fassen wir Gebirgsstationen ins Auge, so führt turbulenter Vertikalaustausch Aerosolpartikel an die Station heran (aus dem Talniveau), und es kann wegen zeitlicher und örtlicher Inhomogenität des Aerosols gewiß eine direkte Beziehung zwischen Turbulenzgröße und Unruhe der luftelektrischen Elemente festgestellt werden (siehe Abb. 26, Stationen W, R, O, E). Bewirkt jedoch an Talstationen der Vertikalaustausch, daß das Aerosol homogenisiert und verdünnt wird, so kann durchaus mit zunehmender Turbulenz eine Ausglättung der Kurven festgestellt werden. Die Voraussetzung für die Auslösung einer Unruhe der luftelektrischen Größen bei Schönwetter ist also allein das Vorhandensein und die inhomogene Verteilung vieler Kerne und Großionen in der Luft. Ob und in welcher Weise sich diese auf die luftelektrischen Größen auswirken, hängt dann in zweiter Linie von der Turbulenz ab, wobei einander entgegengerichtete Trends gleichzeitig in verschiedenen Höhen auftreten können, was Abb. 26 sehr deutlich vor Augen führt: man vergleiche E, Wank, 13—17 MEZ und E, Farchant, 13—18 MEZ. Quantitative Beziehungen zu diesem Fragekomplex seien im nächsten Abschnitt dargelegt. Die sehr auffallende Verminderung der Schwankungsbreite von E während gleichmäßiger verstärkter Windströmungen wurde vom Verfasser bereits früher an Hand von Registrierungen am Nebelhorn und in Oberstdorf besprochen [siehe R. REITER (1954a)].

3.-0.0.1. Schwankungsbreite von E und i in Abhängigkeit von Aerosolstruktur, Stationshöhe, Tages- und Jahreszeit

Vor der Besprechung der Ergebnisse muß die Ableitung des benutzten Maßes für die Schwankungsbreite von E bzw. i dargelegt werden.

Es stand als Ausgangs-Datengut getrennt für jede Station zur Verfügung (vgl. Skizze Abb. 28): Tagesgang pro Einzeltag , aus Stundenmittelwerten[1] „t" und mittlerer monatlicher Tagesgang, aus Stundenmitteln „m". Die luftelektrische Unruhe folgt nun unmittelbar aus der Abweichung des t-Ganges vom m-Gang. Es wurden zunächst von Stunde zu Stunde fortschreitend folgende Differenzen gebildet:

$$\ldots\ldots m_8 - m_9 = \delta_{\text{mon } 8,9}; \qquad m_9 - m_{10} = \delta_{\text{mon } 9,10} \ldots\ldots$$
$$\ldots\ldots t_8 - t_9 = \delta_{\text{tag } 8,9}; \qquad t_9 - t_{10} = \delta_{\text{tag } 9,10} \ldots\ldots \qquad \text{usw.}$$

[1] Durch die Heranziehung von Stundenmittelwerten als kleinste zeitliche Einheiten bekommen die Ergebnisse allgemeinere Bedeutung, weil sie frei sind vom Einfluß der elektrischen Zeitkonstanten der Registriergeräte. Das wäre nicht mehr der Fall, wenn man etwa die Zahl der stündlich ausgezählten kleinen Maxima und Minima und die während einer Stunde erhaltene maximale Registrier-Amplitude verwenden würde.

Die stündliche Schwankungsbreite Δ folgte dann aus:

$$\ldots\ldots \Delta_{8,9} \quad = \delta_{\text{tag } 8,9} \quad - \delta_{\text{mon } 8,9} \quad \ldots\ldots \quad \text{usw., oder allgemein:}$$

$$\ldots\ldots \Delta_{n,n+1} \quad = \delta_{\text{tag } n,n+1} \quad - \delta_{\text{mon } n,n+1} \ldots\ldots$$

Je geringer die Schwankungsbreite, desto besser die Übereinstimmung zwischen Einzel-Tagesgang und Monats-Tagesgang und desto kleiner Δ. Der Wert Δ hängt nun noch von der E-Maßeinheit ab, so daß es zweckmäßig sein wird, zu einer Prozentdarstellung überzugehen, die einen unmittelbaren Vergleich der Stationen untereinander erlaubt. Setzt man zu diesem Zweck

$$\frac{\sum\limits_{1}^{24} \left| \delta_{\text{mon } n,n+1} \right|}{24} = \Delta \text{ mon} = 100\%,$$

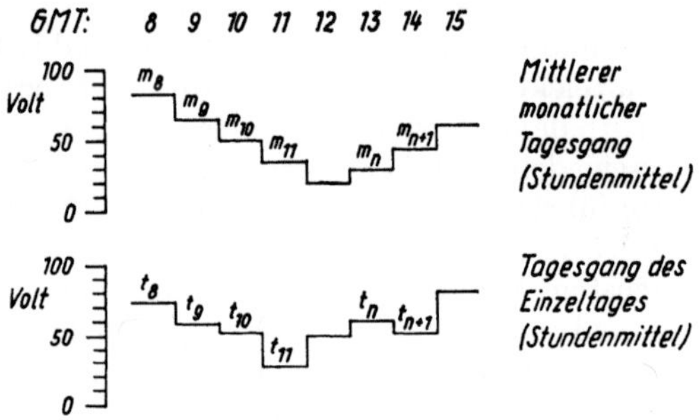

Abb. 28. Schema zur Ableitung des Tagesganges der Schwankungsbreite des Potentialgradienten bzw. der Vertikalstromdichte

so kann der stündliche Gang der Schwankungsbreite pro Einzeltag in Prozenten ($\Delta\%$) leicht ausgerechnet werden:

$$\frac{24 \cdot 100 \cdot \left| \Delta_{n,n+1} \right|}{\sum\limits_{1}^{24} \left| \delta_{\text{mon } n,n+1} \right|} = \Delta\%.$$

Auf ähnliche Weise kann der mittlere Tagesgang von $\Delta\%$ pro Jahreszeit, die mittlere Gesamtschwankungsbreite pro Tag, pro Monat, pro Jahreszeit, usw. bestimmt werden, was im einzelnen nicht mehr näher ausgeführt zu werden braucht. Wir definieren nur folgende Zeichen:

$\Delta\%$ Jzt   mittlerer prozentualer Tagesgang der Schwankungsbreite pro Jahreszeit

$\Delta\%$ Tm   mittlere prozentuale Schwankungsbreite eines Einzeltages

$\Delta\%$ Mm   mittlere prozentuale Schwankungsbreite eines Monats

$\Delta\%$ Jm   dasselbe über ein ganzes Jahr.

Wir betrachten zunächst die in Tabelle 4 zusammengestellten Ergebnisse. Es besteht ein Jahresgang von $\Delta\%$ Mm und zwar ist der an den Gipfelstationen zu dem an den Talstationen gegenläufig. Im Sommer bewirkt also Vertikalaustausch an den Gipfelstationen eine Zunahme der Schwankungsbreite von E und i, an den Talstationen aber eine Abnahme. Im Winter ist bei fehlendem oder schwachem Vertikalaustausch die Schwankungsbreite an den Gipfelstationen niedriger, an den Talstationen höher. Man ersieht daraus sehr deutlich den antagonistischen Einfluß des vertikalen Austausches in verschiedenen Höhen. Schwankungsbreite und Austauschintensität laufen also nur an Hochstationen zueinander parallel, in den Niederungen sind sie im Mittel einander gegenläufig. Die Abnahme der Schwankungsbreite mit der Stationshöhe wird aus den $\Delta_{\%\,Jm}$-Werten sehr deutlich. Die Tabelle sagt aus, daß, was oben schon angedeutet wurde, die Schwankungsbreite in erster Linie eine Folge der Konzentration von Kondensationskernen in der Luft ist.

Tabelle 4. *Mittlere Schwankungsbreite $\Delta_{\%\,Mm}$ von E und i pro Monat und Station im Jahre 1959*

| Station | Element | $\Delta\%\,Mm$ Monat: | | | | | | | | | | | | Jahresmittel $\Delta\%\,Jm$ |
		I	II	III	IV	V	VI	VII	VIII	IX	X	XI	XII	
Z	E	6,7	6,4	7,6	7,9	6,4	7,9	8,2	8,5	6,2	5,9	5,4	5,6	7,0
	i	5,5	6,5	7,0	7,3	8,4	10,2	11,5	10,5	9,5	8,6	7,5	6,8	8,3
W	E	10	13	13	13	14	15	14	13	12	12	11	7	12,1
	i	8	9	8	9	10	10	14	9	8	7	8	6	8,8
R	E	14	13	17	16	16	12	14	13	12	16	12	12	13,8
O	E	9	10	12	13	15	15	19	14	13	13	12	9	12,8
E	E	13	15	18	19	15	16	15	15	16	15	16	15	16,6
F	E	26	23	24	20	19	16	17	19	20	20	30	23	21,0
	i	17	18	19	16	13	9	12	13	16	19	25	20	16,4

Die Tagesgänge der Schwankungsbreite $\Delta_{\%\,Jzt}$ pro Jahreszeit und Station sind in Abb. 29 zusammengestellt. Man sieht, daß die Amplitude des Tagesganges an den Hochstationen von der Jahreszeit abhängt (große Amplitude im Sommer, kleine im Winter) und daß das Maximum an den Hochstationen am Nachmittag zur Zeit des stärksten Vertikalaustausches auftritt. An den Talstationen erkennt man im Frühjahr, Sommer und Herbst deutlich eine Verminderung der Schwankungsbreite über die Mittagszeit (Homogenisierung durch konvektionsbedingten Horizontalwind). Das Minimum tritt an allen Stationen nachts auf. Diese Variationen bestätigen das oben Gesagte.

Den unmittelbaren Beweis für die vorherrschende Koppelung zwischen Gehalt der Luft an Schwebstoffen und Schwankungsbreite von E und i erbringt folgende Untersuchung:

Es wurde der Tagesmittelwert der Schwankungsbreite $\Delta_{\%\,Tm}$ von E und i mit dem Tagesmittelwert des Schmutzgehaltes der Luft S (Methode

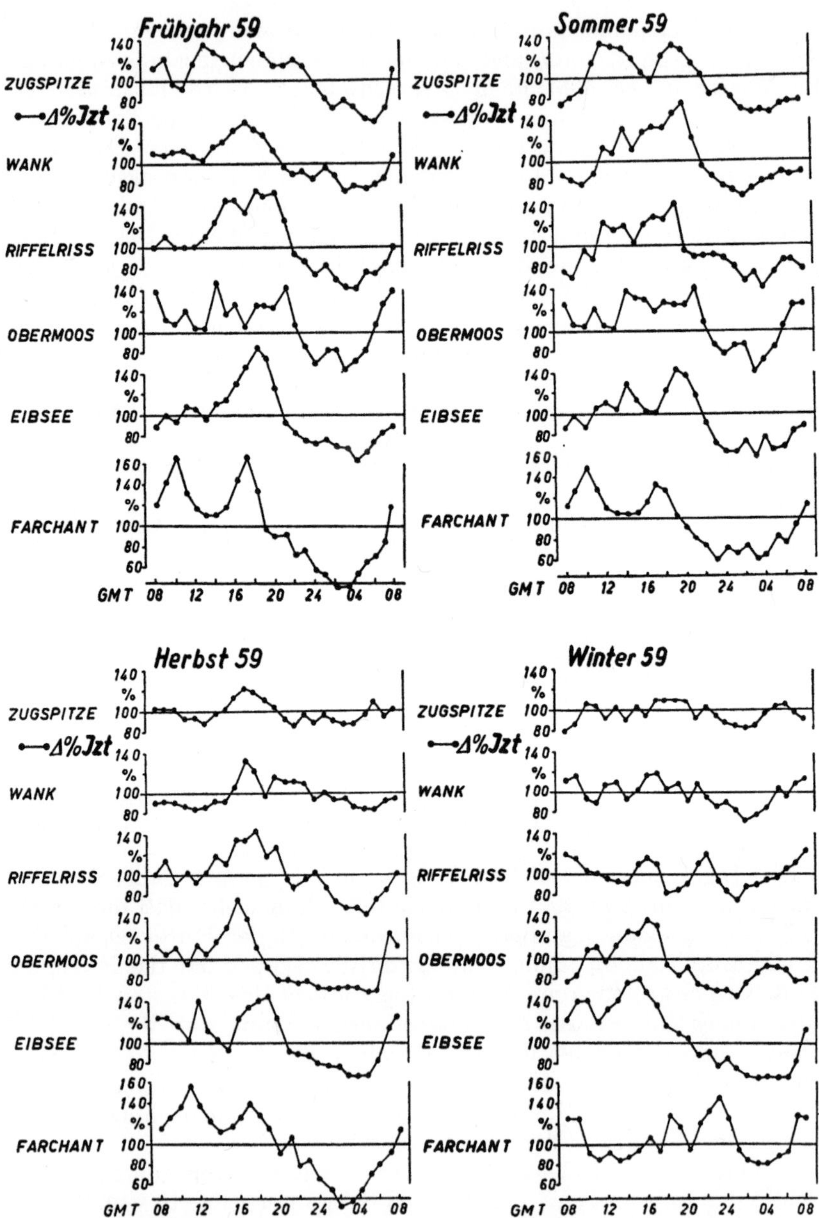

Abb. 29. Mittlerer Tagesgang der Schwankungsbreite $\Delta\%\,Jzt$ (siehe Text) des Potentialgradienten pro Jahreszeit und Station für 1959

der Filterschwärzungsmessung, siehe 2.-4.0.) korreliert und zwar getrennt für die Daten der beiden Stationen Farchant und Wank. Das Ergebnis enthält Abb. 30.

Sowohl im Tal als auch im Gipfelniveau nimmt die Schwankungsbreite von E bzw. i zu, wenn der Gehalt der Luft an Aerosolpartikeln ansteigt.

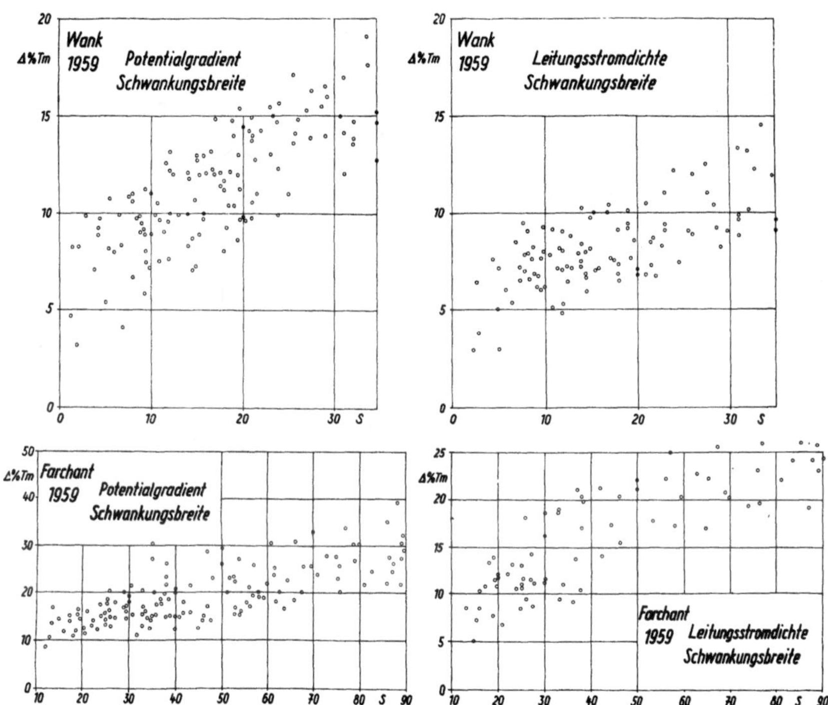

Abb. 30. Korrelation zwischen der Schwankungsbreite $\Delta\% \, T_m$ (siehe Text) des Potentialgradienten E bzw. der Vertikalstromdichte i und dem gleichzeitig gemessenen Relativwert der Luftverschmutzung S an den Stationen Wank und Farchant

Hier treffen wir also, und darauf ist mit Nachdruck zu verweisen, auf eine Übereinstimmung zwischen Gipfel- und Talstation und nicht auf eine Gegenläufigkeit wie bei den Austauschbetrachtungen. Das dürfte wohl ebenfalls eindeutig dafür sprechen, daß die Schwankungsbreiten der luftelektrischen Größen E und i und damit auch λ primär direkt von der Aerosolkonstitution abhängen und daß Turbulenz und Austausch lediglich von sekundärer Bedeutung sind.

3.-0.0.2. Synoptisch-klimatische Darstellung der stündlichen Mittelwerte und der Tagesgänge von E und i

3.-0.0.2.0. Ältere eigene Registrierungen

In Abb. 31 sind die Schönwetter-Tagesgänge von E aufgetragen, die im Frühjahr und Sommer 1950 gleichzeitig an den Stationen München, Fürstenfeldbruck, Bad Tölz und Predigtstuhl erhalten worden sind [siehe R. Reiter (1955 b)].

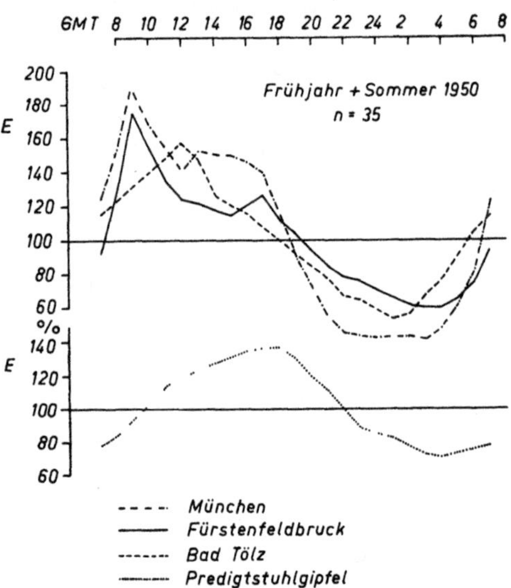

Abb. 31. Mittlerer Schönwetter-Tagesgang des Potentialgradienten im luftelektrisch-synoptischen Netz München-Fürstenfeld-bruck-Bad Tölz und Predigtstuhlgipfel im Frühjahr und Sommer 1950 (aus 35 Einzel-tagen). Predigtstuhl liefert weltzeitlichen Gang

Bemerkenswert ist die Übereinstimmung der Kurven der beiden Flachlandstationen mit ihrem ausgeprägten Maximum 09 GMT. Es dürfte sicherlich — als Folge einer verstärkten Heiztätigkeit — auf Vermehrung der Kerne und dadurch ausgelöste Verminderung von λ zurückzuführen sein. Die Amplitude ist in Großstadtnähe höher als am Rande der Kleinstadt Fürstenfeldbruck. Noch schwächer zeigt sich der Tagesgang von Bad Tölz, dessen Maximum auf die Mittagszeit trifft. Wesentlich verschieden von diesen drei Gängen erweist sich der Tagesgang an der Gipfelstation. Das flache Maximum fällt auf 18 GMT. Station Predigtstuhl liefert, trotz mäßiger Höhe über NN — zumindest im Frühjahr und Frühsommer — einen praktisch idealen welt- zeitlichen Gang, wie ein Vergleich mit Abb. 32 zeigt. In ihr sind aufgetragen: ein mittlerer Gang für Ozeane

und Arktis nach H. Israel (1952a) und drei Tagesgänge von E, die auf Meßdaten beruhen, welche 1952/53 von F. G. Schilling und P. L. Childress (1954) auf dem freien Ozean (Pazifik, Gebiet Hawaii, Tahiti) gewonnen worden sind.

Wir gehen nun zu Meßergebnissen über, die wir im Allgäu erhalten haben. Da sich diese Registrierungen über fast 2 Jahre erstreckten, war es möglich, nach Jahreszeiten zu gruppieren. Abb. 33 zeigt die Ergebnisse.

Wie in 2.–1.1.6. näher ausgeführt, wurde E in Oberstdorf gleichzeitig in zwei verschiedenen Höhen (1,8 und 8 m), am Nebelhorn dagegen mit nur

einer Sonde registriert. Während die Tagesgänge von E in 1,8 und 8 m Höhe
über dem Boden in der Phase streng miteinander übereinstimmen, unterscheiden sie sich erheblich in bezug auf ihre Amplitude. Die E-Amplitude ist
in 1,8 m Höhe wesentlich größer als in 8 m Höhe über dem Boden. Noch viel
kleiner ist die Amplitude des Tagesganges von E an der Bergstation.

Sehen wir zunächst einmal vom Phasen-Typ der täglichen E-Variation
ab, so bedeutet dies in erster Näherung, daß jener Einfluß, welcher die
lokale „Störung" des Tagesganges von E bewirkt, d. h. also seine Abweichung vom rein weltzeitlichen Gang, bereits in einer bodennahen
Schicht von wenigen Meter Dicke erheblich abnimmt. Man kann hierin
den Einfluß unmittelbar bodennaher Einflüsse (z. B. Inversionen) sehen,

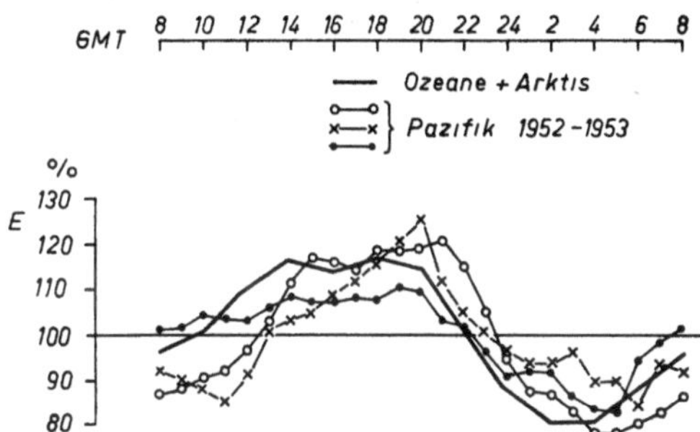

Abb. 32. Weltzeitlich gebundener Tagesgang des Potentialgradienten nach
H. ISRAEL (Ozeane + Arktis) und R. E. HOLZER (Pazifik) in nicht-kontinen-
talen Räumen

die sich besonders im Winter, aber auch in den Übergangsjahreszeiten,
selbst in den Mittagstunden, bemerkbar machen (Differenz zwischen E-
Maximum in 1,8 und 8 m über dem Boden). Im Herbst dagegen wird am
Tage das bodennahe Aerosol so weitgehend homogenisiert, so daß sich
die E-Maxima in 1,8 und 8 m Höhe fast berühren. Dafür bildet sich nachts
eine starke Differenz aus, die größer ist als in den übrigen Jahreszeiten.
Sehr augenfällig ist ferner der jahreszeitliche Unterschied in der Breite
des Tagesmaximums von E an der Talstation in beiden Höhen Es besteht gar kein Zweifel darüber, daß wir es hier mit der jahreszeitlich verschiedenen Andauer des bis zum Talboden durchgreifenden turbulenten
Austausches als Ursache zu tun haben. Weiter ist bemerkenswert, daß
trotz heftigen Austausches in den Sommermonaten kein 2-gipfeliger
E-Tagesgang beobachtet wird. Das ist zunächst überraschend, da nach
bisherigen Erfahrungen an „Landstationen" im Sommer am Nachmittag
ein Minimum von E eintritt [siehe z. B. H. ISRAEL (1952a), E. v. KILINSKY
(1958) u. a.], das nach J. G. BROWN (1936) von der austauschbedingten
Verdünnung des Aerosols in Bodennähe infolge Verfrachtung der Partikel

bis in größere Höhen herrühren soll. So sehr diese Erklärung einleuchtet, versagt sie offenbar in unserem Falle und wir werden noch Gelegenheit haben, auf diesen Umstand zurückzukommen. Jedenfalls scheinen die

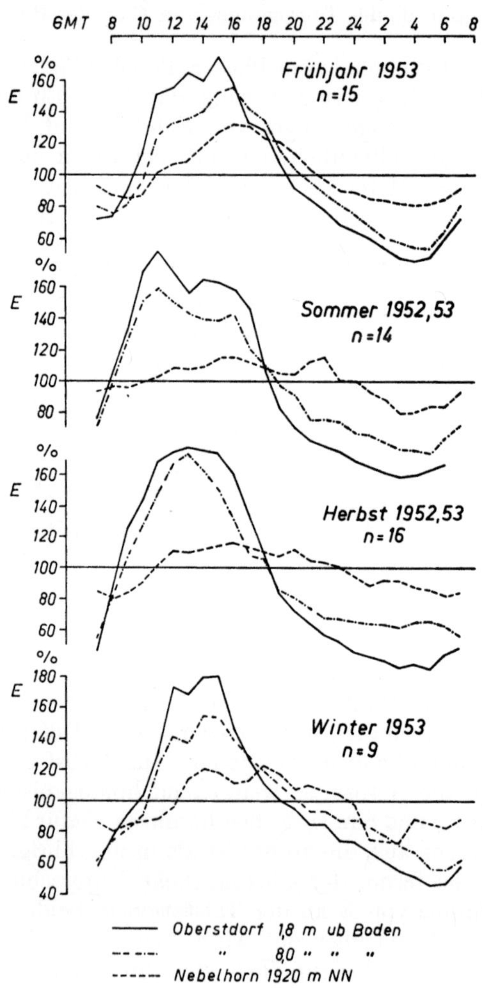

Abb. 33. Mittlerer Schönwetter-Tagesgang des Potentialgradienten an den Stationen Oberstdorf und Nebelhorn zu den verschiedenen Jahreszeiten (n = Anzahl der Einzeltage)

Talorte Bad Tölz und Oberstdorf eine Ausnahme im Verhalten von E gegenüber Flachlandstationen (vergl. Abb. 31: München und Fürstenfeldbruck) zu liefern.

Fassen wir nun auf Abb. 33 den Tagesgang von E an der Bergstation ins Auge, so fällt jeweils gegenüber den anderen beiden Kurven besonders seine kleine Amplitude auf. Das Maximum finden wir im Sommer und in den Übergangsjahreszeiten am Nachmittag, im Winter fällt das Hauptmaximum auf 18 GMT, ein Nebenmaximum auf 14 GMT. Der weltzeitliche Gang, wie wir ihn am Predigtstuhl so ausgeprägt erhalten haben, tritt also hier nicht so klar hervor. Die Ursache müssen wir in der durch die Hanglage der Station stark begünstigten Konvektion sehen, welche lokale Aerosolvariationen hervorruft und die Verschiebung des Tages-Maximums auf den Nachmittag und das mittägliche Nebenmaximum im Winter bewirkt. Details werden wir besser bei der Besprechung der ausführlicheren Untersuchungen im Wettersteingebirge behandeln.

Die ersten synoptisch-klimatischen Vergleiche der Tagesgänge von E an verschiedenen Stationen im Gebirge und abseits davon führen uns zu einer Reihe von Schlußfolgerungen, die übrigens auch z. T. für die Organisation der jüngeren intensiveren Untersuchungen im Wettersteingebirge maßgebend waren.

Es hat offenbar keinen Sinn, die Ergebnisse beliebiger Kontinentalstationen in Beziehung zu Ergebnissen aus polaren oder ozeanischen Gebieten zu setzen. Bereits auf engstem kontinentalem Raum lassen sich nämlich beträchtliche Unterschiede in Tagesgang-Typ und -Amplitude finden, die offenbar an das lokale, durch ortszeitliche Gänge charakterisierte und durch geographische Bedingungen gesteuerte meteorologische Geschehen gebunden sind. Wir müssen streng zwischen Stationen in der Ebene, im Tal, an Berghängen und auf Berggipfeln unterscheiden. Davon abgesehen gehen noch Höhe der Sonde über dem Boden, lokale Strömungsbedingungen usw. ein und dies um so weniger, je höher die Station über dem Talniveau liegt. Klarheit in die verwickelten luftelektrisch-meteorologischen Beziehungen läßt sich nur durch kontinuierliche Untersuchungen über sehr lange Zeiträume tragen, da ausgeprägte jahreszeitliche Abhängigkeiten bestehen, die sich an Stationen verschiedener geographischer Lage stark unterschiedlich, ja oft gegensätzlich auswirken. Weltweite Vergleiche lassen nur solche kontinentalen Registrierungen zu, die an Hochgebirgsgipfeln ausgeführt worden sind. Daraus erwächst die Forderung nach einem gut höhengestaffelten Netz von Registrierstationen mit Tal-, Hang- und hochgelegenen Gipfelstationen, an denen E und möglichst ein weiteres luftelektrisches Element sowie meteorologische Größen über lange Zeit registriert werden.

Hier seien noch einige Worte zum Sinn harmonischer Analysen von Tagesgängen luftelektrischer Elemente[1]) gesagt. Es muß zugegeben werden, daß die Struktur des Tagesganges von E, i, λ usw. zur Anwendung der Fourier-Analyse anregt. Ihre Aussage wird aber kaum zu wesentlichen

---

[1]) Fourieranalysen von E-Tagegängen wurden von H. Goldschmidt (1941) und T. Ogawa (1960a) ausgeführt.

Erkenntnissen führen. Schon allein die Tatsache, daß wir im Tagesgang keine streng periodische Funktion vor uns haben, spricht dagegen. Der über lange Zeit gemittelte Gang besteht ja aus vielen individuellen Gängen, die alle voneinander abweichen. Die harmonische Analyse liefert deshalb eine verbindliche Aussage nur in Bezug auf ihre Hauptvariationen, die aber auch ohne Analyse deutlich werden. Es wäre abwegig, die ortszeitlichen Störungen, z. B. solche, die durch Austausch ausgelöst sind, also am Tage nur über wenige Stunden hinweg wirksam werden, durch Oberwellen zum Ausdruck bringen zu wollen, da diese in den Nachtstunden, wo die Störung fehlt, nur wieder durch eine andere Oberwellengruppe zur Interferenz gebracht werden müssen. Ähnliches gilt für die Analyse der Gänge meteorologischer Größen und deren Vergleich mit denen luftelektrischer Elemente, wobei man sich stark vor trivialen Korrelationen zwischen periodischen Funktionen gleicher Phasenlänge in acht zu nehmen hat [vergl. R. REITER (1960 b)]. So hat z. B. die Doppelgipfeligkeit der Luftdruckkurve im ursächlichen Sinne nichts mit der Doppelgipfeligkeit der E-Kurven an Schönwettertagen auf der freien Ebene zu tun.

3.-0-0.2.1. Weltweite Vergleiche

Weltweite Vergleiche luftelektrischer Daten anzustellen gehörte nicht unmittelbar zum Arbeitsprogramm des Verfassers. Dessen ungeachtet soll in diesem Abschnitt eine kleine Gegenüberstellung von E-Tagesgängen gebracht werden, die an Stationen zwischen $118°W$ und $43°E$ registriert worden sind. Sie soll lediglich einen Anschluß unserer Zugspitz-Registrierungen an Registrierergebnisse von anderen Hochgebirgsgipfeln liefern. Folgende Stationen (siehe Abb. 34) wurden, von West nach Ost fortschreitend zum Vergleich herangezogen: White Mountain [G. F. SCHILLING und P. L. CHILDRESS (1954)], Jungfraujoch und Gornergrat [H. ISRAEL (1958 a)], Zugspitze [P. LAUTNER (1929)], Sonnblick [G. F. SCHILLING und P. L. CHILDRESS (1954)], Elbrus [P. J. PUDOWKINA (1954)] und zum Vergleich eigene Zugspitzergebnisse (siehe 3.-0.0.2.2.). Alle Tagesgänge sind auf gleiche Weltzeit synchronisiert.

Wie die Abbildung zeigt, liegen die Maxima der E-Gänge zwischen 15—17 GMT (Gornergrat, Zugspitze nach LAUTNER, Elbrus, Zugspitze im Frühjahr nach REITER) und 18—19 GMT (White Mountain, Jungfraujoch, Zugspitze im Winter nach REITER). Letzteres steht in Übereinstimmung mit den Gängen von E in polaren und ozeanischen Gebieten (siehe Abb. 32). Die Verschiebung des Maximums bei der erstgenannten Stationsgruppe dürfte mit Sicherheit auf ortszeitgebundene Austauschvorgänge zurückzuführen sein. Wir werden solche Prozesse an Hand unserer Ergebnisse noch eingehender besprechen. Das Minimum von E stellt sich einheitlich zwischen 03 und 05 GMT ein, ebenfalls in Übereinstimmung mit dem polaren und ozeanischen Gang.

Es kann festgestellt werden, daß sich die von uns gefundenen E-Tages-gänge an Station Zugspitze harmonisch in das Gesamtbild einordnen und das sowohl hinsichtlich Typ des Tagesganges, als auch seiner Amplitude und seiner Lage der Extrema relativ zur Weltzeit.

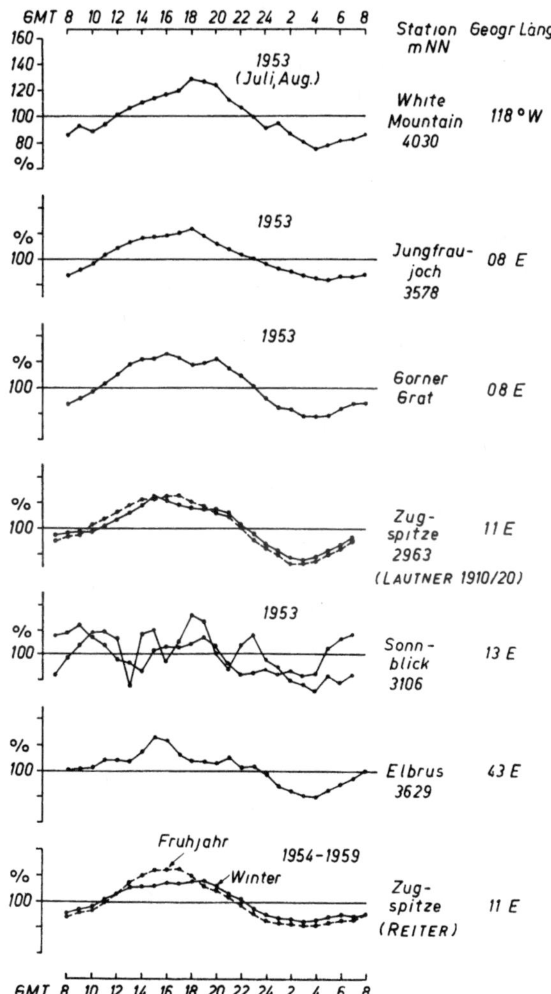

Abb. 34. Tagesgänge des Potentialgradienten an Bergstationen verschieden-ster geographischer Länge, bezogen auf Weltzeit, nach verschiedenen Autoren (an Station Sonnblick wurden alle Registriertage, nicht nur Schönwettertage verwendet, was sich sehr ungünstig auf das Ergebnis auswirkte)

Es darf ja übrigens als bekannt vorausgesetzt werden, daß die Steuerung des weltzeitlichen Tagesganges durch den Tagesgang der Gewitter-Tätigkeit auf der gesamten Erde erfolgt, welche ja das Potential zwischen Ionosphäre und Erde aufrecht erhält. Das wurde übrigens in jüngster Zeit durch den Vergleich zwischen Tagesgang niederfrequenter Atmospherics und dem ozeanischen Tagesgang von E durch R. E. HOLZER (1955) sehr eindrucksvoll bestätigt.

Die E-Kurven von Station Sonnblick müssen gesondert betrachtet werden. Wie die Autoren mitteilen, wurden alle Registrierstunden verwertet ohne also Rücksicht auf den Wetterzustand zu nehmen.

Das Ergebnis ist wenig befriedigend, denn die Variationen lassen keine weiteren Schlüsse zu. Dieses Beispiel zeigt, wie wichtig es ist, eine sorgfältige Auswahl von Schönwettertagen zu treffen. Ohne Berücksichtigung der meteorologischen Bedingungen erhält man keinen klaren Einblick in die luftelektrischen Vorgänge und Zustände.

3.-0.0.2.2. *Tagesgänge von E und i an den ständigen Stationen des Wetter-stein-Netzes unter Berücksichtigung der Jahreszeit*

Wir betrachten nun die über lange Registrier-Zeiträume gemittelten Tagesgänge von E und i getrennt für jede Station im Wettersteingebirge und aufgeschlüsselt nach Jahreszeiten mit Hilfe synoptisch-klimatischer Tafeln. Diese zeitliche Zusammenfassung von Daten ist erlaubt, weil sich im Laufe der Registrier-Jahre gezeigt hat, daß die jahreszeitlichen Variationen des Tagesganges von Jahr zu Jahr mit auffallend geringer Streuung regelmäßig wiederkehren.

Abb. 35 enthält die mittleren Tagesgänge für die 4 Jahreszeiten aus allen Schönwetterregistrierungen der betreffenden Station (Registrier-Jahre sind jeweils unter dem Stationsnamen vermerkt), Abb. 36 zum Vergleich die mittleren Tagesgänge während 4 individueller Monate aus jeweils einer Jahreszeit. Der Vergleich zeigt, daß kaum ein prinzipieller Unterschied zwischen monatlichem Tagesgang und zugehörigem gesamtjahreszeitlichen Gang besteht, die jahreszeitliche Datenzusammenfassung über lange Zeiträume also sicher gerechtfertigt ist[1]). Sie ist übrigens ein typisches Beispiel einer synoptisch-klimatischen Bearbeitung luftelektrischer Daten.

Die Betrachtung von Abb. 35 bzw. 36 lehrt uns:

a) *Der Typus des Tagesganges von E und i ist stark abhängig von der Stationshöhe und der orographischen Lage der Station,*

---

[1]) Vom Verfasser wurden in zwei Forschungsberichten die Tagesgänge der luftelektrischen Größen sämtlicher individueller Monate und individueller Jahreszeiten getrennt veröffentlicht, und zwar sowohl durch Angabe der stündlichen Zahlenwerte als auch durch graphische Darstellungen. Diese lassen natürlich noch eine bessere Beurteilung der Streuung zu als der Vergleich von Abb. 35 mit Abb. 36 [siehe R. REITER (1958b, 1960a)].

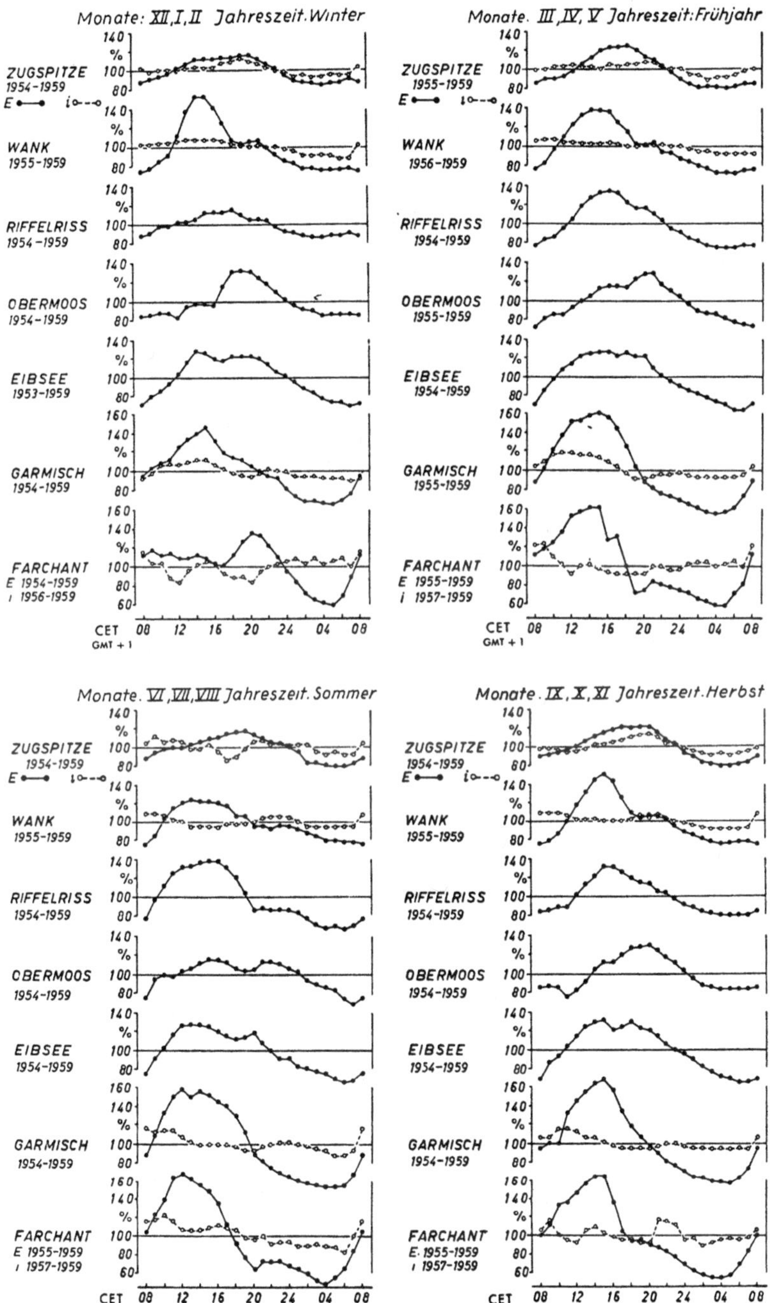

Abb. 35. Synoptisch-klimatische Tafel. Mittlere Tagesgänge von E und i an den Stationen des Netzes pro Jahreszeit, über mehrere Jahre zusammengefaßt

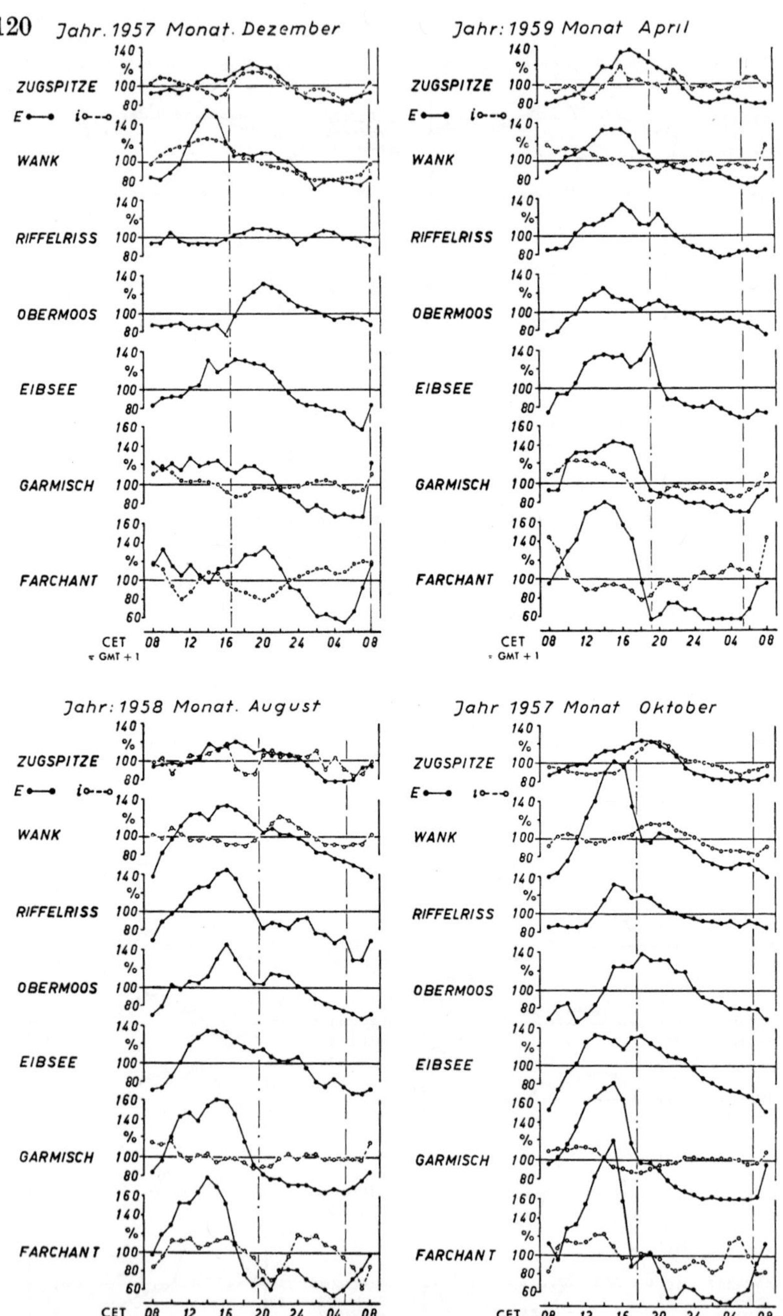

Abb. 36. Synoptisch-klimatische Tafel. Mittlere Tagesgänge von E und i an den Stationen des Netzes für vier individuelle Monate aus vier verschiedenen Jahreszeiten. Mittlere Zeit des Sonnenaufgangs: — — — —. Mittlere Zeit des Sonnenuntergangs: — · — · —

b) er unterliegt einer jahreszeitlich verankerten, zyklischen Verwandlung, die ihrerseits wiederum durch Stationshöhe und orographische Gegebenheiten bestimmt wird.

Daraus folgt, daß es keinen Sinn hat, so wie es früher üblich war, für eine Station einen generellen Tagesgang oder gar einen Gesamt-Mittelwert für ein luftelektrisches Element zu berechnen und Daten dieser Art, die von verschiedenen Stationen stammen, untereinander zu vergleichen. Es müssen unbedingt jahreszeitliche und orographische Einflüsse und ihr Zusammenwirken bekannt sein.

Weiter können wir aus Abb. 35 und 36 entnehmen:

An Gipfelstation Z finden wir einen Tagesgang von E, der in guter Übereinstimmung mit dem polaren bzw. ozeanischen Gang (siehe Abb. 32) steht, und zwar besonders ausgeprägt im Winter, in guter Annäherung auch in den übrigen Jahreszeiten. Dasselbe gilt für i an Z, jedoch nur im Winter und angenähert noch im Herbst, nicht mehr aber im Frühjahr und Sommer. In diesen Jahreszeiten, schwächer im Herbst, weicht die i-Kurve stark von der E-Kurve ab: es tritt eine „Spreizung" von E und i auf. Diese ist, was im nächsten Abschnitt noch näher zu begründen sein wird, eine Folge austauschbedingter Veränderungen der Luftleitfähigkeit λ. Das durch den Vertikalaustausch aus dem Tal hochgetragene Aerosol verschlechtert nämlich λ an der Gipfelstation so lange, bis schließlich die abendlichen Absinkprozesse zu einer Regenerierung von λ führen. Wir werden diese Vorgänge noch im einzelnen kennenlernen und analysieren. Jedenfalls zeigen Abb. 35 bzw. 36 besonders deutlich die jahreszeitliche Abhängigkeit dieses Vorganges.

Betrachten wir nun den Tagesgang von E und i im jahreszeitlichen Wandel an Station W, so stellen wir, im Vergleich mit den Gängen an Z, erhebliche Unterschiede fest. Von einer Annäherung an den weltzeitlichen Gang kann nicht mehr die Rede sein. Das Maximum von E spannt sich in allen Jahreszeiten über die Nachmittagsstunden aus. Während nun, im Vergleich mit E an der Zugspitze, am Wank die E-Kurve übermäßig aufgebeult ist, vermißt man am Wank am Nachmittag ein entsprechendes i-Minimum, das nur im Sommer und Herbst ganz schwach angedeutet ist. Im Winter finden wir am Nachmittag sogar ein flaches i-Maximum. Es ist bereits hier kaum in Zweifel zu ziehen, daß auch diese nachmittägliche Eigentümlichkeit der E- und i-Kurven an W eine Folge von vertikalen Austauschbewegungen ist (Jahresgang der Breite des E-Maximums!), wobei hervorzuheben ist, daß diese offenbar im Winter zwar W überspülen, aber Z nicht oder kaum merklich erreichen. Der Unterschied im Gangtypus von E und i zwischen Z- und W-Registrierung während Austausch kann, wie wir später noch nachweisen werden, auf Raumladungen zurückgeführt werden, die besonders im Niveau zwischen Z und W anzutreffen sind. Das soll Abb. 37 schematisch vor Augen führen.

Allein eine während Austausch auftretende, vorübergehende λ-Verminderung bewirkt an einer Gipfelstation (siehe 3.-0.0.2.3.) eine Spreizung von E und i nach Schema a. Lagern sich aber über der Station während Austausch zusätzlich positive Raumladungen, so erfahren sowohl E als auch i eine vorübergehende Verschiebung in positiver Richtung (Abb. 37 b, vergl. Abb. 35, Wank, Winter), solange die austauschbedingten Raumladungen vorhanden sind.

Die Hangstationen R, O und E zeigen ein sehr unterschiedliches Bild im E-Tagesgang, auf das wir in 3.-0.0.6. noch näher eingehen werden. Während im Sommer Station R dieselbe E-Aufbeulung liefert wie W, fehlt eine solche an Station R im Winter völlig. Station O bringt ein regel-

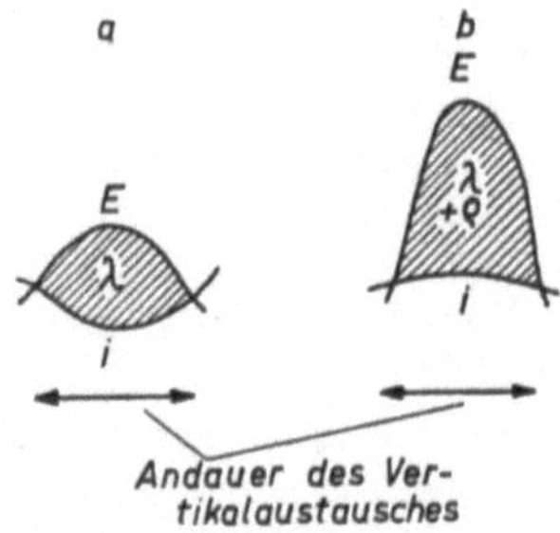

Abb. 37. a) Spreizung der E- und i-Kurve während Andauer des Vertikalaustausches in Folge einer vorübergehenden Verschlechterung der Luftleitfähigkeit λ. b) Aufbeulung der E- und i-Kurve während Andauer des Vertikalaustausches in Folge einer vorübergehenden Verschlechterung von λ aber gleichzeitig einer erhöhten positiven Raumladung ϱ

mäßiges E-Maximum am Abend, während andererseits die Gänge an Station E und R einander sehr ähnlich sind.

Besondere Beachtung verdienen die Kurven der Talstationen G und F. In erster Linie stellen wir fest, daß im Tal — wie an den Bergstationen auch — nur ein ein-gipfeliger Tagesgang in Erscheinung tritt und zwar in allen Jahreszeiten. Das steht in Übereinstimmung mit den Ergebnissen von Oberstdorf und Bad Tölz und bedeutet, daß, zumindest im Gebirge, im Sommer trotz Austausch die E-Kurve nicht eingesattelt ist, wie man es an Flachlandstationen zu sehen gewohnt ist. Damit ist, wie gesagt, offenbar die bisher für richtig angenommene Erklärung hinfällig, daß an niedrig gelegenen Stationen Austausch eine Einsattelung von E wegen Verdünnung des Aerosol bewirken müsse.

Während im Winter an Station F das E-Maximum erst am Abend eintritt, finden wir es in Garmisch am Nachmittag. Dieser Unterschied konnte noch nicht aufgeklärt werden, er zeigt aber, welche großen, regelmäßigen Abweichungen selbst an benachbarten Stationen beobachtet werden können.

Im Sommer steigt E an G und F am Vormittag steil an und erreicht mittags ein Maximum um schließlich, erst langsam, dann schnell zu fallen. Im Frühjahr und Herbst liegt das Maximum von E über dem Nachmittag, dem ein langsamer Anstieg vorausgeht. Ihm folgt ein Absturz, der, wie Abb. 36 (April, Oktober, G und F) zeigt, zum Sonnenuntergang hinführt. Diese Erscheinung wird uns später noch eingehender beschäftigen. Die i-Werte liegen an G und F am Vormittag relativ hoch und fallen dann laufend ab, noch während E ansteigt. Diese E, i-Spreizung spricht erneut für eine laufende Verschlechterung von λ im Laufe des Mittags und Nachmittags, jedoch bewirken Raumladungen zusätzliche Effekte, die wir erst später besser übersehen können.

Ganz allgemein wäre noch zu sagen, daß die stärksten Unterschiede im Verhalten von E und i von Station zu Station am Tage, die geringsten nachts auftreten. Das hebt ebenfalls die Bedeutung der ortszeitlich gebundenen turbulenten Durchmischung während Sonneneinstrahlung hervor. Die nächtlichen E-Minima liegen dagegen an allen Stationen über dem frühen Morgen. Beachtenswert ist, daß die i-Kurven an den Talstationen — im Gegensatz zu den Gipfelstationen — nicht unbedingt ein morgendliches Minimum erkennen lassen. Sehr wahrscheinlich dürfte es sich hier um die Auswirkung ganz bodennaher stabiler Temperaturschichtungen handeln, wir kommen darauf noch zurück. In den Darstellungen Abb. 36 sind die für die betreffenden Monate geltenden mittleren Sonnenuntergangs- und Aufgangs-Zeiten eingetragen.

Man erkennt deutlich, wie sehr diese Termine zeitliche Wendepunkte im jeweiligen für die Stationshöhe und -lage charakteristischen Kurvengang sind und wie, zwischen Sonnenauf- und Untergang eingespannt, das meteorologische Austauschgeschehen seinen Ausdruck im atmosphärisch-elektrischen Zustand und Ablauf findet. Gewiß vorhandene nächtliche Absinkbewegungen — zwischen Sonnenuntergang und -aufgang — sind offenbar von viel geringerem Einfluß.

3.-0.0.2.3. *Einiges über den funktionellen Zusammenhang zwischen den luftelektrischen Elementen*

Es wurde in der Einleitung schon gesagt, daß im Rahmen dieses Buches ausführlichere theoretische Ableitungen und Auswertungen nicht gebracht werden sollen und können, schon allein weil der vorgegebene Raum dies nicht zuließe. Zum Verständnis des Vorangegangenen und Folgenden sind jedoch einige wenige, summarische Andeutungen funktioneller Zusammenhänge von Nöten. Einzelheiten hierüber findet man in einschlägigen Lehrbüchern.

Zunächst müssen wir einige Größen definieren (vgl. Schema Abb. 38a):
Zwischen der positiv geladenen Ionosphären-Untergrenze und der negativ geladenen Erdoberfläche soll das elektrische Potential V bestehen, der Ab-

stand zwischen den beiden Begrenzungsflächen sei h. Die veränderliche Höhe über der Erdoberfläche sei durch z gegeben. Die Vertikalstromdichte i haben wir bereits eingeführt. Da wir sie hier als Vektor im Auge behalten müssen, wollen wir das durch einen Pfeil andeuten: $\left|\vec{i}\right| = i$. Unter dem vertikalen Säulenwiderstand R verstehen wir den Ohmschen Gesamtwiderstand einer senkrechten Luftsäule vom Einheitsquerschnitt zwischen den definierten Begrenzungsflächen. Der Teilwiderstand zwischen Erdoberfläche und einer geringen Höhe z sei mit dR bezeichnet. An einem Aufpunkt S nahe der Erdoberfläche werden elektrische Feldstärke $\vec{E}_s = -E_s$ (E wie bisher Potentialgradient), die Vertikalstromdichte $\vec{i}_s$ und die örtliche Leitfähigkeit λ_s gemessen.

Unter diesen Voraussetzungen gelten folgende Gleichungen:

$$\left|\vec{i}\right| = \frac{V}{R}\ [1]; \qquad R = \int_0^h \left(\frac{1}{\lambda_s}\right) dz\ [2]; \qquad V_s = \int_0^h \vec{E}_s\, dz\ [3]$$

$$\vec{i}_s = \lambda_s \cdot \vec{E}_s \qquad \text{(Ohmsches Gesetz).} \qquad [4]$$

Wir betrachten jetzt eine Reihe praktisch vorkommender Relationen zwischen den Größen

$$V,\ R,\ \vec{i},\ \vec{E}_s,\ \lambda_s.$$

Zunächst nehmen wir an, daß V, also das Gesamtpotential der Ionosphäre, eine Funktion der Zeit sei. Die Größen λ_s und R sollen zeitlich konstant sein. Wir fragen nach dem zeitlichen Verhalten der Vektoren $\vec{E}$ und $\vec{i}$. Gleichung [1] in Gleichung [4] eingesetzt und nach der Zeit differenziert (wir verwenden den Punkt über der Größe als Differentiationszeichen nach der Zeit) ergibt:

$$\dot{\vec{E}}_s = \frac{1}{R \cdot \lambda_s} \cdot \dot{V},$$

bzw.

$$\dot{\vec{i}}_s = \frac{1}{R} \cdot \dot{V}. \qquad [5]$$

Die Änderungen des Gesamtpotentials V bewirken den uns schon bekannten polaren bzw. ozeanischen Tagesgang von $\vec{E}$ und $\vec{i}$. Die zeitlichen Variationen von E und i sind dabei gleichphasig und von gleicher Amplitude. Zum selben Ergebnis gelangen wir, wenn wir uns über dem Aufpunkt eine Raumladungswolke mit zeitlich variabler Raumladungsdichte oder eine Fläche, belegt mit zeitlich variabler Flächendichte, angebracht denken (z. B. geladene Wolkenschichten).

Ein anderer häufig vorkommender Fall ist folgender: V und R seien zeitlich konstant. Im Niveau des Aufpunktes wird der Betrag von λ_s in einer, zu z senkrechten, ebenen und sehr ausgedehnten Schicht zeitlich verändert (punktierter Bereich in Abb. 38a). Wie verhalten sich $\vec{E_s}$ und $\vec{i}$? Bedingungsgemäß ist dabei die Veränderung von λ_s so ausgeführt zu denken (z. B. durch Beschränkung auf eine, verglichen mit h sehr geringe Schichtdicke), daß sich der Gesamtwiderstand R nicht oder nur geringfügig ändert. Aus Gründen der Kontinuität bleibt im Hinblick auf [1] die Stromdichte i zeitlich konstant, also

$$\dot{\vec{i}} = 0.$$

Für die zeitliche Änderung von $\vec{E_s}$ erhalten wir:

$$\dot{\vec{E_s}} = \frac{V}{R} \frac{d\left(\frac{1}{\lambda_s}\right)}{dt}. \qquad [6]$$

Die zeitlichen Variationen der elektrischen Feldstärke am Aufpunkt sind also bei konstanter Stromdichte den zeitlichen Änderungen der Leitfähigkeit indirekt proportional. Dies gilt aber nur dann, wenn λ sich in so kurzer Zeit

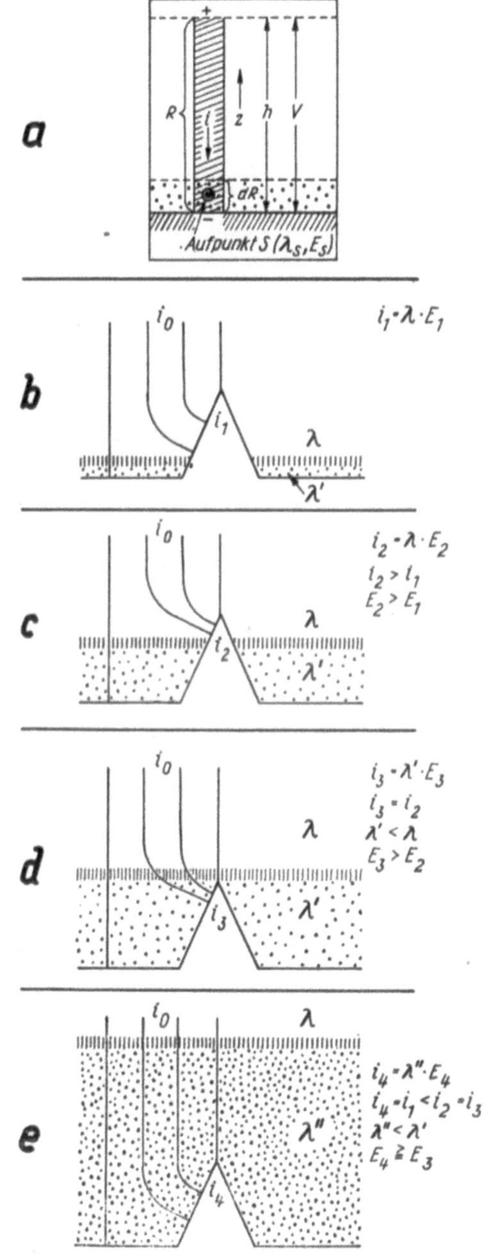

Abb. 38. Schemata zur Ableitung der Beziehungen zwischen den luftelektrischen Größen (siehe Text)

ändert, daß V im gleichen Zeitintervall keine nennenswerte Änderung erfährt. Ist das nicht der Fall, so muß gesetzt werden:

$$\dot{\vec{E}}_s = \frac{\dot{V}}{R}\,\frac{d\left(\frac{1}{\lambda_s}\right)}{dt} = \dot{\vec{i}}\,\frac{d\left(\frac{1}{\lambda_s}\right)}{dt}\,. \qquad [7]$$

Ob und inwieweit in unserem letzteren Falle eine zeitliche Änderung von $\vec{E}_s$ nur auf einer λ_s-Änderungen, nur auf einer $\vec{i}_s$-Änderung oder auf einer Änderung beider Größen beruht, muß durch Messung von $\vec{i}_s$ oder λ_s zusätzlich zu $\vec{E}_s$ entschieden werden.

Auf jeden Fall haben wir nun folgendes „Kurvenbild" von $\vec{E}_s$ und $\vec{i}_s$: Wird in der in Abb. 38a definierten dünnen, sehr ausgedehnten Schicht λ_s laufend schlechter, so erhält man einen Anstieg von $\vec{E}_s$, während entweder $\vec{i}_s$ konstant bleibt, oder den ozeanischen Gang erkennen läßt. Hier treffen wir also bereits auf das Phänomen der E, i-Spreizung als Folge einer λ-Verschlechterung.

Ein anderer Fall, nämlich daß λ_s und V konstant bleiben, sich aber nur R ändert, ist selten und führt zu dem Ergebnis:

$$\dot{\vec{E}}_s = -\frac{V}{R^2\,\lambda_s}\,\dot{R}\,. \qquad [8]$$

In der Regel sind V, λ_s und R Funktionen der Zeit, was das Bild praktisch recht kompliziert macht.

Hier sei [siehe z. B. E. v. Kilinsky (1958)] noch darauf hingewiesen, daß R aus folgender Gleichung berechnet werden kann:

$$R = c \cdot \frac{1}{\lambda_s}\,\frac{\vec{E}_{oz}}{\vec{E}_s} \qquad [9]$$

($\vec{E}_{oz}$ ist die zeitlich E_s zugeordnete ozeanische Feldstärke),

wobei $c = V/\vec{E}_{oz}$ eine von der Zeit unabhängige Konstante ist.

Die Anwendung dieser Gleichung ist nicht ganz unproblematisch, da Voraussetzung ist, daß $\vec{E}_s$ und λ_s repräsentative Werte darstellen und nicht durch lokale Einflüsse verändert sind.

Wir wollen jetzt von der weit ausgedehnten Schicht geringerer Leitfähigkeit in Abb. 38a abgehen und kleine Luftzellen betrachten, deren Leitfähigkeiten sich stark von der des umgebenden Luftraumes unterscheiden. Ist die Luftleitfähigkeit in einer solchen Zelle kleiner als die der Umgebung, so werden Strömungslinien aus der Zelle herausgedrängt und umgekehrt. Die schlecht leitende Zelle wird also bis zu einem gewissen

Grad vom Leitungsstrom umgangen. Das führt nach [4] — wenn wir wieder von zeitlichen Änderungen der Größen R und V absehen wollen — sowohl zu einem Absinken von i als auch zu einem Ansteigen von E in der Zelle, wobei in Grenzfällen die gesamte λ-Änderung durch i aber auch durch E aufgefangen werden kann. Eine mathematische Behandlung würde hier zu weit führen und dabei nicht sehr fruchtbar sein, da zu viele (vor allem geometrische) Nebenbedingungen ad hoc angenommen werden müßten. Immerhin haben wir es auch hier mit E, i-Spreizungen auf Grund von λ-Änderungen zu tun.

Einen weiteren Fall müssen wir an Hand Abb. 38b—e besprechen[1]). Wir nehmen einen aus einer Ebene herausragenden Bergrücken an. Auf der Ebene läge eine dünne Luftschicht mit hohem Kerngehalt und deshalb geringer Leitfähigkeit $\lambda' < \lambda$. An der Bergspitze, die diese Luftschicht weit durchstößt, wird eine örtliche Stromdichte i_1 gemessen, in der freien Atmosphäre finden wir die Leitungsstromdichte i_0. Die schlecht leitende Schicht soll nun dicker werden und sich mit ihrer Oberfläche der Bergspitze nähern (38c). Dadurch werden Strömungslinien zur Bergspitze abgedrängt, es gilt $i_2 > i_1$ und $E_2 > E_1$. Nun soll die Bergspitze unter der Obergrenze der schlecht leitenden Schicht untertauchen (38d). Dabei ändert sich i an der Bergspitze zunächst wenig, jedoch nimmt E zu, da λ stark zurückgeht ($\lambda \to \lambda'$). Nun soll die Schicht noch dicker werden (38e) und die Leitfähigkeit dabei weiter sinken ($\lambda' \to \lambda''$). Mit wachsender Entfernung der Schichtobergrenze von der Bergspitze sinkt an ihr der Wert von i (z. B. auf $i_4 = i_1$). Je nach dem Ausmaß der λ-Abnahme bleibt E entweder etwa konstant oder steigt an. Mit diesem Modell können wir das Verhalten von E und i an Bergstationen, wie wir es in 3.0.0.2.2. kennengelernt haben, verstehen, wenn sie in die steigende Austauschschicht geraten (oder in eine hochsteigende Inversionsgrenze): zunächst steigen E und i, dann fällt i ab, E steigt leicht weiter, E und i spreizen sich also voneinander ab. Den umgekehrten Verlauf finden wir bei absinkender Austausch- oder Inversionsschicht. Wir werden bei der Behandlung des Föhns auf dieses Modell zurückkommen.

Zuletzt ist noch auf eine weitere, sehr wichtige Erscheinung einzugehen, die leider die Verhältnisse recht kompliziert. Überall dort, wo sich die elektrische Leitfähigkeit als Funktion der Ortskoordinaten ändert, bilden sich elektrische Raumladungen (ϱ = Raumladungsdichte) aus.

Aus den Gleichungen:

$$\operatorname{div} \vec{\imath} = 0 \quad [10]^2); \qquad \vec{\imath} = \lambda \vec{E} \quad [4]; \qquad \varepsilon_0 \cdot \operatorname{div} \vec{E} = \varrho \quad [11]$$

---

[1]) In einer vom Verfasser angeregten Diplomarbeit [H. Rabich (1959)] wurden die mathematischen Grundlagen für die numerische Erfassung des Modells abgeleitet und vorbereitet.

[2]) Dieser Ansatz gilt für stationäre Verhältnisse. Im nichtstationären Fall wäre zu setzen:

$$\operatorname{div} \vec{\imath} = -\dot{\varrho}.$$

und

$$E = -\operatorname{grad} \vec{E} \qquad [12]$$

läßt sich ableiten:

$$\vec{E} \cdot \operatorname{grad} \lambda = \lambda \varrho \, \frac{1}{\varepsilon_0}. \qquad [13]$$

Dieser Ausdruck gestattet, die Raumladungsdichte ϱ zu berechnen, wenn der — im allgemeinen Fall räumliche — Gradient von λ bekannt ist. Ohne übergroßen Aufwand läßt sich die Raumladungsdichte nur berechnen, wenn man mit einer eindimensionalen Abhängigkeit von λ auskommen kann. In der Regel wird sich λ mit z ändern, worauf wir noch mehrfach zurückkommen werden. Führen wir diese Vereinfachung durch, so erhalten wir

$$\varrho = \frac{\varepsilon_0}{\lambda} \left(\vec{E}, \, \frac{d\lambda}{dz} \right) \qquad [14]$$

oder wenn wir annehmen dürfen, daß E und $d\lambda/dz$ gleiche Richtung im Raum haben:

$$\varrho = \vec{i} \, \frac{\varepsilon_0}{\lambda^2} \, \frac{d\lambda}{dz}. \qquad [15]$$

D. h. bei Schönwetterstrom (aus der Luft zur Erde gerichtet) und mit der Höhe z abnehmender Leitfähigkeit stellt sich positive Raumladung ein. Mit Hilfe dieser Gleichung hat der Verfasser die vertikale Raumladungsverteilung aus i, λ und $d\lambda/dz$ [R. Reiter (1955 c)] für den Fall einer mittleren Durchmischung der unteren Atmosphäre berechnet. Die Gleichung ist recht universell verwendbar und wurde z. B. von J. A. Chalmers (1957 c) übernommen, um die elektrischen Ladungen an Wolkenuntergrenzen zu berechnen. Wir werden noch mehrfach von ihr Gebrauch machen.

3.-0.0.3. Spezielle Untersuchungen am Zugspitzplatt

3.-0.0.3.0. Synopsis der Tagesgänge an 9 Stationen

Durch die vorübergehende Errichtung der Stationen Zugspitzplatt (P) und Schneefernerhaus (S) — siehe 2.-0.1. und 2.-1.2. — wurde die relativ große Lücke in der Höhenskala zwischen den Stationen W und Z aufgefüllt. In Abb. 39 sind die Schönwetter-Tagesgänge der registrierten luftelektrischen Größen an den 9 Stationen, und zwar gemittelt über die gesamte Dauer der Hochgebirgsexkursion, aufgetragen.

Die Stationen F, G, E, O, R, W und Z liefern Gänge von E bzw. E und i, wie sie uns schon aus 3.–0.0.2.2. für sommerliche Bedingungen bekannt sind. Die Kurven von P und S fügen sich harmonisch in das Gesamtbild. Die E-Gänge an Z und S stimmen praktisch miteinander überein. Die Spreizung zwischen E und i setzt an P früher ein als an Z, aber deutlich später als an W.

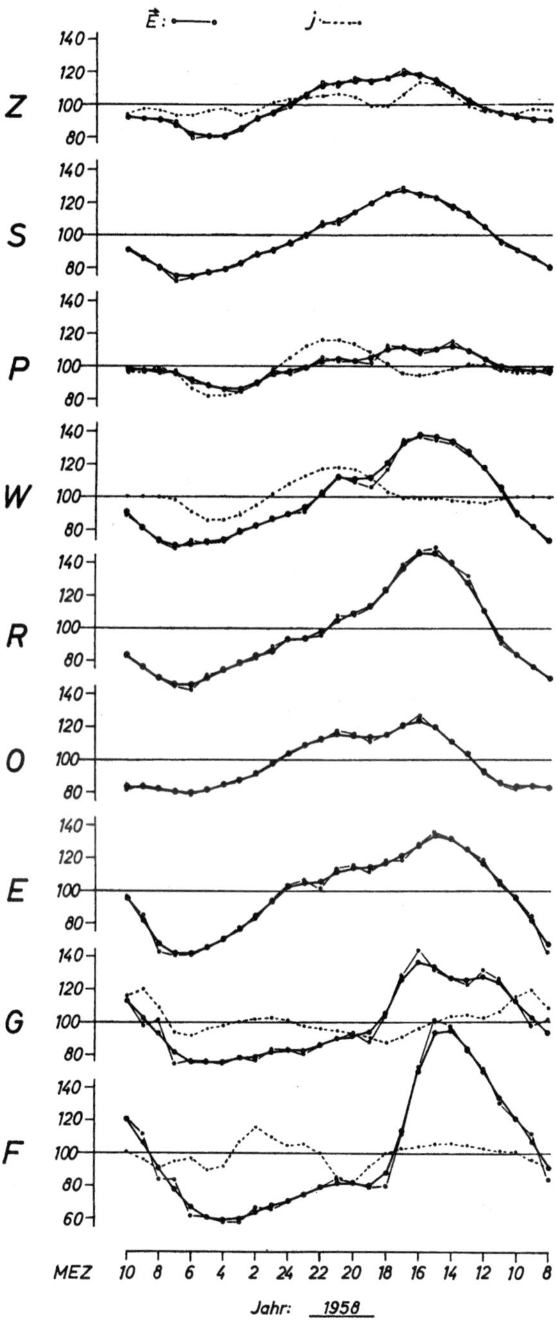

Abb. 39. Synoptisch-klimatische Tafel. Schönwetter-Tagesmittelwerte an den 9 Stationen des Netzes während der Exkursion Sommer/Herbst 1958 auf das Zugspitzplatt. Punktiert: Vertikalstromdichte i. Ausgezogen: Potentialgradient E

was durch das allmähliche Hochsteigen der Austausch-Obergrenze leicht
verständlich wird. Interessant ist der Vergleich der Gänge zwischen P und W.
Die i-Variationen gehen miteinander sehr gut parallel, jedoch ist das nachmittägliche i-Minimum an P stärker ausgeprägt als an W, während umgekehrt
das gleichzeitige E-Maximum an P niedriger ist als an W (oder auch R).

Mit Rücksicht auf Abb. 37 darf angenommen werden, daß die über W
lagernde Raumladungsdichte größer ist als jene über P oder Z.

*Die Synopsis auf Grund Abb. 39 zeigt außerdem, daß eine Station auf
einem exponierten Gipfel (Z) dieselben Ergebnisse liefert wie eine auf einer
Hochfläche (P). Die lokale Gipfelstruktur hat also keinen merklichen Einfluß auf das Ergebnis luftelektrischer Untersuchungen, wenigstens in dem
hier betrachteten Fall.*

3.-0.0.3.1. *Tagesgang von Windgeschwindigkeit und Kleinionendichte*

In Abb. 40 wird der mittlere prozentuale Tagesgang der positiven und
negativen Kleinionendichte mit dem mittleren täglichen Gang der Wind-

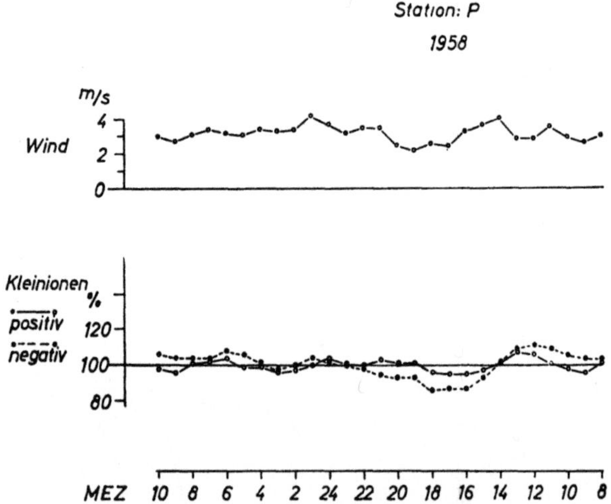

Abb. 40. Vergleich zwischen Windgeschwindigkeit und positiver sowie negativer Kleinionendichte an Station Zugspitzplatt Sommer/Herbst 1958

geschwindigkeit (Stundenmittelwerte) bei Schönwetter verglichen. Es
läßt sich keine eindeutige Beziehung zwischen den beiden Kurven feststellen, was für spätere Betrachtungen von Wert sein wird. Man kann
lediglich sagen, daß dem austauschbedingten nachmittäglichen Wind-
maximum ein Absinken der beiden Kleinionendichten folgt und daß die

Zunahme der Windgeschwindigkeit von ca. 2,5 auf 4 m/s am Abend von einem schwachen Anstieg vor allem der negativen Kleinionendichte begleitet ist, die in der Austausch-Schicht (16—18 MEZ) am stärksten erniedrigt war.

3.-0.0.3.2. *Einfluß des vertikalen Austausches auf Potentialgradient, Leitungsstromdichte, Luftleitfähigkeit, Kleinionendichte, Kondensationskerndichte und meteorologische Größen*

Abb. 41 gibt eine vollständige graphische Darstellung aller luftelektrischen und meteorologischen Größen, die während Schönwetter an Station Zugspitzplatt zwischen 08 und 20 MEZ gemessen bzw. registriert wurden.

Wir erkennen deutlich die Spreizung von E und i, die um 12.00 MEZ einsetzt und um 16.00 MEZ ihr Maximum erreicht. Zur gleichen Zeit weisen n_+ und n_- ausgeprägte Minima auf. Ebenfalls ein Minimum erreicht in der gleichen Zeit der Wert Λ, das ist die aus E und i errechnete totale elektrische Leitfähigkeit der Luft in relativen Einheiten. Die Kondensationskerndichte N beginnt schon mit dem Eintreffen der allerersten Luftpakete aus dem Tal zu steigen (08 MEZ) und erreicht am späten Nachmittag ihr Maximum. Die Kondensationskerndichte geht allerdings nach Absinken der Austauschschicht unter das Stationsniveau nicht sofort auf den Wert zurück, der am Morgen gemessen worden war.

Sehr auffallend ist das Verhalten von E, i, n_+ und n_- beim Eintreffen der eigentlichen Obergrenze der Austauschschicht an der Station[1]): Obwohl die Kondensationskerndichte laufend zunimmt, steigen n_+, n_- und i (aber auch, was verständlicher ist, E) laufend an. Ein Anstieg von E und i während der Passage der Austausch- und Dunst-Obergrenze (Abb. 60a) und während einer λ-Verschlechterung ist auf Grund unseres Modells in Abb. 38c, d verständlich. Eine gleichzeitige Zunahme der Kleinionendichte weist aber eindringlich auf eine Zunahme der Ionisationsstärke hin, die sogar eine laufende Steigerung der Anlagerungsgeschwindigkeit der Kleinionen an die neu herangeführten Kondensationskerne überkompensiert. Das kann nur durch einen vorübergehenden Anstieg der natürlichen Luftradioaktivität an der Bergstation in der Dunstgrenze erklärt werden, wie er auch tatsächlich gemessen worden ist, doch davon erst später. Die Zunahme von n_+ und n_- bewirkt auch eine Verbesserung oder zunächst Gleicherhaltung von λ (entgegen dem Anstieg von N) und verstärkt den i-Anstieg.

Wir betrachten außerdem das Verhältnis n_+/n_- und stellen fest, daß die austauschbedingte Schwankungsbreite von n_- wesentlich größer ist

---

[1]) Siehe Abb. 60a: Die Austauschobergrenze liegt gerade im Niveau der Station P.

als die von n_+ (es sind in Abb. 41 die prozentualen stündlichen Werte von n_+, n_- eingetragen, wobei der Gesamt-Tagesmittelwert als Basis $= 100\%$ gesetzt ist) und daß das Verhältnis n_+/n_- im Austausch laufend ansteigt, insbesonders nachdem der Austausch die Station überspült hat. Am späten Abend hat das Ionenverhältnis die umgekehrte Tendenz

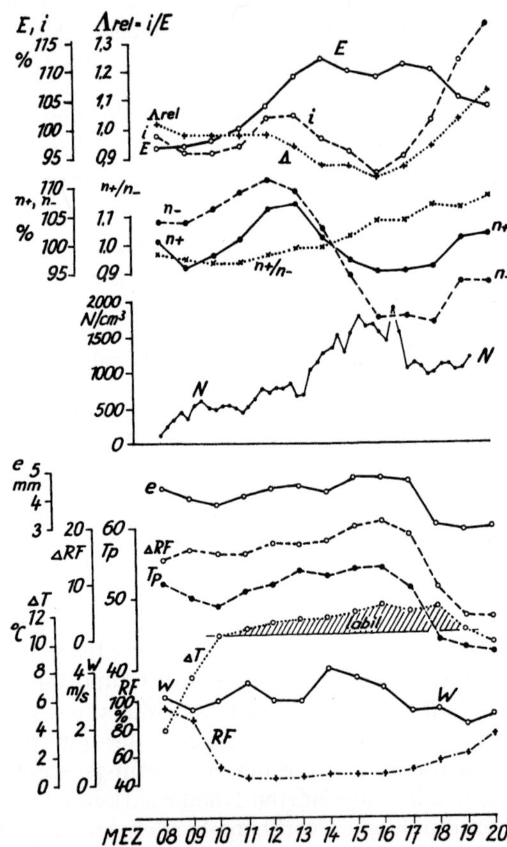

Abb. 41. Mittlerer Tagesverlauf aller während Schönwetter an Station Zugspitzplatt gemessenen oder registrierten meteorologischen und luftelektrischen Elemente

(vergl. Abb. 40). Es darf wohl in diesem typisch austauschbedingten Gang von n_+/n_- wiederum ein Hinweis auf die Ansammlung von positiven Raumladungen in der Austauschobergrenze als Folge des vertikalen λ-Gradienten gesehen werden. Aus den Kurvengängen folgt aber bei näherer Betrachtung, daß dieser Raumladungseinfluß an Station P geringer ist als an W.

Schließlich beziehen wir die in Abb. 41 aufgetragenen meteorologischen Größen in unsere Betrachtung ein. Dampfdruck e, potentielle Äquivalenttemperatur T_p und Temperaturdifferenz Garmisch-Station P (ΔT) lassen während der Zeit des stärksten Vertikalaustausches eine Aufbeulung erkennen, die Windgeschwindigkeit W ist leicht erhöht, die relative Feuchte RF vermindert. Es sei vorweggenommen (Näheres siehe 3.-0.0.4.), daß sich nach den gewonnenen Erfahrungen die potentielle Äquivalenttemperatur offenbar am besten dazu eignet, um an Gipfelstationen als Maß für die Stärke des vertikalen Austausches zu dienen. Luftelektrische Größen und Aerosolkonstitution lassen sich deshalb in sinnvolle Beziehung zur poten-

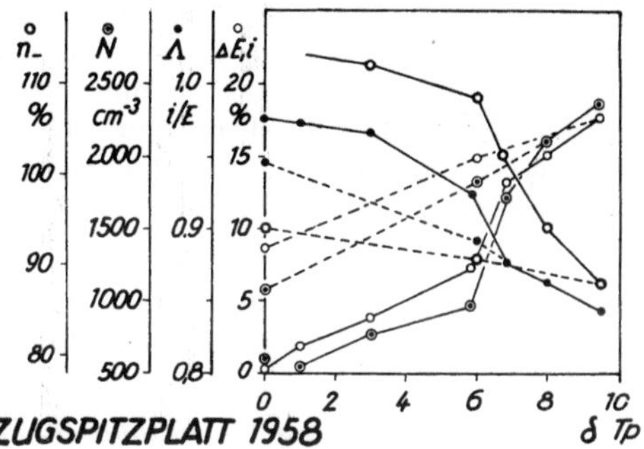

Abb. 42. E-, i-Spreizung (ΔE, i), abgeleitete Luftleitfähigkeit (Λ), negative Kleinionendichte n_- und Kondensationskerndichte N als Funktion von $\delta\,T_p$ (überschießender Betrag der potentiellen Äquivalenttemperatur während Austausch)

tiellen Äquivalenttemperatur bringen. Das soll Abb. 42 vor Augen führen. Sie enthält in der Abszisse $\delta\,T_p$-Werte, die folgendermaßen gewonnen sind: Man verbindet in Abb. 41 den T_p-Punkt bei Austauschbeginn (10 MEZ) und Austauschende (18 MEZ) durch eine Gerade. Zwischen diesen Marken zieht man durch jeden T_p-Punkt ordinatenparallele Linien bis zum Schnitt der oben definierten Geraden. Die Länge der Stücke zwischen diesem Schnittpunkt und dem zugehörigen T_p-Wert wird als $\delta\,T_p$ definiert. Trägt man gegen diese $\delta\,T_p$-Werte die zugehörigen Werte von N, n (hier der Einfachheit nur n_- genommen), Λ und die jeweilige Differenz zwischen E und i ($\Delta\,E$, i in Prozenten als Maß für die „Spreizung") auf, so erhält man die Diagramme von Abb. 42, wobei die ausgezogenen Linien zunehmende, die gestrichelten abnehmende Austauschintensität bedeuten. In Abb. 42 sind also 4 Funktionen dargestellt:

1) ΔE, $i = f\,(\delta\,T_p)$; 2) $\Lambda = f\,(\delta\,T_p)$; 3) $N = f\,(\delta\,T_p)$; 4) $n_- = f\,(\delta\,T_p)$.

Wir sehen, daß die Funktionen 1) und 3) streng parallel zueinander verlaufen. Das bedeutet, daß wir auf die angegebene Weise wirklich die Bezie-

hung zwischen Austausch und luftelektrischem Zustand erfaßt haben. Auch zeigt sich, daß mit Hilfe des T_p-Wertes der Grad der Heftigkeit des Austausches in befriedigender Weise erfaßt wird.

Wie zu erwarten ist, verlaufen die Funktionen 1) und 2) zueinander invers, ebenso 1) und 4), während 2) und 4) parallel gehen.

Interessant ist, daß alle Funktionen eine starke Hysterese zeigen, d. h. die Kurvenäste für steigende Austauschintensität und fallende Austauschintensität decken sich nicht, sie schließen ein gewisses Flächenstück ein.

Das mag daher kommen, daß der Austausch am Mittag und Nachmittag heftig und stürmisch vor sich geht, das Absinken jedoch zögernd und langsam im Laufe der Nacht. Dabei spielen außerdem noch lokale Sogeffekte an den durch Ausstrahlung unterkühlten oder durch Sonneneinstrahlung erhitzten Hangflächen eine große Rolle. Der Rücktransport des am Tage hochgeschleuderten Aerosols kann sich somit auf ganz anderen Wegen vollziehen als der Hochtransport. All das wird zu der Verzögerung in der Normalisierung der verschiedenen Elemente beitragen.

Die nächsten beiden Abschnitte werden die oben zusammengetragenen Ergebnisse der Zugspitzplatt-Exkursion ergänzen und stützen.

3.-0.0.4. Vergleich der Tagesgänge von Potentialgradient, Leitungsstromdichte, Kleinionendichte, Luftleitfähigkeit, Raumladungsdichte und vertikalem Säulenwiderstand mit den Tagesgängen meteorologischer Größen, getrennt nach Jahreszeiten und Stationen

Im folgenden Abschnitt beschränken wir uns auf jene Stationen, an denen E und i registriert worden sind. So wie nun R. E. HOLZER (1955) aus seinen λ- und E-Registrierungen mit Hilfe der Gleichung $i = \lambda \cdot E$ den Wert von i berechnete, so rechneten wir mit Hilfe der E- und i-Registrierungen den Gang von λ aus. Hierbei konnten auch Relativwerte der Größen E und i benutzt werden, denn es kam ja nur darauf an, aus langzeitlichen mittler(n Tagesgängen von E und i den langzeitlichen Gang von λ zu berechnen. Da nun außerdem für jede Station ein absoluter Mittelwert von λ aus sehr vielen Einzelmessungen (siehe 3.-0.0.5.) zur Verfügung stand, konnte dieser zusammen mit E/i dazu dienen, den täglichen Gang von λ in absoluten Einheiten auszudrücken. Da es aber nicht möglich war, aus den gemessenen λ-Werten auf repräsentative Weise jahreszeitliche Mittel abzuleiten, geben die errechneten λ-Werte zwar den von Jahreszeit zu Jahreszeit sich verändernden Typus des Tagesganges richtig wieder (aus den Tagesgängen von E und i), nicht aber den von Jahreszeit zu Jahreszeit schwankenden mittleren Pegel der Leitfähigkeit (= Tagesmittelwert pro Jahreszeit). Da nun die errechneten λ-Gänge dazu dienten, die Gänge der Raumladungsdichte, des Säulenwiderstandes usw. abzuleiten, so gilt für diese sekundären Größen dasselbe: sie geben die jahreszeitliche Gebundenheit des Typus im Tagesgang richtig wieder, jedoch sind die jahreszeitlichen Grund-Pegel-Schwankungen nivelliert. Dieser kleine Nachteil kann in Kauf genommen werden, da es ja in erster Linie darauf ankommt, den Typus des Tagesganges der verschiedenen Elemente und abgeleiteten Größen in den verschiedenen atmosphärischen Stockwerken zu verstehen und mit den meteorologischen Gegebenheiten in sinnvolle Beziehung zu bringen.

Nachfolgende Übersicht stellt die errechneten Tagesgänge zusammen:

Station	berechnet
Zugspitze	Leitfähigkeit λ, Säulenwiderstand R_Z über Z
Wank	Leitfähigkeit λ, Säulenwiderstand R_W über W, mittlere Raumladungsdichte ϱ zwischen Z und W
Garmisch	Leitfähigkeit λ, Säulenwiderstand R_G über G

Zur Berechnung der Raumladungsdichte diente Formel (14) auf Seite 128, die Säulenwiderstände[1]) wurden aus Formel (9), Seite 126 errechnet. In Gleichung (9) wurden a) die prozentualen stündlichen Werte von E über dem Ozean (E_{oz}) [Mittelwerte, entnommen aus R. E. HOLZER (1955)] und b) gleichzeitig an unserer Station (E_s, selbstverständlich auf gleiche GMT bezogen), sowie c) die stündlichen absoluten Werte von λ an der betreffenden Station und d) die Konstante k eingesetzt. Ihr Zahlenwert wurde zu $3 \cdot 10^5$ angenommen. Dieser Annahme liegen zu Grunde: a) Das Ionosphärenpotential soll nach H. ISRAEL (1952a) 250—350 kV betragen, H.-J. FISCHER (1962) erhielt bei seinen Radiosondenaufstiegen 282 kV; R. E. HOLZER (1955) bestätigt den Wert von O. H. GISH (1939) mit 300 kV. Es kann deshalb dieser Potentialwert als mit großer Wahrscheinlichkeit gültig angesehen werden. b) Der mittlere Potentialgradient über dem Ozean beträgt nach H. ISRAEL (1952a) 126 V/m, die von R. E. HOLZER (siehe G. F. SCHILLING und P. L. CHILDRESS (1954)] gemessenen Werte liegen zwischen 80 und 100 V/m. Es schien deshalb angebracht, mit einem Mittelwert von 100 V/m zu rechnen.

Abb. 43 zeigt die mittleren Tagesgänge der luftelektrischen Größen an Station Zugspitze für die vier Jahreszeiten (aus den Jahren 1954—1959, jeweils einschließlich). Die Gänge von E und i für sich allein haben wir bereits in 3.0.0.2.2. betrachtet. An Hand von Abb. 43-45 stellen wir fest, daß der Tagesgangtyp von λ an Z stark an die Jahreszeit gebunden ist. Dieser

---

[1]) Für Station Wank wurde der Säulenwiderstand aus den Registriergrößen nur für Sommer berechnet, und zwar wegen der in dieser Jahreszeit relativ niedrigen Raumladungsdichte, welche ja den E-Gang in den übrigen Jahreszeiten stark beeinflußt.

Zugspitze
Winter
Frühjahr
Sommer
Herbst
MEZ
λ
Rz
E
Eoz
i
e
mm
ΔT
°C
Tp

Einfluß der Jahreszeit auf den täglichen λ-Gang ist an Station W bereits schwächer und an Station G kaum noch stark ausgeprägt. Ganz entsprechendes gilt für den Säulenwiderstand über Z bzw. G.

Wir ersehen daraus, daß die jahreszeitliche Variation von Stärke und Gipfelhöhe des meteorologischen Vertikalaustausches am stärksten an der höchstgelegenen Gipfelstation im Verhalten der luftelektrischen Größen zum Ausdruck kommt.

Das sommerliche spätnachmittägliche Maximum von R_z und λ an Z weist darüber hinaus eindringlich genug auf die Bindung an das Austauschgeschehen hin. Suchen wir nun nach dem Partner auf der Seite der meteorologischen Elemente, der am besten mit den jahreszeitlichen und täglichen Schwankungen von λ und R koinzidiert, so finden wir, daß die vertikale Temperaturdifferenz ΔT zwischen Gipfelstation und Talstation[1] weit weniger in Frage kommt als Dampfdruck e und potentielle Äquivalenttemperatur T_p. Genauere Untersuchungen, auf die hier nicht näher eingegangen sei, zeigten, daß außerdem noch der stündliche T_p-Wert dem stündlichen e-Wert überlegen ist. Vergleichen wir in Abb. 43 die T_p-Gänge mit den λ- und R-Gängen, so stellen wir folgendes, für eine Station in 3000 m NN gültiges fest (Station Z):

a) *Im Winter ist (im Gegensatz zu ΔT) die Amplitude von T_p und e zu vernachlässigen, ein schwacher Gang von λ und R bleibt erhalten. Das bedeutet: es besteht (auf Grund von T_p und e) kein Massenaustausch zwischen Tal und Gipfel. Da nun aber trotzdem ein täglicher λ- und R-Gang gesichert ist, so muß angenommen werden, daß durch Sonneneinstrahlung Kerne gebildet werden, die im Laufe der Nacht wieder verschwinden. Der Bildungsprozeß scheint außerdem schneller zu gehen (λ-Abfall steiler als Anstieg) als die Auflösung oder der Abtransport der Kerne.*

Diese Feststellung würde in guter Übereinstimmung mit der Annahme von Ch. Junge (1952a, siehe auch 1952b) stehen, daß Konden-

---

[1] Zwar ist die vertikale Temperaturdifferenz maßgebend für den thermodynamischen Auftrieb (Thermik) an sich, sie sagt aber nichts Verbindliches darüber aus, ob die durch Thermik im Aufsteigen befindliche Luftmasse aus dem Tal an der Hochstation bereits eingetroffen ist oder nicht. Nicht brauchbar für unsere Betrachtungen sind auch primäre meteorologische Elemente wie Temperatur oder relative Feuchte für sich allein. Auch die Windgeschwindigkeit liefert keine befriedigende Beziehung.

— Abb. 43. Mittlerer Tagesgang der Luftleitfähigkeit *(λ)*, des vertikalen Säulenwiderstandes über der Station *(R_Z)*, sowie der luftelektrischen Größen E, i, und der meteorologischen Größen e, ΔT und T_p während Schönwetter pro Jahreszeit an Station Zugspitze (1954—1959)

Wank

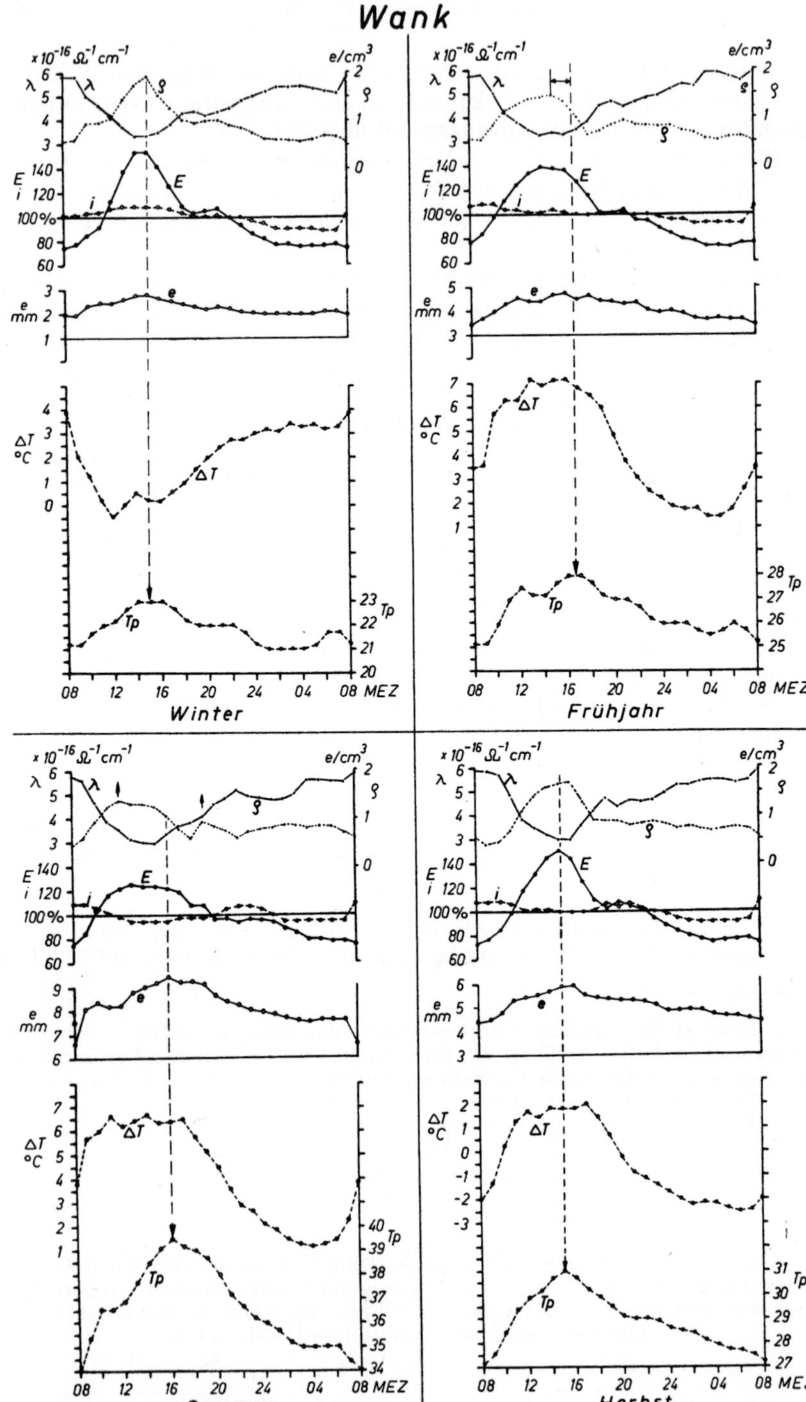

sationskerne auch durch photochemische Reaktionen gebildet werden[1]).
Solche photochemische Kernbildungen werden vor allem dort ins
Gewicht fallen, wo andere Kernquellen so gut wie fehlen (über dem
freien Meere, im Hochgebirge[2]) über der Austauschschicht).

b) *Im Sommer findet man eine beträchtliche Amplitude von λ und R, des-*
gleichen von e und T_p. Doch besteht eine kleine zeitliche Phasenverschie-
bung zwischen den luftelektrischen und meteorologischen Variationen:
während e und T_p schon wieder fallen, also der Austausch seinen Höhe-
punkt überschritten hat, steigt R bzw. fällt λ noch weitere 2 Stunden lang.
Das bedeutet, daß die Austausch-Obergrenze um 16.00 erheblich über
der Station Z liegt, so daß deren Absinken zwischen 16.00 und 18.00 zu-
nächst zu einer weiteren Vermehrung der Kerne im Z-Niveau führt. Die
Passage der absinkenden Austauschobergrenze dürfte im Sommer zwischen
18.00 und 19.00 erfolgen, was aus den λ- und R-Kurven hervorgeht.

c) *Im Frühjahr finden wir ebenfalls noch erhebliche λ- und R-Varationen*
(wie auch im Herbst), jedoch liegen deren Amplituden zwischen den
Winter- und Sommeramplituden. Dasselbe gilt für die e- und T_p-Varia-
tionen von Frühjahr und Herbst. Im Gegensatz zu b) fällt aber das e-
bzw. T_p-Maximum zeitlich beinahe mit dem relativ breiten λ-Minimum
zusammen. Aus den Kurvengängen kann geschlossen werden, daß im
Frühjahr und Herbst Station Z gerade noch in die Austauschschicht gerät.

d) *Amplitude und Phasenlage der ΔT-Kurven stehen in keiner klaren Be-*
ziehung zu den luftelektrischen Gängen. Das Vorhandensein einer an sich

---

[1]) Weitere Literatur über Bildung von Kondensationskernen durch
energiereiche Wellenstrahlungen siehe 3.–0.0.7. und 3.–0.0.8. Nach neuesten
Untersuchungen soll die Gegenwart von SO_2-Spuren Bedingung für die
photochemische Bildung von Kernen sein.

[2]) Die Untersuchungen von G. F. SCHILLING (1955) haben ergeben, daß
Leitfähigkeitswerte, die an Bergstationen gewonnen wurden, sehr gut mit
Meßergebnissen in der freien Atmosphäre übereinstimmen, die in gleicher
Höhe ausgeführt worden sind, eine Feststellung, die für uns von besonderem
Wert ist. Wir kommen darauf in 3.–0.0.6. zurück.

Es ist nicht anzunehmen, daß die λ-Tagesvariationen über der Austauschschicht durch advektive Vorgänge ausgelöst werden, wie H. ISRAEL (1952b)
an Hand von Säulenwiderstandsvariationen am Jungfraujoch vermutet hat.
Denn bei einer Mittelung über mehrere Jahre heben sich doch wohl advektive
Einflüsse, die ja λ sowohl in der einen wie anderen Richtung verändern
können, gegenseitig auf.

– Abb. 44. Mittlerer Tagesgang der Raumladungsdichte ϱ zwischen Zugspitze
und Wank, der Luftleitfähigkeit *(λ)* und der übrigen luftelektrischen Größen
E und *i*, sowie der meteorologischen Größen *e*, ΔT und T_p während Schönwetter pro Jahreszeit an Station Wank (1954—1959)

ausreichenden Temperaturdifferenz Tal-Berg bedeutet ja, wie gesagt, noch nicht, daß die Austauschobergrenze auch schon die Bergstation erreichen müsse.

Fassen wir nun die Verhältnisse an einer Station im mittleren Niveau *(W)* ins Auge (Abb. 44), so finden wir:

a) *Zu allen Jahreszeiten variiert λ an der Station W sehr stark, ebenso wie e, aber auch T_p. Die Minima von λ fallen im Herbst und Winter mit den Maxima von e und T_p zusammen. Im Frühjahr und Sommer wird das λ-Minimum schon vor dem meteorologischen Austauschmaximum erreicht. Das bedeutet, daß mit dem weiteren Ansteigen der Austauschobergrenze die Kerndichte an Station W schon wieder absinkt.*

b) *Besondere Beachtung ist dem Tagesgang von ϱ und seiner jahreszeitlichen Veränderung zu schenken. ϱ wurde, wie erwähnt, für die Schicht zwischen Z und W errechnet. Der Rechnung lag ein mittlerer λ-Gradient zwischen Z und W zu Grunde.*

Er mag allerdings in einer gewissen Schicht, nämlich der eigentlichen Austauschgrenze, jeweils wesentlich größer gewesen sein. In dieser Schicht wäre dann auch das ϱ entsprechend größer. Es darf also der relativ niedrige mittlere absolute Wert von ϱ für den Raum W/Z nicht überraschen, doch kommt es uns aber hier auf Form und Amplitude der Variationen an.

Man sieht, daß ϱ im Winter die höchsten Werte erreicht und zwar zum Zeitpunkt des stärksten Austausches (siehe Maximum von e und T_p). Im Frühjahr und Herbst ist das Maximum von ϱ schon deutlich niedriger, es fällt aber immer noch annähernd mit dem meteorologischen Austauschmaximum zusammen. Stark abweichende Verhältnisse finden wir im Sommer: das relativ niedrige ϱ-Maximum trifft auf die Phase des an Heftigkeit zunehmenden Austausches. Von da fällt dann ϱ laufend ab. Ein sekundäres ϱ-Maximum tritt beim Einschlafen des Austausches am Abend auf.
Wir schließen daraus: auch im Winter erhebt sich die Austauschschicht über 1800 m hinaus, sie behält aber eine scharfe Obergrenze, so daß sich eine hohe Raumladungsdichte ausbilden kann. Ähnliche Verhältnisse finden wir noch im Frühjahr und Sommer, doch ist die Austauschobergrenze schon weniger scharf und über eine größere Schichtdicke verteilt (z. T. über Z hinaus, siehe o.). Im Sommer passiert die relativ unscharfe Austauschobergrenze Station W schon am Vormittag und verursacht ein erstes ϱ-Maximum. Am Nachmittag wirft der Austausch die Kerne weit über das W-und auch noch über das Z-Niveau hinaus,

die Obergrenze verwischt sich, die Raumladungsdichte nimmt ab. Sinkt jedoch am Abend die Austauschobergrenze ab, so bildet sich über W noch einmal ein ausgeprägter λ-Gradient aus, der zu dem schwächeren 2. Maximum von ϱ Anlaß gibt. Wir finden also das, was in 3.-0.0.2.2. über Raumladungseinwirkungen vermutet wurde, hier durch die Rechnung bestätigt.

c) Der jahreszeitliche Gang von ΔT an W zeigt ganz deutlich, daß diese Größe zur Beschreibung des Austauschgeschehens schwerlich zu brauchen ist, denn im Winter kehrt sich der Temperaturgradient W-F um. Das kommt daher, daß W in einem Niveau liegt, in oder unter dem sich im Hochwinter bevorzugt Inversionen ausbilden. Sehr oft übertrifft nämlich die Temperatur an W die von F, wenn im Tal eine hartnäckige Kaltlufthaut lagert. Trotz überaus stabiler Schichtung zwischen F und W kommt es also auch im Winter zu Austausch. Dieser beschränkt sich aber offenbar nur auf eine relativ dünne atmosphärische Schicht und greift nicht zum Boden durch. Er kann auch durch Hangeffekte noch verstärkt sein.

Betrachten wir die in Abb. 45 zusammengestellten jahreszeitlichen Tagesgänge im Tal (Garmisch), so können wir feststellen:

a) Dem schon erwähnten ein-gipfeligen Gang von E entspricht der ein-gipfelige Gang von λ zu allen Jahreszeiten, wenn wir von einem ganz schwachen vormittäglichen Maximum im Winter absehen wollen. Würde die schon erwähnte Ansicht von J. G. BROWN (1936), daß mittäglicher Austausch im Sommer stets mit einer vorübergehenden Abnahme der Kerndichte in Bodennähe verbunden sei[1]), richtig sein, so müßte im Sommer auch in Garmisch in den Mittagsstunden ein Anstieg von λ und eine Abnahme von E auftreten. Da nun eine solche trotz heftiger Austauschvorgänge weder hier noch in Oberstdorf und in Bad Tölz gefunden wurde, können nicht rein lokalklimatische Besonderheiten verantwortlich gemacht werden (vergl. 3.-0.0.2.2.).

b) Im Gegensatz zur E-Kurve zeigt der tägliche i-Gang im Sommer und Herbst zwei deutliche Maxima, ein vormittägliches und ein abendliches. Das morgendliche fällt mit dem steilen E-Anstieg nach Sonnenaufgang zusammen. Sehr auffallend ist ebenso das parallele Absinken von E und i um den Sonnenuntergang. Beide Ereignisse weisen auf einen Konvektionseffekt hin: durch den Austausch wird — so sieht es aus — eine zusätzliche positive Raumladung in einer gewissen atmosphärischen Schicht aufrecht erhalten, über deren Dicke hier wenig ausgesagt werden kann.

---

[1]) Worauf in der Literatur auch heute immer wieder hingewiesen wird.

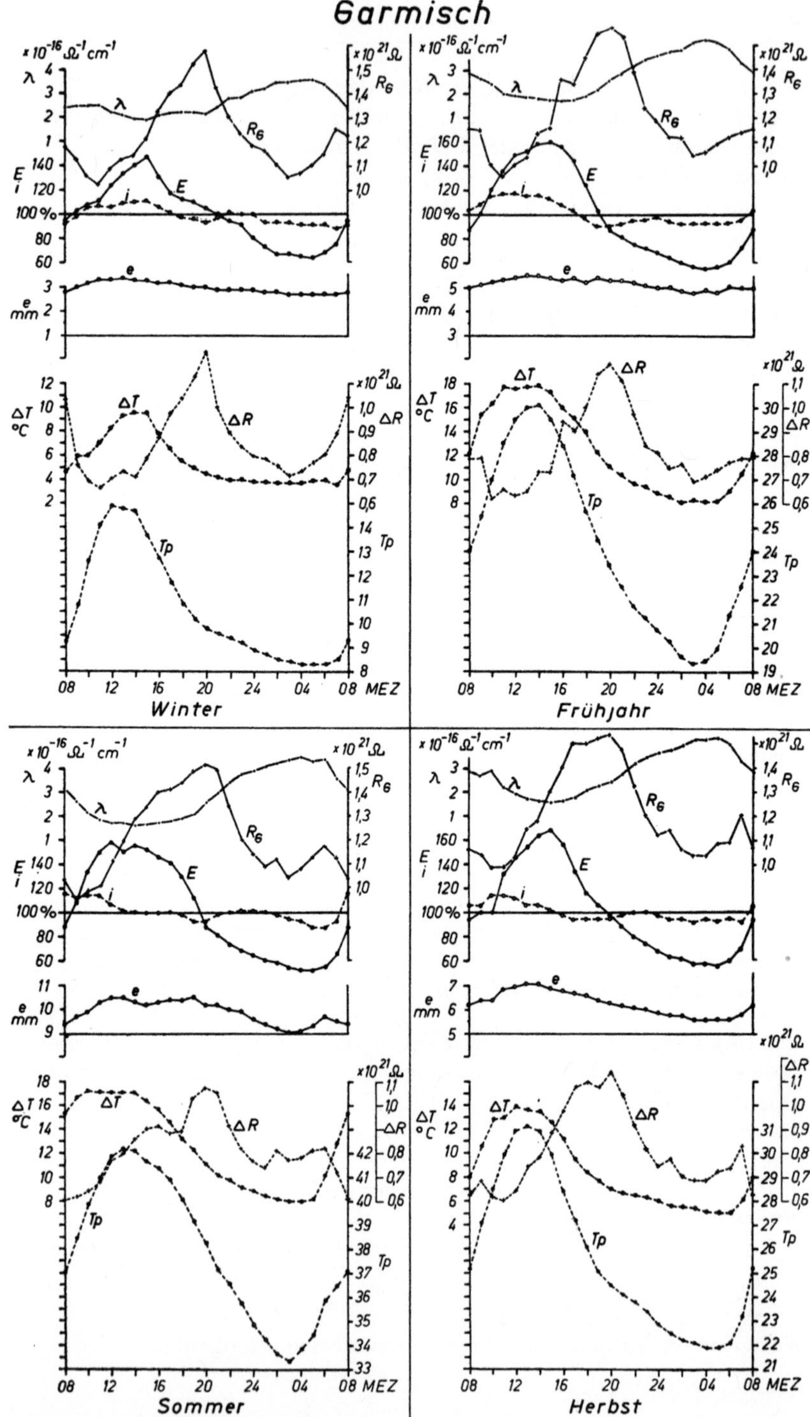

Garmisch
×10⁻¹⁶ Ω⁻¹cm⁻¹
×10²¹ Ω
λ
R₆
E
i
e
mm
ΔT
°C
ΔR
Tp
08 12 16 20 24 04 08 MEZ
Winter
Frühjahr
Sommer
Herbst

H. W. Kasemir (1956) hat als erster quantitativ einen Austausch-Generator[1]) abgeleitet und durchgerechnet. Wir werden in 3.–0.0.6. und 3.–0.0.8.2. darauf zurückkommen. Die Aufrechterhaltung einer positiven Raumladung durch Austausch würde auch die domförmige Aufbeulung von E am Tage gut erklären. Mit dieser Aufbeulung hält aber i nicht Schritt. Mit Ausnahme im Winter (Gang von λ ohnedies nur schwach, vor allem am Tage) fällt i trotz maximaler Austauschintensität und obwohl E zum Maximum ansteigt. Dieser Abfall der Stromdichte wird aber wohl durch das Absinken von λ erklärt werden können, das bis in den Nachmittag hinein anzuhalten pflegt.

c) Betrachten wir den täglichen Gang von R_G bzw. von $\Delta R = R_G - R_Z$, so stellen wir fest, daß sowohl der Gesamt-Säulenwiderstand, als auch der Teil-Säulenwiderstand zwischen den Niveaus Garmisch und Zugspitze im Laufe des Tages während aller Jahreszeiten ansteigt, am Abend ein Maximum erreicht und dann wieder abfällt. Es ist das zweifellos eine Folge des Tagesganges der Kondensationskerndichte, die im Laufe des Tages im unteren atmosphärischen Stockwerk ansteigt, in der Nacht jedoch wieder zurückgeht. Ebenso spielt der Tagesgang der natürlichen Luftradioaktivität dabei mit eine Rolle. Recht auffallend ist der Gang von ΔR im Sommer: am Spätnachmittag sattelt sich die Kurve ein, um dann zum Abend nochmals stark zu steigen. Den Grund müssen wir darin sehen, daß im Sommer am Nachmittag der Austausch über Station Z hinausgreift, wobei notwendigerweise der Widerstand der senkrechten Luftsäule zwischen Niveau G und Z abnehmen muß (Transport eines Teils der den elektrischen Widerstand hervorrufenden Kondensationskerne über Z hinaus). Sinkt nun am Abend die Austausch-Obergrenze unter das Niveau von Z herab, so schnellt ΔR in die Höhe um alsdann, wie allnächtlich, abzusinken. Wir werden diesen Vorgang weiter unten noch genauer darstellen.

d) Beziehen wir die meteorologischen Größen in die Betrachtung ein, so stellen wir fest, daß Amplitude und Tagesgang von ΔT besonders gut mit dem ortszeitlich bedingten Gang und der Amplitude von E übereinstimmen. Man vergleiche auch Breite der Aufbeulung von E- und der

---

[1]) Auch R. E. Holzer (1955) fand überraschende vormittägliche oder morgendliche Anstiege von i und führte sie auf den Abbau der bodennahen Raumladungen (Elektrodeneffekt) durch die Konvektion zurück. Es sollen dabei positive Konvektionsströme mit in die Messung eingehen. Da wir aber i mit Antennen registrieren, dürfte sich eine Konvektion nicht bemerkbar machen (siehe 2.–2.1.). Viel wahrscheinlicher ist ein i-Anstieg als Folge des Aufbaus positiver Raumladungen durch die Konvektion.

– Abb. 45. Mittlerer Tagesgang der Luftleitfähigkeit (λ), des vertikalen Säulenwiderstandes über der Station (R_G), sowie der luftelektrischen Größen E, i und der meteorologischen Größen e, ΔT und T_p während Schönwetter pro Jahreszeit an Station Garmisch. $\Delta R = $ Differenz $R_G - R_Z$ (1954—1959)

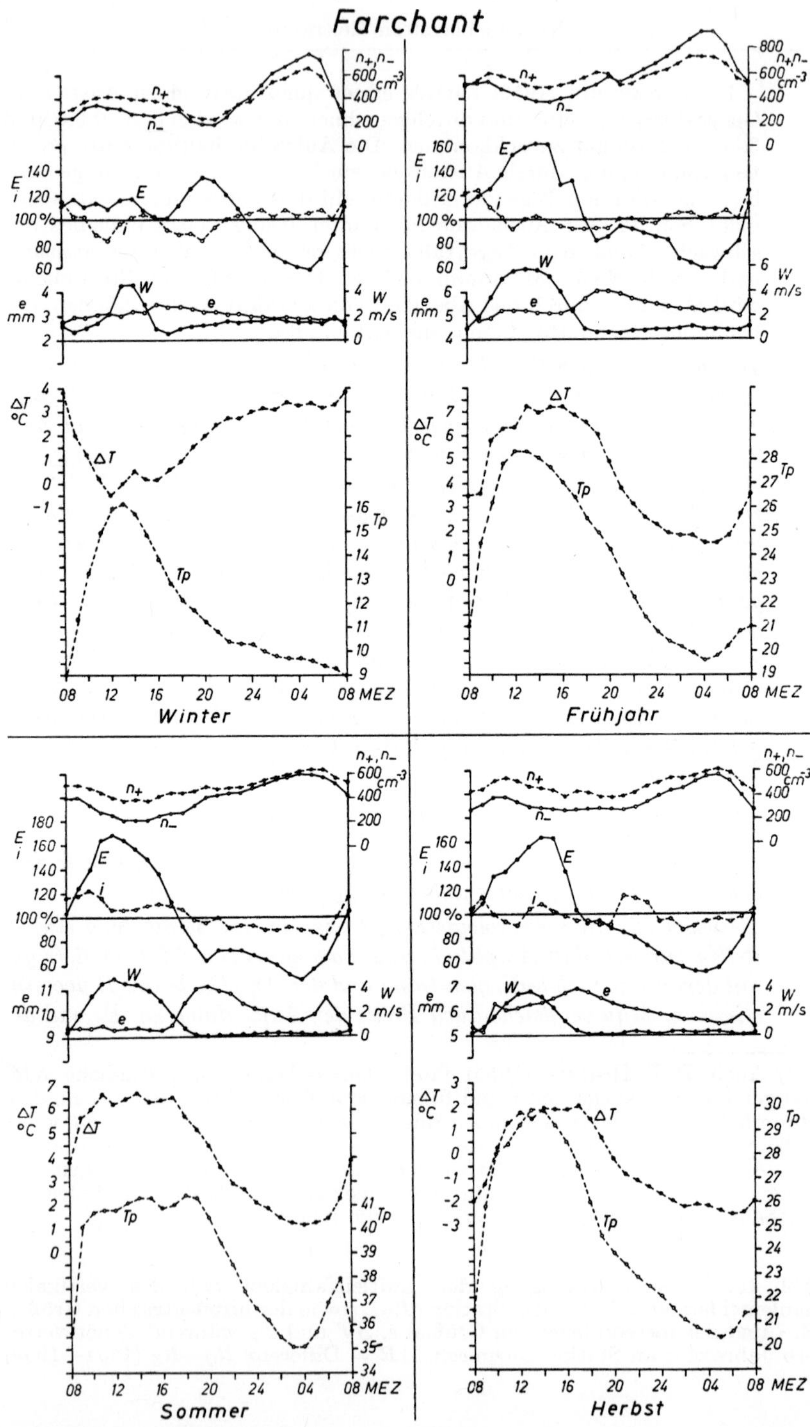

Farchant
n+
n-
n+, n-
600 cm⁻³
400
200
0
E
i
140
120
100 %
80
60
E
i
e
mm
4
3
2
W
e
W
4
2 m/s
0
ΔT
°C
4
3
2
1
0
-1
ΔT
Tp
Tp
16
15
14
13
12
11
10
9
08 12 16 20 24 04 08 MEZ
Winter
n+
n-
n+, n-
800
600 cm⁻³
400
200
0
E
i
160
140
120
100 %
80
E
i
e
mm
6
5
4
W
e
W
6
4 m/s
2
0
ΔT
°C
7
6
5
4
3
2
1
0
ΔT
Tp
Tp
28
27
26
25
24
23
22
21
20
19
08 12 16 20 24 04 08 MEZ
Frühjahr
n+
n-
n+, n-
600 cm⁻³
400
200
0
E
i
180
160
140
120
100 %
80
60
e
mm
11
10
9
W
e
W
4
2 m/s
0
ΔT
°C
7
6
5
4
3
2
1
0
ΔT
Tp
Tp
41
40
39
38
37
36
35
34
08 12 16 20 24 04 08 MEZ
Sommer
n+
n-
n+, n-
600 cm⁻³
400
200
0
E
i
160
140
120
100 %
80
60
E
i
e
mm
7
6
5
W
e
W
4
2 m/s
0
ΔT
°C
3
2
1
0
-1
-2
-3
ΔT
Tp
Tp
30
29
28
27
26
25
24
23
22
21
20
08 12 16 20 24 04 08 MEZ
Herbst

ΔT-Kurve. Doch auch der T_p Gang steht mit E in guter Übereinstimmung. Daß an Talstationen ΔT zur Beschreibung des Austauschgeschehens brauchbar wird, ist leicht einzusehen: denn dafür, ob und inwieweit vom Talboden ausgehend die Konvektion in Gang kommt, ist ja ΔT in der Tat maßgebend. Der e-Gang scheint am wenigsten zum Vergleich mit den luftelektrischen Prozessen geeignet zu sein (siehe Sommer).

Gehen wir nun zur Talstation F über (Abb. 46), so wäre hier in Bezug auf die Gänge von E, i, e, ΔT und T_p das zu wiederholen, was oben zu den Gängen an Station G gesagt worden ist. Besonders auffallend sind jedoch die Verhältnisse im Winter an Station F: das E-Maximum am Tage ist nur schwach angedeutet, dafür herrscht ein E-Maximum am Abend vor. Der gegensätzliche Gang von i läßt auf ein Absinken von λ schließen und in der Tat sind zur gleichen Zeit die Kleinionendichten stark reduziert. An Besonderheiten fallen auf:

a) Morgendlicher Anstieg und abendliches Abfallen von E stimmen zeitlich mit Auffrischen und Einschlafen des Talwindes überein — darauf kommen wir in 3.-0.0.8. noch zurück. Der Gang von i entspricht dem von Station G: Morgenmaximum, vormittäglicher leichter und abendlicher schnellerer Abfall. Wir haben deshalb allen Grund hier dasselbe wie oben (Station G) unter b) als Ursache anzunehmen.

b) Recht aufschlußreich ist der Gang der gemessenen Kleinionendichten. Er stimmt im großen ganzen sehr gut mit den gleichzeitig für Garmisch errechneten λ-Gängen überein:
Minimum mittags (Ausnahme: Winter), Maximum kurz vor Sonnenaufgang. Das ist auch durchaus zu erwarten, doch zeigt sich darüber hinaus im Winter, Frühjahr und Herbst ein schwaches sekundäres Maximum in den Vormittagsstunden, über dessen Ursache wir uns hier nicht festlegen wollen.

Es kann daher kommen, daß durch zunehmende Sonneneinstrahlung die Kondensationskerne schrumpfen und die Großionen an Beweglichkeit gewinnen, aber auch daher, daß im Sinne von J. G. BROWN (1936), wenn auch in viel geringerem Ausmaße, in dünnen Bodenschichten angesammelte Kondensationskerne abtransportiert und verteilt werden.

Der steile Absturz der Kleinionendichten nach Sonnenaufgang rührt jedenfalls sicher daher, daß die in der untersten Bodenschicht ange-

— Abb. 46. Mittlerer Tagesgang der positiven und negativen Kleinionendichten sowie der luftelektrischen Größen E, i und der meteorologischen Größen e, W, ΔT und T_p während Schönwetter pro Jahreszeit an Station Farchant (1955—1959)

sammelten natürlich radioaktiven Gase und Aerosole aufgewirbelt und verdünnt werden. Im Sommer ist die Bildung von Bodeninversionen weit weniger stark ausgeprägt als im Winter, weshalb auch die nächtlichen n-Maxima im Winter wesentlich über denen vom Sommer liegen. Weiterhin sehr auffallend ist das Verhältnis n_+/n_-. Während der Konvektion am Tage (vergleiche Wind-Kurve) überwiegen die positiven Kleinionendichten erheblich, am Abend oder in der Nacht nähert sich aber das Verhältnis n_+/n_- dem Wert 1, ja es kann sogar erheblich unter 1 kommen und zwar nachts im Winter und Frühjahr.

Ein gewisser Überschuß von n_+ gegenüber n_- wird bekanntlich durch den Elektrodeneffekt aufrecht erhalten. Zweifellos kommt aber durch Windeinfluß ein weiterer Überschuß von n_+ über n_- zustande (am Tage), während umgekehrt nachts irgendein Vorgang dem Elektrodeneffekt entgegen arbeitet, so daß, wie wir sehen, n_- sogar erheblich und stundenlang überwiegen kann. Auch hierauf werden wir in 3.-0.0.8. und 3.-0.0.9. noch zurückkommen. Fassen wir das zu den Tagesgängen an den Stationen Z, W, G und F gesagte zusammen, so können wir sagen:

Das innere Gefüge der verschiedenen unabhängigen und miteinander verkoppelten luftelektrischen Größen in der Schicht zwischen 3000 m und 700 m NN ist überaus kompliziert. Doch zeichnet sich ganz klar ab, daß der meteorologische Vertikalaustausch von entscheidendem, steuerndem Einfluß ist, ja, daß dieser sogar, wenn einmal der Schlüssel zum Verständnis gefunden ist, aus den Variationen luftelektrischer Größen abgelesen werden kann, die offenbar sehr empfindlich, wenn auch komplex, reagieren. Wir haben gesehen, daß das an die Ortszeit gebundene meteorologische Austauschgeschehen den Tagesgang der luftelektrischen Größen und seine jahreszeitliche Gebundenheit umso mehr beherrscht, je mehr wir uns der Erdoberfläche (in unserem Fall dem Talboden) nähern, bis schließlich vom weltweiten Gang der Elemente E und i fast nichts mehr übrig bleibt, während er aber andererseits in größeren Höhen, über der Austauschschicht, das Bild beherrscht.

Wenn auch schon seit längerer Zeit diese grundlegende Bedeutung des Austauschgeschehens erkannt worden ist (siehe 3.-0.0.7.), so wurde doch bis jetzt noch wenig dazu getan, die Beziehung zwischen luftelektrischen Vorgängen und meteorologischen Bedingungen mehr als nur anschaulich-qualitativ darzulegen. Insbesondere wurde bis jetzt offenbar auch noch nicht versucht, die Raumladungsbildung an der Austauschschicht mit einzubeziehen und außerdem meteorologische und luftelektrische Zustände über ein geeignetes, verbindendes Element miteinander in Beziehung zu bringen. Als solches scheint nach dem Vorangegangenen zweifellos die potentielle Äquivalenttemperatur in Frage zu kommen, vor allem, so weit man sich mit den Verhältnissen in Höhen von mehr als 1000 m über dem Boden (oder Talniveau) befassen will.

Es geht auch aus dem Vorangegangenen deutlich hervor, daß Ergebnisse von befriedigender Aussagesicherheit nur dann zu erwarten sind, wenn gleichzeitig in mehreren Stockwerken — auch an den Bergstationen trotz äußerer Schwierigkeiten — über mehrere Jahre lückenlos registriert und das Datengut zumindest nach Jahreszeiten getrennt analysiert wurde. Zudem zeigte sich, daß — im Rahmen eines Stationsnetzes — zwei benachbarte Gipfelstationen mit gewissem Niveau-Unterschied zu aufschlußreichen Ergebnissen führen.

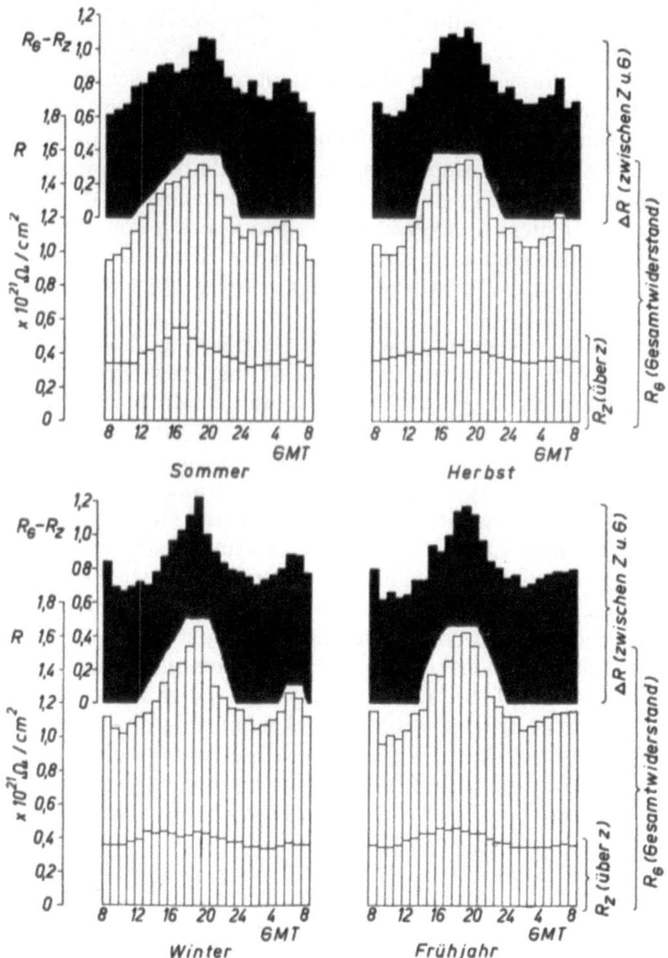

Abb. 47. Tagesgänge des vertikalen Säulenwiderstandes und seiner Teilstücke in Abhängigkeit von der Jahreszeit

10*

Wir wollen uns nun im folgenden noch etwas eingehender mit den Tagesgängen der vertikalen Säulenwiderstände befassen.

In Abb. 47 sind die täglichen Gänge des vertikalen Säulenwiderstandes über Station G (= Gesamt-Säulenwiderstand), über Station Z und zwischen G und Z (ΔR) in Abhängigkeit von der Jahreszeit aufgetragen. Sowohl R_G als auch ΔR zeigen einen doppelgipfeligen Gang, wenig dagegen R_Z. Das morgendliche bis vormittägliche Nebenmaximum von R ist deshalb wohl allein durch Vorgänge im Talniveau bedingt, die an die nächtlichen Bodeninversionen gebunden sind. Von besonderem Interesse ist ΔR: die Tages-Amplitude des Teil- Säulenwiderstandes zwischen Z und G vom Winter übertrifft die vom Sommer. Die den Gesamtwiderstand R variierenden Einflüsse bleiben also im Winter fast ausschließlich auf den Raum unter 3000 m NN beschränkt, greifen aber bereits in den Übergangsjahreszeiten merklich, im Sommer stark über 3000 m NN hinaus.

Im Sommer ist die Ansammlung von Raumladungen zwischen Wank und Zugspitze, wie wir gesehen haben, am schwächsten. Wir haben deshalb gewagt, für diese Jahreszeit die Tagesvariation von R über Station Wank (R_W) zu berechnen. Es konnte dann mit Hilfe von R_W der Gesamtwiderstand R in drei Teilstücke zerlegt werden. Das Ergebnis enthält Abb. 48.

Im untersten Stockwerk (zwischen Garmisch und Wank: $R_G—R_W$) erhalten wir den uns schon von Abb. 47 her gewohnten Tagesgang: Hauptmaximum am Abend, Neben-Maximum um den Sonnenaufgang (S.A.). Der Tagesgang von R_Z ist uns ebenfalls bereits bekannt. Wir haben ihn nochmal mit der potentiellen Äquivalenttemperatur ($\Delta T_p = T_p—$ nächtl. T_p-Minimum) und mit der Kondensationskerndichte N (nach Messungen auf dem Zugspitzplatt im Sommer und Herbst) in Verbindung gebracht. Die Gänge von R_Z und ΔT bzw. R_Z und N stehen in guter Übereinstimmung. Sowohl bei steigender als auch fallender Austauschintensität (repräsentiert durch ΔT_p) hinkt R um 1—2 Stunden nach, was durchaus verständlich ist. Wie nicht anders möglich, steigt R_Z erst, nachdem bereits die Kondensationskerndichte N zugenommen hat (12 MEZ). Sie fällt am Nachmittag bereits wieder, trotzdem steigt R_Z weiter an, denn, wie die ΔT_p-Kurve anzeigt, nimmt die Austauschintensität vorerst noch zu. Die Kondensationskerne werden deshalb in noch größere Höhe über Z hochgerissen, so daß sich im Z-Niveau eine Verarmung bemerkbar macht, während R folgerichtig noch weiter ansteigt. Das Maximum von R_Z wird kurz vor Sonnenuntergang (S.U.) erreicht.

Recht aufschlußreich ist nun der Tagesgang des Teilwiderstandes zwischen den Niveaus Zugspitze und Wank. Er steigt am Vormittag an, sinkt aber während des Austausch-Maximums (ΔT_p!) ganz erheblich ab, um nach dieser Einsattelung und nach Sonnenuntergang das Maximum zu erreichen, welchem das abendliche Minimum folgt. Dieser Gang des vertikalen atmosphärischen Teil- Widerstandes zwischen 1,1 und 2,3 km

über dem Talboden spiegelt sehr augenfällig das An- und Absteigen der
Austausch-Obergrenze wieder: Am Vormittag passiert sie die betrachtete
atmosphärische Schicht, der Teilwiderstand steigt stark. Dann überspült sie das Zugspitzniveau, so daß R_Z erheblich ansteigt, während im
Niveau Wank/Zugspitze bereits eine Verarmung an Kernen wegen Verdünnung des Aerosols auf eine an Dicke zunehmende Schicht zwischen

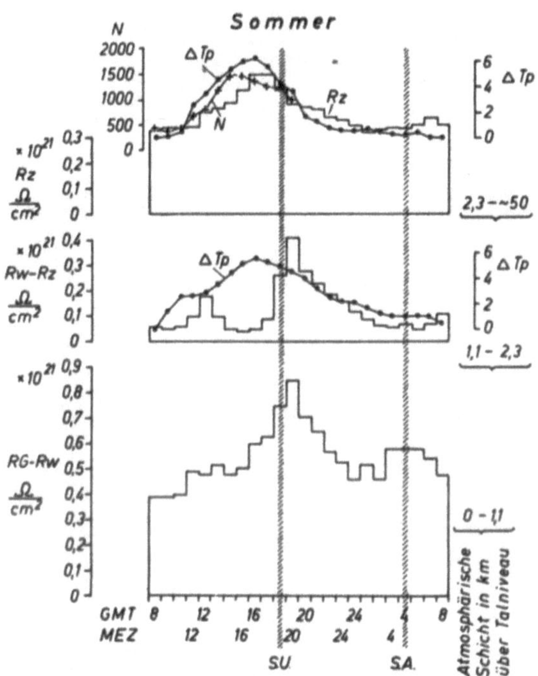

Abb. 48. Tagesgang des vertikalen Säulenwiderstandes im Sommer bei Auf-
teilung in die Teilstücke: über Zugspitze, zwischen den Niveaus Wank und
Zugspitze und zwischen den Niveaus Wank und Garmisch; Vergleich mit
Kondensationskerndichte *(N)* am Zugspitzplatt und dem ΔT_p-Gang
SU: Sonnenuntergang; SA: Sonnenaufgang

Tal und Austausch-Obergrenze, eintritt. Nach Sonnenuntergang sinkt
die Austausch-Obergrenze wieder ab, so daß zwischen Zugspitze und
Wank die Aerosolkonzentration zunächst steigt, während sie im Zugspitzniveau fällt. Schließlich sackt die mit Kernen erfüllte Schicht im Laufe
der Nacht immer weiter zusammen und die R-Werte sinken über allen
Stationen ab (über der Talstation wohl auch deshalb, weil ein Anstieg der
natürlichen Luftradioaktivität einer Zunahme der Kernzahl in Bezug
auf die Luftleitfähigkeit entgegenwirkt).

Zum Abschluß dieses Abschnittes seien noch die stündlichen R-Werte gegen die zeitlich zugeordneten reziproken Luftleitfähigkeiten aufgetragen. Nach G. R. WAIT (1942) soll nämlich der in Bodennähe an einer Station gemessene Leitfähigkeitswert den vertikalen Säulenwiderstand über der Station weitgehend bestimmen. Diese Relation wurde auch von H. ISRAEL (1952b) und R. E. HOLZER (1955) untersucht. Die Autoren

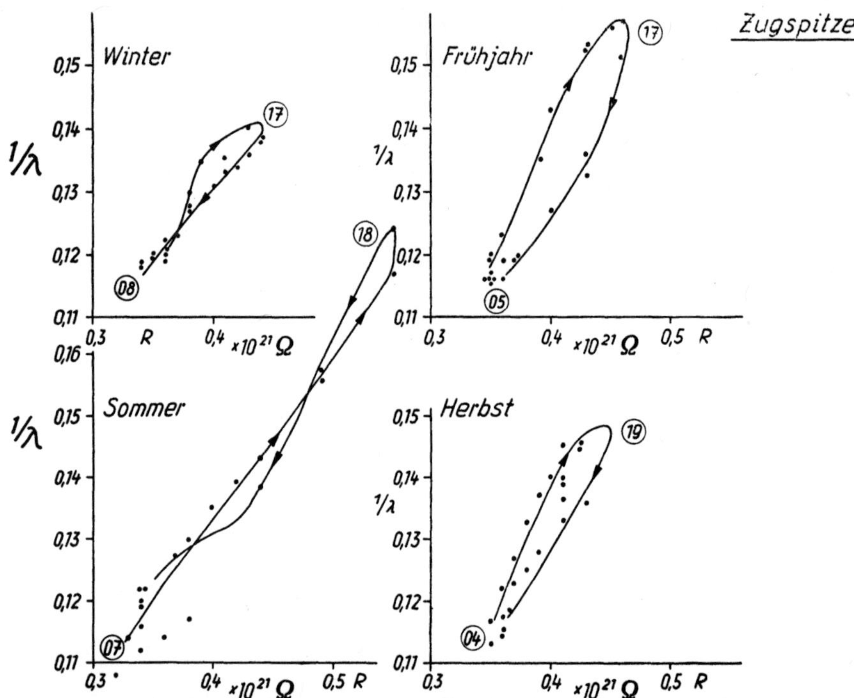

Abb. 49. Reziproke elektrische Luftleitfähigkeit (spezifischer elektrischer Widerstand der Luft) gegen Säulenwiderstand an Station Zugspitze in Abhängigkeit von der Jahreszeit. Die Punkte sind gemäß ihrer zeitlichen Reihenfolge im Tagesrhythmus miteinander verbunden. Zahlen in den Kreisen: Uhrzeiten (MEZ). Jeder eingetragene Punkt gilt für eine bestimmte Stunde des Tages

erhielten dabei angenähert lineare Beziehungen zwischen $1/\lambda$ und R bei z. T. sehr großer Streuung, deren Ursache aber nicht weiter untersucht worden ist. Wir werden sie jetzt kennenlernen.

Trägt man R_Z (Station Z) gegen $1/\lambda$ getrennt nach den 4 Jahreszeiten auf und verbindet die erhaltenen Punkte (Stundenmittel) in ihrer zeitlichen Aufeinanderfolge, so erhält man Abb. 49. In der Tat ist eine lineare

Beziehung, vor allem im Sommer [in Übereinstimmung mit H. Israel (1952)b] unverkennbar. Die Punktstreuungen im Winter, Herbst und Frühjahr erweisen sich aber bei näherem Hinsehen als eine Funktion des Tagesganges.

Es gilt (wobei $1/\lambda = w$):

$$w/R \text{ (vormittags)} > w'/R' \text{ (nachmittags)},$$

d. h. eine Zunahme von w bei wachsender Austauschintensität wird nicht sofort durch einen proportionalen Anstieg von R beantwortet. Das ist auch sehr leicht einzusehen: nehmen wir einmal den Extremfall an, die

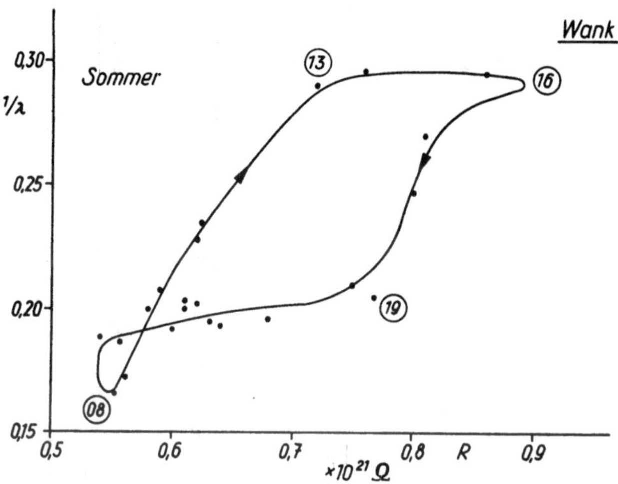

Abb. 50. Reziproke elektrische Luftleitfähigkeit gegen Säulenwiderstand an Station Wank im Sommer. Die Punkte sind wieder gemäß ihrer zeitlichen Reihenfolge im Tagesrhythmus miteinander verbunden. Zahlen in den Kreisen: Uhrzeiten (MEZ). Jeder eingetragene Punkt gilt für eine bestimmte Stunde des Tages

Obergrenze der Austauschschicht wäre recht scharf ausgeprägt und damit auch die obere Dunstgrenze (siehe Abb. 60a), so würde an der Station mit dem Eintauchen in die hochsteigende Dunstgrenze zwar w sofort steigen aber R noch praktisch unverändert bleiben, solange sie sich nicht weiter über die Station hinaus erhebt[1]). Umgekehrt würde bei zunehmender Austauschhöhe w nicht mehr weiter steigen, aber R noch laufend wachsen, da eine immer größer werdende vertikale „Säulenlänge" vom Austausch erfaßt wird. Auf diese Weise läßt sich die Schleifenstruktur

---

[1]) In Abb. 48 fanden wir folgerichtig einen Anstieg von N vor einem solchen von R_z.

der Funktion $w = f(R)$ verstehen. Die Schleifendicke ist dabei abhängig von der Schärfe der Dunstobergrenze, also vom vertikalen Gradienten von λ und die Schleifenlänge von der Austauschamplitude. Interessant ist nun, daß sich eine analoge Schleifenstruktur auch dann ergibt, wenn Z (wie im Winter) überhaupt nicht vom Austausch erfaßt wird. Es scheint somit die oben schon erwähnte Bildung von Kernen durch

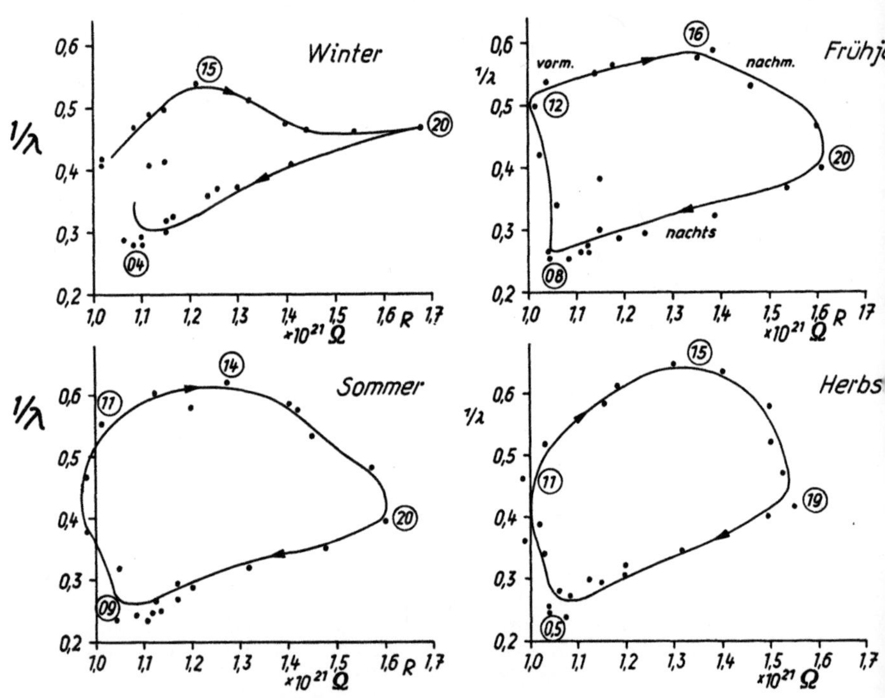

Abb. 51. Wie Abb. 49, Station Garmisch

Einstrahlung etwa zur selben Abhängigkeit $w = f(R)$ zu führen wie schwacher Austausch, was durchaus eingesehen werden könnte.

Betrachten wir die Verhältnisse an Station W im Sommer wie sie auf Abb. 50 dargestellt sind. Mit Rücksicht auf das, was zu Abb. 48 gesagt worden ist, überrascht nicht, daß wir eine stark ausgeprägte Hysteresis-Schleife bekommen, wenn w gegen R_W aufgetragen wird. Der maximale Wiederstand von R_W stellt sich um 16 Uhr ein, nachdem bereits w über einige Stunden konstant geblieben ist. Station Garmisch (Abb. 51) liefert ein anderes Bild der Funktion $w = f(R)$. Wir bekommen nicht mehr

Schleifen, sondern großflächige Gebilde mit unregelmäßigen Umrissen, aber übereinstimmendem Richtungssinn. Doch ist auch hier das Verhältnis w/R eindeutig eine Funktion der Tageszeit und damit der lokalen strahlungsbedingten Aerosolvariationen: der höchste Wert von w stellt sich nachmittags, der niedrigste gegen Morgen ein, der höchste Wert von R zeigt sich am Abend, der niedrigste am Vormittag. Es ist leicht einzusehen, daß an einer Talstation oder Flachlandstation Aerosole mit hoher Kondensationskerndichte oder auch hoher natürlicher Radioaktivität und damit guter Leitfähigkeit viel eher in Schichten so geringer Dicke auftreten, daß zwar λ bzw. w sehr stark, aber R nur wenig beeinflußt werden, als an Berg- und Gipfelstationen. Die Höhenabhängigkeit des Ausmaßes der Hysteresis von $w = f(R)$ wird somit leicht verständlich („Schleifendicke").

Die oben dargelegten Untersuchungen über das Verhalten des vertikalen Säulenwiderstandes zeigen, daß sich meteorologischer Vertikalaustausch und luftelektrischer Zustand in der unteren Atmosphäre in übersichtliche Beziehung miteinander bringen lassen.

Über das Verbindungsglied soll im nächsten Abschnitt mehr gesagt werden. Ferner muß die Funktion $w = f(R)$ in Bezug auf den Tagesgang analysiert werden, da sie andernfalls keine klare Aussage gibt.

3.-0.0.5. Die Verknüpfung von Leitfähigkeit, Raumladungsdichte und Säulenwiderstand mit der potentiellen Äquivalenttemperatur

Bereits in den vorangegangenen Abschnitten konnte gezeigt werden, daß zur Beschreibung der Austauschintensität an einer Hochstation offenbar die potentielle Äquivalenttemperatur und deren Tagesvariation am besten geeignet ist. Wir wollen deshalb einige zusammenfassende Darstellungen über die Beziehung zwischen T_p und luftelektrischen Größen geben.

Trägt man die Stundenmittelwerte von λ gegen die Stundenmittel von ΔT_p auf (wobei $\Delta T_p = T_p - T_p$-Minimum ist, das in der Nacht auftritt; das T_p-Minimum wird dabei aus dem Tagesgang ermittelt, den man erhält, wenn eine Ausgleichsrechnung nach $\dfrac{a + 2b + c}{4}$ ausgeführt wird) und unterscheidet nach den vier Jahreszeiten, so ergeben sich die Abb. 52a (Zugspitze) und 52b (Wank). Auch hier und bei den folgenden Abbildungen wurde der Tagesgang durch zeitrichtige Verbindung der Punkte berücksichtigt.

Wir können feststellen: Die Beziehung zwischen λ und ΔT_p ist innerhalb der gegebenen Punktstreuung als Gerade darstellbar, und zwar an Station Z mit besserer Annäherung als an Station W. Ferner müssen die sommerlichen Vormittagswerte an Z und die sommerlichen Nachmittags- und Abendwerte an W gesondert betrachtet werden. Sehen wir von diesen

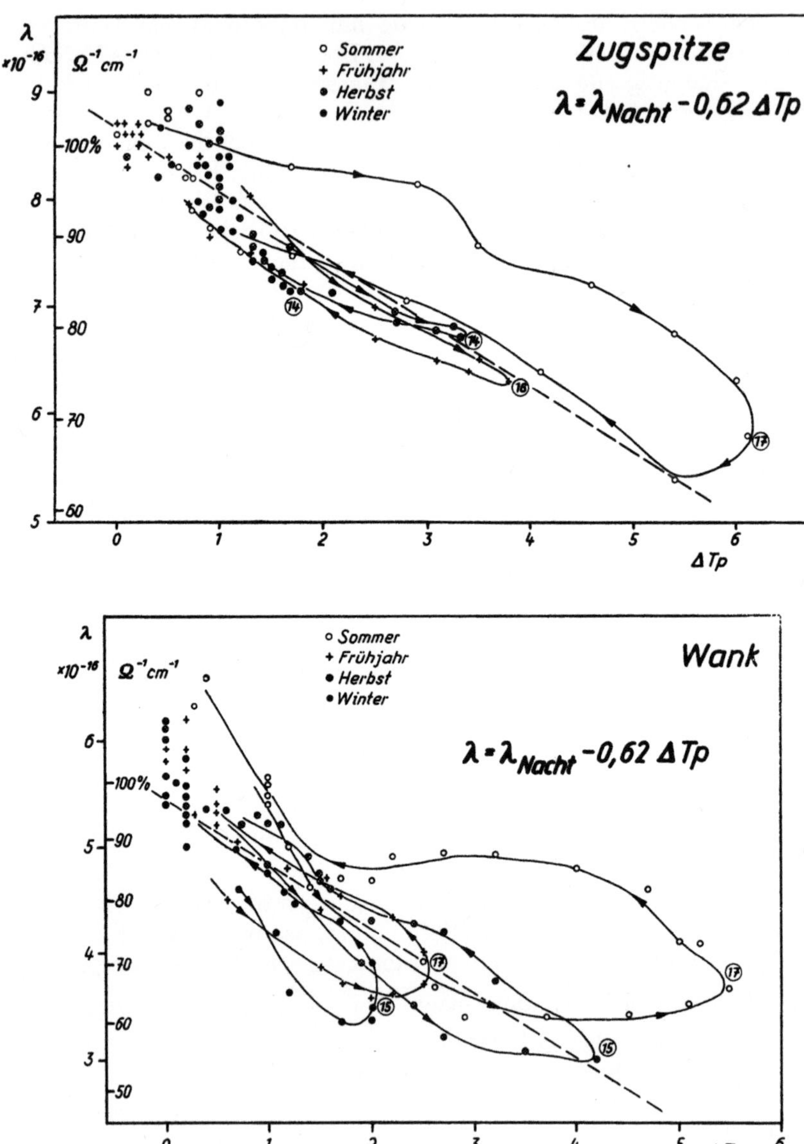

Abb. 52. Beziehung zwischen elektrischer Leitfähigkeit der Luft und Amplitude der potentiellen Äquivalenttemperatur ΔT_p $(\Delta T_p = T_p - T_{pMin})$ pro Jahreszeit. a) Station Zugspitze. b) Station Wank. Die Einzelpunkte (Stundenmittel) sind in der Folge des Tagesrhythmus miteinander verbunden. Zahlen in den Kreisen: Uhrzeiten (MEZ)

beiden Wertgruppen ab, so kann $\lambda = f\ (T\Delta_p)$ mit befriedigender Genauigkeit durch folgende Funktion dargestellt werden (gestrichelte Linien in Abb. 52a bzw. 52b).

$$\lambda = \lambda_{\text{Nacht}} - 0{,}62\ \Delta T_p,$$

(wobei λ_{Nacht} den Mittelwert von λ über die Zeit von Mitternacht bis Sonnenaufgang bedeutet).

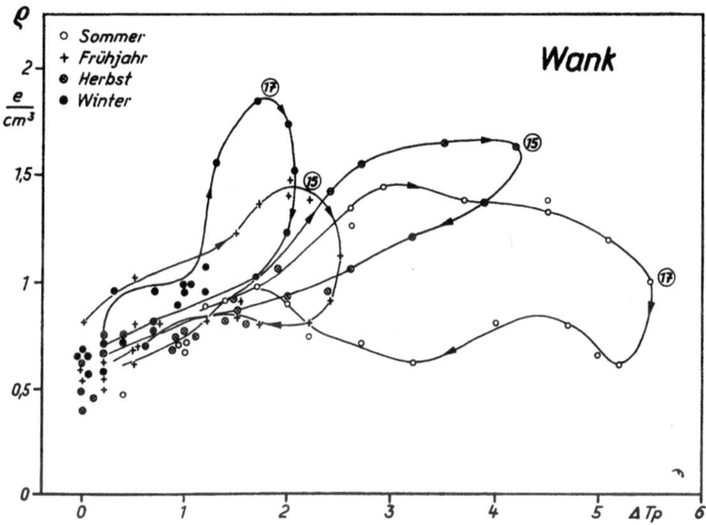

Abb. 53. Mittlere Raumladungsdichte im Raum zwischen Zugspitze und Wank als Funktion von ΔTp (gemessen am Wank) pro Jahreszeit. Die Einzelpunkte sind wie in Abb. 52 in der Folge des Tagesrhythmus miteinander verbunden. Uhrzeiten in den Kreisen

Mit dieser Funktion ist der quantitative Zusammenhang zwischen meteorologischem Vertikal-Austausch und luftelektrischem Zustand für die Schicht zwischen etwa 1800 und 3000 m NN in allgemeiner Form gegeben, wenn von den beiden oben genannten Ausnahmen abgesehen wird.

Fassen wir die Figuren in Abb. 52 genauer ins Auge, so stellen wir wiederum fest, daß sich (mit Ausnahme im Winter an Z) Schleifen[1]) ergeben, deren Umlaufsinn an jeder der Stationen über das ganze Jahr hinweg derselbe bleibt. Doch werden die Schleifen an Z im Uhrzeigersinn, an W im Nicht-Uhrzeigersinn umlaufen.

---

[1]) Auf hysterese-ähnliche Erscheinungen wurde bereits bei der Besprechung der Zugspitzplatt-Ergebnisse (3.–0.0.3.2.) hingewiesen.

Dieser gegensätzliche Umlaufsinn wird leicht an Hand der sommerlichen Verhältnisse verständlich: an Z behält λ fallende Tendenz, obwohl der Austausch bereits seinen Höhepunkt erreicht hat, da die Kondensationskerndichte an der Hochgipfelstation dann immer noch weiter ansteigt. Umgekehrt nimmt an W bei Annäherung an das Austauschmaximum λ bereits ab und fällt im Austauschmaximum, weil dann, wie wir wissen, innerhalb der Austauschschicht durch Verdünnung des Aerosols die Kerndichte zurückgeht. Ähnliche Verhältnisse gelten in den anderen Jahreszeiten.

Im Winter ist an Z die Beziehung zu ΔT_p nur schwach ausgeprägt, doch immerhin vorhanden. Hier ist aber die Frage noch offen, ob wir es überhaupt mit „echtem Austausch" zu tun haben (z. B. rein lokal in unmittelbarer Nähe des Gipfels über den besonnten Felswänden), oder mit einer Koppelung des Tagesganges zwischen ΔT_p und der erwähnten Bildung von Kernen durch Sonnenstrahlung. Hierüber kann noch nichts Sicheres ausgesagt werden.

Tragen wir die mittlere stündliche Raumladungsdichte zwischen W und Z gegen ΔT_p (von Station W) für die verschiedenen Jahreszeiten auf, so erhalten wir Abb. 53. Wiederum ergeben sich Schleifen von gleichsinniger Rotationsrichtung, deren Form und Lage jedoch stark von der Jahreszeit abhängt. Während die Achsen der Schleifen von Herbst und Frühjahr anzeigen, daß im Mittel die Raumladung mit ΔT_p anwächst (wobei sie vormittags schneller steigt als sie abends abnimmt), finden wir in Winter und Sommer ganz andere Verhältnisse: im Winter steht das Schleifenende nahezu senkrecht und erreicht die höchsten Werte, im Sommer liegt die lange und breite Schleife fast horizontal.

Das bedeutet, daß im Winter bereits schwacher Austausch zu hohen Raumladungsdichten über W führt, während sommerlicher, heftiger Austausch zwar am Vormittag die Raumladungsdichte steigen läßt, diese dann aber mit Zunahme der Turbulenz wieder abbaut. Wir finden somit in Abb. 53 all das komprimiert, was im vorangegangenen Abschnitt über die Bedeutung der Schärfe der Austauschobergrenze gesagt worden ist: Anhebung einer relativ scharfen Austauschobergrenze über die Station im Winter bringt hohe Raumladungsdichten, turbulenter Austausch mit verwaschener, in Zellen aufgeteilter Austauschobergrenze im Sommer bringt (Abb. 60b) niedrige Raumladungsdichten an der Austauschgrenze.

Trägt man nun endlich den vertikalen Säulenwiderstand R gegen ΔT_p auf, so ergibt sich für die 4 Jahreszeiten und Station Z die Abb. 54 (von Station W liegt R nur für den Sommer vor und soll deshalb außer Betracht bleiben). Typisch ist eine gewisse Empfindlichkeit von R um $\Delta T_p = 1$, also bei schwächstem Austausch (wie im Winter oder in den anderen Jahreszeiten nachts). Es muß offen gelassen werden, ob wir es hier mit lokalen Störvorgängen durch Geländeform u. a. zu tun haben oder nicht. Eindrucksvoll ist nun die Aufblähung der $R/\Delta T_p$-Schleife im Sommer in der Zeit 14.00—20.00 MEZ. In ihr sehen wir das stürmische Ausgreifen des Austausches über das Gipfelniveau hinaus.

Die Umlaufrichtung der Schleife ist dem Uhrzeigersinn entgegengesetzt: Die steilste Zunahme von R erfolgt erst im Höhepunkt des Austausch-Ge-

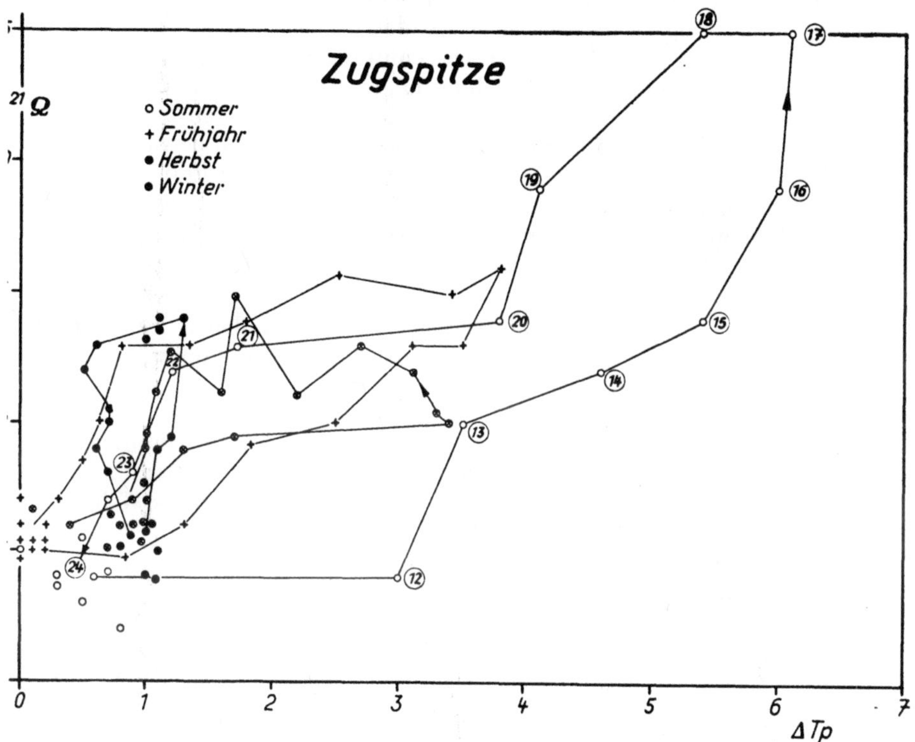

Abb. 54. Beziehung zwischen vertikalem Säulenwiderstand über der Zugspitze und ΔT_p (gemessen an der Zugspitze) pro Jahreszeit. Verbindung der Einzelpunkte wiederum in der Folge des Tagesrhythmus und Zeitangaben in den Kreisen

schehens und der Maximalwert von R bleibt auch noch etwa 1 Stunde lang erhalten, obwohl die Austausch-Intensität bereits nachläßt. Diese oben schon kurz erwähnte Phasenverschiebung im Sinne eines Verzuges von etwa 1 Stunde wird leicht verständlich, wenn man bedenkt, daß ja die Variationen von R eine Folge des Austausches sind.

3.-0.0.6. Die Höhenabhängigkeit der Leitfähigkeit, der Raumladungsdichte, des Potentialgradienten und des Säulenwiderstandes unter verschiedenen meteorologischen Bedingungen

Während wir uns im Vorangegangenen auf die berechneten Tagesgänge von λ an den Stationen Z, W und G und ihre jahreszeitliche Gebundenheit gestützt haben, wollen wir im Folgenden die an allen 7 Stationen in der Zeit von 1954 bis 1959 sporadisch gemessenen Werte von λ in Betracht ziehen. Die bisher 2400 Einzelmessungen der positiven und negativen Luftleitfähigkeit werden in diesem Abschnitt zur totalen Leitfähigkeit λ zusammengefaßt und weniger numerisch als graphisch betrachtet. Auch die abgeleiteten Größen seien überwiegend an Hand graphischer Darstellungen besprochen. Eine tabellarische Zusamemnstellung von λ_+- und λ_--Mittelwerten erfolgt später in 3.-0.3.

Die gemessenen λ-Werte wurden zu folgenden Gruppen zusammengefaßt:

a) Station befand sich während der Messung eindeutig innerhalb der Austauschschicht (Neben-Unterscheidung: im Sommer / in den übrigen Jahreszeiten)

b) Stationen Obermoos, Eibsee, Garmisch oder Farchant lagen deutlich unter einer stark ausgeprägten Inversion mit Dunstanreicherung in der Grundschicht [Definition nach K. SCHNEIDER-CARIUS (1953)].

c) Station lag deutlich in einer Luftmasse, die aus SE—SW herangetragen wurde

d) alle Messungen überhaupt.

Trägt man die totalen Leitfähigkeits-Meßwerte unter Berücksichtigung der oben gegebenen Gruppierung graphisch auf (logarithmischer λ-Maßstab), so erhält man Abb. 55. Neben den eigenen Meßwerten sind noch Ergebnisse[1]) von Flugzeugmessungen eingezeichnet, die R. CALLAHAN SAGALYN und G. A. FAUCHER (1954) teils über der Austauschschicht ($\blacktriangle$), teils innerhalb derselben ($\triangle$) und G. F. SCHILLING (1955) an Gebirgsstationen ($+$) in den USA ausgeführt haben.

Abb. 55 sagt aus: Im Mittel über alle unsere Messungen im allgemeinen und im besonderen auch in Luftkörpern aus SE—SW nimmt die Leitfähigkeit etwa exponentiell mit der Höhe zu, wobei im letzteren, speziellen Fall wesentlich höhere Werte von λ gemessen werden als im Gesamt-Durchschnitt. Ist die Grundschicht unter Inversionen stark mit Kernen angereichert, so nimmt die Leitfähigkeit mit fallender Höhe extrem stark ab. Umgekehrt findet man bei Austausch innerhalb der Austauschschicht keine deutliche Abhängigkeit des λ von der Höhe, während an der Austausch-Obergrenze λ sehr schnell steigt und sich den durchschnittlichen Werten nähert.

---

[1]) Unsere Gebirgsmessungen und die Flugzeugmessungen wurden dabei auf gleiche Höhe über Grund (bzw. Talniveau) bezogen.

Diese Höhenunabhängigkeit der Leitfähigkeit reicht im Sommer bis etwa 2600 m NN (= 1900 m über Talniveau), in den übrigen Jahreszeiten bis etwa 1800 m NN (= 1100 m über Talniveau). Die von R. Callahan Sagalyn und G. A. Faucher (1954) in der freien Atmosphäre gemessenen Werte stimmen — ob innerhalb der Austauschschicht, ob über derselben — gut mit unseren entsprechenden Meßergebnissen überein, wobei es sinngemäß erlaubt ist, die Flugzeugmessungen „über dem Austausch" mit unseren durchschnittlichen Messungen (●) zu vergleichen, sofern wir

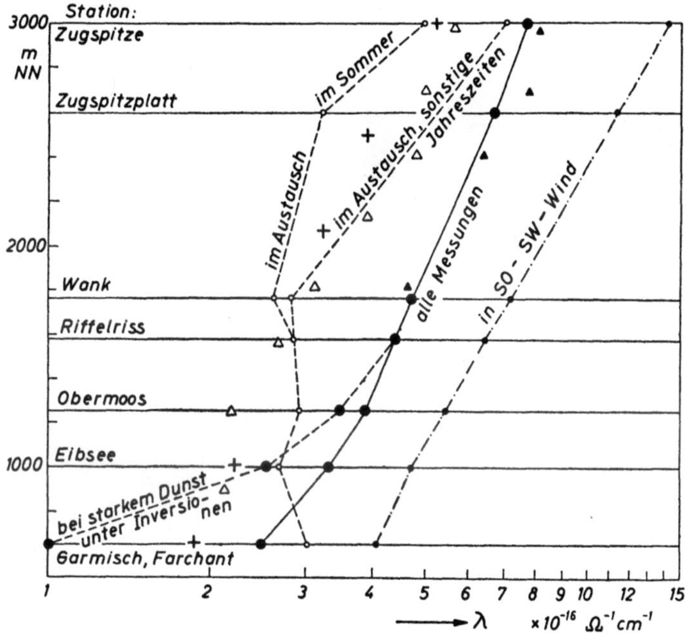

Abb. 55. Die totale elektrische Leitfähigkeit der Luft als Funktion der Höhe nach 2400 Einzelmessungen unter verschiedenen atmosphärischen Bedingungen. Zum Vergleich sind eingetragen: Flugzeugmessungen von R. Callahan-Sagalyn und G. A. Faucher (1954) über der Austauschschicht: ▲, in der Austauschschicht: △ . Hochgebirgsmessungen von G. F. Schilling (1955): +

uns auf die atmosphärische Schicht über 1800 m NN beschränken. Die von Schilling gemessenen Werte liegen auf unserer „Austauschkurve", was verständlich wird, da der Autor seine Hochgebirgsmessungen vorzüglich in den Sommermonaten ausgeführt hat.

Mit Hilfe der in 3.-0.0.2.3. angegebenen Formel (15) kann nun auf Grund der gemessenen Höhenabhängigkeit von λ die mittlere vertikale

Raumladungsverteilung errechnet werden, wobei eine konstante und höhenunabhängige Vertikalstromdichte von $i = 2,5 \cdot 10^{-16}$ A/cm² angenommen sei. Die Berechnung ist natürlich nur diskontinuierlich für die zwischen den Stationen liegenden atmosphärischen Schichten möglich. Die erhaltenen mittleren Raumladungsdichten sind deshalb — absolut gesehen — relativ klein, wogegen natürlich in viel dünneren Schichten

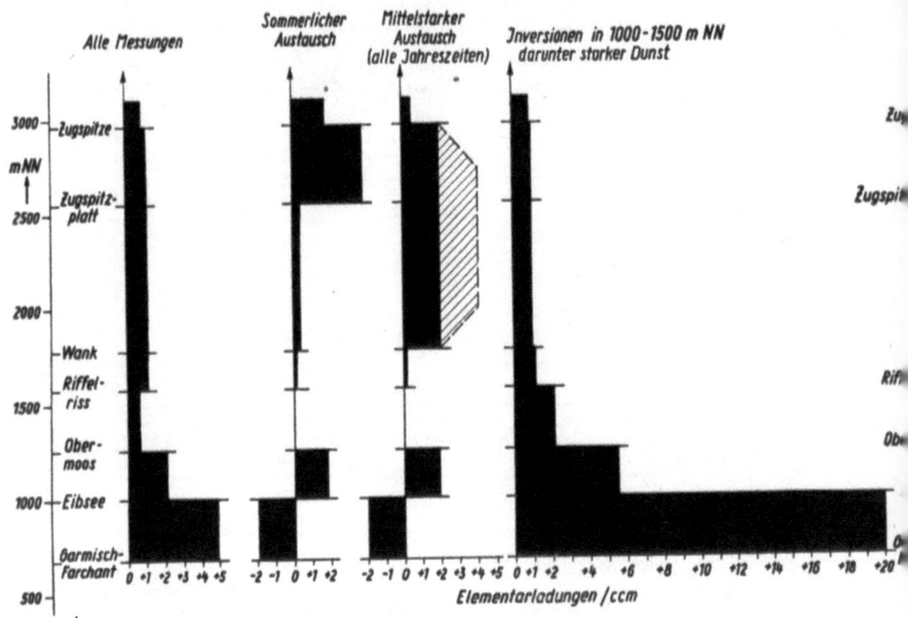

Abb. 56. Auf der Basis von Abb. 55 berechnete mittlere Raumladungsdichten in den verschiedenen Stockwerken des luftelektrischen Netzes unter verschiedenen atmosphärischen Bedingungen

also z. B. an Dunstgrenzen, wesentlich höhere Raumladungsdichten auftreten können, von denen wir hier zunächst einmal absehen wollen.

Das Ergebnis zeigt Abb. 56. Im Mittel über alle Messungen und ganz besonders im Falle von Inversionen mit hoher Kondensationskerndichte in der Grundschicht nimmt die positive Raumladungsdichte mit wachsender Höhe über Tal zunächst sehr stark ab, bleibt aber dann bis über Zugspitzniveau nahezu konstant (innerhalb der Meß- und Rechengenauigkeit). Einen ganz anderen Typ der Höhenabhängigkeit der Raumladungsdichte erhalten wir, wenn der Vertikalaustausch besonders stark ausgeprägt ist. Wegen der gefundenen λ-Abnahme im Raum G→E liefert die Rechnung in der untersten Schicht negative Raumladung. Zwischen E und O ergibt sich positive Raumladung und schließlich bis W, im Mittel

Raumladungsfreiheit. Im Gebiet der Austauschobergrenze tritt dagegen (im Sommer über Niveau Zugspitzplatt, in anderen Jahreszeiten über Niveau Wank) erneut relativ hohe positive[1]) Raumladung auf, die über der Austauschschicht mit der Höhe abnimmt. Wir finden also hier erneut bestätigt, was schon oben (3.-0.0.4/5.) über die Obergrenze der Austauschschicht als Raumladungsträger in Abhängigkeit von Tages- und Jahreszeit gesagt worden ist.

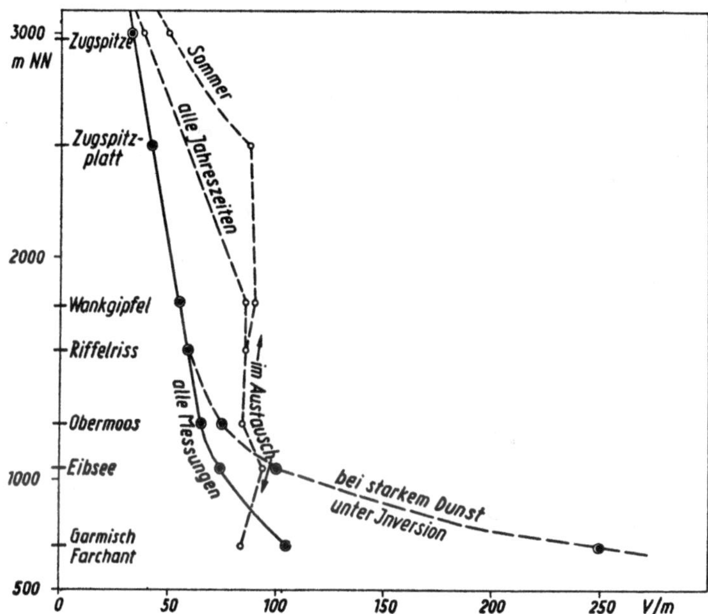

Abb. 57. Auf der Basis von Abb. 55 berechnete Höhenabhängigkeit des Potentialgradienten in der freien Atmosphäre unter verschiedenen atmosphärischen Bedingungen

Aus der Funktion $\lambda = f(z)$ läßt sich — wieder unter Annahme einer von z unabhängigen Vertikalstromdichte (s. o.) — leicht die Höhenabhängigkeit des Potentialgradienten in der freien Atmosphäre berechnen. Bei Berücksichtigung der oben verwendeten Typen der Höhenabhängigkeit von λ erhält man die in Abb. 57 dargestellten Kurven $E = f(z)$. Sie stehen in befriedigender Übereinstimmung mit den bisher ausgeführten

---

[1]) Die Raumladungsdichte über Wank fällt bei nicht-sommerlichem, mittelstarkem Austausch etwas zu niedrig aus, da über die relativ dicke Schicht W/Z gemittelt werden mußte. Wahrscheinlich dürfte die Raumladungsdichte eher dem schraffierten Bereich entsprechen.

theoretischen Berechnungen und Messungen. Es dürfte außerdem ganz interessant sein, aus der gemessenen mittleren Leitfähigkeit an Z und den registrierten mittleren täglichen Gängen von E an Station Z in den verschiedenen Jahreszeiten die Tagesgänge von E in absoluten Einheiten für die freie Atmosphäre in 3000 m NN zu berechnen. Das Ergebnis ist in Tab. 5 zusammengestellt. Diese Werte ordnen sich gut in die bisher vorgenommenen Messungen von E in der freien Atmosphäre ein: so fanden E. EVERLING und A. WIGAND (1921) in 3500 m den Wert 22,0 V/m (ein Freiballonaufstieg), H. HATAKEYAMA und Mitarb. (1958) in 3000 m 53 V/m (Mittelwert aus mehreren Radiosondenaufstiegen) und aus der von O. H. GISH (1944) angegebenen Formel folgen für 3 km NN 19,9 V/m. Nun ist aber zu bedenken, daß mit Rücksicht auf den Aufbau der unteren Atmosphäre eigentlich nur mit der Höhe über Talgrund gerechnet werden kann. Setzen wir deshalb für $z = 2,3$ km und rechnen E aus der Formel von GISH aus, so kommen wir auf 24,1 V/m. Jüngste Messungen von H.-J. FISCHER (1962) führen auf einen mittleren Wert von 25 V/m in 3000 m NN (aus 24 Radiosondenaufstiegen). Weitere Literatur siehe 3.-0.0.7.

Tabelle 5. *Berechnete Absolutwerte des Potentialgradienten in der freien Atmosphäre in 3000 m NN in Abhängigkeit von Tages- und Jahreszeit. Mittelwerte für den Zeitraum 1954—1959 einschl. (für $i = 2,5 \cdot 10^{-16}$ A/cm²)*

GMT:	0	4	8	12	16	20	Max.	Min.
Winter	32V/m	30V/m	30V/m	33V/m	35V/m	34V/m	35V/m	28V/m
Frühjahr	30	29	30	34	39	33	40	29
Sommer	31	28	28	35	43	34	47	27
Herbst	31	29	31	35	36	34	36	28

Wir haben schließlich noch die Abhängigkeit des vertikalen Säulenwiderstandes über Grund von der Höhe eingehender zu betrachten. Aus den in Abb. 55 angegebenen vier verschiedenen Funktionstypen $\lambda = f(z)$ ergeben sich die in Abb. 58 gezeichneten Kurven (drei ausgezogene Kurven, eine dick punktierte Kurve). Zum Vergleich sind die Ergebnisse des Ballonaufstieges Explorer II [O. H. GISH und K. L. SHERMAN (1936)] und der Flugzeugmessungen von R. CALLAHAN SAGALYN und G. A. FAUCHER (1954) eingetragen. Sie liegen innerhalb jenes Variationsbereiches, den wir für den vertikalen Säulenwiderstand zwischen Talniveau und 2,3 km über Tal in Abhängigkeit von der Witterung finden. Abb. 58 zeigt außerdem sehr eindringlich, wie stark der Teilwiderstand in der untersten Atmosphäre variieren kann, wenn wir einerseits Luftkörper aus SE—SW betrachten[1]) und als anderes Extrem Inversionslagen mit

---

[1]) Extrem hohe natürliche Luftradioaktivität, siehe 6.–0.0.

hoher Kondensationskerndichte in der Grundschicht heranziehen. Diese
Variationsbreite ist deshalb von Bedeutung, weil ja der Säulenwiderstand über 2,3 km (vom Talboden aus gerechnet), wie wir in 3.-0.0.4/5.
gesehen haben, nur noch geringen Schwankungen unterworfen ist.

*Wir sind deshalb in der Lage, aus den Schwankungen des Teilwider-
standes und ihrer meteorologischen Gebundenheit auf die Schwankungen
des Gesamt-Säulenwiderstandes und ihre Ursachen zu schließen.*

Der Mittelwert des Säulenwiderstandes zwischen 3000 m
NN und Ionosphäre kann nach
den Messungen des Explorer
II [berechnet von O. H. Gish
und K. L. Sherman (1936)],
denen von R. Callahan Sagalyn und G. A. Faucher (1954)
u. a. in Übereinstimmung mit
unseren Feststellungen in
3.-0.0.4/5. zu etwa $0,38 \cdot 10^{21}$
Ohm cm^{-2} angenommen wer-
den. Unter Berücksichtigung
dieses Wertes erhalten wir aus
unseren Messungen Gesamt-
Säulenwiderstände, wie sie in
Tab. 6 mit Ergebnissen anderer
Autoren verglichen sind.

*Während nun alle Sondie-
rungen der freien Atmosphäre
(Flugzeug, Freiballon, Radiosonde) nur zu augenblicklich
gültigen Profilen führen, ermöglichen laufende Messungen im
Hochgebirge eine systematische*

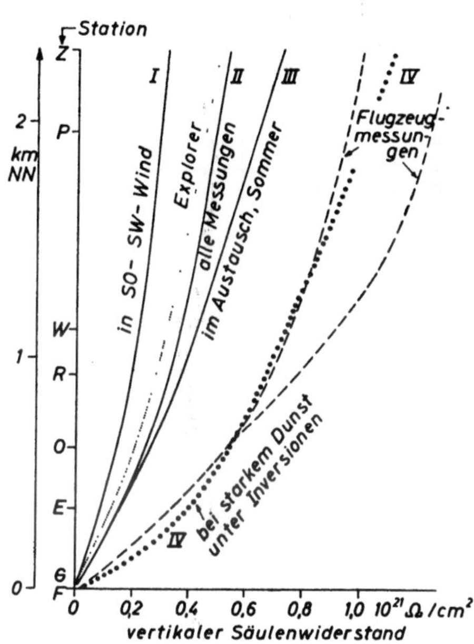

Abb. 58. Auf der Basis von Abb. 55 berechnete Höhenabhängigkeit des vertikalen Säulenwiderstandes unter verschiedenen atmosphärischen Bedingungen

*Analyse der witterungsbedingten und jahres- wie tageszeitlich bedingten Ein-
flüsse auf die luftelektrischen Größen. So gesehen ergeben sich Aussagen von
größerem Gewicht, wenn auch auf der anderen Seite die Höhenbegrenzung
und gewisse Störeinflüsse durch die nahe Erdoberfläche in Kauf genommen
werden müssen. Daß diese aber nicht zu merklichen Beeinträchtigungen der
Ergebnisse führen, zeigen die in diesem Abschnitt gegebenen Vergleiche zwischen den Gebirgsergebnissen und denen von Sondierungen sehr deutlich,
in voller Übereinstimmung mit G. F. Schilling (1955).*

Zum Abschluß dieses Abschnittes wollen wir noch ein etwas anschau-
licheres Bild (Abb. 59) der so wichtigen Austauschobergrenze geben. Es

Tabelle 6. *Vertikaler Säulenwiderstand in Ohm cm^{-2} zwischen Erdoberfläche und Ionosphäre*

Autor	Verfahren	Bedingungen	Ergebnis
Explorer II (nach O. H. GISH und SHERMAN [1936])	Freiballon	—	$1 \quad \cdot 10^{21}$
R. CALLAHAN SAGALYN und G. A. FAUCHER (1954)	Flugzeug	mäßiger Kerngehalt i. d. Grundschicht	$0,9 \quad \cdot 10^{21}$
,,	,,	starker Kerngehalt i. d. Grundschicht	$2,5 \quad \cdot 10^{21}$
J. F. CLARK (1958)	,,	über Grönland	$0,8 \quad \cdot 10^{21}$
,,	,,	über Chesapeake Bay	$2,3 \quad \cdot 10^{21}$
M. KAWANO (1958)	berechnet aus Bodenmessungen (Hongo)	morgens	$0,4 \quad \cdot 10^{21}$
		später Abend	$1,0 \quad \cdot 10^{21}$
R. REITER	Hochgebirgsmessungen (Nordalpen)	in Luftkörper aus SE—SW	$0,7 \quad \cdot 10^{21}$
,,	,,	Mittel über alle Messungen	$1,0 \quad \cdot 10^{21}$
,,	,,	bei hochreichendem Austausch	$1,1 \quad \cdot 10^{21}$
,,	,,	bei Inversionen mit starkem Dunst	$1,5 \quad \cdot 10^{21}$
,,	,,	Mittleres Tagesmaximum (über alle Jahreszeiten)	$1,6 \quad \cdot 10^{21}$
,,	,,	Mittleres Tagesminimum (über alle Jahreszeiten)	$0,95 \cdot 10^{21}$

zeigt in sehr grober Schematisierung einen Schnitt durch Wank und Zugspitze mit den darauf projizierten übrigen Stationen. Die Austauschschicht ist mit Dunst erfüllt und hat eine relative scharfe obere Grenze, aus der Z herausragen möge. Luftleitfähigkeit λ und Kondensationskerndichte N bleiben vom Talboden bis in die Austausch-Obergrenze hinein etwa höhenunabhängig, ändern sich aber stark mit der Höhe an der Austauschgrenze. Diesen atmosphärischen Zustand hält außerdem Abb. 60a fest: scharfe, ebene Dunstgrenze, einzelne, überschießende Konvektionswolken an hervortretenden Bergformen. In der Austauschobergrenze sammeln sich positive Raumladungen (siehe Schema Abb. 59), die dann mit aufkommender, verstärkter Konvektion eine gewisse Verfrachtung auch talwärts erfahren. An den besonnten südlichen Hängen und Felswänden setzt nämlich gegen Mittag heftige Konvektion ein, die dann auch eine Aufbeulung der Austauschschicht über den Gebirgsstöcken verursacht. Abb. 60b zeigt deutlich, wie an bevorzugten Stellen schon am Vormittag turmartige Thermikwolken hochschießen. Das führt dann auch zu einer weitgehenden Zerstörung der ursprünglich scharfen Dunstgrenze, die auf Abb. 60b bereits nicht mehr zu erkennen ist. Da die *Ab*-Strömungen unbesonnte nördliche Hänge bevorzugen werden, können Raum-

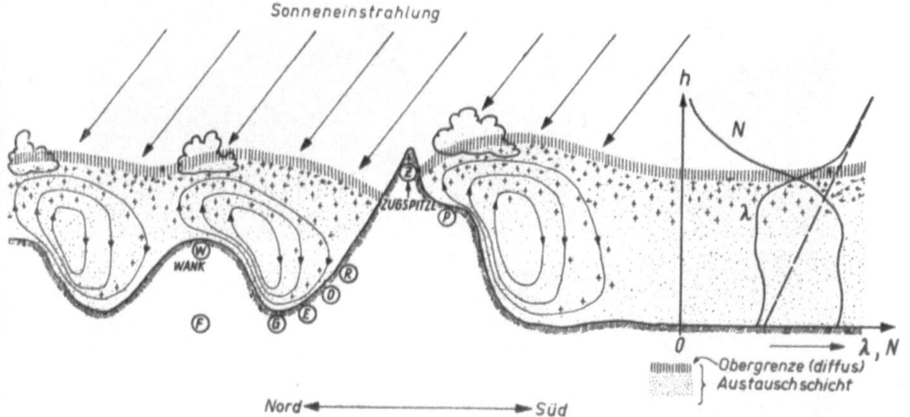

Abb. 59. Schematischer Schnitt durch die Austauschschicht im Stationsgebiet Wettersteingebirge. In Kreisen: die Stationen

ladungen aus der Höhe sehr leicht auch an die Stationen R und E geführt werden. Ist die Konvektion hinreichend heftig, so werden positive Raumladungen aus der Austauschschicht auch bis zu den Talstationen gelangen. Nehmen wir an, daß bei turbulentem Austausch in Abwindschläuchen vertikale Geschwindigkeiten in der Größenordnung von 1 m/s vorkommen, so werden Höhendifferenzen von 2 km in rund 30 Minuten überwunden. Bei einer Luftleitfähigkeit in der Größenordnung 10^{-16} Ohm^{-1} cm^{-1} beträgt die Zeitkonstante für den Abbau freier Raumladungen 10—20 Minuten. D. h., es können noch merkliche Raumladungsmengen im Tal ankommen, deren Dichte dort umso größer sein wird, je heftiger die Turbulenz d. h. je größer die Windgeschwindigkeit ist, vorausgesetzt, daß die Nachbildung der Raumladungen an der Austauschgrenze den Abtransport ausgleichen kann. Wir kommen darauf noch zurück. Auf jeden Fall wird deutlich, daß die Raumladungsbedingungen an der jeweiligen Station auch stark von den Strömungsverhältnissen abhängen.

Abb. 60. a) Vormittag: Die scharf ausgebildete Austausch-Obergrenze
(= Dunstgrenze) liegt bei etwa 2500 m NN. Erste Cumuli bilden sich gerade,
die Horizontalschicht ist schlecht. b) Am späten Mittag: Der Vertikalaustausch reicht bis hoch über 4000 m NN hinaus, eine Austausch-Obergrenze ist nicht mehr zu erkennen, die Horizontalsicht hat sich gebessert

An dieser Stelle werfen wir nochmal einen Blick auf Abb. 35. Es fällt auf, daß an Station Obermoos regelmäßig nach Sonnenuntergang ein erhebliches E-Maximum auftritt, das kaum durch den ionosphärischen Gang ausgelöst sein kann. Es zeigte sich, daß dieses Maximum von einem kräftigen Bergabwind begleitet ist, der aus lokalen Gründen am Abend aufkommt. Wenn auch gesonderte Messungen zur Sicherung der Ansicht nicht ausgeführt werden konnten, so sind wir doch der Meinung, daß wir es hier mit der Wirkung positiver Raumladungen zu tun haben, die in einer Abströmung von der Austauschobergrenze herabbefördert worden sind.

3.-0.0.7. Gedrängte Literaturübersicht zu den Abschnitten 3.-0.0.2. bis 3.-0.0.6.

Der Versuch, Literaturstellen zu den in den Abschnitten 3.-0.0.2. bis 3.-0.0.6. behandelten Themen zusammenzustellen, wie überhaupt luftelektrische Literatur systematisch zu bearbeiten, wird dadurch sehr erschwert, daß sie ungemein zerstreut veröffentlicht ist. Schon allein deshalb, aber auch mit Rücksicht auf den knappen Raum, darf Vollständigkeit auch nicht annäherungsweise erwartet werden.

Bereits sehr frühzeitig stellte man sich die Frage, ob der Tagesgang des Potentialgradienten von den Ortskoordinaten der Station abhängt. So führte G. C. SIMPSON Messungen in Lappland (1905) und in der Antarktis (1919) aus. Weiträumige Registrierungen (1915—1921), ausgeführt auf der „Carnegie" durch L. A. BAUER und W. F. G. SWANN (1917) und ausgewertet durch S. J. MAUCHLY (1926), erwiesen schließlich die Bindung des „ungestörten" Tagesganges von E an die Weltzeit. F. J. W. WHIPPLE (1929) erklärte diese Erscheinung bereits richtig durch die Bindung des luftelektrischen Erdfeldes an den Gang der Gewittertätigkeit auf der gesamten Erde. In neuerer Zeit führte PARAMONOFF Analysen der Registrierungen von 60 kontinentalen, ozeanischen und polaren Stationen verschiedenster Längengrade durch und bestätigte erneut die Bindung des E-Maximums an die Weltzeit. Eine nochmalige Überprüfung größten Stils führte R. E. HOLZER (1955) mit Hilfe zahlreicher See-, Land- und Gebirgsstationen aus und bestätigte durch Einbeziehung niederfrequenter atmospherics die Richtigkeit der Theorie von F. J. W. WHIPPLE (1929). Ergebnisse siehe R. E. HOLZER und G. F. SCHILLING (1952, 1953), G. F. SCHILLING und P. L. CHILDRESS (1954), R. E. HOLZER und P. L. RUTTENBERG (1955). Messungen über See wurden außerdem von W. D. PARKINSON und R. L. WELLER (1953) ausgeführt. Geographische Analysen von i-Registrierungen siehe bei H. ISRAEL (1954a) und T. OGAWA (1960c).

Untersuchungen über luftelektrische Tagesgänge mit mehr oder weniger intensiver Behandlung der lokalen Störungsbedingungen finden sich u. a. bei: C. W. LUTZ (1939), H. GOLDSCHMIDT (1941), H. ISRAEL (1950), H. HATAKEYAMA und M. KAWANO (1953), R. MÜHLEISEN (1953), W.

CZYSZEK (1954), H. ISRAEL (1954), P. L. VINOGRADOV (1956), E. v. KILINSKY (1958), T. OGAWA (1960a und b).

Die Beziehung zwischen luftelektrischem Geschehen und meteorologischem Massenaustausch wurde vor allem von H. ISRAEL und Mitarb. sorgfältig untersucht, wobei vorübergehend Hochgebirgsmessungen bis 3579 m NN (Jungfraujoch) ausgeführt worden sind. Ergebnisse finden sich u. a. bei H. ISRAEL, H. W. KASEMIR und K. WIENERT (1955) und H. ISRAEL (1955a), sowie kürzere Überblicke bei H. ISRAEL (1952b, 1956 und 1959b). Aber auch die oben genannten Arbeiten von R. E. HOLZER und Mitarb. befassen sich mit den Problemem des Vertikalaustausches.

Die Raumladungsbildung in der Austausch-Obergrenze wird in den Arbeiten der beiden Gruppen nicht behandelt, auch die Frage der Bindung luftelektrischer Größen an meteorologische Elemente wird nur gestreift. Ein gewisser Nachteil der oben genannten Untersuchungen ist, daß die Hochgebirgsregistrierungen fast ausnahmslos nur über kurze Intervalle und in den wärmeren Jahreszeiten ausgeführt worden sind. Von den Stationen Jungfraujoch und Gornergrat liegen die Ergebnisse immerhin aus einem vollen Jahreszyklus vor [H. ISRAEL (1959b)].

Besondere Beachtung verdienen auch die Untersuchungen von M. KAWANO [frühere Arbeiten: M. KAWANO (1953), H. HATAKEYAMA und M. KAWANO (1953)]. Ein Teil dieser Untersuchungen befaßt sich mit der Frage der Widerstandsverteilung in der Austauschschicht [M. KAWANO (1957a, 1958a)], ein anderer mit dem Problem, den Scheindiffusionskoeffizienten aus luftelektrischen Messungen abzuleiten [M. KAWANO (1957b)].

In jüngster Zeit hat M. KAWANO (1958b, c) umfangreiche Formeln abgeleitet, welche dazu dienen sollen, die lokalen Einflüsse auf das Verhalten des Potentialgradienten, des vertikalen Säulenwiderstandes und weiterer Größen vollständig zu beschreiben. In diese Formeln gehen ein: Messungen des Potentialgradienten, der Ionisierungsstärke, der Kondensationskerndichte u. a., gemessen an der Erdoberfläche in geringen Höhen über Meeresniveau (in bzw. nahe Tokyo). Gleichzeitig werden plausible Annahmen über den vertikalen Austauschkoeffizienten gemacht und berücksichtigt. Allerdings ist die Kette der Schlußfolgerung sehr lang und es wird angenommen, daß Gleichgewicht bestehen soll zwischen konvektiv bewegten elektrischen Ladungen und elektrostatischem Ladungstransport. Unter Annahmen über die vertikale Feldverteilung, Raumladung, Leitfähigkeit wird auf den Austauschkoeffizienten geschlossen. Es ist zwar kaum an der mathematischen Richtigkeit der sich ergebenden komplizierten Endformel zu zweifeln, es bleibt jedoch abzuwarten, ob die vielen Annahmen und Voraussetzungen eine solche Berechnung rechtfertigen.

Intensiv mit der Frage der Raumladungsverteilung und der Messung von Raumladungen in der Atmosphäre haben sich vor allem B. VONNEGUT und Mitarb. befaßt [B. VONNEGUT, C. B. MOORE und M. BLUME

(1957), B. VONNEGUT und C. B. MOORE (1958b)]. Aus vertikalen Profilen des Potentialgradienten haben ferner J. F. CLARK (1958), sowie J. H. KRAAKEVIK und J. F. CLARK (1958) Schlüsse auf die vertikale Verteilung von Raumladungen gezogen und Raumladungsprofile berechnet. Ihre Ergebnisse stützen sich auf Messungen mittels Flugzeug. Ganz ähnliche Messungen, wenn auch in viel bescheidenerem Umfange, hat schon P. LAUTNER (1941) mittels luftelektrischer Abwurfsonden ausgeführt. Ausgedehnte Messungen der Raumladung nahe der Erdoberfläche wurden früher u. a. von W. N. OBOLENSKY (1925, Filtermethode) und C. W. LUTZ (1934, 1939, Käfigmethode) ausgeführt. In jüngerer Zeit hat R. MÜHLeisen [R. MÜHLEISEN und W. HOLL (1952)] die Tropfenmethode eingeführt und mehrfach angewandt. R. MÜHLEISEN (1953, 1959) und M. SMIDDY und J. A. CHALMERS (1960) führten die Doppel-Feldmühle erfolgreich zur Messung der Raumladung in der unteren Atmosphäre ein.

Eine große Zahl von Arbeitsgruppen befaßte sich mit der Untersuchung der Höhenabhängigkeit der Größen E, λ, R, zum Teil auch i, wobei sowohl Flugzeuge (Flzg) als auch Radiosonden (Rsd.) eingesetzt wurden. Sehen wir zunächst von den Untersuchungen CALLAHAN-SAGALYN und von vereinzelten älteren Untersuchungen ab, so wären hier vor allem zu erwähnen: F. ROSSMANN (1950, E, n_+, n_-, λ_+, λ_-, Segel-Flzg.), L. KOENIGSFELD und PH. PIREAUX (1951, E, Rsd.), L. KOENIGSFELD (1955, λ, Rsd.), STERGIS, C. G. und Mitarb. (1955, λ, Rsd.), J. LUGEON (1956, E, λ, Rsd.), S. P. VENKITESHWARAN und B. B. HUDDAR (1956, E, Rsd.), STERGIS, C. G. und Mitarb. (1957, E, Rsd.), J. H. KRAAKEVIK und CLARK, J. F. (1958b, n_+, n_-, E, Flzg.), J. H. KRAAKEVIK (1958, λ, Flzg.), WOESSNER, R. H. und Mitarb. (1958, n_+, n_-, Rsd.), J. H. KRAAKEVIK (1958, i, Flzg.), S. P. VENKITESHWARAN (1958, E, λ, Rsd.) und R. MÜHLEISEN und H. J. FISCHER (1960, E, Rsd.).

Eine besondere Stellung nehmen die mehrjährigen, intensiven und vielfältigen Messungen von R. CALLAHAN-SAGALYN ein, welche mittels Flugzeugen ausgeführt worden sind. Diese Untersuchungen waren auf die gleichzeitige Gewinnung mehrerer luftelektrischer Elemente und Größen gerichtet und wurden dazu benutzt, deren Zusammenspiel im einzelnen zu ergründen, und zwar sowohl unter kontinentalen, als auch ozeanischen Bedingungen und in Flughöhen bis zu 6 km. Folgende Größen wurden erfaßt: Kleinionendichten, Großionendichten, Leitfähigkeit, Verhältnis positiver zu negativer Kleinionendichte, Verhältnis ungeladene/geladene Kerne, Ionenbeweglichkeiten. Diese Untersuchungen erbrachten ebenfalls wichtige Ergebnisse in bezug auf die Bedeutung der meteorologischen Austauschgrenze für den elektrischen Aufbau der unteren Atmosphäre [siehe: R. C. CALLAHAN und S. C. CORONITI (1951), S. C. CORONITI und E. HEATON (1953); R. CALLAHAN-SAGALYN und G. A. FAUCHER (1954), R. CALLAHAN-SAGALYN und G. A. FAUCHER (1956), R. CALLAHAN-SAGALYN (1958a, b)].

Eingehendere Untersuchungen über Kleinionendichten in niedrigen Höhen und unter verschiedenen Bedingungen wurden von H. NORINDER und R. SIKSNA (1950, 1952, 1953), ferner von N. V. KRASNOGORSKAYA (1958) und C. J. ADKINS (1959) ausgeführt.

Obzwar Messungen der Kondensationskerndichte und Staubkonzentration in größeren Höhen, sei es auf Gipfelstationen [R. CHALLANDE (1959)], sei es im Flugzeug oder mittels Ballon [C. E. JUNGE (1960, 1961), C. E. JUNGE, C. W. CHAGNON und J. E. MANSON (1961)], nur spärlich vorhanden sind, liegen Meßergebnisse aus niedrigen Höhen heute schon recht zahlreich vor. Es seien folgende Veröffentlichungen aus neuerer Zeit erwähnt: S. OTHA (1950), P. ACKERMANN (1954), M. BIDER (1954a, b), G. HENTSCHEL, (1954) U. KÜHN (1954), F. VERZAR (1954a, b), M. BIDER (1955), G. HENTSCHEL (1955), H. ISRAEL (1955), K. DREISBACH (1956), M. BIDER (1956), E. HERPERTZ, H. ISRAEL und F. VERZAR (1957), R. J. MASON (1956), R. CALLAHAN-SAGALYN und G. A. FAUCHER (1957), A. L. METNIEKS (1958), A. E. CARTE und S. C. MOSSOP (1960, Messungen in Südafrika), R. W. FENN (1960, Messungen in Grönland), T. C. O'CONNOR, W. P. SHARKEY und V. P. FLANAGAN (1961, Messungen in Atlantik-Luft). Auf einige weitere Arbeiten werden wir im nächsten Abschnitt zu sprechen kommen.

Von besonderem Interesse sind noch die experimentellen Untersuchungen von F. VERZAR über die Bildung von Kondensationskernen durch ultraviolette Sonnenstrahlung [siehe J. J. MCHENRY und S. TWOMEY (1952), F. VERZAR und Y. KUNZ (1957), F. VERZAR und H. D. EVANS (1959), vergl. auch R. MROSE (1954)].

3.-0.0.8. Der Sonnenuntergangseffekt

Typische Veränderungen der luftelektrischen Elemente, die häufig um die Zeit des Sonnenauf- bzw. Unterganges auftreten, waren schon vielfach Gegenstand von Betrachtungen und Erwägungen. Es seien hier vor allem zwei unterschiedliche Auffassungen über das Zustandekommen der Effekte erwähnt: H. W. KASEMIR (1956) sieht im Sonnenaufgangs- bzw. Untergangseffekt das „Anlassen" und „Abstellen"eines Austauschgenerators" [vergl. auch H. ISRAEL (1957b)], während R. MÜHLEISEN (1959, s. a. 1961), annimmt, daß die Effekte auf Raumladungsbildung durch Verdampfungs- bzw. Kondensationsprozesse an Kondensationskernen beruhen[1]). Wir kommen im einzelnen noch darauf zurück. Eine Diskussion des Sonnenaufgangseffektes findet sich außerdem bei J. A. CHALMERS (1957b) und R. SIKSNA(1957)[2]). Sie zeigt, daß noch keine allgemeine Übereinstimmung der Ansichten besteht. In jüngster Zeit hat J. LAW (1961)

---

[1]) Neueste Literatur hierzu: H. ISRAEL und R. KNOPP (1962).
[2]) Siehe auch W. MÜLLER und J. C. THAMS (1962).

nachgewiesen, daß durch Sonneneinstrahlung der vertikale Gradient der Kondensationskerndichte in den untersten drei Metern der Atmosphäre auf charakteristische Weise verändert wird. Diese Beobachtung kann ebenfalls auf dem Wege über den (bodennahen) Vertikalaustausch zur Klärung der Sonnenaufgangs- und Untergangseffekte beitragen, worauf jedoch hier nicht näher eingegangen werden soll. Eine noch offene Frage ist ferner, ob dem von VERZAR (s. o.) beobachteten Effekt einer vorübergehenden Vermehrung der Kondensationskerndichte durch Sonneneinstrahlung nach Sonnenaufgang eine entscheidende Bedeutung für den Sonnenaufgangseffekt zukommt. Die Frage der Bildung von Kernen durch UV- und Röntgenstrahlung wurde auch in jüngster Zeit eingehend behandelt [siehe z. B. M. J. MEGAW und R. D. WIFFEN (1961) und W. HOPPE (1961)], wobei sich zeigte, daß die Kernbildung an das Vorhandensein von SO_2-Spuren in der Luft gebunden ist.

Unsere mehrjährigen Registrierungen boten günstige Gelegenheit, vergleichende Untersuchungen auszuführen, wobei wir uns auf den Sonnenuntergang beschränken können. Selbstverständlich wurden dabei nur Schönwetterregistrierungen verwertet. Neben der Besprechung von Einzelbeispielen kann das Ergebnis einer statistischen Auswertung mitgeteilt werden: Getrennt nach Jahreszeiten wurden die mittleren Gänge der luftelektrischen und meteorologischen Elemente, jeweils synchronisiert um den Zeitpunkt des Sonnenunterganges, aus den Registrierdaten errechnet.

3.-0.0.8.0. Einzelbeispiele

Zunächst sei auf die Synoptische Tafel, Abb. 26 verwiesen.

Bei der Besprechung dieser Tafel haben wir bereits erwähnt, daß der Sonnenuntergangseffekt (Absinken von E und i) nur an den Talstationen G und F zu erkennen ist, nie aber an Station Zugspitze und nur schwach an den Hangstationen. Eine Ausnahme liefert Station W, an der sich der Tagesgang von E und i als extrem stark vom Tagesgang der Konvektion abhängig erwies.

Die Erfahrung, daß Sonnenuntergangseffekte stark ausgeprägt nur an den Talstationen und an W, nicht aber an Z auftreten und daß sie außerdem mit dem Austauschgeschehen zeitlich verknüpft sind, kann nach unserer Erfahrung als sicher gelten.

Ganz besonders sorgfältig wurden auch die Registrierdaten der Stationen P und S auf etwaige Sonnenauf- und Untergangseffekte analysiert. Obwohl an diesen Stationen vielfach dieselben Gänge der relativen Feuchte festgestellt wurden wie an Talstationen, blieben luftelektrische Sonnenuntergangs- und Aufgangseffekte stets aus. Die Erfahrung, nämlich, daß diese Effekte deutlich nur im Tal, kaum aber in der Höhe in Er-

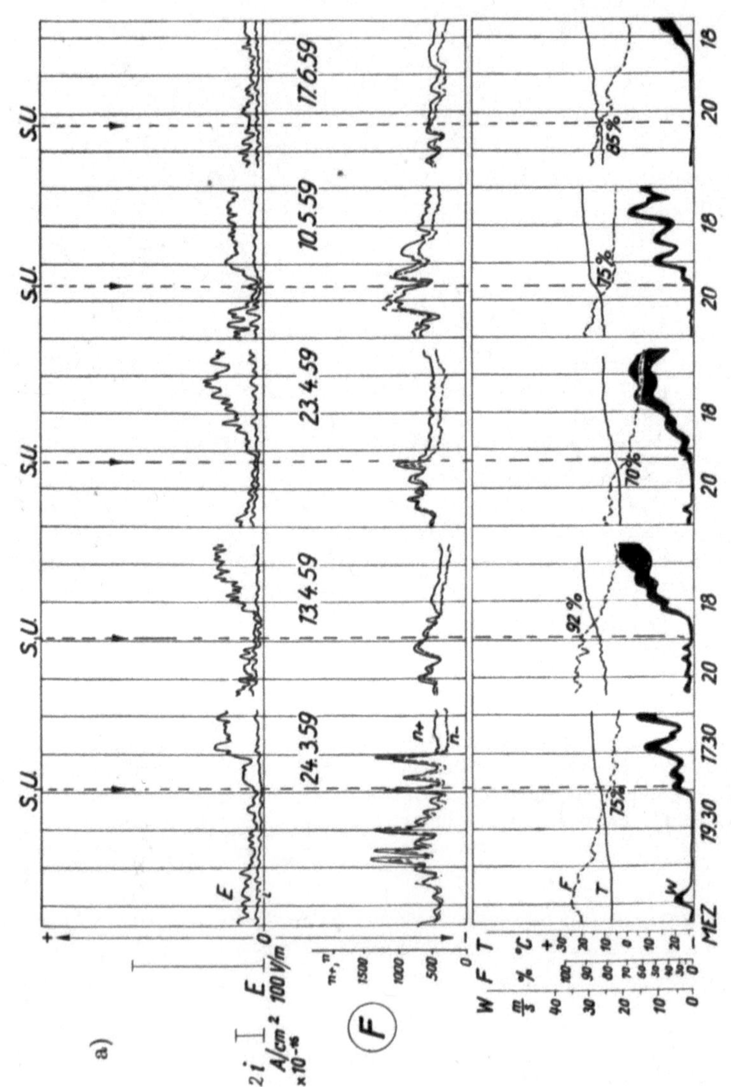
a)
17.6.59
10.5.59
23.4.59
13.4.59
24.3.59
S.U.
E
i
n+
n–
2 i
A/cm² 100 V/m
×10⁻¹⁶
E
F
85%
75%
70%
92%
75%
F
T
W
MEZ
18   20   18   18   20   18   17.30   19.30
+
0
–
m·s⁻¹
°C
%
W F T

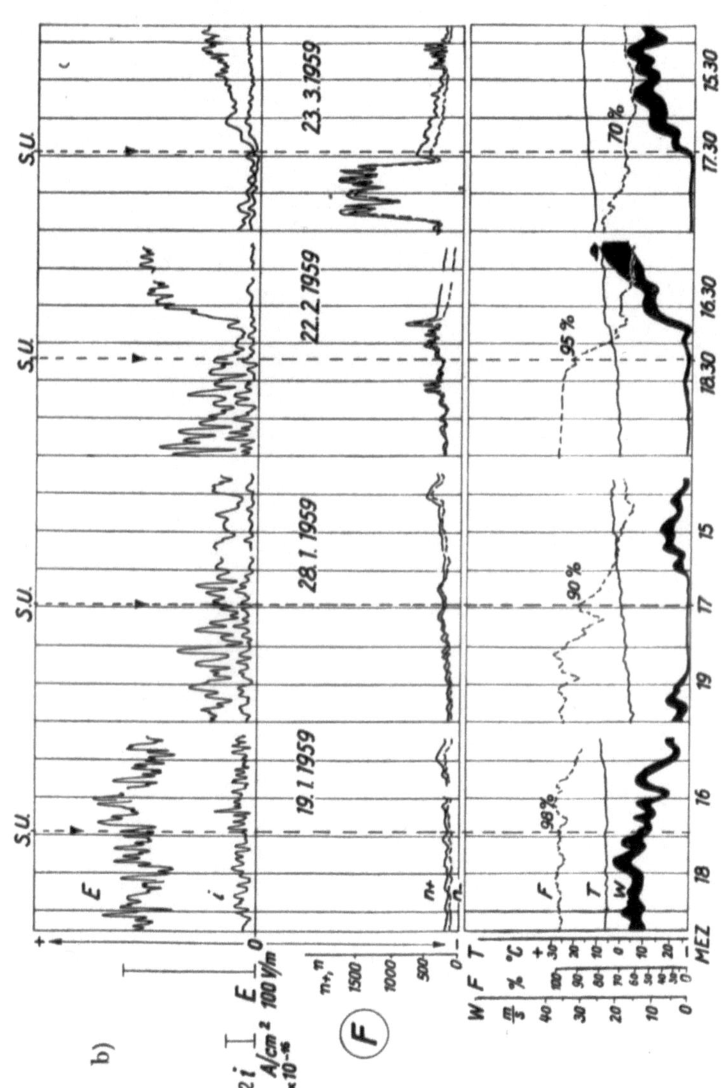

Abb. 61. Einzelbeispiele zum luftelektrischen Sonnenuntergangseffekt. Erklärung der Abkürzungen, siehe Tab. 2. a) Frühjahr und Frühsommer, b) Winter

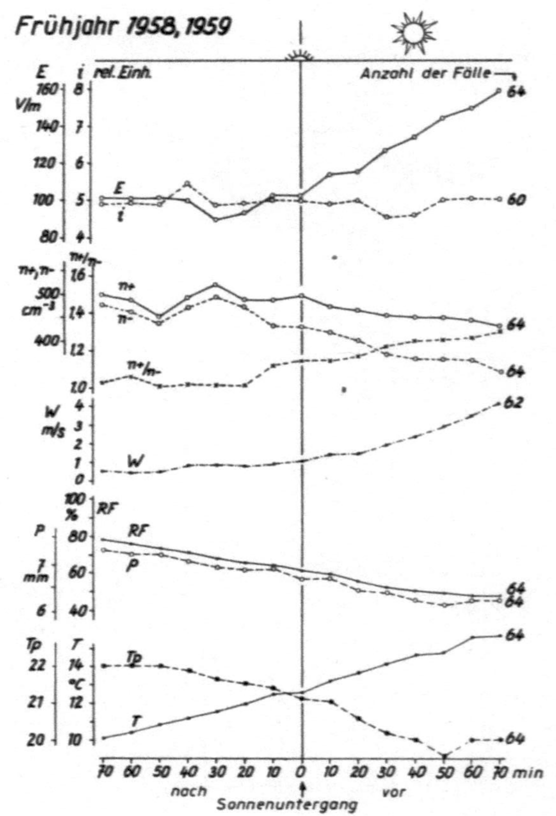

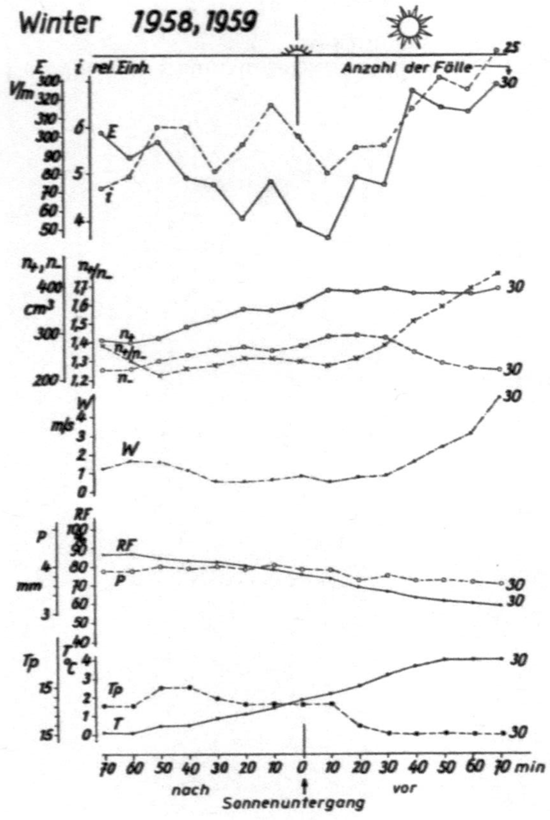

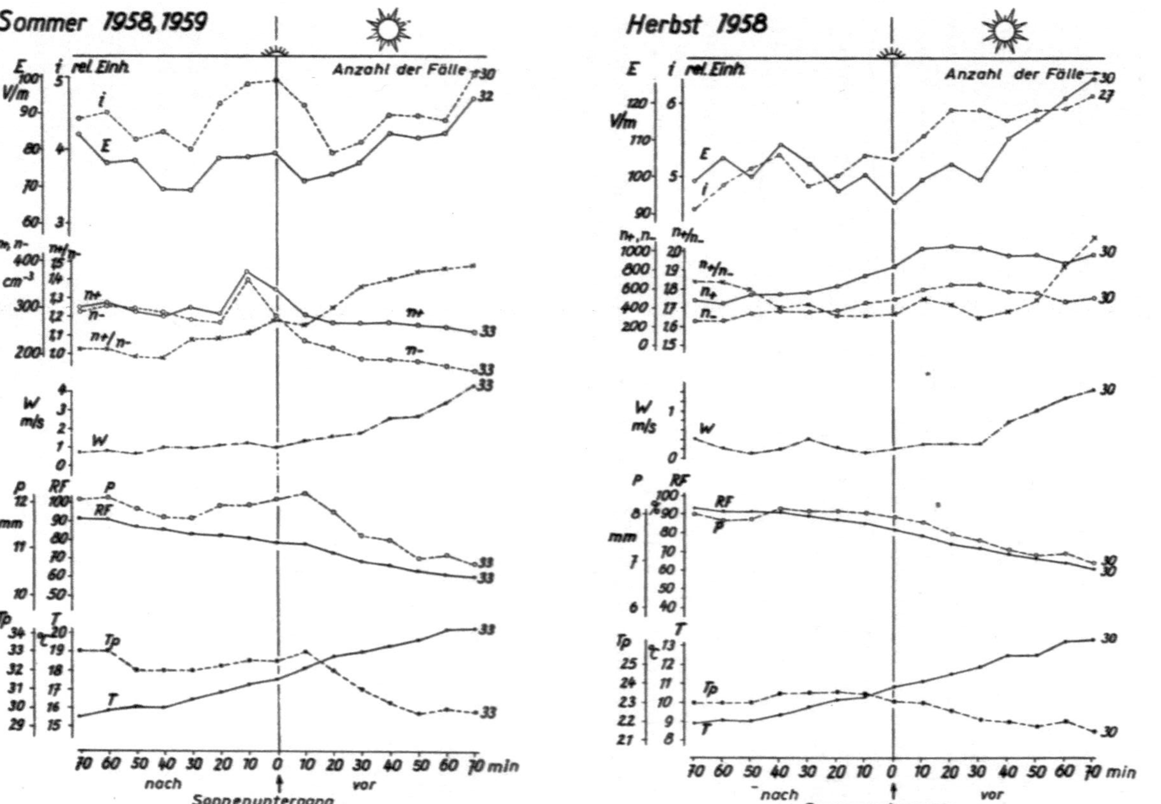

Abb. 62. Mittlere Gänge der luftelektrischen und meteorologischen Elemente, synchronisiert um den Zeitpunkt des Sonnenunterganges und aufgeschlüsselt nach Jahreszeiten

scheinung treten, steht in voller Übereinstimmung mit einer entsprechenden Feststellung von H. ISRAEL (1957a) an Hand von Untersuchungen
in den Schweizer Alpen.

Betrachten wir einige Einzelfälle (Abb. 61), so stellen wir fest: E und meist
auch i beginnen, von den Wintermonaten abgesehen, bereits etwa 1 Stunde
vor Sonnenuntergang (SU) zu fallen. Dieser Abfall geht sehr gut mit dem
Absterben des Konvektionswindes[1]) an der Station parallel, der meist um den
SU völlig einschläft. Eine deutliche Beziehung zwischen relativer Feuchte F
(ihr Wert zum SU-Zeitpunkt ist gesondert in die Abb. eingetragen) und
luftelektrischem SU-Effekt besteht offenbar nicht, denn auch im Winter
findet man steigende relative Feuchte um SU, während der luftelektrische
SU-Effekt, und gleichzeitig das markante Einschlafen des Windes, fehlen.
Übrigens ist vor dem SU (mit Ausnahme im Winter) das Ionenverhältnis
n_+/n_- deutlich größer als nachher.

3.-0.0.8.1. *Mittlere Gänge um den Sonnenuntergang pro Jahreszeit*

Abb. 62 zeigt das Ergebnis der vier jahreszeitlichen Synchronisationen
um den SU-Zeitpunkt. Zu allen Jahreszeiten geht das Absinken von E
und i, sowie die Verminderung des Verhältnisses n_+/n_- vor SU parallel
mit dem Abflauen des Windes. Merkwürdig ist die nochmalige vorübergehende Aufbeulung von E und i im Sommer um SU, die, wenn auch
schwächer, gleichzeitig in der Dampfdruckkurve (P) zu erkennen ist.
Für diese Erscheinung steht eine Erklärung noch aus. Daß um den SU
die Temperatur fällt und die relative Feuchte steigt, ist trivial. Wir
müssen uns aber hier fragen, ob der Pegel der relativen Feuchte[2]) in dem
Zeitintervall, in dem sich der SU-Effekt an E und i ausbildet, ausreichen
kann, um merkliche Wasserdampfaufnahme an Kondensationskernen
zu bewirken. Auf Grund der Abb. 62 erhalten wir folgende Feuchtebereiche:

Winter	55—75%	(30 Fälle)
Frühjahr	50—60%	(64 Fälle)
Sommer	60—80%	(33 Fälle)
Herbst	60—80%	(30 Fälle)

Wenn wir nun die Ergebnisse von CH. JUNGE (1952) über die Wasseraufnahme von Kondensationskernen berücksichtigen, wonach Misch-

---

[1]) Ein Einfluß des Windes direkt auf die Registriereinrichtung von E kann
nach 2.-2.0.0. mit Sicherheit ausgeschlossen werden.

[2]) Die relative Feuchte ist ca. 1,5 m über Boden gemessen. Für unsere
Betrachtungen, insbesondere im Hinblick auf die Theorie von MÜHLEISEN,
wäre es wichtig, die Feuchte in der Schicht mehrerer Dekameter über Boden
zu wissen. Immerhin ist anzunehmen, daß die relative Feuchte mit Annäherung zum Boden zunimmt, die Werte also in der „kritischen" Luftschicht
über der Station niedriger liegen als in der nachfolgenden Zusammenstellung
angegeben ist.

kerne[1]) erst bei Feuchten von über 70% merklich zu wachsen beginnen und das schnelle Wachstum erst im Feuchtebereich von 80—100% erfolgt, so kommen wir zu dem Ergebnis, daß sich der luftelektrische SU-Effekt in einem Bereich der relativen Feuchte abspielt, in dem noch keine oder höchstens nur eine geringfügige Wasseraufnahme durch die Kerne stattfindet. R. MÜHLEISEN (1959) hat auf experimentellem Wege festgestellt, daß sich bei der Wasseraufnahme durch Kerne freie negative Raumladungen, bei der Abtrocknung der Kerne jedoch freie positive Raumladungen in der Luft ausbilden. Raumladungen, die auf diese Weise entstehen können, dürften aber unter Berücksichtigung der oben angegebenen Feuchteintervalle nicht oder nur unwesentlich am Zustandekommen des SU-Effektes (und damit wohl auch des Sonnenaufgangseffektes) beteiligt sein. Auch findet man auffallenderweise an den Hochstationen (W bleibe außer Betracht) keinen luftelektrischen Sonnenauf- oder Untergangseffekt, obwohl an diesen, wie oben erwähnt, die Tagesgänge der relativen Feuchte denen im Tal sehr oft absolut vergleichbar sind. Wir kommen darauf in 3.-0.1.4. erneut zurück.

Naheliegender scheint die Bindung des SU-Effektes an die Variationen der Austauschintensität zu sein, was im nächsten Abschnitt nachgewiesen wird.

3.-0.0.8.2. *Ionenverhältnis n_+/n_- als Funktion der Windgeschwindigkeit im Tal, d. h. der Austauschintensität*

Trägt man das Ionenverhältnis n_+/n_- als Funktion der Windgeschwindigkeit an der Talstation auf, so erhält man Abb. 63. Es ergibt sich innerhalb einer gewissen Streubreite eine recht eindeutige Abhängigkeit, die im Bereich von etwa 1,5—4,5 m/s Windgeschwindigkeit besonders stark ist. Bei hohen Windgeschwindigkeiten (5 m/s und mehr) erreicht n_+/n_- Werte von über 2,0. Eine ähnliche Windabhängigkeit des Ionenverhältnisses konnte bezeichnenderweise am Zugspitzplatt nicht gefunden werden (3.-0.0.3.1.).

Ein deutlicher Überschuß an positiven Kleinionen läßt nun darauf schließen, daß gleichzeitig auch positive Raumladung vorhanden ist[2]). Positive Raumladung bewirkt aber einen positiven Zuwachs des Schönwetterpotentialgradienten und in der Regel auch des Leitungsstromes (sofern nicht gleichzeitig entgegenwirkende λ-Variationen auftreten). Aus diesem

---

[1]) Reine Lösungskerne, insbesondere solche, die aus hygroskopischen chemischen Verbindungen bestehen, wachsen schon bei niedrigeren Feuchten. Solche Lösungskerne kommen aber in der Natur kaum vor. Fast immer enthalten Kerne lösliche und unlösliche feste Stoffe (Mischkerne).

[2]) Vorausgesetzt, daß nicht unipolar geladene Kerne (Großionen) aus künstlichen Kernquellen das Bild verfälschen.

Zusammenhang erklärt sich die Beziehung zwischen Potentialgradient und Windgeschwindigkeit, wie wir sie im Tal gefunden haben. Nun ist aber der Talwind an Schönwettertagen nichts anderes als ein Ausdruck der Konvektion, so daß sich also letztenendes der ortszeitliche Gang von E im Talniveau als Funktion der Austauschintensität erweist, was wir schon oben (3.-0.0.4.—3.-0.0.6.) mehrfach vermutet haben. Die Frage ist jetzt nur noch, ob der „Austauschgenerator" [H. W. KASEMIR (1956)] seine positiven Ladungen von der Erdoberfläche her (Elektrodeneffekt)

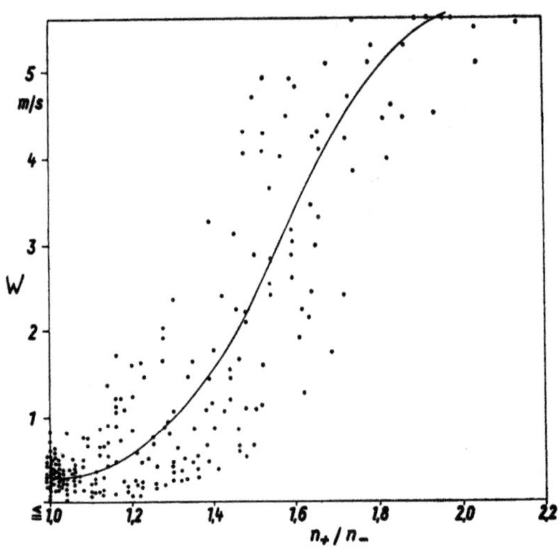

Abb. 63. Das Verhältnis: positive Kleinionendichte/negative Kleinionendichte als Funktion der Windgeschwindigkeit W an der Station Farchant (Schönwetter-Stundenmittel pro Monat im Jahre 1959)

oder aus der Höhe bezieht, d. h. von der Austauschobergrenze, welche wir mit positiven Raumladungen erfüllt gefunden haben (3.-0.0.6.). Unsere bisherigen Untersuchungen lassen hierüber keine sichere Entscheidung zu.

Nach H. ISRAEL (1957b) kann das durch den Austauschgenerator, der sich vom Elektrodeneffekt nährt, aufrecht erhaltene positive Zusatzfeld nahezu 100 V/m betragen, wenn man einen Austauschkoeffizienten vom Wert $A = 100$ zugrunde legt. Die Halbwertshöhe für diese Raumladung würde bei 40 m liegen. Untersuchungen von E. A. YUNKER (1940) und R. SIKSNA (1957) weisen jedoch darauf hin, daß die positiven Raumladungen nicht vom Boden, sondern aus der Höhe zu kommen scheinen, was mit unserer Anschauung übereinstimmen würde.

Es sei noch erwähnt, daß J. A. CHALMERS (1957b) einige Bedenken gegen die Austauschgenerator-Theorie von H. W. KASEMIR (1956) äußert. Sie stützen sich darauf, daß Strommessungen, in die der Konvektionsstrom eingeht (Auffangplatte), keinen Nachweis für den Austauschgenerator liefern. In diesem Zusammenhang sei nochmal darauf hingewiesen, daß unsere Messungen (Auffang-Antennen) nicht durch Konvektionsströme gestört sein können.

3.-0.0.8.3. *Ionenverhältnis n_+/n_- an Stratustagen und Schönwettertagen*

Der wesentliche Unterschied im Verhalten der Kleinionen, den wir einerseits an Konvektionstagen und andererseits an Tagen ohne Konvek-

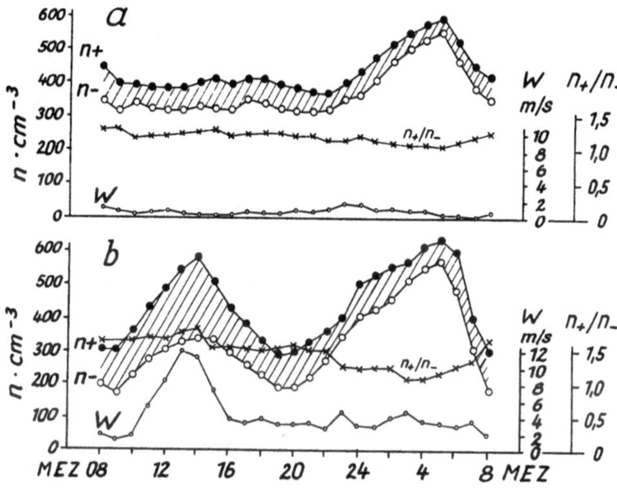

Abb. 64. Vergleich zwischen dem Gang der Kleinionendichten und der Windgeschwindigkeit a) an Tagen mit Stratus und b) an wolkenlosen Schönwettertagen der gleichen Jahreszeit in Farchant. Das mittägliche Ionenmaximum ist unmittelbar an die Konvektion gebunden (siehe *W*-Kurve)

tion finden, wird durch Abb. 64 bestätigt. Herrscht den ganzen Tag über Stratus, ist also die bodennahe Luftschicht von der Konvektion ausgeschaltet (niedrige Windgeschwindigkeit), so fehlt das nachmittägliche Maximum von n_+ und n_+/n_- (Abb. 64a, 6 Fälle im Herbst). Der nächtliche Anstieg der Kleinionendichte tritt jedoch ungeschwächt in Erscheinung. Er ist, wie schon H. NORINDER und R. SIKSNA (1950) festgestellt haben, eine unmittelbare Folge der Anreicherung natürlich radioaktiver Elemente dicht über der Erdoberfläche bei nächtlicher Luftruhe. Abgesehen von der Bestätigung dieser Ansicht durch unsere Luftradioaktivitätsmessungen (siehe später) wird sie durch die Tatsache erhärtet, daß an Hochgebirgsstationen das nächtliche Maximum der Kleinionendichte fehlt, weil sich keine stabile Schicht über der geneigten Erdoberfläche ausbilden kann. Bemerkenswert ist nun, daß sich nachts im Tal das Verhältnis n_+/n_- stark dem Wert 1 nähert, obwohl eigentlich durch den Elektrodeneffekt, der sich ja auch nur bei Luftruhe in Bodennähe ausbilden kann, eine Verschiebung zu Gunsten von n_+ zu erwarten wäre. Es könnte daraus geschlossen werden, daß dem Elektrodeneffekt doch nicht diese große Bedeutung zukommt, wie sie allgemein angenommen wird, zumal sich aus unserem gesamten Material (siehe 3.-0.0.4.) kein Anhaltspunkt dafür ergibt[1]).

Betrachten wir nun zum Vergleich mit Abb. 64a die mittleren Gänge von 8 herbstlichen, wolkenlosen Schönwettertagen (Abb. 64b), so finden wir neben dem nächtlichen Maximum von n_+ und n_- ein starkes Maximum von n_+ und ein schwächeres von n_- am Nachmittag und erwartungsgemäß ein mit der Windgeschwindigkeit korrespondierendes Maximum von n_+/n_-.

Dieser Vergleich ist ein gutes Beispiel dafür, wie überaus wichtig eine Analyse der luftelektrischen Vorgänge unter strenger Berücksichtigung der meteorologischen Bedingungen ist.

3.-0.0.9. *Lokale Variationen der luftelektrischen Elemente an Tal- und Hangstationen*

3.-0.0.9.0. *Veränderungen der Aerosolkonstitution als Ursachen*

Änderungen der Aerosolkonstitution führen zu Variationen der luftelektrischen Größen (Literatur siehe 3.-0.0.9.4.), so daß diese zweifellos einen guten Einblick in das augenblickliche Gefüge der Aerosolstruktur liefern, womit sie auch als Indikatoren in der Meteorobiologie [siehe R. REITER (1960b)] erhebliche Bedeutung erlangen. Sehr eindrucksvoll erlebt man diese Verknüpfung unmittelbar bei sprunghaften Luftkörperänderungen.

Die Abb. 65a und b sollen als Beispiele dienen. Im Fall a wurde durch südliche Strömung im Talniveau zunächst sehr kernarme Gebirgsluft an Station Farchant herangeführt, während der Himmel teilweise durch Altocumulus bedeckt war. Um 16.40 erfolgte Windsprung auf Nord und starke Zunahme der Windgeschwindigkeit. Der Nordwind brachte dunstige, stark kernhaltige Luft aus einer dünnen Kaltlufthaut (Temperatursturz, Feuchteanstieg!), die sich vom nördlichen Gebirgsrand aus weit in die Vorebene hinein erstreckte und die mit Schmutzstoffen aus zahlreichen Aerosolquellen erfüllt war. Gleichzeitig bedeckte sich der Himmel mit Stratoscumulus (Abfall der Zenithelligkeit H!). Dieser Luftkörperwechsel ließ E hochschnellen und i abfallen und die Kleinionendichten sanken schlagartig ab.

---

[1]) Ein Grund für den höchstens schwachen Elektrodeneffekt im Tal kann der orographisch erniedrigte Potentialgradient sein. Am Zugspitzplatt ist der Elektrodeneffekt (siehe n_+/n_-, Tab. 14) deutlicher ausgeprägt.

Eine Schwade verschmutzter Luft passierte übrigens schon 15.20 die Station und löste analoge, aber kurzzeitige Spitzenwerte aus. E und i verliefen bei erhöhter Windgeschwindigkeit überaus glatt (siehe 3.–0.0.1.). Nach Einschlafen des Windes setzten sofort heftige und gleichsinnige E- und i-Variationen ein, die z. T. auch von den Kleinionen mitgemacht wurden. Jedoch sank ihr Pegel im Mittel weiter ab.

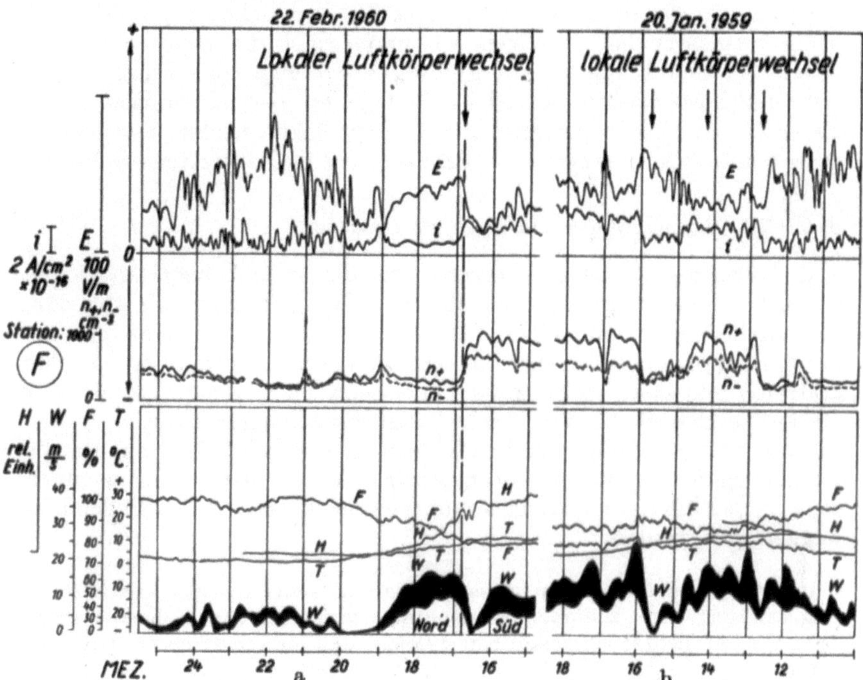

Abb. 65. Einzelbeispiele von Station Farchant für die Bindung der luftelektrischen Feinstruktur an die Aerosolkonstitution. a), b): Luftkörperwechsel

Ähnliche sprunghafte Variationen als Folge von Luftkörperübergängen mit Änderungen der Aerosolstruktur zeigt Abb. 65b, und zwar sowohl in Form von Stufen, als auch einzelner Wogen, die die Station passierten.

Wir stellen fest: durch den Wechsel von hoher zu niedriger Leitfähigkeit (n-Absturz) wird E erhöht, i vermindert, genauso wie bei Eintritt einer Hochstation in die Austauschschicht, aber hier als Folge eines Luftkörperwechsels, also eines advektiven und nicht konvektiven Vorgangs. Bei Windstille aber kommt es zu lokalen luftelektrischen Variationen innerhalb ein- und desselben Luftkörpers: es bilden sich Raumladungen aus, positive, wie negative, die E und i zu überwiegend gleichsinnigen Variationen veranlassen, ohne die Kleinionendichte stärker zu beeinflussen.

Mit Raumladungswellen werden wir uns noch eingehender beschäftigen.

Haben wir in den Abschnitten 3.0.0.2. bis 3.-0.0.6. an Hand von langzeitlichen Mittelwerten zeigen können, daß sich in großer synoptischklimatischer Sicht eindeutige und allgemeingültige Beziehungen zwischen E, i und λ bzw. elektrischem Widerstand der Luft und ihrem Kerngehalt aufweisen lassen, so sollen die Beispiele dieses Abschnittes, die sich beliebig vermehren ließen, zeigen, wie empfindlich die Feinstruktur der luftelektrischen Elemente auf Aerosolschwankungen als Folge advektiver Luftkörperwechsel anspricht. Es liegt ein besonderer Reiz darin, dieses Zusammenspiel im Detail durch Messung zu verfolgen und schrittweise bei gleichzeitig eingehender Beobachtung der Natur zu entschlüsseln.

3.-0.0.9.1. Raumladungsvariationen als Ursachen

Die oben schon gestreifte Erscheinung der Raumladungsvariationen soll uns hier noch eingehender beschäftigen. Beispiele liefern die Abb. 65 c, d. Auffallend ist, daß gleichsinnige E, i-Variationen, die also offenbar durch Raumladungen hervorgerufen werden, weitaus überwiegend nachts auftreten und zwar bei Windstille oder schwach bewegtem Wind. Sehr oft läuft auch noch die Windgeschwindigkeit zu den E, i-Kurven parallel, so daß wir von ladungserfüllten Windwogen sprechen können. Da die Kleinionendichten nur selten ansprechen, muß offenbar angenommen werden, daß die Raumladungen mindestens einige Meter über Boden hinweggetragen werden.

Recht interessant sind in diesem Zusammenhang die gleichzeitigen E-Registrierungen mit 2 Sonden (Horizontalentfernung: 40 m, Höhendifferenz: 4 m). Die Parallelität ist so stark ausgeprägt, daß man m itSicherheit folgern kann:

a) es kann sich bei den Effekten nicht um ganz sondennahe, nebensächliche Effekte handeln,

b) es können nicht lokale Belüftungseinflüsse direkt an den Sonden die Ursache für die E-Variationen sein, denn die Belüftungsbedingungen sind an beiden Sonden stark voneinander verschieden (1 Sonde frei auf Stange im Garten im SE des Hauses, 1 Sonde an horizontaler Angel, nahe dem Dachrand an der N-Wand des Hauses).

c) Die Mindest-Abmessung der Raumladungswogen muß mit Rücksicht auf den Sondenabstand in der Größenordnung mehrerer Dekameter liegen.

Nebenbei ist erwähnenswert, daß auf Abb. 65c am Spätnachmittag gegensinnige E-, i-Variationen registriert wurden, die überwiegend auf Kondensationskerndichte-Unterschiede beruhen müssen. Sie gehen am Abend in synchrone E-, i-Schwankungen über, die ihre Entstehung gewiß durchziehenden Raumladungsschwaden verdanken.

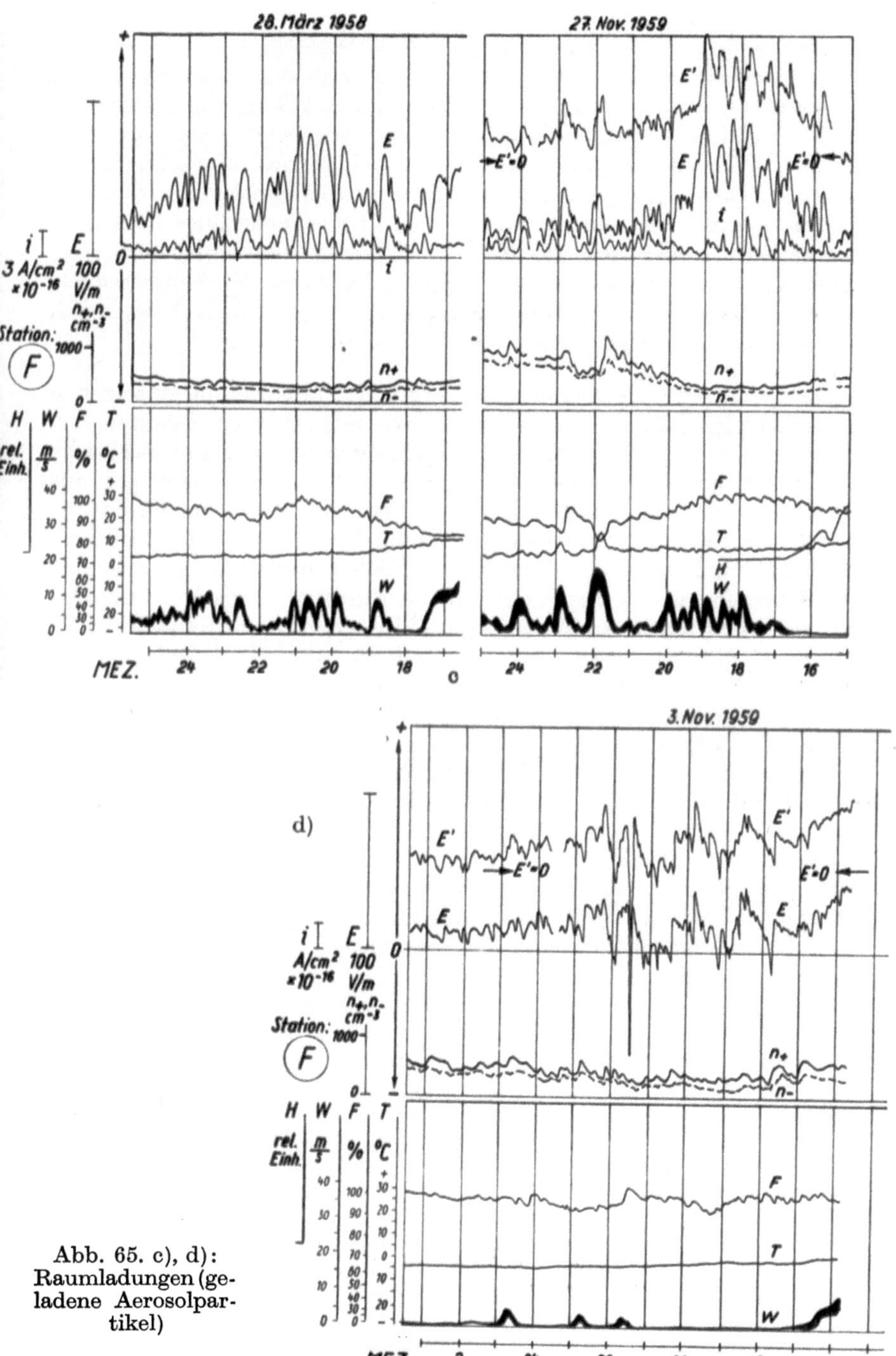

Abb. 65. c), d):
Raumladungen (geladene Aerosolpartikel)

Überschauen wir das gesamte vorliegende Material, so stellen wir fest:

Raumladungsschwaden treten überwiegend dann auf, wenn Konvektion fehlt und eine Stabilisierung der Schichtung eingetreten ist, also überwiegend nachts, wobei die Ladungen freilich von schwachen Luftwogen getragen sein können. Während anhaltender Konvektion und Durchmischung findet man weder Raumladungswogen, noch plötzliche Leitfähigkeitseffekte. Doch bewirken Einsatz und Ende der Konvektion (Sonnenuntergangs- und Aufgangseffekte!), aber auch plötzliche Windsprünge und Luftkörperwechsel einen mehr oder weniger raschen Umbau der Ladungs- und Aerosolstruktur in den bodennahen Luftschichten bis hinauf zur Obergrenze des Austausches, wie wir das bereits gesehen haben (3.-0.0.6.).

Die Ursache für die überwiegend nachts bei Stabilisierung einsetzende Raumladungsbildung wird aus eben dieser tageszeitlichen Bindung verständlich: Es ist nicht anzunehmen, und zwar schon allein mit Rücksicht auf unsere günstige Stationslage, daß es sich um Raumladungen aus Kaminen, Verbrennungsmotoren usw. handelt. Vielmehr dürfen wir sicher sein, daß wiederum steile Gradienten der Luftleitfähigkeit Ursache für die Raumladungsanhäufungen sind. Diese geben vor allem auch eine Erklärung für die überraschenden, oft sehr kräftigen negativen Raumladungen, die zu negativen E- und i-*Spitzen* führen (Abb. 65 d). Ihre Existenz ist durch die 2-Sondenmessungen gesichert: Abb. d zeigt die hervorragende Übereinstimmung der beiden E-Registrierkurven. Die Beispiele ließen sich beliebig vermehren. Fehlt, wie in der Regel nachts, in den untersten Dekametern der Atmosphäre merkliche Durchmischung, so reichert sich zwar über der Erdoberfläche natürliche Radioaktivität in der Luft an (wir kommen darauf später im einzelnen zurück), so daß, wie wir gesehen haben (3.-0.0.4. und 3.-0.0.8.3.) Kleinionendichte und Luftleitfähigkeit ansteigen. Die Leitfähigkeit nimmt aber in gewissen niedrigen Stockwerken mit der Höhe schließlich wieder ab [siehe H. NORINDER und R. SIKSNA (1950)], was notwendigerweise zur Ausbildung negativer Raumladungen führen muß, deren Dichte dem Leitfähigkeitsgradienten proportional ist. Im Detail ist aber der mikroklimatische und aerosolphysikalische Aufbau der untersten Luftschichten viel komplexer.

Wir müssen sie uns wie eine Torte aus verschieden gefüllten Schichten vorstellen, wie sie uns manchmal sogar sichtbar entgegentreten, etwa dann, wenn einzelne der Schichten durch Nebelflächen markiert sind: oft liegt der Nebel nicht am Boden auf, sondern er erreicht in wenigen Metern Höhe seine größte Dichte, aber höhere Bäume durchstoßen bereits wieder die Nebelobergrenze und es kann sein, daß die Kirchturmspitze erneut in die nächste Schicht eintaucht. Wäre der Nebel als sichtbares Kriterium nicht, so würden sich dieselben Schichten genauso durch unterschiedliche Kondensationskerngehalte, natürliche Radioaktivität, Kleinionendichten (wohl auch durch verschiedene Temperatur, Feuchte usw.) unterscheiden.

Es wird also schichtweise steile λ-Gradienten geben und dementsprechend hohe, wenn auch „geringmächtige" Raumladungsdichten. Schwache Luftbewegungen stauchen die horizontalen Schichten zu inhomogenen Paketen zusammen, die nun teils negative, teils positive Raumladungen am Beobachtungsort vorbeitragen. Konvektion hingegen, wie sie an Strahlungstagen stets eintritt, zerstört, durchknetet die Schichten zu einer homogenen Masse. Damit erklären sich zwanglos die oben an Hand der Kurven besprochenen tageszeitlichen Unterschiede der lokalen E, i-Variationen.

Überraschenderweise wurden bis jetzt Raumladungsanhäufungen im Gebiet hoher λ-Gradienten in den alleruntersten Schichten noch nicht zur Erklärung vielfältiger luftelektrischer Erscheinungen an Tal- und Flachlandstationen herangezogen.

3.-0.0.9.2. Hangluftlawinen

Das oft uhrwerksartig gleichmäßige Abgehen von Luftlawinen an geneigten Hängen im Hoch- und Mittelgebirge ist eine bekannte und oft beschriebene Erscheinung. Nach all dem, was im Vorangegangenen gesagt wurde, verwundert nun die Feststellung nicht, daß diese Luftlawinen auch periodische Variationen der luftelektrischen Elemente verursachen, muß sich doch notwendigerweise der abfließende „Lufttropfen" in bezug auf Aerosolstruktur, Gehalt an natürlicher Radioaktivität und damit durch Leitfähigkeit und Raumladung von der Luftmasse unterscheiden, die er gerade durchfällt.

Abb. 66 zeigt einen sehr instruktiven Fall. Gleichzeitig über viele Nachtstunden hinweg traten an der Hangstation R und an den hangnahen Stationen O und E regelmäßige Pulsationen von E auf, wobei sich sogar eine hervorragende Übereinstimmung in der mittleren Periodenlänge ergab (6,4—6,8 Min). Auch an Station W wurden, wohl infolge von Sogeffekten, vorübergehend regelmäßige Pulsationen registriert. Auch dieses typisch alpine Beispiel zeigt erneut die ungemein enge Koppelung zwischen Aerosolstruktur und luftelektrischem Zustand.

3.-0.0.9.3. Extreme Spitzenwerte der Kleinionendichte

Gelegentlich wurden extreme, stark schwankende Spitzenwerte der positiven und negativen Kleinionendichte gefunden, die u. U. über Stunden hinweg auftraten.

Es fällt auf, daß die meteorologischen Elemente zur Zeit der n-Spitzen keine Veränderungen zeigen. Wir dürften es hier wohl mit ganz kleinräumigen Effekten zu tun haben. Das geht auch aus der Tatsache hervor, daß E und i nicht unbedingt synchrone Variationen erkennen lassen. Sehr eindeutige zeitliche Koinzidenzen von E, i einerseits und n_+, n_- anderer-

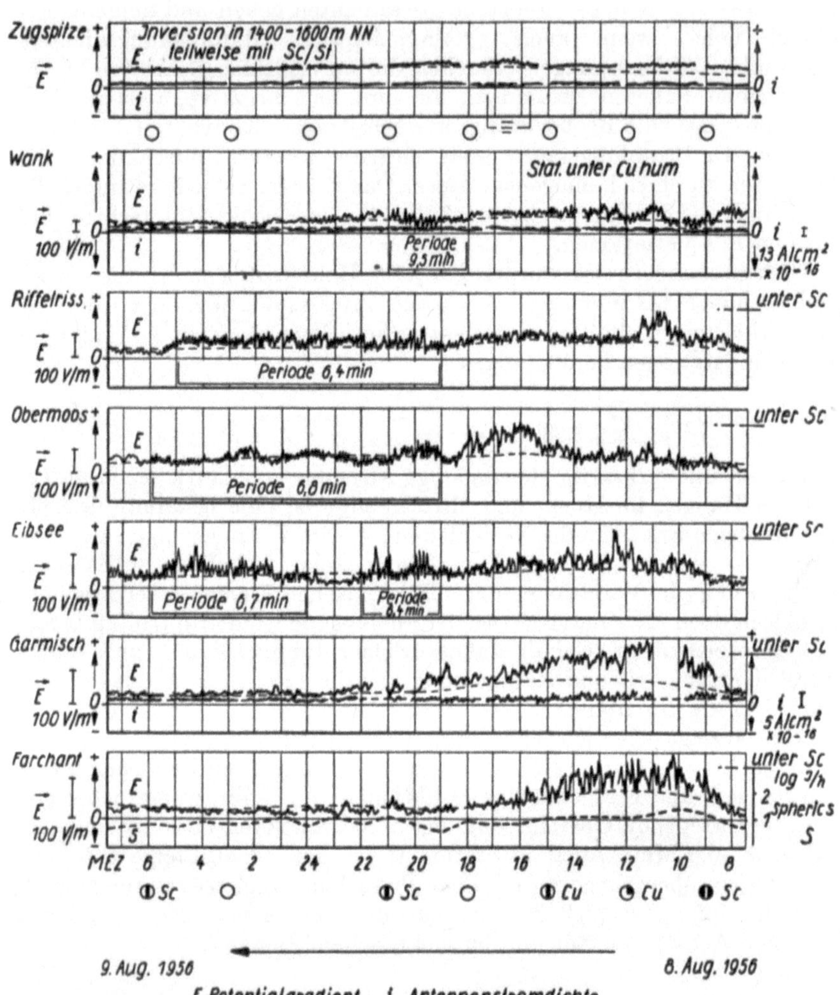

Abb. 66. Regelmäßig abgehende Hangluftlawinen erzeugen Pulsationen des Potentialgradienten an den hangnahen Stationen (vgl. Abb. 1 und folgende)

seits zeigt Abb. 67 als Beispiel, wobei sogar negative Raumladungen mit eine Rolle bei der extremen λ-Erhöhung spielen.

Ursache dieser, die Tagesmittelwerte um das 5—7fache übersteigenden Spitzenwerte von n_+ und n_- konnte noch nicht eindeutig abgesichert werden. Vermutlich handelt es sich um bodennahe Schwaden mit über-

durchschnittlich hoher natürlicher Luftaktivität, die zwar bis zur Einsaugöffnung des Ionenzählers gelangten, nicht mehr aber bis zum höhergelegenen
Einsaugkamin der Luftradioaktivitäts-Meßanlage. Mit dieser konnten wir
nämlich die mutmaßlichen hohen Aktivitäten noch nicht sicher nachweisen.

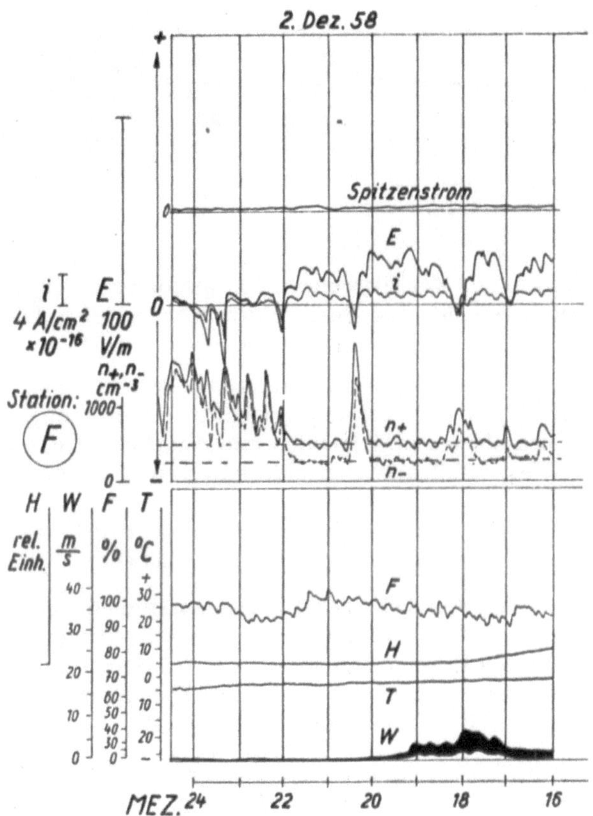

Abb. 67. Registrierbeispiel für das Auftreten extrem hoher Werte der
Kleinionendichten

*Über Abschnitt 3.-0.0.9. zurückblickend können wir sagen, daß der Ein-
fluß der Aerosolstruktur auf den luftelektrischen Zustand nicht nur bei Betrachtung synoptisch-klimatischer Mittelwerte zutage tritt, sondern daß er
voll und ganz auch die augenblickliche Feinstruktur im zeitlichen Ineinan-
dergreifen der einzelnen luftelektrischen Größen an jedem beliebigen Ort
steuert und bestimmt. Da aber die Aerosolstruktur der unteren Atmosphäre —
wenn wir von der schwankenden Stärke der Quellen für Kerne und Schmutz-*

stoffe absehen — in erster Linie durch meteorologische Zustände und Vorgänge bestimmt wird, zeichnen diese letztenendes auch das luftelektrische Bild in seiner komplexen vierdimensionalen Mannigfaltigkeit.

3.-0.0.9.4. Literatur

Über die Beeinflussung luftelektrischer Elemente in niedrigen Höhen durch Aerosole und Raumladungen berichtete vor allem R. MÜHLEISEN (1953), siehe aber auch M. KAWANO (1958) und T. OGAWA (1960a, b, c). Die Ergebnisse eigener Untersuchungen sind seit 1951 an verschiedenen Stellen veröffentlicht [R. REITER (1951, 1954a, 1955c, 1956b, 1958c, 1960b)]. Über wogenartige Variationen siehe R. REITER (1954a, c, 1956a, b, 1958b, 1960b).

3.-0.1. Messungen und Registrierungen im Zusammenhang mit Inversionspassagen, Nebel, Schicht- und Quellwolken, Kondensation, Föhn, Schneefegen u. a.

In diesem Abschnitt lösen wir uns vom „reinen Schönwetter", bei dessen Definition wir ja Nebel und ausgedehnte Bewölkung ausgeschlossen haben. Doch bleiben im folgenden alle Zeitabschnitte, während welcher Niederschlag gefallen war, grundsätzlich außer Betracht.

3.-0.1.0. Der Einfluß von Inversionspassagen auf das Verhalten luftelektrischer Größen an Hochstationen

Es versteht sich von selbst, daß Inversionsstudien eigentlich nur an Hochstationen ausgeführt werden können, so daß wir uns hier vor allem auf die detaillierten Untersuchungen an den Stationen Z und P stützen. Jedoch werden später bei einer statistischen Zusammenfassung auch die Hangstationen und Station W mit berücksichtigt.

Vielleicht ist es notwendig, hier einige Worte über die Inversion selbst zu sagen[1]). Man versteht darunter die Erscheinung, daß in einer gewissen (im Idealfall unendlich dünnen) Schicht der Atmosphäre die Temperatur nicht stetig mit der Höhe sinkt, sondern vorübergehend wieder ansteigt. Eine solche Inversion oder Inversionsschicht von gewisser Dicke wirkt aus naheliegenden thermodynamischen Gründen als Sperrschicht, es besteht also kein Austausch zwischen den beiden Luftkörpern, die durch die Inversion getrennt sind. Das bewirkt, daß alle Stoffe, welche der Luftmasse, die unter der Inversion liegt, zugeführt werden (Rauch, Kondensationskerne, radioaktive Elemente, schwere Gase), in dieser sich anreichern und nicht in höhere Stockwerke hinauf verteilt werden. Allerdings gibt es sowohl den Fall, daß die

---

[1]) Eine eingehende Darstellung der verschiedenen Inversionstypen findet sich bei K. SCHNEIDER-CARIUS (1953), siehe auch F. HERATH (1949).

Dunstdichte vom Boden bis zur Inversion abnimmt als auch, daß sie mit der Höhe bis zur Inversion zunimmt und schließlich, daß die Inversion nicht nur durch eine scharfe Dunstobergrenze, wie in den genannten beiden Fällen markiert ist, sondern daß eine besonders dichte Dunstschicht unmittelbar an der Inversionsgrenze ansteht. Abgesehen von Dunst findet man unter der Inversion oft auch Nebel oder Hochnebel, aber gleichviel ob Dunst oder Nebel, immer liegt deren Obergrenze in einem Niveau, in dem die Temperatur mit der Höhe zu steigen beginnt. Nicht selten gibt es auch den Fall, daß 2 oder gar 3 Inversionen stockwerkartig übereinander liegen. Bewegt man sich senkrecht durch eine Inversion hindurch, sei es mit einem Flugkörper oder dadurch, daß die Inversion sich über den eigenen festen Standort (Hochgebirge) hinaus erhebt oder darunter absinkt, so erlebt man einen Luftkörperwechsel ähnlich wie im Flachland bei einer advektiven Wetterlage.

Von besonderer Wichtigkeit im Hinblick auf die Realität der gefundenen und nachfolgend beschriebenen Inversionseffekte war die Möglichkeit, während der Exkursion auf das Zugspitzplatt gleichzeitig an einer Gipfelstation (Z) und an einer nahe benachbarten Hochplateaustation (P) messen und registrieren zu können. Durch Vergleich konnte auf diese Weise geklärt werden, ob und inwieweit durch die Verformung des Geländes Abweichungen vom Normaltyp bewirkt werden.

3.-0.1.0.0. *Inversionspassagen ohne Beteiligung von Nebel*

Zunächst sei das typische Beispiel einer praktisch hochnebelfreien Inversion im Bild gezeigt (Abb. 68). Die Dunstobergrenze, die durch vereinzelte zarte Nebelfetzen, deren Schatten an die Felswände projiziert sind, deutlich markiert ist, schließt als horizontale, ebene Fläche das Reintal ab und schneidet den sich im Hintergrund steil erhebenden Bergstock (Hochwanner) etwa in seiner halben Höhe an. Die ungleich geringere Lufttrübung über der Inversionsgrenze wird gegen den Hintergrund deutlich sichtbar.

Abb. 69 zeigt die bei der Passage (durch Absinken) einer solchen Inversion an Station Z, S und P registrierten luftelektrischen und meteorologischen Elemente (Ausschnitt aus einer synoptischen Tafel). Ein Vorteil dieses Einzelbeispieles ist, daß sich die Passage über mehrere Stunden hinweg erstreckte und deshalb alle Einzelphasen gut beobachtet werden konnten.

Wir stellen bei Austritt aus der absinkenden Dunstschicht, die unter der Inversion liegt, fest:

Relative Feuchte: sinkt stark ab.

Temperatur: steigt laufend.

Wind: nach Austritt auffrischend.

E: in der Dunstschicht stark übernormal, nach Austritt gleich dem Schönwetterwert.

i: an Z in der Nebelkappe unternormal. Nach deren Auflösung und bei Absinken der Dunstgrenze übernormal, über der Dunstgrenze normal. An P in und über der Dunstschicht etwa gleich dem Schönwetterwert.

n_+, n_-: Mit Austritt aus der Dunstschicht ansteigend, in der Obergrenze der Dunstschicht Spitzenwerte, insbesondere der n_+.

Abb. 68. Eine Dunstobergrenze, die durch vereinzelte Nebelfetzen markiert ist, schließt den unter ihr liegenden Luftraum gegen die darüber liegende Atmosphäre ab und trennt auf diese Weise zwei Luftkörper voneinander (Blick vom Zugspitzgipfel nach ESE)

Das Verhalten von E und i ist uns bereits aus dem Vorangegangenen wohl vertraut. Im Dunst ist die Leitfähigkeit der Luft vermindert (siehe Kleinionendichte). Das bewirkt ein Ansteigen von E, vorausgesetzt, daß sich i nicht oder nur wenig ändert, so wie es an P der Fall ist. Die Konstanz von i deutet darauf hin, daß an P die Verhältnisse annähernd so wie in der freien Atmosphäre gefunden werden, denn bei sprunghaften, mäßigen Änderungen von λ an sehr ausgedehnten horizontalen Grenzschichten dürfte i sich kaum ändern. Sehen wir an Z von dem lokalen Nebeleffekt ab, so finden wir dort das zu erwartende vorübergehende Ansteigen von i bei Passage der Obergrenze wie es nach Abb. 38 (siehe 3.-0.0.2.3.) an einem exponierten Gipfel zu erwarten ist.

Sehr wichtig ist das Verhalten von n_+ und n_-. Definieren wir, und dazu sind wir wohl berechtigt, die Normalisierung von E als Kriterium für die eben erfolgte Passage der Dunstobergrenze, so stellen wir fest, daß zu diesem Zeitpunkt Überhöhungen der Kleinionendichten, vor allem von n_+, auftreten.

Zahlreiche unserer Inversionsbeobachtungen, wir kommen darauf in 5.4. noch einmal endgültig zurück, lassen erkennen, daß auf der Dunstobergrenze eine dünne Schicht hoher elektrischer Leitfähigkeit ruht, in der ein deutlicher Überschuß positiver Raumladung zu finden ist, und zwar auch in den Nachtstunden, so daß Abtrocknungseffekte, wie sie etwa bei Sonneneinstrahlung auftreten können, aber auch lichtelektrische Effekte sicher nicht maßgebend sein können.

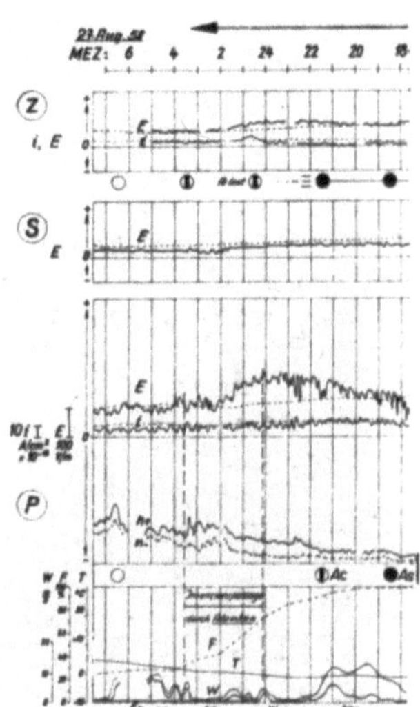

Abb. 69. Inversionspassage ohne Nebel durch Absinken an den Stationen Z und P zwischen 24 und 03 MEZ (Ausschnitt aus einer synoptischen Tafel). An Station S keine Effekte wegen Hangstörungen

3.-0.1.0.1. *Inversionspassagen mit Stratocumulus an der Inversion*

Ist die kalte Luftschicht unter der Inversion ganz oder teilweise mit Wolken erfüllt, so erfreut sich der Bergsteiger an dem unvergleichlichen Anblick des Nebelmeeres. Man könnte sich vorstellen, daß die Oberfläche dieses „Meeres" keine horizontale Ebene bildet, sondern im Gebirge stark angehoben ist, daß sie aber auch wogenartig verformt und zerklüftet sein dürfte. Dem ist aber nicht so. Abb. 70a läßt uns von der Zugspitze aus gegen die Zentralalpen über die Stratocumulusoberfläche hinwegblicken, die absolut eben und horizontal alle aufstrebenden Gebirgsstöcke anschneidet, nicht nur im Leutasch- und Inntal (in dem, unter der Wolkenschicht begraben, Innsbruck liegt), sondern auch im Stubaital, das schon zu den Zentralalpen gehört. Wendet man sich nach West und Nordwest (Abb. 70b), so glaubt man über Felsriffe hinweg auf den offenen Ozean zu blicken, dessen Kimm den Horizont bildet. Diese Feststellungen bedeuten für unsere Betrachtungen, daß, was wir hier im Gebirge und notwendigerweise im Gebirge an und unter Inversionen, die durch Schichtwolken-Obergrenzen gekennzeichnet sind, an luftelektrischen und aerosolphysikalischen Zuständen finden, innerhalb gewisser Grenzen auch weitab

Abb. 70. Das Hochgebirge durchstößt ein Kaltluftmeer, dessen Oberfläche durch die Nebelobergrenze markiert ist. a) eine absolut ebene und horizontale Nebeloberfläche bedeckt Reintal und Inntal (Blickrichtung: ESE von Z aus) b) Nebelmeer bis an den Horizont (Blickrichtung: West von Z aus)

vom Gebirge Gültigkeit haben wird. Daß es dicht an steilen Hängen zu eng begrenzten Störungen kommt, ist möglich, aber nicht notwendig (Abb. 70 a!). Besonders günstige Meßpunkte dürften die Gipfel abgeben, wobei allerdings orographische Felddeformationen in Kauf genommen werden müssen.

Als Beispiel für die Passage einer Hochnebelinversion an Z, S und P kann Abb. 71 dienen[1]).

Bis 12.00 befanden sich die drei Stationen innerhalb der sehr langsam absinkenden Hochnebeldecke, die übrigen Stationen blieben frei unter ihr. Etwa 12.30 geriet Z, 12.50 P in die Obergrenze der Schichtwolke, die gegen 14.00 beide Stationen endgültig freigab. Bald darauf löste sich die Schichtwolke auf. Wir stellen bei der Passage fest:

---

[1]) Wir werden sie in 3.–1. nochmals benötigen, weshalb die synoptische Tafel schon hier in ihrem ganzen Ausmaß gebracht wird.

Abb. 71. Durchstoßung einer absinkenden Nebelobergrenze (Stratocumulus-Obergrenze) an den Stationen Z und P. An Station S keine Effekte wegen Hangstörungen.

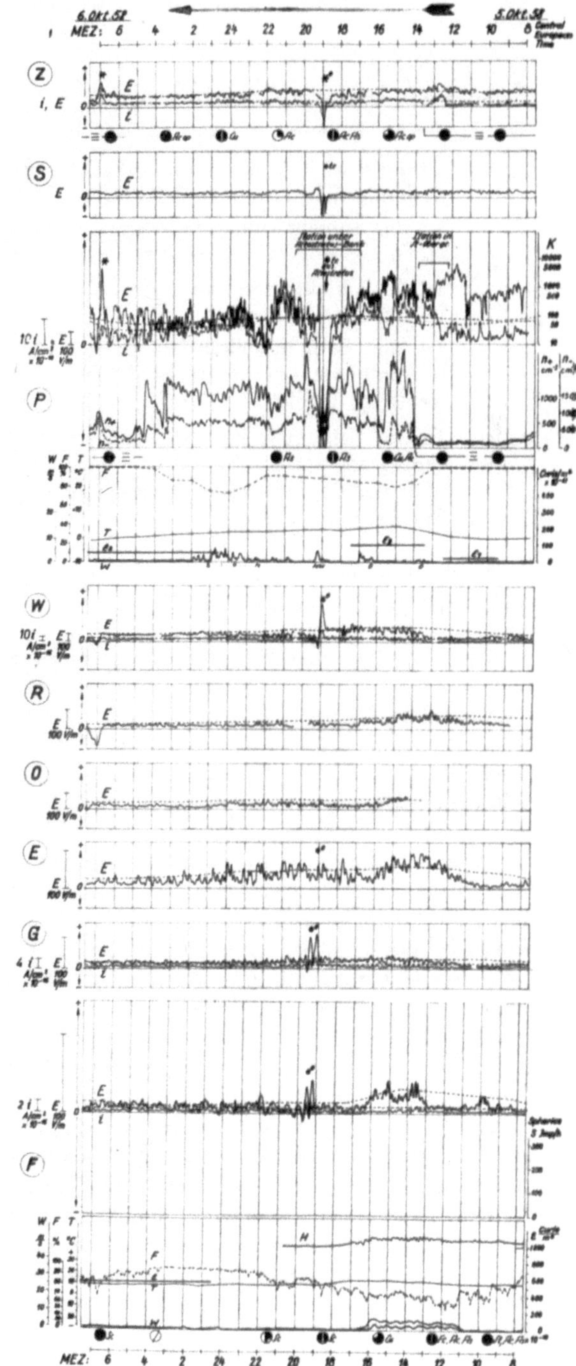

Relative Feuchte: sinkt ab.

Temperatur: steigt an.

Wind: an der Wolkenobergrenze auffrischend.

E: In der Schichtwolke: an Z praktisch normal bis leicht übernormal, an P mäßig übernormal (λ-Effekt).

     In der Schichtwolken-Obergrenze: an Z deutlich übernormal, an P stark übernormal (ϱ_+-Effekt).

i: In der Schichtwolke: an Z stark unternormal, an P stark unternormal (λ-Effekt).

     In der Schichtwolken-Obergrenze: an Z normal, einzelne übernormale Spitzen (letzteres ϱ_+-Effekt), an P übernormale Spitzenwerte (ϱ_+-Effekt).

n_+, n_-: In der Schichtwolke und auch in deren Obergrenze: extrem stark erniedrigt,
über der Schichtwolke: hochschnellende Werte, z. T. einzelne hohe Spitzen von n_+ und n_-.

Vergleichen wir diese Beobachtungen mit jenen in 3.-0.1.0.0. geschilderten, so stellen wir fest:

An Z wird der Leitfähigkeitsrückgang in der Hochnebelschicht praktisch ganz durch eine i-Verminderung aufgefangen, während an P sowohl i vermindert als auch E erhöht sind. Einen Unterschied in der gleichen Richtung fanden wir auch bei Inversionspassagen ohne Nebel. Auch dicht über dem Stratocumulus scheint — ähnlich wie über der nebelfreien Dunstgrenze — eine Schicht erhöhter Leitfähigkeit zu liegen, jedoch ist sie nicht so ausgeprägt wie über nebelfreien Dunstgrenzen. Dagegen scheint die positive Raumladungsdichte in der Schichtwolken-obergrenze höher zu sein als in der nebelfreien Dunstobergrenze, zumindest ist sie schärfer auf die eigentliche Wolkenoberfläche begrenzt. In der Schichtwolke selbst ist die Leitfähigkeit (und damit n_+, n_-) viel niedriger als in der Dunstschicht. Die zeitweise erhöhten n_--Werte dicht über der Schichtwolke werden uns in 3.-0.1.3. noch eingehender beschäftigen.

Die i-Werte scheinen, vor allem an einer Gipfelstation, umso stärker auf die Inversionspassage zu reagieren, je größer der λ-Wechsel ist. Die Abnahme von i an Station P im Nebel ist aber bereits kein Geländeeffekt mehr, sondern eine normale Folge der Schichtwolke, genauso wie unter der Schichtwolke sowohl E als auch i vermindert sind, selbst dann, wenn die Wolkenunterseite keine negative Ladung trägt, von welcher in 3.-0.1.0.4. zu sprechen sein wird. Gleichzeitig mit Hinweis auf die nächsten beiden Abschnitte 3.-0.1.0.2. und 3.-0.1.0.3. sei anhand von Abb. 71 bereits auf die Erscheinung hingewiesen, daß an Stationen unter der Schichtwolkenbasis E und i gegenüber dem Schönwetterwert stark vermindert sind.

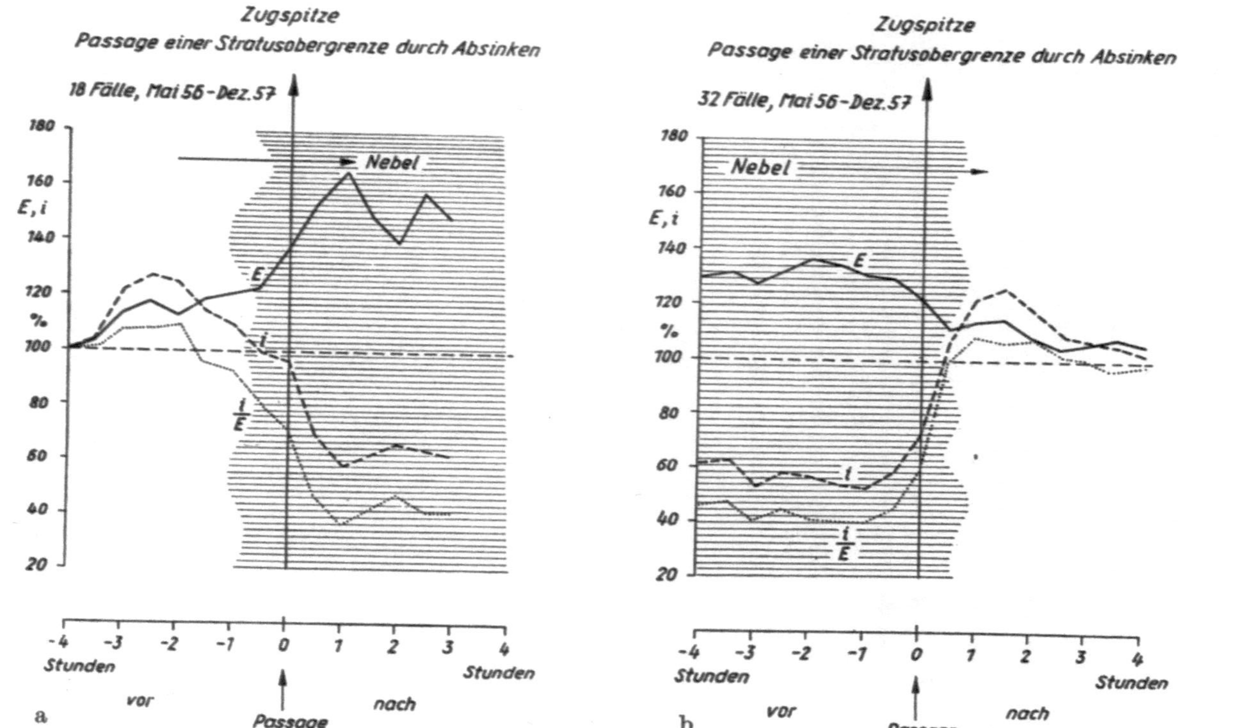

Abb. 72. Mittlere prozentuale Gänge von Potentialgradient E, Vertikalstromdichte i und i/E an einer Gipfelstation (Z) bei Durchstoßung einer Nebelobergrenze. a) ansteigende, b) absteigende Schichtwolke

Die Abb. 72a und b geben die mittleren prozentualen Gänge der Werte von E, i und i/E vor, während und nach Passagen von Schichtwolken an, und zwar getrennt für ansteigende *(a)* und absinkende *(b)* Schichten. Wie schon oben erwähnt, wird durch den λ-Sprung i stärker verändert als E (Gipfelstation). Sehr deutlich zeigen die beiden Abbildungen die an den Schichtwolkenoberflächen angelagerte positive Raumladung (E und i positiv über Schönwetterwert überhöht), sowie die über der Wolkenoberfläche lagernde Schicht höherer Leitfähigkeit. Diese mittleren Gänge zeigen an, daß die oben an einem Einzelbeispiel erläuterten luftelektrischen Zustände im Bereich einer Schichtwolkenobergrenze Allgemeingültigkeit beanspruchen können.

3.-0.1.0.2. Ein Ordnungsprinzip für die vorkommenden E, i-Variationstypen bei Inversionspassagen; die Verminderung von E und i unter Schichtwolken

Im Schema Abb. 73 seien die in den vorangegangenen Abschnitten beobachteten Typen des Verhaltens von E und i, aber auch der Kleinionendichten, nochmal übersichtlich zusammengestellt, wobei auch die

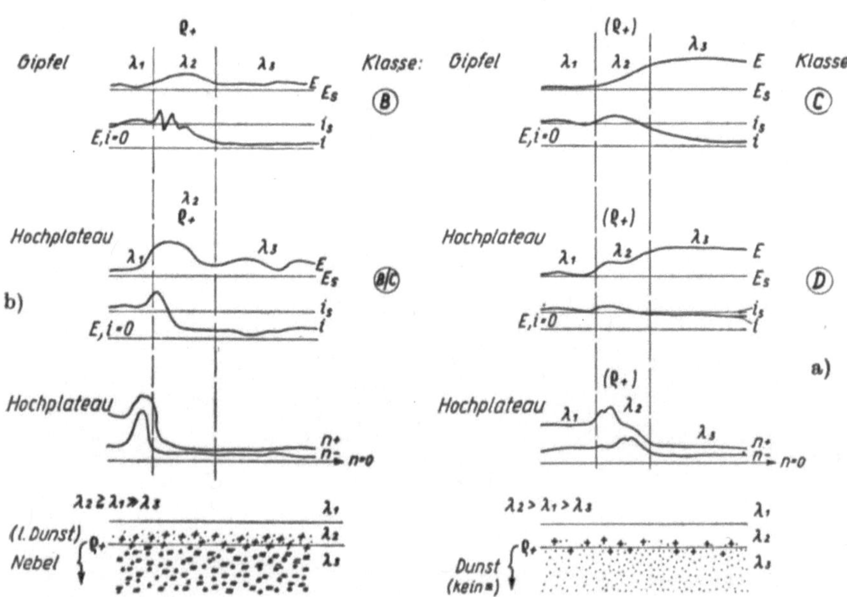

Abb. 73. Zusammenfassende, schematische Darstellung der Variationen der luftelektrischen Größen E, i und Kleinionendichten bei Inversionspassagen a) ohne Beteiligung, b) mit Beteiligung von Nebel. Unterscheidung zwischen Gipfelstation und Hochplateaustation. In den Kreisen: Variationsklasse nach H. Rabich (1959)

Gebiete erhöhter Leitfähigkeit und erhöhter Raumladungsdichte berücksichtigt sind. Es entsteht bei der Betrachtung dieses Schemas wohl der Wunsch nach einer logisch begründeten Klassifizierung der Variationstypen von E und i während Inversionspassagen. Dabei müssen wir die zwischen den gestrichelten Senkrechten liegenden Übergangsgebiete ausklammern.

Eine solche Klassifizierung hat H. Rabich (1959) in der von uns angeregten theoretischen Untersuchung vorgenommen[1]). Sie beruht auf der Einführung der Funktion

$$l = \Lambda^f,$$

wobei vorausgesetzt ist [Näheres siehe bei H. Rabich (1959)]:

1. $L = i \cdot E$
2. $j = i_2/i_1$
3. $e = E_2/E_1$
4. $l = L_2/L_1$
5. $\Lambda = \lambda_2/\lambda_1 = j/e$.

Index 1: Werte über der Inversion

Index 2: Werte unter der Inversion

Die Größe f eignet sich zur gesuchten Klassifizierung, was aus dem Schema Abb. 74 hervorgeht. In ihm ist nach Austritt aus der Schicht (1) mit

Klasse	1				f	2			
	i	E	λ	L		i	E	λ	L
A					$> +1$				
B					$+1$				
C a					$< +1$				
C b					0				
C c					> -1				
D					-1				
E					< -1				

1

A	$1/j < 1/e < 1 < e < j$	$1 < f$
B	$1/j < 1/e = 1 = e < j$ $1/j < e = 1 = 1/e < j$	$1 = f$
Ca	$1/j < e < 1 < 1/e < j$	$0 < f < +1$
Cb	$1/j = e < 1 < 1/e = j$ $e = 1/j < 1 < j < 1/e$	$0 = f$
Cc	$e < 1/j < 1 < j < 1/e$	$-1 < f < 0$
D	$e < 1/j = 1 = j < 1/e$ $e < j = 1 = 1/j < 1/e$	$-1 = f$
E	$e < j < 1 < 1/j < 1/e$	$f < -1$

$L = i \cdot E$
$j = i_2/i_1$
$e = E_2/E_1$
$\Lambda = \lambda_2/\lambda_1$
$l = L_2/L_1$
$\Lambda = j/e$
$l = \Lambda^f$

2

A	$1/j > 1/e > 1 > e > j$	$1 > f$
B	$1/j > 1/e = 1 = e > j$ $1/j > e = 1 = 1/e > j$	$1 = f$
Ca	$1/j > e > 1 > 1/e > j$	$0 > f > +1$
Cb	$1/j = e > 1 > 1/e = j$ $e = 1/j > 1 > j > 1/e$	$0 = f$
Cc	$e > 1/j > 1 > j > 1/e$	$-1 > f > 0$
D	$e > 1/j = 1 = j > 1/e$ $e > j = 1 = 1/j > 1/e$	$-1 = f$
E	$e > j > 1 > 1/j > 1/e$	$f > -1$

$L = i \cdot E$
$j = i_2/i_1$
$e = E_2/E_1$
$\Lambda = \lambda_2/\lambda_1$
$l = L_2/L_1$
$\Lambda = j/e$
$l = \Lambda^f$

Abb. 74. Klassifizierung des Verhaltens der luftelektrischen Größen bei Nebeleintritt oder Nebelaustritt an Gipfelstationen mit Hilfe der Größe f [nach H. Rabich (1959)]

[1]) Für die Betreuung dieser Arbeit haben wir Herrn Prof. Dr. F. Bopp, Herrn Prof. Dr. W. O. Schumann und Herrn Dr. Oehrl sehr zu danken.

schlechter Leitfähigkeit und nach Eintritt (2) in dieselbe unterschieden. Die Pfeile geben die Tendenz der Änderung von i, E, λ und L augenfällig wieder. Auf Grund dieses Schemas lassen sich die in Abb. 73 dargestellten Übergänge definieren (Buchstaben in Kreisen). Es sei noch vermerkt, daß die Klassen A und E sehr selten vorkommen, weil f praktisch nur zwischen $+1$ und -1 variiert.

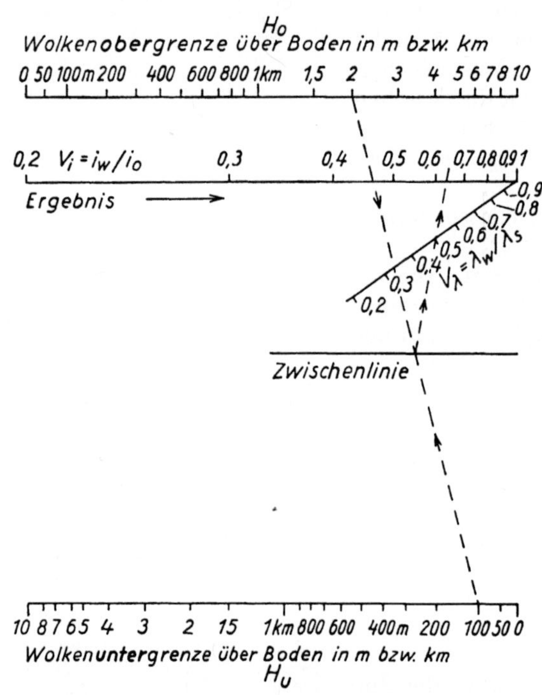

Abb. 75. Nomogramm zur Bestimmung der Stromdichteverminderung unter einer ausgedehnten Schichtwolke [nach H. RABICH (1959)]

In der oben zitierten Arbeit von H. RABICH wurde außerdem der Einfluß ausgedehnter raumladungsfreier (infolge Turbulenz „durchkneteter") Schichtwolken auf die Leitungsstromdichte zwischen dieser und der Erdoberfläche untersucht. Dabei ergab sich, daß

$$v_i = i_w/i_o \qquad (i_w \text{ Stromdichte unter der Wolke, } i_o \text{ Stromdichte, wenn keine Wolke vorhanden wäre})$$

abhängt von: a) Höhe der Wolkenobergrenze über dem Boden,

b) Höhe der Wolkenuntergrenze über dem Boden

c) Verhältnis $v_\lambda = \lambda_w/\lambda_o$ (λ_w totale Leitfähigkeit in der Wolke, λ_o mittlere Leitfähigkeit im Wolkenniveau, wenn keine Wolke vorhanden wäre).

Die funktionelle Beziehung geht aus dem Nomogramm Abb. 75 hervor. Seine Berechnung stützt sich auf plausible Annahmen über die normale Höhenfunktion des vertikalen Säulenwiderstandes. Die Ausrechnung ist nur für solche Zahlengebiete vorgenommen (Maßstablänge von v_λ), in welchen befriedigende Genauigkeit zu erzielen war. Auch die Maßstabdichte von v_i entspricht der zu erwartenden Genauigkeit.

Man bringt im Nomogramm die Verbindungsgerade der Wolkengrenzen-Niveaus mit der Zwischenlinie zum Schnitt. Von diesem Schnittpunkt geht man über den bekannten v_λ-Wert zum gesuchten v_i über, aus dem sich ein entsprechender v_E-Wert unter Berücksichtigung der örtlichen Leitfähigkeit errechnen läßt. Man kann durch Einsetzen einiger plausibler Werte von H_o, H_u und v_λ ersehen, daß v_i etwa zwischen 0,5 und 1,0 schwanken wird und um so kleiner ist, je dünner die Wolkenschicht ist und je weniger λ innerhalb dieser vom λ außerhalb der Wolke abweicht. Nehmen wir zum Vergleich einen Extremwert nach der anderen Richtung: ein Nimbostratus erstrecke sich zwischen 50 m und 4 km, v_λ sei 0,25, dann reduziert sich i auf den Wert 0,3 i_o. Noch niedrigere Werte von i bzw. E können bei nicht-polarisierten Wolken praktisch ausgeschlossen werden.

3.-0.1.0.3. Synoptische Betrachtung des Verhaltens von E und i über, an und unter homogenen Schichtwolken

In Abb. 71 haben wir bereits den Fall kennengelernt, daß unter einer Schichtwolke E und i vermindert sind, wie es nach 3.-0.1.0.2. theoretisch zu folgern ist und außerdem durch eine elektrische Polarisierung (3.-0.1.0.4.) im stationären Fall zusätzlich wahrscheinlich gemacht wird.

Wir wollen hier zwei weitere sehr instruktive synoptische Tafeln betrachten.

Abb. 76 zeigt das Verhalten der luftelektrischen Größen an den Stationen bei Stratus, der zwischen Mittag und etwa Mitternacht in der Schicht zwischen etwa 800 und 950—1000 m NN, also im untersten Stockwerk unseres Netzes, auftrat. Die Stratusschicht war an eine sehr stabile Inversion bei etwa 1000 m gebunden. Am späten Nachmittag und am Abend hob sich die Schicht um etwa 50 m an, so daß Station E vorübergehend in ihre Obergrenze geriet. Solange dies der Fall war, wurde an Station E eine starke Überhöhung des positiven Potentialgradienten registriert, offenbar als Folge positiver Raumladung an der Obergrenze der Schicht. Die höher gelegenen Stationen lieferten ideale Schönwetterwerte unter fast wolkenlosem Himmel. Unter der Wolkenschicht waren E und i auf 10—50% der Norm reduziert. Nach dem Nomogramm Abb. 75 dürfte i bzw. E auf nicht weniger als ca. 75% des Schönwetterwertes bei $H_o = 300$ m und $H_u = 100$ m ($v_\lambda = 0,3$) absinken.

Die wesentlich stärker erniedrigten E und i-Werte weisen eindringlich auf elektrische Polarisation der Schichtwolke mit negativer Raumladung an ihrer Unterseite hin.

Haben wir im vorangegangenen Beispiel eine stationäre, stabile Hochnebelschicht [Hochnebeltyp nach K. SCHNEIDER-CARIUS (1953)] bei anticyclonaler Lage betrachtet, so wollen wir zum Vergleich eine advektive Wetterlage entgegenhalten. Sie ist etwa folgendermaßen zu umreißen (Abb. 77):

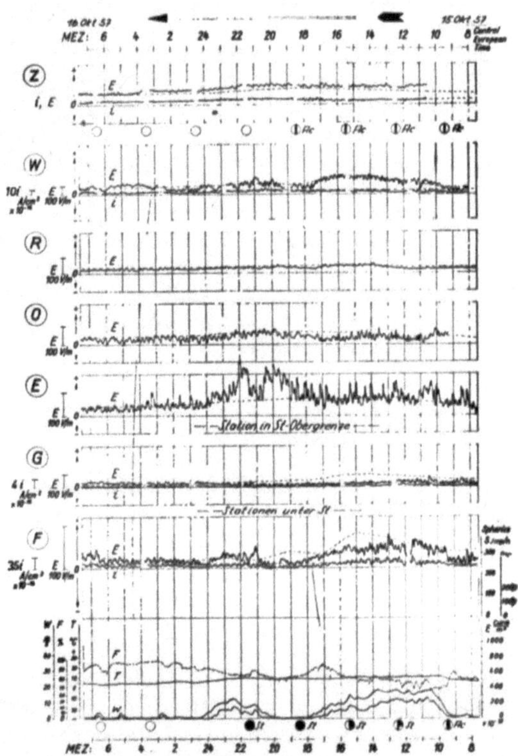

Abb. 76. Synoptische Tafel. Ruhende Stratusschicht mit Obergrenze bei Station E

Feuchte, maritime Luftmasse fließt in geringer Höhe ein und gewinnt laufend an Mächtigkeit. Über der langsam hochsteigenden Inversionsschicht herrscht Absinken und Trockenheit. In der Nacht 13./14. 11. erfolgt Übergang zu polarmaritimer Luftmasse unter der Inversion mit weiter zunehmender Mächtigkeit. Im Zuge dieser Wetterumbildung stieg die Wolkenobergrenze laufend an, wobei aber die Dicke der Wolkenschicht selbst nur wenig zunahm. Dieser überaus seltene Fall führte dazu, daß eine Station nach der anderen zunächst über der Wolkenschicht lag (mit Ausnahme von F und G), dann in die Wolkenobergrenze geriet, die Wolkenschicht passierte und unter dieser wieder in der wolkenfreien Grundschicht auftauchte. Nur Z verblieb

über der Schicht, so daß von dort laufend die jeweiligen Höhen der Wolkenobergrenze beobachtet werden konnten.

Nacheinander wiederholt sich dasselbe Bild: Über der Wolkenschicht
wurden Schönwetterwerte registriert. Unmittelbar in der Wolkenobergrenze erreichte E hohe Spitzenwerte (auch i an W!), in der Wolke selbst
war E mäßig erhöht (i stark vermindert), unter der Schichtwolke lagen E
und i niedriger als die Schönwetterwerte.

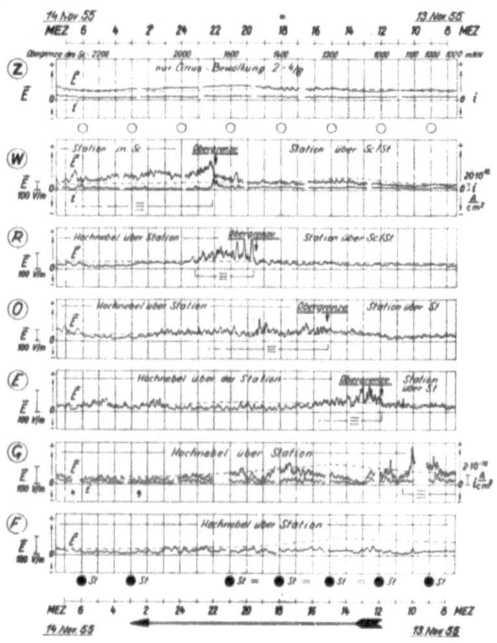

Abb. 77. Synoptische Tafel. Eine erst niedrige und dünne Schichtwolke ver-
dickt und hebt sich schnell (einfließende Kaltluft). Die Nebelobergrenze
passiert nacheinander die Stationen E, O, R und W. Station Z verbleibt über
der Schicht

Wir sehen also aus dem Vergleich der beiden Beispiele, daß die Ent-
stehungsbedingungen der Schichtwolke keinen prinzipiellen Einfluß auf
die elektrischen Bedingungen in und an ihr ausüben.

Ferner wurden aus den Registrierkurven von 4 verschiedenen Tagen
mit Schichtwolken über jeweils mehrere Stunden hinweg die Mittelwerte
von E und i bestimmt. Diese Daten wurden auf den für die gleiche Tages-
und Jahreszeit geltenden Schönwettermittelwert ($= 100\%$) normiert. An
jedem dieser Tage lag die Schichtwolke in einem anderen Niveau. Als

Nachweis für die Höhenlage der Inversion und der Wolkengrenzen dienten die Radiosondenaufstiege von München-Riem, die mit Rücksicht auf das zu den Abb. 70a, b gesagte durchaus mit Recht herangezogen werden dürfen.

Das Ergebnis dieser Untersuchung zeigt Abb. 78a—e:

a) Schichtwolke zwischen 1500 und 2000 m NN;
   Z: Schönwetterwerte; an Stationen W, R, O, E, G, F auf ca. 60% reduzierte E- und i-Werte.

b) Schichtwolkenobergrenze im Niveau W, Untergrenze etwa im Niveau R;
   Z: Schönwetterwerte; an W sind E und i auf etwa 200% erhöht (d. h. auf das Doppelte des Schönwetterwertes!); R, O, E, G und F: E und i auf ca. 60% vermindert.

c) Schichtwolkenobergrenze etwa im Niveau R; Untergrenze etwa in Niveau O;
   Z und W: Schönwetterwerte; R: E auf 330% erhöht; O, E, G, F: E und i auf 50—60% vermindert.

d) Schichtwolkenobergrenze etwa im Niveau O; Untergrenze etwa in Niveau E;
   Z, W und R: Schönwetterwerte; O: E auf 230% erhöht; E, G, F: E und i auf 50—60% vermindert.

e) Schichtwolkenobergrenze etwa im Niveau E; Untergrenze etwas über Niveau G;
   Z, W, R, O: Schönwetterwerte; E: E auf 180% erhöht; G, F: E und i auf 50—60% vermindert.

Auf Grund dieser Erfahrungen können wir von einem geradezu gesetzmäßigen Aufbau des luftelektrischen Zustandes über und unter Schichtwolken sprechen, dessen Charakter bereits deutlich genug zu Tage getreten ist. Tab. 7 gibt abschließend noch einige Mittelwerte aus unserer gesamten Beobachtungszeit.

Tabelle 7. *E und i in Prozenten des Schönwetter-Stundenmittels (= 100%)*

Station: Element:	Z		W		R	O	E	G		F	
	E	i	E	i	E	E	E	E	i	E	i
Situation:											
Station in der Wolkenobergrenze, am Tage	210	160	205	180	260	195	200	—	—	—	—
Station in der Wolkenobergrenze, nachts	220	195	250	260	330	160	180	—	—	—	—
Station unter der Schichtwolke, am Tage	—	—	65	55	65	55	45	35	30	30	40
Station unter der Schichtwolke, nachts	—	—	65	60	55	60	40	40	35	30	35
Station in der Wolke bzw. im Nebel	160	55	165	60	200	180	160	160	80	165	75

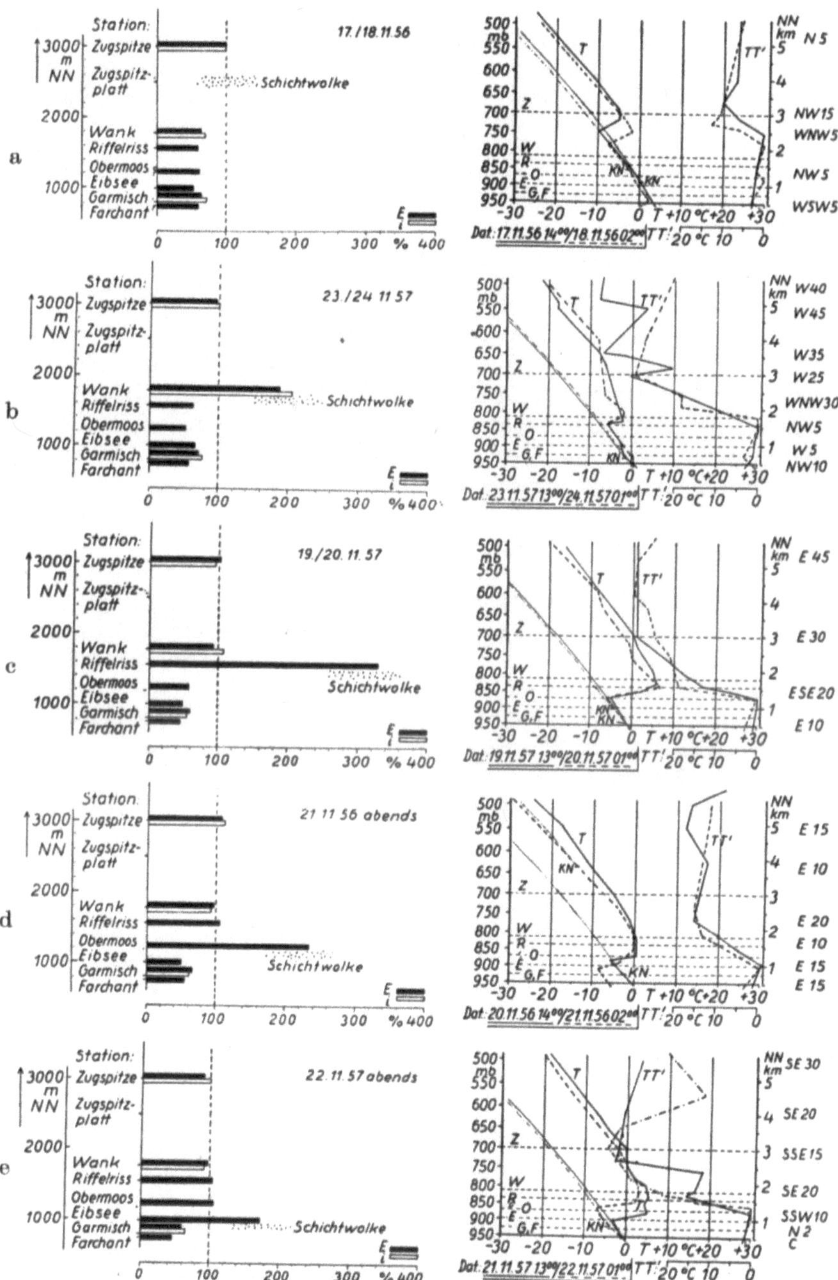

Abb. 78. Mittelwerte der luftelektrischen Größen E, i des Netzes bei 5 verschiedenen Schichtwolken-Ober- bzw. -Untergrenzen, deren Lagen aus den zugeordneten Ergebnissen der Radiosondenaufstiege entnommen werden können (rechte Bildhälfte)

In einer jüngsten Veröffentlichung stellt R. Mühleisen (1960) auf Grund zahlreicher E-Messungen in der freien Atmosphäre mittels Radiosonden fest, daß allein mit Hilfe von E-Messungen das Vorhandensein von Inversionen nicht sicher nachgewiesen werden kann. Auch in unserem Material finden sich zahlreiche Fälle, die in dieselbe Richtung deuten. Es genügt eben die Größe E für sich allein nicht, um die Inversion luftelektrisch und aerosolphysikalisch zu definieren.

3.-0.1.0.4. Der Vorgang der Schichtwolken-Polarisierung; die luftelektrische Schwebebedingung für geladene Partikel; Stratusprognose

In vorangegangenen Abschnitten wurde bereits darauf hingewiesen' daß die unter ausgedehnten Schichtwolken gefundene Erniedrigung von E und i oft viel weiter geht, als allein aus der Dicke und Leitfähigkeit der unpolarisierten Wolkenschicht und ihrem Abstand vom Boden geschlossen werden kann. Man muß deshalb annehmen, daß in diesen Fällen die Schichtwolkenunterseite negative Raumladung trägt, analog zur positiven Aufladung der Wolkenoberseite, von welcher wir schon mehrfach gesprochen haben. Die Verhältnisse sind in der freien Natur deshalb sehr kompliziert, weil wir selten weder den reinen stationären Fall vor uns haben, jenen Fall also, in welchem alle Ladungen im Luftraum so angeordnet sind, daß das Produkt $\lambda \cdot E$ vom Ort unabhängig ist, noch den Fall des „Urzustandes" vor dem „Einschalten" des die Ladungsanordnung letzten Endes bestimmenden Feldes. Mischungsvorgänge, selbst rein lokaler Natur oder nur innerhalb dünner Schichten (z. B. in oder an der Inversionsschicht oder der Schichtwolke), werden das Bild verwischen und seine vollständige rechnerische Behandlung unmöglich machen. Wir möchten deshalb hier nur auf einige Grundphänomene hinweisen. Das Wichtigste sehen wir im zeitlichen Ablauf des Beladungsvorganges einer Grenzschicht, wobei wir uns auf die Vorgänge an und unter einer Schichtwolke beschränken wollen.

Einen typischen Vertreter seiner Klasse stellt Abb. 79 dar. Bereits ab Mittag lag Station Farchant unter geschlossenem Stratus (H-Kurve!). In der Schicht zwischen Boden und Wolkenuntergrenze herrschte bis gegen Abend kräftige Windbewegung. Es besteht deshalb kein Zweifel, daß diese Grundschicht anhaltend vertikal durchmischt war [siehe K. Schneider-Carius (1953)], und zwar so lange, bis schließlich der Wind abflaute. Während der Durchmischung blieben E und i auf etwa 75% ihres Schönwetterwertes erniedrigt, in guter Übereinstimmung mit dem Nomogramm Abb. 75.

Mit der Windstille (17.30 MEZ) setzte sofort die Anlagerung negativer Ladungen an der Wolkenuntergrenze ein. Die Feldstärke nahm genau nach einer e-Potenz ab[1]) und erreichte ca. 2 Stunden nach Beginn

---

[1]) Wenn von einigen Schwankungen abgesehen wird, die durch vorübergehende Windbewegung ausgelöst worden sind.

(,,Einschaltzeitpunkt") der Ladungsanlagerung den Wert 0. Dasselbe gilt für i. Die Halbwertszeit dieses Beladungsvorganges liegt bei etwa 25 Minuten. Durch das anfangs vorhandene Feld wurden also innerhalb kurzer Zeit die in der Schicht zwischen Boden und Wolke vorhandenen Ladungsträger herausgezogen und an die ,,Elektroden" (Erdoberfläche, Wolkenuntergrenze) befördert. Dieser Vorgang dauerte so lange, bis

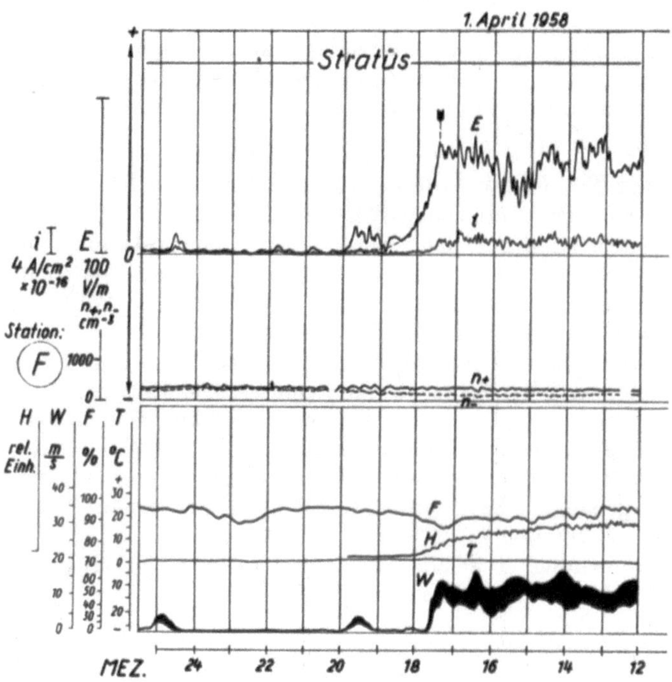

Abb. 79. Rasche elektrische Polarisation einer bereits länger bestehenden Schichtwolke bei einsetzender Windstille (17.30). Exponentieller Abfall von E (Pfeil) und i an Station Farchant

schließlich durch die End-Raumladung an der Wolkenunterseite das ursprünglich vorhanden gewesene Feld vollkommen eliminiert war. Da ja die Geschwindigkeit der Ionenwanderung direkt der Feldstärke proportional ist, ist das exponentielle Abklingen der Feldstärke unter der Wolke sofort einzusehen, es gilt:

$$E = E_0\, e^{-k\frac{E_0}{H^u}\, t}.$$

E　augenblicklicher Potentialgradient
E_0　Ausgangs-Potentialgradient
H_u　Höhe der Wolkenuntergrenze über Boden
k　Ionenbeweglichkeit
t　Zeit

Die „Halbwertszeit" ist dann:

$$T = \frac{0{,}693 \cdot H_u}{k\,E_0}\,.$$

Da der Ladungstransport praktisch durch die Kleinionen erfolgt, kann k mit etwa 1,4 (cm²/V sec) angenommen werden (siehe 3.-0.3.). In unserem Fall waren die übrigen Größen:

$$E_0 = 0{,}8\ (\text{V/cm}), \quad H_u = 3500\ (\text{cm}).$$

Daraus folgt $T = 33$ Min. Dieser Wert steht in befriedigender Übereinstimmung mit dem gemessenen Wert von 25 Min.

Wir sehen also: durch das „Einschieben" einer ruhenden, undurchmischten Wolkenschicht in die Atmosphäre nahe dem Boden wird der unter der Schicht liegende Raum vom luftelektrischen Welt-Generator „abgeschaltet" und das Feld bricht zusammen.

Wir fragen uns, welche Folgerungen sich noch aus der Tatsache ergeben können, daß wir Schichtwolken von mäßiger Dicke als elektrische Dipolschichten (Oberseite positiv, Unterseite negativ geladen) betrachten müssen. Zunächst ist zu schließen, daß innerhalb der Wolke eine relativ hohe Feldstärke herrschen muß. Weshalb kombinieren dann die entgegengesetzt geladenen Partikel nicht, indem sie sich bis zur Vereinigung aufeinander zubewegen?

Die Geschwindigkeit geladener Partikel in einem elektrischen Feld ist (mit CUNNINGHAMschem Korrekturglied):

$$v_e = \frac{e \cdot E}{6\pi\eta r}\left(1 + A'\,\frac{l}{r}\right),$$

wobei e Ladung der Partikel, E Feldstärke, η Zähigkeit der Luft, l freie Weglänge, r Teilchenradius und A' eine Konstante ($= 0{,}86$) bedeuten. Nehmen wir an, daß Teilchen im Mittel einen Durchmesser von $0{,}2\,\mu$ haben und nur eine Elementarladung tragen, so würden diese Teilchen mehrere Tage brauchen, um bei einer Feldstärke von 100V/m eine Strecke von 20 m, also etwa die Mindestwolkendicke, zurückzulegen. Die elektrisch polarisierte Wolkenschicht ist also überaus stabil und ihre Beladung trägt nicht merklich zur gaskinetischen Koagulation bei, welche ebenfalls nur sehr langsam fortschreitet[1]). Bei 1000 Teilchen/cm³ mit

---

[1]) Literatur zum Koagulationsprozeß: R. GUNN (1955a—e), H. WEICKMANN (1955), G. D. KINZER und W. E. COBB (1955), R. M. SCHOTLAND (1955), K. L. S. GUNN und W. HITCHFELD (1951), B. J. MASON (1952), F. H. LUNDLAM (1951) u. a.

einem Durchmesser von 0,2 μ beträgt die Abnahme der Teilchenzahl nur etwa 0,2 Prozent/Stunde.

Eine andere Überlegung ist folgende: An den negativen Teilchen in der Wolkenunterseite greifen ja die elektrischen Kräfte gegen die Schwerkraft an. Unter welchen Bedingungen heben sich beide Kräfte auf, d. h. werden die Teilchen in Schwebe gehalten?

Die Fallgeschwindigkeit eines Partikels der Dichte 1 ist:

$$v_f = \frac{2\,g}{9\,\eta}\,r^2\left(1 + A'\,\frac{l}{r}\right)$$

(g Fallbeschleunigung, übrige Größen s. o.),

sie muß dann gleich der engegengesetzt gerichteten Geschwindigkeit v_e sein.

In Abb. 80 sind v_e-Kurvenscharen für verschiedene Grundbedingungen gegen die v_f-Kurve aufgetragen. Die Überschneidung erfolgt bei 0,2 μ Teilchendurchmesser, d. h. in einem Größenbereich, wie er in der untersten Atmosphäre sehr stark verbreitet ist. Natürlich ist unsere Abschätzung eine sehr grobe, denn es kommen vereinzelt auch vielfach geladene Partikel vor; solche können also eine noch größere Masse im Feld in Schwebe halten. Wie dem auch sei, jedenfalls ist sicher,

daß negativ (aber nicht positiv) geladene Kerne und Partikel in einem normalgerichteten atmosphärisch-elektrischen Feld durchaus zum Schweben gebracht werden können. Das kann im Hinblick auf die Stabilität von Dunstschichten, Nebel- und Wolkengrenzen von Bedeutung sein.

Eine weitere Überlegung ist folgende: Durch das elektrische Feld zwischen der positiven oberen und negativen unteren „Belegung" unserer Dipol-Wolkenschicht erfahren die Wasserdampfmoleküle gegen die ungerichtete kinetische Bewegung eine gewisse, wenn auch sehr geringe, mittlere Ausrichtung. Diese Orientierungs-Polarisation pro cm³ kann ausgerechnet werden. Tab. 8 gibt einige Zahlenwerte:

Tabelle 8. *Orientierungs-Polarisation in ESE pro cm³ bei 100% Wasserdampfsättigung*

Temperatur:	Feldstärke	
	50 V/m	200 V/m
$-20°$	$2,1 \cdot 10^{-7}$	$8,4 \cdot 10^{-7}$
$0°$	$0,46 \cdot 10^{-7}$	$1,84 \cdot 10^{-7}$
$-10°$	$0,25 \cdot 10^{-7}$	$1,0 \cdot 10^{-7}$

Polarisation, Dielektrizität und Brechungsindex für elektromagnetische Wellen hängen sehr eng zusammen, worauf hier nicht näher eingegangen sei. Man weiß nun aus den intensiven Untersuchungen seit etwa 20 Jahren, daß der Wasserdampfgehalt der Troposphäre, insbesondere der vertikale Gradient des Wasserdampfdruckes einen beträchtlichen Einfluß auf die Wellenausbreitung, Überreichweiten im UKW-Verkehr usw. ausübt. Insbesondere scheinen vor allem Inversionsschichten „Führungseigenschaften" zu haben [siehe z. B. B. ABILD (1956) und K. BROCKS (1956)]. Die bis vor kurzem diskutierten funktionalen Zusammenhänge erlauben noch keine befriedigende Erklärung der in der Praxis beobachteten Effekte. Es soll deshalb im Rahmen weiterer Untersuchungen auch der elektrische Aufbau der Inversionsschichten mit einbezogen

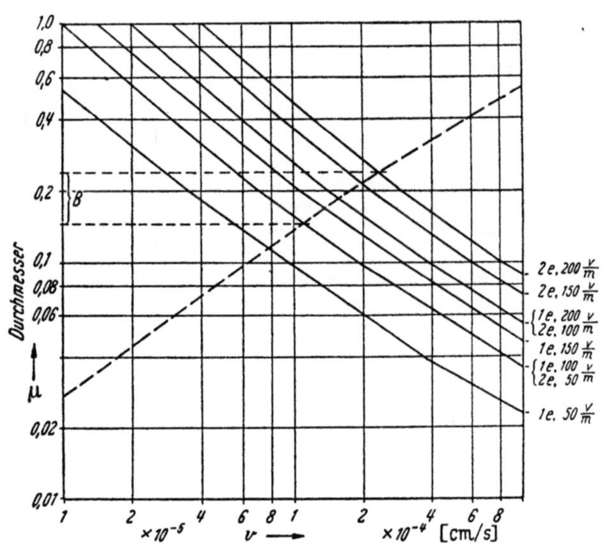

Abb. 80. Verschiebungsgeschwindigkeiten v_e (ausgezogene Kurven) elektrisch geladener Aerosolteilchen unter verschiedenen Bedingungen ($e=$ Anzahl der Elementarladungen pro Teilchen, daneben angenommener vertikaler Potentialgradient) als Funktion des Teilchendurchmessers und Fallgeschwindigkeit v_f (gestrichelte Kurve) von Aerosolteilchen als Funktion des Teilchendurchmessers. Schwebebedingung herrscht im Überschneidungsbereich der Kurven

werden. Übrigens vermutete bereits AGRICOLA [zit. nach F. VILBIG (1942)] Einflüsse elektrischer Ladungen an atmosphärischen Gleitschichten auf Grund von Feldstärkemessungen der Wellen einiger an der Zugspitze empfangener Sender.

Schließlich ist noch auf folgendes hinzuweisen:

Oft schon einige Stunden, meist 1—2 Stunden vor der eigentlichen Bildung von Stratus an einer schon vorhandenen kräftigen Inversion sinken E und i deutlich ab und zwar offenbar infolge bereits beginnender Polarisation der Dunstschicht unter der Inversion. Umgekehrt kann man fast mit Sicherheit sagen, daß ein Stratus sich solange nicht auflösen wird, ehe nicht die extrem niedrigen Werte von E und i „aufgetaut" sind, ein Vorgang, der meist mit unregelmäßigen E, i-Variationen verbunden ist. Wir haben in den Untersuchungsjahren 1955—1959 auf der Basis des beschriebenen Verhaltens von E und i eine Anzahl von „Versuchsprognosen" gegeben, deren Treffsicherheit aus Tab. 9 zu entnehmen ist.

Tabelle 9. Vorhersagen über Bildung oder Auflösung von Stratus

	Vorhersage	
	eingetroffen	nicht eingetroffen
Stratus wird sich bilden:	38	13
Stratus wird bleiben:	58	5
Stratus wird sich auflösen:	48	14
	144 = 84% von 176 Fällen	32

Man ersieht hieraus, daß sich luftelektrische Registrierungen auch zur Unterstützung lokaler Wetterprognosen verwerten lassen (weitere Fälle werden wir noch kennenlernen). Die Möglichkeit der Stratusprognosen dürfte z. B. für Flugwetterwarten von Interesse sein.

3.-0.1.1. *Extreme Stromdichtewerte in Höhen über 2500 m NN in Dunstgrenzen und in der Austausch-Obergrenze*

Bereits in früheren Veröffentlichungen [R. Reiter (1955 c, 1956 a, b, 1960 a)] haben wir folgende, sehr merkwürdige Erscheinung beschrieben: Gerät eine Hochstation (NN mindestens ca. 2300 m) in eine stark ausgeprägte Dunstobergrenze (Sprung der Dunstdichte sehr groß) oder Austauschobergrenze, so treten gelegentlich plötzliche Anstiege von i auf das 10—100fache des Schönwetterwertes auf, während E gleichzeitig so gut wie konstant bleibt.

Wir haben ursprünglich angenommen, der i-Anstieg komme daher, daß durch die in eine dünne, aber stark positiv geladene Schicht hineinragende geerdete Bergspitze (Station Z) eine erhebliche Saugwirkung auf die positiven Ladungsträger ausüben würde. Der Wert von E, so nahmen wir an, bleibt dabei unverändert, da sich die positive Raumladungsschicht nicht merklich über die Station hinaus erhebt und somit auch den Potentialgradienten über der Station nicht positiv erhöhen dürfte.

Es wurden inzwischen rund 50 Effekte der oben genannten Art an Station Z in der Zeit 1954—1959 festgestellt und studiert. Einige Beispiele sollen an Hand Abb. 81 und 82 eingehender besprochen werden. Dabei ziehen wir vor allem die relative Feuchte mit heran und zwar um zu sehen, ob der von R. Mühleisen (1959a, 1961) gefundene Vorgang der positiven Raumladungsbildung durch Wasserdampfabgabe der Kerne eine Rolle spielen kann.

Zunächst betrachten wir das ganz besonders ausgeprägte Beispiel Abb. 81a.

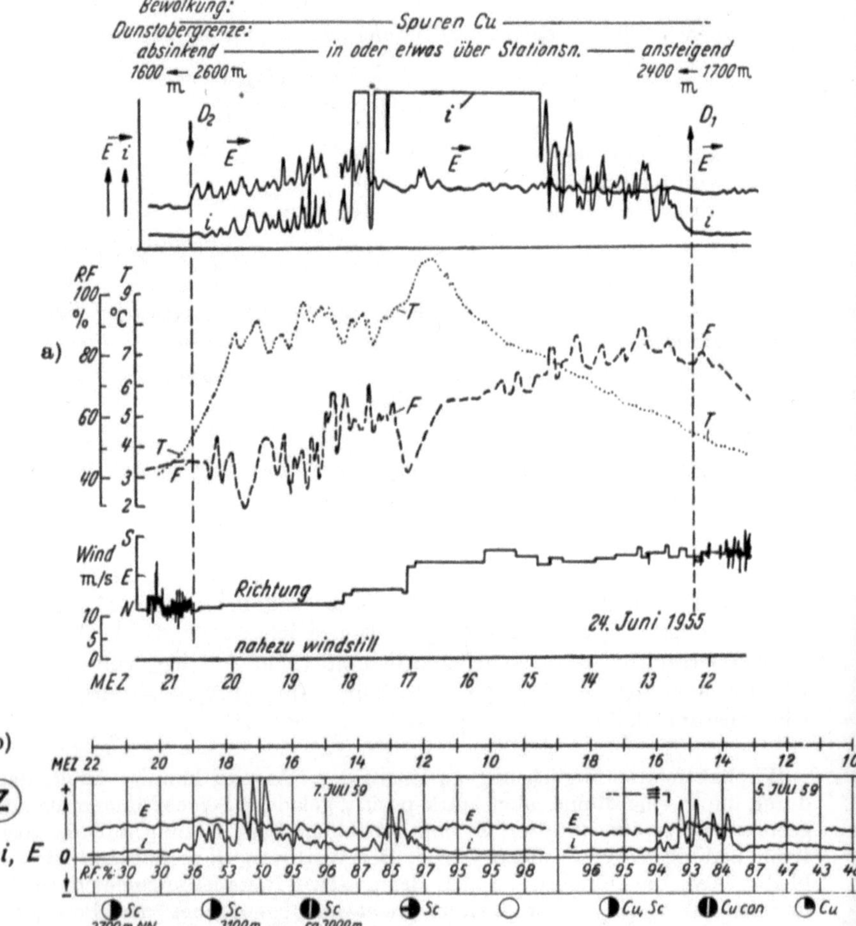

Abb. 81. a) Extreme, lange anhaltende Werte von i an Station Z. E bleibt unverändert. Zum Vergleich: Temperatur T, relative Feuchte F und Windbedingungen. b) Weitere Beispiele für extreme i-Werte während Schönwetter an Station Z. Zahlenangaben: relative Feuchte in %. Zum Teil handelt es sich um Inversionslagen (7. Juli 59), zum Teil um Tage mit starkem Vertikalaustausch (übrige Daten)

Die Dunstschicht (es kam nie zu einer Nebelbildung) steigt — dem Tagesgang entsprechend — langsam hoch und erreicht mit ihrer Obergrenze nach 12.00 Uhr die Station. Von diesem Augenblick (D_1) an liefert die Registrierung von i erhebliche Schwankungen und stundenlange positive Extremwerte (zwischen 15.00 und 18.00 Uhr). Mit dem Zurückweichen der Inversionsgrenze kehren die Schwankungen wieder, bis sich (D_2) schließlich gegen 21.00 normale Verhältnisse einstellen (s. auch Feuchtewellen und Temperaturschwankungen beim Absinken der Inversion).

Das luftelektrische Feld bleibt bis etwa 17.30 Uhr praktisch unverändert. Erst mit beginnendem Absinken der Inversion zeigt die Feldstärke größere Schwankungen (Windrichtungssprung). Das Ende des Prozesses ist an der schlagartigen Glättung auch der Größe E zu erkennen.

Während nun beim eben beschriebenen Fall die realtive Feuchte laufend absank und deshalb der von Mühleisen gefundene Effekt eine Rolle spielen könnte, zeigt Abb. 81b, daß die extremen positiven i-Werte auch bei steigender relativer Feuchte auftreten können (5. Juli 59, 27. Aug. 59 bis 17 MEZ). Wir müssen also nach einer anderen Ursache Ausschau halten. Abb. 81b weist darauf hin, daß die positiven i-Spitzen nicht nur in der Umgebung von horizontalen, stabilen Schichten auftreten, sondern auch in der Obergrenze der turbulenten Austauschschicht (alle Fälle von Abb. 81b, mit Ausnahme 7. 7. 59).

Eine weitere Überraschung erbrachten die Registrierungen an Station P. Wie Abb. 82 zeigt, tritt der i-Effekt auch im Bereich der Zugspitzplatt-Hochfläche, also nicht nur am schroffen Gipfel, auf. Der Absaugvorgang schied dadurch als Erklärung praktisch aus[1]). Auch an P traten hohe positive i-Werte sowohl an einer hochsteigenden Dunstgrenze unter einer Inversion (Abb. 82a, 01—02 MEZ), als auch in der Obergrenze der Austauschschicht (Abb. 82a, 16—17 MEZ; 82b, 15—19 MEZ) auf, wobei sogar vereinzeltes Übergreifen auf Station Z beobachtet werden konnte. Die Untersuchungen an Station P waren auch besonders wegen der dort ausgeführten Kleinionenregistrierungen von Wert. Sie zeigten nämlich, daß zur Zeit der extremalen i-Werte nur jene Variationen von n_+ und n_- auftreten, wie sie uns von Inversionspassagen oder vom Eintritt in die Austauschschicht bereits wohlbekannt sind.

Sowohl die hier gezeigten Beispiele, als auch die übrigen bearbeiteten Fälle gleicher Art sind folgendermaßen charakterisiert:

a) i ist vorübergehend extrem stark positiv erhöht Faktor (10—100), nie negativ erhöht.

b) E zeigt keinerlei auffallende Veränderungen.

c) n_+ und n_- sind wie in Dunst und in der Austauschschicht leicht vermindert.

d) Die relative Feuchte ist in der Regel erhöht, während i erhöht ist, sie kann aber sowohl fallende als auch steigende Tendenz haben.

---

[1]) Siehe 3.–0.3.1. Tab. 16. Bei im Mittel 190 V/m kann kein „Absaugeffekt" durch Spitzenwirkung eintreten.

*e) Es besteht keine Beziehung zur Windgeschwindigkeit. Die i-Effekte
ereignen sich auch bei Windstille.*

f) Die hohen i-Werte können zu jeder beliebigen Tageszeit auftreten.

*g) Die i-Effekte sind nicht an das Vorhandensein lokaler Kern- und Aero-
solquellen gebunden.*

*h) Der i-Effekt tritt nur über 2300 m NN auf, ist aber nicht an schroffe
Gipfel gebunden.*

Wegen f) scheidet die Notwendigkeit einer Sonnenbestrahlung von Dunst-
oder Nebelflächen für das Auftreten des Effekts aus. Wegen e) kann der
Effekt nicht eine triviale Folge des Austausches sein und kann nicht mit
Konvektionsströmen erklärt werden. Wegen c) scheidet die Beteiligung
von Kleinionen beiderlei Vorzeichens am Effekt aus. Wegen b) dürfte der
bei i so stark ausgeprägte Effekt kaum hauptsächlich auf Raumladungen
beruhen. Wegen a) scheidet die Beteiligung rasch beweglicher negativer
Ionen aus und wegen g) kommen Störungen durch Kern- oder Raum-
ladungsquellen künstlicher Art (Kamine, Bahnen, Hochspannungslei-

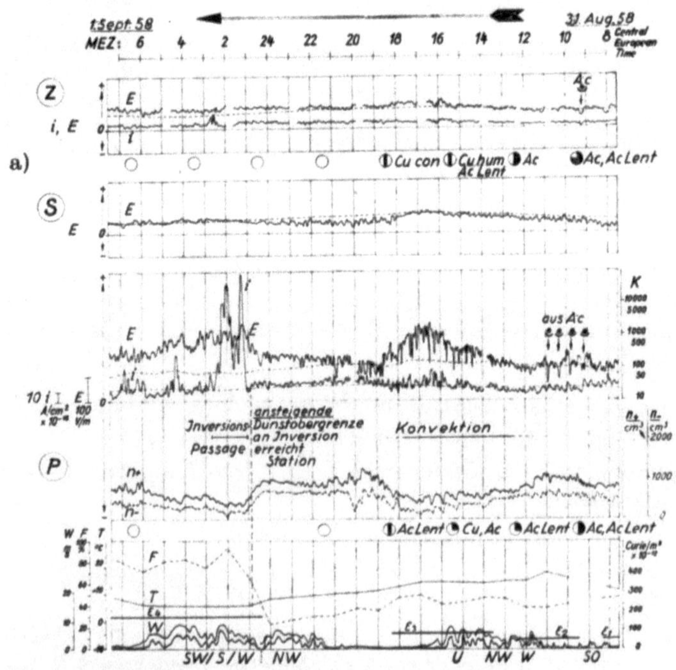

Abb. 82. Extreme Werte von i an Station P (zum Teil gleichzeitig an Z)
a) in der Obergrenze einer ansteigenden Dunstinversion, b) während heftigem
Vertikalaustausch vor Gewitter (über mehrere Stunden)   →

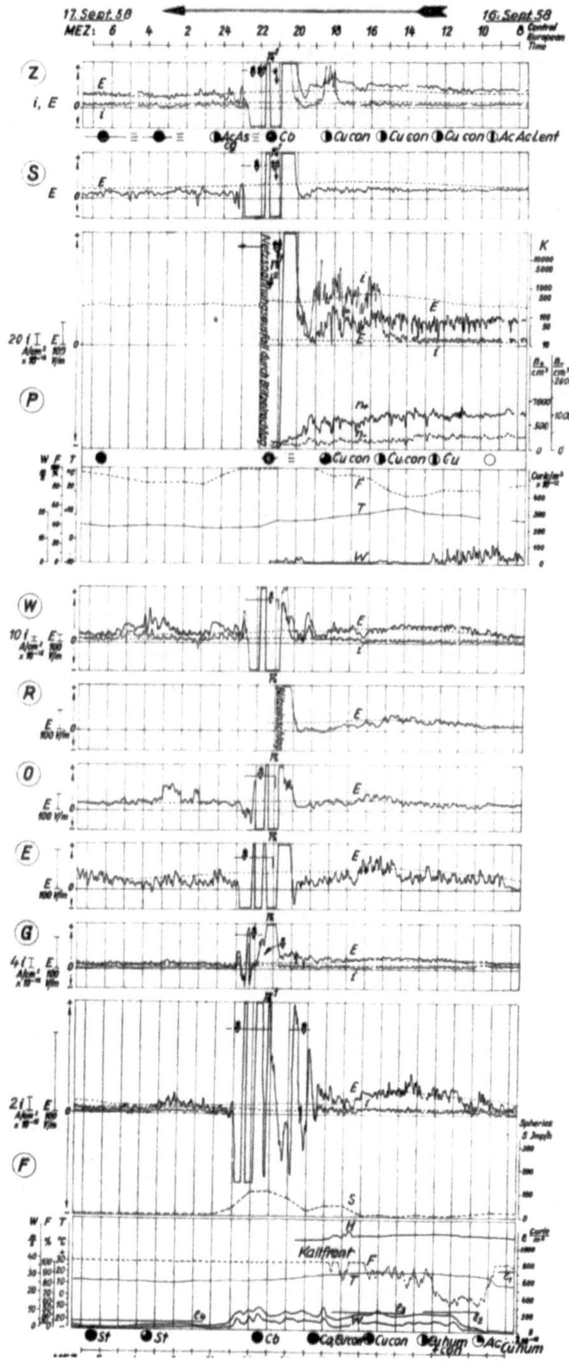

Abb. 82b

tungen) nicht in Betracht. Die Bildung positiver Ladungen durch Abtrocknen von Kondensationskernen scheidet wegen d) aus. Spitzenstromeffekte an stark exponierten Geländeteilen kommen wegen h) nicht in Frage.

Es ist nun eine große Anzahl von Möglichkeiten ausgeschlossen. Wie könnte der Effekt schließlich verstanden werden? Hier haben wir uns zu fragen, wodurch positive i-Werte überhaupt ausgelöst werden könnten. Vier Punkte kommen in Frage:

1. Es ist der Potentialgradient stark erhöht.
2. Es ist ein starker Überschuß positiver Ionen vorhanden.
3. Die positiven Ionen haben, ohne die negativen an Zahl zu übertreffen, eine größere Beweglichkeit als diese.
4. Die positiven Ionen tragen mehr Elementarladungen als die negativen.

Mit Rücksicht auf die vorangegangene Ausscheidung scheint nur Fall 3) in Betracht zu kommen. Als Ursache für das Auftreten der erhöhten positiven Ionenbeweglichkeit wird die Wirkung erhöhter natürlicher Luftradioaktivität vermutet:

Allen 5 Fällen, die an Station P beobachtet worden sind, ist die deutlich erhöhte natürliche Radioaktivität der Luft während der hohen i-Werte gemeinsam. Erhöhte natürliche Radioaktivität wird nämlich sowohl bei Eintritt in die Austauschschicht als auch beim Unterschreiten einer Dunstinversion festgestellt, wir kommen darauf in 5.4. noch zurück. Die Alphastrahlung von Rn und Tn und einiger ihrer Folgeprodukte erzeugt sehr viele ionisierte Gasmoleküle, und zwar mehr N_2^+, N_2^- als O_2^+, O_2^-, entsprechend dem Mengenverhältnis N_2/O_2. Nun ist aber die Elektronenaffinität des Sauerstoffs viel größer als die des Stickstoffs. Es werden deshalb zwar einerseits mehr N_2^+ als O_2^+, andererseits aber viel mehr[1]) O_2^- als N_2^- vorhanden sein. Es ist weiter anzunehmen, daß die Alterung der Sauerstoffionen viel schneller vor sich geht, als die der Stickstoffionen, und zwar wegen der ungleich größeren chemischen Aggressivität des ionisierten Sauerstoffs gegenüber der des Stickstoffs. D. h. nun, die überwiegende Anzahl der negativen Ionen wird schneller als die meisten positiven Ionen in die Klasse der Großionen eingehen und damit für den Stromtransport ausfallen, der dann hauptsächlich durch die beweglicheren aber an Zahl kaum oder wenig überwiegenden positiven Ionen erfolgt. Wahrscheinlich spielen sich diese Vorgänge außerhalb der vom Kleinionenzähler erfaßten Ionenklasse ab, so daß Veränderungen der n_+- und n_--Kurven nicht oder kaum zu erwarten sind. Ob diese Erklärungsmöglichkeit zutrifft, kann nur durch weitere sorgfältige Untersuchungen entschieden werden. Auch ist noch offen, weshalb der Effekt ausschließlich in größerer Höhe auftritt.

---

[1]) Weil die bei der Ionisation emittierten Elektronen bevorzugt vom O_2 angelagert werden.

3.-0.1.2. Verhalten der luftelektrischen Größen während beginnender Kondensation in größerer Höhe

An Station P bildeten sich des öfteren in ruhender Luft innerhalb von Dunstschichten dünne Nebelbänke. Waren diese nicht von der Sonne beschienen (vergl. 3.-0.1.3.), so zeigten die Größen E, i, n_+ und n_- das für den Fall abnehmender Luftleitfähigkeit bereits bekannte normale Verhalten. Gelegentlich trat auch gleichzeitig der in 3.-0.1.1. beschriebene Effekt auf, er ist jedoch, wie dort beschrieben, nicht an Kondensation gebunden.

3.-0.1.3. Lichtelektrischer Effekt an sonnenbeschienenen Wolkentröpfchen in großer Höhe; die Beladung von Altocumuli

Bereits während unserer Exkursion auf das Zugspitzplatt im Jahre 1954 [R. Reiter (1955a)] sind extrem hohe Werte der negativen Luftleitfähigkeit in der Nähe, vor allem an der Oberseite von Nebel und Wolken aufgefallen. 1955 und 1958 konnte eindeutig nachgewiesen werden [R. Reiter (1956a, 1960a)], daß isolierte Anstiege von λ_- und von n_- nur dann auftreten, wenn:

a) in unmittelbarer Nähe der Meßstelle Nebel oder Nebelfetzen direkt von der ungeschwächten Sonne beschienen werden (Abstand Meßstelle—Nebel nicht mehr als einige Meter)

b) die Meßstelle sich im Abwind von sehr nahen Quellwolken befand und zwar auf deren sonnenbeschienen Seite.

Abb. 83 zeigt einige Registrierbeispiele. Sie lassen erkennen, daß die Spitzen von n_- in keiner eindeutigen Beziehung zur Windgeschwindigkeit stehen (es sei denn, es handelt sich um einen Vertreter des Falles b) wie in Abb. 83a und d). Auch E und i lassen keine Variationen erkennen, die mit den n_--Spitzen eindeutig koinzidieren würden.

Der Effekt dürfte wohl durch UV-Einstrahlung ausgelöst sein. Diese spaltet von Aerosolteilchen Photoelektronen ab, die sich innerhalb von etwa $10^{-8}s$ [E. L. Hill (1958)] an Gasmoleküle (vor allem O_2) anlagern und auf diese Weise schnell bewegliche negative „Kleinstionen" bilden, die alsdann der üblichen Alterung unterworfen sind. Schwaden solcher Ionen dürften die gemessenen λ_- und n_--Effekte auslösen. Da aber zur Auslösung von Elektronen aus Wasser eine Strahlung von 2025—2040 Å nötig ist, darf kaum angenommen werden, daß die Photoelektronen direkt von den Wassertröpfchen emittiert werden. Eher ist an eine Photoelektronenemission der NaCl-Kerne zu denken, die man ja bekanntlich auch in größerer Höhe reichlich vorfindet. Die Photoelektronenemission aus NaCl erfolgt bereits im Bereich des UVB (ca. 3000 Å). Eine andere Erklärungsmöglichkeit ist darin zu sehen: wie man weiß, sind die H_2O-Moleküle an der Oberfläche eines Tröpfchens so orientiert, daß die negativen Enden der

Dipole nach außen weisen. Womöglich erleichtert diese Anordnung die Elektronenemission. Man fragt sich, weshalb der n_--Effekt nur in Wolkennähe auftritt, wenn er durch NaCl-Kerne und nicht durch Tröpfchen verursacht ist. In diesem Zusammenhang ist die Feststellung von A. H. Woodcock (1958) von großer Bedeutung, daß nämlich die Wolkentröpfchen als Sammler für NaCl fungieren, denn die „Wolkenluft" enthält wesentlich mehr Na als die wolkenfreie Luft.

Schließlich erhebt sich die Frage, ob die gefundenen schnell beweglichen negativen Ionen nicht mit jenen identisch sind, welche von R. Mühleisen

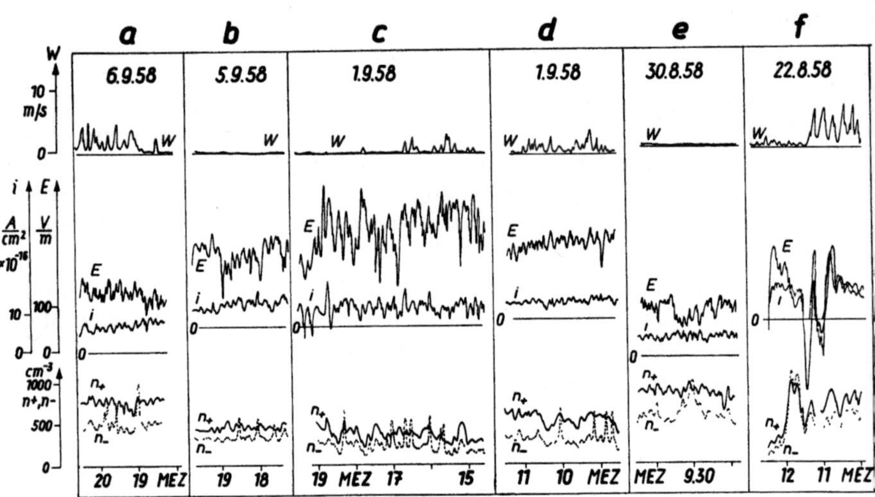

Abb. 83. Isolierte Spitzenwerte der negativen Kleinionendichte n_- (punktiert) in der unmittelbaren Nähe sonnenbeschienener Nebel- oder Wolkenteile

(1959) bei der Nebelauflösung gefunden worden sind. Zwar kann nicht ausgeschlossen werden, daß der von Mühleisen experimentell festgestellte Prozeß auch hier eine Rolle spielt, doch fällt immerhin folgendes auf: Die n_--Spitzen haben wir dann und nur dann erhalten, wenn die Sonne direkt auf Wolkenränder und Nebelflächen fallen konnte, nicht aber, wenn sich Nebel oder Wolkenteile im Schatten durch Wärmestrahlung vom Boden oder durch Advektion warmer und trockener Luft auflösten. Siehe hierzu auch H. Israel (1962).

Die sonnenbestrahlte Wolkenoberfläche muß sich nach dem oben gesagten positiv aufladen. Die Raumladungsdichte wird in der Oberflächenschicht um so größer sein, je schärfer die Wolkenoberfläche ausgeprägt ist. Zu der Raumladungsbildung infolge eines scharfen λ-Gradienten und der Anlagerung von im elektrischen Feld bewegten positiven Kleinionen an der Wolkenobergrenze kommt also noch ein weiterer Prozeß hinzu, der an Wolkenobergrenzen ebenfalls positive Ladung hervorruft.

In diesem Zusammenhang sollen jene Beobachtungen am Zugspitzplatt erwähnt werden, welche es erlaubt haben, die elektrische Beladung der Ober- und Unterseite von Altocumulus lenticularis direkt nachzuweisen.

Das Zugspitzmassiv kann — wie Abb. 84 zeigt — Anlaß zur Bildung besonders schön ausgeprägter stationärer Altocumulus lenticularis wäh-

Abb. 84. Stationäre Altocumulus lenticularis über dem Wettersteinmassiv. Die Gebilde sind, obzwar stationär, in sich schnell bewegt, vor allem in ihrem oberen Bereich. Sie bilden sich auf der Luvseite und lösen sich im Lee wieder auf. Man beachte die sehr scharfe Obergrenze der Gebilde

rend Föhn sein. So konnten wir während unserer Exkursion eine Reihe interessanter Feststellungen machen, denn die Linsenwolken befanden sich meistens in relativ geringer Höhe (500 bis 700 m) über einer unserer Hochstationen. Abb. 85 gibt die (abgezeichneten) Registrierkurven für einen besonders typischen Fall wieder.

Am Beobachtungstag herrschte Föhn I aus S-SW, der auch bis zur Talsohle durchdrang. An der Registrierstation wurde am Nachmittag eine relative Feuchte von 20—30% bei mäßigem, aber böigem Wind registriert. Um 13.30 Uhr lag über der Station Zugspitzplatt der Schwerpunkt eines mächtigen Altocumulus lenticularis. Abb. 85 zeigt diese Situation im Wolkenschema. Zur gleichen Zeit trat eine starke Einsattelung sowohl der E- als auch der i-Kurve an der Station P auf. Anschließend verlagerte die Linse im Laufe von etwa 30 Minuten ihren Ort, so daß schließlich um 14.00 bis

14.10 Uhr der leeseitige Rand der Linse genau über der Station lag, an dem ständige Auflösungen von Wolkenteilen stattfanden. In diesem Zustand wurde eine deutliche positive Spitze sowohl in der E- als auch in der i-Registrierung festgestellt. Aber auch die positive Kleinionendichte stieg deutlich an, während die negative Kleinionendichte unverändert blieb. Daraus können wir schließen:

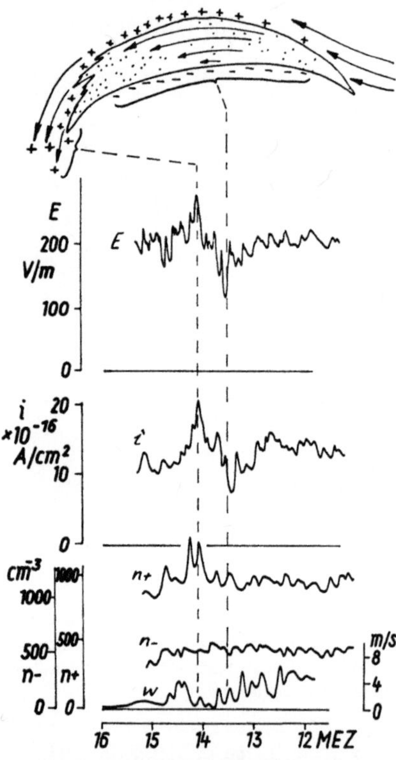

Abb. 85. Das Verhalten der luftelektrischen Elemente unter einem Altocumulus lenticularis der über der Station Zugspitzplatt steht. Die Zeitpunkte der Kurvenabläufe sind den Orten relativ zur Wolke (siehe Wolkenskizze) zugeordnet.

Die Unterseite eines Altocumulus lenticularis trägt negative Raumladung. An der Leeseite der Linse werden überwiegend positive Raumladungen abgeführt, die von der sehr scharf ausgeprägten (s. Abb. 85) Linsenoberseite stammen (s. Schema Abb. 85 unten) und dort durch lichtelektrischen Effekt entstanden sind.

Die Anlagerung positiver Ionen an der Wolkenoberseite durch die im Schönwetterfeld herangeführten positiven Ionen dürfte im vorliegenden Fall deshalb quantitativ in den Hintergrund treten, da, wie in Abb. 85 oben angedeutet, sich die Wolkenoberseite sehr schnell bewegt und nur von kurzer Lebensdauer ist (trotzdem die Wolke als Gebilde selbst stationär bleibt), weil sie sich ständig erneuert. Für ihre Beladung durch Zustrom bleibt also zu wenig Zeit. Hingegen sind die negativen Ladungen an der fast in Ruhe befindlichen Wolkenunterseite wohl ausschließlich „angesaut". Wir können also auch den Altocumulus lenticularis als eine Dipolwolke betrachten. Die an ihr haftende positive oder negative Gesamtladung kann bei einer Flächenausdehnung von 1 km² auf im Mittel $2 \cdot 10^{-4}$ C geschätzt werden.

3.-0.1.4. *Luftelektrische Registrierungen unter und in der Umgebung von wachsenden Cumuli*

Die Untersuchung der luftelektrischen Bedingungen unter Cumuli verschiedener Entwicklungsstadien gehörte u. a. zu den ersten Programmen, die mit Hilfe des Wetterstein-Netzes ausgeführt worden sind.

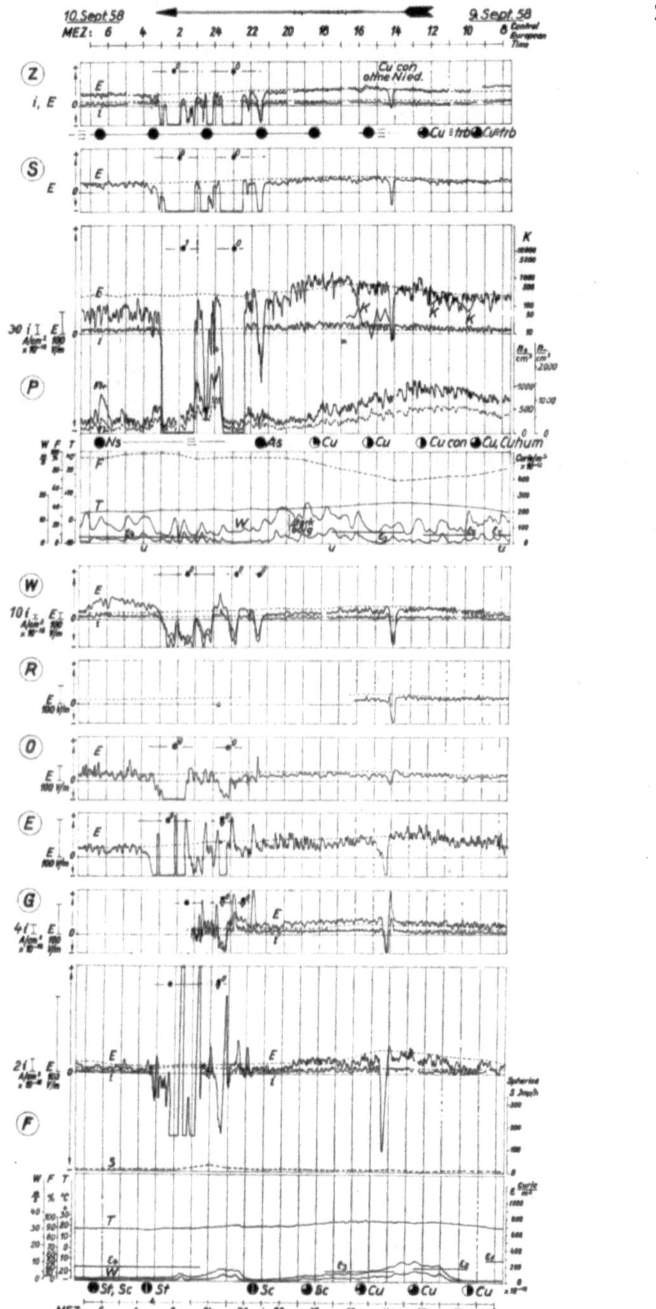

Abb. 86. Synoptische Tafel. Negatives Fremdfeld an allen Stationen unter Quellwolken, die keinen Niederschlag erbracht haben (14.00—14.30 MEZ)

Betrachten wir zunächst einige Kurvenbeispiele. Abb. 86 zeigt an Hand einer synoptischen Tafel, daß in (Station Z, dort Nebel) und unter (übrige Stationen) der Basis stattlicher, aufquellender Cumuli ein negativer Fremd-Potentialgradient (Definition siehe 2.-2.0.0.) festgestellt wird (14.10 MEZ), welcher den Schönwetter-Potentialgradienten ganz oder teilweise aufhebt oder übertrifft. Es konnte mit ziemlicher Sicherheit angenommen werden, daß im vorliegenden Fall die Cumuli, zumindest in der Umgebung der Stationen Z, S und P keinen Niederschlag enthielten. Mit Auflösung der Quellwolken verschwand sofort der Fremd-Potentialgradient (Station Z verblieb in einem dünnen, flachen Cumulus humilis) sofort.

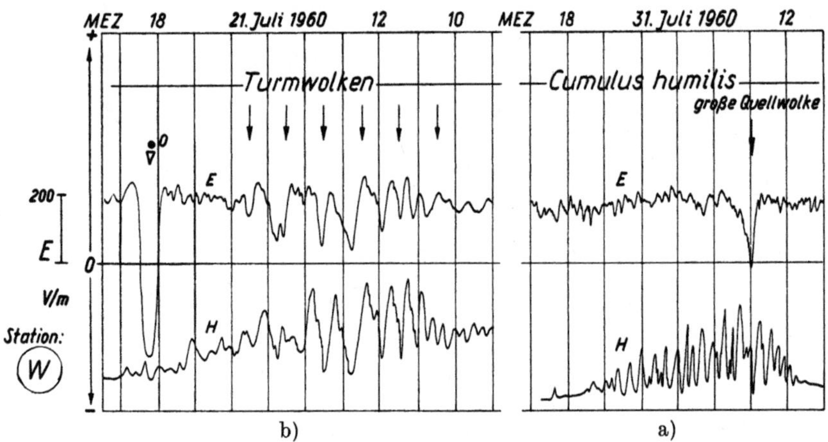

Abb. 87. Vergleich zwischen Potentialgradienten *(E)* und Zenithelligkeit *(H)*; Registrierungen an Station Wank. a) Rascher Auf- und Abbau von Cumulus humilis (schnelle *H*-Schwankungen); Ausnahme: um 13.00 steht vorübergehend eine mächtigere Quellwolke (kein Niederschlag) über der Station, die negative Ladung an ihrer Basis trägt. b) Alternierender Auf- und Abbau von Turmwolken über der Station, *E*- und *H*-Kurven laufen parallel. Mit Ausnahme 18.10 kein Niederschlag

Sehr geeignet zum Quellwolkenstudium ist Station Wank, über der sich ja im Sommer sehr gerne Cumuli ausbilden. An dieser Station wird übrigens die Zenithelligkeit laufend registriert. Diese Registrierung gibt einen sehr verläßlichen Einblick in den Bewölkungszustand über der Station, denn helle Wolkenränder bewirken positive, dunkle Wolkenunterseiten unter dem Wolkenschwerpunkt aber negative Abweichungen vom tageszeitlich bedingten mittleren Niveau. Die Pulsationen der Helligkeitskurve *H* in Abb. 87a zeigen die rhythmischen Variationen der Cumulusbewölkung über der Station deutlich an. Sie bestand nur aus recht lichten Cumulus humilis (ähnlich denen in Abb. 60) mit unscharfen Unter-

Abb. 88. Eine der Turmwolken, unter welchen negativer Fremd-Potentialgradient registriert worden ist (Abb. 87b)

grenzen. Lediglich zwischen 12.45 und 13.10 entwickelte sich vorübergehend eine stattlichere Turmwolke mit scharfer Untergrenze ca. 50 m
über Stationshöhe (kein Niederschlag!). Wir sehen, daß *Cu hum* keine
merklichen Veränderungen des Potentialgradienten unter der Wolke
hervorruft.

Den Fall regelmäßig an- und abschwellender niederschlagsfreier Turmwolken führt Abb. 87b vor Augen. Eine dieser charakteristischen hoch-
ragenden Quellwolken über dem Wank am 21. 7. 60 zeigt Abb. 88. Es besteht ideale Parallelität im Verlauf von E und der Zenithelligkeitskurve.
Das besagt, daß in der Tat der negative Fremd-Potentialgradient, der
unter der Wolke gemessen wird, unmittelbar vom Entwicklungszustand

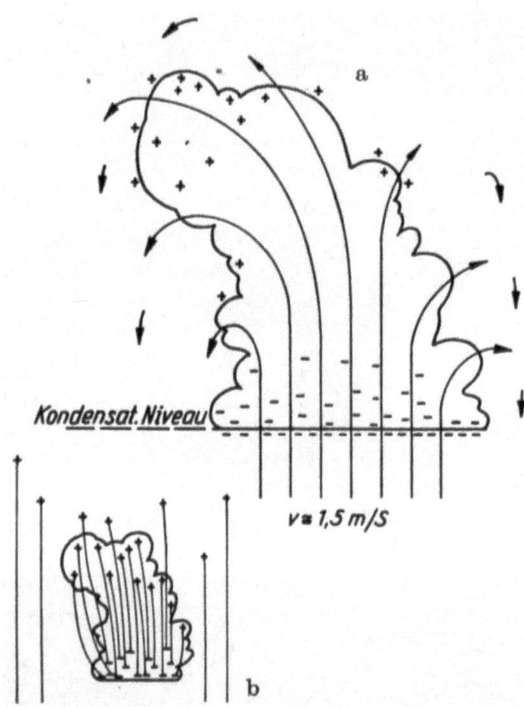

Abb. 89. Ladungsaufbau im aufquellenden Cumulus. a) Verlauf der Luftströmung; b) ungefährer Feldlinienverlauf

der Wolke abhängt. In der Phase des Wachstums steigt der negative
Fremd-Potentialgradient, in der Auflösung geht er zurück, bis schließlich wieder der Schönwetter-Potentialgradient überwiegt.

*Aus den unter Schichtwolken gewonnenen Erfahrungen ist zu schließen,
daß die negativ gerichteten E-Spitzenwerte auf keinen Fall von einer „Abschirmung" des Schönwetterfeldes und -Stromes (siehe Nomogramm Abb. 75)
herrühren können. Auch die Elimination des Schönwetterfeldes durch Ionenstau kommt zur Erklärung nicht in Frage, denn die E-Variationen unter
dem Cumulus laufen viel schneller ab als der Stauvorgang (vergl. Abb. 79).*

Wir haben es also wohl mit dem aktiven Aufbau eines Feldes durch Raumladungsbildung an und in der Wolke zu tun, der aller Wahrscheinlichkeit nach der Niederschlagsbildung vorausgeht.

Bildet sich nämlich Niederschlag und sei es nur in geringen Mengen, so nimmt der negative Fremd-Potentialgradient schnell viel höhere Werte an, wie Abb. 87 b (18.15 MEZ) zeigt. Den Ladungszustand und Strömungsverlauf an und in einer wachsenden Cumuluswolke können wir uns nach den Erfahrungen an rund 200 Einzelfällen etwa so vorstellen wie in Schema 89 a dargestellt. Daraus folgt eine ungefähre Feldverteilung nach Abb. 89 b.

Fassen wir die bis jetzt als wesentlich erkannten Tatsachen zusammen, so kommen wir zu folgendem Bild:

1. *Cumulus humilis von geringer Mächtigkeit und mit nur unscharfen Rändern und Untergrenzen zeigt keine Ladungsanhäufung.*

2. *Ladungsanhäufung an und in der Wolkenbasis wird nur bei kräftig aufquellenden Cumuli mit scharf ausgeprägter Unterseite (Kondensationsniveau) und einer vertikalen Mächtigkeit von mindestens ca. 200 m gefunden.*

3. *Die Raumladung an und in der Wolkenbasis ist stets negativ, nie positiv.*

4. *Der Ladungsaufbau vollzieht sich mit größter Wahrscheinlichkeit bereits vor der Bildung von Niederschlag in der Wolke.*

5. *Die aufgebaute negative Ladung ist unmittelbar an das Vorhandensein der Wolke selbst gebunden, sie ist aber nicht auf die „Grenzschicht" Wolke/wolkenfreier Raum beschränkt.*

6. *Die negative Raumladungsdichte ist eine direkte Funktion der Konvektionsintensität: bei fortschreitendem Wolkenwachstum nimmt sie zu, beim Absterben wieder ab.*

7. *Der Schönwetter-Potentialgradient unter der Wolke kann nicht nur ganz oder teilweise aufgehoben (Grenzwert: $E = 0$ wie bei Schichtwolken) werden, sondern es können sich auch negative Gradienten unter der Wolke ausbilden.*

8. *Der Fremd-Potentialgradient unter dem Cumulus baut sich viel schneller auf als allein durch Ionenstau-Vorgänge möglich wäre.*

9. *Immer geht negativer Fremd-Potentialgradient dem Niederschlagsausfall voraus, nie fällt Niederschlag aus einer elektrisch neutralen Wolke (1).*

10. *Die positive Gegenladung in der Wolkenoberseite ist örtlich weniger stark konzentriert als die negative Ladung an der Basis.*

Trotz dieser Folgerungen ist es noch nicht möglich, das Phänomen selbst zu erklären. Wie schon gesagt, scheidet reiner Ionenstau in mehrfacher Beziehung aus. Da ja sowohl die Wolkenuntergrenze, als auch die Obergrenze laufend neu gebildet wird, könnten sich angestaute Ladungen garnicht halten. In einer turbulenten Schichtwolke haben wir aus eben diesem Grund auch keinen Ionenstau festgestellt (Abb. 79). Ferner ist zu bedenken, daß in die Wolkenbasis, bedingt durch die hohe Vertikalgeschwindigkeit, laufend eine große Anzahl positiver und negativer Ionen eingesaugt wird, welche schnell zur Neutralisierung angestauter Ladungen führen würden (Konvektionsströme sind bei einer Vertikalgeschwindigkeit von 1,5 m/s um etwa 2 Zehnerpotenzen stärker als reine Leitungsströme). Befindet sich die Wolkenbasis im Gebiet der Austausch-Obergrenze, so müßte außerdem angenommen werden, daß überwiegend positive Ladung in die Wolke eintritt, sich die Basis also — nach R. GUNN — positiv aufladen müßte. Das wurde aber niemals beobachtet. Zunächst muß angenommen werden, daß wir es mit mikrophysikalischen Vorgängen an den Wolkentröpfchen zu tun haben, die noch genauer untersucht werden müssen.

Die Entstehung von elektrisch polarisierten Cumuluswolken, noch bevor Niederschlag sich bildet oder ausfällt, dürfte folgende Bedeutung haben: Die heute allgemein als am aussichtsreichsten anzusehenden Theorien über die Entstehung der Niederschlags- und Gewitterladungen benötigen ein vorgegebenes elektrisches Feld [siehe F. J. W. WHIPPLE und CHALMERS (1944), E. WALL (1948) u. a.], ohne welches der Mechanismus des Ladungsaufbaus nicht zustande kommen kann. Diese Theorien gehen vom vorhandenen Schönwetterfeld aus. Der Gewitter-Generator wird umso leichter und schneller „anspringen", je größer die vorgegebene Feldstärke ist. Die Schönwetterfeldstärke nimmt aber mit der Höhe sehr schnell ab (siehe Abb. 57), wodurch das „Anspringen" immer schwieriger werden dürfte. Das durch die gefundene Polarisierung der Quellwolke in einem relativ frühen Zeitpunkt ihrer Entwicklung in ihr aufgebaute Feld, welches sicher viel stärker ist als das Schönwetterfeld im wolkenfreien Raum (siehe Abb. 89b) im gleichen Niveau, wird deshalb die Bedeutung eines „Initialfeldes" haben, welches das Anspringen des Generators sehr erleichtert. Bei weiteren Untersuchungen müßte mittels Radar die Niederschlagsbildung in der Wolke laufend mitverfolgt werden.

3.-0.1.5. *Luftelektrische Untersuchungen während Schneefegen an Gebirgskämmen und Hängen und in durchziehenden Saharastaubwolken*

Im Winter werden sehr häufig an den scharfen Graten des Hochgebirges beträchtliche Schneemassen im Luv abgehoben und leewärts verblasen. Je nach Strömungsrichtung und -intensität können sich dabei Schneekristall-„Wolken" bilden, die kilometerlang sind und eine vertikale Erstreckung mehrerer 100 m haben. Ein sehr augenfälliges Beispiel hierfür zeigt Abb. 90. In Lee erfolgt notwendigerweise eine „Wind-

sichtung" der Kristalle: die gröberen Partikel fallen schnell auf die lee-
seits gelegenen Hänge zurück, die kleineren hingegen werden über weite
Strecken horizontal vertragen. Dabei verdampfen diese kleinen Partikel,
zumal sich die Aufwirbelung meist in einer relativ warmen und trockenen
Föhnströmung abspielt, worauf wir in 3.-0.2. zurückkommen werden.
Sicher ist ferner, daß das Aufwirbeln der Kristalle und Kristallagglomerate
mit Reibungs- und Zerreibungsvorgängen verbunden ist, wobei feine
Eiskristallspitzen abgebrochen werden. Da sich ähnliche Vorgänge — wir

Abb. 90. Nach Neuschnee werden an den Kämmen des Wettersteingebirges
im Sturm Schneemassen hochgewirbelt und zu kilometerlangen Fahnen ausgezogen. Zur Zeit der Aufnahme befanden sich in der Nähe des Wettersteingebirges weder Wolken noch Nebel

kommen darauf später noch zurück — auch in der Eisregion von Schauer-
und Gewitterwolken abspielen dürften, lag es nahe, das Experiment der
Natur zu eingehenden Studien zu benutzen, die besonders im Wettersteingebirge unter günstigen Bedingungen möglich waren.

Aus Abb. 1 und auch aus der kleinen Skizze in Abb. 91 wird klar, daß
die Fahnen aus feinen verblasenen Kriställchen nur dann über den Stationen O, R und E liegen konnten, wenn die Kämme aus SE—SW angeblasen wurden. Hingegen konnten Wolken aus groben Partikeln die unmittelbare Umgebung der drei Stationen nur dann berühren, wenn Wind
aus W bis NE vorherrschte. An Hand der Registrierungen 1954—1960
wurde festgestellt, bei welchen Windrichtungen über Z an den Stationen
R, O und E während Schneefegen bei Schönwetter positive oder negative
Fremd-Potentialgradienten auftraten. Das Ergebnis enthält Abb. 91:

Negative, dem Schönwetterfeld aufgedrückte Gradienten traten weit über-
wiegend bei nördlichen Windrichtungen, positive hingegen fast ausschließ-
lich bei südlichen Windrichtungen auf. Daraus ist zu schließen:

Werden Schneekristalle durch heftigen Wind aufgewirbelt und zerblasen,
so laden sich die schnell sedimentierenden groben Partikel negativ, die feinen,
vom Wind weiter fortgetragenen hingegen positiv auf.

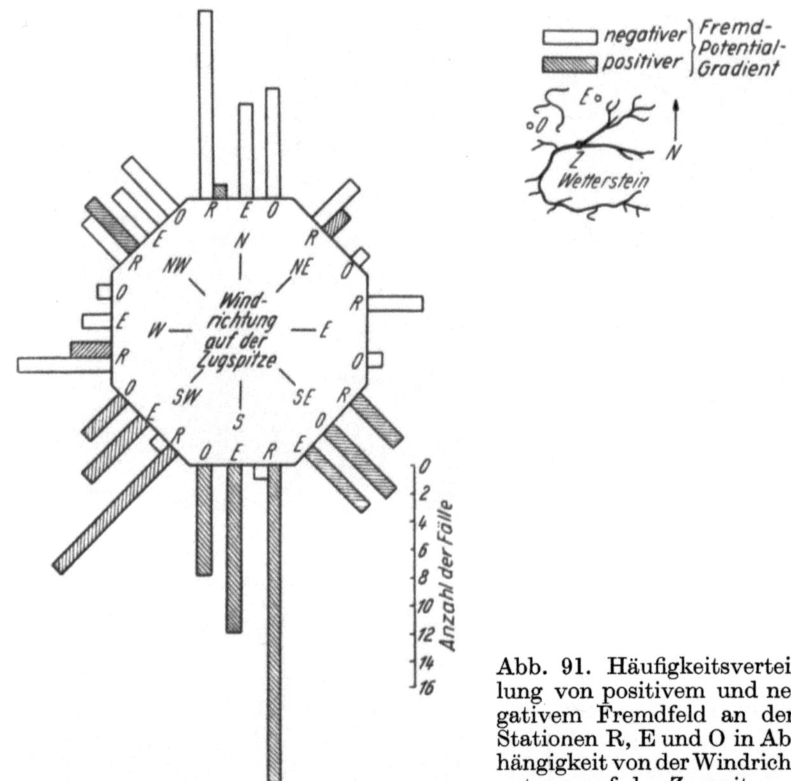

Abb. 91. Häufigkeitsverteilung von positivem und negativem Fremdfeld an den
Stationen R, E und O in Abhängigkeit von der Windrichtung auf der Zugspitze

Auf weitere Einzelheiten und Folgerungen werden wir in 3.-0.2. eingehen, da Schneefegeneffekte sehr wesentlich das luftelektrische Erscheinungsbild bestimmen (siehe Abb. 96).

Ein einziges Mal in den 6 Jahren unserer luftelektrisch-synoptischen
Untersuchungen im Wettersteingebirge trug eine südwestliche Strömung
Saharastaub über die Alpen hinweg (27. Januar 1955). Er wurde, abgesehen von recht eindeutigen Augenbeobachtungen, auch durch die Messungen des Sonnenobservatoriums Wendelstein als eindeutig identifiziert.

An diesem Tage zeigten E und i an Station Zugspitze starke gleichsinnige Fluktuationen von überwiegend positiver Richtung (Abb. 92). Da gleichzeitig reines Schönwetter an der Station herrschte und die Temperatur- und Feuchteregistrierungen Inversionseffekte mit Sicherheit auszuschließen erlaubten, müssen die E- und i-Variationen auf überwiegend positive Raumladungen zurückgeführt werden, die über der Station hinwegzogen. Sie waren gewiß eine direkte Folge der durch Reibung aufgeladenen

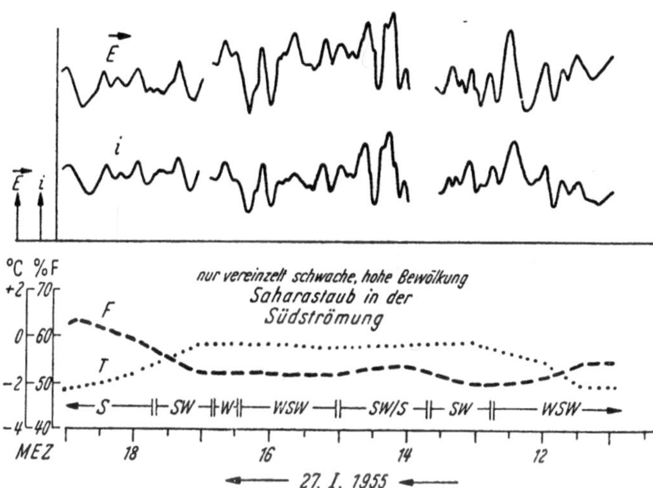

Abb. 92. Bei ungestörtem Wetter verursachte Raumladungen in der Luftströmung über der Zugspitze, die von Saharastaub getragen wurden, starke Variationen der luftelektrischen Elemente

Quarzsandbruchstücke. Diese Erscheinung ist eine interessante Parallele zum Schneefegen-Effekt. Sie wurde an den niedriger gelegenen Stationen nicht sicher beobachtet, weil an diesen die E- und i-Kurven durch die Aerosolschwankungen zu sehr beeinträchtigt waren.

3.-0.1.6. Literatur zum Abschnitt 3.-0.1.

Über Inversionsuntersuchungen im Hochgebirge ist bis jetzt über die eigenen Arbeiten [R. Reiter (1954a, 1955b, c, 1956a, b, 1958b, 1960a, b)] und die darauf aufgebauten theoretischen Untersuchungen von H. Rabich (1959) hinaus nichts bekannt geworden. Untersuchungen und theoretische Ableitungen über das Verhalten luftelektrischer Größen bei Nebel an einer Gipfelstation finden sich bei H. Israel und H. W. Kasemir (1952), R. Reiter (1952a, 1954a, b, 1955a, b, 1956b, 1958b, 1960b) und wieder bei H. Rabich (1959).

Mit Hilfe der bereits oftmals zitierten luftelektrischen Radiosondenmessungen wurden, ähnlich wie bei der älteren Abwurfsonde von P. Lautner (1941), sehr oft Inversionen in der freien Atmosphäre angeschnitten, ausgesprochene Inversionsstudien liegen aber nicht vor. Einen besseren Einblick ermöglichten Fesselballonaufstiege von R. Mühleisen (1959).

Eine Anzahl von Inversionen und Schichtwolken wurde von F. Rossmann (1950) mit dem Segelflugzeug durchstoßen, wobei die luftelektrischen Größen festgehalten wurden. Besonders mit dem Ziel, die Ladungsanhäufung an Unstetigkeitsflächen zu messen, wurden von B. Vonnegut, C. B. Moore und M. Blume (1957) zahlreiche Meßflüge mit Motorflugzeugen unternommen. Diese und die später von J. F. Clark (1958) vorgenommenen Motorflüge bestätigten die Anlagerung negativer Ladung an der Unterseite, positiver Ladungen an der Oberseite von atmosphärischen Sperrschichten. Untersuchungen an Schichtwolken wurden jedoch offenbar nicht oder nur ganz vereinzelt ausgeführt, jedoch finden sich da und dort theoretische Überlegungen hierzu [siehe z. B. J. A. Chalmers (1957)]. Die früheren Ergebnisse der Untersuchungen des Verfassers über die elektrische Polarisation von Schichtwolken finden sich bei R. Reiter (1954a, b, 1955a, b, c, 1956a, b, 1958b, 1960b). Versuche, mit Hilfe von Registrierungen des Potentialgradienten in Neufundland kurzfristige Nebelvorhersagen zu geben, wurden von G. P. Serbu (1958) und G. P. Serbu und W. M. Trent (1958) veröffentlicht. Mit allgemeinen Untersuchungen über die Luftelektrizität bei Nebel haben sich in neuester Zeit H. Dolezalek (1962) und L. G. Machotkin und W. A. Solovjev (1961) befaßt. Zur „Schwebebedingung" siehe R. Reiter (1955c).

Über die extrem hohen positiven Leitungsströme in größeren Höhen wurde, abgesehen von eigenen Untersuchungen, [R. Reiter (1955c, 1956b, 1958c, 1960a)] noch nichts veröffentlicht.

Mit elektrischen Vorgängen bei der Wasserdampfkondensation an Kernen befaßte sich vor allem R. Mühleisen (1959, 1961). Mit Hilfe theoretischer Ableitungen kommt R. Neuwirth (1956) zu dem Ergebnis, daß elektrische Ladung, gleich welchen Vorzeichens, an Kondensationskernen in einer Größenordnung, wie sie in der freien Natur vorkommt, keinen beschleunigenden oder hemmenden Einfluß auf den Kondensationsvorgang haben kann. Demgegenüber stellt M. Pollermann (1950) bei Kondensationsversuchen in der Wilsonkammer fest, daß sich an negativen Ionen bevorzugt Kondensation einstellt, während positive Ladung die Kondensation zu hemmen scheint.

Lichtelektrische Effekte an Nebel- und Wolkenoberflächen, sowie die Beladung von *Ac lent* sind bei R. Reiter (1954a, b, 1956a, b, 1958b und 1960a) beschrieben.

Die Ergebnisse eingehender Untersuchungen über die Beladung wachsender Cumuli und die durch sie ausgelösten Fremd-Potentialgradienten finden sich bei R. REITER (1956b, 1957a, 1958b und 1960a). Die Ergebnisse wurden durch die Meßflüge von D. R. FITZGERALD und H. R. BYERS (1958) bestätigt, welche ebenfalls in der Wolkenbasis negative Raumladung, in den oberen Wolkenstockwerken aber sehr diffuse positive Ladung vorfanden.

Sucht man aus der vorhandenen Literatur nach Erklärungsmöglichkeiten für diesen Effekt, so gelangt man zu keinem sehr ermutigenden Ergebnis. Wie schon in Absatz 3.-0.1.4. ausdrücklich gesagt, kommt reiner Ionenstau hier nicht in Frage, da die Wolkenbasis nur scheinbar eine stabile, ruhende Grenze ist. Sie wird vielmehr laufend und sehr schnell in das Wolkeninnere hineingestülpt, so daß Ionenanlagerung durch Bewegung im Feld ausscheidet, wofür auch noch weitere schon genannte Gründe sprechen. Es müssen offenbar solche Prozesse die Ursache sein, die unmittelbar mit dem Kondensationsvorgang oder dem Tröpfchenwachstum verknüpft sind. D. R. FITZGERALD und H. R. BYERS (1958) nehmen an, daß negative Kleinionen eine größere Affinität zu den Wolkentröpfchen haben als positive, wobei nach Ansicht der Autoren der WILSON-Mechanismus Hilfe leisten würde.

R. GUNN (1951, 1952, 1954, 1955a, b, c, d, e, 1956a, 1957a, b, 1958) hat eine durch zahlreiche Experimente und Messungen in der freien Atmosphäre bestätigte Theorie aufgestellt, wonach durch Diffusionsvorgänge eine laufende Beladung von Tröpfchen durch Kleinionen beiderlei Vorzeichens stattfindet. Der wesentliche Ansatz ist:

$$\frac{Fx}{Ft} = \left[\frac{e^2}{2\pi r k^* T}\right]^{\frac{1}{2}} \exp\left[-\frac{\left[x - \dfrac{r k^* T}{e^2}\ln\left(\dfrac{\lambda_+}{\lambda_-}\right)\right]^2}{2\dfrac{r k^* T}{e^2}}\right],$$

wobei F_t Anzahl der Tröpfchen/cm³, F_x Anzahl der Tröpfchen mit x Elementarladungen, e Einheitsladung, r Tröpfchenradius [siehe hierzu F. H. SCHMIDT (1961)], k^* BOLTZMANN-Konstante, T absolute Temperatur, λ_- negative und λ_+ positive elektrische Leitfähigkeit der Luft bedeuten. Man sieht sofort, daß für den Fall $\lambda_- = \lambda_+$ die Zahl der Ladungen pro cm³ im Mittel 0 ist. Überwiegt λ_-, so liegt das Häufigkeitsmaximum der GAUSSschen Kurve im Bereich negativer Tröpfchenladungen, und umgekehrt. Nun ist aber $\lambda_\pm$ proportional dem Produkt $k_\pm \cdot n_\pm$, d. h. weder die Beweglichkeit k allein, noch die Kleinionenzahl n allein entscheidet, ob sich die Tröpfchen überwiegend positiv oder negativ aufladen. Damit nun, wie FITZGERALD und BAYERS annehmen, die Wolkentröpfchen in der Basis überwiegend negativ geladen werden, müßte in der in die Wolkenbasis eintretenden Luft λ_- wesentlich größer sein als λ_+. Das ist aber recht unwahrscheinlich. Zwar ist die Beweglichkeit der negativen Kleinionen normalerweise und im Mittel etwas größer als die der positiven, doch überwiegen innerhalb der Austauschschicht, in der ja die Cu-Bildung erfolgt und in der die Cu-Basis meist liegt, die positiven Ionen, so daß λ_-/λ_+ praktisch (mit Schwankungen nach beiden Seiten) um 1,0 liegt [H. O. Curtis und M. C. Hyland (1958), R. C. Sagalyn (1958)]. Das würde bedeuten, daß im Mittel keine Elektrifizierung erfolgt, daß aber positive und negative Wolkenunterseiten etwa gleich häufig vorkommen dürften, eine Vermutung, die auch schon B. Vonnegut, C. B. Moore und M. Blume (1957) ausgesprochen haben. Das widerspricht aber ganz entschieden der Beobachtung: es konnte noch keine positive Cu-Unterseite (junge, wachsende Wolke) nachgewiesen werden. Auf der anderen Seite schwanken die Angaben über gemessene Ladungsvorzeichen an Wolkentröpfchen sehr stark. Eine schwache Systematik findet sich bei R. Gunn: an feineren Nebeltröpfchen überwiegt das negative Ladungsvorzeichen, an etwas gröberen Wolkentröpfchen das positive [W. L. Webb und R. Gunn (1955)]. Auch R. Gunn (1955) spricht von der Möglichkeit, daß je nach den gerade gegebenen Leitfähigkeitswerten das Vorzeichen der Tröpfchenladung unterschiedlich sein kann. Sehr bemerkenswert ist nun das Ergebnis von Wolkenkammerversuchen, die ebenfalls R. Gunn (1955a, 1958) ausgeführt hat. In einer Kammer wurden Nebel erzeugt und die Tröpfchen durch in die Kammer eingebrachtes Radium auf dem Wege über die Kleinionen aufgeladen. Das Ergebnis war eine mittlere häufigste Überschußladung von $+ 2,2\ e$. Da die Kleinionendichten n_+ und n_- bei diesem Versuch einander gleich gewesen sein mußten, so ist das Ergebnis nur mit einer überhöhten Beweglichkeit der positiven Kleinionen erklärbar. Es widerspricht zwar der Erfahrung, daß im Mittel die Beweglichkeit der negativen Kleinionen größer ist, legt aber den Verdacht nahe, daß sich in der Wolkenkammer unter der Wirkung der Radioaktivität eben der Vorgang abgespielt hat, den wir zur Erklärung der extremen positiven Leitungsströme (3.-0.1.1.) angenommen haben. Das aber nur nebenbei, denn es erklärt nicht die negative Raumladung der Cumulusbasen, im Gegenteil. Ob der von Mühleisen gefundene Effekt bei der Kondensation zur Erklärung ausreicht, kann ebenfalls noch nicht abgeschätzt werden. Einige weitere Angaben über Beladung von Wolken und Wolkentröpfchen finden sich bei J. P. Kuettner und R. Lavoie (1958) — die Autoren fanden überwiegend positive Ladung am Nebel unterkühlter Wolken —, V. J. Schaeffer (1958), S. Twomey (1956, 1957) und N. V. Krasnogorskaja (1962). Eine hervorragende Zusammenstellung von wolkenphysikalischen Daten geben H. Weickmann (1957) und F. H. Ludlam und B. J. Mason (1957). Über Koagulation in der Atmosphäre und in Wolken und über die Natur der Wolkenkerne findet man Angaben bei: G. Freier (1960), S. K. Friedländer (1960), S. Twomey (1960) und P. Hess und J. Tauscher (1961).

In jüngster Zeit sind Arbeiten über die elektrische Beladung der Wassertröpfchen von A. P. KACYKA (1961), R. H. MARGARVEY und B. L. BLACKFORD (1962) und C. MAGONO und K. KIKUCHI (1961) erschienen. Besonders letztere Veröffentlichung ist sehr bemerkenswert: die Verfasser finden nämlich, daß der Anteil der Tröpfchen, welcher negative Ladung trägt, größer ist als jener mit positiver Ladung. Die Messungen wurden auf einem Berggipfel (Mt. Teine, 1023 m NN) ausgeführt. Wegen seiner geringen Gipfelhöhe dürfte angenommen werden, daß die gemessenen Wolkentröpfchen überwiegend aus der Basis von Cumuli herrührten. Unter diesen Bedingungen wäre dann die Feststellung der japanischen Autoren eine Bestätigung unserer indirekt erhaltenen Befunde über die Ladung von Wolkenbasen. MAGONO und KIKUCHI stellten übrigens fest, daß der Überschuß negativer Ladung sowohl in „warmen" Wolken, als auch in unterkühlten Wolken zu beobachten ist, er in letzteren aber größer ist als in ersteren.

Wir sehen, es ist nach dem heutigen Stand der Literatur kaum möglich, eine wirklich befriedigende Erklärung für die elektrische Beladung niederschlagsfreier, wachsender Cumuli zu geben. Hier müssen weitere Untersuchungen angesetzt werden.

Die ersten systematischen Untersuchungen über die elektrischen Vorgänge bei Schneefegen im Freien wurden vom Verfasser vorgenommen [R. REITER (1956b, 1958b, 1957a, 1960b, g)]. Das Ergebnis über die Relation zwischen Ladungsvorzeichen und Teilchengröße steht in voller Übereinstimmung mit Laboratoriums-Untersuchungen von H. NORINDER und R. SIKSNA (1955a, b) und A. KUMM (1951). Ausschließlich negative Ladung an Schnee, der unmittelbar an der Meßstation aufgewirbelt worden ist, stellten — in voller Übereinstimmung mit unseren Beobachtungen an Station Zugspitze — J. KUETTNER und R. LAVOIE (1958) fest. W. und E. FINDEISEN (1943) fanden bei älteren Experimenten eine entgegengesetzte Zuordnung (große Partikel positiv geladen), die demnach nicht mit den Beobachtungen in der freien Natur übereinstimmt. Luftelektrische Beobachtungen in Saharastaubwolken wurden bis jetzt nur von R. REITER (1955c) mitgeteilt.

3.-0.2. Luftelektrische Zustände und Vorgänge bei Südföhn in den Nordalpen

3.-0.2.0. Vorbemerkungen

Was unter Föhn (Abb. 93) im meteorologischen Sinne zu verstehen ist, darf hier als bekannt vorausgesetzt werden. Näheres darüber findet man in einschlägigen Lehrbüchern der Meteorologie [siehe aber auch H. v. FICKER und B. de RUDDER (1948), sowie R. REITER (1960b)]; Literatur zur Luftelektrizität des Föhns ist in 3.-0.2.6. zusammengestellt. Über die Luft-

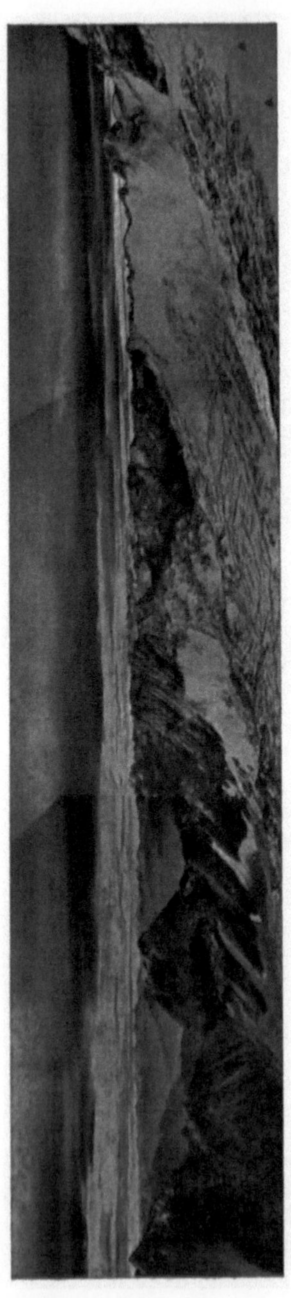

Abb. 93. Das typische Himmelsbild bei Südföhn, von Station Schneefernerhaus aus in Richtung Süden gesehen. Altocumulus-Bänke und -Linsen, darunter weite Fernsicht bei minimaler Lufttrübung

elektrizität bei Föhn wurde jahrzehntelang nicht mehr gearbeitet. Es lag schon allein deshalb, aber auch mit Rücksicht auf die zum Föhnstudium so günstig gelegenen Stationen des luftelektrischen Wettersteinnetzes nahe, das luftelektrische Erscheinungsbild des Südföhns neu zu zeichnen, und zwar, zum ersten Male, in synoptisch-klimatischer Sicht. Es wurde nämlich versucht, aus den eindeutigen Vertretern ihres Typs jeweils einen „mittleren Föhntag" zu rekonstruieren, der ein geschlossenes Bild vom luftelektrischen Geschehen und atmosphärisch-elektrischen Zustand während Föhn geben soll. Wir stützten uns dabei auf das in den Jahren 1955 bis 1958 gesammelte Beobachtungsmaterial und die statistische Bearbeitung der jeweiligen Stundenmittelwerte. Es wurden nur Fälle mit wirklich anhaltenden und eindeutigen Föhnsituationen und lückenlosen luftelektrischen Registrierungen an allen Stationen aufgenommen. Auf die Berücksichtigung des Tagesganges und den Vergleich mit dem Normalgang während eines nicht-föhnigen Schönwetters wurde besonderes Gewicht gelegt. Vor der Behandlung der „mittleren Föhntage" müssen wir uns jedoch erst noch typische Einzelvertreter des jeweiligen Föhntyps an Hand synoptischer Tafeln näher ansehen. Sie sollen das vielschichtige und bewegte „Leben" in der Atmosphäre zwischen 650 und 3000 m NN vor den Augen des Lesers entfalten und so auf die Behandlung der statistisch gewonnenen mehrjährigen Erfahrungen vorbereiten.

3.-0.2.1. Synoptische Tagesbeispiele

Wir verwenden schon hier ein Einteilungsprinzip, das sich bei der statistischen Bearbeitung des gesamten Datengutes klar herausgebildet hat; es ist nämlich zwischen zwei Föhntypen zu unterscheiden,

a) dem Föhntyp I, der sich durch niedrige und ruhige Werte des luftelektrischen Feldes an allen Stationen auszeichnet, und

b) dem Föhntyp II, der durch stark erhöhte und ungemein bewegte Werte des luftelektrischen Feldes mindestens an den Talstationen gekennzeichnet ist.

Die Häufigkeitsverteilung dieser beiden Föhntypen über das Jahr ist sehr unterschiedlich. Darüber gibt Tab. 10 Aufschluß. In ihr sind die Beobachtungsjahre 1955—1958 (jeweils einschließlich) zusammengefaßt.

Tabelle 10. *Die monatliche Häufigkeit der Vertreter von Föhntyp I und II in den Jahren 1955—1958*

Föhntyp	Zahl der Fälle	Januar	Februar	März	April	Mai	Juni	Juli	August	Sept.	Okt.	Nov.	Dez.
I	39	4	2	3	4	4	1	3	2	5	5	5	1
II	45	14	8	2	1	1	0	0	0	0	2	4	13

Tab. 10 sagt aus, daß Föhntyp II nur dann auftritt, wenn noch oder schon wieder Schnee im Hochgebirge liegt. Er fehlt im Sommer und Frühherbst gänzlich. Dagegen findet man beim Föhntyp I eine fast gleichmäßige Verteilung über das ganze Jahr mit einer Bevorzugung von Herbst (und Frühjahr).

Hieraus muß abgeleitet werden, daß die den Föhntyp II bestimmenden hohen und heftig variierenden Werte des Potentialgradienten direkt mit der Schneelage im Gebirge zusammenhängen. Die Untersuchungen haben tatsächlich gezeigt, daß die ungewöhnlichen luftelektrischen Zustände während Föhntyp II eine unmittelbare Folge des Schneefegens an den Hochgebirgskämmen in der Südströmung sind. Die dabei entstehenden positiven Raumladungswolken (siehe 3.-0.1.5.) werden im Lee über die Stationen hinweggeführt.

3.-0.2.1.0. Beispiele zum Föhntyp I

3.-0.2.1.0.0. Anhaltender Föhn an allen Stationen

Das Panorama, wie es sich dem Betrachter etwa vom Niveau Schneefernerhaus aus in Richtung Süd bei vollem Föhn darbietet, zeigt Abb. 93: Aufgeschlitzte Altocumulusschichten und -Bänke liegen über den nördlicheren Alpen. In der sich weiter im Süden von Ost nach West hinziehenden Föhnlücke schwimmen Linsenwolken, und die Sicht ist bis weithin ungetrübt. Das synoptisch-luftelektrische Bild an einem solchen Tag mit vollem, bis zum Tal durchgreifendem Föhn zeigt Abb. 94.

Es herrschte im Tal anhaltend böiger Süd bei sehr niedriger relativer Feuchte und außerordentlicher Luftreinheit. Die Registrierung der Helligkeit des Zenithimmels (H) zeigt die rasch vorbeiziehenden hellen As-Felder an. Es wurde kein Schneefegen an den Gebirgskämmen, über die der Föhn blies, beobachtet, was für spätere Schlüsse wichtig ist.

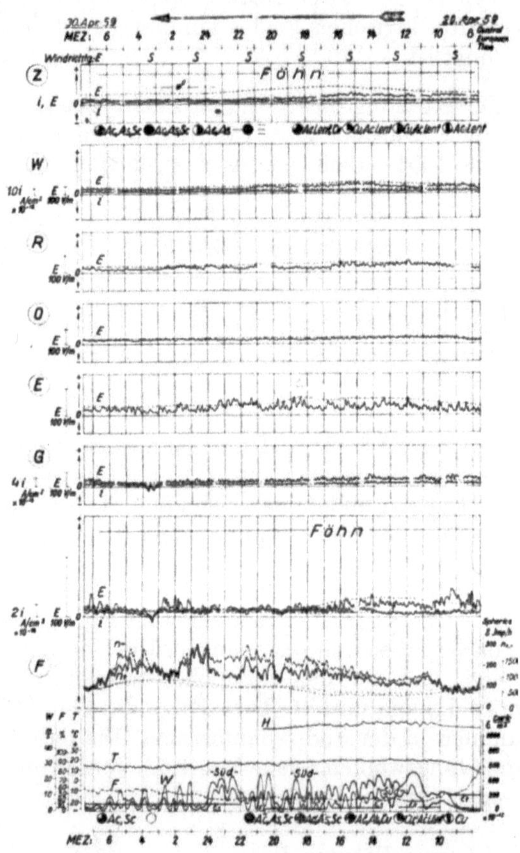

Abb. 94. Synoptische Tafel. Anhaltender Föhn vom Typ I an allen Stationen. Zeichenerklärung siehe Tab. 2

Das luftelektrische Erscheinungsbild dieses Föhntages läßt sich folgendermaßen umreißen: an allen Stationen des Netzes ist der Potentialgradient E deutlich bis erheblich gegenüber dem mittleren Schönwetterwert des gleichen Monats (siehe Legende zu Abb. 94) erniedrigt, am stärksten an Station Z, am schwächsten an G. Der Verlauf von E ist ausgesprochen ruhig. Der Leitungsstrom i zeigt an den Gipfelstationen Z und W deutlich die Tendenz zur Unterschreitung des Schönwettermittels, in F ist die umgekehrte Tendenz (vor allem nachmittags und nachts bis 02 Uhr) zu beobachten. Die positiven und negativen Kleinionendichten (Station F) beginnen mit Durchbruch des Föhns zum Tal (zwischen 09 und 10 Uhr) stark zu steigen, wobei die mittleren Schönwetterwerte ganz erheblich überschritten werden. Der Anstieg von n_+ und n_- fällt mit dem Abfall von E und dem Anstieg von i in G zeitlich zusammen. Bemerkenswert ist übrigens ein ständiges Überwiegen der n_--Werte gegenüber den n_+-Werten in der Talföhnströmung. Das sonst in der Regel bei Schönwetter und Talwind (mit Ausnahme bei starken Bodeninversionen) zu beobachtende Verhältnis:

$$\frac{n_+}{n_-} > 1 \text{ wird zu } \frac{n_+}{n_-} < 1 \text{ umgekehrt.}$$

3.-0.2.1.0.1. *Diskrete Föhnvorstöße ins Tal*

An Hand Abb. 95, einem Ausschnitt aus einer synoptischen Tafel, betrachten wir die Auswirkungen einzelner Föhnvorstöße ins Tal an Station F.

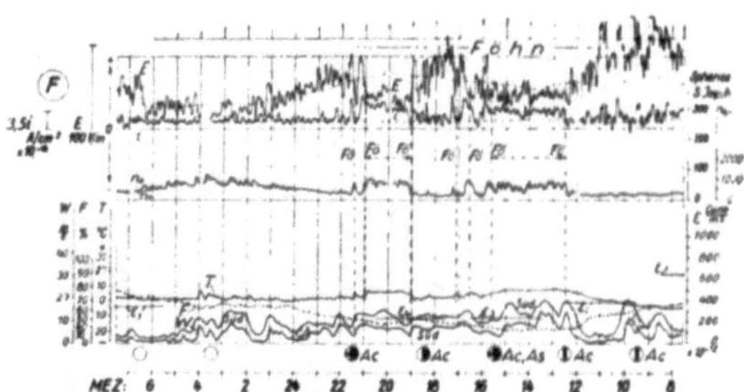

Abb. 95. Diskrete Vorstöße von Föhn vom Typ I zur Talstation Farchant (durch die gestrichelten Senkrechten markiert. Zeichenerklärung siehe Tab. 2)

Diese sind durch die vertikalen, gestrichelten Bezugslinien *(Fö)* markiert. Als bester meteorologischer Indikator für den Föhneinbruch kann hier die Temperatur dienen. Jeweils während eines Föhnvorstoßes ist die Kleinionendichte deutlich erhöht. Ja, Temperatur- und Ionendichte-Kurven zeigen geradezu idealen Parallelgang. Gleichsinnig mit den Variationen der Kleinionendichte verläuft die i-Kurve, während E und i bzw. E und n_+, n_- zu einander entgegengesetzten Gang erkennen lassen. Während der Föhneinbrüche unterschreitet E den Schönwettermittelwert deutlich, während i seinen Schönwettermittelwert erheblich übersteigt. In den Föhnpausen ist E stark überhöht und sehr unruhig, während i um den Schönwetterwert pendelt. Dagegen sind die Ionendichtekurven während Föhn etwas unruhiger als in den Föhnpausen.

3.-0.2.1.1. Beispiele zum Föhntyp II

Föhntyp II wird durch die synoptische Tafel vom 12. Dezember 1957 (Abb. 96) vertreten:

Station Z befand sich im Bereich des „direkten" Schneefegens, d. h. in jenem Gebiet, in dem unmittelbar Schneekristalle aufgewirbelt oder durch

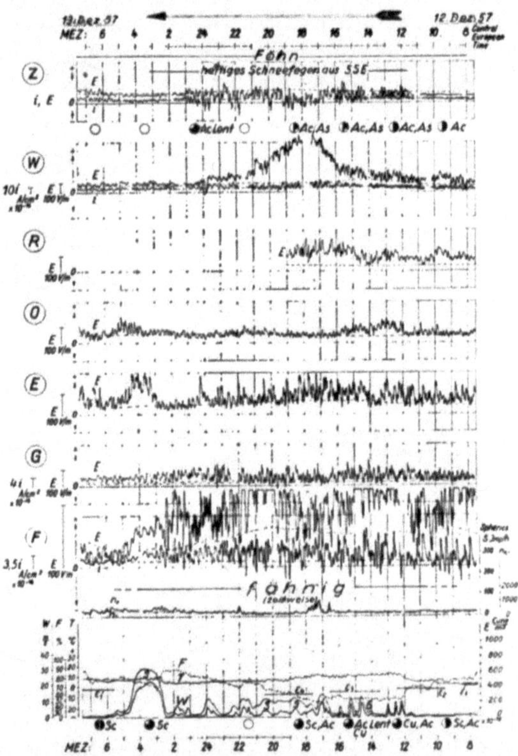

Abb. 96. Synoptische Tafel. Beispiel für anhaltenden Föhn vom Typ II, man vergleiche diese Kurvenbilder mit Abb. 94!

das in der Nähe aufgewirbelte Kristalle hindurchgetrieben wurden (negativer Fremd-Potentialgradient). An den übrigen Stationen (W, R, O, E, G, F) dagegen finden wir ausnahmslos positive Fremd-Potentialgradienten von zum Teil unerhörter Unruhe und langer Andauer. (Bemerkenswert ist, daß der Föhn im vorliegenden Fall die Talstationen eigentlich gar nicht erfaßte.)

Zahlreiche Beobachtungen weisen darauf hin, daß es sich hier um auslösende Vorgänge in mittleren Höhen zwischen 1000 und 3000 m NN handelt: nämlich um positive Raumladungswolken in der Föhnströmung, die eine unmittelbare Folge des Schneefegens sind (siehe 3.-0.1.5.). Von den Gebirgskämmen, an denen Schneefegen tobt, lösen sich positive Raumladungswolken, die mit der jeweiligen Windgeschwindigkeit fortgetragen werden. Es ist plausibel, daß die Lebensdauer[1] solcher Raumladungen in der Größenordnung von mehreren Minuten liegt. Das bedeutet, daß in Anbetracht der bei Föhn relativ hohen Strömungsgeschwindigkeit die mitgeführten Raumladungen noch viele Kilometer vom Entstehungsort entfernt feststellbar sein müssen. Das stimmt mit unseren Beobachtungen gut überein, die gezeigt haben, daß die aus Abb. 96 ersichtlichen heftigen E-Störungen noch in mindestens 5 bis 10 km Entfernung vom Ort des Schneefegens sehr deutlich meßbar sind.

Die extreme Unruhe der luftelektrischen Größen kommt einfach daher, daß die über den Meßort fliegenden Raumladungen äußerst inhomogen sind, was bei ihrer raschen Ortsveränderung zu Potentialschwankungen innerhalb von Sekunden bis Minuten führt. Sicherlich war in den meisten Fällen das zeitliche Auflösevermögen der Registriergeräte (Größenordnung: Minuten) überschritten, so daß die Amplituden der Variationen in Wirklichkeit wohl oft noch viel größer waren.

3.-0.2.2. Mittlerer Föhntag vom Typ I, Station Farchant

Aus 20 typischen Fällen wurde ein „mittlerer Föhntag Typ I" errechnet (Abb. 97). Während des Tagesabschnittes mit der im Mittel stärksten Föhnaktivität (etwa 12 bis 22 MEZ, vergl. die Kurven für RF und e) ist i gegenüber dem Schönwetterstrom stark erhöht (Maximum 160% des Schönwetterstromes), E dagegen vermindert (Minimum 60% des Schönwetterfeldes). E und i verlaufen übrigens nicht, wie man zunächst er-

---

[1] Für die Entladung der Partikel ist in erster Linie die Leitfähigkeit λ der Luft maßgebend. in der sie suspendiert sind. Die Zeitkonstante für die Entladung ergibt sich aus $t = \varepsilon/\lambda$. Nach Abschn. 3.–0.0.6. kann die Luftleitfähigkeit während Föhn in 2 km Höhe mit $\lambda = 8 \cdot 10^{-16}$ (Ohm^{-1} cm^{-1}) angenommen werden. Daraus ergibt sich eine Zeitkonstante von rund 2 Minuten, d. h. innerhalb von 2 Minuten ist die Ladung auf den Wert $1/e$ abgesunken. Merkliche Raumladungen müßten also noch 3—4 Minuten nach ihrer Entstehung in der Luftströmung vorhanden sein. Bei 100 km/h Windgeschwindigkeit legt die Raumladungswolke in 3—4 Minuten eine Strecke von 5—7 km zurück. Andererseits handelt es sich dabei keineswegs um eine nur sehr lokale Erscheinung, denn je nach der Strömungsrichtung des Föhns tritt ja Schneefegen an zahllosen, „hintereinandergeschalteten" Kämmen auf, so daß dann wohl ein Großteil der — schneebedeckten — Alpengebiete unter einem rasch dahineilenden „Raumladungsnebel" liegt.
Aus den luftelektrischen Registrierungen läßt sich übrigens auch die bei Schneefegen an den Kämmen gebildete Ladung abschätzen: nimmt man an, daß die positiven Ladungen in einer Ebene angeordnet sind und diese die Ausdehnung von 2×5 km haben soll, so kann die Ladung in dieser Fläche mit 2—$3 \cdot 10^{-3}$ Coulomb angenommen werden.

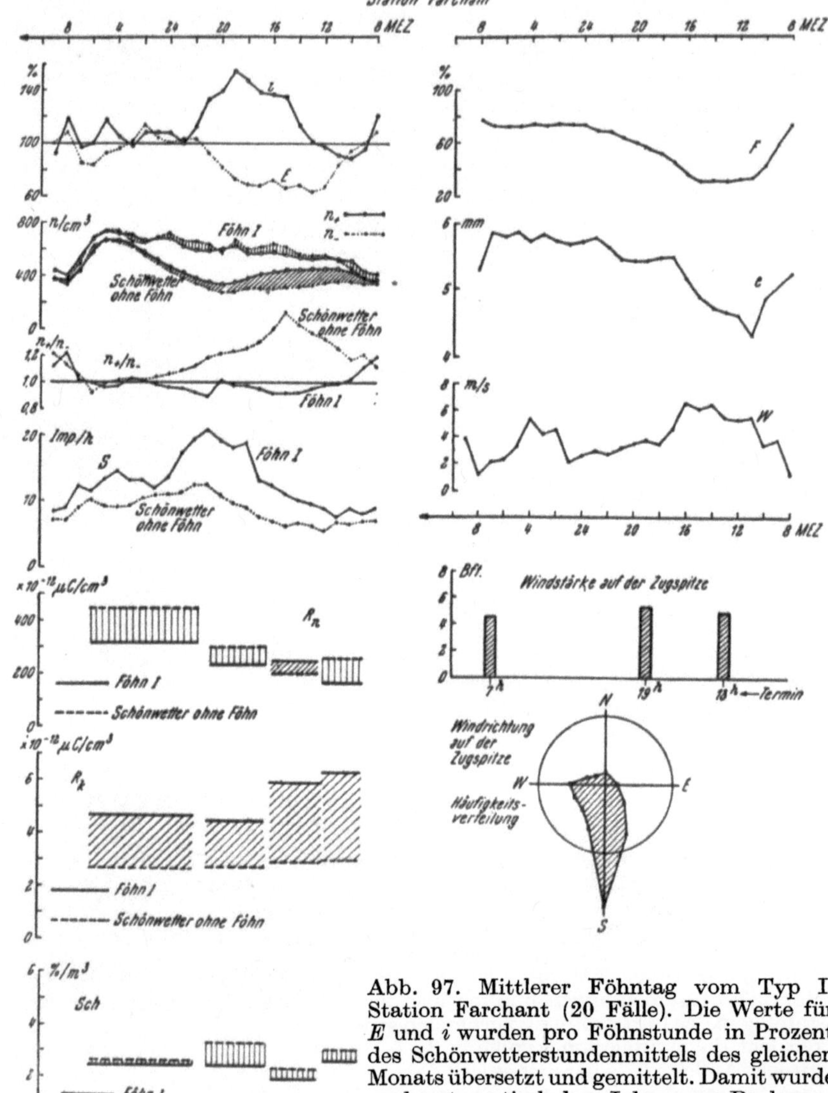

Abb. 97. Mittlerer Föhntag vom Typ I, Station Farchant (20 Fälle). Die Werte für E und i wurden pro Föhnstunde in Prozent des Schönwetterstundenmittels des gleichen Monats übersetzt und gemittelt. Damit wurde auch automatisch dem Jahresgang Rechnung getragen. „100%" in den Abb. 97. 98 und 99 bedeutet demnach bei E bzw. i: Föhnwert = Schönwetterwert ohne Föhn im gleichen Monat, Werte über 100%: Föhnwerte > Schönwetterwert ohne Föhn im gleichen Monat usw. Bei n_+, n_- und S wurden die tatsächlich gemessenen Werte a) während Föhn und b) während Schönwetter ohne Föhn eingetragen. Dasselbe gilt für die Radioaktivitätsdaten R_n und R_k und den Schmutzgehalt der Luft Sch. Die eingezeichneten Niveaus geben die für die jeweiligen Expositionsintervalle (Dauer = Länge des horizontalen Balkens) im Mittel erhaltenen Werte wieder. Überschuß am Föhntag gegenüber normalem Schönwetter ist durch Schrägschraffur, Defizit durch Senkrechtschraffur augenfällig gemacht

warten möchte, zueinander spiegelbildlich. Die Werte für n_+ und n_- liegen während Föhn I ausschließlich über den normalen Schönwetterwerten, und zwar sind die Abweichungen in den Nachmittags- und Abendstunden am größten. Besondere Beachtung verdient noch das Verhältnis n_+/n_-. Abgesehen von wenigen Nachtstunden ist dieses Verhältnis an den Schönwettertagen ohne Föhn deutlich größer als 1 (Maximum: 15 Uhr). Während Föhn I hingegen liegt das Verhältnis n_+/n_- stets nahe bei 1, wobei vielfach über mehrere Stunden der Wert 1 unterschritten wird, also die negative Kleinionendichte überwiegt.

Die Zahl der Infralangwellenimpulse (Atmospherics, S) ist an Föhntagen Typ I ausnahmslos deutlich bis erheblich größer als an normalen Schönwettertagen. Das steht in Übereinstimmung mit Feststellungen von R. Reiter (1960b), wonach bereits am Föhntag, aber noch mehr am darauffolgenden Tag der Länstwellenpegel ansteigt (Folge der Annäherung zyklonaler oder zyklogenetischer Störungen). Der Schmutzgehalt der Luft *Sch* ist an Föhntagen ausnahmslos geringer als an normalen Schönwettertagen.

Die Windgeschwindigkeit beträgt auf der Zugspitze während der betrachteten Föhntage zwischen 4 und 6 *Bft*, die Häufigkeit reiner Südwinde ist weitaus am größten.

3.-0.2.3. Mittlerer Föhntag vom Typ I, synoptisch-klimatische Betrachtung des atmosphärisch-elektrischen Zustandes zwischen 675 m NN und 3000 m NN

Eine synoptische Darstellung des luftelektrischen Zustandes für die Föhntage vom Typ I zeigt Abb. 98. Die Besonderheiten an Station F haben wir bereits besprochen. An Station G finden wir etwa dieselben Verhältnisse vor wie an F. Das Verhalten der Größen E und i an der Gipfelstation Zugspitze zeigt ein etwas anderes Gesicht: Die Verminderung der Feldstärke während Föhn I gegenüber Schönwetter ohne Föhn ist gleichmäßiger als an den Talstationen und die stärkste negative Abweichung finden wir nicht am frühen Nachmittag, sondern am Abend bis kurz vor Mitternacht. Besonders auffallend ist nun, daß i an der Gipfelstation während Föhn I nicht erhöht, sondern vermindert ist, und zwar anhaltend über viele Stunden. Das wird verständlich, wenn wir uns an das in Abschnitt 3.-0.0.2.3. zu Abb. 38 Gesagte erinnern. Durch Föhn wird, wie oben ausgeführt, die Konzentration der Kondensationskerne in der Schicht zwischen Tal und Gipfel stark herabgesetzt. Das führt zu einem Absinken von i am Gipfel und zwar nicht nur an Z, sondern, wie Abb. 98 zeigt, auch an W. Unter Verwendung der theoretischen Ansätze von H. Rabich (1959) wurde die zu erwartende Absenkung von i abgeschätzt. Es ergab sich dabei ein Niveau, das mit R in Abb. 98 bezeichnet ist und das mit den gemessenen Werten befriedigend übereinstimmt. Es ist hier noch zu ergänzen, daß die Abweichungen der Größe E gegenüber ihrem

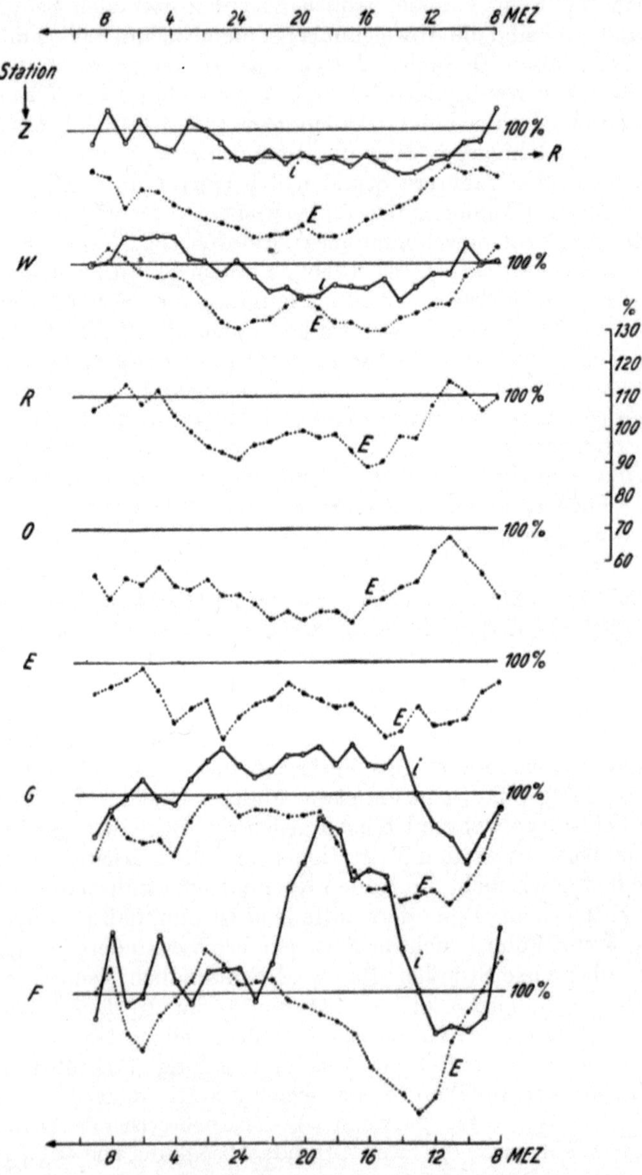

Abb. 98. Mittlerer Föhntag vom Typ I, synoptisch-klimatische Tafel für alle
Stationen (20 Fälle)

Gang an Schönwettertagen ohne Föhn an den Stationen Z, W, R, O und E sehr gut untereinander übereinstimmen. Mit abnehmender Stationshöhe ist ein allmählicher Übergang in den Taltypus (G und F) zu erkennen. Sehr überzeugend ist die Übereinstimmung der i-Abweichungen an den Gipfelstationen Z und W untereinander (i-Defizite) und deren Gegenläufigkeit zu den i-Abweichungen im Tal (i-Überschüsse).

3.-0.2.4. Mittlerer Föhntag vom Typ II, Station Farchant

Wir haben schließlich noch das Verhalten der luftelektrischen und meteorologischen Größen am mittleren Föhntag vom Typ II zu betrachten (Abb. 99). Übereinstimmend ist sowohl i als auch E gegenüber dem Schönwettermittel stark erhöht (im Mittel auf etwa 180% des Schönwetterdurchschnittes). Dies ist — neben der extremen Unruhe der luftelektrischen Größen, die hier wegen Mittelung nicht erscheinen kann — das charakteristische Merkmal dieses Föhntyps. Weiter stellen wir fest, daß die Kleinionendichten unter der Schönwetternorm liegen. Das Verhältnis n_+/n_- während Föhn II entspricht etwa der Norm während Schönwetter, ein unwesentlicher Unterschied besteht nur im Tagesgang. Der Schmutzgehalt der Luft ist während Föhn II an der Talstation deutlich höher als während Schönwetter ohne Föhn. Das Verhalten der Aerosolkomponenten: Kleinionendichte und Schmutzgehalt der Luft ist eine unmittelbare Folge der Koppelung von Föhn II mit Bodeninversionen. Das bestätigen auch die Gänge der meteorologischen Größen an den beiden Stationen F und G. Wir haben demnach im Föhn II jenen Typ vor uns, der sonst in der Regel als „Höhenföhn", „nicht durchbrochener Föhn", „Vorföhn" usw. bezeichnet wird.

Die mittleren Windstärken an Z liegen zwischen 6 und 7 Bft, die häufigste Windrichtung bei SW neben Süd und auch westlichen Richtungen. Das Überwiegen südwestlicher Windrichtung an Station Z wird sofort klar, wenn wir Abb. 1 betrachten. Damit Raumladungen, die bei Schneefegen an den höchsten Kämmen des Wettersteingebirges von der Strömung weggeführt werden, über die Talstationen ziehen können, muß SW-Wind vorherrschen.

3.-0.2.5. Schwingungen elektrisch beladener Inversionsobergrenzen, die durch die Föhnströmung angeregt sind

Wie im Abschnitt 3.-0.1.0.3. eingehend dargelegt, tragen Oberseiten von Dunst- oder Nebelschichten positive, Unterseiten negative Raumladungen. Nun ist es eine seit langem bekannte Tatsache, daß an der Grenzschicht zwischen Kaltlufthaut und warmer Föhnströmung Wellenbewegungen ausgelöst werden. Befindet sich eine luftelektrische Station genau in Höhe der Dunstgrenze, also an der Oberfläche der wogenden Kaltluftschicht, so wäre zu erwarten, daß wegen der elektrischen Be-

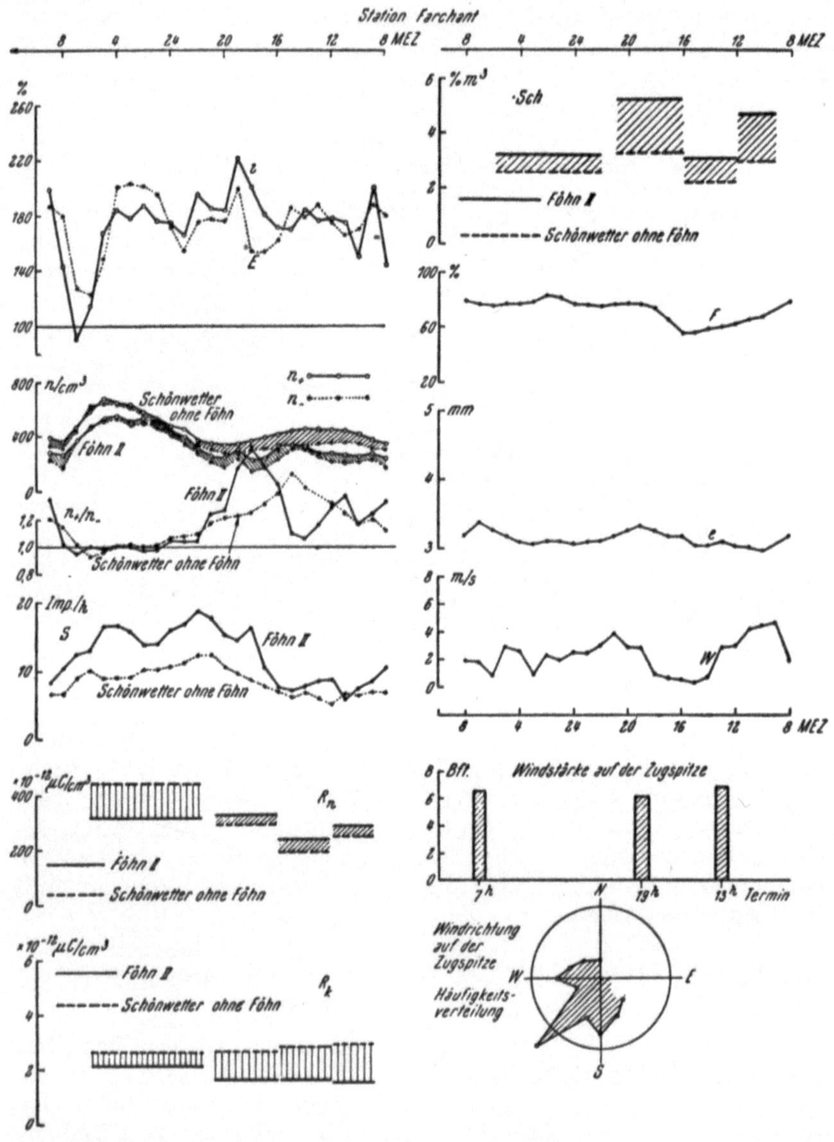

Abb. 99. Mittlerer Föhntag vom Typ II, Station Farchant (12 Fälle).
Erklärungen siehe Abb. 97

ladung der Grenzschicht regelmäßige Schwingungen der Größen E und i registriert werden, um so mehr, als die vertikale Amplitude der schwingenden Schicht 100 bis 150 m betragen dürfte [H. v. FICKER und B. DE RUDDER (1948)]. Abb. 100 zeigt die Registrierkurven der Station W vom 23. Januar 1956 (Höhenföhn; Zugspitze: SW mit Stärke 7; Kaltluftschicht bis 1800 m). W lag an der Oberseite einer Isothermie. Die Registrierung zeigt die über zwei Stunden hinweg anhaltenden regelmäßigen Wellen von E und i mit beträchtlicher Amplitude. Die Periodenlänge ist als fast konstant anzusehen, sie beträgt im Mittel 4,6 Minuten. Es überwiegen positive Abweichungen von E und i gegenüber dem Schönwettermittelwert zur gleichen Tageszeit. Das spricht ebenso für eine schwan-

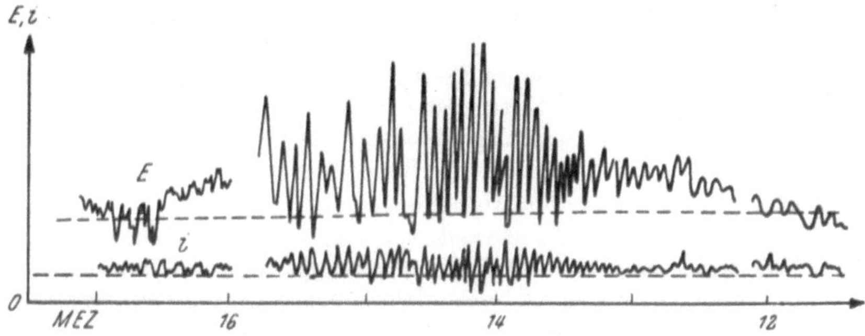

Abb. 100. Regelmäßige Schwingungen von Potentialgradient E und Vertikalstromdichte i an Station Wank in der Obergrenze einer Dunstschicht während Höhenföhn ohne Schneefegen (23. Jan. 1956)

kende positive Raumladungsdichte wie die Feststellung, daß E und i fast parallel variieren. Wir haben hier den Nachweis elektrischer Schwingungen im Zusammenhang mit Luftwogen während Föhn, ein Pendant zu den Druckwellen am Boden. Aus der Periodenlänge kann die Wellenlänge der Schwingung abgeschätzt werden: Die Windgeschwindigkeit betrug über Station W etwa 60 km/h. Nach W. SCHMIDT (1913) ist die Fortpflanzungsgeschwindigkeit der Wogen etwa halb so groß wie die Strömungsgeschwindigkeit im Föhn, in unserem Falle also 30 km/h oder 0,5 km/min. Für eine mittlere Periode von 4,6 min ergibt sich demnach eine mittlere Wellenlänge von 2,3 km, was in guter Übereinstimmung mit W. SCHMIDT (1913) steht.

3.-0.2.6. Abschließendes Ergebnis

Überschauen wir die oben dargestellten Ergebnisse noch einmal rückblickend, so müssen wir MÖRIKOFER und STORM VAN LEEUWEN darin recht geben, daß keines der luftelektrischen Elemente — soweit wir sie erfassen konnten — für sich gesehen während Föhn Abweichungen vom Normalverhalten (Schönwetter ohne Föhn) zeigt, die — von wenigen Ausnahmen abgesehen, s. unten — nicht auch bei anderen Wetterlagen zu beobachten wären. So sind z. B. die Anstiege der Kleinionendichte und damit der Luftleitfähigkeit während Föhn-I-Einbrüchen zum Boden nicht viel größer als die maximalen Amplituden der Kleinionendichte im Tagesgang, und sie sind auf jeden Fall viel geringer als z. B. während Gewitter und Schauer. Die während Föhn gefundenen Variationen der natürlichen Radioaktivität in Bodennähe bewegen sich in der gleichen Größenordnung wie Variationen derselben Größe infolge Tagesgang, Inversionsbildung, Konvektion und Luftkörperwechsel. Dasselbe gilt für den Gehalt der Luft an Kondensationskernen und Grobaerosol und damit für die optische Sichtweite und Lichtstreuung.

Die durch Föhneinbrüche zum Boden bewirkten Veränderungen von elektrischer Feldstärke und Leitungsstromdichte sind, z. B. gemessen an Variationen während Niederschlag, geradezu unerheblich.

Doch finden wir auch einige wenige für Föhn besonders typische Verhaltungsweisen luftelektrischer Größen:

a) Die ungemein heftigen und raschen Variationen der Feldstärke (und damit des Leitungsstromes) während Föhntyp II, welche in ihrer Art und langen Andauer durch kein anderes Ereignis hervorgerufen werden.

b) Der bis in relativ hohe Schichten reichende Anstieg der elektrischen Luftleitfähigkeit.

c) Schwingungen von Feld und Ionenstrom in Föhnwogen an elektrisch beladenen Dunstschichten und Inversionen.

Die Frage: ,,Gibt es luftelektrische Elemente, die während Föhn Besonderheiten zeigen?" trifft jedoch nicht den Kern des Problems ,,Luftelektrizität bei Föhn". Wir müssen vielmehr danach fragen: ,,Hat der Föhn für den Luftelektriker ein charakteristisches Gesicht, das ihn von den anderen Wetterlagen und -situationen unterscheidet?" Diese Frage müssen wir angesichts unserer Beobachtungen in den Nordalpen unbedingt bejahen. Es ist das charakteristische Zusammenspiel aller Elemente, das den Föhn als Besonderheit auch im luftelektrischen Geschehen prägt.

3.-0.2.7. *Literatur über Luftelektrizität während Föhn*
[siehe Literaturzusammenstellung von W. UNDT (1958)]

Angesichts der intensiven Arbeit der Meteorologen überrascht es fast, daß eingehendere Untersuchungen über luftelektrische Phänomene während Föhn eigentlich nur vor rund einem halben Jahrhundert [P. CZERMAK (1901, 1902, 1904) und P. B. HUBER (1915, 1918)] und dann erst wieder vor einem Vierteljahrhundert [J. BOOIJ (1932), W. STORM VAN LEEUWEN, J. BOOIJ und J. VAN NIEKERK (1933)] ausgeführt worden sind, wobei aber immer nur Teile aus dem Gesamtgefüge der luftelektrischen Elemente herausgegriffen wurden. Ausschließlich dieselben Arbeiten haben übrigens auch H. Ficker und B. de Rudder (1948) in ihrer Föhnmonographie zitiert. In jüngerer Zeit finden sich lediglich Hinweise auf Einzelbeobachtungen und auf das Verhalten einzelner luftelektrischer Elemente, z. B. der atmosphärischen Ionen [W. Mörikofer (1950)], der atmosphärischen elektromagnetischen Längstwellen [R. Reiter (1952b, 1954a, 1956b, 1957a)] oder des luftelektrischen Feldes [siehe z. B. H. Ungeheuer und L. Weickmann (1952)]. Neuere Untersuchungen des Verfassers finden sich bei R. Reiter (1956b, 1958b, 1960a, b, g).

3.-0.3. Mittlere Werte der Kleinionendichte, Luftleitfähigkeit und Kondensationskerndichte unter verschiedenen Wetterbedingungen; Abschätzung der Kleinionenbeweglichkeit

In den nachfolgenden Tabellen sind langjährige Mittelwerte der an verschiedenen Stationen gemessenen Kleinionendichten, Luftleitfähigkeitswerte und Kondensationskerndichten zusammengestellt. Aus Kleinionendichten und Leitfähigkeitswerten wurde die Ionenbeweglichkeit abgeleitet nach der Gleichung:

$$k_+ = \frac{\lambda_+}{n_+ \cdot e}.$$

Beweglichkeit der negativen Ionen: k_-, der positiven Ionen: k_+, mittlere Ionenbeweglichkeit: k, Elementarladung: e.

3.-0.3.0. Ergebnisse von Station Farchant

Die Höhenabhängigkeit der Luftleitfähigkeit wurde bereits in 3.-0.0.6. eingehend diskutiert, so daß hier zur Tab. 11 nichts mehr weiter zu ergänzen ist. Tab. 12 enthält die polaren Leitfähigkeiten. Es besteht an allen Stationen ein Überschuß der positiven Leitfähigkeit, der sicherlich eine Folge des Elektrodeneffektes ist. Dafür spricht auch die Tatsache, daß das Verhältnis λ_+/λ_- an Z am größten ist. In der freien Atmoshpäre wird in 3 km NN für das Leitfähigkeitsverhältnis (λ_+/λ_-) bereits ein Wert kleiner als 1 gefunden, wie er aus der höheren Beweglichkeit der negativen Kleinionen geschlossen werden muß [vergl. die Messungen mittels Flugzeugen von H. O. Curtis und M. C. Hyland (1958) und R. C. Sagalyn (1958)].

Tab. 13 gibt eine Aufschlüsselung der Kleinionendaten, Luftleitfähigkeitswerte und Kleinionenbeweglichkeiten auf verschiedene Wettertypen ohne Niederschlag. Es folgt aus unseren Registrierungen das in Bodennähe bekannte mittlere Verhältnis n_+/n_-, welches aber, wie wir in 3.-0.0.8.2. sahen, sehr durch lokale Bedingungen (Windgeschwindigkeit, Austauschstärke) beeinflußt wird. Lediglich in der Föhnströmung ist, wie schon erwähnt, n_+/n_- kleiner als 1. Die Beziehung zwischen Wettertyp und n_+, n_-, λ_+, λ_- ist auf Grund der Ausführungen in diesem Kapitel ohne weiteres verständlich. Die erhaltenen Daten für die Kleinionenbeweglichkeit stehen in vollem Einklang mit den früheren Meßergebnissen von J. ZELENEY (1900, 1930), L. B. LOEB und M. F. ASLEY (1924), R. SIKSNA (1953), H. NORINDER und R. SIKSNA (1953), R. MÜHLEISEN, U. CREUTZBURG und W. BLOSS (1958). Wir finden die höchsten Beweglichkeiten im Föhn, wobei die Beweglichkeit der positiven Ionen größer ist als die der negativen, und die niedrigsten während Inversionslagen.

Tabelle 11. *Mittlere totale elektrische Leitfähigkeit λ der Luft an den ständigen Stationen in den Jahren 1954—1959*
(Anzahl der Messungen in Klammern)

Station	Mittlere totale elektrische Luftleitfähigkeit λ in Ohm^{-1} cm^{-1}		
	Mittelwert über alle Messungen	Mittelwert in der Austauschschicht	Mittelwert in Wind aus SW—SE
Zugspitze	$7{,}70 \cdot 10^{-16}$ (293)	$6{,}20 \cdot 10^{-16}$ (104)	$14{,}30 \cdot 10^{-16}$ (19)
Wankgipfel	$4{,}50 \cdot 10^{-16}$ (171)	$2{,}85 \cdot 10^{-16}$ (75)	$7{,}25 \cdot 10^{-16}$ (41)
Riffelriß	$4{,}20 \cdot$ (147)	$2{,}90 \cdot$ (39)	$6{,}05 \cdot$ (75)
Obermoos	$3{,}95 \cdot$ (253)	$2{,}97 \cdot$ (48)	$5{,}40 \cdot$ (64)
Eibsee	$3{,}40 \cdot$ (116)	$2{,}65 \cdot$ (40)	$4{,}65 \cdot$ (38)
Garmisch und Farchant	$2{,}40 \cdot$ (187)	$3{,}05 \cdot$ (65)	$4{,}15 \cdot$ (22)

Tabelle 12. *Mittlere polare elektrische Leitfähigkeit λ_+, λ_- an den ständigen Stationen in den Jahren 1954—1959 über alle Messungen*

Station	Mittlere polare elektrische Luftleitfähigkeit λ in Ohm^{-1} cm^{-1}		
	λ_+	λ_-	λ_+/λ_-
Zugspitze	$4{,}18 \cdot 10^{-16}$	$3{,}50 \cdot 10^{-16}$	1,19
Wankgipfel	$2{,}36 \cdot$	$2{,}11 \cdot$	1,11
Riffelriß	$2{,}02 \cdot$	$2{,}16 \cdot$	1,07
Obermoos	$2{,}05 \cdot$	$1{,}91 \cdot$	1,11
Eibsee	$1{,}83 \cdot$	$1{,}60 \cdot$	1,15
Garmisch und Farchant	$1{,}22 \cdot$	$1{,}08 \cdot$	1,12

Tabelle 13. *Station Farchant*

Mittelwerte der Kleinionendichte n_+ und n_- an Tagen ohne Niederschlag (Jan. 1958—Dez. 1959) (in Klammern jeweils Anzahl der verwendeten Registriertage [d] oder Registrierstunden [h]). Zum Vergleich: Mittelwerte der Luftleitfähigkeit (λ) und der Kleinionenbeweglichkeit (k). % = Kleinionendichte ausgedrückt in % der Kleinionendichte an allen Schönwettertagen (= 100%).

Wettertyp	n_+ cm^{-3}	n_- cm^{-3}	n_+/n_- —	n_++n_- cm^{-3}	% —	$\lambda_+ \quad \lambda_-$ / λ Ohm^{-1}cm^{-1} ·10^{-16}	$k_+ \quad k_-$ / k cm^2/V·sec
Alle Schönwettertage	485 (4449h)	416 (4362h)	1,17	901	100	1,27 1,14 / 2,40	1,63 1,71 / 1,66
Bei hochreichendem Austausch	615 (1450h)	530 (1445h)	1,16	961	106	1,70 1,45 / 3,05	1,72 1,72 / 1,72
Föhn bis zum Tal durchdringend	681 (155h)	739 (150h)	0,92	1420	158	2,15 2,00 / 4,15	1,96 1,68 / 1,84
Unter Inversionen, hoher Kerngehalt	199	161	1,24	360	40	0,42 0,38 / 0,80	1,32 1,47 / 1,38
Extremwerte unbek. Ursache (s. 3.-0.0.9.3.)	844 (118h)	731 (103h)	1,15	1575	175		
Alle Reg.-Tage überhaupt	513 (643d)	448 (634d)	1,15	961	107		

3.-0.3.1. *Ergebnisse von Station Zugspitzplatt*

Tab. 14 gibt eine Aufschlüsselung der Meßdaten nach Wettertypen und atmosphärischen Zuständen, wie sie an einer Hochstation zweckmäßigerweise [siehe auch R. REITER (1954a, b, 1955c, 1956a, b, 1960a)] vorzunehmen ist. Die absolut höchsten Kleinionendichten werden unmittelbar über Inversionen gefunden, (darauf kommen wir in 5.-4. zurück). Der zweithöchste Wert stellt sich bei Föhnlagen ein. Durch den an der Hochstation verstärkten Elektrodeneffekt ist das Verhältnis n_+/n_- höher als an der Talstation. Doch fällt auf, daß auch am Zugspitzplatt im Föhn n_+/n_- kleiner ist als 1, so wie im Tal. Im Mittel ist in 2600 m NN die Kleinionendichte um 40% höher als im Talniveau.

Der Einfluß der Kerne in Dunstschichten und in der Austauschschicht auf den Pegel der Kleinionendichte und auf die Luftleitfähigkeit ist aus Tab. 14 unmittelbar abzulesen. Im Nebel sinkt die Kleinionendichte auf 28% des Schönwetterwertes, etwa im gleichen Ausmaß wird λ vermindert.

Tabelle 14. *Station Zugspitzplatt*

Mittelwerte der Kleinionendichte n_+ und n_- an Tagen ohne Niederschlag (13. 8.—17. 10. 1958) (in Klammern jeweils Anzahl der verwendeten Registrierstunden = h). Zum Vergleich: Mittelwert der Luftleitfähigkeit (λ) und der Kleinionenbeweglichkeit (k) für Luftdruck p am Zugspitzplatt und p_0 im Tal. % = Kleinionendichte, ausgedrückt in % der Kleinionendichte an allen (Schönwetterlagen (= $100\,^0/_0$).

Wettertyp	n_+ cm⁻³	n_- cm⁻³	n_+/n_- —	$n_+ + n_-$ cm⁻³	% —	$\lambda_+\quad\lambda_-$ λ Ohm⁻¹cm⁻¹ $\cdot 10^{-16}$	$k_+^p\quad k^p\quad k_-^p$ cm² V⁻¹ sec⁻¹	$k_+^{p_0}\quad k^{p_0}\quad k_-^{p_0}$ cm² V⁻¹ sec⁻¹
Alle Schönwetterstunden	715 (420h)	549 (420h)	1,30	1264	100	3,30 2,70 6,00	2,90 3,10 3,00	2,05 2,20 2,10
In Dunstschicht unter Inversion	632 (35h)	356 (35h)	1,77	988	78	1,65 1,35 3,00	1,64 2,36 1,90	1,16 1,17 1,35
über Inversionen	980 (34h)	603 (34h)	1,62	1583	125	3,05 2,45 5,50	1,94 2,50 2,15	1,38 1,76 1,50
bei beginnender Kondensation	405 (7 h)	200 (7 h)	2,00	605	48			
In der Austauschschicht bei Turbulenz	482 (40h)	266 (40h)	1,80	748	59	1,80 1,20 3,00	2,41 2,80 2,51	1,70 2,00 1,80
Vor Eintritt in Austauschschicht	652 (19h)	400 (19h)	1,63	1052	83	2,80 2,00 4,80	2,65 3,10 2,82	1,90 2,20 1,99
Nach Austritt aus d. Austauschschicht	658 (20h)	355 (20h)	1,86	1013	80	2,70 1,90 4,60	2,55 3,30 2,80	1,80 2,35 2,03
in der Föhnströmung	1130 (25h)	1220 (25h)	0,93	2350	185	6,30 5,50 11,8	3,45 2,85 3,10	2,45 2,10 2,22
im Nebel	205 (49h)	152 (49h)	1,35	357	28	1,8—0,7	3,0—1,2	2,1—0,9
im Schneefegen	621 (26h)	660 (26h)	0,93	1281	101			
Alle Registrierstunden überhaupt	664 (1360h)	434 (1360h)	1,53	1098	86			

Im Schneefegen tritt eine·Verschiebung von n_+/n_- auf: Die negative Ionendichte überwiegt leicht.

Recht aufschlußreich sind die Werte der Kleinionenbeweglichkeiten. Die nicht auf den Luftdruck im Talniveau umgerechneten Beweglichkeiten von Station P liegen notwendigerweise alle höher als die von Station F. Vergleicht man aber die umgerechneten k^{p_0}-Werte mit den k-Werten von Farchant, so stellt man fest, daß die Ionenbeweglichkeiten an P nur leicht erhöht sind gegenüber denen an F. In Dunstschichten werden an P dieselben Beweglichkeitswerte gefunden (k^{p_0}!) wie im Tal unter Inversio-

Tabelle 15. *Station Zugspitzplatt (13. 8.—17. 10. 58)*
Zahl der Kondensationskerne/cm³
Gesamtzahl aller Messungen: 4750

Wettertyp		Kondensationskerndichte
in der Austauschschicht	Mittel:	1650
	Maximum:	3780
	Minimum:	438
über der Austauschschicht	Mittel:	455
	Maximum:	1240
	Minimum:	25
in der Föhnströmung vormittags	Mittel:	350
	Maximum:	718
	Minimum:	12
in der Föhnströmung nachmittags	Mittel:	690
	Maximum:	1270
	Minimum:	110
nach Niederschlägen:		560
im Nebel:		1720
Gesamtmittelwert über alle Messungen:		928

Tabelle 16. *Station Zugspitzplatt (13. 8.—17. 10. 58)*
Mittelwerte für E und i über alle Schönwettertage

	E V/m	i A·cm⁻²
Mittelwert:	188	11,3
Erhöht gegenüber freie Atmosphäre in 2500 m NN:	× 4,7	× 4,5
Erhöht gegenüber Talniveau in 700 m NN:	× 3,2	× 4,5

nen, was leicht einzusehen ist. Die höchsten Beweglichkeiten findet man, wie auch im Tal, während Föhn. Der k^{p_0}-Föhnwert von P stimmt mit den von H. SCHILLING (1927, 1928) in „gereinigter Luft" gefundenen Werten $k_+ = 2{,}0$ $k_- = 2{,}45$) gut überein, wenn man von der Aufteilung nach polaren Beweglichkeiten absieht. Überraschend ist nämlich, daß auch an Station P im Föhn die positive Beweglichkeit größer ist als die negative. Eine befriedigende Erklärung für dieses Phänomen kann noch nicht gegeben werden.

In Tab. 15 ist eine Zusammenstellung von Ergebnissen der Kondensationskernzählungen gegeben. Die Beziehung der Kondensationskerndichten zu den angegebenen atmosphärischen Zuständen ist ohne weiteres verständlich. Die gefundenen Werte stehen in sinngemäßer Übereinstimmung mit Kondensationskernzählungen von H. HERPERTZ, H. ISRAEL und F. VERZAR (1957) am Jungfraujoch. Über Kondensationskernzählungen und deren Ergebnisse siehe ferner M. BIDER und F. VERZAR (1957), E. HERPERTZ und F. VERZAR (1957), M. BIDER (1954), G. HENTSCHEL (1955), M. BIDER (1956). Schließlich gibt Tab. 16 noch die mittleren absoluten Werte von E und i an Station P, gleichzeitig mit der Überhöhung gegenüber der freien Atmosphäre im gleichen Niveau und gegenüber Talniveau. Diese Überhöhung ist eine alleinige Folge der Drängung der Feldlinien über dem Gebirge. Gegenüber Station P ist die Überhöhung an Station Z um mindestens Faktor 10 größer. Das unterstreicht nochmal den großen Vorteil luftelektrischer Registrierungen an der Hochflächenstation Zugspitzplatt.

3.-1. Die Abhängigkeit der luftelektrischen Elemente von meteorologischen Zuständen und Vorgängen in der Schicht von ca. 700 bis 3000 m NN während Niederschlag

3.-1.0. Vorbemerkungen

Eine Voraussetzung für die erfolgreiche Bearbeitung von Problemen der Niederschlagselektrizität ist die genaue Kenntnis des Verhaltens der luftelektrischen Größen bei Schönwetter. Das geht schon allein daraus hervor, daß, zumindest bei schwachen Niederschlägen oder unter Fallstreifen, z. B. nicht der Wert $E = 0$ als Basis genommen werden darf, sondern der etwa um die gleiche Tages- und Jahreszeit gültige Schönwetterwert von E. Darauf beruht ja die notwendige Einführung des Fremd-Potentialgradienten (siehe 2.-2.0.), dessen Richtung in Bezug auf den Schönwetter-Potentialgradienten festgelegt wird. Wir werden in 3.-1.3.6. noch sehen, wie sehr begründet die Einführung des Fremd-Potentialgradienten bei der Betrachtung der niederschlagselektrischen Vorgänge ist. Ferner ist es notwendig, die unter Schönwetterbedingungen auftretenden Ladungen an Wolken und Wolkenteilen zu kennen.

Die sicherste Basis für die Durchführung von niederschlagselektrischen Untersuchungen ist die luftelektrische Synopsis. Dabei ist zu beachten, daß jetzt mehr noch als bei den Schönwetteruntersuchungen auf eine möglichst steile Staffelung der Stationen des synoptischen Netzes Wert zu legen ist. Es hat sich bei unseren Arbeiten herausgestellt, daß eine einzelne Bodenstation kaum einen genügend tiefen Einblick vermittelt, ja, daß aus Registrierungen einer Einzelstation sogar falsche Schlüsse gezogen werden. Wir kommen darauf noch zurück. Natürlich können enger umschriebene Probleme auch an Einzelstationen bearbeitet werden, z. B. Spitzenstromuntersuchungen, Niederschlagsstrom-Messungen u. a. Uns ging es jedoch um die Entschlüsselung des elektrischen Zustandes und seines gleichzeitigen Ablaufs in einer dickeren niederschlags- und wolkenerfüllten atmosphärischen Schicht.

Nicht weniger entscheidend wie das synoptische Verfahren ist die Anwendung der klimatologischen Arbeitsprinzipien für den Ertrag der Arbeit auch hier bei der Behandlung niederschlagselektrischer Probleme. Lange Untersuchungszeiträume sind somit wesentlicher Teil der Basis. Durch Einschluß der vier Jahreszeiten gelangt man übrigens auch zu sicheren Erfahrungen über den Einfluß des Phasenzustandes der Niederschläge (fest, flüssig, physikalischer Aufbau der Niederschlagsteilchen) auf den luftelektrischen Zustand der Atmosphäre.

Ein Schlüssel zum Verständnis der luftelektrischen Prozesse während Niederschlag ist die strenge Unterscheidung zwischen gleichmäßigem Niederschlag und Schauerniederschlag. Es wird sich das im Laufe der Darlegungen ganz von selbst mehrfach ergeben und bestätigen. Führt man aber diese Unterscheidung nicht gleich von Anfang ein, so bleibt das Bild verwischt, widerspruchsvoll und unbefriedigend.

Eine Ergänzung der rein luft-elektrischen Untersuchungen liefern niederschlags-chemische Arbeiten, so weit sie synchron mit den ersteren ausgeführt werden. Insbesondere die gleichzeitige Bestimmung der NO_2' und NO_3'-Gehalte der Niederschläge führte teils zu ganz neuen Aspekten, teils zu wertvollen Bestätigungen von auf anderem Wege gewonnenen Erfahrungen.

Die vorstehenden Punkte wurden bei bisherigen niederschlagselektrischen Untersuchungen nicht oder nur andeutungsweise und bruchstückhaft berücksichtigt. Eine geschlossene und umfassende Darstellung der Ergebnisse, die unter den oben genannten Voraussetzungen gewonnen worden sind, ist noch nicht erfolgt [über Teilergebnisse siehe R. REITER (1952a, 1954a, 1955a, 1956a, b, 1957a, 1958a, b, 1960a)]. Sie soll in diesem Kapitel gegeben werden.

3.-1.1. Gleichmäßiger Niederschlag, synoptische Tafeln als Einzelbeispiele

Zunächst einige Worte zur Definition der Niederschlagstypen.

Was wir unter „gleichmäßigem Niederschlag" zu verstehen haben, wird schneller verständlich, wenn wir zuerst den Schauerniederschlag definieren. Er zeichnet sich neben größerer Ergiebigkeit vor allem durch seine zeitliche Inkonstanz aus, also durch die mehr oder weniger rasch wechselnde Niederschlagsmenge, die pro Zeiteinheit den Boden erreicht, oder durch häufige Niederschlagspausen. Diese fehlen beim gleichmäßigen Niederschlag, der meist über mehrere Stunden anhält, fast völlig. Dessen Intensität ist geringer, meist bei Niederschlagseinsatz langsam anschwellend und gegen Ende ebenso langsam nachlassend. Deutliche Unterschiede finden wir auch in der Beschaffenheit der Niederschlagsteilchen: sie sind bei Schauerregen meist wesentlich größer, aber oft auch von rasch wechselnder Dimension. Im Schneeschauer gehen seltener große Flocken nieder, so wie das bei gleichmäßigem Schneefall die Regel ist; viel häufiger bringt der Schneeschauer Graupeln oder vergraupelte Kristallagglomerate von körnigem Aussehen; und schließlich ist das Wolkenbild bei Schauerwetter ganz anders als bei gleichmäßigem Niederschlag. Schauer fallen aus hochreichenden, aufquellenden Cumuli und Cumulonimben (Abb. 113, 116), die entweder isoliert nebeneinander bestehen können mit dazwischen liegenden Aufheiterungen, die aber auch zu einer geschlossenen Wolkendecke verschmolzen sein können, deren wechselnde Helligkeit und ballige Struktur noch die einzelnen Konvektionszentren unterscheiden läßt. Gleichmäßiger Niederschlag fällt aus homogenen Schichtwolken, meist Nimbostratus, (Abb. 111), die höchstens bei *As* vor allem flächige (Abb. 105), aber nie vertikale Strukturierungen erkennen lassen.

Meteorologische Ursache der Schauerbewölkung und ihrer Niederschläge ist in der Regel labil geschichtete Kaltluft, die an der Rückseite von Zyklonen vordringt. Gleichmäßiger Niederschlag hingegen fällt fast ausschließlich aus einer stabil geschichteten Atmosphäre, in der Aufgleitprozesse stattfinden.

3.-1.1.0. Regen an allen Stationen

Das Verhalten der luftelektrischen Größen während gleichmäßigem Regen an allen Stationen wird durch die beiden typischen Vertreter Abb. 86 (ab 21.00) und 101 deutlich vor Augen geführt. Im Regen ist der Fremd-Potentialgradient negativ, und zwar ausschließlich negativ an den Hochstationen 2000 mNN . An den übrigen Stationen treten gelegentlich vereinzelte positive Spitzen auf, deren Amplituden und Häufigkeit mit abnehmender Stationshöhe anwachsen (vergl. 3.-1.1.4.). Die gegenseitige Übereinstimmung der Kurvengänge an den Hochstationen Z, S und P während Niederschlag ist als sehr gut zu bezeichnen. Nebenbei interessant

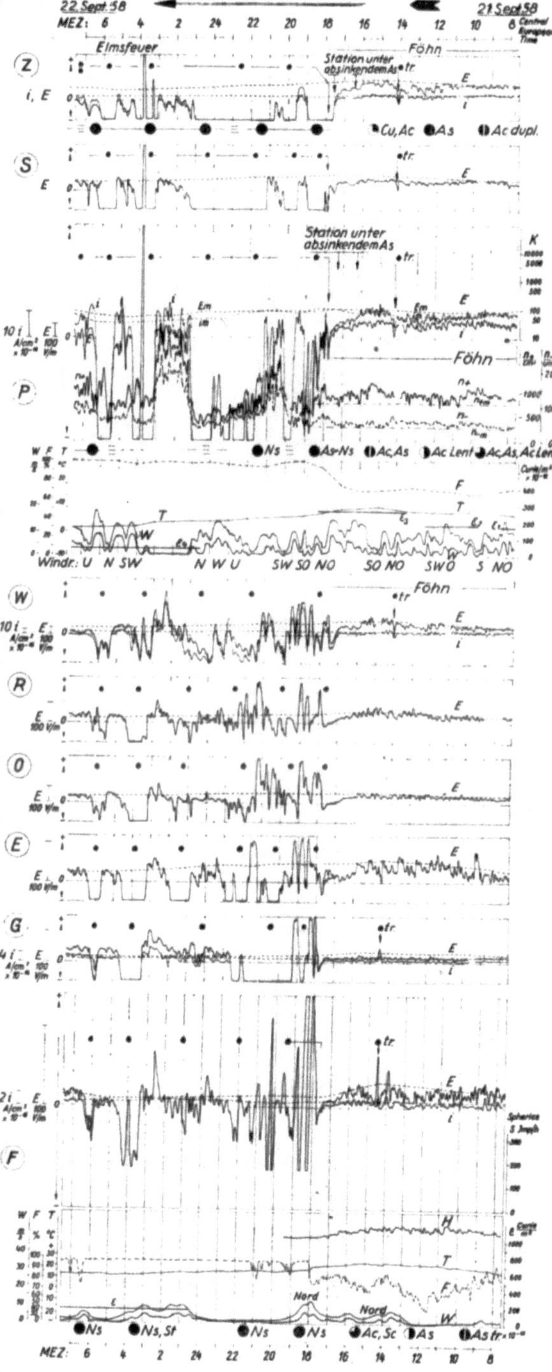

ist die einzelne positive Spitze um 03.45 (Abb. 101) an den Hochstationen während Elmsfeuer. Offenbar hat der Potentialgradient trotz fehlender Schauerbildung hinreichend hohe Werte erreicht, um kräftige Spitzenentladungen auszulösen. Dabei kam es — wohl wegen Raumladungsbildungen an und über dem Gipfel und über den Graten — zu einer kurzen Umkehrung des Potentialgradienten gleichzeitig an den 3 Stationen. In nebelfreien Niederschlagspausen erreichen die Kleinionendichten beiderlei Vorzeichens an P ganz erhebliche Werte, worauf wir in 3.-1.3.7. zurückkommen werden.

Wichtig ist außerdem die Feststellung, daß an den Hochstationen in den Niederschlagspausen, und zwar einerlei ob im Nebel, d. h. in der Nimbostratus-Unterseite (Z), oder dicht unter der Nimbostratus-Unterseite (P, S), im nebelfreien Raum also, negativer Fremdpotentialgradient

Abb. 101. Synoptische Tafel. Gleichmäßiger Regen an allen Stationen. Fremd-Potentialgradient an den Hochstationen ausschließlich, an den übrigen Stationen weit überwiegend negativ.

auftritt. Er ist allerdings weit weniger stark als unmittelbar im Niederschlag selbst.

Schließlich wäre noch darauf hinzuweisen, daß in beiden betrachteten Einzelfällen vor Einsatz des Regens die für spätere Betrachtungen

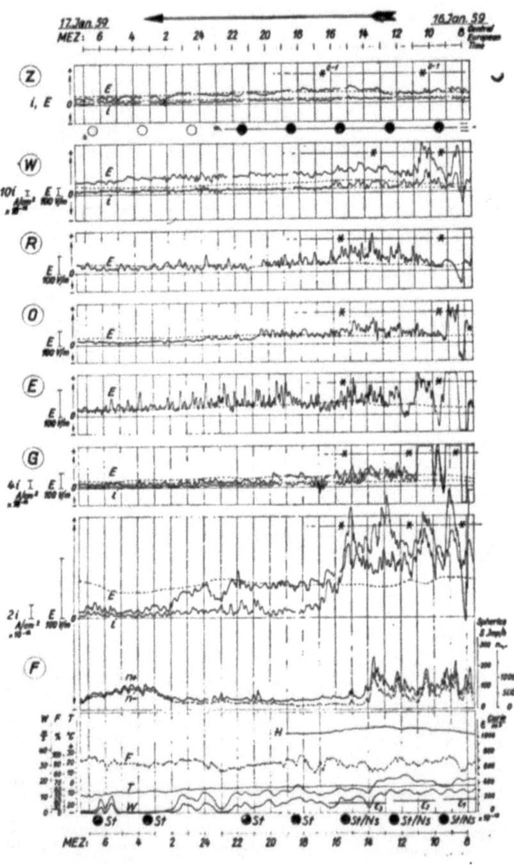

Abb. 102. Synoptische Tafel. Gleichmäßiger Schneefall an allen Stationen
Fremd-Potentialgradient ausnahmslos positiv

(3.-1.1.3.) wesentliche Transformation von Altostratus in Nimbostratus vor sich ging. *Während dieser Transformation und noch einige Zeit vor dem eigentlichen Niederschlagseinsatz an den Hochstationen stellte sich negativer, anwachsender Fremd-Potentialgradient ein, die E- und i-Kurven unterschritten also den Schönwetterwert im Laufe von Stunden mehr und mehr.*

3.-1.1.1. Schneefall an allen Stationen

Das Verhalten der luftelektrischen Größen während gleichmäßigem Schneefall an allen Stationen zeigt Abb. 102. Sie ist wiederum ein typischer Vertreter des hier zu besprechenden luftelektrischen Erscheinungsbildes.

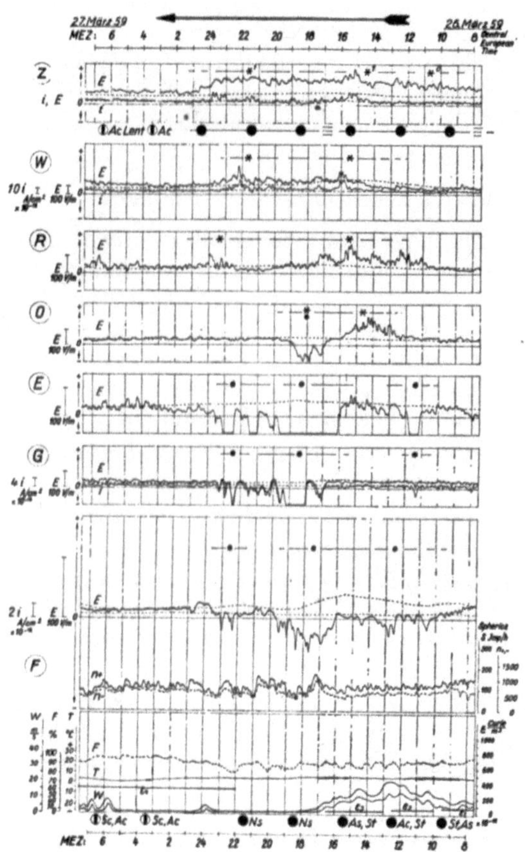

Abb. 103. Synoptische Tafel. Gleichmäßiger Schneefall an den Hochstationen. Übergang von Schneefall in Regen an Station Obermoos, gleichmäßiger Regen an den Talstationen.
Man beachte das Umklappen des Fremd-Potentialgradienten gleichzeitig mit dem Phasenwechsel des Niederschlags an Station O

Wir stellen fest, daß bei gleichmäßigem Schneefall an allen Stationen der Fremd-Potentialgradient positiv gerichtet ist, die E- und i-Kurven also den Schönwetterpegel übersteigen und zwar so lange, als eben der Schneenieder-

schlag anhält. Negative Spitzenwerte kommen vor, sind aber sehr selten. Es fällt auf, daß die Stärke des Fremd-Potentialgradienten, bezogen auf den Schönwetterwert, mit steigender Stationshöhe abnimmt.

Gelegenheit zur Untersuchung von E unter dem Nimbostratus nach Ende des Niederschlags bestand im vorliegenden Fall nicht, da sich der Ns schnell auflöste und in Sc und St überging.

Während Schneefall (bei Abwesenheit von Nebel) waren die positive und negative Kleinionendichte an Talstation F deutlich erhöht. Bereits bei Nachlassen der Niederschlagsintensität gingen n_+ und n_- auf normale Werte zurück.

3.-1.1.2. Bedeutung der Schmelzzone

Da im Regen negativer, im Schneefall positiver Fremdpotentialgradient gefunden wurde und zwar beides unabhängig vom Stationsniveau, fragt es sich, was passiert, wenn an einer bestimmten Station der Schnee in Regen — oder umgekehrt — übergeht und welche Verhältnisse man findet, wenn der Schnee im freien Fall schmilzt, so daß ein Teil der Stationen in der Schnee-, ein anderer in der Regenzone liegt. Die Antwort auf diese Frage geben die beiden Abb. 103 und 104:

a) In der Schneezone herrscht positiver Fremd-Potentialgradient (Ausnahme Abb. 104, Stat. P, 13 Uhr wird später behandelt!),

b) in der Regenzone negativer Fremd-Potentialgradient.

c) Dort, wo Naßschnee und Regen gleichzeitig vorkommen (Abb. 103, Station O) wird ebenfalls negatives E gefunden. Wir schließen daraus, daß das Umklappen des Fremdfeldes sehr eng auf die relativ dünne Schicht[1]) beschränkt ist, in der der Schnee im freien Fall zu schmelzen beginnt.

Das geht auch aus zahllosen Beobachtungen an Stationen während Zeitabschnitten hervor, in welchen Schneefall in Naßschnee mit Regen und umgekehrt überging. Ein sehr schönes Beispiel dieser Art gibt Abb. 103 an Station O.

Die luftelektrische Synopsis führt uns dabei zum folgenden wichtigen Schluß: Der Potentialgradient während Niederschlag ist in Richtung und

---

[1]) Die erstaunliche Schärfe des Übergangs Schnee → Regen wird gerade im Gebirge immer wieder in aller Deutlichkeit beobachtet: in der Schneezone sind die Fichten der Bergwälder winterlich weiß verschneit und schon eine Baumlänge tiefer sieht der Wald finster und drohend aus, zumal nach kräftigen Niederschlägen der Luft im Tal oft jede mildernde Trübung fehlt. Fährt man mit der Bahn zu Berg, so bestätigt sich, daß die Schneegrenze scharf in einer horizontalen Fläche liegt. Das gilt übrigens nicht nach heftigen Schauerniederschlägen: je nach den Wirbelbedingungen an den Hängen und Kämmen bricht die Schneezone nach unten aus (Lee) oder hebt sich die Regenzone an (Luv).

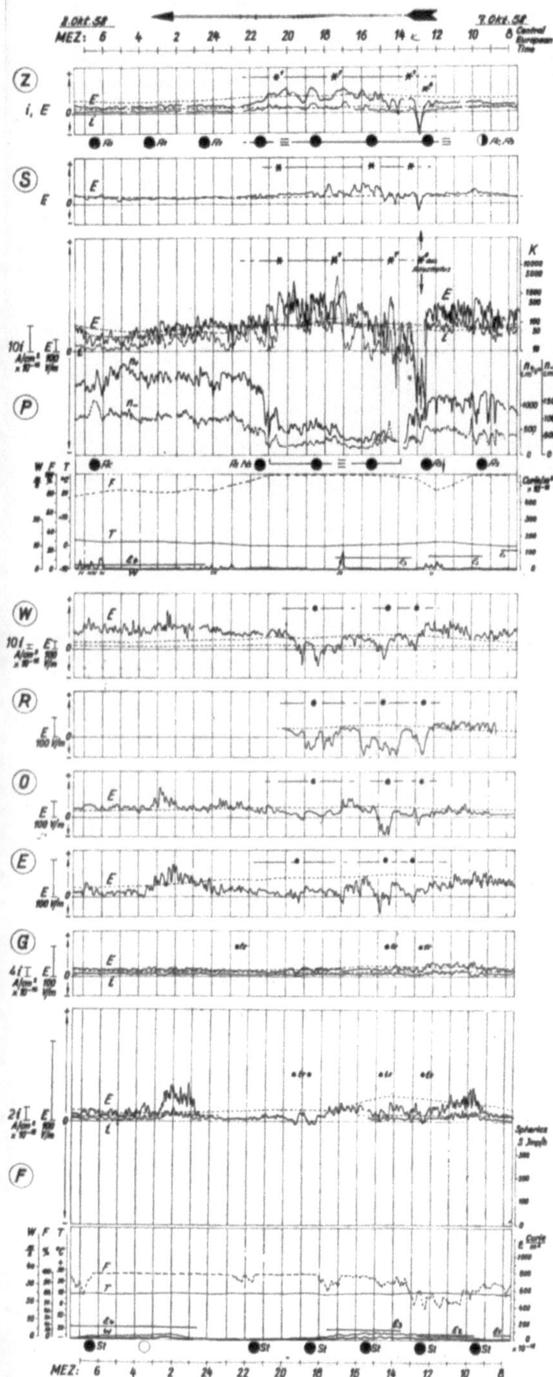

Größe unmittelbar an Niederschlagsintensität und -Aggregatzustand gebunden. Er wird nicht bestimmt durch die Ladung in und an der Wolke, denn anders wäre das Umklappen der Gradientrichtung jeweils ausschließlich in der Schmelzzone und unabhängig von der Lage relativ zur Wolkenuntergrenze nicht zu verstehen.

Weiter hat sich gezeigt, daß die Unterseite eines Nimbostratus auch dann nur negative Ladung trägt oder höchstens ungeladen ist, wenn Schnee aus der Wolke fällt. Nie wurde ein Anzeichen für eine positive Ladung der Ns-Unterseite gefunden.

Schon hier sei auf einen Zusammenhang zwischen Zunahme der Fallgeschwindigkeit der Niederschlagsteilchen beim Übergang vom Schnee in Regen und dem Umklappen der Gradientrichtung hingewiesen,

Abb. 104. Synoptische Tafel. Gleichmäßiger Schneefall an Stationen Z, S und P, gleichmäßiger Regen an den tiefer gelegenen Stationen. Besonderheit: vorübergehend negativer Fremd-Potentialgradient bei erstem Niederschlag aus Altostratus, der in Nimbostratus übergeht. Sonst positiver Fremd-Potentialgradient im Schneefall, negativer im Regen

welcher uns noch beschäftigen wird. Immerhin deutet sich bereits jetzt an,
daß der Schmelzzone vom Standpunkt des Luftelektrikers aus besondere
Beachtung geschenkt werden muß.

3.-1.1.3. Der Fremd-Potentialgradient unter sich verdichtendem Altostratus bei progressivem Aufgleiten

Wir müssen hier einen Abschnitt einschieben, der zum Verständnis der
in 3.-1.1.5. zu besprechenden Vorgänge notwendig ist.

Abb. 105. Der Anblick einer sich verdichtenden und absinkenden Altocumulus/
Altostratusdecke (über dem Zugspitzmassiv), unter welcher sich negativer
Fremd-Potentialgradient aufbaut

Verdichtet sich Altostratus als Folge eines anhaltenden Aufgleit-
prozesses mehr und mehr, so bekommt die Bewölkung ein Aussehen wie
auf Abb. 105: Es bilden sich dunklere Bänke, die Schicht erscheint wie
maseriert und schließlich tritt eine „milchige Trübung" an der Wolkenunterseite auf (Abb. 111). In dieser Endphase haben wir bereits den Nimbostratus über uns, wir schließen sie aber zunächst noch aus unseren Betrachtungen aus. Im Zustand der Abb. 105 bildet sich unter der Wolke —
besonders gut verfolgbar an Hochstationen — ein negativer Fremd-Potentialgradient von progressiv zunehmender Stärke aus, ohne daß Nieder-

schlag zu sehen ist oder gar die Station erreicht. Abb. 106 zeigt 4 Einzelbeispiele von Station P. Die Kurven von E und i unterschreiten mehr und mehr das Schönwetterniveau und schließlich werden beide negativ. Weder die Windgeschwindigkeit, noch die Kleinionendichte lassen zunächst typische Veränderungen erkennen. Wir haben es also hier gewiß nicht mit lokalen Effekten zu tun, sondern mit dem Aufbau von negativer Raumladung hoch über der Station, an der Wolkenunterseite. Aus 12 Einzelfällen wurde ein mittlerer Kurvenverlauf für E berechnet (Abb. 107a). Man bekommt ein dem Schönwetterfeld überlagertes, die-

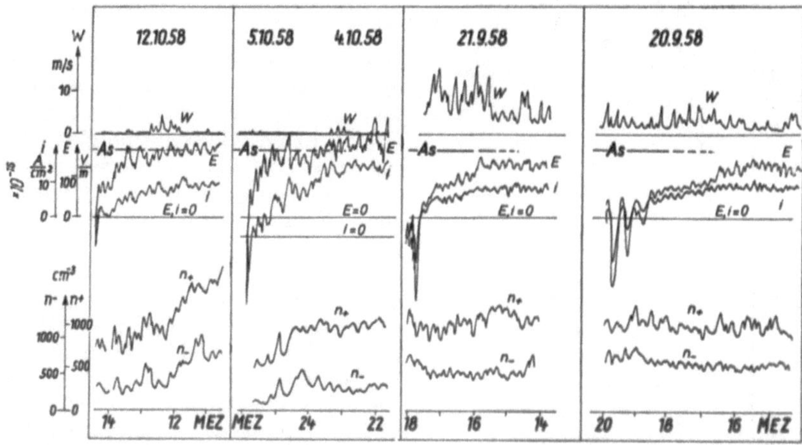

Abb. 106. Einzelbeispiele für den Aufbau des negativen Fremd-Potentialgradienten unter absinkendem Altostratus. W: Windgeschwindigkeit, n_+, n_-: Kleinionendichten, E: Potentialgradient, i: Leitungsstromdichte (Station Zugspitzplatt, Aug. 58—Okt. 58)

sem entgegengesetzt gerichtetes Fremdfeld, das sich nach einer e-Potenz mit steigender Geschwindigkeit aufbaut. Die e-Kurve ist gegenüber dem Fall der Stratuspolarisation (Abb. 79) umgeklappt: wir haben es also nicht mit einem exponentiellen Abklingen des Schönwetterfeldes auf O in unendlicher Zeit zu tun, sondern mit dem exponentiellen Wachstum eines Fremdfeldes. Dieses erreicht nach Abb. 107a innerhalb von etwa 3—4 Stunden die Stärke des Schönwetterfeldes, eliminiert es und überkompensiert es dann sehr schnell. Im letzteren Fall tritt meist der erste As-Niederschlag auf. Trägt man den Feldaufbau gegen einen logarithmischen Ordinatenmaßstab auf, so erhält man eine Gerade (107b). Das Gesetz, nach welchem der Feldaufbau unter dem As erfolgt, ist demnach im Prinzip dasselbe wie beim Aufbau des Gewitterfeldes [siehe S. E. REYNOLDS und H. W. NEILL (1955), vergl. auch C. B. MOORE, B. VONNE-

GUT und T. BOTKA (1958), welche unter *Cb* dasselbe Aufbaugesetz für das luftelektrische Feld erhalten]. Zwar geht der Prozeß im *As* langsamer; was hier Stunden dauert, ist im *Cb* nach Minuten erreicht. Ebenso sind die absoluten Fremdfeldstärken unter dem *Cb* um vieles größer als unter *As*. Diese Unterschiede sind aber vielleicht nur quantitative, nicht qualitative.

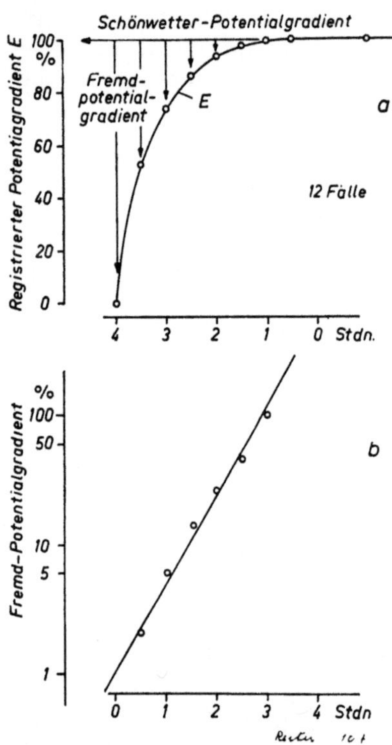

Abb. 107. a) Zusammenfassende Darstellung zum Aufbau des Fremd-Potentialgradienten unter absinkendem Altostratus (mittlerer Verlauf aus 12 Fällen), b) logarithmischer Ordinatenmaßstab zeigt das exponentielle Anwachsen des Wolkenfeldes

Wir wollen hier noch die Frage untersuchen, ob das unter Altostratus beobachtete, exponentiell ansteigende Fremdfeld durch einen in der Höhe herabschwebenden negativ geladenen Niederschlag hervorgerufen sein kann. Der Niederschlag in und aus Altostratus besteht in der Regel aus sehr kleinen Partikeln [siehe H. WEICKMANN (1955)], deren Fallgeschwindigkeit etwa 0,6 m/sec beträgt. Sie legen in der Stunde einen Fallweg von 2,2 km zurück. Nehmen wir an, daß zum Zeitpunkt „4 Stunden" in Abb. 106a der Niederschlag gerade die Station erreicht — was in der Regel richtig ist —, so müßte er sich 3 Stunden vorher, als gerade das Fremdfeld begann sich zu bilden, 6,6 km über der Station befunden haben. Das ist aus verschiedenen Gründen äußerst unwahrscheinlich, denn die *As*-Wolke ist gar nicht so hochreichend und so dick[1]) und außerdem kann nicht angenommen werden, daß sich Niederschlag in so großer Höhe in einer stratiformen Bewölkung überhaupt bildet. Turbulente Aufwinde, welche den Niederschlag in Schwebe halten könnten, müssen auch mit Rücksicht auf die stabile atmosphärische Schichtung ausgeschlossen werden.

Wir können also sagen, daß in einem sich verdichtenden und absinkenden Altostratus feldaufbauende Vorgänge ablaufen, die noch vor Niederschlagsausfall zu einem exponentiell anwachsenden Feld unter der Wolke führen, dessen Polung der Schönwetterfeldstärke entgegengesetzt ist, aber mit der

---

[1]) 6,6 km + 2,5 km Stationsniveau ergibt 9,1 km NN als Wolkenobergrenze!

Polung eines reifenden Cumulus oder Cumulonimbus übereinstimmt. Die As-Unterseite trägt also negative Raumladung von zeitlich steigender Dichte. Die Aufladung des As erfolgt nach einer Exponentialfunktion wie die eines reifenden Cumulus congestus. Möglicherweise sind in beiden Fällen dieselben Grundvorgänge der Ladungserzeugung am Werk.

3.-1.1.4. Im freien Fall verdampfender Niederschlag, schwacher Niederschlag bis zum Talboden

Auch die luftelektrischen Bedingungen unter Niederschlag, der im freien Fall verdampft, also den Boden nicht erreicht, sind für die in 3.-1.1.5. zu

Abb. 108. Aus Altostratus in ca. 4000 m NN ziehen Fallstreifen, aus Niederschlag bestehend, heraus, der aber in einer warmen Luftschicht verdampft, den Boden also nicht erreicht (Blick von der Zugspitze über die Vorberge in die Hochebene mit Ammer- und Staffelsee)

ziehenden Folgerungen von Bedeutung. Zunächst einige Worte zum Phänomen selbst. Man kann zwei Erscheinungsbilder auseinanderhalten:

a) Fallstreifen und b) Altocumulus mammatus.

Fall a) zeigt Abb. 108: Niederschlag fällt aus einem Altostratus (U.Gr. bei 4000 m NN), der in etwa 3000 m NN verdampft, weil er in eine warme, trockene Luftschicht eindringt. Man erkennt gut die z. T. scharf abgegrenzten Niederschlagsfahnen. Fall b) wird durch Abb. 109 vertreten. Ein Stratocumulus zeigt sackartige „Quellungen nach abwärts". Sie entstehen in der Regel dadurch [vergl. R. SÜHRING (1941)], daß schlotartig durchsackender Niederschlag, der aber unterwegs wieder verdampft, „Wolkensubstanz" mitreißt.

Luftelektrische Untersuchungen unter fallendem, aber unterwegs verdampfendem Niederschlag sind aus folgendem Grund von Interesse:

Die Ladung des Niederschlages selbst läßt sich aus Größe und Richtung des Potentialgradienten, der unmittelbar im Niederschlag gemessen wird,

Abb. 109. Altocumulus mammatus: sackartige „Quellungen nach unten“

nicht ableiten, da nicht allein die Niederschlagsladungen selbst, sondern auch Raumladungen in der vom Niederschlag durchfallenen Luft das elektrische Feld bestimmen. Nach einer Regel von G. C. SIMPSON (1949) hat der Potentialgradient meist das entgegengesetzte Vorzeichen wie die Niederschlagsladung („mirror-image Effekt“) — wir kommen darauf in 3.-1.3.6. zurück. Verdampft aber der Niederschlag in einer gewissen Schicht, so deponiert er dort die von ihm transportierten Ladungen. D.h.

man kann unter dem Verdampfungsniveau aus E-Registrierungen direkt auf das Ladungsvorzeichen des Niederschlags schließen.

Mit ganz wenigen Ausnahmen (siehe Tab. 17) wurde unter Fallstreifen aus As mit verdampfendem Niederschlag negativer Potentialgradient fest-

Tabelle 17

Wolkentyp, atmosphärische Schichtung	Niederschlagsbeschaffenheit	Luftelektrische Erscheinung, Verhalten von Fremdpotentialgradient E_f	Anzahl der 1954—1960 gleichzeitig an mindest. 2 Stationen beob. Fälle	
			Fallzahl	% aller Fälle
Nimbostratus, stabile Schichtung	gleichmäßiger Schneefall	E_f anhaltend überwiegend positiv	315	95
		E_f anhaltend überwiegend negativ	18	
	Phasenwechsel (flüssig/fest oder fest/flüssig)	E_f wechselt Vorzeichen	190	96
		E_f kein Vorz.-Wechsel	8	
	gleichmäßiger Regen	E_f anhaltend überwiegend positiv	12	
		E_f anhaltend überwiegend negativ	280	96
Altostratus, stabiles Aufgleiten, Beobachtung an Hochstationen	gleichmäßiger Schneefall (kleine Partikel)	E_f positiv E_f negativ	5 91	95
	Phasenwechsel	E_f wechselt Vorzeichen	0	
		E_f kein Vorz.-Wechsel	82	100
	gleichmäßiger kleintropfiger Regen	E_f positiv E_f negativ	10 58	87
	Unter Fallstreifenenden	E_f positiv E_f negativ	8 58	88
	unter Mammatus	E_f negativ	24	

Tabelle 17 (Fortsetzung)

Wolkentyp, atmosphärische Schichtung	Niederschlagsbeschaffenheit	Luftelektrische Erscheinung, Verhalten von Fremdpotentialgradient E_f	Anzahl der 1954—1960 gleichzeitig an mindest. 2 Stationen beob. Fälle	
			Fallzahl	% aller Fälle
Cumulus-Bewölkung, unstabile Schichtung	Regenschauer oder Schneeschauer	E_f chaotischer Verlauf	265	77
		E_f-Variationen an 2 Stationen gleichlaufend	68	20
		E_f-Variationen an 3 u. mehr Stat. gleichlaufend	8	3
	Graupel-Niederschlag in Übergang zu Schauerregen	E_f zeigt Umpolung bei Phasenwechsel	0	
		E_f nur negativ	62	
	leichte Schauer, fester oder flüssiger Niederschlag	E_f an Stat. Z nur negativ	95	
	Leichter Schauerniederschlag	E_f wechselt in niedr. Höhen Vorzeichen	75	
Cumulus congestus Beobachtung an Hochstationen	Unter Cirrus nothus, kein Niederschlag	E_f positiv E_f negativ	54 0	100
	Unter Cb-Basis mit oder ohne Niederschlag	E_f überwiegend positiv	5	
		E_f überwiegend negativ	73	94
		E_f eingestreute positive Spitzen	(23)	

gestellt und zwar ganz unabhängig davon, ob sie aus festen oder flüssigen Niederschlagsteilchen bestanden. Beim Phasenwechsel des As-Niederschlages tritt also keine Feldumpolung ein, die Ladung des Niederschlages selbst ist stets negativ.

Ac mammatus treten nur im Sommer auf, so daß sich die Beobachtungen auf Regen beschränken. Auch die Ladung in den Mammatus-Säcken ist stets negativ.

Wir haben hier noch eine weitere, sachlich angrenzende Erscheinung zu besprechen, nämlich schwachen Niederschlag in Form kleiner Partikel aus As, der den Talboden erreicht.

Hierzu betrachten wir zunächst Abb. 71. Aus As fällt um 19.00 ganz leichter Niederschlag, der Z als Schnee, die übrigen Stationen als Regen erreicht. Wir stellen dabei fest, daß beim Schmelzen dieses As-Niederschlages kein Richtungswechsel von E stattfindet. Hingegen erfolgt nun überraschenderweise ein Umklappen des Fremd-Potentialgradienten auf dem weiteren Fallweg in der flüssigen Phase. Diese letztere Erscheinung finden wir auch auf Abb. 101 um 14.00. Während der Richtungswechsel beim vorangegangenen Beispiel über Station W erfolgte, trat er im vorliegenden Fall erst wenig über dem Talniveau ein.

Die Beobachtungen haben ergeben, daß das Niveau, in dem eine Umpolung in der flüssigen Phase des fallenden schwachen Niederschlages erfolgt, umso höher liegt, je kleiner die Tröpfchen sind, aus denen er besteht, d. h. je langsamer er fällt.

Daraus und aus einigen anderen Zusammenhängen, die sich noch ergeben haben, folgt, daß die Wahrscheinlichkeit für eine Umpolung (der Feldrichtung und der Niederschlagsladung) mit der Länge der Zeit, während welcher die Niederschlagsteilchen unterwegs sind, zunimmt. Das erklärt auch, weshalb bei gleichmäßigem Niederschlag an den tiefer gelegenen Stationen gelgentlich positive E-Spitzen beobachtet werden (s. vor allem Abb. 86, aber auch Abb. 101). Sie treten überwiegend dann auf, wenn sich die Niederschlagsstärke und damit die Tropfengröße ändert.

3.-1.1.5. Das luftelektrisch-synoptische Bild während Übergang von Altostratus in Nimbostratus mit Niederschlag

Die in den vorangegangenen Abschnitten besprochenen Erscheinungen lassen das synoptisch-luftelektrische Bild verstehen, das sich bei der Transformation von Altostratus in Nimbostratus bei gleichzeitigem Niederschlag darbietet.

Wir betrachten zunächst die in Abb. 110 dargestellten Schemata. Sie unterscheiden sich darin, daß bei a) Regen, bei b) Schneefall aus Nimbostratus angenommen ist. Bei gleichmäßigem Niederschlag aus Ns sei vorausgesetzt, daß der mirror-image Effekt Gültigkeit hat, d. h. Vorzeichen der Niederschlagsladung und des Potentialgradienten entgegengesetzt sind (eigene Untersuchungen hierüber siehe 3.-1.3.6.). Wie aus den Feststellungen in 3.-1.1.4. bereits hervorging, gilt diese SIMPSONsche Regel für Niederschlag aus Altostratus nicht. Richtung des Gradienten und Ladungsvorzeichen stimmen miteinander überein. Mehr darüber siehe 3.-1.5.

Geht Altocumulus in Altostratus über, der sich laufend verdichtet, so lädt sich, wie wir in 3.–1.1.3. gesehen haben, seine Unterseite negativ auf (ob und wo sich in höheren Wolkenschichten positive Ladungen befinden, lassen wir hier außer Betracht, ohne daß dadurch unsere Schlüsse beeinträchtigt würden). Niederschlag aus dem *As* führt, wie wir wissen, negative Ladung mit sich. Wegen der Übereinstimmung von Gradientrichtung und Ladungsvorzeichen im *As*-Niederschlag muß angenommen werden, daß die Ladungsdichte pro Niederschlagspartikel relativ hoch ist. Dies wird vor allem dann

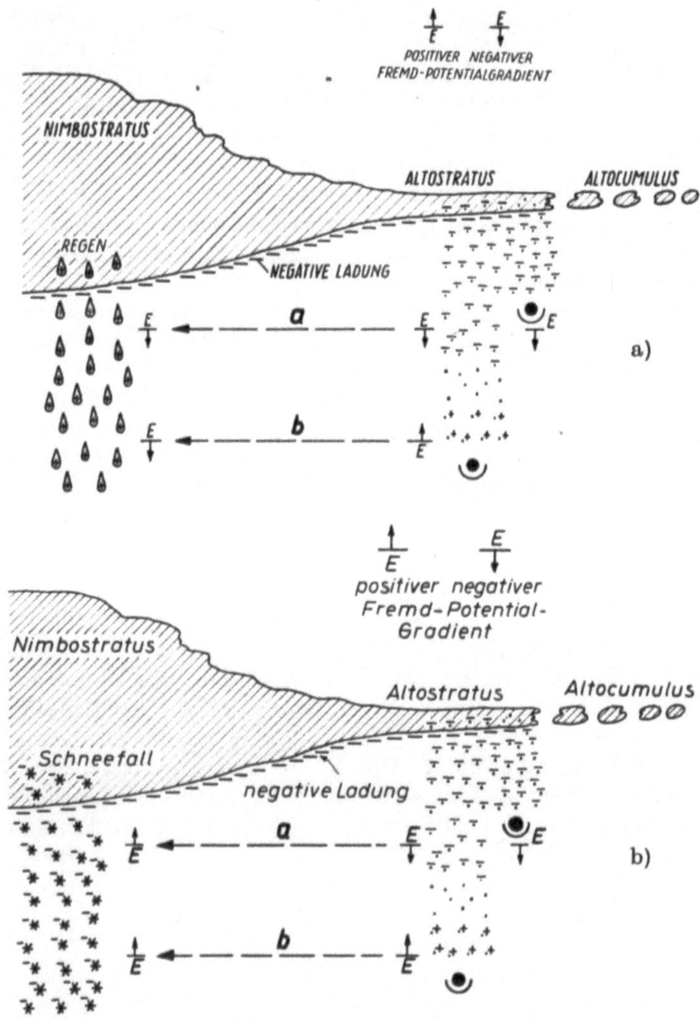

Abb. 110. Übergang von Altostratus in Nimbostratus (Schema). a) Regen aus Nimbostratus und Altostratus, b) Schnee oder sonstiger fester Niederschlag aus Nimbostratus und Altostratus

gut verständlich, wenn — wie in den meisten Fällen — angenommen werden kann, daß die Wolke unterkühlt ist und der Niederschlag aus kleinen gefrorenen Partikeln besteht. Durchfallen diese die Wolkenunterseite, so werden die dort an den unterkühlten Tröpfchen sitzenden negativen Ladungen mit den Tröpfchen zusammen auf die Niederschlagspartikel „aufgefroren", die somit laufend negative Ladung akkumulieren. Unter kurzen Fallstreifen wird negativer Gradient, unter langen Fallstreifen nach erfolgter Umladung des Niederschlags positiver Gradient gemessen.

Abb. 111. Das Wolkenbild bei der Transformation des absinkenden Altostratus in Nimbostratus. Station Zugspitze (im Hintergrund) steckt gerade in dem feinkörnigen festen Niederschlag aus Altostratus. Untergrenze des Niederschlags bei 2200 mm NN.

Geht der schwache As-Niederschlag in gleichmäßigen Regen aus dem Nimbostratus über (Abb. 110a), so bringt Übergang a (Hochstationen) keinen Feldrichtungswechsel, Übergang b (Talstationen) aber Umpolung von $+E$ zu $-E$. Diese beiden Übergänge zeigt Abb. 101: An Stationen Z, S und P haben wir Übergang a, an den niedrig gelegenen Stationen Übergang b (gemäß Abb. 110a). Vor Einsetzen des $+E$ im ersten As-Niederschlag an R, O, E, G und F erkennt man deutlich einen negativen Fremd-Potentialgradienten (E weit unter dem Schönwetterwert) infolge der negativen Wolkenunterseite.

Betrachten wir nun Schneefall aus Ns, so finden wir den besonders interessanten Übergang a (gemäß Abb. 110b) auf Abb. 104 an Stationen Z,

S und P. Er ist an letzterer infolge Nebelfreiheit besonders stark ausgeprägt. Dieser Übergang ist deshalb so wichtig, weil sich ja das Vorzeichen der Niederschlagsladung überhaupt nicht ändert, E aber trotzdem umspringt (Übergang a, Abb. 110a bringt eine Umpolung der Niederschlagsladung, obwohl die Feldrichtung erhalten bleibt, dasselbe gilt für Übergang b in Abb. 110b). Maßgebend für den Wechsel des Vorzeichens von E ist also offenbar allein die Änderung der körperlichen Struktur des Niederschlages, denn anfangs haben wir kleine körnige Partikelchen von höchstens 1—2 mm Durchmesser mit Fallgeschwindigkeiten weit unter 1 m/s, dann aber größere Agglomerate bis Flocken von mindestens mehreren mm Durchmesser und wenigen m Fallgeschwindigkeit. Auf die Konsequenzen aus dieser Feststellung werden wir in 3.-1.5. näher eingehen.

Mit Rücksicht auf die Wichtigkeit dieser Niederschlagstransformationen sei hier noch ein zugehöriges Wolkenbild eingeschaltet (Abb. 111). Es ist auf diesem Bild der Moment eingefangen, in dem die Unterseite der Schichtwolke (As in Transformation zu Ns) gerade Z berührt und bereits feinster, fester As-Niederschlag ausfällt, der in etwa 2200 m NN verdampft. Die milchige Trübung, welche sich von den hohen Bergspitzen im Hintergrund (Zugspitze ist gerade noch schwach erkennbar) deutlich abhebt, kommt allein durch diesen Niederschlag, aber nicht durch Nebel oder richtigen Schneefall zu Stande. An Station P würde man im Augenblick der Aufnahme Verhältnisse wie auf Abb. 104, 12.45 MEZ vorfinden. Ungefähr eine halbe Stunde später würden die Bergspitzen alle in den absinkenden Ns eintauchen und Schnee, bzw. an den Talstationen u. U. Regen, würde fallen.

Wir können zusammenfassend sagen, daß ganz entsprechend den Vorgängen in der Schmelzzone des gleichmäßigen Niederschlages so auch dem Übergang von Altostratus zu Nimbostratus mit der damit verbundenen Verwandlung des rein äußerlichen Niederschlagshabitus hohe Bedeutung als „Grenzzone" für den Umbau der luftelektrischen Zustände in der Atmosphäre zukommt. Es sind also offenbar nicht allein Ladungsdichte und Ladungsvorzeichen der Niederschlagspartikel, welche den Potentialgradienten bestimmen.

3.-1.2. Schauerniederschläge, synoptische Tafeln als Einzelbeispiele

3.-1.2.0. Regenschauer, Schneeschauer und Bedeutung der Schmelzzone

Das synoptisch-luftelektrische Bild der Schauer weicht von dem der gleichmäßigen Niederschläge wesentlich ab. An Hand von Abb. 112 (sehr schwacher Schauer 17.45, leichter Schauer 09—12, starke Schauer ab 04 MEZ) können wir feststellen:

a) Während Schauerniederschlag wechselt E sehr häufig sein Vorzeichen.

b) Die Häufigkeit des Richtungswechsels von E hängt von der Schauerintensität ab.

c) Die Häufigkeit des Richtungswechsels von E nimmt im gleichen Schauer mit der Stationshöhe ab.

d) Bei Übergang von Schneeschauer zu Regenschauer (bzw. umgekehrt) ändert sich das luftelektrische Bild nicht merklich. Die Schmelzzone im Schauerniederschlag ist also keine Grenze, die zwei verschiedene luftelektrische Erscheinungsbilder voneinander trennt.

e) Bei leichten Schauern überwiegt in der Höhe negativer Fremd Potentialgradient gegenüber positiven Werten, die seltener vorkommen.

f) Es besteht keine merkliche gegenseitige Übereinstimmung in den Kurvenvariationen der verschiedenen Stationen,

g) bei leichten Schauern kommt gerne „Umpolung" der Fremd-Feldrichtung im freien

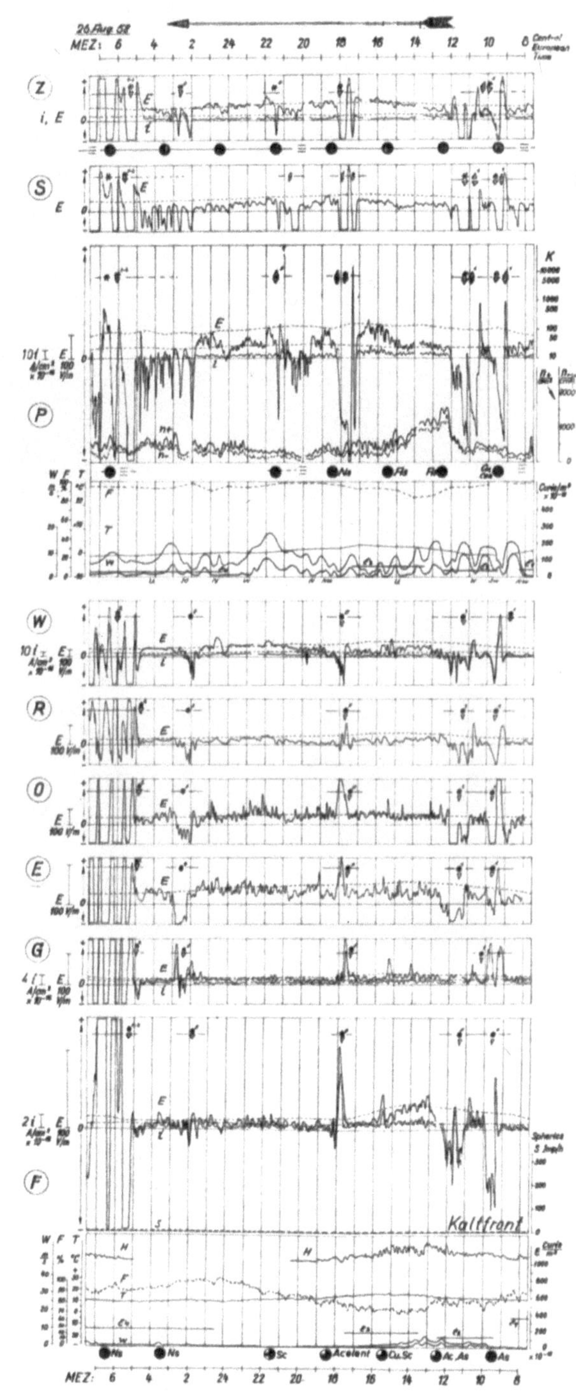

Abb. 112. Synoptische Tafel. Das Verhalten der luftelektrischen Größen während leichter (18.00), mäßiger (08—12) und starker (ab 05) Schauer an allen Stationen

Fall des Niederschlags vor, wobei im Tal dann meist positive Spitzen registriert werden (Abb. 112, 17.50 MEZ).

h) Bei Übergang von Graupelniederschlag zu Regen (Abb. 112, 17.45, Station P und W) erfolgt kein Umklappen von E, erst später tritt Vorgang g) ein.

Diese Punkte können natürlich nicht allein auf Grund weniger Einzelfälle postuliert werden. Sie ruhen vielmehr auf der Grundlage einer systematischen Auswertung des gesamten Datengutes (siehe Tab. 17) und seiner statistischen Bearbeitung, die wir in 3.-1.3. besprechen werden.

Abb. 113. Ablösung einer alten (Hintergrund) durch eine neue Konvektionszelle bei Schauerwetter

Neben der Aufteilung des Gesamt-Niederschlagszeitraumes auf Zeitdauer mit positivem und Zeitdauer mit negativem Fremd-Potentialgradienten ist, wie man sieht, noch die Häufigkeit des Richtungswechsels des Fremdfeldes ein luftelektrisches Charakteristikum des betreffenden Schauers. Wir werden davon noch ausgiebig Gebrauch machen.

Der Fremd-Potentialgradient wechselt bei Schauerniederschlag durchschnittlich alle 20—50 Minuten sein Vorzeichen (siehe Abb. 112 ab 04 MEZ). Das entspricht in etwa der Lebensdauer sommerlicher Schauerzellen. Wir betrachten hierzu Abb. 113. Im Hintergrund steht eine ausgereifte Schauerzelle, die an den Rändern bereits Absterbeerscheinungen erkennen läßt. Eine jüngere Zelle ist vor ihr (in Richtung auf den Beobachter gezählt) bereits im Aufquellen begriffen und wird bald das Bild beherrschen. Spielen sich solche wolkenphysikalischen Vorgänge stationär über dem Stationsnetz ab (bei sehr geringer Advektion), so können die Umpolungen von E durchaus zeitlich mit dem Wachstumszustand der Schauerzellen gekoppelt sein. Es muß aber ausdrücklich davor gewarnt werden, die E-Variationen als direkte Folgen von Umladungen in und an den Wolken selbst zu sehen. Sie sind — im Schauer — ausschließlich eine Folge von Niederschlagsladungen und stationsnahen Raumladungen in der Luft (reine Quellwolken-Ladungseffekte siehe 3.-0.1.4.), worauf wir in 3.-1.5. eingehen werden. Aber da der Wachstumszustand der Schauerzellen auch die Bildung von Niederschlag und dessen Ausfall bestimmt, kommt auf diesem Umwege eine indirekte Koppelung zustande. Doch sind in der Regel die Verhältnisse wegen horizontaler Verfrachtungen und vertikaler Windscherungen (Abhängigkeit der Windgeschwindigkeit von der Höhe) unübersichtlich und kompliziert, was darin seinen Ausdruck findet, daß kaum je gleichsinnige E-Variationen an mehreren Stationen während Schauer auftreten (siehe 3.-1.2.2.).

3.-1.2.1. Der chaotische Schauertyp

Was wir gerade eben am Ende des vorangegangenen Abschnittes gesagt haben, ist der Grund dafür, daß in der Mehrzahl der Fälle das synoptisch-luftelektrische Bild des Schauers so verwirrend aussieht wie auf Abb. 114, während Abb. 112 die Minderzahl vertritt: Der Fremd-Potentialgradient wechselt rasch und höchst unrhythmisch sein Vorzeichen, und von Station zu Station ist keinerlei Übereinstimmung zu erkennen. Lediglich dann, wenn zu gleicher Zeit an allen Stationen eine Niederschlagspause eintritt, gibt es vorübergehend und gleichzeitig in allen Schichten einen Abschnitt der Ruhe mit z. T. gut übereinstimmendem Kurvengang. Beim chaotischen Typ wird die Höhenabhängigkeit der Wechselhäufigkeit des Potentialgradienten oft recht deutlich, was in Abb. 114 sofort sehr ins Auge fällt (in der Regel ist dieser Höheneffekt weniger krass). Übrigens haben wir in diesem konkreten Fall wieder einen Niederschlags-Phasenwechsel: An Z Schneeschauer, an den übrigen Stationen Regenschauer. Eine systematische Umpolung von E, so wie beim gleichmäßigen Niederschlag, ist hier nicht einmal angedeutet.

Vergleichen wir an dieser Stelle, was wir in 3.-1.1. über das synoptisch-luftelektrische Bild während gleichmäßigem Niederschlag gesagt haben, so sehen wir sofort ein, welche Schlüsselstellung der Unterscheidung zwischen Schauerniederschlag bei labiler Schichtung und gleichmäßigem Niederschlag aus stabil geschichteter Atmosphäre zukommt. Ohne diese Unterscheidung müßten, wie es bis jetzt fast ausschließlich geschehen ist, sowohl die wichtigen Beziehungen zwischen Niederschlags-Habitus und atmosphärisch-elektrischem Zustand glatt übersehen werden, als auch, daß die Richtungswechselhäufigkeit des Fremd-Potentialgradienten offenbar vom Schichtungszustand der Atmosphäre abhängt.

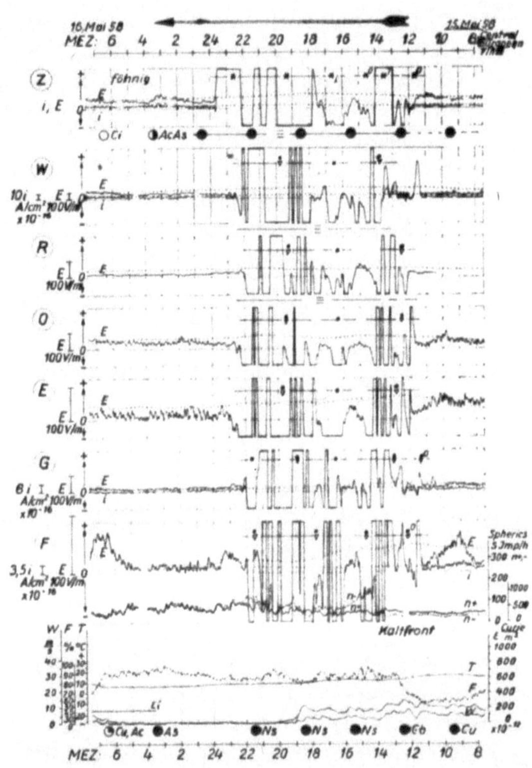

Abb. 114. Synoptische Tafel. Chaotisches Verhalten der luftelektrischen Elemente während Schauerniederschlag. Teilweise Übereinstimmung in den Kurvengängen von Station zu Station findet man nur in Niederschlagspausen

3.-1.2.2. Gibt es ein „wave pattern"

Unter „wave pattern", „Wellenmuster", versteht man die gelegentlich auftretende Erscheinung, daß an einer Station während Niederschlag fast regelmäßig positives und negatives Fremdfeld miteinander abwechseln, so wie an den Stationen G und E auf Abb. 112. Die Erscheinung wurde schon mehrfach beobachtet und beschrieben. Nach H. ISRAEL (1957b) und R. MÜHLEISEN (1957) sind die Gründe für die Erscheinung noch nicht bekannt. J. A. CHALMERS (1954, 1957c) nimmt zwei Möglichkeiten an: a) rhythmische vertikale Verschiebung von Ladungen in der Wolke oder b) horizontale Verschiebung von aufeinanderfolgenden Ladungssystemen, wobei alternierend geladene Wolkenpartien (mitsamt Niederschlagsfahnen und Raumladungswolken) über den Beobachter hin-

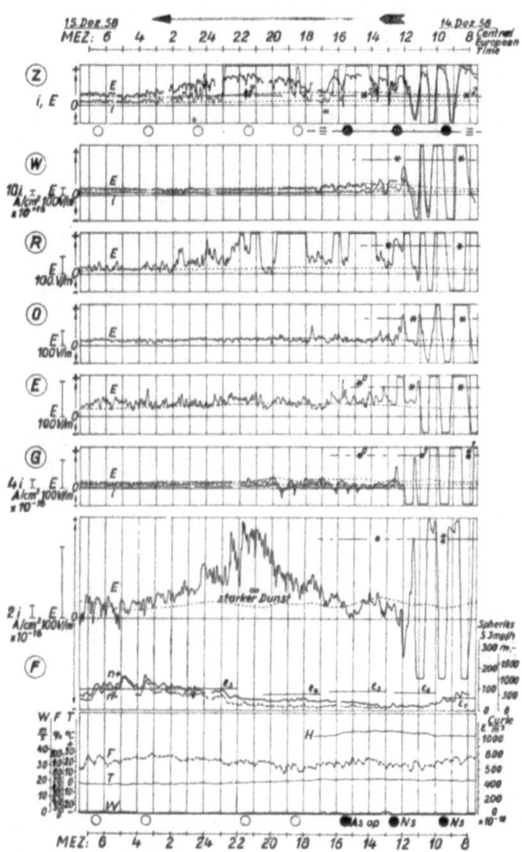

Abb. 115. Synoptische Tafel. Seltener Fall gleichmäßiger, synchroner *E*-Wellen an mehreren Stationen des Netzes während Niederschlag

wegziehen. Hier bringt die synoptische Methode wiederum eine recht eindeutige Entscheidung. Würde nämlich Erklärung a) zutreffen, so müßten an allen Stationen unter der Wolke oder Wolkenschicht die *E*-Wellen phasengleich verlaufen. Das ist aber (siehe Tab. 17) überaus selten. Abb. 115 zeigt einen der wenigen von uns in den 6 Beobachtungsjahren gefundenen Einzelfälle: An allen 6 Stationen variiert *E* über rund 4 Stunden hinweg praktisch phasengleich. Wäre dieses Verhalten von E die Regel, so wäre man berechtigt, an auslösende Vorgänge hoch oben im Wolkenraum, im Gebiet der Niederschlagsproduktion, zu denken (a). Fast immer splittert sich aber das wave pattern von Station zu Station auf, so wie in Abb. 112 (nach 04 MEZ). Nicht nur, daß wir dann das In-Phase-Sein von E an allen Stationen (so wie bei Ausnahmefall Abb. 115) vermissen, es lassen sich die E-Variationen an den verschiedenen Stationen auch dann nicht miteinander in sinnvolle Verbindung bringen, wenn wir Translationsbewegungen und damit Phasenverschiebungen zulassen, womit auch Erklärung b) (s. o.) entfällt. Sie kommt — stark eingeschränkt — nur in soweit in Betracht, als wir annehmen müssen, daß die Zellenstruktur eben nicht vom Talniveau bis rund 3000 m NN hinauf in der Vertikalen homogen erstreckt ist, sondern daß die Zellenaufteilung stockwerkartig erfolgt, wobei die Zellendichte pro Stockwerk schwankt. Sie scheint mit der Höhe abzunehmen, was wegen des abnehmenden Reibungseinflusses durchaus plausibel sein würde. Das werden wir in 3.-1.5. näher ausführen.

Zusammenfassend können wir sagen: Phasengleiche und synchrone E-Wellen während Niederschlag in einer Schicht zwischen Boden und Wolkenunterseite sind ungemein selten. In der Regel findet man regelmäßige Wellen nur an einer der Stationen. Von Station zu Station ansteigend, ändert sich nicht nur die Phasenlage, sondern auch die Wellenfrequenz, ja meist ist sogar an einigen der Stationen das E-Bild ausgesprochen chaotisch. Die jeweiligen E-Wellen sind deshalb zwar wohl auf eine regelmäßige Zellenstruktur im Schauer zurückzuführen, jedoch müssen wir annehmen, daß diese Zellen nicht nur horizontal stark gegliedert sind, sondern auch in der Vertikalen, wobei mit der Höhe die Zellendichte pro km^2 abnimmt.

3.-1.2.3. Der elektrische Aufbau der Gewitterwolke

Die synoptische Methode hat die bisherigen Ansichten über die elektrische Struktur des Cumulonimbus bestätigt und gleichzeitig erwiesen, daß Stationen in niedrigen Niveaus, also in großem vertikalem Abstand von der Wolkenbasis, keinen Beitrag zur Kenntnis der Ladungsverteilung im Cb liefern können.

Bevor wir auf Ergebnisse eingehen, wollen wir an Hand von Abb. 116 die Struktur einer Gewitterwolke genauer betrachten. Von der Wolkenbasis aus wachsen, im Prinzip genauso wie beim Schauer, nacheinander einzelne Quellwolkenzellen auf. Im Bild sind 4 solche Zellen hintereinander in verschiedenen Wachstumsstadien zu erkennen. Im Zustand der Reifung beginnt die Zelle sich an ihrer Oberseite wie ein horizontaler Fächer auszubreiten. Dieses haarschopfähnliche, aus Eiskristallen bestehende Gebilde verfließt dann und wandelt sich in einen weit ausladenden Schirm oder Amboß. Er trägt den

Namen Cirrus nothus und ist auf Abb. 116 in seiner gewaltigen Ausdehnung deutlich zu erkennen. Während der Durchmesser der eigentlichen Wolkenbasis oft nur mehrere Kilometer beträgt, kann der Ci nothus viele Kilometer über den Ort der eigentlichen Quellungen horizontal hinausgreifen.

Abb. 82b zeigt eine typische synoptische Gewitter-Registrierung.

Mit einem Blick stellen wir fest, daß die E-Variationen an den Hochstationen Z, S, P (dort leider teilweiser Ausfall durch Blitzeinschlag) und W

Abb. 116. Cumulonimbus mit weit ausgreifender Schirmwolke (Cirrus nothus) und aufwachsenden Konvektionszellen verschiedenen Alters

hervorragend miteinander übereinstimmen, während für die übrigen Stationen genau das Gegenteil gilt, jedoch (wenn wir Station F außer Betracht lassen) mit einer Ausnahme: vor Einsatz des Niederschlages wird über rund 1 Stunde hinweg extrem hoher positiver Fremd-Potentialgradient registriert. Während dieser Zeit lagen die Stationen unter dem Schirm eines weit ausladenden Cirrus nothus, dessen Ladung also offenbar positiv gewesen sein mußte. Bei Eintreffen der Wolkenbasis, aber noch vor dem Niederschlag (Z und S in der Cb-Unterseite, also im Nebel, P knapp an der Cb-Unterseite, übrige Stationen frei unter der Wolkenbasis), sprang E an Z, S, P und W schlagartig auf hohe negative Werte um. Negativer Gradient wurde alsdann anhaltend während des ganzen Gewitters, vor allem an den Hochstationen, registriert. Eine Ausnahme bildete an den Hochstationen eine nur 10 Minuten während positive E-Spitze, die von den Stationen P, S und W genau gleichzeitig registriert worden ist. Im selben Augenblick des Umschlages von $-E$ zu $+E$ begannen heftige Blitzschläge, wovon einer die Station P vorübergehend außer Betrieb setzte. Gleichzeitig fiel heftiger Niederschlag. Nachdem E wieder negativ geworden war, ließ die Blitzhäufigkeit nach. Mit Ende der Niederschläge, Auflösung der Cumulonimbus und des Ac cumulogenitus erreichten E und i wieder normale Schönwetter-Werte.

Wir stellen unter Mitberücksichtigung unserer übrigen Beobachtungen (siehe Tab. 17) fest, wobei Skizze Abb. 117 zu Hilfe genommen sei (die Zeitangaben beziehen sich auf Abb. 82b, Stationen Z, S, P und W):

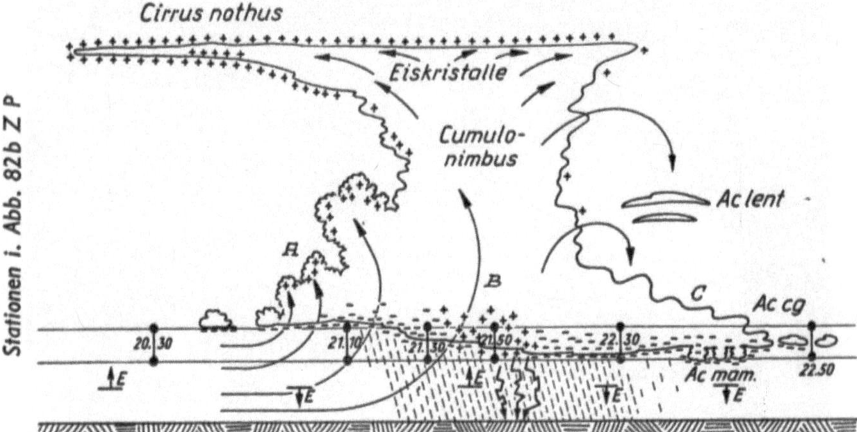

Abb. 117. Schema zum Aufbau und der elektrischen Struktur eines Cumulonimbus (vgl. Abb. 116). Die Zeichen ⋮ bedeuten markante Zeitpunkte (Zeitangaben!) in der synoptischen Tafel Abb. 82b. Luftströmungen sind durch Strömungslinien angedeutet. ↑ E = positiver ↓ E = negativer Fremd-Potentialgradient

a) *Cirrus nothus trägt ausschließlich positive[1] Ladung*

b) *Die Cb-Basis trägt überwiegend negative Ladung, und zwar ausschließlich negative Ladung im Gebiet der Quelltürme (A) und der Auflösungszone (C) mit Ac cumulogenitus und – u. U. – Ac mammatus.*

c) *Im unteren Stockwerk des Cb, etwa unter seinem Schwerpunkt (B) kommen positive Ladungen vor, deren horizontale Erstreckung durchaus einige km betragen kann. Im Bereich dieser positiven Ladungen ist die Blitzaktivität am größten.*

---

[1]) Das ist von besonderer Bedeutung wegen Zufuhr positiver Ladung zur ionosphärischen Ausgleichsschicht.

An tiefer gelegenen Stationen ist das Bild durch Niederschlagsumladungen, Raumladungen verschiedenster Herkunft usw. so verwischt, daß auf den elektrischen Aufbau der Wolke nicht mehr sicher geschlossen werden kann.

Mit Ausnahme der Erfahrung, daß die Zone des unteren positiven Ladungskerns einen *Cb* Durchmesser von einigen Kilometern haben kann, stimmt unser *Cb*-Ladungsbild mit dem überein, das G. C. SIMPSON und F. J. SCARE (1937) und G. C. SIMPSON und G. D. ROBINSON (1940) schon vor längerer Zeit gezeichnet haben. Zu analogen Ergebnissen kam J. P. KUETTNER (1950) auf Grund von Spitzenentladungsuntersuchungen auf der Zugspitze, die sich aber notwendigerweise auf extrem hohe Feldstärken beschränken mußten. Auch die Bedeutung der unteren positiven Ladung des *Cb* für die Blitzentwicklung konnten wir immer wieder bestätigt sehen.

Lange Zeit wurde diskutiert, ob die Gewitterwolke negativ polar (negative Ladung oben, positive unten) oder positiv polar ist. Ersteres hielt zunächst G. C. SIMPSON (1927), letzteres WILSON (1925) für wahrscheinlicher. Sogar in jüngerer Zeit noch stellte M. KRESTAN (1941) fest, daß beide Polaritäten gleich häufig sein sollen. Frühere Potentialgradient-Registrierungen unter Gewitterwolken [B. F. J. SCHONLAND (1928), T. W. WORMELL (1939), D. J. MALAN und B. F. J. SCHONLAND (1950, 1951)] führten zu recht unübersichtlichen Ergebnissen. Nach den einen Autoren sollte mehr am Rande der *Cb* positiver Gradient überwiegen, nach anderen wieder unter dem *Cb*-Zentrum. Leider wurde bei diesen Untersuchungen die jeweilige Wolkenstruktur nicht beachtet, denn sonst hätte sich schnell erwiesen, daß die positiven Gradienten am Rande der Wolke vom Ci nothus herrühren. Schließlich zeigten aber einerseits die Alti-Electrograph-Aufstiege von G. C. SIMPSON und G. D. ROBINSON (1940), zahlreiche Blitzentladungs-Untersuchungen von E. V. APPLETON, R. A. WATSON WATT und J. F. HERD (1926), B. F. J. SCHONLAND (1928), T. W. WORMELL (1939), E. T. PIERCE (1955) u. a., sowie Gradientmessungen unter und in Gewitterwolken [S. E. REYNOLDS und H. W. NEILL (1955), S. E. REYNOLDS und M. BROOK (1956), E. J. WORKMAN und S. E. REYNOLDS (1953), S. E. REYNOLDS, M. BROOK und M. F. GOURLEY (1955), V. I. ARABADZHI (1956), C. B. MOORE, B. VONNEGUT und A. T. BOTKA (1958) u. a.], daß Gradient-Messungen an Bodenstationen kein klares Bild liefern können. Das gilt aber nicht mehr, wie wir an Hand der synoptischen Tafeln gesehen haben, für Hochgebirgsstationen, die bis jetzt kaum in den Dienst der Erforschung der Gewitteraufladung gestellt worden sind. Weitere neuere Literatur über elektrische Struktur der Gewitter siehe E. WALL (1948), H. ISRAEL (1950, 1952), J. A. CHALMERS (1957a), L. G. SMITH (1958), J. P. KUETTNER (1958).

Über Einzelheiten zu verschiedenen Gewittertheorien, Theorien der Ladungserzeugung in Wolken usw. wird in 3.-1.5. mehr zu sagen sein.

Nebenbei bemerkenswert ist die von H. HATAKEYAMA (1958) gemachte Beobachtung, daß der elektrische Aufbau einer Vulkan-Rauchwolke (des Asama-yama) im Prinzip mit dem Aufbau der Gewitterwolke übereinstimmt: Basis trägt negative Ladung, Wolkenoberseite und schirmartiger Auswuchs positive Ladung. Natürlich bedeutet das in keiner Weise, daß hier ladungsbildende Vorgänge im Gange sind, die irgendwie mit der Ladungsbildung bei Gewittern verwandt wären.

3.-1.2.4. Tabellarische Zusammenstellung der Fallzahlen für die einzelnen Typen von Beobachtungen

In Tab. 17 wird ein Überblick über die Häufigkeiten gegeben, mit welchen die in den vorangegangenen Abschnitten beschriebenen Phänomene der Niederschlags-Luftelektrizität in den Jahren 1954—1960 beobachtet worden sind. Diese Fall-Statistik stützt sich auf eine umfangreiche Kartei sämtlicher näher definierter Erscheinungen und Beobachtungen, die bei der systematischen Durchsicht aller Registrierkurven geführt worden ist.

3.-1.3. Statistische Auswertungen

3.-1.3.0. Die Grundlagen

Der Eindruck, den wir durch Betrachtung der im vorangegangenen Abschnitt besprochenen synoptischen Einzelbeispiele auf anschauliche Weise über die enge Beziehung zwischen Niederschlags-Luftelektrizität und Niederschlags-Typ und -Beschaffenheit gewonnen haben, soll nunmehr mit Hilfe repräsentativer Mittelwerte und statistischer Auswertung gefestigt und abgerundet werden. Neben bereits bekannten und schon vielfach gebrauchten Größen werden dabei vor allem die beiden folgenden herangezogen werden:

a) $E_+\%$ = Zeitdauer, innerhalb welcher der Fremdpotentialgradient während Niederschlag positiv gerichtet war und zwar ausgedrückt in % der Gesamt-Niederschlagsdauer, die gleich 100% gesetzt wird.

b) Sh = mittlere Anzahl der Richtungswechsel des Fremd-Potentialgradienten pro Stunde während Niederschlag.

Wir können uns hier auf die Betrachtung des Fremd-Potentialgradienten beschränken und den Fremd-Leitungsstrom außer Betracht lassen, da, wie wir in 3.-1.2. gesehen haben, E und i während Niederschlag weitgehend gleichsinnig verlaufen.

Basis für die Gewinnung der im gegenwärtigen Abschnitt zu besprechenden Mittelwerte bildeten die synoptischen Tafeln der gesamten Registrierperiode.

3.-1.3.1. Verhalten des Fremd-Potentialgradienten während Schauernieder-schlag

Die während Regenschauer bzw. Schneeschauer im Mittel an allen Stationen erhaltenen Werte von $E_+\%$ und Sh sind in Abb. 118 dargestellt. Die Zahlen am rechten Rand geben hier wie auf den analogen folgenden

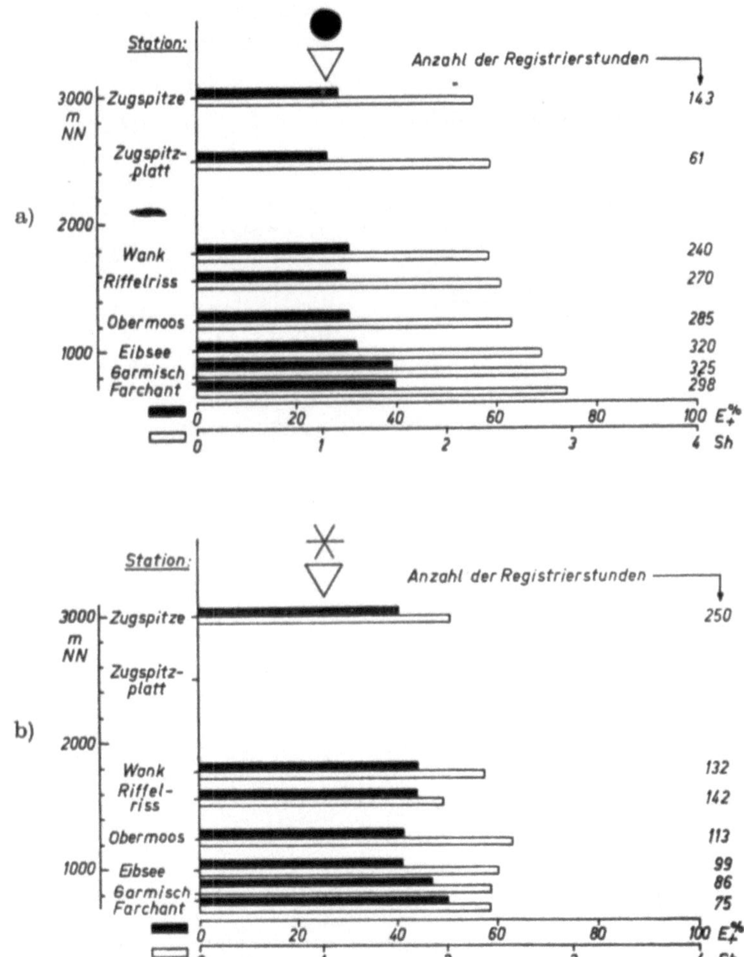

Abb. 118. Gesamt-Mittelwerte für die prozentuale Andauer positiver Fremd-Potentialgradienten ($E_+\%$) und die Häufigkeit des Richtungswechsels des Fremd-Potentialgradienten pro Stunde (Sh) an allen Stationen 1955—1959 einschl. a) während Regenschauer, b) während Schneeschauer

Abbildungen an, wieviel Niederschlagsstunden verwertet sind. Wir sehen, daß das Stationsniveau die Werte von $E_+\%$ und Sh nicht wesentlich beeinflußt: lediglich im Regenschauer nimmt Sh leicht mit fallender Höhe zu. Im Schneeschauer ist $E_+\%$ größer als in Regenschauer. Dieser Unterschied kommt noch deutlicher in Abb. 119a zum Ausdruck, in welcher

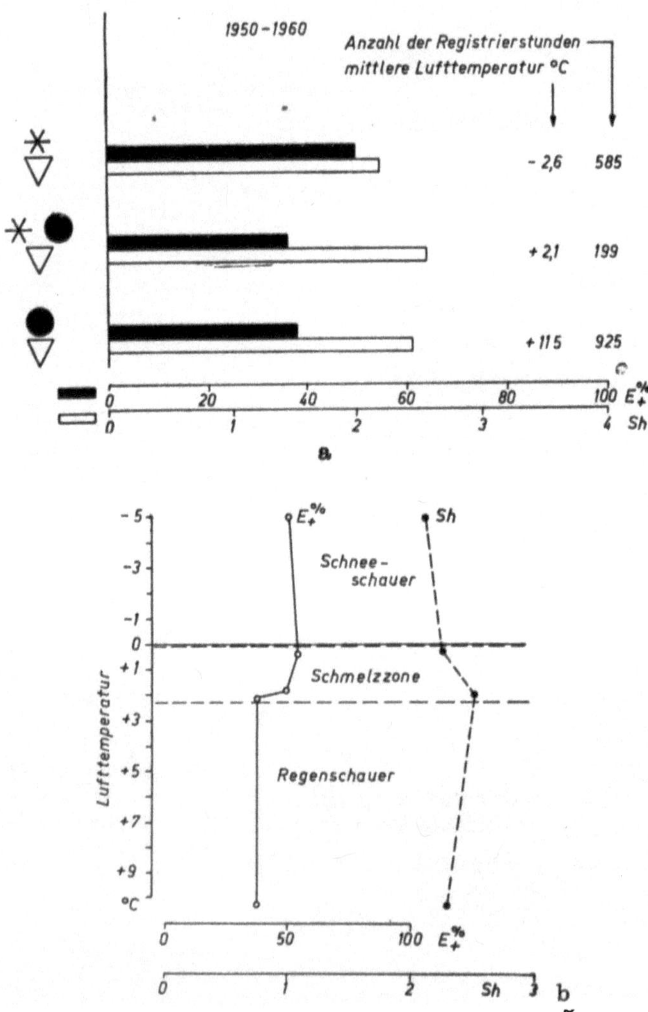

Abb. 119. a) Gesamtmittelwerte von $E_+\%$ und Sh (siehe Abb. 118) für Schneeschauer, Schauer-Schmelzzone und Regenschauer. b) Mittlere Abhängigkeit von $E_+\%$ und Sh (siehe Abb. 118) von der Lufttemperatur

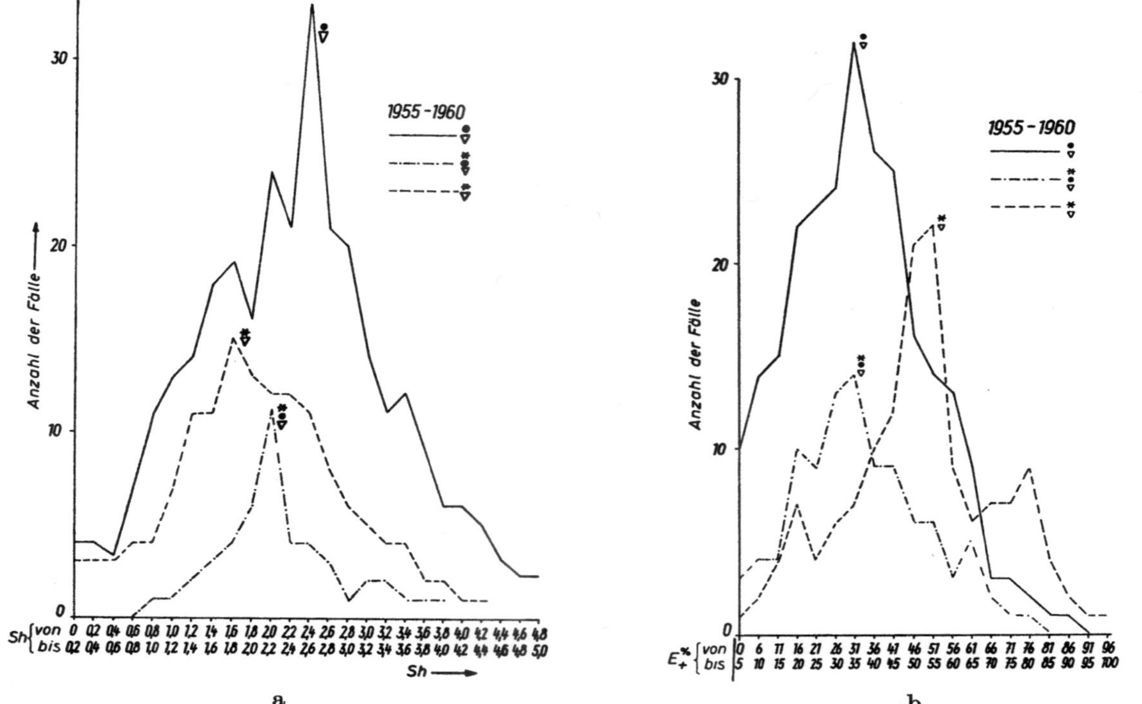

Abb. 120. Häufigkeitsanalyse der Größen Sh (a) und $E_+\%$ (b) für Regenschauer, Schneeschauer und Schmelzzone

unabhängig vom Stationsniveau alle Schauer mit gleichem Phasenzustand des Niederschlages zusammengefaßt sind: fest, schmelzend, flüssig. Trägt man $E_+\%$ und Sh als Funktion der Lufttemperatur auf, so erkennt man deutlich den Knick von $E_+\%$ unmittelbar in der Schmelzzone.

Es erhebt sich die Frage, ob die aus Abb. 119 zu entnehmende Abhängigkeit der Werte $E_+\%$ und Sh vom Phasenzustand des Niederschlags statistisch abzusichern ist[1]). Zur Beantwortung dieser Frage wurden Häufigkeitsanalysen der Einzelwerte von Sh und $E_+\%$ vorgenommen. Dabei wurde ausgezählt, wieviele der Einzelwerte jeweils in eines der vorgegebenen Intervalle der Sh- bzw. $E_+\%$-Skala (vergl. Abb. 120) entfallen. Die Maxima der sich daraus angenähert ergebenden GAUSSschen Verteilungskurven zeigen die am häufigsten vorkommenden Werte der analysierten Größe an. Aus Abb. 120 entnehmen wir, daß in Schneeschauer Sh deutlich geringer, $E_+\%$ aber auf alle Fälle signifikant erhöht ist gegenüber den entsprechenden Werten in Regenschauer oder in der Schmelzzone. Der Übergang von der Schmelzzone zur Regenzone bringt hingegen keine deutliche Veränderung.

Wir stellen also fest:

Tritt fester Schauerniederschlag in die Schmelzzone ein, so steigt die Häufigkeit der Richtungswechsel des Fremd-Potentialgradienten von 1,7 auf 2,1 Wechsel/Stunde an und es erniedrigt sich gleichzeitig die Häufigkeit positiver Fremd-Potentialgradienten (häufigste Werte von 53% auf 33% abfallend).

3.-1.3.2. Die Richtungswechsel-Häufigkeit des Fremd-Potentialgradienten als Funktion der atmosphärischen Labilität zwischen 500 und 700 mb

Bereits im Abschnitt 3.-1.2. mußte man den Schluß ziehen, daß die Richtungswechsel-Häufigkeit des Fremd-Potentialgradienten offenbar von der atmosphärischen Labilität abhängt. Anders wäre der große Unterschied der Wechsel-Häufigkeit einerseits in Schauer und andererseits in gleichmäßigen Niederschlägen schwerlich zu verstehen. Hier soll deshalb die Frage aufgeworfen werden, wie eng diese Koppelung ist und ob sich eine allgemein-verbindliche Funktion ableiten läßt, die es erlaubt, aus der Wechselhäufigkeit Sh auf den Labilitätsgrad zurückzuschließen.

Sämtliche Labilitätswerte sind aus den beiden täglichen Radiosondenaufstiegen der Aerologischen Station München-Riem entnommen worden, und zwar wurden jeweils die Flächeneinheiten zwischen den durch die Aufstiege erhaltenen Temperaturkurven [$T = f(z)$], den zugeordneten Feucht- bzw. Trockenadiabaten und den vorgewählten horizontalen Begrenzungs-

---

[1]) Arithmetische Mittelwerte, wie z. B. in Abb. 118 oder 119 können durch wenn auch seltene, so doch stark herausfallende Werte verfälscht werden. Es kommt deshalb darauf an, auch nach der am häufigsten vorkommenden Wertegruppe zu fragen.

flächen (1000 mb, 500 mb und 700 mb) durch genaues Planimetrieren bestimmt. Auf diese Weise ergaben sich täglich 2 Relativwerte[1]) der Labilitätsenergie zwischen 1000 und 700 mb, bzw. 700 und 500 mb (die 700 mb-Fläche
liegt im Mittel etwa im Niveau Zugspitze; somit wurde die Labilitätsenergie
1. im Stationsraum selbst und 2. unmittelbar darüber erfaßt). Ist zwar
die Bestimmung der Labilitäts-Energiewerte auf die angegebene Weise einfach und eindeutig, so erhebt sich nur die Frage, ob es erlaubt ist, die Radiosonden-Daten auch für den Nordalpenraum unmittelbar als gültig zu übernehmen. Wir haben schon in 3.0.1.0. diese Frage berührt und sie für den Fall

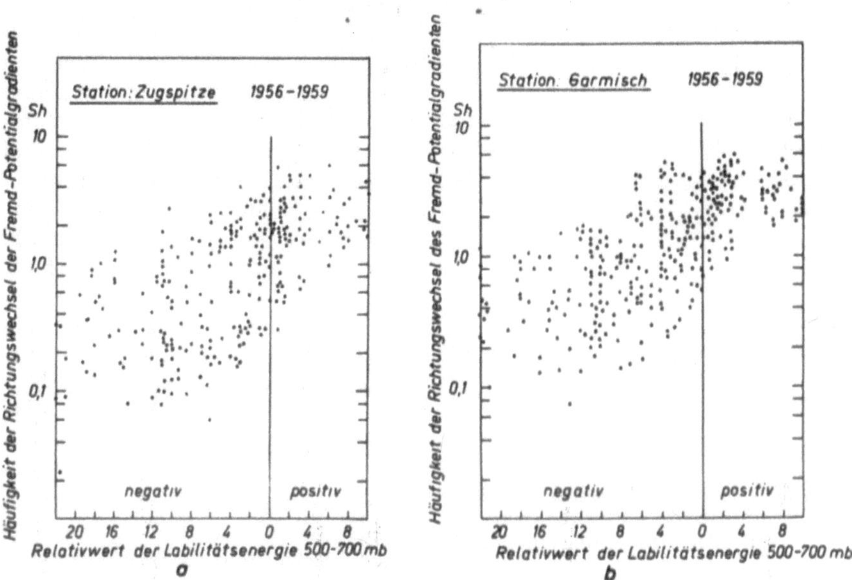

Abb. 121. Beziehung zwischen Relativwert der Labilitätsenergie von 500 bis
700 mb und der Häufigkeit des Richtungswechsels des Fremd-Potentialgradienten *(Sh)* an den Stationen Zugspitze *(a)* und Garmisch *(b)* für die
Jahre 1956—1959 einschl.

stabiler atmosphärischer Schichtung positiv beantwortet. Unübersichtlicher
werden die Verhältnisse, wenn die Schichtung in der freien Atmosphäre indifferent ist. Infolge der durch steile Hänge angeregten Konvektion ist dann
bereits im Alpenraum leichte Labilität festzustellen. In der Regel werden die
Labilitätsenergien — mit Ausnahme im Falle kräftiger Inversionen — im
Gebirgsraum stets etwas höher liegen als weit abseits davon. Wir kommen
darauf noch zurück.

---

[1]) Relativwert-Einheit: 1 cm². Es war nicht zwingend notwendig, im
Rahmen der Auswertung auf absolute Energieeinheiten überzugehen. Es sei
hier jedoch angeführt, daß 1 cm² etwa 56 Joule/kg (für einen Kreisprozeß)
entspricht.

Die Prüfung der Frage ob die Labilitätsenergie zwischen 1000 und 700 mb, oder zwischen 700 und 500 mb besser mit dem *Sh*-Wert korreliert, brachte eine Entscheidung zu Gunsten des höhergelegenen Stockwerkes, obgleich der Unterschied in der Korrelationsstrenge nicht erheblich ist.

Das Ergebnis der Gesamt-Untersuchungen (1956—1959) über die Korrelation zwischen dem Relativwert der Labilitätsenergie zwischen 700 und 500 mb und der Richtungswechsel-Häufigkeit des Fremd-Potentialgradienten geht aus Abb. 121 hervor. Sie beschränkt sich auf die Darstellung der Beziehung für die Stationen Z und G. Praktisch unabhängig von der Höhenlage der Station und von ihrer orographischen Situation finden wir, daß *Sh* deutlich zunimmt, wenn die Labilitätsenergie ansteigt und umgekehrt. Die für die übrigen Stationen gezeichneten Diagramme [siehe R. REITER (1960a)] weichen von Abb. 121a und b nicht merklich ab. Faßt man die an allen Stationen gewonnenen Ergebnisse zu einem Schema zusammen, so erhält man Abb. 122, wobei die Streubreite durch Schraffur angedeutet ist. Sie wird gewiß z. T. durch den oben erwähnten Umstand bedingt, daß der Labilitätsgrad in der freien Atmosphäre über München einerseits und der über dem Gebirge andererseits nicht genau miteinander übereinstimmen. Im Einklang mit anderen Untersuchungen, die wir ausgeführt haben, kann angenommen werden, daß über dem Stationsgebiet indifferente Schichtung herrscht, wenn die Radiosonde einen Relativwert von —4 liefert.

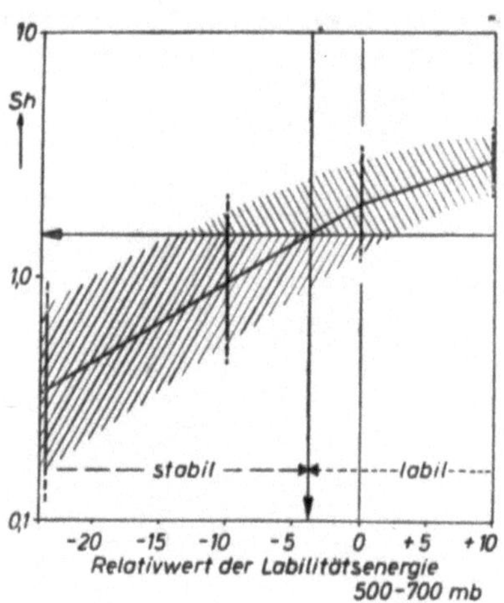

Abb. 122. Wie Abb. 121, jedoch über alle Stationen. Streubereich ist durch Schraffur angegeben

Die effektive Labilitätsgrenze wird also mit Sh = 1,5 angezeigt. Liegt Sh deutlich über diesem Schwellenwert, herrscht mit hoher Wahrscheinlichkeit Labilität, liegt Sh darunter, ist die Atmosphäre in dem beobachteten Stockwerk stabil geschichtet.

Die in Abb. 122 dargestellte, aus allen unseren Messungen abgeleitete Funktion kann mit guter Annäherung innerhalb der gegebenen Streuung durch die Gleichung

$$L = -5 + 29 \log Sh$$

L = Relativwert der Labilitätsenergie zwischen 500 und 700 mb
(1 L entspricht etwa 56 Joule/kg für einen Kreisprozeß).

ausgedrückt werden. Die Funktion $L = f(Sh)$ gilt praktisch unabhängig
vom Stationsniveau (die Beziehung zwischen Sh und Stationenniveau
geht in der allgemeinen Streuung, die durch andere Umstände bedingt
ist, unter) und auch unabhängig davon, ob sich die luftelektrische Station
welche den Sh-Wert liefert, in- oder unterhalb der Wolkenuntergrenze
befindet. Da die Gültigkeit der Funktion $L = f(Sh)$ durch jahrelange
Untersuchungen hinreichend gesichert ist, ergibt sich folgende Möglichkeit einer praktischen Verwertung im meteorologischen Dienst:

*Mit Hilfe einfacher und billiger Registrierungen des Potentialgradienten
(weitere Elemente sind garnicht erforderlich) kann der Grad der Labilitätsenergie in einem atmosphärischen Stockwerk über der Station während
Niederschlag laufend überwacht werden, was für die Niederschlagsentwick-
lung von ausschlaggebender Bedeutung ist. Plötzliche Veränderungen der
atmosphärischen Schichtung können schnell erkannt und prognostisch verwertet werden, auch wenn Augenbeobachtungen über Wolkenstruktur oder
Niederschlagstypus nicht vorliegen, also entweder zwischen den Beobachtungs-
terminen oder nachts oder in Nebel und Wolken (Bergstationen! vergl. 3.-2.).*

3.-1.3.3. Verhalten des Fremd-Potentialgradienten während gleichmäßigem Niederschlag

Die mehrjährigen Mittelwerte von $E_+\%$ und Sh während gleichmäßigem Niederschlag an den verschiedenen Stationen zeigt Abb. 123. War
die Abhängigkeit der $E_+\%$-Werte vom Phasenzustand des Niederschlages
bei Schauerniederschlag nur schwach, wenn auch deutlich ausgeprägt, so
finden wir im gleichmäßigen Niederschlag ein ganz anderes Bild: Wie
schon in 3.-1.1. besprochen, ist der Fremd-Potentialgradient im gleichmäßigen Regen weit überwiegend negativ, im gleichmäßigen Schneefall
überwiegend positiv. Die Übereinstimmung von Station zu Station ist
sehr gut, eine Höhenabhängigkeit besteht nicht, dasselbe gilt auch für Sh.

Die Zusammenfassung der Daten aller Stationen bei gleichzeitiger
Unterscheidung von Schnee-, Schmelz- und Regenzone führt zu Abb. 124.
Sie ist das Analogon zu Abb. 119, und man erkennt auf den ersten Blick
einen wesentlichen Unterschied: Die Schmelzzone erweist sich auch im
statistischen Mittel als jenes Gebiet, in dem der Fremd-Potentialgradient
sein Vorzeichen wechselt. Gleichzeitig ist in der Schmelzzone der Sh-Wert
höher als in Schnee oder Regen. Das ist verständlich, da sich ja, wie wir
eben gesagt haben, beim Schmelzen das Vorzeichen des Potentialgradienten mindestens einmal umkehrt, nämlich von $+$ zu $-$. Wie streng das
Umklappen der Gradient-Richtung auf die relativ dünne atmosphärische
Schicht zwischen $0°$ und $+1°$ beschränkt ist, geht aus Abb. 124b so klar
hervor, daß an der grundsätzlichen Bedeutung des Schmelzvorganges für
die Niederschlags-Luftelektrizität nicht gezweifelt werden kann. Auch
hier ist wiederum zu betonen, daß dieser Befund seine Gültigkeit hat,

gleichviel ob die betreffende Station sich innerhalb der Wolke oder unterhalb ihrer Untergrenze im wolkenfreien Raum befindet. Auch besteht kein Zweifel darüber, daß das Umklappen der Gradientrichtung allein an die Phasenänderung des Niederschlages gebunden ist und nichts mit der Ladung an und in der Wolke zu tun hat. Anders hätte sich diese gesetzmäßige Beziehung nicht als unabhängig vom Stationsniveau erweisen können.

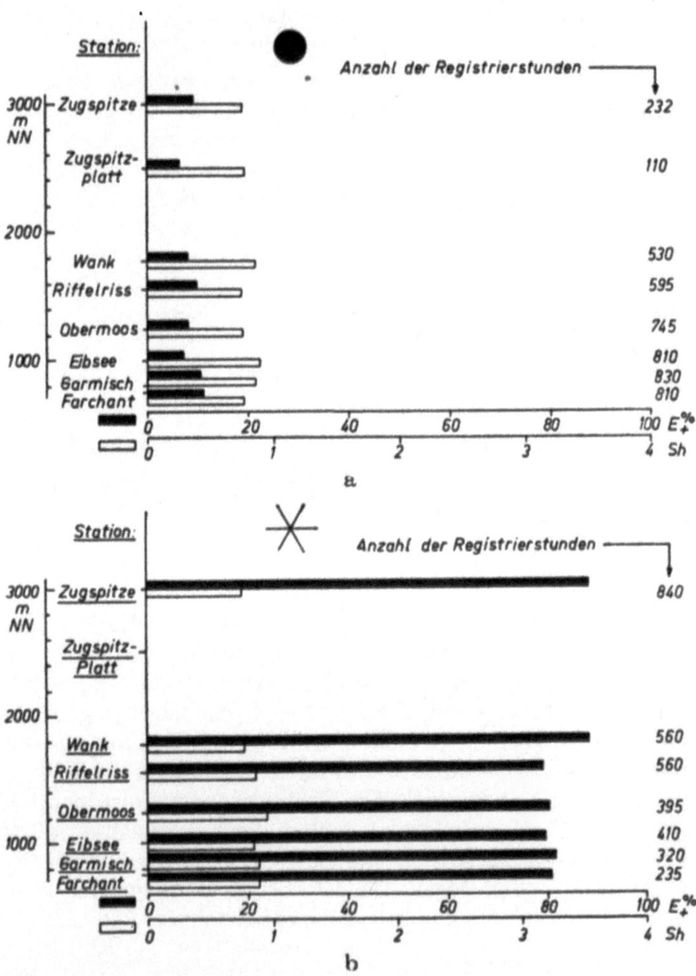

Abb. 123. Gesamt-Mittelwerte für die prozentuale Andauer positiver Fremd-Potentialgradienten ($E_+\%$) und die Häufigkeit des Richtungswechsels des Fremd-Potentialgradienten pro Stunde (Sh) an allen Stationen (1955—1959 einschl.) a) während gleichmäßigem Regen, b) während gleichmäßigem Schneefall

Fragen wir nun wieder nach der Signifikanz der in Abb. 124 zusammengestellten Mittelwerte von $E_+\%$ und Sh, so gibt die Häufigkeitsanalyse, deren Ergebnis in Abb. 125 enthalten ist, die Antwort. Die häufigsten Werte von Sh für Regen und Schnee entfallen auf das gleiche Werteintervall. Doch liegt die Wechselhäufigkeit in der Schmelzzone gerade um den Wert 1 höher als in Regen oder Schneefall, eine notwendige Folge des Umklappens von E. Überaus eindeutig ist die Aussage der Analyse der

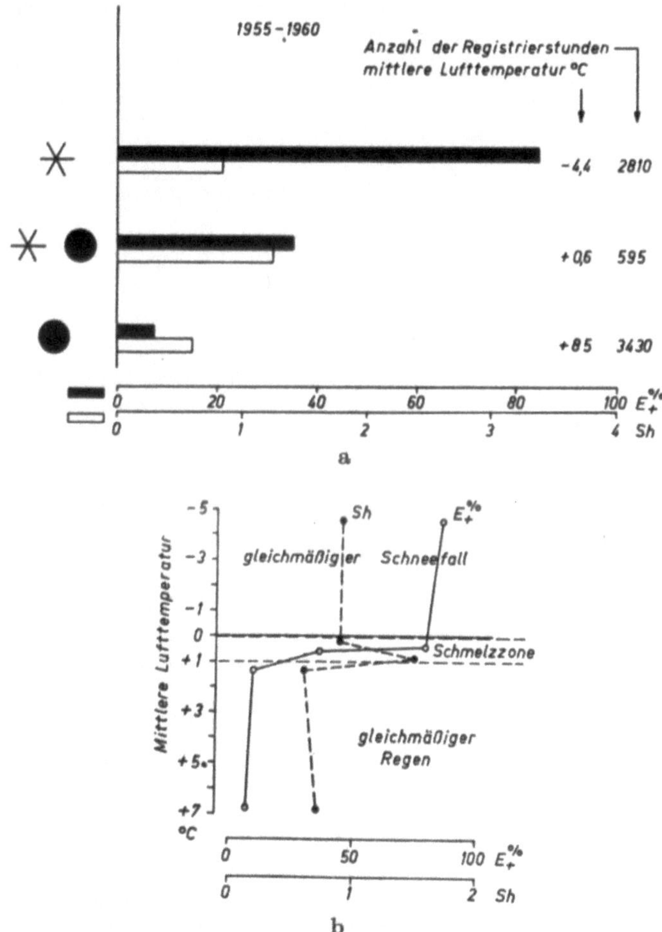

Abb. 124. a) Gesamt-Mittelwerte für $E_+\%$ und Sh (siehe Abb. 123) in gleichmäßigem Schneefall $*$, in der Schmelzzone ●$*$ und in gleichmäßigem Regen ●. b) mittlere Abhängigkeit der Werte $E_+\%$ und Sh (siehe Abb. 123) von der Lufttemperatur

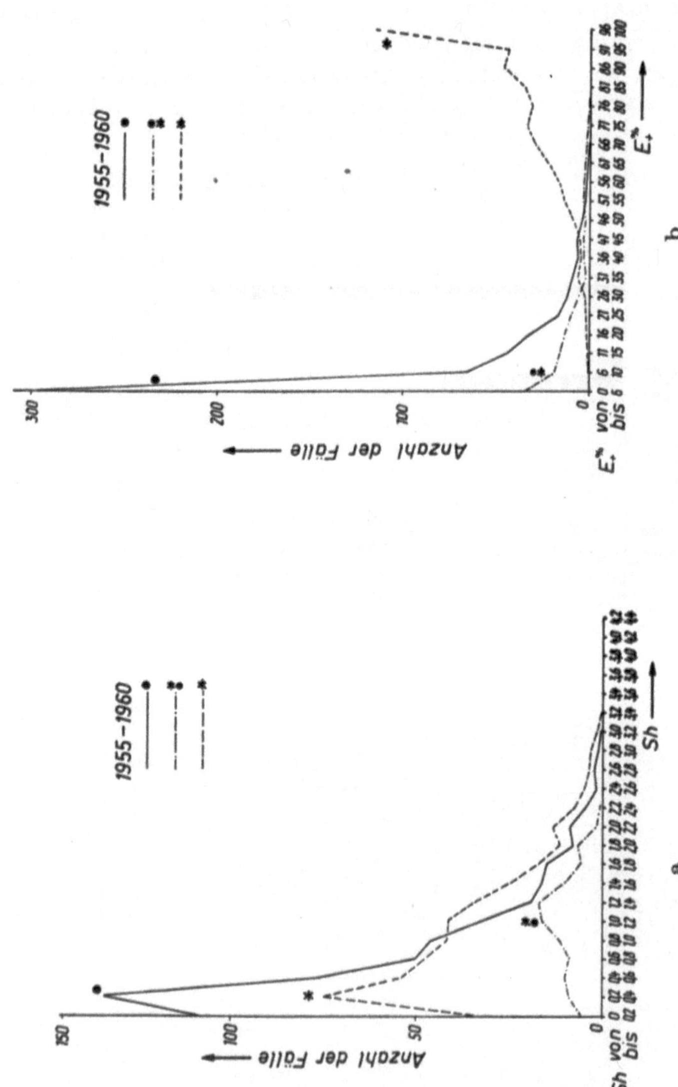

Abb. 125. Häufigkeitsanalyse der Größen Sh (a) und $E_+\%$ (b) für gleichmäßigen Regen, gleichmäßigen Schneefall und Schmelzzone

E_+%-Häufigkeiten. Im Regen und in der Schmelzzone überwiegt weitaus negatives, im Schneefall positives Feld. Damit sind die in Abb. 124 gegebenen Mittelwerte als signifikant erwiesen.

Da also an der Realität des an die Schmelzzone gebundenen Feldrichtungswechsels nicht mehr gezweifelt werden kann, müssen wir notgedrungen annehmen, daß die horizontale Schicht mit dem Übergang von 0° zu etwa $+ 1°$ C in oder unterhalb der Wolke zwei Raumladungsgebiete voneinander trennt: nämlich überwiegend positive Raumladung über und negative Raumladung unter ihr. Wir kommen darauf in 3.-1.5. zurück.

Schließlich ist noch einmal auf den Unterschied der *Sh*-Werte hinzuweisen, den wir beim Vergleich von Abb. 120a mit 125a erkennen: Die Wechselhäufigkeit liegt im gleichmäßigen Niederschlag unter 0,4, im Schauerniederschlag um 1,6—2,4. Die Häufigkeitskurven lassen an der Signifikanz dieses Unterschiedes keinen Zweifel aufkommen. Wir sehen darin eine weitere Bestätigung dessen, was in 3.-1.3.2. über den Einfluß der Labilitätsenergie gesagt ist. Gleichermaßen überzeugend ist der Vergleich von Abb. 120b mit 125b im Hinblick auf das Vorzeichen des Fremd-Potentialgradienten.

Diese Vergleiche bestätigen erneut, wie unumgänglich die Aufgliederung des Datengutes nach Schauerniederschlägen und gleichmäßigen Niederschlägen ist und wie sehr der Schichtungszustand der Atmosphäre das jeweilige Erscheinungsbild der Niederschlags-Luftelektrizität zeichnet.

Auch sei noch einmal darauf hingewiesen, daß die erhaltenen Ergebnisse davon unabhängig sind, in welcher Höhe über NN sie gewonnen wurden und wie die Station im Gelände liegt, also z. B. im Tal oder auf einer Bergspitze. Dies, zusammen mit der Tatsache, daß eine laufende Vermehrung der Beobachtungsdaten über 6 Jahre hinweg zu einer progressiven Festigung der gefundenen Beziehungen führte, unterstreicht ihre Allgemeingültigkeit und ihre Unabhängigkeit von lokalen meteorologischen Zufälligkeiten. Auch jahreszeitliche Bindungen ließen sich nicht erkennen. Es war also ganz gleichgültig, ob die Schmelzzone im Talniveau oder über Station Z lag.

3.-1.3.4. Die Stärke des Fremd-Potentialgradienten während gleichmäßigem Niederschlag in Abhängigkeit von der Stationshöhe

Während gleichmäßigem Schneefall, aber nicht im gleichmäßigen Regen zeigt der Fremd-Potentialgradient (und der Fremd-Leitungsstrom) eine Abhängigkeit von der Stationshöhe, was aus Abb. 126 hervorgeht. Die Angaben stützen sich auf den für jede Station charakteristischen mittleren Schönwetter-Potentialgradienten, welcher = 100% gesetzt ist. 0 % bedeutet also in Abb. 126: es besteht kein Fremd-Potentialgradient;

$+ 100\%$: dieser ist gerade von gleicher Größenordnung wie der Schönwetter-Potentialgradient.

Mit abnehmender Stationshöhe nimmt der Fremd-Potentialgradient im Schneefall laufend zu. Man darf annehmen, daß diese Erscheinung eine Folge der im gleichen Sinne zunehmenden Schneeflockenbildung ist. Bereits U. Nakaya und T. Terada (1935) und F. Rossmann (1948) haben beobachtet, daß Schneeflocken nur oder fast überwiegend in geringeren Höhen, selten über 2 km NN und praktisch überhaupt nicht mehr über 3 km NN angetroffen werden[1]) Das steht in voller Übereinstimmung mit unseren eigenen, mehrjährigen Feststellungen.

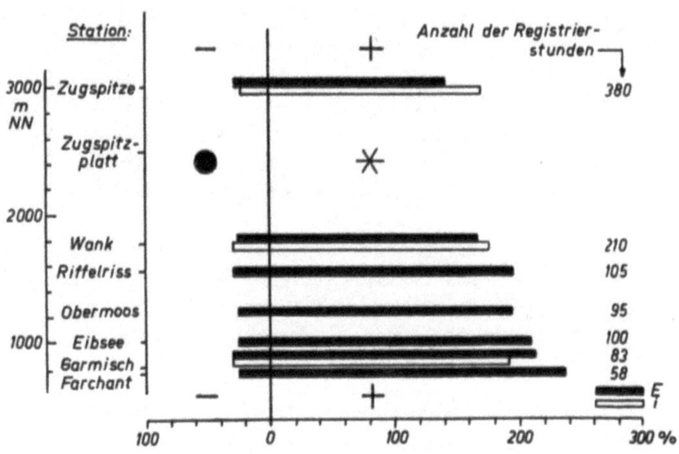

Abb. 126. Mittelwerte des Fremd-Potentialgradienten E (und des Fremd-Ionenstromes i) an allen Stationen während gleichmäßigem Regen (●) bzw. während gleichmäßigem Schneefall (∗), ausgedrückt in Prozenten des Schönwetter-Potentialgradienten (= 100% gesetzt)

In neuester Zeit hat die Arbeitsgruppe Ch. Magono in Japan [Ch. Magono (1960a, b)] in Höhen zwischen 100 und 1000 mm NN überaus sorgfältige und gründliche synoptische Schneekristall- und Flockenuntersuchungen an 5 Stationen ausgeführt, die in aller Deutlichkeit den Nachweis für das Kristall- und Flockenwachstum im freien Fall erbrachten. Die den Arbeiten beigefügten Photographien scheinen dem Verfasser erneut ein Beweis für die Absplitterungsvorgänge an Flockenrändern zu sein, von denen gleich die Rede sein wird. Über die Entstehung der Schneeflocken und deren laufende Vergrößerung spricht auch F. Rossmann [siehe H. Israel (1950)] eine Ansicht aus.

––––––––––––

[1]) Siehe auch neuere Untersuchungen von J. Grunow (1960) und von Ch. Magono und Mitarb. (1960).

Das Ansteigen des Fremd-Potentialgradienten mit zunehmender Flockenbildung kann vielleicht folgendermaßen erklärt werden. In 3.-1.5. werden wir davon sprechen, daß sich von den fallenden Schneeflocken fortwährend kleine Kristallbruchstücke ablösen [siehe Abb. 152a, vergl. auch E. WALL (1948)], deren positive Ladung (siehe 3.-0.1.5.) sehr wahrscheinlich für die Aufrechterhaltung des positiven Fremd-Potentialgradienten maßgebend ist. Die Häufigkeit der Absplitterungsprozesse nimmt mit der Größe der Flocken und ihrer Fallgeschwindigkeit zu. Auf diese Weise könnte die Beziehung zwischen Stationshöhe und Größe des Fremd-Potentialgradienten verstanden werden.

Trägt man den prozentualen Fremd-Potentialgradienten nicht wie in Abb. 126 als Funktion der Höhe, sondern als Funktion der Lufttemperatur auf, so folgt daraus Abb. 127. Abgesehen von dem uns nun schon vertrauten Sprung von E in der Schmelzzone tritt die Zunahme von E bei fallender Temperatur in der Schneezone deutlich vor Augen, wogegen E sich in der Regenzone als von der Temperatur unabhängig erweist.

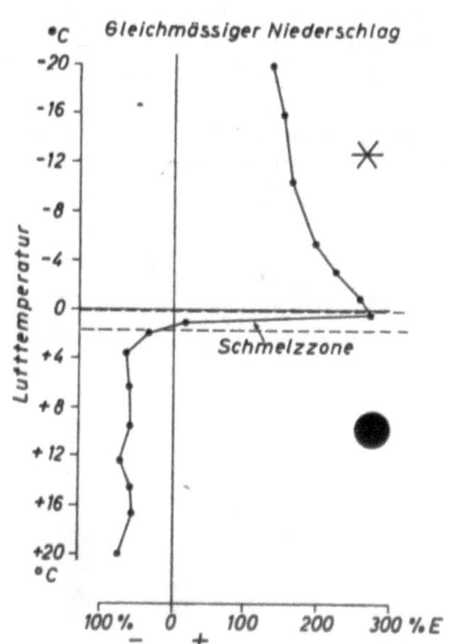

Abb. 127. Mittlere Abhängigkeit des Fremd-Potentialgradienten E von der Lufttemperatur (Definition von E siehe Abb. 126) im Bereich der Schmelzzone

3.-1.3.5. Einfluß der Schneekristallgröße auf die Stärke des Fremd-Potentialgradienten

Seit vielen Jahren führen die Beobachter an Station Zugspitze regelmäßige Schneekristallbeobachtungen nach den Richtlinien der UGGI aus. Es werden während Schneefall mehrmals am Tage Größe[1]) und Typ der Niederschlagsteilchen bestimmt. Diese Beobachtungen boten eine sehr günstige Gelegenheit um zu untersuchen, ob eine Beziehung zwischen Stärke des Fremd-Potentialgradienten und Beschaffenheit der festen Niederschlagspartikel besteht.

---

[1]) Unter „Größe" der Kristalle wird ihre jeweils größte Ausdehnung in beliebiger Orientierung zur Kristallform verstanden. Das heißt bei Nadeln: deren Länge, bei Flächenkristallen: deren größter Durchmesser.

Eine Untersuchung dieser Art hat nur Sinn, wenn sie auf Schneeniederschlag aus stabil geschichteter Atmosphäre beschränkt wird. Es wurden deshalb Reifgraupel, Frostgraupel, vergraupelte Kristalle und verwandte Formen grundsätzlich ausgeschlossen. Es blieben dann zwei große Gruppen übrig: a) flächige und verzweigte Kristalle und b) unverzweigte nadelförmige Kristalle. Flocken aus solchen kamen praktisch nicht vor. Abgesehen von der Wahl dieser beiden Gruppen wurden Größenintervalle gebildet, deren Stufung aus Abb. 128 zu ersehen ist.

Die im Mittel in den Jahren 1956 und 1957 (224 Einzelbeobachtungen) auf die jeweiligen Größenintervalle pro Kristallgruppe entfallenden Fremd-Potentialgradienten wurden in Abb. 128 graphisch aufgetragen

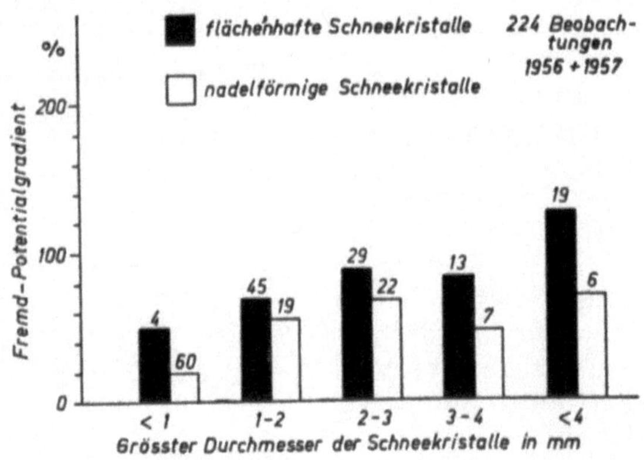

Abb. 128. Beziehung zwischen Größe bzw. Form der Schneekristalle auf der Zugspitze und Stärke des Fremd-Potentialgradienten (in Prozenten des Schönwetter-Potentialgradienten ausgedrückt)

und zwar wieder in Prozenten des Schönwetter-Potentialgradienten E, welcher $= 100\%$ gesetzt ist. Aus der Figur sind zwei Beziehungen abzulesen:

a) Der Fremd-Potentialgradient nimmt mit der Größe der Schneekristalle zu (besonders ausgeprägt bei flächigen Kristallen)

b) Fallen verzweigte und flächige Kristalle, so ist der Fremd-Potentialgradient größer als bei fallenden einfachen Nadeln.

Wir glauben, auch hier wieder einen Hinweis darauf zu sehen, daß Absplitterungsvorgänge an den fallenden Kristallen den Potentialgradienten stark beeinflussen. Absplitterung ist aus naheliegenden Gründen umso häufiger, je größer und verzweigter ein Kristall oder ein Kristall-Agglomerat gewachsen ist.

3.-1.3.6. Beziehung zwischen Niederschlagsstrom und Fremd-Potential-gradient im Talniveau und in 1780 m NN

Das Datengut der Niederschlagsstrom-Registrierungen ist, verglichen mit dem der übrigen luftelektrischen Registrierungen im Wettersteinnetz, relativ klein. Es umfaßt in Farchant rund 22 und am Wank knapp 6 Monate[1]. Es soll deshalb hier nur eine vorläufige Übersicht über die bis jetzt vorliegenden Ergebnisse gebracht werden. Wir beschränken uns dabei auf eine knappe Darstellung des Sachverhaltes. Doch sei bereits hier auf die wichtigsten früheren Arbeiten hingewiesen, die sich mit Problemen der Niederschlagsladung befaßt haben.

Die ältesten und älteren Untersuchungen gehen auf J. ELSTER und H. GEITEL (1888), K. KÄHLER (1908), G. C. SIMPSON (1909), F. SCHINDEL-HAUER (1913), F. HERATH (1914), S. K. BANERJI (1932, 1938), U. NAKAYA und T. TEREDA (1934), F. J. SCRASE (1938), J. A. CHALMERS und F. PAS-ÇUILLE (1938), J. A. CHALMERS und E. W. R. LITTLE (1940) u. a. zurück. Sie ergaben mehr oder weniger übereinstimmend, daß Regentropfen überwiegend positive, Schneeflocken aber überwiegend negative Ladung im freien Fall tragen.

In jüngerer Zeit richtete G. C. SIMPSON (1949) das Augenmerk darauf, daß Registrierkurven des Niederschlagsstromes (bzw. im Niederschlag auch des Gesamt-Stromes) und des luftelektrischen Feldes spiegelbildlich zueinander verlaufen und nannte diese Erscheinung deshalb „mirror-image-effect" (MI-Effekt). Im negativen Feld wird hauptsächlich positiver Strom und umgekehrt gefunden. Diese Regel gilt nach G. C. SIMPSON auch bei mehr oder weniger raschem Vorzeichenwechsel beider Größen. Es muß hier nachdrücklich darauf verwiesen werden (siehe 2.-2.0.0.), daß die im vorliegenden Buch angenommene Richtungs-definition für das luftelektrische Feld jener entgegengesetzt ist, welche im luftelektrischen Sprachgebrauch historisch eingeführt ist, während sie mit der in der Physik üblichen Definition übereinstimmt. Wir müssen deshalb im folgenden von Spiegelbildlichkeit zwischen Niederschlags-ladung und *Potentialgradient* (nicht Feld) sprechen. Definition der Richtung von *IN* siehe 2.-2.0.1.

Neuere und jüngste Untersuchungen befassen sich schließlich mit der Frage des Zustandekommens dieser merkwürdigen Koppelung, der quantitativen Beziehung zwischen den beteiligten Größen (*IN* als Funktion von *E*), der sich ergebenden Folgerungen für die Wolkenbeladung, u. a.: L. G. SMITH

---

[1] Die Niederschlagsstrom-Registrierungen wurden an den Stationen W und F, später in Garmisch-Partenkirchen kontinuierlich fortgesetzt, so daß jetzt (Frühjahr 1963) ein erhebliches Material vorliegt, das an anderer Stelle veröffentlicht wird. Die hier dargelegten Befunde konnten ausnahmslos bestätigt werden.

(1955), J. A. CHALMERS (1956), CH. MAGONO, K. ORIKASA und H. OKABE (1957), J. A. CHALMERS (1958), C. B. MOORE und B. VONNEGUT (1960, s. dort auch Diskussion), T. OGAWA (1960d) und M. W. RAMSAY und J. A. CHALMERS (1960). CH. MAGONO und K. ORIKASA (1961) versuchen eine theoretische Erklärung für auffallende Abweichungen von der MI-Effekt-Regel zu geben, welche im Grundprinzip mit eigenen Überlegungen [s. u., sowie R. REITER (1960a)] übereinzustimmen scheint. J. A. CHALMERS (1961) kommt jüngst erneut zur Ansicht, daß die Widersprüche um die Erklärung des MI-Effekts noch nicht aufgeklärt sind, während H. ISRAEL (1957c) hauptsächlich den Einfangprozeß Tropfen/Luftionen („Asymmetrieeffekt") verantwortlich macht.

Sehr merkwürdig ist nun, daß sogar in Lehrbüchern [J. A. CHALMERS (1957c), H. ISRAEL (1957b)[1])] Kurvenbeispiele für den MI-Effekt gebracht wurden, aus denen leicht zu ersehen ist, daß die Spiegelbildlichkeit nur in groben Zügen als „Regel", aber keineswegs exakt gilt. Weder die Maxima, noch die O-Stellen stimmen zeitlich miteinander überein. Erst M. W. RAMSAY und J. A. CHALMERS (1960) haben in jüngster Zeit kurz darauf hingewiesen, daß gelegentlich Verzögerungen zwischen IN und E zu beobachten sind. Auf den gleichen Umstand hat der Verfasser 1960 in einem unveröffentlichten Arbeitsbericht[2]) hingewiesen und betont, daß hier neue und genauere Untersuchungen angesetzt werden sollten.

Dem Verfasser jüngst zugänglich gewordene Arbeiten von CH. MAGANO und K. ORIKASA (1960, 1961) sprechen auch davon, daß bei schwachen Niederschlägen bzw. Niederschlägen bei schwachen Potentialgradienten die bisherigen Anschauungen nicht haltbar sind. Allerdings enthält die genannte Arbeit noch keine statistische Aufarbeitung des Datengutes, sondern beschränkt sich auf instruktive Kurvenbeispiele.

In Abb. 129a sind typische Vertreter dreier bisher noch nicht beschriebener Variationsgruppen von IN und E paarweise zusammengestellt (Ergebnisse von Station Farchant).

Die erste Gruppe zeichnet sich dadurch aus, daß kein MI-Effekt auftritt, beide Größen also stets dasselbe Vorzeichen[3]) haben. Diese Fälle sind, wie Tabelle 18 zeigt, keineswegs selten. Untersucht man die meteorologischen Bedingungen, so ergibt sich, daß Parallelität von IN und E ausschließlich bei sehr leichten Schauern und bei schwachem Nieder-

---

[1]) Leider fehlen in den betreffenden Diagrammen sowohl Nullinien als auch Ordinatenmaßstäbe.

[2]) Im Sommer 1960 der Deutschen Forschungsgemeinschaft eingesandt.

[3]) Es muß hier schon mit Nachdruck darauf hingewiesen werden, daß gleiches Vorzeichen von IN und E auch dann beobachtet wird, wenn E negativ ist oder wenn E größer als die Schönwetterfeldstärke ist. Das ist wichtig im Hinblick auf die von SIMPSON (1949) und CHALMERS (1956) angegebenen Formeln, welche diese Möglichkeiten ausschließen.

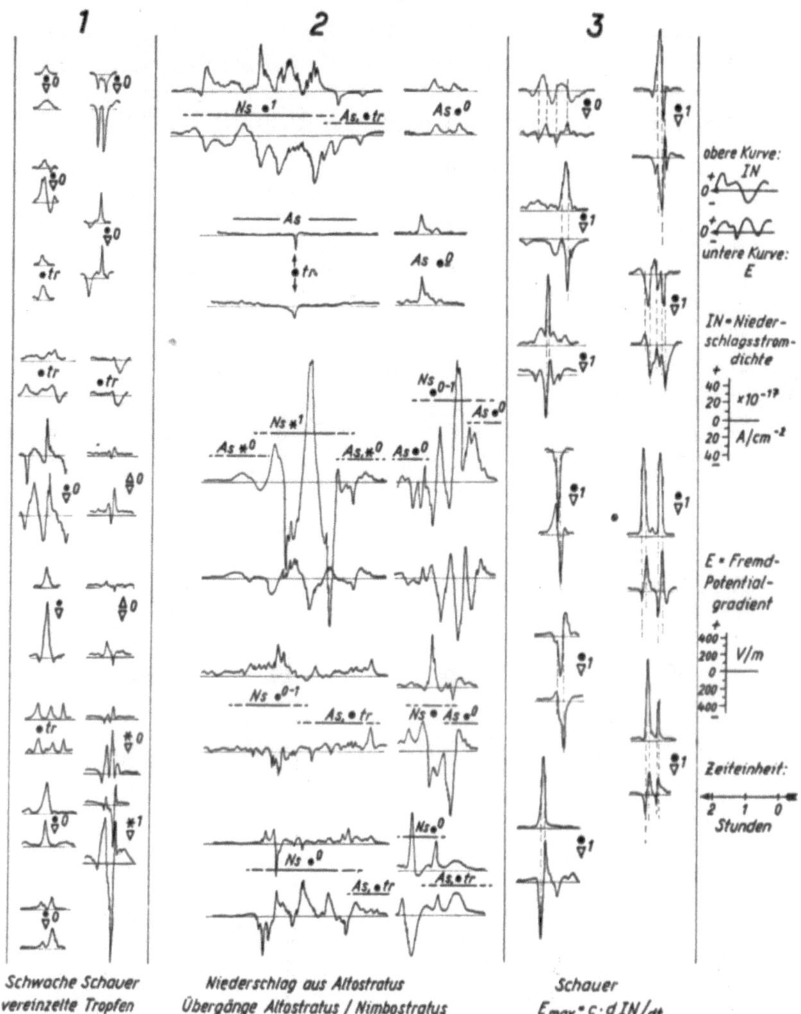

Abb. 129a). Kurvenpaare von E (Potentialgradient) und IN (Niederschlagsstromdichte) als Einzelbeispiele aus drei Hauptgruppen (Station Farchant): 1. schwache Schauer, tropfenweiser Niederschlag, 2. Niederschlag aus Altostratus mit Übergang in Nimbostratus, 3. mäßige Schauer

schlag (oft nur vereinzelte Tropfen) aus Altostratus auftritt, wobei IN und E keineswegs sehr klein zu sein brauchen. Die Gleichläufigkeit ist dabei so detailliert, daß der Gedanke an zufällige Koinzidenzen von vorneherein verworfen werden muß.

In der zweiten Gruppe sind hauptsächlich jene Fälle zusammengefaßt, die sich durch den Übergang von As in Ns bei gleichzeitigem Niederschlag auszeichnen. Wir haben in 3.-1.1.4. bereits betont, daß, nach Fallstreifenbeobachtungen zu schließen, gleiche Richtung von IN und E im

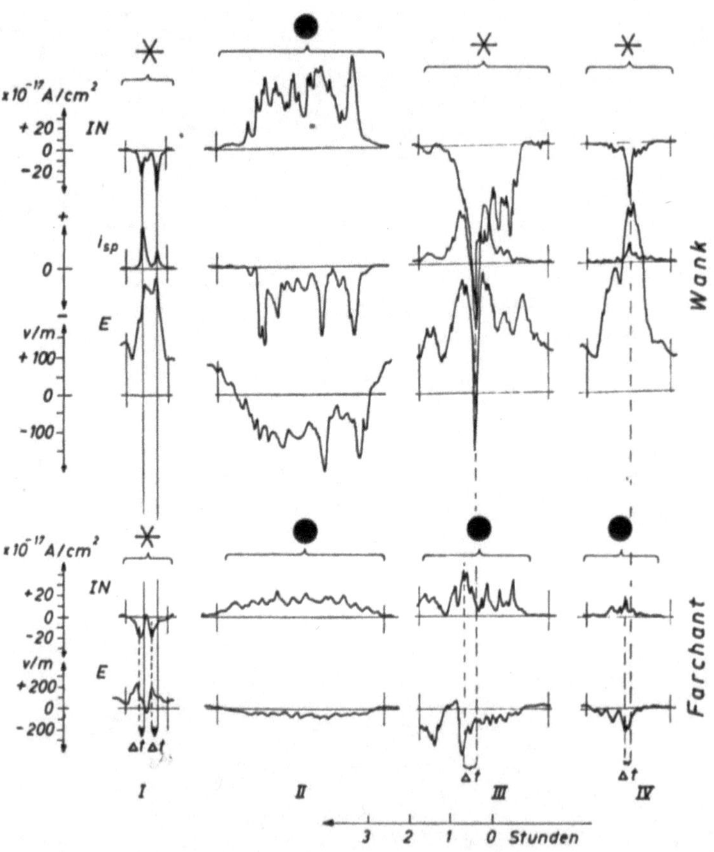

Abb. 129b). Kurvenpaare von E, IN und i_{sp} (Spitzenstrom), die gleichzeitig an den beiden Stationen Farchant und Wank gewonnen worden sind. Fälle: Schneefall an beiden Stationen (I), Regen an beiden Stationen (II) und Schmelzzone zwischen beiden Stationen (III, IV)

schwachen As-Niederschlag angenommen werden muß. Den Beweis hierfür bringt Abb. 129a (Gruppe 2). Mit der Transformation As/Ns springt das Vorzeichen entweder von IN oder von E um. Während also im Niederschlag aus As ähnlich wie bei schwachem Niederschlag aus anderen

Wolkenfornem kein MI-Effekt auftritt, bildet er sich alsdann im Ns-Niederschlag meist deutlich aus. Das zeigt ebenfalls Gruppe 2 der Abb. 129 a. Gleichzeitig erkennt man aber auch, daß Spiegelbildlichkeit nur als Regel, nicht als Gesetz gilt. Die von G. C. SIMPSON (1949) sowie von J. A. CHALMERS (1956) abgeleiteten Gleichungen $Q = f(E)$ bzw. $IN = f(E)$ (s. u.) gelten also nur im statistischen Mittel, nicht aber für jeden Einzelfall. Sie gelten vor allem nicht, wie wir sehen, für Fälle der Gruppe 1 (s. o.) oder As-Niederschlag. Aus der strengen Gleichläufigkeit von IN und E bei schwachem Niederschlag (Typ Gruppe 1) und As-Niederschlag muß gefolgert werden, daß in all diesen Fällen der Fremd-Potentialgradient direkt durch die Ladung des Niederschlags bestimmt wird, welche also eine hinreichend hohe, bestimmende Raumladung bewirkt. Das aber kann nur durch hohe Ladungsdichte pro Niederschlagsteilchen erklärt werden und wäre unter Berücksichtigung dessen, was in 3.-1.1. über As-Niederschlags-Beladung gesagt wurde, zu verstehen. Im Ns-Niederschlag tritt dann Umladung des Niederschlags gegen E durch den WILSON-Prozeß ein, worauf wir in 3.-1.5. näher eingehen werden (vergl. auch 3.-1.1.5.).

Eine dritte Gruppe in Abb. 129 a vermag uns vielleicht einen Aufschluß darüber zu geben, was es mit den Verzögerungen und „Ungenauigkeiten" des MI-Effektes auf sich hat. In grober Annäherung könnte man auch innerhalb dieser Gruppe noch von Spiegelbildlichkeit sprechen. Genaue Betrachtung zeigt aber, daß wir mit sehr guter zeitlicher Koinzidenz (gestrichelte Bezugslinien) setzen können:

$$E = \pm\, c \cdot d\, IN/dt.$$

(Überraschenderweise tritt sowohl positives, als auch — seltener — negatives Vorzeichen auf). D. h. die stärkste zeitliche Änderung von IN fällt mit dem Extremum von E zusammen.

Tab. 18 zeigt, daß auch die Häufigkeit der $d\,IN/dt$-Koppelung keineswegs gering ist.

Für ihr Zustandekommen sei folgender Erklärungsversuch aus 3.–1.5. vorweggenommen: Im Zustande der stärksten Änderung des Niederschlagsstromes ist der Fremd-Potentialgradient hochgradig labil und neigt stark zum Vorzeichenwechsel. Den großen und prinzipiellen Unterschied zwischen „reinem MI -Effekt" und $d\,IN/dt$-Koppelung soll Abb. 130 an zwei besonders instruktiven Fällen deutlich machen. Letztere tritt praktisch nur während Niederschlägen vom Schauertyp auf (aber bei weitem nicht alle Schauer-Niederschläge zeigen $d\,IN/dt$-Koppelung), während der reine MI-Effekt hauptsächlich bei gleichmäßigem, nicht zu schwachem Niederschlag anzutreffen ist. Das spricht übrigens wiederum für die Deutung, wonach E labil wird, wenn IN sich rasch ändert.

Untersuchungen über den MI-Effekt wurden bis jetzt nur in niedrigen Höhen angestellt. Gleichzeitige Registrierungen von IN am Wank und in

Tabelle 18. *Mittlere Niederschlags-Stromdichten und zugehörige Potentialgradient-Werte aufgegliedert nach verschiedenen Niederschlags- und Bewölkungstypen.* Potentialgradienten in V/m, Niederschlagsstromdichten in $\cdot\ 10^{-12}$ A/m^2; in Klammern jeweils Anzahl der verwerteten 3-Min.-Mittel. E_f: Fremd-Potentialgradient. Umfang des Datengutes: 85 Tage mit Niederschlag; 116 Niederschlagsphasen; 2652 3-Min.-Mittelwerte, 7956 Registrierminuten.

	130 unten 129a/2 129b/II	129b/I, III, IV	—		129a/1	129a/2		130 oben 129a/3
Kurvenbeispiele zu finden in Abb. Nr.								
Bezeichnung in Abb. 131a	a ●	b *	c ● / △ + △		d ● / △ 0	e / As ●0, ● tr		f ● / △ 0-1
Verhalten von E gegen IN	vorwiegend spiegelbildlich	vorwiegend spiegelbildlich	häufig spiegelbildlich		meist Parallelgang, wenn nicht Fall f	meist Parallelgang		häufig $d\ IN/dt$-Koppelung, wenn nicht Fall d oder c
Bewölkung (am häufigsten vorkommend)	Nimbostratus	Nimbostratus	Cumulus, Cumulonimbus Nimbostratus		Cumulus, Stratocumulus, Nimbostratus	Altostratus		Cumulus, Stratocumulus, Nimbostratus
Niederschlags-Typ	gleichmäßiger Regen	gleichmäßiger Schneefall	Schauer, mäßig bis stark — Regen	Schnee	sehr schwache Schauer (Regen)	sehr schwacher Niederschlag — Regen	Schnee	mäßige bis leichte Schauer
Anzahl der Beobacht.-Tage	29	7	14	3	8	15	1	8
Niederschl.-phasen	39	11	18	3	12	15	2	16
3-Min.-Mittelwerte	1029	819	219	61	126	204	34	160
Registr.-Minuten	3087	2457	657	183	378	612	102	480

Niederschlags-stromdichte in $\cdot\,10^{-12}$ A/m²							
positiv	+ 0,76 (882)	+ 0,36 (67)	+ 1,16 (141)	+ 2,3 (24)	+ 0,96 (85)	+ 0,56 (143)	+ 0,23 (20)
negativ	— 0,99 (72)	— 1,36 (121)	—0,74 (25)	— 1,14 (21)	— 1,16 (16)	—0,39 (43)	— 0,15 (4)
insgesamt	+ 0,59 (1029)	— 0,67 (220)	+ 0,67 (219)	+ 0,51 (61)	+ 0,50 (126)	+ 0,35 (204)	+ 0,12 (34)
Potentialgrad. in V/m							
positiv	+ 76 (240)	+ 80 (205)	+ 82 (105)	+ 160 (44)	+ 102 (88)	+ 73 (127)	+ 98 (20)
negativ	— 123 (514)	— 76 (9)	— 164 (103)	— 520 (14)	— 128 (30)	—116 (56)	— 82 (7)
insgesamt	— 56 (819)	+ 73 (221)	— 38 (219)	+ 10 (61)	+ 48 (126)	+ 30 (204)	+ 43 (34)
Kleinionendich. in n/cm³							
positiv	388	—	404		422	515	—
negativ	581	—	450		475	571	—
Funktion $IN = f\,(E_f)$	$IN =$ — $0{,}74 \cdot 10^{-14} E_f$	$IN =$ — $0{,}93 \cdot 10^{-14} E_f$	$IN =$ — $1{,}08 \cdot 10^{-14} E_f$		$IN =$ + $1{,}45 \cdot 10^{-14} E_f$	$IN =$ + $1{,}32 \cdot 10^{-14} E_f$	

Letzte Spalte (Kleinionendich.): positiv 438, negativ 421; Funktion: $E = 2{,}4 \cdot 10^{+14} \cdot \dfrac{d\,IN}{d\,t}$

E_f = Fremd-Potentialgradient

Farchant mit vollkommen gleichen Anordnungen sind deshalb von großem Wert. Mit Rücksicht auf die noch kurze Registrierdauer können nur einige erste Ergebnisse mitgeteilt werden. Abb. 129b zeigt 4 Einzelfälle (I—IV) gleichzeitiger IN-Registrierungen (zusammen mit den bekannten Registrierungen von E und i_{sp}). Sie sagen aus, daß die Regel der Gegensinnig-

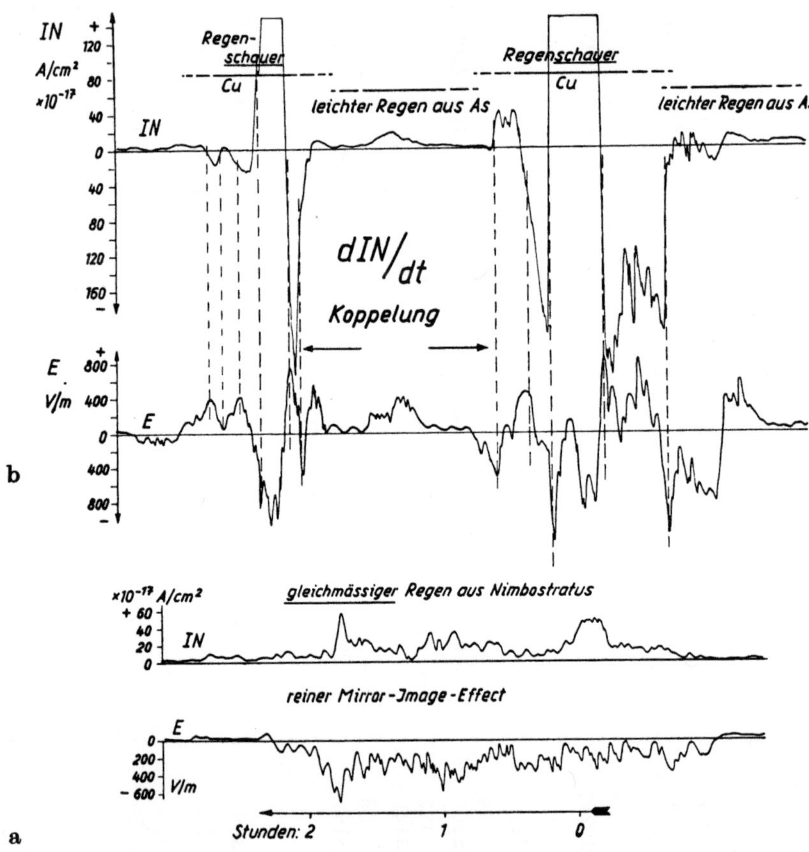

Abb. 130. Je ein typischer Vertreter des mirror-image-Effekts *(a)* und der dIN/dt-Koppelung *(b)*

keit von IN und E auch in größerer Höhe gilt. Wir finden, daß bei gleichmäßigem Schneefall an beiden Stationen auch an beiden Stationen der Niederschlagsstrom negativ, der Potentialgradient aber positiv gerichtet ist (Fall I). Genau das Umgekehrte gilt für gleichmäßigen Regen (Fall II). Liegt die Schmelzzone zwischen den beiden Stationen, so ist in der Höhe der Niederschlagsstrom negativ gerichtet (und E positiv), im Talniveau aber positiv (und E negativ), wie die Beispiele III und IV zeigen.

Wir stellen also fest: Bei gleichmäßigem Niederschlag tragen die Schneepartikel über der Nullgradgrenze negative Ladung und die Regentropfen unter der Schmelzregion gleichzeitig positive Ladung. Die Ladung des Niederschlages kehrt also tatsächlich in der Schmelzzone ihr Vorzeichen um. Das ist mit Rücksicht auf die später zu besprechenden Modellvorgänge von entscheidender Bedeutung.

Auf Feinheiten wie Phasenverschiebung, Niederschlag aus As u. a. kann an Hand von IN-Registrierungen vom Wank noch nicht eingegangen werden. Es sei nur auf die oft deutlich auftretende Zeitdifferenz Δt beim Vergleich zwischen W- und F-Kurven hingewiesen (siehe Abb. 129 b, I), welche durch die Falldauer der Niederschlagsteilchen bedingt ist.

Eine statistische Auswertung der bis jetzt vorliegenden Registrierungen von Farchant führt zu den Ergebnissen, die in Abb. 131 a und der Tab. 18 zusammengestellt sind. Aus beiden geht deutlich hervor, daß sowohl mirror-image-Effekt (a, b, c,), als auch Gleichsinnigkeit der Variationen (d, e,) von E und IN mit jeweils hohen Fallzahlen auftreten. Für jeden Typ läßt sich eine funktionale Beziehung von der Form:

$$IN = k \cdot (E-Es)$$

finden, wobei Es die Bedeutung des Schönwetter-Potentialgradienten hat. Dieser funktionelle Zusammenhang wurde bereits von G. C. SIMPSON (1949) gefunden:

$$IN = -1{,}33 \cdot 10^{-14} R (E-400),$$

wobei IN für den Niederschlagsstrom (A/m²), R für die Regenrate (mm/h) und E für den Potentialgradienten (V/m) gesetzt ist. J. A. CHALMERS (1956) hat den Zusammenhang bestätigt (ohne Berücksichtigung der Niederschlagsrate):

$$IN = -1{,}18 \cdot 10^{-14} (E-150) \text{ (Regen)}$$
$$IN = -0{,}92 \cdot 10^{-14} (E+440) \text{ (Schnee)}$$

Nach G. C. SIMPSON sowohl als auch nach J. A. CHALMERS ist der von E abzuziehende konstante Betrag bei Regen auch dem Sinne nach gleich dem Schönwetter-Potentialgradienten (die Addition bei Schnee ist nicht ganz verständlich). Wäre diese Deutung richtig, so bedeutet die Differenz in der Klammer nichts weiter als den von uns in 2.2.0. definierten Fremd-Potentialgradienten. Abb. 131 zeigt nun, daß es möglich ist, in allen 5 Fällen mit demselben Abzugsglied Es in der Klammer auszukommen:

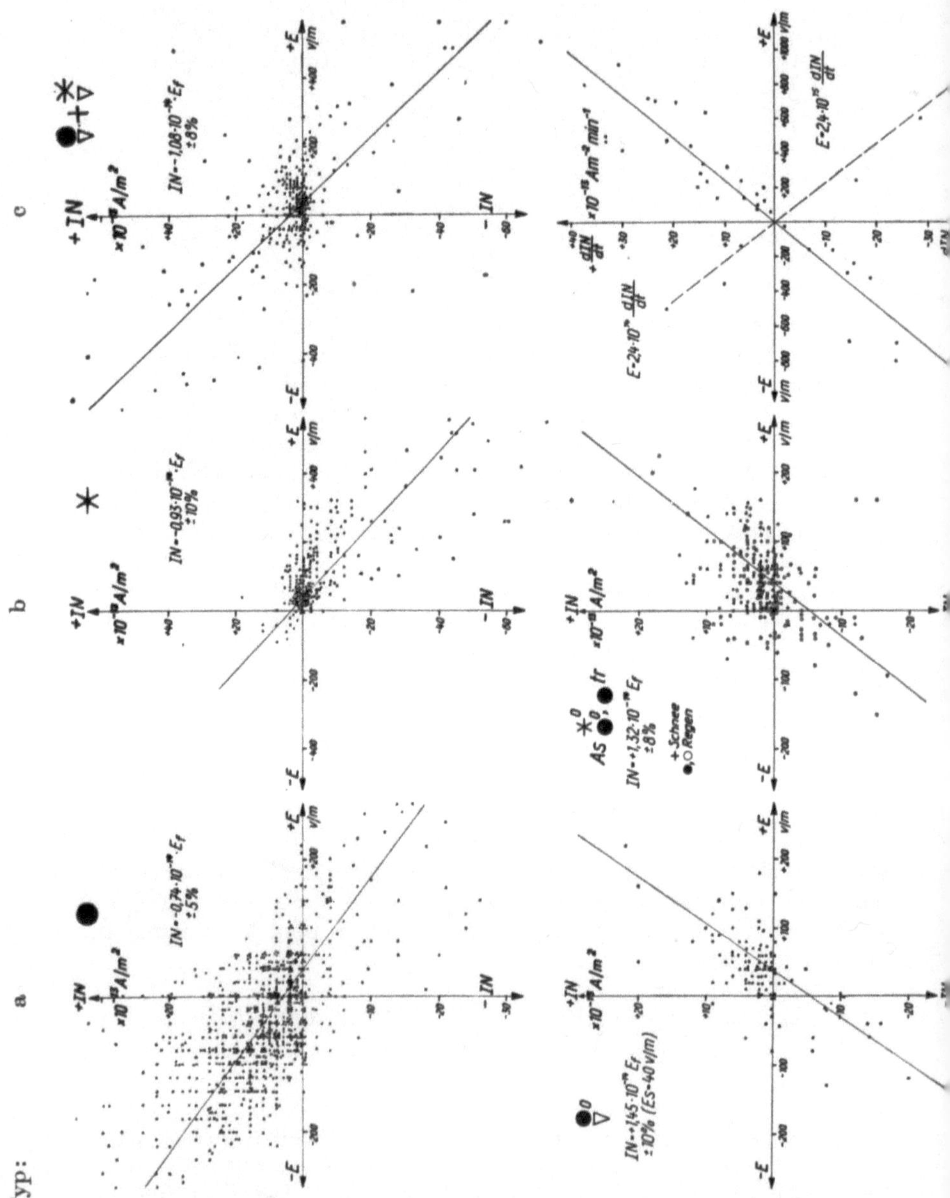

Abb. 131. a) Statistische Auswertung und Gruppierung der bisherigen Daten von Station Farchant über die Beziehung zwischen Niederschlagsstromdichte IN und Potentialgradienten E, vergl. hierzu Tab. 18. ● = Regen, ∗ = Schneefall, ▽ = Schauer.

Typ (lt. Abb. 131 a)   Gleichung:

a $IN = -0{,}74 \cdot 10^{-14}\,(E-40) = -0{,}74 \cdot 10^{-14}\,E_f$
b $IN = -0{,}93 \cdot 10^{-14}\,(E-40) = -0{,}93 \cdot 10^{-14}\,E_f$
c $IN = -1{,}08 \cdot 10^{-14}\,(E-40) = -1{,}08 \cdot 10^{-14}\,E_f$
d $IN = +1{,}45 \cdot 10^{-14}\,(E-40) = +1{,}45 \cdot 10^{-14}\,E_f$
e $IN = +1{,}32 \cdot 10^{-14}\,(E-40) = +1{,}32 \cdot 10^{-14}\,E_f$

In der Tat beträgt die mittlere Schönwetter-Feldstärke in Farchant
38 V/m [s. R. REITER (1960 a)].

*Dieses Ergebnis rechtfertigt also auch formal in Übereinstimmung mit
G. C. SIMPSON die von uns vorgeschlagene Einführung des Fremd-Potentialgradienten, der sich ja bereits in mehrfacher Hinsicht als brauchbarer und
notwendiger Operator bei niederschlagselektrischen Untersuchungen bewährt hat.*

Sehr aufschlußreich ist das analoge Auswertungsergebnis für die Daten
von Station Wank. Leider liegen bis jetzt von dort nur Werte für gleich-

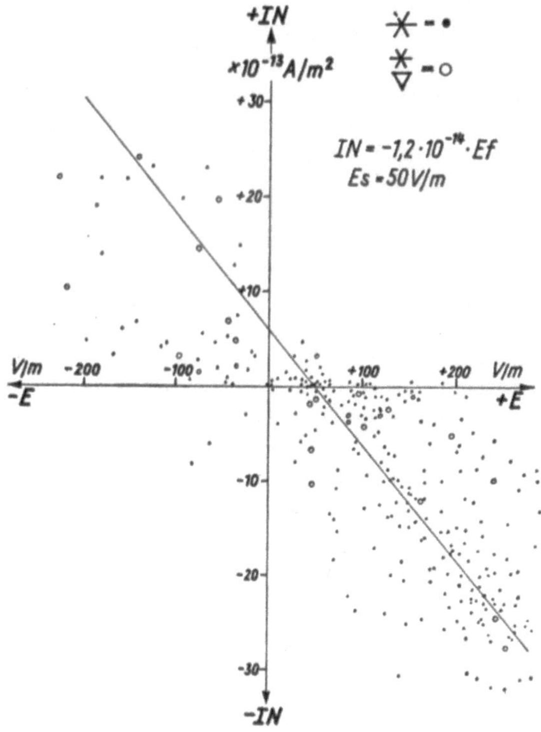

Abb. 131. b) Ergebnisse von Station Wankgipfel

mäßigen Schneefall und Schneeschauer vor (Abb. 131 b). Das Ergebnis steht in bester Übereinstimmung mit den Befunden von Farchant (vergl. Abb. 131 a, Schneefall und Schauerniederschlag). Es läßt sich eine funktionelle Beziehung der Form:

$$IN = -1{,}2 \cdot 10^{-14}\,(E{-}50) = -1{,}2 \cdot 10^{-14}\,E_f$$

ableiten. Der Neigungsfaktor von 1,2 steht mit dem entsprechenden Wert von Farchant (0,93 bzw. 1,08) in guter Übereinstimmung. Das bedeutet, nicht nur für fast alle Fälle in niedriger Höhe kommt man mit nahezu den gleichen Konstanten aus, sondern auch bei Einbeziehung der Vorgänge in größerer Höhe. Einige Worte sind aber noch zu dem Abzugsglied 50 V/m zu sagen. Wie kann es mit der Schönwetterfeldstärke am Wankgipfel im Einklang gebracht werden, welche zwischen 150 und 200 V/m liegt? Diese Diskrepanz löst sich leicht auf: maßgebend für die Einstellung der Niederschlagsladung ist eben nicht die unmittelbar am Gipfel selbst auftretende Feldstärke, sondern jene, welche der Niederschlag schon vorher (Einstellzeit der Ladung!) einige 100 m lang durchfallen hat. Betrachten wir Abb. 57, so stellen wir fest, daß die Schönwetterfeldstärke zwischen Wankgipfel und 2000 m NN im Mittel bei 50 V/m liegen dürfte. Somit kommt unserem Abzugswert also die Bedeutung der Schönwetterfeldstärke in der freien Atmosphäre über der Station zu. Demgegenüber gilt für Farchant selbstverständlich nicht der Wert für freie Atmosphäre[1]), sondern jener, wie er einige 100 m über der Station bis zum Boden im Mittel tatsächlich gemessen wird. Er ist wegen der elektrostatischen Schirmwirkung der Gebirge entsprechend niedrig und nicht viel von dem Wert in einiger Höhe über dem Wank verschieden.

Die gefundenen konstanten Faktoren für die 5 Gleichungen stehen in guter Übereinstimmung mit denen von J. A. CHALMERS (1956). In einer neueren Arbeit haben M. W. RAMSAY und J. A. CHALMERS (1960) neue Konstanten gefunden, insbesondere bei gleichzeitiger Berücksichtigung der Niederschlagsrate. Die weitaus größte Anzahl der von den Autoren herangezogenen Meßwerte liefert die beiden folgenden Konstanten für Regen:

Niederschlagsrate	Konstanter Faktor	Anzahl der ausgewerteten Punkte
kleiner 0,003 mm min⁻¹	0,32	962
0,003—0,01 mm min⁻¹	3,00	219

Die von uns errechneten Konstanten liegen zwischen diesen beiden Werten, was im Hinblick auf die Niederschlagsrate durchaus plausibel ist.

---

[1]) Das heißt ohne elektrostatische Störwirkung des Gebirges.

Aus Abb. 131a ist auch noch einmal sehr gut der Einfluß des Phasenzustandes des Niederschlages auf die luftelektrischen Größen zu ersehen: die Schnee-Punkte (b) liegen überwiegend im Bereich positiver, die Regenpunkte (a) im Bereich negativer Potentialgradienten. Bei Schauerniederschlag (c) liegen die Werte, wenn man Es abzieht, gleichmäßig auf beide Quadranten verteilt. Auch ist die Punktstreuung bei Schauerniederschlag größer als bei gleichmäßigem Schnee oder Regen. Würde man die Typen d, e und f nicht von den Typen a, b und c trennen, so würde das zu einer Vergrößerung der Punktstreuung und auch zu einer Veränderung der Konstanten in der Funktionsgleichung führen.

Sehr wahrscheinlich bewirkt die vorgenommene, vertiefte Aufteilung des Materials[1]), daß nunmehr erstmals mit einem vom Niederschlagstyp unabhängigen Abzugsglied, nämlich dem Schönwetter-Potentialgradienten, gerechnet werden kann.

In Tab. 18 lohnt sich noch ein Blick auf die gemessenen absoluten mittleren Niederschlagsstromdichten und Feldstärken. Vor allem die Auftrennung nach positiven und negativen Werten verbessert den Einblick in das Beziehungsgefüge. So geben z. B. die mittleren Potentialgradienten in Schauerniederschlag (c) ein ganz falsches Bild: denn sowohl die positiven als auch die negativen Absolutwerte sind für sich genommen viel größer als die negativen oder positiven Absolutwerte bei gleichmäßigem Niederschlag (a, b). Im Mittel aber ist E bei Schauer kleiner als bei Nicht-Schauer. Ähnliches gilt für die Niederschlagsströme. Es ist also nicht erlaubt, einfach Gesamtmittel über eine längere Periode zu bilden. Weiter ist folgendes sehr zu beachten: Die Unterscheidung zwischen Schneeschauer und Regenschauer bringt keinen wesentlichen Unterschied mit sich, die Vorzeichen bleiben dieselben, lediglich sind die Feldstärken und Niederschlagsströme im Schneeschauer etwas größer als im Regenschauer. Demgegenüber wechseln E und IN das Vorzeichen beim Phasenübergang im gleichmäßigen Niederschlag. Es wäre also wohl eine zu weitgehende Vereinfachung, würde man lediglich „Schnee" und „Regen", aber nicht auch Schauer und Nicht-Schauer voneinander unterscheiden. Ganz ähnliches gilt für die Niederschläge aus As. Auch hier findet beim Phasen-Übergang kein Vorzeichenwechsel statt, abgesehen davon, daß in diesen Fällen (e), aber auch bei (d) IN und E gleiches Vorzeichen behalten.

Die gefundenen mittleren Niederschlags-Stromdichten liegen deutlich niedriger als die, welche J. A. CHALMERS erhalten hat, dasselbe gilt für die während Niederschlag registrierten Feldstärken. Das mag daher kommen, daß sehr kräftige Schauer zunächst außerhalb der Betrachtung

---

[1]) Bisher wurde in der Literatur nur zwischen „Regen" und „Schnee" unterschieden.

bleiben mußten, weil die starken Kurvenausschläge mangels automatischer Umschaltvorrichtungen nicht ausgemessen werden konnten. Diese Unterschiede sind jedoch nicht weiter von Belang, wichtiger ist der Vergleich der von verschiedenen Autoren gefundenen funktionellen Zusammenhänge.

Zuletzt wäre noch darauf hinzuweisen, daß die während Niederschlag registrierten mittleren Kleinionendichten innerhalb des Bereiches der Schönwetterwerte lagen (vergl. Tab. 19). Das bedeutet, daß mit Sicherheit die Beteiligung von Spitzenentladungen beim Zustandekommen der Effekte ausgeschlossen werden darf.

3.-1.3.7. Positive und negative Kleinionendichten während Niederschlag

3.-1.3.7.0. Einzelbeispiele

Das Verhalten der Kleinionendichten während Niederschlag sei zunächst einmal an Hand einiger Kurvenbeispiele vor Augen geführt. Wir können dabei 4 Gruppen typischer Fälle unterscheiden:

Variationstyp	Abb. Nr.	Uhrzeit (MEZ)
I. Positive und negative Kleinionendichten während Niederschlag deutlich erhöht	102 103	7.30—14.00 17.00
II. Gleichzeitig neben I: während negativem Fremd-Potentialgradient n_- größer als n_+	114 101	14.00—15.30 20.00—22.00
III. Gleichzeitig neben I: während positivem Fremd-Potential - gradient n_+ deutlich größer als n_-	132	08.00—14.00
IV. Extrem hohe Werte der positiven und negativen Kleinionendichten sofort nach Niederschlagsende oder während Nied.-Pausen	112 86	12.00—15.00 23.30—01.00

Fall I tritt vor allem dann auf, wenn die Richtung des Fremd-Potentialgradienten während Niederschlag oft das Vorzeichen wechselt (Schauerniederschlag). Die Erscheinung, daß sowohl n_+ als auch n_- während Schauer oder Gewitter erhöht sind, wurde schon von H. NORINDER und R. SIKSNA (1950, 1951 b) beobachtet[1]. Leider konnten die

---

[1] Kleinionendichte-Registrierungen während Niederschlag wurden bisher nur in sehr wenigen Fällen veröffentlicht. λ-Registrierungen siehe bei D. H. GARBER (1955), ϱ-Registrierungen bei W. N. OBOLENSKY (1925).

Autoren jedoch diese Erscheinung mangels gleichzeitiger E-Registrierungen nicht deuten. Ein Überwiegen von n_- gegen n_+ bei negativ überhöhtem E (Gruppe II) als auch die umgekehrte Erscheinung (Gruppe III) bei positivem E wird durch den Elektrodeneffekt verständlich und erklärbar. Überrascht waren NORINDER und SIKSNA jedoch von der Tatsache, daß bei negativem E auch n_+ höher liegt als im Schönwetterfeld

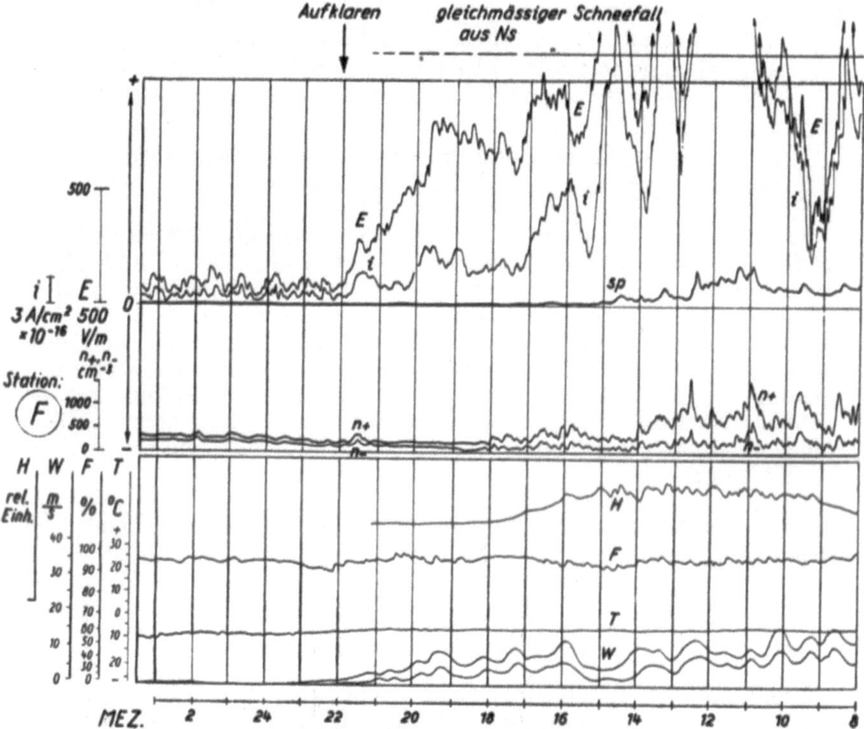

Abb. 132. Beispiel für das Verhalten der positiven und negativen Kleinionendichten n_+ und n_- bei anhaltend positiv erhöhtem Fremd-Potentialgradienten während gleichmäßigem Schneefall. sp = Spitzenentladungsstrom

und umgekehrt, daß bei positiv überhöhtem E auch n_- über dem Schönwetterpegel liegt. Hierfür können zwei Ursachen angegeben werden, welche wohl meist gleichzeitig wirksam werden:

a) durch Wirkung der Niederschläge, vor allem der Schauerniederschläge[1]) wird die Luft von Kondensationskernen und sonstigen

---

[1]) Während gleichmäßigem Niederschlag nimmt sehr oft in niedrigen Höhen die Konzentration von Schmutzstoffen zu [R. REITER (1960f)].

Schwebstoffen gereinigt (siehe wash-out, 6.-1.6.). Dadurch verlängert sich die Lebensdauer der Kleinionen, so daß bei konstant bleibender Ionisationsgröße die Ionendichte ansteigt.

b) Sowohl während starker, gleichmäßiger Niederschläge, als auch besonders während Schauer treten Spitzenentladungen an den Baumzweigspitzen, Grashalmenden, Dachkanten, Blitzableitern, Telefon- und Lichtleitungen usw. auf, sobald die Grenzfeldstärke für stille Entladung an der betreffenden Stelle des Raumes überschritten wird. Sie liegt naturgemäß bei negativen Spitzen, also positiv gerichtetem Potentialgradienten, niedriger als bei positiven Spitzen und negativem E.
Durch die Spitzenentladungen werden infolge Elektronenstoß und Elektronenemission zusätzliche Kleinionen erzeugt.

Fall b) ist überaus deutlich aus Abb. 132 zu ersehen. Während gleichmäßigem, starkem Schneefall erreichte E Werte von $+500$ bis $+1200$ V/m. Auch i nahm gleichzeitig und mit E synchron variierend extreme positive Werte an. Die Spitzenstrom-Registrierung sp zeigt deutlich Stärke und Richtung (stets $+$) des jeweiligen Kalt-Entladungsstromes an. Vergleicht man den Verlauf von sp mit n_+ und n_-, so findet man hervorragende Übereinstimmung. Es besteht also kein Zweifel darüber, daß der größte Teil der während Niederschlag registrierten zusätzlichen positiven und negativen Ionen durch Spitzenentladung erzeugt worden war. Sie setzte bei etwa 800 bis 900 V/m ein.

Spitzenentladungsströme werden uns in 3.-1.4. noch eingehender beschäftigen.

3.-1.3.7.1. Mittelwerte zum Verhalten der Kleinionendichten während Niederschlag an Station Farchant

Die Ergebnisse der Kleinionen-Registrierungen von Jan. 58 bis Dezember 59 sind in Tab. 19 zusammengefaßt (Stundenmittelwerte). Aus ihr entnehmen wir:

Sowohl während Schauer oder Gewitter[1]) als auch während gleichmäßigem Regen oder Schneefall ist die Kleinionendichte gegenüber dem Schönwetterwert, aber auch gegenüber dem Wert während der letzten 2 Stunden vor dem Niederschlag deutlich erhöht (um 30—40%). Nach Ende des Niederschlags sinkt die Kleinionendichte wieder etwas ab, bleibt aber immer noch höher als vor dem Niederschlag oder während Schönwetter (um 10—20%). Nach Schauer sowohl als auch nach gleichmäßigen Niederschlägen treten gelegentlich extremale Werte der Kleinionendichten auf, wobei das Ionenverhältnis praktisch gleich 1 wird. Diese

---

[1]) Vgl. H. Hatakeyama und M. Kawano (1957).

Extremwerte liegen nach Schauer oder Gewitter um rund 90%, nach gleichm. Niederschlag um rund 70% höher als vor dem Niederschlag.

Es ist mit H. Hatakeyama und M. Kawano (1957) anzunehmen, daß die hohen Werte, so weit sie nach Regen auftreten, durch vorübergehend stark erhöhte natürliche Luftradioaktivität — und gleichzeitig verminderte Zahl von Kernen in der Luft — ausgelöst werden. Durch starken Regen werden nämlich zusätzlich Radon und Thoron aus den Bodenkapillaren ausgetrieben [vgl. Reiter (1959b)].

Tabelle 19. *Mittelwerte der Kleinionendichten (n_+, n_-) während Niederschlag an Station Farchant (Januar 1958—Dezember 1959).*

In Klammern ( ) jeweils Anzahl der verwendeten Registriertage (d) bzw. Registrierstunden (h). % = Kleinionendichte n_+ und n_- ausgedrückt in % der Kleinionendichte an Schönwettertagen (= 100%).

Wettertyp	n_+ cm^{-3}	n_- cm^{-3}	n_+/n_-	$n_+ + n_-$ cm^{-3}	%
Während Schauer oder Gewitter	603 (654 h)	590 (605 h)	1,02	1193	132
2 h vor Schauer oder Gewitter	496 (224 h)	422 (213 h)	1,18	918	102
2 h nach Schauer oder Gewitter	586 (203 h)	530 (210 h)	1,11	1116	122
Extremwerte nach Schauer oder Gewitter	876 (32 h)	822 (34 h)	1,06	1698	189
Während gleichmäßigem Regen (E negativ)	611 (339 h)	766 (302 h)	0,80	1377	152
Während gleichmäßigem Schneefall (E positiv)	748 (337 h)	491 (329 h)	1,52	1239	138
2 h vor Regen bzw. Schneefall	461 (141 h)	379 (125 h)	1,22	840	93
2 h nach Regen bzw. Schneefall	532 (142 h)	466 (132 h)	1,14	998	110
Extremwerte nach Regen bzw. Schneefall	770 (13 h)	768 (12 h)	1,00	1538	172
Zum Vergleich:					
Schönwetter	485 (4449 h)	416 (4362 h)	1,17	901	100
Alle Registriertage	513 (643 d)	448 (634 d)	1,24	961	107

Von Bedeutung ist noch die in 3.-1.3.7.0. schon erwähnte Verschiebung der Ionenverhältnisse n_+/n_- während Niederschlag. In Schauer oder Gewitter, während welcher ja E innerhalb einer Stunde etwa 1—6 mal das Vorzeichen ändert, liegt das Ionenverhältnis bei 1,0. Ist andererseits — wie während gleichm. Schneefall — der Potentialgradient E anhaltend positiv erhöht, so liegt das Ionenverhältnis n_+/n_- weit über dem Schönwetterwert, die positive Kleinionendichte überwiegt also im Mittel stark. Umgekehrt ist im Mittel die negative Kleinionendichte größer als die positive, wenn — wie während gleichmäßigem Regen — der Potentialgradient anhaltend negativ ist.

Wir haben uns zu fragen, ob diese Umkehrung des Ionenverhältnisses bei der Umkehrung der Feldrichtung — und gleichzeitig bei der Änderung der Niederschlagsphase (Schnee-Regen und umgekehrt) — signifikant ist. Das erfolgt im vorliegenden Falle am einfachsten und sichersten durch eine Häufigkeitsanalyse. Man teilt die in Betracht kommende Ionenskala (0—2000 n/cm^3) in kleine Intervalle auf und zählt aus, wieviele einzelne Stundenmittelwerte der positiven und negativen Kleinionendichten während Schneefall und positivem E einerseits und während Regen und negativem E andererseits pro Intervall der Skala entfallen. Das Maximum jeder dieser GAUSSschen Verteilungskurven gibt das am häufigsten vorkommende Ionenintervall an. Abb. 133 zeigt, daß während

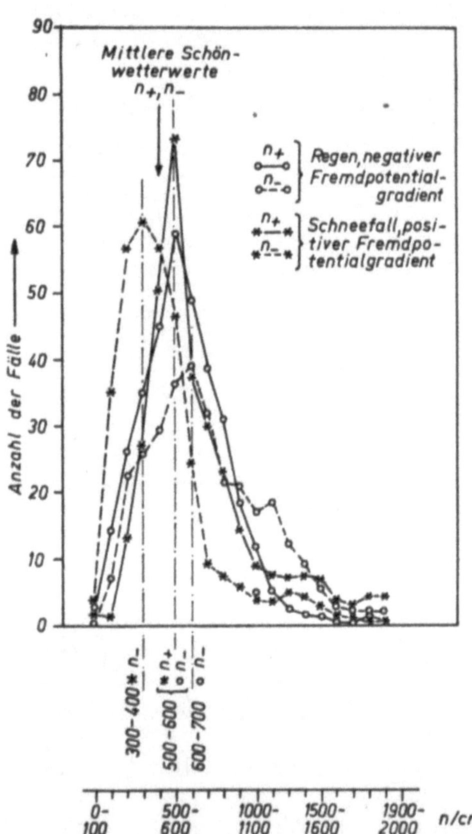

Abb. 133. Häufigkeitsverteilung der während gleichmäßigem Regen bzw. Schneefall an der Talstation vorkommenden positiven und negativen Kleinionendichten. Vgl. Tab. 19

gleichmäßigem Schneefall und positiv überhöhtem E die positive Kleinionenzahl im Intervall 500—600 n/cm^3, die negative aber im Intervall 300—400 n/cm^3 am häufigsten vorkommt. Das Verhältnis n_+/n_- ergibt sich daraus zu 1,55 in Übereinstimmung mit Tab. 19. Während Regen mit negativem E kommt die negative Kleinionenzahl im Intervall 600—700 n/cm^3 am häufigsten vor, die positive im Intervall 500—600. Das Verhältnis n_+/n_- wird dann 0,84, wiederum in Übereinstimmung mit Tab. 18. Wir stellen also fest: Auch aus der Häufigkeitsverteilung folgt, daß bei überwiegend positivem E (Schnee) das Kleinionenverhältnis n_+/n_- größer als 1, bei überwiegend negativem E (Regen) kleiner als 1 ist.

3.-1.3.7.2. *Kleinionendichte während Niederschlag an Station Zugspitzplatt*

Berechnet man die Mittelwerte der Kleinionendichten an Station Zugspitzplatt während Niederschlag und nach Niederschlägen, so ergeben sich im wesentlichen dieselben Beziehungen wie in Farchant [siehe R. REITER (1960a)]. Eine grundsätzliche Schwierigkeit ist nur, daß während Niederschlägen in der Hochregion in der Regel Nebel auftritt, der zu Abweichungen der Kleinionenwerte von jenen Werten führt, die ohne Nebel im Niederschlag gefunden würden. Es liegen deshalb die Kleinionendichten während Niederschlag am Zugspitzplatt etwas niedriger als bei Schönwetter.

3.-1.4. Beziehung zwischen dem Gehalt der Niederschläge an $NO_2{}'$ und $NO_3{}'$ und gleichzeitigen luftelektrischen und meteorologischen Vorgängen und Zuständen in der Troposphäre

3.-1.4.0. *Die Bildung nitroser Gase und ihr Übertritt in Wasser; Ergebnisse älterer Untersuchungen*

Vor der Darlegung der Meßergebnisse und abgeleiteten Beziehungen scheint es angebracht, einiges über die Bildung von NO und NO_2 (bzw. N_2O_4, welches im Gleichgewicht mit dem NO_2 steht) in jenen atmosphärischen Stockwerken zu sagen, in welchen sich Niederschlag bildet und die der Niederschlag durchfällt.

Es sei vorweggenommen, daß NO sehr leicht mit O_2 reagiert:

$$2\,NO + O_2 \lessgtr 2\,NO_2$$

Bei 200° C ist das Gleichgewicht stark auf die rechte Seite verschoben. Doch schon bei 650° C und mehr finden wir fast ausschließlich NO und O_2 vor.

In der freien Atmosphäre kann sich NO im Bereich elektrischer Entladungen über den Reaktionsablauf

$$N_2 + O_2 \lessgtr 2\,NO \text{ bilden,}$$

wobei anzunehmen ist, daß die Ionisation des Stickstoffs

$$N_2 \rightarrow N^+{}_2 + e^-$$

als Startreaktion eine Rolle spielt [siehe L. A. M. HENRY (1930), O. H. WANSBROUGH-JONES (1930, 1931), H. D. HAGTRUM (1951)]. Es liegt dies nahe, weil NO-Bildung gerade bei einer Energiestufe einsetzt, welche mit der Ionisationsenergie des N_2 übereinstimmt (etwa 17 eV). Umgekehrt ist es erlaubt zu sagen, daß immer dann, wenn NO und Folgeprodukte in der Atmosphäre gebildet worden sind, gleichzeitig auch Ionisation (durch Elektronenstoß) stattgefunden haben muß, ja, daß die Menge des NO oder seiner Folgeprodukte ein Indikator dafür sein dürfte, wie stark die Ionisation im Entstehungsgebiet war.

Bekannt ist, daß das NO, welches bei den hohen Temperaturen, die unmittelbar im Entladungsraum herrschen, instabil ist, dann erhalten bleibt, wenn es schnell genug abgekühlt wird. Die Voraussetzungen hierzu sind in der freien Atmosphäre in der Regel gegeben: Die Bildung erfolgt in räumlich sehr eng begrenzten Gebieten (Funken, Koronabüschel), in deren Umgebung relativ niedrige Temperaturen herrschen (wenig über 0° C, meist darunter) und aus denen das gebildete NO sehr schnell teils durch Diffusion, teils durch Windbewegung austritt.

Durch Industrie und Technik werden der bodennahen Atmosphäre ebenfalls, und zwar nicht unbeträchtliche Mengen von NO_2 zugeführt. Es ist bekannt, daß gerade dieses Gas stark zur Vergiftung der Luft bei Smog-Lagen beiträgt. Eine sehr gute Übersicht samt Literatur hierzu gibt L. E. MILLER (1954), s. a. L. H. ROGERS (1958). Es besteht jedoch kein Zweifel darüber, daß die nachfolgend dargelegten Beziehungen nicht durch die industrielle und technische Komponente des NO_2 in der Atmosphäre bedingt oder beeinflußt sein können. Denn erstens ist das Beobachtungsgebiet und seine Umgebung frei von Industrieanlagen und auch die sonst denkbaren technischen Quellen sind unbedeutend. Zweitens gelten die Beziehungen genauso im Tal wie am Wank oder am Zugspitzplatt, wo technische Aerosole nur noch in sehr geringen Mengen gefunden werden können.

Direkt die in Luft vorhandenen Spuren von NO_2 zu messen wäre sehr mühsam gewesen und auch weniger interessant, denn es sollten ja die chemischen Untersuchungen über atmosphärische Stickstoff-Sauerstoff-Verbindungen Aufschluß über Vorgänge in größeren Höhen liefern. Aus beiden Gründen wurde der Gehalt der Niederschläge an Stickstoff-Sauerstoff-Verbindungen bestimmt. Wir müssen deshalb hier noch die möglichen und wahrscheinlichen Reaktionen von NO bzw. NO_2 mit Wasser besprechen.

Die allgemeinste Reaktion dürfte sein:

$$NO + NO_2 + H_2O \lessgtr 2\ HNO_2,$$

wobei aus der salpetrigen Säure Salpetersäure und NO durch die endotherme Reaktion

$$3\ HNO_2 \lessgtr HNO_3 + 2\ NO + H_2O$$

entstehen kann.

Diese Reaktion wird durch steigende Temperatur begünstigt (Eintritt des Niederschlags in wärmere Luftschichten). Das frei werdende NO kann erneut auf verschiedene Weise an Reaktionsabläufen teilnehmen.

War bereits genügend Zeit gegeben um das NO völlig zum NO_2 zu oxydieren — bzw. wurde dies durch Ozonspuren begünstigt —, so kommt folgender Reaktionsablauf in Frage:

$$2\,NO_2 + 2\,OH' = NO_2' + NO_3' + H_2O.$$

Das gebildete NO_2' ist jedoch instabil und wird leicht zu NO_3' weiteroxydiert. Dieser Vorgang ist — abgesehen vom hierzu nötigen Sauerstoff — von der Art der vorhandenen Kationen abhängig, ferner vom pH, von der Konzentration der gebildeten Verbindungen im Wasser und vor allem von der Temperatur.

Untersuchungen über den Gehalt von Niederschlägen an Stickstoff-Sauerstoff-Verbindungen wurden schon seit mehr als 100 Jahren ausgeführt. Die umfangreiche Literatur hierüber findet sich im GMELIN-Handbuch (1956). Neuere Arbeiten sind von L. E. MILLER (1954) zusammengestellt worden. In jüngster Zeit wurden von CH. JUNGE (1957a, b, 1958, 1959) in den USA, von A. ANGSTRÖM und L. HÖGBERG (1952) in Schweden, von A. K. MUKHERJEE (1955) in Indien, von H. W. GEORGII (1960), H. W. GEORGII und E. WEBER (1961) in Deutschland, von Y. MIYAKE und Mitarb. (1961) in Japan und von M. MACK, J. PODZIMEK und L. ŠRAMEK (1960) in der Tschechoslowakei spurenchemische Analysen an Niederschlägen und Aerosolen ausgeführt. Fast alle diese Untersuchungen mit Ausnahme der letztgenannten waren jedoch darauf ausgerichtet, über lange Zeiträume hinweg Mittelwerte der Konzentration verschiedener Verbindungen im Niederschlag zu bekommen. Es wurde deshalb die Sammeldauer für den Niederschlag in der Regel mehr oder weniger *lang* gewählt. Aus diesem Grunde können die folgenden Ergebnisse nicht unbedingt mit denen anderer Arbeitsgruppen in Beziehung gebracht werden. Auch wurde bisher noch nicht versucht, Niederschläge gleichzeitig in verschiedenen Höhen bei sehr kleinem horizontalem Abstand aufzufangen. Die Ergebnisse müssen letzten Endes auch sehr davon abhängen, wie groß im jeweiligen Untersuchungsgebiet die Luftverschmutzung ist. Die Untersuchungen von L. HÖGBERG (1952) und von A. K. MUKHERJEE (1955) erbrachten keine Beziehung zwischen NO_3'-Gehalt im Niederschlag und Gewittertätigkeit (vgl. auch Diskussionsbemerkung von CH. JUNGE zu R. und M. REITER [1958]). Das ist nach Betrachtung unserer Ergebnisse auch nicht verwunderlich, denn in sehr vielen anderen, häufigeren Niederschlagstypen findet man ebenfalls sehr hohe NO_3'-Konzentrationen im Niederschlag, so daß die Gewitterregen für sich genommen kaum herausfallen. Doch davon später.

Über die Bedeutung von salpetriger Säure-Spuren in der Luft als Kondensationskerne siehe A. K. MUKHERJEE (1958).

Eine umfassende Zusammenstellung luftchemischer Methoden, Verfahren und Ergebnisse findet sich bei K. KEY (1957, 1959) und J. P. LODGE (1958) hat eine Übersicht über mikrochemische Methoden zur Untersuchung von Schwebstoffen gegeben.

Die eigenen Untersuchungen sind mehr oder weniger vollständig an verschiedenen Stellen veröffentlicht [R. REITER (1956a, b, 1958b, 1960a), R. und M. REITER (1958), K. PÖTZL und R. REITER (1960)].

Die getrennte Untersuchung der Einzelniederschläge, ja von Proben aus verschiedenen zeitlichen Abschnitten ein und desselben Niederschlags — nach Möglichkeit noch synchron in verschiedenen Höhen aufgefangen — war notwendig, um Antwort auf folgende Fragen zu erhalten:

1. Geben die Gehalte von NO_3' und NO_2' in Niederschlägen überhaupt Aufschluß über atmosphärisch-elektrische Prozesse in größeren Höhen und welcher Art ist deren Verknüpfung mit den atmosphärischen und elektrischen Zuständen und Vorgängen?
2. Inwieweit kann 1. gegen Störeinflüsse in Bodennähe z. B. von Spitzenentladungen oder technischen Aerosolquellen nahe der Erdoberfläche abgesichert werden?
3. Kann aus Gehalten der Niederschläge an NO_2' und NO_3' abgeschätzt werden, wie groß die Ionenproduktion in Bodennähe ist, im Vergleich zu der im Wolkenraum?

Laufende Niederschlagsanalysen könnten, würden sichere Antworten auf die Fragen gefunden werden, bis zu einem gewissen Grade Ersatz sein für in jeder Hinsicht sehr aufwendige Sondierungen mittels Ballon oder Flugzeug.

Die Verfahren der Niederschlagssammlung und analytischen Verarbeitungen sind in 2.-4.3. beschrieben.

3.-1.4.1. Einfluß der Stationshöhe auf den Gehalt der Niederschläge an NO_2' und NO_3'

Die Untersuchung, ob die gleichzeitig in verschiedenen Höhen im Niederschlag festgestellten Gehalte an NO_2' oder NO_3' in einer eindeutigen Beziehung zueinander stehen, führt zu einer Antwort auf unsere erste Frage. Das Ergebnis enthält Abb. 134. Trägt man die gleichzeitig für gleiche Zeitintervalle im Tal und an der Bergstation festgestellten Gehalte in gleichen Maßstäben gegeneinander auf, so erhält man nur für NO_3', nicht aber für NO_2' eine systematische Beziehung. Das Ergebnis der Untersuchung läßt folgende Schlüsse zu:

a) Rund 70% der in 675 m NN im Niederschlag gefundenen NO_3'-Menge stammt aus Höhen von über 1000 bis 2500 m NN, also bereits aus dem Wolkenraum. Zeitliche Änderungen der NO_3'-Konzentration verlaufen innerhalb von Zeitintervallen, die größer sind als die Falldauer in allen Höhen synchron, gleichsinnig und zueinander proportional. Der Beitrag von Stickstoff-Sauerstoffverbindungen der untersten atmosphärischen Schicht zwischen Boden und 1 bis 2,5 km Höhe zum Gesamt-Gehalt der Niederschläge an NO_3' ist offenbar geringfügig.

b) Aus der starken Streuung der NO_2'-Werte in den Niederschlägen ist folgendes zu schließen: Was im Niederschlag nach dem Auffangen an NO_2' gefunden wird, kann erst auf dem letzten Teil des Fallweges aus nitrosen Gasen der bodennahen Luftschichten entstanden sein.

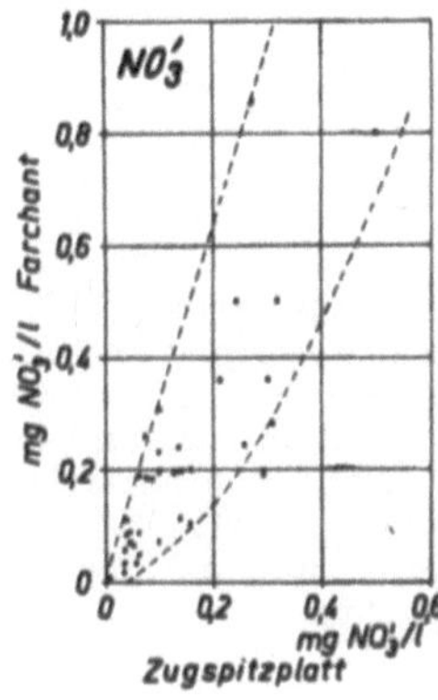

Abb. 134. Gegenseitige Beziehung zwischen Konzentrationen von NO_3' (a, b) bzw. NO_2' (c) in Niederschlägen, die gleichzeitig an verschiedenen Stationen in verschiedenen Höhen aufgefangen wurden.   a) Station Farchant/Zugspitzplatt, NO_3' (Aug.—Okt. 58), b) Stationen Farchant/Wank, NO_3', c) Stationen Farchant/Wank, NO_2'; Zeitraum: 1957, 58, 59, 1961, 1962 (bis April)

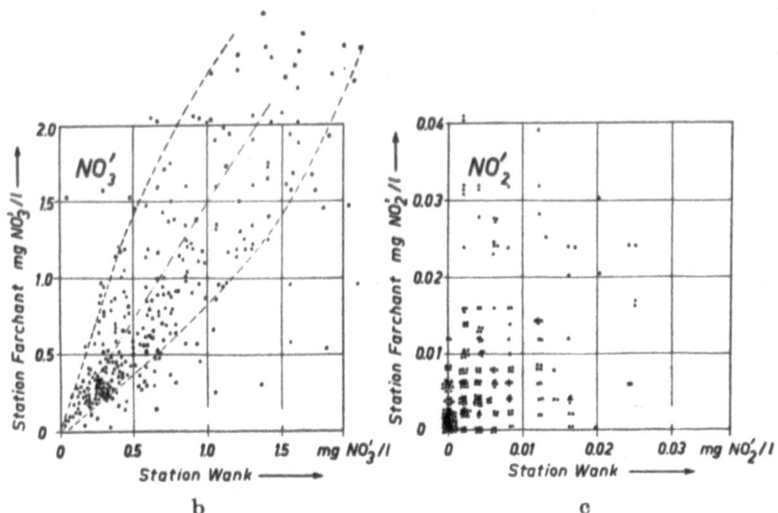

3.-1.4.2. Beziehung zwischen NO_2' und NO_3' im Niederschlag und NO_2' und NO_3' im Aerosol in Bodennähe

Über mehrere Monate hinweg wurde in etwa 1,5 m Höhe über Boden in Farchant und über 2 Monate am Zugspitzplatt laufend Wasserdampf mit einem Luftentfeuchter[1]) auskondensiert und in diesem Kondensat die Konzentration von NO_2' und NO_3' bestimmt. Es darf mit H. CAUER (1958) angenommen werden, daß auf diese Weise der größte Teil der an atmosphärische Wasserdampf-Cluster angelagerten oder darin „gelösten" nitrosen Gase abgefangen wird. Zumindest darf als sicher gelten, daß die

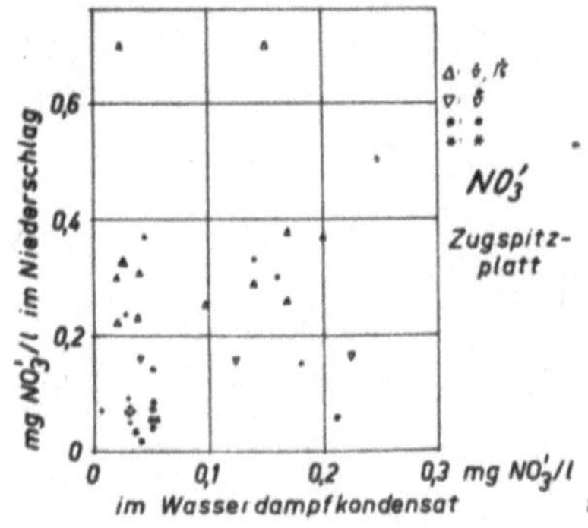

Abb. 135. Beziehung zwischen NO_2'- und NO_3'-Konzentrationen im Niederschlag und der gleichzeitig im Aerosol (Kondensatverfahren) gefundenen NO_2'- und NO_3'-Konzentrationen. a) Station Zugspitzplatt, Aug.—Okt. 58. b, c) Station Farchant, Mai 57 bis Jan. 58

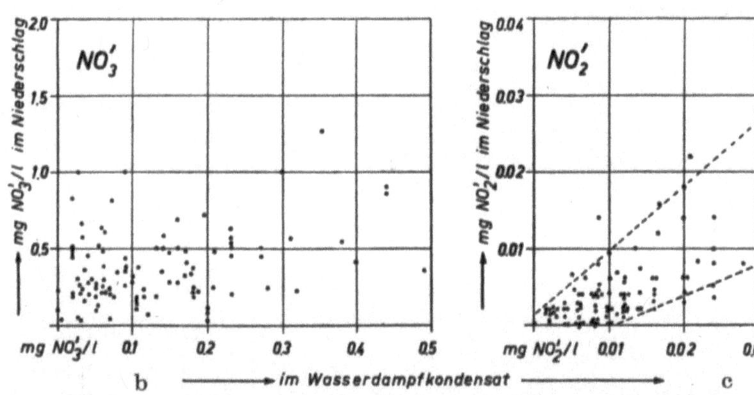

im Kondensat gefundene Konzentration als Indikator für die Konzentration des gesuchten Stoffes im Aerosol anzusehen ist.

Trägt man die im Niederschlag und die gleichzeitig im Kondensat des Entfeuchters gefundenen Konzentrationen von NO_2' und NO_3' gegeneinander auf (Abb. 135[2])), so wird man zu folgenden Schlüssen geführt, welche unsere eingangs gestellte Frage 2) betreffen:

---

[1]) In Zusammenarbeit mit dem Max-Planck-Institut für Silikatforschung Berlin-Dahlem. Frau Dozent Dr. L. HOLZAPFEL sei an dieser Stelle der beste Dank für die Förderung der Arbeiten ausgesprochen.

[2]) Für Station Zugspitze nur NO_3'. In der Abbildung sind nur die während Nicht-Schauer-Niederschlägen in Farchant erhaltenen Daten aufgetragen. Für Schauerniederschlag wurde dasselbe gefunden [siehe R. und M. REITER (1958)].

a) Der Einfluß der Stickstoff-Sauerstoffverbindungen in der unmittelbar dem Boden aufliegenden Luftschicht auf den Gehalt der Niederschläge an NO_3' ist unter allen Wetterbedingungen und unabhängig von der Stationshöhe zu vernachlässigen. Auf keinen Fall besteht eine systematische Beziehung zueinander.

b) Steigt die Konzentration der Stickstoff-Sauerstoffverbindungen im bodennahen Aerosol an, so steigt der Gehalt des Niederschlags an NO_2'. Es werden also auch noch auf dem letzten kurzen Teil des Fallweges Spuren nitroser Gase vom Niederschlag aufgenommen.

Letztere können aber die NO_3'-Konzentration des Niederschlags auch dann nicht verändern, wenn man annehmen würde, daß Zeit genug für eine vollständige Oxydation des zuerst vorhandenen NO_2' zum NO_3' vorhanden ist, weil der Zuwachs (ca. 1%) gegen die aus großer Höhe mitgebrachte NO_3'-Konzentration zu vernachlässigen ist (vergl. den maximalen absoluten Zuwachs des NO_2' im Niederschlag von 0,03 mg/Liter mit dem mittleren Gehalt der Niederschläge an NO_3', der etwa 0,5 mg/L beträgt).

Wir haben damit gleichzeitig eine erneute Bestätigung dafür, daß der größte Teil der im Niederschlag gefundenen NO_3'-Mengen aus größerer Höhe stammen muß.

3.-1.4.3. Einfluß bodennaher Spitzenentladungen auf den Gehalt der Niederschläge an NO_2' und NO_3'

Von sehr großer Bedeutung für die Anwendung auf Fragen der atmosphärischen Elektrizität ist das Ergebnis einer Untersuchung, ob und inwieweit durch Spitzenentladungen in Nähe der Erdoberfläche aus Bäumen [siehe J. A. CHALMERS (1962)], Dachkanten, Grasspitzen, Masten, Leitungen usw. ein Beitrag zum Gehalt der Niederschläge und des Aerosols an NO_2' und NO_3' geliefert wird. Es wurden deshalb einerseits die Spitzenstrom-Registrierungen, andererseits die Ergebnisse der Kleinionenregistrierungen zum Wertevergleich herangezogen, letztere nicht nur von Station Farchant, sondern auch vom Zugspitzplatt.

Die Ergebnisse des Vergleiches mit den Spitzenstrom-Daten zeigt Abb. 136. Diese sind aus den Registrierkurven folgendermaßen abgeleitet worden: es wurde pro Niederschlagsintervall, in welchem eine Niederschlagsprobe genommen worden war, festgestellt, wie lange deutlich erhöhter Spitzenstrom aufgetreten ist. Diese Zeitdauer D wurde in Prozenten der Gesamt-Intervall-Länge (= 100% gesetzt) ausgedrückt. Die Untersuchung liefert folgenden Beitrag zur Beantwortung von Frage 2:

a) Mit steigender Andauer des Spitzen-Entladungsstromes steigt der Gehalt des Niederschlages an NO_2' erheblich an, während der NO_3'-Gehalt unverändert bleibt. Dieser wird also durch die bodennahen Spitzenentladungen nicht beeinflußt.

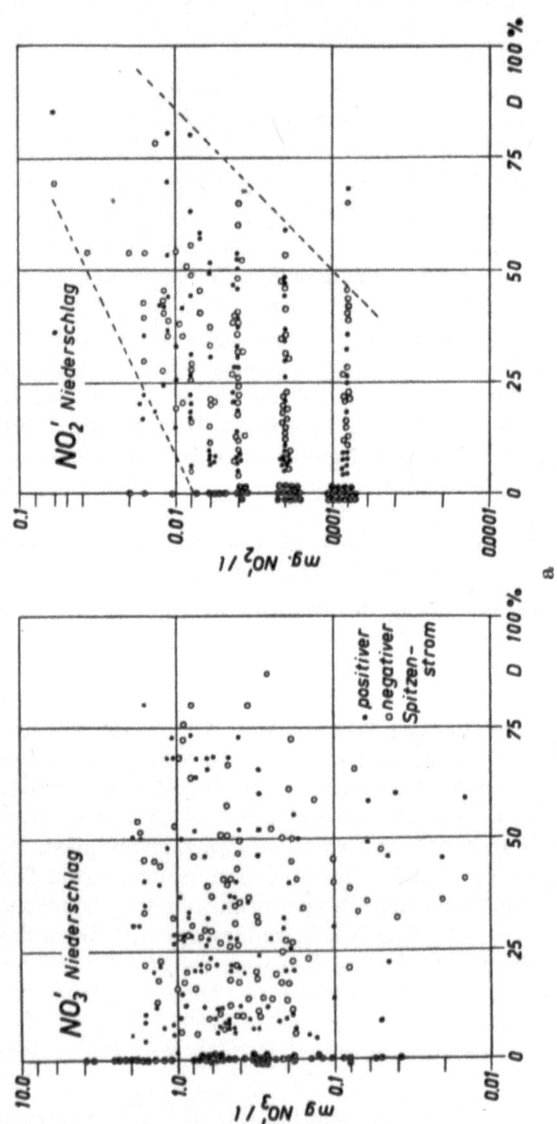
NO'_2 Niederschlag
mg NO'_2/l
D 100%
0,1
0,01
0,001
0,0001
0   25   50   75   100 %
a

NO'_3 Niederschlag
mg NO'_3/l
D 100%
10,0
1,0
0,1
0,01
0   25   50   75   100 %
• positiver
o negativer Spitzen-
strom

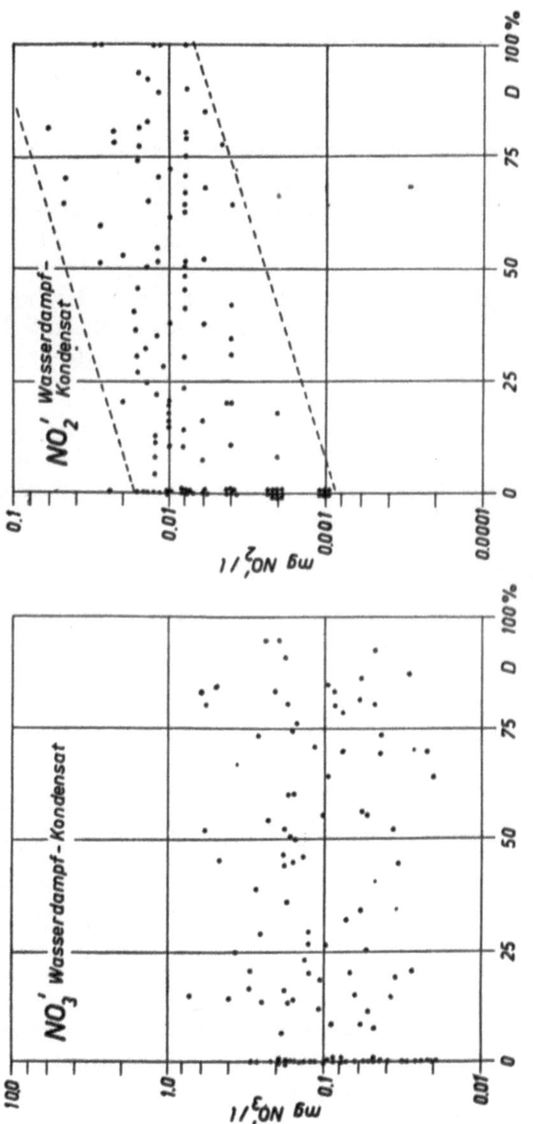

Abb. 136. a) Beziehung zwischen Gehalt der Niederschläge an NO$_2$' und NO$_3$' und der prozentualen Andauer D von Spitzenentladungen (Station Farchant). Es spricht nur der NO$_2$'-Gehalt an. Jan. 57—Nov. 57. b) Beziehung zwischen Gehalt des Aerosols (Kondensatverfahren) an NO$_2$' und NO$_3$' und der prozentualen Andauer D von Spitzenentladungen. Es spricht nur der NO$_2$'-Gehalt des Aerosols an. Mai 57—Jan. 58

b) Mit steigender Andauer des Spitzen-Entladungsstromes steigt der Gehalt des bodennahen Aerosols an NO_2' stark an, während die NO_3'-Konzentration unverändert bleibt. Erreicht die Spitzen-Entladungsdauer 100% des Niederschlagsintervalls, so ist der NO_2'-Gehalt im Wasserdampfkondensat rund 10 mal so groß als wenn kein Spitzenstrom auftritt.

Zwar werden laut b) merkliche Mengen nitroser Gase durch Spitzenentladungen in Bodennähe erzeugt, sie vermögen aber die NO_3'-Konzentration des Niederschlags nicht zu modifizieren, in Übereinstimmung mit 3.-1.4.2. Bei anhaltender Spitzenentladung (50% der Niederschlagsdauer) beträgt der Zuwachs des NO_2' im Niederschlag 0,01 mg/L, bei Spitzenentladung über 25% der Niederschlagsdauer (mittelstarke Spitzenentladungen) steigt der NO_2'-Gehalt im Niederschlag um 0,003 mg/L. Der Zuwachs, den der NO_3'-Gehalt der Niederschläge durch die bodennahen Spitzenentladungen erfährt, bewegt sich notwendigerweise in der gleichen Größenordnung.

Wir können daraus folgern, daß durch bodennahe Spitzenentladungen im Durchschnitt ein Beitrag von nur rund 1% zum Gehalt der Niederschläge an NO_3' geleistet wird, das aus größerer Höhe herabkommt. Dieser Verhältniswert wird für spätere Betrachtungen von großem Wert sein.

Übrigens ist noch zu sagen, daß durch den Niederschlag sehr wahrscheinlich die in Bodennähe gebildeten nitrosen Gase ziemlich vollständig aufgenommen werden, da diese ja eine große Affinität zu Wasser haben, zumal wenn es in so fein verteilter Form angeboten wird (wie in einem Rieselturm!).

Durch Spitzenentladungen werden zusätzliche Kleinionen in Bodennähe erzeugt, was wir an Hand von Abb. 132 in 3.-1.3.7. dargelegt haben. Da nun, wie wir in 3.-1.4.0. betont haben, eine enge Beziehung zwischen Stoßionisation der Luft und Bildung nitroser Gase besteht, liegt es nahe, die während der jeweiligen Niederschlagsintervalle direkt gemessenen Kleinionendichten mit den NO_2', bzw. NO_3'-Konzentrationen im Niederschlag zu vergleichen. Wir beschränken uns dabei auf die an Station Farchant gewonnenen Erfahrungen, die mit jenen vom Zugspitzplatt übereinstimmen.

Nach Abb. 137 erweist sich der Gehalt des NO_3' im Niederschlag als praktisch unabhängig von der positiven und negativen Kleinionendichte. Betrachten wir Abb. 138, so stellen wir fest, daß extrem hohe Werte der negativen Kleinionendichte mit hohen NO_2'-Konzentrationen korrelieren, während eine ähnliche Beziehung bei n_+ nicht gefunden wird. Dies und auch die Tatsache, daß die extremen negativen Kleinionendichten viel höher liegen als die der positiven wird verständlich, wenn wir bedenken, daß Spitzenentladung an negativ geladenen Spitzen bei niedrigeren Feldstärken einsetzt, an positiv geladenen Spitzen aber erst bei höheren Feldstärken. Das ist eine aus der alten Zeit der Funkenstrecken-Ventile (z. B. bei Gleichrichtung hochgespannter Wechselströme zum Betrieb von Röntgenröhren) geläufige Erscheinung und beruht bekanntlich darauf, daß Kaltemission von Elektronen aus der Spitze den Übergangswiderstand erheblich verringert.

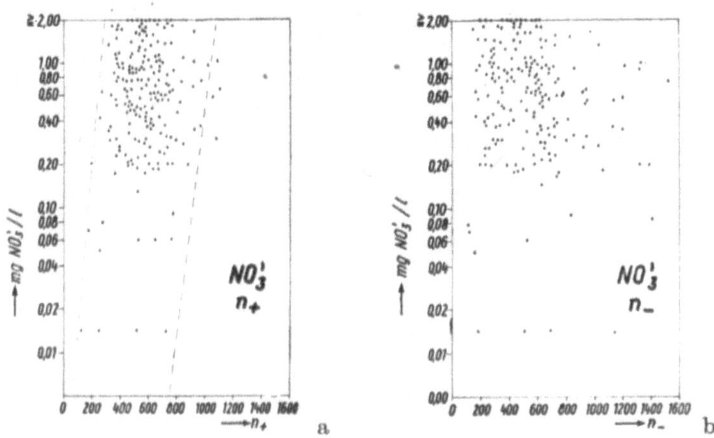

Abb. 137. Beziehung zwischen NO₃'-Gehalt der Niederschläge und positiver (a) bzw. negativer (b) Kleinionendichte. Station Farchant, Nov. 58 bis Dez. 59

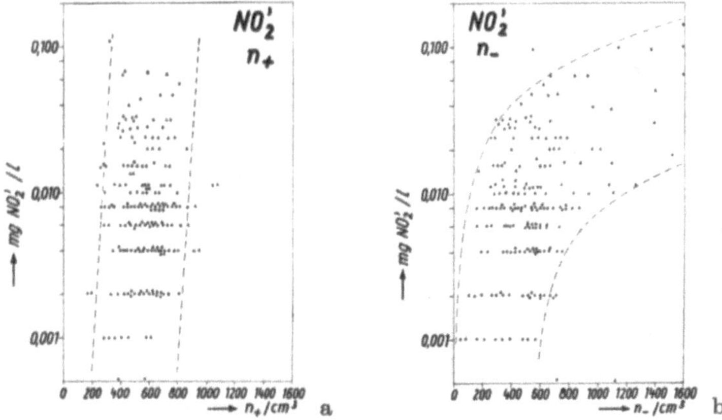

Abb. 138. Beziehung zwischen NO₂'-Gehalt der Niederschläge und positiver (a) bzw. negativer (b) Kleinionendichte. Station Farchant, Nov. 58—Dez. 59

Die Betrachtung der Kleinionendichte während Niederschlag bestätigt also den oben schon ausgesprochenen Befund, daß durch Spitzenentladung in Bodennähe zwar der NO_2'-Gehalt der Niederschläge, nicht aber deren NO_3'- beeinflußt wird. Bemerkenswert ist außerdem die Feststellung, daß dies auch für das Zugspitzplatt gilt, obwohl dort eine gewisse Feldliniendrängung durch das Gebirge besteht.

3.-1.4.4. Beziehung zwischen Labilitätsenergie in der Schicht 700—500 mb und Gehalt der Niederschläge an NO_2' und NO_3'

Nachdem die vorangegangenen Untersuchungen eindeutig erwiesen haben, daß der größte Teil des NO_3', das wir im Niederschlag finden, aus dem Wolkenraum stammt, müssen wir nun endlich die Frage stellen,

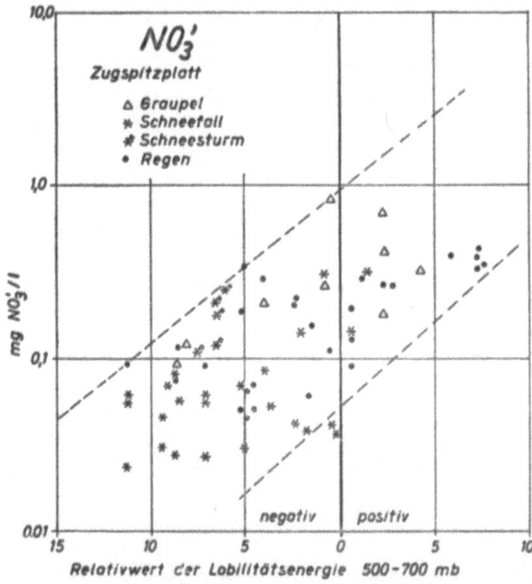

Abb. 139. Beziehung zwischen NO_3'-Konzentration im Niederschlag an Station Zugspitzplatt und Relativwert der Labilitätsenergie zwischen 500 und 700 mb (Aug.—Okt. 1958)

unter welchen Voraussetzungen in dieser Höhe die nitrosen Gase gebildet werden. Einen ersten Aufschluß hierüber liefern uns Vergleiche zwischen dem Gehalt der Niederschläge an NO_2' bzw. NO_3' und der Labilitätsenergie im Raum der Niederschlagsentstehung, den wir auch hier wieder durch die Niveaus 500 und 700 mb begrenzt annehmen wollen. Die Gewinnung der Relativwerte für die Labilitätsenergie ist in 3.-1.3.2. eingehend beschrieben. Wir beginnen mit dem Ergebnis der Untersuchung

am Zugspitzplatt und beantworten an Hand von Abb. 139 die eingangs
gestellte Frage 1):

*Nimmt die Labilitätsenergie zu, so steigt auch der Gehalt der Nieder-
schläge an NO_3'. Diese Regel gilt für jede Art von Niederschlag, gleichviel
ob er aus Schnee, Graupel oder Regen besteht.*

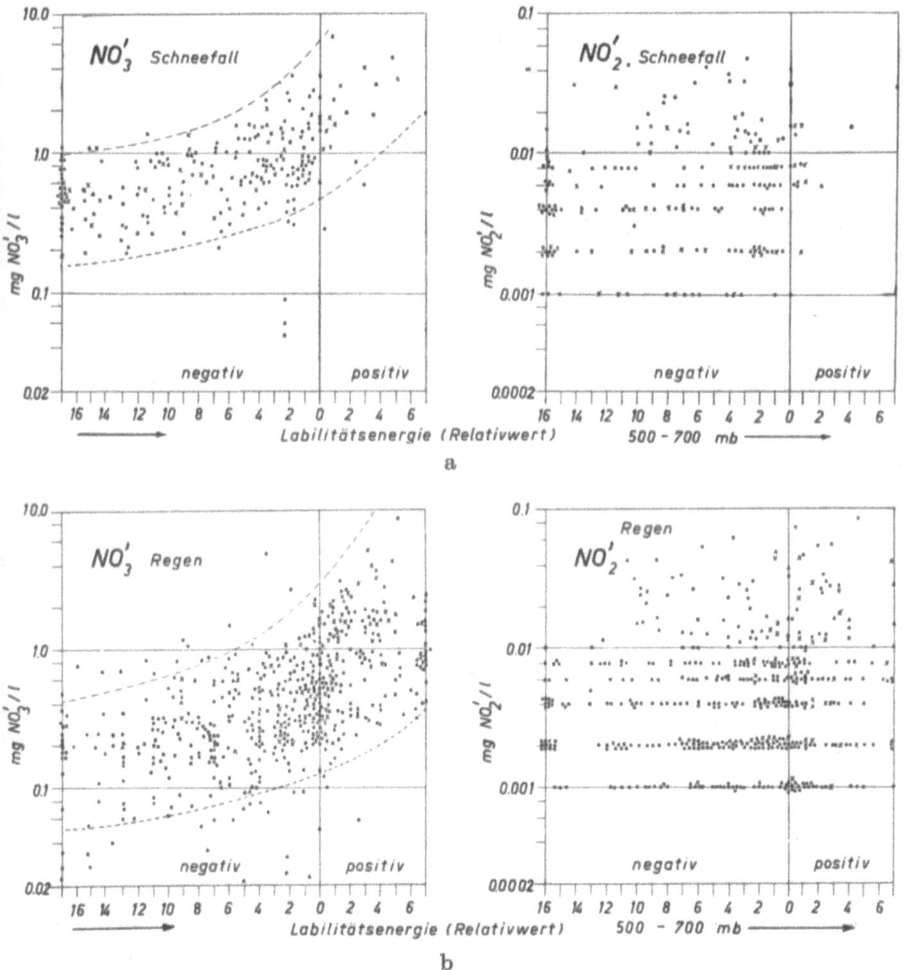

Abb. 140. Beziehung zwischen NO_3'- bzw. NO_2'-Gehalt der Niederschläge an
Station Farchant (●) bzw. Wank (×) und Relativwert der Labilitätsenergie zwischen 500 und 700 mb; Jan. 56—Febr. 60. a) bei Schneefall,
b) bei Regen

Die Anzahl der am Zugspitzplatt gewonnenen Werte war naturgemäß niedrig. Abb. 140 zeigt deshalb zum Vergleich die zur Diskussion stehende Beziehung an Hand der Werte von Farchant und Wankgipfel, wobei auch die NO_2'-Gehalte mit einbezogen und Schnee bzw. Regen getrennt aufgetragen sind. Wir ergänzen unsere obige Feststellung:

a) Bei steigender Labilitätsenergie nimmt der Gehalt an NO_3' im Schnee oder Regen deutlich zu. Insbesondere im Regen steigt er steil an, wenn stabile in labile Schichtung übergeht.

b) Die Beziehung a) gilt unabhängig vom Stationsniveau. Wank und Farchant oder Zugspitzplatt liefern genau denselben Korrelationstyp.

c) Es besteht keine Korrelation zwischen Labilitätsenergie und NO_2'-Gehalt der Niederschläge.

Punkt c) weist sofort eindringlich darauf hin, daß wir es hier nicht mit Auswirkungen der Schauertätigkeit auf den bodennahen Raum zu tun haben können, etwa in dem Sinne, daß bei hochgradiger Labilität die Schauer und Gewitter in Bodennähe Spitzenentladungen auslösen, die eine Zufuhr von nitrosen Gasen zur Atmosphäre bewirken würden. Gerade dies kann mit Rücksicht auf die Ergebnisse von 3.-1.4.2. und 3.-1.4.3. sicher ausgeschlossen werden, und zwar auch für Station Zugspitzplatt.

Auch Punkt b) weist — neben c) — darauf hin, *daß wir die Hauptquellen der nitrosen Gase in Niveaus über 3000 m NN zu suchen haben* und endlich sagt a), *daß in diesem Niveau eine Koppelung zwischen Bildung der nitrosen Gase und Grad der Turbulenz besteht. Da die gefundene Beziehung zwischen Labilitätsenergie und NO_3' im Niederschlag praktisch den gesamten Bereich der vorkommenden NO_3'-Werte beherrscht (0,02 bis 5 mg/L, d. h. über fast 3 Größenordnungen!), muß angenommen werden, daß wir mit der atmosphärischen Turbulenz im Wolkenraum jene Größe erfaßt haben, die entweder direkt oder mittelbar für die Bildung der nitrosen Gase in der Höhe verantwortlich zu machen ist.*

3.-1.4.5. Beziehung zwischen Häufigkeit der Richtungswechsel des Fremd-Potentialgradienten und des Gehaltes der Niederschläge an NO_2' und NO_3'

Es wurde in 3.-1.3.2. nachgewiesen, daß die Häufigkeit der Richtungswechsel des Fremd-Potentialgradienten eine Funktion der atmosphärischen Labilitätsenergie zwischen 500 und 700 mb ist. Es liegt deshalb nahe, auch den Gehalt der Niederschläge an NO_2' und NO_3' zur Richtungswechsel-Häufigkeit des Fremd-Potentialgradienten in Beziehung zu setzen. Ergäbe sich etwa hieraus eine noch strammere Korrelation als zwischen Nitrat- bzw. Nitrit-Gehalt der Niederschläge und der atmosphärischen Labilität, so wäre das ein Hinweis darauf, daß wir damit dem eigentlichen Bildungsprozeß der nitrosen Gase einen weiteren Schritt näher gekommen sind.

In Abb. 141 ist der Gehalt der Niederschläge an NO_2' und NO_3' (am Zugspitzplatt nur NO_3') gegen die an der jeweiligen Station (Zugspitzplatt, Wank, Farchant) während der Niederschlags-Sammlung gemessene Häufigkeit des Richtungswechsels des Fremd-Potentialgradienten pro Stunde aufgetragen.

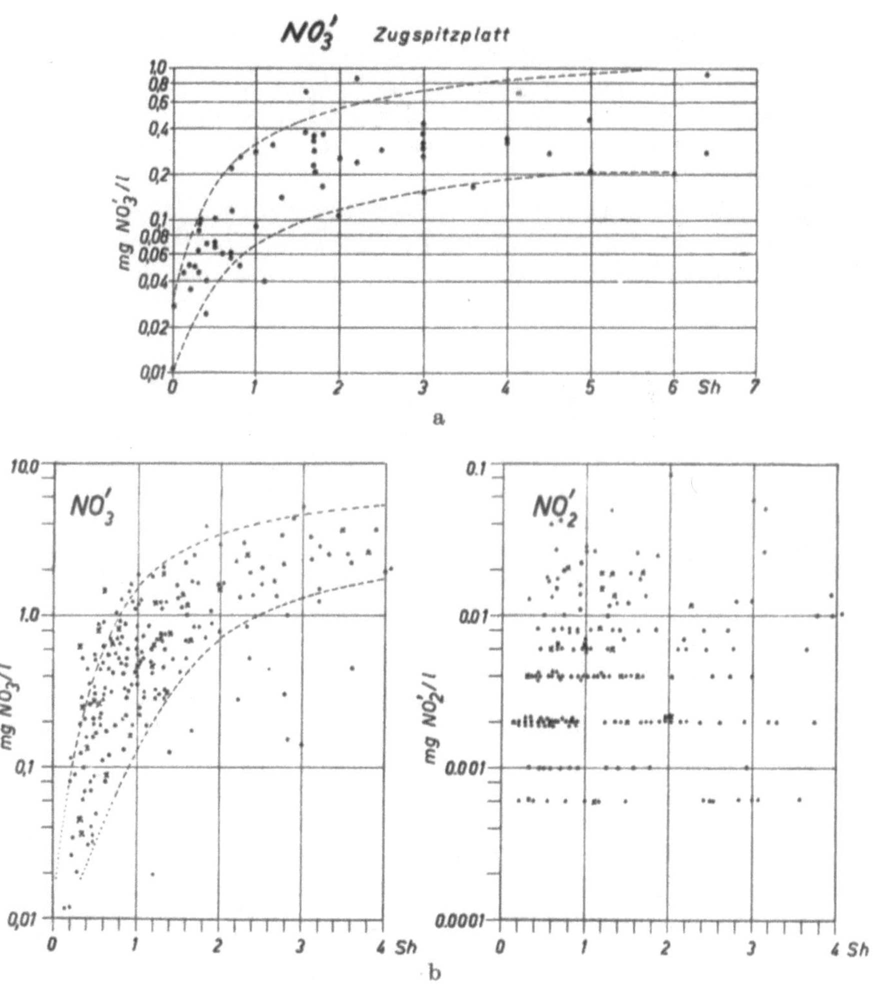

Abb. 141. Beziehung zwischen NO_3'- bzw. NO_2'-Gehalt der Niederschläge und Häufigkeit der Richtungswechsel des Fremd-Potentialgradienten pro Stunde *(Sh)* a) an Station Zugspitzplatt (nur NO_3') und b) an Station Farchant (●) bzw. Station Wank (×). Juni 56—Dez. 59

Aus den graphischen Darstellungen entnehmen wir:

a) Der Gehalt der Niederschläge an NO_3' nimmt zu, wenn die Richtungswechsel-Häufigkeit ansteigt.

b) Die Beziehung a) gilt gleichermaßen für Station Zugspitzplatt, Wank und Farchant, der mathematische Charakter der Funktion ist jeweils derselbe.

c) Der NO_3'-Gehalt der Niederschläge reagiert auf die Änderung der Richtungswechsel-Häufigkeit im Gebiet um 1/h überaus empfindlich: Anstieg von 0,1 mg/L auf 1,0 mg/L NO_3' bei Übergang von 0,5 auf 1,2 Richtungswechsel pro Stunde. Im Gebiet hoher Richtungswechsel-Häufigkeiten wird eine gewisse Sättigung von NO_3' im Niederschlag gefunden, die bei etwa maximal 4 mg/L liegt.

d) Die Beziehung a) erweist sich als überraschend stramm mit nur mäßiger statistischer Streuung, verglichen mit Beziehung a) in 3.-1.4.4.

e) Es besteht keine Korrelation zwischen NO_2'-Gehalt der Niederschläge und Richtungswechsel-Häufigkeit des Fremd-Potentialgradienten.

Feststellung e) beweist im Vergleich mit 3.-1.4.2. und 3.-1.4.3. erneut, daß bodennahe Einflüsse (z. B. Spitzenentladungen), die mit jenen Vorgängen gekoppelt sein könnten, welche auch die hohe Wechselhäufigkeit bewirken, für das Zustandekommen der Beziehung a) gewiß nicht ausschlaggebend sind. Befund d) sagt uns, daß offenbar luftelektrische Prozesse und Zustände primär, und zwar wegen e) und b) eindeutig jene in größerer Höhe für die Steuerung des Gehalts der Niederschläge an NO_3' verantwortlich sind. Da der „Aussteuerungsbereich" wie bei 3.-1.4.4. praktisch das gesamte überhaupt vorkommende Zahlenintervall der NO_3'-Werte überstreicht (von 0,02 bis maximal 5 mg/L, d. h. über fast 3 Größenordnungen), müssen wir in Verbindung mit d) annehmen, *daß nicht nur die Schwankungen der NO_3'-Werte, sondern praktisch der gesamte NO_3'-Pegel, wie er etwa in 1000 m NN im Niederschlag gefunden wird, seine Ursache in elektrischen Erscheinungen im Wolkenraum und im Entstehungsgebiet der Niederschläge hat[1]).*

Wir können hieraus sofort folgenden zwingenden Schluß ziehen, wenn wir das in 3.-1.4.3. Gesagte mitberücksichtigen:

Da die Produktion von Stickstoff-Sauerstoff-Verbindungen im Gebiet der bodennahen Luftschicht als Folge von Spitzenentladungen selbst bei anhaltend hohen Feldstärken geringfügig, ja vernachlässigbar klein ist[2]) gegenüber jener, die im Wolkenraum erfolgt, müssen etwa im gleichen Verhältnis auch die im Wolkenraum durch Stoßionisation pro Zeiteinheit er-

---

[1]) Das gilt selbstverständlich nur abseits von Industrieanlagen und großen Siedlungen.

[2]) Größenordnung: 1%.

zeugten Ionendichten größer sein als jene auf gleiche Weise im bodennahen Luftraum erzeugten und dementsprechend müssen auch die extremalen Feldstärken im Wolkenraum größer sein als jene in Bodennähe.

Aus c) ist fernerhin zu folgern, daß dem Wert „Richtungswechsel-Häufigkeit nahe 1/h" die Bedeutung einer Grenze zukommt, die zwei verschiedene atmosphärische Grundzustände voneinander trennt. Das steht in Übereinstimmung mit unserer Feststellung in 3.-1.3.2., wonach diese Grenze etwa labile und stabile atmosphärische Schichtung voneinander scheidet.

Trägt man sowohl die NO_3'-Konzentrationen in den Niederschlägen als auch die Häufigkeiten der Fremd-Potential-Richtungswechsel gegeneinander in einem logarithmischen Maßstab auf, so erhält man annähernd eine Gerade, wie Abb. 142 zeigt. Sie läßt sich innerhalb der gegebenen Streuung und zwischen den Grenzen $Sh = 0,2$ und 3 durch die Funktion

$$K = 0,5 \cdot (Sh)^2$$

darstellen (K = Konzentration von NO_3' im Niederschlag in mg/Liter, Sh = Häufigkeit des Richtungswechsels von E pro Stunde).

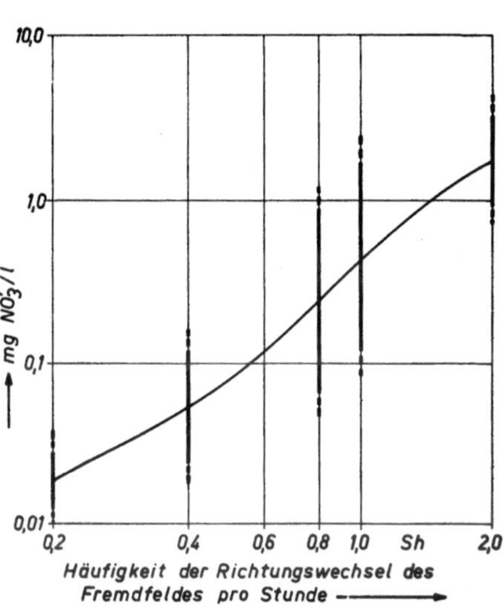

Abb. 142. NO_3'-Gehalt der Niederschläge als Funktion der Richtungswechsel-Häufigkeit des Fremd-Potentialgradienten Sh (logarithmische Darstellung), alle Werte

3.-1.4.6. Arithmetische Mittelwerte für den Gehalt der Niederschläge an NO_2' und NO_3' an den Stationen Farchant und Wank im gesamten Untersuchungszeitraum

Die Tab. 20, 21, 22, 23 und 24 geben die arithmetischen Mittelwerte der Gehalte der Niederschläge an NO_2' und NO_3' wieder, aufgeschlüsselt nach den hauptsächlich vorkommenden Niederschlagstypen und nach den beiden Stationen Farchant und Wank. Die Zahlen im Tabellenkopf zeigen die Reihenfolge der Mittelwerte in der Ordnung fallender Werte an. Aus Tab. 20 und 21, Zeile a, entnehmen wir, daß der NO_2'-Wert im Niederschlag besonders während Gewitter und während Graupel- bzw. Hagelschauer erhöht ist. Dieser Befund steht im Einklang mit unseren Ausführungen in 3.-1.4.3., wonach bei hohen elektrischen Feldstärken am

Boden und während Spitzenentladungen der NO_2'-Wert ansteigt. Auch
Zeile e) Tab. 20 weist auf denselben Befund hin, denn bei eben denselben
Niederschlagsarten (Gewitterniederschlag, Hagel, Graupel) sind die Werte
am Wank deutlich höher als in Farchant, weil an der exponierten Gipfel-
station die Spitzenentladungen sicherlich stärker sind als im Tal. In den
Zeilen a der Tab. 20 und 21 folgen dann an nächster Stelle alle Schauer-
und Schneeniederschläge, an letzter Stelle steht der gleichmäßige Regen.
Aus Zeile e der Tab. 20 könnte noch geschlossen werden, daß der gleichmäßige Niederschlag auf seinem Fall vom Niveau der Berg- zu dem der
Talstation mehr zusätzliches NO_2' auffängt als der Schauerniederschlag.

Tabelle 20. *Gehalt der Niederschläge an NO_2' an Station Farchant.*
Alle Werte 1956—1959.

| | Schauer | | gleichmäßiger | | Gewitter-Regen | Graupel Hagel | Alle Nieder-schläge |
	Schnee 4	Regen 5	Schnee 3	Regen 6	2	1	
a) $\dfrac{\text{mg } NO_2'}{\text{Liter}}$	0,0096	0,0080	0,0097	0,0056	0,0110	0,0158	0,00745
b) Zahl der Analysen	48	186	95	394	67	5	795
c) Maximum	0,04	0,06	0,02	0,04	0,06	0,08	
d) Minimum	0,000	0,000	0,000	0,000	0,000	0,012	
e) $\dfrac{NO_2' \text{ Wank}}{NO_2' \text{ Farchant}}$	0,63	0,91	0,40	0,52	1,30	1,39	0,82

Tabelle 21. *Gehalt der Niederschläge an NO_2' an Station Wankgipfel*
Alle Werte 1956—1959.

| | Schauer | | gleichmäßiger | | Gewitter-Regen | Graupel Hagel | Alle Nieder-schläge |
	Schnee 4	Regen 3	Schnee 5	Regen 6	2	1	
a) $\dfrac{\text{mg } NO_2'}{\text{Liter}}$	0,0060	0,0073	0,0039	0,0029	0,0130	0,022	0,00605
b) Zahl der Analysen	28	33	69	45	27	4	206
c) Maximum	0,016	0,020	0,020	0,012	0,048	0,040	
d) Minimum	0,000	0,000	0,000	0,000	0,000	0,000	

Betrachten wir nun die NO_3'-Werte (Tab. 22, 23), so stellen wir fest,
daß — gleichviel an welcher Station — an erster Stelle die Schneeschauer

stehen, an vorletzter gleichmäßiger Schnee und zu allerletzt gleichmäßiger Regen. Gewitter und Hagel-Graupel liegen dazwischen. Das
steht in guter Übereinstimmung mit unseren Feststellungen in 3.-1.4.4.,
wonach Steigerung der Labilität zu Steigerung des NO_3'-Gehaltes führt.
Zeile e in Tab. 22 zeigt uns ferner, daß die Verhältniswerte Wank/Far-
chant — mit Ausnahme von Schnee und Graupel — nahe bei 1 liegen, daß
also in der Tat der Zuwachs des NO_3' im Fall durch die letzten 1100 m
der Atmosphäre geringfügig ist. Diese Zeile sagt auch deutlich aus, daß,
insoweit ein merklicher Zuwachs an NO_3' im letzten Fallweg überhaupt
erfolgt, er dann ausschließlich und immer bei festen Niederschlägen auftritt.

Tabelle 22. *Gehalt der Niederschläge an NO_3' an Station Farchant*
Alle Werte 1956—1959.

	Schauer		gleichmäßiger		Gewitter-Regen 3	Graupel Hagel 2	Alle Niederschläge
	Schnee 1	Regen 4	Schnee 5	Regen 6			
a) $\dfrac{\text{mg } NO_3'}{\text{Liter}}$	1,32	0,83	0,79	0,39	0,91	1,05	0,641
b) Zahl der Analysen	48	148	95	408	68	5	808
c) Maximum	2,60	4,60	2,80	2,30	2,30	1,90	
d) Minimum	0,30	0,03	0,08	0,00	0,12	0,90	
e) $\dfrac{NO_3' \text{ Wank}}{NO_3' \text{ Farchant}}$	0,87	1,01	0,75	1,02	1,01	0,72	1,12

Tabelle 23. *Gehalt der Niederschläge an NO_3' an Station Wankgipfel*
Alle Werte 1956—1959.

	Schauer		gleichmäßiger		Gewitter-Regen 2	Graupel Hagel 4	Alle Niederschläge
	Schnee 1	Regen 3	Schnee 5	Regen 6			
a) $\dfrac{\text{mg } NO_3'}{\text{Liter}}$	1,15	0,84	0,59	0,40	0,92	0,76	0,725
b) Zahl der Analysen	28	45	73	50	45	5	246
c) Maximum	2,00	2,55	2,20	1,55	2,30	1,60	
d) Minimum	0,43	0,03	0,06	0,02	0,05	0,80	

Tab. 24 gibt schließlich noch die aufgeschlüsselten Verhältniswerte für den Quotienten NO_3'/NO_2' an. Im großen ganzen ist der NO_3'-Gehalt des Niederschlags 100 mal größer als sein NO_2'-Gehalt. Das spricht für die Instabilität des NO_2' und seine rasche Oxydation zum NO_3' schon kurz nach dem Übertritt der nitrosen Gase in die flüssigen oder festen Wolken- oder Niederschlagselemente. In diesem Zusammenhang ist auf das Verhältnis bei Hagel und Graupel hinzuweisen. Dieses ist auffallend niedrig und zwar an beiden Stationen. Das könnte daher kommen, daß lediglich in kalten, festen und sehr schnell fallenden Partikeln das NO_2' konserviert, „eingefroren" ist. Dieses „Einfrieren" dürfte folgendes bewirken:

a) schlechter Zutritt des Luftsauerstoffs und

b) verminderte Oxydationsgeschwindigkeit.

Tabelle 24. *Verhältniswerte NO_3'/NO'_2 pro Station.*

	Schauer		gleichmäßiger		Gewitter-Regen	Graupel Hagel	Alle Niederschläge
	Schnee	Regen	Schnee	Regen			
$\dfrac{NO_3' \text{ Farchant}}{NO_2' \text{ Farchant}}$	111	127	73	182	92	45	150
$\dfrac{NO_3' \text{ Wank}}{NO_2' \text{ Wank}}$	192	115	151	138	70	34	120

Schließlich haben wir uns noch zu fragen, ob die in Tab. 22 zu erkennende Verschiedenheit der NO_3'-Gehalte bei Schneeschauer, Regenschauer, Schnee, Regen und Gewitter signifikant ist (eine entsprechende Untersuchung an den Daten von Station Wank können wir unterlassen, wenn die Zahlen von Farchant ein eindeutiges Ergebnis liefern). Zu diesem Zwecke bestimmen wir wieder die Häufigkeit der einzelnen NO_3'-Werte pro Niederschlagstyp und pro NO_3'-Intervall unserer Skala, welche wir im Bereich zwischen 0,1 und 2,6 mg NO_3'/Liter mit Schritten zu je 0,1 Einheiten unterteilt haben. Das Ergebnis dieser Häufigkeitsanalyse zeigt Abb. 143.

Wir sehen: Der häufigste Wert während Schneeschauer liegt in der Tat weit ab von den häufigsten Werten bei den anderen Niederschlagsarten. Auf Schneeschauer folgen als nächste Häufungsmaxima die für Gewitter und gleichmäßigen Schnee, dann folgen Regenschauer und gleichmäßiger Regen. Das Bild der Aufteilung der NO_3'-Werte auf die verschiedenen Niederschlagsarten hat sich also gegenüber Tab. 22 nicht verändert, wenn wir von der Vertauschung: gleichmäßiger Schnee gegen Regenschauer absehen wollen.

In jüngster Zeit wurden von H.-W. Georgii (1960) und H.-W. Georgii und E. Weber (1961) Ergebnisse von Spurenanalysen auf NH_4', NO_3', SO_4'', Cl' in Niederschlägen ausgeführt, und zwar vor allem in Frankfurt/Main und am Taunusobservatorium, zum kleineren Teil (13 Niederschläge) auch auf der Zugspitze. Mit Ausnahme der letzteren lassen sich diese Daten und ihre Deutungen nicht ohne weiteres mit unseren Ergebnissen in Beziehung bringen, da die ungemein hohe Konzentration von Schmutzstoffen in der

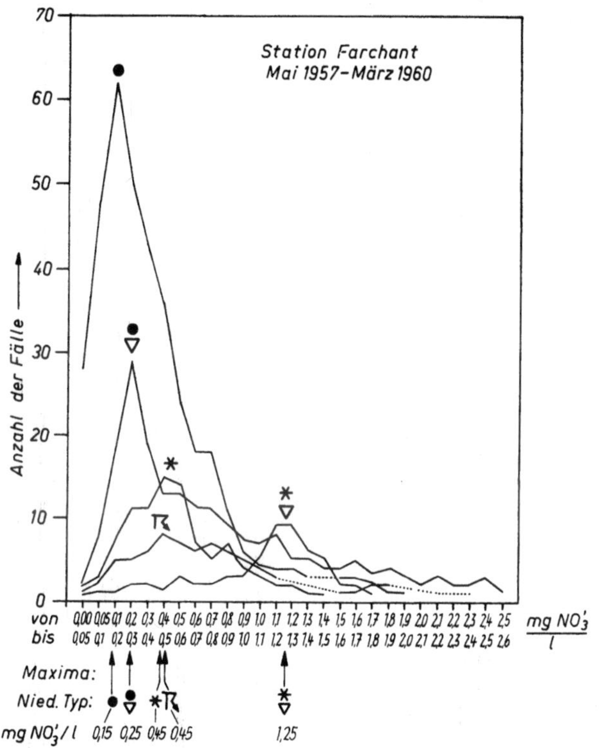

Abb. 143. Häufigkeitsanalyse der mittleren NO_3'-Konzentrationen im Niederschlag, aufgeschlüsselt nach verschiedenen Niederschlagsarten (Regen, Schnee, Schauer, Nichtschauer, Gewitter)

Luft der Großstadt und ihrer Umgebung zu einem ganz anderen Bild führt. So zeigte sich, wie auch unter ähnlichen Bedingungen anderen Orts gefunden[1]), daß in der Nähe der Großstadt und in ihr der Gehalt der Niederschläge an Spurenstoffen sowohl mit der Dauer der Niederschläge als auch mit deren Ergiebigkeit abnimmt. Das ist eine natürliche Folge der Erschöpfung der bodennahen Reservoirs. Eine solche systematische Erschöpfung konnten wir hier beim NO_3' im Niederschlag nicht finden. Vielmehr zeigte

---

[1]) Siehe z. B. T. E. Larson und I. Hettick (1956).

sich, daß selbst nach lange anhaltenden gleichmäßigen Niederschlägen der NO_3'-Gehalt des Niederschlags plötzlich ansteigen kann, wenn er Schauercharakter annimmt.

Das soll folgende Zahlenreihe aus jüngster Zeit veranschaulichen:

Mittlere relative Labilität 700/500 mb 13.00:								
		−9,3	−2,2	−4,5	−7,5	+1,9	−2,3	−2,0	−15,0
Wank	a)	0,85	1,20	0,47	0,29	1,30	0,69	0,90	0,17
	b)	13,5	15,0	6,3	4,9	9,0	7,2	5,0	15,2
Garmisch	a)	0,65	1,65	0,75	0,20	0,44	0,51	1,20	0,07
	b)	8,8	32,2	5,2	0,8	24	5,0	4,9	13,5
Datum Dezember 62		15.	15./17.	17.	17./18.	18./19.	19.	19.	20.

a) $= $ mg NO_3'/Liter   b) $=$ Niederschlagsmenge in mm

Dreimal in dieser anhaltenden Niederschlagsphase steigen die NO_3'-Werte am Wank und in Garmisch (die Werte verlaufen sehr gut parallel) vorübergehend an. Diese Anstiege gehen jeweils mit einer Labilisierung der Atmosphäre einher. Ein Einfluß der Niederschlagsmenge auf den NO_3'-Gehalt ist nicht zu erkennen.

Zur Kontrolle haben wir die mittleren NO_3'-Konzentrationen der Niederschläge für verschiedene Gruppen von Niederschlagsmenge (mm) und Niederschlagsstärke (mm/h) getrennt nach den Stationen Wank und Farchant berechnet. Die Mittelwerte (aus 150 Messungen) sind in das nachfolgende Schema eingetragen:

	Niederschlagsmenge in mm				
	0—2,0	2,1—4,0	4,1—8,0	8,1—15	> 15
Mittlerer NO_3'-Gehalt am Wank (mg/L)	1,14	0,84	0,71	0,75	0,81
Mittlerer NO_3'-Gehalt in Farchant (mg/L)	1,42	1,14	1,12	0,82	0,95

	Niederschlagsstärke in mm/h				
	0—0,20	0,21—0,40	0,41—0,70	0,71—1,30	1,30
Mittlerer NO_3'-Gehalt am Wank (mg/L)	1,42	0,99	0,70	0,88	0,97
Mittlerer NO_3'-Gehalt in Farchant (mg/L)	1,00	0,81	0,77	0,97	0,79

Zum Vergleich sei nachfolgend eine Meßreihe aus jüngster Zeit (Herbst 62/ Frühjahr 63) gebracht, wobei die Talwerte aus Garmisch stammen, vom Rande einer doch immerhin größeren Siedlung:

Mittlerer NO_3'-Gehalt in	Niederschlagsmenge				
mg/Liter an Station:	0,0—2,0	2,1—4,0	4,1—8,0	8,1—15	> 15
Wank	1,63	1,07	0,91	1,20	0,86
Garmisch	1,95	1,79	1,41	1,65	1,32

Ein Einfluß der Niederschlagsmenge auf den NO_3'-Gehalt der Niederschläge ist höchstens beim Übergang von schwächsten zu leichten Niederschlägen zu erkennen. Bei Schwankungen der Niederschlagsmenge zwischen etwa 3 und > 15 mm besteht kein systematischer Einfluß mehr.

Aus diesen über 12 Monate hinweg ausgeführten Kontrolluntersuchungen geht eindeutig hervor, daß die von uns gefundenen Zusammenhänge zwischen NO_3'-Konzentration in Niederschlägen und luftelektrischen Prozessen bzw. dem atmosphärischen Schichtungszustand nicht durch die für verschiedene Spuren-Beimengungen der Niederschläge gefundene und bekannte Beziehung zwischen Regenmenge und Konzentration der Spurenstoffe vorgetäuscht sein können. [Literatur siehe A. ANGSTRÖM und L. HÖGBERG (1952), CH. JUNGE (1956), CH. JUNGE und P. E. GUSTAFSON (1957), A. K. MUKHERJEE (1956) H.-W. GEORGII und E. WEBER (1960), H.-W. GEORGII und E. Weber (1961)]. Beim NO_3' im Niederschlag zeigt sich nämlich, daß seine Konzentration (jedenfalls außerhalb von geschlossenen Ortsbereichen) offenbar nicht von der Niederschlagsstärke abhängt und eine Abhängigkeit von der Niederschlagsmenge höchstens angedeutet ist. Das bedeutet andererseits, daß bei starken Niederschlägen gegen den zweifellos ablaufenden Auswaschvorgang eine ständige und beachtliche Nachproduktion stattfindet und das auch in größerer Höhe und weitab von Aerosolquellen.

Fassen wir die Ergebnisse von 3.-1.4. zusammen:

Da die Bildung nitroser Gase gleichzeitig mit Bildung von Ionen durch Elektronenstoß verbunden ist, ist der Gehalt der Niederschläge an NO_3' ein Indikator für die Stärke der Stoßionisation in der Wolke in den Gebieten, wo der Niederschlag entsteht und durch die er fällt. Da die Stoßionisation eine unmittelbare Folge der in der Wolke aufgebauten elektrischen Felder ist, ist der NO_3'-Gehalt auch ein Indikator für die Stärke der elektrischen Felder in der Wolke und damit auch für die elektrische Aktivität in der betreffenden Wolke oder Wolkenzelle aus der der Niederschlag gerade kommt. Letzteres wird eindrucksvoll durch die enge Beziehung zwischen NO_3'-Gehalt des Niederschlages und Häufigkeit der Richtungswechsel des Fremd-Potentialgradienten bestätigt. Da der Zuwachs von NO_3' in Bodennähe durch elektrische Koronaentladungen an Spitzen der Erdoberfläche unter den geladenen Wolken sehr geringfügig ist, — er liegt bei maximal 1% — muß geschlossen werden, daß die Stoßionisationsprozesse innerhalb der Wolke jene in Bodennähe um Größenordnungen hinsichtlich umgesetzter Energie übertreffen. Es ist deshalb unwahrscheinlich — wie oft angenommen wird —, daß die am Boden durch Spitzenentladungen gebildeten Ionen einen Beitrag *zur Beladung der Wolken selbst bilden können, auch wenn man voraussetzen kann, daß die in Bodennähe gebildeten Ladungen durch Windströmungen bis an die Wolke herangetragen werden.*

Es scheint somit berechtigt zu sein, den NO_3'-Gehalt des Niederschlags als Maß für die elektrische Aktivität der Wolke, aus welcher er fällt, anzusehen. Aus der engen Beziehung zwischen NO_3'-Gehalt des Niederschlags und der Häufigkeit der Richtungswechsel des Fremd-Potentialgradienten *(Sh)* können wir dann ableiten:

geht gleichmäßiger Niederschlag mit Sh <1 in Schauerniederschlag mit Sh >1 über, so steigt dabei die elektrische Aktivität der Wolke um Faktor 10 bis maximal 60. D. h. wir haben einen wesentlichen Umbau in der elektrischen und damit auch in der meteorologischen Struktur der Wolke festzustellen. Steigt schließlich *Sh* über den Wert von etwa 1,5 hinaus weiter an, so ändert sich die elektrische Aktivität in der Wolke — und damit auch ihre meteorologische Struktur — nicht mehr wesentlich, die quantitativen Änderungen der elektrischen Aktivität sind nicht mehr groß genug.

Wir können also sagen: Sh $\simeq 1$ bedeutet einen entscheidenden Wendepunkt im „Leben" der Wolke, und zwar nicht nur allein was ihre elektrische Aktivität betrifft, sondern auch im Hinblick auf die in ihr enthaltene thermodynamische Energie und ihren Habitus.

Gelegentlich wird die Bedeutung der luftelektrischen Vorgänge für die Produktion nitroser Gase in der Atmosphäre mehr oder weniger stark in Zweifel gezogen (s. z. B. P. E. VIEMEISTER). In Wirklichkeit besteht überhaupt kein eigentlicher Widerspruch zu unseren Feststellungen. Letztere gelten, und darauf haben wir ausdrücklich verwiesen, für Gebiete mit außerordentlich niedriger künstlicher Produktion von nitrosen Gasen (fernab größerer Siedlungen, von Industrien, Hochspannungsleitungen, Verkehrszentren usw.). Würde man durch analoge Untersuchungen, z. B. in Stadtgebieten, den Anteil elektrischer Entladungen bei der Bildung nitroser Gase feststellen, so wäre dieser ganz gewiß gegen den industriell bedingten Anteil zu vernachlässigen. Das tut der Bedeutung unserer Feststellungen keinerlei Abbruch. Uns interessieren ja die durch Eingriffe des Menschen nicht gestörten geophysikalischen Prozesse in der unteren Troposphäre. Daß hier den atmosphärisch-elektrischen Prozessen während Niederschlag hohe Bedeutung bei der Bildung nitroser Gase zukommt, kann als sicher gelten. Photochemisch erzeugte Stickstoff-Sauerstoff-Verbindungen dürften gegen elektrisch erzeugte ebenfalls dann stark in den Hintergrund treten, wenn wir Niederschläge und Schlechtwetter betrachten. Denn innerhalb des mit Wolken erfüllten Turbulenzraumes der Troposphäre kann ja UV-Strahlung kaum zur Wirkung kommen. Die laufende Auswaschung durch den Niederschlag würde außerdem schnell zu einer Verarmung von „Vorräten" führen, auch könnte Zustrom aus großen Höhen über dem Wolkenraum kaum den laufenden Ausfall durch Niederschlag decken.

Bei anhaltendem Schönwetter hingegen wird durchaus in größeren Höhen das photochemisch gebildete N_2O überwiegen.

3.-1.5. Physikalische Gesetzmäßigkeiten, Beziehung und Theorien

In diesem Abschnitt sei der Versuch unternommen, die auf dem Gebiet der Niederschlagselektrizität gewonnenen Erfahrungen von einheitlichen Blickpunkten aus zusammenzufassen, zu deuten und in die bestehenden Anschauungen und Theorien einzubauen. Es ist dies wirklich nur ein Versuch, nicht mehr, denn manches bleibt weiterhin unerklärt und alles ist noch Stückwerk. Stückwerk nicht allein deshalb, weil die äußeren Mittel und Möglichkeiten der Arbeit eng begrenzt waren, sondern auch, weil sich bekanntlich erst im Laufe der Arbeit zeigt, was man hätte von Anfang an besser machen oder anders einrichten können. Was vom Verfasser im folgenden an Deutungsmöglichkeiten und Beziehungen zusammengestellt wird, sei also lediglich zur Diskussion gestellt und soll dazu beitragen, das bis jetzt noch recht verschwommene Bild vom elektrischen Aufbau des mit Wolken und Niederschlägen erfüllten Teils der untersten Troposphäre wenigstens etwas zu entwirren. Es ist unmöglich, dabei auf alle heute diskutierten Theorien und Ansichten näher einzugehen. Wir müssen hier und in bezug auf die zu nennende Literatur eine Auswahl treffen, die gewiß nicht jeden Leser befriedigen kann. Auch eine mathematische Behandlung der Probleme muß, wie in der Einleitung gesagt, beiseite gelassen werden.

3.-1.5.0. Wechselbeziehung zwischen atmosphärischen Ionen und Niederschlagspartikeln

Allen weiteren Betrachtungen müssen wir die Ergebnisse jener zahlreichen Untersuchungen voranstellen, die sich mit dem Einfangen freier Ladungen durch Tropfen und Tröpfchen befassen, die durch ionisierte Luft in Gegenwart oder in Abwesenheit elektrischer Felder fallen.

Die ersten Untersuchungen über die Ladung von Wassertropfen, die durch ionisierte Luft fallen, wurden von A. SCHMAUSS (1902) ausgeführt. Sie ergaben, daß die Tropfen negative Ladung annehmen. Das rührt daher, daß die Beweglichkeit der negativen Kleinionen etwas größer ist als die der positiven. Vor rund 30 Jahren veröffentlichte C. T. R. WILSON (1929) auf der Grundlage der von J. ELSTER und H. GEITEL (1913) entwickelten Influenztheorie seine berühmte Theorie über den Ioneneinfang durch fallende Wassertropfen bei Anwesenheit elektrischer Felder, die Komponenten in der Fallrichtung haben. Dabei ist zwischen zwei Möglichkeiten zu unterscheiden:

Die Fallgeschwindigkeit des Tropfens ist

a) kleiner
b) größer

als die Geschwindigkeit der sich in der Fallrichtung im elektrischen Feld bewegenden Kleinionen (Größenordnung: 1—2 cm/sec). Es ist leicht einzusehen, daß im Falle a) der Tropfen ungeladen bleibt (falls die Produkte $k_+ \cdot n_+$ und $k_- \cdot n_-$ einander gleich sind) bzw. daß im Falle b) der Tropfen entgegenkommende Ionen bevorzugt einfängt, also deren Ladungsvorzeichen annimmt. Diesen Ioneneinfang hat E. WALL (1948) mit der Bezeichnung „Asymmetrie-Effekt"[1]) auch auf fallende Eisteilchen ausgedehnt und zu einer der Stützen seiner auch heute ernst zu nehmenden Gewittertheorie gemacht (siehe 3.-1.5.5.). F. J. WHIPPLE und J. A. CHALMERS (1944) haben eingehende theoretische Studien über Beladungs- und Entladungsgeschwindigkeit sowie Endladung der Wassertropfen unter verschiedensten Anfangsbedingungen ausgeführt. Sie kamen u.a. zu folgenden Ergebnissen:

Gilt bei $\lambda_- = \lambda_+$ die Ungleichung $k \cdot E > v$ (k = Ionenbeweglichkeit, E = Potentialgradient in der Fallrichtung, v = Fallgeschwindigkeit der Tropfen), so ist die Endladung auf den Tropfen gleich 0. Ist jedoch $k\,E < v$, so stellt sich die Endladung:

$$Q = -0{,}515\,E\,r^2 \quad (r = \text{Tropfenradius})$$

ein. D. h. das Ladungsvorzeichen ist stets dem Vorzeichen des Potentialgradienten, bez. seiner Komponente in Fallrichtung der Tropfen entgegengesetzt. Wir haben hier die mathematische Formulierung des mirror-image-Effekts vor uns.

J. A. CHALMERS (1947) stellte in einer späteren Arbeit fest, daß die gefundenen Beziehungen auch annähernd für Eisteilchen gelten dürften, die, ebenso wie Tropfen, im elektrischen Feld eine Polarisation erfahren. Ein schwieriges Problem ist allerdings, daß nur mit Kugelform gerechnet werden kann, die weder in Strenge beim Tropfen, geschweige denn angenähert beim gefrorenen Teilchen gegeben ist. Ferner kommt hinzu, daß, was bis jetzt nicht berücksichtigt worden ist, die Oberfläche fallender Tropfen nicht in Ruhe verharrt, sondern fortgesetzt und schnell erneuert wird und daß polarisierte gefrorene Teilchen ihre Orientierung zum elektrischen Feld keineswegs beibehalten, sondern mehr oder weniger schnelle Rotationen ausführen. Es fragt sich, ob die elektrische Leitfähigkeit der Partikel ausreicht um die Ladungen in der durch die elektrischen Kräfte vorgegebenen Orientierung gegen Rotationen „festzuhalten".

Immerhin zeigen die Messungen von I. P. GOTT (1933, 1935) und R. MÜHLEISEN und W. HOLL (1953), daß die Ableitungen von F. I. W. WHIPPLE und J. A. CHALMERS (1944) befriedigen. In neuerer Zeit wurden die theoretischen Grundlagen durch D. MÜLLER-HILLEBRANDT (1954)

---

[1]) Asymmetrie deshalb, weil zwar positive Ionen in der einen, negative Ionen in der umgekehrten Richtung im Feld wandern, Niederschlag aber nur in einer Richtung im Raum bewegt wird.

wesentlich erweitert und verfeinert, wobei sich u. a. folgende Beziehungen ergaben:

$$Q = c\,E\,r^2$$
$$c = -0{,}56 \text{ für } L = 1{,}0$$
$$c = -0{,}70 \text{ ,, } L = 0{,}8 \qquad L = \lambda_+/\lambda_-.$$
$$c = -0{,}46 \text{ ,, } L = 1{,}2$$

Die physikalischen Bedingungen für die elektrische Beladung von schwebenden oder fallenden Tröpfchen und Tropfen im feldfreien Raum wurden von R. GUNN (1958 und frühere Arbeiten) im einzelnen genau durchgerechnet, worauf wir in 3.-0.1.5. schon hingewiesen haben. Wir müssen jedoch bei unseren Betrachtungen die Gegenwart elektrischer Felder unbedingt mit berücksichtigen.

Es ist hier noch zu diskutieren, mit welcher Geschwindigkeit sich die oben angegebenen Endladungen auf den Tropfen einstellen. F. J. W. WHIPPLE und J. A. CHALMERS (1944) haben abgeleitet, daß die Einstellgeschwindigkeit

$$dQ/dt = -4\pi\,\lambda\,Q$$

ist, für den Fall, daß die Ausgangsladung gleich

$$Q_0 > 3\,E\,r^2 \text{ oder } Q_0 < -3\,E\,r^2 \text{ gesetzt werden kann.}$$

(In anderen Fällen gehorcht die Einstellgeschwindigkeit unübersichtlicheren Gesetzen). Nach Untersuchungen von CH. MAGONO, K. ORIKASA und H. OKABE (1957) sind die Ladungen an einzelnen Regentropfen oder Schneeteilchen in der Regel wesentlich größer als $3\,E\,r^2$ [1]), so daß wir das oben genannte Einstell-Gesetz als gültig für den Fall annehmen können, daß Tropfen von eben dieser oder größerer Ausgangsladung in ein Gebiet hineinfallen, in welchem der Potentialgradient wesentlich vom Ladungs-Gleichgewichts-Gradienten abweicht. Welchen Weg legt das fallende Niederschlagsteilchen zurück, bis es ca. 95% seiner Endladung erreicht hat? Diese Frage wollen wir näher untersuchen, wobei wir uns aber mit einer Abschätzung begnügen können (s. Seite 338 oben).

Wir ersehen aus dieser Abschätzung, daß die Einstell-Fallwege überaus groß sind. D. h., es wird praktisch niemals in der freien Atmosphäre zu Gleichgewicht zwischen Teilchenladung und Potentialgradienten, der gerade durchfallen wird, kommen, es sei denn, der Fallweg der Teilchen wird durch besondere Umstände scheinbar „verlängert", etwa dadurch, daß die Teilchen gegen einen starken Aufwind fallen müssen oder auch, daß sie horizontal stark abgelenkt werden. Dabei wäre der Fallweg relativ zur sich bewegenden Luft zu zählen. Wir werden uns damit noch zu beschäftigen haben.

---

[1]) Nehmen wir E mit 1,5 V/cm an, sowie $r = 0{,}1$ cm, dann folgt daraus $Q = 0{,}15 \cdot 10^{-3}$ ESU. Nach MAGONO und Mitarb. liegen die Ladungen pro Niederschlagsteilchen aber in der Regel zwischen $1{-}20 \cdot 10^{-3}$ ESU.

Niederschlags-teilchen	Fall-geschwindigkeit m/s[1])	Fallweg bei gegebener polarer Luftleitfähigkeit λ_+ bzw. λ_-:		
		a $0{,}5 \cdot 10^{-16}$	b $1 \cdot 10^{-16}$ Ω^{-1} cm^{-1}	c $2 \cdot 10^{-16}$
Regentropfen	5	27 km	15 km	6,3 km
Schneeflocken	1,5	8 km	4,5 km	1,9 km
Kleine Partikel aus As	1	5,4 km	3 km	1,3 km
Einstellzeit:	—	90 Min	50 Min	21 Min

Bisher haben wir stillschweigend einen konstanten Regenstrom entlang des gesamten Fallwegs vorausgesetzt. Es ist aber möglich und wahrscheinlich, daß der freie Fall, wie oben schon angedeutet, z. B. durch Aufwinde örtlich gebremst oder durch Schmelzvorgänge beschleunigt wird. Nach J. P. KUETTNER (1958) gilt dann folgende Beziehung:

$$\lambda \cdot dE/dz = - (Q/m) \, d \, I/dz$$

$E:$ Potentialgradient

$Q/m:$ spezifische Niederschlagsladung (Ladung pro Gramm)

$I:$ Niederschlagsintensität (gcm^{-2}sec^{-1}).

Sie beruht auf der Überlegung, daß die vertikale Änderung des Niederschlagsstromes durch eine entsprechende vertikale Änderung des Leitungsstromes kompensiert werden muß. Die Beziehung sagt, daß sowohl Verzögerungen als auch Beschleunigungen des fallenden Niederschlags örtlich bzw. zeitlich-örtlich Änderungen des Potentialgradienten zur Folge haben müssen. Hierzu ein Beispiel: Zunächst sei über eine gewisse atmosphärische Schicht $dI/dz = O$, also I durch die ganze Schicht konstant. Dann ist auch E durch diese ganze Schicht hindurch konstant. Nun sei der Niederschlagsstrom an einer bestimmten Stelle durch einen Aufwind aufgehalten. Von unten her in dieses Aufwindgebiet hinein nimmt I mit der Höhe ab. Proportional hierzu muß dann E mit der Höhe zunehmen. Jetzt soll aber der Aufwind nicht plötzlich zur Wirkung kommen, sondern allmählich innerhalb endlicher Zeit. Das bewirkt, daß an einer bestimmten Stelle wegen einer zeitlichen Änderung von I ein Feldaufbau erfolgt. *Das entspricht aber genau dem Fall der in 3.-1.3.6. festgestellten dI/dt-Koppelung. Wir glauben somit, für diese eine plausible Erklärung durch Anwendung der oben genannten Beziehung gefunden zu haben.*

---

[1]) Nach H. WEICKMANN (1957).

3.-1.5.1. Niederschlags-elektrische Prozesse bei Übergang von Altostratus in Nimbostratus

Wir setzen voraus, daß die Atmosphäre zwischen Erdoberfläche und dem Gebiet der Niederschlagsentstehung stabil geschichtet sei. Ferner wollen wir Schmelzprozesse am frei fallenden Niederschlag zunächst außerhalb der Betrachtung lassen (siehe 3.-1.5.3.).

Eine Reihe von Grunderfahrungen können wir außerdem als gesichert voraussetzen und mit in das Bild übernehmen:

a) Die Wolkenbasis (As, Cu, Ns) trägt stets negative, niemals positive Raumladungen (siehe 3.-0.1.4./3.-1.1.2./3.-1.1.3./3.-1.1.5.).

b) Der Potentialgradient im gleichmäßigen Schneefall ist überhöht positiv, im gleichmäßigen Regen negativ (siehe 3.-1.1./3.-1.3.).

c) b) gilt unabhängig von der Lage relativ zur Wolkenbasis, also sowohl innerhalb als auch außerhalb der Wolke.

d) Die Fremd-Potentialgradienten b) werden nur unmittelbar im Niederschlag selbst, bzw. unter frei fallenden Niederschlagsfahnen (Fallstreifen) beobachtet, sind also an die Nähe der Niederschlagsteilchen unmittelbar gebunden.

e) Die Fremd-Potentialgradienten b) sind nicht davon abhängig, ob Spitzenentladungen am Boden auftreten können oder nicht. Es wäre sonst nicht möglich, Übereinstimmung der Registrierungen an Zugspitzgipfel und Zugspitzplatt zu erhalten (siehe 3.-1.1./3.-1.2.).

f) Die Fremd-Potentialgradienten b) können nicht durch mechanische Effekte unmittelbar an der Erdoberfläche in Stationsnähe hervorgerufen sein (Zerbrechen oder Verspritzen von Teilchen). Solche Effekte sind z. B. an Station Zugspitze auszuschließen, zumindest im Vergleich mit einer Station auf einer ausgedehnten Fläche (Zugspitzplatt), abgesehen von der sehr kleinen Auffangfläche, welche die Turmplattform bildet, fallen die Niederschlagspartikel rund um die Sonde in mehr oder weniger große Tiefen.

Berücksichtigen wir diese Punkte und die in 3.-1.1.—3.-1.4. zusammengestellten Erfahrungen, so können wir an Hand von Schema Abb. 144 folgendes Bild skizzieren:

1. Der positive Potentialgradient im Inneren der *As*- oder *Ns*-Wolke läßt auf frei fallenden Partikeln (Geschwindigkeit größer als 2 cm/sec) nur negative Ladung zu, wenn wir die oben angeführten Theorien gelten lassen wollen. Der *As*-Niederschlag fällt langsam[1]), vor allem in seinem Entstehungsgebiet. Es kann sich somit auf Fallwegen von einigen 100 m

---

[1]) Absplitterungen oder Tröpfchenzersprühung (s. u.) kommen deshalb nicht vor.

ein erheblicher Teil der Gleichgewichtsladung einstellen. Passiert nun das bereits negativ geladene — meist feste — oft auch flüssige Niederschlags-Partikelchen die Wolkenbasis, so nimmt es zusätzlich negativ geladene Wolkentröpfchen aus dem Raumladungsgebiet auf und zwar entweder direkt durch Auffrieren auf das Kriställchen oder durch Zusammenstoß. Den formelmäßigen Zusammenhang für den letzteren Vorgang hat R. Gunn (1958) angegeben:

$$\overline{Q} = \frac{K\,\overline{q}}{2}\,\ln\!\left(\frac{C_+}{C_-}\right)$$

$\overline{Q}$ mittlere Ladung auf dem Niederschlagströpfchen
K Anzahl der Stöße zwischen Wolkentröpfchen und Niederschlags-teilchen
$\overline{q}$ mittlere Ladung der Wolkentröpfchen
C_+ bzw. C_- Anzahl der positiven bzw. negativen Wolkentröpfchen/cm³

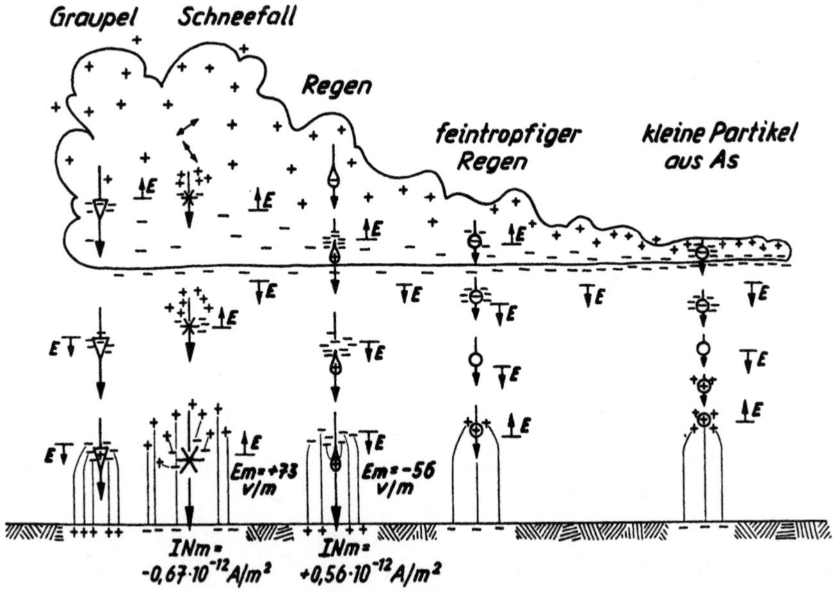

Abb. 144. Schematische Darstellung der verschiedenen vorkommenden Niederschlags-Beladungsvorgänge (Näheres siehe Text)

Auf jeden Fall verlassen die Niederschlagspartikel die Wolkenbasis mit einer negativen Ladung, die größer ist als dem Gleichgewicht mit E entsprechen würde. Ist die Geschwindigkeit weiterhin sehr klein, so kann die Ladung an den As-Niederschlagspartikeln auf kurzen Wegstrecken ab-gebaut werden (3.-1.5.0.), denn sie ist unterhalb der Wolkenbasis hochgradig instabil, weil dort ja negativer Potentialgradient herrscht. Es kann dann nicht nur zu einer Entladung, sondern auch zu einer Umladung kommen, wie wir es mehrfach beobachtet haben (3. -1.1.4./3.-1.1.0.). Ferner stellen wir fest, daß die Wahrscheinlichkeit für Ent-und Umladung nach der in 3.-1.5.0. angegebenen Gleichung auf der vorgegebenen Fallstrecke umso größer ist, je langsamer das Teilchen fällt, je länger also seine Reise dauert. Da man, gerade beim ersten Niederschlag aus As, sehr oft beobachten kann, daß er ganz oder teilweise auf dem Fallweg verdampft [vergl. N. Frössling (1938)], so führen Massenverlust und Verlangsamung umso früher (d. h. in einem umso höheren Niveau) zur Umladung, je schneller die Verdampfung vor sich geht. All dies steht in Übereinstimmung mit den Beobachtungen (3.-1.1.4.).

2. Betrachten wir nun — ebenfalls anhand Abb. 144 — die Verhältnisse im gleichmäßigen Regen, wobei wir zunächst auf den vorausgehenden Schmelzvorgang (siehe 3.-1.5.3.) nicht weiter eingehen. Der Potentialgradient ist dann, wie wir wissen, negativ, der Niederschlagsstrom aber überwiegend positiv. Es muß also im Regengebiet eine negative Raumladung vorhanden sein, die die positive Ladung der fallenden Tropfen, die sich gerade im Mittel im Einheitsvolumen aufhalten, überkompensiert. Diese negative Ladung baut gegen die Erdoberfläche einen stark negativen Potentialgradienten auf, der keinesfalls von der Wolkenbasis-Ladung herrührt. Er verschwindet innerhalb von Minuten nach Ende des Niederschlags. Auch findet sich diese negative Raumladung in jeder beliebigen Höhe als eine vom Regen unlösbare Erscheinung, ob in oder unter der Wolke. Diese negativen Ladungen müssen übrigens an Partikel gebunden sein, deren Fallgeschwindigkeit nahe Null ist, weil sie ja offenbar nicht mit in den Niederschlagsstrom eingehen [siehe auch Ch. Magono und K. Orikasa (1961)].

Es soll offen gelassen werden, um welchen Vorgang der Ladungstrennung es sich hier handeln könnte. Immerhin sei folgende Möglichkeit diskutiert: Es wäre denkbar, daß die Regentropfen auf ihrer Reise laufend etwas von ihrer Substanz versprühen [vgl. E. J. Workman und S. E. Reynolds (1950a, b)]. Nach Ph. Lenard (1921)[1] nehmen diese kleinen Spritzer negative Ladung weg und die Tropfen erhalten dabei positive Ladung. Ph. Lenard stellte allerdings entweder Stabilität der Tropfen oder völliges Zerplatzen derselben fest, was aber nur eintrat, wenn sich die Fall- bzw. Luftströmungsgeschwindigkeit plötzlich innerhalb gewisser Mindestintervalle

---

[1] Den Lenard-Effekt an Wassertropfen, wobei allerdings völliges Zerplatzen in turbulenten Strömungen angenommen wurde, hat schon C. T. R. Wilson (1929) zur Grundlage zu einer Gewitter-Theorie gemacht. Daß, wie man heute weiß, die vom Lenard-Effekt zu erwartenden Ladungsmengen keinesfalls ausreichen um ein Gewitter allein aufzubauen, braucht uns hier nicht zu stören. Es werden ja nur Feldstärken in der Größenordnung 1 V/cm benötigt.

änderte. Die notwendige Geschwindigkeitsänderung nimmt mit abnehmender
Tropfengröße sehr stark zu, so daß die Wahrscheinlichkeit des Zerplatzens
der Tropfen erst bei Durchmessern von mehr als 5 mm hinreichend groß wird.
B. Stuke (1954) hat in jüngster Zeit nachgewiesen, daß im fallenden Tropfen
eine Strömung erzeugt wird, wie sie Abb. 145 zeigt. Sie führt dann unter
bestimmten Umständen zur Bildung von Wirbelringen und zum Platzen des
Tropfens[1]). Ist der fallende Tropfen aber nicht kugelförmig, sondern in die
Länge gezogen, so muß wohl die Strömung im Tropfen an seinem Schwanz-
ende scharf umgelenkt werden. Das aber, zusammen mit Luft-Wirbel-
bildungen am Tropfenende, könnte dazu führen, daß vom Ende des Tropfens
gelegentlich überwiegend negativ geladene, feine Wasserspritzer abgelöst

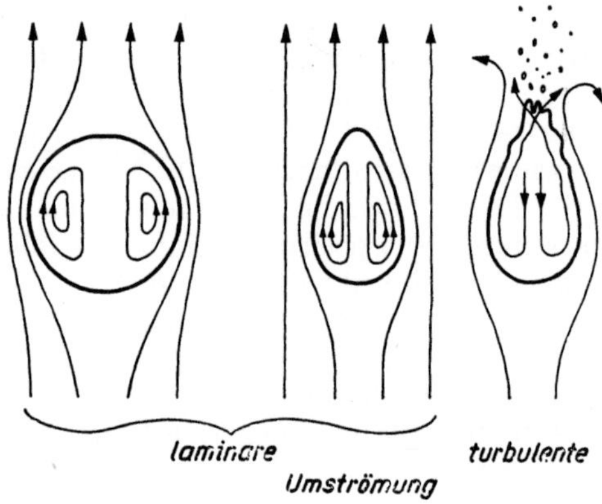

Abb. 145. In Luft frei fallende Tropfen (Schema). Links Ringströmung in
einem Tropfen nach B. Stuke (1954)

werden. Diese haben notwendig die Tendenz, zu verdampfen, da ja trotz
Regen im wolkenfreien Raum[2]) die Feuchte kleiner als 100% ist und der
kleine Tröpfchenradius den Verdampfungsvorgang stark beschleunigt. Nach
der Verdampfung verbleiben freie negative Raumladungen in der Luft, die
dann zwar wieder durch Wanderung im Feld und Kombination mit den
gleichzeitig vorhandenen, aber in der Minderzahl sich befindenden positiven
Ionen teilweise verschwinden bis sich Gleichgewicht einstellt. Übrigens wird
durch den postulierten Vorgang ein Potentialgradient aufrecht erhalten, der
außerdem noch die Aufnahme positiver Ionen durch die fallenden Wassertropfen begünstigt. Aber ohne Lenard-Effekt würde die negative Ladung der
Wolkenbasis nicht ausreichen, um den Einfangvorgang schnell genug oder
überhaupt wirksam werden zu lassen. Die Potentialgradienten unter Ns ohne
Niederschlag liegen ja sehr nahe bei Null.

---

[1]) Siehe auch Ph. Lenard (1904), E. Hochschwender (1919) und
W. R. Lane (1951), sowie D. C. Blanchard (1958).
[2]) Schwache Konvektion in Bodennähe bewirkt Nebelauflösung und
schafft den wolkenfreien Raum [K. Schneider-Carius (1953)].

Der skizzierte Vorgang ist unabhängig vom Niveau über NN und auch davon, ob er sich in oder außerhalb der Wolke abspielt, jedoch ist er an das Gebiet positiver Temperaturen gebunden. Wir betrachten noch kurz die im Wolkenraum anzunehmenden Vorgänge. Die vom fallenden Tropfen innerhalb der Wolkenunterseite abgespaltenen feinen Partikelchen vermehren dort die Anzahl der negativ geladenen Wolkentröpfchen, was zu einer Verstärkung der negativen Wolkenladung führt. Diese ist beim *Ns* nicht, so wie beim *As*, scharf an die Untergrenze gebunden, sondern diffus im unteren Wolkenstockwerk verteilt, was bereits eine Folge des Absprühvorganges sein kann.

Auch E. J. WORKMAN und S. E. REYNOLDS (1950a, b) nehmen an, daß die negative Ladung der Wolkenbasis auf diese Weise zustande kommt, jedoch soll die negative Raumladung nach den beiden Autoren ausschließlich auf die Wolkenbasis beschränkt sein, darunter aber nicht mehr auftreten. Dagegen sprechen aber entschieden unsere Beobachtungen. Es gibt keinen Zweifel, daß negative Raumladung im Regen auch außerhalb der Wolke vorhanden ist und daß außerdem negative Basisladung der Wolken auch ohne Niederschlagsausfall zustande kommen kann.

Der zur Diskussion gestellte Vorgang steht in guter Übereinstimmung mit F. J. SCRASE (1938) und S. K. BANERJI und S. R. LELE (1952). Er muß aber keineswegs im Gegensatz zur Ioneneinfang-Theorie gesehen werden, welche nach G. C. SIMPSON (1949), J. A. CHALMERS (1951, 1961) und L. G. SMITH (1951) die luftelektrischen Verhältnisse im Regen erklären soll. Vielmehr können sich beide Vorgänge, wie wir oben gezeigt haben, unterstützen.

Allerdings müssen wir auf Grund unserer Erfahrungen die Meinung vertreten, daß der Tropfen-Sprüheffekt erst die Voraussetzungen (entsprechend hoher und negativer Potentialgradient) für das Einsetzen des Ioneneinfangs schafft, während J. A. CHALMERS (1951) die umgekehrte Reihenfolge annimmt: Erst baut sich ein genügend hohes Feld zwischen Wolkenunterseite und Boden auf, dann entstehen am Boden Spitzenentladungen, welche Ionen liefern, die schließlich von den fallenden Tropfen eingefangen werden. Wie unsere synoptischen Registrierungen zeigen, treten die hohen Felder erst im Niederschlag selbst auf, während das reine Wolkenfeld schwach bleibt, so daß es nicht zu Spitzenentladungen führen kann, es sei denn unter Gewitterwolken.

Hat übrigens anfangs, z. B. nach dem Schmelzen eines festen negativ geladenen Partikels (siehe 3.–1.5.3.) ein Tropfen noch negative Überschuß-Ladung im positiven Potentialgradienten, so wird diese instabile Ladung sehr schnell versprüht, ist doch der Absprühvorgang von gleicher Wirkung wie ein Tropfen-Kollektor, der für die rasche Einstellung und Einhaltung des Gleichgewichtes sorgt.

3. Gehen wir nun zum festen Niederschlag über, wobei wir uns zunächst auf Kristalle und Kristall-Agglomerate und Flocken beschränken wollen (vergl. weiterhin Abb. 144). Wiederum ist im Bereich positiver Potentialgradienten der Wolke negative Ladung an den Kristallen stabil, die im Entstehungsgebiet sehr langsam fallen, wodurch Zeit für die Einstellung der Gleichgewichtsladung besteht. Im Schneefall herrscht positiver Fremd-Potentialgradient, der wie in 3.-1.3.5. gezeigt, mit der Größe der Kristalle und nach 3.-1.3.4. mit Zunahme der Flockenbildung anwächst und unmittelbar an den Schnee-Niederschlag gebunden ist. Die zum Niederschlagsstrom beitragenden Schneeteilchen führen aber negative Ladung mit sich. Es muß deshalb offenbar im Schnee-Niederschlag laufend positive Raumladung aufrecht erhalten werden, die die negativen Ladungen der sich gerade in der Volumeneinheit aufhaltenden Niederschlagsteilchen stark überkompensiert.

Auch hier soll zunächst noch offen gelassen werden, welcher Vorgang der Ladungsabspaltung wirksam werden könnte. Folgende Möglichkeit scheint uns jedoch sehr wahrscheinlich zu sein: wie in 3.–0.1.5. nachgewiesen, sind kleine Kristallsplitter, die sich von größeren Rümpfen ablösen, überwiegend positiv geladen, wobei sie negative Ladung zurücklassen. Es wäre nun durchaus denkbar, daß eben dieser Vorgang laufend im Schneeniederschlag stattfindet und die zu fordernde positive Raumladung liefert. Das scheint um so wahrscheinlicher, als, wie eben erwähnt, die positive Überschußladung in der Luft im Schneefall mit der Größe der Kristalle und Kristallagglomerate anwächst. Mit diesem Anwachsen nimmt nämlich notwendigerweise auch die Häufigkeit der Absplitterungen[1]) zu. Die abgesplitterten kleinen positiven Partikelchen (siehe auch Abb. 152a) verdampfen im wolkenfreien Raum und bleiben gegen die fallenden negativ geladenen Flocken zurück (siehe Abb. 144). Die so entstandenen, schwebenden Ladungen werden, ähnlich wie im Regen, teils durch Abwanderung, teils durch Kombination mit negativen Kleinionen an Zahl verringert, bis sich wiederum ein Gleichgewicht zwischen Produktion und Abbau einstellt. Hört der Niederschlag auf, so verschwinden die Überschußladungen entsprechend der durch die Luftleitfähigkeit gegebenen Zeitkonstante $1/4\,\pi\,\lambda$ (Größenordnung: Minuten). Auch der Kristall-Absplitterungsvorgang erzeugt einen Potentialgradienten, der eine Aufnahme entgegengesetzt geladener Ionen durch die fallenden Flocken und größeren

---

[1]) Über Absplitterungsvorgänge an Eiskristallen siehe W. C. MACKLIN (1960). Vgl. auch die Untersuchungen von G. J. MASON und J. MAYBANK (1960) und B. J. MASON (1962) über Zerbrechen und Aufladung von gefrierenden Wassertröpfchen. Die Autoren finden übereinstimmend, daß kleine abgebrochene Splitter positive Ladung forttragen, während die Rümpfe negativ zurückbleiben.

Über Fallgeschwindigkeit von Schneeflocken und Schneekristallen verschiedener Größe und einige theoretische Ableitungen hierzu siehe U. NAKAYA (1955). Nach dieser Untersuchung fallen Schneeflocken von 0,5 cm Durchmesser mit ca. 1 m/s, von 2,5 und mehr Zentimeter Durchmesser mit etwa 2 m/s Geschwindigkeit.

Gebilde begünstigt, analog zu den Verhältnissen bei Regen. Aber ohne den Absplitterungsvorgang würde dieser Prozeß wegen der negativen Wolkenunterseite und dem vor Niederschlagseinsatz negativen Potentialgradienten überhaupt nicht einetzen können.

Wir fragen uns noch, was wohl innerhalb der Wolke mit den abgesplitterten Eis-Partikeln passieren könnte. Entweder, sie bleiben im unteren Wolkenstockwerk (keine Aufwinde), dann frieren negativ geladene Wolkentröpchen daran fest und es entstehen daraus erneut überwiegend negativ geladene Kristalle oder Tropfen, die ausfallen, oder sie werden durch Aufwinde hochgetragen und führen dem oberen Wolkenstockwerk, in dem negative Temperaturen herrschen, positive Ladung zu. Jedenfalls kommen wir auf diese Weise zu einer befriedigenden Erklärung des Spiegelbildeffektes auch im Schnee-Niederschlag, wobei die oben genannten Bedingungen a)—f) erfüllt sind.

4. Schließlich betrachten wir (Abb. 144) noch zum Vergleich den Graupel-Niederschlag, obwohl er eigentlich schon zur instabilen Schichtung gehört. In der Regel stimmen E und IN im Graupelniederschlag miteinander überein. Wir nehmen deshalb an, daß, was auch auf Grund der mechanischen Struktur der Niederschlagsteilchen wahrscheinlich ist, Absplitterungen nicht möglich sind und somit die negative Ladung der Niederschlagsteilchen selbst den Potentialgradienten bestimmt. Wahrscheinlich ist die spezifische Ladung von Graupel größer als die von Schneeflocken oder Tropfen.

5. Haben wir einen Übergang von feinem As-Niederschlag über feintropfigen Regen zu Landregen (Abb. 144), so gilt wohl im wesentlichen das, was schon zum As-Niederschlag gesagt worden ist. Die kleinen Tropfen verlassen die Wolke mit negativer Ladung und polen sie im weiteren Fall um, während Absprüh-Vorgänge kaum wirksam werden können. Es haben dann Regenstrom und Potentialgradient positives Vorzeichen. Allerdings ist dieser Zustand nicht stabil, denn die aufsteigenden negativen Ionen trachten die Tröpfchen erneut umzuladen. Dieser Vorgang kann schuld an der in 3.-1.1.4. erwähnten wiederholten Umladung von Niederschlagsteilchen sein, wie sie überwiegend im feintropfigen Regen gefunden wird.

Überlegungen über den elektrischen Aufbau der Nimbostratuswolken unter Hinzuziehung der niederschlags-elektrischen Erscheinungen wurden bis jetzt kaum angestellt. Eine eingehende Studie wurde von J. A. CHALMERS (1958) veröffentlicht. J. A. CHALMERS stimmt darin mit uns überein, daß allein bodennahe Effekte für das Zustandekommen des mirror-image-Effektes sicher auszuschließen sind, wie sie etwa von L. G. SMITH (1955) gefordert wurden, und auch darin, daß Niederschlagspartikel offenbar eine Ladung hinter sich lassen, die der ihren entgegengerichtet ist, so wie auch von CH. MAGONO und K. ORIKASA (1961) angenommen.

Anläßlich eines Vortrages von C. B. MOORE und B. VONNEGUT (1960) kam es zu einer Diskussion über das Zustandekommen des mirror-image-Effekts und seiner Unabhängigkeit von der Höhe über dem Boden. H. W. KASEMIR (1960) entwickelt dabei die Ansicht, daß für die Ausbildung des Effekts die Zufuhr von Ladung durch den Niederschlag aus der Wolke zur Erdoberfläche notwendig sei und daß sich die den Potentialgradienten auch in Bodennähe bestimmende Ladung an der Wolke erst ausbilden könne, wenn genügend Ladung umgekehrten Vorzeichens von der Wolke zum Boden durch den Niederschlag abtransportiert worden sei, also einige Minuten, nachdem die ersten Tropfen den Boden erreicht haben. Diese Ansicht ist aber nicht in Übereinstimmung mit zahlreichen gesicherten Befunden zu bringen, worauf auch B. VONNEGUT in der Diskussion hinweist.

Es gibt übrigens eine Reihe von Untersuchungen darüber, wie sich Ladung und Ladungsvorzeichen auf Tröpfchen verschiedener Größe verteilen [L. G. SMITH (1955), G. C. SIMPSON (1949), J. A. CHALMERS und E. W. R. LITTLE (1947), J. STOCKILL und J. A. CHALMERS (1956), vergl. auch CH. MAGONO, K. ORIKASA und H. OKABE (1957)]. Die Ergebnisse werden von J. A. CHALMERS (1957) eingehend diskutiert. Sie sind recht widerspruchsvoll und hängen offenbar von der angewandten Auffangmethode ab, so daß sie in unserem Zusammenhang das Bild nicht verbessern.

Hier wäre noch zu fragen, ob denn nicht die Raumladungen, die durch die Absprüh- oder Absplitterungseffekte an Tropfen oder Flocken hervorgerufen werden sollen, nicht auch in Verschiebungen der Kleinionendichten merkbar werden könnten. Es wäre doch immerhin denkbar, daß aus einigen der verdampften Tröpfchen oder Kristallfragmenten Kleinionen entstehen. Vergleichen wir die in Tab. 19 zusammengestellten Verhältniswerte n_+/n_- während gleichmäßigem Regen bzw. während Schneefall mit dem Schönwetterverhältnis n_+/n_-, so stellen wir in der Tat Veränderungen in der zu erwartenden Richtung fest: eine erhebliche Vermehrung von n_+ im Schneefall und eine Zunahme von n_- im Regen. Doch sind diese Verschiebungen nicht leicht von der Wirkung des im gleichen Sinne angreifenden Elektrodeneffekts zu trennen.

An dieser Stelle seien einige neuere Arbeiten genannt, welche sich mit dem Problem der elektrischen Beladung von festen oder flüssigen Partikeln befassen. Die umfangreichen Untersuchungen von R. GUNN wurden bereits in 3.–0.1.6. erwähnt. Sie enthalten z. T. auch Ableitungen und Meßergebnisse über die elektrische Beladung von fallenden Niederschlagsteilchen. Weitere Arbeiten: E. K. FEDEROV (1951), HUTCHINSON und J. A. CHALMERS (1951), H. NORINDER und R. SIKSNA (1955), L. G. SMITH (1955), V. M. MUCHNIK (1956), R. M. SCHOTLAND (1957), CH. MAGONO und T. TAKAHASHI (1958, 1959) und CH. MAGONO und K. ORIKASA (1961).

3.-1.5.2. Niederschlags-Elektrizität bei instabiler Schichtung und Turbulenz

Der Charakter des Bildes der Niederschlags-Luftelektrizität in turbulenter Atmosphäre wird durch die raschen zeitlichen Wechsel des

Fremd-Potentialgradienten und des Niederschlagsstromes gezeichnet (siehe 3.-1.2. und 3.-1.3.). Es steht dabei, wie wir zeigen konnten, ganz außer Zweifel, daß die hohen und schnell ihre Richtung und Stärke wechselnden Werte von E ausschließlich an die Gegenwart des Niederschlags am Meßort gebunden sind und nicht etwa von einem Ladungsumbau in der Wolke oder vom Vorbeizug örtlich unterschiedlich geladener Wolkenpartien herrühren. Gegen einen solchen Vorgang spricht vor allem der so häufige „chaotische Schauertyp".

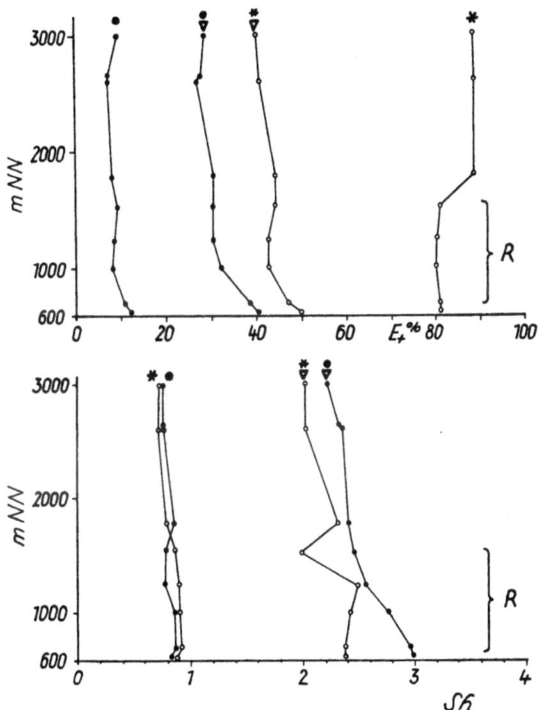

Abb. 146. $E_+\%$ (oben) bzw. Sh (unten) als Funktion der Stationshöhe bei verschiedenen Niederschlagsarten (Mittelwerte über die gesamte Beobachtungszeit (Zeichenerklärung siehe Abb. 123). R: Dicke der Reibungsschicht

Wir betrachten hierzu Abb. 146. Vor allem im Schauerniederschlag, gleichgültig ob im Regen oder Schneefall, nimmt die Häufigkeit des Richtungswechsels des Fremd-Potentialgradienten (Sh) mit der Stationshöhe deutlich ab, vor allem zwischen 700 und 1500 m NN. Ferner zeigt Abb. 146, daß sich die Häufigkeit positiver Fremd-Potentialgradienten

$(E_+\%)$ bei Schauerniederschlägen dem Wert 50% um so mehr nähert, je niedriger die Station liegt. Die $E_+\%$-Werte sind, wie wir wissen, im gleichmäßigen Niederschlag entweder sehr hoch (Schnee) oder sehr niedrig (Regen). Zu den Schlüssen, die wir hieraus ziehen können, soll uns Schema

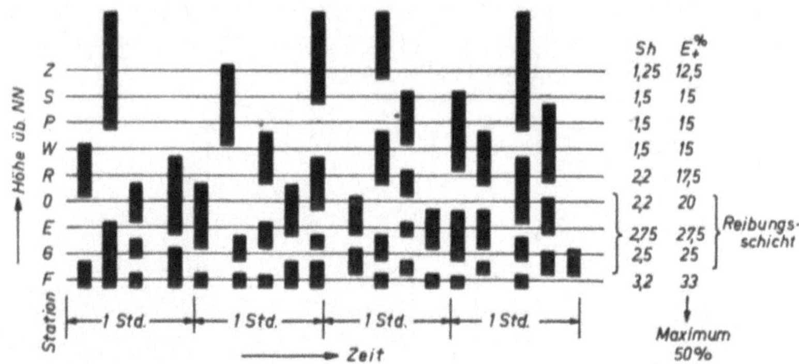

Abb. 147. „Luftelektrisches Turbulenzmuster", Schema der vertikalen und zeitlichen bzw. horizontalen Verteilung der Gebiete mit positivem Fremd-Potentialgradienten (schwarz ausgefüllt) im Schauerniederschlag

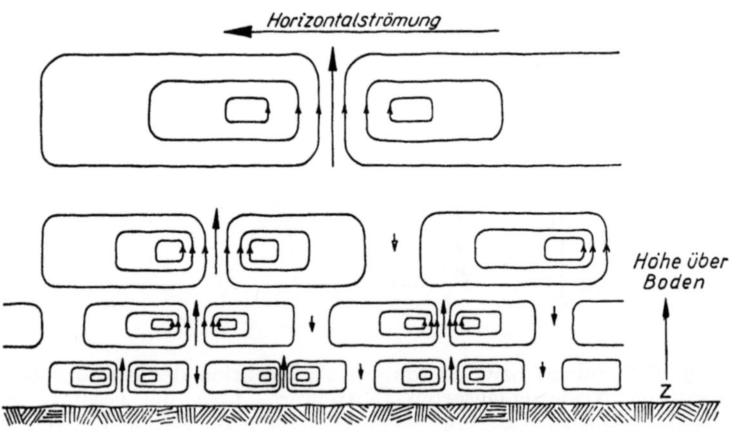

Abb. 148. „Meteorologisches Turbulenzmuster". Schematische Darstellung der vertikalen und horizontalen „Schlichtung" von Konvektionszellen bei labiler Schichtung (Schauer)

Abb. 147 führen. In Form einer „Notenschrift" ist aufgetragen, über welche Zeitdauer und über welche Höhendifferenz jeweils positiver Fremd-Potentialgradient (schwarz ausgefüllt) im Schauerniederschlag gegeben sei (in Anlehnung an die gesammelte Erfahrung). Die Häufigkeit und vertikale Zerstückelung der positiven Gradientgebiete muß mit Annäherung an die Meereshöhe bzw. an die Taloberfläche ansteigen um in Einklang mit Abb. 146 und dem luftelektrischen Bild des chaotischen Schauers zu kommen (Abb. 114). Dort wird im statistischen Mittel alsdann zu 50% der Zeit positiver bzw. negativer Potentialgradient herrschen. Was wir aber in Abb. 147 vor uns haben, ist nichts anderes als die Fußspur der zeitlichen und örtlichen Verteilung der einzelnen Turbulenzzellen. In genügend großer Entfernung vom Erdboden haben wir noch

Abb. 149. Regelmäßige Aufeinanderfolge von Turbulenzzellen, die bei der abendlichen Auflösung einer Schauerbewölkung sichtbar wird (vgl. Abb. 148)

fast laminare Strömung (bei Schauerwetterlagen herrschen ja in der Regel nicht unbeträchtliche horizontale Windgeschwindigkeiten). Mit Annäherung an die Reibungsschicht nimmt nun die Windgeschwindigkeit mit fallender Höhe bekanntlich ab (Windscherung), was Anlaß zu örtlicher Turbulenz und Verwirbelung gibt. Wir können die Reibungsschicht R aus Abb. 146 unmittelbar mit 700—1500 m NN angeben. Die Feinstruktur der Wirbel nimmt mit Annäherung an den Boden immer mehr zu, begünstigt durch die natürliche Rauhigkeit der Erdoberfläche.

Stark schematisiert können wir uns im vertikalen Schnitt die Verwirbelung etwa so wie auf Abb. 148 vorstellen. Es gibt enge begrenzte Gebiete mit heftigen Aufwinden und schwächere Abwinde über größeren Querschnitten. Die Zellenstruktur [siehe H. Siedentopf (1950)] vergröbert sich mit zunehmender Höhe. Natürlich sind die Zellen nicht unbedingt so regelmäßig und in Schichten angeordnet.

Man findet diese Zellenstruktur recht oft im Ausdruck des Wolkenbildes. Die wie gespenstische graue Reiter unter dunklen Regenwolken hinsausenden Fractocumuli markieren solche Reibungs-Turbulenz-Zellen. Auch Schauer-Cumuli sind oft recht regelmäßig „aufgereiht". Das wird während Niederschlag weniger deutlich beobachtet, weil da meist alle Wolkenmassen zusammenfließen, dafür um so deutlicher im Zustand der Auflösung und all-mählichen Aufheiterung, vornehmlich gegen Abend. Abb. 149 gibt hierzu ein besonders instruktives Beispiel. Vier in Auflösung begriffene Konvektions-zellen (die vierte ist vom Schlagschatten der dritten verdunkelt) von gleicher Größe liegen in einer Reihe und folgen in konstanten Abständen aufeinander.

Fällt Niederschlag durch ein dreidimensionales Feld von Turbulenz-zellen, wie es auf Abb. 148 angedeutet ist, so erfährt er in Abwindge-bieten Beschleunigungen, in Aufwindzonen aber Verzögerungen[1]). Das hat erhebliche Folgen im Gültigkeitsbereich der Wechselbeziehung zwi-schen Ladungsdichte und -vorzeichen am Niederschlag einerseits und dem Potentialgradienten andererseits. Schon allein aus der von J. P KUETTNER (s. o. 3.-1.5.0.) angegebenen Beziehung geht hervor, daß ver-tikale Inhomogenitäten des Niederschlagsstromes zu Feldinhomogeni-täten führen müssen. An Hand von Schema Abb. 150 können wir uns schon rein qualitativ ein Bild davon machen, zu welchen Folgen die loka-len Auf- und Abwinde führen müssen (rechnerische Ableitung ist hier nicht möglich):

Wir nehmen zunächst an (a), es herrscht Gleichgewicht zwischen po-sitiver Ladung an den Tropfen und dem negativen Potentialgradienten (er wird durch die negativen, abgesprühten Ladungen aufrechterhalten), durch den der Niederschlag fällt. Nun gelangt der Niederschlag in ein Ge-biet mit Aufwind (b), er wird stark gebremst. Die Folge ist: es nimmt die mittlere Verweilzeit der positiven Regentropfen im Einheitsvolumen zu, während die Verweilzeit der von den Tropfen abgesprühten negativen Ladungen abnimmt. Während also die Tropfen u. U. fast schweben, fliegen die kleinen, leichten Partikel davon. Damit kehrt sich die Raum-ladung in der Luft um, es stellt sich positiver Potentialgradient[2]) ein (1. Richtungswechsel des Gradienten). Damit wird aber nun die positive Ladung an den Tropfen instabil. Durch den Tropf-Kollektor-Effekt geben die Tropfen positive Ladung ab und werden negativ. Das benötigt aber gewisse Zeit, in welcher die Tropfen etwas tiefer fallen. Nun bestimmt aber die negative Tropfenladung den Potentialgradienten im nächst nied-rigeren Stockwerk (c), er wird wieder negativ (2. Richtungswechsel). Die Tropfenladung wird dadurch erneut instabil und kehrt sich um. Nun

---

[1]) Auch unterschiedliche Horizontalströmungen verursachen u. U. Ände-rungen der Vertikalkomponente der Niederschlags-Fallgeschwindigkeit.

[2]) Eine Annahme, deren Gültigkeit freilich auch davon abhängt, welche Ladungen über und unter unserem Gebiet vorhanden sind. Das ändert aber an unserem Modell nichts wesentliches.

nehmen wir an, daß der starke Aufwind in schwachen Abwind übergeht (d) und die Tropfen beschleunigt werden. Die Verweilzeit der nun positiven Tropfen im Einheitsvolumen nimmt ab, die Zahl der versprühten negativen Ladungen aber zu. Es fallen jetzt die positiven Tropfen durch ein Gebiet mit negativem Potentialgradienten, der Zustand ist also jetzt wieder stabil.

Nach diesem Modell wäre zu folgern, daß bei instabiler atmosphärischer Schichtung zuerst die Änderung von E und dann erst die von IN eintritt,

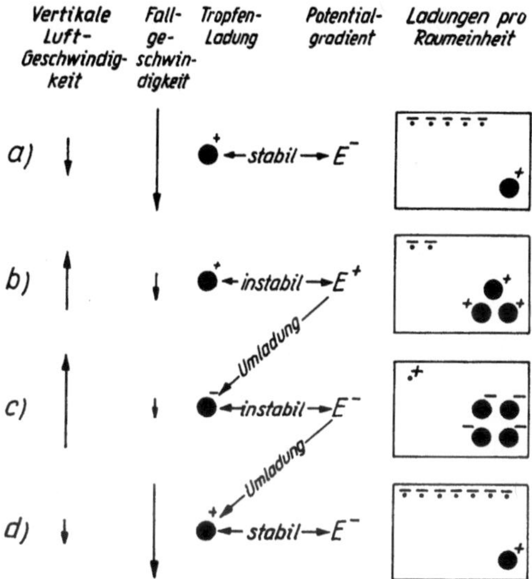

Abb. 150. Schema zur Erklärung einer Instabilisierung der Wechselbeziehung: Niederschlagsladung/Potentialgradient durch Änderung der Fallgeschwindigkeit der Niederschlagspartikel

bzw. durch die E-Änderung ausgelöst wird. Gerade das wird durch die laufenden Registrierungen von E und IN an den beiden Stationen Farchant und Wank immer wieder bestätigt (siehe die Beispiele der Gruppe 3 von Abb. 129a und 130 oben).

Es muß der Ablauf des Geschehens keineswegs in dieser Reihenfolge oder genau nach diesem „Rezept" ablaufen. Es gibt noch andere Abläufe. Worauf es hier nur ankommt, ist zu zeigen, daß durch Geschwindigkeitsänderungen der fallenden Niederschlagsteilchen (das gilt nicht nur für Regen, sondern genausogut für Schnee) Vorzeichenwechsel der Raumladung und des Potentialgradienten ausgelöst werden können.

Auf diese Weise ist die logische Verbindung zwischen dem meteorologischen Turbulenzmuster Abb. 148 und dem luftelektrischen Turbulenz-

muster Abb. 147 hergestellt, es ist aber damit auch die Beziehung zwischen Labilitätsenergie und Häufigkeit des Gradient-Richtungswechsels (3.-1.3.2.) erklärt. Im einzelnen sind die Vorgänge, gerade beim Schauer, sehr kompliziert, weil die endlichen Einstellzeiten dafür sorgen werden, daß es nicht mehr zum „echten" Spiegelbildeffekt kommt. Es wird nun auch die d IN/dt-Koppelung (3.-1.3.6.) verständlich, denn die zwischen den einzelnen Turbulenz-Stockwerken (s. z. B. Abb. 150a/b/c) aufgebauten Felder werden umso größer sein, je größer die Verzögerungen oder Beschleunigungen sind, die die Niederschlagsteilchen erfahren. Hieraus wird noch einmal und endgültig deutlich, daß es unbedingt notwendig ist, bei allen Untersuchungen über Niederschlags-Luftelektrizität Schauer-Niederschläge und gleichmäßige Niederschläge streng getrennt voneinander zu betrachten.

3.-1.5.3. Die Vorgänge in der Schmelzzone

Es ist nun auch darangegangen worden, die Vorgänge in der Schmelzzone (3.-1.3.3.) und das Umklappen des Fremd-Potentialgradienten in ihr zu erklären, indem wir das oben Gesagte zu Grunde legen. Wir unterscheiden drei Zonen:

1. Das Gebiet des Schnee-Niederschlags (Abb. 151a): Es fallen Flocken oder große Kristalle, die negative Ladung tragen. Von diesen spalten sich kleine positive Partikel ab. Abb. 152a zeigt hierzu eine Blitzlichtaufnahme: Eine große Flocke, umgeben von unzähligen kleinen Splittern, die zum Teil verdampfen. In diesem Gebiet herrscht positiver Potentialgradient.

2. Im Gebiet positiver Temperaturen bildet sich aus einer rundherum angeschmolzenen Flocke ein übergroßer Tropfen, in dem noch Kristallstücke herumschwimmen. Bereits beim Anschmelzen der Flocke hört die Absplitterung von Kristallbruchstücken völlig auf, und die in der Schnee-Zone laufend nachgebildete positive Raumladung fehlt, wenn auch der positive Potentialgradient durch die positive Raumladung im Schnee-Stockwerk noch vorübergehend erhalten werden kann.

3. Der übergroße Tropfen ist aber nicht stabil. Er zerplatzt, (Abb. 152b), wobei sich positive Tropfen und viele negative Spritzer ergeben (3.-1.5.2.) die, da sie in einer Luft-Schicht abgesetzt werden, die eine höhere Temperatur hat als die Tropfen, schnell verdampfen. Das Zerbrechen der geschmolzenen Flocken wird vor allem durch die starke Zunahme der Fallgeschwindigkeit bewirkt. Sie steigt nach R. WEXLER (1955) im Durchschnitt um Faktor 5. Die entstandenen Wassertropfen geben nach unserem Schema Abb. 151b laufend weiterhin negative Raumladung ab, so daß ein negativer Potentialgradient aufrecht erhalten wird.

Wir sehen also: Die Schmelzzone, die nach R. Wexler (1955) eine Dicke von höchstens wenigen 100 m haben dürfte, müssen wir uns als mehr oder weniger scharfe Grenze zwischen einer positiven Raumladung über ihr und negativer Raumladung unter ihr vorstellen. Auf keinen Fall vollzieht sich eine Änderung der Wolkenladung, wenn Schnee in Regen übergeht oder umgekehrt, denn unsere synoptischen Untersuchungen haben gezeigt, daß das Umklappen von E exakt dort und dann erfolgt, wo sich der Phasenwechsel vollzieht. Auch kann es sich nicht um Prozesse handeln, welche unmittelbar an die Nähe der Erdoberfläche gebunden sind, was J. A. Chalmers (1961) für möglich hält.

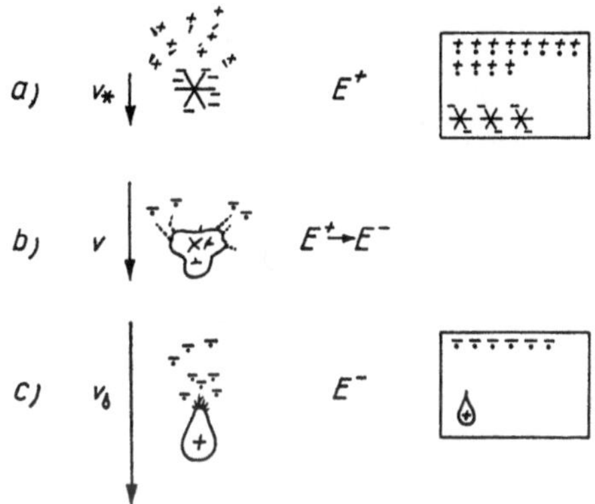

Abb. 151. Vorgänge an Niederschlagsteilchen über, in und unter der Schmelzzone: a) von Schneeflocken brechen kleine Kristallsplitter ab, die positive Raumladung erzeugen, b) in der Schmelzzone hört Vorgang a) auf, Fallgeschwindigkeit nimmt zu, es beginnt Abstoßung von Wasserspritzern, die negative Ladung tragen, c) von Regentropfen werden Wasserspritzer abgesprüht, die negative Raumladung erzeugen

Sowohl C. Magono und Mitarb. (1957) als auch A. Nakaya und T. Terada (1934) haben gesehen, daß trockene Schneeflocken negative Ladung tragen, die aber sofort in positive Ladung übergeht, sobald sich Wasser an den Tropfen bildet. Das steht in sehr guter Übereinstimmung mit unseren eigenen Niederschlagsstrom-Registrierungen.

Ein paar Worte sind noch zum Phasenwechsel bei As-Niederschlag und Graupel zu sagen. In beiden Fällen finden wir keinen Wechsel der Richtung des Potentialgradienten. Niederschlag aus As fällt so langsam und besteht aus so kleinen Teilchen, daß beim Schmelzen keine Zerteilung der Partikel erfolgt. Auch werden weder vorher noch nachher feste bzw. flüssige Bruchstücke abgegeben. Es besteht also keine Veranlassung für eine Änderung der elektrischen Bedingungen.

Graupelkörner fallen zwar relativ schnell, schneller als Schneeflocken und fast so schnell wie Tropfen. Doch wegen ihrer kompakten Struktur geben sie im freien Fall, im Gegensatz zu den Schneeflocken und Kristallen, keine sekundären Splitter ab. Wegen der großen Fallgeschwindigkeit kann sich die Ladung am Graupelteilchen über einen Fallweg von einigen Kilometer Länge kaum wesentlich ändern, zumindest nicht, was ihr Vorzeichen

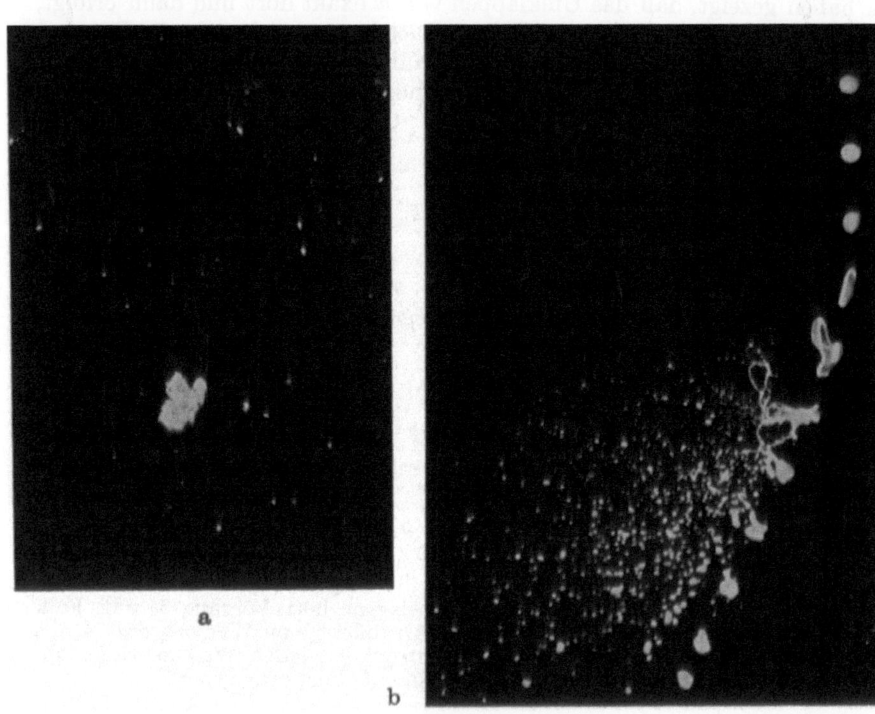

Abb. 152. Aufnahmen frei fallender Niederschlagsteilchen (Aufnahme im Freien). a) fallende Schneeflocke, man erkennt in ihrer Umgebung zahlreiche kleine Partikelchen (Splitter), die sich von den Flocken abgelöst haben, b) Laboratoriumsaufnahme (dieses Funken-Bild wurde in dankenswerter Weise für uns von Fa. Dr.-Ing. Fr. Früngel, Hamburg-Rissen, aufgenommen). Ein frei fallender Wassertropfen gerät in eine horizontale Windströmung von ca. 10 m/s. Er gibt dabei einen Teil seiner Substanz in der Form kleiner Spritzer ab

betrifft. Graupel nehmen ja bekanntlich sehr viel Wolkentröpfchen durch Anfrieren auf, so daß ihre negative Ladung dadurch relativ groß ist. Tritt Schmelzen ein, so verliert der sich bildende Tropfen die negative Ladung durch Absprühvorgang. Nach einiger Zeit erhält der Tropfen dann zwar positive Ladung, doch bewirken die vorher abgesetzten negativen Ladungen, daß sich beim Schmelzen der Graupel der Potentialgradient nicht umkehrt (Abb. 112). Dieses Bild ordnet sich in unsere Vorstellungen ebenso ein wie die mit *As*-Niederschlag verbundenen Vorgänge.

3.-1.5.4. Feldstärken in den Wolken

Die Frage der Beladung einer niederschlagsfreien Quellwolke wurde bereits in 3.-1.4. eingehend diskutiert. Wir stellten dabei fest, daß sich die bis jetzt denkbaren Erklärungsmöglichkeiten für die negative Basisladung noch nicht zu einem widerspruchslosen Bild vereinigen lassen. D. MÜLLER-HILLEBRAND (1955) nimmt mit R. GUNN an, daß die negative Überschußladung an der Wolkenbasis durch die um 38% größere Beweglichkeit der negativen Kleinionen bewirkt wird, so daß sich die Wolkentröpfchen im Gleichgewicht negativ beladen und die positive Kleinionendichte die negative in der Wolkenluft um 38% übertrifft. Gegen das Wirksamwerden dieses Vorgangs spricht aber die Tatsache, daß in der Obergrenze der Austauschschicht (siehe 3.-0.0.6.) ein Überschuß positiver Raumladung existiert. Diese positive Raumladung wird in die Wolkenbasis hineingetragen und konkurriert mit der höheren Beweglichkeit der negativen Kleinionen. Eine Konvektionswolke über einem Berggipfel erfährt einen zusätzlichen Zustrom positiver Ladungen durch Elektrodeneffekt im Gipfelgebiet. Aber auch in diesen Fällen belädt sich, wie wir gesehen haben (3.-0.1.4.), die Wolkenbasis negativ, selbst wenn sie fast auf dem Berggipfel aufliegt. Damit kommen wir auch in Konflikt mit der Theorie von B. VONNEGUT (1955) und C. B. MORRE (1955), welche, wie schon erwähnt, annehmen, daß der eben herangezogene Überschuß positiver Ladung in der bodennahen Luft (Elektrodeneffekt) zu einer Anfangs-Beladung der Quellwolken führen soll, wobei die Basis zunächst notwendigerweise positive Ladung akkumulieren müßte. Doch wurde eine positiv geladene Basis weder von anderen Autoren noch von uns je mit Sicherheit beobachtet. Aus der Beobachtung, daß in der freien Atmosphäre schichtweise positive und negative Raumladungen vorkommen (siehe 3.-0.1.), haben B. VONNEGUT, C. B. MOORE und M. BLUME (1955)[1] den Schluß gezogen, *daß sowohl positive als auch negative Wolkenpolarität etwa gleich häufig vorkommen dürfte, weil Konvektionswolken offenbar Gelegenheit haben, je nach Umständen positive oder negative Ladung einzusaugen. Aber das ausschließliche Vorkommen der positiven Polarität (negative Basis) spricht auch gegen diese Theorie.*
Der Zustrom von Ionen aus der Bodenregion zur Wolke wurde auch schon in einem anderen Fall als Erklärung für eine Beladung der Wolke

---

[1] Neuere Literatur: B. VONNEGUT und Mitarb. (1962).

oder von Wolkenteilen herangezogen. So führten D. J. MALAN und B. F. J. SCHONLAND (1951), sowie D. J. MALAN (1952) die regionalen positiven Ladungszentren an der Cumulonimbus-Basis (siehe 3.-1.2.3.) darauf zurück, daß zunächst durch Spitzenentladung in Bodennähe positive Ionen erzeugt werden, die dann im Aufwind in die Wolke geraten und in der Basis die Wolkentröpfchen beladen. Da nun aber gerade in der Umgebung der unteren positiven Ladung der Gewitterwolke die höchsten Feldstärken beobachtet werden (Blitzbildung), ist nicht anzunehmen, daß vorausgegangene und demnach schwächere Feldstärken ausreichend viele Ionen durch Spitzenentladung erzeugen konnten. Auch zeigen die Untersuchungen von S. CHAPMAN (1958), daß der Spitzenentladungsstrom durch Raumladungsschirme in den bodennahen Schichten beschnitten wird, weshalb die in Bodennähe gemessenen Feldstärken um Größenordnungen kleiner sind als die eigentlichen Wolkenfelder. Vergl. hierzu auch T. W. WORMELL und C. A. ADKINS (1958) und L. G. SMITH (1958). Dasselbe, und darauf kommt es hier ebenfalls an, zeigen nämlich unsere Untersuchungen der NO_3'-Konzentration im Niederschlag: Feldstärken und Stoßionisation[1]) im Wolkenraum müssen mindestens 100 mal größer sein als jene in Bodennähe (3.-1.4.3.). Hier ist ein Vergleich mit den Messungen von R. GUNN (s. z. B. 1948, 1950) sowie H. R. BEYERS (1949) im Inneren von Gewitterwolken kurz vor Blitzauslösung angebracht, die Feldstärken zwischen 1500 und 3400 V/cm ergaben und Feldstärkemessungen von S. E. REYNOLDS und M. BROOK (1956) unter Gewitterwolken, welche nur etwa 30 V/cm vor Blitzeinschlag festgestellt haben. Da nun sowohl Einzelmessungen unter der Wolke, noch viel mehr aber Messungen mittels Flugzeug in der Gewitterwolke Momentanwerte liefern, die wiederum nur für ein relativ eng umschriebenes Gebiet gelten, sind die Ergebnisse der NO_3'-Untersuchungen in Niederschlägen recht wertvoll. Sie geben nämlich sowohl ein zeitliches Integral über die Dauer der Niederschlagssammlung als auch eine Mittelung über die Fallstrecke des Niederschlags durch die Wolkenfelder. Da wir nun trotz Mittelung und Integration einen Verhältnisfaktor von rund 100 erhalten, mit welchem also die bodennahen Feldstärken 30 V/cm zu multiplizieren sind um auf die mittlere Feldstärke 3000 V/cm im Wolkeninneren entlang des Fallweges zu kommen, ist als sicher anzunehmen, daß, wegen der starken Inhomogenität der Felder, stellenweise Feldstärken vorkommen, die noch um 1—2 Größenordnungen höher liegen. Damit erreichen wir den Bereich der Durchbruchfeldstärken in tröpfchenhaltiger Luft [ca. 10000 bis 30000 V/cm nach E. v. KILINSKY (1958)], welche bis jetzt unmittelbar durch Messung noch nicht nachgewiesen werden konnten. Das ist aber bei der kleinen Anzahl der vorliegenden Feldstärkemessungen und deren

---

[1]) Über Luftleitfähigkeit innerhalb von Gewitterwolken siehe G. FREIER (1962).

lokaler Gültigkeit nicht weiter verwunderlich. Es ist auch zu bedenken, daß in der Wolke die höchsten Feldstärken unmittelbar an Spitzen von Niederschlagsteilchen (Eisnadeln, Graupeln) auftreten werden [siehe D. MÜLLER-HILLEBRAND (1955)]. Sie können durch Feldstärkemessungen auch kaum erfaßt werden, sie beeinflussen aber andererseits den Gehalt der Niederschlagsteilchen an NO_3', das sich ja in ihrer unmittelbaren Nähe bildet. Wir sehen, welchen Vorteil die einfachen NO_3'-Bestimmungen bieten können.

Aus ihren Ergebnissen ist ferner zu schließen, daß es aussichtslos ist, den in Bodennähe durch Spitzenentladungen gebildeten Ionen nennenswerte Bedeutung bei der Beladung von Gewitterwolken oder einzelner ihrer Teile zuzusprechen.

Noch eine Bemerkung sei hier angeschlossen: Es zeigten sich keine grundsätzlichen Unterschiede zwischen NO_3'-Konzentrationen in Niederschlägen aus Schauern bzw. Gewittern. Daraus wäre zu schließen, daß die elektrischen Feldstärken in den Schauerzellen etwa von derselben Größenordnung sind wie in den Gewitterzellen. Warum liefert dann nicht jeder Schauer Blitze, so wie die Gewitter? Wir glauben, daß dieser Unterschied nicht so sehr in abweichenden Werten der Feldstärken im Wolkeninneren zu suchen ist als vielmehr darin, daß die räumliche Anordnung der Ladungszonen im Schauer eine andere ist als im Gewitter, obgleich die „Polung" in bezug auf die Haupt-Ladungen allerdings bei beiden dieselbe ist. Es scheint also von diesem Gesichtspunkt aus gesehen nicht richtig zu sein, zwischen Schauer und Gewitter einen, und vor allem einen quantitativen Unterschied in bezug auf den „spezifischen Energieinhalt" zu sehen. H. WICHMANN (1952) mag Recht haben mit der Ansicht, daß für die Blitzauslösung eng lokal begrenzte hohe Felder, vor allem in der Umgebung der unteren positiven Ladung des Gewitters (siehe 3.-1.2.3.), maßgebend sind. Diese, wie überhaupt Blitze und Blitzhäufigkeit, dürften im ganzen keinen merklichen Beitrag zur NO_3'-Produktion liefern, die in erster Linie eine Folge der Koronaentladungen im gesamten Wolkenraum, wahrscheinlich in unmittelbarer Nähe ungezählter Eiskristallspitzen sein dürfte. Zu erwähnen wäre hier noch die Arbeit von J. D. SARTOR (1961).

3.-1.5.5. Einiges zu den Gewittertheorien

Auch heute noch, nach nunmehr jahrzehntelangen Diskussionen, Berechnungen, Messungen im Freien und im Laboratorium, herrscht keine Einigkeit in bezug auf jenen Mechanismsus, welcher in einem Gewitter die erforderliche Ladungsmenge erzeugt und trotz Blitzentladungen aufrecht erhält. Auch ist man in der Beantwortung der Frage nach dem Grund für den nunmehr genau bekannten elektrischen Aufbau einer Gewitterwolke nicht viel weiter gekommen. Es sei zunächst eine Übersicht über die bis heute diskutierten ladungsbildenden Prozesse gegeben.

Die bis jetzt diskutierten Prozesse der Elektrizitätserzeugung in Gewitterwolken, nach D. MÜLLER-HILLEBRAND (1955), vom Verfasser ergänzt.

Prinzip	Vorgang	Vorgeschlagen von
Influenz, Ioneneinfang	Tropfen gegen Tröpfchen	J. ELSTER und H. GEITEL (1885, 1888, 1913)
	Ioneneinfang durch polarisierte Tropfen	C. T. R. WILSON (1929) F. J. W. WHIPPLE und J. A. CHALMERS (1944)
	Ioneneinfang, polarisierte Eispartikel	E. WALL (1948)
	Eis, Pyroelektrizität	F. ROSSMANN (1948)
Grenzflächeneffekte	Zerplatzen von Tropfen bei Turbulenz	PH. LENARD (1892, 1921) G. C. SIMPSON (1909), S. CHAPMAN (1952)
	Affinität von Wasser gegen negative Ladung	Y. I. FRENKEL (1944, 1947)
	Eingefrorene Luft-Blasen	J. E. DINGER, R. GUNN (1946)
	Luft geladen gegen Eisteilchen, die zusammenstoßen	G. C. SIMPSON und F. J. SCRASE (1937), D. C. PIERCE und B. W. CURRIE (1949)
	Hagelbildung	H. K. WEICKMANN und H. J. AUFM KAMPE (1950)
	Brechen von Eiskristallen, kleine Bruchstücke positiv	W. FINDEISEN[1]) (1940) A. KUMM (1951) H. NORINDER und R. SIKSNA (1955) R. REITER (1956b, 1957a, 1958c)
	Zusammenprall Eis/Wasser	L. SOHNKE (1886) F. WOLF (1956, 1961) E. W. B. GILL und G. F. ALFREY (1952)

[1]) FINDEISEN stellte auch negativ geladene Eissplitter in der Überzahl fest, was nicht bestätigt werden konnte.

Prinzip	Vorgang	Vorgeschlagen von
Grenzflächen-effekte	Zusammenprall Eis/unter-kühlte Tröpfchen	H. LUEDER (1951) C. KRAMER (1949) B. J. MASON (1953) S. E. REYNOLDS und Mitarb. (1957)
	Berührung Eis/stark verdünnte Lösungen	E. J. WORKMAN und S. E. REYNOLDS (1948, 1950)
	Berührung Eis/Eis	M. BROOK (1958) J. A. CHALMERS (1952)
	Berührung Eiskristalle/Graupel	D. MÜLLER-HILLEBRAND (1954, 1955) E. J. WORKMAN (1955)
	Zerplatzen von Wasser-tropfen im vorgegebenen elektrischen Feld	C. MAGONO und S. KOENUMA (1958) W. A. MACKY (1931)
	Zerplatzen gefrierender Tropfen	B. J. MASON (1962) B. J. MASON und J. MAYBANK (1960)
Konvektions-vorgänge in Abwesenheit von Nieder-schlags-partikeln	Aufsaugen positiver Ionen vom Boden in die Wolke, Herabführung negativer Ionen aus der Höhe über der Wolke	B. VONNEGUT und C. B. MOORE (1955, 1958, 1959) und C. B. MOORE und Mitarb. (1958, 1960)

Eine ausführliche Diskussion der entworfenen Gewittertheorien und diskutierten Ladungs-Bildungs-Prozesse findet sich bei: H. ISRAEL (1950),
J. A. CHALMERS (1954, 1957a, 1961a, b), T. W. WORMELL (1955), E. WALL
(1948), D. MÜLLER-HILLEBRAND (1954, 1955) u. a. Vergleicht man die Kern-
punkte dieser Diskussion und Abwägungen miteinander, so stellt man schwer-
wiegende Widersprüche fest. Während sich H. ISRAEL (1950) für die Theorien
von E. WALL und Y. J. FRENKEL ausspricht, bevorzugt J. A. CHALMERS
(1954) die Theorien von G. C. SIMPSON und F. J. SCRASE und von E. J.
WORKMAN und S. E. REYNOLDS. Für die Erklärung der unteren positiven
Ladung der Gewitterwolke zieht J. A. CHALMERS eine Ansicht von E. WALL
heran. F. WOLF (1956, 1961) diskutiert erneut den FARADAY-SOHNKE-Effekt
und die Theorie von M. TOEPLER (1917), während D. MÜLLER-HILLEBRAND
auf Grund seiner Abschätzungen die höchsten Ladungswerte bei Berührung
von Graupel mit Eiskristallen erhält. Ganz besonders erwähnenswert ist die
jüngste Arbeit von B. J. MASON (1962).

Nach Ansicht des Verfassers scheinen die Beobachtungen von G. C. SIMPSON und F. J. SCRASE, D. C. PIERCE und B. W. CURRIE, A. KUMM, H. NORINDER und R. SIKSNA, B. J. MASON und die eigenen Beobachtungen über Ladungstrennung beim Brechen von Kristallen gute Chancen für eine Erklärung der normalen Polarität der Schauer- und Gewitterwolken zu bieten. Allerdings müssen für die Erklärung der unteren positiven Ladungszentren im Cumulonimbus andere Vorgänge in Erwägung gezogen werden [siehe hierzu J. C. WILLIAMS (1958)].

Alle diese „klassischen" Theorien gehen vom Vorhandensein von Niederschlagspartikeln aus. In jüngster Zeit wurde die schon vielfach zitierte „Strömungs-Theorie" von B. VONNEGUT und C. B. MOORE aufgestellt, wonach die Beladung der Wolke bis zu einem erheblichen Ausmaß bereits vor der Ausbildung von Niederschlagspartikeln erfolgen soll. Und vor allem sollen die aufgebauten hohen Feldstärken die Koagulation von Wolkentröpfchen zu Niederschlagspartikeln ganz erheblich fördern [C. B. MOORE und B. VONNEGUT (1960), B. VONNEGUT und C. B. MOORE (1960)]. Der klassische Prozeß: zuerst Bildung von Niederschlagspartikeln[1]), dann Einsetzen der Wolkenaufladung ist also genau umgekehrt worden. Eine Besprechung dieser neuesten Theorie und einer ähnlichen von C. T. R. WILSON (1956) findet sich bei J. A. CHALMERS (1958b und 1961). CHALMERS kommt zu dem Ergebnis, daß eine Entscheidung über die Annehmbarkeit der Theorien noch nicht gefällt werden kann. Die neue, nichtklassische Vorstellung könnte gestützt werden, wenn sich zeigen ließe:

a) daß die Ladungsmenge in einem starken Gewitter jene Ladung übersteigt, die von der Summe aller vorhandenen Partikel getragen werden kann,

b) daß eisfreie Gewitterwolken denselben elektrischen Aufbau aufweisen wie normale Gewitterwolken und

c) daß die geforderten negativen Ladungen, die sich außen entlang der Wolke nach abwärts und um die Ränder herum bewegen sollen, existieren[2]).

Ansichten über die elektrische Beladung von Orkanen und Tornados finden sich bei B. VONNEGUT und C. B. MOORE (1958) und B. VONNEGUT (1960).

Schließlich seien noch einige weitere, neuere Arbeiten angeführt, die sich mit Gewitterproblemen befassen:

---

[1]) Für den Start des Elektrifizierungsprozesses benötigen einige Gewittertheorien (klassische Form: C. T. R. WILSON) ein vorgegebenes, wenn auch schwaches, Initialfeld; siehe hier unsere Ausführungen über erleichtertes Anspringen des Gewitter-Generators in polarisierten, noch niederschlagsfreien Quellwolken (3.-0.1.6.).

[2]) Auf dem Zugspitzplatt hat sich in der Nähe von Cumuli gezeigt, daß eher positive Raumladungen in den Abluftströmungen zu finden sind.

Feldstärkemessungen in und in der Nähe von Gewitterwolken: G. R. WAIT (1953), C. A. HACKING (1954), W. I. ARABADZHI (1956), C. G. STERGIS, G. C. REIN und T. KANGAS (1957), H. HATAKEYAMA und M. KAWANO (1957), H. HATAKEYAMA (1959).

Spitzenentladungen unter Schauer und Gewitterwolken: S. MICHNOWSKI (1955), E. v. KILINSKY (1957), J. A. CHALMERS (1957), J. R. KIRKMAN und J. A. CHALMERS (1957), M. V. SIVARAMAKRISHNAN (1957), J. E. MAUND und J. A. CHALMERS (1960).

Allgemeiner Ladungsaufbau des Gewitters, Gewittertheorien: S. CHAPMAN (1953), S. E. REYNOLDS (1955), S. E. REYNOLDS, M. BROOK und M. GOURLEY (1955), V. L. ARABADZHI (1955), J. KUETTNER (1956), R. GUNN (1956), Y. TAMURA (1956), S. E. REYNOLDS, M. BROOK und M. F. GOURLEY (1957), N. KITAGAWA und M. KOBAYASHI (1958), D. S. FOSTER (1958), M. BROOK und N. KITAGAWA (1958), V. I. ARABADZHI (1959), J. A. CHALMERS (1961), F. WOLF (1961), B. J. MASON (1962).

3.-2. Einfache Regeln für die praktische Verwertung luftelektrischer Registrierungen an Bergstationen

Es wurde schon in 3.-1 darauf hingewiesen, daß relativ einfache und billige luftelektrische Registrierungen wertvolle Beiträge zur Beurteilung des augenblicklichen Wetterzustandes an einer meteorologischen Station liefern können. Das gilt ganz besonders für Bergstationen. Sehr oft stecken diese im Nebel und es ist dann natürlich unmöglich, Aussagen über die Wolkenstruktur zu machen, ja man kann an der Station nicht einmal unterscheiden, ob sie sich nur in einer Gipfelkappe befindet, also außerhalb des engeren Stationsbereiches Schönwetter herrscht, oder ob sie in der Basis eines sich auftürmenden Cumulus steckt, der sich bald zu einem Gewitter auswachsen wird. Infolge der lokalen Böigkeit der Windströmung an einer Bergstation ist es ferner nicht immer möglich, gleichmäßigen Niederschlag von Schauerniederschlag zu unterscheiden. Es sollen deshalb einige typische, schematische „Kurvenmuster" (Abb. 153) gezeigt werden, die recht eindeutige Schlüsse auf den Wetterzustand erlauben. Sie gelten zum kleineren Teil nur für Bergstationen (Fälle a und b).

a) Station gerät in Nebel oder starken Dunst (Unterscheidung ist leicht mit Hilfe des Hygrogramms möglich). Haben wir Nebeleintritt, so können ausgeschlossen werden:

absinkender Altostratus
Nimbostratus mit Niederschlag
Cumulonimbus
Cumulus congestus im Reifestadium
Dunst kann entweder von einer ansteigenden Inversion oder vom Eintritt in die Austauschschicht herrühren.

b) Station tritt aus Nebel oder Dunst aus [Unterscheidung wie bei a)]. Ursache: meist absinkende Inversion mit bzw. ohne Schichtwolke oder Auflösung einer lokalen Wolkenkappe.

c) Bei Altostratus über der Station: Altostratus sinkt ab und geht in Nimbostratus über. Es kommt zu gleichmäßigem Niederschlag aus Aufgleitbewölkung.

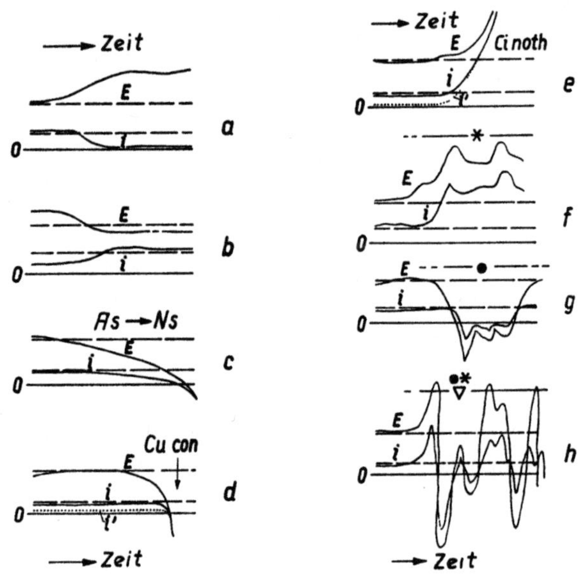

Abb. 153. Typische Kurvenbilder (schematisiert), die zur praktischen Anwendung luftelektrischer Registrierungen an meteorologischen Stationen zur Feststellung des Wetterzustandes dienen können, ganz besonders an Bergstationen

d) Cumulus congestus tritt ins Reifestadium, es gibt Schauerniederschlag bzw. Gewitter. Ist Cumulus in der Nähe und herrscht an der Station kein Nebel, gilt i, steckt die Bergstation aber im Cumulus selbst, so gilt i'.

e) In der Nähe der Station befindet sich ein Cumulonimbus im Aufwachsen. Die Station ist abseits von der Basis des Cb, befindet sich aber unter dem Cirrus nothus. Herrscht an der Station Nebel, so gilt i' anstatt i.

f) Gleichmäßiger Schneefall bei stabiler Schichtung der Atmosphärr über der Station. Das Bild gilt unabhängig davon, ob Nebel an der Station herrscht oder nicht.

g) Gleichmäßiger Regen bei stabiler Schichtung der Atmosphäre über der Station. Das Bild gilt unabhängig davon, ob an der Station Nebel herrscht oder nicht.

h) Schauerniederschlag, gleich welcher Art (Regen, Schnee, Graupeln usw.) aus labil geschichteter Atmosphäre über der Station. Die Grenze zwischen Labilität und Stabilität der Schichtung über der Station wird durch etwa einen Richtungswechsel des Fremd-Potentialgradienten/Stunde während Niederschlag angezeigt. Häufigerer Richtungswechsel bedeutet Labilität und umgekehrt.

Für den gedachten Zweck, nämlich der praktischen Anwendung luftelektrischer Registrierungen im meteorologischen Dienst, genügen einfache Potentialgradient- und Leitungsstromdichte-Registrierungen, wobei sogar auf eine Absolut-Eichung völlig verzichtet werden kann. Unsere Untersuchungen haben gezeigt, daß es möglich ist, solche Registrierungen ohne Unterbrechung auch an exponierten Gipfelstationen durch alle Jahreszeiten hindurch in Betrieb zu halten.

3.-3. Kurzfristige Vorhersage der Gewitterhäufigkeit mit Hilfe von Atmospherics

Nach einem ersten, gemeinsam mit J. WITTMANN (1953) unternommenen Versuch, Atmospherics-Registrierungen zur Gewittervorhersage zu verwenden, wurden vom Verfasser in den Jahren 1956 und 1957 ausgedehntere und eingehendere Untersuchungen im Nordalpenraum ausgeführt, die zu positiven Ergebnissen geführt haben. Die Ergebnisse der Auswertungen wurden an anderer Stelle [R. REITER (1960 b)] ausführlich veröffentlicht, so daß hier nur ein kurzer Überblick gegeben sei.

Grundlage für die Prognose bildete die tägliche Tendenz der Atmospherics-Impulshäufigkeit in der Zeit zwischen 06.30 und 08.30 MEZ, welche mit der in 2.-2.0.4. beschriebenen Empfangsanlage erfaßt worden war. Zur Vereinheitlichung der Auswertung wurden drei „Prognose-Stufen" festgelegt: O = keine Gewitter zu erwarten, 1 = vereinzelt Gewitter, 2 = verbreitet Gewitter zu erwarten. Die Prognose konnte nur für den jeweils angebrochenen Tag gegeben werden, sie hatte also den Typ einer Kurzfrist-Vorhersage.

Man mag sich fragen, ob eine solche bei der relativ guten Vorhersagesicherheit der 24-Stunden-Vorhersage des Deutschen Wetterdienstes überhaupt noch von Interesse ist. Diese Frage ist aber durchaus zu bejahen, und zwar aus folgendem Grund: gerade die in einem relativ engen geographischen Bereich (z. B. Nordalpenraum mit Vorland) zu erwartende Häufigkeit der Gewitter vorherzusagen, bereitet den Meteorologen auch heute nicht selten Schwierigkeiten. Oft treten unerwartete — geringfügige — Veränderungen der Gesamt-Wetterlage ein, die sich aber potenziert im Alpenraum aus-

wirken, während sie u. U. im Flachland kaum zur Geltung kommen. Es ist
also für den Touristen und Feriengast eines Alpenortes gar nicht uninteressant, am Morgen für den angebrochenen Tag nochmals eine Tagesvorher-
sage über die Schauer- und Gewitterhäufigkeit im engeren Umkreis zu bekommen. Ähnliches gilt für deren Verwertung durch Interessenten aus
Gewerbe und Industrie. Auch kommt noch hinzu, daß es im Alpenraum
(Ausnahme: Payerne) keinen Radiosondenaufstieg gibt. Plötzliche Labilisie-
rungen, die aber durch Atmospherics-Registrierungen erfaßt werden könnten,
werden oft zu spät entdeckt.

Die allein auf Grund der genannten morgendlichen Atmospherics-Ten-
denzen ausgegebenen Prognosen wurden später mit den durch die meteorologischen Stationen beobachteten Gewitterhäufigkeiten verglichen. Es
wurde zu diesem Zweck das gesamte Alpengebiet in 4 Zonen um Station
Farchant eingeteilt (0—100 km Radius, Ringzonen mit 100—150, 150 bis
250 und 250—450 km Radius) und die Prognosesicherheit für jedes dieser
Felder getrennt untersucht. In der Nahzone meldete an den „0-Tagen"
(s. o.)von 20 Stationen höchstens eine ein Gewitter. An den „1-Tagen"
beobachteten von 20 Stationen insgesamt 4—6 Stationen Gewitter und
an den „2-Tagen" meldete von 20 Stationen im Laufe des Tages fast jede
ein Gewitter. Wir ersehen daraus, daß die Prognosen im Mittel zu richtigen
Ergebnissen geführt haben. Dasselbe gilt noch fast unverändert für den
Bereich bis 150 km Durchmesser. Bei Einbeziehung noch weiter entfern-
ter Gebiete fiel die Prognosesicherheit alsdann sehr rasch ab. Die Prognosesicherheit lag in den Monaten April-September im Raum mit 150 km
Durchmesser bei rund 82%. Es ist hier ausdrücklich zu betonen, daß
andere Gewitter-Vorboten als steigende Amospherics-Tendenzen bei den
Prognosen nicht verwertet worden sind. Die Prognose-Sicherheit, die sich
somit aus der Anwendung nur eines einzigen Elements ergab, ist also überraschend hoch.

4. Solar-terrestrische Beziehungen

4.-0. Vorbemerkungen; solare Aktivität und Großwetter

Das Folgende lehnt sich an eine Übersicht von R. REITER (1960 b) an, die wir der Besprechung der hier zu behandelnden engeren Zusammenhänge vorausschicken wollen. Man muß sie nämlich unbedingt als Teil eines großen Arbeitsgebietes sehen, wobei zugegeben sei, daß man sich in ihm bis jetzt auf nur relativ wenige, gesicherte und empirisch gewonnene Befunde stützen kann. Denn noch fehlt die Kenntnis eines allgemeinen Zusammenhangs der erkannten Teilglieder, und vor allem sind die kausalen Verknüpfungen zwischen Sonne einerseits und Wetter andererseits noch fast gänzlich unerforscht.

Die ersten Untersuchungen über einen Einfluß der Solartätigkeit auf das meteorologische Geschehen wurden schon in der zweiten Hälfte des 19. Jahrhunderts ausgeführt. Diese und neuere Daten seien einer Zusammenstellung von B. und T. DÜLL (1939) entnommen.

So fand KÖPPEN 1873, daß die mittlere Temperatur in den Tropen einen 11jährigen Rhythmus aufweist. Ein solcher ist auch noch, allerdings unsicher, in den gemäßigten Breiten festzustellen. Die Amplitude der 11jährigen Schwankung der Tropentemperatur beträgt 0,5° C. Ähnliche Variationen wurden auch von anderen Autoren festgestellt (CLAYTON, MERECKI). Andere Arbeiten befaßten sich mit der Frage eines Einflusses der Sonnentätigkeit auf die Niederschlagsmenge. In diesem Zusammenhang sind die unabhängig voneinander vorgenommenen Untersuchungen von BROOKS sowie von SVIATSKY und BERG zu nennen. Ersterer fand eine weit überzufällige Korrelation zwischen Sonnenfleckenrelativzahl und Niveau des Viktoriaseespiegels. Der höchste Wasserstand tritt bei maximaler Sonnenfleckenrelativzahl ein. Die Untersuchungen erstreckten sich über 2 Fleckenzyklen. SVIATSKY und BERG konnten denselben Befund für das Kaspische Meer sichern (3 Sonnenfleckenzyklen). WOLF fand eine Zunahme der tropischen Orkane bei Zunahme der Fleckenzahlen, HUNTINGTON erhielt eine entsprechende Korrelation für die Sturmhäufigkeit in Nordamerika. LANDSBERG konnte eine Beziehung zwischen Sonnenaktivität und Schwankung des Luftdrucks über der Nordhalbkugel nachweisen. Nach SEPTER besteht ein eindrucksvoller Zusammenhang zwischen Sonnenfleckenrelativzahl und Gewitterhäufigkeit in Sibirien. Diese Untersuchung erstreckte sich über 3 Sonnenfleckenzyklen.

Bei der Beurteilung solar-meteorologischer Beziehungen muß man sich vor Augen halten, daß der Ablauf des Großwettergeschehens stark durch die Störung empfindlicher Gleichgewichte beeinflußt werden kann. Das haben vor allem die Arbeiten von ABBOT gezeigt, über die H. BERG (1953) referiert hat, und die auch hier erwähnt werden müssen (vorübergehendes Absinken der Solarkonstanten).

Eingehende Untersuchungen über den Einfluß von Sonneneruptionen auf die großräumige Druckverteilung über Europa wurden zuerst von B. und T. Düll (1948) ausgeführt. Die Verfasser konnten zeigen, daß nach Sonneneruptionen ein Druckfall über dem skandinavischen Raum eintritt. Das Minimum des Drucks tritt 3 Tage nach der Eruption auf. Der Untersuchungszeitraum erstreckte sich über 30 Jahre. Der Zusammenhang ist besonders während schwacher Sonnenaktivität sehr deutlich. Diese Ergebnisse von Düll wurden später unabhängig von H. Koppe (1951), H. Flohn (1951) und M. Rodewald (1955/56) bestätigt. Der Arbeit von H. Flohn sind noch einige weitere Hinweise zu entnehmen: nach F. Baur (1949) besteht eine Korrelation zwischen Sonnenfleckenmaximum und Winterstrenge (1917, 1929, 1940, 1947). Eine bestätigende Untersuchung liegt von R. Scherhag (1949, 1950) vor. Scherhag fand außerdem eine deutliche Verstärkung der Zonalzirkulation in der Westdrift der Nordhalbkugel zur Zeit des Sonnenfleckenminimums. Die schon erwähnte Untersuchung von Septer über Beziehung zwischen Sonnenfleckenrelativzahl und Gewitterhäufigkeit konnte von C. E. P. Brooks (1934) und von F. Lindholm (1945) an Hand großer Zahlenunterlagen bestätigt werden. Von H. Flohn (1951) wurde mit Hilfe der Synchronisationsmethode untersucht, ob die Gewitterhäufigkeit sich ändert, wenn eine Fleckengruppe den Zentralmeridian passiert. Ob gleichzeitig Eruptionen dabei aufgetreten sind, wurde nicht geprüft. Der Untersuchung liegen die Meldungen von 600 Stationen im Raum Preußen in den Jahren 1923—1925 zugrunde. H. Flohn fand eine überzufällige Zunahme der Gewitterhäufigkeit nach der Meridianspassage einer Fleckengruppe. Neuere Literatur über großräumige Beeinflussung des Wetters durch die solare Aktivität: F. Baur (1957, 1958, 1959a, b, 1961), A. Cappel (1957), H. W. Norton (1957), T. Asakura und A. Katayama (1958) u. a.

4.-1. Beziehung zwischen Sonneneruptionen (Hα-Eruptionen) einerseits und Atmospherics-Pegel bzw. Gewitterhäufigkeit andererseits

Mit Hilfe der Synchronisationsmethode[1]) wurde zunächst der Verlauf der Häufigkeit der Atmospherics-Impulse in der zeitlichen Umgebung von Tagen mit chromosphärischen Eruptionen in $H\alpha$ untersucht. Das Ergebnis dieser Untersuchung [R. Reiter (1960b)] ist aus der ersten Zeile der Abb. 154 zu ersehen.

Es wurden mit Hilfe der täglichen Sonnenkarte des Fraunhoferinstitutes Freiburg[2]) drei Gruppen von Stichtagen für die Monate April bis September

---

[1]) Synchronisationsmethode: man untersucht den mittleren Gang eines Elementes, z. B. Luftdruck, oder die Häufigkeit eines Ereignisses (Gewitterhäufigkeit) in der zeitlichen Umgebung von bestimmten „Stichtagen", die sich durch ein und dasselbe Merkmal auszeichnen (z. B. Tage mit Sonneneruptionen). In der Regel bezieht man eine bestimmte Anzahl von Tagen vor dem Stichtag, diesen selbst und einige Tage nach dem Stichtag in die Untersuchung ein. Näheres siehe R. Reiter (1960b).

[2]) Dem Fraunhoferinstitut sei für die Überlassung der Daten vom Verfasser sehr gedankt.

des Jahres 1957 gebildet, die sich durch eine verschiedene Auswahl der chromosphärischen Eruptionen unterscheiden. Grundsätzlich war Bedingung, daß die Eruption in der Nähe des Zentralmeridians stattfand, und zwar in dem Gebiet zwischen 10° östlicher und 10° westlicher Länge. Bei der ersten Stichtaggruppe (18 Tage) wurde die heliographische Breite der Eruption nicht berücksichtigt. Es wurden aber nur Eruptionen mit der Intensität > 2 gezählt. Bei der zweiten Gruppe (11 Stichtage) wurde die heliographische Breite auf den Bereich zwischen 15° Nord und 15° Süd beschränkt. Um dadurch die Stichtaganzahl nicht zu stark zu reduzieren, wurden alle Eruptionen einer Intensität > 1 + herangezogen. Die dritte Stichtaggruppe (14 Stichtage) besteht aus Tagen mit Eruptionen zwischen 10° Nord und 10° Süd und einer Intensität von > 1. Durch die jeweilige starke Einengung der Auswahlbedingungen wurde bewirkt, daß die Stichtage stets weit genug auseinanderlagen („isolierte Tage").

Die Abb. 154 zeigt ganz deutlich, daß die Häufigkeit der Atmospherics-Impulse nach den Eruptionen ansteigt. Das Maximum der Atmospherics wird bei jeder Stichtagauswahl im Mittel am 2. Tag nach der Eruption erreicht. Die Maxima sind in allen drei Fällen überzufällig (schraffierte Teile der Treppenkurve). Es fällt weiter auf, daß die maximale Amplitude der Atmospherics-Variation bei der 1. Stichtaggruppe am größten, bei der 3. Stichtaggruppe dagegen am kleinsten ist. Demnach scheint der Intensität der Eruption mehr Gewicht zuzukommen als ihrer heliographischen Breitenlage.

Das Ergebnis, daß der Atmospherics-Index zwei Tage nach einer starken chromosphärischen Eruption in $H\alpha$ einen Maximalwert erreicht, ist nur auf meteorologischem Wege zu deuten. Es steht nämlich fest, daß der Atmospherics-Anstieg nicht durch Veränderungen der ionosphärischen Ausbreitungsbedingungen verursacht sein konnte. Mit Hilfe der verwendeten Registrieranordnung wurde nämlich niemals jener Anstieg der Atmospherics-Intensität erhalten, der tatsächlich auf ionosphärischen Veränderungen beruht und der schon kurz nach der Eruption (Minuten bis Stunden) auftritt. Zur Erklärung der gefundenen Beziehung zwischen Eruptionen und Atmospherics-Anstieg kommt schließlich nur eine Zunahme der Gewitterhäufigkeit im Einzugsgebiet der Atmospherics in Frage. Der Beweis für die Richtigkeit dieser Annahme wurde durch eine eigens dazu ausgeführte Gewitterstatistik erbracht. Als Grundlage dienten alle Gewittermeldungen von 43 Stationen der Alpen und ihrer Umgebung bis zu einem Umkreis von 450 km Radius um die Empfangsstation Farchant. Das Ergebnis der Synchronisation der Zahl der Gewittermeldungen pro Station und Tag um die drei oben definierten Stichtaggruppen ist aus der zweiten Zeile der Abb. 154 zu entnehmen. Tatsächlich wird das Maximum der Gewitterhäufigkeit nach dem Stichtag festgestellt: Bei der 1. Gruppe fällt es auf den 1. Nachtag, bei der 2. Gruppe auf den 3. Nachtag. Daß Maxima der Atmospherics und Maxima der Gewitterhäufigkeit nicht immer exakt zusammenfallen, spricht keines-

wegs gegen einen echten Zusammenhang. Denn erstens enthält die Gewitterhäufigkeit ja nicht die Schwere und Dauer der Gewitter (Anzahl der
insgesamt niedergegangenen Blitze), welche ja den Atmospherics-Pegel
wesentlich mitbestimmen, und zweitens ist stets eine gewisse statistische
Streubreite als Störfaktor in Rechnung zu ziehen.

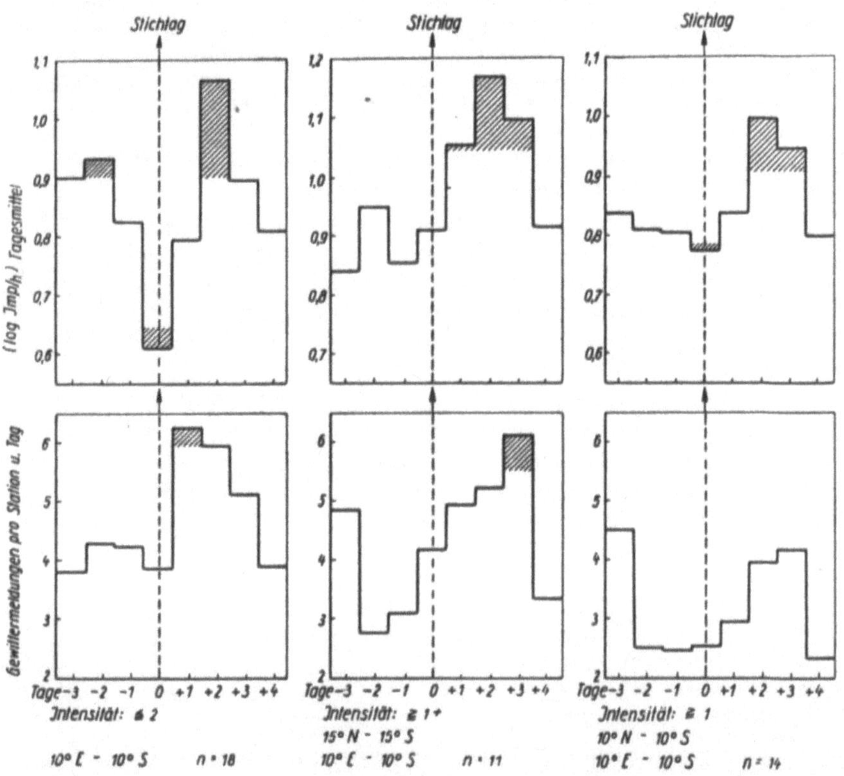

Abb. 154. Obere Zeile: Synchronisation der Atmospherics-Impulshäufigkeit
um Tage mit Sonneneruptionen verschiedener Intensität und heliographischer
Lage. Untere Zeile: Synchronisation der Gewitterhäufigkeit im Einzugsgebiet
der Atmospherics um Tage mit Sonneneruptionen verschiedener Intensität
und heliographischer Lage

Die in Abb. 154 schraffierten Bereiche überschreiten das Dreifache der
mittleren Streuung, sie können demnach als „überzufällig" betrachtet
werden. Der Nachweis wurde sowohl mit der „Schüttelprobe" als auch
mit Hilfe der KOLLERschen Tafeln geführt. Einzelheiten siehe R. REITER
(1960b).

4.-2. Beziehung zwischen Sonneneruptionen einerseits und Potentialgradient und Leitungsstrom andererseits

Die Frage, ob und inwieweit ein Einfluß der solaren Tätigkeit auf das elektrische Potential der Ionosphäre vorhanden ist, gilt bis heute als umstritten [siehe H. ISRAEL (1952)]. Die vorhandene Literatur ist spärlich [vergl. L. A. BAUER (1924, 1925), O. H. GISH und K. L. SHERMAN (1937)].

Wir müssen feststellen:

a) Die älteren Beobachtungen und Untersuchungen umfaßten nicht immer genügend lange Zeiträume,

b) sie wurden an Stationen in niedrigen Höhen (Flachland) ausgeführt, an denen bekanntlich der Einfluß schwankender Aerosolbedingungen sehr stark ins Gewicht fällt,

c) es wurden meist die Sonnenflecken-Relativzahlen als Grundlagen für die Beschreibung des solaren Geschehens herangezogen, die, wie man weiß, nicht unbedingt ein gutes Maß für die tatsächliche, augenblickliche Aktivität der Sonne sind, sich aber mehr für die Beschreibung der Sonnenaktivität über längere Zeiträume eignen.

d) Es wurde nicht das augenblickliche solare Geschen mit dem jeweiligen augenblicklichen luftelektrischen Zustand verglichen, sondern statt dessen Mittelwerte von beiden Seiten über lange Zeiträume.

Wir sind bei der Bearbeitung von folgendem Geischtspunkt ausgegangen: wenn überhaupt eine solar-luftelektrische Beziehung besteht, dann dürften wohl die heftigsten Sonneneruptionen einen Einfluß haben, wobei zu vermuten ist, daß sich dieser nur über wenige Tage von der Eruption ab gerechnet auf den luftelektrischen Zustand auswirken dürfte.

Weiter war von Anfang an selbstverständlich, daß nur Registrierungen an Bergstationen, die relativ wenig durch Aerosolschwankungen beeinflußt werden, für die in Rede stehenden Untersuchungen in Betracht zu ziehen sind. Auch war klar, daß sich ein solarer Einfluß gleichzeitig und gleichsinnig auf E und i auswirken muß.

Unsere Registrierperiode an den Stationen Zugspitze und Wank schloß glücklicherweise das Maximum der Sonnentätigkeit von 1958/59 ein. Die Voraussetzungen für die Beobachtung von Beziehungen waren also sehr günstige.

Bei der Auswertung haben wir jene Sonneneruptions-Beobachtungen verwendet, die laufend in den Dekadenberichten der Arbeitsgemeinschaft Ionosphäre veröffentlicht worden sind.

Die Auswertung ging folgendermaßen vor sich:

Auf der einen Seite standen Tage mit beobachteten Sonneneruptionen zur Verfügung. Wir verwenden nur solche Tage, an denen mindestens 2 Eruptionen beobachtet worden waren. Traten an mehreren Tagen hintereinander

Eruptionen auf, so verwendeten wir jenen Tag mit den meisten bzw. heftigsten Eruptionen als Stichtag.

Auf der Seite der luftelektrischen Daten verwendeten wir Schönwetter-
Tagesmittelwerte von E und i der betreffenden Station. Wir errechneten nun
durch Synchronisation den mittleren Verlauf von E und i pro Station an den
4 Tagen vor den Eruptions-Stichtagen ($-4, -3, -2, -1$), an den Erup-
tions-Tagen selbst (0) und an den 4 Tagen nach den Eruptionen ($+1, +2,
+3, +4$). Auf diese Weise wurden alle Jahre 1956—1959 ausgewertet.

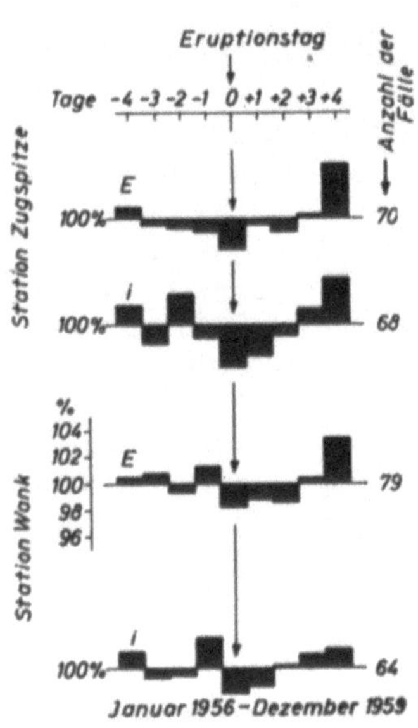

Den jeweils mittleren Verlauf von E und i
um die Eruptions-Stichtage an den beiden
Stationen zeigt Abb. 155. Man sieht, daß alle
4 Wertereihen am Stichtag selbst (0) ein Minimum aufweisen. Von diesem Minimum an
steigen die Werte stetig an um im Mittel am
4. Tage nach der Eruption das Maximum zu
erreichen (nur der Wert für i an Station Wank
am 4. Tage nach dem Stichtag ist, wenn auch
erhöht, kein Maximum).

Wir haben uns nun zu fragen ob

a) die Minima an den flare-Tagen und
b) die Maxima an den $+4$-Tagen signifikant sind.

Abb. 155. Synchronisation der Schönwetter-
Stundenmittelwerte des Potentialgradienten
E und der vertikalen Leitungsstromdichte i
(beides in %) um Tage mit Sonneneruptionen.
Oberes Kurvenpaar: Werte von Station Zugspitze, unteres Kurvenpaar: Station Wank

In unserem Falle ist der Nachweis für Signifikanz relativ leicht zu führen
[nach DE RUDDER (1952)]. Die Wahrscheinlichkeit dafür, daß das Maximum oder das Minimum auf einen der 9 Tage (4 Tage vor, 4 Tage nach dem
Stichtag, Stichtag selbst) fällt, ist $^1/_9$. Die Wahrscheinlichkeit, daß durch
Zufall in zwei unabhängigen Reihen (von 9 Tagen) das Minimum oder das
Maximum auf den Stichtag, oder auch auf den $+4$. Tag, fällt ist $^1/_9 \times ^1/_9$;
dasselbe bei vier Reihen: $(^1/_9)^4 = 0{,}000152$ oder $0{,}0152\%$. Die Sicherheit,
daß dieses Ergebnis nicht durch Zufall bedingt ist, beträgt also $99{,}985\%$.
Man ist in der Statistik allgemein übereingekommen, ein Ereignis dann
als signifikant anzusehen, wenn die mittlere Streuung durch den Effekt
um das 3fache überschritten wird (d. h. größer als $99{,}73\%$ ist.) Diese Bedingung ist in bezug auf die 4 an den Stichtagen festgestellten Minima
(Abb. 155) erfüllt. Für drei absolute Maxima an den $+4$. Tagen erhalten
wir eine Sicherheit von $99{,}86\%$. Demnach sind also auch die Maxima signifikant.

Obzwar wir eben feststellen können, daß Signifikanz besteht, sind die
E- und i-Variationen, die durch Sonneneruptionen ausgelöst werden, absolut gesehen nicht groß: vom Tage der Eruption bis zum 4. Tage nachher steigen die E- und i-Werte im Mittel an beiden Stationen um 6—8%
an.

Damit scheint die Streitfrage, ob eine Beziehung zwischen solarer Aktivität und dem atmosphärisch-elektrischen Zustand besteht oder nicht
besteht, positiv beantwortet.

Aufschlußreich ist nun der Vergleich dieses Befundes mit dem Ergebnis
der im vorangegangenen Abschnitt dargelegten Untersuchung. Da man
heute weiß, daß das atmosphärisch-elektrische Schönwetter-Feld allein
durch die Gewitterhäufigkeit auf der Erde aufrechterhalten wird, ist zu
schließen, daß eine weltweite Steigerung der Gewittertätigkeit auch zu
einer Erhöhung der Spannung zwischen Ionosphäre und Erdoberfläche
führen muß. Damit bietet sich eine einfache und einleuchtende Erklärung für den Anstieg von E und i vom Eruptionstag bis zum 4. Tag nach
der Sonneneruption an. Es erklärt sich auf diese Weise auch, weshalb der
Einfluß der Sonneneruption auf das Ionossphärenpotential so schwach
ist, denn es ist nicht anzunehmen, daß durch die Eruptionen auf dem Wege
über die Steuerung der Großwetterlage ein Anstieg der Gewitterhäufigkeit auf der ganzen Erde um mehr als einige Prozent ausgelöst werden
dürfte.

Frühere Veröffentlichungen des Verfassers zum gleichen Thema siehe
R. Reiter (1953b, 1958b, 1960a, 1960b).

5. Luftradioaktivität und Ionisation der Luft

5.-0. Die Ionisationsquellen, das Ionisationsgleichgewicht

Bevor wir uns mit dem Einfluß der Luftradioaktivität auf die Ionisation der Luft befassen, müssen wir die drei Hauptquellen der Luftionisation näher betrachten. Dabei stützen wir uns auf eingehende und langjährige Untersuchungen von V. F. HESS und Mitarb. (1926, 1934, 1952, 1953 a, b, c, 1954, 1955, 1956), W. D. PARKINSON und R. I. WELLER (1953), J. A. CHALMERS (1946), W. KOLHÖSTER (1924) u. a. Umfangreiche Literatur- und Datensammlung siehe W. M. LOWDER und L. R. SOLON (1956). Neueste Literatur: J. LAW (1963).

Fassen wir die vorliegenden Daten zusammen, so können wir bei Berücksichtigung der in unserem Stationsgebiet gegebenen Bedingungen folgende Werte der Ionisierungsstärke q (Ionenpaare/cm$^3 \cdot$ sec) als verbindlich annehmen:

1. Ionisation in ca. 1,5 m Höhe durch energiereiche Strahlung natürlichen Ursprungs aus dem Boden (Kalkgestein) $\qquad q_1 = 3$

2. Ionisation durch kosmische Strahlung
   a) in ca. 700 m NN $\qquad q_2 = 2$
   b) in ca. 2600 m NN $\qquad q_3 = 4$

3. Ionisation durch radioaktive Elemente natürlichen Ursprungs in der Luft (Gase, Aerosole), Mittelwerte über dem Festland in Bodennähe $\qquad q_4 = 4$
   Aus 3. folgt eine Ionisation von $q = 3$ pro $100 \cdot 10^{-12}\ \mu C/cm^3$
   RaB in Luft bei Gleichgewicht von Rn bis RaC.

4. Ionisation q_s durch Kernspaltprodukte, die an der Erdoberfläche, einschl. Bewuchs abgelagert sind
   [siehe V. F. HESS und H. A. MIRANDA (1956)]. Verläßliche Meßdaten liegen nicht vor, jedoch dürfte für q_s in der Regel gelten: $\qquad q_s < q_1$

Interessant ist die Feststellung von V. F. HESS, W. D. PARKINSON und H. A. MIRANDA (1953 a), daß die Radioaktivität des Kalium^{40} über Eruptivgesteinen einen ganz erheblichen Beitrag zur Gesamt-Ionisation liefern kann, gegen den, wenn man allein β- und γ-Radioaktivität in Betracht zieht, die Ionisation durch die Strahlung aus den Elementen der Uran-Radium-Familie zurücksteht.

Über die Höhenabhängigkeit der Ionisierungsstärke siehe J. S. BOWEN, R. A. MILLIKAN und H. V. NEHER (1937, 1949), sowie E. REGENER und G. PFOTZER (1934). Nach W. HEISENBERG (1953) nimmt die weiche Komponente (welche ja in erster Linie für die Luftionisation maßgebend ist) der kosmischen Strahlung zwischen ca. 700 und 2600 m NN um etwa Faktor 2 zu.

Während die Komponente 2 (s. o.) annähernd als zeitlich konstant anzusehen ist, variiert Komponente 1 je nach Bedeckung des Bodens mit Schnee und Eis[1]), während Komponente 3 ganz besonders großen Schwankungen ausgesetzt ist, die wir im Kapitel 6 näher kennenlernen werden. Da nun die luftelektrischen Elemente auf dem Wege über die Gesamt-Ionisation durch die Umgebungs-Strahlungen verschiedenster Art beeinflußt werden können, müssen wir gerade den stärker variierenden Komponenten ganz besondere Beachtung entgegenbringen. Beim größten Teil der bis jetzt vorgenommenen Rechnungen über Ionisationsgleichgewichte wurden konstante, mittlere Ionisationsstärken benutzt. Dies bedeutet jedoch eine unerlaubte Vergröberung. Wir haben deshalb versucht, zunächst einmal für die leichter überschaubaren Verhältnisse in mittleren Höhen eine genauere Untersuchung durchzuführen, die im nächsten Abschnitt behandelt ist.

Bevor wir uns mit ihr befassen, sollen noch einige Worte zum Ionisationsgleichgewicht selbst gesagt werden.

Wir können die Gleichung des Ionengleichgewichts in ihrer einfachsten Form schreiben:

$$dn/dt = q - c_1 n^2 - c_2 n N \qquad \begin{aligned} n &= \text{Kleinionendichte/cm}^3 \\ N &= \text{Kondensationskerndichte/cm}^3 \\ q &= \text{Ionisierungsstärke} \end{aligned}$$

In dieser Gleichung sind einige Feinheiten, wie unterschiedliche Kombination und Rekombination je nach Vorzeichen der Ladung, sowie Ladung und Ladungsvorzeichen der Kerne (Grossionen) selbst nicht berücksichtigt. Wir kommen aber angesichts der unvermeidlichen Fehlerstreuung der Meßwerte mit dieser einfachen Gleichungsformel aus.

Detaillierte Darstellungen siehe z. B. bei J. A. CHALMERS (1954, 1957a), R. MÜHLEISEN (1957), C. G. STERGIS (1954a, b), H. ISRAEL (1952), P. J. NOLAN (1956), T. C. O·CONNOR (1958), 1961), T. C. O'CONNOR und W. P. SHARKEY (1960), F. J. W. WHIPPLE (1933), J. BRICARD (1949), V. F. HESS und R. P. VANCOUR (1950), J. CLAY und L. J. Z. DEY (1938), P. J. NOLAN und D. KEEFE (1961), T. A. RICH und Mitarb. (1962), L. W. POLLAK (1962) u. a., wobei vor allem die Untersuchungen von C. G. STERGIS über Zustände außerhalb der Gleichgewichtslage von besonderem Interesse sind.

Wir begnügen uns aber mit dem Zustand des Gleichgewichts und können dann schreiben:

$$q = c_1 n^2 + c_2 n N.$$

In dieser Form werden wir die Gleichung im nächsten Abschnitt verwenden [vergl. auch R. CALLAHAN-SAGALYN und G. A. FAUCHER (1954)].

---

[1]) Schneebedeckung war während der Zeit der später zu besprechenden Messungen am Zugspitzplatt, wenn überhaupt vorhanden, minimal.

5.-1. Die Kleinionenbilanz in 2600 m NN, Bestimmung des Kombinations- und Rekombinationskoeffizienten

Um die Kleinionenbilanz aufstellen zu können, ist es notwendig, die Größen q, n und N für einen bestimmten Ort und für dieselbe Zeit zu kennen. Auf dem Zugspitzplatt wurden n und N direkt bestimmt (siehe

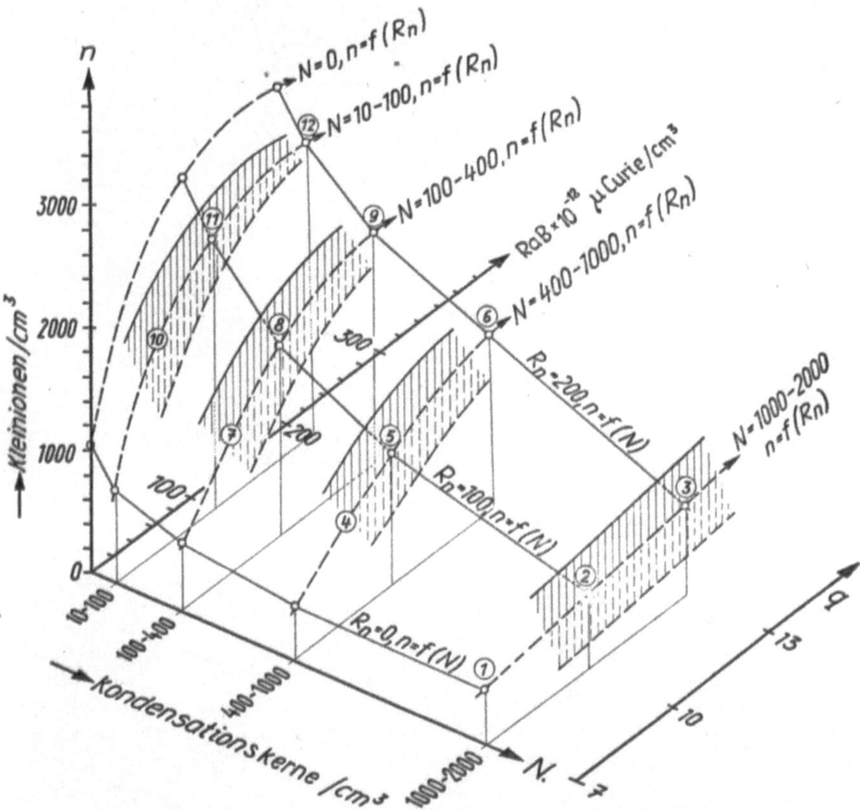

Abb. 156. Beziehung zwischen Kondensationskerndichte, Kleinionendichte und natürlicher Radioaktivität der Luft (RaB) bzw. Ionisierungsstärke q nach Messungen am Zugspitzplatt. Aus den Meßergebnissen wurden für die Punkte 1—12 (in den Kreisen) die Rekombinations- und Kombinationskoeffizienten (siehe Wertezusammenstellung) errechnet

2.-1.2.3./2.-2.6.). Der Wert von q setzt sich aus seinen Komponenten zusammen, die oben angegeben worden sind. Über Kalkgestein (Wettersteinkalk) in 2600 m NN kann ein zeitlich konstanter Beitrag von 7 Ionenpaaren/cm³sec angenommen werden (Komponenten 1 + 2). Der zeitlich variable Anteil (Komponente 3) folgt aus der jeweiligen Konzentration natürlich radioaktiver Elemente in der Luft, die ebenfalls gemessen wurde. Wir haben damit alle Bestimmungsstücke der Gleichgewichtsbeziehung zur Verfügung.

In Abb. 156 sind die drei jeweils gleichzeitig gemessenen Größen q, n und N gegeneinander aufgetragen. Die Meßwerte (Mittelwerte) über je ein Filter-Expositionsintervall, (d. h. entweder über einen Vormittag oder über einen Nachmittag), liegen in den senkrechten schraffierten Flächen, wobei eine Gruppierung der N-Werte vorgenommen worden ist ($N = 10$ —100, 100—400, 400—1000, 1000—2000). Es ergeben sich die Kurvenschaaren $n = f\,(Rn)$ und $n = f\,(N)$, wobei

$$q = \frac{Rn}{33} + 7.$$

Setzt man die Koordinaten der zwölf in Abb. 156 deutlich markierten Punkte in die Gleichgewichtsbeziehung ein, so ist die Gleichung erfüllt, wenn die Konstanten c_1 und c_2 folgende Werte annehmen:

Wertezusammenstellung:

Punkt Nr. in Abb. 156	Rekombinationskoeffizient c_1 cm³/sec	Kombinationskoeffizient c_2 cm³/sec
1	$1,8 \cdot 10^{-6}$	$10,0 \cdot 10^{-6}$
2	$1,8 \cdot 10^{-6}$	$10,0 \cdot 10^{-6}$
3	1,8	10,6
4	1,8	14,0
5	1,8	10,7
6	1,7	10,0
7	1,8	(20,0) [1]
8	1,8	14,0
9	1,8	14,0
10	2,5	(20,0) [1]
11	1,8	14,0
12	1,9	15,0
Mittelwerte:	$1,85 \cdot 10^{-6}$	$12,2 \cdot 10^{-6}$

Eine Umrechnung der Koeffizienten auf Normaldruck und Normaltemperatur ändert sie nur an 2. Stelle nach dem Komma, so daß sie unterbleiben kann. Wir sehen, daß die Gleichgewichts-Beziehung dann

---

[1] Diese Werte dürften zu ungenau sein, sie wurden zur Mittelung nicht benutzt.

praktisch im gesamten Wertebereich gleichmäßig erfüllt ist, wenn wir einsetzen:

1. Rekombinationskoeffizient $c_1 = $ $1{,}85 \cdot 10^{-6}$ cm³/sec
2. Kombinationskoeffizient $\quad c_2 = 12{,}2 \;\; \cdot 10^{-6}$ cm³/sec
3. Ionisierungsstärke ohne Luftradioaktivität: 7 Ionenpaare/cm³ sec
4. Ionisation durch Luftradioaktivität: 3 Ionenpaare/cm³. sec pro $100 \cdot 10^{-12}$ μC/cm³ RaB im Gleichgewicht mit den Nachbarelementen.

Es dürfte interessant sein, die erhaltenen Konstanten c_1 und c_2 mit jenen Werten zu vergleichen, die von anderen Autoren gefunden worden sind. Von E. HERPERTZ, H. ISRAEL und F. VERZAR (1957) wurde eine Untersuchung auf dem Jungfraujoch ausgeführt, die der unseren im Aufbau ähnlich ist: Aus Kleinionen- und Kondensationskerndichte-Registrierungen sollte das Ionisationsgleichgewicht abgeleitet werden. Sie erhielten $c_1 = 1{,}7 \cdot 10^{-6}$ cm³/sec und $c_2 = 7 \cdot 10^{-6}$ cm³/sec, jedoch in Verbindung mit einer zu niedrigen Ionisationsstärke. Die Verfasser führen dazu aus:

„Der auf graphischem Wege ermittelte Ionisierungswert $q = 8$ liegt noch unter der Ionisierungsstärke von $q = 10$, die am Boden in Meereshöhe zu finden ist. Wie ist diese Diskrepanz zu erklären? Da keine Ionisierungsstärke

Tabelle 25. *Einige Zahlenwerte für c und k aus der Literatur*

Rekombinations-koeffizient c_1 cm³/sec · 10⁶	Kombinations-koeffizient c_2 cm³/sec · 10⁶	Bemerkungen	Autor
1,23	—		O. LUHR und N. E. BRADBURY (1931)
2,4	—		J. SAYERS (1938)
1,6	—		J. A. CHALMERS (1957 b,c)
1,6	—		O. H. GISH und K. L. SHERMAN (1940)
2,1—2,2	3,2—4,2	Flugzeug-messungen	R. C. SAGALYN und G. A. FAUCHER (1956)
1,7	7	Hochgebirgs-messungen	H. HERPERTZ, H. ISRAEL und F. VERZAR (1957)
1,6	—		K. W. F. KOHLRAUSCH (1914)
1,6	—		A. GOCKEL (1917)
1,85	12,2	Hochgebirgs-messungen	R. REITER (s. o.)
—	6,8— 9,7		J. J. NOLAN und G. P. DE SACHY (1927)
—	8,4— 9,2	gealterte Kerne	P. J. NOLAN und E. F. FAHY (1945)
—	11,4—17,1	Kernradius 10^{-5} cm	P. J. NOLAN und E. L. KENNAN (1949)

gemessen worden ist, kann nicht mit Bestimmtheit gesagt werden, ob die Ionisierungsbilanz so aufgestellt werden darf, wie dies vorher geschehen ist. Zumal die Bodenionisation wegen der weiten Eisflächen in der Umgebung der Meßstation nicht den Wert zu haben braucht, der vorher als Mittelwert der Bodenstrahlung angegeben wurde. Es ist ebenfalls schwierig, eine Aussage über die Stärke der Luftstrahlung an der Meßstation zu machen."

Wir sehen daraus, wie dringend notwendig es ist, die Luftradioaktivität bei Ionisierungs-Bilanz-Untersuchungen mit zu erfassen. Immerhin liegen die von den genannten Autoren abgeleiteten Konstanten sehr nahe bei unseren Werten. Wir wollen noch einige weitere Werte aus der Literatur hinzunehmen und haben sie in Tab. 25 zusammengestellt.

Bei Betrachtung dieser Tabelle stellen wir fest, daß unsere Zahlenwerte für die beiden Konstanten durchaus in befriedigender Übereinstimmung mit den Werten der anderen Autoren stehen. Unser Kombinationskoeffizient c_2 scheint zwar etwas hoch zu liegen. Doch ist zu bedenken, daß mit dem SCHOLZschen Kernzähler überwiegend Kerne in der Größenordnung von 10^{-5} cm Radius erfaßt werden. Die von P. J. NOLAN und E. L. KENNAN (1949) für eben diese Partikelgröße gewonnenen Werte von c_2 stimmen hingegen ganz besonders gut mit unserem c_2-Wert überein.

5.-2. Beziehung zwischen Kleinionendichte, natürlicher Luftradioaktivität und Schmutzgehalt der Luft in Farchant

Es würde interessant sein, dieselbe Untersuchung, wie sie in 5.1. beschrieben ist, auch im Talniveau auszuführen. Da sich der SCHOLZsche Kernzähler aber nach unserer Erfahrung nicht für sehr große Kerndichten eignet und kein photoelektrischer Kernzähler zur Verfügung stand, mußten wir uns mit der „Filterschwärzung" als Maß für die Luftverunreinigung (2.-4.0.) begnügen. Aus diesem Grunde kann zunächst auch nur ein anschaulich-graphischer Zusammenhang aufgezeigt werden [Teilergebnisse siehe R. REITER (1959d)], der allerdings jetzt einen sehr großen Meßzeitraum einschließt. In Abb. 157 sind Kleinionendichte und natürliche Luftradioaktivität Rn gegeneinander aufgetragen, und zwar für 3 verschiedene Stufen der Luftverschmutzung, die jeweils im Punktfeld angegeben sind. Wir stellen in Übereinstimmung mit der Gleichgewichtsbeziehung und mit Abb. 156 fest, daß bei geringer Luftverschmutzung die Kleinionendichte sehr empfindlich auf Änderungen der natürlichen Luftradioaktivität anspricht und daß deren Einfluß auf die Kleinionendichte mit steigender Luftverschmutzung immer schwächer wird. Die starke Punktstreuung besagt, daß die Schwankungen der Luftverschmutzung, d. h. der Kondensationskerndichte, den Zusammenhang zwischen n und Rn stark verschleiern. D. h., es ist sehr leicht möglich, daß trotz steigender natürlicher Luftradioaktivität die Kleinionendichte abnimmt, wenn

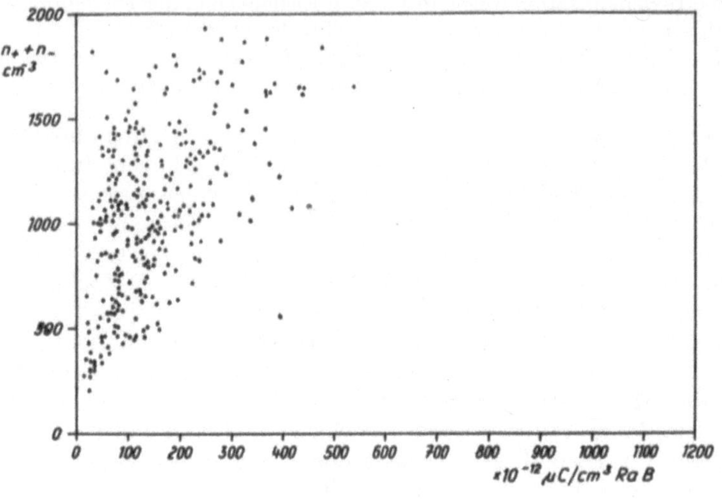

Abb. 157 a.

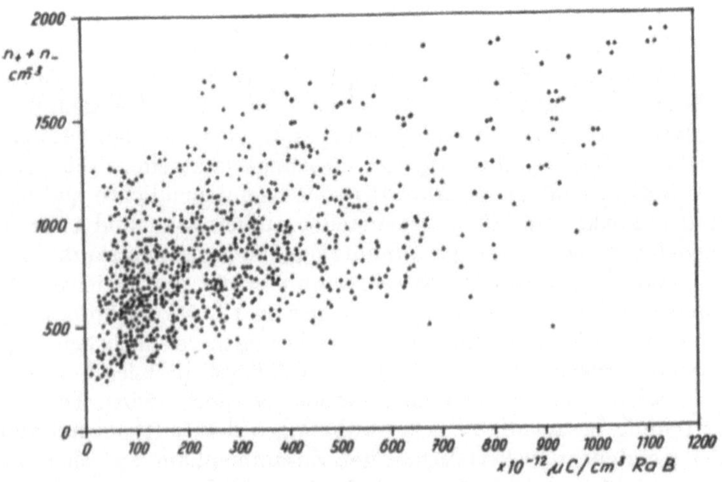

Abb. 157 b.

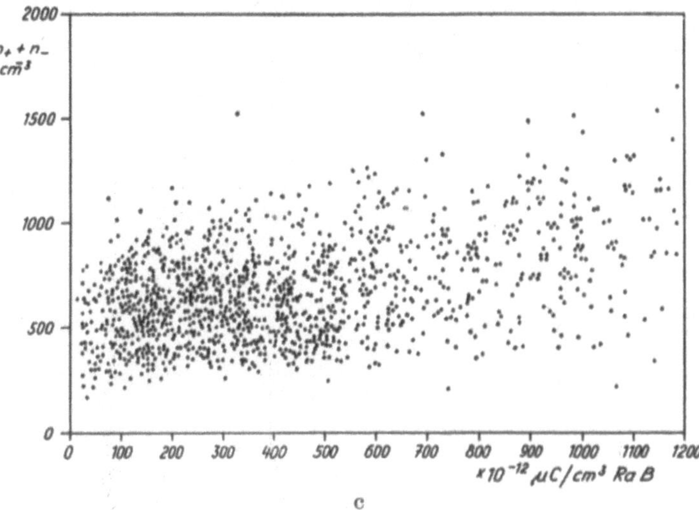

Abb. 157. Beziehung zwischen Kleinionendichte und natürlicher Luft-Radioaktivität an Station Farchant für 3 verschiedene Bereiche des Schmutzgehaltes der Luft (Filterschwärzung): a) 0–20%/10 m³, b) 20–40%/10 m³, c) > 40%/10 m³

gleichzeitig die Kondensationskerndichte ansteigt. Wir werden in Kapitel 6 sehen, daß natürliche Luftradioaktivität und Schmutzgehalt der Luft meist stark miteinander verkoppelt sind. Das führt dann zu dem Paradoxon, daß häufig natürliche Luftradioaktivität und Kleinionendichte zueinander entgegengesetzt verlaufen. Wir bewegen uns dann auf dem Diagramm Abb. 156 zwischen den Punkten 3 und 11 oder 3 und 10. Wir stellen also fest, daß wir in niedrigen Höhen qualitativ zu demselben Ergebnis über die Beziehung der drei Größen: Kleinionendichte, Luftradioaktivität und Kerngehalt der Luft geführt werden wie in 2600 m NN. Eine quantitative Fassung der Beziehung sei späteren Untersuchungen vorbehalten.

5.-3. Beeinflußt die Radioaktivität der Kernspaltprodukte den elektrischen Zustand der Atmosphäre?

Als die Ablagerung von Kernspaltprodukten an der Erdoberfläche zum 1. Male besonders stark war (etwa 1957—1959), wurde verschiedentlich diskutiert, ob und inwieweit die von suspendierten oder sedimentierten Kernspaltprodukten ausgehende energiereiche Strahlung den elektrischen Zustand der bodennahen Atmosphäre beeinflussen kann.

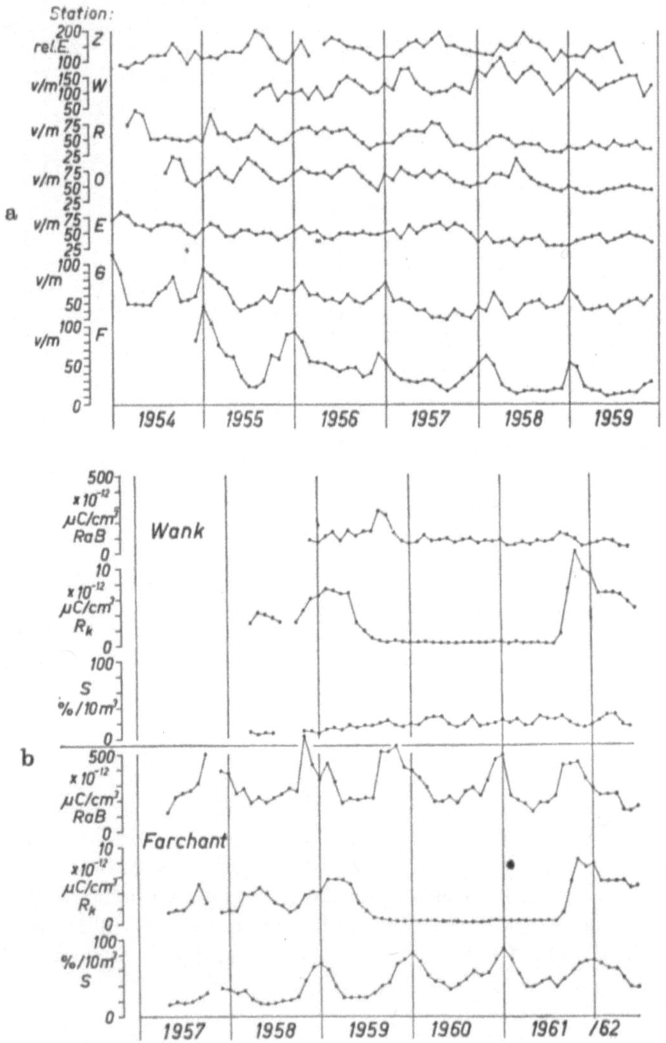

Abb. 158. a) Monatsmittelwerte des Potentialgradienten an den Stationen des Wettersteinnetzes, b) Monatsmittelwerte der natürlichen und künstlichen Luftradioaktivität und der Luftverschmutzung an den Stationen Wank und Farchant. Es besteht keine Beziehung zwischen a) und b). Bemerkenswert ist der laufende Anstieg der Luftverschmutzung S nicht nur in Farchant, sondern auch am Wank (!) als Folge der rasch fortschreitenden Verbauung des Loisachtal-Gebietes, eine alarmierende Feststellung für den Kurort Garmisch-Partenkirchen

So vermuteten L. KOENIGSFELD (1958), D. L. HARRIS (1955a, b) und E. T. PIERCE (1957, 1958, 1959) Einwirkungen der fall-out-Radioaktivität auf einige luftelektrische Registrierungen. Bemerkenswert ist der von E. T. PIERCE vorgenommene Vergleich der Potentialgradient-Jahresmittel von den Stationen Lerwick (Shetland-Inseln) und Eskdalemuir (Schottland). Während bis 1957 an Station L. der Jahresmittelwert von E kaum vom langzeitlichen Mittel (1928—1937) abwich, sank er an Station E. vom Jahre 1951 an gleichmäßig ab, und zwar auf etwa 50% seines früheren Mittelwertes. E. T. PIERCE weist darauf hin, daß an Station E. wesentlich mehr Regen fällt und deshalb gleichzeitig die fall-out-Zufuhr zum Boden größer sein dürfte (Messungen derselben wurden an beiden Stationen offenbar nicht ausgeführt). Eine solche Erklärung scheint plausibel, doch ist kaum anzunehmen, daß die durch abgelagerte Kernspaltprodukte an der Erdoberfläche hervorgerufene Luftionisation[1] an jene heranreicht, die durch Bodenstrahlung und natürliche Radioaktivität der Luft hervorgerufen wird. Schleichende Veränderungen luftelektrischer Größen über Jahre hinweg können nämlich sehr leicht durch Veränderung des Lokalklimas, sei es durch Bebauung, Abholzung, u. a. hervorgerufen sein. Insbesondere wäre eine Veränderung des Potentialgradienten weit weniger beweiskräftig als etwa eine Veränderung der Ionisationsgröße.

Zum Vergleich mit der Untersuchung von E. T. PIERCE wurden alle Monatsmittelwerte der luftelektrischen Stationen des Wettersteinnetzes aneinandergereiht (Abb. 158a). Außerdem wurden die Monatsmittel der natürlichen und künstlichen Luftradioaktivität und der Luftverschmutzung an den Stationen Farchant und Wank in gleicher Weise aufgetragen (Abb. 158b).

Es empfiehlt sich, zunächst einmal die Jahresgänge der Bergstationen mit denen der Talstationen zu vergleichen. Die Maxima treten im Tal im Winter, an den Hochstationen im Sommer auf. Dafür ist der Kerngehalt der Luft an den Stationen verantwortlich: die stärkste Luftverunreinigung während des Jahres finden wir im Tal im Winter und im Bergniveau im Sommer.

Von einem systematischen und anhaltenden Absinken des Potentialgradienten im Laufe der letzten Jahre kann an den Stationen Zugspitze, Wank, Eibsee und Garmisch gewiß nicht gesprochen werden. Deutlich fallende Tendenzen findet man jedoch an den Stationen Riffelriß, Obermoos und Farchant. Kann diese für eine Wirkung des fall-out sprechen? Es sieht nicht so aus. Denn:

a) hätten wir es mit einer Wirkung der künstlich radioaktiven Aerosole zu tun, so müßte das Absinken gerade an den Hochstationen stärker in Erscheinung treten als an den übrigen Stationen, weil ja der

---

[1] Im Gegensatz hierzu findet A. SIMON (1962) eine Wirkung des fall-out auf die Luftionisation in Bodennähe. Siehe hierzu auch H. ISRAEL und R. HAAS (1962).

prozentuale Anteil der Spaltprodukt-Aktivität an der Gesamt-Aktivität des Aerosols mit der Höhe stark zunimmt (aus 2 Gründen:1) Zunahme der Spaltprodukt-Aktivität und 2) Abnahme der natürlichen Radioaktivität mit der Höhe);

b) hätten wir es mit einer Wirkung der an der Bodenoberfläche deponierten Kernspaltprodukte zu tun, die zusätzlich zur Größe q_1 einen Beitrag q_s liefern (siehe 5.-0.), so könnte der Effekt nur an solchen Stationen auftreten, an denen die Meß-Sonden in geringer Höhe über dem Boden aufgestellt sind. Das gilt zwar vergleichsweise für Farchant (siehe 2.-1.2.), aber schon nicht mehr für Obermoos oder Riffelriß. Wir sehen also: hier treten Widersprüche auf, die es nicht erlauben, den z. T. deutlich erkennbaren zeitlichen Abfall von E auf den fall-out zu beziehen. Und schließlich müssen wir noch

c) aus dem Vergleich von Abb. 158a mit b schließen, daß kein Parallelgang zwischen E und fall-out besteht. Insbesondere verursachte der starke Rückgang der Spaltproduktkontamination in der Luft, in den Niederschlägen und im Bewuchs (siehe 6.3.) keine Erholung von E an Station Farchant in der 2. Hälfte von 1959, wie sie unbedingt zu fordern wäre.

Zwar müssen wir eine stichhaltige Erklärung für das an sich deutliche Absinken von E an Station F schuldig bleiben, doch scheint immerhin sicher zu sein, daß es nicht vom fall-out herkommen kann.

In diesem Zusammenhang sind die Ergebnisse einer größeren Untersuchung von W. HERBST und G. HÜBNER (1961) von Interesse. Diese Autoren fanden im Freien in nur 50 cm Höhe über dem Boden in verschiedensten Gegenden eine durchdringende Umgebungsstrahlung aus dem Boden in der Größenordnung zwischen 10 und 20 $\mu r/h$. Ferner stellten die Autoren fest, daß in der Zeit 1959—1960 der Grundpegel um rund 2,7 $\mu r/h$ zurückgegangen ist. Letzteres ist eine Folge des Abklingens und der Auswitterung abgelagerter Kernspaltprodukte. Da nun in der genannten Zeit der Abfall der Kontamination außerordentlich stark war, können wir zur Sicherheit den Anteil des fall-out am Grundpegel mit vielleicht 5 $\mu r/h$ abschätzen, d. h. mit 50—25% der natürlichen Bodenstrahlung (in 50 cm Höhe!). Selbst wenn wir also ansetzen $q_s = 0,5\ q_1$ (siehe 5.-0.), so kann angesichts der übrigen Ionisationsquellen nur von einem verschwindend kleinen Beitrag des fall-out in der Bodennähe zur Gesamt-Ionisation gesprochen werden, zumal sich in so geringer Höhe ja auch die Exhalationen noch wesentlich stärker bemerkbar machen. Also auch die Untersuchungsergebnisse von W. HERBST und G. HÜBNER (1961) lassen einen Einfluß des fall-out auf E nicht naheliegend erscheinen.

Im Sommer 1958 hat der Verfasser sowohl auf einer stark mit Spaltprodukten kontaminisierten als auch auf einer „sauberen" Gletscherfläche (siehe Abb. 209) in ca. 1,3 m Höhe über der Eisfläche vergleichende Messungen der Luftleitfähigkeit[1]) vorgenommen und festgestellt, daß kein meßbarer Unterschied besteht (Genauigkeit: $\pm$ 5%). Wenn also die an der Bodenoberfläche deponierten Spaltprodukte keinen deutlichen Einfluß ausüben, inwieweit könnte dann die Spaltproduktaktivität des Aerosols einen Beitrag zur Ionisation liefern? Diese Frage läßt sich gut beantworten, wenn wir die zur Verfügung stehenden Ionisationsenergien miteinander vergleichen. Zur Ionisation der Luft tragen die Strahlungsenergien vom Radon bis zum *RaC* bei. Die Summe über diese Einzel-Energien beträgt 23,1 MeV. Dieser Wert steht also pro Radonatom für die Ionisierung der Luft zur Verfügung. Nun betrachten wir die Verhältnisse auf der Seite der künstlichen Radioaktivität der Luft. Hierzu können uns die Tabellen von B. RAJEWSKY und Mitarb. (1956) dienen.

Im Durchschnitt liegt die Energie der von Spaltprodukten ausgesandten Beta- und Gammastrahlen bei 1 MeV. Familien von radioaktiven Stoffen mit *mehreren* aufeinanderfolgenden Tochtersubstanzen gibt es nicht. Es gibt lediglich Fälle mit einem radioaktiven Mutter- und einem radioaktiven Tochterelement. Nehmen wir nun wieder die Summe der Energien der beiden aufeinandefolgenden Elemente, so können wir die *Höchstgrenze* der in Betracht kommenden verfügbaren Energie mit rund 3 MeV pro (Mutter-) Element ansetzen. Dieser Wert ist für den *Durchschnitt* aller im Aerosol enthaltenen Spaltprodukte sicher zu hoch gegriffen. Trotzdem sei er zur Sicherheit für die nachfolgende Abschätzung herangezogen.

Zur Erzeugung eines Ionenpaares in Luft ist — praktisch unabhängig von der Gattung der Strahlung — ein ganz bestimmter Energiebetrag (ca. 33 eV) notwendig. Ganz abgesehen davon, wie groß dieser Betrag ist, werden von Radon + Folgeprodukten auf jeden Fall 23/3 = 7,7 mal mehr Ionenpaare erzeugt als von Kernspaltprodukten mit der relativ hohen Strahlungsenergie von 3 MeV.

Während der Periode der höchsten Spaltprodukt-Kontamination der Luft war der Radongehalt der Luft in den untersten atmosphärischen Schichten immer noch 50 mal höher als ihr Gesamt-Gehalt an Spaltprodukten (in Curie-Einheiten gemessen). Das bedeutet, daß in dieser Zeitspanne die Zahl der pro Radonatom ionisierten Gasmoleküle immer noch um etwa Faktor 400 größer war als die Zahl der durch Spaltprodukt-Radioaktivität ionisierten Gasmoleküle (3 MeV pro Zerfall angenommen!). Betrachten wir nun die Streuung der Beziehung $n = f(Rn)$ in Abb. 157, so wird sofort klar, daß auf dem Wege der Luftionisation kein Einfluß der

---

[1]) An der Meßstelle lag das Gestein unter 10–20 m tiefem Eis begraben. Somit konnte nur noch ein kleiner Teil der energiereichen Gammastrahlung aus dem Gestein am Meßort wirksam werden. Daß trotz dieser Abschirmung der natürlichen Bodenstrahlung und trotz der relativ niedrigen natürlichen Luftradioaktivität kein λ-Effekt durch die abgelagerten Spaltprodukte beobachtet werden konnte, ist sehr bemerkenswert.

Spaltproduktaktivität auf die luftelektrischen Elemente denkbar ist, jedenfalls nicht innerhalb der Austauschschicht. Damit können wir die Betrachtungen zu diesem Gegenstand abschließen.

5.-4. Die Aerosolstruktur der Inversionsschicht

Wir haben eine zusammenfassende Betrachtung der Aerosolstruktur einer „durchschnittlichen" Inversionsschicht bis jetzt zurückgestellt. Sie setzt nämlich voraus, was in den vorangegangenen Abschnitten über Beziehungen zwischen Radioaktivität und Luftelektrizität gesagt ist. Tragen wir alle Erfahrungen zusammen, die wir während unserer Hochgebirgsexkursionen gewinnen konnten, so erhalten wir mittlere Daten für die 4 verschiedenen Stockwerke der Inversion wie sie in Abb. 159 zusammengestellt sind: Kleinionendichten n_+, n_-, Verhältnis n_+/n_-, polare Luftleitfähigkeiten λ_+, λ_-, totale Luftleitfähigkeit λ, Verhältnis λ_+/λ_-, Kondensationskerndichte N und natürliche Luftradioaktivität Rn.

Zunächst fällt der Parallelgang von N und Rn auf, den wir beobachten, wenn wir uns durch die Inversionsschicht hindurchbewegen. Er bedeutet, daß die natürliche Luftradioaktivität an die Kondensationskerne gebunden ist, worauf wir später noch im einzelnen zurückkommen werden. Die größte Kerndichte und Luftradioaktivität finden wir in der Inversionsschicht (3) selbst, d. h. in jenem Gebiet geringer Dicke, in welchem die Temperatur mit der Höhe schnell ansteigt. In diesem Raum findet also im Mittel (es gibt gewisse Ausnahmen) eine Anreicherung von Kernen und damit von Spurenstoffen verschiedenster Art und Herkunft statt. In der Inversionsobergrenze nimmt die Kerndichte schnell ab um über dem Inversionsgebiet schließlich sehr niedrige Werte zu erreichen. Eine ganz andere Höhenabhängigkeit lassen die luftelektrischen Aerosolgrößen erkennen. Zunächst stellen wir einen Parallelgang von Luftleitfähigkeit und Kleinionendichte fest, wie er nicht anders zu erwarten ist. Sowohl n als auch λ sind in der Inversionsschicht und auch darunter praktisch von der Höhe unabhängig, trotzdem, wie wir gesehen haben, in der Inversionsschicht die Kerndichte größer ist als darunter. Das ist mit Berücksichtigung dessen, was in 5.-0.—5.-3. ausgeführt worden ist, nur durch die erhöhte natürliche Radioaktivität in der Inversionsschicht zu verstehen. Sie kompensiert durch erhöhte Ionenproduktion die durch die größere Kerndichte erhöhte Anlagerungswahrscheinlichkeit der Kleinionen an die Kerne aus. Gehen wir nun ein Stockwerk höher, so stellen wir fest, daß in der Inversions-Obergrenze selbst sowohl λ als auch n größer ist als über der Inversion in größerem Vertikalabstand von ihr. Auch dieser Typ der Höhenabhängigkeit widerspricht dem Gang der Kondensationskerndichte. Die Erklärung ist folgende: energiereiche β- und γ-Strahlung der in der Inversionsschicht zurückgehaltenen radioaktiven Elemente reicht in das darüberliegende Gebiet hinein und erhöht dort die Ionisation nicht unbeträchtlich. Wir stellen also in Übereinstimmung mit unseren Darlegungen in 3.-0.1.0. fest, daß auf der Inversion eine dünne Schicht relativ guter elektrischer Luft-Leitfähigkeit liegt. Gleichzeitig bemerken wir auch, daß im Inversionsgebiet ein auffallender Überschuß positiver Kleinionen und positiver Luftleitfähigkeit besteht, was wiederum in Übereinstimmung mit unseren früheren Feststellungen über Anhäufung positiver Raumladungen steht.

Zusammenfassend können wir sagen, daß eine Inversion ein in mehrfacher Beziehung kompliziertes atmosphärisches Gebilde ist, in dem wir nicht nur eine örtliche Unstetigkeit der meteorologischen Elemente feststellen, sondern in dem sich blätterteigartig mehrere Schichten nachweisen lassen, die sich in bezug auf ihre elektrische und aerosolphysikalische Struktur nicht unerheblich voneinander unterscheiden. Mit Rücksicht auf die hohe Bedeutung der Inversionen für die Nebelbildung, Cumulus-Konvektion, Retention von chemischen Spurenstoffen und radioaktiven Elementen, der Ausbreitung elektromagnetischer Wellen über den optischen Horizont hinaus usw. muß dieser interessanten atmosphärischen Erscheinung noch mehr Beachtung geschenkt werden.

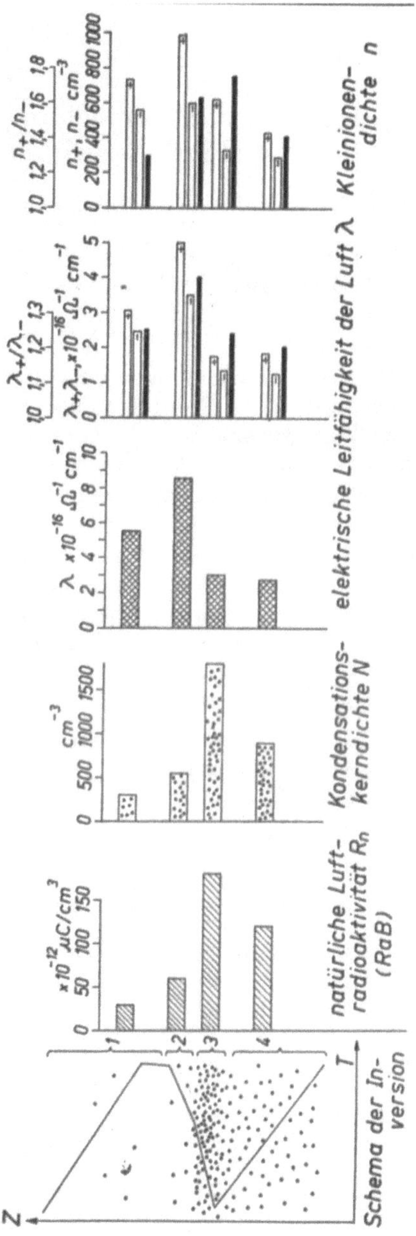

Ältere Untersuchungen über die Anreicherung von radioaktiven Elementen im Raum von Inversionen siehe F. BECKER (1935) und R. REITER (1956a, b, 1959b, 1960c).

Abb. 159. Der luftelektrische und aerosolphysikalische Aufbau einer „durchschnittlichen Inversion". Man beachte die 4 im Schema angedeuteten „Stockwerke".

6. Ergebnisse der Untersuchungen über atmosphärische Radioaktivität und ihre Auswirkungen an der Erdoberfläche

6.-0. Natürliche und künstliche Radioaktivität der Luft

6.-0.0. Einfluß der Windrichtung auf natürliche und künstliche Radioaktivität der Luft; Vergleiche mit meteorologischen Elementen

6.-0.0.0. Vorbemerkungen

Die ältesten Untersuchungen über natürliche Radioaktivität (Radongehalt der Luft) in den Nordalpen überhaupt haben J. JAUFMANN (1907) auf dem Zugspitzgipfel und R. ZLATAROVIC (1920), O. MACEK und W. ILLING (1935), sowie J. A. PRIEBSCH, G. RADINGER und P. L. DYMEK (1942) in Innsbruck und auf dem Hafelekar ausgeführt. Bereits diese Arbeiten erbrachten viele interessante Einzelheiten, welche wir zum großen Teil bestätigen konnten. Jedoch wurden sie mit älteren, z. T. recht schwerfälligen Verfahren ausgeführt und vor allem umfaßten diese Untersuchungen nur relativ kurze Zeitabschnitte. Es schien deshalb alles andere als überflüssig, erneut eingehende Untersuchungen der natürlichen Luftradioaktivität vorzunehmen und zwar unter strenger Beachtung folgender Gesichstpunkte:

a) Ausdehnung über lange Zeiträume um statistisch bearbeitbares Material zu erhalten.

b) Getrennte Erfassung von Thoron- und Radon-Folgeprodukten.

c) Einbeziehung möglichst vieler meteorologischer und aerosolphysikalischer Größen.

d) Gleichzeitige Messungen in verschiedenen Höhen.

Die oben erwähnten Arbeiten befaßten sich u. a. auch mit dem Einfluß der Windrichtung auf den Radongehalt der Luft. Es wurde beobachtet, daß bei Föhn überdurchschnittliche Werte auftraten. Sie wurden von O. MACEK und W. ILLING (1935) auf die niedrige relative Feuchte zurückgeführt, von J. A. PRIEBSCH, G. RADINGER und P. L. DYMEK auf lokale geologische Bedingungen (der Inn bei Innsbruck scheidet Wettersteinkalk im Norden vom kristallinen Schiefer im Süden) und von J. JAUFMANN (1907) auf die Zerklüftung der Erdoberfläche über dem Kalkschotter südlich der Zugspitze.

Von R. REITER (1955d) wurde der Zusammenhang zwischen Südwind und erhöhter Luftradioaktivität am Zugspitzplatt erneut untersucht und bestätigt. Jedoch schien es notwendig, zu seiner Erklärung die geologische Struktur der weiteren Umgebung des Meßortes heranzuziehen.

In folgenden Arbeiten wurde nachgewiesen [R. REITER (1956c, 1957b, 1958b, 1960g)], daß die erhöhte natürliche Radioaktivität der Luft in den Nordalpen bei Südwind aus dem Kristallin der Zentralalpen und vor allem vom Orthogneis der Tauern stammt. Nachdem nun das Zahlengut weiterhin in mehrfacher Beziehung quantitativ wie qualitativ stark vermehrt und verbessert worden ist, werden wir im folgenden Abschnitt die Zusammenhänge zwischen Windrichtung und Luftradioaktivität erneut darstellen.

Mit Fragen der Windrichtungsabhängigkeit außerhalb des Alpenraumes haben sich K. STIERSTADT (1959), E. BAGGE (1956) und F. BARREIRA (1961), sowie R. REITER und H. ZIEHR (1959) befaßt. Messungen der Freiluft im Tauerngebiet (Badgastein) wurden von W. KOSMATH und O. GERKE (1935) und von E. POHL und J. POHL-RÜLING (1954, 1955) ausgeführt, auf welche wir noch näher eingehen werden.

6.-0.0.1. Großräumige Untersuchung: Einfluß der mittleren Windrichtung über dem Zentralalpenkamm auf die natürliche Luftradioaktivität, Bedeutung der alpinen geologischen Struktur

Soll der Gehalt der Luft an Stationen der Nordalpen in Beziehung zur geologischen Struktur der Alpen im Umkreis von rund 200 km um den Meßort gebracht werden, so genügen lokale Windrichtungsbestimmungen hierzu nicht, selbst wenn sie an Gipfelstationen[1]) (Wank, Zugspitze) durchgeführt werden. Vielmehr muß die mittlere Strömungsrichtung über den gesamten Zentralalpenkamm herangezogen werden, allein schon um auf diese Weise lokale Windablenkungen an den einzelnen Bergstationen zu eliminieren.

Es wurden deshalb die Windbeobachtungen von sieben Hochgebirgsstationen aus den Veröffentlichungen der meteorologischen Dienste herangezogen, und zwar, von West nach Ost fortschreitend: Jungfraujoch (3578 m), Säntis (2500 m), Zugspitze (2963 m), Patscherkofel (2050 m), Wendelstein (1730 m), Sonnblick (3106 m) und Villacher Alpe (2135 m). Aus den in unsere Expositionsintervalle fallenden Terminbeobachtungen dieser Hochgebirgsstationen haben wir die jeweils herrschende und dem betreffenden Expositionsintervall zugeordnete mittlere Windrichtung und mittlere Windgeschwindigkeit über dem Alpenkamm berechnet. Die bis jetzt auf diese Weise erfaßten Zeiträume sind:

Station Farchant: 1. 1. 58—30. 6. 60 (ca. 3520 Expositionen),

Station Wank: 1. 1. 59—30. 6. 60 (ca. 2020 Expositionen).

---

[1]) Auch an Bergstationen muß mit mehr oder weniger großen orographisch bedingten Windlenkungen gerechnet werden [vgl. H. HAUER (1950): Verhältnisse an der Zugspitze und Abschnitt 6.-0.0.3.: Windverhältnisse am Wankgipfel]. Windrichtungsbestimmungen an Hängen, in Tälern und Talkesseln geben nur Aufschluß über lokale Strömungsbedingungen, also entweder über Konvektionswinde oder abgelenkte geostrophische Winde.

Aus dem Gesamt-Datengut wurden alsdann die auf die Haupt-Windrichtungen (N, NE, E, ... NW) entfallenden arithmetischen Mittelwerte der Konzentration von RaB und ThB, der Kernspaltprodukte und der Windgeschwindigkeit berechnet. Diese Daten sind in den nun zu besprechenden Abbildungen auf übliche Weise in Polarkoordinaten aufgetragen.

Betrachten wir Abb. 160, so stellen wir in Übereinstimmung mit den früheren Befunden (R. REITER, s. o.) fest, daß sowohl im Tal als auch an der Bergstation der Gehalt der Luft an Radon und Folgeprodukten dann am größten ist, wenn der Zentralalpenkamm aus SE überströmt wird.

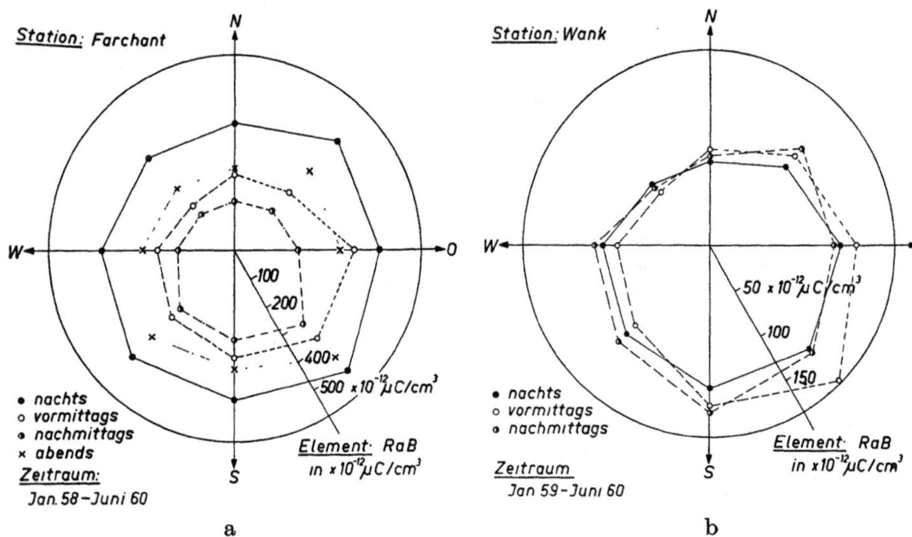

Abb. 160.   Beziehung zwischen *RaB*-Konzentration in Luft und mittlerer Windrichtung über dem Alpenkamm an Station Farchant (a) bzw. Station Wank (b) (aufgeschlüsselt nach Tageszeiten)

Recht instruktiv ist dabei das Ergebnis der Aufschlüsselung nach Tageszeiten. Die Richtungsabhängigkeit des *RaB*-Pegels ist im Tal während der Nacht nur schwach, am stärksten dagegen am Nachmittag ausgeprägt. Auch der mittlere *RaB*-Pegel über alle Windrichtungen hat einen Tagesgang: Maximum nachts, Minimum nachmittags. Beide Abhängigkeiten sind eine Folge der tageszeitlich gebundenen Austauschintensität. Nachts reichern sich Radon + Folgeprodukte in der bodennahen Luftschicht an, sie entstammen dabei dem Untergrund der näheren Umgebung des Meßortes. Die Hauptströmungsrichtung in der Höhe des Alpenkamms ist dabei praktisch belanglos. Zapft aber die Konvektion eine Höhenströmung an, so tritt sofort Abhängigkeit von der Windrichtung über dem

Alpenkamm auf. Sie beweist, daß beträchtliche Radonmengen offenbar aus den Zentralalpen, insbesondere aus dem Gebiet südöstlich des Wetterstein herantransportiert werden.

Folgender Einwand gegen diese Annahme wäre denkbar: Luftkörper aus West bis Nord (siehe 6.–0.6.) bringen erfahrungsgemäß viel Niederschlag. Er wird die Konzentration natürlicher Radioaktivität in der Luft durch Auswaschen herabsetzen (siehe 6.–1.6.), während bei Südföhn andererseits kein Niederschlag im Stationsgebiet auftritt. So könnte die Richtungsabhängigkeit „vorgetäuscht sein". Dagegen spricht aber entschieden — von anderen Argumenten abgesehen — die Tatsache, daß die Richtungsabhängigkeit nachts schwächer ist als am Tage. Da es aber so gut wie keinen Tagesgang der Niederschlagshäufigkeit und der Föhnhäufigkeit gibt, muß der Einwand zurückgewiesen werden.

Eine sehr entschiedene Bekräftigung erfährt unsere Deutung der Beziehung zwischen RaB in der Luft und der Strömungsrichtung über dem Alpenkamm, wenn wir Abb. 160b mit Abb. 160a vergleichen. Die Windrichtungs-Abhängigkeit des RaB-Pegels ist am Wank einschneidender als in Farchant, während ein Einfluß der Tageszeit weit weniger ausgeprägt ist. Das ist leicht zu verstehen: am Wank können sich in der Nacht Rn + Folgeprodukte in der bodennahen Luft nicht, wie im Tal, anreichern, da die Bildung von Bodeninversionen durch die Hangneigungen verhindert wird. Was wir am Wank an Radon + Folgeprodukte messen, stammt — wie wir später noch genauer sehen werden — nur zum geringsten Teil aus der unmittelbaren Umgebung der Station, sondern vielmehr überwiegend aus dem Tal oder z. T. von weiter entfernten Gebieten, von woher sie durch Konvektion bzw. Advektion herangebracht werden. Aus diesem Grunde können wir auch keine ausgeprägte Abhängigkeit der Windrichtungsfunktion von der Tageszeit erwarten. Es gilt das aber, darauf muß mit Rücksicht auf 6.–0.0.3. hingewiesen werden, nur für den Fall, daß die großräumige Strömungsrichtung über den Zentralalpen und nicht die lokale Windrichtung in Betracht gezogen wird.

Wir vergleichen nun Abb. 160 mit der geologischen Kartenskizze Abb. 161. Diese Karte enthält schematisiert und vereinfacht die wichtigsten geologischen Formationen [entnommen aus der Karte von H. VETTERS (1937)] mit Angaben über die Gehalte an Thorium und Uran[1]). Als die wichtigsten Quellgebiete von Radon + Folgeprodukten im weiteren Umkreis der Meßstation erkennen wir: a) eine ausgedehnte, geschlossene

---

[1]) In diesem Zusammenhang möchten wir für die eingehende Beratung durch Herrn Prof. Dr. G. FISCHER, München, Herrn Prof. Dr. F. SCHEMINZKY, Innsbruck-Badgastein, Herrn Dr. G. VOLL, München und Herrn Dr. H. ZIEHR, Schwandorf herzlich danken. Ferner wurde folgende Literatur benutzt: H. GRÄVEN (1930, 1932), H. HIRSCHI (1927, 1928), H. MACHE und M. BAMBERGER (1914), H. GRÄVEN und G. KIRSCH (1932), J. HOFFMANN (1939), I. LAHNER (1939), K. RANKAMA und TH. G. SAHAMA (1950).

Orthogneiszone (mit Einlagerung von Sedimentgneis) im Süden und b) die Schieferhülle mit dem Zentralgneis der Hohen Tauern etwa im Südosten. Beides sind Eruptivgesteine, wobei sich der Tauerngneis durch relativ hohen Urangehalt auszeichnet. Auf Grund dieser geographischen Verteilung kann nichts anderes erwartet werden als daß, so wie beobachtet, im Raum Wettersteingebirge der Gehalt der Luft an Rn + Folge-

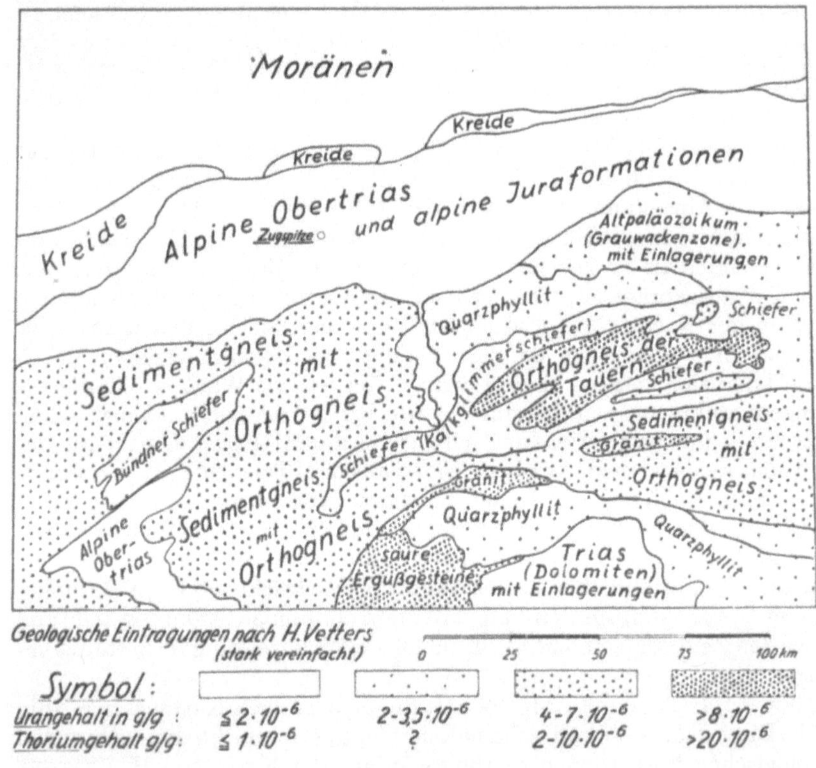

Abb. 161. Vereinfachte geologische Übersichtskarte des Gebietes um das Wettersteinmassiv (Geologische Formationen nach H. VETTERS) mit ungefähren Angaben der Uran- und Thoriumgehalte der in Betracht kommenden Gesteine

produkten dann deutlich ansteigt, wenn die mittlere Luftströmung den Alpenkamm aus SW bis ESE überquert. Auch ist, in Übereinstimmung mit den Meßergebnissen, vor allem denen vom Wank, zu erwarten, daß der Gehalt der Luft an Rn + Folgeprodukten in Westwind deutlich kleiner ist als in Ostwind, denn die Grenzzone zwischen den Sedimenten und dem Kristallin verläuft nicht west-östlich, sondern mit einer leichten Neigung (siehe Abb. 161), die mit der Orientierung der „Radioaktivitätsrose" (Abb. 160) im Achsenkreuz gut übereinstimmt.

Läßt also die eben skizzierte, gute Übereinstimmung zwischen geologischer Struktur des in Betracht kommenden Alpenabschnittes und gemessener LuftRadioaktivität kaum noch Zweifel an ihrer Gültigkeit aufkommen, so wollen wir uns doch noch fragen, ob nicht lokale Quellgebiete für Radon in der näheren Umgebung des Wetterstein zumindest stark mitbeteiligt sein können. Anhaltspunkte dürften wohl die Radongehalte der Quellwässer geben. Unmittelbar im Wettersteingebiet wurden vom Verfasser mehrere *Rn*-Messungen an Quellwässern ausgeführt. Die Werte lagen alle um 1 Mache-Einheit, was der Erwartung bei Quellwasser aus Sedimenten durchaus entspricht. In der weiteren Umgebung des Wetterstein sind nur zwei schwach radonhaltige Wässer bekannt: Seefeld[1]) (ca. 23 ME) und Fernpaß (ca. 13 ME). Diese und viele andere Quellen in Nordtirol wurden von K. Krüse (1937) mehrfach untersucht, es ergaben sich jedoch keine Hinweise auf weitere radonhaltige Quellen, es sei denn bereits in der Nähe des Inn. Bei der Nachmessung der Fernpaßquelle durch den Verfasser wurden 1960 nur noch 3 ME Radongehalt gegenüber 13 ME im Jahre 1936 (Krüse) gefunden. Der Grund mag in dem Verfall der Quellfassung gesehen werden. Die bis jetzt durchgeführten Quelluntersuchungen lassen also bereits mit großer Wahrscheinlichkeit darauf schließen, daß die im Raum des Wetterstein in südlichen Windströmungen gefundenen erhöhten Radonwerte nicht von lokalen geologischen Anomalien stammen können.

Vom Gehalt der Luft an *Rn* + Folgeproduktion gehen wir nun zum *ThB*-Gehalt der Luft in Farchant und am Wank über (Abb. 162a,b). Wir stellen fest, daß auch der *ThB*-Gehalt der Luft von der Strömungsrichtung über dem Alpenkamm abhängt und zwar im gleichen Sinne wie der *RaB*-Gehalt: Mit Ausnahme in den Nachtstunden ist an beiden Stationen der *ThB*-Gehalt der Luft bei Strömung aus Ost bis Süd am größten [in Übereinstimmung mit R. Reiter (1957b)]. Es darf angenommen werden, daß wir es unter diesen Bedingungen mit einem zusätzlichen Zustrom von *ThB* aus dem Raum der Tauern zu tun haben, was bei Betrachtung der geologischen Karte Abb. 161 überaus plausibel erscheint, zumal der Thoriumgehalt der Granite in der Tat sehr hoch liegt.

Bemerkenswert ist der starke Tagesgang des *ThB*-Pegels, wie er in Abb. 162 an beiden Stationen in Erscheinung tritt. Wir kommen darauf in 6.-0.2. noch zurück. Auffallend ist jedoch hier schon, daß weder in Farchant, noch am Wank in den Nachtstunden eine Windrichtungsabhängigkeit des *ThB* gefunden wird und daß außerdem am Wank in der

---

[1]) Die Radonquelle von Seefeld wird im Kurhotel Seefeld balneologisch verwertet. Die Fernsteinquelle fand vor Jahrzehnten ebenfalls als Heilquelle einiges Interesse (als Schloß Fernstein vorübergehend ein Kloster beherbergte), sie ist aber jetzt stark verfallen.

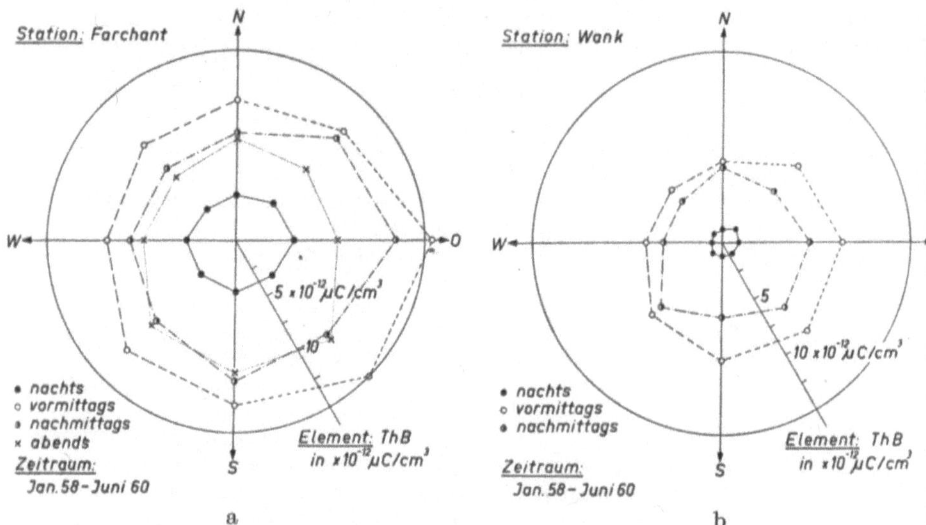

Abb. 162. Beziehung zwischen *ThB*-Konzentration in Luft und mittlerer Windrichtung über dem Alpenkamm an Station Farchant (a) bzw. Station Wank (b) (aufgeschlüsselt nach Tageszeiten)

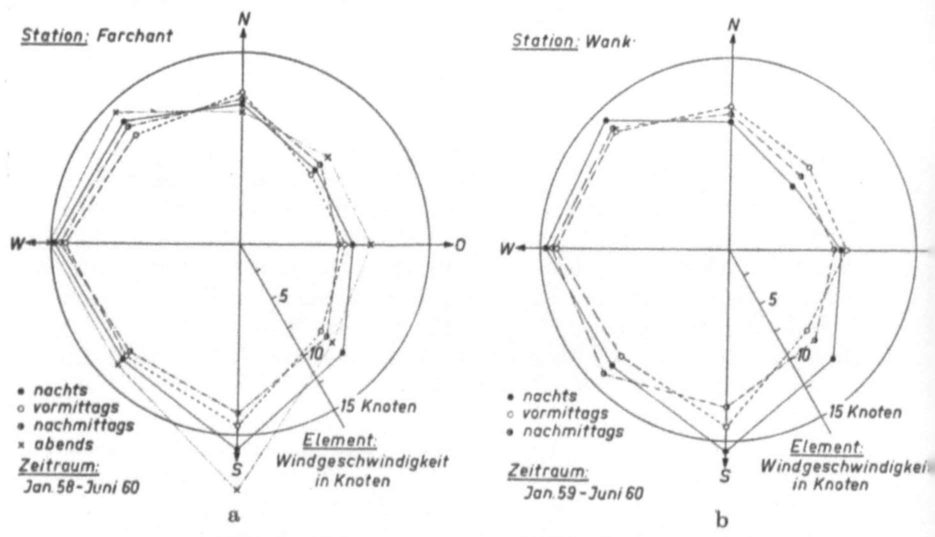

Abb. 163. Beziehung zwischen mittlerer Windrichtung und mittlerer Windgeschwindigkeit über dem Alpenkamm während der Filter-Expositionen an Station Farchant (a) und Station Wank (b) (aufgeschlüsselt nach Tageszeiten)

Nacht der *ThB*-Pegel besonders stark absinkt. Daraus ist zu schließen, daß die Zufuhr von *ThB* an der Bergstation aus der weiteren Umgebung minimal ist und daß lokale Konvektion eine erhebliche Rolle zu spielen scheint.

Tabelle 26. *Anzahl der Einzelfälle, die zur Bildung der Windmittelwerte herangezogen worden sind*

Abkürzungen für die Tageszeit: nt = nachts, v = vormittags, n = nachmittags, a = abends

Element Station Abb. Nr.	Tageszeit	Anzahl der Einzelfälle pro Windrichtung							
		N	NE	E	SE	S	SW	W	NW
RaB Farchant 160a	nt	152	44	42	53	135	128	259	193
	v	113	44	40	57	181	179	254	175
	n	131	27	37	42	149	125	251	218
	a	122	39	29	30	116	104	161	150
RaB Wank 160b	nt	74	20	24	24	49	37	70	75
	v	51	22	22	30	77	62	84	70
	n	65	16	20	14	70	56	74	83
ThB Farchant 162a	nt	85	23	26	25	66	53	96	92
	v	56	25	26	32	81	69	96	72
	n	59	18	22	18	73	58	85	90
	a	66	23	17	14	64	42	64	69
ThB Wank 162b	nt	71	20	24	24	44	36	66	70
	v	44	22	23	26	70	61	77	63
	n	56	14	15	10	58	51	55	61
künstl. Luftrad. Farchant 166a	nt	149	44	42	51	132	128	253	191
	v	111	45	38	57	177	173	248	173
	n	128	27	37	40	146	122	248	215
	a	119	39	29	28	99	102	155	131
künstl. Luftrad. Wank 166b	nt	96	25	31	27	65	51	97	98
	v	63	29	27	34	92	71	110	87
	n	79	19	28	18	82	68	99	103

Auswertungszeiträume:

	RaB	ThB	Rk
Farchant	1. 1. 58—30. 6. 60	1. 1. 59—30. 6. 60	1. 1. 58—30. 6. 60
Wank	1. 1. 59—30. 6. 60	1. 1. 59—30. 6. 60	1. 1. 59—30. 6. 60

Man könnte sich angesichts der gefundenen Windrichtungsabhängigkeit der Komponenten der natürlichen Luftradioaktivität fragen, ob dieser Zusammenhang nicht etwa durch die Abhängigkeit der Windgeschwindigkeit von der Windrichtung vorgetäuscht sein könnte. Es wäre ja immerhin anzunehmen, daß die Konzentration der antransportierten natürlich radioaktiven Elemente wegen ihrer beschränkten Lebensdauer umso größer ist, je kürzere Zeit sie unterwegs waren. Um diese Frage zu klären, wurden die mittleren Windgeschwindigkeiten pro Himmelsrichtung der Strömung (beides wieder über dem Zentralalpenkamm) berechnet und in Abb. 163 graphisch aufgetragen. Wie man erwarten muß, ist das Ergebnis für beide Stationen dasselbe[1]). Die gefundene Windrichtungsabhängigkeit der Windgeschwindigkeit über den Alpen steht, wie der Vergleich von Abb. 160 und 162 mit Abb. 163 zeigt, in keiner Beziehung zur Windrichtungsabhängigkeit von *RaB* oder *ThB* an den beiden Stationen. Sie kann also nicht durch Windgeschwindigkeitsunterschiede vorgetäuscht sein.

Tab. 26 gibt noch an, aus wievielen Einzelwerten sich die in den Abb. 160, 162, 163 und 166 (s. u.) enthaltenen arithmetischen Mittelwerte zusammensetzen.

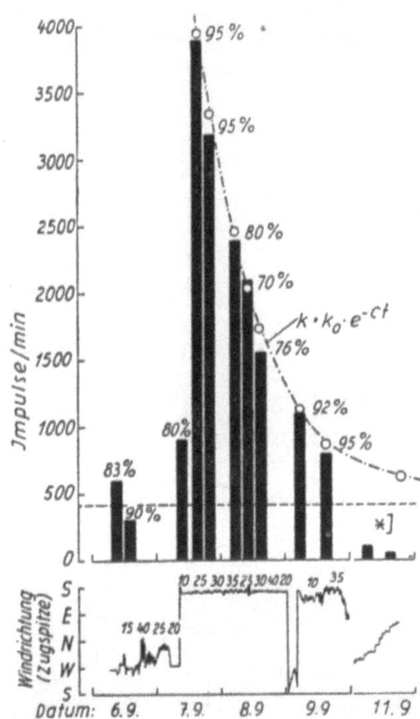

Abb. 164. Verhalten der Luftradioaktivität (in rel. E.) nach scharfem Windsprung auf SSE und anschließender Richtungskonstanz über $2^1/_2$ Tage. Die Werte über den Säulen bedeuten die relative Feuchte in % während der Exposition (Mittelwerte). Die strichpunktierte Kurve stellt eine angeschmiegte *e*-Potenz dar. Sie ist Ausdruck des Auswaschvorganges (siehe Text)

Neben dem oben dargelegten tageszeitlichen Einfluß auf die großräumige Windrichtungsabhängigkeit der Komponenten der natürlichen Luftradioaktivität findet man auch einen stark ausgeprägten jahreszeitlichen Einfluß. Er wurde bereits an anderer Stelle eingehend beschrieben [R. REITER (1957b)]. Diese Untersuchung ergab, daß zwar die Vorzugsrichtungen (SW—E) zu allen Jahreszeiten in Erscheinung treten, man aber erhebliche jahreszeitliche Unterschiede im mittleren Pegel von *RaB* und

---

[1]) Kleine unwesentliche Unterschiede sind eine Folge verschieden großer Fallzahlen, siehe Tab. 26.

ThB findet. Diese werden in 6.-0.1. und 6.-0.2. eingehend besprochen werden.

Auf eine Feinheit müssen wir noch kurz eingehen: Die Windrichtungsabhängigkeit des Pegels der natürlich radioaktiven Aerosole in den Nordalpen wird modifiziert durch die Dauer mit welcher ein und dieselbe Windrichtung ohne Unterbrechung beibehalten wird. Bei hoher Windgeschwindigkeit und gleichbleibender Richtung können nämlich die geographisch und geologisch gegebenen Reservoirs radioaktiver Aerosole erschöpft und ausgespült werden. Als instruktives Beispiel sei hier eine Beobachtung vom Zugspitzplatt [aus dem Jahre 1955, siehe R. REITER (1956c)] angeführt.

Wie Abb. 164 zeigt, wehte der Wind an der Zugspitze zunächst aus W—N. Dann erfolgte ein plötzlicher Windsprung auf Süd und diese Richtung wurde über 2,5 Tage hinweg beibehalten. Bereits kurz nach dem Windsprung traf ein „Schwall‘ stark radioaktiver Luft am Zugspitzplatt ein, jedoch nahm der Gehalt der Luft an radioaktiven Elementen anschließend wieder ab, und zwar etwa nach einer *e*-Potenz. Diese ist so zu verstehen: in der überwiegend westlichen Strömung vor dem Windsprung auf S bleiben zahlreiche, N—S-orientierte Täler der Zentralalpen nur schwach ventiliert. Dort konnte sich die Luft weiter mit Radon anreichern[1]). Nach der Winddrehung aber wurden diese Täler kräftig „ausgewaschen“ und es verblieb in der anhaltenden Strömung quer zu den Alpen für eine Regenerierung des Rn-Gehaltes keine ausreichende Zeit. Die Radioaktivität sank deshalb bei gleichbleibender Windrichtung ab, und zwar nach dem „Verdünnungsgesetz“, was in der *e*-Potenz zum Ausdruck kommt.

Eine interessante Ergänzung der alpinen Untersuchungen über die Windrichtungsabhängigkeit der natürlichen Luftradioaktivität als Folge der geologischen Struktur erbrachten entsprechende Messungen im östlichen Vorgelände des Oberpfälzer Waldes, die gemeinsam mit H. ZIEHR [R. REITER und H. ZIEHR (1959)] vorgenommen worden sind. Die Messungen der natürlichen Luftradioaktivität wurden im Grubenbereich der Bayerischen Braunkohlenindustrie A. G. bei Schwandorf (Opf.) ausgeführt und sollten zeigen, ob der Gehalt der Luft an *RaB* durch inselförmige Vorkommen von Uran im Braunkohlentertiär beeinflußt wird. Das war mit Sicherheit auszuschließen, jedoch zeigte sich eine beträchtliche Windrichtungsabhängigkeit des *RaB*-Gehaltes der Luft (Abb. 165). Die höchsten Aktivitätswerte traten am Meßort dann auf, wenn die Windrichtung über dem Bayerischen Wald[2]) zwischen NE und SE lag. Auch dieses Ergebnis steht in bester Übereinstimmung mit der geologischen Struktur des Einzugsgebietes: der Kristallin-Rücken des Bayerischen

---

[1]) Auch ist zu bedenken, daß bei westlichen Strömungen, vor allem aus WSW, die Luft über dem Zentralalpenkamm bereits einige hundert Kilometer über vorwiegend eruptivem Gestein zurückgelegt hat, wobei eine laufende Anreicherung mit radioaktiven Stoffen möglich war.

[2]) Nach den Beobachtungen der Wetterstation Hoher Falkenstein.

Waldes weist SE—SSE direkt auf Schwandorf zu, während etwa im NE des Meßortes die Uranvorkommen von Wölsendorf und Flossenburg liegen und in gleicher Richtung, aber in größerer Entfernung, die Pechblende-Vorkommen von Marienbad, Joachimsthal und Johann-Georgenstadt im Böhmerwald bzw. Erzgebirge [über die Geologie und die Uranvorkommen der dortigen Gegend siehe H. ZIEHR (1957, 1959, 1960)].

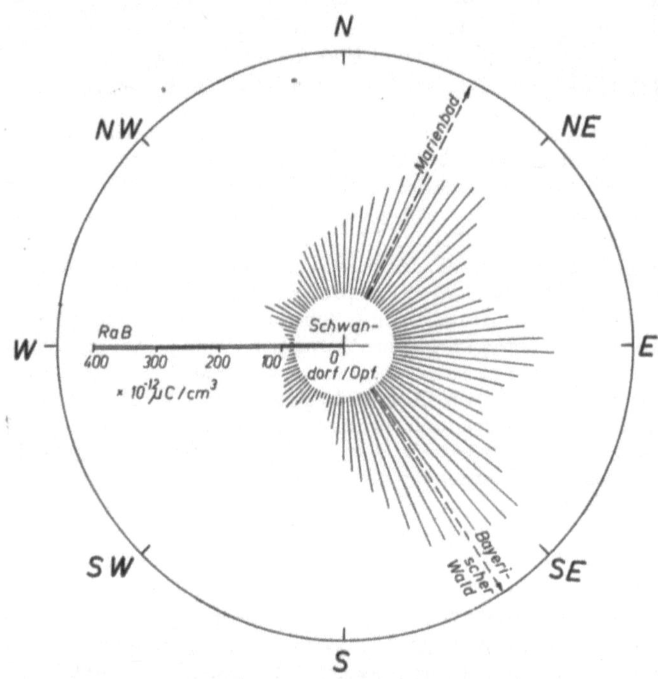

Abb. 165. Abhängigkeit der im Freien nahe bei Schwandorf/Opf. gewonnenen mittleren Meßwerte der natürlichen Luftradioaktivität (*RaB*) von der Windrichtung übei dem Bayerischen Wald. Die Windrichtungswerte stammen von der Wetterstation Hoher Falkenstein

6.-0.0.2. *Großräumige Untersuchung: Beziehung zwischen Windrichtung über dem Zentralalpenkamm und der Spaltprodukt-Radioaktivität der Luft*

Trägt man die künstliche Luftradioaktivität *(Rk)*, die an den Stationen Farchant und Wank gemessen worden ist, als Funktion der mittleren Windrichtung über dem Alpenkamm auf, so erhält man Abb. 166. Beide Stationen liefern praktisch dasselbe Bild: eine Richtungsabhängigkeit ist nur schwach ausgeprägt. Die höchsten *Rk*-Werte sind bei SW bzw. NE-Wind angedeutet, während die niedrigsten Werte bei SE-Wind beobach-

tet werden. Diese Richtungsabhängigkeit weicht also ganz wesentlich
von jener ab, die wir für die natürliche Luftradioaktivität bekommen haben (6.-0.0.1.). Ein Einfluß der Tageszeit ist an Station Wank nicht zu erkennen, im Tal ist er angedeutet: nachts liegt die künstliche Luftradioaktivität in der Regel am niedrigsten. Wir werden später noch sehen, daß
das die Folge des in der Nacht meist fehlenden Vertikalaustausches ist,
welcher am Tage den Abtransport der Kernspaltprodukte aus der Höhe
stark begünstigt.

*Wir stellen also fest, daß die natürliche Luftradioaktivität in ganz anderer
Weise von der mittleren Windrichtung über dem Alpenkamm abhängt als
die Kernspaltprodukt-Radioaktivität der Luft.*

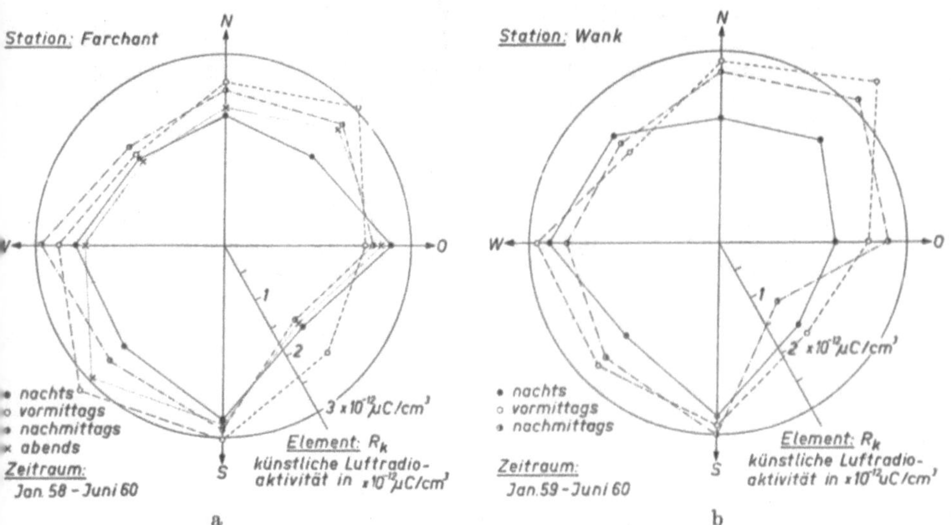

Abb. 166. Beziehung zwischen mittlerer Windrichtung über dem Alpenkamm und künstlicher Luftradioaktivität an Station Farchant (a) bzw.
Station Wank (b), aufgeschlüsselt nach Tageszeiten

6.-0.0.3. Kleinräumige Untersuchung: Einfluß der lokalen Windrichtung auf die Komponenten der Luftradioaktivität und auf meteorologische Elemente am Wankgipfel

An der Bergstation Wankgipfel lohnte es sich, die dort gemessenen
Werte der natürlichen und künstlichen Luftradioaktivität, der meteorologischen Größen und des Schmutzgehaltes der Luft auf ihre Abhängigkeit von der lokalen Windrichtung zu analysieren. Eine solche Analyse
liefert — vorausgesetzt, daß sie einen langen Zeitraum einschließt — den
Grundstock für die Deutung und praktische Verwertung der an der Station

laufend gewonnenen Daten, erlaubt sie doch, zu entscheiden, ob auffallende Variationen, Extremalwerte usw. durch lokale Windeffekte hervorgerufen sein können oder nicht. Den hier zu besprechenden Ergebnissen einer solchen Analyse liegen die Daten von Nov. 1958 bis einschl. Okt. 1960 zugrunde. Sie umfassen 2 Jahre, und jede (meteorologische) Jahreszeit kommt dabei gerade zweimal vor. Das Datengut liegt also zum meteorologischen Jahreszyklus „symmetrisch".

Wir betrachten zunächst die Beziehung zwischen Windrichtung am Wank und den Komponenten der Luftradioaktivität (Abb. 167). Der *RaB*-Gehalt der Luft hängt deutlich von der Windrichtung an der Station ab (Abb. 167a): die höchsten Werte treten zu allen Tageszeiten bei Südwind auf. Hohe Werte bringen aber auch Ostwinde (nachts) und vor allem NE-Winde (vormittags). Die Richtungsabhängigkeit ist also eine etwas andere als bei Verwertung der mittleren Strömungsrichtung über dem Alpenkamm (Abb. 160b). Der Grund ist in lokalen Windablenkungen zu sehen. Abgesehen von advektiven Wetterlagen, die meist mit westlichen bis nördlichen Winden verbunden sind, herrschen am Tage südliche Windrichtungen am Wank vor, was eine Folge der an den Südhängen durch Sonneneinstrahlung entfachten Konvektion ist.

Wie ist aber die Aktivitätsspitze bei NO-Wind zu erklären? Sie tritt vormittags auf. Die Aufwinde überstreichen am Morgen vorwiegend die östlichen und nordöstlichen Hänge (siehe Abb. 1). Diese, sowie die anderen zum Esterbergsattel nordöstlich vom Wank abfallenden Hänge sind stark bewaldet. Es wäre denkbar, daß sich nachts in der Baumzone besonders stark

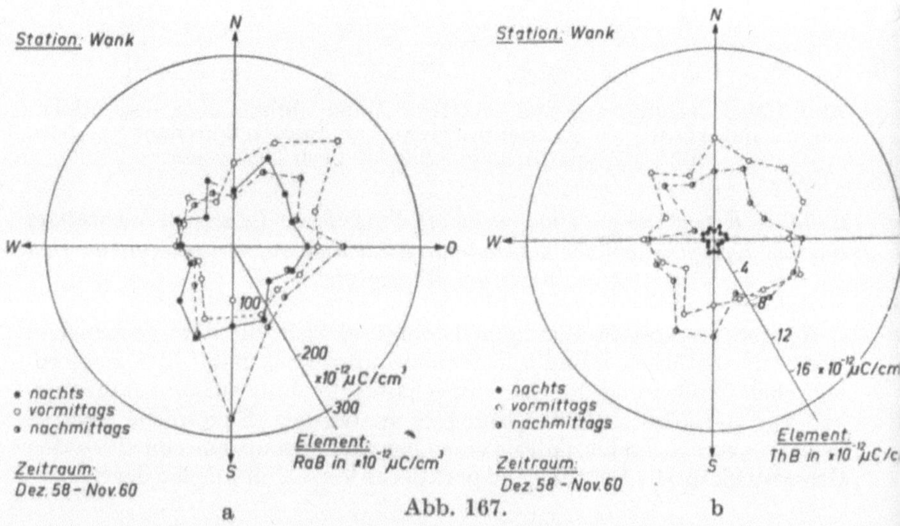

Abb. 167.

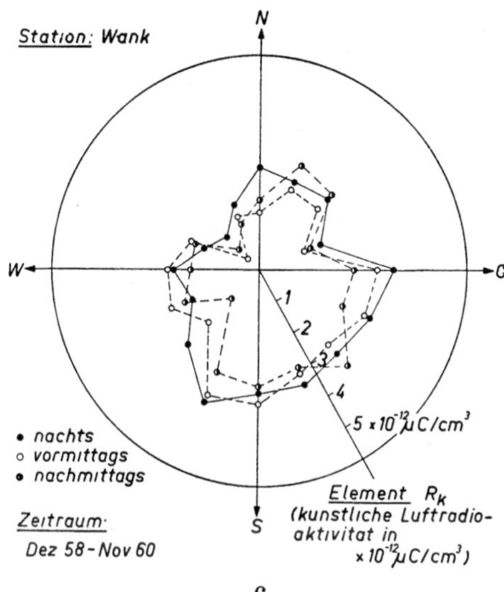

Abb. 167. Abhängigkeit der Radioaktivität des Aerosols an Station Wank von der lokalen Windrichtung: a) *RaB*, b) *ThB*, c) künstliche Luftradioaktivität

Radon + Folgeprodukte anreichern, da der Bewuchs in Bodennähe die Lufthaut festhält. Setzt aber die Hangkonvektion ein, so kämmt der Hangwind die radioaktiven Aerosole aus der Baumzone aus und trägt sie zum Gipfel. Jedenfalls ist nicht anzunehmen, daß wir den NE-Spitzenwert des RaB einer geologischen Anomalie verdanken.

Trotz lokaler Windablenkungen finden wir aber immerhin eine befriedigende prinzipielle Übereinstimmung in der Windrichtungsabhängigkeit von Rn + Folgeprodukten, ob wir nun großräumig oder kleinräumig gültige Windrichtungen heranziehen.

Setzen wir den *ThB*-Gehalt zur Windrichtung am Wank in Beziehung, so erkennen wir (siehe Abb. 167b), daß eine eigentliche Vorzugs-Windrichtung fehlt, im Gegensatz zu Abb. 162b. Das bedeutet offenbar, daß die in 6.-0.0.1. gefundene Windrichtungsabhängigkeit durch lokale Verwirbelung verwischt wird. Der Tagesgang des *ThB*-Pegels ist aber wiederum sehr ausgeprägt.

Betrachten wir zuletzt die Windrichtungsabhängigkeit der künstlichen Luftradioaktivität (Abb. 167c), so können wir auch in bezug auf diese Aktivitätskomponente des Aerosols keine ausgeprägte Vorzugs-Windrichtung feststellen. Das Schwergewicht scheint leicht auf Strömungen aus E und SSW verschoben zu sein. Man kann aber hierin keinen Widerspruch zur Aussage der Abb. 166b sehen.

Nun gehen wir zu den Windrichtungsabhängigkeiten der meteorologischen Größen und der Luftverschmutzung über, die in Abb. 168 dargestellt sind. Wir stellen fest, daß die Verteilung der mittleren Temperaturen (a), relativen Feuchten (b) und Windgeschwindigkeiten (c) überaus homogen ist. Sowohl Tagesgang als auch Richtungsabhängigkeit der Temperatur erscheinen plausibel. Ein augeprägter Tagesgang der relativen Feuchte besteht nicht, jedoch liegen die Nachtwerte in der Regel etwas höher als die der anderen Tageszeiten. Die höchsten Feuchten werden bei Wind aus dem Sektor W bis NE gefunden, eine Verteilung, wie sie im Hinblick auf die Häufigkeit von Staulagen bei Advektion aus diesen Richtungen ohne weiteres verständlich ist, ebenso wie die Trockenheit bei Wind aus südlichen Richtungen (Erwärmung der Südhänge durch Einstrahlung, Föhneinflüsse). Auch die Darstellung 168c läßt keinen Tagesgang erkennen. Die höchsten Windgeschwindigkeiten bringen der WSW und Winde aus nordöstlichen Richtungen, jedoch sind diese Spitzenwerte nicht scharf von den Nachbarrichtungen abgesetzt.

Worauf es nun bei dieser Analyse der Windrichtungsabhängigkeit ankommt ist folgendes: keines der Windrosenbilder der Abb. 168a, b und c deckt sich auch nur annähernd mit den Windrosenbildern 167a, b oder c. Es können deshalb Windrichtungs-Funktionen der Komponenten der Luftradioaktivität nicht durch Windrichtungsfunktionen der meteorologischen Größen Temperatur, relative Feuchte oder Windgeschwindigkeit vorgetäuscht sein. Es wäre also nicht erlaubt, etwa das Zustandekommen des bei Südwind auftretenden RaB-Maximalwertes durch abnorme Feuchtewerte oder Windgeschwindigkeiten zu erklären.

Zuletzt betrachten wir noch gesondert die Windrichtungs-Abhängigkeit des Schmutzgehaltes der Luft (168d). Sie ist nicht besonders stark ausgeprägt. Es fällt nur auf, daß der Schmutzgehalt besonders niedrig ist, wenn die Station aus südlicher Richtung angeströmt wird. Das mag auf den hohen Reinheitsgrad der Luft bei Föhn zurückzuführen sein, während aus nördlichen Richtungen Schmutzstoffe vom Alpenvorland herangeschafft werden, das reicher an Siedlungen und kleineren Industrien ist[1]).

Zusammenfassend können wir sagen, daß sich die Station Wank durch ein überraschend homogenes „Windklima" auszeichnet, wie es nur selten an einem Berggipfel zu finden ist. Die Station ist deshalb für luftelektrische und aerosolphysikalische Untersuchungen hervorragend geeignet. Die weitaus am meisten auffallende Windrichtungsabhängigkeit zeigt die Konzentration des RaB in der Luft, sie ist im Südwind rund 3mal so groß wie im Nordwind. Die Analyse der Windrichtungsabhängigkeit der wichtigsten meteorologischen Größen läßt jeden Zusammenhang zwischen diesen und dem RaB in der Luft außer Betracht bleiben. Wir haben es bei der Betrachtung auch der klein-

---

[1]) Gerade das Weilheimer Becken erweist sich, so oft man es im Fahrzeug durchquert, als eine mit Grobaerosolen gefüllte Senke.

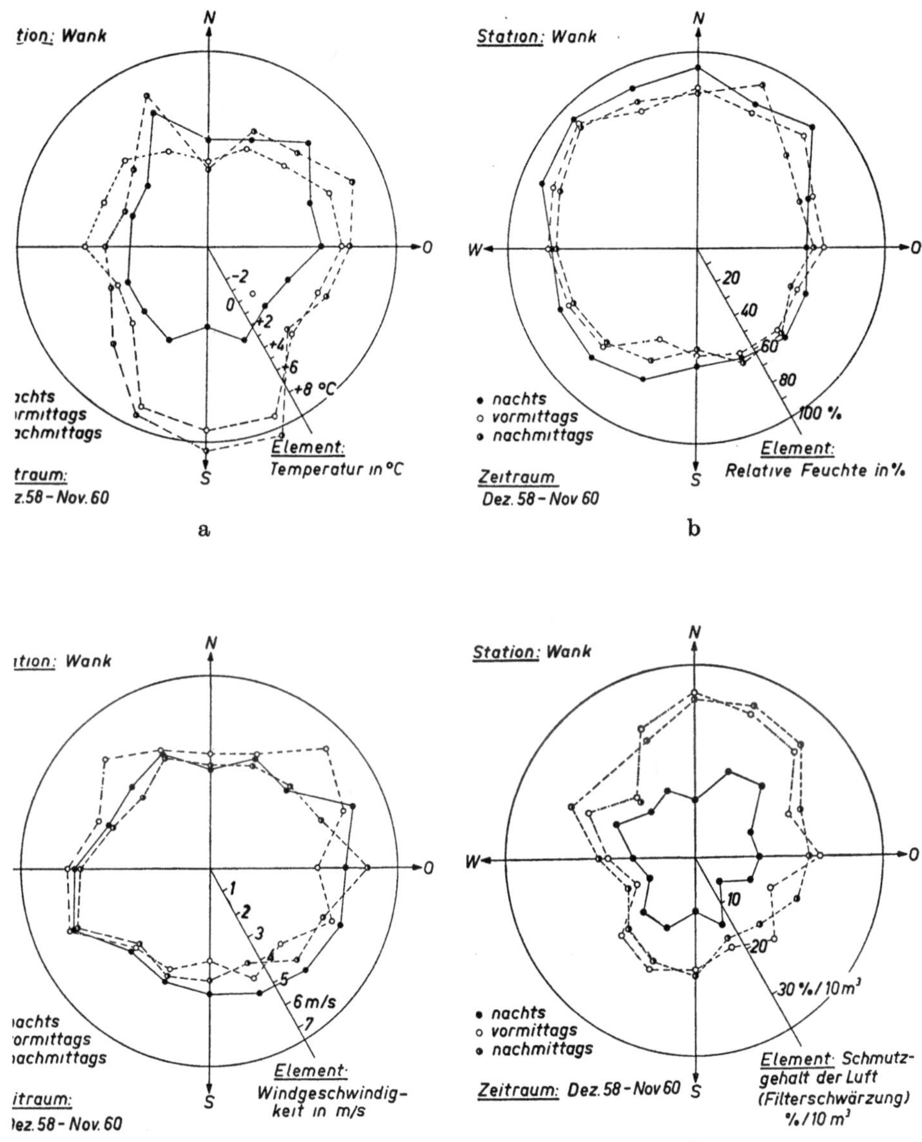

Abb. 168. Abhängigkeit der meteorologischen Größen und der Luftverschmutzung an Station Wank von der lokalen Windrichtung: a) Temperatur, b) relative Feuchte, c) Windgeschwindigkeit, d) Luftverschmutzung (Filterschwärzung)

räumigen Windrichtungsfunktionen des RaB (nicht aber des ThB) ohne Zweifel mit einem Einfluß der geologischen Struktur der Alpen im weiteren Umkreis um die Station zu tun, der sich jedoch, und auch darauf kommt es an, praktisch nur bei reinem Südwind an der Station bemerkbar macht.

6.-0.0.4. Beobachtungen im Talniveau; Einfluß von Frontpassagen und Föhneinbrüchen

Wir können uns hier sehr kurz fassen, da in den nächsten Abschnitten vielfach Gelegenheit sein wird, Ursachen und Gründe für Veränderungen der Gehalte der Luft an radioaktiven Stoffen verschiedener Art und Herkunft im Talniveau (wie an Gipfelstationen) darzulegen. Nur so viel sei gesagt, daß Luftkörperwechsel und Frontpassagen in der Regel erhebliche, oft sprunghafte Veränderungen der natürlichen Luftradioaktivität mit sich bringen. Es wird in Abschnitt 6.-0.6. der mittlere Gehalt der verschiedenen in Betracht gezogenen Komponenten der Luftradioaktivität pro Luftkörpertyp angegeben werden. Aus den zugeordneten Tabellen und aus Abb. 180 kann die zu erwartende Pegeländerung für jeden beliebigen Luftkörperwechsel abgelesen werden. Es ist nur zu bedenken, daß reine Luftkörpereffekte eigentlich nur an der Bergstation beobachtet werden.

Im Tal — und nicht nur in Tälern, sondern auch im Flachland in Bodennähe — besorgt nämlich ein Luftkörperwechsel, vor allem wenn er mit Windauffrischung verbunden ist, zunächst einmal die Zerstörung der bodennahen Lufthaut, deren natürliche Radioaktivität mehr oder weniger mit den lokalen Bodenexhalationen im Gleichgewicht stand. Wir haben dann bei der Frontpassage nicht so sehr einen Wechsel des Radioaktivitätspegels von einem Luftkörper zum anderen, sondern mehr einen Wechsel von „eigenbürtiger"[1]) zu „fremdbürtiger" Luftradioaktivität, wobei letztere freilich nicht allein durch den Ursprung des Luftkörpers bestimmt wird, sondern auch durch den von ihm zurückgelegten Weg. Das beste Beispiel einer Modifizierung der Luftkörper-Radioaktivität „unterwegs" haben wir schon kennengelernt: Überquerung der Zentralalpen oder des Böhmerwaldes. Doch sehen wir einmal von diesen Besonderheiten ab, so finden wir immerhin im Mittel sowohl wie im Einzelfall oft krasse Veränderungen der natürlichen Luftradioaktivität im Tal wie am Berg, wenn eine meteorologische Front den Meßort passiert. Sehr markant ist das Abfallen der Werte bei Einbrüchen frischer maritimer oder polar-maritimer oder polarer Luft (siehe 6.–0.6.).

Nicht immer ganz leicht überschaubar sind die Variationen der natürlichen Luftradioaktivität *(RaB)* während Föhnlagen.

---

[1]) Die Bezeichnungen „eigenbürtig" und „fremdbürtig" wurden von H. FLOHN in einem anderen, aber ähnlichen Zusammenhang bereits benutzt. Überwiegt übrigens die „Eigenbürtigkeit", so wird meist der Luftkörper *J* (indifferent) in den Luftkörperkalender eingesetzt.

Die natürliche Luftradioaktivität weist an den Föhntagen vom Typ I mit Ausnahme am Nachmittag ein Defizit gegenüber den normalen Schönwettertagen auf. Der Überschuß am Föhnnachmittag ist die Folge einer Anzapfung der mit Emanationen und Folgeprodukten beladenen Höhenströmung aus Süd durch die strahlungsbedingte Konvektion, die andererseits an den normalen Schönwettertagen zu einer starken Verminderung der natürlichen Radioaktivität, deren Hauptquellen ja in der Bodenoberfläche liegen, führt. Das Defizit von Rn (siehe Abb. 97) abends, nachts und am Morgen des Föhntages rührt daher, daß sich infolge der anhaltenden Südströmung im Tal (s. Windgeschwindigkeit) keine Bodeninversion ausbilden kann, unter der sich an den normalen Schönwettertagen während Windstille am Talboden hohe Werte der natürlichen Luftradioaktivität einzustellen pflegen, die die Konzentration in der Föhnströmung in der Regel übersteigen.

Die künstliche Luftradioaktivität ist an den Föhntagen im Mittel deutlich erhöht.

An Föhntagen vom Typ II ist ebenfalls in der Nacht die natürliche Luftradioaktivität (Rn, siehe Abb. 99) unternormal, der Grund hierfür ist derselbe wie bei Typ I. Hingegen findet man zu den übrigen Tageszeiten einen Überschuß natürlicher Luftradioaktivität deshalb, weil Föhn Typ II in der Regel mit Bodeninversionen gekoppelt auftritt. Das dürfte auch der Grund dafür sein, daß während Föhn Typ II der Pegel der künstlichen Radioaktivität *(Rk)* unter der Norm liegt.

Näheres über Eigenschaften des Föhnaerosols siehe R. REITER (1960g).

6.-0.1. Synopsis der Jahresgänge von natürlicher und künstlicher Radioaktivität sowie der Luftverschmutzung

Auf der Tafel Abb. 169 sind getrennt für die Jahre 1958, 1959 und 1960 die Tagesmittelwerte und Monatsmittelwerte (als Pegelstriche) von RaB, Filterschwärzung (Luftverunreinigung, S) und künstlicher Luftradioaktivität Rk aufgetragen und zwar jeweils paarweise die Werte der Talstation (ausgezogen) und der Bergstation (gestrichelt).

Betrachten wir zunächst die Gänge von RaB und S, so stellen wir fest, daß der Jahresgangtypus von RaB und S an jeder der beiden Stationen[1] derselbe ist und daß außerdem der Jahresgang von RaB und S an der Talstation entgegengesetzt zu dem an der Bergstation verläuft. Die Differenzen $RaB_{Tal} - RaB_{Berg}$ bzw. $S_{Tal} - S_{Berg}$ sind im Sommer am kleinsten, im Winter am größten. Wir sehen hierin bereits deutlich die jahreszeitliche Steuerung durch die Konvektions-Intensität.

---

[1] Im Jahre 1958 liegen Meßergebnisse vom Wank nur über kurze Zeitabschnitte vor, im Sommer und Herbst wurde anstatt am Wank am Zugspitzplatt registriert, was bei der Betrachtung der Tafel nicht übersehen werden möge.

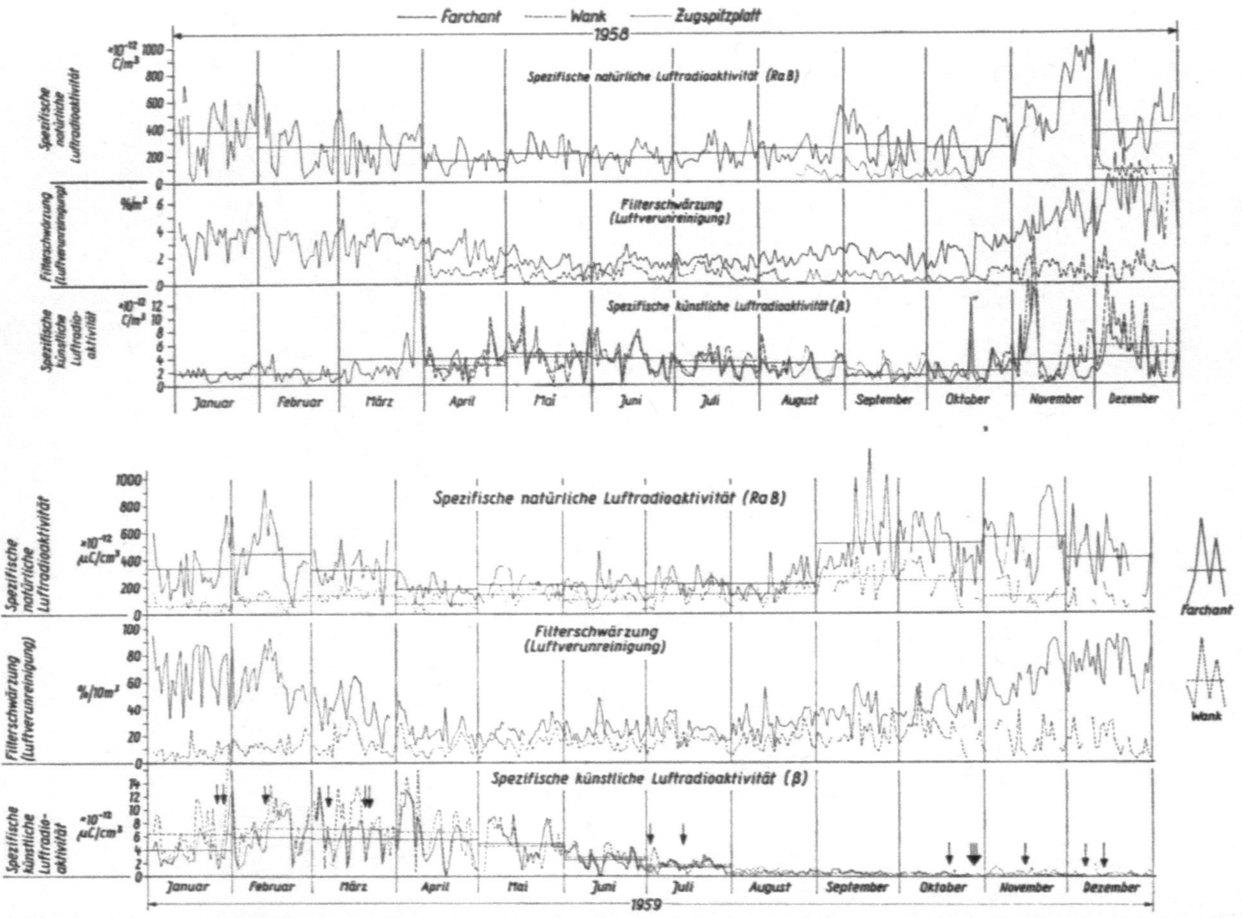
Farchant
Wank
Zugspitzplatt
1958
Spezifische natürliche Luftradioaktivität (Ra B)
Spezifische natürliche Luftradioaktivität
·10⁻¹² C/m³
Filterschwärzung (Luftverunreinigung)
Filterschwärzung (Luftverunreinigung)
%/m³
Spezifische künstliche Luftradioaktivität (β)
Spezifische künstliche Luftradioaktivität
·10⁻¹² C/m³
Januar
Februar
März
April
Mai
Juni
Juli
August
September
Oktober
November
Dezember
Spezifische natürliche Luftradioaktivität (Ra B)
Spezifische natürliche Luftradioaktivität
·10⁻¹² µC/cm³
Filterschwärzung (Luftverunreinigung)
Filterschwärzung (Luftverunreinigung)
%/10m³
Spezifische künstliche Luftradioaktivität (β)
Spezifische künstliche Luftradioaktivität
·10⁻¹² µC/cm³
Januar
Februar
März
April
Mai
Juni
Juli
August
September
Oktober
November
Dezember
1959
Farchant
Wank

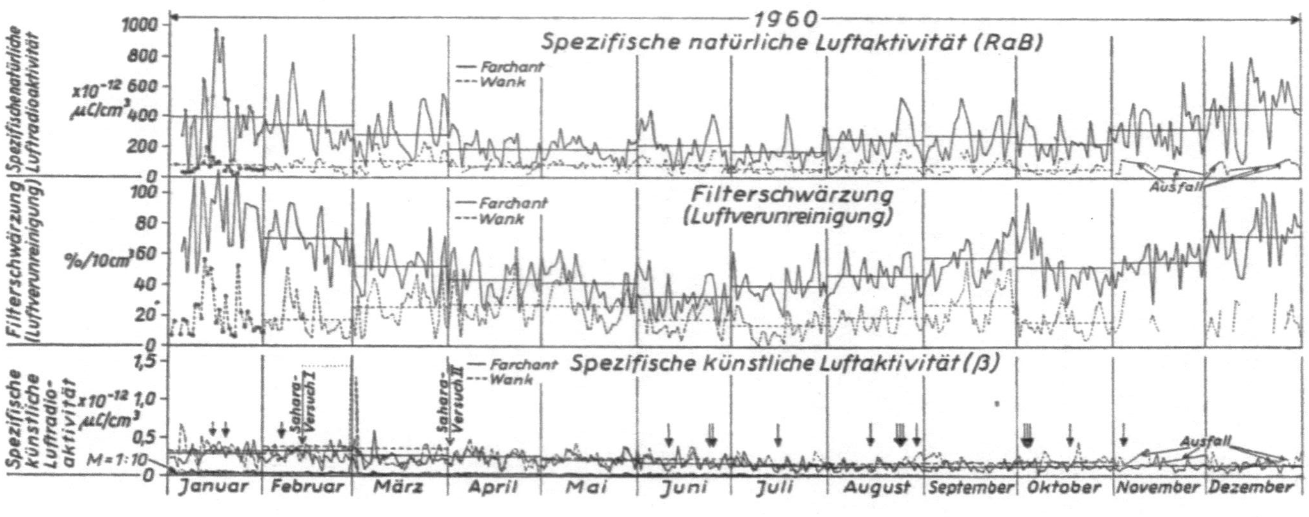

Abb. 169. Tägliche Mittelwerte von natürlicher (RaB), künstlicher *(Rk)* Radioaktivität und Luftverunreinigung (Filterschwärzung) von Station Wank und Farchant zu Jahresdiagrammen zusammengestellt (1958, 1959 und 1960). Im Jahre 1958 beginnt die Meßreihe am Wank im Herbst. Im Sommer 1958 wurden Messungen auf dem Zugspitzplatt ausgeführt. Pfeile über den *Rk*-Kurven bedeuten: es wurden Cirrus uncinus beobachtet.

Dazu nehmen wir ein anschauliches Bild zu Hilfe: vergleichen wir den vertikalen Luftaustausch während eines Tages mit einem einzigen Atemzug, so werden die „Atemzüge" vom Frühjahr zum Sommer immer tiefer, vom Herbst zum Winter aber flacher und seichter. Die „Lungenzüge" der Sommertage befördern Schmutzstoffe und nat. radioaktive Elemente, deren beider Quellen ja überwiegend am Talgrund liegen, bis hoch hinauf in die Berggipfelregion und homogenisieren sie innerhalb der schon so viel zitierten Austauschschicht. Was wir also früher für den Transport und die vertikale Verteilung der Kondensationskerne gesagt haben, gilt gleichermaßen für die natürliche Radioaktivität, so weit wir das RaB in Betracht ziehen[1]). Die Thoronfolgeprodukte müssen wir getrennt betrachten, wir kommen darauf noch zurück.

Wir können also aus dem Grad der gegenseitigen Annäherung der *RaB*-Kurven vom Tal und vom Berg auf die Intensität des Austausches rückschließen, ein Verfahren, welches wir in 6.-0.9. zur numerischen Berechnung des Austauschkoeffizienten verwenden werden.

Betrachten wir die *RaB*-Kurven von Berg- und Talstation im Detail, so können wir nicht von einer gesetzmäßigen Gegenläufigkeit sprechen. Das rührt daher, daß ja die Exhalationsbedingungen zeitlichen Schwankungen unterworfen sind (barometrischer Effekt, siehe 6.-0.5.0.), daß Luftkörperwechsel (6.-0.6.) und Auswascheffekte (6.-1.6.) zusätzliche Variationen verursachen, die an beiden Stationen zu synchronen Veränderungen des *RaB*- (und *S*-)Pegels führen, wobei aber immer das Werteverhältnis in erster Linie durch die Austauschintensität gesteuert wird.

Wenn wir also bei Betrachtung der Tafel Abb. 169 einen übergeordneten jahreszeitlichen Gang der atmosphärischen „Atemtiefe" unmittelbar ablesen können, so vermag dieser doch nicht dem Witterungsgeschehen jedes Gewicht zu nehmen. Wir sehen auf der Tafel sowohl das „Bleibende im Wechsel", (was dem Klima zugehört, also z. B. die mittlere Jahresamplitude des *RaB* und ihre Bindung an das Sonnenjahr) als auch die „Fußspuren des Wetters" selbst.

Ein Beispiel: Das Fehlen der sich sonst Oktober/November regelmäßig einstellenden Hochnebel- und Inversionslagen im Jahre 1960 macht sich deutlich bemerkbar. Der *RaB*-Pegel lag im Herbst 1960 viel niedriger als in den übrigen Jahren zur gleichen Zeit. Anhaltende Regenfälle, die im Frühsommer häufig sind („Monsumlagen"), drücken den *RaB*-Pegel an beiden Stationen sehr stark. So ließe sich noch vieles an nichtrhythmischen Beziehungen aus den Kurven ablesen, doch wollen wir uns hier mit diesen Beispielen begnügen.

Es sei nur noch darauf verwiesen, daß ganz offensichtlich die durch Frost und Schneebedeckung gegebenen jahreszeitlichen Variationen der Radon-Exhalation von viel geringerem Einfluß auf den Gehalt der Luft an Radon $+$ Folgeprodukten sind als etwa die Struktur der atmosphä-

---

[1]) und von Windrichtungseffekten einmal absehen.

rischen Schichtung. Es müßten sonst, wäre dem nicht so, im Winter wesentlich niedrigere *RaB*-Werte registriert werden[1]).

Vielfach wird die Meinung vertreten, und man findet sie auch heute noch in Lehrbüchern, daß über einer geschlossenen Schneedecke von nur wenigen cm Dicke keine merklichen Mengen von Radon (und Folgeprodukten) zu finden seien, da die Exhalation dann auf O zurückgeht. Das ist, wie unsere mehrjährigen Messungen im Alpenraum eindeutig erweisen, keineswegs der Fall. Sowohl die winterlichen Mittelwerte als zahllose Einzelbeispiele sprechen dagegen. Ein einziger Vertreter sei hier erwähnt, (17./18. 3. 1962): *RaB*-Gehalt vormittags 56, nachmittags 49, abends 79 und nachts $362 \cdot 10^{-12}\,\mu C/cm^3$ im Tal. Nachmittags fiel noch starker Schnee bis gegen Abend, aber nicht mehr in der Nacht. Nach Beendigung des wash-out stieg also trotz einer überall geschlossenen Schneedecke von ca. 15 cm (Temperaturen bis $—10°$ fallend) und barometrischer Druckkonstanz der *Radon-* (bzw. *RaB-*) Gehalt wieder sehr erheblich an. Advektive Zufuhr von *RaB* ist sicher auszuschließen (nächtliche Windstille).

Der Einfluß des Bodenzustandes auf die Exhalationsvorgänge war schon mehrfach Gegenstand von Untersuchungen [siehe z. B. H. ISRAEL (1958b), M. H. WILKENING und J. E. HAND (1960), sowie eine Reihe älterer, klassischer Arbeiten.] Insbesondere zeigte sich, daß das Verhältnis *RaB/ThB* im Winter erheblich ansteigt [R. REITER (1957b)]. Das bedeutet, daß die Exhalationsbehinderung beim *Tn* ungleich größer ist als beim *Rn*, was (siehe 2.-3.) leicht einzusehen ist.

In diesem Zusammenhang betrachten wir als Beispiel den Jahresgang des *ThB* für 1959 an Station Farchant und Wank (Abb. 170). Wir erhalten keinen eingipfeligen Jahresgang wie beim *RaB* (und *S*) mit dem Hauptmaximum im Winter, sondern einen zweigipfeligen Jahresgang mit dem Hauptminimum im Winter und einem 2. Minimum im Sommer. Letzteres ist sicherlich, wie das *RaB*-Minimum, austauschbedingt, während das Hauptminimum eine Folge der übermäßigen Exhalationsbehinderung durch Bodenfrost und Schneebelag ist. Sehr auffallend ist ferner, daß die Jahresgänge des *ThB* an Berg- und Talstation phasengleich verlaufen, im Gegensatz zum *RaB*-Jahresgang, bei welchem wir eine ide-

---

[1]) Man kann auch nicht sagen, daß die Zerklüftung der Erdoberfläche im Gebirge es ist, welche die Exhalation im Winter erleichtert. Extrem hohe RaB-Werte werden auch im Tal unter Bodeninversionen gemessen, selbst wenn der Talboden homogen mit Schnee und Eis bedeckt ist und die Bodenkapillaren zugefroren sind. Es ist ferner überraschend, wie sich auch unter diesen Bedingungen der RaB-Pegel regeneriert, wenn er durch starken Schneefall vorübergehend abgesunken ist. Wie gering der Einfluß von gefrorenem Boden oder hohen Schneeschichten auf den mittleren Gehalt der bodennahen Luft an Radon und Folgeprodukten ist, hat vor allem der harte und schneereiche Winter 1962/63 gezeigt.

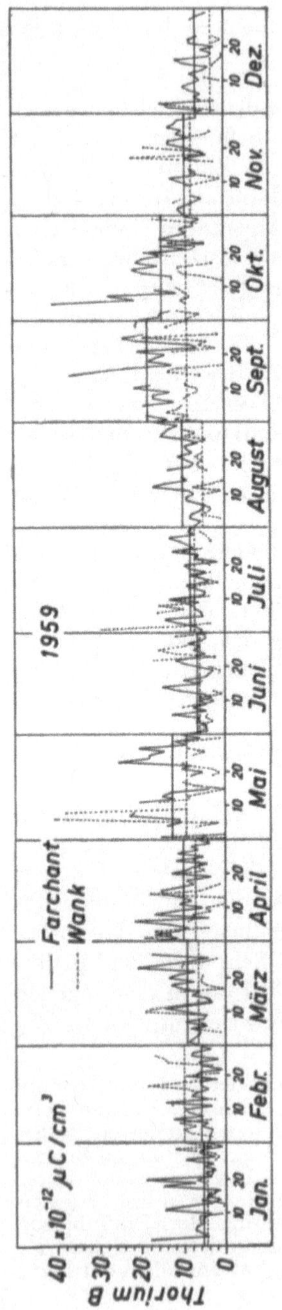

Abb. 170. Tägliche Mittelwerte der *ThB*-Konzentration von Station Wank und Station Farchant zu Jahresdiagrammen zusammengestellt (1959)

ale Gegenläufigkeit festgestellt haben. Diese überraschende Tatsache führt uns erneut (vergl. 6.-0.0.3.) zu der Vermutung, daß sich das Einzugsgebiet des *ThB* auf einen recht engen Umkreis um die Meßstation beschränkt, der *ThB*-Pegel also in erster Linie durch die unmittelbar lokalen Bedingungen gesteuert wird.

Fassen wir jetzt, versehen mit den Erfahrungen über jahreszeitliche Variationen der natürlichen Radioaktivität der Luft in der unteren Troposphäre, die Gänge der künstlichen Luftradioaktivität ins Auge (Abb. 169), so stellen wir fest, daß sich die gemessenen langzeitlichen *Rk*-Gänge nicht ohne weiteres in das bis jetzt gezeichnete Bild einordnen lassen. Das Bild der Jahresgänge wird in erster Linie durch die steilen Anstiege beherrscht, welche unmittelbar (im Laufe von Wochen und wenigen Monaten) auf Kernexplosionen folgen[1]). Daneben ist ein Jahresgang angedeutet, welcher im späten Frühjahr ein Maximum erkennen läßt (dieses ist allerdings im Jahre 1960 kaum zu erkennen, trat aber, wenn auch schwach, im Jahre 1961 wiederum auf). Über die Realität eines durch den Jahresgang der Austauschintensität Stratosphäre/Troposphäre hervorgerufenen Frühjahrs-Maximums der *Rk* in der unteren Troposphäre [siehe z. B. G. SCHUMANN und G. EULITZ (1960), Y. MIYAKE und Mitarb. (1961), T. HVINDEN und Mitarb. (1961), J. F. BLEICHRODT und Mitarb. (1961)] ist viel diskutiert worden. Da rein zufällig wiederholt im Herbst Kernwaffenversuche ausgeführt worden sind, ist eine endgültige Klärung noch nicht möglich. Sicher ist jedenfalls, daß der *Rk*-Pegel in unmittel-

---

[1]) Siehe auch Kap. 8.

barer Beziehung zur Häufigkeit und Intensität technischer, ungesteuerter
Kernexplosionen steht. Nicht allein, daß es sehr oft gelingt, in Luftströmungen aus einem weiter entfernten Explosionsherd schon nach wenigen
Tagen Spitzenwerte von Rk festzustellen (wir kommen gleich darauf zurück) es hebt sich auch der mittlere Pegel von Rk unmittelbar nach den
Explosionen. Aber er klingt bereits im Laufe weniger Monate wieder ab.
Eine starke Häufung von Kernexplosionen fällt auf die Zeit September
1958—November 1958. Ihre Folgen in bezug auf die künstliche Luftradioaktivität sind aus Abb. 169 unmittelbar abzulesen: die Explosionen
im russischen Raum, vor allem jene vom Oktober 58 ließen die Rk-

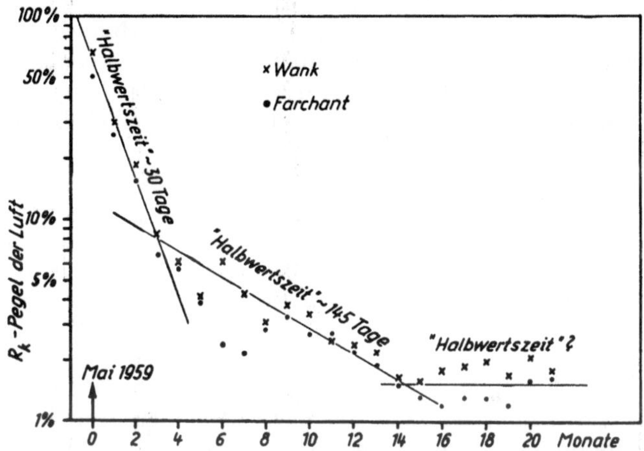

Abb. 171. Ein logarithmischer Ordinatenstab für die spezifische, künstliche
Luftradioaktivität (Maximalwert Frühjahr 1959 = 100% gesetzt) erlaubt
Abschätzung der mittleren Halbwertszeiten der Elementgemische

Werte zunächst steil hochschnellen (höchste Spitzenwerte, die gemessen
wurden), weil einzelne „Schwaden" auf fast direktem Wege zum Meßort
gelangten. Mit der zunehmenden Durchmischung im Raum der Nord-
hemisphäre stieg der mittlere Rk-Pegel zunächst noch weiter an, während
die Werteamplituden etwas zurückgingen. Aus Abb. 169 und der logarithmischen Darstellung der Monatsmittelwerte von Rk (Abb. 171) können
wir entnehmen:

*Nach gehäuften Kernexplosionen steigt der mittlere Pegel der Kernspalt-
produkt-Radioaktivität*[1]) *in der Luft noch etwa 3—4 Monate lang an und*

---

[1]) NB: Gesamt-Beta-Radioaktivität ohne Unterscheidung der Lebensdauer einzelner Isotope! Nach früheren Schätzungen [W. F. LIBBY (1956)]
sollte die Entleerung der stratosphärischen Depots an Kernspaltprodukten
wesentlich langsamer vor sich gehen. Man rechnete mit einer mittleren Verweildauer in der Stratosphäre von 10 Jahren. Dieser Wert kann heute nicht
mehr als gültig angesehen werden.

fällt dann exponentiell ab, und zwar mit einer mittleren Halbwerts-Verweilzeit von rund 30, dann ca. 145 Tagen. Sobald aber die kürzerlebigen Elemente aufgebraucht sind, fällt der Pegel nur noch äußerst langsam und schwankend.

Das, was eben auf Grund der Beobachtungen in den Jahren 1958—1960 festgestellt werden konnte, wird durch die jüngsten Erfahrungen ab Herbst 1961 vollauf bestätigt, als erneut eine Häufung von Kernwaffenversuchen in der Atmosphäre zu verzeichnen war. Näheres hierüber siehe 8.

Unter Zuhilfenahme der Angaben von B. RAJEWSKY und Mitarb. (1956) können wir die gefundenen mittleren „Halbwertszeiten" den in Tabelle 27 zusammengestellten Elementen zuordnen. Es läßt sich, wie die Tab. 27 zeigt, eine Übereinstimmung zwischen den mittleren Halbwerts-Verweilzeiten der Kernspaltprodukte in der unteren Troposphäre gemäß Abb. 169 und den Halbwertszeiten des radioaktiven Zerfalls der hauptsächlich in Frage kommenden Kernspaltprodukte aufzeigen. Freilich ist zu bedenken, daß für das Abnehmen der Spaltproduktkonzentration in der unteren Troposphäre nicht allein der radioaktive Zerfall, sondern auch wash-out (siehe 6.-1.6.) und Sedimentation einerseits und andererseits der konkurrierende Zustrom von Spaltprodukten aus den stratosphärischen Reservoirs maßgebend sind. Über Mischungsprozesse Stratosphäre/ Troposphäre und Verweilzeiten in den Depots siehe L. MACHTA (1958), W. F. LIBBY (1959), H. W. FEELY und J. SPAR (1960), H. WATANABE und M. YAMASHITA (1960), W. KLUG (1961), D. H. PEIRSON (1961), D. O. STANLEY (1962), C. E. JUNGE (1962) u. a. Doch sieht es immerhin so aus, als würde in erster Linie der radioaktive Zerfall die Verweilzeit der Elemente in der unteren Troposphäre bestimmen.

Tabelle 27

Mittlere Halbwertszeit des Gemisches in Luft gemäß Abb. 171	Wahrscheinlich überwiegende Elemente		
	Name	Halbwertszeit	Entstehende Menge bei der Kernspaltung in %
~ 30 Tage	Jod 131	8,0 Tage	2,8
	Neodym 147	11 Tage	2,6
	Barium 140 + Lanthan 140	12,8 Tage	6,1
	Strontium 89	53 Tage	4,6
~ 145 Tage	Cer 144 + Praseodym 144	275 Tage	5,3
	Strontium 89	53 Tage	4,6
sehr lange, nicht direkt meßbar	Caesium 137 + Barium 137	33 Jahre	6
	Strontium 90 + Yttrium 90	25 Jahre	4,6

Es muß schließlich noch das Augenmerk darauf gerichtet werden, daß sowohl die Grob- als auch die Feinstruktur (bei einer zeitlichen Auflösung 1 Tag) des Zeitablaufes der künstlichen Luftradioaktivität an beiden Stationen, also sowohl am Berg als auch im Tal, innerhalb recht enger Grenzen dieselbe ist. Es wäre aber verfehlt, daraus den voreiligen Schluß zu ziehen, es könnte darauf verzichtet werden, die künstliche Radioaktivität gleichzeitig an einer Bergstation und an einer Talstation zu messen. Die Notwendigkeit synchroner Messungen in vertikalem Abstand wird sich bei weiterer zeitlicher Auflösung deutlich erweisen (siehe Abschnitt 6.-0.2., 6.-0.5.). Es sei in diesem Zusammenhang noch ausdrücklich auf die Tatsache hingewiesen, daß nicht nur sehr oft im Einzelfall (siehe Tafel Abb. 169), sondern auch im statistischen Mittel über lange Zeit die Spaltproduktaktivität der Luft an der Bergstation deutlich größer ist als im Tal.

6.-0.2. Synopsis der Tagesgänge und ihrer jahreszeitlichen Variationen

Die Abb. 172—174 enthalten die bis jetzt in Farchant, am Wank und am Zugspitzplatt gemessenen und pro Monat berechneten Tagesgänge von RaB, ThB, S und Rk, sowie zur Ergänzung der Windgeschwindigkeit und der Kleinionendichten. Der Vergleich der Tagesgänge dieser Größen untereinander und ihrer jahreszeitlichen Gebundenheiten liefert angesichts des umfangreichen Datengutes ein recht übersichtliches Bild[1]):

1. $RaB:$ Der Tagesgang an Tal- und Bergstation ist gegenläufig. Das vertikale Konzentrationsgefälle nimmt mit wachsender Austauschintensität ab, denn im Tal finden wir am Nachmittag die niedrigsten, am Berg die höchsten Werte und die gegenseitige Angleichung der Werte beider Stationen ist im Sommer am größten, im Winter am kleinsten (s. o). Die Bindung der RaB-Konzentration an das Austausch-Geschehen wird außerdem durch den entgegengesetzten Tagesgang von Windgeschwindigkeit und RaB-Pegel im Tal nahegelegt: Zunahme der Tal-Windgeschwindigkeit bedeutet Zunahme des thermischen Auftriebes in den Konvektionszellen und damit fortschreitende Verdünnung des Aerosols. Der Tagesgang des RaB kann an beiden Stationen im Herbst und in den Wintermonaten fast verschwinden, es ist dann auch der Tagesgang der Windgeschwindigkeit und ihr Absolutwert gering.

2. $ThB:$ Tagesgang von ThB und von RaB verlaufen invers zueinander. Der ThB-Pegel ist, wie wir in 6.-0.0. schon gesehen haben, nachts am niedrigsten. Das Maximum wird in der Regel bereits am Vormittag erreicht, zum Nachmittag fallen die Werte wieder ab. Der Typ des Tages-

---

1) Über regelmäßige Gänge der natürlichen Luftradioaktivität siehe B. Hess (1962). Tagesgänge der Luftverschmutzung in einer Großstadt werden von F. Steinhauser (1962) mitgeteilt.

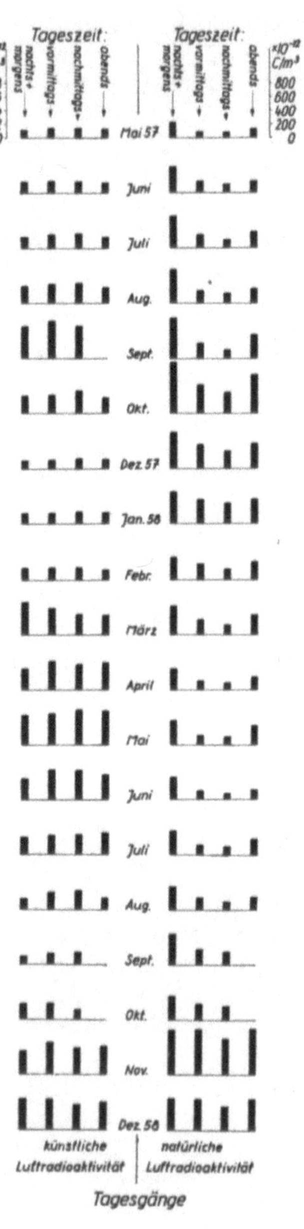

ganges ändert sich im Laufe des Jahreszyklus nicht merklich. Im Gegensatz zum *RaB* finden wir am Berg und im Tal einen Gleichlauf im Tagesgang des *ThB* (Entsprechendes haben wir oben schon vom Jahresgang festgestellt). Da somit auch Gegenläufigkeit zwischen *ThB* und Windgeschwindigkeit herrscht (allerdings nur an der Talstation, an der Bergstation ist der Tagesgang der Windgeschwindigkeit nicht ausgeprägt), müssen wir annehmen, daß Konvektion auf die *ThB*-Konzentration in der Luft einen anderen Einfluß ausübt als auf die *RaB*-Konzentration. Wir werden darauf in Abschnitt 6.-0.5.1. abschließend eingehen. Die merkwürdige Dis-

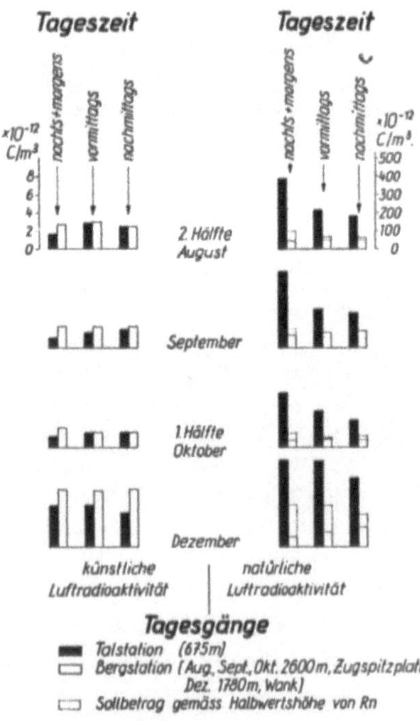

Abb. 172. Tagesgänge der natürlichen und künstlichen Luftradioaktivität im Tal (schwarz) und an Bergstationen (weiß) 1957 und 1958

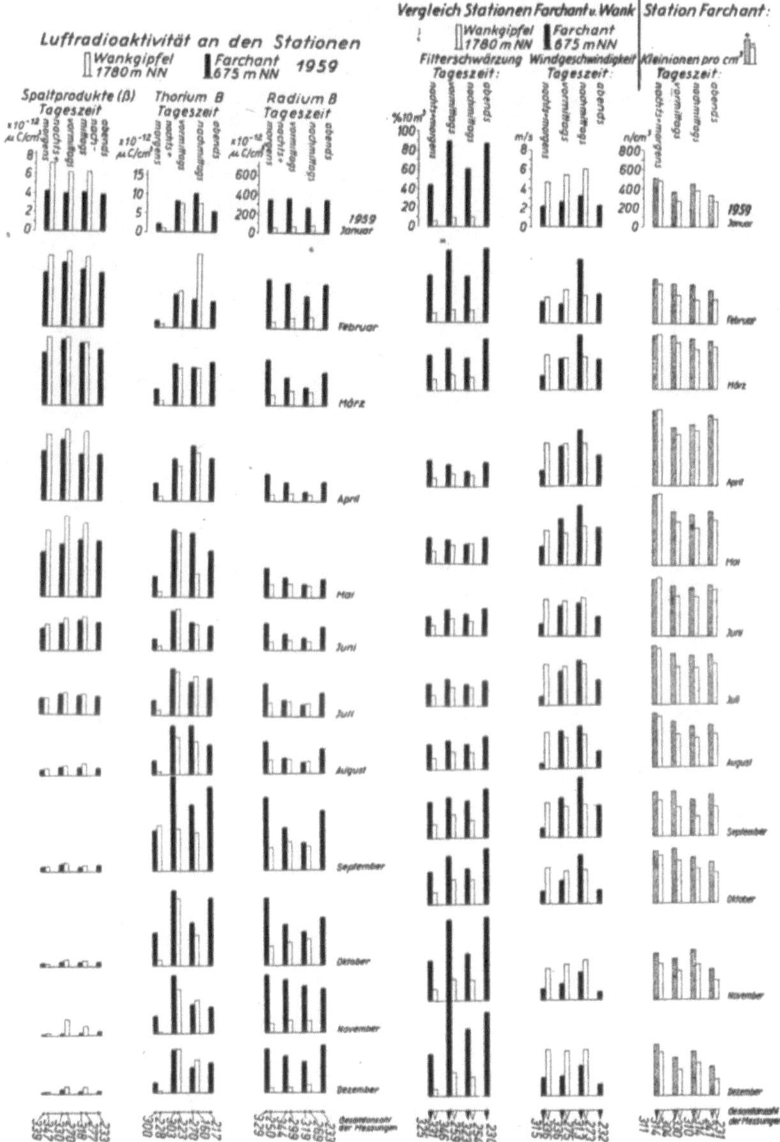

Abb. 173. Tagesgänge der natürlichen und künstlichen Luftradioaktivität im Tal und am Wank, sowie der Luftverschmutzung, Kleinionendichte und Windgeschwindigkeit pro Monat des Jahres 1959

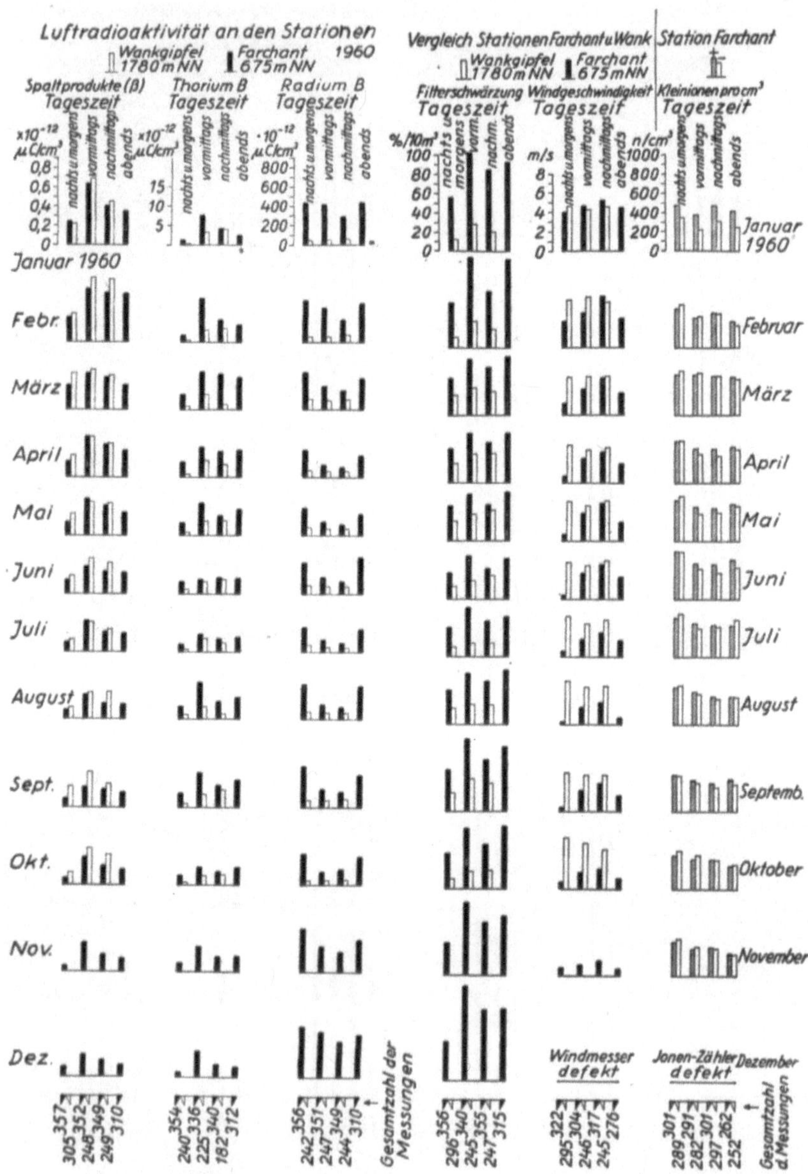

Abb. 174. Dasselbe wie Abb. 173 für das Jahr 1960

krepanz im Tages- und jahreszeitlichen Verhalten der beiden Komponenten der natürlichen Luftradioaktivität, des *RaB* und des *ThB*, verdient jedenfalls festgehalten zu werden.

3. *S:* Der Tagesgang der Luftverschmutzung stimmt an Station Wank gut mit dem Tagesgang des *RaB* überein — ein analoges Ergebnis zu unserer Betrachtung des Jahresganges. Dieser enge Zusammenhang beruht, wie an anderer Stelle schon gesagt, auf der Koppelung des Transportes beider Aerosolgrößen durch die Konvektion. Darauf werden wir in 6.-0.5.3. noch näher eingehen. Im Tal finden wir jedoch keine Übereinstimmung der Tagesgänge von *RaB* und *S*. Das kommt daher, daß die Grobaerosol-Entwicklung im Tal durch den Tagesgang der Heizintensität mitbedingt ist. Dies erklärt wohl zwanglos die vormittägliche und abendliche Spitze von *S*, während nachmittags sehr wahrscheinlich die maximale Austauschintensität am Abnehmen des Schmutzgehaltes mitwirkt.

4. *Rk:* Der oft nur schwach ausgeprägte Tagesgang der Spaltproduktaktivität stimmt mit dem Tagesgang des *ThB*-Pegels und dem der Tal-Windgeschwindigkeit überein und verläuft zum *RaB*-Pegel praktisch invers. Außerdem gehen *Rk*-Tagesgänge an Berg- und Talstation miteinander synchron. Wir müssen daraus schließen, daß an beiden Stationen Konvektion eine gleichzeitige Vermehrung der *Rk*-Konzentration bewirkt. Das ist verständlich, wenn wir annehmen, daß die Hauptquelle der künstlichen Luftradioaktivität über der Bergstation liegt, Konvektion also die Zufuhr zu beiden Stationen gleichermaßen begünstigt.

5. *Kleinionendichten:* Erinnern wir uns dessen, was in 5.-2. näher ausgeführt ist, so wundert uns nicht, daß der Tagesgang (und auch der Jahresgang) der Kleinionendichten keine sehr deutliche Beziehung zum Tagesgang der natürlichen Luftradioaktivität erkennen läßt. Immerhin ist während mehrerer Monate ein Parallelgang zwischen *RaB* und n_+, n_- zu erkennen. Er ist aber sehr oft auch ein Spiegelbild des *S*-Tagesganges (Jan. und Febr. 1960, Jan. 1959, Nov. und Dez. 1959), vor allem bei hohem *S*-Pegel, was kaum anders zu erwarten ist. Immerhin können wir die Kleinionendichte als gute Abrundung unserer Tagesganganalyse der verschiedenen Aerosolkomponenten betrachten.

Fassen wir die Erfahrungen aus den in diesem Abschnitt dargelegten Untersuchungen in wenigen Worten zusammen, so können wir sagen:

Der Tagesgang der Aerosoldichte der Luft und der wichtigsten Komponenten der Luftradioaktivität, sowie seine jahreszeitlichen Modifikationen in der unteren Troposphäre lassen sich vom Blickwinkel der Steuerung durch den vertikalen Austausch in großen Zügen verstehen und überschauen. Einzelheiten und Feinheiten bedürfen einer genaueren Untersuchung, deren Ergebnisse später folgen sollen.

6.-0.3. Extremalwerte der Luftradioaktivität vom Blickwinkel der natürlichen Strahlenbelastung des Menschen aus gesehen

Die Tab. 28 und 29 geben die Monatsmittelwerte der an den Stationen Farchant und Wank gemessenen RaB, ThB- und Rk-Konzentrationen wieder, sowie die extremalen Tagesmittel- und Einzelwerte des zugehörigen Monats.

Tabelle 28. *Mittelwerte der Konzentration von RaB, ThB und Kernspaltprodukten (Rk) in der Luft an der Talstation Farchant 1958—1960*

| Jahr | Monat | RaB in $\times 10^{-12}\,\mu C/cm^3$ | | | | | ThB in $\times 10^{-12}\,\mu B/cm^3$ | | | | | Rk in $\times 10^{-12}\,\mu C/cm^3$ | | | | |
		Monats-mittel-wert	Tagesmittel Max.	Min.	Einzelwert Max.	Min.	Monats-mittel-wert	Tagesmittel Max.	Min.	Einzelwert Max.	Min.	Monats-mittel-wert	Tagesmittel Max.	Min.	Einzelwert Max.	Min.
1958	I	374	745	18	942	14						1,81	3,77	0,48	4,58	1,00
	II	246	710	30	842	13						1,68	4,81	0,53	5,59	0,00
	III	276	588	44	911	41						3,90	17,91	0,41	21,40	0,00
	IV	185	389	39	537	24						3,91	7,88	0,40	9,72	0,00
	V	222	379	53	626	26						4,71	8,91	0,65	17,55	0,45
	VI	187	330	57	646	17						3,93	8,56	0,84	11,92	0,16
	VII	216	466	76	666	27						2,74	4,93	0,57	7,63	0,00
	VIII	240	537	83	789	25						2,29	4,80	0,68	6,89	0,41
	IX	283	544	111	895	23						1,56	3,46	0,10	4,15	0,20
	X	263	482	36	759	20						2,12	12,72	0,03	19,30	0,00
	XI	615	1087	111	1313	84						3,65	14,30	0,19	21,60	0,00
	XII	432	898	198	1152	8						4,12	9,01	0,00	21,90	0,00
	Jahres-werte:	294	596	71	840	27						3,03	8,42	0,41	12,69	0,18

1. Fortsetzung, Tabelle 28

Jahr	Monat	RaB in $\times\ 10^{-12}\ \mu C/cm^3$					ThB in $\times\ 10^{-13}\ \mu C/cm^3$					Rk in $\times\ 10^{-12}\ \mu C/cm^3$				
		Monats-mittel-wert	Tagesmittel		Einzelwert		Monats-mittel-wert	Tagesmittel		Einzelwert		Monats-mittel-wert	Tagesmittel		Einzelwert	
			Max.	Min.	Max.	Min.		Max.	Min.	Max.	Min.		Max.	Min.	Max.	Min.
1959	I	335	755	102	1083	27	5,2	15,2	0,2	46,3	0,3	4,14	12,80	1,00	15,32	0,19
	II	440	941	44	1108	34	5,1	13,0	0,6	23.8	0,3	5,84	10,30	0,78	13,50	0,36
	III	319	562	64	795	43	8,4	17,8	1,6	39,5	0,3	5,78	13,00	1,02	15,15	0,64
	IV	181	319	54	597	29	9,8	21,7	2,6	34,8	0,0	5,70	13,30	0,54	17,22	0,00
	V	213	350	85	508	65	12,6	25,5	2,5	40,5	2,0	5,08	9,10	0,55	11,71	0,26
	VI	203	465	75	799	37	6,2	15,0	2,3	43,5	1,0	2,60	4,90	0,26	6,54	0,20
	VII	217	355	110	575	28	7,8	19,3	0,9	44,3	0,0	1,59	3,40	0,40	6,80	0,00
	VIII	213	456	70	924	37	8,9	16,5	0,7	35,0	0,5	0,67	1,12	0,29	1,70	0,00
	IX	510	1245	304	1245	102	18,4	36,9	6,5	39,8	0,9	0,58	1,22	0,18	2,20	0,00
	X	510	745	113	1135	55	14,9	40,8	3,0	37.9	1,1	0,39	0,86	0,11	2,02	0,03
	XI	555	938	197	1078	40	9,3	18,4	4,1	44,8	1,1	0,24	0,43	0,07	1,02	0,02
	XII	406	812	109	1122	36	6,7	14,2	2,1	23,7	0,0	0,22	0,47	0,03	1,04	0,03
	Jahres-werte:	342	662	111	914	44	9,4	21,2	2,3	37,8	0,6	2,74	5,91	0,44	7,85	0,14

2. Fortsetzung, Tabelle 28

Jahr	Monat	RaB in $\times\ 10^{-12}\ \mu C/cm^3$					ThB in $\times\ 10^{-12}\ \mu C/cm^3$					Rk in $\times\ 10^{-12}\ \mu C/cm^3$				
		Monats-mittel-wert	Tagesmittel		Einzelwert		Monats-mittel-wert	Tagesmittel		Einzelwert		Monats-mittel-wert	Tagesmittel		Einzelwert	
			Max.	Min.	Max.	Min.		Max.	Min.	Max.	Min.		Max.	Min.	Max.	Min.
1960	I	390	997	35	1820	23	3,3	7,8	0,2	18,4	0,4	0,29	0,47	0,14	1,44	0,04
	II	338	767	136	893	64	5,7	13,5	1,6	20,3	0,8	0,33	2,51	0,07	4,26	0,04
	III	278	549	57	1017	22	7,6	22,1	1,7	61,5	0,6	0,27	1,98	0,09	3,62	0,03
	IV	187	351	59	609	23	6,0	17,3	2,3	24,8	0,5	0,27	0,40	0,07	0,79	0,04
	V	187	324	66	449	39	5,8	13,9	1,7	31,0	0,7	0,22	0,41	0,05	0,78	0,01
	VI	217	449	44	735	33	3,6	8,9	0,4	13,1	0,0	0,19	0,34	0,07	1,03	0,02
	VII	174	419	66	637	27	3,5	6,7	1,1	13,5	0,5	0,15	0,33	0,02	1,23	0,01
	VIII	251	538	76	783	30	5,3	17,2	1,2	53,0	0,0	0,13	0,26	0,06	0,79	0,00
	IX	274	539	113	843	60	6,2	14,8	1,3	46,0	0,4	0,12	0,25	0,05	0,61	0,00
	X	226	419	89	763	37	3,7	9,0	1,3	15,6	0,3	0,13	0,23	0,03	0,56	0,00
	XI	318	640	127	918	48	4,2	15,3	0,9	27,4	0,3	0,13	0,29	0,05	0,73	0,02
	XII	452	809	95	1070	76	3,5	12,4	0,3	27,4	0,1	0,12	0,18	0,02	0,69	0,00
Jahres-werte:		274	567	80	886	40	2,5	13,2	1,2	29,3	0,3	0,19	0,64	0,06	1,38	0,02

3. Fortsetzung, Tabelle 28

Jahr	Monat	RaB in $\times 10^{-12}\,\mu C/cm^3$					ThB in $\times 10^{-12}\,\mu C/cm^3$					Rk in $\times 10^{-12}\,\mu C/cm^3$				
		Monats-mittel-wert	Tagesmittel		Einzelwert		Monats-mittel-wert	Tagesmittel		Einzelwert		Monats-mittel-wert	Tagesmittel		Einzelwert	
			Max.	Min.	Max.	Min.		Max.	Min.	Max.	Min.		Max.	Min.	Max.	Min.
1961	I	466	981	122	1439	42	2,5	8,4	0,2	13,5	0,0	0,17	0,30	0,04	0,75	0,04
	II	255	551	29	674	14	4,2	9,7	0,0	15,0	0,0	0,18	0,27	0,08	0,67	0,07
	III	190	319	39	531	16	4,2	16,8	1,0	44,3	0,0	0,20	0,53	0,08	1,19	0,04
	IV	165	295	85	604	29	5,1	30,1	0,6	84,5	0,0	0,16	0,36	0,07	0,63	0,05
	V	114	220	29	479	14	2,4	4,7	0,3	8,8	0,0	0,15	0,24	0,05	0,70	0,00
	VI	176	380	65	572	27	3,8	12,3	0,2	34,8	0,0	0,13	0,22	0,01	0,45	0,00
	VII	171	445	44	505	31	4,7	9,3	0,0	19,8	0,0	0,15	0,36	0,04	1,20	0,00
	VIII	226	461	72	632	22	5,6	14,2	0,4	30,5	0,0	0,13	0,38	0,03	0,92	0,00
	IX	420	729	142	1070	36	12,5	30,0	2,6	79,1	0,0	1,22	3,94	0,07	21,50	0,00
	X	426	777	145	1095	29	17,0	31,5	1,9	40,5	1,1	5,37	12,80	1,05	22,76	0,23
	XI	435	816	66	1225	42	14,3	28,8	2,0	51,0	0,0	8,06	16,70	1,04	23,40	0,94
	XII	330	737	34	939	33	5,7	30,6	0,0	58,8	0,0	7,05	23,20	2,24	26,20	1,55
	Jahres-mittel-wert:	281	561	73	815	28	6,8	18,9	0,8	40,0	0,1	1,92	4,95	0,40	8,35	0,24

4. Fortsetzung, Tabelle 28

Jahr	Monat	RaB in × 10^{-12} μC/cm³					ThB in × 10^{-12} μC/cm²					Rk in × 10^{-12} μC/cm³				
		Monats-mittel-wert	Tagesmittel		Einzelwert		Monats-mittel-wert	Tagesmittel		Einzelwert		Monats-mittel-wert	Tagesmittel		Einzelwert	
			Max.	Min.	Max.	Min.		Max.	Min.	Max.	Min.		Max.	Min.	Max.	Min.
1962	I	266	643	59	687	18	4,6	49,0	0,0	145,0	0,0	7,65	20,20	1,40	22,50	0,97
	II	220	517	12	787	4	2,3	9,3	0,0	25,3	0,0	5,35	12,50	2,52	17,53	1,12
	III	228	551	40	930	29	1,9	13,8	0,0	40,8	0,0	5,35	24,20	1,22	25,50	0,34
	IV	117	257	32	394	21	2,5	11,7	0,0	24,0	0,0	5,52	12,20	0,69	14,66	0,65
	V	129	268	50	440	26	4,0	26,4	0,0	94,0	0,0	4,50	9,65	0,45	12,45	0,39
	VI	157	445	49	538	22	6,7	13,3	1,4	27,0	0,0	4,65	8,45	0,77	10,02	0,51
	VII	182	343	78	481	37	6,2	16,9	0,0	27,4	0,0	3,40	5,45	1,14	6,23	0,65
	VIII	177	318	35	527	29	7,5	41,5	0,6	122,0	0,0	2,46	4,00	1,20	5,85	0,63
	IX	258	776	60	1275	34	18,9	55,4	5,0	98,8	0,0	5,75	19,30	2,20	52,60	0,70
	X	465	743	173	866	84	21,8	42,3	0,1	88,1	0,0	6,10	12,50	0,39	49,00	0,10
	XI	476	896	165	1155	75	13,6	27,6	2,5	51,7	0,0	6,05	20,06	0,11	22,10	0,06
	XII	412	1312	46	1368	45	7,7	23,7	1,2	60,4	0,0	9,40	23,60	2,16	60,00	1,25
	Jahres-mittel-wert:	258	588	67	790	35	8,2	27,4	0,89	67,0	0,0	5,50	14,30	1,20	24,80	0,62

Tabelle 29. *Mittelwerte der Konzentration von RaB, ThB und Kernspaltprodukten (Rk) in der Luft an der Gipfelstation Wank 1958—1960 (./. bedeutet: nicht gemessen)*

Jahr	Monat	RaB in $\times\,10^{-12}\,\mu C/cm^3$					ThB in $\times\,10^{-12}\,\mu C/cm^3$					Rk in $\times\,10^{-12}\,\mu C/cm^3$				
		Monats-mittel-wert	Tagesmittel Max.	Min.	Einzelwert Max.	Min.	Monats-mittel-wert	Tagesmittel Max.	Min.	Einzelwert Max.	Min.	Monats-mittel-wert	Tagesmittel Max.	Min.	Einzelwert Max.	Min.
1958	I															
	II															
	III															
	IV											2,90	10,16	0,07	12,14	0,00
	V											4,16	11,61	0,30	13,35	0,09
	VI											3,95	7,53	0,31	8,40	0,16
	VII											3,62	6,28	0,68	6,80	0,00
	VIII															
	IX															
	X															
	XI											4,56	15,40	0,16	15,95	0,10
	XII	82	221	32	239	5						5,90	16,00	0,60	17,91	0,13
	Jahres-werte:											4,18	11,16	0,35	12,42	0,08

1. Fortsetzung, Tabelle 29

Jahr	Monat	RaB in × 10^{-12} µC/cm³					ThB in × 10^{-12} µC/cm³					Rk in × 10^{-12} µC/cm³				
		Monats-mittel-wert	Tagesmittel		Einzelwert		Monats-mittel-wert	Tagesmittel		Einzelwert		Monats-mittel-wert	Tagesmittel		Einzelwert	
			Max.	Min.	Max.	Min.		Max.	Min.	Max.	Min.		Max.	Min.	Max.	Min.
1959	I	66	165	26	198	10	4,1	12,1	0,2	26,1	0,2	6,50	19,80	1,87	22,05	0,13
	II	105	189	13	234	8	9,4	22,6	1,5	38,8	0,1	7,36	13,60	1,42	19,92	0,98
	III	136	199	54	286	40	6,2	19,2	0,1	23,1	0,3	7,18	13,42	1,06	17,42	0,13
	IV	77	156	10	174	3	6,3	17,0	0,1	36,8	0,4	6,73	16,20	1,10	16,40	0,05
	V	140	246	35	288	19	6,1	12,1	0,0	22,2	0,1	6,81	14,80	1,07	23,40	0,19
	VI	101	203	21	257	8	5,3	16,0	0,3	25,1	0,3	3,00	5,50	1,16	7,12	0,12
	VII	142	303	27	389	12	6,6	16,3	1,1	36,5	0,4	1,87	4,56	0,37	10,01	0,31
	VIII	143	226	37	273	29	5,0	10,2	0,2	18,7	0,5	0,85	1,61	0,20	2,68	0,00
	IX	266	416	89	478	75	9,3	18,1	1,1	28,3	0,2	0,61	1,03	0,30	2,50	0,00
	X	239	414	41	449	37	8,4	19,1	0,1	32,6	0,3	0,41	1,32	0,05	1,77	0,01
	XI	127	260	34	369	29	6,3	18,5	0,1	35,8	0,1	0,62	1,50	0,11	4,11	0,01
	XII	73	217	11	250	10	2,0	7,6	0,1	15,2	0,1	0,43	2,39	0,07	3,03	0,03
	Jahres-werte:	135	250	33	304	23	6,3	15,7	0,4	28,2	0,3	3,53	7,98	0,73	10,87	0,16

2. Fortsetzung, Tabelle 29

| Jahr | Monat | RaB in $\times 10^{-12}\,\mu C/cm^3$ | | | | | ThB in $\times 10^{-12}\,\mu C/cm^3$ | | | | | | Rk in $\times 10^{-12}\,\mu C/cm^3$ | | | | |
| | | Monats-mittel-wert | Tagesmittel | | Einzelwert | | Monats-mittel-wert | Tagesmittel | | Einzelwert | | Monats-mittel-wert | Tagesmittel | | Einzelwert | |
			Max.	Min.	Max.	Min.		Max.	Min.	Max.	Min.		Max.	Min.	Max.	Min.
1960	I	56	194	8	206	5	0,8	3,8	0,0	11,4	0,1	0,32	0,67	0,06	1,81	0,03
	II	66	125	11	150	10	1,3	5,9	0,6	9,8	0,1	0,39	2,95	0,15	5,48	0,04
	III	107	219	15	262	9	1,7	6,4	0,4	10,2	0,1	0,36	4,95	0,07	7,48	0,02
	IV	73	125	27	154	20	3,1	7,2	0,4	13,7	0,1	0,25	0,50	0,05	1,12	0,01
	V	82	130	29	152	24	2,0	5,4	0,2	11,2	0,4	0,24	0,44	0,11	0,84	0,03
	VI	85	189	25	229	14	2,7	6,7	0,2	9,6	0,2	0,24	0,40	0,09	0,71	0,04
	VII	60	161	21	187	17	2,4	9,7	0,0	17,4	0,1	0,16	0,33	0,01	0,69	0,00
	VIII	74	197	11	233	7	1,9	5,6	0,1	14,3	0,1	0,16	0,33	0,05	1,17	0,01
	IX	84	199	27	225	12	2,8	8,1	0,1	23,8	0,0	0,19	0,32	0,09	1,09	0,04
	X	55	138	24	157	9	1,8	6,5	0,1	11,1	0,2	0,19	0,46	0,05	1,09	0,03
	XI						./.	./.	./.	./.	./.					
	XII	70	125	23	153	17	./.	./.	./.	./.	./.	0,17	0,32	0,08	0,63	0,02
	Jahres-werte:	74	164	20	192	13	2,1	6,5	0,2	13,3	0,1	0,24	1,06	0,07	2,01	0,03

3. Fortsetzung, Tabelle 29

Jahr	Monat	RaB in $\times 10^{-12}\,\mu C/cm^3$					ThB in $\times 10^{-12}\,\mu C/cm^3$					Rk in $\times 10^{-12}\,\mu C/cm^3$				
		Monats-mittel-wert	Tagesmittel		Einzelwert		Monats-mittel-wert	Tagesmittel		Einzelwert		Monats-mittel-wert	Tagesmittel		Einzelwert	
			Max.	Min.	Max.	Min.		Max.	Min.	Max.	Min.		Max.	Min.	Max.	Min.
1961	I	88	216	13	288	0	1,0	5,2	0,0	12,2	0,0	0,22	0,68	0,06	1,8	0,07
	II	44	129	8	163	4	1,3	3,5	0,0	8,5	0,0	0,18	0,35	0,06	0,7	0,02
	III	48	86	18	91	9	1,9	6,0	0,1	11,6	0,0	0,21	0,45	0,05	0,8	0,04
	IV	61	107	30	121	14	1,8	5,7	0,1	9,7	0,0	0,17	0,41	0,04	0,6	0,02
	V	48	102	8	117	4	2,0	3,6	0,0	9,2	0,0	0,17	0,35	0,08	0,5	0,05
	VI	73	124	28	146	28	2,4	4,7	0,4	9,2	0,0	0,18	0,29	0,02	0,7	0,00
	VII	62	155	16	199	11	2,6	5,4	0,1	10,8	0,0	0,16	0,43	0,08	0,9	0,02
	VIII	78	160	14	200	7	2,9	6,2	0,1	13,2	0,0	0,13	0,27	0,03	0,6	0,00
	IX	121	230	32	245	26	3,1	12,0	0,0	12,3	0,0	1,48	7,65	0,07	18,1	0,00
	X	107	217	12	279	4	4,1	13,9	0,0	21,8	0,0	7,31	17,18	0,60	45,1	0,25
	XI	79	166	17	320	0	2,8	6,5	0,0	19,2	0,0	12,06	29,50	1,22	37,2	1,09
	XII	34	99	2	122	0	./.	./.	./.	./.	./.	9,64	26,40	2,94	33,7	0,56
	Jahres-mittel-wert:	70	149	16	191	9	2,4	6,6	0,1	12,5	0,0	2,65	7,00	0,44	11,7	0,18

4. Forsetzung, Tabelle 29

Jahr	Monat	RaB in $\times\ 10^{-12}\ \mu C/cm^3$					ThB in $\times\ 10^{-12}\ \mu C/cm^3$					Rk in $\times\ 10^{-12}\ \mu C/cm^3$				
		Monats-mittel-wert	Tagesmittel		Einzelwert		Monats-mittel-wert	Tagesmittel		Einzelwert		Monats-mittel-wert	Tagesmittel		Einzelwert	
			Max.	Min.	Max.	Min.		Max.	Min.	Max.	Min.		Max.	Min.	Max.	Min.
1962	I	45	106	4	117	25	./.	./.	./.	./.	./.	9,10	24,10	0,35	26,8	0,10
	II	51	133	2	179	20	./.	./.	./.	./.	./.	6,50	16,90	1,10	21,3	0,80
	III	74	200	8	257	37	./.	./.	./.	./.	./.	6,70	33,10	1,82	37,2	0,10
	IV	./.	./.	./.	./.	./.	./.	./.	./.	./.	./.	6,30	10,90	0,60	11,5	0,60
	V	./.	./.	./.	./.	./.	./.	./.	./.	./.	./.	5,20	10,50	0,12	10,6	0,10
	VI	./.	./.	./.	./.	./.	./.	./.	./.	./.	./.	5,00	8,30	0,44	8,3	0,20
	VII	62	120	14	131	9	./.	./.	./.	./.	./.	4,00	10,60	0,76	12,8	0,80
	VIII	69	118	18	133	6	1,9	5,7	0,3	16,0	0,0	2,90	5,00	1,30	14,0	0,10
	IX	65	156	18	194	10	1,8	9,3	0,2	17,8	0,0	7,80	19,40	1,80	30,6	1,30
	X	148	233	42	307	36	6,5	19,7	0,6	29,0	0,0	6,90	16,60	0,92	21,8	0,30
	XI	96	212	17	283	14	2,9	7,1	0,3	17,0	0,0	7,90	17,10	0,86	34,6	0,30
	XII	42	106	3	178	0	1,6	12,2	0,0	24,3	0,0	13,70	41,00	1,86	41,5	0,70
	Jahres-mittel-wert:	73	154	14	198	17	./.	./.	./.	./.	./.	6,90	17,80	1,00	22,6	0,50

Aus dem 3jährigen Meßzeitraum ergeben sich für die beiden Stationen die folgenden Gesamt-Mittelwerte:

Tabelle 30.
Gesamt-Mittelwerte von RaB und ThB über die Jahre 1958, 1959, 1960

| Station | Mittelwerte in × 10^{-12} $\mu C/cm^3$ | | | | | |
| | *RaB* | | | *ThB* | | |
	Gesamt-mittel-wert	mittleres Tages-Maximum	mittleres Tages-Minimum	Gesamt-mittel-wert	mittleres Tages-Maximum	mittleres Tages-Minimum
Farchant	303	608	87	7,0	16,9	1,57
Wank	103	206	26	4,25	11,4	0,30

Nehmen wir an, daß die Konzentrationen von *RaB* und *Rn* einander gleichgesetzt werden dürfen, so stellen wir fest, daß in einem nach Norden offenen Tal der Nordalpen die mittlere Radonkonzentration 2,3mal so groß ist wie im Mittel über dem Festland [vergl. H. ISRAEL (1958b) und E. POHL und J. POHL-RÜLING (1955)]. Dieser Wert, zusammen mit seiner Variationsbreite, soll im Lichte einer Abschätzung der normalen Strahlenbelastung des Menschen gesehen werden.

A. SCHRAUB (1957) stellt fest, daß bei sorgfältiger Berücksichtigung aller Faktoren, welche die Umsetzung der im Aerosol angebotenen Ionisationsenergie im Epithel des Atemtraktes bestimmen, etwa folgende Regel gelten kann:

Bei einem Radongehalt der Luft zwischen $50{-}500 \cdot 10^{-12}\,\mu C/cm^3$ beträgt die Strahlenbelastung etwa 25 bis 250 mrem/Jahr.

In diesem Zusammenhang sei auch auf die Ausführungen von P. R. ARENDT (1956) verwiesen. Der Autor geht nämlich bei der Ableitung von Toleranzdosen unmittelbar von der balneologischen Erfahrung und von Beobachtungen aus, die an Personen gemacht worden sind, welche sich lange Zeit in Luft mit sehr hoher *Rn*-Konzentration aufgehalten haben (Badgastein, Böcksteinstollen bei Badgastein, Urangruben). Ferner ist zu bedenken, daß Einatmung von Radon einer Ganz-Körperbestrahlung gleichkommt, da sich das *Rn* sehr leicht im Blut löst und schon nach rund einer Stunde das Gleichgewicht im System Blut/radonhaltige Luft eingestellt ist. Es beträgt dann die *Rn*-Konzentration im Blut rund 30% der *Rn*-Konzentration in der Luft [J. POHL-RÜLING und F. SCHEMINZKY (1954)]. Weitere Literatur zu diesem Problemkreis: E. C. TSIVOGLOU und Mitarb. (1953), O. HENN (1954, 1959, 1960), K. AURAND und A. SCHRAUB (1954), W. JACOBI (1957). Eine besonders sorgfältige Untersuchung über die Strahlendosis bei der Inhalation von Radium-Emanation hat jüngst E. POHL (1962) veröffentlicht.

Übertragen wir die Angaben von A. SCHRAUB auf die von uns im Nordalpenraum (Talboden) gemessenen mehrjährigen Mittel- und Extremalwerte, so können wir zusammenstellen:

Tabelle 31.

Strahlenbelastung des Lungengewebes der Bevölkerung im Nordalpenraum

	Radon-Gehalt	
3-jähriger Mittelwert	Mittleres Tages-Maximum	Mittleres Tages-Minimum
$303 \cdot 10^{-12}$ μC/cm³	$608 \cdot 10^{-12}$ μC/cm³	$87 \cdot 10^{-12}$ μC/cm³
150 mrem/Jahr	300 mrem/Jahr	45 mrem/Jahr
mittlere	mittlere maximale	mittlere minimale

S t r a h l e n b e l a s t u n g

Wir sehen, daß für die Gebirgsbevölkerung (Nordalpen) gegenüber der Flachlandbevölkerung eine deutlich höhere mittlere und maximale Strahlenbelastung durch die natürliche Radioaktivität der Luft anzusetzen ist.

In diesem Zusammenhang müssen wir auch noch die extremalen Spitzenwerte mit in Betracht ziehen, weil ja Strahlenwirkungen bis zu einem gewissen Grad akkumuliert werden. Aus der Tab. 28 ersehen wir, daß Werte von 1000 bis $1800 \cdot 10^{-12}$ μC/cm³ vorkommen. Diesen entspricht eine Strahlendosis von 500—900 mrem/Jahr. Die Betrachtung der Strahlenbelastung des Menschen durch eingeatmete natürlich radioaktive Aerosole ist vor allem auch deshalb von besonderem Interesse, weil a) der Atemtrakt jenes Organ ist, welches der größten Strahlenbelastung ausgesetzt ist [die Gesamt-Körperbestrahlung liegt etwa in der gleichen Größenordnung wie allein die Belastung der Lunge, siehe B. RAJEWESKY und Mitarb. (1956)] und weil b) gerade die Bestrahlung als Folge eingeatmeter radioaktiver Aerosole den zeitlich größten Schwankungen unterworfen ist[1]). Feststellung b) verlangt deshalb nach zuverlässigen Bestimmungen der wirklichen Mittelwerte und der Häufigkeit und Amplitude ihrer Schwankungen. Aus ähnlichen Überlegungen heraus wurden von W. HERBST und G. HÜBNER (1961) in jüngster Zeit eingehende Untersuchungen über die geographische Verteilung der Umgebungsstrahlung aus dem Boden vorgenommen.

Verweilen wir noch kurz bei den oben erwähnten extremalen Spitzenwerten. Wir stellten fest, daß im Mittel über einen Tagesabschnitt in einigen Metern Höhe über Boden im Tal Werte von 1000—$1800 \cdot 10^{-12}$ μC/cm³ vorkommen. Nach der „Rechtsverordnung zu dem Gesetz über die friedliche Verwendung der Kernenergie und den Schutz gegen ihre Gefahren (Atomgesetz)" der Bundesrepublik beträgt gemäß § 7, Absatz 2 und Anlage II die Freigrenze von Rn^{222} in Luft: $1000 \cdot 10^{-12}$ μC/cm³. Diese wird also bereits in

---

[1]) Eine Parallele zum Problem der Ionisation der Luft durch die verschiedenen Komponenten, siehe 5.0.

der freien Natur nicht selten erheblich überschritten. Ein Bereich, in welchem Rn^{222} mit einer höheren Konzentration als $3333 \cdot 10^{-12}\ \mu C/cm^3$ vorkommt, und in welchem sich Personen 40 Stunden oder mehr pro Woche aufhalten, ist als Kontrollbereich kenntlich zu machen, der Aufenthalt in ihm unterliegt bestimmten Vorschriften. Diese Konzentration wird zwar in unserem Meßgebiet nicht erreicht, doch liegen die gemessenen Spitzenwerte immerhin nicht weit ab. Wir sehen, wie überaus knapp der gesetzliche Rahmen für den Umgang mit radioaktiven Stoffen gezogen ist, ja, daß zuweilen sogar die natürlichen Bedingungen „unter das Gesetz" fallen können.

Ferner vergleichen wir unsere Daten noch mit jenen, die E. POHL und J. POHL-RÜLING (1954, 1955) in Badgastein erhalten haben. Wir sehen dabei von den Messungen in der unmittelbaren Umgebung von Quellaustritten, Badekabinen usw. ab und fassen nur jene ins Auge, die abseits vom Badeteil des Kurortes gewonnen worden sind. Die Autoren haben dort einen mittleren Radonpegel von $600 \cdot 10^{-12}\ \mu C/cm^3$ festgestellt (aus 19 Messungen); Maximum 1870, Minimum $120 \cdot 10^{-12}\ \mu C/cm^3$. Diese Daten liegen überraschend nahe den Werten, die wir in Farchant erhalten haben. Der Mittelwert in Farchant erreicht 50% des Mittelwertes von Badgastein, die Extremalwerte liegen in derselben Größenordnung[1]). Da man nach F. SCHEMINZKY annehmen darf, *daß allein schon dem gehobenen Radonpegel der Badgasteiner Freiluft balneologische und kurklimatische Bedeutung zukommt (typische „Badereaktionen" auch bei Touristen, die von den Kurmitteln gar keinen Gebrauch machen), so dürfen diese Erfahrungen gewiß auch auf Kurorte des Nordalpenraumes übertragen werden. Selbst wenn dort der Radonpegel nur den halben Wert von Badgastein erreicht, liegt er doch immerhin noch erheblich über dem mittleren Pegel des kontinentalen Flachlandes. Hier würde es sich lohnen, kurklimatische Forschungsarbeiten auszuführen, die einmal über den Rahmen des bisher üblichen (Strahlung, Abkühlungsgröße) hinausgehen.*

Die Tab. 28, 29 zeigen uns schließlich noch, daß in bezug auf die dem Gewebe zugeführte Ionisationsenergie der Beitrag des Tn und seiner Folgeprodukte und vor allem der Anteil der Kernspaltprodukte völlig zu vernachlässigen ist. Letztere können deshalb, selbst bei einem so überaus hohen Pegel wie im Frühjahr 1959, unter keinen Umständen primäre biologische Wirkungen entfalten. Die Schädlichkeit gewisser Radionuklide kommt erst durch eine Anreicherung in kritischen Organen und eine langdauernde Teilbestrahlung derselben zustande.

Im Vergleich zu den extremalen und mittleren Werten des RaB-Pegels in der Talluft (Tab. 28) liegen die RaB-Werte am Wank sehr niedrig und

---

[1]) Der Umfang des Badgasteiner Datengutes ist allerdings relativ klein und beschränkt sich auf Tage im August und September. Bei einer mehrjährigen Reihe würden die Verfasser gewiß noch größere Schwankungsamplituden gefunden haben.

zwar deutlich unter dem kontinentalen Mittelwert. Demgegenüber erreicht das *ThB* am Wank denselben Wert und Schwankungsbereich wie im Tal und die Spaltproduktaktivitäten liegen am Wank im Mittel und in bezug auf einzelne Spitzenwerte erheblich höher als in Farchant.

6.-0.4. Vergleich zwischen Beta- und Gamma-Radioaktivität der Kernspaltprodukte in der Luft

Da im Laufe längerer Zeitabschnitte sicherlich Spaltprodukte verschiedenster Herkunft und verschiedensten Alters an den Meßort heran-

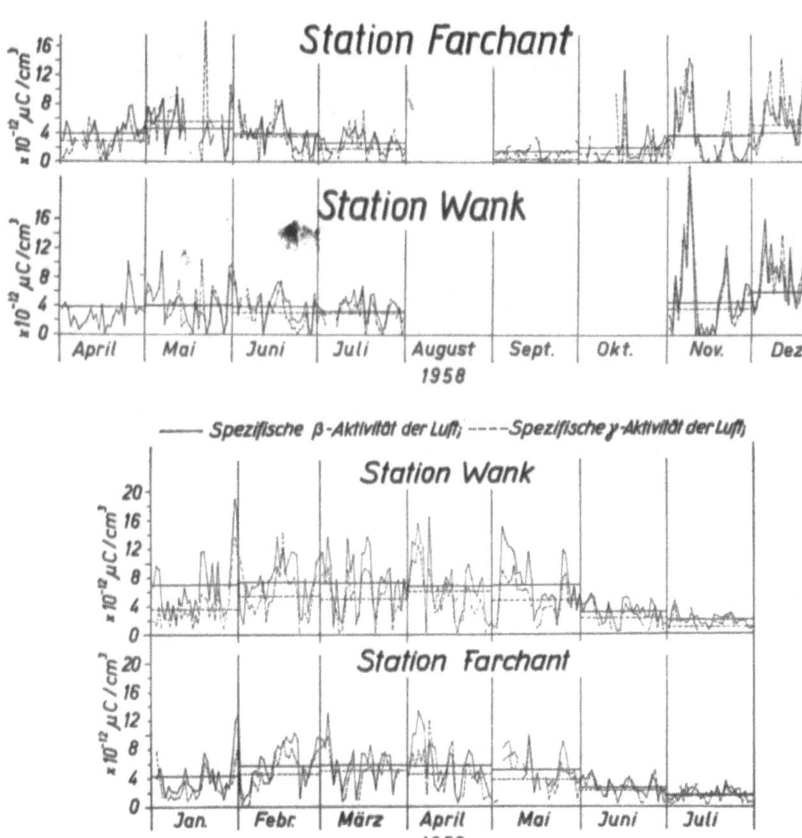

Abb. 175. Vergleich zwischen Tagesmittelwerten der Beta- und der Gamma-Radioaktivität an den Stationen Farchant und Wank

geführt worden sind, wäre zunächst anzunehmen, daß das Verhältnis von Beta- zu Gamma-Radioaktivität der abgefilterten Spaltprodukte im Laufe der Zeit starken Schwankungen unterliegt. Das ist jedoch überraschenderweise nicht der Fall. Abb. 175 enthält aneinandergereihte Tagesmittel der Beta- und der Gamma-Radioaktivität der Luft (d. h. des abgefilterten Aerosols) von Station Farchant und Station Wank. Die Variationen laufen sowohl hinsichtlich Feinstruktur als auch in bezug auf die Jahresgänge sehr genau parallel. Der Grund hierfür mag sein, daß in einem Spaltprodukt-Gemisch, das bis zu etlichen Monaten alt ist, sowohl der Beta- als auch der Gamma-Pegel überwiegend durch die Elemente Cer^{144} + $Praseodym^{144}$ bestimmt wird. Das bedeutet, daß unter diesen Bedingungen vom gemessenen Pegel der Beta-Radioaktivität auch auf den der Gammaradioaktivität geschlossen werden kann. Dies ist deshalb von Bedeutung, da an nur ganz wenigen Stellen neben der Beta-Spaltprodukt-Radioaktivität der Luft auch die Gamma-Spaltprodukt-Radioaktivität laufend gemessen worden ist [siehe T. J. KOSTINGEN (1955)].

6.-0.5. Einfluß lokaler meteorologischer Größen auf die Konzentration von Kernspaltprodukten, *RaB* und *ThB* an den Stationen Farchant und Wank

6.-0.5.0. Luftdrucktendenz

Es ist bekannt und leicht einzusehen, daß der Exhalationsvorgang durch Luftdruckfall begünstigt, durch Luftdruckanstieg aber behindert wird. Um zu erfahren, welche Wertestreuung durch Änderungen in der Luftdrucktendenz ausgelöst werden kann, war es notwendig, den Zusammenhang zahlenmäßig zu erfassen. Zu diesem Zweck wurde die Änderung des Luftdruckes pro Expositionsintervall aus Druckregistrierungen entnommen. Daraufhin wurden Änderungsgruppen gebildet und zwar: Druckänderung = 0; Druckanstieg um 0,5—1 mm; 1,5—2 mm; Druckfall um 0,5—1 mm; 1,5—2 mm usw. Für jede dieser Änderungsgruppen wurde der mittlere Pegel des *RaB* und des *ThB* in der Luft errechnet und zwar getrennt nach Jahreszeiten und Tageszeiten und für jede der beiden Stationen (Auswertungszeitraum: Jahre 1959 und 1960). Die mittlere prozentuale Änderung der Aktivitätspegel (Pegel bei Druckänderung 0 ist gleich 100% gesetzt) ist in Abb. 176 gegen die Druckänderung nach Tages- und Jahreszeiten getrennt aufgetragen.

Aus Abb. 176 können wir ablesen:

a) *Fallender Druck begünstigt im Durchschnitt das Steigen des RaB- und ThB-Pegels.*

b) *Die Regel a) gilt nicht im Winter*

c) *Der Einfluß der Druckänderung auf den ThB-Pegel ist größer als der auf den RaB-Pegel: im Durchschnitt ändert sich die RaB-Konzentration pro 1 mm Druckänderung um 10%, die ThB-Konzentration um 20%.*

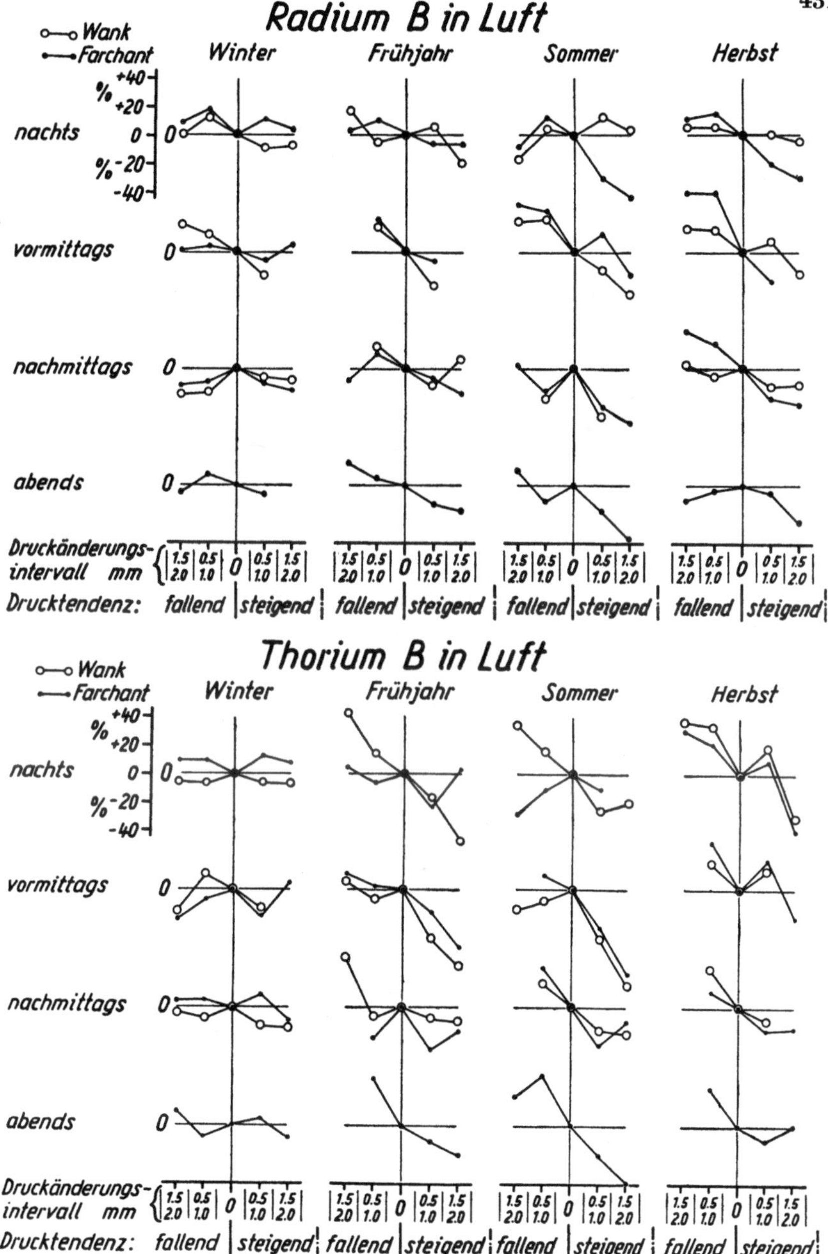

Abb. 176. Mittlerer Einfluß der barometrischen Drucktendenz auf die Konzentration von RaB und ThB in der Luft an den Stationen Farchant und Wank. Die Daten sind nach Jahres- und Tageszeiten aufgeschlüsselt. Untersuchungszeitraum: Winter 1958 bis einschl. Herbst 1960

d) Es gelten die Regeln a)—c) sowohl für die Berg- als auch für die Tal-
station.

e) Ein deutlicher Tagesgang ist in der Beziehung zwischen Drucktendenz
und Aktivitätspegel nicht zu erkennen.

Erscheinung b) rührt daher, daß Bodenfrost und Schneebedeckung die Exhalation (vor allem des Tn) etwas erschweren, so daß sich Druckänderungen nicht im gleichen Ausmaß wie in den anderen Jahreszeiten auswirken können. Aus c) folgt, daß der Einfluß der häufigsten Druckänderung auf den RaB-Pegel weitaus geringer sein dürfte als etwa Konvektionsbedingungen oder geologische Einflüsse. So beträgt die Amplitude des Tagesganges (vom Tagesmittelwert aus gerechnet) z. B. rund 50%, das ist weit mehr als durch Druckänderungen bestenfalls erklärt werden könnte. Andererseits glauben wir immerhin eine Reihe von Fällen beobachtet zu haben, wo während anhaltendem starkem Druckfall die Änderung des Aktivitätspegels überwiegend auf der verstärkten Exhalation beruhte. Es dürfte aber nicht möglich sein, etwa die Änderungen der RaB-Konzentration während Föhnlagen auf Druckfall zurückzuführen, wie er meist mit zyklonalem Föhn einherzugehen pflegt.

6.-0.5.1. Windgeschwindigkeit

Die Darstellung der Beziehung zwischen den meteorologischen Größen bzw. der Luftverschmutzung und den Komponenten der Luftradioaktivität erfolgt hier mit Hilfe einfacher Schemata, da bereits an anderer Stelle die Zusammenhänge an Hand der genauen Meßwerte abgeleitet worden sind [R. REITER (1960c, 1960h, 1961a)].

Wir befassen uns zunächst mit dem Einfluß der Windgeschwindigkeit[1]) (Abb. 177) und stellen fest, daß an der Bergstation sowohl Rk als auch RaB durch Schwankungen der Windgeschwindigkeit nicht systematisch verändert werden. An der Talstation gilt dasselbe für Rk. Die Anreicherung des RaB über dem Talboden wird offensichtlich nachts durch Windruhe stark begünstigt. Auch am Vormittag und Abend wirkt Windbewegung auf die Konzentration von RaB erniedrigend, während am Nachmittag praktisch kein Windeinfluß besteht. Das rührt wohl daher, daß durch die maximale Konvektion am Nachmittag bereits das Rn annähernd homogen in der Austauschschicht verteilt ist, so daß Änderungen der Windgeschwindigkeit zunächst nicht von deutlichen Auswirkungen sein können.

Ein ganz anderes Bild liefert die Beziehung zwischen Windgeschwindigkeit und ThB-Pegel. Man sieht deutlich, daß minimale Werte von ThB in Luft an der Talstation bevorzugt während sehr niedriger Wind-

---

[1]) Über die Beziehung zwischen Windgeschwindigkeit und natürlicher Luftradioaktivität siehe auch N. MATTANA und Mitarb. (1961).

geschwindigkeiten auftreten. Es ist nämlich offenbar eine gewisse Mindest-Luftbewegung notwendig, um das in der untersten Bodenlufthaut aus dem schnell zerfallenden Tn entstandene ThB aufzuwirbeln und den tragenden Luftströmungen einzuverleiben. Bei stagnierender Luft dürfte der größte Teil des gebildeten ThB in der Grasnarbe hängen bleiben.

Ein anderes Bild liefern uns die Messungen an der Bergstation. Hohe Windgeschwindigkeiten vermindern dort den ThB-Gehalt, er steigt mit fallender Windgeschwindigkeit an. Kalmen sind an der Bergstation selten, vor allem am Tage sinkt die Windgeschwindigkeit selten unter 2 m/s.

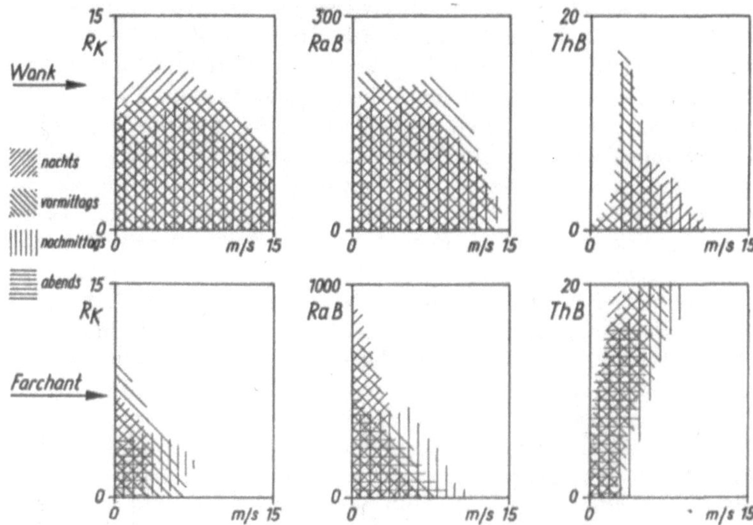

Abb. 177. Beziehung zwischen lokaler Windgeschwindigkeit einerseits und künstlicher Radioaktivität *(Rk)*, *RaB*- und *ThB*-Gehalt der Luft andererseits an den Stationen Wank und Farchant zu den verschiedenen Tageszeiten (In Einheiten von $10^{-12}\ \mu C/\text{cm}^3$)

Bei Windgeschwindigkeit kleiner als 2 m/s finden wir allerdings wieder sehr niedrige Werte der ThB-Konzentration. Die opitmale Windgeschwindigkeit beträgt nach diesen Messungen 3–4 m/s. Dieser Zusammenhang läßt sich folgendermaßen erklären: wie im Tal, so ist auch am Berg eine gewisse Mindestgeschwindigkeit notwendig, um das in unmittelbarer Bodennähe gebildete ThB anzuheben und zu verteilen. Überschreitet die Windgeschwindigkeit aber einen optimalen Wert, so nimmt der ThB-Gehalt wieder ab, weil dann das laufend in der Umgebung der Station gebildete ThB vom Gipfel weggeweht und nicht, wie an der ebenen Erdoberfläche, ThB aus benachbarten Gebieten herangeführt wird. Nur unter günstigen Windverhältnissen wird ThB aus größerer Entfernung von Süd her antransportiert (siehe 6.-0.0.1.).

Wir stellen also fest, daß die Komponenten der Luftradioaktivität sehr unterschiedlich auf Änderungen der Windgeschwindigkeit ansprechen und daß außerdem die Lage der Station (Tal oder Berg) eine erhebliche Rolle dabei spielt.

6.-0.5.2. Relative Feuchte

Eine zunächst sehr merkwürdig erscheinende Abhängigkeit von der relativen Feuchte zeigt die mit der Filtermethode in Farchant gemessene *RaB*-Konzentration (Abb. 178a, unten, Mitte). Es scheint so, als würden hohe Werte des *RaB*-Pegels durch niedrige Luftfeuchte verhindert.

Zieht man jedoch die Beziehung zwischen relativer Feuchte und den mit dem elektrostatischen Abscheider gewonnenen *RaB*-Werten in Betracht [R. REITER (1960c)], so stellt man fest, daß zu keinem Tagesabschnitt eine erkennbare Abhängigkeit von der relativen Feuchte besteht. Die Untersuchungen auf dem Zugspitzplatt führten zum gleichen Ergebnis.

Dieser Unterschied zwischen den Ergebnissen der beiden unterschiedlichen Meßmethoden führt zu der Annahme, daß selbst das Glasfaserfilter bei niedrigen relativen Feuchten einen Teil des natürlich radioaktiven Aerosols hindurchläßt, und zwar umso mehr, je niedriger die relative Feuchte ist. Die Ursache dürfte in der bekannten Abhängigkeit der Größe der Aerosolteilchen von der relativen Feuchte liegen [siehe CH. JUNGE (1950, 1955)]. Es scheint deshalb bei der Bestimmung der Konzentration natürlich radioaktiver Aerosole mit Schwebstoffiltern gewisse Vorsicht geboten, selbst bei der Verwendung so guter Filter wie des verwendeten Glasfaserfilters. Die Kombination einer Filteranlage mit einer elektrostatisch arbeitenden Apparatur und ein laufender Vergleich der Werte miteinander scheint deshalb sehr ratsam zu sein, insbesondere wenn man es mit „jungem Aerosol" bei geringer Kondensationskerndichte und niedriger Feuchte zu tun hat.

Die Korrelation zwischen *RaB*-Pegel und relativer Feuchte am Wank läßt sich gut verstehen. Nachts überwiegt dieselbe Beziehung wie in Farchant, deren Gründe wir eben dargelegt haben. Am Nachmittag (weniger ausgeprägt am Vormittag, an dem sich die Verhältnisse gerade umzukehren beginnen) nimmt jedoch die *RaB*-Konzentration bei sinkender Feuchte zu. Das ist eine Folge der Koppelung zwischen *RaB*-Hochtransport aus dem Tal einerseits, und Vertikalaustausch und Einstrahlung andererseits, die am Nachmittag an der Bergstation zu einer Verminderung der relativen Feuchte führen.

Überraschend ist aber nun die Tatsache, daß das *ThB* überhaupt keine Beziehung zur relativen Feuchte, weder an der Talstation, noch an der Bergstation, erkennen läßt. Es müßte ja bei diesem Element derselbe Feuchteeffekt erwartet werden. Folgende Erklärung für das abweichende Verhalten könnte den Sachverhalt treffen: *RaA* und *RaB* haben eine relativ kurze Lebensdauer (3 bzw. 27 Min., siehe 2.-3.0.0.). Innerhalb die-

ser Zeit muß der Alterungsprozeß hinreichend weit fortgeschritten sein,
um Abscheidung zu gewährleisten. Es werden sich deshalb alle Umstände
stark bemerkbar machen, welche den Alterungsprozeß beschleunigen,
also Kondensationskerndichte und Wasserdampfgehalt. Die Lebensdauer
des *ThB* ist relativ groß (10,6 Stunden). Es besteht somit, bezogen auf
die Dauer des Expositionsintervalls, genügend Zeit zur Verfügung, um
eine hinreichende Alterung des frisch gebildeten *ThB* auch unter weniger
günstigen Umständen sicherzustellen. Es werden sich also die Bedingungen, welche die Alterung beschleunigen, beim *ThB* weniger auswirken als
beim *RaB*.

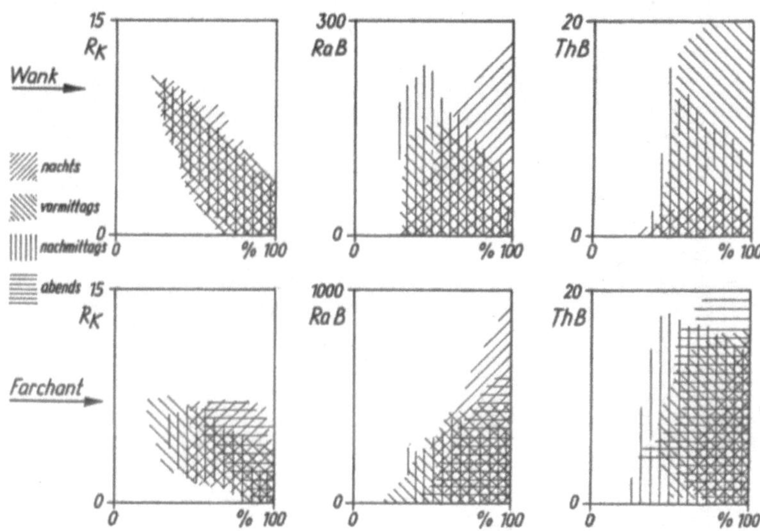

Abb. 178a. Beziehung zwischen lokaler relativer Feuchte einerseits und
künstlicher Radioaktivität *(Rk)*, *RaB* -und *ThB*-Gehalt der Luft andererseits
an den Stationen Wank und Farchant zu den verschiedenen Tageszeiten
(In Einheiten von $10^{-12}\ \mu C/cm^3$)

Die künstliche Luftradioaktivität an der Talstation zeigt eine von
den Komponenten der natürlichen Luftradioaktivität stark abweichende Feuchteabhängigkeit, was aus Abb. 178a deutlich hervorgeht. Vormittags und besonders nachmittags steigt die künstliche Luftradioaktivität mit abnehmender Feuchte an. Ursache ist die Konvektion am Tage,
welche sowohl zu einer Austrocknung der unteren Luftschichten als auch
gleichzeitig zum Herabtransport radioaktiver Stoffe aus der Höhe führt.
Ganz besonders ausgeprägt ist die Feuchteabhängigkeit der künstlichen
Luftradioaktivität an den Bergstationen Wank (Abb. 178a) und Zugspitzplatt, was Abb. 178b für alle Tagesabschnitte zeigt. Die Koppelung
zwischen Feuchterückgang und Anstieg der künstlichen Luftradioaktivi-

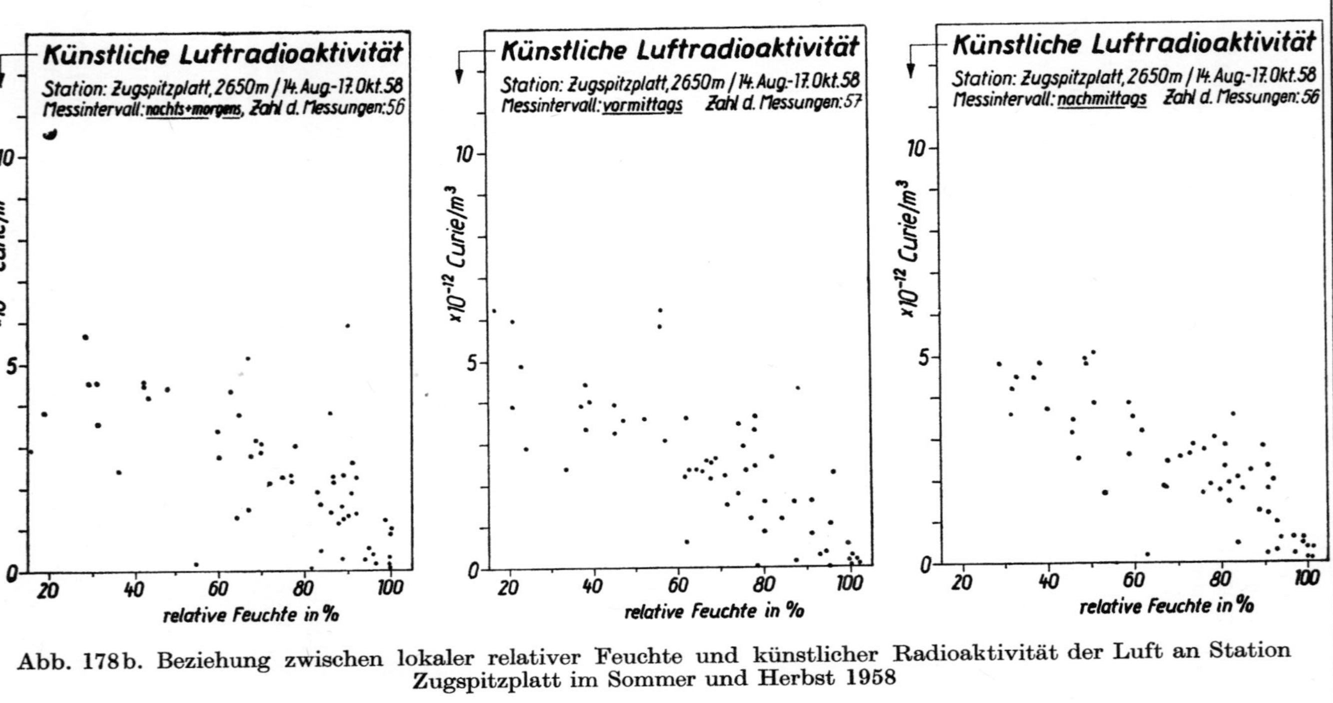

Abb. 178b. Beziehung zwischen lokaler relativer Feuchte und künstlicher Radioaktivität der Luft an Station Zugspitzplatt im Sommer und Herbst 1958

tät wird in Hochlagen noch dadurch verstärkt, daß sich freie Absinkprozesse besonders stark ausprägen können. Absinkende Luftpakete führen ja künstliche Luftradioaktivität aus größerer Höhe zur Station herab
und bewirken gleichzeitig einen Feuchterückgang wegen der freiwer-
denden Kompressionswärme.

Auch beim künstlich radioaktiven Aerosol stellen wir, wie beim *ThB*,
aber im Gegensatz zum *RaB*, keine ins Auge fallende Verschlechterung
der Abscheidung fest, wenn die relative Feuchte stark absinkt. Das bedeutet, daß die künstliche Radioaktivität bereits in größeren Höhen an
Partikeln gebunden sein muß, die sich mit großer Sicherheit am Schwebstoffilter abfangen lassen, daß also Alterungsprozesse in der Austauschschicht durch Koagulation mit Kondensationskernen und ein Quellen bei
größerer Feuchte nicht erforderlich sind.

*Zusammenfassend stellen wir fest, daß die Beziehungen zwischen rela-
tiver Feuchte und den Komponenten der Luftradioaktivität sehr unterschiedlich sind, je nachdem welche Radioaktivitäts-Komponenten wir ins Auge
fassen. Die jeweilige Koppelung wird verständlich, wenn wir Absinkbewegungen aus der Höhe oder konvektiven Hochtransport aus den Niederungen unterscheiden. Auch spielen Änderungen der Partikelgrößen als Folge
von Feuchteänderungen in bezug auf die Abscheidesicherheit des natürlich
(aber nicht des künstlich) radioaktiven Aerosols eine Rolle.*

6.-0.5.3. Gehalt der Luft an Verunreinigungen

Abb. 179 zeigt, daß an beiden Stationen eine sehr eindeutige Beziehung zwischen *RaB*-Pegel und Luftverschmutzung besteht. Dieser Zusammenhang, nämlich daß die Luftradioaktivität mit steigender Luftverschmutzung zunimmt, gilt für alle Tagesabschnitte. Hier erhebt sich die
Frage, ob es sich nur um einen Effekt der Filterdurchlässigkeit oder um
eine „echte" Beziehung handelt. Je mehr Grobaerosol vorhanden ist,
desto schneller werden sich (siehe 2.-3.) frisch aus dem Radon gebildete
Tochtersubstanzen an die großen Kerne anlagern, d. h. altern und umgekehrt. So wäre, ähnlich wie bei niedrigen Feuchten, damit zu rechnen,
daß bei großer Luftreinheit ein Teil des natürlich radioaktiven Aerosols
nicht vom Filter festgehalten wird. Bringen wir die Ergebnisse der elektrostatischen Abscheideanlage in Beziehung zur Filterschwärzung [R. REI-
TER (1960c)], so zeigt sich ebenfalls eine deutliche Abhängigkeit der
gemessenen Radioaktivitätswerte von der Filterschwärzung, jedoch ist
der Zusammenhang weniger stramm als in Abb. 179. Daraus könnte zu
schließen sein, daß wohl beides richtig ist: a) eine gewisse Abhängigkeit
der Filterwirkung vom Gehalt der Luft an Grobaerosol und b) eine echte
Korrelation zwischen natürlicher Radioaktivität und Luftverunreinigung.

Letztere ist durchaus zu erwarten. Meteorologische Vorgänge, die eine
Verteilungsänderung des Grobaerosols bewirken, verursachen eine im

wesentlichen gleichgerichtete Verteilungsänderung des *RaB*. Diese Regel gilt auch in 1800 m NN, wie die Untersuchungen am Wank zeigen (am Zugspitzplatt erhielten wir dieselbe Beziehung).

Ganz im Gegensatz zum *RaB* zeigt die künstliche Luftradioaktivität keinerlei Abhängigkeit vom Grad der Luftverschmutzung (siehe Abb. 179) und zwar weder in Farchant noch am Wank oder am Zugspitzplatt und zu keiner Tageszeit. Dieses Ergebnis ist im Vergleich zum Verhalten des *RaB* durchaus bemerkenswert. Denn es sagt aus, daß die künstliche

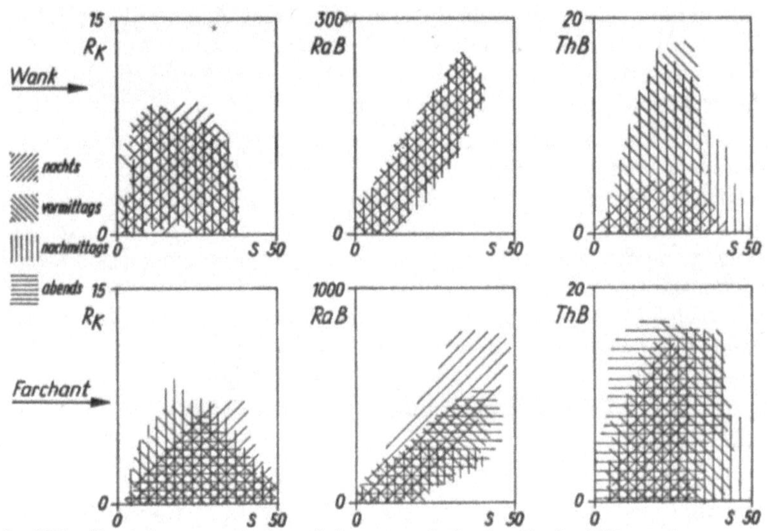

Abb. 179. Beziehung zwischen Schmutzgehalt der Luft (Filterschwärzung S in %/10m³) einerseits und künstlicher Radioaktivität *(Rk)*, *RaB*- und *ThB*-Gehalt der Luft andererseits an den Stationen Wank und Farchant zu den verschiedenen Tageszeiten
(In Einheiten von $10^{-12}\,\mu C/\mathrm{cm}^3$)

Radioaktivität entweder von vorneherein grob dispers vorliegt oder — was unwahrscheinlich ist — auf dem Transportweg an Grobaerosol angelagert wurde und zwar schon bevor sie an den Meßort gelangte. Jedenfalls ist zu schließen, daß die künstliche Luftradioaktivität viel sicherer durch Abscheidung an Filter gemessen werden kann, als die natürliche Luftradioaktivität.

Gehen wir nun zur *ThB*-Aktivität über (Abb. 179), so finden wir wie bei *Rk* aber im Gegensatz zum *RaB*, keine Abhängigkeit vom Grad der Luftverschmutzung. Das hat wiederum zwei Gründe:

a) Wir haben schon mehrfach festgestellt, daß das *ThB* im wesentlichen aus der unmittelbaren Umgebung des Meßortes stammt. Es darf also nicht wie beim *RaB* eine Koppelung zwischen Austausch, der gleichzeitig Kondensationskerne und *RaB* heraufführt, und dem *ThB* angenommen werden. Es genügen bereits lokale Turbulenzen, um das *ThB* aus der Nachbarschaft der Station zum Filter zu transportieren,

b) wie ebenfalls schon ausgeführt (s. o.) steht beim *ThB* mit Rücksicht auf seine Zerfallskonstante eine auf jeden Fall und unabhängig von der Kondensationskerndichte ausreichende Alterungszeit zur Verfügung.

Wir können also feststellen, daß sich auch in bezug auf die Koppelung mit dem Grobaerosolgehalt der Luft (Verschmutzungspegel) die einzelnen Komponenten der Luftradioaktivität recht abweichend voneinander verhalten, was wiederum bei Berücksichtigung der unterschiedlichen Herkunftsgebiete der Radioaktivitätskomponenten verständlich wird. Besonders auffallend ist, daß das künstlich radioaktive Aerosol offenbar von seinem Ursprung her grobdispers vorliegt.

Die Untersuchungen dieses Abschnittes 6.-0.5. sollten nicht nur die Bindung der Komponenten der Luftradioaktivität an lokalmeteorologische Größen und an die Aerosolkonstitution an sich aufzeigen, sondern sie sollten vor allem auch einige Einblicke in die Struktur der atmosphärischen Radioaktivität überhaupt ermöglichen.

6.-0.6. Die Abhängigkeit der Konzentration von Kernspaltprodukten, des *RaB*, sowie der Luftverschmutzung vom Luftkörpertyp

Bereits in früheren Veröffentlichungen [R. REITER (1959c, 1960c)] haben wir die Beziehung zwischen künstlicher und natürlicher Luftradioaktivität sowie der Luftverschmutzung behandelt. Inzwischen hat sich das Datengut erheblich vergrößert, so daß eine neue, geschlossene Darstellung möglich ist, die nun erstmals auch die Meßwerte der Bergstation Wank mit einschließt.

Die Untersuchung ruht auf den Angaben des Luftkörperkalenders, welcher vom Wetteramt München herausgegeben wird. Die Festlegung der Luftkörpertypen erfolgt dort nach der klassischen LINKEschen Definition. Die Tab. 32 (Farchant) und 33 (Wank) enthalten die den einzelnen Luftkörpertypen zugeordneten mittleren Werte[1]) der spezifischen Spaltproduktaktivität, der *RaB*-Konzentration und der Luftverschmutzung, wobei nach Tageszeiten aufgeschlüsselt worden ist, um die Amplitude des Tagesganges mit den durch Luftkörpereigenschaften bedingten Pegeländerungen vergleichen zu können. Es erhebt sich nämlich das Problem, ob und inwieweit die rein lokalen Bedingungen und ihre Änderungen das Bild beherrschen oder ob der Luftkörpertyp bestimmend ist.

---

[1]) Trat während eines Expositionsintervalls ein Luftkörperwechsel ein, so wurden die Meßdaten dieses Intervalls nicht mit in die Statistik übernommen.

Tabelle 32. *Abhängigkeit der künstlichen Luftradioaktivität Rk, der Konzentration des RaB in der Luft und des Schmutzgehaltes S der Luft vom Luftkörpertyp an Station Farchant.*

Luftkörperschema, nach welchem die Zahlen in die Felder eingetragen sind.

polar maritim	polar	polar-kontinental
maritim	indifferent, vermischt	kontinental
tropisch-maritim	tropisch	tropisch-kontinental

Erklärung: stehende Zahlen: Werte von 1957 und 1958; liegende Zahlen: Werte von 1959 und 1960; fette Zahlen: frische Luftkörper, Werte 1959 und 1960. Aktivitätsangaben in $\times 10^{-12}\ \mu C/cm^3$. Schmutzgehalt in relativen Einheiten (prozentuale Filterschwärzung pro 10 m³ Luftdurchsatz). Aufgliederung nach Tageszeiten.

nachts — Spezifische künstliche Aktivität

2,18 *0,76* **1,43** (134)(137) (27)	2,98 *1,90* **4,21** (33) (55) (2)	3,34 *1,95* (3) (13)
2,62 *0,84* **0,22** (105) (95) (28)	3,34 *0,86* (49) (54)	3,12 *3,61* (35) (64)
3,02 *0,55* (40) (45)	2,96 *2,89* (18) (17)	*1,77* (4)

nachts — Spezifische RaB-Aktivität

346 *346* **345** (139)(132) (25)	378 *522* **141** (33) (53) (2)	627 *540* (3) (12)
515 *375* **274** (102) (94) (27)	587 *460* (48) (54)	737 *560* (34) (64)
462 *355* (40) (44)	595 *356* (18) (17)	*530* (4)

vormittags — Spezifische künstliche Aktivität

2,30 *1,05* **1,19** (149) (139) (28)	2,92 *2,28* **6,78** (34) (55) (2)	2,42 *2,40* (3) (13)
2,94 *1,08* **0,29** (109) (101) (28)	4,00 *1,13* (48) (54)	3,64 *4,44* (36) (66)
3,41 *1,06* (42) (45)	3,96 *3,75* (17) (17)	*2,20* (4)

vormittags — Spezifische RaB-Aktivität

192 *240* **246** (152) (137) (28)	261 *423* **59** (33) (53) (2)	336 *445* (3) (13)
220 *220* **124** (107) (100) (27)	445 *323* (49) (54)	387 *375* (34) (66)
270 *227* (42) (45)	281 *180* (17) (17)	*234* (4)

<table>
<thead>
<tr><th colspan="3">Schmutzgehalt der Luft</th><th colspan="3">Spezifische RaB-Aktivität</th><th colspan="3">Spezifische künstliche Aktivität</th><th colspan="3">Schmutzgehalt der Luft</th></tr>
</thead>
<tbody>
<tr><td colspan="12">nachmittags</td></tr>
<tr>
<td>18,8 43,0 (37) (42)</td>
<td>19,7 40,1 37,1 (106) (99) (28)</td>
<td>22,1 50,6 43,3 (108) (137) (28)</td>
<td>217 186 (36) (44)</td>
<td>163 175 83 (100) (98) (27)</td>
<td>137 176 187 (142) (135) (28)</td>
<td>3,66 0,88 (37) (44)</td>
<td>2,99 1,00 0,31 (99) (98) (28)</td>
<td>2,16 1,09 1,39 (139) (137) (28)</td>
<td>30,9 31,6 (36) (45)</td>
<td>25,9 31,6 28,8 (112) (95) (28)</td>
<td>26,0 36,4 33,6 (107) (135) (27)</td>
</tr>
<tr>
<td>17,0 23,1 (14) (16)</td>
<td>30,4 42,3 (36) (53)</td>
<td>28,5 51,1 11,1 (30) (52) (2)</td>
<td>229 138 (16) (16)</td>
<td>363 255 (40) (53)</td>
<td>216 276 99 (31) (51) (2)</td>
<td>4,13 3,22 (16) (16)</td>
<td>3,73 0,96 (41) (53)</td>
<td>2,65 2,21 7,51 (30) (52) (2)</td>
<td>21,1 27,2 (17) (17)</td>
<td>33,2 37,6 (38) (54)</td>
<td>32,5 41,2 12,9 (32) (52) (2)</td>
</tr>
<tr>
<td>34,7 (4)</td>
<td>2,38 42,0 (35) (62)</td>
<td>2,05 54,0 (4) (13)</td>
<td>208 (4)</td>
<td>355 296 (33) (64)</td>
<td>183 360 (4) (13)</td>
<td>2,10 (4)</td>
<td>3,42 4,33 (35) (64)</td>
<td>1,85 2,25 (4) (13)</td>
<td>31,9 (4)</td>
<td>29,5 39,3 (35) (63)</td>
<td>38,0 43,4 (3) (12)</td>
</tr>
<tr><td colspan="12">abends</td></tr>
<tr>
<td>30,5 55,3 (28) (41)</td>
<td>30,4 49,0 45,5 (65) (86) (21)</td>
<td>32,0 60,0 58,8 (70) (106) (24)</td>
<td>372 360 (28) (43)</td>
<td>273 291 250 (66) (83) (21)</td>
<td>223 290 336 (101) (106) (24)</td>
<td>2,34 0,71 (28) (43)</td>
<td>3,07 0,95 0,37 (66) (84) (21)</td>
<td>2,07 0,85 1,12 (100) (106) (24)</td>
<td>27,4 52,9 (39) (45)</td>
<td>28,0 55,6 48,3 (117) (101) (28)</td>
<td>30,8 68,9 63,8 (112) (139) (28)</td>
</tr>
<tr>
<td>23,5 45,0 (10) (12)</td>
<td>45,0 67,1 (30) (40)</td>
<td>34,7 63,2 15,8 (30) (43) (2)</td>
<td>364 311 (10) (13)</td>
<td>461 411 (34) (39)</td>
<td>289 426 117 (29) (39) (2)</td>
<td>2,61 2,96 (10) (13)</td>
<td>3,75 0,67 (33) (39)</td>
<td>2,70 2,16 8,43 (29) (40) (2)</td>
<td>19,1 29,8 (16) (17)</td>
<td>42,2 58,9 (41) (54)</td>
<td>33,0 64,0 15,5 (31) (54) (2)</td>
</tr>
<tr>
<td>39,8 (4)</td>
<td>32,8 66,4 (12) (47)</td>
<td>28,1 66,6 (2) (9)</td>
<td>414 (4)</td>
<td>453 484 (12) (47)</td>
<td>237 473 (3) (9)</td>
<td>2,24 (4)</td>
<td>3,22 3,15 (12) (48)</td>
<td>1,70 3,12 (3) (9)</td>
<td>40,0 (4)</td>
<td>27,7 55,6 (36) (65)</td>
<td>36,0 68,0 (3) (13)</td>
</tr>
</tbody>
</table>

In den Tabellen sind die Daten schachbrettartig aufgetragen und zwar nach dem angegebenen Schema, das die Luftkörper entsprechend ihrer geographischen Herkunft sinngemäß placiert. Jedem Luftkörperfeld sind in den Tabellen mehrere Zahlen zugeordnet. Sie bedeuten:

a) stehende Zahlen: Meßdaten aus dem Zeitraum Mai 1957 bis Dezember 1958

b) liegende Zahlen: Meßdaten aus dem Zeitraum Januar 1959 bis Dezember 1960

c) fette Zahlen: Meßzeitraum wie b), jedoch „frischer Luftkörper" mit Index o[1]).

d) Zahlen in () Klammern: Anzahl der zur Mittelbildung verwendeten Einzeldaten.

An Station **Farchant** (Tab. 32) können wir folgendes Bild skizzieren:

1. Spaltprodukt-Radioaktivität in der Luft (Rk), Reihenfolge der Luftkörper nach fallenden Werten:
C, kontinental; kein Unterschied zwischen Meßzeitraum a) und b)
J, X, indifferent, Mischluft; Von Zeitraum a) nach b) abnehmend
T, tropisch; a) und b) etwa gleich
TM, tropisch-maritim; von a) nach b) fallend
M, maritim; von a) nach b) fallend, frische Luftkörper liefern deutlich niedrigere Werte
P, polar; a) und b) etwa gleich, frische P-Luft bringt Maximalwerte.
PM, polar-maritim; von a) nach b) fallend, frische Luftkörper liefern deutlich höhere Werte
PC, polar-kontinental; von a) nach b) z. T. steigend

Wir sehen: Der größte Teil der Kernspaltprodukte wurde aus dem kontinentalen und tropischen Raum herangeführt. Ersteres steht wohl in Zusammenhang mit den Kernexplosionen im russischen Raum, letzteres weist darauf hin, daß sehr oft Spaltprodukte aus dem Gebiet des Subtropen-jetstream abgezweigt werden. Wie in 6.-0.15. noch ausgeführt wird, besteht nämlich in den Gebieten, die von Strahlströmen durchzogen sind, die Möglichkeit, daß kontaminierte Partikel aus den stratosphärischen Depots in die im jetstream-Gebiet aufgespaltene Tropopause durchbrechen und in die untere Atmosphäre vordringen. Davon abgesehen sorgen die Strahlströme auch für eine schnelle Verteilung der durchgesackten Partikel entlang ihrer Strömungsbahnen [siehe H. FLOHN (1959) und dortige Literatur].

---

[1]) Es ist üblich, die Luftkörper mit Indices zu versehen; sie geben an, ob der Luftkörper praktisch unmodifiziert auf schnellstem Weg zum Beobachtungsort gelangte (Index 0), oder ob er länger unterwegs war.

Die hohen Werte bei J, X rühren wahrscheinlich daher, daß diese Luftkörper eine „Konservierung" einmal herangeschaffter Kernspaltprodukte begünstigen, während umgekehrt die Luftkörper M und PM für eine „Durchlüftung" mit sauberer Luft im Bereich von Mitteleuropa sorgen, die Werte also herabdrücken. Das geht sehr eindringlich aus dem Unterschiede M/M_0 hervor: in frischer maritimer Luft liegt Rk extrem tief (absolute Minima!). In diesem Zusammenhang ist auffallend, daß PM_0 höhere Rk-Werte liefert als PM. Ganz besonders kraß ist der Unterschied zwischen Rk in gealterter P- und frischer P-Luft. Diese liefert die absolut höchsten Rk-Pegel! Beides kann 1. eine unmittelbare Folge der Kernexplosionen im Nord-Russischen Raum und 2. eine Wirkung des Polarjetstream sein (s. o.).

Der Tagesgang von Rk ist, verglichen mit den Unterschieden, die durch Luftkörperwechsel verursacht sind, außerordentlich gering. Wir sehen also daraus, daß in bezug auf Rk die Advektion entscheidend ist.

Der niedrige Rk-Pegel in maritimen Luftkörpern ist übrigens gewiß eine Folge der in diesen Luftkörpern durch anhaltende Niederschläge laufend stattfindenden Auswasch-Prozesse (siehe 6.-1.6.).

2. RaB-Pegel in der Luft, Reihenfolge der Luftkörper nach fallenden Werten

J, X, indifferent, vermischt;

PC, C, TC, polar-kontinental, kontinental, tropisch-kontinental;

P, polar; frische Polarluft liefert wesentlich niedrigere Werte als gealterte Polarluft

TM, T, tropisch-maritim, tropisch;

PM, M, polar-maritim, polar; frische maritime Luft liefert niedrigere Werte als gealterte.

Der RaB-Tagesgang ist in Gegenwart aller Luftkörper überaus stark ausgeprägt. Durch Luftkörperwechsel ausgelöste Pegeländerungen liegen recht genau in der gleichen Größenordnung wie tagesgang-bedingte Pegeländerungen von RaB. Immerhin zeichnet sich sehr deutlich ab, daß kontinentale und tropische Luftkörper die höchsten Werte gegenüber maritimen Luftkörpern liefern. Das ist leicht einzusehen, da ja die Luft praktisch nur auf ihrem Weg über das Festland Radonfolgeprodukte aufnehmen kann. Über dem Ozean überwiegt der Auswaschvorgang über den Nachlieferungsprozeß[1] weitaus. Daß die Maximalwerte in den Luftkörpern J, X auftreten, beruht wiederum darauf, daß in diesen Luftkörpern bei nur schwacher Advektion eine weitgehende Anreicherung der unteren Luftschichten mit RaB erfolgen kann. Überraschend ist, daß polaren Luftkörpern im Mittel ebenfalls relativ hohe RaB-Werte[2] eigen sind.

---

[1]) Der Rn-Gehalt der Luft über dem freien Ozean beträgt nur etwa 1% des Wertes über dem Festland [S. J. MAUCHLY (1924)].

[2]) Eine Folge der mit Kaltlufteinbrüchen häufig verbundenen Ausbildung bodennaher Inversionen.

Doch beweist der krasse Unterschied zwischen gealterter P-Luft und frischer P-Luft, daß diese eben doch aus ihrem Herkunftsgebiet einen extrem niedrigen *RaB*-Pegel mitbringt. Die *RaB*-Werte in frischer P-Luft sind die niedrigsten, die überhaupt gemessen wurden. Genau das Gegenteil haben wir oben hinsichtlich der Spaltproduktivität festgestellt.

3. Schmutz-Pegel in der Luft, Reihenfolge der Luftkörper nach fallenden Werten:

Abb. 180a. Abhängigkeit des Pegels der natürlichen Luftradioaktivität (*RaB*) an Station Wank vom Luftkörpertyp,

P, PC, J, X, starker Unterschied zwischen gealterter und frischer P-Luft, letztere bringt absolute Minima;
PM, C;
M, TM;
T, TC;

Die Reihenfolge ist eine andere als bei *RaB*. Sie läßt sich folgendermaßen begründen: alle Luftkörper, die zu einer starken Stabilisierung der Schichtung führen, also polare und kontinentale Luftkörper, aber auch

J, X, lassen den Schmutzpegel ansteigen, weil die laufend nachgebildeten Grobaerosole in der untersten Luftschicht zurückgehalten werden. Warme Luftkörper hingegen, aber auch solche maritimer Herkunft, halten den S-Pegel niedrig. Sehr krass ist der Unterschied zwischen P und P_0: die Reinheit frischer Polarluft übertrifft die aller anderen Luftkörper. Wie beim RaB, so ist auch der Tagesgang der Luftverschmutzung stark

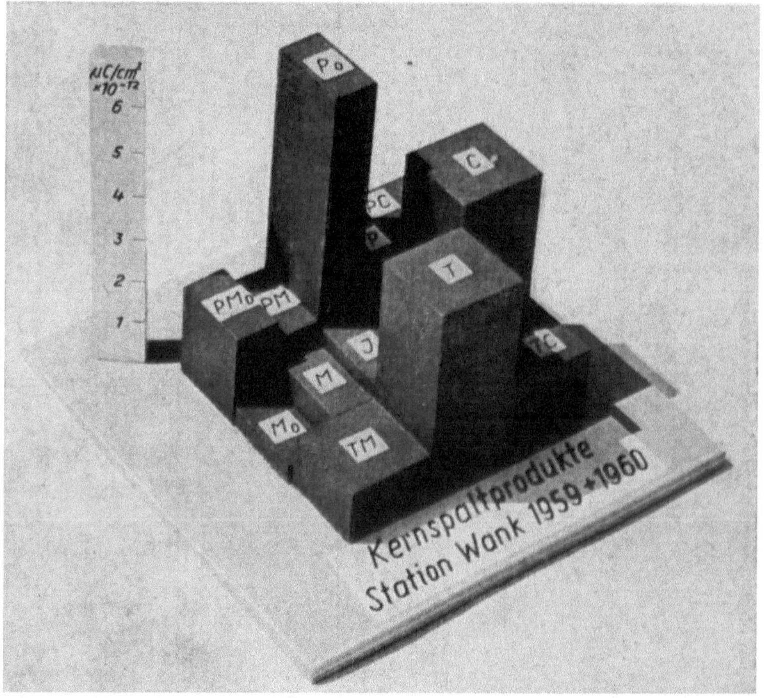

Abb. 180b. Abhängigkeit des Pegels der spezifischen Spaltproduktradioaktivität *(Rk)* an Station Wank vom Luftkörpertyp

ausgeprägt, doch läßt sich neben diesem der Luftkörpereinfluß deutlich aufzeigen.

Wir betrachten nun die Luftkörperabhängigkeit von Rk, RaB und S an Station **Wank**. Hierzu dient uns die Tab. 33. Da sich aber (s. u.) gezeigt hat, daß lokale Störeinflüsse (z. B. Bodeninversionen) am Wank gegen den „echten" Luftkörpereinfluß zurücktreten und außerdem die durch den Tagesgang bedingten Variationen von geringerer Amplitude sind als die durch Luftkörperwechsel hervorgerufenen Veränderungen, so hatte es Sinn, auch über die Tagesabschnitte hinweg zu allgemeinen Mittel-

Tabelle 33. *Abhängigkeit der künstlichen Luftradioaktivität Rk, der Konzentration des RaB in der Luft und des Schmutz-gehaltes der Luft vom Luftkörpertyp an Station Wank.*

Luftkörperschema, nach welchem die Zahlen in die Felder eingetragen sind.

polar-maritim	polar	polar-kont.
maritim	indifferent, vermischt	konti-nental
tropisch-maritim	tropisch	tropisch-kont.

Erklärung: liegende Zahlen: Werte von 1959 und 1960; Zahlen fett: frische Luftkörper, Werte von 1959 und 1960. Aktivitätsangaben in $\times\,10^{-12}\,\mu C/\text{cm}^3$. Schmutzgehalt in relativen Einheiten (prozentuale Filterschwärzung pro 10 m³ Luftdurchsatz). Aufgliederung nach Tageszeiten.

nachts

Spezifische künstliche Aktivität

1,72 **2,18** (129) (22)	2,69 **4,70** (53) (2)	2,18 (13)
1,06 **0,28** (93) (29)	1,49 (49)	4,71 (66)
0,86 (43)	4,53 (17)	2,12 (4)

Spezifische RaB-Aktivität

61 **55** (92) (17)	143 **67** (42) (1)	185 (10)
63 **56** (73) (21)	111 (36)	139 (54)
100 (29)	150 (13)	230 (4)

vormittags

Spezifische künstliche Aktivität

2,05 **1,83** (126) (21)	2,81 **7,24** (53) (2)	3,03 (12)
1,22 **0,47** (93) (28)	1,62 (47)	5,17 (66)
1,45 (39)	4,66 (18)	2,03 (4)

Spezifische RaB-Aktivität

71 **67** (98) (18)	177 **59** (43) (2)	194 (11)
90 **57** (79) (22)	123 (38)	165 (57)
95 (29)	145 (16)	265 (4)

nachmittags

Spezifische künstliche Aktivität

2,02 **2,27** (127) (21)	2,71 **8,97** (53) (2)	2,70 (12)
1,26 **0,46** (94) (29)	1,52 (46)	4,89 (66)
1,36 (39)	4,60 (18)	1,81 (4)

Spezifische RaB-Aktivität

73 **64** (93) (18)	153 **52** (43) (2)	208 (11)
89 **42** (76) (22)	122 (35)	162 (57)
93 (28)	133 (16)	209 (4)

Schmutzgehalt der Luft

[illegible]	[illegible]	[illegible]	[illegible]	[illegible]	[illegible]	[illegible]	[illegible]	[illegible]	[illegible]	[illegible]	[illegible]	[illegible]	[illegible]	[illegible]
(130)	(21)	(47)	(2)	(12)	(123)	(19)	(49)	(2)	(12)	(122)	(21)	(48)	(2)	(12)
10,8	8,0	15,1		16,8	18,2	14,6	23,2		23,0	16,8	15,0	22,0		22,7
(90)	(29)	(46)		(63)	(90)	(28)	(47)		(62)	(92)	(28)	(46)		(64)
12,3		10,5		22,5	17,2		14,8		29,6	17,7		15,6		26,5
(43)		(17)		(4)	(38)		(17)		(3)	(38)		(17)		(3)

werten pro Luftkörpertyp überzugehen. Dieser „echten" mittleren Luftkörperabhängigkeit von *Rk* und *RaB* wurde die Form einer dreidimensionalen Darstellung (Abb. 180) gegeben, welche mit dem folgenden Text verglichen werden möge.

1. Spaltprodukt-Radioaktivität der Luft, Reihenfolge der Luftkörper nach fallenden Werten:
C, kontinental;
T, PC, tropisch, polar-kontinental;
P, polar; von gealteter zu frischer P-Luft Werte stark ansteigend, letztere liefert Maximalwerte;
PM, polar-maritim; Werte von gealteter zu frischer PM-Luft leicht ansteigend;
J, X, indifferent, vermischt;
TM, tropisch-maritim;
M, maritim; Werte von gealteter zu frischer M-Luft fallend; letztere liefert Minimalwerte.

Vergleichen wir dieses Ergebnis mit jenem von Station Farchant, so stellen wir fest, daß das Bild der Luftkörperabhängigkeit an Klarheit dadurch gewonnen hat, daß lokale Nebeneffekte, die an die unterste Luftschicht gebunden sind, zurücktreten. So steht nun die *Rk*-Aktivität in J, X-Luftkörpern ziemlich an letzter Stelle. D. h. zugeführte, kontaminierte Luft stagniert zwar noch in geringeren Höhen, doch reicht der Gipfel bereits wieder in eine gereinigte Atmosphäre hinein. Kontinentale, tropische und polare Luftkörper bewirken also in der Tat die höchsten *Rk*-Pegel (frische P-Luft verursacht genau wie im Tal Spitzenwerte!), maritime Luftmassen die niedrigsten. Die mutmaßlichen Ursachen für diese Luftkörpergebundenheit haben wir oben schon besprochen. Wie an der Talstation, so macht sich am Berg der Einfluß des Tagesganges kaum bemerkbar, er wird vom Luftkörpereinfluß weit übertroffen.

2. *RaB*-Pegel in der Luft, Reihenfolge der Luftkörper nach fallenden Werten:
TC, tropisch-kontinental (Maximalwerte);
PC, C, polar-kontinental, kontinental;
T, P, tropisch, polar; Werte von gealteter zu frischer P-Luft stark fallend;
J, X, indifferent, Mischluft;

TM, tropisch-maritim

M, maritim; Werte von gealteter zu frischer Luft fallend, frische Maritimluft bringt Minimalwerte;

PM, polar-maritim; Werte von gealteter zu frischer Luft fallend.

Wie zu erwarten, rangiert der *RaB*-Pegel in J, X-Luft nunmehr wieder sehr am Ende, wodurch sich der Zusammenhang im ganzen klärt; trotzdem bleibt in wesentlichen Punkten gute Übereinstimmung mit den Ergebnissen von der Talstation bestehen. Die höchsten *RaB*-Pegel bringen tropische und kontinentale Luftkörper. Es ist kein Zufall, daß *TC* an erster Stelle steht. Der *TC*-Luftkörper streicht über den Alpenkamm aus SE. Er bekommt also über den Zentralalpen einen weiteren erheblichen Zuwachs an natürlicher Luftradioaktivität, wie wir bereits wissen (6.-0.1.0.). Die niedrigsten *RaB*-Werte finden wir in maritimen Luftkörpern, insbesondere mit Betonung der frischen Luftkörper des gleichen Typs. Begründung siehe oben (Farchant). Der Einfluß des Luftkörpertyps ist deutlich größer als die Amplitude des Tagesganges von *RaB*.

3. Schmutz-Pegel in der Luft, Reihenfolge

PC/TC/C, P (Werte von P zu P_0 stark fallend)/J, X/PM (Werte von PM zu PM_0 fallend)/TM/T, M (von M zu M/ fallend)

Diese Reihenfolge stimmt mit der an der Talstation gefundenen gut überein, der Hauptunterschied liegt wiederum in dem Abfallen der J, X-Luftkörper. Auch liegt Luftkörper M nunmehr am Ende, in M und P_0 ist an der Bergstation die Luft am wenigsten verschmutzt. Wie bei 1. und 2., so sind auch hier die Amplituden der Tagesgänge minimal, so daß die Luftkörperunterschiede außerordentlich klar zutage treten.

Unsere Ergebnisse zusammenfassend stellen wir fest, daß sowohl die Spaltprodukt-Radioaktivität als auch der Gehalt der Luft an RaB (und Schmutzstoffen) in eindeutiger Beziehung zum Charakter des vorherrschenden Luftkörpers steht. Der Luftkörper-Charakter tritt dabei an der Hochstation wesentlich deutlicher hervor als an der Talstation. Er überwiegt an der Bergstation sogar den Tagesgang der natürlichen Luftradioaktivität.

Während die natürliche Luftradioaktivität (RaB) in erster Linie dadurch bestimmt wird, ob und inwieweit der Luftkörper aus kontinentalen Gebieten stammt oder hinreichend lange über kontinentale Zonen gezogen ist (siehe Abb. 180a: von PM, M, TM zu PC, C und TC ansteigende Werte), zeigt die künstliche Luftradioaktivität eine ganz anders geartete Luftkörperabhängigkeit (Abb. 180b). Tropische Luft und frische Polarluft liefern Maximalwerte und zwar sehr wahrscheinlich als Auswirkung sowohl des polaren als auch des subtropischen Strahlstroms. Die starke Kontamination der kontinentalen Luft (evtl. auch der Polarluft) dürfte eine Folge der russischen Kernexplosionen sein. Maritimluft, insbesondere frische maritime Luft, liefert absolute Minima sowohl des RaB als auch der Spaltprodukt-Kontamination.

6.-0.7. Die Abhängigkeit der Konzentration von Kernspaltprodukten, von _RaB_ und Schmutzstoffen in der Luft vom Großwetterlagentyp

Zum Vergleich mit den im vorangegangenen Abschnitt dargestellten Befunden sollen hier die Ergebnisse einer ähnlichen Untersuchung gebracht werden, welche sich auf die von H. BREZOWSKY (1952) definierten „Großwetterlagentypen Europas" stützt. Sie wurden aus den einschlägigen, regelmäßigen Veröffentlichungen des _Deutschen Wetterdienstes_ entnommen. Der Untersuchungszeitraum umfaßt an den beiden Stationen Farchant und Wank das Intervall 1. 1. 1959 bis 31. 12. 1960. Es wurden die auf jeden Großwetterlagentyp entfallenden mittleren Pegel von _Rk_, _RaB_ und _S_ errechnet, und zwar zunächst aufgeschlüsselt nach Jahreszeiten. Es zeigte sich jedoch, daß bei Verwertung der Wetterlagentypen kein ausgeprägter Einfluß der Jahreszeiten zutage tritt, so daß darauf verzichtet werden kann, hier die Jahreszeiten-Aufschlüsselung beizubehalten.

Die Ergebnisse finden sich in Tab. 34. In ihr sind die Wetterlagentypen von oben nach unten in der Reihenfolge fallender Pegelwerte eingetragen. Vergleichen wir die so definierte Reihenfolge der Wetterlagen-Typen für _Rk_ am Wank und _Rk_ in Farchant, so stellen wir fest, daß jeweils am Kopf und am Ende genau dieselben Großwetterlagen-Typen stehen, und ebenso in der Tabellenmitte, wenn wir dort von unwesentlichen Vertauschungen um wenige Zeilen absehen. Das bedeutet, daß der Einfluß des Großwetterlagen-Typus in bezug auf den _Rk_-Gehalt der Luft vom Niveau über Tal bzw. über NN unabhängig ist. Daß einerseits die Typen Na und Sa die höchsten Werte, Nz und TM die niedrigsten _Rk_-Werte bringen, wird im Hinblick auf unsere Luftkörperuntersuchung verständlich. Bei Na überwiegt Zustrom aus polaren Zonen, bei Sa Zustrom aus tropischen bzw. subtropischen Gebieten. Andererseits kommt es bei Nz- und TM-Lagen in unserem Raum zu ergiebigen Niederschlägen, was den _Rk_-Pegel entsprechend stark senkt. Auch die _Rk_-Pegel der übrigen Groß-wetterlagen-Typen lassen sich mit den im vorangegangenen Abschnitt getroffenen Feststellungen in Deckung bringen. Jedoch ist es hierzu notwendig, die genauen Definitionen der Großwetterlagentypen und die von P. HESS und H. BREZOWSKY gegebenen Druckverteilungs-Beispiele mit heranzuziehen, was hier im einzelnen zu weit führen würde. Es muß deshalb auf die Originalliteratur verwiesen werden.

Vergleichen wir die Reihenfolgen der Großwetterlagen-Typen in bezug auf den _RaB_-Pegel für Farchant und Wank miteinander, so stellen wir erneut befriedigende Übereinstimmung fest. An der Spitze stehen Wetter-lagentypen, welche den Herantransport von _Rn_ + Folgeprodukten aus südlichen Richtungen begünstigen und welche sich durch geringe Niederschlagsneigung auszeichnen. Die niedrigsten Werte bringen niederschlagsreiche Wetterlagen mit überwiegend maritimer Luftzufuhr.

Tabelle 34. *Beziehung zwischen Groß-Wetterlagentypen (nach* HESS *und* BREZOWSKY*) und Konzentration von Kern-spaltprodukten, Radium B und Schmutz in der Luft an den Stationen Farchant und Wank*
Die Mittelwerte in den Kolonnen sind jeweils nach fallenden Konzentrationen angeordnet. Aktivitätsangaben in $\times 10^{-12}\ \mu C/cm^3$. Schmutzgehalt der Luft in relativen Einheiten (Filterschwärzung). M: arithmetische Mittelwerte, n: Fallzahlen

Station Farchant									Station Wank								
Spaltproduktaktivität			Radium B			Schmutzgehalt			Spaltproduktaktivität			Radium B			Schmutzgehalt		
Wetter-lagentyp	M	n	Wetter-lagentyp	M	n	Wetter-lagentyp	M	n	Wetter-lagentyp	M	n	Wetter-lagentyp	M	n	Wetter-lagentyp	M	n
Na	5,00	16	BM	437	80	Ws	44,4	39	Na	5,60	16	HM	156	67	BM	38,8	43
Sa	3,64	27	HM	422	141	Ww	42,1	46	Sa	4,86	19	HB	152	18	HFa	24,8	31
HM	2,74	141	HB	353	40	TM	41,6	26	BM	4,42	43	HFa	147	19	NE	18,8	48
BM	2,69	80	Sa	335	25	HFa	41,0	37	HB	4,35	11	NE	132	31	NWz	17,8	21
Ws	2,54	39	HFa	296	40	BM	39,6	80	HM	3,77	103	BM	123	25	HM	17,4	97
HB	2,53	11	TrW	294	40	HM	39,3	141	Ws	3,40	29	Sa	117	16	TM	16,9	23
HFa	2,43	40	Ww	271	45	TrM	37,8	47	HFa	2,61	41	TrW	111	17	TB	15,8	18
TrW	2,06	41	TrM	260	47	NE	36,0	48	NWz	2,59	24	Na	101	7	HB	15,7	22
TrM	1,84	44	NE	247	48	HB	35,5	42	TB	1,84	18	TB	98	12	Na	14,8	15
Wz	1,65	130	TB	242	27	TrW	34,7	39	Ww	1,78	34	TrM	74	12	Ww	14,1	34
TB	1,38	27	Wz	229	148	Wz	34,6	151	Trm	1,77	28	Wz	71	23	Nz	13,9	18
NWz	1,36	40	Na	226	16	Nz	34,1	35	TrW	1,73	27	Ww	63	23	TrW	13,2	26
NE	1,33	49	Ws	222	39	TB	33,4	27	Wz	1,72	107	NWz	63	16	Sa	12,75	16
Ww	1,25	45	Nz	205	35	Sa	33,0	24	NE	1,40	50	TM	59	18	TrM	11,8	28
Nz	1,25	35	TM	191	26	Na	32,3	16	Nz	1,28	18	Ws	54	17	Wz	10,9	99
TM	0,65	26	NWz	152	42	NWz	25,3	42	TM	0,59	23	Nz	46,5	11	Ws	10,1	29

Erklärung der Abkürzungen: Na: antizyklonale Nordlage; Ws: Südliche Westlage; TrM: Troglage über Mitteleuropa; NE: Nordostlage; Sa: antizyklonale Südlage; HB: abgeschl. Hoch über Brit. Insel; Wz: zyklonale Westlage; Ww: winkelige Westlage; HM: abgeschl. Hoch über Mitteleuropa; HFa: abgeschl. Hoch über Fennoskandien; TB: abgeschl. Tief über Brit. Inseln; Nz: zyklonale Nordlage; BM: Hochdruckbrücke über Mitteleuropa; TrW: Troglage über Westeuropa; NWz: zyklonale Nordwestlage; TM: abgeschl. Tief über Mitteleuropa.

Der Vergleich der beiden S-Reihen miteinander führt hingegen zu keiner Übereinstimmung oder Ähnlichkeit. Es überwiegen also hier lokale Einflüsse über die Bindung an das Großwettergeschehen.

6.0.8. Einfluß des vertikalen Temperaturgradienten bzw. der Labilitätsenergie auf die Konzentration von *RaB*, *ThB*, Kernspaltprodukten und Grobaerosolen

6.-0.8.0. Das Verhältnis RaB-Konzentration Berg/Tal in Abhängigkeit vom vertikalen Temperaturgradienten; die Halbwertshöhe von RaB und Radon

Trägt man getrennt nach Expositionsintervallen den Quotienten:

$$\frac{\textit{RaB}\text{-Konzentration Wank}}{\textit{RaB}\text{-Konzentration Farchant}}$$

gegen den mittleren Temperaturgradienten, der während der Exposition zwischen den beiden Stationen gemessen worden ist, auf, so erhält man Diagramme vom Typ der Abb. 181a [R. REITER (1960h)]. Mit zunehmender Stabilisierung (steigende positive[1]) Temperaturgradienten) fällt der oben definierte Quotient. Bei kräftigem Austausch nimmt der Quotient gelegentlich auch Werte über 1 an, d. h. die *RaB*-Konzentration ist an der Bergstation größer als an der Talstation. Das kann daher kommen, daß dem Niveau der Bergstation natürliche Radioaktivität aus Depots zugeführt wird, die nur bei starkem Austausch entlüftet werden (Mulden, Bodenspalten, geschlossene Wälder). Der Einfluß des Tagesganges auf die gefundene Beziehung ist aus Abb. 181a deutlich zu ersehen und leicht zu verstehen.

Aus den vorliegenden Daten kann auch eine Beziehung zwischen Halbwertshöhe von *RaB* und dem vertikalen Temperaturgradienten angegeben werden (Abb. 181b) und zwar getrennt für jedes der drei Expositionsintervalle (= Tageszeiten: I nachts, II vormittags, III nachmittags). Man erkennt, daß sich mit steigender Stabilität der betrachteten Atmosphäre ein Grenzwert der Halbwertshöhe von *RaB* einstellt, der bei etwa 200 m liegen dürfte. Andererseits steigt die Halbwertshöhe steil an, wenn sich kräftigerer Austausch durchsetzt. Bei Gradienten über —0,7° C/100 m nähert sich die Halbwertshöhe schnell extremen Werten. Abb. 181b zeigt übrigens, daß es nicht praktisch ist, so wie bisher üblich, einen festen Wert für die Halbwertshöhe radioaktiver Elemente anzugeben, denn die Definititon etwa eines „mittleren Austausch-Zustandes" in der Atmosphäre ist sehr vage. Entweder müßte die ganze Funktion ähnlich wie in Abb. 181b bekannt sein, oder man beschränkt sich besser auf den Grenz-

---

[1]) Das heißt Temperaturanstieg mit wachsender Höhe.

Natürliche Luftradioaktivität
(Ra B)
nachts, 1.12.1958 bis 29.2.1960
Quotient: Ra B in Luft am Wank (1780 m) / Ra B in Luft in Farchant (675 m)
ΔT/100 m
Natürliche Luftradioaktivität
(Ra B)
vormittags, 1.12.1958 bis 29.2.1960
Quotient: Ra B in Luft am Wank (1780 m) / Ra B in Luft in Farchant (675 m)
ΔT/100 m
a
Natürliche Luftradioaktivität
(Ra B)
nachmittags, 1.12.1958 bis 29.2.1960
Quotient: Ra B in Luft am Wank (1780 m) / Ra B in Luft in Farchant (675 m)
ΔT/100 m

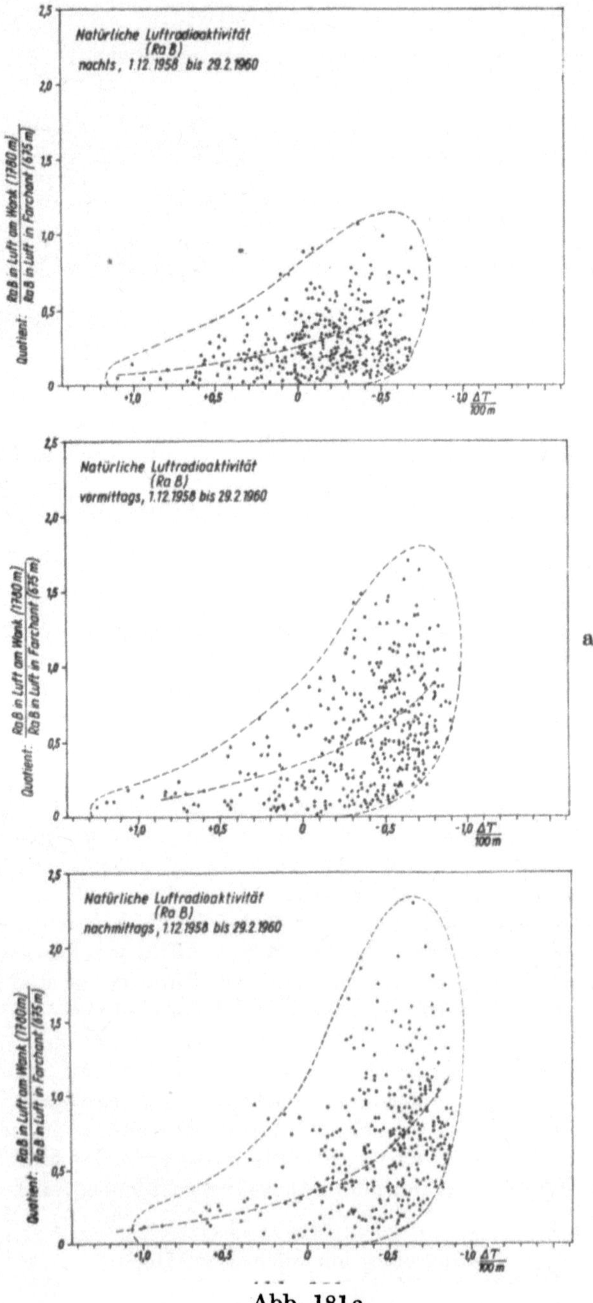

Abb. 181a

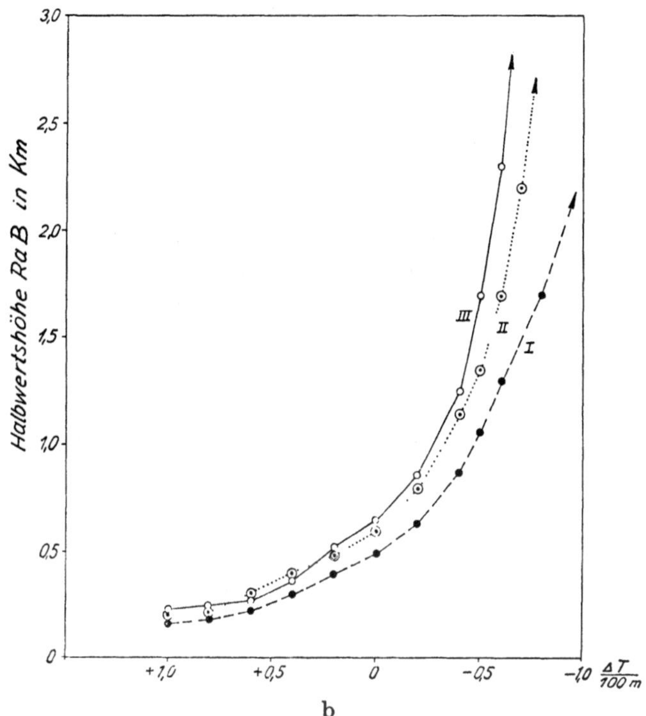

b

Abb. 181. a) Verhältnis der gleichzeitig an beiden Stationen gemessenen Konzentrationen des Radium B in der Luft in Abhängigkeit vom vertikalen Temperaturgradienten in der Schicht zwischen den beiden Stationsniveaus. Es sind drei Tagesabschnitte getrennt voneinander bearbeitet. Positiver Temperaturgradient bedeutet Zunahme der Temperatur mit der Höhe und umgekehrt, b) Halbwertshöhe von Radium B als Funktion des vertikalen Temperaturgradienten; I: nachts, II: vormittags, III: nachmittags

wert bei extremer atmosphärischer Stabilität, der relativ gut definierbar ist.

Herrscht nämlich extrem stabile Schichtung, d. h. ein vertikaler Temperaturgradient von mehr als + 0,8° C/100 m, so dürfte nur noch Diffusion und Scheindiffusion den Austausch bewältigen. Das geht auch daraus hervor, daß die tageszeitlichen Unterschiede der Halbwertshöhe um so kleiner werden, je stabiler die Temperaturschichtung ist. Findet keine laufende Abscheidung von *Rn*-Folgeprodukten aus dem Aerosol statt (z. B. kein Niederschlag), so kann angenommen werden, daß *RaB* praktisch im Gleichgewicht mit dem *Rn* steht (über *RaA*), aus dem es laufend nachgebildet wird. Das Erreichen der Halbwertshöhe des *RaB* bedeutet dann, daß gleichzeitig auch die Halbwertshöhe des nachliefernden *Rn* erreicht ist. Entsprechend der Definition der Halbwertshöhe heißt das, daß für die Vertikalbewegung des Aerosols bis zur Halbwertshöhe von *Rn* bzw. *RaB* gerade die Halbwertszeit des *Rn* benötigt wird, die 3,8 Tage beträgt[1]). Daraus kann geschlossen werden, daß z. B. im Falle extrem stabiler Temperaturschichtung (s. o.) ein gedachtes Aerosolteilchen 3,8 Tage benötigt, um durch Scheindiffusion 200 m in der Vertikalen (nach oben oder unten) zurückzulegen. Das gilt ganz unabängig davon, ob das Teilchen radioaktive Elemente mit sich führt und welcher Art sie sind. Auch mit künstlicher Radioaktivität kontaminierte Partikel benötigen dieselbe Zeit, um die vertikale Strecke von 200 m zu überwinden. Wir können also aus den Messungen über die Beziehung zwischen Halbwertshöhe eines Elementes natürlicher Herkunft auch auf die Geschwindigkeit der vertikalen Verfrachtung von Kernspaltprodukten in der unteren Atmosphäre schließen.

Von diesen Möglichkeiten werden wir später noch Gebrauch machen (siehe Abschnitt 6.-0.9.).

6.-0.8.1. Das Verhältnis ThB-Konzentration Berg/Tal in Abhängigkeit vom vertikalen Temperaturgradienten

Führen wir nun dieselbe Untersuchung wie in 6.-0.8.0. mit den Meßwerten der *ThB*-Konzentration aus, die an den beiden Stationen erhalten worden sind, so gelangen wir zu Abb. 182. Die Darstellung zeigt sehr deutlich, daß zu keiner Tageszeit eine Beziehung zwischen dem Quotienten

$$\frac{\textit{ThB-}\text{Konzentration Wank}}{\textit{ThB-}\text{Konzentration Farchant}}$$

und dem vertikalen Temperaturgradienten besteht. D. h. also: die gleichzeitig an den beiden Stationen gemessenen *ThB*-Konzentrationen stehen in keinerlei Beziehung zueinander, ganz unabhängig davon, welche Konvektionsbedingungen herrschen. Dieses Ergebnis bestätigt erneut unsere frühere Feststellung, daß sich der Einzugsbereich des *ThB* auf das die Station unmittelbar umgebende Gebiet beschränkt. Es steht das auch in guter Übereinstimmung mit den Feststellungen von St. MEYER (1932) und G. SCHELLENBERGER (1952), welche auf Grund ihrer Überlegungen eine Halbwertshöhe von *ThB* in der Größenordnung 100—300 m erhielten.

---

[1]) Diese Annahme ist freilich nur dann richtig, wenn wir als weitaus überwiegende Quelle für den Zustrom von Radon zur Atmosphäre die Bodenoberfläche, und zwar in unserem Falle den Talboden, ansehen können. Zustrom von Radon aus horizontal versetzten Gebieten, z. B. vom kristallinen Gestein der Zentralalpen wie während Föhn, würde den Zusammenhang etwas unübersichtlicher machen (Beispiele siehe 6.-0.10.0.).

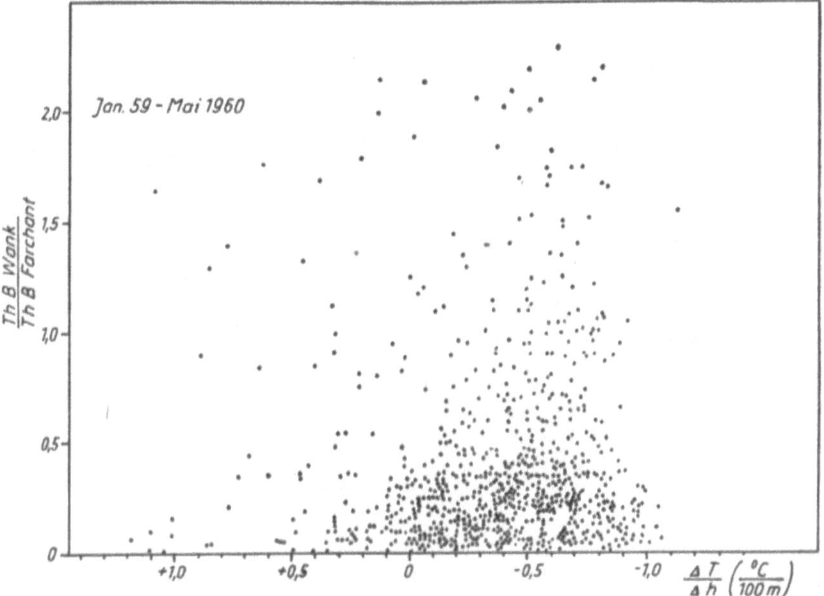

Abb. 182. Beziehung zwischen dem Verhältnis: *RaB*-Aktivität am Wank/ *RaB*-Aktivität in Farchant und dem mittleren vertikalen Temperaturgradienten

6.-0.8.2. Schmutzgehalt der Luft Berg/Tal in Abhängigkeit vom vertikalen Temperaturgradienten

Im Gegensatz zum Ergebnis der analogen Untersuchung des *ThB* zeigt der Quotient

$$\frac{\text{Schmutzgehalt der Luft am Wank}}{\text{Schmutzgehalt der Luft in Farchant}}$$

eine sehr deutliche Abhängigkeit vom vertikalen Temperaturgradienten, wie Abb. 183 zeigt. Sie ist etwa vom gleichen Typ wie jene, welche wir für die *RaB*-Quotienten gefunden haben. Das ist verständlich, denn bei einem Höhenunterschied von 1100 m können nur solche Aerosolqualitäten eine Abhängigkeit des vertikalen Konzentrationsgefälles von der Austauschintensität zeigen, deren Lebensdauer groß ist gegenüber der mittleren Transportdauer, die für den gegebenen Höhenunterschied anzusetzen ist. Wir kommen darauf in 6.-0.9.3. erneut zurück, so daß wir hier das Ergebnis nicht eingehender zu diskutieren brauchen.

Es sei nur darauf hingewiesen, daß in der Regel der Schmutzgehalt der Luft an der Bergstation geringer ist als im Tal (vergl. 6.-0.1. und 6.-0.2.), jedoch kommen auch inverse Verhältnisse vor. Das kann die Folge örtlicher Rauchentwicklungen im Gipfelgebiet sein. Ein Einfluß der Tageszeit ist deutlich: Der Quotient ist nachts am kleinsten und nachmittags am größten (um 1 pendelnd), er ist am kleinsten bei stabiler, am größten (um 1 pendelnd) bei labiler Schichtung.

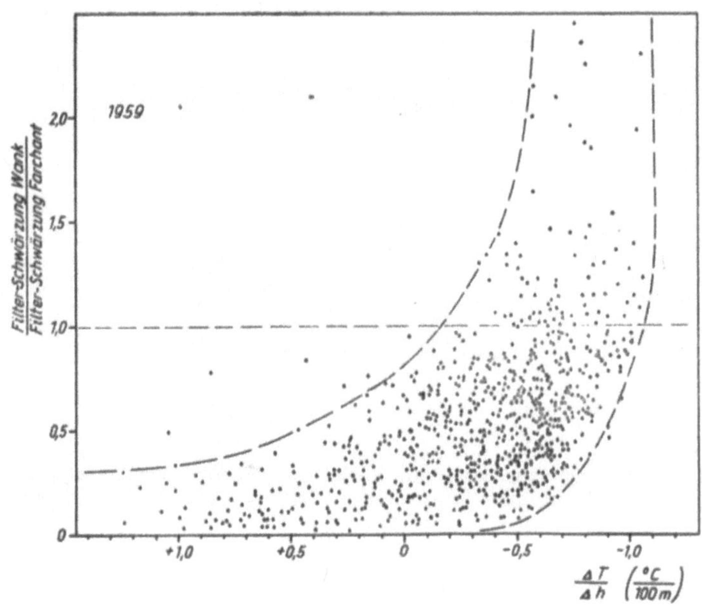

Abb. 183. Beziehung zwischen dem Verhältnis: Schmutzgehalt der Luft am Wank/Schmutzgehalt der Luft in Farchant und dem mittleren vertikalen Temperaturgradienten (Filterschwärzung als Relativmaß für Luftverschmutzung)

6.-0.8.3. Die künstliche Radioaktivität der Luft in Abhängigkeit vom vertikalen Temperaturgradienten und vom atmosphärischen Labilitätsgrad

In Abb. 184 wurde der Quotient

$$\frac{\text{spezifische künstliche Luftradioaktivität Wank}}{\text{spezifische künstliche Luftradioaktivität Farchant}}$$

gegen den mittleren Temperaturgradienten während der Exposition zwischen den Niveaus der beiden Stationen aufgetragen und zwar hier wieder getrennt nach Tagesabschnitten. Man erhält Punktverteilungen, die zeigen, daß mit steigender Stabilisierung der Atmosphäre der Über-

schuß künstlicher Radioaktivität
in der Höhe zunimmt. Betrachtet
man allein die Schwerpunktzonen
(Kreise), so findet man nachts im
Niveau Wank bei stabiler Schichtung einen mittleren Überschuß
an künstlicher Radioaktivität um
Faktor 1,4. Am Vormittag und
Nachmittag erfolgt bei gutem
Austausch eine weitgehende Angleichung der spezifischen Aktivitäten an beiden Stationen. Auch
diese Beziehungen dürften wichtig
sein, um eine Abschätzung der
vertikalen Bewegungen radioaktiver Aerosole zu erleichtern und
zu ergänzen.

Bereits an anderer Stelle [R.
REITER (1959a, 1960c)] wurde
gezeigt, daß der Gehalt der Luft
an Kernspaltprodukten sowohl
am Zugspitzplatt als auch an
der Talstation Farchant eine
Funktion der atmosphärischen
Labilität bis mindestens 500 mb
ist. Das bedeutet, daß der Vertikalaustausch nicht nur in bezug
auf eine Homogenisierung des
Aerosols in den untersten Luftschichten von Bedeutung ist,
sondern auch für die beschleunigte, aktive Herabführung kontaminierter Luft aus verseuchten
Höhenströmungen. Wir haben diesen Zusammenhang an Hand der

Abb. 184. Verhältnis der an beiden
Stationen gleichzeitig gemessenen
Werte der künstlichen Luftradioak-
tivität als Funktion des vertikalen
Temperaturgradienten in der
Schicht zwischen den Niveaus der
beiden Stationen. Es ist nach 3
Tagesabschnitten aufgegliedert

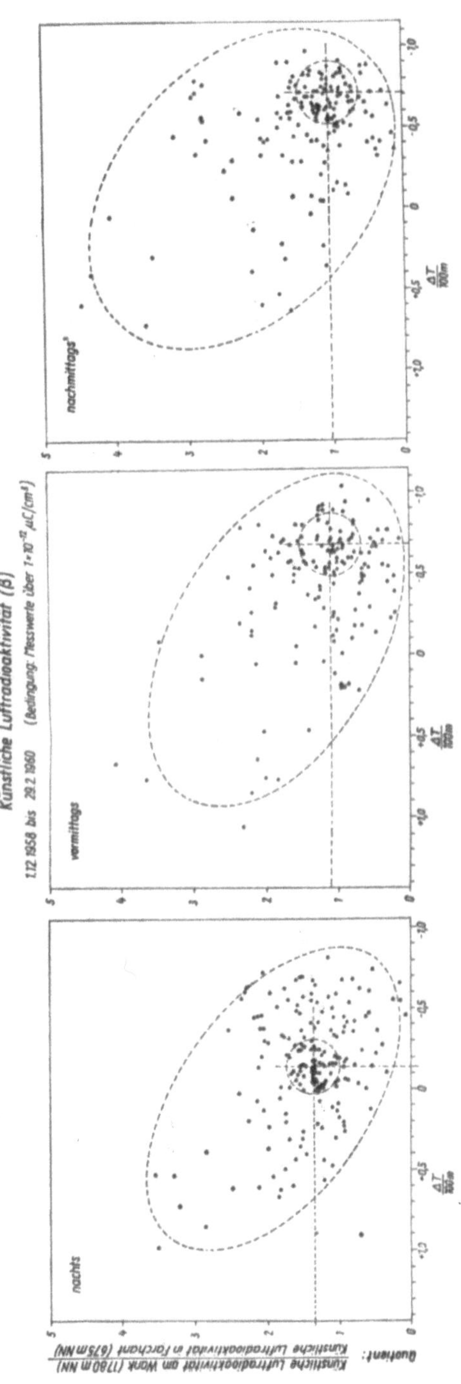

Daten von Station Farchant erneut nachgeprüft und bestätigt. Das Ergebnis zeigt Abb. 185: je größer die Labilitätsenergie, desto höhere Spitzenwerte wurden gemessen. Daß natürlich bei hoher Labilität auch niedrige Rk-Pegel beobachtet wurden, ist selbstverständlich: sie kommen daher, daß durch Schauerniederschläge, die in den Labilitätszonen aufgetreten sind, die Luft ausgewaschen worden war (siehe 6.-1.6.).

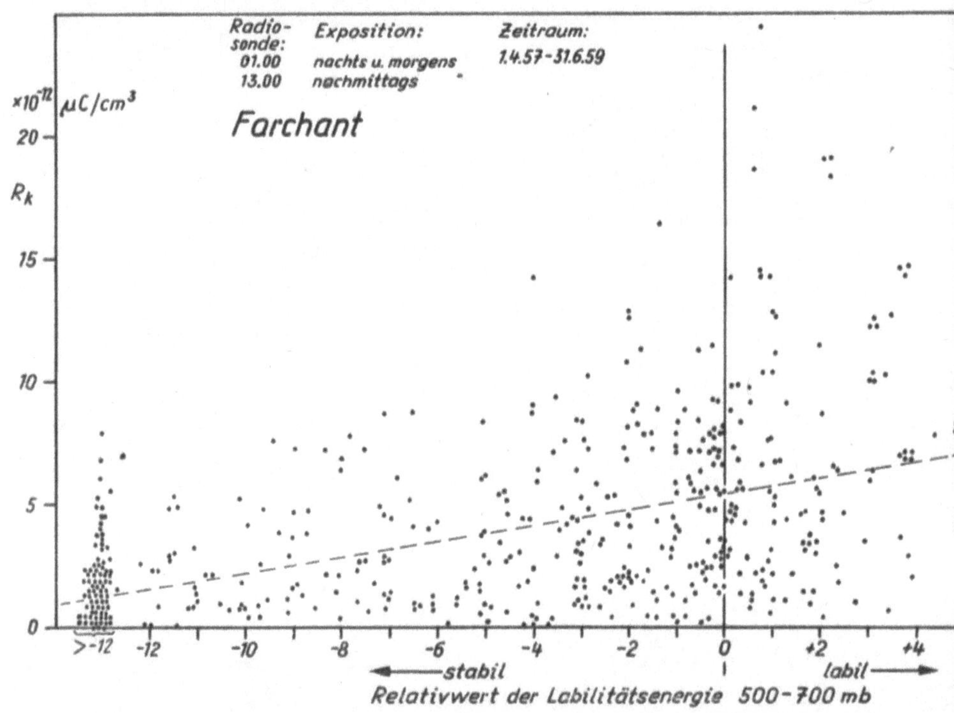

Abb. 185. Beziehung zwischen spezifischer Spaltprodukt-Radioaktivität Rk und dem Relativwert der Labilitätsenergie in der Schicht zwischen 500 und 700 mb (abgeleitet aus den Radiosonden-Aufstiegen von München-Riem)

6.-0.9. Ableitung des vertikalen Austauschkoeffizienten aus RaB-Messungen; seine Abhängigkeit vom atmosphärischen Labilitätsgrad und vom Temperaturgradienten; die vertikalen Transportgeschwindigkeiten

6.-0.9.0. Berechnung und Bedeutung des Austauschkoeffizienten A

Nur wenn der Austauschkoeffizient bekannt ist, kann die vertikale und horizontale Verteilung irgend eines der Luft zugesetzten Stoffes (Gase, Aerosole, radioaktive Elemente, Staub, Rauch) rechnerisch erfaßt werden. Analog zur Wärmeleitungsgleichung kann man für den eindimensionalen Fall (Höhenverteilung eines Stoffes) schreiben:

$$A \frac{d^2 c}{d z^2} + \frac{d A}{d z} \cdot \frac{d c}{d z} - \frac{c}{\varrho^*} \cdot \lambda^* = 0$$

A: Austauschkoeffizient ($\mathrm{cm^{-1}\, g\, sec^{-1}}$), c Konzentration des betrachteten Stoffes, ϱ^* Luftdichte, λ^* Zerfallkonstante, falls man es mit einem Stoff zu tun hat, dessen Lebensdauer beschränkt ist.

Sehr oft liegen die Verhältnisse aber viel komplizierter, z. B. dann, wenn man die dreidimensionale Verteilung eines Stoffes in der Luft untersuchen möchte, der von einem gegebenen Punkt im Raum der horizontal bewegten Luft zugesetzt wird. Diese Betrachtung ist für die Praxis von großer Bedeutung, z. B. wenn gefragt wird, wie hoch ein Fabrikkamin angelegt werden muß, damit bei einem gegebenen Stoffauswurf, den vorkommenden Windgeschwindigkeiten und ihrer z-Abhängigkeit, den Schichtungsverhältnissen usw. die Konzentration des ausgeworfenen Stoffes in Bodennähe in einem gewissen Abstand vom Kamin einen festgesetzten Höchstwert nicht erreicht. Im Prinzip dieselbe Frage erhebt sich bei der Errichtung eines Kernreaktors, bei atomaren Versuchsexplosionen und auch in vielen anderen harmloseren Fällen. Die Lösung des Problemes ist mit Hilfe von Gleichungen möglich, wie sie zuerst von O. G. SUTTON (1947, 1953) abgeleitet worden sind.

Inzwischen hat H. KOSCHMIEDER [siehe W. KLUG (1958)] Differentialgleichungen aufgestellt, welche auch die Ausbreitung mit berücksichtigen. Eine der Gleichungen für den Fall einer Windbewegung in der x-Richtung lautet:

$$-\left[A_x \frac{\partial^2 c}{\partial x^2} + A_y \frac{\partial^2 c}{\partial y^2} + A_z \frac{\partial^2 c}{\partial z^2} + \frac{\partial A_z}{\partial z} \frac{\partial c}{\partial z}\right] + \varrho^* \, \bar{u} \, \frac{\partial c}{\partial x} = 0.$$

Sie stellt eine Verallgemeinerung der von W. SCHMITT (1926) angegebenen Beziehung dar:

$$S_z = - A_z(z) \frac{\partial c}{\partial z}.$$

S = Fluß der Größe c durch die senkrechte Einheitsfläche, $\bar{u}$ = mittlere Windgeschwindigkeit in Richtung x.

Wir sehen, daß die Probleme nur dann mit einer für die Praxis tragbaren Genauigkeit gelöst werden können, wenn A und dA/dz hinreichend bekannt sind. Es gibt eine Reihe sehr genauer theoretischer Untersuchungen und einige experimentelle Arbeiten hierüber [siehe z. B. die Referate F. WIPPERMANN (1959), H. U. ROLL (1958) und E. FRANKENBERGER (1958), CH. JUNGE (1957) u. a. aber auch die älteren, sehr eingehenden Untersuchungen von W. SCHMITT (1925, 1926) und H. LETTAU (1939, 1941 a, 1941 b)].

Trotz allem ist das, was man bis heute über die absoluten Werte des Austauschkoeffizienten und seine Abhängigkeit vom atmosphärischen

Zustand weiß, recht dürftig, insbesondere, wenn man Stockwerke in Betracht zieht, die mittels Funkmasten als Meßsonden nicht mehr erreicht werden können.

Es schien deshalb lohnend, unsere RaB-Bestimmungen an zwei Stationen im Höhenabstand von 1,1 km zur Bestimmung des Austauschkoeffizienten in der unteren Troposphäre heranzuziehen. Zwar erlauben diese Messungen nur, auf ein mittleres A im Raum zwischen den beiden Stationsniveaus zu schließen und seine Abhängigkeit vom atmosphärischem Zustand in der betreffenden Schicht zu studieren, doch stehen diese Arbeiten noch am Anfang und sollen weiter ausgebaut werden.

Bei der numerischen Berechnung des A aus den RaB-Werten können wir uns auf den eingangs erwähnten eindimensionalen Fall beschränken. Mit Rücksicht auf die durch andere Einflüsse gegebenen Wertestreuungen genügt es für ϱ^* einen mittleren Wert $\bar\varrho^*$ zu setzen. Wir können dann schreiben:

$$A \frac{d^2 c}{d z^2} - \bar\varrho^* \cdot c\, \lambda^* = 0.$$

Die Lösung dieser Gleichung läßt sich, im Gegensatz zum Fall $A = f(z)$ exakt angeben:

$$c = c_0\, e^{-\sqrt{\lambda^* \cdot A / \bar\varrho^*} \cdot h}.$$

Es bedeuten dabei c und c_0 die im vertikalen Abstand h sich einstellenden Konzentrationen unseres Elementes mit der Zerfallskonstanten λ^*. Ist $c = {}^1/_2 \cdot c_0$, so ist h gleich der Halbwertshöhe. Die Berechnung des Austauschkoeffizienten aus unseren Messungen erfolgt dann nach der einfachen Gleichung:

$$A = \bar\varrho^* \cdot \lambda^* \cdot h^2 \left(\frac{\log V}{\log e}\right)^{-2},$$

wobei V das Verhältnis der RaB-Konzentration Berg/Tal bedeutet.

Als λ^* ist natürlich die Zerfallskonstante des Radon einzusetzen, welche $2,09 \cdot 10^{-6}$ sec^{-1} beträgt, denn was eigentlich ausgetauscht wird, ist ja das Radon und nicht das RaB. Dieses bildet sich vielmehr an jeder beliebigen Stelle, an welcher sich das Rn aufhält, nach und wir müssen außerdem voraussetzen, daß beide Elemente (über das RaA) miteinander im Gleichgewicht stehen, was nach W. Jacobi, A. Schraub, K. Aurand und H. Muth (1959) in der Regel bereits in einem Mindestabstand von rund einigen Metern vom Boden der Fall sein dürfte (vergleiche auch 6.-0.14.).

6.-0.9.1. Austauschkoeffizient A als Funktion des vertikalen Temperatur-
gradienten

Für jedes Expositionsintervall, in welchem am Wank und in Farchant gleichzeitig die RaB-Konzentration gemessen worden war, wurde der

Austauschkoeffizient A mit Hilfe der oben angegebenen Verfahren berechnet. Wir haben alsdann für einzelne Werte-Intervalle des vertikalen Temperaturgradienten zwischen den beiden Stationen (Einheit: jeweils 1°/100 m) die Austauschkoeffizienten gemittelt.

Dabei wurde

a) unabhängig von den Tageszeiten nach den 4 Jahreszeiten und

b) unabhängig von den Jahreszeiten nach den 3 Tagesabschnitten

aufgeschlüsselt. Das Ergebnis ist aus Abb. 186a, b zu ersehen.

Aus der Darstellung entnehmen wir, daß A vom Gebiet extremer Stabilität bis etwa —0,5°/100 m exponentiell ansteigt, und zwar, wenn wir den Herbst zunächst einmal ausklammern, in allen Jahreszeiten mit sehr guter wechselseitiger Übereinstimmung. Erfolgt der Austausch bei hoher Labilität schließlich tumultarisch, so steigt A überexponentiell. Es treten ja dann auch die Fälle ein, daß die RaB-Konzentrationen an beiden Stationen gleich sind ($A = \infty$) bzw. sich invers verhalten. Hier wird natürlich jede Rechnung sinnlos und auch uninteressant, denn es ist klar, daß innerhalb von vertikalen Schlotströmungen (z. B. wenn über dem Wank ein Cu congestus oder Cb steht) von einem merklichen Zerfall des Rn während der sehr kurzen Transportdauer nicht mehr gesprochen werden kann.

Merkwürdig ist der Verlauf der Funktion $A = f\,(\Delta T/\Delta z)$ im Herbst. Der Grund für diese Abweichung vom Normalgang ist noch nicht bekannt. Es kann aber angenommen werden, daß wir es hier mit einem tageszeitlich bedingten Strahlungseinfluß zu tun haben, der bei einem gewissen Sonnenstand und über aperen Südhängen eine lokale Störung verursacht (Strahlungsmessungen wurden deshalb aufgenommen).

Betrachten wir Abb. 186b, so finden wir ebenfalls eine exponentielle Beziehung zwischen A und $\Delta T/\Delta z$ und zwar am wenigsten modifiziert in den Nachtstunden. Das wird leicht verständlich, wenn wir bedenken, daß Sonneneinstrahlung am Tage die Strömungsverhältnisse beeinflußt (Hangkonvektion). Darauf weist auch folgende Betrachtung hin: Der Herbstbuckel (Abb. 186a) findet sich nämlich (geglättet durch die Daten der anderen Jahreszeiten) nur am Tage, nicht aber in der Nacht, also ist er ganz sicher die Folge einer Einstrahlungs-Störung. Eine solche bewirkt auch, daß die A-Werte am Tage etwas über jenen der Nacht, die Winterwerte etwas unter denen der übrigen Jahreszeiten liegen.

Wir können somit sagen, daß wir die Nachtkurve bzw. Winterkurve wohl als den „wirklichen" Funktionsverlauf

$$A = f\,(\Delta T/\Delta z)$$

betrachten können, wie er in der freien Atmosphäre ohne Störungen durch Einstrahlung zu allen Tageszeiten gültig sein dürfte. Ein Schluß, der durch die Jahresgang- und die Tagesgang-Analyse sicherlich hinreichend begründet sein dürfte.

In Abb. 186b haben wir zusätzlich einige Meßergebnisse eingetragen, welche aus einer Arbeit von E. FRANKENBERGER (1957) stammen, aus einer der wenigen Veröffentlichungen also, in welchen experimentell gewonnene Werte des Austauschkoeffizienten zu finden sind. FRANKENBERGER berechnete die Austauschwerte, wie sonst üblich, aus Windschichtungsmessungen [siehe auch I. A. SINGER und C. M. NAGLE (1961, 1962)], die er an einem 70 m hohen Mast vorgenommen hat und faßte sie zu Gruppenmittelwerten für verschiedene Temperaturgradienten und Windgeschwindigkeiten in 70 m Höhe zusammen. Der Autor bemerkt ausdrücklich, daß seine Einzelwerte ganz erheblich streuen. Die Übereinstimmung zwischen den FRANKENBERGER-Kurven in Abb. 186b und den unseren ist (wenn wir vom Herbst absehen, s.o.) überraschend gut, wenn man bedenkt, daß FRANKENBERGER nur eine Schicht zwischen 13 und 70 m Höhe über Boden erfaßt hat, während unsere Werte für eine Schicht von rund 1 km Dicke gelten und daß so ganz verschiedene Meßverfahren für den A-Wert verwendet worden sind. Die Kurven FRANKENBERGERS verlaufen weniger steil als unsere, was be-

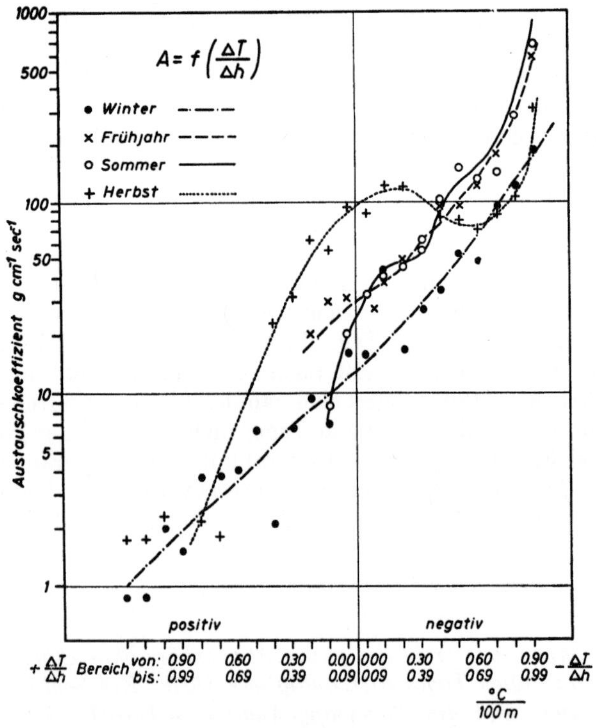

186a

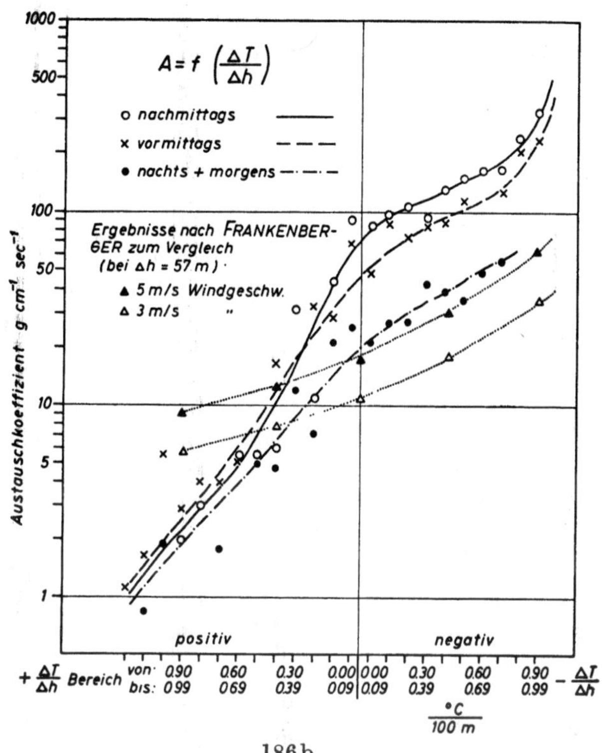

Abb. 186. Der vertikale Austausch-Koeffizient A als Funktion des vertikalen Temperaturgradienten. Gruppenmittelwerte aus den Untersuchungsjahren 1959 und 1960. a) Aufgliederung nach Jahreszeiten, b) Aufgliederung nach Tageszeiten. Zum Vergleich sind Werte von FANKENBERGER (1958) ▲·····▲ und △·····△ eingetragen

deutet, daß der Einfluß der Temperaturschichtung in unserem Falle stärker zum Ausdruck kommt. Daraus kann zumindest geschlossen werden, daß unser *RaB*-Verfahren zur Bestimmung des A-Wertes nicht durch Radon + Folgeprodukte beeinträchtigt wird, welche aus unmittelbarer Umgebung der Bergstation stammen, also den Vertikalweg Tal-Berg überhaupt nicht oder nur z. T. mitgemacht haben.

Wie genau stimmen nun die experimentell gefundenen Werte mit der Theorie überein? Wir machen eine Stichprobe. H. LETTAU (1941 b) gibt einige rein theoretisch abgeleitete Daten nach Formeln von W. SCHMIDT (1925, 1926) an. Bei $A = 50$ (A von z unabhängig) liegt die Halbwertshöhe von *Rn* bei 1000 m. Aus den Diagrammen Abb. 181 und 186 b erhalten wir in den Nachtstunden, deren Werte wir als verbindlich und

„ungestört" ansehen wollen, eine Halbwertshöhe von 1000 m bei einem Austauschkoeffizient von rund 40. Das Ergebnis steht also mit der Theorie in guter Übereinstimmung. Das gilt aber schon nicht mehr, wenn eine leichte Höhenabhängigkeit des A bei der theoretischen Ableitung einbezogen wird. Bereits bei der Annahme $A_z = A z^{6/7}$ (in 100 m NN beträgt A ca. 110) fällt die Radon-Konzentration in 1000 m NN nach W. Schmitt (1925, 1926) auf 1%, was offenbar nicht den Tatsachen entspricht. Es wurden deshalb von H. Lettau (1941 b) neue Ansätze versucht, auf welche hier nicht weiter eingegangen sein soll.

Die Abb. 186a, b enthält nicht den Bereich der Einzel-Wertstreuung. Sie ist bei Benutzung der ΔT-Werte relativ groß. Das ist auch leicht einzusehen, denn ganz abgesehen von den Fehlern der Temperaturmessung (z. B. Strahleneinflüsse) geht vor allem nicht die eigentliche Temperaturfunktion $T = f(z)$ ein. Sprungschichten, Isothermien und andere wichtige Anomalien können auf diese Weise, indem man nur die beiden Stationstemperaturen heranzieht, unter den Tisch fallen. Wir haben deshalb versucht, ob nicht durch Heranziehung der Radiosonden-Daten eine Verbesserung erzielt werden könnte. Das Ergebnis wird im nächsten Abschnit behandelt.

6.-0.9.2. Der Austauschkoeffizient als Funktion der atmosphärischen Labilitätsenergie in der Luftschicht zwischen den beiden Stationen

Auf bekannte Weise wurden durch Planimetrieren der Temperaturkurven, welche nach den Radiosonden-Daten auf Stüwe-Papier gezeichnet worden waren, Relativwerte der Labilitätsenergie zwischen Farchant und Wank bestimmt. Basis bildeten wieder die Trocken-Adiabaten bis zum Kondensationsniveau und über diesem die Feucht-Adiabaten. In die „Temps" wurde außerdem die Bodentemperatur von Farchant eingetragen und es wurde angenommen, daß von 1000 m NN an aufwärts die Bedingungen gelten, die von der Radiosonde in der freien Atmosphäre gefunden worden waren. Zwischen dem Boden-Temperaturwert Farchant und dem Temperaturwert der freien Atmosphäre in 1000 m NN wurde linear interpoliert.

In Abb. 186c sind die aus dem RaB-Konzentrationsgefälle errechneten Austauschkoeffizienten gegen die Relativwerte der Labilitätsenergie (01.00-Temp gegen Nachtexposition, 13.00-Temp gegen Nachmittags-Exposition) zwischen Farchant und Wank (s. o.) aufgetragen (1959, 1960 und 1961). Es ergibt sich — obwohl Tages- und Jahreszeiten nicht mehr unterschieden wurden — eine reine Exponentialbeziehung von relativ geringer Streuung, welche sich nur im Bereich hoher Stabilität stärker bemerkbar macht. Da aber in diesem Gebiet die A-Werte sehr niedrig liegen, so bedeutet das nichts weiter, als daß hier die absolute Meßgenauigkeit unterschritten wird, die bei etwa $A = +0{,}5$ liegen dürfte, eine Genauigkeit, die zunächst einmal als befriedigend angesehen werden muß.

Die hier und in 6.-0.9.1. beschriebenen Untersuchungen und ihre Ergebnisse sollen es ermöglichen, aus meßtechnisch leicht zugänglichen meteorologischen Größen den Austauschkoeffizienten ohne umständliche Rechnung direkt zu erschließen. Das ist z. B. für folgenden Fall von Bedeutung: Bei einem Reaktorunglück oder einer sonstigen Atomkern-Explosion muß sofort abgeschätzt werden können, welches Gebiet durch die freigesetzten Kernspaltprodukte gefährdet ist. Eine solche Abschätzung ist auf Grund vorgearbeiteter Rechnungen[1]) durchaus und sehr schnell (z. B. mit Rechenautomaten) möglich, doch muß — neben anderen Bedingungen, die aber leichter erfaßt werden können — vor allem der vertikale Austauschkoeffizient bekannt sein. Wäre er z. B. aus den Daten des jeweils letzten Radiosondenaufstiegs einer benachbarten Aerologischen Station zu erschließen, so wäre sehr viel damit gedient.

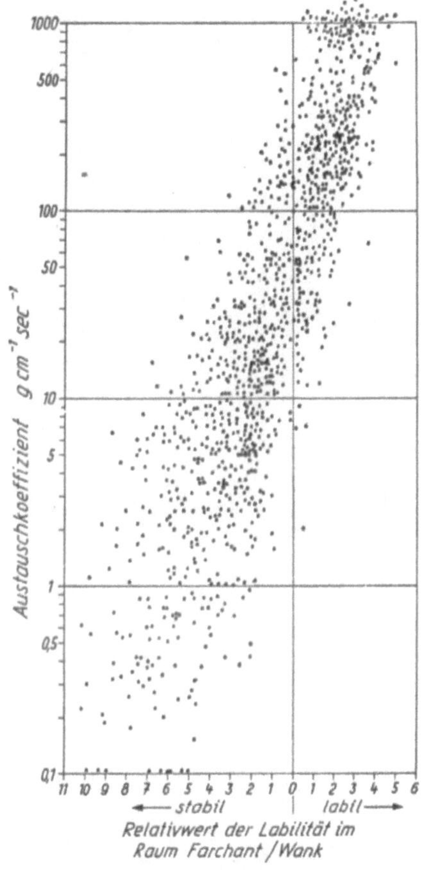

Abb. 186 c. Der vertikale Austausch-Koeffizient A als Funktion des Relativwertes der Labilitätsenergie zwischen Niveau Farchant und Niveau Wank (abgeleitet aus den Radiosondenaufstiegen München-Riem). Alle Einzelwerte der Untersuchungsjahre 1959 und 1960

6.-0.9.3. Skala der vertikalen Transportgeschwindigkeiten

Aus den errechneten Halbwertshöhen von *RaB* (siehe 6.-0.9.0.) läßt sich ausrechnen, welche Transportgeschwindigkeit bzw. „Reisedauer" zwischen den beiden Stationen für die Vertikal-Bewegung eines Aerosols

---

[1]) Literatur über die theoretische Behandlung der Ausbreitung künstlicher Radioaktivität von Quellen in der Nähe der Erdoberfläche: W. M. CULKOWSKI (1958), N. E. BOWNE (1960), K. D. HAGE und Mitarb. (1960), J. W. REED (1960), W. KLUG (1961), L. MACHTA (1961), G. J. FERBER und J. L. HEFFTER (1962) u. a.

Tabelle 35. *Näherungswerte für die vertikale Transportgeschwindigkeit als Funktion des vertikalen Temperaturgradienten aus der gemessenen Halbwertshöhe von RaB unter der Annahme von angenähertem Gleichgewicht zwischen RaB und Radon* Angegeben ist die Dauer in Tagen, die ein Teilchen benötigt, um die Höhendifferenz zwischen Berg- und Talstation ($= 1{,}1$ km) zurückzulegen, die entsprechende Geschwindigkeit in cm/sec, und der zugehörige Austauschkoeffizient in g cm^{-1} sec^{-1}

| | | Temperaturgradient in °C/100 m, positiv: Temperatur mit der Höhe steigend = stabile Schichtung | | | | | | | | | | | | | | | | |
		+1,0	+0,9	+0,8	+0,7	+0,6	+0,5	+0,4	+0,3	+0,2	+0,1	0,0	—0,1	—0,2	—0,3	—0,4	—0,5	—0,6	—0,7
Reise-dauer in	tags	21	20.5	18	17	14	12,5	11	9,5	8,5	7,5	6,5	5,8	5,1	4,2	3,5	2,7	2	1
Tagen	nachts	28	25	23	21	19	17	14	12,5	10,5	9,5	8,9	7,5	6,8	5,8	4,8	4,0	3,3	2,8
Vertikal-geschwin-	tags	0,060	0,062	0,070	0,075	0,090	0,11	0,15	0,13	0,15	0,17	0,19	0,22	0,25	0,30	0,36	0,47	0,64	1,3
digkeit in cm/sec V_z	nachts	0,045	0,051	0,055	0,060	0,065	0,075	0,090	0,098	0,12	0,13	0,14	0,17	0,19	0,22	0,27	0,32	0,38	0,45
Aus-tausch-koef-fizient	tags	2,5	2,7	2,9	3,4	4,3	5,5	7,3	9,8	12,7	15,4	19,5	27,0	35,0	49,0	73,5	144	205	315
A in g cm^{-1}sec^{-1}	nachts	1,3	1,5	1,7	2,0	2,4	3,5	4,6	5,0	7,7	10,4	12,2	15,5	19,5	27,0	37,0	56,0	86,0	107

angesetzt werden muß. Die Tab. 35 gibt die Mittelwerte wieder, welche aus den Daten des Meßabschnittes 1959/1960 gewonnen worden sind.

Wir entnehmen aus Tab. 35, daß die Reisedauer für die vertikale Wegstrecke von 1,1 km in der Größenordnung von Tagen liegt. Das läßt nun auch sofort verstehen, weshalb wir bei den relativ langlebigen Kernspaltprodukten im Mittel etwa Konzentrationsgleichheit zwischen Berg- und Talstation bekommen, wir aber beim System Rn/RaB ein deutliches vertikales Konzentrationsgefälle feststellen und wir außerdem finden, daß das im Tal gemessene ThB mit dem am Gipfel gemessenen ThB (10,6 h HWZ) nicht in Beziehung zu bringen ist. Es kann zwar in einzelnen räumlich eng begrenzten Schlotströmungen von $v_z > 1$ m/s in merklichen Mengen in die Höhe transportiert werden, im Mittel durch den Gesamt-Austausch-Querschnitt ist der Transport jedoch minimal. Dem widerspricht die Erfahrung, daß aus relativ großer horizontaler Entfernung ThB in merklichen Mengen herangeführt werden kann keineswegs. Eine horizontale Luftlinie von 200 km (Zugspitze-Hohe Tauern) wird leicht in 2–4 Stunden zurückgelegt.
Wir werden aus den hier abgeleiteten vertikalen Transportgeschwindigkeiten im nächsten Abschnitt weitere Folgerungen ziehen.

6.-0.10. Bewegungsdiagramme

6.-0.10.0. Natürliche Luftradioaktivität (RaB)

Bedeutung und Aussagegehalt der Bewegungsdiagramme haben wir bereits in Abschnitt 2.-5.2. dargelegt, so daß wir hier unmittelbar mit der Besprechung konkreter Fälle beginnen können. Wir beschränken uns zunächst auf die natürliche Luftradioaktivität (RaB-Pegel), und beginnen mit Beispielen vom Stationspaar Zugspitzplatt/Farchant (Abb. 187), denen solche vom Stationspaar Wank/Farchant (Abb. 188) folgen. Die Maßstäbe sind so gewählt, daß die Mischungsdiagonale bei einer mittleren Austauschintensität einen Winkel von 45° mit der x-Achse bildet.

Die Typenmerkmale (a, b, c...) im folgenden Text beziehen sich auf Schema Abb. 25. Die Punktfolge muß in Pfeilrichtung gesehen werden.

Im Fall 187a war zunächst an beiden Stationen die Luftradioaktivität durch Niederschlag stark vermindert. Nach zwei Zyklen vom Typ a) erfolgt Übergang in Typ h). Der Übergang fällt mit der Einbeziehung der Bergstation in die von Tag zu Tag steigende Maximalhöhe der Konvektion zusammen.

Einen ähnlichen Fall zeigt Abb. 187b, nämlich den Übergang von Typ b) zu Typ h). In der Nacht zum 7.10. geriet allein die Gipfelstation in eine Südströmung, die aus den Zentralalpen Luft mit relativ hohem Gehalt an Radon + Folgeprodukten heranführte. Wir haben also hier den Fall eines vorübergehenden nächtlichen, advektiven Zustromes natürlicher Radioaktivität zur Gipfelstation.

Ein besonders instruktives Bewegungsdiagramm zeigt Abb. 187 c. Es gehört eindeutig dem Typ g) an, wie er an sommerlichen Schönwettertagen beobachtet wird. An den zu betrachtenden Tagen kam es mittags zur Ausbildung hoher turmartiger Cumuli, deren Gipfel weit über die

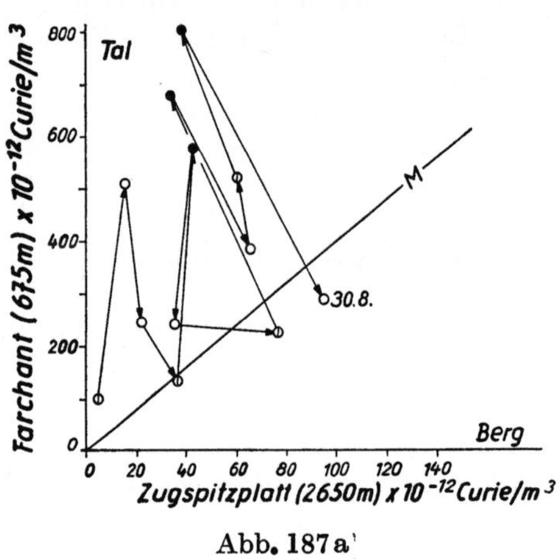

Abb. 187 a

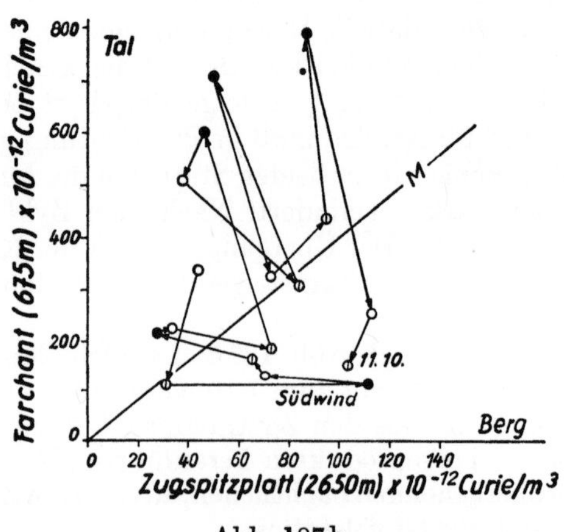

Abb. 187 b

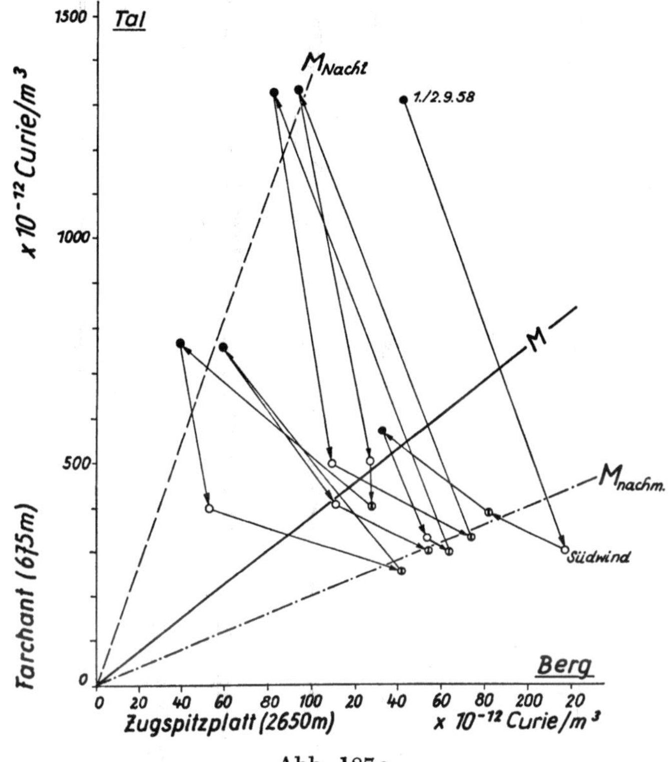

Abb. 187 c

Abb. 187. Bewegungsdiagramme für natürlich radioaktives Aerosol, Stationspaar Farchant/Zugspitzplatt. Typendefinition siehe Abb. 25. a) Übergang von Typ a) zu Typ h) im Zustand der Einbeziehung der Bergstation in den Vertikalaustausch. b) Übergang von Typ b) zu Typ h) nach Beendigung eines advektiven Zustroms radonhaltiger Luft aus Süden. c) Typ g): mehrmalige regelmäßige Wiederholung des Austauschzyklus

Hochstation hinausschossen (siehe Abb. 60b). Am Abend sackten die Quellwolken völlig zusammen und lösten sich gänzlich auf. Niederschläge traten nicht auf. Der vorliegende Fall zeigt uns folgendes: Die Mischungsdiagonale M in unserem Diagramm beruht ja auf der Annahme eines „mittleren" Austauschkoeffizienten und damit auf einer mittleren Halbwertshöhe von *RaB*. Wir können nun aus den Punktgruppen effektive Halbwertshöhen ableiten, die den jeweiligen Tagesabschnitten und ihren Austauschkoeffizienten zugeordnet sind, also M_{nacht} für die Nacht und $M_{nachm.}$ für den Nachmittag. Die Vormittagswerte liegen ungefähr auf der Mischungsdiagonalen M. Aus den Neigungen der Mischungsdiagonalen läßt sich die zugehörige Halbwertshöhe für Radon bzw. *RaB* angeben, nämlich:

M_{nacht} ..... Halbwertshöhe ca. 500 m

M .... Halbwertshöhe ca. 1000 m (= durchschnittliche Halbwertshöhe)

$M_{nachm.}$ .... Halbwertshöhe ca. 2000 m

in voller Übereinstimmung mit 6.-0.8.0.

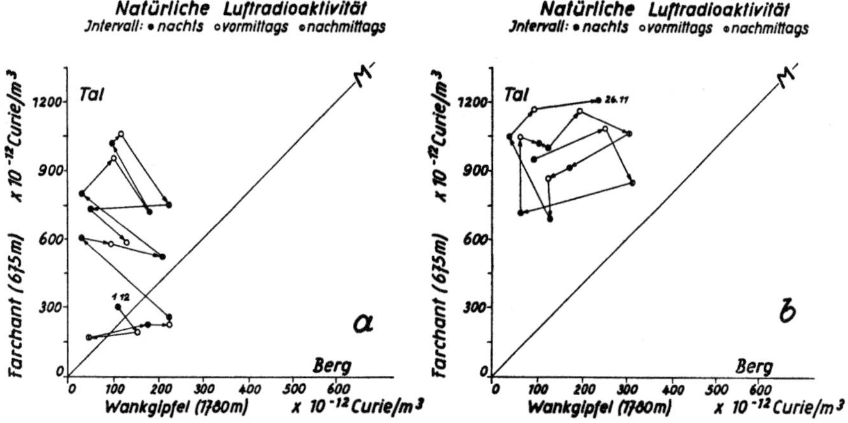

Abb. 188. Bewegungsdiagramme für natürlich radioaktives Aerosol, Stationspaar Farchant/Wank. a) Stufenweise Aufschaukelung der Konzentration unter einer Inversion (Typ i). b) Zyklischer Prozeß (Typ e)

Nun zu den beiden Bewegungsdiagrammen Farchant-Wank. Abb. 188a zeigt in beinahe reiner Form den Typ i), das stufenweise Ansteigen der Werte wegen sukzessiver Ansammlung der natürlichen Radioaktivität unter einer Inversion zwischen Berg- und Talstation. Dieser Vorgang erreicht am 5. 12. seinen Höhepunkt. Anschließend erfolgt ein langsamer Abbau der Inversion, der zu einem Rückgang der Talwerte führt. Den zyklischen Typ e) veranschaulicht Abb. 188b. Die nachts immer wieder stabilisierte und regenerierte Inversion wurde am Tage durch Einstrahlung leicht „aufgeweicht", so daß — vor allem nachmittags — ein gedämpfter Durchgriff der natürlichen Radioaktivität vom Tal zum Berg möglich wurde.

6.-0.10.1. Künstliche Luftradioaktivität, laufender Vergleich mit RaB

Wir beginnen mit Inversionslagen und betrachten zunächst Abb. 189 a[1]). Die zeitliche Änderung der vertikalen RaB-Verteilung folgt dem Schema a)/i). Künstlich radioaktives Aerosol sinkt stufenweise aus der Höhe ab, Anstiege erfolgen sowohl am Tage als auch nachts [(Typ l)/m)]. Während Rk an der Bergstation rasch hohe Werte erreicht, dringen die Spaltprodukte ins Tal nur sehr langsam vor. Ab Punkt 9 hört der Zustrom von Kernspaltprodukten aus der Höhe auf und das Absinken ins Tal macht in der Nacht zu Punkt 10 raschen Fortschritt, da, wie RaB Punkt 10 zeigt, vorübergehend gute Durchmischung erfolgt (RaB_{10} liegt fast auf der M_{RaB}-Diagonalen). Die Luft an der Bergstation verliert nun sehr rasch an künstlicher Aktivität (advektive Reinigung), der Rk-Pegel im Tal sinkt aber nur langsam, denn ein Teil der Spaltprodukte ist unter die Inversion eingeschleust und bleibt dort noch tagelang liegen. Der mittlere Temperaturgradient zwischen Berg- und Talstation betrug im gesamten Zeitraum —0,1° C/100 m (Temperatur mit der Höhe leicht abnehmend). Aus Tab. 35 folgt, daß bei der so gegebenen Temperaturschichtung der kontaminierte Luftkörper etwa 6 Tage benötigen würde, um sich bis zur Talsohle durchzusetzen. Das steht in guter Übereinstimmung mit der Beobachtung im vorliegenden Fall.

Worauf es hier ankommt ist, zu zeigen, wie die gegebene vertikale Verteilung natürlich radioaktiver Elemente mit bekannten physikalischen Eigenschaften dazu verwendet werden kann, um die Vertikalbewegung eines mit Spaltprodukten kontaminierten Aerosols in der Atmosphäre innerhalb gewisser Grenzen anzugeben.

Das nächste Beispiel (Abb. 189 b) zeigt einen ganz verwandten Fall: Die Vertikalbewegung des RaB entspricht dem Typ a). Lediglich in der Nacht zu Punkt 5 erfolgte vorübergehend gute Durchmischung. Bis zu diesem Expositionsintervall 5 stieg an der Bergstation Rk stark an, ohne daß im Tal etwas davon zu merken (Typ b) war. Erst die Nacht Punkt 5 bringt einen Anstieg im Tal, doch folgt diesem in der nächsten Nacht (siehe Punkt 8, RaB_8 weit ab von M_{RaB}) ein erneuter starker und isolierter Anstieg [(Typ l)/m)] in der Höhe. Punkt RaB_9 weist wiederum auf Durchmischung hin.

Einen plötzlichen und heftigen Anstieg in der Höhe, der ohne alle Folgen im Talraum bleibt [Typ b)] zeigt Abb. 189 c. Nach gutem Mischungs-

---

[1]) In dieser und den folgenden Abbildungen sind Ordinaten- und Abszissen-Maßstab einander gleich, und die Mischungsdiagonale (ausgezogen) ist mit 45° geneigt. Diese Wahl erfolgte mit Rücksicht auf die lange Lebensdauer der Kernspaltprodukte; die gleichzeitig eingetragenen Bewegungsdiagramme für RaB erscheinen deshalb gegenüber den bisherigen Beispielen leicht verzerrt. Zur Erleichterung wurde eine (dünn gestrichelte) Mischungsdiagonale M_{aB} eingezeichnet, welcher eine Halbwertshöhe des RaB von 1000 m zugrunde liegt.

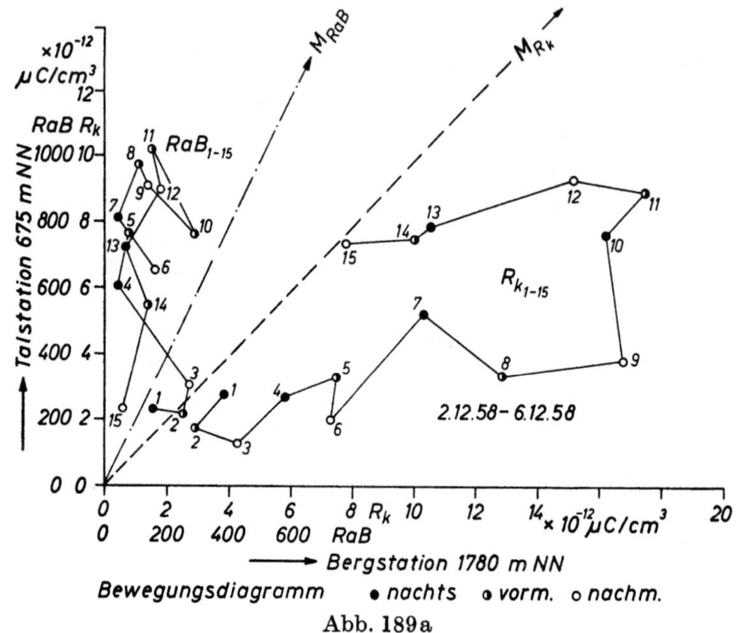

Abb. 189a

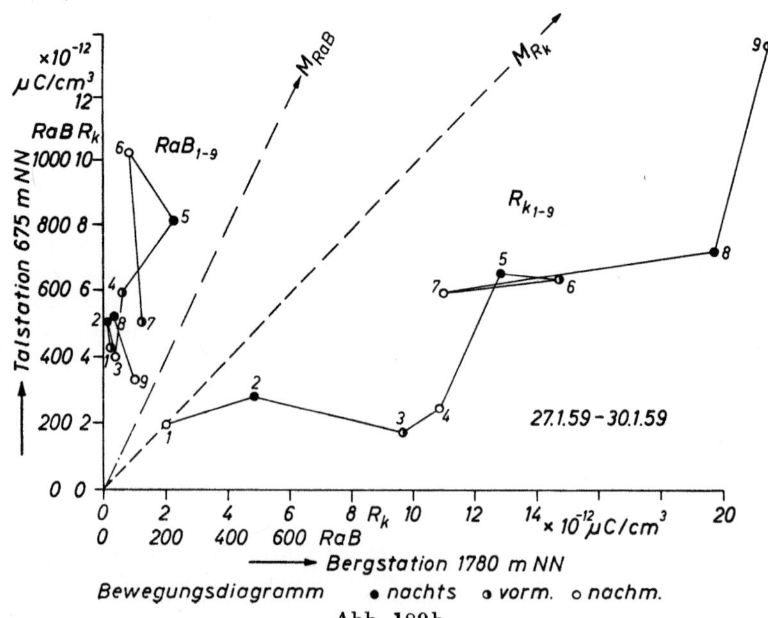

Abb. 189b

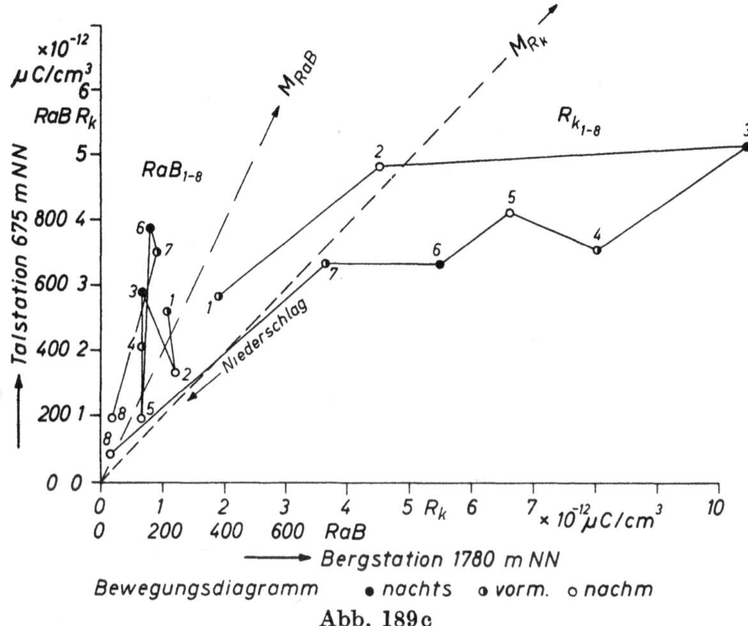

Abb. 189c

Abb. 189. Bewegungsdiagramme für künstlich radioaktives Aerosol, Stationspaar Farchant/Wank. a) Stufenweises Absinken von spaltprodukthaltigem Aerosol und Einschleusung desselben unter eine Inversion. b) Isolierte Anstiege der Spaltproduktaktivität allein an der Gipfelstation. c) Passage einer Spaltprodukt-Schwade allein an der Bergstation

zustand (Punkt 2, vergl. RaB_2) steigt Rk am Berg um mehr als das Doppelte, der Talwert bleibt konstant. Die Rk-Aktivität nimmt daraufhin in der Höhe schnell, im Tal langsam ab: die Rk-Schwade ist also lediglich im Niveau der Bergstationen durchgezogen (vergl. auch 6.-0.10.2.).

Wir gehen nun zu atmosphärischen Zuständen über, die sich durch gute Durchmischung auszeichnen und betrachten Abb. 190. Fall 190a zeigt, wie sich der Anstieg der künstlichen Radioaktivität dann im Tal und in der Höhe praktisch gleichzeitig [Typ c)] bemerkbar macht, wenn die RaB-Punkte auf oder gar rechts von der M_{RaB}-Diagonalen liegen [Typ g)].

Das bedeutet: wenn einerseits aus einem großen Konzentrationsgefälle des RaB zwischen Berg und Tal (siehe Abb. 189, sowie Ausführungen in 6.-0.9.) geschlossen werden kann, daß von der Höhe abtropfende Kernspaltprodukte mindestens mehrere Tage brauchen werden um das Tal zu erreichen (vorausgesetzt, der Zustrom aus der Höhe hört nicht plötzlich auf wie im Falle 189c), *so sagt uns andererseits Konzentrationsausgleich von RaB zwischen Berg und Tal, daß Kernspaltprodukte, die die Bergstation eben erreichen, auch innerhalb von Stunden im Tal anlangen müssen.*

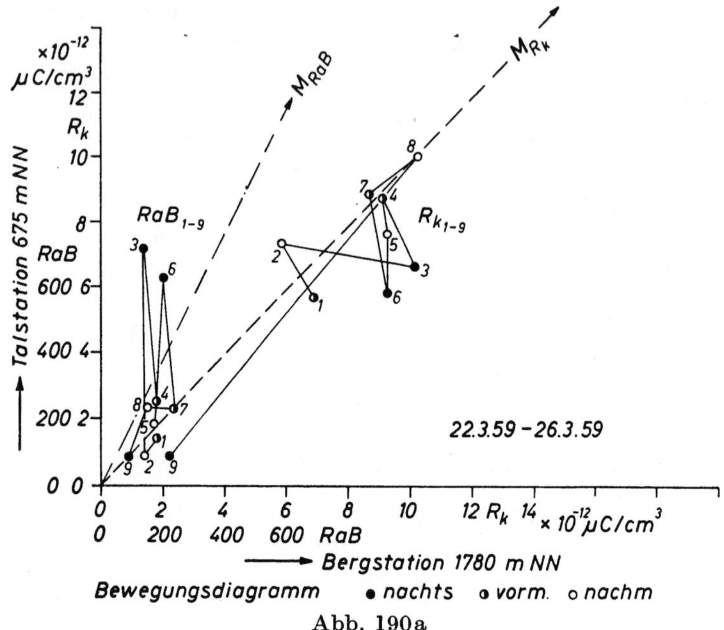

Abb. 190a

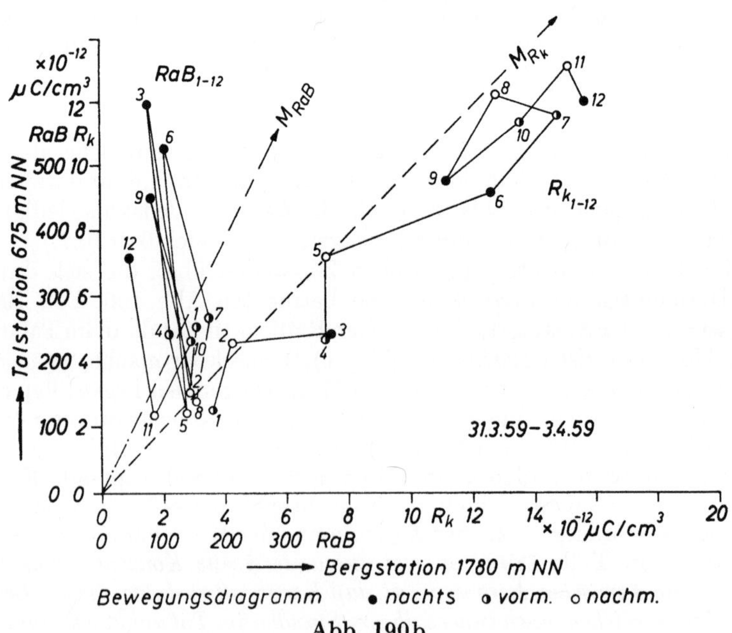

Abb. 190b

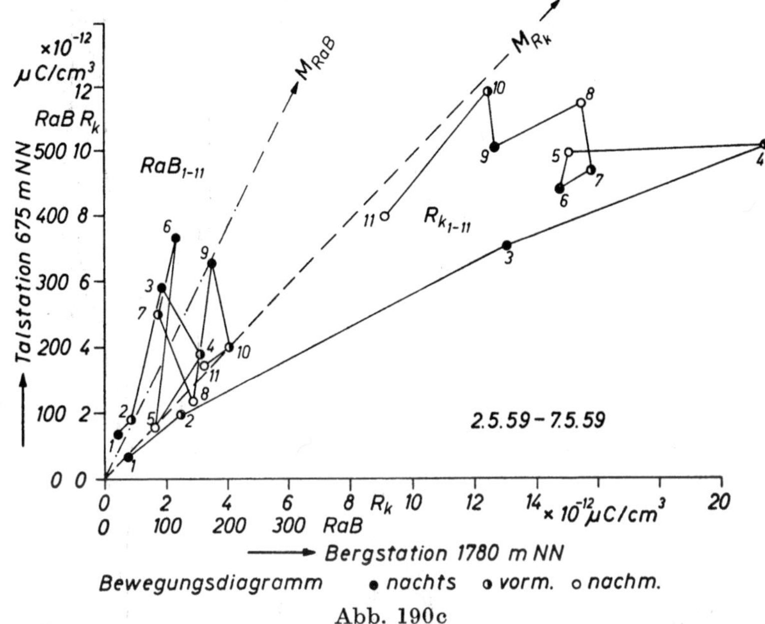

Abb. 190c

Abb. 190. Bewegungsdiagramme für künstlich radioaktives Aerosol, Stationspaar Farchant/Wank. a) Bei guter vertikaler Durchmischung liegen die Werte auf oder nahe der Mischungsdiagonalen. b) Stufenweiser Anstieg der Spaltproduktaktivität, gleichzeitig im Tal und an der Bergstation bei starkem Vertikalaustausch mit ausgeprägtem und gleichmäßigem Tagesrhythmus. c) Steiler Anstieg der Spaltproduktaktivität an der Bergstation, mäßige Verzögerung des Zustroms zur Talstation

Betrachten wir noch zwei weitere Beispiele vom Konvektionstyp. In Abb. 190b entspricht das Bewegungsbild des RaB genau der Abb. 187c und dem Typ g), das Bewegungsbild des Rk läßt sich durch Typ l) ausdrücken. Wir sehen wiederum: zeigen die RaB-Werte starke Konvektion an (Punktlage rechts von M_{BaR}), so liegen die Rk-Werte auf der M_{Rk}-Diagonalen, während nachts in der Regel ein isolierter Zustrom allein zur Bergstation festgestellt wird.

Den Fall eines sehr steilen Anstieges von Rk bei mäßiger Konvektion (Punkt 2 nach 3) zeigt Abb. 190c: die Rk steigt an der Bergstation schnell, im Tal jedoch, wenn auch gleichzeitig, so doch nur mäßig steil. Nach Aufhören des Zustroms aus der Höhe (ab Punkt 4) erfolgt sukzessive Annäherung der Rk-Werte an die M_{Rk}-Diagonale.

Als letztes Beispiel (ohne RaB, das in der fraglichen Zeit nicht gemessen werden konnte) sei das Durchsacken einer mit Spaltprodukten kontaminierten Luftschicht aus der Höhe in das Tal (Typ d) dargestellt (Abb. 191).

Der Zustrom hörte bereits nach Punkt 3 völlig auf, die Aktivität im Tal nahm jedoch weiter laufend zu, während sie in der Höhe bereits wieder stark zurückging. Die maximale künstliche Aktivität erreichte dabei im Tal sogar etwas höhere Werte als an der Bergstation (Kompressionseffekt?).

Der Vergleich von Abb. 189 mit 190 bzw. 191 zeigt, daß sich die vertikalen Konzentrationsverschiebungen der natürlichen und künstlichen Luft-

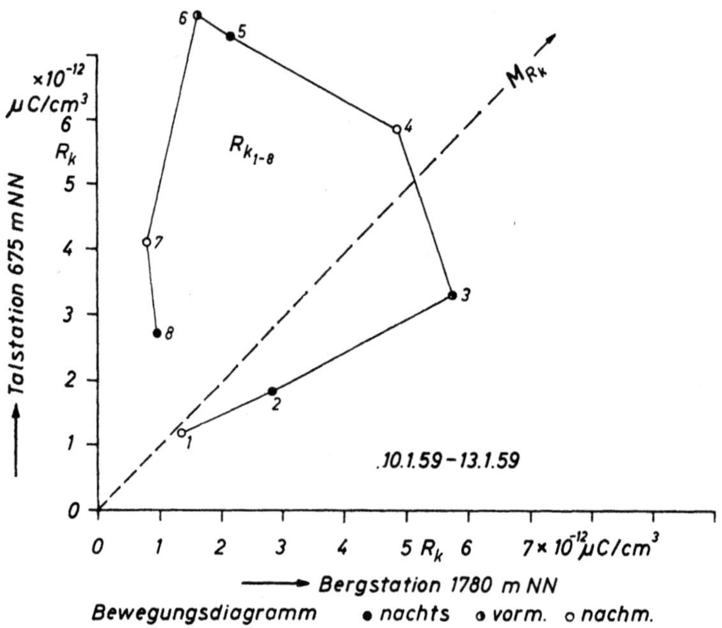

Abb. 191. Bewegungsdiagramm als Beispiel für das rasche Durchsacken einer Spaltproduktschwade von der Berg- zur Talstation

radioaktivität durch das Bewegungsdiagramm sehr übersichtlich darstellen lassen. Insbesondere läßt eine laufende Aufzeichnung des RaB-Bewegungsdiagrammes in Verbindung mit den gleichzeitig pro Expositionsintervall zu berechnenden Austauschkoeffizienten und Transportzeiten die vertikale Verteilung künstlicher Radioaktivität in der Luft in ihrer zeitlichen Entwicklung verstehen, übersehen und bis zu einem gewissen Grade voraussagen, wenn man das meteorologische Geschehen mit in die Betrachtung einbezieht.

Die praktische Bedeutung eines Stationspaares mit großem Höhenunterschied zur gleichzeitigen Messung der künstlichen und natürlichen Luftradioaktivität liegt nach all dem, was wir oben ausgeführt haben, klar auf der Hand. Die konsequente Anwendung der errechneten Transportzeiten, der

*jeweilige Wert des Austauschkoeffizienten u. a. macht ein solches Stations-
paar zu einer geschlossenen und wesentlichen Einheit im größeren Rahmen
einer Luft-Überwachungsorganisation.*

6.-0.10.2. Anwendung des Bewegungsdiagrammes in zwei konkreten Fällen der akuten Luftkontamination: Spaltproduktschwaden aus Kernexplosionen in der Sahara

In der Sahara wurden bekanntlich bis jetzt 3 Atomkern-Explosionen
ausgelöst. Die Kernspaltprodukte der 1. Explosion (vom 13. 2. 1960) wurden nach 14–17 Tagen in Europa von zahlreichen Stationen erfaßt und
gemessen [T. HVINDEN (1960), V. SANTHOLZER (1960), L. ARGIERO und
Mitarb. (1961), W. MARQUARDT (1960), G. LINDBLOM (1961), V. SANT-
HOLZER und Mitarb. (1961), Ägypten: K. A. MAHMOUD (1961)]. Die Kernspaltprodukte der 2. Explosion hingegen waren im europäischen Raum
nicht erfaßbar. Jedoch wurde von unserer Station Wank 17 Tage nach der
3. Explosion (vom 27. 12. 1960) ein deutlicher Anstieg der Restaktivität
gemessen, nicht aber von Station Farchant. Eine Bestätigung durch
andere Stationen liegt ebenfalls nicht vor. Es ist in mehrfacher Beziehung
interessant, die vertikale Bewegung der von den Sahara-Versuchen
stammenden Kernspaltprodukte im Bewegungsdiagramm zu verfolgen.

Abb. 192a gibt das Bewegungsdiagramm für die 1. Schwade wieder
(29. 2.–1. 3. 60). Tabelle 36 enthält die den einzelnen Punkten zugeordneten vertikalen Austauschkoeffizienten.

Tabelle 36. *Austauschkoeffizienten A (g cm^{-1} sec^{-1}) während der Passage von
Kernspaltprodukt-Schwaden nach Atomversuchen in der Sahara*
Die Zahlen bedeuten die Punkt-Nummern in den Diagrammen Abb. 192a
und b. „$\oplus$" bedeutet Werte von A über 300.

Datum 29. 2./1. 3. 60	Punkt Nr.:		1	2	3	4	5	6	7	8	9
	A:		—	0,33	5,5	35,0	33,0	3,1	6,2	—	—
Datum 11.1./14.1.61	Punkt Nr.:	0	1	2	3	4	5	6	7	8	9
	A:	115	$\oplus$	$\oplus$	$\oplus$	0,9	0,8	1,0	0,9	3,0	28,3

Wir entnehmen aus Abb. 192a und Tab. 36 (obere Zeile), daß bei mittleren Austauschkoeffizienten im Raum 700–1800 m NN zwischen rund
6—35 g cm^{-1} sec^{-1} bereits ein merklicher Durchgriff aus der Höhe zum
Talniveau erfolgt, daß aber immerhin die an der Bergstation gemessenen
Werte weit über dem Rk-Pegel im Tal bleiben. Der Spitzenwert beträgt
am Berg über $7 \cdot 10^{-12} \mu C/cm^3$, im Tal weniger als $4 \cdot 10^{-12} \mu C/cm^3$. Der
schlagartige Rückgang der Werte wurde durch ausgiebigen Regen ver-
ursacht.

Betrachten wir nun Abb. 192b, so zeigt uns dieses Bewegungsdiagramm, daß die Spaltprodukt-Schwade des 3. Sahara-Versuches offenbar in größerer Höhe durchzog ohne dabei das Flachland- oder Talniveau zu

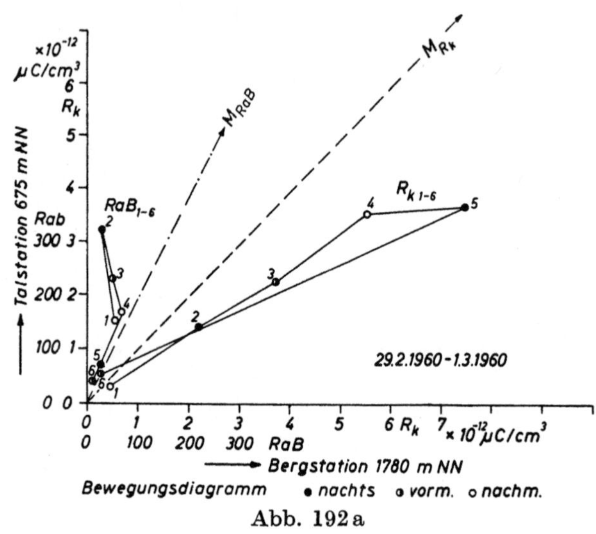

Abb. 192a

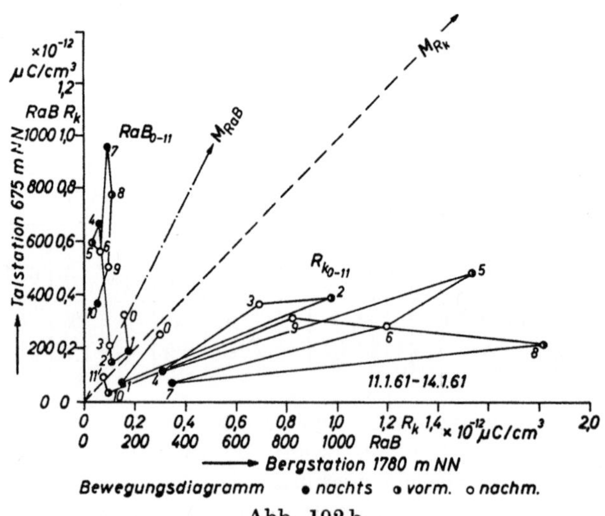

Abb. 192b

Abb. 192. Bewegungsdiagramme, die den Durchzug von Spaltproduktschwaden nach zwei Kernexplosionen in der Sahara anzeigen. a) Explosion am 13. Februar 1960. b) Explosion am 27. Dezember 1960; wegen kräftiger Inversionen drangen die Spaltprodukte nicht in niedrige Höhen vor!

berühren. Die Vertikalbewegung des *RaB* folgte dem Typ a), die von *Rk* dem Typ b), d. h. die beiden Räume müssen offenbar durch eine Sperrschicht getrennt gewesen sein. In der Tat herrscht ab Punkt 4 Stratuslage (Nebelobergrenze bei 1000 m NN) und in 1600 m NN wurde zusätzlich noch eine Dunstinversion festgestellt. Das steht in voller Übereinstimmung mit den gemessenen *A*-Werten (Tab. 36, untere Zeile). In der Phase 1, 2, 3 erfolgt Kaltfrontdurchgang mit Turbulenz, die Punkte 2 und 3 liegen deshalb der Mischungsdiagonalen am nächsten. Anschließend bleibt die bodennahe Luftschicht abgeschlossen und die Spaltproduktschwaden ziehen in der Höhe durch, wobei sie die Bergstation passieren. Die Meßwerte überragen die Mittel- und Extremalwerte der vorangegangenen Monate erheblich [R. REITER (1961 b)].

Mittlere Austauschkoeffizienten zwischen 700 und 1800 m NN in der Größenordnung kleiner 1 verhindern also praktisch den Durchgriff kontaminierter Aerosole aus der Höhe zur Erdoberfläche, zumindest dann, wenn der Zustrom des Aerosols nicht länger als einige Tage andauert (vergl. Tab. 35). Dieser durch den niedrigen Austauschkoeffizienten charakterisierte atmosphärische Zustand erklärt, weshalb die Kernspaltprodukt-Schwade des 3. Sahara-Versuchs von den Bodenstationen der näheren und weiteren Umgebung nicht erfaßt werden konnte.

Bereits diese beiden praktischen Beispiele zeigen mehr als eindringlich, daß allein mit Hilfe von Flachland- oder Talstationen eine zuverlässige Überwachung der unteren Atmosphäre auf Verseuchung durch Kernspaltprodukte unvollständig ist. Bekennt man sich grundsätzlich zur Notwendigkeit einer Überwachung überhaupt, so ist die Konsequenz zu ziehen, daß laufende Messungen im Hochgebirge unumgänglich sind. Sperrschichten im Niveau unter etwa 2000 m NN sind nämlich im Winter, Frühjahr und Herbst überaus häufig. Sporadische Flugzeugmessungen können die kontinuierlich arbeitende Hochstation nicht ersetzen. Angesichts dieser Folgerungen sollten die im bayerischen Nordalpenraum gegebenen überaus günstigen orographischen Möglichkeiten und die dort bereits geschaffenen Einrichtungen auch konsequent angewandt werden, um auf diese Weise die Wirksamkeit der praktischen Luftüberwachung wesentlich zu steigern[1]).

Noch eine weitere Folgerung kann aus den beiden, in diesem Abschnitt geschilderten Beobachtungen gezogen werden. Die Zeitdauer von der Explosion bis zum Eintreffen der Kernspaltprodukte am Meßort — also für genau eine Umkreisung der Erde — betrug einmal 16, einmal 17 Tage. Die beiden Wanderungszeiten stimmen also auffallend gut miteinander überein. Aus ihnen ergibt sich eine mittlere Strömungsgeschwindigkeit entlang des 30.–40. Breitengrades [siehe I. BRAUER (1961)] von rund

---

[1]) Siehe auch Bericht des SONDERAUSSCHUSS RADIOAKTIVITÄT (1963).

90 km/h. Sehr wahrscheinlich erfolgte der Transport der Spaltprodukte im Subtropen-jet [vergl. H. Flohn (1959)]. Nimmt man an, daß die Mäanderung des jet-stream eine Wegverlängerung um Faktor 2 verursacht, so erhält man mit 180 km/h etwa die tatsächliche mittlere jet-Geschwindigkeit. Die an den beiden Kernspaltprodukt-Schwaden ausgeführten Studien sind also nicht nur von lokal- sondern auch von global-meteorologischem Interesse.

6.-0.11. Trennung zwischen kurzlebiger und langlebiger künstlicher Luftradioaktivität durch den atmosphärischen Austauschzustand

Eine Unterscheidung zwischen kurzlebigen und langlebigen radioaktiven Elementen ist von biologischer Bedeutung.

Die an den beiden Stationen während eines ganzen Monats exponierten Kunststoffilter wurden — für jede Station getrennt — verascht. Diese Veraschung ist bei Kunststoffiltern übrigens besonders schonend durchführbar. Diese Monatsproben wurden dann in längeren Zeitabständen nachgemessen, und zwar für beide Stationen jeweils zur gleichen Zeit. Aus den Ergebnissen der aktuellen Rk-Messungen an Kunststoff- und Glasfaserfiltern kann genau errechnet werden, mit welchem Faktor die jeweilige, veraschte Monatsprobe zu multiplizieren ist, um auf die an den beiden gleichzeitig exponierten Filtern abgeschiedene Gesamtaktivität zu extrapolieren. Das heißt der Abscheidegrad der Kunststoffilter wird mit Hilfe der nachgeschalteten Glasfaserfilter laufend korrigiert. Ca. 1–2 Monate nach der Exposition sinkt die Aktivität der Monatsproben nur mehr sehr langsam ab, weil dann die „langlebige Beta-Komponente" der Spaltproduktaktivität weit überwiegt. Die Relation dieser zum Monatsmittelwert der „Gesamt-Beta-Spaltprodukt-aktivität" (Mittelwert aus allen Einzelmessungen mit je 120 Stunden Verzögerung im selben Monat) führt zu Ergebnissen, die in Abb. 193 zusammengestellt sind.

Trägt man die langlebigen Komponenten in Prozenten der Gesamt-Beta-Spaltproduktaktivität Monat für Monat graphisch auf (Abb. 193), so zeigt sich zunächst, daß der Jahresgang an der Bergstation (a) von dem an der Talstation (b) stark abweicht. Das Minimum von a im November fällt besonders auf. Bildet man Monat für Monat das Verhältnis der Gesamt-Spaltproduktivaktivitäten Tal/Berg (c) und ebenso der langlebigen Spaltproduktaktivitäten Tal/Berg (d), so zeigt sich eine auffallende Gegenläufigkeit: in den Monaten November und Dezember überwiegen im Talaerosol die langlebigen, im Aerosol an der Bergstation aber die kürzerlebigen Spaltprodukte. Vergleicht man nun außerdem diese Jahresgänge mit dem jeweiligen Monatsmittel des vertikalen Temperaturgradienten (e), so zeigt sich eine ideale Gegenläufigkeit zur Kurve (d). Das erklärt sowohl den gegensinnigen Verlauf der Kurven c) und d) zueinander, als auch deren Minimum und Maximum. Es muß nämlich folgerichtig die Hauptquelle für die langlebigen Komponenten — im Meßzeitraum wenigstens — nicht in der Stratosphäre, sondern an der Bodenoberfläche gesucht werden. Offensichtlich wird von dieser und von den Oberflächen der Gewächse, Gebäude usw. durch Wind Feinstaub abgehoben, der durch die seit Jahren angesammelten langlebigen Kernspaltprodukte stark und anhaltend kontaminiert ist. Dieser Feinstaub und die aus ihm

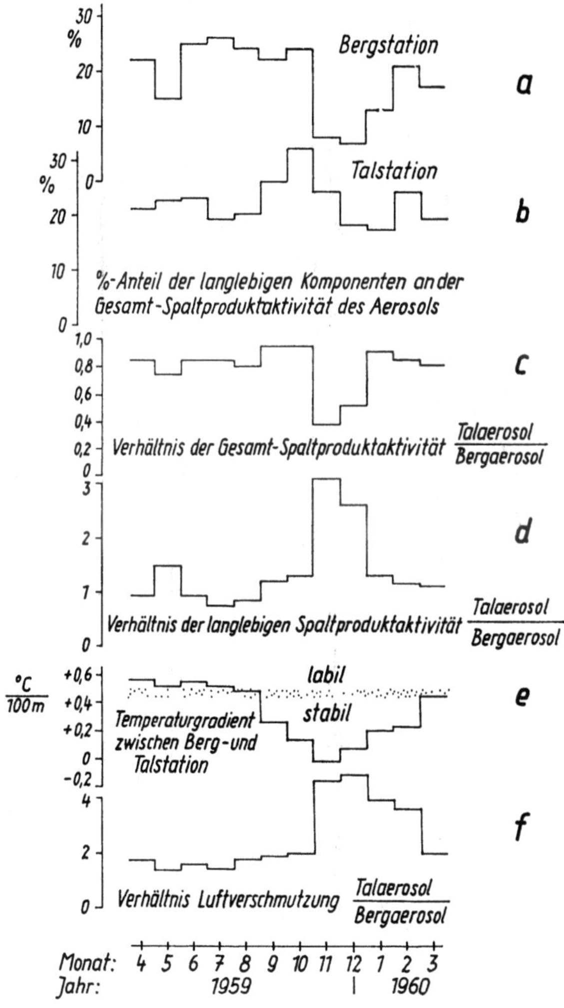

Abb. 193. Ergebnis der Untersuchung über den Anteil der langlebigen betastrahlenden Spaltprodukte in der Luft an ihrer Gesamt-Beta-Spaltproduktaktivität; Monatsmittelwerte

sich bildenden Dispersionskerne werden je nach der Gipfelhöhe des gerade herrschenden Vertikalaustausches in der unteren Atmosphäre verteilt [vergl. auch Kurve e) mit f)]. Wird durch Sperrschichten im Herbst verhindert, daß diese von der Erdoberfläche stammenden, kontaminierten Partikel die Bergstation erreichen [Maximum von f)], so tritt dort der Anteil langlebiger Strahler im Aerosol erheblich zurück [Minimum von c)], während andererseits der Zustrom frischer Kernspaltprodukte aus der

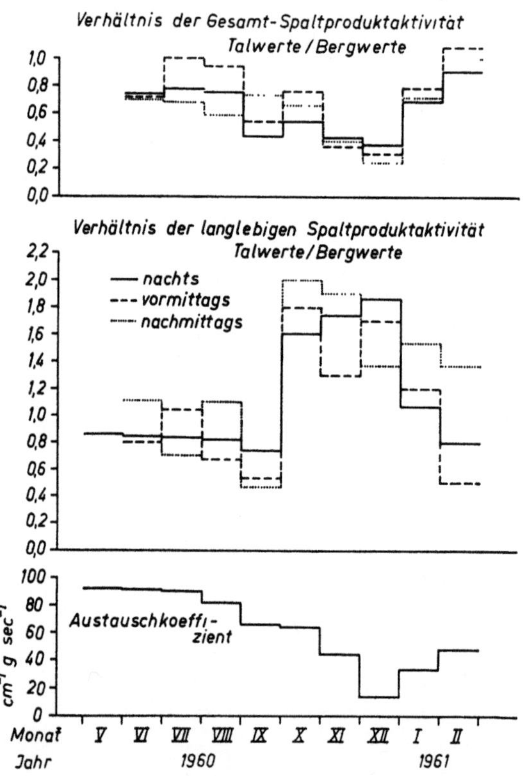

Abb. 194. Wie Abb. 193, Verhältnisse in Herbst und Winter 1960/1961. Es ist jetzt nach Tageszeiten unterschieden und der Monatsmittelwert des Austauschkoeffizienten erlaubte einen noch besseren Einblick in den durchschnittlichen atmosphärischen Schichtungszustand

Höhe unvermindert weitergeht. Dieser Zustrom erreicht aber die Talstation nicht oder nur geschwächt, während gleichzeitig die aufgewirbelten alten, langlebigen Spaltprodukte in der Kaltluftschicht im Talniveau verbleiben.

Der für den Herbst und Winter 1959/60 gefundene Zusammenhang wurde im folgenden Jahr überprüft und bestätigt (Abb. 194). Unabhängig von der Tageszeit (es wurde diesmal nach Expositionsintervallen unterschieden) tritt im Herbst an der Hochstation eine relative Verarmung, an der Talstation eine relative Anreicherung von langlebigen Kernspaltprodukten in der Luft ein. Der Gang der Monatsmittel des Austauschkoeffizienten (g) läßt kaum einen Zweifel darüber aufkommen, daß wir es hier wirklich mit einer Auswirkung des atmosphärischen Schichtungstyps zu tun haben.

Wir können also feststellen [vergl. R. REITER (1960d, 1960h)]:

1. Trotz starker Abnahme des Zustromes von Kernspaltprodukten aus der Höhe von Sommer 1959 bis Herbst 1961 ging eine gewisse zusätzliche Belastung der Atmungsorgane durch Einatmung kontaminierter Feinstäube und Dispersionskerne, die immer wieder vom Boden aufgewirbelt wurden, unvermindert weiter.

2. Die Konzentration der im Aerosol festgestellten langlebigen Strahler läßt keinen sicheren Schluß auf deren möglichen direkten Abtransport von der Stratosphäre zur Erdoberfläche zu, da u. U. mehr langlebige Elemente vom Boden aufgewirbelt werden als von der Höhe neu zuströmen.

3. Diese Ergebnisse zeigen erneut, wie notwendig gleichzeitige, kontinuierliche Messungen der Radioaktivität an Tal- und Bergstationen sind.

6.-0.12. Ergebnisse des Separations-Doppelfilter-Verfahrens. Die Sofortangabe der künstlichen Luftradioaktivität an einer Bergstation

6.-0.12.0. Die Separation unterschiedlich großer Aerosolpartikel

Wie in 2.-3.1.2.3. im einzelnen ausgeführt, werden an beiden Stationen stets 2 verschiedenartige Filter gleichzeitig exponiert, ein grobporiges Kunststoffilter vor einem feinporigen Glasfaserfilter. Beide Filter werden jeweils getrennt auf Aktivität ausgemessen. Aus diesen Wertepaaren ergeben sich die Quotienten (Abscheideverhältnisse):

$$\frac{RaB \text{ am Glasfaserfilter}}{RaB \text{ am Kunststoffilter}} = V_{Fn}$$

$$\frac{\text{Spaltprodukte am Glasfaserfilter}}{\text{Spaltprodukte am Kunststoffilter}} = V_{Fk}$$

Sie geben ein Maß für die Separation grober Partikel, die überwiegend auf dem 1. Filter liegen bleiben, von feinen, die bis zum Glasfaserfilter vordringen. Je größer V, in desto feinerer Dispersion liegen die Aerosolpartikel vor. Über die separierten Teilchengrößen selbst kann hier noch nichts Verbindliches ausgesagt werden, da entsprechende Messungen bis jetzt noch nicht ausgeführt werden konnten. In den folgenden Abschnitten wird die Abhängigkeit der Abscheideverhältnisse V vom Typ der Radioaktivität des Aerosols, von meteorologischen Größen und vom Grad der Luftverschmutzung dargelegt.

6.-0.12.1. Der mittlere Absolutwert der Abscheideverhältnisse für künstlich und natürlich radioaktives Aerosol, ihre Jahres- und Tagesgänge

In Tab. 37 sind die mittleren Abscheideverhältnisse für natürlich und künstlich radioaktives Aerosol, getrennt nach Tages- und Jahreszeiten, für ein Beobachtungsjahr (1960) zusammengestellt. Folgendes ist aus den Zahlen sofort abzulesen:

V_{Fn} ist in Farchant rund doppelt, am Wank rund viermal so groß wie V_{Fk}. Das bedeutet: Das künstlich radioaktive Aerosol liegt an beiden Stationen in gröberer Dispersion vor als das natürlich radioaktive Aerosol. Da nun V_{Fk} an beiden Stationen etwa den gleichen Mittelwert besitzt, müssen wir ferner schließen, daß bereits im Niveau der Station Wank die künstliche Radioaktivität an relativ grobe Masseteilchen gebunden ankommt und deshalb das künstlich radioaktive Aerosol auf dem Wege von der Berg- zur Talstation keiner weiteren nennenswerten Alterung mehr unterliegt. Zu diesem Schlusse sind wir um so mehr berechtigt, als auch die am Zugspitzplatt im Herbst 1958 ausgeführten Messungen (von kleinem Umfang allerdings) zum selben Ergebnis geführt haben [R. Reiter (1960 c)]:

$$V_{Fn} = 6,8 \quad V_{Fk} = 0,5 \quad \text{Mittelwerte aus 27 bzw. 19 Messungen.}$$

Umgekehrt ist wegen: V_{Fn}Wank $> V_{Fn}$Farchant das natürlich radioaktive Aerosol an der Bergstation feiner dispers als an der Talstation. Das ist ohne weiteres einzusehen: es wird ja nicht, wie wir gesehen haben, das RaB (und RaC) aus dem Tal in die Höhe verfrachtet, sondern primär das Rn, welches laufend auf seinem Wege Folgeprodukte nachbildet. Die in Höhe der Station Wank aus dem Rn entstandenen Folgeelemente finden jedoch weit weniger Gelegenheit zu altern als im Tal, da ja, wie wir gesehen haben, im Niveau der Bergstation die Konzentration der Kondensationskerne und Schmutzstoffe in der Regel kleiner ist als im Tal. Es zeigt sich wegen der unterschiedlichen Schmutzgehalte der Luft auch ein leichter Jahresgang von V_{Fn} am Wank: die Werte liegen im Winter etwas höher als im Sommer. Den umgekehrten Jahresgang, nämlich niedrige V_{Fn}-Werte im Winter, finden wir im Tal. Dort tritt auch ein stark ausgeprägter Tagesgang von V_{Fn} in Erscheinung: die Nachtwerte und Abendwerte liegen niedriger als die Tag-Werte. Alle diese Variationen des Abscheideverhältnisses sind ein unmittelbarer Ausdruck der vom Schmutzgehalt der Luft abhängigen Alterungsgeschwindigkeit des natürlich radioaktiven Aerosols. Wir können deshalb den Abscheidequotienten als empfindlichen Indikator für den Alterungszustand des angebotenen Aerosols ansehen.

Tabelle 37. *Mittelwerte der Größen V_{Fn} und V_{Fk} pro Jahreszeit und Tageszeit im Jahre 1960 an den Stationen Farchant und Wank*

Erklärungen:

$$V_{Fn} = \frac{\text{natürliche Aktivität am Glasfaserfilter}}{\text{natürliche Aktivität am Kunststoffilter}}$$

$$V_{Fk} = \frac{\text{künstliche Aktivität am Glasfaserfilter}}{\text{künstliche Aktivität am Kunststoffilter}}$$

I: nachts; II: vormittags; III: nachmittags; IV: abends
W: Winter; F: Frühjahr; S: Sommer; H: Herbst

Jahreszeit	Tageszeit	Station Farchant		Station Wank	
		V_{Fn}	V_{Fk}	V_{Fn}	V_{Fk}
W	I	1,08	0,93	4,87	0,84
	II	1,84	0,94	4,49	1,01
	III	1,72	1,14	5,50	0,83
	IV	1,27	1,02	—	—
F	I	1,28	0,69	3,57	0,94
	II	1,97	0,87	3,85	1,49
	III	1,99	1,05	4,25	1,16
	IV	1,53	0,79	—	—
S	I	1,56	0,74	4,02	1,26
	II	2,37	1,35	4,61	1,47
	III	2,45	1,02	5,06	1,52
	IV	1,97	1,02	—	—
H	I	1,83	1,14	4,26	0,69
	II	2,55	1,11	4,79	1,12
	III	2,33	1,08	5,10	1,26
	IV	1,85	1,43	—	—

Über die physikalischen Gesetzmäßigkeiten, die den Anlagerungsvorgang radioaktiver Atome an Aerosole bestimmen, wurden in jüngster Zeit sehr gründliche theoretische und experimentelle Laboratoriums-Untersuchungen von L. LASSEN und G. RAU (1960), sowie von L. LASSEN und H. WEICKSEL (1961) ausgeführt, auf welche hier nachdrücklich verwiesen sei. Die erstgenannte Arbeit enthält ein reichhaltiges Literaturverzeichnis. Aus ihr entnehmen wir auszugsweise folgende Angaben über die Anlagerungszeiten (in Sekunden) radioaktiver Atome an Kondensationskerne. r = Teilchenradius (Zentimeter), N = Kondensationskerndichte (cm^{-3}).

r:	10^{-6}	10^{-5}	10^{-4}
N:	Anlagerungszeit in sec.		
100	$2 \cdot 10^5$	$3 \cdot 10^3$	$1 \cdot 10^2$
1 000	$2 \cdot 10^4$	$3 \cdot 10^2$	$1 \cdot 10^1$
10 000	$2 \cdot 10^3$	$3 \cdot 10^1$	$1 \cdot 10^0$

Wir entnehmen der Zusammenstellung, daß die Anlagerungszeit im Bereich zwischen den häufig vorkommenden Teilchenradien $r = 10^{-6}$ und 10^{-4} cm und dem in unserem Meßgebiet zu erwartenden Variationsbereich der Kondensationskerndichte von $N = 100$–10000 zwischen 55 Stunden und 1 Sekunde schwanken kann. Engen wir nun den Bereich etwas stärker ein: Nach W. Jacobi (1957) und Ch. Junge (1957) kann angenommen werden, daß der Kernradius von 10^{-5} cm am häufigsten vertreten ist. Aus der ungefähren Absoluteichung unserer Filter-Schwärzungsmessung (siehe 2.-4.0.) in Kondensationskerndichte-Einheiten ist zu schließen, daß am Wank und in Farchant Einzelwerte von $N = 100$ recht häufig, bzw. nicht selten sind, aber auch $N = 10000$ — häufiger im Tal als am Berg — vorkommen. Das bedeutet, daß Schwankungen der Anlagerungszeit zwischen rund 1 Stunde und 1 Minute in Betracht zu ziehen sind. *Dies steht aber in bester Übereinstimmung mit unseren Ergebnissen. Denn bei einer Anlagerungszeit von 1 Stunde ist das aus Rn über RaA gebildete RaB schon weitgehend zerfallen. Es wird also bei der Messung bestimmt nicht am Kunststoffilter abgeschieden, sondern, vielleicht sogar auch nur zum Teil, erst am Glasfaserfilter.*

In diesem Zusammenhang sei auch auf unsere Feststellung in 6.-0.5.2. und 6.-0.5.3. verwiesen, daß bei extrem niedrigen Feuchten und geringer Luftverschmutzung ein merklicher Anteil des *RaB* seiner Erfassung durch Aerosol-Filter entgehen kann.

Ziehen wir aus unseren Feststellungen über zeitliche und örtliche Konstanz des Abscheideverhältnisses V_{Fk} bei der künstlichen Radioaktivität die Konsequenzen, so müssen wir feststellen, daß das künstlich radioaktive Aerosol, noch bevor es in Austauschschicht eintritt, bereits in grobdisperser Form vorliegt, ja, daß es in dieser Form wohl bereits den Explosionsort verläßt.

Dieses Ergebnis beruht sicherlich nicht so sehr darauf, daß vereinzelt sogenannte „Heiße Partikel" eingefangen wurden[1]), sondern, daß das künstlich radioaktive Aerosol generell in gröberdisperser Form vorliegt als das natürliche. Wäre der Unterschied $V_{Fn} > V_{Fk}$ eine Folge des Abfangens vereinzelter heißer Partikel, so wäre aus Gründen der Statistik nicht zu verstehen, warum die V_{Fk}-Daten so geringen Schwankungen unterliegen[2]).

---

[1]) In den Jahren 1958/59 wurde die Beobachtung gemacht, daß vereinzelte relativ große Partikel sehr hohe Spaltprodukt-Aktivität tragen. Eine intensive Diskussion aller Probleme, die mit diesen „heißen Teilchen" zusammenhängen findet sich bei B. Rajewsky (1959) und B. Rajewsky und Mitarb. (1962). Siehe ferner 6.-0.16.1. u. a.

[2]) Ab Mitte 1960 etwa wurden heiße Teilchen nur noch sehr selten festgestellt. Trotzdem änderte sich der Wert von V_{Fk} im Laufe von 1960 (und 1961) nicht merklich. Auch diese Beobachtung spricht sehr gegen die Annahme, der Unterschied zwischen V_{Fn} und V_{Fk} könne durch heiße Partikel hervorgerufen sein.

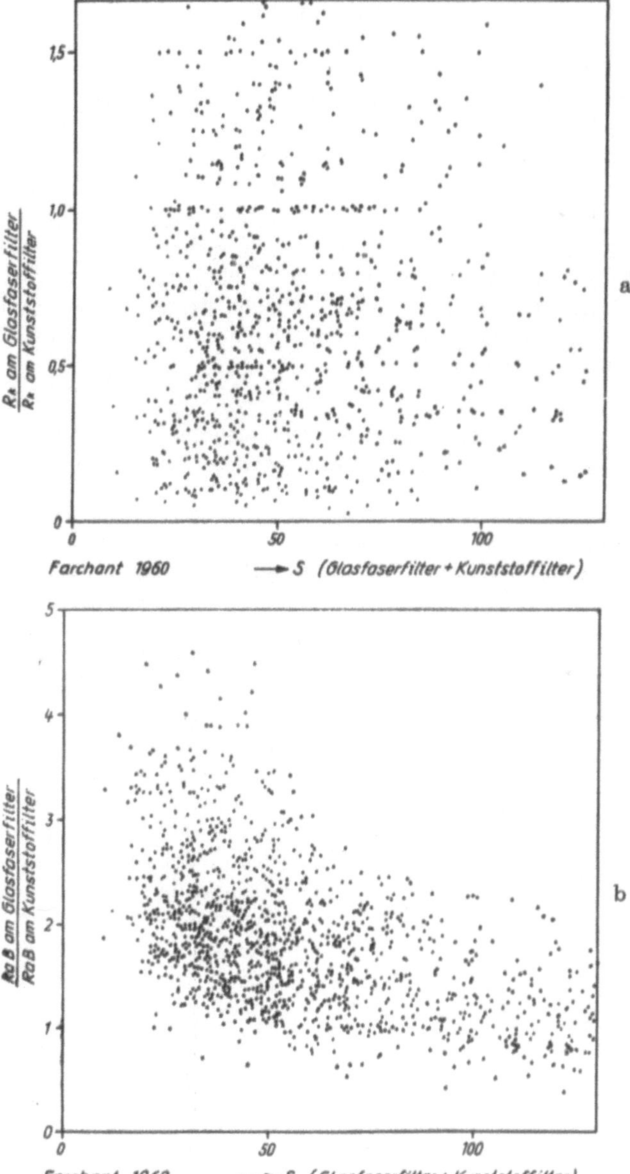

Abb. 195. a) Das Abscheideverhältnis V_{Fk} (Ordinate) ist vom Schmutzgehalt der Luft (S, Filterschwärzung) unabhängig. b) Das Abscheideverhältnis V_{Fn} (Ordinate) steigt bei abnehmendem Schmutzgehalt der Luft *(S)* an

Der für die weit überwiegende Zahl der Fälle gesicherte und konstante Unterschied $V_{Fn} > V_{Fk}$ erlaubt es, wie wir in 6.-0.12.3. zeigen werden [vergl. auch R. REITER (1960c)], praktisch sofort nach Ende der Exposition den Pegel der künstlichen Luftradioaktivität abzuschätzen ohne erst das Abklingen der natürlichen Luftradioaktivität abwarten zu müssen.

Im Anschluß an die jüngste Kernwaffen-Versuchsserie vom Herbst 1961 beobachteten wir erstmals (an Station Wank natürlich) an manchen Tagen, daß künstlich radioaktives Aerosol entgegen der bisherigen Erfahrung in sehr feiner Verteilung ankam, wobei das Verhältnis V_{Fk} Werte bis 10 annahm. Wenige Monate nach Ende dieser Testserie aber konnte diese Beobachtung nicht mehr gemacht werden, das ursprünglich fein disperse Aerosol hat also in seinen Depots inzwischen eine Alterung und Vergröberung erfahren.

6.-0.12.2. *Die Abhängigkeit des Abscheidegrades von relativer Feuchte und vom Schmutzgehalt der Luft*

Angeregt durch die Beobachtung der Tages- und Jahresgänge der Abscheideverhältnisse für künstliche und natürliche Luftradioaktivität haben wir deren Werte direkt mit dem Schmutzgehalt der Luft korreliert.

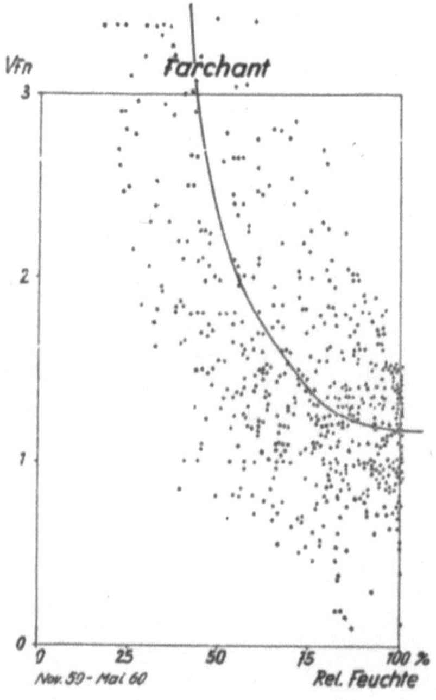

Das Ergebnis der Untersuchung an Station Farchant enthält Abb. 195. Es zeigt sich (Abb. 195a) in aller Eindeutigkeit, daß V_{Fk} völlig unabhängig vom Pegel der Luftverschmutzung ist. Demgegenüber nimmt im Mittel V_{Fn} mit steigendem Schmutzpegel der Luft laufend ab (Abb. 195b). Beide Befunde konnten an Station Wank vollauf bestätigt werden. Sie stehen auch in Übereinstimmung mit unseren Feststellungen von 6.-0.5.3. wonach Rk nicht mit dem Schmutzgehalt der Luft korreliert, eine entsprechende Korrelation beim RaB aber stark ausgeprägt ist.

Sehr deutlich ist die Abhängigkeit des V_{Fn} von der relativen Feuchte:

Abb. 196. Das Abscheideverhältnis V_{Fn} steigt mit abnehmender relativer Feuchte stark an

wachsen die Kerne, welche natürliche Radioaktivität tragen, durch Wasseraufnahme an, so fällt V_{Fn} stark ab, wie Abb. 196 zeigt. Eine ähnliche Beziehung wird bei V_{Fk} nicht gefunden.

Was also oben über den Aussagewert der Abscheideverhältnisse ausgesagt worden ist, kann durchaus als bestätigt angesehen werden.

6.-0.12.3.0. Das Verfahren zur sofortigen Abschätzung der künstlichen Luftradioaktivität nach Ende der Exposition

Wie schon erwähnt, kann die spezifische Spaltproduktaktivität der Luft nahezu sofort nach Ende der Exposition angegeben werden[1]), wenn der Abscheidequotient für natürliche und künstliche Radioaktivität an den beiden gleichzeitig exponierten Filtern hinreichend verschieden ist. Zur Berechnung dient folgende Formel, auf deren Ableitung hier verzichtet sei:

$$Rk = \frac{(V_{Fn} - V)\,(V_{Fk} + 1) \cdot p \cdot E}{(V_{Fn} - V_{Fk}) \cdot \text{Vol}}\; 10^{-12}\; \mu\text{C}/\text{cm}^3$$

Es bedeuten:

Rk = spezifische künstliche Luftradioaktivität (Beta-Radioaktivität)

V_{Fn} = Abscheideverhältnis für natürliche Luftradioaktivität s. o.

V_{Fk} = Abscheideverhältnis für künstliche Luftradioaktivität s. o.

V = Verhältnis der Impulsrate $\dfrac{\text{Glasfaserfilter}}{\text{Kunststoffilter}}$ bei der Messung,

kurze Zeit nach Ende der Exposition („1a-Messung").

p = gemessener Aktivitäts-Wert in Impulse/Min. des Kunststofffilters kurz nach Ende der Exposition

E = Eichfaktor

Vol = Luftdurchsatz durch das Filter während der Exposition.

Aus der Formel geht hervor, daß die zu erwartende Unsicherheit des Ergebnisses Rk besonders groß ist, wenn V_{Fn} und V einerseits und V_{Fn} und V_{Fk} andererseits nahezu einander gleich werden. Die Differenz zwischen V_{Fn} und V_{Fk} ist nun, wie wir gesehen haben, sehr groß (siehe Tab. 37). Dieser Term der Gleichung kann deshalb mit befriedigender Genauigkeit angegeben werden.

Wesentlich größere Schwierigkeiten bereitet die genaue Bestimmung von $V_{Fn} - V$. Es wurde ursprünglich daran gedacht, für V_{Fn} einen Erfahrungswert zu verwenden und diesen durch Korrekturgrößen im jeweiligen Einzel-

---

[1]) Es muß hier ausdrücklich betont werden, daß es unmöglich ist, aus der Gesamt-Aktivität frisch exponierter Filter ohne Anwendung ganz spezieller Verfahren etwas über den Anteil der Spaltproduktaktivität auszusagen, es sei denn, diese käme an Stärke der natürlichen Aktivität mindestens sehr nahe.

fall zu verbessern. Es wäre dann möglich gewesen, die Spaltproduktaktivität schon ca. 15 Min. nach Ende der Exposition anzugeben. Dieses Verfahren kann angewendet werden, wenn die künstliche Luftradioaktivität mehr als 1% der natürlichen Luftradioaktivität (RaB) beträgt. Diese Bedingung ist nicht immer erfüllt. Von 1959 bis Herbst 1961 war die künstliche Luftradioaktivität sehr stark abgesunken. Zur Bestimmung der Differenz $V_{Fn} - V$ ist deshalb ein weiterer Meßtermin, nämlich die „1a-Messung" (s. o.) eingeführt worden. Wegen des niedrigen Pegels der künstlichen Radioaktivität kann das Verhältnis der Impulsraten beider Filtertypen bei der 1. Messung (10 Min. nach Ende der Exposition) dem Verhältnis V_{Fn} gleichgesetzt werden. Den Wert für V lieferte die erwähnte 1a-Messung. Um diesen Wert sehr genau zu erhalten, mußte mit Rücksicht auf die relativ kleinen Impulswerte über lange Zeit ausgezählt werden. Es war möglich, im Meßterminplan eine Auszähldauer von je 48 Min. pro Glasfaser- und Kunststoffilter unterzubringen.

Wegen des zeitlichen Abfalls der auf den Filtern noch vorhandenen natürlich radioaktiven Elemente konnte aber nicht einfach erst das Glasfaserfilter und dann das Kunststoffilter oder umgekehrt je 48 Min. lang ausgezählt werden. Um den zeitlichen Abfall der kurzlebigen Produkte auf beiden Filtern nahezu in gleichem Ausmaß in das Endergebnis eingehen zu lassen, wurde folgende zeitliche Aufteilung der 1a-Messung vorgenommen:

Auszähldauer:	12′	24′	24′	24′	12′
Filter:	P	G	P	G	P

(P = Kunststoffilter, G = Glasfaserfilter)

Die Impulssummen wurden pro Filter am Ende der 1a-Messung aufsummiert. Der Quotient lieferte alsdann den Wert V zur Verwendung in der Formel. V_{Fk} erwies sich als zeitlich sehr konstant, so daß der jeweilige Dekaden-Mittelwert herangezogen werden konnte. Für jeweils 2 Expositionen am Wank[1]) pro Tag wurde der Wert Rk aus der Formel berechnet und mit dem nach 120 Stunden gemessenen Wert von Rk verglichen.

Das aus der oben angegebenen Formel errechnete Ergebnis kann durch Anwendung von Korrekturgliedern noch verbessert werden, worauf aber hier nicht näher eingegangen werden soll. Hierüber konnten ab Herbst 1961 viele neue und wertvolle Erfahrungen gesammelt werden, so daß jetzt, d. h. im Frühjahr 1962, die Treffsicherheit des Verfahresn sehr gut ist. Seine laufende routinemäßige Anwendung in unserem Überwachungsdienst bereitet den Technikern unseres Instituts keine Schwierigkeiten mehr.

6.-0.12.3.1. *Ergebnis der praktischen Anwendung des Verfahrens*

In Abb. 197 sind die errechneten und korrigierten Werte für die spezifische künstliche Luftradioaktivität („Sofortangabe", d. h. etwa 2 Stun-

---

[1]) Am Wank deshalb, weil dort wegen der im Mittel sehr niedrigen natürlichen Luftradioaktivität die Separation mit höherer Genauigkeit als an einer Talstation ausgeführt werden kann. Ferner ist mit Rücksicht auf die Erfahrung, daß Kernspaltprodukte immer zuerst und frühzeitig an der Hochstation erfaßt werden, die praktische Anwendung des Verfahrens an der Hochstation und nicht im Tal geraten.

den nach Ende der Exposition) gegen die Nachmessungen (120 Stunden nach Ende der Exposition) aufgetragen. Es ergibt sich eine Punktverteilung, die bereits recht befriedigt. Durch Differentiation der Rechenformel und Berücksichtigung der statistischen Streuung σ jedes eingehenden Meßwertes wurde der statistische Streubereich (3 σ) in etwa abgeschätzt. Er ist in Abb. 197 durch die gestrichelten Linien eingegrenzt. Der weitaus überwiegende Teil der Punkte liegt innerhalb dieses Streubereiches und in der Nähe der Diagonalen. Ein systematischer Fehler ist — über die Streuung hinaus — nicht zu erkennen. Wenn auch dieses Ergebnis zeigt, daß das angewandte Verfahren grundsätzlich zu befriedigenden Ergebnis-

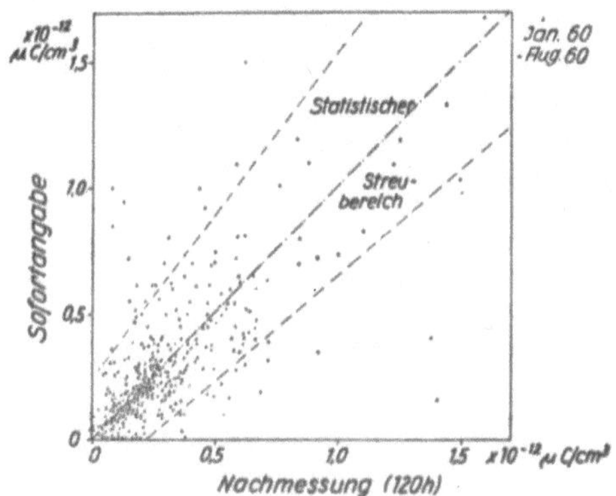

Abb. 197. Zwei Stunden nach Filterexposition aus der 1a-Messung berechnete Spaltproduktaktivität („Sofortangabe") gegen Spaltproduktaktivität der gleichen Exposition, jedoch nach 120 Stunden Wartezeit gemessen („Nachmessung")

sen führt, so ist es doch notwendig, die Erfahrungen über längere Zeit hinweg auszudehnen und die Grenzen des Verfahrens noch genauer kennenzulernen.

Bei der Diskussion der mit dem Verfahren gewonnenen Ergebnisse ist zu bedenken, daß dieses weniger dazu geeignet sein kann, exakte Meßwerte für die spezifische künstliche Luftradioaktivität zu liefern. Solche, für wissenschaftliche Untersuchungen notwendigen Meßwerte können genauso gut aus den Messungen mit 120 Stunden Abklingzeit abgeleitet werden. Worauf es jedoch in unserem Zusammenhang ankommt ist, ein Verfahren zu entwickeln, das es erlaubt, auftretende Spitzenwerte der künstlichen Luftradioaktivität sofort zu erkennen und genau abzuschätzen.

In drei Fällen konnte die Brauchbarkeit des Verfahrens zur Sofort-Anzeige akuter Anstiege des Rk-Pegels bereits erwiesen werden, nämlich als die beiden Kernspaltprodukt-Schwaden aus der Sahara (jeweils nach einer Erdumkreisung) an Station Wank eintrafen und als im Herbst 1961 die neue Kernwaffen-Testserie in der Atmosphäre begann. In Abb. 198a ist das Punktstreufeld aus Abb. 197 übertragen (Schraffur), sowie der Rahmen dieser Abbildung (gestrichelt). Die eingetragenen dicken Punkte geben die Lage der sofort errechneten Aktivitätswerte gegen die später exakt gemessenen Rk-Pegel in den Spaltprodukt-Schwaden an. Das Ergebnis kann durchaus zufriedenstellen und beweist seine praktische Einsatzfähigkeit. Sie kann dann noch durch die gleichzeitige Verwertung des sofort nach Ende der Exposition *am Wank und in Farchant berechenbaren vertikalen Austauschkoeffizienten ausgenutzt werden, um die voraus-*

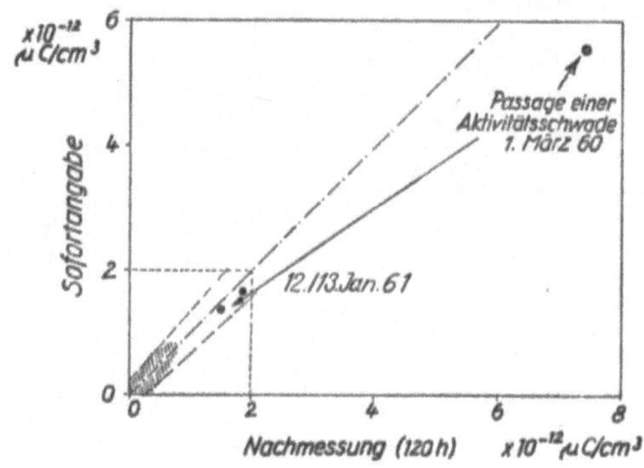

Abb. 198a. Wie Abb. 197 (Punktfeld der Abb. 197 durch Schraffur angedeutet), es sind die nach der 1. und 3. Kernexplosion in der Sahara erhaltenen Spitzenwerte eingetragen

sichtliche Absinkgeschwindigkeit des kontaminierten Aerosols und den Eintreffzeitpunkt in geringeren Höhen abzuschätzen.

Dieser Ernstfall einer laufenden praktischen Anwendung des Verfahrens an der Gipfelstation zur Abgabe von Frühwarnungen an die Behörden trat ein, als im Herbst 1961 die Kernwaffentests in der Atmosphäre im Raum der USSR neu aufgenommen wurden. In der Tat ist es uns gelungen, das Eintreffen der ersten Kernspaltproduktschwaden aus dieser Serie in Bayern ca. 6–8 Stunden nach ihrem Einbruch und vor allen anderen Warnstationen zu melden. Alle Sofortwerte vom 13. September 1961 bis 1. März 1962 sind in Abb. 198b analog zur Abb. 198a mit den späteren genauen Meßwerten in Verbindung gebracht. Das Ergebnis befriedigt in allen Konzentrationsbereichen von Rk, d. h. von nahe 0 bis etwa $40 \cdot 10^{-12} \ \mu C/cm^3$. Die statistische Streuung ist gegenüber Abb. 198a wesentlich kleiner geworden, da ja wegen der höheren Aktivitäten die statistischen Auszählungsfehler stark zurückgegangen sind.

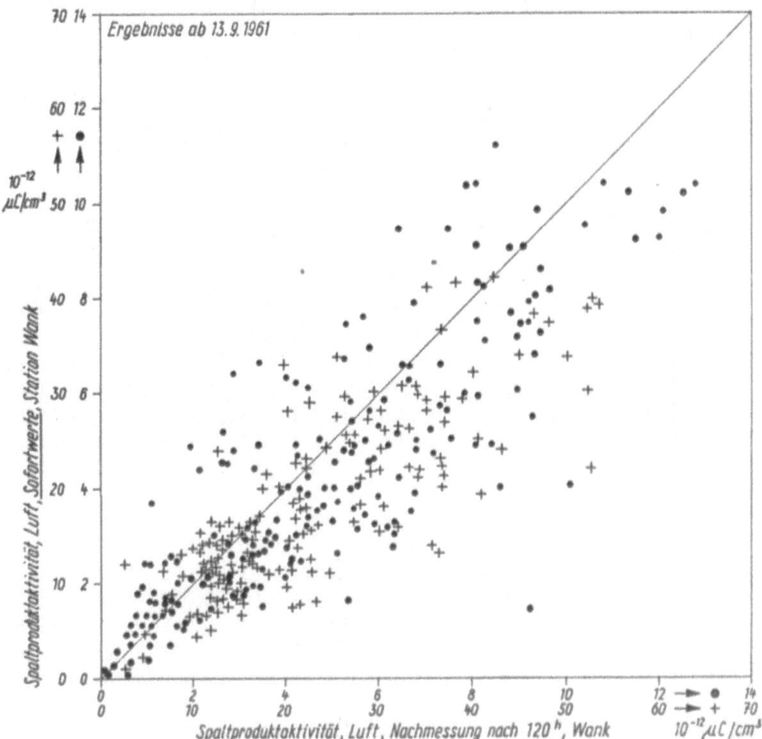

Abb. 198b. Wie Abb. 197, es sind die ab 13. 9. 1961 nach Wiederaufnahme
der Kernwaffenversuche gewonnenen Werte eingetragen

6.-0.13. Einfluß des *TBh*-Pegels auf die Meßgenauigkeit bei der Bestimnung der Spaltproduktaktivität in Abhängigkeit von der Abklingdauer

Der Grund, weshalb man (ohne Anwendung besonderer Separierungs-
verfahren, siehe 6.-0.12.3.) gezwungen ist, exponierte Aerosolfilter einige
Tage liegen zu lassen, bevor man die Restaktivität bestimmt und diese
den Kernspaltprodukten zusprechen darf, liegt, wie in 2.-3. ausgeführt,
an der langen Lebensdauer des *ThB*. Da nun an zahlreichen Meßstationen
aus technischen Gründen[1]) auch bei einem sehr niedrigen Pegel der
künstlichen Aktivität in der Luft mit einer Abklingzeit von nur 48 Stunden gearbeitet werden muß, haben wir an Hand unserer *ThB*-Messungen

---

[1]) Bei einem Teil der in Gebrauch befindlichen Filterband-Registrier-
geräte für Luftradioaktivität kann keine längere Verzugszeit als 48 Stunden
eingestellt werden.

abgeschätzt, wie groß der zu erwartende Fehler sein kann, der durch *ThB*-Reste am Filter verursacht wird.

Tabelle 38. *Monatsmittelwerte (M) und monatliche Extremalwerte (Tages-mittel) für ThB in Luft in · 10^{-12} μC/cm³ an den beiden Stationen Wankgipfel (W) und Farchant (F) bei 48 h und 120 h Abklingzeit*

Jahr	Monat	Station	ThB 48 h nach Exposition			ThB 120 h nach Exposition		
			M	Max.	Min.	M	Max.	Min.
1959	I	W	0,16	0,49	0,01	0,001	0,003	0,000
		F	0,20	0,62	0,01	0,002	0,006	0,000
	II	W	0,41	1,50	0,06	0,003	0,012	0,000
		F	0,20	0,52	0,02	0,002	0,004	0,000
	III	W	0,25	0,72	0,00	0,002	0,006	0,000
		F	0,33	0,71	0,06	0,004	0,008	0,000
	IV	W	0,24	0,68	0,00	0,002	0,006	0,000
		F	0,39	0,86	0,10	0,003	0,006	0,000
	V	W	0,24	0,49	0,00	0,002	0,004	0,000
		F	0,50	1,01	0,10	0,004	0,008	0,000
	VI	W	0,21	0,64	0,01	0,002	0,005	0,000
		F	0,25	0,60	0,92	0,002	0,005	0,000
	VII	W	0,26	0,67	0,04	0,002	0,006	0,000
		F	0,31	0,77	0,04	0,003	0,006	0,000
	VIII	W	0,20	0,41	0,01	0,002	0,003	0,000
		F	0,35	0,66	0,08	0,003	0,005	0,000
	IX	W	0,37	0,73	0,04	0,003	0,005	0,000
		F	0,64	1,14	0,18	0,006	0,009	0,000
	X	W	0,34	0,76	0,05	0,003	0,005	0,000
		F	0,58	1,91	0,12	0,005	0,017	0,000
	XI	W	0,25	0,75	0,04	0,002	0,005	0,000
		F	0,37	0,74	0,16	0,003	0,005	0,000
	XII	W	0,08	0,30	0,04	0,001	0,002	0,000
		F	0,27	0,58	0,08	0,002	0,004	0,000
1960	I	W	0,04	0,15	0,00	0,000	0,001	0,000
		F	0,13	0,29	0,08	0,001	0,002	0,000
	II	W	0,05	0,16	0,03	0,000	0,003	0,000
		F	0,22	0,54	0,06	0,002	0,004	0,000
	III	W	0,07	0,25	0,02	0,000	0,002	0,000
		F	0,30	0,90	0,07	0,002	0,006	0,000
	IV	W	0,12	0,29	0,02	0,001	0,002	0,000
		F	0,24	0,72	0,09	0,002	0,005	0,000
	V	W	0,08	0,21	0,00	0,000	0,001	0,000
		F	0,23	0,54	0,07	0,002	0,004	0,000

Tab. 38 enthält die *ThB*-Pegelwerte nach 48 und nach 120 Stunden Ab-klingzeit (nach welcher noch 4% bzw. 0,03% der Anfangs-*ThB*-Aktivität vorhanden sind) und zwar Monatsmittelwerte und Extremalwerte. Vergleichen wir diese Werte mit den zugehörigen Werten der Spaltproduktaktivität in Tab. 28 und 29, so stellen wir fest [vergl. R. REITER (1961 a)], daß im ersten Halbjahr 1959 der *ThB*-Wert 48 Stunden nach Exposition zur Restaktivität nur einen kleinen bis zu vernachlässigenden Beitrag liefert. Jedoch bereits im 2. Halbjahr 1959 erreichte der *ThB*-Wert 48 Stunden nach Exposition die Größenordnung der Restaktivität, so daß wir ab Herbst 1959 eine Korrektur bei der Errechnung der Spaltproduktaktivität anwenden mußten. Ab 1960 haben wir uns in Übereinstimmung mit den von EURATOM herausgegebenen Empfehlungen auf eine Wartezeit von 120 Stunden bei Messung der Restaktivität umgestellt. Die Tabelle zeigt, daß diese Wartezeit in allen Fällen genügt, um den *ThB*-Beitrag bei der Messung der Restaktivität verschwindend klein zu halten. Im übrigen ist zu bedenken, daß ja neben dem *ThB* auf dem Filter auch seine Folgeprodukte mitgemessen werden. Aber selbst unter diesem Aspekt bleibt der Beitrag der Thoronfolgeelemente verschwindend gering, wenn eine Wartezeit von 120 Stunden eingehalten wird.

Auf Grund unserer Ergebnisse glauben wir sagen zu können, daß Messungen der Spaltproduktaktivität bei Absolutwerten von wenigen 10^{-12} $\mu C/cm^3$ mit einem u. U. erheblichen Fehler[1]) belastet sein können, wenn mit nur 48 Stunden Wartezeit gearbeitet und der Beitrag der Tn-Folgeprodukt-Aktivität nicht abgezogen wird. Allerdings ist dabei zu bedenken, daß der ThB-Pegel stark von der geologischen Struktur des Untergrundes, von den Geländeformen, von Baumaterialien usw. abhängt und daß diese Verhältnisse in unserem Gebiet vielleicht besonders ungünstig liegen.

6.-0.14. Unterschiedlicher Zeitablauf der gleichzeitig abgeschiedenen natürlichen Beta- und Gamma-Radioaktivität des Aerosols in Abhängigkeit von Partikelgröße und -Konzentration, Vertikalaustausch und Temperaturschichtung

In diesem Abschnitt sei eine Serie von Beobachtungen mitgeteilt, deren Aussagesicherheit bereits heute als hinreichend groß angesprochen werden kann, deren völlige Aufklärung und praktische Anwendung aber erst nach Abschluß eines wesentlich erweiterten Meßprogramms möglich sein wird. Wenn wir die Ergebnisse dennoch hier schon zur Diskussion stellen, so deshalb, weil sie in bezug auf die Zusammensetzung des natürlich radioaktiven Aerosols in mehrfacher Hinsicht interessant erscheinen.

Gleichzeitige Beta- und Gamma-Radioaktivitätsmessungen (siehe 2.-1.2.3.) an den frisch exponierten Filterpaaren (Kunststoffilter + Glas-

---

[1]) Bereits 1957 hat R. REITER anläßlich einer Diskussion über Meßmethoden (Sonderausschuß Radioaktivität 1958) darauf hingewiesen, daß eine Abklingdauer von 48 Stunden mit Rücksicht auf die ThB-Aktivität auf den Filtern zu kurz ist.

faserfilter) mehrmals nach der Exposition (1., 1 a. und 2. Messung, siehe 2.-3.1.2. und 6.-0.12.3.0.) wurden bis jetzt wegen in Farchant fehlender Geräte nur an Station Wank ausgeführt, so daß wir uns also auf die Betrachtung der Verhältnisse in rund 1800 m NN zu beschränken haben.

Bald nach der Aufnahme der gleichzeitigen Beta- und Gamma-Radioaktivitätsmessungen fiel auf, daß sehr oft der zeitliche Verlauf der Beta-Radioaktivität am exponierten Filter ganz anderen Gesetzen gehorcht als der Zeitablauf der Gamma-Radioaktivität, die vom Filter ausgeht und schließlich, daß dieser auffallende Unterschied ganz besonders krass an den Kunststoffiltern, im Vergleich zu den gleichzeitig exponierten Glasfaserfiltern, in Erscheinung tritt.

Wir können 4 verschiedene Erscheinungsgruppen unterscheiden:

Typ:	Filter-material[1])	Zeitverlauf der Betaradioaktivität	Zeitverlauf der Gammaradioaktivität
I	G	fällt steil	fällt steil
	P	fällt steil	fällt sanfter
II	G	fällt steil	fällt steil
	P	fällt steil	fällt/steigt
III	G	fällt steil	fällt/steigt leicht
	P	fällt steil	fällt/steigt
IV	G	fällt steil	fällt/steigt steil
	P	fällt etwas sanfter	steigt steil

Die Beta-Radioaktivität hat also an beiden Filtern stets fallende Tendenz, während sie auf den Kunststoffiltern bei Typ II—IV — evtl. nach einem vorübergehenden Abfall — deutlich bis steil ansteigt. Der Anstieg der Gamma-Radioaktivität auf den gleichzeitig exponierten Glasfaserfiltern ist weniger steil und es geht ihm stets ein vorübergehender Abfall der Aktivität voraus.

Sowohl Unterschiede in der Geschwindigkeit des Abfalls der Aktivität, als auch ganz besonders Anstiege oder Wiederanstiege der Aktivität rühren daher, daß die abgeschiedenen radioaktiven Elemente vor und während der Abscheidung nicht miteinander im Gleichgewicht standen. Da wir aber bei der Berechnung der spezifischen Aktivitäten bisher notgedrungen von der Annahme ausgehen mußten, die Elemente seien miteinander im Gleichgewicht, so bietet sich jetzt die Möglichkeit an, aus dem Zeitverlauf der abgeschiedenen Aktivität auf die wirkliche Verteilung der Elemente einer Familie zu schließen. Hier müssen jedoch erst noch eingehendere Untersuchungen vorgenommen werden.

---

[1]) G: Glasfaser, P: Polyäthylen, beide gleichzeitig aufeinanderliegend exponiert.

Worauf es in diesem Abschnitt allein ankommt, ist folgendes: Durch Anwendung des Separations-Doppelfilterverfahrens (siehe 6.-0.12.) werden Aerosolpartikel voneinander getrennt, auf denen der Gleichgewichtszustand der angelagerten natürlich radioaktiven Elemente stark voneinander abweicht. Betrachten wir hier Tab. 39. Sie enthält den prozentualen Gang der Beta- und Gamma-Radioaktivität auf dem G- und P-Filter pro Erscheinungstyp (s. o.), dazu noch einige Aktivitätsverhältnisse G/P (siehe Tabellenkopf), das Schwärzungsverhältnis G/P, sowie noch eine Reihe weiterer Mittelwerte, die sich jeweils auf den betreffenden Erscheinungstyp beziehen.

Zunächst ersehen wir aus der Tabelle, daß die Wiederanstiege der Gamma-Radioaktivität, vor allem an den P-Filtern, bei Typ II—IV ganz beträchtlich sind. Es kann nun — auch nach allen bisherigen Erfahrungen — nichts anderes angenommen werden, als daß durch das grobporige P-Filter überwiegend grobe Partikel aus dem Aerosol abgefiltert werden, während die feinere Fraktion auf dem G-Filter verbleibt. Folglich müssen wir schließen: die an die groben Partikel gebundenen natürlich radioaktiven Elemente stehen unter bestimmten Umständen wenigstens zum Teil weit weniger gut miteinander im Gleichgewicht als die an das feindisperse Aerosol gebundenen Elemente[1]).

Fragen wir nun nach eben den Bedingungen, unter welchen diese Erscheinung auftritt, so können wir aus Tabelle 39 folgendes ablesen:

Das radioaktive Gleichgewicht vor allem jener Elemente, die an das grobdisperse Aerosol gebunden sind, ist umso stärker gestört bzw. die Störung kommt umso stärker zum Ausdruck:

a) je geringer die Luftverschmutzung ist (s. Kolonne 9, Tab. 39)

b) je mehr beta-strahlende Elemente mit dem feindispersen Aerosol abgelagert werden (s. Kolonne 3 und 4)

c) je mehr gamma-strahlende Elemente an das groddisperse Aerosol angelagert sind (s. Kolonne 5)

d) in je feinerer Dispersion das Aerosol überhaupt vorliegt (s. Kolonne 6)

e) je größer der Austauschkoeffizient ist (s. Kolonne 7)

f) je instabiler die Temperaturschichtung ist (s. Kolonne 8) und

g) je größer das Verhältnis *ThB*-Konzentration/*RaB*-Konzentration ist (Kolonne 11, 12).

Feststellung f) wird auch durch die Tatsache bestätigt (s. Kolonne 10), daß bei Übergang von Typ I bis IV der Anteil der vormittäglichen Expositionen zu und der der nächtlichen abnimmt. Natürlich besteht in bezug auf das Zusammentreffen der oben genannten Bedingungen z. T. zwangsweise Koppelung, doch braucht uns das hier nicht weiter zu stören.

---

[1]) Da die Retention im Atemtrakt von der Partikelgröße abhängt, ist diese Feststellung auch von biologischem Interesse.

Tabelle 39. *Zeitliche Änderung der gleichzeitig auf den Glasfaserfiltern (G) und Polyvinylchloridfiltern (P) abgeschiedenen Beta- und Gamma-Radioaktivitäten. Station Wank, 1959 und 1960.*

Erscheinungstyp	Filtermaterial	Prozentuale **Beta-Radioaktivität** Zeitabstand von der Exposition:			Prozentuale **Gamma-Radioaktivität** Zeitabstand von der Exposition:			Aktivitätsverhältnisse $\frac{\text{Glasfaserfilter}}{\text{Kunststoffilter}}$			Schwärzungsverhältnis $\frac{\text{Glasfaserfilter}}{\text{Kunststoffilter}}$	mittlerer Austauschkoeffizient A	mittlerer Temperaturgradient °C/100 m	mittlere Luftverschmutzung S	% Vormittage	Anzahl der Einzelfälle	Mittelwert RaB-Konzentration in 10^{-12} $\mu C/cm^3$	Mittelwert ThB-Konzentration in 10^{-12} $\mu C/cm^3$
		10 min. (1)	ca. 2 h (1 a)	ca. 3 h (2)	10 min. (1)	ca. 2 h (1 a)	ca. 3 h (2)	Betaaktivität (1)	(1 a)	Gammaaktiv. (1 a)								
I	G	100	15,0	5,0	100	14,5	6,7	3,9	3,1	3,8	3,2	50	—0,26	30	42	78	136	2,8
	P	100	18,4	5,2	100	24,8	14,7											
II	G	100	14,1	4,4	100	17,3	12,6	3,9	3,4	3,4	3,6	78	—0,32	26	53	45	108	3,0
	P	100	15,7	6,2	100	31,4	69,8											
III	G	100	9,8	2,6	100	18,5	28,5	4,3	3,6	1,8	3,7	81	—0,45	23	87	30	94	3,1
	P	100	13,3	4,5	100	40,0	70,0											
IV	G	100	14,0	8,7	100	36,2	53,4	5,3	3,8	1.4	4,7	(39)	(—0,36)	20	93	14	69	3,4
	P	100	17,8	11,4	100	215	388											
Kolonne Nr:		1			2			3	4	5	6	7	8	9	10	13	11	12

Am meisten fällt folgendes auf:

Das radioaktive Gleichgewicht der Elemente natürlichen Ursprungs auf den groben Aerosolpartikeln ist überraschenderweise umso stärker gestört, je geringer deren Häufigkeit im Teilchenspektrum ist und zwar wegen unserer Feststellung a) und d) [und damit gleichzeitig auch b)]. Eine weitere Voraussetzung für schlechte Gleichgewichtseinstellung ist gute atmosphärische Durchmischung. Dieser Befund ist auch deshalb besonders interessant, weil er eine automatische Koppelung mit den Feststellungen a) und d) ausschließt.

Wenn auch heute noch keine bindende Erklärung für das Phänomen an sich und das Bedingungsgefüge gegeben werden soll und kann, so zeigen die Untersuchungen doch sehr eindringlich, wie kompliziert das System der natürlich radioaktiven Aerosole ist und wie seine Struktur durch unterschiedliche atmosphärische Bedingungen eine mehrdimensionale Vielfalt aufgedrückt bekommt. Es ist daraus zu schließen, daß zur Erhöhung der Meßgenauigkeit, z. B. bei Austauschuntersuchungen mit Hilfe der natürlich radioaktiven Elemente, möglichst zur Einzelbestimmung individueller Elemente aus den Familien übergegangen werden muß.

Zuletzt noch einige Worte zur Frage um welche Elemente es sich handeln könne, die den nachträglichen Gamma-Radioaktivitäts-Anstieg bewirken. Er tritt, wie Tab. 39 zeigt, überwiegend erst 2—3 Stunden nach der Exposition ein. Nach 120 Stunden ist die natürliche Gamma-Aktivität auf Unmeßbarkeit abgesunken. Der Verdacht fällt auf die stark gammastrahlenden Elemente *RaC* (mit *RaC''*) und *ThC* (mit *ThC''*). Wollte man — als Extremfall — annehmen, es würde nur *RaA* ohne seine Folgeprodukte, die noch nicht nachgebildet seien, abgefiltert, dann würde *RaC* (mit *RaC''*) sein Maximum nach ca. 45 Min. erreichen, nach 120 Min. aber wäre die *RaC*-Menge schon wieder auf rund 1/4 abgefallen. Spätere Anstiege, also erst nach 3 Stunden, können durch *RaC*-Nachbildung nicht erklärt werden.

Nehmen wir nun an, es wurde frisch gebildetes *ThB* ohne *ThC* abgefiltert, das rund 1 Stunde Halbwertszeit hat, dann steigt die *ThC*-Aktivität etwa 3 Stunden lang an um dann parallel mit der *ThB*-Aktivität sanft abzufallen. Hier kommen wir also in die Größenordnung des gefundenen zeitlichen Ablaufes. Dafür, daß der Gamma-Anstieg von Elementen der Thoriumreihe herrühren dürfte, spricht auch unsere Feststellung g) (s. o.). Der starke Anstieg der Gamma-Radioaktivität auf den exponierten Filtern mag deshalb in erster Linie daher kommen, daß das Gleichgewicht *ThB/ThC* nicht eingestellt war. In diesem Zusammenhang wird auch verständlich, daß der Effekt an guten lokalen Austausch gebunden ist, insbesondere, wenn wir hier das mit berücksichtigen, was in 6.–0.5., 6.–0.8. über die Herkunft der Thoron-Folgeprodukte geschlossen werden mußte. Wir haben es also sehr wahrscheinlich mit in der nächsten Nähe der Station frisch gebildetem *ThB* zu tun, das durch lokale Konvektion zur Meßstelle getragen wird noch bevor sich das Gleichgewicht *ThB/ThC* einstellen kann.

Was wir nun besonders deutlich am Gamma-Aktivitätsanstieg 2—3 Stunden nach der Exposition sehen und wohl auf *ThC*-Nachbildung zurückführen müssen, das kann und wird sich, wenn auch äußerlich weniger deutlich, in der Familie der Elemente *RaA—RaC/RaC''* vollziehen[1]). Weniger deutlich (aber nicht weniger gravierend) deshalb, weil die kurzen Halbwertszeiten der Elemente die Übergänge verwischen, zumal ohne Spezialgeräte der Zeitablauf nicht mit der nötigen Auflösung festgehalten werden kann. Sicher ist jedenfalls, daß hier genauere Untersuchungen dringend vonnöten sind. Denn aus dem jeweiligen Typ des Gleichgewichtszustandes können, abgesehen vom vertikalen Konzentrationsgefälle der Elemente, weitere Schlüsse auf atmosphärische Austauschvorgänge gezogen werden.

6.-0.15. Besteht eine Beziehung zwischen jet-stream-Nähe und Anstieg der Spaltproduktaktivität in der Luft?

Die durch Atomkern-Explosionen in die Stratosphäre geschleuderten Kernspaltprodukte können nicht mehr ohne weiteres durch die Sperrschicht der Tropopause hindurch in die Troposphäre zurückkehren. Über den Austausch zwischen Stratosphäre und Troposphäre siehe z. B. P. P. STOREB (1960), über stratosphärische Radioaktivität J. Z. HOLLAND (1959, 1960) und über stratosphärische Mischungsvorgänge und Breitenverteilung des fallout W. F. LIBBY und C. E. PALMER (1960), sowie W. F. LIBBY (1959)[2]). Der Luft- und damit der Aerosol-Austausch zwischen den beiden atmosphärischen Stockwerken erfolgt „durch den horizontalen Massentransport im Bereich der planetarischen Strahlströme, wo die Tropopause stets aufgespalten ist, häufig aufgelöst und neugebildet wird, und hochtroposphärische Tropikluft gegen stratosphärische Polarluft ausgetauscht wird. Dieser Vorgang beschränkt sich auf schmale Zonen und ist daher wohl sehr langsam im Vergleich zu dem lebhaften Vertikalaustausch innerhalb der Troposphäre" [H.FLOHN (1959)]. Der nur z. T. stationäre subtropische Strahlstrom in ca. 200 mb pendelt in dem Gürtel 25—60° N [H. Flohn (1958)], er überstreicht also gelegentlich auch unser Beobachtungsgebiet. Nach V. J. SCHAEFER (1953, 1955a, b) und B. C. FROST (1953) soll es möglich sein, die Lage des jetstream an charakteristischen Wolkenformen[3]) sicher zu erkennen. An erster Stelle stehen in

---

[1]) Tab. 39 zeigt übrigens sehr deutlich, daß der Beta-Aktivitäts-Abfall am P-Filter stets deutlich langsamer erfolgt als am G-Filter. Hier dürften wir es bereits mit unterschiedlichen Gleichgewichtszuständen in der Elemente-Folge *RaB/RaC* zu tun haben.

[2]) Siehe hier auch die bei 6.-0.1. zum Problem „Verweilzeit" zitierte jüngere Literatur.

[3]) V. J. SCHAEFER (1955b): Gewisse spezielle Wolkenformen sind häufig mit heftigen Winden in der Höhe verbunden. Untersuchungen haben gezeigt, daß diese Wolken gewöhnlich in Gebieten starker horizontaler und vertikaler Windscherung und in den meisten Fällen in oder über Gebieten mit negativer Vorticity und kleiner Richardson-Zahl auftreten. Kleinräumige Details in jetstream-Wolken dürften eine Folge turbulenter Bewegungen in Schichten sein, die durch weiträumige vertikale Bewegung in der Atmosphäre zur oder nahe an die Wasserdampfsättigung gebracht werden.

dieser Hinsicht die Cirrus uncinus, wie sie in besonders guter Ausprägung auf Abb. 199 über unserem Stationsgebiet im Westen zu sehen sind. Die charakteristische Form kommt so zustande: aus einer, oft sehr kleinen, unausgeprägten kammförmigen Mutterwolke fallen Eiskristalle heraus. Da die im Strahlstrom schwimmende Mutterwolke in einer überaus schnellen Horizontalbewegung begriffen ist, werden die Fallstreifen zu fast horizontalen Schleppen auseinandergezogen („Windscherung").

Wir haben in Abb. 169 b, c die Tage mit stark ausgeprägten Cirrus uncinus durch Pfeile über den Rk-Kurven markiert. Es fällt auf, daß in der

Abb. 199. Cirrus uncinus als „Wegmarkierungen" des jet stream

Regel wenige Tage nach dem Auftreten der Ci uncinus die Restaktivität ansteigt[1]) und ein vorübergehendes Maximum erreicht. Es ist möglich, daß diese Anstiege eine Folge des Ausscherens von Kernspaltprodukten aus der Stratosphäre in die Troposphäre hinein auf dem Wege über den jet-stream und die mit ihm verbundenen Austauschvorgänge sind. Natürlich ist dieser rein empirische Zusammenhang noch nicht beweisend, zumal die relativ kleine Anzahl von Beobachtungen keine statistische Auswertung erlaubt. Immerhin soll zunächst nur einmal die Möglichkeit einer

---

[1]) Erste Beobachtungen in dieser Richtung haben wir auf dem Zugspitzplatt 1958 [R. REITER (1960 c)] ausgeführt.

Beziehung zwischen *Rk*-Anstiegen nach jet-stream Passagen und dem Auftreten von Cirrus uncinus erörtert werden.

Die in Frage kommenden mittleren Absinkgeschwindigkeiten auf der warmen Seite des Strahlstromes dürften in der Größenordnung von einigen cm/sec liegen [1]). Die Transportdauer von der Tropopause bis zur Erdoberfläche kann dann gerade einige Tage betragen, im Einklang mit unserer Beobachtung.

6.-0.16. Kleine Literaturzusammenstellung zum Kapitel 6.-0.

Die im vorliegenden Abschnitt gegebene kleine Literaturzusammenstellung neuerer Arbeiten soll es dem Leser erleichtern, einige Originalliteratur aufzufinden. Es kann aber im Rahmen dieses Buches weder eine vollständige Literaturübersicht mit Nennung aller einschlägigen Arbeiten, noch weniger eine ausführlichere Besprechung und Diskussion der einzelnen Arbeiten selbst geboten werden.

Veröffentlichungen, die sich hauptsächlich mit meßtechnischen Problemen befassen, sind bereits im Abschnitt 2.-3.1. genannt.

Vorweg sei auf einige sehr vollständige und reichhaltige Literaturzusammenstellungen hingewiesen, die für manchen Leser eine Fundgrube sein dürften: A. G. HOARD, M. EISENBUD und J. H. HARLEY (1956), G. THURONYI (1956), A. G. HOARD (1956, 1957, 1958), G. THURONYI (1958), R. WALLACE (1958), C. L. DUNHAM (1959), H. E. VORESS und Mitarb. (1959), Japan Met. Agency, Tokio (1961), W. E. BOST und Mitarb. (1961). Dasselbe gilt für die umfangreiche Literaturzusammenstellung in dem Tabellenwerk von B. RAJEWSKY und Mitarb. (1956), die allerdings hauptsächlich medizinisch-biologisch ausgerichtet ist. Und schließlich sei noch auf die Nuclear Science Abstracts der U.S. Atomic Energy Commission nachdrücklich hingewiesen.

6.-0.16.0. Natürliche Luftradioaktivität

Über die Radonkonzentration in der hohen Atmosphäre berichten L. MACHTA und H. F. LUCAS (1962).

Allgemeine Untersuchungen und deren Ergebnisse über die natürliche Radioaktivität der bodennahen Luftschicht finden sich u. a. in folgenden Arbeiten:

R. SIKSNA (1950): mit Hilfe einer photographischen Methode (Bahnspuren-Aufnahmen) werden die einzelnen Elemente der natürlichen Zerfallsreihen

---

[1]) Herrn Prof. Dr. H. FLOHN sind wir für die briefliche Mitteilung sehr dankbar.

nachgewiesen und quantitativ bestimmt. H. NORINDER, A. METNIEKS und R. SIKSNA (1952a, b) untersuchten den Gehalt der Bodenluft an natürlich radioaktiven Elementen mit Hilfe ionometrischer Verfahren. W. ANDERSON, W. V. MAYNEORD und R. C. TURNER (1954) und W. ANDERSON und R. C. TURNER (1956) erforschten die Beziehung zwischen Gehalt der Luft an Radon und dem Kohlenabbrand. Die Kohle enthält nämlich Spuren Radium, so daß zusammen mit den Kohlenabgasen auch merkliche Mengen Radon der bodennahen Luft zugeführt werden. Weitere allgemeine Untersuchungen über Radongehalt der bodennahen Luft siehe bei P. BEHOUNEK und M. MAJEROVA (1956) und H. A. MIRANDA (1957), welcher mit einer improvisierten Meßtechnik ausgedehnte Messungen im Bereich von New York ausgeführt hat. M. H. WILKENING (1957) befaßt sich mit der Anwendung natürlich radioaktiver Elemente um die Beweglichkeit von Aerosolpartikeln zu untersuchen. H. J. GALE und L. H. J. PEAPLE (1958) führten Radonmessungen in der bodennahen Luft von Harwell durch. Besondere Beachtung wegen der angewandten Meßtechniken verdienen die intensiven Untersuchungen von M. KAWANO und S. NAKATANI (1958, 1959), welche im Raum Tokyo laufende Messungen der Radonkonzentration und der α-, β- und Gamma-Radioaktivität der Luft ausführen. Siehe ferner K. STIERSTADT (1960). Eine Sammlung von Meßdaten natürlicher Radioaktivität liefern W. M. LOWDER und R. SOLON (1956).

Mit Fragen der Diffusion und vertikalen Verteilung natürlich radioaktiver Elemente befaßten sich M. H. WILKENING (1956), M. H. WILKENING und J. E. HAND (1960), B. BOLIN (1958) und J. R. PHILIP (1959). In diesem Zusammenhang sind auch die Untersuchungen von F. B. SMITH (1957) über die Scheindiffusion unter einer stabilen atmosphärischen Schicht von Interesse.

Dem Verhalten und der Verteilung der Folgeprodukte des Radon (und Thoron) wandten sich W. JACOBI, A. AURAND und A. SCHRAUB (1956), ST. L. JAKI und V. F. HESS (1958), W. JACOBI, A. SCHRAUB, K. AURAND und H. MUTH (1959), B. HESS (1962) und K. STIERSTADT und M. PAPP (1960) zu.

Probleme der Selbstreinigung der Atmosphäre und der Verweildauer von Aerosolpartikeln wurden von O. HAXEL und G. SCHUHMANN (1955), P. KING, L. B. LOCKHART und R. A. BAUS (1956), G. SCHUMANN (1958) und L. LEHMANN und A. SITTKUS (1959) bearbeitet.

Jahresgänge, Tagesgänge und andere Rhythmen wurden von E. S. COTTON (1955), C. C. DELWICHE und P. E. STOUT (1955), M. H. WILKENING (1959), sowie von B. HESS (1962) analysiert.

Lokale Anomalien der natürlichen Radioaktivität wurden von H. GARRIGUE (1936, 1954) untersucht.

Meteorologische Einflüsse auf die natürliche Radioaktivität der bodennahen Atmosphäre wurden von S. G. MALAKHOV und Mitarb. (1960), R. und M. HONDA (1961), S. G. MALAKHOV und Mitarb. (1961), N. MATTANA und Mitarb. (1961), H. MOSES und Mitarb. (1962) u. a. studiert.

6.-0.16.1. Künstliche Luftradioaktivität

Der Umfang der Literatur, welche allgemeine Ergebnisse über die künstliche Radioaktivität der Luft enthält, ist in den letzten Jahren beachtlich angewachsen. Folgende Arbeiten seien hier — u. a. — genannt: G. Schumann (1954), H. Garrigue (1954, 1955), P. Hess (1956), I. H. Blifford, H. Friedmann, L. B. Lockhart und R. A. Baus (1956), F. N. Frenkiel (1956), Y. Miyake und K. Saruhashi (1957), A. Sittkus (1958), V. Santholzer und J. Machu (1958), L. B. Lockhart (1958), H. Israel und H. Reifferscheid (1958), L. Holzapfel, H. Cauer und R. Reiter (1958), J. A. Schedling (1959), L. B. Lockhart, R. A. Baus, R. L. Patterson und A. W. Saunders (1959), L. B. Lockhart, R. A. Baus und I. H. Blifford (1959), F. Steinhauser (1959a, b), M. Hinzpeter, F. Becker und H. Reifferscheid (1959), L. Fry und P. K. Kuroda (1959), J. A. Schedling (1960), W. Anderson, R. E. Bentley, L. K. Burton und C. A. Greatorex (1960), C. L. Dunham (1959), J. Z. Holland (1959), J. Horak und J. Podzimek (1959), M. J. Kalkstein und Mitarb. (1959), N. G. Stewart (1960), B. Styra (1960a, b), W. Jacobi (1961), W. Herbst und G. Wiesenack (1961), J. C. Philippot (1961), P. B. Storebo und S. C. Stern (1961), H. Garrigue (1962), W. Gerlach und K. Stierstadt (1962), L. Machta und Mitarb. (1962). Sehr erwähnenswert sind ferner die Vorträge, welche am Ist Symposium on Radioecology an der Colorade State University, USA im September 1961 und am 4. Internationalen Symposium für atmosphärische Kondensationskerne in Frankfurt/Main und Heidelberg im Mai 1961 gehalten worden sind. Ein Teil dieser Arbeiten und Vorträge befaßt sich dabei im speziellen mit dem Verhalten und der Verteilung von Sr^{90} in der Luft.

Umfangreiche Bestimmungen von Kernspaltprodukten in der freien Atmosphäre wurden erstmals von L. Machta, H. L. Hamilton, L. F. Hubert, R. J. List und K. M. Nagler (1957) veröffentlicht. Jüngere Untersuchungen mit Hilfe von Ballonsonden finden sich bei J. Z. Holland (1959), H. T. Mantis und J. R. Winckler (1960), C. W. Chagnon und C. E. Junge (1961), R. C. Wood (1962, 1963), S. F. Rohrbough und Mitarb. (1963).

Eine Anwendung der Kernspaltprodukte in der Luft zur Strömungsforschung liegt sehr nahe. Es war A. Schmaus (1952), welcher in Deutschland zum ersten Male darauf hingewiesen hat, man könne die meteorologische Forschung erheblich durch Anwendung der modernen Markierungsverfahren fördern. Inzwischen ist eine sehr große Anzahl von Arbeiten erschienen, welche sich mit Fragen der Strömung und Verfrachtung befassen, wobei die der Luft durch die Atomexplosionen zugeführten Spaltprodukte als Markierungsmittel verwendet werden. Nachfolgend eine kleine Auswahl:W. Herbst, R. Neuwirth und K. Philipp (1954), H. G. Müller (1955), L. Machta, R. J. List und L. F. Hubert (1956), H. Flohn und H. Haarländer (1958), H. Koschmieder (1958), W. F. Libby (1958), R. List (1958), L. Machta (1958a, b, c), Y. Miyake (1958), T. Kopcewicz (1959), L. Machta (1959), E. A. Martell (1959), A. Sitt-

Kus (1959), H. Reifferscheid (1959), W. M. Burton und G. Stewart (1960), L. Machta (1960), L. Brauer (1961), Stewart, N. G. (1961), J. Laberie (1961), P. B. Storebö (1961), H. Flohn (1961), E. A. Martell und P. J. Drevinsky (1960), P. Goldsmith und F. Brown (1961), L. Machta und R. J. List (1961), Ph. W. Allen und Mitarb. (1962), B. Bolin (1962), R. E. Newell (1962).

Folgende speziellen Untersuchungen seien noch erwähnt: G. Schumann und G. Eulitz (1960) über die jahreszeitliche Variation der stratosphärischen fallout-Komponente, A. Wensel (1959) über den Gehalt der Luft an langlebigen gammastrahlenden Substanzen und Betrachtungen über die Bedeutung der Kernspaltprodukte als Kondensationskerne: A. C. Best (1955) und C. A. Chamberlain, W. J. Megaw und R. D. Wiffen (1957). Elektrische Verfahren zur Bestimmung der Teilchengrößen-Verteilung eines Aerosols werden von V. G. Drozin und D. D. Deo (1955) angegeben.

Folgende Arbeiten befaßten sich mit Einzelpartikeln extrem hoher künstlicher Radioaktivität („heiße Teilchen"): E. v. Kilinsky (1958), E. Grote (1959, F. Hauer und G. Keck (1959), R. Neuwirth (1959), W. Kern (1959), R. May und H. Schneider (1959), W. Morgenstern und W. Rentscher (1959), J. A. Schedling und W. A. Müller (1959a, b), G. Schumann (1959), A. Sittkus (1959a, b), R. D. Maxwell (1960), B. Rajewsky und Mitarb. (1962).

Neueste Untersuchungen über die Anlagerung von radioaktiven Partikeln an Kondensationskerne finden sich bei W. Jacobi (1961), L. Lassen (1961) und J. Bricard, J. Pradel und A. Renoux (1961), über Anlagerungen an Wolken- und Niederschlagspartikel bei J. Podzimek (1961), B. Styra (1961) und P. Goldsmith (1961).

Laufende Daten über den Pegel der künstlichen Luftradioaktivität wurden vom Sonderausschuß Radioaktivität (1958, 1959, 1963) veröffentlicht.

In diesem Zusammenhang sei noch einmal auf die von B. Styra (1959, 1960) in russischer Sprache gegebenen monographischen umfangreichen Literaturzusammenstellungen zum Problemkreis einer „Nuclear Meteorology" und auf die Sammlung: Kernstrahlung in der Geophysik [Herausgg.: v. H. Israel und A. T. Krebs (1961)] verwiesen.

6.-1. Künstliche Radioaktivität der Niederschläge

6.-1.0. Bemerkungen zur Wechselwirkung zwischen Aerosol und atmosphärischem Niederschlag

Im Rahmen dieser Schrift muß auch einiges zur künstlichen Radioaktivität der Niederschläge gesagt werden, aber nicht so sehr aus Interesse am Absolutwert der Spaltprodukt-Radioaktivität im Niederschlag an sich, sondern weil

a) fallender Niederschlag und Aerosol miteinander in Wechselbeziehungen stehen und

b) weil die durch den Niederschlag in der Erdoberfläche und im oberflächlichen Bewuchs deponierten radioaktiven Elemente bis zu einem gewissen Grade durch die ausgesandten Strahlungen auf die der Erdoberfläche aufliegende Lufthaut zurückwirken.

Wir können also hier alle Feststellungen über den absoluten Pegel der Niederschlags-Kontamination sehr kurz fassen, zumal vom Verfasser erst kürzlich [R. REITER (1961 d)] alle wichtigen Daten der alpinen Niederschlags-Untersuchungen aus den letzten Jahren im Detail mitgeteilt worden sind. Einen breiteren Raum soll dafür die Diskussion des washout-Effektes und verwandter Vorgänge einnehmen. Auch soll die Beziehung zwischen atmosphärischer Labilität und spezifischer Spaltprodukt-Radioaktivität im Niederschlag, sowie, in Analogie zur entsprechenden Untersuchung des NO_3'-Gehaltes, die Relation zwischen spezifischer Spaltprodukt-Radioaktivität des Niederschlags an der Bergstation zu der des gleichzeitig im Tal aufgefangenen Niederschlags u. a. näher ins Auge gefaßt werden.

In Kürze sei noch auf die bekannte und übliche Unterscheidung folgender Komponenten hingewiesen:

a) Aktivitäten im Niederschlag, die bereits bei der Niederschlagsbildung, d. h. auf dem Wege über oder als Kondensationskerne inkorporiert worden sind und

b) Aktivität, die der Niederschlag auf seinem Fallweg aus der Luft auf mechanischem Wege mitreißt, wobei also die Aktivität im Niederschlag laufend ansteigt, in der Luft aber absinkt.

Was das Auffangen und die Aufbereitung der Niederschläge, die Abscheidung der radioaktiven Elemente, die Unterscheidung nach filtrierbaren und nicht-filtrierbaren Aktivitäts-Komponenten usw. betrifft, sei auf Abschnitt 2.-3.2. verwiesen.

6.-1.1. Allgemeine Vergleiche zwischen den Ergebnissen von Station Wank und Station Farchant

Aus veröffentlichten tabellarischen Übersichten [R. REITER (1961 d), *Sonderausschuß Radioaktivität* (1958, 1959)] kann folgendes abgeleitet werden:

Die spezifische Radioaktivität im Niederschlag ist 1958—1960 an der Talstation um rund 20% höher als an der Bergstation. Das gilt sowohl für Beta- als auch für Gamma-Radioaktivität des filtrierbaren Anteils. Beim nicht filtrierbaren Anteil beträgt der Überschuß im Tal 37% (Beta-Radioaktivität) bzw. 16% (Gammaradioaktivität).

Dieser Unterschied wird verständlich, wenn man bedenkt, daß die Cer-Verbindungen relativ schwer löslich sind und gerade das Cer die Hauptquelle für die Gammastrahlung liefert. Im Mittel erweisen sich 82 bis 88% (Betaradioaktivität) bzw. 78 bis 81% (Gammaradioaktivität) als filtrierbar (mittels Filter 589[1] Schleicher und Schüll). Im Durchschnitt liegt die spezifische Gammaradioaktivität an beiden Stationen etwas höher als die Betaradioaktivität. Betrachtet man nun die im Meßzeitraum dem Boden insgesamt zugeführte Radioaktivität (Bodenbelastung pro Flächeneinheit), so findet man praktisch keinen Unterschied mehr zwischen Tal- und Bergstation (Überschuß an der Talstation von 4 bis 5%). Diese Verschiebung gegenüber der spezifischen Radioaktivität, bezogen auf das Volumen des flüssigen Niederschlags, wird verständlich, wenn man die im Meßzeitraum insgesamt gefallene Niederschlagsmenge betrachtet. Diese ist an der Bergstation um rund 13% größer als an der Talstation. Höhere Niederschlagsmenge und niedrigere spezifische Niederschlagsradioaktivität am Berg gleichen sich also gegenseitig etwa aus. Immerhin dürfte die Feststellung, daß die Gesamt-Bodenbelastung an der Bergstation nicht größer ist als an der Talstation im Hinblick auf unsere Untersuchungen über die Kontamination der Grasaschen in verschiedenen Höhen wichtig sein.

6.-1.2. Zeitlicher Verlauf der spezifischen Spaltprodukt-Aktivität im Niederschlag am Wank und in Farchant im Jahre 1960

Die spezifischen Aktivitäten der Einzelniederschläge, welche in Farchant und am Wank in den Jahren 1958 und 1959 aufgefangen worden sind, wurden schon an anderer Stelle veröffentlicht und eingehend besprochen [R. REITER (1960c, 1961d)], so daß wir uns hier auf das Jahr 1960 als Beispiel beschränken können, welches übrigens alles zeigt (Abb. 200), worauf es uns im folgenden ankommt (einen Vergleich 1959 bis 62 ermöglicht Tab. 40a, b). Ab einschl. April 1960 sind die Säulen, welche die spezifische Aktivität[1]) der gleichzeitig an den beiden Stationen aufgefangenen Niederschläge angeben, in zwei verschiedenen Maßstäben aufgetragen, was nicht übersehen werden darf. Das war erforderlich, weil nach den ersten drei Monaten, in welchen noch z. T. erhebliche Aktivitätsspitzen gemessen wurden, in der weiteren Folge der Pegel der Kernspaltprodukt-Aktivität im Niederschlag mehr und mehr zurückging (vergl. Tab. 40). Auffallend ist übrigens, daß in einigen Monaten des Jahres 1960 entgegen der bisherigen Erfahrung (siehe Tab. 40) die spezifische Aktivität der Bergniederschläge höher lag als im Tal. Ob dieser Unterschied signifikant ist, ob er weiter bestehen bleibt, und wel-

---

[1]) Die Säulen bestehen aus 2 Stücken: schwarz: filtrierbarer, weiß: nicht-filtrierbarer Anteil in der spezifischen Gesamt-β-Aktivität.

Tabelle 40a. *Monatsmittelwerte der spezifischen künstlichen Radioaktivität im Niederschlag, auf der Gletscheroberfläche und in den Grasaschen in den Jahren 1959 und 1960 an den Stationen bzw. Probenahmestellen Farchant, Wank und Gatterl*

Monat	Spez. künstl. Radioaktivität im Niederschlag in $\cdot 10^{-7}\ \mu C/cm^3$				Spez. künstl. Radioaktivität auf der Gletscheroberfläche in $\cdot 10^{-7}\ \mu C/cm^3$				Spez. künstl. Radioaktivität in der Grasasche in $\cdot 10^{-4}\ \mu C/g$					
	Farchant		Wank		schmutzig		sauber		Farchant		Wank		Gatterl	
	1959	1960	1959	1960	1959	1960	1959	1960	1959	1960	1959	1960	1959	1960
Januar	10,2	2,19	7,25	0,26	—	—	—	—	—	—	—	—	—	—
Februar	7,9	0,42	5,20	0,36	—	—	—	—	—	—	—	—	—	—
März	4,3	0,65	4,65	1,04	—	—	—	—	—	—	—	—	—	—
April	9,9	0,57	6,80	0,76	—	—	—	—	11,16	1,97	—	—	—	—
Mai	10,1	0,25	7,7	0,41	—	—	—	—	8,42	2,42	8,5	—	—	—
Juni	5,0	0,45	6,1	0,34	146,0	10,80	9,3	0,85	8,65	2,05	18,16	2,07	—	3,99
Juli	2,8	0,25	2,65	0,48	301,0	30,0	20,9	0,44	6,85	1,83	10,40	2,10	28,3	2,98
August	2,9	0,21	1,80	0,28	679,0	30,45	15,5	0,24	4,65	1,78	12,13	1,91	23,2	4,86
September	0,53	0,18	1,11	0,44	2142,0	76,73	34,8	0,32	3,65	1,81	7,96	1,80	22,6	2,52
Oktober	0,55	0,13	0,23	0,16	—	—	—	—	1,93	1,44	3,52	1,55	—	—
November	0,42	0,11	0,62	0,38	—	—	—	—	—	—	—	—	—	—
Dezember	0,44	0,11	0,73	0,15	—	—	—	—	—	—	—	—	—	—

Tabelle 40b. *Monatsmittelwerte der spezifischen künstlichen Radioaktivität im Niederschlag, auf der Gletscheroberfläche und in den Grasaschen in den Jahren 1961 und 1962 an den Stationen Farchant bzw. Garmisch, Wank und Gatterl*

Monat	Spez. künstl. Radioaktivität im Niederschlag in $\cdot 10^{-7}\ \mu C/cm^3$				Spez. künstliche Radioaktivität auf der Gletscheroberfläche in $\cdot 10^{-7}\ \mu C/cm^3$				Spez. künstliche Radioaktivität in der Grasasche in $\cdot 10^{-4}\ \mu C/g$					
	Farch.	Farch./Garmisch	Wank		schmutzig		sauber		Farch.	Farch./Garmisch	Wank		Gatterl	
	1961	1962	1961	1962	1961	1962	1961	1962	1961	1962	1961	1962	1961	1962
Januar	0,13	9,95	0,14	12,15	—	—	—	—	—	—	—	—	—	—
Februar	0,13	13,85	0,23	8,99	—	—	—	—	—	—	—	—	—	—
März	0,20	12,20	0,22	7,45	—	—	—	—	—	—	—	—	—	—
April	0,14	10.85	0,23	8,15	—	—	—	—	1,69	9,42	—	—	—	—
Mai	0,22	6,56	0,51	5,50	—	—	—	—	1,69	10,60	1,15	—	—	—
Juni	0,16	14,10	0,17	16,60	5,20	—	0,08	—	1,59	11,50	1,29	14,40	—	—
Juli	0,23	10,00	0,18	10,10	7,90	469,0	0,98	41,7	1,25	13,40	1,54	26,20	2,42	60,00
August	0,14	8,20	0,13	10,70	14,40	7600,0	1,00	439,0	1,54	8,20	1,73	19,30	3,35	27,30
September	3,20	10,40	2,81	7,95	21,20	—	1,06	—	2,61	6,80	2,42	15,50	3,17	45,80
Oktober	27,80	5,70	39,00	8,25	44,10	—	0,74	—	26,20	8,95	13,40	21,70	2,87	—
November	25,30	8,85	22,00	9,55	—	—	—	—	33,22	—	23,50	—	—	—
Dezember	13,00	17,40	13,30	19,00	—	—	—	—	—	—	—	—	—	—

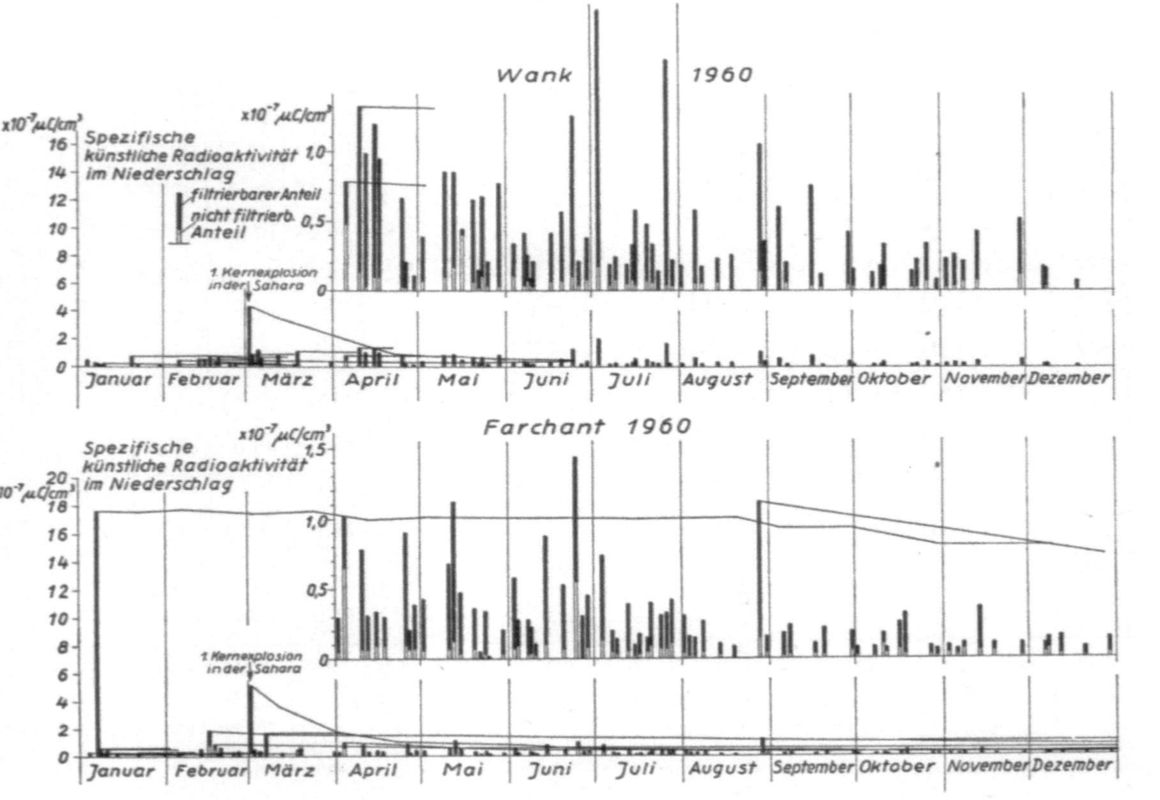

Abb. 200. Spezifische Beta-Spaltprodukt-Radioaktivität der einzelnen, an den Stationen Wank und Farchant aufgefangenen Niederschlagsproben im Jahre 1960. Es ist nach filtrierbarem und nicht filtrierbarem Anteil unterschieden. Für einige Proben ist außerdem der zeitliche Abfall der Aktivität angegeben. Spitze am 1. 3. 1960: Spaltprodukte von der 1. Kernexplosion in der Sahara am 13. 2. 1960

ches ggf. seine Ursache ist, muß erst noch untersucht werden. Den Wiederanstieg der Spaltproduktaktivität in den Niederschlägen, in Gräsern und auf dem Gletscher ab Herbst 1961 zeigt Tab. 40 b.

In der Wertereihe Farchant überragen 2 Säulen sehr stark ihre Umgebung, am Wank sticht jedoch nur eine Säule vom mittleren Pegel ab. Wir wollen uns mit diesen Maximalwerten etwas eingehender beschäftigen.

Am 6./7. 1. 60 erhielten wir in Farchant eine beträchtliche Aktivität im Niederschlag, und zwar von einer Größenordnung, wie sie früher in den Jahren 1958/1959 nach Kernexplosionen häufig vorkam. Am Wank lag gleichzeitig die spezifische Aktivität des Niederschlags außerordentlich niedrig. Der filtrierbare Anteil erreichte in Farchant mehr als 99%. Der Aktivitätsabfall mit der Zeit (siehe Neigung der von der Säule ausgehenden Fahne) erfolgt äußerst langsam. Wir schließen aus diesen Feststellungen, daß der Niederschlag auf dem Fallweg zwischen den beiden Niveaus der Stationen erhebliche Mengen langlebiger radioaktiver Elemente aufgenommen hat. Allerdings ist hier sofort zu fragen, auf welche Weise das möglich ist, da doch die künstliche Radioaktivität in der unteren Atmosphäre, wie wir gesehen haben, mit der Höhe im Mittel eher zu- als abnimmt und der wash-out-Effekt (siehe 6.–0.1.) im Mittel nicht groß ist, daß der Niederschlag auf dem letzten Weg vom 1 km seine Aktivität vervielfachen könnte.

Den Fällen mit extremem Überwiegen der Aktivität im Talniederschlag gegenüber der im Bergniederschlag ist gemeinsam, daß im Talniveau vor Einsetzen des Niederschlags starke Luftbewegung herrschte (in der Nacht 6./7. 1. 1960 Sturm vor und während eines Kaltfrontdurchganges mit Starkregen).

Wir glauben annehmen zu können, daß durch den Wind jeweils Feinstaub in der untersten Luftschicht aufgewirbelt wurde, der durch langlebige Kernspaltprodukte kontaminiert ist, die schon vor längerer Zeit am Boden, an Pflanzenoberflächen usw. deponiert worden waren. Dieser Feinstaub wird alsdann durch den Niederschlag ausgewaschen und wieder der Erdoberfläche zugeführt. Dieser Vorgang kann sich mehrmals wiederholen.

Zu entsprechenden Ergebnissen im Hinblick auf die wiederholte Aufwirbelung kontaminierter Feinstäube sind wir in 6.-0.11. auf Grund von Luftradioaktivitätsmessungen gelangt. Wir sehen also hierin einen weiteren Vorteil von Aktivitätsmessungen an solchen Niederschlägen, die in größerer Höhe gewonnen worden sind. Sie liefern einen verläßlicheren Wert der Aktivitätszufuhr zum Boden als Messungen an Niederschlägen in niedrigeren Niveaus.

So verfälscht z. B. der am 6./7. 1. 1960 in Farchant gemessene Wert das Bild ganz erheblich und wenn auf Grund der gleichzeitigen Messungen am Wank nicht feststehen würde, daß der hohe Talwert durch Spaltprodukte verursacht ist, die bereits schon einmal den Weg von der Höhe bis zur Erdoberfläche zurückgelegt hatten, so würde man zunächst in die Versuchung kommen anzunehmen, daß der hohe Wert durch Herantransport von Spaltprodukten aus einer Kernreaktion jüngeren Datums (Bombentest, undicht gewordener Reaktor) zustande gekommen ist.

Einen solchen Fall hingegen können wir gut an einem Niederschlag studieren, der an beiden Stationen am 1.3.1960 gesammelt worden ist. Der rasche zeitliche Abfall der Aktivität (siehe 6.-1.3.) zeigt, daß sie nur vom ersten französischen Atomversuch in der Sahara am 13.2. stammen konnte. Die an beiden Stationen erhaltenen Absolutwerte sind: $4,35 \cdot 10^{-7}$ $\mu C/cm^3$ am Wank, bzw. $3,24 \cdot 10^{-7}$ $\mu C/cm^3$ in Farchant. Betrachten wir in Abb. 200 die Reihe der Einzelwerte an der Bergstation, so fällt die Aktivität des Niederschlags vom 1.3. als Spitze aus einem langen Zeitraum deutlich auf, während der entsprechende Talwert im Schatten jenes Extremums steht, das, wie wir wissen, durch Staubaufwirbelung hervorgerufen ist.

6.-1.3. Bestimmung des Kernexplosions-Zeitpunktes aus dem Zeitabfallgesetz

Mit Beginn der Untersuchungen über die Spaltproduktaktivität in Niederschlägen wurde an vielen Orten das bekannte $1/t$-Gesetz angewandt, um aus dem Zeitabfall der aus dem Niederschlag abgetrennten Aktivität auf den Zeitpunkt ihrer Freisetzung zu schließen [siehe vor allem A. SITTKUS (1955) und W. GERLACH und Mitarb. (1956 u. f.), vergl. auch A. KOVÁCH und S. SZALAY (1960)]. Dieses Verfahren ist aber nur dann mit Erfolg anwendbar, bzw. ist sein Ergebnis eindeutig, wenn nicht bereits Folgeprodukte aus sehr vielen Kernexplosionen in der Luft suspendiert sind, die zu sehr verschiedenen Zeiten stattgefunden haben. Aus dieser Einsicht heraus haben wir in den Jahren 1958—1960 keinen Versuch gemacht, die Explosionszeitpunkte regelmäßig zu bestimmen. Einige wenige Ergebnisse sind veröffentlicht [R. REITER (1961 d)]. Sie zeigen, daß man teils plausible Explosions-Daten erhält, teils aber auch solche, die sich nicht mit den wirklichen Explosionszeitpunkten in Deckung bringen lassen. Diese Diskrepanzen sind zweifellos eine Folge der Vermischung von Folgeprodukten verschiedensten Alters in den atmosphärischen Depots. Insbesondere zeigte sich, daß auch die gleichzeitig am Wank und in Farchant mit den Niederschlägen aufgefangenen Spaltprodukte auf widersprechende Explosionszeitpunkte führen. Da aber ausgeschlossen werden kann, daß der in Farchant ankommende Niederschlag aus einem anderen Luftkörper stammt als der vom Wank[1]), muß der Unterschied der Abklingkurven daher kommen, daß der Niederschlag auf dem Weg vom Niveau Wank

---

[1]) Luftkörperunterschiede machten sich nach A. SITTKUS (1955) beim Stationsvergleich Schauinsland-Freiburg bemerkbar.

zum Niveau Farchant zusätzlich Kernspaltprodukte anderer Herkunft und Lebensdauer aus der Luft ausgewaschen hat, als er bis zum Niveau Wank mitbrachte.

Auch hier zeigt sich wiederum die große praktische Bedeutung der gleichzeitigen Spaltprodukt-Bestimmung im Niederschlag, der in unterschiedlicher Höhe und bei kleinem Basisabstand aufgefangen wurde. Denn nur im Falle einer Widerspruchslosigkeit der Ergebnisse aus einem Probenpaar würde man weitergehende Schlüsse ziehen dürfen.

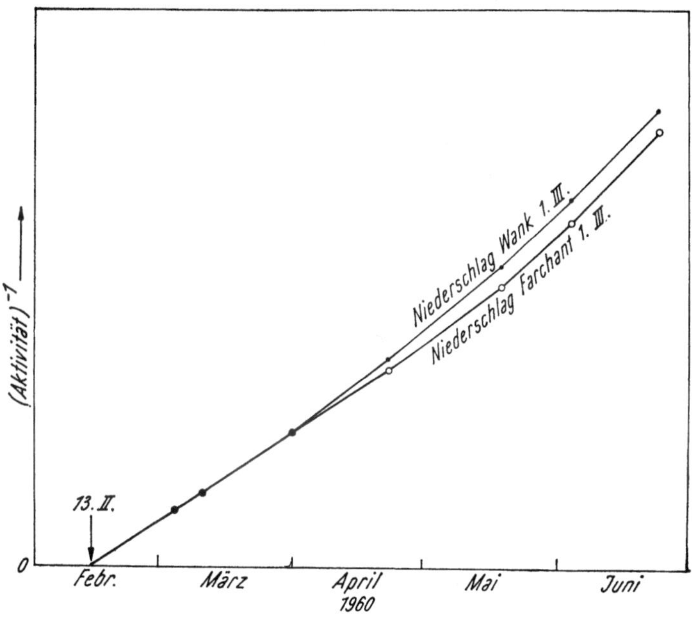

Abb. 201. Anwendung des $1/t$-Gesetzes beim Niederschlag vom 1. 3. 1960, dessen Aktivität von der ersten Kernexplosion in der Sahara am 13. 2. 1960 herrührte. Vergleich der Ergebnisse Wank/Farchant

Den Fall einer guten Übereinstimmung bei der Extrapolation des Explosionszeitpunktes aus der Aktivität eines gleichzeitig im Tal und am Berg aufgefangenen Niederschlages zeigt Abb. 201 (Niederschlag vom 1.3.1960). Beide Kurven führen genau auf den 13.2.1960 als Explosionszeitpunkt, den Tag also, an dem der erste Saharaversuch unternommen worden ist. Zwar war die Luftradioaktivität zur Zeit des Niederschlags ebenfalls deutlich erhöht, doch stammte die Aktivität dieses Aerosols vom gleichen Ursprungsort, so daß durch den wash-out-Effekt keine Verfälschung eintreten konnte.

6.-1.4. Beziehung zwischen Aktivität im Niederschlag an der Bergstation zu der im Talniederschlag

Trägt man die Aktivitätswerte der Niederschläge, die an den beiden Stationen gleichzeitig a) im Filtrat und b) am Filter gewonnen wurden, gegeneinander im gleichen Maßstab auf, so erhält man die Abb. 202a, b. Man bekommt innerhalb eines gewissen Streubereiches eine annähernd lineare Beziehung, und zwar im Mittel Gleichheit der nicht filtrierbaren Komponenten an beiden Stationen und einen leichten Überschuß der

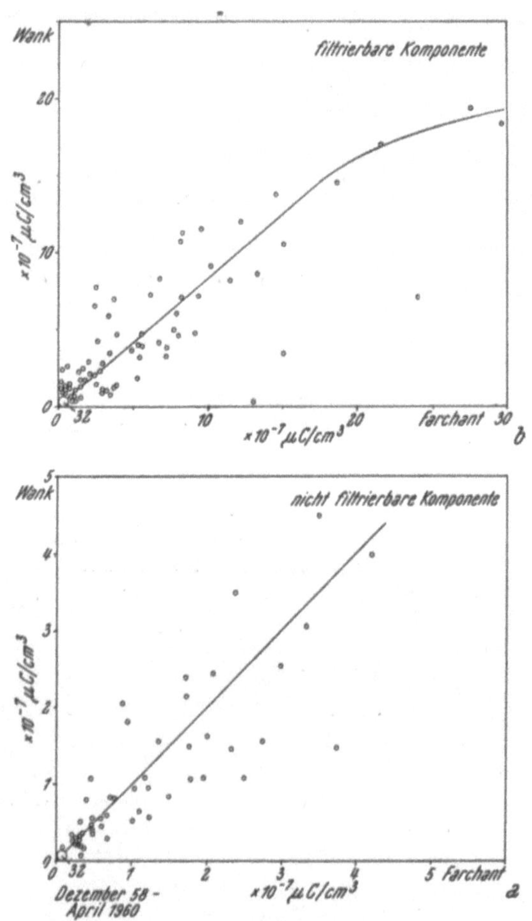

Abb. 202. Gegenseitige Beziehung der Aktivität im Berg- und im Talniederschlag, dargestellt an gleichzeitig aufgefangenen Proben. *a*: nicht filtrierbare, *b*: filtrierbare Komponente

filtrierbaren Komponenten an der Talstation. Das spricht wiederum für eine Aufnahme relativ grober Partikel durch den Niederschlag auf seinem letzten Fallweg.

Bildet man, a) getrennt für die filtrierbare und b) für die nicht filtrierbare Komponente des Niederschlags den Quotienten: Aktivität Wank/Farchant, und setzt diese Quotienten in Beziehung zur Niederschlagsmenge, so ergibt sich daraus folgendes: Der Quotient a) ist von der Niederschlagsmenge unabhängig, Quotient b) liegt umso näher bei 1, je größer die Niederschlagsmenge ist. Dieses Ergebnis bestätigt erneut, daß der Anteil der filtrierbaren Aktivität im Talniederschlag mehr oder weniger unsystematisch variiert und daß er offenbar überwiegend von den Zuständen und Vorgängen in der untersten Luftschicht bestimmt wird, die sich nicht auch gleichzeitig im Gipfelniveau auswirken.

6.-1.5. Beziehung zwischen künstlicher Aktivität im Niederschlag und Relativwert der Labilitätsenergie zwischen 500 und 700 mb

In 6.-0.8. wurde bereits über die Beziehung zwischen Relativwert der Labilitätsenergie in der Schicht 500 bis 700 mb und dem Pegel der künstlichen Radioaktivität in der Luft berichtet. Da sich dort eine eindeutige Korrelation aufzeigen ließ, lag es nahe, eine analoge Untersuchung auch an Hand der künstlichen Aktivität im Niederschlag auszuführen.

Bei der Auswertung der Niederschlagsradioaktivität mußten im vorliegenden Fall zwei Meßzeiträume unterschieden werden: 1. die Zeit mit hoher Spaltproduktaktivität von Dezember 1958 bis Juni 1959 und 2. die Zeit mit niedriger Spaltproduktaktivität ab Juli 1959.

Das Ergebnis der Untersuchung ist aus Abb. 203 zu ersehen. Während die filtrierbare Komponente der künstlichen Niederschlagsradioaktivität nur eine schwache Abhängigkeit von der Labilitätsenergie zeigt (erhöhte Werte während labiler, niedrige Werte bei stabiler Schichtung), ist die Abhängigkeit der nicht filtrierbaren Komponente von der Labilitätsenergie stark ausgeprägt. Die Beziehung besteht sowohl in der Zeit hoher als auch in der niedriger Spaltproduktaktivität, und sie gilt gleichermaßen für Berg- wie für Talniederschläge. Das Ergebnis scheint plausibel: je größer die atmosphärische Labilität ist, eine desto dickere atmosphärische Schicht wird durch den Niederschlag von radioaktiven Partikeln befreit und umgekehrt. Die Labilitätsenergie in dem betrachteten Stockwerk der Atmosphäre hat dabei nur den Charakter eines Indikators. Daß die nicht filtrierbare Komponente stärker auf die Änderung der Labilitätsenergie im Wolkenraum anspricht als die filtrierbare, wird leicht verständlich, wenn wir folgendes im Auge behalten:

a) Zumindest ein Teil der grobdispers vorliegenden Aktivität stammt, wie wir gesehen haben, gar nicht aus größeren Höhen, sondern aus der untersten Luftschicht (Aufwirbelungsprozesse).

b) Da die Koagulation des Aerosols mit seinem Alter und mit der Gelegenheit, sich mit vorhandenen Schmutzpartikeln zu verbinden, zunimmt, ist ebenfalls anzunehmen, daß die feinerdispersen, also nicht-filtrierbaren Partikel aus größerer Höhe stammen, in welcher wir die Labilitätsenergien betrachtet haben.

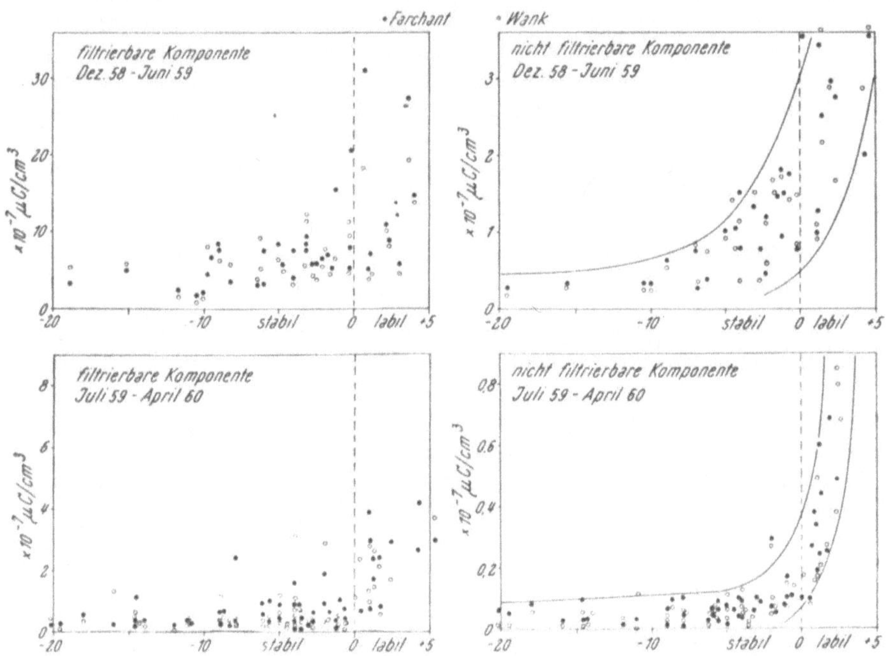

Abb. 203. Beziehung zwischen spezifischer Spaltproduktaktivität im Niederschlag und Relativwert der Labilitätsenergie im Niveau zwischen 500 und 700 mb. Für filtrierbare und nicht filtrierbare Aktivitätskomponente und für 2 Meßzeiträume getrennt dargestellt

Da wir nun außerdem in 3.-1.4.4. gesehen haben, daß der Gehalt der Niederschläge an NO_3' mit der Labilitätsenergie zwischen 500 und 700 mb ansteigt, überrascht es nicht, daß auch eine direkte Beziehung zwischen künstlicher Radioaktivität im Niederschlag und Konzentration der NO_3'-Ionen im Niederschlag besteht [R. REITER (1961 d)].

6.-1.6. Der wash-out Effekt

6.-1.6.0. Vorbemerkungen

Das Abfangen von Aerosolpartikeln aus der Atmosphäre durch fallende Niederschlagsteilchen bezeichnet man allgemein als „wash-out", wobei nicht nur alle Niederschläge in flüssiger, sondern auch alle anderen in fester Form mit einzubeziehen sind. In jüngerer Zeit wurden die für wash-out-Prozesse wichtigen Ableitungen von J. LANGMUIR (1948), J. LANGMUIR und K. BLODGETT (1949), S. M. GREENFIELD (1957) und C. A. BEST (1950), von W. JACOBI (1959, 1961) und P. HESS (1959) eingehend diskutiert. In einer jüngsten Untersuchung[1]) beziehen H. W. GEORGII und E. WEBER (1960) Ableitungen von A. ANGSTRÖM und L. HÖGBERG (1952) und CH. JUNGE (1956) ein. Sie alle erlauben, die Wirksamkeit des wash-out-Effekts durch Regentropfen in Abhängigkeit von einigen Parametern abzuschätzen. Es soll nicht daran gezweifelt werden, daß die Rechnung unter den jeweils eingehenden speziellen Bedingungen zu brauchbaren Ergebnissen führt. Doch dürfte es andererseits praktisch unmöglich sein, allein mit Hilfe der Rechnung herauszubekommen, wie groß im zeitlichen Mittel die Wirkung des wash-out-Effekts im konkreten Fall wirklich ist. Die für die Berechnung nötigen drei Hauptparameter, nämlich Durchmesser der Aerosolpartikel, Dauer des Niederschlags und Niederschlagsmenge ändern sich von Fall zu Fall erheblich. Auch während eines zeitlich zusammenhängenden Niederschlags gibt es bekanntlich erhebliche Schwankungen der Niederschlagsstärke und damit — nach A. C. BEST (1950) — starke Variationen der Tropfengröße, welche über die Niederschlagsstärke in die Rechnung eingeht und das Ergebnis stark beeinflußt.

Schließlich ändert sich während eines Niederschlags das Größenspektrum der Aerosolpartikel laufend, da ja grobe Schwebeteilchen mit anderer Wahrscheinlichkeit ausgewaschen werden als kleine. Gerade letzteres verhindert vor allem eine realistische mathematische Behandlung des wash-out-Problems. Bedenkt man ferner noch, daß für den Fall fester Niederschlagsteilchen eine theoretische Behandlung überhaupt unmöglich ist, weil ja allein über deren Gestalt kaum noch allgemeine Vereinbarungen getroffen werden können, so dürften Meßergebnisse über die tatsächliche Wirksamkeit des wash-out von allgemeinem Interesse sein.

Ein Grund, weshalb noch wenig endgültige[2]) Ergebnisse zum wash-out-Effekt vorliegen, ist folgender: die auswaschende Wirkung fallender Niederschlagsteilchen wird ja nur entlang eines zurückgelegten Wegstückes offenbar. *Man muß deshalb den wash-out-Effekt in einer atmosphärischen Schicht gewisser Dicke untersuchen, indem man feststellt, ob und in welchem Maße die Niederschlagsteilchen Aerosolpartikel aufnehmen, wenn sie einen bekannten Fallweg zurücklegen, und wie sich gleichzeitig in dieser atmosphärischen Schicht die Konzentration der Aerosolpartikel ändert.*

---

[1]) Neuere Literatur siehe auch 6.-4.0.

[2]) Es gibt eine ganze Reihe von Untersuchungen der BENNDORF-Schule über das Verhalten der natürlichen Radioaktivität der Luft an Einzelstationen des Flachlandes vor, während und nach Niederschlag, jedoch sind alle diese älteren Ergebnisse nicht in der Lage, Aussagen zum wash-out-Problem zu liefern.

D. h. man muß synchrone Messungen im Niederschlag und in der Luft an zwei Stationen ausführen, deren horizontale Entfernung gering, deren Höhenunterschied aber möglichst groß ist. Das Stationspaar Wank-Farchant dürfte diese Bedingungen erfüllen.

Messungen mittels Ballon oder Flugzeug in Zusammenarbeit mit Bodenstationen scheiden hier aus naheliegenden Gründen vollkommen aus. Eine wichtige Voraussetzung für das Gelingen der Untersuchung ist: die Aerosol-Probenahme hat sich möglichst gerade über die Dauer des Niederschlags hinweg zu erstrecken. D. h. es muß von dem meist üblichen Verfahren abgegangen werden, Gesamt-Tagesmittelwerte einer Aerosolmeßgröße (z. B. Radioaktivität) mit der Qualität (z. B. Radioaktivität) eines Niederschlages zu vergleichen, der während 24 Stunden aufgesammelt worden ist. Denn der Vergleich etwa zwischen dem mittleren Pegel der Luftradioaktivität über 24 Stunden mit einem am gleichen Tage während nur 30 Minuten gefallenen Schauerniederschlag wird kaum einen Beitrag zum wash-out-Effekt liefern können.

Schließlich wird es bei wash-out-Untersuchungen noch recht wertvoll sein, nicht allein die künstliche Radioaktivität des Aerosols zu betrachten, sondern auch die Radioaktivität natürlichen Ursprungs und den Gesamtgehalt der Luft an Schmutzstoffen überhaupt. Es wurden nur Intervalle als solche „mit gleichzeitigem Niederschlag" verwertet, während welcher der Niederschlag über mindestens 50% der Dauer des Expositionsintervalls angehalten hat.

Die Feststellung von Beginn und Ende des Niederschlags konnte mit Hilfe der an den Stationen laufenden luftelektrischen Registrierungen auf Bruchteile von Stunden genau erfolgen. Die gleichzeitige Entnahme der Niederschlagsproben an beiden Stationen geschah jeweils am Ende einer Niederschlagsphase, also u. U. schon nach 1–2 Stunden, aber auch manchmal erst nach 1—2 Tagen, je nach der Dauer und Konstanz des Niederschlags. So erhielten wir teils einzelne Expositionsintervalle teils aber auch Perioden von 2 oder mehreren unmittelbar aufeinanderfolgenden Expositionsintervallen, während welchen Niederschlag fiel.

Zur Auswertung einer Niederschlagsphase gehört jeweils eine Vor- und eine Nachperiode von je 4 Expositionsintervallen, die niederschlagsfrei geblieben sein mußten. Die während der Vorperiode im Mittel erhaltene Aerosolmeßgröße (natürliche oder künstliche Luftradioaktivität, Grobaerosolgehalt der Luft) wurde dabei = 100% gesetzt. Auf diese Basis sind dann alle weiteren Werte während der folgenden Expositionsintervalle und auch während der Nachperiode bezogen worden. Diese Normierung auf %-Werte und der Bezug auf die Vorperiode ermöglichte es, wiederum Mittelwerte über beliebig viele Niederschlagsperioden zu bilden und so den mittleren wash-out-Effekt zu erhalten, ohne daß dabei Perioden mit hoher Aktivität ein Übergewicht gegenüber solchen mit niedriger Aktivität bekommen. Ganz entsprechend wurde auch beim Vergleich der Niederschlagsaktivitäten der an den beiden Stationen gewonnenen Proben mit Prozentwerten gearbeitet. Die jeweilige Niederschlagsaktivität an der Bergstation wurde dabei gleich 100% gesetzt.

6.-1.6.1. Ergebnisse

Wir beginnen mit einer orientierenden Sichtung der vorkommenden Möglichkeiten von Konzentrationsänderungen der spezifischen künstlichen Radioaktivität gleichzeitig im Niederschlag und in der Luft.

Zu diesem Zweck wurde für die Zeitspanne Dez. 1958–April 1960 ausgerechnet, wie hoch der Pegel der künstlichen Radioaktivität in der Luft während der Andauer des Niederschlages ist, und zwar in Prozenten der

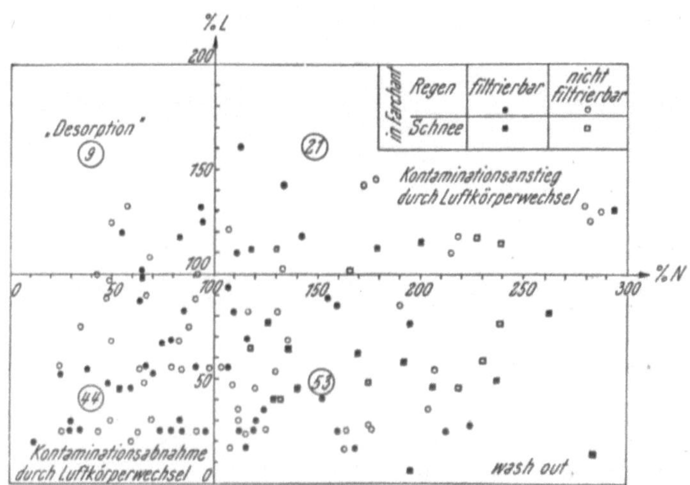

Abb. 204. Beziehung zwischen Änderung der spezifischen Spaltproduktaktivität in der Luft (%L) während Niederschlag bezogen auf die Aktivität vor Niederschlag (= 100% gesetzt) zur Änderung der spezifischen Spaltproduktaktivität im Niederschlag (%N) auf dem Weg von der Bergstation (Aktivität des Niederschlags dort = 100% gesetzt) zur Talstation

Spaltproduktaktivität (%L) in der Luft während 24 Stunden vor dem Niederschlagseinsatz (diese = 100% gesetzt). Ferner wurde für den jeweils zugehörigen Niederschlag die spezifische Aktivität in Farchant in Prozenten (%N) der spezifischen Aktivität des gleichen Niederschlags am Wank (= 100% gesetzt) ausgedrückt. Dabei bedeutet %N > 100: die Aktivität nimmt im freien Fall weiter zu und %L > 100: die Aktivität ist während Niederschlag höher als vor Niederschlag. Sinngemäßes gilt für %N < 100 bzw. %L < 100.

Trägt man nun die %L- und %N-Werte mit Berücksichtigung ihres Vorzeichens gegeneinander auf, so erhält man Abb. 204. Die Bedeutung der 4 Quadranten ist angeschrieben. Man sieht, daß die meisten Punkte

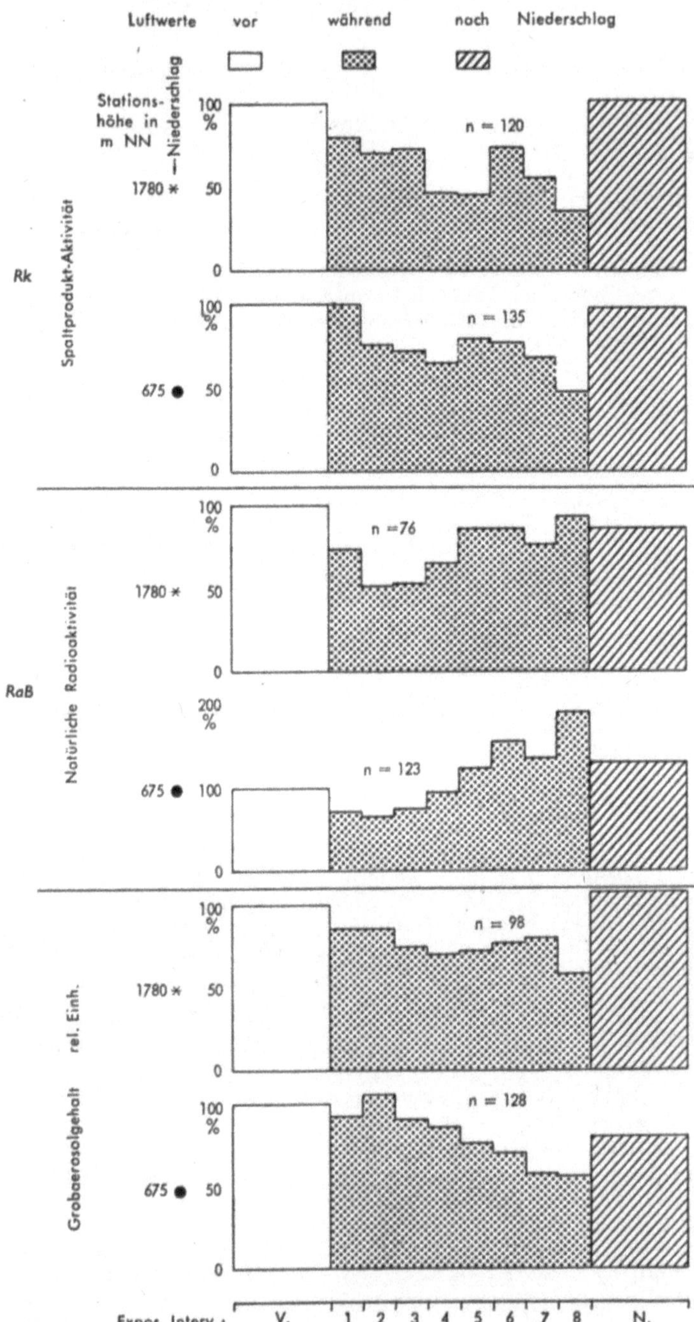

Luftwerte vor während nach Niederschlag
Stations-höhe in m NN
←— Niederschlag
1780 *
675 ●
Rk
Spaltprodukt-Aktivität
n = 120
n = 135
RaB
Natürliche Radioaktivität
1780 *
675 ●
n = 76
n = 123
100
200 %
rel. Einh.
Grobaerosolgehalt
1780 *
675 ●
n = 98
n = 128
100 %
50
0
Expos. Interv.: V. 1 2 3 4 5 6 7 8 N.

(53) in dem Quadranten liegen, der für Auswaschung der Aktivität aus der Luft und Übertritt in den Niederschlag spricht. Umgekehrt liegen im Quadranten, der „Dessorption" erkennen ließe, nur vereinzelte Werte (9). Mit mäßiger Häufigkeit (21) sind gleichzeitig Anstiege der Luft- und der Niederschlagskontamination vertreten, häufiger (44) tritt der entgegengesetzte Fall einer gleichzeitigen Abnahme der Spaltproduktaktivität im Niederschlag und in der Luft ein. Die beiden letzten Variationstypen findet man, wenn ein Luftkörperwechsel eintritt, der gleichzeitig mit einer sprunghaften Veränderung der Kontamination der Luft und des Niederschlags verbunden ist. Abb. 204 zeigt außerdem, daß die Punktverteilung unabhängig davon ist, ob wir die filtrierbare oder nicht filtrierbare Komponente im Niederschlag, oder ob wir Regen oder Schneefall betrachten.

Zur Untersuchung der quantitativen Beziehung zwischen Niederschlagsdauer bzw. Niederschlagsmenge und Konzentrationsänderung in Luft oder im Niederschlag wurden die Meßdaten in folgende drei große Gruppen eingeteilt und gruppenweise bearbeitet:

A) Schauerniederschläge   B) gleichmäßige Niederschläge

    a) An beiden Stationen fällt Schnee
    b) An Bergstation fällt Schnee, an Talstation Regen
    c) An beiden Stationen fällt Regen

Die Untersuchung erstreckte sich über die Zeit: Dezember 1958 bis April 1960 (jeweils einschließlich). In dieser Zeit wurden 95 Niederschlagsproben gleichzeitig an beiden Stationen gewonnen und während insgesamt 1408 Expositionsintervalle an der Bergstation und während 1815 Expositionsintervalle an der Talstation Messungen der natürlichen und künstlichen Luftradioaktivität und des Grobaerosolgehaltes der Luft ausgeführt. Die erhaltenen mittleren prozentualen Gänge der drei Größen: RaB, Rk und S vor, während und nach den Niederschlägen wurden, getrennt nach den Untergruppen A, B und a) bis c) (s. o.) graphisch aufgetragen. Die Gänge sind von Gruppe zu Gruppe recht verschieden, wir beschränken uns hier jedoch auf die Beschreibung des häufigsten Falles b) [weitere Ergebnisse siehe R. Reiter (1961 c)].

Wie Abb. 205 zeigt, sinkt Rk sowohl an der Berg- als auch an der Talstation im Mittel während Niederschlag ab. Dieser Abfall ist jedoch in 1780 m NN, im Schneefall, deutlich steiler als während Regen, im Tal, 675 m NN. Ganz anders verhält sich das RaB während Niederschlag.

← Abb. 205. Verhalten von spezifischer natürlicher und künstlicher Luftradioaktivität und Schmutzgehalt der Luft vor, während und nach gleichmäßigem Schneefall ✳ an der Bergstation und gleichmäßigem Regen ● im Tal. n = Anzahl der Expositionsintervalle während Niederschlag

Seine Konzentration steigt im Tal steil, an der Bergstation — nach einem vorübergehenden Abfall — mäßig an. Das kommt daher, daß — wie schon früher berichtet [R. REITER (1959 b)] — durch anhaltenden Regen Radon aus den Bodenkapillaren ausgetrieben wird. Durch die während des Niederschlags stattfindende Luftdurchmischung in der Schicht zwischen den beiden Stationen wird — nach anfänglicher Auswaschung — die aus dem Boden im Talniveau ausgetriebene natürliche Radioaktivität auch zur Bergstation transportiert, an der ja kein Austreibungseffekt möglich ist (Station über der Frostgrenze!).

Der Grobaerosolgehalt nimmt an beiden Stationen während Niederschlag laufend ab, und zwar schneller im Tal als am Berg, was eine Folge der gröberen Dispersion des Tal-Aerosols — verglichen mit der des Berg-Aerosols — sein dürfte.

Daß an der Bergstation zwar die allgemeine Luftverschmutzung langsamer als im Tal abnimmt, andererseits aber die Kernspaltprodukte an der Bergstation schneller als im Tal ausgewaschen werden, kommt daher, daß, wie wir aus 6.–0. wissen, die künstliche Radioaktivität schon in der Höhe grobdispers vorliegt. Aus diesem Grunde kann sich an der Bergstation die stärkere wash-out-Wirkung des Schneeniederschlages, verglichen mit der des Regens im Tal, unmittelbar und deutlich auswirken.

Bereits die Betrachtung der Verhältnisse bei Schneefall in der Höhe und Regen im Tal zeigt also eindringlich, daß durch Niederschläge keineswegs einheitliche und gleichsinnige Veränderungen der verschiedenen Komponenten des atmosphärischen Aerosols in unterschiedlichen Höhen bewirkt werden und daß sich Schneefall und Regen außerdem verschieden auf das Aerosol auswirken. Es ist auch, wie die Analyse der anderen Gruppen a) und c) (s. o.) gezeigt hat, durchaus nicht so, daß während Niederschlag die Luft stets laufend sauberer würde, wie allgemein angenommen wird. Immerhin steht andererseits fest, daß die künstliche Radioaktivität der Luft durch Niederschlag im Mittel vermindert wird, gleichviel, ob Schnee oder Regen fällt.

Abb. 206 gibt die Veränderung der spezifischen künstlichen Radioaktivität des Niederschlags auf seinem Fallweg von der Berg- zur Talstation an. Dabei unterscheiden wir wiederum Schnee und Regen, zusätzlich aber noch Schauer- und Nichtschauer-Niederschlag und die Verteilung der künstlichen Radioaktivität im Niederschlag auf grobe und feine Partikel[1]). Zum Vergleich ist in Abb. 206 noch die zugehörige mittlere Niederschlagshöhe angegeben. Aus der Abbildung können wir ersehen:

Die spezifische Aktivität des Schnees nimmt auf dem Fallweg von der Berg- zur Talstation ganz beträchtlich zu, wobei der Anstieg der Aktivität auf seiten

---

[1]) Grob = filtrierbar, mittlerer Teilchenradius $> 7,5\ \mu$, fein = nicht filtrierbar, mittlerer Teilchenradius $< 7,5\ \mu$. Siehe 2.–3.2.

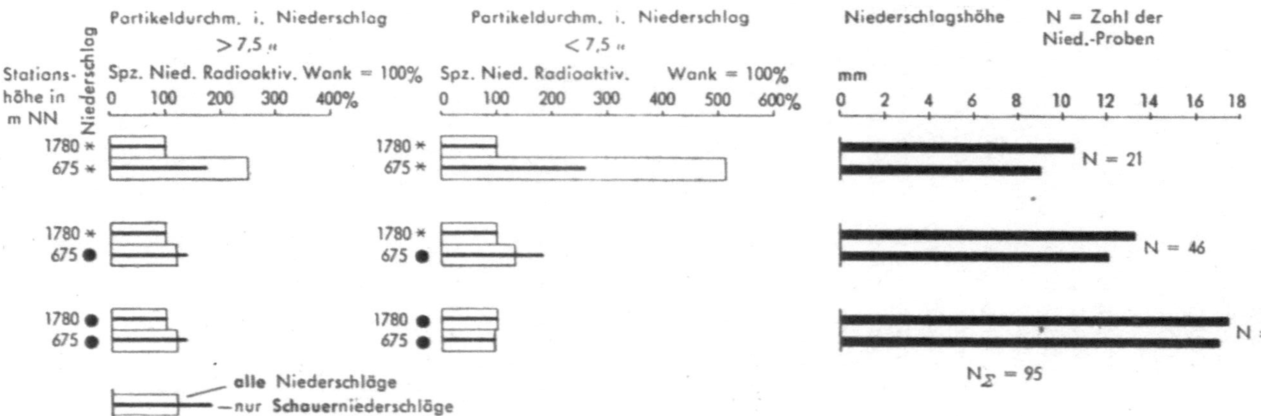

Abb. 206. Veränderung der spezifischen künstlichen Radioaktivität des Niederschlags beim freien Fall vom Niveau der Berg- zum Niveau der Talstation. Unterscheidung grober und feiner Partikel im Niederschlag als Träger der Aktivität, sowie gesonderte Berücksichtigung der Schauerniederschläge

der feinen Partikel größer ist als auf seiten der groben und außerdem der Zuwachs bei Schneeschauer kleiner ist als bei gleichmäßigem Schneefall. Schneit es an der Bergstation, regnet es aber im Tal, so ist der Zuwachs an spezifischer Radioaktivität viel geringer als bei Schneefall bis ins Tal herab. Der Zuwachs ist aber auf der Seite der kleinen Partikel immer noch etwas größer als auf der der großen. Dafür ist andererseits die Einfangwirkung der Schauerniederschläge bereits größer als die der gleichmäßigen Niederschläge. Regnet es an beiden Stationen, so findet man nur noch einen kleinen Zuwachs der Aktivität der groben Partikel, während die Aktivität der kleinen Partikel im Niederschlag nicht mehr ansteigt. Die wash-out-Wirkung der Regenschauer ist deutlich größer als die von gleichmäßigen Regen.

Wir können somit schließen, daß der wash-out-Effekt durch Schnee 10 bis 20 mal größer ist als der durch Regentropfen. Das entspricht im Prinzip durchaus der Erwartung, überraschend ist jedoch der sehr große Unterschied in der Wirksamkeit und ferner die Tatsache, daß durch Schneefall die feinen Partikel aus der Luft relativ besser ausgeschieden werden als die groben.

Im Regen finden wir nämlich in Übereinstimmung mit der Theorie genau das Umgekehrte [siehe Tab. bei R. REITER (1961 c)]. Aber das liegt daran, daß die mikrophysikalischen Vorgänge bei der Bewegung von Schnee-Elementen und Regentropfen in Luft ganz verschieden sind. So werden die feinen Aerosolpartikel in der Größenordnung um 1 μ den langsam fallenden, großflächigen, „rauhen" und porösen Schneeflocken weniger leicht ausweichen können als den Regentropfen. Dazu kommt noch, daß die Schnee-Elemente stets kälter als die umgebende Luft sind. Es besteht somit oberhalb der Schmelzzone die Möglichkeit des Auffrierens von kontaminierten Aerosolpartikeln mit dem Wasserdampf auf die langsam fallenden Eiskristalle. Das wird auch durch die Beobachtung wahrscheinlich gemacht, daß Schneeschauer einen kleineren wash-out-Effekt liefern als gleichmäßige Schneefälle. Schneeschauer zeichnen sich ja in der Regel durch kleinere, spezifisch dichte Niederschlagselemente aus, die schneller fallen als die mehr oder weniger großen Flocken im gleichmäßigen Schneefall. Tritt Schmelzen auf dem Weg von der Berg- zur Talstation ein, so überwiegt doch noch der Einfangeffekt auf dem Schneeweg über den auf dem Regenweg, was wir auch an der bevorzugten Aufnahme der kleinen Partikel erkennen.

Auch dann, wenn wir die Veränderung der spezifischen Aktivität des Niederschlags auf dem Fallweg betrachten, finden wir kein Anzeichen dafür, daß, wie man angenommen hat [M. HINZPETER und Mitarb. (1959)], eine Desorption angelagerter Kernspaltprodukte aus dem Schnee an die Luft erfolgen würde. Eine solche müßte sich durch eine Abnahme der spezifischen Aktivität des Niederschlags bemerkbar machen. Der starke Anstieg der künstlichen Radioaktivität im fallenden Schnee steht jedoch in guter Übereinstimmung mit der erheblichen Abnahme der künstlichen Luftradioaktivität während Schneefall.

Die Annäherung an einen „Endzustand" bei sehr langer Niederschlagsdauer können wir an Hand von Abb. 207 genauer betrachten. Fassen wir den zeitlichen Abfall der künstlichen Luftradioaktivität während Schneeschauer bzw. gleichmäßigem Schneefall einerseits und während Regenschauer und gleichmäßigem Regen andererseits zusammen, wobei wir nicht mehr nach Stationen aufschlüsseln, so erhalten wir 2 charakteristische Kurvenpaare (207a, b). Den steilsten zeitlichen Abfall bewirkt Schneefall, jedoch erfolgt der Abfall während Schneeschauer ganz ähn

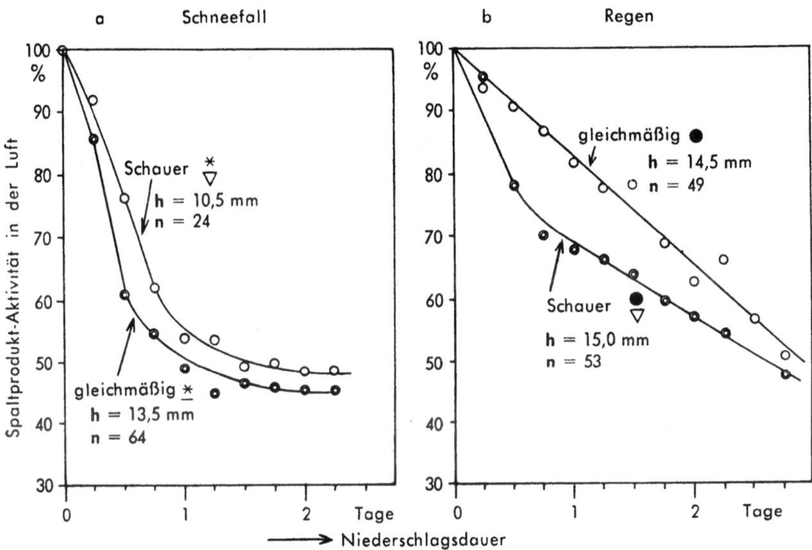

Abb. 207. Mittlerer Verlauf der Spaltproduktaktivität der Luft während Schneeschauer und gleichmäßigem Schneefall (a), sowie während Regenschauer und gleichmäßigem Regen (b). h = mittlere Niederschlagshöhe, n = Anzahl der Niederschlagsproben

lich. In beiden Fällen wird ein Grenzwert der Aktivität in Luft von etwa 48% erreicht. Der Abfall der Aktivität der Luft während Regen erfolgt praktisch linear, während Regenschauer jedoch anfangs steiler, dann flach. Auch während Regen werden im Mittel Werte unter 45–50% der Anfangsradioaktivität in Luft nicht erreicht. Es scheint, daß dieser Grenzwert etwa dem Gleichgewichtszustand zwischen wash-out und Nachstrom entspricht. Nimmt man, was durchaus erlaubt ist, im statistischen Mittel eine über die Zeit gleichmäßige Verteilung der ausfallenden Niederschlagsmenge an, so kann man den Zeitmaßstab in Abb. 207 durch einen Niederschlagshöhen-Maßstab ersetzen, wobei dann für die angegebene

Maximaldauer (2,5–2,75 Tage) die in den Abb. angegebene mittlere Niederschlagsmenge h zu setzen wäre.

Während also gewiß der Niederschlagsdauer und damit der Niederschlagsmenge erhebliche Bedeutung für den Auswascheffekt zukommt, wie es nach der Theorie zu erwarten ist, so zeigt die Untersuchung, daß bei gleicher Niederschlagsdauer bzw. -Menge noch größere Unterschiede in der wash-out-Wirkung durch verschiedenen Zustand der Niederschlagspartikel hervorgerufen sein können, die sich nicht mehr theoretisch erfassen lassen. So vermindert gleichmäßiger Schneefall von mittlerer Dichte die Spaltproduktaktivität in der Luft innerhalb von 0,5 Tagen von 100 auf 60%. Um dieselbe wash-out-Wirkung zu erzielen, muß es (bei praktisch genau gleicher mittlerer Niederschlagsdichte) volle 2 Tage lang gleichmäßig regnen.

6.-2. Künstliche Radioaktivität auf einer Gletscheroberfläche

In den vorangegangenen Kapiteln haben wir uns mit den vertikalen Transportvorgängen befaßt, die Kernspaltprodukte aus der Höhe zur Erdoberfläche herabführen: nämlich mit der Bewegung der Aerosolpartikel in der unteren Troposphäre und den atmosphärischen Niederschlägen. Wir befassen uns nun zuletzt noch mit der Ablagerung der Kernspaltprodukte an der Erdoberfläche selbst und, im nächsten Abschnitt, mit der Aufnahme der Kernspaltprodukte durch das Gras.

Da die Aufbereitung von Humus mit dem Ziel, die Kernspaltprodukte einer radiologischen Messung zuzuführen, überaus umständlich und zeitraubend ist, was die häufige Entnahme einer größeren Anzahl von Proben fast ausschließt, sind wir einen anderen Weg gegangen. In unserem Beobachtungsgebiet liegt der eine der beiden kleinen bayrischen Gletscher[1]), der Schneeferner, von welchem wir schon in anderen Zusammenhängen und in 2.-1.2. sprachen. Die Oberfläche des Schneeferner erschien uns als ideale Sammelfläche für abgelagerte Kernspaltprodukte und zwar aus folgenden Gründen:

a) Kernspaltprodukte koagulieren an der Schnee- und Firnoberfläche mit den dort gleichzeitig abgelagerten Schmutzpartikeln (Ruß vor allem) oder werden an diese sehr fest durch Adsorption gebunden, so daß sich im Sommer bei starker Abschmelzung Schmutz + Kernspaltprodukte an der Oberfläche wie auf einem Frittfilter ansammeln und von dort leicht abgehoben werden können.

b) Das Sammeln der Proben ist überaus einfach und übersichtlich durchführbar. Es können über der ganzen Gletscherfläche schnell

---

[1]) Man kann sie eigentlich kaum als Gletscher bezeichnen, jedenfalls sind die Meinungen hierüber geteilt. Richtig ist auf jeden Fall die Bezeichnung „Ferner".

beliebig viele Proben genommen werden, wodurch ein verläßlicher Einblick in die pro km² abgelagerte Menge an Spaltprodukten (Flächendichte) ermöglicht wird (siehe 7).

c) Der Transport und die weitere Verarbeitung (siehe 2.-3.2.) der Proben ist sehr einfach.

Es muß allerdings noch einschränkend bemerkt werden, daß die Verteilung der Gesamt-Radioaktivität auf die verschiedenen strahlenden radioaktiven Isotope in der Gletscheroberfläche eine andere sein wird als

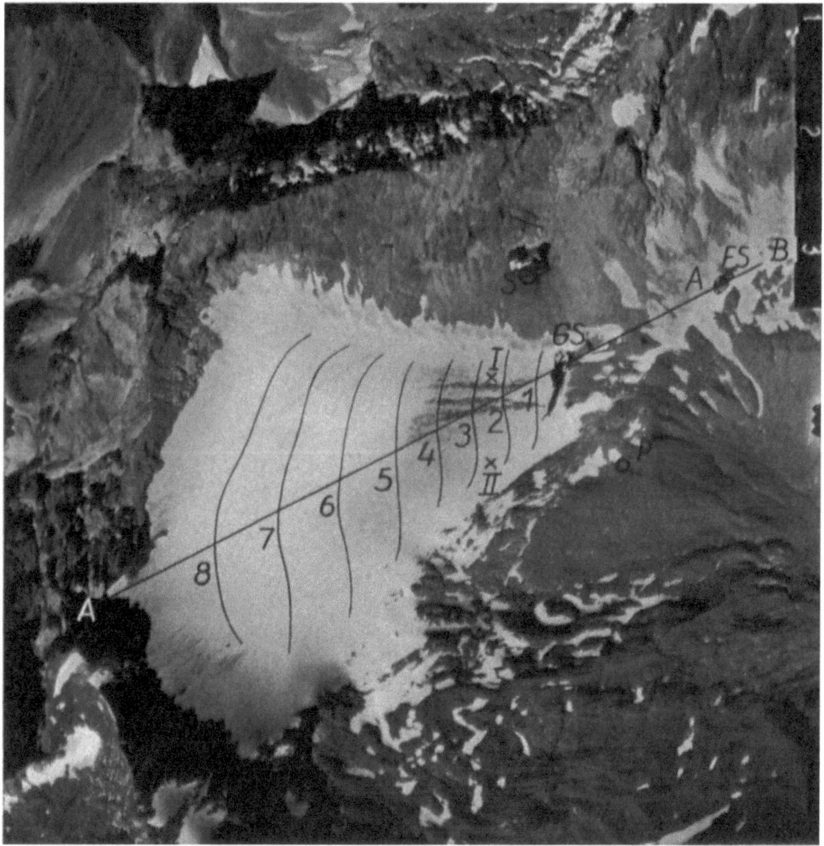

Abb. 208. Luftbild des Schneeferners. S: Station Schneefernerhaus, P: Station Zugspitzplatt, GS: Gletschersee, FS: Firnsee. I: extrem schmutzige, II: extrem saubere Stelle. AB: Schnittlinie (vgl. Abb. 210a, b). 1—8: bei der Schneeprobensammlung abgegangene Höhenschichtlinien (vgl. Abb. 210a, b) Aufnahme: Photogrammetrie GmbH (Freigabevermerk: G/7/25452)

im Humus. Durch schwache Säuren (Humussäure) werden nämlich wichtige Elemente (Strontium) chemisch gebunden, während sie wegen ihrer relativ guten Löslichkeit im Regenwasser aus der Gletscheroberfläche ausgewaschen werden können. Wir kommen darauf in 7 noch zurück.

6.-2.0. Orographische Übersicht

Abb. 208 zeigt eine Luftaufnahme des Schneeferners mit den Stationen Schneefernerhaus (S) und Zugspitzplatt (P).

Abb. 209. Extrem verschmutzte und gleichzeitig durch Kernspaltprodukte kontaminierte Firnflächen in der Nähe des Firnsees (siehe Abb. 208)

Am Fuße des Schneeferners bildet sich im Sommer der kleine Gletschersee (GS). Nordöstlich von diesem dehnt sich ein kleines, zerklüftetes Firnfeld aus, dessen Schmelzwässer sich in dem kleinen Firnsee (FS) sammeln. Diese Firnfläche liegt z T. fast horizontal und zeigt im Spätsommer ganz beträchtliche Verschmutzung. Diese ist in ihrer typischen Form von Bahnen und Bändern, zusammen mit dem Firnsee, in Abb. 209 deutlich zu sehen. Wir wollen diese verschmutzten, verfirnten Flächen als „Altschneeflächen" bezeichnen, und kommen bald auf sie zurück. Auf der Gletscheroberfläche (Abb. 208) sind, neben der Schnittlinie A—B noch 8 Linien eingezeichnet, die jeweils in etwa gleichbleibender Höhe über den Gletscher hinweg verlaufen. Entlang diesen

8 Höhenschichtlinien wurden im Sommer 1958 rund 1200 Einzelproben genommen, um so auf die mittlere Flächendichte von Kernspaltprodukten an der Erdoberfläche schließen zu können. Auf Abb. 208 sind am östlichen Ende des Gletschers dunkle Bahnen und Flecken zu sehen. Es sind dies ausgeaperte Schmutzflächen, die im vorangegangenen Spätsommer bereits schon einmal die Gletscheroberfläche gebildet haben. Gleichzeitig mit diesem Schmutz apern dann auch die bereits früher abgelagerten Spaltprodukte aus. Dabei addieren sich die im jüngst abgelaufenen Spätherbst, Winter, Frühjahr und Frühsommer mit dem Schnee abgelagerten Spaltprodukte zu den älteren hinzu.

6.-2.1. Die örtliche Verteilung der Spaltprodukte auf der Gletscheroberfläche und in Schmelzwasserseen

Abb. 210 zeigt die örtliche Verteilung der Beta- *(a)* und Gamma- *(b)*-Radioaktivität auf der Gletscherfläche im Jahre 1958. Am Fuß jeder Darstellung ist der Schnitt $A—B$ durch den Gletscher (siehe Abb. 208) gezeichnet. Die Fuß-Punkte 1–8 beziffern die Höhenschichtlinien (Abb. 208), entlang denen gesammelt worden ist. Die Säulen geben an (siehe Symbolerklärung in den Figuren):

a) den filtrierbaren Anteil pro 1 Liter Schmelzwasser,

b) den filtrierbaren Anteil pro 1 gr Trockenrückstand,

c) den nicht filtrierbaren Anteil, bezogen auf 1 Liter Schmelzwasser.

Man erkennt sofort, daß die flachen Teile des Gletschers höhere spezifische Aktivitäten tragen als die steileren Partien. Das gilt für die spezifische β- und γ-Aktivität pro Gramm Rückstand und pro Liter Volumen. Sehr bemerkenswert ist nun, daß der Anteil der filtrierbaren Komponenten — verglichen mit den Verhältnissen bei den Niederschlägen — hier ungemein hoch ist. Tab. 41 zeigt, daß im Mittel 99,8 % der Aktivität auf der Gletscheroberfläche filtrierbar ist. Die Absolutwerte der spezifischen Gesamt β-Aktivität liegen bereits 1958 ungemein hoch. Mit Spitzen bei $600 \cdot 10^{-7}$ μC/cm³ betragen sie also bis zum 600fachen der Maximalkonzentration für Dauerzufuhr als Trinkwasser. Freilich wird niemand so trübe Schmelzwässer ohne Not zu sich nehmen. Nach einfacher Papier-Filterung verbleibt eine Restaktivität aus den Gletscherproben von nur mehr $0,37 \cdot 10^{-7}$ Mikrocurie/cm³. Ähnliches gilt auch für die Proben von der Altschneeoberfläche. Interessant ist die Feststellung, daß die spezifische Radioaktivität des Eises aus 1 m Tiefe (siehe Tab. 41) nur noch in der Größenordnung von 1 % der Oberflächenaktivität liegt. Als beinahe sauber ist bereits das geklärte (nicht aufgeschlämmte) Wasser des Gletschersees anzusprechen, das schon ohne Filterung als Trinkwasser verwendet werden könnte. Noch niedriger ist die Aktivität schließlich im Wasser des Firnsees. Die darin gemessenen Werte stimmen mit jenen in der Größenordnung überein, die auch im Gebrauchswasser des Hotels[1])

---

[1]) Das Gebrauchswasser wird vom Firnsee aus in die Behälter des Hotel Schneefernerhaus gepumpt.

gefunden wurden (vergl. jeweils Tab. 41). Wir stellen also in unserem System eine mit hoher Wirksamkeit arbeitende natürliche Selbstreinigung fest (→-Pfeile in der Tabelle), die uns gleichzeitig vor Augen führt, auf welche einfache Weise Oberflächenschnee oder -eis, sollten sie als Trinkwasser verwendet werden müssen, gereinigt werden können. Es sei nur noch darauf verwiesen, daß die Wirksamkeit der Filterung beim verschmutzten Eis und Schnee viel größer ist als beim frischen Niederschlag. Der Grund liegt einfach darin, daß in den alten Ablagerungen die Koagulation viel weiter fortgeschritten ist und daß dank der starken Verschmutzung genügend oberflächenaktive Stoffe (Ruß!) vorhanden sind, die die radioaktiven Elemente und Partikelchen an sich binden. Aus unserer Mittelung über eine Fläche von ca. $^1/_4$ km² im Jahre 1958 kann eine durchschnittliche

β-Radioaktivität der sommerlichen Gletscherfläche von 0,4 μC/m² und γ-Radioaktivität der sommerlichen Gletscherfläche von 0,7 μC/m²

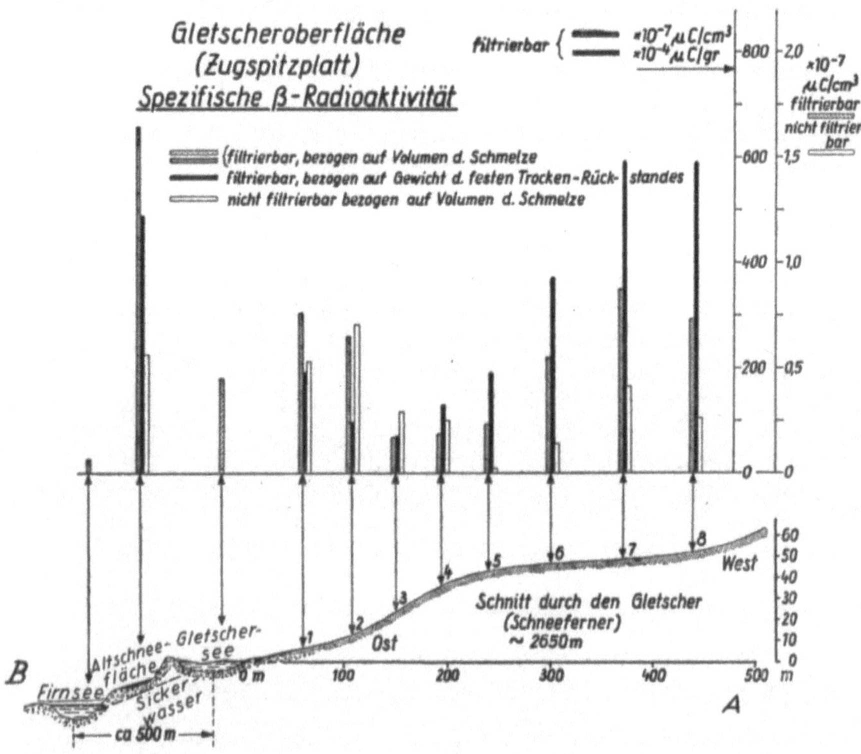

angenommen werden. Das ist bei Abschätzung der Abschmelzgeschwindigkeit des Gletschereises jene Menge radioaktiver Elemente (bzw. ihrer Restmengen, wenn die Halbwertszeit kleiner ist als einige Jahre), die etwa in der Zeit 1955–1958 der Erdoberfläche in unserem Gebiet durch Niederschläge und trockenen fall-out zugeführt worden ist. Daß diese Gesamtsumme abgelagerter Kernspaltprodukte aus mehreren Jahren an der Gletscheroberfläche überhaupt zu Tage trat, ist natürlich nur der starken Ablation zu verdanken. Im Sommer 1960 trat erstmals wieder der Fall ein, daß ein Teil der älteren Ablagerungen unter dem Firnschnee begraben blieb. Wir kommen gleich darauf zurück.

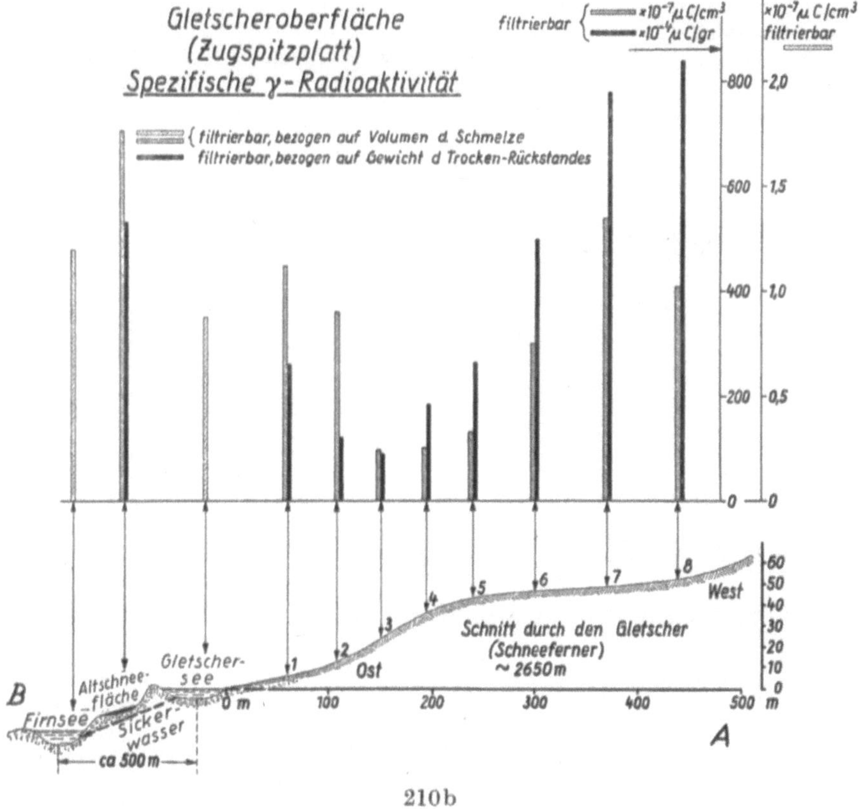

Abb. 210. Örtliche Verteilung der Kernspaltprodukte auf dem Schneeferner im Jahre 1958. *A—B*: Schnittlinie siehe Abb. 208, siehe dort auch die Höhenschichtlinien 1—8. Erklärung der Säulen-Symbole in den Figuren. a) spezifische Beta-Radioaktivität. b) spezifische Gamma-Radioaktivität

Tabelle 41. *Gesamt-Spaltproduktaktivität am Schneeferner im Jahre 1958*

	Gletscheroberfläche, Mittel aus 1200 Einzelproben	Eis aus 1 m Tiefe (3 Proben)	Gletschersee (3 Proben)	Firnsee (2 Proben)	Gebrauchswasser (8 Proben) Schneefernerhaus	Altschnee (200 Proben)
β, $\times 10^{-7} \mu C/cm^3$	205 →	5,7 →	0,35 →	~ 0,1 >	0,15	660
β, $\times 10^{-4} \mu C/gr.$ im Trockenrückstand	270	—	—	—	—	490
γ, $\times 10^{-4} \mu C/gr.$ im Trockenrückstand	380	—	—	—	—	707
β, filtrierbarer Anteil %	99,8	99	~ 100	~ 100	wurde nicht filtriert	~ 100
β, $\times 10^{-7} \mu C/cm^3$ nach Filterung verblieben	0,37	0,05	(0,00)	(0,00)	—	0,57

6.-2.2. Zeitliche Änderung der Spaltproduktaktivität auf der Gletscherfläche

Bei den Probennahmen in den Jahren 1959 und 1960 (vergl. Tab. 40) haben wir versucht, einen Einblick in die zeitliche Abhängigkeit der Spaltproduktaktivität der Gletscheroberfläche zu bekommen. Mit diesem Ziel wurden von Ende Juni bis Oktober zahlreiche Proben in zeitlichem Abstand genommen, und zwar jeweils gleichzeitig und getrennt von einer möglichst sauberen und von einer maximal verschmutzten Stelle des Gletschers[1]). Die Beta- und Gamma-Spaltproduktaktivitäten, bezogen auf

---

[1]) Das heißt, etwa im Zustand des Gletschers auf Abb. 208, eine „schmutzige Probe" von Punkt I und eine „saubere Probe" von Punkt II. Wir beschränken uns jedoch hier auf die Ergebnisse jener Proben, die auf den jeweils schmutzigsten Stellen genommen worden sind.

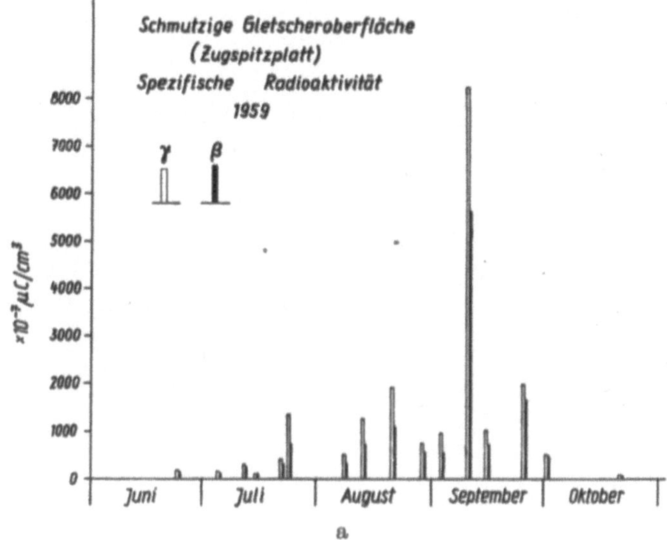

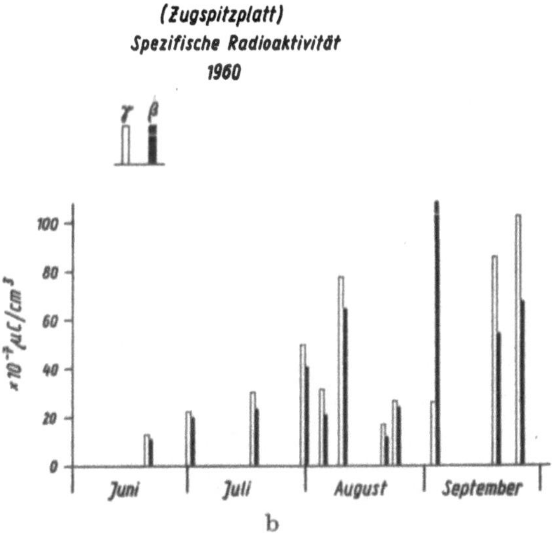

Abb. 211. Zeitliche Änderung der spezifischen Beta- und Gamma-Radioaktivität der Gletscheroberfläche (Schneeferner) in den Jahren 1959 (a) und 1960 (b). Aktivität/Schmelzvolumen. Man vergleiche die überaus hohe Aktivität im Sommer 1959 mit jener im Sommer 1960

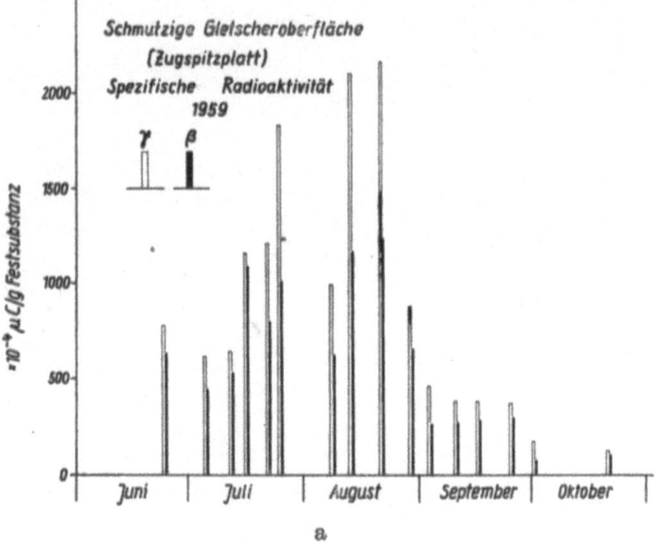

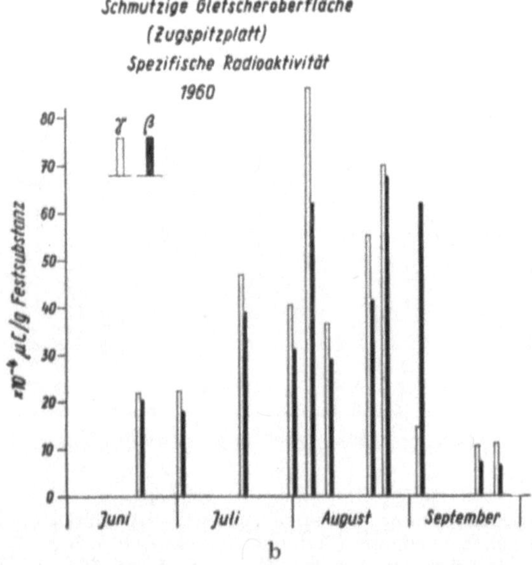

Abb. 212. Wie Abb. 211, jedoch Aktivität/Trockenrückstand

das Schmelzvolumen, sind in der Abb. 211 aufgetragen, bezogen auf das Gewicht des Trockenrückstandes zeigt Abb. 212 den zeitlichen Verlauf. Man erkennt, wie die spezifische Radioaktivität — bezogen auf das Schmelzvolumen — mit zunehmender Ausaperung ansteigt. Sie erreicht das Maximum im September. Mit dem Stillstand des Abschmelzvorganges und dem beginnenden Neuaufbau der Gletscheroberfläche ab Ende September erfolgt ein Rückgang der Aktivität. Der Zeitverlauf ist anders, wenn wir die Aktivität auf die Trockenrückstandsmenge beziehen (Abb. 212). Das Maximum finden wir nämlich dann schon im August, weil während des Höhepunktes der Abschmelzung (September) der Zuwachs an Schmutzstoffen in der Gletscheroberfläche größer ist als der gleichzeitige Zuwachs der Aktivität durch Aufschluß tieferliegender, eingefrorener Anteile. Halbwertszeit-Analysen in Abhängigkeit vom Ausaperungszustand siehe R. REITER (1961 d). Vergleichen wir in den Abb. 211 und 212 die Ergebnisse der beiden Untersuchungsjahre miteinander, so finden wir im zeitlichen Verlauf zwar keinen wesentlichen Unterschied, doch beträgt der mittlere Pegel der Spaltproduktaktivität auf dem Gletscher im Sommer 1960 nur noch rund 10% der Aktivität von 1959 (siehe Tab. 40). Das ist — im wesentlichen — nicht die Folge der Einstellung der Versuchsexplosionen und des Zerfalls der in den vergangenen Jahren zugeführten radioaktiven Elemente. Vielmehr war der Ausaperungsvorgang im kalten Sommer 1960 recht schwach, so daß, wie oben erwähnt, nur ein kleiner Teil der schon früher abgelagerten Spaltprodukte an die Oberfläche kam.

Es sei an dieser Stelle angeregt, die glaziologische Forschung möge sich doch — wie die meteorologische Strömungsforschung — der auf den Gletschern abgelagerten und von den Gletschern inkorporierten Spaltprodukte bedienen, um mit ihrer Hilfe Werden und Vergehen und Verwandlung der Gletscher noch besser studieren zu können.

Die auf den Gletscherflächen abgelagerten einzelnen Radio-Isotope werden in 7.-1. mitgeteilt.

6.-2.3. Das Gamma-Spektrum einer Gletscheroberflächen-Durchschnittsprobe aus dem Jahre 1958

Das γ-Energiespektrum einer Gletscheroberflächen-Durchschnittsprobe von 1958 wurde freundlicherweise von der Firma Leybold für uns mit einem γ-Spektrometer (Tracerlab) 4 Monate nach der Probenahme aufgenommen. Abb. 213 zeigt das Ergebnis für den Energiebereich 0 bis 0,9 MeV. Die Hauptgipfel zwischen 0,033 und 0,130 MeV dürften mit ziemlicher Sicherheit vom Ce^{144} herrühren (sie wurden an Hand einer zweiten Aufnahme mit höherer Energieauflösung bestätigt). Daneben ist das Nb^{95} mit hoher Wahrscheinlichkeit zu identifizieren. Ein weiterer Gipfel könnte vielleicht auf das Rh^{106} zurückgeführt werden. Das Ergebnis entspricht der Erfahrung [H. F. Hunter und N. E. Ballou (1951)], daß rund 70% der Radioaktivität etwa 1 Jahr alter Mischungen von Spaltprodukten auf Ce^{144} und Nb^{95} zurückgehen. H. Schmier (1958) hat von gealterten Regenrückständen γ-Spektren aufgenommen, die dem unseren sehr ähnlich sind. Die maximal zulässige Konzentration im Trinkwasser beträgt für Ce^{144} (Magen-Darmkanal) 10^{-4} $\mu C/cm^3$, für Nb^{95} beträgt sie $2 \cdot 10^{-3}$ $\mu C/cm^3$ (Knochen, Magen-Darmkanal). Nehmen wir den ungünstigsten Fall, daß fast die gesamte γ-Aktivität vom Ce^{144} aus-

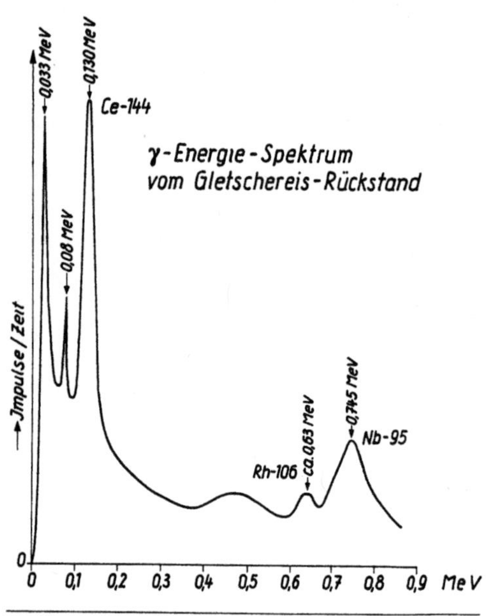

Abb. 213. Gamma-Energiespektrum einer Gletscher-Mittelprobe vom Sommer 1958

geht, so scheint die Grenzkonzentration im Altschnee-Schmelzwasser in bezug auf dieses Element im Jahre 1958 noch nicht erreicht worden zu sein (vergl. 7.-1.)

6.-3. Künstliche Radioaktivität im Gras in verschiedenen Höhenlagen

In Übereinstimmung mit den Erfahrungen, die an anderen Orten, jedoch bei kleineren Höhendifferenzen gesammelt worden sind (siehe 6.-4.), wurde bereits in zwei Arbeiten [R. Reiter (1960c, 1961d)] darauf hingewiesen, daß die Kontamination der Gräser mit der Höhe ihres Standortes über dem Meeresspiegel erheblich ansteigt. Diese Feststellung galt sowohl im Jahre 1958, als der Gehalt der Gräser an Kernspaltprodukten besonders hoch war [R. REITER (1960c)] als auch im Jahre 1959, als die Kontamination der Gräser laufend zurückging (siehe Tab. 40). Abb. 214 zeigt die spezifische Beta- und Gamma-Radioaktivität der Aschen aller

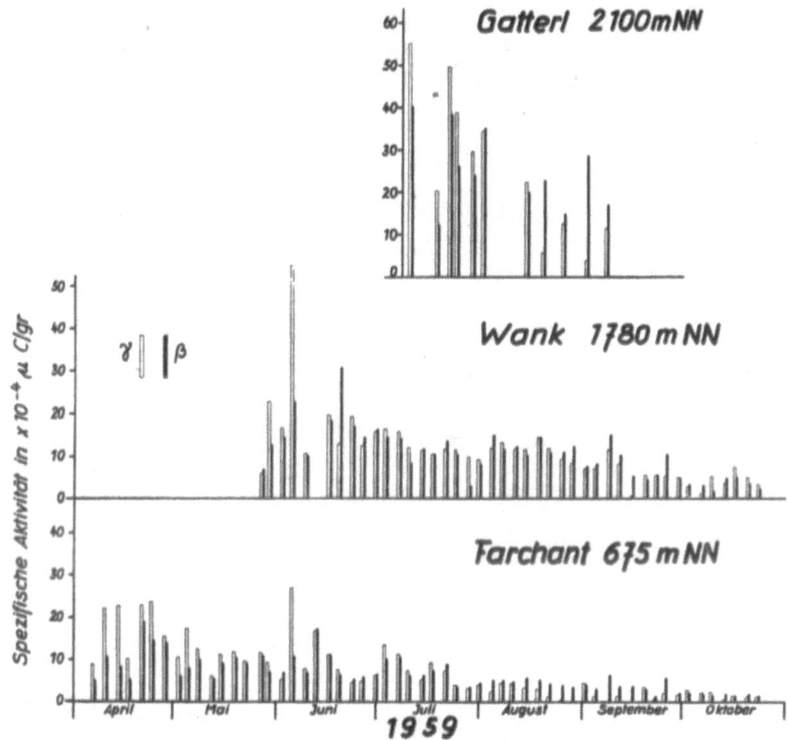

Abb. 214. Spezifische Beta- und Gamma-Radioaktivität einzelner Gras-proben, die an den Probenahmestellen Gatterl, Wank und Farchant im Jahre 1959 genommen worden sind

Einzelproben aus dem Jahre 1959, Abb. 215 enthält die analogen Daten für 1960. Wir können aus den beiden Darstellungen ersehen:

a) *Der Parallelgang von Gamma- und Beta-Radioaktivität ist stark aus-geprägt und zwar unabhängig von der Höhenlage des Standortes und unabhängig vom absoluten Pegel der Kontamination, d. h. sowohl 1959 als auch 1960.*

b) *Im Jahre 1959 erfolgte in allen Höhenlagen ein gleichmäßiger Abfall der Kontamination. Diese war im Mittel im Jahre 1960 noch wesentlich niedriger als im Vorjahr, jedoch zeigte sich kein weiterer starker Abfall mehr im Ablauf dieses letzten Jahres. Es überwiegen also bereits die langlebigen Spaltprodukte.*

c) Die Streuung der Einzelwerte ist kleiner als der höhenbedingte Unterschied im Pegel der Kontamination.

Die Abhängigkeit der spezifischen Kontamination der Grasaschen von der Höhenlage über alle Jahreszeiten ist sehr auffallend. Aus unseren Niederschlagsuntersuchungen ging hervor, daß die dem Boden im Wank-

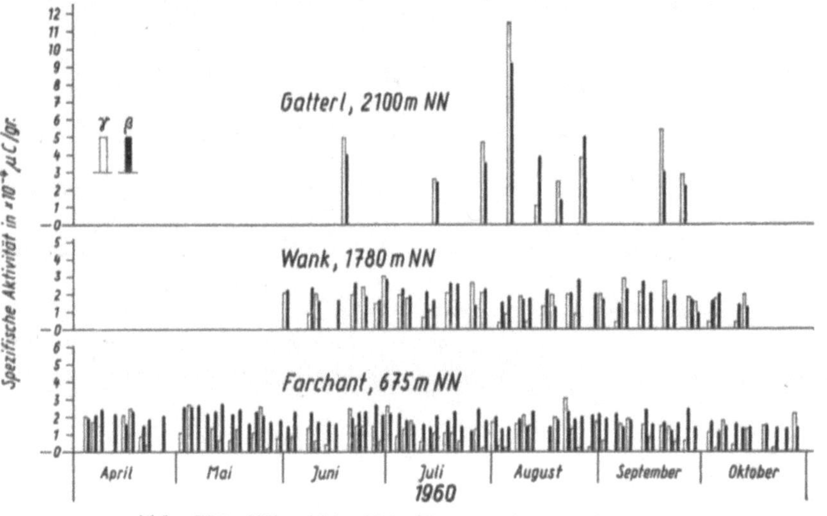

Abb. 215. Wie Abb. 214, Untersuchungsjahr 1960

Niveau zugeführte Aktivität nicht größer, ja sogar um 5% kleiner ist als im Tal (aus der Höhe Zugspitzplatt bzw. Gatterl liegen keine Niederschlagsergebnisse vor). Auf dem Wege über die örtlich unterschiedliche Aktivitätszufuhr durch Niederschlag kann demnach die stärkere Kontamination der Hochgräser nicht erklärt werden.

Es konnte auch gezeigt werden [R. REITER (1961 d)], daß biologische Unterschiede, wie anderer Mineral- und Wassergehalt der Hochgräser, nicht zur Erklärung führen können. Unsere Messungen der Luftradioaktivität haben ergeben, daß der Pegel der künstlichen Luftradioaktivität an Station Wank im Mittel um 20–40% höher ist als im Tal. Es könnte also wohl der trockene fallout einen Beitrag zur Vermehrung der Gras-Radioaktivität in der Höhe liefern, doch reicht diese Erklärung nicht aus, um den Höheneffekt daraus quantitativ abzuleiten. Es müssen daher noch weitere mitbestimmende Faktoren maßgebend sein, wie andere Oberflächenbeschaffenheit (Behaarung), andere Resorptiongseschwindigkeit der Hochgräser oder dergleichen.

Es wäre schließlich noch folgende Möglichkeit als Erklärung zur Diskussion zu stellen: Wie wir gesehen haben, speichern Schneeflächen die zugeführte Aktivität. Tritt Schneeschmelze ein, so wird, wenn der letzte Schnee abschmilzt, dem Boden plötzlich eine sehr hohe Aktivität zugeführt, denn das Maximum der Spaltproduktaktivität lag ja unmittelbar an der Schneeoberfläche. Nun ist die Andauer der Schneebedeckung eine Funktion der Höhenlage. D. h. die Dauer der Speicherung ist in gleichem Maße eine Funktion der Höhe. Es wird daher der dem Boden zugeführte „Aktivitätsimpuls" umso größer sein, je länger die Speicherung angehalten hat, also in je größerer Höhe gespeichert worden ist. Dazu kommt noch, daß der „Aktivitätsimpuls" dem Boden jeweils gerade am Beginn der Vegetationsperiode zugeführt wird, in der die Gräser wohl sehr willig die angebotenen Elemente in sich aufnehmen.

Diese Ansicht wird übrigens durch 2 unabhängige Beobachtungen gestützt: Bei dem im Herbst 1961 plötzlich einsetzenden starken Anstieg der Kontamination der Niederschläge (siehe 8.) erreichte der Gehalt der Gräser an Kernspaltprodukten unabhängig von der Höhe dieselben Werte (siehe Tab. 40 b), ja, im Tal traten sogar höhere Werte als am Berg auf. Im Raum Spitzbergen (bei großer Winterlänge also) ist die Kontamination der Gräser wesentlich größer als gleichzeitig in unseren Breiten, obwohl der Zustrom der Kernspaltprodukte zur Erdoberfläche hier und in Spitzbergen etwa derselbe ist (gleiche Kontamination der Gletscherflächen, siehe 7.-1.).

6.-4. Einige Literatur zu den Abschnitten 6.-1. bis 6.-3

An dieser Stelle sei nochmal an die Literaturzusammenstellung von G. THURONYI (1956, 1958) erinnert.

6.-4.0. Radioaktivität der Niederschläge

Die Anzahl der Einzelarbeiten zum Thema ist verständlicherweise inzwischen schon recht angewachsen. Wir nennen hier folgende Literaturstellen über allgemeine Ergebnisse zur künstlichen Radioaktivität im Niederschlag: H. CLARK (1954), Y. MYAKE (1954), A. SITTKUS (1955), R. NEUWIRTH (1955), W. GERLACH und Mitarb. (1956, 1957a, b, 1958, 1960, 1962), B. E. MARQUES und M. R. S. GRADE (1958), A. SZALAY und S. BERENYI (1958), A. SITTKUS (1958), H. EISENLOHR (1958), F. BECKER (1958), R. MAY und H. SCHNEIDER (1959), P. HESS (1959), T. FRANKE (1959), D. DUNKEL, H. G. KADEREIT, K. STIERSTADT und R. WAGNER (1959), M. HINZPETER (1959), F. STEINHAUSER (1959), SONDERAUSSCHUSS RADIOAKTIVITÄT (1958, 1959, 1963), R. REITER (1960c, 1961), P. B. STOREBB (1961), A. WALTON (1961), L. FACY (1962), H. GARRIGUE (1962), E. GUILINO und K. STIERSTADT (1962).

Angaben über die Radioaktivität von Hagelkörnern finden sich bei I. H. BLIFFORD, R. L. PATTERSON, L. B. LOCKHART und R. A. BAUS (1957). Fragen des wash out beim künstlich radioaktiven Aerosol wurden von M. HINZPETER (1959), M. HINZPETER, F. BECKER und H. REIFERSCHEID (1959), V. V. SHIRVAIRKAR und Mitarb. (1960), R. REITER (1960c), L. M. VAUGHAN und M. A. PERKINS (1961), K. ITAGAKI und S. KOENUMA (1962), sowie Y. V. NOVIKOV und Mitarb. (1962) behandelt.

Untersuchungen über die Gamma-Radioaktivität des Regenwassers finden sich bei H. SCHMIER (1957, 1958) und R. REITER (1960c).

6.-4.1. Radioaktivität in hohen Breitengraden

Radioaktivitätsbestimmungen auf dem Grönlandeis wurden von L. KULP, B. GILETTI und P. ERIKSON (1957) ausgeführt. Im Raum Spitzbergen führten R. WISNIEWSKI (1959) und Z. JAWOROWSKI (1959) Untersuchungen aus. Über Luftradioaktivität in der Antarktis berichten E. PICOTTI und Mitarb. (1962).

6.-4.2. Spezielle Untersuchungen über die Verteilung einzelner Radio-Nuklide, sowie über die Aufnahme von Spaltprodukten durch Böden und Pflanzen

Zur Beurteilung der biologischen Schädlichkeit angebotener oder aufgenommender Isotopengemische genügt es nicht, die Gesamtaktivität zu kennen, vielmehr ist man gezwungen, die Konzentration der wichtigsten und gefährlichsten der in Frage kommenden Isotope getrennt zu bestimmen [vergl. z. B. G. HERMANN, H. HAUSER und H. J. RIEDEL (1959)].

H. BERGH, G. FINSTAD, L. LUND, O. MICHELSEN und B. OTTAR (1959) geben in ihrem Bericht eine hervorragende Übersicht über ihre radiochemischen Untersuchungen an Regenwasser, Trinkwasser und Milch in Norwegen. Jüngere Untersuchungen über die Radioaktivität der Milch siehe H. BERGH und Mitarb. (1960) und A. LILLEGRAVEN (1961). S^{90} im Regen siehe auch F. STEINHAUSER (1959). Ferner: G. S. MCNAUGHTON und R. N. WOODWARD (1961), F. C. M. MATTERN und L. STARCKEE (1962).

Untersuchungen an Bodenproben wurden von O. SIEGEL (1958), E. WELTE und A. SITTKUS (1958), E. KNOOP und D. SCHROEDER (1958), V. M. KLECHKOVSKY und I. V. GULIAKIN (1958), A. SITTKUS und E. WELTE (1959) u. a. ausgeführt.

Untersuchungsergebnisse über Kontamination von Pflanzen durch verschiedene radioaktive Isotope finden sich z. B. bei E. M. RONNEY, W. A. RHOADS und K. H. LARSON (1954), K. SOMMERMEYER und K. J.GODT[1])

---

[1]) In beiden Arbeiten wird u. a. der Nachweis geführt, daß die Kontamination der Pflanzen und Pflanzenteile bis 1000 m NN zunimmt.

(1958a, b), V. M. KLECHKOVSKY und I. V. GULIAKIN (1957), L. FREDE-
RIKSON und B. ERIKSON (1958), W. HERBST, H. LANGENDORFF, K. PHI-
LIPP und K. SOMMERMEYER (1957)[1]), W. HERBST (1959), R. W. PERKINS
(1960), R. RUSSELL (1960), C. W. CHRISTENSON und E. B. FOWLER (1961),
H. NISHITA und Mitarb. (1961), S. W. OSBURN (1961) u. a.

Vergleiche auch LINSER-KAINDL (1960) und SONDERAUSSCHUSS
RADIOAKTIVITÄT (1958, 1959), sowie K. PÖTZL und R. REITER (1960)
und R. REITER (1961 d).

7. Ergebnisse quantitativer chemisch-radiologischer Analysen von Proben aus den Jahren 1958–1961

Über die zur Abtrennung der wichtigsten Radio-Nuklide angewandte Methodik ist in 2.-3.4. einiges gesagt. Siehe dort auch Bemerkung zu den abgetrennten „Barium-Aktivitäten". Eingehendere Mitteilungen hierüber erfolgten durch K. Pötzl (1962) und F. Weigl und K. Pötzl (1963). Wir beschränken uns in diesem kleinen Kapitel auf die tabellarische Zusammenstellung der Ergebnisse unserer chemisch-radiologischen Analysen, die in enger Zusammenarbeit mit K. Pötzl ausgeführt worden sind, und diskutieren in Kürze die jeweils erhaltenen Befunde.

7.-0. Künstliche radioaktive Elemente im Niederschlag

In Tab. 42 sind die auf chemisch-radiologischem Wege bestimmten künstlich radioaktiven Isotope in den Niederschlagsproben von 1959 bis 1961 zusammengestellt [siehe V. Gazert, K. Pötzl und R. Reiter (1962)].

Die Tabelle zeigt den zu erwartenden Überschuß der Radioaktivität der Elemente ^{144}Ce + ^{144}Pr. Bezogen auf die Trockenrückstandsmenge (a bzw. b) der Niederschläge ist die Aktivität an der Bergstation stets wesentlich größer als an der Talstation, mit Ausnahme beim ^{90}Sr, wo der Unterschied relativ klein ist. Das bedeutet, daß — vom ^{90}Sr abgesehen — der Niederschlag auf dem letzten Fallweg Partikel mit auffängt (Feinstaub), die weitaus weniger kontaminiert sind als die Partikel, die er aus größerer Höhe mitbringt. Bezogen auf das Volumen ist die spezifische Spaltproduktaktivität im Niederschlag an der Talstation nur bis zu 10% höher als an der Bergstation während ^{90}Sr und ^{137}Cs im Tal wesentlich höhere Werte liefern (1959 u. 1960). Wir möchten zunächst einmal annehmen, daß dieser Überschuß durch die Aufnahme aufgewirbelter ^{137}Cs- und ^{90}Sr-haltiger Feinstäube durch den Niederschlag in der untersten atmosphärischen Schicht zustande kommt. In diesem Feinstaub müssen nämlich alte langlebige Kernspaltprodukte überwiegen. Es verwundert deshalb nicht, daß das ^{144}Ce darin wenig vertreten ist. Doch wäre anzunehmen, daß neben dem ^{90}Sr auch das ^{137}Cs im Talniederschlag überwiegen müßte, dessen Halbwertszeit etwa 30 Jahre beträgt. Das ist aber nicht der Fall. Nun ist jedoch zu bedenken, daß ^{90}Sr und ^{137}Cs am Boden ein sehr unterschiedliches Schicksal erleiden. Das Cäsium wird von den Pflanzen — wie Kalium — begierig aufgenommen und festgehalten. Man weiß ja, daß sich das den Pflanzen durch fall-out zugeführte Cs nicht abwaschen läßt. Cäsiumanteile aber, die nicht von den Pflanzen aufgenommen wurden, also ins

Tabelle 42. *Im Niederschlag auf chemisch-radiologischem Wege bestimmte Kernspaltprodukte*

a: β-Radioaktivität von Asche (Glührückstand) bzw. abgetrenntem chemischem Niederschlag nach Beendigung der chemischen Trennung (Frühjahr 1960 bzw. Frühjahr 1961).

b: β-Radioaktivität von Asche bzw. chemisch abgetrenntem $^{144}Ce + {}^{144}Pr$ zur Zeit der Probenahme, und zwar bei der Asche auf Grund der Messung und bei den Elementen auf Grund der bekannten Halbwertszeit der ^{144}Ce. Bei längerem Probenahmeintervall wurde auf die zeitliche Mitte desselben bezogen.

c: Für Schmelzwasser und Niederschlag aus a bzw. b berechnet, wobei der mittlere Gehalt des Schmelzwassers bzw. der Niederschläge an festen Rückständen berücksichtigt wurde.   ./. = nicht bestimmt.

Substanz	Bezug	Einheit	1959		Alle Niederschläge Wank, Proben zu je 1 Liter		Alle Niederschläge Farchant, Proben zu je 1 Liter	
			Alle Niederschläge Wank, 70 Proben zu je 1 Liter	Alle Niederschläge Farchant, 75 Proben zu je 1 Liter	1960	1961 (Jan.-Aug.)	1960	1961 (Jan.-Aug.)
Ursubstanz	a	$10^{-4}\ \mu/C$ g	159	59	./.	./.	./.	./.
	b	$10^{-4}\ \mu C/$g	237	88	./.	./.	./.	./.
	c	$10^{-7}\ \mu C/$cm^3	0,96	1,05	0,231	0,060	0,245	0,061
Seltene Erden $^{144}Ce + {}^{144}Pr$	a	$10^{-4}\ \mu C/$g	131	51,0	./.	./.	./.	./.
	b	$10^{-4}\ \mu C/$g	198	77	./.	./.	./.	./.
	c	$10^{-7}\ \mu C/$cm^3	0,87	0,92	0,176	0,051	0,165	0,052
^{90}Sr ohne Y^{90}	a	$10^{-4}\ \mu C/$g	6,80	4,90	./.	./.	./.	./.
	c	$10^{-7}\ \mu C/$cm^3	0,031	0,060	0,012	0,0006	0,016	0,0004
Elemente der Ba-Gruppe	a	$10^{-4}\ \mu C/$g	5,0	1,8	./.	./.	./.	./.
	c	$10^{-7}\ \mu C/$cm^3	0,022	0,022	0,009	0,016	0,007	0,0004
^{137}Cs + Ba^{137}	a	$10^{-4}\ \mu C/$g	5,20	1,95	./.	./.	./.	./.
	c	$10^{-7}\ \mu C/$cm^3	0,023	0,022	0,021	0,0005	0,002	0,0008
Analysensumme			97%	109%				

Erdreich gelangten, werden, da sie lösliche Verbindungen eingehen, schnell in größere Humustiefen verspült. Somit ist die Wahrscheinlichkeit gering, daß Cs mit dem Bodenstaub aufgewirbelt wird. Andererseits bildet das Strontium in Gegenwart schwacher Säuren (z. B. der Humussäure) sofort schwerlösliche Verbindungen, die in der obersten Humuskrume, aber auch auf anderen, steinigen Bodenoberflächen verbleiben. Somit ist die Möglichkeit gegeben, daß Sr mit dem erodierten Bodenstaub mehrmals abgehoben wird und immer wieder sedimentiert. Auf diese Weise kann der Unterschied zwischen Sr- und Cs-Anteil im Talniederschlag zustande kommen.

Die prinzipielle Übereinstimmung der Isotopenverteilung in den Niederschlägen von 1959–1961 ist sehr gut. Natürlich kommt der Gesamt-Aktivitäts-Abfall von 1959 auf 1961 auch in den Konzentrationswerten der einzelnen Radio-Nuklide deutlich zum Ausdruck.

7.-1. Künstlich radioaktive Elemente auf dem Schneeferner und auf Spitzbergengletschern

Die auf dem Schneeferner von uns in den Jahren 1958, 59, 60 und 61, sowie die von V. Gazert (1961) während der Deutschen Spitzbergen-Kundfahrt 1960[1]) der Alpenvereinssektion Amberg auf Gletscherflächen (Dome Neigeux, Kollergletscher u. a.) gesammelten Proben wurden ebenfalls analysiert. Die Ergebnisse sind in Tab. 43 und 44 zusammengestellt.

Wiederum überwiegt, wie die Tabelle zeigt, die Strahlung von ^{144}Ce + ^{144}Pr an der Gesamtaktivität. Jedoch weicht die von uns auf Gletschern gefundene Isotopen-Verteilung erheblich von jener ab, wie sie von H. F. Hunter und N. E. Ballou (1951) für verschiedene Altersstufen von Kernspaltprodukt-Gemischen errechnet worden sind, vergl. hierzu Tab. 44.

Es fällt auf, daß die Sr-Konzentration auf den Gletscherflächen mehr oder weniger weit unter der Erwartung liegt, auch dann, wenn man, wie für 1960/61 ein mittleres Alter von 2–4 Jahren ansetzt. Das rührt sicherlich daher, daß das im Regenwasser leicht lösliche Sr mit dem Niederschlag- und Schmelzwasser ausgewaschen wird, im Gegensatz zum schwerlöslichen Cer. Ein Grund, weshalb im Jahre 1960 auf sauberen Oberflächengebieten der Sollwert von Sr ausnahmsweise etwas überschritten wurde, kann noch nicht angegeben werden. Auf den Spitzbergengletschern liegt das ^{90}Sr wiederum erheblich unter dem Sollwert. Ein Lösungsvorgang wie beim Sr müßte auch beim Cs stattfinden.

Die gefundenen Cs-Werte liegen jedoch in der Umgebung des Erwartungswertes, wenn wir von den sauberen Proben 1959 und den Spitzbergenproben einmal absehen. 1960 übertreffen sie sogar die Sollwerte deutlich. Wir müssen in diesem Zusammenhang daran denken, daß das Cs von den niederen

---

[1]) Vgl. auch V. Gazert, K. Pötzl und R. Reiter (1962).

Tabelle 16.

In Gletscherrückständen (Sommer bis Herbst pro Jahr) auf chemisch-radiologischem Wege bestimmte Kernspaltprodukte

a: β-Radioaktivität von Asche (Glührückstand) bzw. abgetrenntem chemischem Niederschlag nach Beendigung der chemischen Trennung (Frühjahr 1960 bzw. Anfang 1961).

b: β:Radioaktivität von Asche bzw. chemisch abgetrenntem ^{144}Ce + ^{144}Pr zur Zeit der Probenahme, und zwar bei der Asche auf Grund der Messung und bei den Elementen auf Grund der bekannten Halbwertszeit des ^{144}Ce. Bei längerem Probenahmeintervall wurde auf die zeitliche Mitte desselben bezogen.

c: Für Schmelzwasser aus a bzw. b berechnet, wobei der mittlere Gehalt des Schmelzwassers an festen Rückständen berücksichtigt wurde.

Substanz	Bezug	Einheit	Gesamt-gletscher-fläche 1958	Alle Proben 1959 schmutzig	Alle Proben 1959 sauber	Aktivste Einzelprobe 1959	Alle Proben 1960 schmutzig	Alle Proben 1960 sauber	Aktivste Einzelprobe 1960	Spitz-bergen 1960	alle Prb. 1961 schmutzig	alle Prb. 1961 sauber
Ursubstanz	a	$10^{-4}\ \mu C/g$	31	220	90	1140	20,7	6,5	57,5	19,2	13,1	10,6
	b	$10^{-4}\ \mu C/g$	124	330	134	1700	34,0	10,2	92,5	30,9	19,6	15,6
	c	$10^{-7}\ \mu C/cm^3$	124	820	27	1700	75,0	0,82	166,0	15,5	5,6	0,36
Seltene Erden ^{144}Ce + ^{144}Pr mit ^{147}Pm	a	$10^{-4}\ \mu C/g$	23,5	212	86	890	14,0	3,65	49,9	16,8	10,8	9,6
	b	$10^{-4}\ \mu C/g$	94	316	128	1380	23,9	6,40	84,5	28,5	16,2	14,3
	c	$10^{-7}\ \mu C/cm^3$	94	790	25	1380	52,6	0,52	152,0	14,3	4,7	0,3
^{09}Sr ohne Y^{90}	a	$10^{-4}\ \mu C/g$	1,45	1,88	1,16	4,70	0,32	0,59	0,80	0,28	0,22	0,14
	c	$10^{-7}\ \mu C/cm^3$	1,45	4,70	0,23	4,70	0,73	0,047	1,44	0,14	0,03	0,003
Elemente der Ba-Gruppe	a	$10^{-4}\ \mu C/g$	0,95	1,15	0,63	0,74	0,47	0,44	1,98	0,16	0,07	0,15
	c	$10^{-7}\ \mu C/cm^3$	0,95	2,90	0,12	0,74	1,04	0,035	3,45	0,08	0,02	0,003
^{137}Cs + ^{137}Ba	a	$10^{-4}\ \mu C/g$	4,63	12,8	1,22	14,6	7,70	1,18	5,35	0,82	2,86	1,54
	c	$10^{-7}\ \mu C/cm^3$	4,63	32,0	0,23	14,6	17,00	0,09	9,60	0,41	0,82	0,035
Zahl der Einzelproben			*100*	*16*	*16*	*1*	*11*	*11*	*1*	*7*	*16*	*16*
Analysen-summe			101%	103%	100%	80 %	108%	99%	100%	96%	108%	99%

546 Ergebnisse quantitativer chemisch-radiologischer Analysen

Tabelle 44. *Prozentuale Anteile der Einzelstrahler an der Gesamtaktivität*

Element	Berechneter Anteil an der Gesamtaktivität in % nach HUNTER u. BALLOU J Jahre nach der Entstehung			Gletscher 1958 „Alter" ca. 1a	Gletscher 1959 schmutzig „Alter" ca. 1—2a	Gletscher 1959 sauber „Alter" ca. 1—2a	Niederschlag 1959 „Alter" ca. 1—2a		Gletscher 1960 schmutzig „Alter" ca. 2—3a	Gletscher 1960 sauber „Alter" ca. 2—3a	Niederschlag 1960 „Alter" ca. 2—3a		Spitzbergen 1960 „Alter" ca. 2—3a	Gletscher 1961 schmutzig „Alter" ca. 3—4a	Gletscher 1961 sauber „Alter" ca. 3—4a
	$J=1$	$J=2$	$J=3$				Wank	Farchant			Wank	Farchant			
^{144}Ce $+$ ^{144}Pr mit ^{147}Pm	59	64	60	76	96	93	90	87	62	57	66	67	92	82	82
^{90}Sr $+$ ^{90}Y	4	10	17	2,4	1,2	1,6	6,6	11,4	2,9	19	7	6	2,9	1	1
^{137}Cs $+$ ^{137}Ba	3	8	14	4	4	0,8	2,5	2,2	34	18	9	8	4,5	15	10

Organismen, die sich auf Gletscheroberflächen, vor allem auf ihren schmutzigen Teilen, ansammeln und vermehren, aufgenommen und festgehalten wird. Schlamm von Gletscheroberflächen, der wenige Tage bei Zimmertemperatur und Luftzutritt aufgehoben wird, zeigt deutlichste Fäulniserscheinungen. Unter Berücksichtigung der Möglichkeit einer Inkorporation des Cs durch Mikroorganismen wird auch verständlich, warum der prozentuale Anteil der Cs-Aktivität in schmutzigen Proben viel größer ist als in sauberen. Der niedrige Cs-Gehalt der Spitzbergen-Proben könnte daher kommen, daß diese weniger Mikroorganismen enthalten als die Eisproben vom Zugspitzplatt.

Zum Vergleich ist in Tab. 44 auch die prozentuale Verteilung der Radio-Nuklide in den Niederschlägen 1959 und 1960 aufgenommen.

Die in den Jahren 1958–1960 aus den Gletscherproben gewonnenen Meßdaten erlauben eine Abschätzung der pro Flächeneinheit der Oberfläche zugeführten bzw. in ihr festgehaltenen Spaltprodukte. Tab. 45 gibt eine Zusammenstellung der Daten, wobei allerdings zu bedenken ist, daß im Sommer 1960 die Ausaperung nur einen Teil der insgesamt in den letzten Jahren deponierten Spaltprodukte zu Tage förderte, so daß die Pegelwerte etwas zu tief liegen.

Nach HUNTER und BALLOU ist in den ersten 3 Lebensjahren eines einheitlichen Isotopengemisches der Sr-Anteil um rund 20% höher als der Cs-Anteil (siehe Tab. 44). Demnach wären unsere Sr-Werte etwa zu verdoppeln bzw. zu verdreifachen, um auf den richtigen Wert zu kommen, den wir erhalten würden, wenn keine

Lösungsvorgänge beim Sr stattfinden würden und wir annehmen dürften, daß das Cs zum größten Teil festgehalten und nur zum kleinen Teil gelöst wird. Unter diesen Annahmen kommen wir zu Sr-Ablagerungen, die mit jenen gut übereinstimmen, die an Humus gemessen worden sind (siehe 6.-4.2.).

Tabelle 45.

Pro Flächeneinheit der Gletscheroberfläche zugeführte Spaltprodukte

Elemente	Ablagerung in mC/km²		
	1958	1959	1960
^{144}Ce + ^{144}Pr mit ^{147}Pm	300	1600	90
^{90}Sr + ^{90}Y	9	16	3
^{137}Cs + ^{137}Ba	15	48	25

Ferner gilt für den Fall starker Ausaperung (1959), daß von Gletscheroberflächen durch Abschaben relativ kleiner Flächen beträchtliche Mengen radioaktiver Isotope entfernt werden können, die die nach der Bundes-Strahlenschutz-Verordnung erlaubten Freigrenzen erreichen oder sogar überschreiten. So kann man pro m² leicht erhalten:

$$4 \text{ bis } 6 \; \mu C \quad ^{144}\text{Ce} + {}^{144}\text{Pr} \quad (\text{Freigrenze:} \quad 1 \; \mu C),$$
$$0{,}02 \; \mu C \quad ^{90}\text{Sr} + {}^{90}\text{Y} \quad (\text{Freigrenze: } 0{,}1 \; \mu C) \text{ und}$$
$$0{,}06 \; \mu C \quad ^{137}\text{Cs} + {}^{137}\text{Ba} \quad (\text{Freigrenze: } 10 \; \mu C).$$

Allein schon daraus ergibt sich die Notwendigkeit, die Radioaktivität der Gletscheroberfläche zumindest laufend zu verfolgen und anzuordnen, daß alle Personen, die längere Zeit in der Gletscherregion leben und auf Schmelzwasser angewiesen sind, verpflichtet werden, dieses vor dem Genuß und der Verwendung in der Küche zu filtrieren (Verfahren siehe 2.-3.2.).

Der Vergleich der in Spitzbergen am Gletscher gesammelten Proben mit jenen vom Zugspitzplatt zeigte, daß in den ersteren die Konzentration an Kernspaltprodukten Werte erreicht, die zwischen den „schmutzigen" und den „sauberen" Proben vom Zugspitzplatt liegt. Fassen wir diese Tatsache, daß also ca. 80° Nord der Erdoberfläche in etwa dieselbe Menge an Kernspaltprodukten zugeführt wird wie in 47° Nord, noch etwas näher ins Auge. Wie schon besprochen (6.-0.15.), gilt ja doch die Tropopause allgemein als eine Barriere gegen den Ausfall von Partikeln aus dem stratosphärischen Depot. Auch haben wir schon erwähnt, daß in den Zonen der Tropopausenaufblätterung ein Austausch zwischen Stratosphäre und Troposphäre stattfindet, wobei auch Partikel mitgeführt werden. Diese Aufblätterung der Tropopause findet man nach allgemeiner Ansicht dort, wo die subtropischen und polaren Strahlströme die Erde in Mäandern umkreisen, also im Mittel bei etwa 30° und 60° Breite [siehe E. PALMEN (1951), H. FLOHN (1959) mm, D. H. PEIRSON (1961) u. a.]. Wir können also von unseren Breiten (47°) aus nach Norden zu fortschreitend noch mit einer Steigerung des fall-out rechnen, diese Zunahme hält aber nicht bis zum Pol hin an, wie unsere Ergebnisse offenbar zeigen.

Vielmehr muß aus den Radioaktivitätsuntersuchungen an den Spitzbergen-Gletscherproben geschlossen werden, daß die Tropopause in etwa 80° nördl. Breite dieselbe Wirksamkeit als Barriere besitzt wie in 47° nördl. Breite. Diese Feststellung spricht deutlich gegen verschiedentlich geäußerte Meinungen, die Tropopause sei in sehr hohen nördlichen Breiten nur noch schwach ausgeprägt oder überhaupt nicht mehr vorhanden.

So vertraten z. B. E. A. MARTELL (1959) und W. F. LIBBY (1959) die Ansicht, daß Spaltprodukte, die in polaren Breiten der Stratosphäre zugeführt wurden, in relativ kurzer Zeit (Verweilzeit 8–12 Monate) wieder zur Erdoberfläche zurückkehren, während andererseits der Ausfall von Kernspaltprodukten, welche in Äquatornähe in die Stratosphäre gelangten, im Bereich mittlerer geographischer Breiten der Nordhalbkugel sehr langsam erfolgt (4—6 Jahre Verweilzeit). Demgegenüber vertritt L. MACHTA (1957) die Ansicht, daß der Austausch zwischen Stratosphäre und Troposphäre im Bereich mittlerer nördlicher Breiten sehr viel schneller vor sich geht. Interessant sind in diesem Zusammenhang auch Untersuchungen über den O_3-Gehalt in der Antarktis. Man stellte dort einen überraschend hohen O_3-Gehalt im sonnenlosen Winter fest. H. HOINKES (1961) stellt hierzu fest: ,,Das Ozon muß aus der Stratosphäre der gemäßigten Südbreiten durch die Tropopausenlücke in die obere Troposphäre gelangen und mit dem meridionalen Austausch in die Arktis gebracht werden. Quantitative Schätzungen der Wirksamkeit des meridionalen Austausches sprechen für diese Vorstellung". Also trotz der gefundenen hohen O_3-Werte im Polgebiet wird nicht angenommen, daß das O_3 etwa über dem Pol direkt die Tropopause durchbrechen würde.

Auch K. H. PAETZOLD und F. PISCALAR (1961) sprechen auf Grund von O_3-Sondierungen von einem O_3-Transport in höheren Breiten ausschließlich durch die Tropopausenlücken (vergl. hierzu C. E. JUNGE [1962]).

Unsere Schlüsse aus den vergleichenden Untersuchungen der Gletscher-Radioaktivität in 47° und 79° nördl. Breite dürfen wir wohl auch deshalb als berechtigt ansehen, weil durch das Sammeln und Auswerten der Gletscherproben gewissermaßen eine Integration über alle jahreszeitlichen Schwankungen der Austauschintensität erfolgt ist, die Werte also keineswegs den Charakter von ,,Momentaufnahmen" haben, die nur für Wetterlage und Austauschintensität während der Probenahme repräsentativ sind.

7.-2. Künstliche radioaktive Elemente in Grasproben und Tierorganen

Die Tab. 46 gibt eine Zusammenfassung der Ergebnisse von Isotopenanalysen, die an Grasaschen aus dem Wettersteingebiet und an Gras- und Flechten-Proben aus Spitzbergen (siehe 7.-3.) ausgeführt worden sind. Ferner enthält die Tabelle noch Angaben über die Gehalte der Knochen und Keimdrüsen von Hirschen und Gemsen, die 1959 in unserem Gebiet in verschiedenen Höhen geschossen worden sind und die sich von kontaminierten Pflanzen genährt hatten.

Aus der Tabelle geht hervor, daß die Höhenabhängigkeit der Konzentration der Isotope ^{144}Ce + ^{144}Pr und ^{90}Sr + ^{90}Y in den Jahren 58—60 deutlich ausgeprägt ist, sie ist jedoch bei der ersteren Elementgruppe in den Jahren 1958 und 1959 stärker als bei der letzteren. Im Jahre 1960 aber ist die Höhenabhängigkeit beim Ce schwächer als beim Cs oder Sr. Im Jahre 1961 nimmt der ^{144}Ce-Gehalt mit der Höhe sogar ab, während die Zunahme mit der Höhe beim ^{90}Sr besonders ausgeprägt ist. Die Elemente der Ba-Gruppe zeigen keine Höhenabhängigkeit, hingegen ist sie bei ^{137}Cs + ^{137}Ba im Jahre 1958, 1960 und 1961 deutlich, während im Jahre 1959 die hohen Cs-Werte der Talgräser stark herausfallen.

Der Ce-Gehalt der Spitzbergen-Gräser ist deutlich höher als der gleichzeitig im Wettersteingebiet gefundene. Die Konzentration der übrigen Elemente in den Spitzbergen-Gräsern entspricht den hiesigen Werten. Dagegen sind Ce-, Cs- und Sr-Gehalt der Flechten von Spitzbergen wesentlich höher als die entsprechenden Gehalte in den Gräsern vom Wettersteingebirge.

Im ganzen können wir sagen, daß auch dann, wenn man die wichtigsten künstlich radioaktiven Elemente getrennt betrachtet, eine deutliche Zunahme der spezifischen Aktivität mit der Höhenlage, in der die Gräser gewachsen sind, festzustellen ist.

Betrachten wir die Elementverteilung in Knochen und Keimdrüsen von Hirsch und Gemse, so zeigt sich, daß zwischen den beiden Tiergattungen kaum systematische Unterschiede auftreten. Im ganzen betrachtet, ist der Gehalt der untersuchten Tierorgane an radioaktiven Elementen erstaunlich hoch — verglichen mit an Haustieren gemessenen Werten [SONDERAUSSCHUSS RADIOAKTIVITÄT (1959)] — insbesondere was ^{90}Sr + ^{90}Y und ^{137}Cs + ^{137}Ba betrifft. Die Gehalte an ^{144}Ce + ^{144}Pr sind vergleichsweise außerordentlich niedrig. Das rührt daher, daß, wie bekannt, das Ce so gut wie nicht in Körperorgane eingebaut wird. Auffallend niedrig ist auch der Anteil der Ba-Gruppe im Knochen. Das weist übrigens auch darauf hin, daß die in den Tab. 42, 43 und 46 angegebenen Ba-Aktivitäts-Werte nicht vom Radium stammen können, denn dieses müßte ja, wenn, dann besonders im Knochen zu finden sein.

Die in den Keimdrüsen gemessenen Aktivitäten können vielleicht dazu beitragen, eine Abschätzung zu ermöglichen, welche Dauerbelastung offensichtlich die Keimdrüsen vertragen können, ohne Mißbildungen in den Folgegenerationen auszulösen. Die Jäger versicherten uns, daß bis 1961 keinerlei Anzeichen für eine Vermehrung von Mißbildungen zu erkennen wären. Weitere Beobachtungen müssen abgewartet werden.

Tabelle 46. *In Grasaschen, Flechtenaschen und Tierorganen auf chemisch-radiologischem Wege bestimmte Kern-spaltprodukte*

a: β-Radioaktivität von Asche (Glührückstand) bzw. abgetrenntem chemischen Niederschlag nach Beendigung der chemischen Trennung (Frühjahr 1960 bzw. Anfang 1961 und 1962).
b: β-Radioaktivität von Asche bzw. chemisch abgetrenntem $^{144}Ce + ^{144}Pr$ zur Zeit der Probenahme, und zwar bei der Asche auf Grund der Messung und bei den Elementen auf Grund der bekannten Halbwertszeit des ^{144}Ce. Bei längerem Probenahmeintervall wurde auf die zeitliche Mitte desselben bezogen. (Einheit $10^{-4} \mu C/g$, F = Farchant, W = Wank, G = Gatterl, KD = Keimdrüsen, KN = Knochen.)

Substanz	Bezug	Gräser Probenahme 1958			Gräser Probenahme 1959			Gräser Probenahme 1960			Gemse 1959		Hirsch 1959		Gräser Spitzbergen 1960		Gräser Probenahme 1961		
		F	W	G	F	W	G	F	W	G	KD	KN	KD	KN	Flech-ten	Gras	F	W	G
Ursubstanz	a	2,40	3,80	4,40	3,30	5,30	12,7	2,15	2,45	2,70	1,25	0,6	1,7	0,5	7,80	4,40	1,82	1,42	1,81
	b	11,5	22,9	22,3	5,1	8,1	19,1	3,22	3,60	3,85	2,0	1,0	2,7	0,9	10,95	6,70	2,72	2,12	2,71
Seltene Erden $^{144}Ce + ^{144}Pr$	a	1,05	2,90	2,40	1,2	4,0	10,1	1,54	1,60	1,62	0,2	0,2	0,49	0,11	4,55	3,25	1,18	0,74	0,38
mit ^{147}Pm	b	4,5	12,0	11,5	2,0	6,1	16,4	2,62	2,78	2,75	0,42	0,42	0,86	0,33	7,75	5,50	1,77	1,10	0,58
^{90}Sr ohne ^{90}Y	a	0,16	0,25	0,31	0,15	0,20	0,21	0,18	0,14	0,32	0,16	0,09	0,35	0,10	1,16	0,15	0,10	0,12	0,24
Elemente der Ba-Gruppe	a	1,05	0,30	0,19	0,21	0,55	0,25	0,20	0,14	0,19	0,30	0,05	0,45	0,00	0,19	0,14	0,031	0,064	0,012
$^{137}Cs + ^{137}Ba$	a	0,10	0,41	0,53	1,85	0,26	0,30	0,12	0,15	0,51	0,50	0,30	0,33	0,07	0,97	0,46	0,036	0,12	0,62
Zahl der Einzel-proben		39	26	10	58	43	11	80	39	9	5 Tiere		4 Tiere		9	4	96	52	6
Analysensumme		100%	108%	90%	107%	97%	87%	102%	90%	108%	104%	113%	109%	74%	102%	94%	74%	82%	92%

8. Änderung der Kontamination von Luft, Niederschlägen und Gräsern durch Kernspaltprodukte nach Beginn der Kernwaffentests im Herbst 1961

Die Wiederaufnahme der Kernwaffentests im Herbst 1961 hat den Status der atmosphärischen Kontamination durch Kernspaltprodukte grundlegend verändert[1]). Bis zum Oktober 1961 war die Restaktivität der Luft an den beiden Stationen Farchant und Wank auf etwa $0,1 \cdot 10^{-12}$ μC/cm^3 abgesunken. Die Restaktivität der Niederschläge (Zufuhr zum Boden) erreichte Werte in der Größenordnung $0,1 \cdot 10^{-7}$ μC/cm^2 und die Radioaktivität der Gräser lag bei 2–$3 \cdot 10^{-4}$ μC/g Asche.

Abb. 216 [s. a. R. REITER (1962)] zeigt synoptisch in logarithmischen Ordinatenmaßstäben die spezifische Beta-Radioaktivität in Luft, in Niederschlägen und in den Grasaschen an den beiden Stationen Wank und Farchant von Mitte August bis Dezember 1961. Sie setzt diese Werte in Relation zu mittleren Pegelwerten ab 1957 bzw. 1958. Man sieht sofort, daß die im Oktober 1961 in Luft gemessene Spaltprodukt-Radioaktivität die Pegel von 1957 und 1958 weit hinter sich gelassen hat (plötzlicher Anstieg um Faktor 100) und daß sie bereits die Werte vom ersten Halbjahr 1959 (= I/59) übersteigt. Sehr deutlich ist auch zu sehen, daß die ersten Spaltprodukte die Bergstation genau 1 Tag früher als die Talstation erreicht haben. Das unterstreicht wiederum und eindringlich die Notwendigkeit und Bedeutung von Hochgebirgsstationen im Rahmen der Radioaktivitätsüberwachung der Atmosphäre.

Betrachtet man die höchsten Werte der Niederschlags-Radioaktivität (Anstieg um Faktor 1000), so stellt man fest, daß diese den Pegel von I/59 übersteigen. Auch die Kontamination der Gräser hat auf die Aktivitätszufuhr sofort angesprochen und steigt im Laufe von Wochen immer steiler an, wobei, wie schon erwähnt, unabhängig von der Höhe über NN gleiche Werte erreicht wurden. Die Mittelwerte der Graskontamination der Jahre 1958 und 1959 wurden durch die Meßwerte vom Spätherbst 1961 (Anstieg um Faktor 50) ebenfalls überschritten.

Wir wollen aus dieser jüngsten Zeit einer erhöhten atmosphärischen Kontamination Beispiele zum zeitlichen Feinablauf des vertikalen Konzentrationsgradienten der Größe Rk bringen. Das Bewegungsdiagramm Abb. 217a enthält den höchsten absoluten Spitzenwert von Rk. Er wurde isoliert an Station Wank kurz vor einer Kaltfront mit $44 \cdot 10^{-12}$ μC/cm^3 gemessen. Diese Schwade erreichte die Talstation nicht: Der Austausch-

---

[1]) Siehe auch K. BODDY (1961) und G. M. DUNNING (1961).

koeffizient (siehe Zahlenwert neben dem Diagrammpunkt) betrug nur 3,3 Einheiten. Nachfolgender Niederschlag förderte einen großen Teil der Spaltproduktaktivität aus der Luft zum Boden und die Gras-Radioaktivität beantwortete diesen Zustrom. Auch dieses Beispiel weist auf die Bedeutung der Bergstation als ,,Warnposten" hin. Noch vor Einsetzen des Niederschlages konnte vorausgesagt werden, daß, falls ein solcher

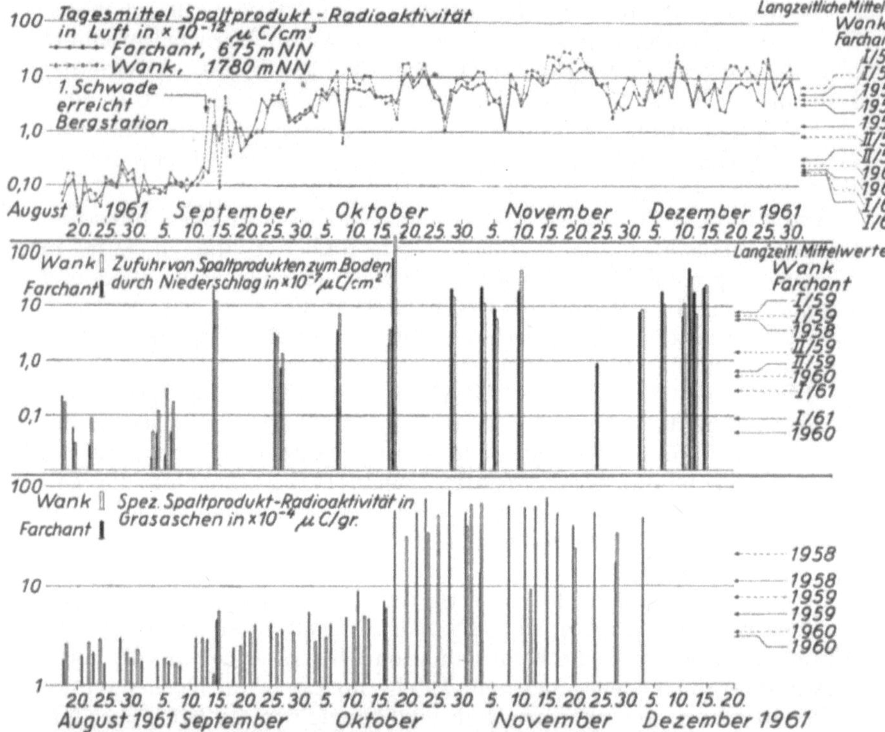

Abb. 216. Kernspaltprodukt-Radioaktivität in Luft, in Niederschlägen und in Grasproben an den beiden Stationen Farchant und Wank vor und nach der Wiederaufnahme der Kernwaffenversuche im Herbst 1961. Logarithmische Darstellung

ausfallen sollte, mit einer in etwa dem *Rk*-Wert entsprechenden Steigerung der Verseuchung von Futtermitteln, Gemüse usw. zu rechnen sein wird. Es wäre dann noch genügend Zeit zur Verfügung, um von Seiten der Behörden rechtzeitig Maßnahmen zu ergreifen noch bevor eine Inkorporation erfolgt.

Das Beispiel eines 2 maligen zyklischen Absinkvorganges von Kernspaltprodukten aus der Höhe zeigt Abb. 217 b. Jeweils nachts erfolgte

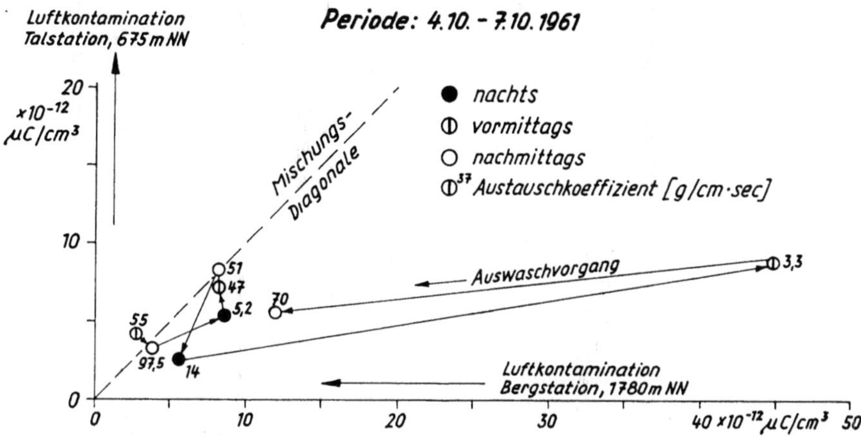

Abb. 217a. Bewegungsdiagramm für ein Kernspaltprodukt-Aerosol: Die bisher höchste Spitze wird nur an der Gipfelstation gemessen!

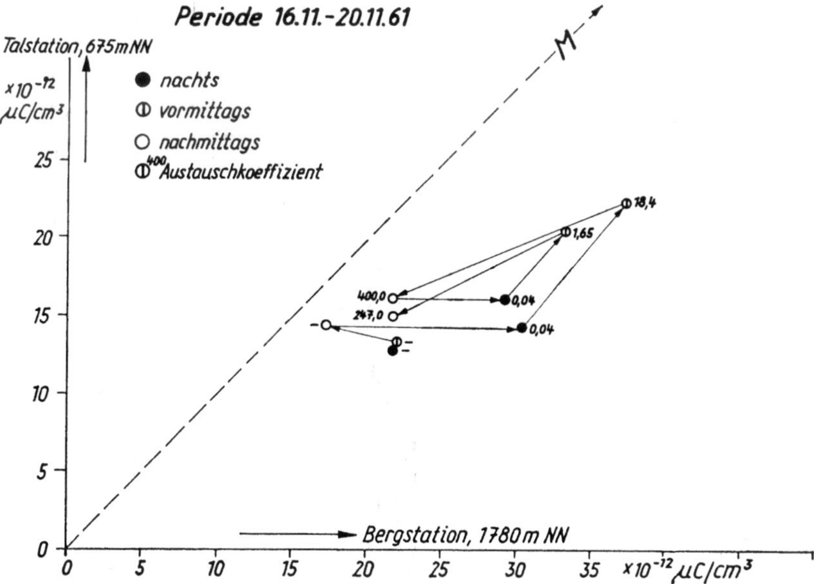

Abb. 217b. Bewegungsdiagramm: zyklischer Absinkprozeß (nächtliches Absinken, am Tage Ausgleich und Annäherung an die Mischungsdiagonale durch Konvektion)

durch Absinken ein Zustrom von Kernspaltprodukten aus der Höhe zur
Bergstation (A-Wert = 0,04!), der die Talstation nicht erreichte. Jedoch
führte jeweils schon die Konvektion am Vormittag zum teilweisen Durchgriff ins Tal und die sehr starke nachmittägliche Konvektion (A-Werte 200
bis 400) rückte die Punkte noch näher an die Mischungsdiagonale heran.

Den verstärkten Zustrom künstlich radioaktiver Aerosole aus großen
Höhen und deren vorzeitiges Eintreffen an der Bergstation während eines

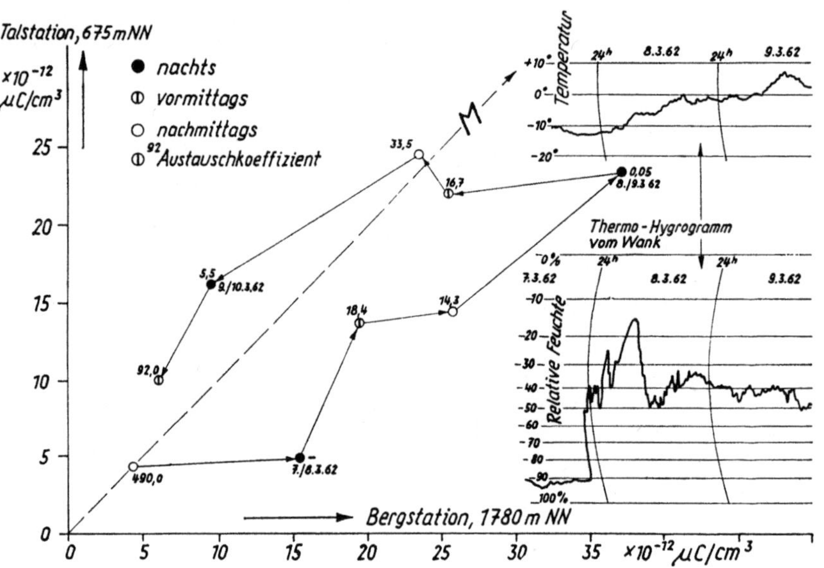

Abb. 217c. Bewegungsdiagramm: Abstrom eines stark mit Spaltprodukten
kontaminierten Aerosols aus größeren Höhen während eines weiträumigen
Absinkprozesses. Man beachte Temperaturanstieg und Feuchteabfall an der
Bergstation

besonders stark ausgeprägten Absinkprozesses zeigt Abb. 217c als
Bewegungsdiagramm, wobei ergänzend der steile Abfall der relativen
Feuchte und der Temperaturanstieg an der Gipfelstation vom 7. auf
9. 3. 62 mit aufgenommen sind. Der Absinkvorgang kommt auch in den
niedrigen Werten des Austauschkoeffizienten zum Ausdruck, der in der
Nacht 8./9. 3. sein Minimum mit 0,05 g cm^{-1} sec^{-1} erreichte.

*Wie diese wenigen Beispiele zeigen, konnten die in den vorangegangenen
Jahren gesammelten Erfahrungen über das Verhalten der radioaktiven Aerosole in der unteren Troposphäre während der erneuten akuten atmosphärischen
Kontamination ab Herbst 1961 zur Beratung der Überwachungsbehörden zu
deren Belieferung mit aktuellem Datengut sofort nutzbar verwendet werden.*

9. Rückblick und Ausblick

Im Rückblick auf die nunmehr abgeschlossenen Kapitel scheint ein Mosaik von Einzeltatsachen und Einzelbeobachtungen vor uns zu liegen. In einigem Abstand betrachtet sind aber durchaus Umrisse und Anlagen einer Ordnung und Gesetzlichkeit zu erkennen. So stehen einige Teile des Bildes miteinander in einer gewissen Harmonie und inneren Verbindung, andere aber führen noch mehr oder weniger ein Eigenleben und harren der Einordnung und Zuordnung. Aber wie wäre das andere zu erwarten? Am Anfang jeder — insbesondere geophysikalischen — Forschungsarbeit steht das Sammeln, Sichten und Ordnen von Befunden, deren Vielfalt und Menge uns aber nicht zur Last fallen darf, die wir vielmehr als Fülle und Reichtum betrachten mögen.

Es ist dies freilich eine Fülle, die nicht dem Auge oder anderen Sinnen unmittelbar gegenübertritt, so wie die Überfülle der Formen unserer lebenden Umwelt. Vielmehr müssen wir uns feiner physikalischer Meßfühler bedienen, um diesen Teil der Umwelt zu erschließen, der unseren Sinnen so völlig verschlossen bleibt.

Dabei müssen wir uns aber hüten, die Dinge gewissermaßen „doppelt" zu sehen und gespalten mit ihnen zu leben: nämlich einerseits mit den Gegenständen unserer Forschung und andererseits mit den Dingen unserer gegenwärtigen Lebenswelt. Eben diese Wolke, die gerade das Bild der Landschaft so schön ergänzt und rundet, ist gleichzeitig unsere geophysikalische Wolke mit ihren Tröpfchenladungen und elektrischen Feldern. Und dasselbe Aerosol, das dem Auge hilft, Hügel und Berge in Entfernungen gestaffelt zu sehen ist identisch mit dem Träger von Ionen und radioaktiven Elementen verschiedenster Art und Herkunft. Mehr noch, wir selbst atmen dieses Aerosol ein und seine Komponenten kommen in unserem Körper zur Wirkung.

Höchst wunderbar ist übrigens das, was man gemeinhin als „die Luft" bezeichnet: es ist nicht einfach das Gemisch einer Reihe von Gasen, wie man das auf der Schule lernt, sie ist „gewürzt" mit Winzigkeiten, die aber ihre Eigenschaften sehr wohl wesentlich mitbestimmen, — wie die Radioaktivität (wenn auch nur als Millionstel eines Millionstel Gramms pro Kubikzentimeter), der Gehalt an elektrischer Ladung (wenn auch nur aus einigen Elementarquanten pro Kubikzentimeter bestehend), elektrischen Strömen (Millionstel eines Millionstel Ampères durch einen Quadratzentimeter), schwebende Partikelchen submikroskopischer Größe, chemische Spurenstoffe an der Nachweisgrenze und vieles mehr. Die Winzigkeiten gewinnen aber auch Gewicht und Bedeutung durch ihre überraschend weltweite Gegenwart. Die minimalen luftelektrischen

Ströme pulsieren bei schönem Wetter an vielen voneinander weitentfernten Punkten des Globus synchron im gleichen Rhythmus, Spuren radioaktiver Elemente schwingen sich in planetarischen Strahlströmen um die Erde, elektrische Ladungen vor Minuten in einem Tropengewitter entstanden, wirken sich jetzt schon hier und am Nordpol in Veränderungen elektrischer Felder aus. Sonneneruptionen greifen mit in dieses Geschehen ein.

Und doch übersehen wir nur Teilbeziehungen, Ausschnitte, Bruchstücke des Großen Ganzen, das wir noch dazu oft mit getrübtem und beengtem Blick suchen. Die Regeln und „Gesetze", die in den schon eroberten Wissensgebieten jetzt zu gelten scheinen, unterliegen nicht selten späteren Verwandlungen und gewaltsamen Änderungen, ja sie werden oft umgestoßen durch neue Erfahrungen, weshalb der bare, selbst noch ungeordnete aber laufend vermehrte Schatz von Beobachtungen nicht zu verachten ist. Wie oft hört man sagen: hier haben wir es nicht mehr mit einem „Problem" zu tun! Und doch können wir eines Tages eines Besseren belehrt sein. Was ist abgeschlossen, was erforscht? Wir wissen es nicht. Es gilt deshalb der Aufruf zur sorgfältigen und fortgesetzten Sammlung von Erfahrungen teils um den Blick zu erweitern, teils um das bereits im Gesichtskreis Liegende auf Allgemeingültigkeit und Vertraubarkeit hin zu prüfen und damit am Gebäude der Ordnungen, Gesetze, Beziehungen mitzubauen, jetzt und immer.

In seiner berühmten Vorrede zu den Bunten Steinen hat ADALBERT STIFTER vor 110 Jahren einige Gedanken von bewundernswerter Klarheit und Einfachheit niedergeschrieben, mit denen wir, weil sie uns so unmittelbar berühren, schließen wollen, die aber auch genauso gut am Beginn des Ganzen stehen können:

„Wenn wir, so wie wir für das Licht die Augen haben, auch für die Elektrizität und den aus ihr kommenden Magnetismus ein Sinneswerkzeug hätten, welche große Welt, welche Fülle von unermeßlichen Erscheinungen würde uns da aufgetan sein. Wenn wir aber auch dieses leibliche Auge nicht haben, so haben wir dafür das geistige der Wissenschaft, und diese lehrt uns, daß die elektrische und magnetische Kraft auf einem ungeheuren Schauplatze wirke, daß sie auf der ganzen Erde und durch den ganzen Himmel verbreitet sei, daß sie alles umfließe, und sanft und unablässig verändernd bildend und lebenerzeugend sich darstelle. Der Blitz ist nur ein ganz kleines Merkmal dieser Kraft, sie selber aber ist ein Großes in der Natur. Weil aber die Wissenschaft nur Körnchen nach Körnchen erringt, nur Beobachtung nach Beobachtung macht, nur aus Einzelnem das Allgemeine zusammenträgt, und weil endlich die Menge der Erscheinungen und das Feld des Gegebenen unendlich groß ist, Gott also die Freude und die Glückseligkeit des Forschens unversieglich gemacht hat, wir auch in unseren Werkstätten immer nur das Einzelne darstellen können, nie das Allgemeine, denn dies wäre die Schöpfung: so ist auch die Geschichte des in der Natur Großen in einer immerwährenden Umwandlung der Ansichten über dieses Große bestanden. Da die Menschen in der

Kindheit waren, ihr geistiges Auge von der Wissenschaft noch nicht berührt war, wurden sie von dem Nahestehenden und Auffälligen ergriffen und zu Furcht und Bewunderung hingerissen: aber als ihr Sinn geöffnet wurde, da der Blick sich auf den Zusammenhang zu richten begann, so sanken die einzelnen Erscheinungen immer tiefer, und es erhob sich das Gesetz immer höher, die Wunderbarkeiten hörten auf, das Wunder nahm zu".

10. Danksagungen

Es ist eine besondere Freude, ganz allgemein sagen zu können, daß die Arbeiten durch beinahe unzählige freiwillige Hilfeleistungen ausschlaggebend gefördert worden sind.

Den Grundstock des gesamten Arbeitsprogramms auf dem Gebiet der Luftelektrizität lieferten drei jeweils 2jährige Forschungsverträge[1]) mit dem Geophysics Research Directorate des Air Force Cambridge Research Center, Air Research and Development Command, European Office. Für die großzügige Unterstützung, welche unsere Arbeiten von dort erfahren haben, aber nicht weniger für die in jeder Beziehung so angenehme persönliche Zusammenarbeit, fachliche Beratung und Förderung der Kontaktaufnahme mit den zahlreichen auf ähnlichen Gebieten arbeitenden Stellen und Forschern sei hier unser wärmster Dank ausgesprochen. Ein Teil des Datengutes, vor allem die luftelektrischen Schönwetterdaten, konnten mit Hilfe von Zuwendungen der Deutschen Forschungsgemeinschaft ausgewertet werden, welcher wir hierfür ebenfalls sehr dankbar sind.

Die entscheidende Förderung unserer Arbeiten auf dem Gebiet Radioaktivität haben wir an erster Stelle Herrn Prof. Dr. BORIS RAJEWSKY und dem *Sonderausschuß Radioaktivität* zu verdanken, gleichzeitig aber auch dem Herrn Bundesminister für Atomenergie a. D., Herrn Prof. Dr. SIEGFRIED BALKE, und dem Bayerischen Staatsministerium des Inneren, welche die Mittel für die ausgeführten und laufenden Arbeiten bewilligten. Auch die Deutsche Forschungsgemeinschaft hat durch Sachbeihilfen zum Fortschritt der Arbeiten beigetragen, wofür hier sehr gedankt sei.

Dem Deutschen Wetterdienst danken wir sehr für die Erlaubnis, unsere Geräte an den Stationen Oberstdorf, Garmisch-Partenkirchen und Zugspitze aufzustellen. Für die langjährige, freiwillige und höchst zuverlässige Betreuung und Wartung unserer Apparate möchten wir den Dienststellenleitern und den Beobachtern der Stationen ganz besonders herzlich danken. Dem Wetteramt München und dem Zentralamt in Offenbach sind wir für die laufende Belieferung mit wertvollem Datengut und der Zusendung von Literaturübersichten zu großem Dank verbunden.

Die Arbeit wäre aber ohne die vielen persönlichen Hilfen und Unterstützungen, die uns in so reichem Maße zu Teil geworden sind, undurchführbar gewesen. So möchten wir hier unseren Dank vor allem aussprechen: Herrn Prof. Dr. G. FISCHER, Herrn Dr. G. VOLL und Dr. H. ZIEHR, ferner Herrn Prof. Dr. M. KNOLL und seinen Mitarbeitern und

---

[1]) Contract AF 61 (514) — 732 — C, Contract AF 61 (514) — 949, Contract AF 61 (052) — 55.

Herrn Direktor Dr. Dr. e. h. Schmitz, sowie Herrn Dr. H. Cauer † und Frau Dozent Dr. L. Holzapfel; nicht zuletzt danken wir an dieser Stelle den Herren Dr. K. Burkhart, Dr. H. Riedel, Dipl.-Ing. H. Augustin †, Dipl.-Ing. E. Obenland und Herrn Direktor Dipl.-Ing. H. Rid, die uns bei der Errichtung, Ausstattung und Betreuung von Stationen so sehr geholfen haben.

Eine in jeder Hinsicht wertvolle Unterstützung leisteten die Firmen Hartmann & Braun, E. Leybold's Nachfolger und Siemens & Halske, wofür ebenfalls sehr gedankt sei.

Mitentscheidend waren aber auch die vielfältigen Unterstützungen, die unsere Arbeiten durch die Bergbahnen: Nebelhornbahn A.G., Bayerische Zugspitzbahn A.G., Tiroler Zugspitzbahn A.G. und Wankbahn A.G. erfahren haben und z. T. noch erfahren. Herrn Dipl.-Ing. B. Schmidt, den Herren Ing. H. Pankl und Ing. Hofer und Herrn Dipl.-Ing. Kirschbauer und nicht zuletzt ihren vielen Mitarbeitern sei unser herzlicher Dank ausgesprochen. Die in jeder Hinsicht uneigennützige, freiwillige und oft in der Freizeit ausgeführte zuverlässige Betreuung unserer Geräte durch Angestellte dieser Bahnbetriebe verdient unsere ganz besondere Anerkennung und Wertschätzung.

Eine nicht zu unterschätzende Hilfe waren die laufende Zusendung von neuesten Arbeiten und Veröffentlichungen, die wir von Fachleuten des In- und Auslandes erhalten haben. So möchten wir unseren Dank dafür vor allem den Herren Prof. Dr. J. A. Chalmers, Dr. S. Chapmann, Frau Dr. R. Callahan-Sagalyn, Prof. Dr. A. Ehmert, Prof. Dr. H. Flohn, Dr. H.-W. Georgii, Prof. Dr. M. Kawano, Prof. Ch. Magono, Dr. C. B. Moore, Prof. Dr. R. Mühleisen, Prof. Dr. D. Müller-Hillebrandt, Prof. Dr. H. Norinder, Dr. T. Ogawa, Prof. E. T. Pierce, Prof. Dr. L. W. Pollak, Dr. V. J. Schaefer, Dr. R. Siksna, Prof. Dr. F. Steinhauser, Dr. C. G. Stergis, Dr. B. Vonnegut u. a. aussprechen.

Eine wirklich unschätzbare Hilfe durch Literaturzusendungen ließ uns Herr Dr. R. L. Shannon, Chief Div. Techn. Inf. Ext. der US-AEC, zukommen, wofür wir herzlichst danken.

Nicht zuletzt gebührt der Dank unseren Angestellten und Mitarbeitern der Forschungsstelle für die bewiesene Zuverlässigkeit und Treue, vor allem Herrn Dipl.-Chemiker K. Pötzl für die freundschaftliche Mitarbeit und ständige Beratung. Im gleichen Sinne danke ich hier auch meiner Frau, Dipl.-Chemikerin M. Reiter, welche in mehrfacher Beziehung entscheidend zum Gelingen der Arbeiten beigetragen hat.

Anhang

Es ist auch heute noch sehr schwierig, in der Literatur Mittelwerte über den Gehalt der unteren Troposphäre an natürlich radioaktiven Stoffen zu finden, die über lange Zeit hinweg gewonnen worden sind und somit als repräsentativ anzusehen sind. Dasselbe gilt für die in Frage kommenden Jahres- und Tagesschwankungen. Wir geben deshalb nachfolgend in einigen Tabellen Mittelwerte über 3jährige lückenlose Messungen wieder.

Tabelle I. *Tagesgang des RaB im Tal und am Gipfel zu den 4 Jahreszeiten (Uhrzeiten in MEZ)*

| Jahreszeit | RaB in $\times 10^{-12}$ $\mu C/cm^3$ (1959—1961) | | | | | | |
| | Talstation Farchant 675 m NN | | | | Gipfelstation Wank 1780 m NN | | |
	21—09	09—12	12—16	16—21	21—09	09—12	12—16
Frühjahr	308	169	118	229	85	87	82
Sommer	310	153	114	265	94	96	83
Herbst	560	330	274	455	116	145	145
Winter	451	402	304	423	56	71	88

Tabelle II. *Tagesgang der Rn-Halbwertshöhe zu den 4 Jahreszeiten (Uhrzeiten in MEZ)*

| Jahreszeit | 1959—1961 | | |
| | Halbwertshöhe von Rn im Meter | | |
	21—09	09—12	12—16
Frühjahr	520	1150	1900
Sommer	590	1600	2100
Herbst	360	860	1170
Winter	220	320	560

Tabelle III. *Tagesgang des ThB im Tal und am Gipfel zu den 4 Jahreszeiten (Uhrzeiten in MEZ)*

| Jahreszeit | ThB in $\times 10^{-12}$ $\mu C/cm^3$ (1959—1961) | | | | | | |
| | Talstation Farchant 675 m NN | | | | Gipfelstation Wank 1780 m NN | | |
	21—09	09—12	12—16	16—21	21—09	09—12	12—16
Frühjahr	3,6	8,8	7,4	7,6	0,9	5,2	4,5
Sommer	3,0	8,6	5,5	5,4	1,0	5,6	4,0
Herbst	5,6	15,5	9,9	11,4	1,1	7,9	4,9
Winter	1,5	7,5	4,7	4,2	0.5	3,5	4,9

Tabelle IV. *Jahresgang des RaB, der Rn-Halbwertshöhe und des ThB an der Talstation Farchant (F) 675 m NN und an der Gipfelstation Wank (W) 1780 m NN* (1959—1961)

| Monat | RaB $\times 10^{-12}\,\mu C/cm^3$ | | Halbwertshöhe des Rn in | ThB $\times 10^{-12}\,\mu C/cm^3$ | |
	F	W	Meter	F	W
I	779	70	160	3,7	2,0
II	334	72	400	5,0	4,0
III	262	97	740	6,7	3,3
IV	178	70	790	7,0	3,7
V	171	90	1170	7,0	3,4
VI	198	86	900	4,5	3,5
VII	187	88	1020	5,3	3,9
VIII	230	98	880	6,6	3,3
IX	401	157	780	11,4	5,1
X	387	134	670	11,6	4,7
XI	436	103	440	9,3	4,6
XII	430	77	330	5,1	2,0

Literaturverzeichnis

ABILD, B., Die Einwirkung des Wetters auf die Ausbreitung ultrakurzer Wellen. Meteorologie und Funkortung, Ausschuß Funkortung (1956).

ACKERMANN, P., Kondensationskernzählungen in Payerne 1953. Geofisica p. e. a. **29**, 168 (1954).

ADAMSON, J. u. J. A. CHALMERS (1956), siehe J. A. CHALMERS (1947).

ADKINS, C. J., The small ion concentration and space charge near the ground. Quart. J. Roy. Meteor. Soc. **85**, 237 (1959).

ADLEY, F. E. u. D. E. WISEHART, Life-loading tests on certain filter media US Atomic En. Comm. TID-7627 (1962).

ALIVERTI, G., Quantitative Bestimmungen des Luftgehaltes an Radium-Thorium-Emanation mittels einer neuen elektrischen Ausströmungsmethode. Z. Geophys. **9**, 16 (1933). — A proposito del metodo Aliverti per misure di radioactivitá atmosferica. Gerlands Beitr. Geophys. **46**, 223 (1935).

— u. G. ROSA, Zur Frage der Adsorption von RaEn an Kernen. Gerlands Beitr. Geophys. **44**, 107 (1936).

ALLEN, P. W., F. D. CLUFF u. Mitarb., The early transport of nuclear debris Weather Bureau, Las Vegas, Nev. US Atomic En. Comm. TID-7632 (1962).

ANDERSON, D. E., Efficiencies of filter papers for collecting radon daughters. Amer. Ind. Hyg. Assoc. J. **21**, 428 (1960).

ANDERSON, W., R. E. BENTLEY, L. K. BURTON u. C. A. GREATOREX, Detection of recently produced fission products in the atmosphere. Nature **186**, 223 (1960).

—, W. V. MAYNEORD u. R. C. TURNER, The radon content of the atmosphere. Nature **174**, 424 (1954).

— u. R. C. TURNER, Radon content of the atmosphere. Nature **178**, 203 (1956).

ANGSTRÖM, A. u. L. HÖGBERG, On the content of nitrogen in atmospheric precipitation. Tellus **4**, 31 (1952).

ANTON, G. T., Air cleaning implications in fallout studies US Atomic En. Comm. TID-7627 (1962).

APPLETON, E. V., R. A. WATSON WATT u. J. F. HERD, On the nature of atmospherics III. Proc. Roy. Soc. **111**, 654 (1926).

ARABADZHI, V. I., Electrification of particles in clouds. Meteorologiis i Gidrologiis (Leningrad) **6**, 37 (1955). — In measurements of the electric field in thunderclouds by means of radiosonde. Proc. Acad. Sci. USSR **111**, 85 (1956). — On electric field intensity measurements in storm clouds with the aid of a sounding baloon. Doklady Akad. Nauk. SSSR **111**, 85 (1956). — Electric properties of thunderstorm precipitations. Doklady Akad. Nauk. SSSR **127**, 298 (1959).

ARENDT, P. R., Über die Toleranzdosis und ihre Beziehungen zu balneologischen Erfahrungen. Atomkernenergie **1**, 317 (1956).

ARGIERO, L., S. MANFREDINI u. Mitarb., Measurement of air radioactivity in Italy and its relation to the first Sahara atomic explosion. Nature **190**, 618 (1961).

ASAKURA, T. u. A. KATAYAMA, On the relation between solar activity and general circulation in the atmosphere. Pap. Meteor. Geophys. Tokyo **9**, 15 (1958).

VAN ATTA, L. C., D. L. NORTHRUP, C. M. VAN ATTA u. R. J. VAN DE GRAAF, The design, operation, and performance of the Round Hill electrostatic generator. Phys. Rev. **49**, 761 (1936).

AURAND, K. u. A. SCHRAUB, Über das Verhalten des Radon und seiner Folgeprodukte bei peroraler Verabreichung. Strahlentherap. **94**, 272 (1954).

BAGGE, E., Luftradioaktivität und Windrichtung. Atomkernenergie **1**, (1956).

BAIER, C. R., Messungen der Radioaktivität von Trinkwasser. (Schriftenr. d. Bundesmin. f. Atomkernenergie u. Wasserwirtschaft. Strahlenschutz H. 6, 106 (1958).

BANERJI, S. K., Does thunderstorm rain play any part in the replenishment of the earth's negative charge? Quart. J. Roy. Met. Soc. **64**, 293 (1938). — The electric field of overhead thunderstorms. Phil. Trans. A. **231**, 1 (1932).

— u. S. R. LELE, Electric charges on raindrops. Proc. Nat. Inst. Sci. India **18**, 93 (1952).

BARREIRA, F., Concentration of atmospheric radon and wind direction. Nature **190**, 1092 (1961).

BAUER, L. A., Correlations between solar activity and atmospheric electricity. Terr. Magn. Atmosph. Electr. **30**, 17 (1925). — Regarding atmospheric electricity and its relation with solar activity. Terr. Magn. and Atmosph. Electr. **30**, 17 (1925).

— u. W. F. G. SWANN, Results of atmospheric-electric observations made aboard the "Galilee" (1907–1908) and the "Carnegie" (1909–1916). Res. Dept. Magn. Carnegie Inst. Wash. Publ. No. 175, **3**, 361 (1917).

BAUMSTARK, J., L. GRAF u. Mitarb., Upper atmosphere monitoring program US Atomic En. Comm. TID-6886 (1960).

BAUR, F., Beziehungen des Großwetters zu kosmischen Vorgängen. Lehrbuch der Meteorologie von HANN-SÜHRING 5. Aufl. (1949). — Solare Einflüsse auf Wetter und Großwetter. Idöjaras **61**, 314 (1957). — Das außergewöhnliche Sonnenfleckenmaximum und die Witterungsvorhersage. Mitt. Dtsch. Landw.-Ges. A **73**, 84 (1958). — Neue Untersuchungsergebnisse über die Zusammenhänge des Großwetters mit dem Sonnenfleckenzyklus. Geofisica pura e appl. **44**, 303 (1959). — Das Großwetter unter dem Einfluß von Strahlungsschwankungen der Sonne. Witterungsvoraussage für den Sommer 1959 für West- und Mitteleuropa. Naturwiss. Rundsch. **12**, 209 (1959a). — Die wissenschaftlichen Grundlagen und Probleme der langfristigen Wettervorhersage. Naturwiss. **48**, 61 (1961).

BAYERS, H. R., The thunderstorm. Report of the thunderstorm project (Washington 1949).

BECKER, F., Messungen des Emanationsgehaltes der Luft in Frankfurt und am Taunus-Observatorium. Gerlands Beitr. Geophys. **42**, 365 (1934). — Neue Meßergebnisse der Luft- und Niederschlags-Radioaktivität. Med. Meteor. Hefte **1958**, Nr. 13, 177.

BEHOUNEK, P. u. M. MAYEROVA, Radon content of the air. Nature **178**, 1457 (1956).

BENDER, H., Über den Gehalt der Bodenluft an Radiumemanation. Gerlands Beitr. Geophys. **41**, 401 (1934).

BERG, H., Allgemeine Meteorologie (Bonn 1958).

BERGH, H. u. Mitarb., Fallout in Norwegian Milk in 1959. Norwegian Defence Research Establishment Kjeller (Lillestrøm 1960).

—, u. G. FINSTAD, L. LUND, O. MICHELSEN u. B. OTTAR, Radiochemical analysis of precipitation, tap water, and milk in Norway 1957–1958. Forsvarets Forskinsinstitutt, Norwegian Defence Research Establishment, Intern Rapport K-219 (1959).

BEST, A. C., The size distribution of raindrops. Quart. J. Roy. Met. Soc. **76**, 16 (1950). — Atomic explosions and condensation nuclei. Meteorol. Mag. (London) **84**, 201 (1955).

BIDER, M., Ergebnisse der eineinhalbjährigen Registrierungen der Anzahl der Kondensationskerne in Basel. Geofisica p. e. a. **29**, 178 (1954a). Verh. Schweiz. Naturforschg. Ges. **134**, 115 (1954b). — Ergebnisse der Registrierungen der Zahl der Kondensationskerne in Basel und seiner nächsten Umgebung. Geofisica p. e. a. **31**, 147 (1955). — Die Messung der Zahl der Kondensationskerne als Maß für die Luftverunreinigung. Straße und Verkehr **1956**, 530.

— u. F. VERZAR, Mehrjährige Registrierung der Zahl der Kondensationskerne in St. Moritz. Geofisica p. e. a. **36**, (1957).

BLANCHARD, D. C., The supercooling, freezing, and melting of giant waterdrops at terminal velocity. Artificial Stimulation of Rain (London 1953).

BLEICHRODT, J. F., J. BLOCK u. R. H. DEKKER, On the spring maximum of radioactive fallout from nuclear test explosions. J. Geophys. Res. **66**, 135 (1961).

BLIFFORD, I. H., H. FRIEDMANN, L. B. LOCKHART u. R. A. BAJS, Geographical and the distribution of radioactivity in the air. J. Atm. Terr. Phys. **9**, 1 (1956).

—, R. L. PATTERSON, L. B. LOCKHART u. R. A. BAUS, On radioactive hailstones. Amer. Meteorolog. Soc. Bull. **38**, 139 (1957).

BODDY, K., Radioactivity in rainfall during September 1961 following the Russian nuclear-weapons tests of September 1961. Nature **192**, 443 (1961).

BÖHM, H., Derzeitige technische Möglichkeiten zur Strahlungsüberwachung in Gasen mit Ionisationskammern. Atompraxis **3**, 369 (1957).

BOLIN, B., The vertical distribution of radioactivity in the atmosphere. Ann. Internat. Geophys. **5**, 324 (1958). — Transfer and circulation of radioactivity in the atmosphere. Nuclear Radiation in Geophysics (New York 1962).

BONGARDS, H., Messungen des Gehalts der Luft an radioaktiven Zerfallsprodukten vom Flugzeug aus. Phys. Z. **25**, 679 (1924).

BOOJI, J., Messungen des Ionenspektrums in Innsbruck. Gerlands Beitr. Geophys. **37**, 167 (1932).

BOSSOLASCO, M. u. F. MEDA, Perfecionamenti nelle misure do elettricita atmosferica. Geofisica p. e. a. **25**, 214 (1953).

BOST, W. E., H. E. VORESS u. N. K. SMELCER, Radioactive fallout. A Bibliography of the world literature. US Atomic. En Comm. TID-3086 (1961).

BOWNE, N. E., Measurements of atmospheric diffusion from an elevated source. US Atomic En. Comm. TID-7593, Idaho, USA (1960).

BOWEN, J. S., R. A. MILLIKAN u. H. V. NEHER, Phys. Rev. **52**, 80 (1937). — Physics of the earth. VIII. Terrestrial Magnetism and Electricity (New York 1949).

BRAUER, I., Die Verfrachtung radioaktiver Schwaden nach dem französischen Atomtest in der Sahara vom 13. 2. 1960. Atomkernenergie **6**, 25 (1961).

BRICARD, J., L'équilibre ionique de la basse atmosphère. J. Geophys. Res. **54**, 39 (1947).

—, J. PRADEL u. A. RENOUX, Zählung der kleinen und der großen radioaktiven Ionen der Luft. Int. Sympos. Kondensat.-Kerne (1961). — Granulometric distributions of the radioactivity of natural aerosols. Comt. rend. **253**, 1476 (1961).

BROCKS, K., Radarreichweiten auf See, Ergebnisse einer Untersuchung der meteorologischen Einflüsse. Meteorologie und Funkortung, Auschuß f. Funkortung (1956).

BROOK, M., Laboratory studies of charge separation during ice-ice-contact. Recent Advances in Atmospheric Electricity (London 1958).
— u. N. KITAGAWA, Thunderstorm electricity. Final Report **1958**. Techn. Abstr. Bull. **1958**, Nr. N 59–12, 2495.
BROOKS, C. E. P., The variations of the annual frequency of thunderstorms in relation to sun spots. Quart. J. Roy. Met. Soc. **60**, 153 (1934).
BROWN, J. G., Terr. Magn. **40**, 413 (1936).
BUCHNER, W., Kontinuierliche Messung des radioaktiven Aerosolgehaltes der Luft. Atompraxis **3**, 382 (1957a). — Kontinuierliche Messung radioaktiver Substanzen im Wasser. Atompraxis **1**, 405 (1957b). — Neue industrielle Geräte zur Messung der Radioaktivität der Luft. Z. Aerosolforsch. **6/7**, 8 (1958).
BURKHART, K., Luftelektrische Feldmessungen mit Elektrometerröhren. Z. Meteorol. **1**, 212 (1947). — Über die Vergleichsregistrierung des Luftpotential-Meßgerätes von R. REITER. Z. physikal. Therap. **3**, 172 (1950).
BURTON, W. M. u. N. G. STEWART, Use of long-lived natural radioactivity as an atmospheric tracer. Nature **186**, 584 (1960).
CALLAHAN, R. S., S. C. CORONITI, A. J. PARZIALE u. R. PATTEN, Electrical conductivity of the air in the troposphere. J. Geophys. Res. **56**, 545 (1951).
CAPPEL, A., Die Häufigkeit der Großwetterlagen im Sonnenfleckenzyklus. Meteor. Rundsch. **10**, 189 (1957).
CARTE, A. E. u. S. C. MOSSOP, Measurements of the concentration of atmospheric ice nuclei in Southern Africa. Bull. Obs. Puy de Dôme S. 137 (1960).
CAUER, H., Biologische Bedeutung und Nachweis potentieller Aerosole im Freien und in Gewerbebetrieben. Z. Aerosolforsch. **6/7**, 35 (1958).
CHAGNON, C. W. u. C. E. JUNGE, The vertical distribution of sub-micron particles in the stratosphere. Contr. AT (49-7)-1431, USA (1961).
CHALLANDE, R., Research on upper-air submicronic dust particles. La Meteorol., Ser. **4**, Nr. 55, 235 (1959).
CHALMERS, J. A., A criterion for thunderstorm theories. J. Atmosph. Terr. Phys. **21**, 174 (1961). — The ionization in the lowest region of the atmosphere. Quart. J. Roy. Met. Soc. **72**, 199 (1946). — The capture of ions by ice particles. Quart. J. Roy. Meteor. Soc. **73**, 324 (1947). — The origin of the electric charge on rain. Quart. J. Roy. Meteor. Soc. **77**, 249 (1951). — Electric charges from ice friction. J. Atm. Terr. Phys. **2**, 337 (1952). — Atmospheric electricity. Physic. Society **17**, 101 (1954). — The vertical electric current during continuous rain and snow. J. Atm. Terr. Phys. **9**, 311 (1956). — Point-discharge current, potential gradient and windspeed. J. Atm. Terr. Phys. **11**, 30 (1957a). — The effects of condensation nuclei in atmospheric electricity. Geofisica p. e. a. **36**, 211 (1957b). — Atmospheric Electricity (London 1957c). — The electricity of nimbostratus clouds. Recent Advances in Atmospheric Electricity (London 1958a). — Modern theories of thunderstorm electrification. Geofisica p. e. a. **41**, 189 (1958b). — The electricity of precipitation. Brit. J. appl. phys. **12**, 372 (1961). — Thunderstorm Theories. Bull. Inst. Phys. Phys. Soc. 237, (1961). — A criterion for thunderstorm theories. J. Atmosph. Terr. Phas. **21**, 174 (1961). — The measurement of the vertical electric current in the atmosphere. J. Atmosph. Terr. Phys. **24**, 297 (1962). — The relation of point discharge current of potential difference and wind speed. J. Atmosph. Terr. Phys. **24**, 339 (1962). — Point discharge currents through a living tree during a thunderstorm. J. Atmosph. Terr. Phys. **24**, 1059 (1962).
— u. E. W. R. LITTLE, The electricity of continuous rain. Terr. Magn. Atm. Elect. **45**, 451 (1940). — Currents of atmospheric electricity. Terr. Magn. Atm. Elect. **52**, 239 (1947).

CHALMERS, J. A. u. F. PASQUILLE, The electric charges on single raindrops and snowflakes. Proc. Phys. Soc. London **50**, 1 (1938).

CHAMBERLAIN, A. C. u. E. D. DYSON, Brit. J. Radiol. **29**, 317 (1956).

—, W. J. MEGAW u. R. D. WIFFEN, Role of condensation nuclei as carriers of radioactive particles. Geofisica p. e. a. **36**, 232 (1957).

CHAPMAN, S., Thundercloud electrification in relation to rain and snow particles (Chicago 1953). — Corona-point-discharge in wind and application to thunderclouds. Recent Advances in Atmospheric Electricity (London 1958).

CHRISTENSON, C. W. u. E. B. FOWLER, Depth of feeding as it affects the concentration of radioactivity within the plant. J. Agr. Food. Chem. **9**, 98 (1961).

CLARK, R. M., The occurence of an unusually highlevel radioactive rainout in the area of Troy, N. Y. Science **119**, 619 (1954).

CLARC, J. F., The fair-weather atmospheric electric potential and its gradient. Recent Advances in Atmospheric Electricity (London 1958).

CLAY, J. u. L. J. Z. DEY, The ionization balance in the atmosphere and the amount of radium emanation. Physica **5**, 125 (1938).

CORONITI, S. C. u. Mitarb., Balloon borne conductivity meter. Geophysics Research Directorate, USAF Cambridge. Res. Center, ARDC, AFCRC – TR – 54– **206**, No. 3 (1954).

— u. E. HEATON, The electrical conductivity of the atmosphere over the Pacific Ocean. Transact. Amer. Geophys. Union **34**, 833 (1953).

COTTON, E. S., Diurnal variations in natural atmospheric radioactivity. J. Atm. Terr. Phys. **7**, 90 (1955).

CULKOWSKI, W. M., Calculations of the deposition of aerosols from elevated sources. U. S. Atomic Energy Commission, Febr. 1958.

CURTIS, H. O. u. M. C. HYLAND, Aircraft measurements of the ratio of negative to positive conductivity. Recent Advances in Atmospheric Electricity (London 1958).

CZERMAK, P., Der Innsbrucker Föhn (Innsbruck 1901). — Über Elektrizitätszerstreuung bei Föhn. Meteorol. Z. **19**, 75 (1902). — Über Elektrizitätszerstreuung in der Atmosphäre. Denkschr. Akad. Wiss. Wien **64**, (1904).

CZYSZEK, W., Der mittlere tägliche Gang des luftelektrischen Potentialgradienten an ungestörten Tagen in Swider. Acta Geophys. Polonica **2**, 149 (1954).

DADAURIAN, H. M., Die Radioaktivität der Bodenluft. Phys. Z. **6**, 98 (1905).

DAHLMANN, V., Kollektor für elektrische Gasreinigung. Deutsche Patentschrift 838594 (1952).

DANNECKER, A., H. KIEFER u. R. MAUSHART, Messung kleiner α- und β-Aktivitäten im Wasser. Nukleonik **1**, 319 (1959).

DELWICHE, C. C. u. P. R. STOUT, Diurnal and other fluctuations in atmospheric radioactivity of natural origin. Bull. Amer. Met. Soc. **40**, 285 (1955).

DIAMOND, P., Filter efficiency studies at Goodyear atomic corporation. US Atomic En. Comm. TID-7593 (1960).

DINGER, J. E. u. R. GUNN, Electrical effects associated with a change of state of water. Terr. Magn. Atm. Elect. **51**, 477 (1846).

DOLEZALEK, H., Freiluftisolator mit über 10^{14} Ohm Widerstand für alle Klimate. Geofisica p. e. a. **33**, 223 (1956). — The problem of the sign of the atmospheric electric field AVCO Research and Advanced Development Division Wilmington, Mass. USA, Juli 1961. — Geofis. pura e appl. **46**, 125 (1960). — Atmospheric electric parameter study survey on an effect relating atmospheric electric with formation and dissipation of fog. Final Report, AVCO Corp. (Wilmington, Mass. 1962).

DREISBACH, K., Die vertikale Verteilung der großen Kerne in der unteren Troposphäre und ihr Zusammenhang mit dem elektrischen Potentialgefälle. Arch. Met. Geophys. Biokl. A. **9**, 36 (1956).

DROZIN, V. G. u. D. D. DEO, Size distribution in aerosols determined by settling of charged particles. U. S. Atomic Energy Commission Aug. 1955, NXO-4657.

DÜLL, T. u. B., Kosmisch physikalische Störungen der Jonosphäre, Troposphäre und Biosphäre. Bioklim. Bibl. **6**, 65 u. 121 (1939).

DUNHAM, CH. L., Radioactive fallout – a two years summary report. U. S. Atomic Energy Commission, May 1959, TID-5550. — Radioactive fallout–a 2 years summary report. US Atomic En. Comm. TID-5550 (1959).

DUNKEL, D., H. G. KAREREIT, K. STIERSTADT u. R. WAGNER, Neue Ergebnisse über künstlich radioaktive Niederschläge. Phys. Verh. **10**, 165 (1959).

DUNNING, G. M., Fallout from USSR 1961 nuclear tests. Div. of Operat. Safety, US Atomic. En Comm. (1961).

EBERT, H., Aspirationsapparat zur Bestimmung des Ionengehaltes der Atmosphäre. Phys. Z. **2**, 662 (1901).

EHMERT, A. u. R. MÜHLEISEN, Ein hochohmiges Gleichspannungsröhrenvoltmeter mit einem Meßbereich von —500 bis +500 Volt. Z. angew. Phys. **5**, 43 (1953).

EISENLOHR, H., Einige Regeln über das zeitliche und räumliche Abklingen der Strahlung des radioaktiven Niederschlags. Ziv. Luftschutz **22**, 270 (1958).

ELSTER, J., Über gemeinsam mit Herrn Geitel konstruierte transportable Apparate zur Bestimmung der Radioaktivität der natürlichen Luft. Phys. Z. **4**, 96 (1902).

— u. H. GEITEL, Über die Elektrizitätsentwicklung bei der Regenbildung. Ann. Phys. Chem. **25**, 121 (1885). — Über eine Methode, die elektrische Natur der atmosphärischen Niederschläge zu bestimmen. Meteorol. Z. **5**, 95 (1888). — Luftelektrizität. Phys. Z. **1**, 245 (1899). — Über eine fernere Analogie in dem elektrischen Verhalten der natürlichen und der durch BECQUEREL-Strahlen abnorm leitend gemachten Luft. Phys. Z. **2**, 590 (1901). — Phys. Z. **3**, 305 (1902). — Über die Radioaktivität der im Erdboden enthaltenen Luft. Phys. Z. **3**, 574 (1902). — Phys. Z. **4**, 96, 522 (1903). — Phys. Z. **14**, 1287 (1913).

ENGELHARD, H., Entwicklung der Aerosol-Grundlagenforschung zwischen 1930 und 1954. Z. Aerosolforsch. **8**, 290 (1960).

ERBE, H., Auswirkungen der Variationen der primären kosmischen Strahlung auf die Mesonen- und Nukleonenkomponente am Erdboden. Mitt. M.P.I. Aeronomie (Berlin-Heidelberg-Göttingen 1959).

EVERLING, E., Ann. Phys. **66**, 261 (1921).

EXNER, CH. u. E. POHL, Granosynitischer Gneis und Gesteins-Radioaktivität bei Bad Gastein. Jb. Geolog. Bundesanstalt Bd. **94**, Teil II, Festband (1951).

FACY, L., Radioactive precipitations and fallout. Nuclear Radiation in Geophysics (New York 1962).

FEDEROV, E. K., Electric charges of the particles of precipitation. Compt. rend. Acad. Sci. USSR **78**, 1131 (1951).

FEELY, H. W. u. J. SPAR, Mixing and transfer within the stratosphere. US Atomic En. Comm. DASA-1222 (1960).

FENN, R. W., Messungen der Konzentration und Größenverteilung von Partikelchen in der arktischen Luft Grönlands. J. Geophys. Res. **65**, 3371 (1960).

FERBER, G. J. u. J. L. HEFFTER, A comparison of fallout model predictions with a consideration of wind effects. US Atomic En. Comm. TID-7632, Weather bureau, Wash. USA (1962).

FETT, W., Störung der Radioaktivitätsmessung an elektrostatisch abgeschiedenen Staubproben durch Exoelektronen. Atompraxis 7, 353 (1961).

FICKER, H. VON u. B. DE RUDDER, Föhn und Föhnwirkungen (Leipzig 1948).

FINDEISEN, W. u. E. FINDEISEN, Untersuchungen über die Eissplitterbildung an Reifschichten. Z. Meteorol. 60, 145 (1943).

FISCHER, H. J., Die elektrische Spannung zwischen Ionosphäre und Erde (Dissertation TH Stuttgart).

FITZGERALD, D. R. u. H. R. BYERS, Aircraft observations of convective cloud electrification. Recent Advances in Atmospheric Electricity (London 1958).

FLEMMING, H., Beobachtungen der atmosphärischen Radioaktivität vom Freiballon aus. Phys. Z. 9, 801 (1908).

FLOHN, H., Solare Vorgänge im Wettergeschehen. Arch. Met. Geophys. Bioklim. A. 3, 303 (1951). — Aktuelle Probleme der aerosologischen Synoptik. Ber. Dtsch. Wetterd. Nr. 51 (1958). — Meteorologische Probleme bei der Ausbreitung radioaktiven Aerosols. Geofisica p. e. a. 44, 271 (1959). — Meridionale Partikel-Ausbreitung und Streuung der Höhenwinde. Int. Sympos. Kondensat.-Kerne (1961).

— u. H. HAARLÄNDER, Meteorologische Probleme bei der Verfrachtung radioaktiven Aerosols. Wiss. Fragen d. ziv. Bevölkerungsschutzes, Schriftenr. üb. ziv. Luftschutz, S. 167 (1958).

FONTAN, J., D. BLANC u. Mitarb., A method for direct dosage of radon and thoron contained in the atmosphere. Nuovo cimento 10, 132 (1962).

FOSTER, D. S., Thunderstorm gusts compared with computed downdrift speeds. Monthly Weather Rev. Wash. 86, 91 (1958).

FRANKE, T., Zur Analyse der t^{-1}-Kurven der künstlich radioaktiven Niederschläge. Atomkernenergie 4, 308 (1959).

FRANKENBERGER, E., Der Austauschkoeffizient über Land. Beitr. Phys. Atm. 30, 170 (1958).

FREDERIKSON, L. u. B. ERIKSON, Plant uptake of Sr^{90} und Cs^{137} from soils. Sec. UN Int. Conf. on the Peac. Uses of Atomic En. A/P/Conf./177. Proc. 18, 449 (1958).

FREIER, G., The coalescence of water drops in an electric field. J. geophys. Res. 65, 3979 (1960). — Conductivity of the air in thunderstorm. J. Geophys. Res. 67, 4683 (1962).

FRENKEL, Y. I., A theory of the fundamental phenomena of atmospheric electricity. J. Phys. Moskau 8, 285 (1944). — Atmospheric electricity and lightning. J. Franklin Inst. 243, 287 (1947).

FRENKIEL, F. N., Radioactive pollution and civil defense. J. Washington Acad. Sci. 46, 206 (1956).

FRIEDLANDER, S. K., Similarity considerations for the particle size spectrum of a coagulating, sedimenting aerosol. J. Meteor. 17, 479 (1960).

FRIEND, J. P., H. W. FEELY, P. W. KREY u. Mitarb., The high altitude sampling program. US Atomic En. Comm. DASA-1300, 1—5 (1961).

FRÖSSLING, N., Über die Verdunstung fallender Teilchen. Gerlands Beitr. Geophys. 52, 170 (1938).

FROST, B. C., Flying in jet stream winds. Shell Aviation News, Dezember (1953).

FRY, L. u. P. K. KURODA, Stratospheric fallout of strontium 89 and barium 140. Science 129, 1742 (1959).

GALE, H. J. u. L. H. J. PEAPLE, A study of the radon content of ground-level air at Harwell. Internat. Air Poll. 1, 103 (1958).

GARBER, D. H., J. W. FORD u. S. CHAPMAN, Study of the earth's electrical field. Final Report Contract AF 19 (122) 467 (1955). (Air Force Cambridge Res. Center USA).

GARRIGUE, H., Radioactivité de l'air en montagne. Compt. rend. Acad. Sci. **200**, 414 (1935). — La Radioactivité de l'air en montagne. Ann. phys. **6**, 751 (1936). — Radioactivité de l'air en montagne. Promotion (Paris 1936). — Mesure de la radioactivité de l'air inclus dans la couche de neige, en voisinage du sol, en montagne. Compt. rend. Acad. Sci. **205**, 420 (1937). — Anomalie dans la radioactivité naturelle de l'air libre. — Studies on the radioactivity of the atmosphere. — Radioactivité de l'atmosphère. — The artificial radioactivity of the air and of the precipitations. Compt. rend. **254**, 151, 2412 (1962).

GAZERT, V., Vortrag bei der Deutschen Bibliothek, Oslo, April 1961. — Vortrag, gehalten vor der Deutschen Bibliothek in Oslo im April 1961.

—, K. PÖTZL u. R. REITER, Quantitative Bestimmung von Kernspaltprodukten in Proben aus dem Nordalpenraum und aus Spitzbergen im Jahre 1960. Atomkernenergie **7**, 106 (1962).

GEORGII, H. W. u. E. WEBER, The chemical composition of individual rainfalls. Technical Note, Contract AF 61 (052)–249 (1960), ARDC.

GERDIEN, H., Demonstration eines Apparates zur absoluten Messung der elektrischen Leitfähigkeit der Luft. Phys. Z. **6**, 800 (1905).

GERLACH, W., Untersuchungen über radioaktive Regen. Atomkernenergie **1**, 237 (1956).

— u. K. STIERSTADT, Untersuchungen über radioaktive Niederschläge (2). Atomkernenergie **2**, 161 (1957). — Untersuchungen über radioaktive Niederschläge und die Aktivität der Luft (5). Atomkernenergie **4**, 143 (1959). — Untersuchungen über radioaktive Niederschläge und die Aktivität der Luft (6). Atomkernenergie **5**, 335 (1960). — Untersuchungen über radioaktive Niederschläge und die Aktivität der Luft (6). Atomkernenergie **5**, 335 (1960). — Untersuchungen über radioaktive Niederschläge und die Aktivität der Luft (7). Atomkernenergie **6**, 179 (1962).

—, — u. I. ZEISING, Untersuchungen über radioaktive Niederschläge (3). Atomkernenergie **2**, 438 (1957). — Untersuchungen über radioaktive Niederschläge und die Aktivität der Luft (4). Atomkernenergie **3**, 222 (1958).

GEORGII, H.-W., Untersuchungen über atmosphärische Spurenstoffe und ihre Bedeutung für die Chemie der Niederschläge. Geofisica p. e. a. **47**, 155 (1960/III).

— u. E. WEBER, Investigations on tropospheric wash-out. Annual Report No. 2 Contract AF 61 (052) – 249, August 1961.

GILBERT, H., The filter tests program, an installation manual and filter research. US Atomic En. Comm. TID-7627 (1962).

GILL, E. W. B. u. G. F. ALFREY, Production of electric charges on water drops. Nature **169**, 203 (1952).

GISH, O. H., Terrestric Magnetism and Electricity. (J. A. Flemming, Herausgeber), Kapitel IV (New York 1939). — Evaluation and interpretation of the columnar resistance of the atmosphere. Terr. Magn. Atm. Elect. **49**, 159 (1944).

— u. K. L. SHERMAN, Electrical conductivity of air to an altitude of 22 km. Nat. Geog. Soc. Stratosphere Ser. **2**, 94–116 (1936). — Ionic equilibrium in the troposphere and lower atmosphere. Terr. Magn. Atm. Elect. Bull. **11**, 474 (1940).

— u. G. R. WAIT, Thunderstorms and the earth's general electrification. J. Geophys. Res. **55**, 473 (1950).

GMELIN, Handbuch der anorganischen Chemie, Band Stickstoff (Weinheim 1956).

GOCKEL, A., Luftelektrische Beobachtungen im Schweizerischen Mittelland, im Jura und in den Alpen. Denkschr. Schweiz. Naturforsch. Ges. **54**, 1 (1917).
— u. TH. WULF, Beobachtungen über Radioaktivität der Atmosphäre im Hochgebirge. Phys. Z. **9**, 907 (1908).
GOETZ, A., The physics of aerosols in the submicron range. Aus „Inhaled particles and vapours" (New York-London 1961).
—, O. PREINING u. T. KALLAI, Größenverteilungsfunktion und Stabilität der Submikronenaerosole in der Natur. Int. Sympos. Kondensat.-Kerne 1961). — The metastability of natural and urban aerosols.
—, H. J. R. STEVENSON u. Mitarb., The design and performance of the aerosol spectrometer. APCA J. **10**, 378, 414 (1960).
GOLDSCHIDT, H., Die jährliche Variation im täglichen Gang des luftelektrischen Potentialgradienten in Potsdam. Gerlands Beitr. Geophys. **57**, 384 (1941).
GOLDSMITH, P., Measurements of the deposition of sub-micron particles in gradients of vapor-pressure and of the efficiency of this mechanism in the capture of particulate matter by cloud-droplets. Int. Sympos. Kondensat.-Kerne (1961).
— u. F. BROWN, World-wide circulation of air within the stratosphere. Nature **191**, 1033 (1961).
GOTT, I. P., Proc. Roy. Soc. London (A) **142**, 248 (1933). — On the electric charge collected by waterdrops falling through a cloud of electrically charged particles in a vertical electric field. Proc. Roy. Soc. London (A) **151**, 665 (1935).
GRÄVEN, H., Über eine Methode zur Bestimmung von Uran, Thorium und Kalium in Mineralien und Gesteinen an Handstücken. Mitt. Instituts Radiumforschung Wien Nr. 251 (1930).
— u. G. KIRSCH, Über die Radioaktivität der jungpräkambrischen Granite Südfinnlands. Mitt. Instituts Radiumforschung Wien Nr. 294 (1932).
GREENFIELD, S. M., Rain scavenging of radioactive particulate matter from the atmosphere. J. Meteorol. **14**, 115 (1957).
GROOS, E., Entstehung, Zusammensetzung und Struktur von heißen Teilchen. Schriftenr. d. Bundesmin. f. Atomkernenergie und Wasserwirtsch., Strahlenschutz, Heft 12 (1959).
GRUNOW, J., Observations and analysis of snow crystals for proving the suitability as aerological sonde. Deutscher Wetterdienst, Final Report, US Dep. of the Army, Europ. Res. Off. (1960).
GUILINO, E. u. K. STIERSTADT, Die absolute Messung der Radioaktivität von Niederschlägen. Atomkernenergie **7**, 241 (1962).
GUNN, R., The electric charge on precipitation at various altitudes and its relation to thunderstorm. Phys. Rev. **71**, 181 (1947). — Electric field intensity inside of natural clouds. J. Appl. Phys. **19**, 481 (1948). — The free electrical charge on thunderstorm rain and its relation to droplet size. J. Geophys. Res. **54**, 57 (1949). — The electric charge on precipitation at various altitudes and its relation to thunderstorms. Phys. Rev. **71**, 186 (1950). — Precipitation electricity. Compend. of Met., Boston, Amer. Meteorol. Soc. (1951). — The electrification of cloud droplets in nonprecipitating cumuli. J. Meteorol. **9**, 397 (1952). — Measurements of the electricity carried by precipitation particles (Chicago 1953) 193. — Diffusion charging of atmospheric droplets by ions and the resulting combination coefficients. J. Meteorol. **11**, 339 (1954). — The statistical electrification of aerosols by ionic diffusion. J. Colloid Sci. **10**, 107 (1955a). — The systematic electrification of precipitation by ionic diffusion. USAF Cambridge Res. Cent. Geophys. Res. Pap. No. **42**, 232

(1955b). — The systematic electrification of mist and light rain in lower atmosphere. J. Geophys. Res. **60**, 23 (1955c). — Droplet-electrification processes and coagulation in stable and unstable clouds. J. Meteorol. **12**, 511 (1955d). — Raindrop electrification by the association of randomly charged cloud droplets. J. Meteorol. **12**, 562 (1955e). — Initial electrification processes in thunderstorms. J. Meteorol. **13**, 21 (1956a). — The hyperelectrification of rainbows by atmospheric electric fields. J. Meteorol. **13**, 283 (1956). — The non-equilibrium electrification of raindrops by the association of charged cloud droplets. J. Meteorol. **14**, 326 (1957a). — Electrification of aerosols by ionic diffusion. Amer. J. Physics (New York) **25**, 542 (1957b). — The electrification of cloud and raindrops. Atmospheric Explorations (New York 1958).

GUNN, K. L. S. u. W. HICHFELD, A laboratory investigation of the coalescence between large and small waterdroplets. J. Meteorol. **8**, 7 (1951).

GUSSMAN, R. A., C. E. BILLINGS u. L. SILVERMAN, Factors in condensation nuclei counters for measurement of aerosol agglomeration. US Atomic En. Comm. TID-7627.

HABERER, K., Messung der Radioaktivität in Flußwasser. Schriftenr. d. Bundesmin. f. Atomkernenergie und Wasserwirtsch. Strahlenschutz, **1958**, H. 6, 101.

HACKING, C. A., Observations on the negatively-charged column in thunderclouds. J. Geophys. Res. **59**, 449 (1954).

HAGE, K. D., C. H. H. DIEHL u. M. DUDLEY, On the ground deposit of particles emitted from a continuous elevated point source. Techn. Paper No. 197, Canada (1960) s. NSA, **15**, Nr. 11, Ref. 14540.

HALLE, H., High-altitude sampling technics. US Atomic En. Comm. TID-11266 (1960).

HAGTRUM, H. D., Ionization by electron impact in Co, N_2, and O_2. Rev. Modern Physics, July **1951**. I. J. B. B. Vol. II, Part I, Sect. G. (1958).

HARNWELL, G. P. u. S. N. VAN VOORHIS, Electrostatic generating voltmeter. Rec. Sc. Instrum. **4**, 540 (1933).

HARRIS, D. L., Effects of radioactive debris from nuclear explosions on the electrical conductivity of the lower atmosphere. J. Geophys. Res. **60**, 45 (1955a). — Effects of radioactive debris from nuclear explosions on the electrical conductivity. Geophys. Res. Papers Nr. 42, Geopyhs. Res. Dirc. ARDC (1955b).

HASENCLEVER, D., Über die Prüfung von Filtern zur Abscheidung radioaktiver Aerosole. Staub **19**, H. 2 (1959).

HATAKEYAMA, H., On the disturbance of the atmospheric electric field caused by the smoke cloud of the Volcano Asama-yama. Papers in Meteorol. a. Geophys., Japan **8**, No. 4, 302 (1958). — Die distribution of the sudden change of electric field on the earths surface due to lightning discharge. Recent Advances in Atmospheric Electricity (New York-London 1959).

— u. M. KAWANO, Abnormal increase of the electrical conductivity of the atmosphere near the ground caused by thunderstorms. J. Meteorol. Soc. Japan, Nov. 1957. — On the diurnal variation of atmospheric potential gradient in the Japan Archipelago. Papers Meteor. Geophys. **4**, 55 (1953). — Abnormal increase of the electrical conductivity of the atmosphere near the ground caused by thunderstorms. J. Meteor. Soc. Japan **75**, 11 1957). — Abnormal increase of the electrical conductivity of the atmosphere near the ground caused by thunderstorms. J. Meteor. Soc. Japan **75**, 11 (1957).

—, J. KOBOYASHI, T. KITAOGA u. K. UCHIKAWA, A radiosonde instrument for the measurement of atmospheric electricity and its flight results. Recent Advances in Atmospheric Electricity (London 1958).

HAUER, F. u. G. KECK, Bericht über Messung der Aktivität der heißen Körnchen im Luftstaub. Schriftenr. d. Bundesmin. f. Atomkernenergie und Wasserwirtsch. Strahlenschutz, **1959**, H. 12.

HAUER, H., Klima und Wetter der Zugspitze. Ber. Dtsch. Wetterd. **1950**, Nr. 16.

HAXEL, O., Eine einfache Methode zur Messung des Gehaltes der Luft an radioaktiven Substanzen. Z. angew. Phys. **5**, 16 (1953).

— u. G. SCHUMANN, Naturwiss. **40**, 458 (1953). — Z. Phys. **142**, 458 (1953). — Selbstreinigung der Atmosphäre. Z. Phys. **142**, 127 (1955).

HEISENBERG, H., Kosmische Strahlung (Berlin-Göttingen-Heidelberg 1953).

HELD, B. J., High efficiency filter program (AT), National Reactor Testing Station. US Atomic En. Comm. TID-7627 (1962).

HENN, O., Zur Frage der Toleranzdosis des menschlichen Körpers bei Inhalation von Radiumemanation. Strahlentherap. **94**, 491 (1954). — Über die langdauernde Einwirkung kleinster Dosis Radiumemanation auf das haemopoetische System von Versuchstieren. Sitzungsber. d. Österr. Akad. d. Wiss. Mathem.-Naturwiss. Klasse, Abt. II, **168**, 51 (1959). — Beitrag zum Toleranzdosisproblem für Radium-Emanation im Tierexperiment. Strahlentherap. **112**, 293 (1960).

HENRY, L. A. M., J. Phys. Chem. **34**, 2782 (1930). — Bull. Soc. chim. Belg. **40**, 295, 371 (1931).

HENTSCHEL, G., Untersuchungen über eine allgemeine Verwendungsmöglichkeit des Kernzählers zur Bestimmung der Art des atmosphärischen Aerosols und der Größe seiner Partikel. Angew. Meteor. **2**, 33 (1954). — Ergebnisse einjähriger Kernmessungen nach der selektiven Füllmethode. Angew. Meteor. **2**, 161 (1955).

HERATH, F., Die Messung der Niederschlagselektrizität durch das Galvanometer. Phys. Z. **15**, 155 (1914). — Inversionsstudie. Ber. Dtsch. Wetterd. US-Zone Nr. 9 (1949). — Versuchsergebnisse der luftelektrischen Höhenforschung am Aeronautischen Observatorium Lindenberg. Ber. Dtsch. Wetterd. US-Zone Nr. 22 (1951).

HERBST, W., Messung der Radioaktivität von Pflanzen und Nahrungsmitteln. Schriftenr. Bundesmin. f. Atomkernenergie und Wasserwirtsch. Strahlenschutz, **6**, 82 (1958). — Studien zur radioaktiven Kontamination der menschlichen Umwelt. I. Boden und Pflanzenwelt. Atompraxis **5**, 280 (1959).

— u. G. HÜBNER, Untersuchungen über die durchdringende äußere Umgebungsstrahlung. Atomkernenergie **6**, 75 (1961).

—, H. LANGENDORFF, K. PHILIPP u. K. SOMMERMEYER, Untersuchungen über die Radioaktivität der Vegetation. Atomkernenergie **2**, 357 (1957).

—, R. NEUWIRTH u. K. PHILIPP, Betrachtungen über die Eignung radioaktiver atomtechnischer Aerosole als Markierungsmittel bei Arbeiten auf dem Gebiete der meteorologischen Strömungsforschung. Naturwiss. **41**, 156 (1954).

— u. G. WIESENACK, Überwachung der Radioaktivität in Staub- und Regenniederschlägen. Strahlenschutz, Nr. 22 (München 1961).

HERPERTZ, E., H. ISRAEL u. F. VERZAR, Vergleich luftelektrischer Messungen mit der Kondensationskernzahl auf dem Jungfraujoch. Geofisica p. e. a. **36**, 218 (1957).

— u. F. VERZAR, Versuch zur Charakterisierung atmosphärischer Kondensationskerne durch Koagulationsmessungen und bei verschiedenen Expansionen. Geofisica p. e. a. **36**, 118 (1957).

HERRMANN, G. u. G. ERDELEN, Radiochemische Methoden zur Bestimmung von Radionuklien (Arbeitsanweisung), Strontium 89 und 90. Schriftenr. Bundesmin. f. Atomkernenergie und Wasserwirtsch. H. 10 (1959).

HERRMANN, G., H. HAUSER u. H. J. Riedel, Kritische Bemerkung zur Beurteilung der radioaktiven Verseuchung auf Grund von Gesamt-Aktivitätsmessungen. Nukleonik 1, 305 (1959).

HESS, B., Gezeiten der natürlichen Radioaktivität in der Atmosphäre. Nukleonik 4, 268 (1962).

HESS, P., Untersuchungen über den Ausfall von Aerosolpartikeln durch Niederschläge und Wolkenbildung. Ber. Dtsch. Wetterd. 1959, Nr. 51, 87.

— u. H. BREZOWSKY, Katalog der Großwetterlagen Europas. Ber. Dtsch. Wetterd. US-Zone Nr. 33 (1952).

HESS, V. F., Die elektrische Leitfähigkeit der Atmosphäre und ihre Ursachen (Braunschweig 1926). — Die Ionisierungsbilanz der Atmosphäre (Leipzig 1934). — On the ionization produced by gamma radiation from the ground and from the atmosphere. J. Geophys. Res. 58, 67 (1953a). — Radon, Thoron and their decay products in the atmosphere. J. Atm. Terr. Phys. 3, 172 (1953b). — The role of eddy diffusion in the distribution of ions in the atmosphere near the ground. Nuovo Cimento 1, 51 (1955).

—, W. F. BURNS u. W. D. PARKINSON, Gamma radiation from UraniumX$_2$. Trans. Amer. Geophys. Un. 33, 657 (1952).

— u. H. A. MIRANDA, Components causing ionization in the atmosphere. Final Report Contr. AF 19(122)–409. Forhan Univ. Dept. Phys. (1956).

— u. W. D. PARKINSON, On the contribution of alpha rays from the ground to the total ionization of the lower atmosphere. Trans. Amer. Geophys. Un. 35, 869 (1954).

HESS, V. P., W. D. PARKINSON u. H. A. MIRANDA, Beta ray ionization from the ground. Sci. Rep. Nr. 4, Forban Univ. Dept. of Physics (1953c).

HESS, P. u. J. TAUSCHER, Die Kraftwirkung elektrisch geladener Eiskristalle auf Aerosolteilchen. Mitt. Dtsch. Wetterd. Nr. 24, 4 (1961).

HESS, V. F. u. R. P. VANCOUR, The ionization balance of the atmosphere. J. Atm. Terr. Phys. 1, 13 (1950).

HILL, E. L., Free electrons in the lower atmosphere. Recent Advances in Atmospheric Electricity (London 1958).

HINZPETER, A., Ionenaustauscher-Verfahren zur Messung kleiner Beta-Aktivitäten von Regen. Naturwiss. 44, 611 (1957b). — Meßverfahren für die Radioaktivität von Niederschlägen mit Ionenaustauschern. Phys. Verh. 8, 111 (1957a). — Sr^{90}-Bestimmung im Regen und Trinkwasser mittels Ionenaustauscher. Phys. Verh. 10, 61 (1959).

HINZPETER, M., Niederschlagselemente als Informationsträger über radioaktive Teilchen in der Atmosphäre. Schriftenr. Bundesmin. f. Atomkernenergie und Wasserwirtsch. Strahlenschutz 1959, H. 12, 144.

—, F. BECKER u. H. REIFFERSCHEID, Atomtechnisches Aerosol und atmosphärische Radioaktivität. Schriftenr. Bundesmin. f. Atomkernenergie und Wasserwirtsch. Strahlenschutz 1959, H. 7.

HIRSCHI, H., Radioaktivität der Intrusivgesteine des Aermassivs. Schweiz. Mineral. u. Petrogr. Mitt. 7 (1927). — Radioaktivität des Albtal- und Schloßberg-Granits des südlichen Schwarzwaldes. Schweiz. Mineral. u. Petrogr., Mitt. 8 (1928).

HOARD, A. G., Annotated Bibliography on long range effects of fallout from nuclear explosions. U. S. Atomic Energy Commission NYO-4753. — Annotated Bibliography on long range effects of fallout from nuclear explosions. Oktober (1958). U.S. Atomic Energy Commission NYO-4753. — Annotaded bibliography on long range effects of fallout from nuclear explosions. US Atomic En. Comm. NYO-4753 (suppl. 1) (1956).

—, M. EISENBUD u. J. H. HARLEY, Annotated bibliography on long range effects of fallout from nuclear explosions. U. S. Atomic Energy Commission NYO-4753.

HOCHSCHWENDER, E., Diss. (Heidelberg 1919).

HOGG, A. R., The conduction of electricity in the lowest levels of the atmosphere. Mem. Commonw. Solar Abs., Aust. **7** (1939).

HOFFMANN, J., Uran in Gesteinen und Sedimenten des Erzgebirgbruchs. Mitt. Inst. Radiumforschung Wien Nr. 430 (1939).

HOFMANN, R., Über die Absorptionskoeffizienten von Flüssigkeiten für Radiumemanation und eine Methode zur Bestimmung des Emanationsgehaltes der Luft. Phys. Z. **6**, 333 (1905).

HOINKES, H., Die Antarktis und die geophysikalische Erforschung der Erde. Naturwiss. **48**, 354 (1961).

HOLL, W. u. R. MÜHLEISEN, Ein Kondensationskernzähler mit kontinuierlicher Übersättigung. Naturwiss. **41**, 300 (1954).

HOLLAND, J. Z., Summary of new data on atmospheric fallout. U. S. Atomic Energy Commission, May 1959, TID-5554. — Stratospheric radioactivity data obtained by balloon sampling. U. S. Atomic Energy Commission, TID-5555 (1959). — AEC Atmospheric radioactivity studies. U. S. Atomic Energy Commission, WASH-1016 (1959).

HOLZAPFEL, L., H. CAUER u. R. REITER, Über den Nachweis erhöhter Radioaktivität in Aerosolkondensaten. Naturwiss. **45**, 159 (1958).

HOLZER, R. E., Studies of the universal aspect of atmospheric electricity. Final Report AF 19 (122)-254, University of California, Institute of Geophysics (1955).

— u. P. L. RUTTENBERG, Summary of atmospheric electrical data at selected land and sea stations 1954. Scientific Report Nr. 10, AF 19 (122)-254. University of California, Institute of Geophysics (1955).

— u. G. F. SCHILLING, Atmospheric electrical observations at high elevations in California. Contarct AF 19 (122)-254, University of California (1952). — The mean diurnal variations of air-earth current density at selected stations in Southern California. Contract AF 19 (122)-254, University of California (1952).

HONDA, R. u. M. HONDA, Natural radioactivity in the atmosphere. J. Geophys. Res. **66**, 3227 (1961).

HOPPE, W., Bildung von Kondensationskernen durch UV-Strahlung in verschiedenen Gasen. Int. Sympos. Kondensat.-Kerne (1961).

HORAK, J. u. J. PODZIMEK, Measurement of man-made radioactivity of atmosphere in International Geophys. Year. Geofisikalny sbornik, No. 123, 399 (1959).

HOUTERMANS, F. G. u. C. MÜHLEMANN, Monitoring of fallout radioactivity of rain and snow waters by means of liquid counters. Second UN Int. Conf. on the Peac. Uses of Atomic En. 15/P/1959. Proc. **18**, 559–562.

HUBER, P. B., Luftelektrische Beobachtungen und Messungen bei Föhn. Z. Meteorol. **32**, 512 (1915). — Luftelektrische Beobachtungen in Altdorf. Sitz. Ber. Akad. Wiss. Wien **123**, 3 (1918).

HUDDAR, B. B., On the measurement of the electrical potential gradient in the upper air over Poona by radiosondes. Proc. Ind. Acad. Sci. **37**A, 260 (1953).

HUNTER, H. F. u. N. E. BALLOU, Fission-product decay rates. Nucleonics **9**, Nr. 5, C2–C7 (1951).

HUTCHINSON, W. C. A. u. J. A. CHALMERS, The electric charges and masses of single raindrops. Quart. J. Roy. Met. Soc. **77**, 85 (1951).

HVINDEN, T., Radioactive fallout over Norway from the French atomic test in Sahara. Report FFIF-F-0036 (1960).

—, A. LILLEGRAVEN u. O. LILLESEATER, Seasonal and latitudinal variations in radioactive fallout. Kjeller (1961). s NSA, **15**, Nr. 14, Ref. 18331.

ISRAEL, H., Z. Geophys. **5**, 342 (1929). — Gerlands Beitr. Geophys. **42**, 385 (1934). — Emanation in Boden und Freiluft. Z. Geophys. **10**, 347 (1934). — Das Gewitter (Leipzig 1950). — Luftelektrische Tagesgänge und Luftkörper. J. Atm. Terr. Phys. **1**, 26 (1950). — Luftelektrizität. LANDOLT-BÖRNSTEIN, Tabellen, 6. Aufl. Band III, S. 706 (1952a). — Luftelektrizität und Meteorologie. Ber. Dtsch. Wetterd. US-Zone, Nr. 35, 217 (1952b). — Ann. Geophys. **10**, 93 (1954). — Ergebnisse der luftelektrischen Arbeiten in Buchau a. F. Studie über das atmosphärische Potentialgefälle. Arch. Meteor. Geophys. Bioklim. A. **7**, 266 (1954). — Luftelektrische Synopsis. Mitt. Dtsch. Wetterd. US-Zone, Nr. 7 (1954a). — Synoptisch-luftelektrische Untersuchungen im Hochgebirge; Bemerkungen und Vorschläge. Wetter und Leben **6**, 196 (1954b). — Die Kondensationskerne als Bindeglied luftelektrisch-meteorologischer Zusammenhänge. Geofisica p. e. a. **31**, 162 (1955). — Synoptical researches on atmospheric electricity. Proceedings on the Conference on Atmospheric Electricity, Wentworth by the Sea. Portsmouth, N. H. Geophys. Res. Papers Nr. 42 (1955a). — Die atmosphärische Elektrizität im Rahmen der Meteorologie. Meteor. Rundsch. **9**, 80 (1956). — Kondensationskerne im Rahmen der Luftelektrizität. Geofisica p. e. a. **36**, 182 (1957a). — Luftelektrizität und Radioaktivität (Berlin-Göttingen-Heidelberg 1957b). — The atmospheric electric agitation. Recent Advances in Atmospheric Electricity (London 1958a). — Die natürliche Radioaktivität in Boden, Wasser und Luft. Beitr. Phys. Atm. **30**, 177 (1958b). — Der Diffusionskoeffizient des Radons in der Bodenluft. Z. Geophys. **25**, 104 (1959). — Luftelektrische Erfahrungen in den Schweizer Alpen. Ber. Dtsch. Wetterd. Nr. 54 (1959b). — What is the "sign" of the atmospheric electric field? Arch. Meteor. Geophys. Bioklimat. (A.) **13**, 281 (1962).
— u. F. BECKER, Die Bodenemanation in der Umgebung der Bad Nauheimer Quellenspalte. Gerlands Beitr. Geophys. **44**, 40 (1935).
— u. H. DOLEZALEK, Luftelektrizität, Meßmethoden und Geräte in LINKES Meteorologischem Taschenbuch (Leipzig 1957). — Z. Geophys. **26**, 77 (1960).
—, u. R. HAAS, Die Absorption von natürlichem Fallout im Boden. Z. Geophys. **28**, 289 (1962).
— u. H. W. KASEMIR, Beispiele für das Verhalten luftelektrischer Elemente bei Nebel. Arch. Met. Geophys. Bioklim. A. **5**, 71 (1952).
— u. A. T. KREBS, Kernstrahlung in der Geophysik (Berlin-Göttingen-Heidelberg i. Druck).
—, H. W. KASEMIR u. K. WIENERT, Luftelektrische Tagesgänge und Massenaustausch im Hochgebirge der Alpen. Die luftelektrischen Verhältnisse am Jungfraujoch (3472 m) II; Vergleichsmessungen zwischen Jungfraujoch und Sonnblick. Arch. Met. Geophys. Bioklim. **8**, 72 (1955).
— u. R. KNOPP, Zum Problem der Ladungsbildung beim Verdampfen. Arch. Meteor. Geophys. Bioklim. (A.) **13**, 199 (1962).
— u. G. LAHMEYER, Studien über das atmosphärische Potentialgefälle; das Auswahlprinzip der luftelektrischen „ungestörten Tage". Terr. Magn. Atm. Elect. S. 373 Dez. (1948).
— u. H. REIFFERSCHEID, Bemerkungen zur radioaktiven Verseuchung der Atmosphäre. Atomkernenergie **3** (1958),
ISRAEL-KÖHLER, H. u. F. BECKER, Emanationsgehalt der Bodenluft und Untergrundstektonik. Naturwiss. **23**, 818 (1935.) — Die Emanationsverhältnisse in der Bodenluft. Gerlands Beitr. Geophys. **48**, 13 (1936).
ITAGAKI, K. u. S. KOENUMA, Altitude distribution of fallout containes in rain and snow. J. Geophys. Res. **67**, 3927 (1962).

JACOBI, W., Geophysikalische Gesichtspunkte zum Problem der radioaktiven Aerosole. Wissenschaftliche Grundlagen des Strahlenschutzes. Herausgg. von B. RAJEWSKY (Karlsruhe 1957). — Filtereigenschaften im Hinblick auf die Messung von natürlicher und künstlicher Radioaktivität in Luft. Schriftenr. Bundesmin. f. Atomkernenergie und Wasserwirtsch. Strahlenschutz, H. 6 (1958). — Beziehungen zwischen der Größe radioaktiver Partikel und ihrer Ausscheidung aus der Atmosphäre und im Atemtrakt. Schriftenr. Bundesmin. f. Atomkernenergie und Wasserwirtsch. Strahlenschutz 1959, H. 12, 159. — Die Anlagerung von natürlichen Radionukliden an Aerosolteilchen und Niederschlagselemente in der Atmosphäre. Int. Sympos. Kondensat.-Kerne (1961). — Natürliche und künstliche Radioaktivität der Atmosphäre. Phys. Ges. z. Berlin e. V., Sitzung am 18. 11. 1960. Phys. Verh. 12, 1–3 (1961).
—, K. AURAND u. A. SCHRAUB, Über das Verhalten natürlich radioaktiver Substanzen in der Atmosphäre. Phys. Verh. 1956, H. 8, 234.
—, A. SCHRAUB, K. AURAND u. H. MUTH, Über das Verhalten der Zerfallsprodukte des Radons in der Atmosphäre. Beitr. Phys. Atm. 31, 244 (1959).
— u. H. STEPHAN, Messungen der natürlichen und künstlichen Radioaktivität in der Umgebung des „BER" im Jahre 1958. Mitt. aus d. HAHN-MEITNER-Institut f. Kernforschung, Berlin, Nr. B 4 (1959).
JAKI, ST. L. u. V. F. HESS, A study of the distribution of radon, thoron, and their decay products above and below the ground. J. Geophys. Res. 63, 373 (1958).
Japan Meteorological Agency Tokio. Summary of the observation results for deposition of radioactivity in the world during IGY-IGC (1961).
JAUFMANN, J., Beobachtungen über radioaktive Emanationen in der Atmosphäre an der Hochstation Zugspitze. Meteorol. Z. 24, 337 (1907). — Untersuchungen über den radioaktiven und elektrischen Zustand der Atmosphäre. Dtsch. Meteor. Jahrb. 1907 Bayern, C 1–38 (1909).
JAWOROWSKI, Z., Radioactive fallout measurements at Hornsund-Fiordem in Spitzbergen. Acta geophys. Pol. 7, 130 (1959).
JONES, CL., Z. analyt. Chem. 29, 597 (1890).
JONES, S. P., I. HALL u. Mitarb. Two methodes for estimating the size of radioactive Particles. US Atomic En. Comm. TID-16988 Minneapolis (1963).
JORDAN, K., Direktmessung radioaktiver Substanzen in Flüssigkeiten. Atompraxis 10, 398 (1957).
JUNGE, C. E., Stratosphärische Aerosole. Int. Sympos. Kondensat.-Kerne (1961). — Vertical profile of condensation nuclei in the stratosphere, TID-12829 (1960). — Global ozone budget and exchange between stratosphere and troposphere. Tellus 14, 363 (1962).
JUNGE, CH., Das Wachstum der Kondensationskerne mit der relativen Feuchtigkeit. Ann. Meteor. 3, 128 (1950). — Die Konstitution des atmosphärischen Aerosols. Ann. Meteor. Beiheft (1952a). — Diskussionsbemerkung zum Vortrag H. ISRAEL: Luftelektrizität und Meteorologie. Ber. Dtsch. Wetterd. Nr. 35 (1952b). — Tellus 5, 1 (1953). — J. Meteorol. 12, 13 (1955). — Recent investigation in air chemistry. Tellus 8, 127 (1956). — Remarks about the size distribution of natural aerosols. Artificial Stimulation of Rain (London 1957). — Facts and problems of chemical composition of condensation nuclei in unpolluted and polluted atmospheres. Artificial Stimulation of Rain (London 1957a). — Chemical analysis of aerosol particles and of gas traces on the Island of Hawaii. Tellus 9, 528 (1957). — The distribution of ammonia and nitrate in rain water over the United States. Ann. Geophys. Union Trans. 39, 241 (1958). — Air chemistry. Bull. Amer. Meteor. Soc. 40, 493 (1959).

JUNGE, CH. u. P. E. GUSTAVSON, On the distribution of sea salt over the United States and its removal by precipitation. Tellus **9**, 164 (1957).

JUNGE, C. E., C. W. CHANAGON u. J. E. MANSON, Stratospheric Aerosols. J. Meteor. **18**, 81 (1961).

JUNOD, P. A., R. SÄNGER u. J. C. THAMS, Enregistrement direct du spectre des petits ions atmosphériques. Eidgenössische Kommission zum Studium der Hagelbildung und Hagelabwehr. Wissenschaftl. Mitt. Nr. 39 (Zürich 1962).

KACYKA, A. P. u. Mitarb. Die elektrische Ladung von Wolken- und Nebeltröpfchen (Orig. Russisch). Izv. Akad. Nauk. SSSR. Ser. Geofiz. **1961**, Nr. 1, 162.

KÄHLER, K., Registrierung der Niederschlagselektrizität mit dem Benndorf-Elektrometer. Phys. Z. **9**, 258 (1908).

KALKSTEIN, M. J., P. J. DREVINSKY, E. A. MARTELL u. Mitarb., Natural aerosols and nuclear debris studies. II. GRD Res. Notes No. 24 (1959).

KASEMIR, H. W., An apparatus for simultaneous registration of potential gradient and air-earth current. J. Atm. Terr. Phys. **2**, 32 (1951). — Measurement of the air-earth current density. Proc. Conf. Atm. Elect. Geophys. Res. Paper Nr. 42, Air Force Cambridge Res. Center, Bedford, Mass. USA (1955). — Zur Strömungstheorie des luftelektrischen Feldes. III: Der Austauschgenerator. Arch. Meteor. Geophys. Bioklim. A. **9**, 357 (1956). — Diskussionsbemerkung zu MOORE, C. B. u. B. VONNEGUT (1960).

— u. L. H. RUHNKE, Antenna problems of measurement of the air-earth current. USASRDL Tech. Report 2022, Fort Monmouth, N. J. USA (1959).

KAWANO, M., On the changes in the atmospheric electric field on meteorologically quiet days. J. Geomagn. Geoelectric **5**, 14 (1933). — The vertical distribution on the air resistivity in the exchange layer of the atmosphere. J. Meteor. Soc. Japan **75**, 5 (1957a). — The coefficient of eddy diffusivity estimated by the method of atmospheric electricity. Meteor. Soc. Japan, J. Ser. 2, **35**, 339 (1957b). — The local anomaly of the diurnal variation of the atmospheric electric field. Researches of the Electrotechnical Laboratory Publication Nr. 569, Agency of Industrial Science and Technology, 2-CHOME, NAGATA-CHO, CHIYODA-KU, TOKYO, Japan (1958). — The influence of the vertical distribution of the nuclei content on the vertical distribution of the air resistivity on the exchange layer. J. Meteor. Soc. Japan **36**, 67 (1958a). — The local anomaly of the diurnal variation of the atmospheric electricity field. Recent Advances in Atmospheric Electricity (London 1958b). — The local anomaly of the diurnal variation of the atmospheric electric field. Researches of the Electrotechnical laboratory Nr. 569 (Tokyo 1958c).

— u. S. NAKATANI, The results of routine observations of the ionization and the natural radioactive dust concentration in the atmosphere in Tokyo. J. Meteor. Soc. Japan, Ser. II, **36**, 13 (1958). — The absolute measurement of the concentrations of the radioactive substances in the atmosphere in Tokyo. J. Geomagn. Geoelect. **10**, 56 (1959). — Size distribution of naturally occuring radioactive dust measured by a cascade impactor and autoradiography. Geofis. pura appl. **50**, 243 (1961).

KERN, W., Messungen an heißen Körnchen. Schriftenr. Bundesmin. f. Atomkernenergie und Wasserwirtsch. Strahlenschutz H. 12 (1959). — Messungen der Luftradioaktivität mit einem Elektrofilter. Nukleonik **1**, 314 (1959).

KEY, K., Air pollution, Teil I. Analytical Chemistry **29**, 589 (1957). — Air pollution, Teil II. Analytical Chemistry **31**, 633 (1959).

KIEFER, H. u. R. MAUSHART, Der heutige Stand der Radioaktivitätsüberwachung im Wasser. Neue Technik **2** (1960).

VON KILINSKY, E., Die Registrierung der luftelektrischen Feldstärke. Z. Meteorol. **4**, 677 (1950). — Spitzenstrom und Potentialgefälle. Z. Meteorol. **11**, 135 (1957). — Lehrbuch der Luftelektrizität (Leipzig 1958). — Der Tagesgang des luftelektrischen Potentialgradienten in Potsdam und seine Ursachen. Z. Meteorol. **12**, 38 (1958). — Über die Existenz einzelner stark radioaktiver Partikel in der Atmosphäre. Z. Meteorol. **12**, 202 (1958).

KING, P., L. B. LOCKHART u. R. A. BAUS, RaD, RaE and Po in the atmosphere. Nucleonics **14**, 80 (1956).

KINZER, G. D. u. W. E. COBB, Laboratory measurements of the growth and of the collection efficiency of raindrops. Artificial Stimulation of Rain (London 1955).

KIRMAN, J. R. u. J. A. CHALMERS, Point discharge from an isolated point. J. Atm. Terr. Phys. **10**, 258 (1957).

KITAGAWA, N. u. M. KOBAYESHI, Distribution of negative charge in the cloud taking part in a flash to ground. Papers Meteor. Geophys. **9**, 99 (1958).

KLECHKOWSKY, V. M. u. I. V. GULIAKIN, Behaviour of tracer amounts of Strontium, Caesium, Ruthenium, and Circonium in soils and plants according to the data of investigations with radioactive isotopes of these elements. Int. Conf. on Radioisotopes in Scient. Res. UNESCO/NS/RIC/141 (1958).

KLUG, W., Praktische Anwendung der Ausbreitungsrechnung. Staub **21**, 109 (1961). — Die Verweilzeit von Sr^{90} in der Atmosphäre. Strahlenschutz, Heft 18 (München 1961).

KLUMB, H. u. T. DAHLEM, Eine neue Methode zum Nachweis des langlebigen radioaktiven Aerosols der Atmosphäre. Naturwiss. **47**, 37 (1960).

KLUNG, W., Bisherige Theorien der Staubausbreitung. Beitr. Phys. Atm. **30**, 137 (1958).

KNOOP, E. u. D. SCHROEDER, Der Sr^{90}-Gehalt einiger Böden Schleswig-Holsteins. Naturwiss. **45**, 436 (1958).

KOENIGSFELD, L., La mesure de la conductibilité par radiosonde. Institut Royal Météorologique de Belgique. Publications Sér. B, Nr. 18 (1955). — Observations on the relations between atmospheric potential gradient on the ground and in altitude, and artificial radioactivity. Recent Advances in Atmospheric Electricity (London 1958).

— u. PH. PIRAUX, Un nouvel électromètre portatif pour la mesure des charges électrostatiques par système électronique. Institut Royal Météorologique de Belgique, Mémoires **45** (1951).

KOHLRAUSCH, K. W. F., Wien. Ber. IIa, **123**, 1929 und 2321.

KOLHÖRSTER, W., Z. Instrum.-kde. **44**, 333 (1924).

KOLLER, S., Graphische Tafeln zur Beurteilung statistischer Zahlen (Darmstadt 1953).

KONDO, G., On the air-earth current. Mem. Kakioka Magn. Obs. **10**, 101 (1962).

KOPCZEWIZ, T., Meteorological problems connected with the development of nuclear research. Acta Geophys. Pol. **7**, 217 (1959).

KOPPE, H., Sonnenaktivität, Großwetter und wetterbezogene Reaktionen. Ann. Meteor. **1**, 294 (1948).

KOSCHMIEDER, H., Die meteorologischen Probleme der radioaktiven Luftverseuchung. Beitr. Phys. Atm. **30**, 119 (1958).

KOSMATH, W., Die Exhalation der Radiumemanation aus dem Erdboden und ihre Abhängigkeit von den meteorologischen Faktoren. Gerlands

Beitr. Geophys. **40**, 226 (1933). — Die Exhalation der Radiumemanation aus dem Erdboden und ihre Abhängigkeit von den meteorologischen Faktoren. Gerlands Beitr. Geophys. **43**, 258 (1935).

KOSTINGEN, T. J., Gamma activity of air. Gen. Electr. Co. Aircraft nucl. prop. Dept. Cincinnati, USA (1955).

KOVACH, A. u. S. SZALAY, Determination of the time of atomic explosion tests on the base of the atmospheric radioactivity. Koslemenyek **2**, 229 (1960).

KRAAKEVIK, J. H., The airborne measurement of atmospheric conductivity. J. Geophys. Res. **63**, 161 (1958). — Electrical conduction and convection currents in the troposphere. Recent Advances in Atmospheric Electricity (London 1958).

— u. J. F. CLARK, Airborne measurements of atmospheric electricity. Amer. Geophys. Union Trans. **39**, 827 (1958).

KRAMER, C., Elektrische ladingen aan berijpten opperflakken. Meded. Ned. Met. Inst. **54**, A. 102 (1949).

KRASNOGORSKAYA, N. V., Variation of the electrical conductivity of air under different meteorological conditions. Bull. Acad. Sci. USSR. Geophys. Ser. S. 293 (1958). — On the electric field of cumulus clouds. Bull. Acad. Sci. USSR Geophys. Ser. Nr. 9, 929 (1962).

KRESTAN, M., Das Potentialgefälle bei Gewitter. Gerlands Beitr. Geophys. **57**, 334 (1941).

KRÜSE, K., Beiträge zur Kenntnis der Radioaktivität der Mineralquellen Tirols. Jb. Österr. Geolog. Bundesanstalt **87**, 41 (1937).

KÜHN, U., Die Beeinflussung der luftelektrischen Elemente durch Luftverunreinigungen. Z. Meteorol. **8**, 236 (1954).

KUETTNER, J., The electrical and meteorological conditions inside thunderstorms. J. Meteorol. **7**, 322 (1950). — The development and masking of charge in thunderstorms. J. Meteorol. **13**, 456 (1956).

KUETTNER, J. P., The formation of electric charges in thunderstorm. Atmospheric Explorations (New York 1958).

— u. R. LAVOIS, Studies of charge generation during riming in natural supercooled clouds. Recent Advances in Atmospheric Electricity (London 1958).

KULP, L., B. GILETTI u. P. ERIKSON, Isotopic studies on the Greenland continental glacier. Final Report 31. Oct. (1957). Zusammenfassung siehe bei Techn. Abstr. Bull. – NATO TAB Nr. N 58–4, S. 535.

KUMM, A., Über die Entstehung von elektrischen Ladungen bei Vorgängen in der kristallinen Eisphase. Arch. Meteor. Geophys. Bioklim. A. **3** (1951).

LABERIE, J., De la dynamique des transports des aerosols radioactifs audessus de la France. Int. Sympos. Kondensat.-Kerne (1961).

LABEYRIE, J. u. M. PELLE, J. Phys. Radium **14**, 477 (1953).

LAHNER, I., Uran- und Thoriumbestimmungen an Kalken und Dolomiten und die Frage des radioaktiven Gleichgewichts in diesen Gesteinen. Mitt. Inst. Radiumforsch. Wien Nr. 428 (1939).

LAMBERSON, D. L., A study of the electrostatic precipitation of radioactive Aerosols. Air Force Inst. Techn., USA (Ohio 1961).

LANDT, E., Physikalische Betrachtungen zum Faserluftfilter. Gesundheitsing. **77**, H. 9/10 (1956).

LANE, W. R., Ind. Eng. Chem. **43**, 1312 (1951).

LANGMUIR, J., The production of rain by chain reaction in cumulus clouds at temperatures above freezing. J. Meteorol. **5**, 175 (1948).

— u. K. BLODGETT, Gen. Elect. Res. Lab. RL. 225 (1949).

LASSEN, L., Die Reinigung der Luft von radioaktiven Aerosolen. — Anlagerung natürlicher Radioaktivität an Aerosolteilchen. Int. Sympos. Kondensat.-Kerne (1961).

Lassen, L. u. G. Rau, Die Anlagerungr radioaktiver Atome an Aerosole (Schwebstoffe). Z. Phys. **160**, 504 (1960).
— u. H. Weicksel, Die Anlagerung radioaktiver Atome an Aerosole (Schwebstoffe) im Größenbereich 0,7–5 μ (Radius). Z. Phys. **161**, 339 (1961).
Lautner,P., Die luftelektrischen Verhältnisse auf der Zugspitze. Dtsch. Meteor. Jb. Bayern (1928), C, S. 1–19 (München 1929). — Über die Notwendigkeit und Möglichkeit einer luftelektrischen Aerologie. Gerlands Beitr. Geophys. **57**, 357 (1941).
Law, J., An automatic condensation-nucleus counter. Int. Sympos. Kondensat.-Kerne (1961). — The vertical distribution of condensation nuclei in the lowest three meters of the atmosphere. Int. Sympos. Kondensat.-Kerne (1961). — The ionisation of the atmosphere near the ground in fair weather. Quart. J. Roy. Meteor. Soc. **89**, 107 (1963).
Lawrence, E. O., Automatic reader for air monitoring filter paper. US Atomic En. Comm. U CRL 8701 (Berkeley 1959).
Lecolazet, R., Étude expérimentale de l'état électrique des cumulus de beau temps: interprétation des résultats. Ann. Geophys. **4**, 81 (1948).
Lehmann, L. u. A. Sittkus, Bestimmung von Aerosolverweilzeiten aus dem RaD- und RaF-Gehalt der atmosphärischen Luft und des Niederschlags. Naturwiss. **46**, 9 (1959).
Lenard, Ph., Über die Elektrizität der Wasserfälle. Ann. Phys. **46**, 584 (1892). — Über Regen. Meteorol. Z. **6**, 249 (1904). — Zur Wasserfalltheorie der Gewitter. Ann. Phys. **65**, 629 (1921).
— u. E. Hochschwender, Ann. Phys. **65**, (1921).
Lettau, H., Atmosphärische Turbulenz (Leipzig 1939). — Über Zeit- und Höhenabhängigkeit des Austauschkoeffizienten im Tagesgang innerhalb der Bodenschicht. Gerlands Beitr. Geophys. **57**, 171 (1941a). — Anwendung neuerer Ergebnisse der Austauschlehre auf zwei luftelektrische Fragen. Gerlands Beitr. Geophys. **57**, 365 (1941b).
Libby, W. F., Ann. Meeting Amer. phil. Soc. (1956). — Isotopes in meteorology. Bull. Amer. Meteor. Soc. **39**, 65 (1958). — Stratospheric fallout particularly from the Russian October series. U. S. Atomic Energy Commission, TID-5556 (1959). — Stratospheric fallout particularly from the Russian october series. US Atomic En. Comm. TID-5556, Carnegie Inst. Wash. (1959).
— u. C. E. Palmer, Stratospheric mixing from radioactive fallout. J. Geophys. Res. **65**, 3307 (1960).
Lillegraven, A., L. Lund u. O. Michelsen, Fallout in Norwegian Milk in 1960. Norwegian Defence Research Establishment Kieller (Lillestrøm 1961).
Lindblom, G., Advection over Sweden of radioactive dust from the first French nuclear test explosion (Stockholm 1961).
Lindholm, F., Om sambandet mellan solaraktivitet och askfrekvens. Medd. Sved. Meteor. Hydrgr. Inst. B. **1**, 24 (1945).
Linser, H. u. K. Kaindl, Isotope in der Landwirtschaft (Hamburg und Berlin 1960).
List, R., The concentration of nuclear debris in the air as a meteorological variable. Bull. Amer. Meteor. Soc. **39**, 276 (1958).
Little, A. D., Inc. Investigations of stack gas filtering requirements and development of suitable filters. U. S. Atomic Energy Commission, ALI-23 (1950).
Lockhart, L. B., Concentrations of radioactive material in the air during 1957. Science **128**, 1139 (1958).
—, R. A. Baus u. I. H. Blifford, Fission product radioactivity in the air along the 80th meridian, January-June 1957. Tellus **11**, 83 (1959).

LOCKHART, L. B., R. A. BAUS, R. L. TATTERSON u. A. W. SAUNDERS, Contamination of the air by radioactivity from the 1958 nuclear tests in the Pacific. Science **130**, 161 (1959).

LODGE, J. P., Chemical methods of identification of individual particles. Nubila **2**, 58 (1958).

LOEB, L. B., Processes of gaseous electronics. Univ. of Calif. Kapitel II, S. 46–94, cluster formation (1960).

— u. M. F. ASLEY, Proc. Nat. Acad. Sci. **10**, 351 (1924).

LOWDER, M. W. u. L. R. SOLON, Background radiation, a literature search. U. S. Atomic Energy Commission, July 1956.

LUDLAM, F. H., The production of showers by the coalescence of cloud droplets. Quart. J. Roy. Met. Soc. **77**, 402 (1951).

— u. B. J. MASON, The physics of clouds. Handbuch der Physik, Band XLVIII (Berlin 1957).

— u. P. M. SAUNDERS, Comparison of aerological soundings made simultaneously by radio-sonde and aircraft. Tellus **1**, 83 (1958).

LUEDER, H., Elektrische Registrierung herannahender Gewitter und die Feinstruktur des luftelektrischen Gewitterfeldes. Meteorol. Z. **60**, 340 (1943). — Ein neuer elektrischer Effekt bei der Eisbildung durch Vergraupelung in natürlichen unterkühlten Nebeln. Z. angew. Phys. **3**, 247 (1951).

LUGEON, J., Mesures du gradient de potential électrique et de la conductibilité de l'air par radiosonde. Schweiz. Naturforsch. Ges. Verh. **136**, 91 (1956).

LUHR, O. u. N. E. BRADBURY, Corrected value for the coefficient of recombination of gaseous ions. Phys. Rev. **37**, 998 (1931).

LUTZ, C. W., Gerlands Beitr. Geophys. **41**, 416 (1934). — Die wichtigsten luftelektrischen Größen für München. Gerlands Beitr. Geophys. **54**, 337 (1939).

MACEK, O., Zur Frage der Anlagerung der Radonatome an Aerosole. Gerlands Beitr. Geophys. **45**, 361 (1935). — Zur Frage der Sorption von Radon an Aerosolen. Gerlands Beitr. Geophys. **46**, 353 (1936a). — Zur Frage der Sorption von Radon und seiner Folgeprodukte durch Aerosole. Gerlands Beitr. Geophys. **47**, 340 (1936b).

— u. W. ILLING, Messungen des Radongehaltes der Luft nach der Spitzenmethode. Gerlands Beitr. Geophys. **43**, 388 (1935).

MACHE, H. u. M. BAMBERGER, Über die Radioaktivität der Gesteine und Quellen des Tauerntunnels und über die Gasteiner Therme. Sitzungsber. Kaiserl. Akad. Wiss. Wien, Mathem.-naturw. Klasse, **123**, Abt. IIa (1914).

MACHOTKIN, L. G. u. W. A. SOLOVJEV, Die Elektrizität der Nebel. Z. Meteor. **15**, 192 (1961).

MACHTA, L., Some applications of radioactive tracers to large-scale meteorological problems. Ann. Int. Geophys. Year **5**, 313 (1958a). — The use of radioactive traces in meteorology. Ann. Int. Geophys. Year **5**, 309 (1958b). — Global scale dispersion by the atmosphere. Second UN Int. Conf. on the Peac. Uses of Atomic Energy 15/P/1867, Proc. **18**, 519 (1958c). — Meteorological factors and fallout distribution. Low-level irradiation (Washington, D. C. 1959) 33. — Meteorology and radioactive fallout, a world-wide problem. WMO-Bull. **9**, 64 (1960). — Inverted concentration profiles from a ground source. J. Meteor. **18**, 112 (1961). — Congressional Hearings before the JCAE "Nature of radioactive fallout and its effects on man", Part I, p. 141 (1957), siehe auch New York Operations Office Report HASL-42 (1958).

—, H. L. HAMILTON, R. J. LIST u. K. M. NAGLER, Airborne measurements of atomic debris. J. Meteorol. **14**, 165 (1957).

MACHTA, L. u. R. LIST, Atmospheric traces above 100000 feet. Weather
    Bureau Wash. USA. Atomic En. Comm. SCR-420 (1961).
—, — u. Mitarb. An interpretation of global fallout. Weather Bureau Wash.
    USA. US Atomic En. Comm. TID-7632 (1962).
—, R. J. LIST u. L. F. HUBERT, World-wide travel of atomic debris. Science
    124, 474 (1956).
— u. H. F. LUCAS, Radon in the upper atmosphere. Science **135**, 296 (1962).
MACKLIN, W. C., The production of ice splinters during riming. Nubila **3**,
    30 (1960).
MACKU, M., J. PODZIMEK u. L. SRAMEK, Results of thermical analyses of
    precipitation collected on territory of Czechoslovak Republik in IGY.
    Geofis. Sbornik, Nr. 124, 441 (1959).
MACKY, W. A., Some investigations on the deformation and breaking of
    water drops in strom electric field. Proc. Roy. Soc., A. **133**, 565 (1931).
MAGONO, CH., Structure of snowfall revealed by geographic distribution of
    snow crystals. Monograph Nr. 5, Amer. Geophys. Union S. 142 (1960b).
— u. Mitarb., Preliminary investigation on the growth of natural snow
    crystals by the use of observation points distributed vertically. J. Facult.
    of Science, Hokkaido Univ. Ser. VII, **1**, 195 (1959).
— u. K. KIKUCHI, On the electric charge of relatively large natural cloud
    particles. J. Meteor. Soc. Japan, Ser. II, **39**, Nr. 5 (1961).
— u. S. KOENUMA, On the electrification of water drops by braking due to
    the electrostatic induction under a moderate electric field. J. Meteor. Soc.
    Japan, Ser. II, **36**, 108 (1958).
— u. K. ORIKASA, On the surface electric field during rainfall. J. Meteor.
    Soc. Japan, Ser. II, **38**, 182 (1960a). — On the surface electric field
    caused by the space charge of raindrops. J. Meteor. Soc. Japan Ser. II,
    39, 1 (1961).
—, — u. H. OKABE, The charge on precipitation elements and surface
    electric potential gradient. J. of Faculty Science, Hokkoido Univ. Japan,
    Ser. VII, **1**, 1 (1957).
— u. T. TAKANASHI, On the electrification of dew by water droplets. J. of
    Faculty Science, Hokkaido Univ. Japan, Ser. VII, **1**, 69 (1958). —
    The electric charge on condensate and water droplets. J. Meteorol. **16**,
    167 (1959).
— u. Mitarb. Investigation on the growth and distribution of natural snow
    crystals by the use of observation point distributed vertically. J. Faculty
    Sci., Hokkaido Univ. Ser. VII, **1**, Nr. 4 (1960).
MAHMOUD, K. A., Fallout over U.A.R. from the fourth French nuclear test
    over Algerian Sahara. Egypt. Atom. Energ. Est. (1961).
MALAKHOV, S. G., G. S. KIRIDIN u. Mitarb., Space and time variations of the
    natural radioactivity of the atmosphere. Izvest. Akad. Nauk. SSSR, Ser.
    Geofiz. **3**, 698 (1960).
— u. L. D. SOLODIKHINA, On the natural radioactivity of atmosphere and
    precipitation over the Norwegian Sea. Izvest. Akad. Nauk. SSSR, Ser.
    Geofiz. **4**, 620 (1961).
MALAN, D. J., Les décharges dans l'air et l'inférieure pcsitive d'un nuage
    orageux. Ann. Géophys. **8**, 385 (1952).
— u. B. F. J. SCHONLAND, An electrostatic fluxmeter of short response time
    for use in studies in gradient field changes. Proc. Phys. Soc. London **63**,
    402 (1950). — The distribution of electricity in thunderclouds. Proc. Roy.
    Soc., A. **209**, 158 (1951).
MANTIS, H. T. u. R. J. WINCKLER, Balloon observation of artificial radio-
    activity at the base of the stratosphere. J. Geophys. Res. **65**, 3515
    (1960).

MARGARVEY, R. H. u. G. L. BLACKFORD, Experimental determination of the charge induced on water drops. J. Geophys. Res. **67**, 1421 (1962).

MARGENAU, H., Ion clustering. Phys. Rev. **85**, 670 (1952).

MARQUARDT, W., Radioaktive Schwaden als Folge der Saharabombe vom 13. II. 1960. Z. Meteor. **14**, 98 (1960).

MARQUES, B. F. u. M. R. S. GRADE, The radioactivity of rain water in Lisbon from October 57 to April 58. Second UN Int. Conf. on the Peac. Uses of Atomic En. 15/P/57 (1958).

MARTELL, E. A., Global fallout and its variability. Geophys. Res. Papers Beiford, Mass., Nr. 65 (1959).

— u. P. J. DREVINSKY, Atmospheric Transport of artificial radioactivity. Science **132**, 1523 (1960).

MASON, B. J., The production of rain and drizzle by coalescence in stratiform clouds. Quart. J. Roy. Met. Soc. **78**, 377 (1952). — On the generation of charge associated with graupel formation in thunderclouds. Quart. J. Roy. Met. Soc. **79**, 501 (1953). — The nuclei of atmospheric condensation. Nature **178**, 1274 (1956). — Zur Gewitterforschung. Endeavour **21**, 156 (1962).

MATTANA, N., S. SANNA u. A. SERRA, Measurements of natural radioactivity at Cagliari in relation to wind and atmospheric precipitation. S. NSA, **15**, Nr. 12 A, Ref. 15881, ersch. (1961).

MATTERN, F. C. M. u. L. STRACKEE, Strontium-90 in unprocessed liquid milk in the Netherlands: uptake from soil and direct absorption by grass. Nature **193**, 647 (1962).

MAUCHLY, S. J., The radium-emanation content of sea air from observations aboard the "Carnegie", 1915–1921. Terr. Magn. **29**, 187 (1924). — Studies in atmospheric electricity based on observations made on the "Carnegie", 1915–1921. Carnegie Inst. Res. Dept. Terr. Magn. **5**, 385 (1926).

MAUND, J. E. u. J. A. CHALMERS, Point-discharge currents from natural and artificial points. Quart. J. Roy. Met. Soc. **86**, 367 (1960).

MAXWELL, R. D., Radiochemical studies of large particles. U. S. Atomie Energy Commission, WT-333 (1960).

MAY, R. u. H. SCHNEIDER, Verteilung der künstlichen Radioaktivität in Staubproben und Regenwasser-Rückständen. Atomkernenergie **4**, 28 (1959). — Nachweis radioaktiver Partikel und Untersuchung ihrer Gammaspektren. Schriftenr. Bundesmin. f. Atomkernenergie und Wasserwirtsch. Strahlenschutz **1959**, H. 12.

McHENRY, J. J. u. S. TWOMEY, Condensation nuclei produced by ultra violet light. Proc. Roy. Irish Acad. **55**, A 51 (1952).

McNAUGHTON, G. S. u. R. N. WOODWARD, Studies in radioactive fallout in New Zealand. The measurement of radio-caesium, -strontium, -barium, and -cerium in rainwater. New Zealand J. Sci. **4**, 523 (1961).

MEGAW, W. J. u. R. D. WIFFEN, The production of condensation-nuclei by ionising radiation. Int. Sympos. Kondensat.-Kerne (1961).

METNIEKS, A. L., The size spectrum of large and giant seasalt nuclei under maritime conditions. Geophys. Bull. No. 15 (1958).

MEYER, ST., Die radioaktiven Stoffe. Handbuch der Physik, Band XXII/I, (Berlin-Göttingen-Heidelberg 1932).

MICHNOWSKI, ST., Influence of point discharge currents on the earth's electric field. Acta geophys. polon. **3**, 115 (1955).

MILLER, L. E., The chemistry and vertical distribution of the oxides of nitrogen in the atmosphere. Geophys. Res. Papers Nr. 39, Geophys. Res. Dir., Air Force Cambridge Res. Center (1954).

MIRANDA, H. A., Radon content of the atmosphere in the New York area as measured with an improved technique. J. Atm. Terr. Phys. **11**, 272 (1957).

MISAKI, M. Studies on the atmospheric ion spectrum Teil I und II, Papers Meteorolog. Geophysics **12**, 247, 261 (1961).

MIYAKE, Y., Radioactivity as a tracer of air motions in the atmosphere. Ann. Int. Geophys. Year **5**, 360 (1958).

— u. K. SARUHASHI, The world-wide strontium 90 deposition during the period from 1951 to the fall of 1955. Pap. Meteor. Geophys. Tokyo **8**, 241 (1957).

MIYAKE, Y., K. KAWAMURA u. Mitarb., Atmospheric ozone and nitrogen dioxide observed at Mr. Norikura.

—, K. SARUHASHI u. Mitarb., Seasonal variation of radioactive fallout. Tokyo (1961) s. NSA, **16**, Nr. 5, Ref. 5552, 5599.

MÖRIKOFER, W., Zur Meteorologie und Meteorobiologie des Alpenföhns. Verh. Schweiz. Naturforsch. Ges. 11 (1950).

MOORE, C. B. u. B. VONNEGUT, Estimates of raindrop collection efficies in electrified clouds. Ann. Geophys. Un. Monograph, Nr. 5, Physics of Precipitation, S. 291 (1960).

—, — u. A. T. BOTKA, Results of an experiment to determine initial precedence of organized electrification and precipitation in thunderstorms. Recent Advances in Atmospheric Electricity (London 1958).

—, —, B. A. STEIN u. H. J. SURVILAS, Observations of electrification and lightning in warm clouds. J. Geophys. Res. **65**, 1907 (1960).

MORGENSTERN, W. u. W. RENTSCHLER, Anteil „heißer Teilchen" an der Aktivität der bodennahen Atmosphäre. Naturwiss. **46**, 472 (1959).

MOSES, H., H. F. LUCAS u. Mitarb., The effect of meteorological variables upon radon concentration three feet above the ground. US Atomic. En. Comm. ANL-647 (1962).

MROSE, R., Bildung von Kondensationskernen im Sonnenlicht. Angew. Meteorol. **2**, 82 (1954).

MUCHNIK, V. M., Possible mechanism for the electrification of hydrometeors in cumulonimbus clouds. Glav. Geofis. Obs. Trudy, Leningrad **58**, 53 (1956).

MÜHLEISEN, R., Zur Methodik der luftelektrischen Potentialmessung: Einfluß des Windes bei radioaktiven Kollektoren. Z. Naturforsch. **6**, 667 (1951). — Die luftelektrischen Elemente im Großstadtbereich. Z. Geophys. Sonderband S. 142 (1953). — Verminderung der Isolationsschwierigkeiten bei luftelektrischen Potentialmessungen. Beitr. Phys. Atm. **29**, 97 (1956). — Atmosphärische Elektrizität, in Handbuch der Physik, Band XLVIII, (Berlin-Göttingen-Heidelberg 1957). — Elektrische Ladungen an Aerosol-Dunst- und Nebelteilchen. Ber. Dtsch. Wetterd. Nr. 51, 62 (1959a). — Die luftelektrischen Verhältnisse im Küstenaerosol I. Arch. Meteor. Geophys. Bioklim. A. **11**, 93 (1959b). — Über die elektrische Aufladung von Aerosol- und Dunstteilchen. Int. Sympos. Kondensat.-Kerne, Geofis. p. e. a. **50**, 140 (1961).

—, U. CREUTZBURG u. W. BLOSS, zit. bei R. MÜHLEISEN (1957).

— u. H. J. FISCHER, Radiosonden für luftelektrische Messungen. Arch. techn. Messen 312, (1958). — Messung des luftelektrischen Feldes in der freien Atmosphäre. Naturwiss. **47**, 36 (1960).

— u. W. HOLL, Eine neue Methode zur Messung der elektrischen Raumladungsdichte der Luft. Geofisica p. e. a. **22**, (1952). — Elektrische Aufladung fallender Wassertropfen. Geofisica p. e. a. **25**, 61 (1953).

MÜLLER, H. G., Transport und Ausbreitung künstlich radioaktiver Substanzen durch die Atmosphäre. Arbeitsbl. Bundesluftschutzverb. München 1955, Nr. 14, 85.

MÜLLER, W. u. J. C. THAMS, Zum Problem des Sonnenaufgangseffektes der Kondensationskerne. Geofis. pura appl. **52**, 214 (1962).

Müller-Hillebrandt, D., The ion capture on polarised drops. Arkiv Geofysik. **2**, 197 (1954). — Charge generation in thunderstorms by collision of ice crystals with graupel, falling through a vertical electric field. Tellus **6**, 367 (1954). — Zur Frage des Ursprungs der Gewitterelektrizität. Arkiv Geofysik **2**, 395 (1955).

Münzel, H., Fehler und Verluste beim Eindampfen wäßriger Proben. Schriftenr. Bundesmin. f. Atomkernenergie und Wasserwirtsch. Strahlenschutz **1958**, H. 6, S. 147.

Mukherjee, A. K., Thunderstorm and fixation of nitrogen in rain. Ind. J. Meteor. Geophys. **6**, 57 (1955). — Salinity in rain water. Ind. J. Meteor. Geophys. **7**, 84 (1956). — Theoretical consideration on nitric acid as condensation nucleus. Ind. J. Meteor. Geophys. **9**, 91 (1958).

Murphy, T., The precision nucleus counter (Pollak type) with automatic recording. Geofisica p. e. a. **41**, 194 (1958).

Myake, Y., The artificial radioactivity in rain water observed in Japan from May to August 1954. Papers Meteor. Geophys. Tokyo **5**, 173 (1954).

Nakaya, U., Physical investigations of snow flakes. Artificial Stimulation of Rain (London 1955).

— u. T. Terada, On the electrical nature of snow particles. J. Facult. Science, Hokkaido Univ. **1**, 181 (1934). — J. Facult. of Science, Hokkaido Univ. Ser. II, **1**, 306 (1935).

—, J. Sugaya u. M. Shoda, Report of the Mauna Loa expedition in the Winter of 1956–1957. J. Fact. of Science, Hokkaido Univ. Japan, Ser. II, **5** (1957).

Neuwirth, Rudolf, Meteorologische Auswertung von Messungen der künstlichen Radioaktivität der Luft und des Niederschlages. Geofisica p. e. a. **32**, 147 (1955). — Einfluß der elektrischen Ladung auf die Kondensationsvorgänge in der Atmosphäre. Phys. Blätter **12**, 163 (1956).

Neuwirth, Robert, Diskontinuierliche Bestimmung des radioaktiven Aerosolgehaltes in Luft. Atompraxis **10**, 372 (1957a). — Diskontinuierliche Messung radioaktiver Substanzen in Wasser. Atompraxis **10**, 402 (1957b). — Elektrostatische Abscheidung zum Nachweis radioaktiver Aerosole. Schriftenr. Bundesmin. f. Atomkernenergie und Wasserwirtsch. Strahlenschutz **1958**, H. 6, 64. — Beobachtung sogenannter „heißer Teilchen" in Erlangen. Phys. Verb. **10**, 165 (1959).

Newell, R. E., The transport of ozone and radioactivity in the atmosphere; implications of cerent stratospheric circulation findings. US Atomic En. Comm. TID-7632 (1962).

Nishita, H., E. M. Remmey u. Mitarb., Uptake of radioactive fission products by crop plants. J. Agr. Food. Chem. **9**, 101 (1961).

Nolan, J. J. u. P. J. Nolan, Atmospheric electrical conductivity and the current from air to earth. Proc. Roy. Irish Acad. A. **43**, 79 (1937).

— u. G. P. de Sachy, Atmospheric ionization. Proc. Roy. Irish Acad. A. **37**, 71 (1927).

—, The equilibrium of ionization in the atmosphere and nuclear combination coefficients. J. Atm. Terr. Phys. **9**, 295 (1956).

— u. E. F. Fahy, Proc. Roy. Irish Acad. A. **50**, 233 (1945).

— u. D. Keefe, Ion-nucleus combination in aerosols. Int. Sympos. Kondensat.-Kerne (1961).

— u. E. L. Kennan, Condensation nuclei from hot platinum: size, coagulation coefficient and charge distribution. Proc. Roy. Irish Acad. A. **52**, 171 (1949).

Norinder, H., A. Metniers u. R. Siksna, Radon content of the air in the soil at Uppsala. Arkiv Geofysik **1**, 571 (1952). — Radon and thoron contents of the soilair at Almunge. Geolog. Föreningens Stockholm Förhandlingar **74**, 450 (1952).

NORINDER, H. u. R. SIKSNA, Variationen des Ionengehaltes in der bodennahen Luftschicht. Arch. Meteor. Geophys. Bioklim. A. **3**, 29 (1950). — Variations of the concentration of ions at different heights near the ground during quiet summer nights at Uppsala. Arkiv Geofysik **1**, 519 (1952). — Mobility of atmospheric small ions during summer nights at Uppsala. J. Atm. Terr. Phys. **4**, 93 (1953). — Electric charges measured in the air when blowing snow. Arkiv Geofysik **2**, 343 (1955a). — Experimental study of electrification of snow. Proceedings on the Conference on Atmospheric Electricity. USAF Cambridge Res. Center, Geophys. Res. Paper, Nr. **42**, 208 (1955b).

NORTON, H. W., Sunspots and weather. Monthly weather Rev. **85**, 117 (1957).

NOVIKOV, Y. V., V. A. LIPEROVSKII u. Mitarb., At. Energ. (USSR) **13**, 385 (1962).

OBOLENSKY, W. N., Über elektrische Ladungen in der Atmosphäre. Ann. Phys. **77**, 644 (1925).

O'CONNOR, T. C., Ionization balance in the atmosphere. Final Report Contract DA-91-508-EUC-194 Univ. College, Galway, Ireland (1958).

— u. W. P. SHARKEY, Ionization equilibrium in maritime air. Royal Irish Acad. **61**, Sect. A (1960).

— u. V. P. FLANAGAN, The measurement of size distributions of Aitken-nuclei. Int. Sympos. Kondensat.-Kerne (1961). — Ionization equilibrium in aerosols. Int. Sympos. Kondensat.-Kerne (1961).

—, W. P. SHARKEY u. V. P. FLANAGAN, Observations on the Aitken nuclei on atlantic air. Quart. J. Roy. Meteor. Soc. **87**, 105 (1961).

OGAWA, T., The structure of the atmospheric electric field. J. Geomagn. Geoelect. **11**, 139 (1960a). — Diurnal variation in atmospheric electricity. J. Geomagn. Geoelect. **12**, 1 (1960b). — Types of diurnal variation of the air-earth current. J. Geomagn. Geoelect. **11**, 165 (1960c). — Electricity in rain. J. Geomagn. Geoelect. **12**, 21 (1960d).

OSBURN, W. S., Technical progress report on fallout ecology. US Atomic En. Comm. Contr. AT(11-) 435, Colorada Univ. (1961).

OTHA, S., On the vertical distribution of condensation nuclei. Meteor. Soc. Japan, J. Ser. 2, **28**, 188 (1950).

PAETZOLD, K. H. u. F. PISCALAR, Meridionale Ozonverteilung und stratosphärische Zirkulation. Naturwiss. **48**, 474 (1961).

PARKINSON, W. D. u. R. I. WELLER, Atmospheric-electronic elements over the ocean. J. Geophys. Res. **58**, 270 (1953).

PEARCE, D. C. u. B. W. CURRIE, Some quantitative results on the electrification of snow. Canad. J. Res. A. **27**, 1 (1949).

PERISON, D. H., Transfer of stratospheric fission products into the troposphere. Nature **192**, 497 (1961).

PERKINS, R. W., Measurements of the fallout radioisotopes on vegetation and air filters with a large scintillation well crystal. US Atom En. Comm. HW-63824, Richland, Wash. USA (1960).

PFAU, A., Allgemeine Betrachtungen zur Messung und Überwachung der Radioaktivität im Wasser. Atompraxis **10**, 389 (1957).

PHILIP, J. R., Atmospheric diffusion and natural radon. J. Geophys. Res. **64**, 2468 (1959).

PHILIPPOT, J. C., Mesures journalières de la radioactivité naturelle et artificielle dans l'air (Saclay/Frankreich 1961).

PICIOTTI, E., S. WILGAIN u. Mitarb., Air radioactivity in the antarctic in 1958 and radioactive profile between 60° N und 70° S. Radioisotopes in the Phys. Sci. and Industry, Vol. I, Wien, International Atomic Agency (1962).

PIERCE, E. T., Electrostatic field-changes due to lightning discharges. Quart. J. Roy. Met. Soc. **81**, 211 (1955). — Nuclear explosions and a possible secular variation of the potential gradient in the atmosphere. J. Atm. Terr. Phys. **11**, 71 (1957). — Some topics in atmospheric electricity. Recent Advances in Atmospheric Electricity (London 1958). — Some calculations on radioactive fallout with special references to the secular variations in potential gradient at Eskdalemuir, Scotland. Geofisica p. e. a. **42**, 145 (1959).

PLAGGE, H. J., KDB-1 low level aircraft sampling system. US Atomic En. Comm. SC-4547 (RR) (1961).

PÖTZL, K., Zur analytischen Chemie in Alkalinitrat-Schmelzen. Dissertation (München 1962).

— u. R. REITER, Eine einfache Methode zur Bestimmung von Nitrat-Ionen im atmosphärischen Niederschlag und in Aerosol-Kondensaten mit Anwendung auf Probleme der Luftelektrizität während Niederschlägen. Z. Aerosolforsch. **8**, 252 (1960a). — Quantitative Bestimmung der im Nordalpenraum abgelagerten Kernspaltprodukte. Atomkernenergie **5**, 285 (1960b).

POHL, E., Ein neues Emanometer für Präzisionsmessungen mit vielseitiger Verwendungsmöglichkeit. Sitzungsber. d. Österr. Akad. d. Wiss. Mathem.-Naturw. Klasse, Abt. IIa, **162**, 435 (1953). — Ein neues Emanometer für Präzisionsmessungen mit vielseitiger Verwendungsmöglichkeit. Naturwiss. **41**, 36 (1954). — Die Strahlendosis bei der Inhalation von Radiumemanation. Strahlentherap. **119**, 77 (1962).

— u. J. POHL-RÜLING, Radioaktive Luftmessungen im Raum von Bad Gastein und Böckstein. Sitzungsber. d. Österr. Akad. d. Wiss. Mathem. naturw. Klasse, Abt. II, **163**, 147 (1954). — Der Radongehalt der Freiluft in Bad Gastein. Sitzungsber. d. Österr. Akad. d. Wiss. II (1955).

POHL-RÜLING, J. u. E. POHL, Der Radongehalt der Freiluft in Bad Gastein. Sitzungsber. d. Österr. Akad. d. Wiss. Mathem.-naturw. Klasse, Abt. II, 190 (1954). — Neue Bestimmungen des Radium- und Radongehaltes einiger Austritte der Gasteiner Therme. Sitzungsber. d. Österr. Akad. d. Wiss. Mathem.-naturw. Klasse, Abt. II, **163**, 173 (1954).

— u. F. SCHEMINZKY, Das Konzentrationsverhältnis Blut/Luft. Strahlentherap. **95**, 267 (1954).

POLLAK, L. W., A condensation nuclei counter with photographic recording. Geofisica p. e. a. **31**, 107 (1952). — Die Zählung von Aitkenkernen und Anwendungen der Meßergebnisse. Intern. J. Air Poll. **1**, 293 (1959). — The approach to charge equilibrium in a stored aerosol during aging. Geofis. pura appl. **51**, 225 (1962).

— u. A. L. METNIERS, New calibration of photo-electric nucleus counters. Geofisica p. e. a. **43**, 285 (1959). — The influence of low temperature on the counting of condensation nuclei. Int. Sympos. Kondensat.-Kerne (1961).

— u. T. C. O'CONNOR, A photoelectric condensation nucleus counter of high precision. Geofisica p. e. a. **32**, 193 (1955).

POLLERMANN, E., Die Tröpfchenbildung an Ionen in der WILSONschen Nebelkammer. Ann. Phys. 6. Ser. **5**, 329 (1950).

POSNER, S., Air sampling filter paper retention studies using solid particles. US Atomic En. Comm. TID-7627 (1962).

PRIEBSCH, J. A., G. RODINGER u. P. L. DYMEK, Untersuchungen über den Radiumemanationsgehalt der Freiluft in Innsbruck und auf dem Hafelekar (2300 m). Gerlands Beitr. Geophys. **50**, 55 (1942).

PUDOWKINA, P. J., Issledowanija Atmosfernogo Elektritschestwa na Elbrussa. Izw. Akad. Nauk. Ser. geofiz. Nr. 3, 288 (1954).

RABICH, H., Die potentialtheoretische Lösung des elektrischen Feldes an scharfen Kanten und einige Probleme der luftelektrischen Forschung im Gebirge (Diplomarbeit, Universität München 1959).

RAJEWSKY, B., Kolloquium über radioaktive Partikel. Sonderausschuß Radioaktivität. Schriftenr. d. Bundesmin. f. Atomkernenergie und Wasserwirtsch. Strahlenschutz, H. 12 (Braunschweig 1959).

—, TH. FRANKE u. Mitarb., Heiße Teilchen. Atompraxis 8, 3 (1962).

— u. Mitarb., Strahlendosis und Strahlenwirkung (Stuttgart 1956).

RAMSAY, M. W. u. J. A. CHALMERS, Measurements of the electricity of precipitation. Quart. J. Roy. Met. Soc. 86, 530 (1960).

RANKAMA, K. u. TH. G. SAHAMA, Geochemistry (Chicago 1950).

REED, J. W., Estimating safety probabilities from fallout forecasts for Nevada test site. U. S. Atomic Energy Commission, Febr. 1957 TID 4500. Physikal. Z. 35, 779 (1934).

REIFFERSCHEID, H., Probleme der Verfrachtung radioaktiver Beimengungen in der Atmosphäre. Schriftenr. d. Bundesmin. f. Atomkernenergie und Wasserwirtsch. Strahlenschutz (1959) H. 12, 131.

— u. M. REITER, Relations between the contents of nitrate and nitrite ions in precipitations and simultaneous atmospheric electric processes. Recent Advances in Atmospheric Electricity (London 1958a).

— u. H. ZIEHR, Ergebnisse von Luftradioaktivitätsmessungen im Gebiet des uranhaltigen Braunkohlentertiärs von Wackersdorf (Opf.). Atomkernenergie 4, 409 (1959).

REITER, R., Ein einfaches, universelles Gerät für luftelektrische Messungen und seine Anwendungsmöglichkeiten. Geofisica p. e. a. 20 (1951). — Beziehungen zwischen Infralangwellenstörungen und meteorologischen Erscheinungen bzw. Vorgängen. Meteor. Rundsch. 5, 138 (1952). — Luftelektrisch-synoptische Untersuchungen im Alpenraum. Ber. Dtsch. Wetterd. US-Zone, Nr. 42, 87 (1952a). — Bio-meteorologische Indikatoren von großräumiger und prognostischer Bedeutung. Ber. Dtsch. Wetterd. US-Zone, Nr. 35, 235 (1952b). — Neuere Untersuchungen zum Problem der Wetterabhängigkeit des Menschen. Arch. Meteor. Geophys. Bioklim., B. 4, 327 (1953a). — Beziehungen zwischen Sonneneruptionen, Wetterablauf und Reaktionen des Menschen. Angew. Meteor. 1 (1953b). — Synoptisch-luftelektrische Daueruntersuchungen im Hochgebirge im Dienste der Meteorologie. Geofisica p. e. a. 28, 223 (1954a). — Synoptisch-luftelektrische Daueruntersuchungen im Hochgebirge im Dienste der Meteorologie. Wetter und Leben 6, 197 (1954b). — Ergebnisse luftelektrischer Messungen auf dem Zugspitzplatt in 2500 m Seehöhe. Geofisica p. e. a. 30, 155 (1955a). — Ergebnisse synoptisch-luftelektrischer Untersuchungen im Ostalpenraum im Frühjahr und Sommer 1950. Z. Meteorol. 9, 240 (1955b). — Einflüsse meteorologischer Feinvorgänge auf das Verhalten luftelektrischer Größen in verschiedenen Höhenstufen. Meteorol. Rundsch. 8, 127, 148 (1955c). — Der Emanationsgehalt der Luft in den nördlichen Kalkalpen in Abhängigkeit von atmosphärischer Schichtung und Windrichtung. Naturwiss. 42, 622 (1955d). — Registrierung des Potentialgradienten, Messung der polaren elektrischen Leitfähigkeit der Luft sowie der relativen Luftradioaktivität und Bestimmung des NO_2'-Gehaltes von Niederschlägen und Nebeln auf dem Zugspitzplatt im Sommer 1955. Geofisica p. e. a. 33, 187 (1956a). — Results of two years synoptic atmospheric electric recordings at seven mountain stations between 700 and 3000 meters above sea level. Technical Report AF 61 (514)–732 C (1956b). — Schwankungen der natürlichen Radioaktivität der Luft, Messungen in 2600 m Seehöhe in den Nordalpen. Z. Naturforsch. 11a, 411 (1956c). — Das Verhalten luftelektrischer

Größen während Niederschlag in verschiedenen Höhenstufen, synoptisch betrachtet. Meteorol. Rundsch. **10**, 63 (1957a). — Schwankungen der Konzentration und des Verhältnisses der Radon- und Thoron-Abkömmlinge in der Luft nach Messungen in den Nordalpen. Z. Naturforsch. **12a**, 720 (1957b). — Meteorologisch und geologisch bedingte Schwankungsbreite der natürlichen Radioaktivität des Aerosols in den Nordalpen nach neuesten Messungen. Z. Aerosolforsch. **1**, 98 (1958a). — Behaviour of atmospheric electric magnitudes recorded simultaneously at seven mountain stations between 700 and 3000 m above sea level. Technical Report, USAF Contract AF 61 (514)–949 (1958b). — Natürliche und künstliche Luftradioaktivität in den Alpen in verschiedenen Höhen. Ber. Dtsch. Wetterd. Nr. 54, 38 (1959a). — Messungen der Radioaktivität in Luft, Niederschlägen und Wässern während Katastrophenhochwasser im Nordalpengebiet. Atomkernenergie **4**, 490 (1959b). — Zum Einfluß der natürlichen und künstlichen Radioaktivität des Aerosols auf luftelektrische Elemente unter Berücksichtigung des Grades der Luftverunreinigung. Z. Aerosolforsch. **8**, 3 (1959c). — Relationship between atmospheric electric phenomena and simultaneous meteorological conditions. Final Report USAF Contract AF 61 (052)–55 (1960a). — Meteorobiologie und Elektrizität der Atmosphäre (Leipzig 1960b). — Natürliche und künstliche Radioaktivität im Gebirge (Stuttgart 1960c). — Zum Verhalten von Kernspaltprodukten verschiedener Lebensdauer im Aerosol der unteren Atmosphäre. Naturwiss. **47**, 300 (1960d). — Bestimmung des vertikalen Austauschkoeffizienten in der unteren Atmosphäre durch gleichzeitige RaB-Bestimmungen an einer Berg- und an einer Talstation. Naturwiss. **47**, 512 (1960e). — Untersuchungen über den wash out Effekt in der unteren Atmosphäre. Atomkernenergie **5**, 68 (1960f). — Das luftelektrische Erscheinungsbild des Südföhns in den Nordalpen nach synoptisch-klimatologischen Untersuchungen im Wettersteingebirge 1955 bis 1959. Arch. Meteor. Geophys. Bioklim. A. **12**, 72 (1960g). — Neue Ergebnisse alpiner Luftradioaktivitätsmessungen. Zbl. Aerosolforsch. **9**, 195 (1960h). — Einige Ergebnisse über das Verhalten von ThB in der unteren Atmosphäre nach Messungen an einer Tal- und einer Bergstation der Nordalpen. Zbl. Aerosolforsch. **9**, 448 (1961a). — Passage einer Kernspaltprodukt-Schwade in der Höhe ohne Bodenberührung. Naturwiss. **48**, 375 (1961b) — Untersuchungen über den wash out Effekt in der unteren Atmosphäre. Atomkernenergie **5**, 68 (1961c). — Spaltprodukt-Radioaktivität in Niederschlägen, in Gräsern und Tierorganen nach Messungen in verschiedenen Höhenlagen der Nordalpen in den Jahren 1957 bis 1960. Arch. Meteor. Geophys. Bioklim. A. **12**, 222 (1961d). — Zum augenblicklichen Stand der atmosphärischen Kontamination durch Kernspaltprodukte. Naturwiss. **49**, 83 (1962).

REYNOLDS, E. A. u. M. BROOK, Correlation of the initial electric field and the radar echo in thunderstorms. J. Meteorol. **13**, 376 (1956).

REYNOLDS, S. E., Thunderstorms charge structure and suggested electrification mechanism. Geophys. Res. Papers Nr. 42, ARDC (1955).

—, M. BROOK u. M. GOURLEY, Thunderstorm electricity. Thunderstorm Report, Nr. 7, 8. New Mexico Institute of Mining and Technology (1955). — Thunderstorm electricity. Report 9, New Mexico Institute of Mining and Technology Socorro (1955). — Thunderstorm charge separation. J. Meteorol. **14**, 426 (1957).

— u. H. W. WEILL, The distribution and discharge of thunderstorm charge centers. J. Meteorol. **12**, 1 (1955).

RICH, J. A., A continuous recorder for condensation nuclei. Int. Sympos. Kondensat.-Kerne (1961).

RICH, T. A., L. W. POLLAK u. A. L. METNIEKS, On the time required for aerosols to reach electrical equilibrium. Geofis. pura appl. **51**, 217 (1962).

RIEKE, E., Ann. Phys. **12**, 52 (1903).

RODEWALD, M., Schwankungen der Sonnenfleckentätigkeit und Luftdruckschwankungen im Raume Nordeuropa-Nordatlantik. Ann. Meteorol. **7**, 186, 201 (1955/56).

ROGERS, L. H., Nitric oxide and nitrogen dioxide in the Los Angeles atmosphere. Air Poll. Contr. Ass. J. **8**, 124 (1958).

ROHRBOUGH, S. F., J. E. UPTON u. Mitarb., High altitude particle and gas sampling probe mated to a liquid nitrogen-cooled adsorbent pump. US Atomic En. Comm. TID-16988, Minneapolis (1963).

ROLL, H. U., Der Austauschkoeffizient über dem Meer. Beitr. Phys. Atm. **30**, 149 (1958).

RONNEY, E. M., W. A. RHOADS u. K. H. LARSON, Plant uptake of Sr 90, Ru 106, Cs 137, and Ce 144 from their different types of soil. Report, UCLA-294 (1954).

ROSA, G., Über die Adsorption der Ra-Em an Staubteilchen. Gerlands Beitr. Geophys. **45**, 277 (1935).

ROSSBY, C. G. u. H. EGNER, On the chemical climate and its variation with the atmospheric circulation pattern. Tellus **7**, 118 (1955).

ROSSMANN, F., Vom Ursprung der Gewitterelektrizität. Meteor. Rundsch. **1**, 193 (1948). — Z. Meteor. **2**, 305 (1948). — Luftelektrische Messungen mittels Segelflugzeugen. Ber. d. Dtsch. Wetterd. US-Zone Nr. 15 (1950).

DE RUDDER, B., Grundrisse einer Meteorobiologie des Menschen (Berlin-Göttingen-Heidelberg 1952).

RUSSEL, R. S., The contamination of vegetation with strontium-90 and caesium-137 from world-wide fallout. Food and agricult. org. of the United Nations (Rom 1960).

RUSSELTVEDT, N., Instrumente und Apparate für die luftelektrischen Untersuchungen an dem meteorologischen Observatorium Ås. Beih. Jb. Norweg. Meteor. Inst. 11 (1925).

SAGALYN, R. C., The production and removal of small ions and charged nuclei over the Atlantic Ocean. Recent Advances in Atmospheric Electricity (London 1958a). — Significance of the ration of the polar conductivities in regions of variable pollution content. Recent Advances in Atmospheric Electricity (London 1958b).

— u. G. A. FAUCHER, Air craft investigation of the large ion content and conductivity of the atmosphere and their relation to meteorological factors. J. Atm. Terr. Phys. **5**, 253 (1954). — Space and time variations of charged nuclei and electrical conductivity of the atmosphere. Quart. J. Roy. Met. Soc. **82**, 428 (1956). — Time variations of charged atmospheric nuclei. Conf. on the Phys. of Cloud and Pres. Part-. Proc. Publ. (New York 1957) 97.

SANTHOLZER, V., Systematic measurement of the radioactivity of atmospheric precipitation and evaluation of the artificial radioactivity of the atmosphere. Stud. Geophys. Geol., Prag **4**, 353 (1958). — Increase in the radioactivity of fallout at HRADEC KRALOVE as a result of nuclear tests in the Sahara. Atomnaya Energ. **9**, 324 (1960).

—, J. MACKU u. Mitarb., Other evidences as to the increase of radioactivity of the fallout in consequence of the French nuclear tests in 1960. Jaderná Energie **7**, 122 (1961).

SARTOR, J. D., Calculations of cloud electrification based on a general charge-separation mechanism. J. geophys. Res. **66**, 831 (1961).

SAYERS, J., Ionic recombination in air. Proc. Roy. Soc., A. **169**, 83 (1938).

SCHAEFER, V. J., The use of clouds for locating the jet stream. The Aeroplan, October (1953). — Jet streams and project skyfire. Yale Scientific Magazine, January (1955a). — A case study of jet stream clouds. Tellus **3**, 301 (1955b). — The electrification of oil and water clouds. Recent Advances in Atmospheric Electricity (London 1958).

SCHEDLING, J. A., Über das langlebige radioaktive Aerosol. Phys. Verh. **10**, 168 (1959). — Über das atomtechnische Aerosol in der freien Atmosphäre. Staub **20**, 139 (1960).

— u. W. A. MÜLLER, Über das Vorkommen relativ stark radioaktiver Teilchen großer Halbwertszeiten im atmosphärischen Aerosol. Atomkernenergie **4**, 72 (1959). — Zur Frage der Größe und des Aufbaus der heißen Teilchen. Schriftenr. d. Bundesmin. f. Atomkernenergie und Wasserwirtsch. Strahlenschutz, H. 12 (1959).

SCHELLENBERGER, G., Die Verteilung radioaktiver Substanzen in einem turbulenten Windfeld. Z. Meteorol. **6**, 225 (1952).

SCHERHAG, R., Die Wintertemperaturen in Berlin und die Sonnenfleckenrelativzahlen. Arch. Meteor. Geophys. Bioklim. A. **1**, 233 (1949). — Betrachtungen zur allgemeinen Zirkulation, II. Bestehen Zusammenhänge zwischen der 11jährigen Sonnenfleckentätigkeit und der allgemeinen Zirkulation? Dtsch. Hydrogr. Z. **1950**, 108.

SCHERING, H., Göttinger Nachr. 201 (1908).

SCHILLING, G. F., On the variation of electrical conductivity of air with elevation. Proceedings on the Conference on Atmospheric Electricity. Geophys. Res. Directorate, Bedford, Mass. USA (1955).

— u. P. L. CHILDRESS, Summary of atmospheric electrical data at selected land and sea stations 1951–1953. Scientific Report Nr. 8, AF 19 (122)–254 Univ. of California, Institute of Geophysics (1954).

—, L. G. SMITH, S. RUTTENBERG u. R. DICKINSON, Modern instruments for atmospheric electric measurements. Report Nr. 5, Contract AF 19 (122)–254 (Air Force Cambridge Res. Center, USA) (1953).

SCHILLING, H., Ann. Phys. **83**, 23 (1927); **86**, 447 (1928).

SCHINDELHAUER, F., Über die Elektrizität der Niederschläge. Abh. Preuß. Meteor. Inst. **4**, 10 (1913).

SCHMAUSS, A., Aufnahme negativer Elektrizität aus der Luft durch fallende Wassertropfen. Ann. Phys. **4**, Fol. 9, 224 (1902). — Ber. d. Dtsch. Wetterd. US-Zone, Nr. 31, 14 (1952).

SCHMEER, H. R., Messung der Luftionenkonzentration und Bau der hierzu nötigen Geräte. Diplomarbeit, TH (München 1960).

SCHMIDT, F. H., Drop-dimensions in Cb-clouds and general meteorological circumstances. Int. Sympos. Kondensat.-Kerne (1961).

SCHMIDT, W., Luftwogen im Gebirgstal; nach Variographenaufzeichnungen von Innsbruck. Wien. Sitz. Ber. Akad. Wiss. Wien, S. 835 (1913). — Der Massenaustausch in der freien Luft und verwandte Erscheinungen. (Hamburg 1925). — Zur Berechnung der räumlichen Verteilung von Rauch und Abgasen in der freien Luft. Z. Gesding. **28**, 1 (1926).

SCHMIER, H., Messung der Beta- und Gamma-Radioaktivität von Niederschlägen. Atomkernenergie **3**, 346 (1958). — Messung der Gamma-Aktivität von Regenwasser. Schriftenr. d. Bundesmin. f. Atomkernenergie und Wasserwirtsch. Strahlenschutz **1958**, H. 6, 76.

SCHNEIDER-CARIUS, K., Die Grundschicht der Troposphäre (Leipzig 1953).

SCHONLAND, B. F. J., The polarity of thunderclouds. Proc. Roy. Soc. A. **118**, 233 (1928).

SCHOTLAND, R. M., The collision efficiency of cloud droplets. Artificial Stimulation of Rain (London 1955). — The distribution of raindrops by an electrical field. Weather Radar Conf., 6th., Cambridge, Mass. March 26–28 (1957).

Schraub, A., Wissenschaftliche Grundlagen des Strahlenschutzes. Herausgg. von R. Rajewsky, die natürliche Strahlenbelastung, S. 188 (Karlsruhe 1957). — Relative Eichmethoden bei Spaltproduktmessungen. Schriftenr. d. Bundesmin. f. Atomkernenergie und Wasserwirtsch. Strahlenschutz 1958, H. 6, 149.

Schumann, G., Wie groß ist die künstliche Radioaktivität der Luft? Umschau 54, 267 (1954). — Künstliche radioaktive Produkte in der Atmosphäre. Z. angew. Phys. 8, 361 (1956a). — Untersuchung der Radioaktivität der Atmosphäre mit der Filtermethode. Arch. Meteor. Geophys. Bioklim. A. 9, 204 (1956b). — The use of isotopes with long halflifes to obtain the sorage times and mixing rates of aerosols. Ann. Int. Geophys. Year 5, 350 (1958a). — Messung der Radioaktivität in Luft nach der Filtermethode – Einzelfilter –. Schriftenr. d. Bundesmin. f. Atomkernenergie und Wasserwirtsch. Strahlenschutz 1958b, H. 6, 31. — Methodik der Messung der künstlichen Radioaktivität in der Atmosphäre. Beitr. Phys. d. Atm. 30, 189 (1958c). — Zur Statistik der aktiven Partikel. Schriftenr. d. Bundesmin. f. Atomkernenergie und Wasserwirtsch. Strahlenschutz 1959, H. 12. — Measurement methods. Nuclear Radiation in Geophysics (New York 1962).

— u. G. Eulitz, Die jahreszeitliche Variation der stratosphärischen fallout-Komponente. Naturwiss. 47, 13 (1960).

von Schweidler, E., Einführung in die Geophysik (S. 291–375) (Berlin-Göttingen-Heidelberg 1929).

Schwenkhagen, H., Elektr. Wirtsch. 42, 120 (1943).

Scrase, F. J., The air-earth current at Kew-Observatory. Geophys. Mem. London 58 (1933). — Electricity on rain. Geophys. Mem. London 75, 1 (1938).

Serbu, G. P., Atmospheric electricity and advection fog forecasting. Recent Advances in Atmospheric Electricity (London 1958).

— u. E. M. Trent, A study of the use of atmospheric-electric measurements in fog forecasting. Trans. Amer. Geophys. Un. 39, 1034 (1958).

Shirvairkar, V. V., V. S. Bhatnagar u. Mitarb., A study of wash out of radioactive fallout and particulate matter in individual rain showers. Ind. Atomic En. Est. Trombay, Indien (1960).

Siedentopf, H., Konvektionsströmungen im Laboratoriumsversuch und in der Erdatmosphäre. Das Gewitter (Leipzig 1950).

Siegel, O., Über den Gehalt der Böden der Bundesrepublik an Sr^{90} und Ra^{226}. Vortr. v. d. Verbd. d. Dtsch. landwirtschaftl. Untersuchungs- und Forsch.-Anstalt in Münster (1958).

Siemann, H., Eine Apparatur zur Messung der natürlichen und künstlichen Beta-Radioaktivität der Luft. Beitr. Phys. Atmosph. 35, 79 (1962).

Siksna, R., Mobility of small atmospheric ions in the air from the ground at Uppsala. J. Atm. Terr. Phys. 4, 106 (1953). — Mobility spectra of ions formed by positive corona discharge. Kunigl. Svensky Vetenskapsakademiens Ark. fys. 6, 279 (1953). — Einige konstruktive Einzelheiten eines photoelektrischen Kondensationskernzählers. Geofisica p. e. a. 31, 9 (1955). — On the condensation nuclei about the time of sunrise. Geofisica p. e. a. 36, 104 (1957). — An ionometric counter for condensation nuclei. Int. Sympos. Kondensat.-Kerne (1961).

Simon, A., The effect of nuclear explosions on atmospheric electricity. Idojaras 66, 146 (1962).

Simpson, G. C., Atmospheric electricity in high latitudes. Phil. Trans., A. 205, 61 (1905). — On the electricity of rain and its origin in thunderstorms. Phil. Trans. A. 209, 379 (1909). — Earth-air electric currents. Phil. Mag. 19, 715 (1910). — Brit. Antarct. Exped. Meteorology (Calcutta) 1, 302

(1919). — The mechanism of thunderstorm. Proc. Roy. Soc. A. **114**, 376 (1927). — Atmospheric electricity during disturbed weather. Geophys. Mem. London **84**, 1 (1949).

SIMPSON, G. C. u. G. D. ROBINSON, The distribution of electricity in thunderclouds. Proc. Met. Roy. Soc. A. **177**, 281 (1940).

— u. F. J. SCRASE, The distribution of electricity in thunderclouds. Proc. Met. Roy. Soc. A. **161**, 309–352 (1937).

SINGER, I. u. C. M. NAGLE, A study of the wind profile in the lowest 400 feet of the atmosphere. US Atomic En. Comm. BNL-718 (1962).

SITTKUS, A., Beobachtungen an radioaktiven Schwaden von atomtechnischen Versuchen im Jahre 1953/54. Naturwiss. **42**, 478 (1955). — Beobachtungen an radioaktiven Schwaden von atomtechnischen Versuchen im Hinblick auf atmosphärische Transport- und Austauschprobleme. Beitr. Phys. Atm. **30**, 200 (1958a). — Messung der Radioaktivität von Niederschlägen. Schriftenr. d. Bundesmin. f. Atomkernenergie und Wasserwirtsch. Strahlenschutz **1958**b, H. 6, S. 71. — Messung des radioaktiven Gehaltes der Luft und der atmosphärischen Niederschläge. Schriftenr. über ziv. Luftschuzt, H. 11, S. 159 (1958c). — Vorläufiger Bericht über einige Untersuchungen stark aktiver Spaltproduktteilchen. Schriftenr. d. Bundesmin. f. Atomkernenergie und Wasserwirtsch. Strahlenschutz, H. 12 (1959). — Messungen an Einzelteilchen in Schwaden von atomtechnischen Versuchen. Naturwiss. **46**, 399 (1959a).

— u. E. WELTE, Der Sr 90–Gehalt verschiedener Graslandproben im Bundesgebiet in Abhängigkeit vom Sr 90-Gehalt der zugehörigen Böden. Naturwiss. **46**, 399 (1959).

SIVARAMAKRISHNAN, M. V., Point discharge current, the earth's electrifical field and rain charges during disturbed weather at Poona. Indian J. Meteor. Geophys. **8**, 379 (1957).

SMIDDY, M. u. J. A. CHALMERS, Measurements of space charge in the lower atmosphere using double field mills. Quart. J. Roy. Met. Soc. **86**, 79 (1960).

SMITH, F. B., Convection-diffusion processes below a stable layer. Chemical Defence Experimental Establishment, Porton Techn. Paper, England Nr. 619, October (1957).

SMITH, L. G., Rain electricity (Dissertation, Cambridge Univ. 1951). — An electric field meter with extend frequency range. Rev. Sci. Instr. **25**, 510 (1954). — The electric charge in raindrops. Quart. J. Roy. Met. Soc. **81**, 23 (1955). — Electric field studies of Florida thunderstorms. Recent Advances in Atmospheric Electricity (London 1958).

SOHNKE, L., Der Ursprung der Gewitterelektrizität und der gewöhnlichen Elektrizität der Atmosphäre. Ann. Phys. **28**, 551 (1886).

SOMAYAJI, K. S., Evaluation of the ventilation rate from the decay of filterpaper air samples of thoron or radon daugthers. Health Phys. **6**, 136 (1961.

SOMMERMEYER, K. u. K. J. GODT, Der Cs 137-Gehalt von Kartoffelasche und Milchasche. Naturwiss. **45**, 364 (1958). — The uptake of radioactive substances through leaves grass directly from the atmosphere and their indirect uptake into vegetable food via the soil and the roots of the plants. Second UN Int. Conf. on the Peac. Uses of Atomic En., 15/P/1955, Proc. **18**, 500 (1958).

Sonderausschuß Radioaktivität, 1. Bericht (Stuttgart 1958). — 2. Bericht (Stuttgart 1959). — 3. Bericht (1963).

SPAA, J. A., A rapid indicating instrument for the stepwise measurement of airdust radioactivity. Health Phys. **4**, 25 (1960).

SREBLER, A., Messung der Radioaktivität in der Luft nach der Filtermethode – kontinuierliche Filtermessung –. Schriftenr. d. Bundesmin. f. Atomkernenergie und Wasserwirtsch. Strahlensch. **1958**, H. 6, 46.

STANLEY, D. O., On the mechanism of mass and radioactivity transport from stratosphere to troposphere. J. Atm. Sci. **19**, 450 (1962).

STEBBINS, A. K., Second special report on the high altitude sampling program. US Atomic En. Comm. DASA-539 B (1961).

STEINHAUSER, F., Ergebnisse von Beobachtungen der Radioaktivität der Luft in Wien. Arch. Meteor. Geophys. Bioklim. A. **11**, 258 (1959). — Messungen der Staubablagerung in Wien. Idojaras **63**, 94 (1959). — Neue Ergebnisse von Messungen der Radioaktivität der Luft in Wien und des Sr-Gehaltes der Niederschläge in Wien und Klagenfurt. Mitt. Österr. Sanit. Verw. **60** (1959). — Der Tagesgang der Luftverschmutzung in Wien. Arch. Meteor. Geophys. Bioklim. B. **12**, 109 (1962).

STERGIS, C. G., Study of atmospheric ions in a nonequilibrium system. Geophys. Res. Papers, Nr. 26, Geophys. Res. Dir. ARDC (1954a). — Study of atmospheric ions in a nonequilibrium system. J. Geophys. Res. **59**, 63 (1954b).

—, S. C. CORONITI u. a., Conductivity measurements in the stratosphere. J. Atm. Terr. Phys. **6**, 233 (1955).

—, G. C. REIN u. T. KANGAS, Electric field measurements in the stratosphere. J. Atm. Terr. Phys. **11**, 77 (1957). — Electric field measurements above thunderstorms. J. Atm. Terr. Phys. **11**, 83 (1957).

STEWART, N. G., Radioaktive Indikatoren in der Atmosphäre. Endeavour **19**, 197 (1960). — The transport and deposition of debris from nuclear test-explosions. Int. Sympos. Kondensat.-Kerne (1961).

STIERSTADT, K., Radioaktivität der Atmosphäre und Windrichtung. Atomkernenergie **4**, 147 (1959).

— u. M. PAPP, Verteilung der natürlichen Radioaktivität der bodennahen Luft auf das Größenspektrum des Aerosols. Vortr. a. d. Tag. d. Verb. d. Dtsch. Phys. Ges. 1960 Wiesbaden. — Aerosole als Träger der natürlichen Radioaktivität. Atomkernenergie **5**, 459 (1960).

STOCKILL, J. u. J. A. CHALMERS, siehe J. A. CHALMERS (1957a).

STOREBB, P. B., The exchange of air between stratosphere and troposphere. J. Meteor. **17**, 547 (1960). — Meteorological evaluation and application of rainfall radioactivity data. US Atomic En. Comm. AFCRL-811 (1961).

— u. S. C. STERN, Fission products in the lower stratosphere. Minneapolis, USA (1961). US Atomic En. Comm. TID-12517.

STOREBÖ, P. B., Application of nuclear bomb debris as tracer for studies of weather systems. Int. Sympos. Kondensat.-Kerne (1961).

STORM VAN LEEUWEN, W., J. BOOLJ u. J. VAN NIEKERK, Luftelektrizität und Föhnkrankheit. Gerlands Beitr. Geophys. **38**, 407 (1933).

STUKE, B., Zur Bildung von Wirbelringen. Z. Phys. **137**, 376 (1954). — Das Grenzflächenfließverhalten. Chemie-Ingenieur-Technik **33**, 173 (1961).

STYRA, B., Questions of nuclear meteorology. Acad. of Science Lithuanian SSR. Institute of Geology and Geography Vilnus, Litauen (1959). — (Herausgeber) Moksliniai Pranešimai, Geofizika, Band XI, Vilnius, 1960). — The chief problems of nuclear meteorology. Collectanea Acta Geographica Lithuanica, 241 (1960a). — About the contamination and cleaning the atmosphere of radioactive admixtures. Collectanea Acta Geographica Lithuaniea, 447 (1960b). — Radioaktivität der Wolkenelemente. Int. Sympos. Kondensat.-Kerne (1961).

SÜHRING, R., Die Wolken (Leipzig 1941).

SUTTON, O. G., The theoretical distribution of airborne pollution from factory chimneys. Quart. J. Roy. Met. Soc. **73**, 426 (1947). — Micrometeorology (New York 1953).

Szalay, A. u. S. Berenyi, Fission products in the atmospheric precipitation in Debrecen (Ungarn). Second UN Int. Conf. on the Peac. Uses of Atomic En., 15/P/1953 (1958).

Tamura, Y., Electrification of minor showerclouds. Final Report June 1956; see Techn. Abstr. Bull., Nr. N 58–5, 629 (1958).

Thomas, J., An improved method for determining the active concentration of naturally radioactive aerosols. Atomnaya Energ. 12, 431 (1962).

Thuronyi, G., An annotated bibliography on natural and artificial radioactivity. Meteor. Abstr. Bibl. 7, 616 (1956). — Bibliography on radioactivity in the atmosphere (supplement). Meteor. Abstr. Bibl. 9, 324 (1958).

Torgeson, W. L., A study of filtration mechanism. US Atomic En. Comm. TID-16988 (1963).

Tsivoglou, E. C., H. E. Ayer u. D. A. Holaday, Occurence of nonequilibrium atmospheric mixtures of radon and its daughters. Nucleonics 11, 40 (1953).

Twomey, S., The electrification of individual cloud droplets. Tellus 8, 445 (1956). — Electric charge separation in subfreezing cumuli. Tellus 9, 384 (1957). — On the nature and origin of natural cloud nuclei. Puy de Dôme Obs. Bull. No. 1, 1 (1960).

Ungeheuer, H. u. L. Weickmann, Grundlagen der Klima- und Wetterkunde. In Seybold und Woltereck: Klima, Wetter, Mensch (Heidelberg 1952).

United States Atomic Enregy Commission, Atomic Energy Commission Air Cleaning Conference, Argonne, Nov. 1955, 1959.

Vaughan, L. M. u. W. A. Perkins, The wash out of aerosol particles and gases by rain. US Atomic En. Comm. Contr. DA-42-007-403 (1961).

Venkiteshwaran, S. P., Measurement of the electrical potential gradient and conductivity by radiosonde at Poona, India. Recent Advances in Atmospheric Electricity (London 1958).

— u. B. B. Huddar, Variations of electrical potential gradient with height at Poona from October 31 to November 2, 1953. Indian J. Meteor. Geophys. 7, 61 (1956).

Verzar, F., Kontinuierliche Zählung von atmosphärischen Kondensationskernen in St. Moritz. Verh. Schweiz. Naturforsch. Ges. 134, 116 (1954a). — Kontinuierliche Zählung von atmosphärischen Kondensationskernen in St. Moritz. Geofisica p. e. a. 29, 192 (1954b). — Automatischer Kondensationszähler. Ber. d. Dtsch. Wetterd., Nr. 4 (22), 145 (1956).

— u. H. D. Evans, Production of atmospheric condensation nuclei by sunrays. Geofisica p. e. a. 43, 259 (1959).

— u. Y. Kunz, Production of atmospheric condensation nuclei by solar radiation. Geofisica p. e. a. 38, 215 (1957).

Vetters, H., Geologische Karte der Alpen (Wien 1937).

Vilbig, V., Lehrbuch der Hochfrequenztechnik (Leipzig 1942).

Vinogradov, P. L., Gradient elektricheskogo potensiala v atmosfere po nabliudeniian v Zue za 1943–1950 gg.

Vonnegut, B., Possible mechanism for the formation of thunderstorm electricity. Proceedings on the Conference in Atmospheric Electricity. Geophys. Res. Paper, Nr. 42, ARDC (1955). — Electrical theory of tornados. J. Geophys. Res. 65, 203 (1960).

— u. C. B. Moore, Giant electric storms. Recent Advances in Atmospheric Electricity (London 1958a). — A study of techniques for measuring the concentration of space charge in the lower atmosphere. Technical Report AF 19 (604)–1920, Geophys. Res. Directorate, ARDC (1958b). — A possible effect of lightning discharge on precipitation formation process. Ann. Geophys. Un. 5, 287 (1960).

VONNEGUT, B., C. B. MOORE u. Mitarb., Effect of atmospheric space charge on initial electrification of cumulus clouds. J. Geophys. Res. **67**, 3909 (1962).

—, — u. M. BLUME, Preliminary investigation of the distribution of space charge in the lower atmosphere. Artificial Stimulation of Rain (London 1957).

VORESS, H. E. u. Mitarb., Radioactive fallout. A bibliography of selected U. S. Atomic Energy Comm. Reports, August 1959. U. S. Atomic Energy Commission, TID-3087.

WAIT, G. R., Electrical resistance of a vertical column of air over watheroo. Terr. Magn. **47**, 243 (1942).

WAIT, G. R., Aircraft measurements of electric charge carried to ground through thunderstorms. Thunderstorm Electricity (Chicago 1953).

WALL, E., Das Gewitter. Wetter und Klima **1**, 8, 65, 193, 321 (1948).

WALLACE, R., Bibliography of technical reports in the effects of fallout. U. S. Atomic Energy Commission UCRL-8412.

WALTON, A., Studies of nuclear debris in precipitation. US Atomic En. Comm. Contr. AT (30-1)-2415 (1961).

WANSBROUGH-JONES, O. A., Proc. Met. Roy. Soc. A. **127**, 511 (1930).

WATANABE, H. u. M. YAMASHITA, The residence time in the atmosphere of the debris from atomic test explosions (Chiba Japan 1960).

WEBB, W. L. u. R. GUNN, The net electrification of natural cloud droplets at the earth's surface. J. Meteorol. **12**, 211 (1955).

WEICKMANN, H., A monogram for the calculation of collision efficiences. Artificial Stimulation of Rain (London 1955). — Artificial Stimulation of Rain (London 1957). — A monogramm for the calculation of collision efficiences. Artificial Stimulation of Rain (London 1957).

WEICKMANN, H. K. u. H. J. AUFM KAMPE, Preliminary experimental results concerning charge generation in thunderstorms concurrent with the formation of hailstones. J. Meteorol. **7**, 404 (1950).

WEIGL, F. u. K. PÖTZL, Über Nitraschmelzen als Lösungsmittel in der analytischen Chemie und ihre Verwendung für radiochemische Trennungen. Chem. Ber. **96**, 188 (1963).

WELTE, E. u. A. SITTKUS, Der Sr 90-Gehalt verschiedener Böden im Bundesgebiet und Westberlin. Naturwiss. **45**, 463 (1958).

WENSEL, A., Zum Gehalt der Luft an langlebigen gammastrahlenden Substanzen. Atompraxis **5**, 419 (1959).

WHIPPLE, F. J. W., On the association of the diurnal variation of electric potential gradient in fine weather with the distribution of thunderstorms over the globe. Quart. J. Roy. Met. Soc. **55**, 1 (1929). — Relations between the combination coefficients of atmospheric ions. Proc. Phys. Soc. London **45**, 367 (1933).

— u. J. A. CHALMERS, On WILSON's theory of the collection of charge by falling drops. Quart. J. Roy. Met. Soc. **70**, 103 (1944).

WICHMANN, H., Zur Theorie des Gewitters. Arch. Meteor. Geophys. Bioklim. A. **5**, 187 (1952).

WIGAND, A., Luftelektrische Untersuchungen bei Flugzeugaufstiegen. Phys. Z. **25**, 684 (1924). — Luftelektrische Untersuchungen bei Flugzeugaufstiegen. Fortschr. d. Chem. Phys. und Physikal. Chem. **18**, H. 5, 52 (1925).

— u. F. WENK, Der Gehalt der Luft an Radium-Emanation nach Messungen bei Flugzeugaufstiegen. Ann. Phys. **86**, 657 (1928).

WILKENING, M. H., A monitor for natural atmospheric radioactivity. Nucleonics **10**, 36 (1952). — Radiation of natural radioactivity in the atmosphere with altitude. Trans. Amer. Geofis. Un. **37**, 177 (1956). — Natural

radioactivity as a tracer in the sorting of aerosols according to mobility. Rev. Scientific Instrum. **23**, 15 (1957). — Daily and annual courses of naturalatmospheric radioactivity. J. Geophys. Res. **64**, 521 (1959).
— u. J. E. HAND, Radon flux at the earth-air interface. J. Geophys. Res. **65**, 3367 (1960).

WILLIAMS, J. C., Some properties of the lower positive charge in thunderclouds. Recent Advances in Atmospheric Electricity (London 1958).

WILSON, C. T. R., The electric field of a thundercloud and some of its effects. Proc. Phys. Soc. London **37**, 320 (1925). — Some thundercloud problems. J. Frankl. Inst. **208**, 1 (1929). — A theory of thundercloud electricity. Proc. Roy. Soc. A. **80**, 537 (1908); **236**, 297 (1956).

WIPPERMANN, F., Der Austauschkoeffizient in der freien Atmosphäre. Beitr. Phys. d. Atm. **30**, 143 (1958).

WISNIEWSKY, R., Atmospheric radioactive fallout at Hornsund Fjord (Spitzbergen, März 18–August 12, 1958). Acta geophys. polon. **7**, 237 (1959).

WITTMANN, J., Über die prognostische Verwertung der atmosphärischen Störungstätigkeit im Längstwellenbereich. Meteorol. Rundsch. **6**, 54 (1953).

WOESSNER, R. H., W. E. COBB u. R. GUNN, Simultaneous measurements of the positive and negative light-ion conductivities to 26 kilometers. J. Geophys. Res. Wash. **63**, 171 (1958).

WOLF, F., Zum Anteil des FARADAY-SOHNKE-Effekts am Zustandekommen der Gewitterelektrizität. Arch. Meteor. Geophys. Bioklim. A. **9**, 242 (1956). — Gewitter. Phys. Bl. **17**, 501 (1961).

WOLF, W., Gewitter. Phys. Blätter **17**, 501 (1961).

WOOD, R. C., Upper atmosphere monitoring program. US Atomic En. Comm. TID-16988 (Minneapolis 1962). — Experimental research flight program. US Atomic En. Comm. TID-16988 (Minneapolis 1963).

WOODCOOK, A. H., Atmospheric salt in nuclei and in raindrops. Artificial Stimulation of Rain (London 1957).

WOODWARD, B., A theory of thermal soaring. Swiss Aero Rev. Juni (Nr. 6) (1958).

WORKMAN, E. J., Thunderstorm charge generation. Artificial Stimulation of Rain (London 1955).
— u. S. E. REYNOLDS, Phys. Rev. **74**, 709 (1948). — Electrical phenomena occuring during the freezing of dilute aqueous solutions and their possible relationship to thunderstorm electricity. Phys. Rev. **78**, 254 (1950a). — Conference on Thunderstorm Electricity. 31 (Chicago 1950b). — Structure and electrification. Thunderstorm Electricity. 139 (Chicago 1953).

WORMELL, T. W., The effects of thunderstorms and lightning discharges on the earth's electric field. Phil. Trans. A. **228**, 249 (1939).
— u. C. J. ADKINS, Effects of splashing of raindrops at the ground. Recent Advances in Atmospheric Electricity (London 1958).

YOUNG, J. A., Evaluation of high efficiency air filter systems. US Atomic En. Comm. TID-7627 (1962).

YUNKER, E. A., The diurnal variation and vertical distribution of atmospheric condensation nuclei. Terr. Magn. Atm. Elect. **45**, 121 (1940).

ZEILINGER, P. R., Über die Nachlieferung von Radiumemanation aus dem Erdboden. S. A. Terr. Magn. **39**, 33 (1934). — Über die Nachlieferung der Radiumemanation aus dem Erdboden. S. A. Terr. Magn. **40**, 281 (1935).

ZELENEY, J., Phil. Trans. Roy. Soc. London Ser. A. **195**, 193 (1900). — Phys. Rev. **36**, 35 (1930). — The mobilities of ions in dry and moist air. Phys. Rev. **36**, 35 (1930).

ZIEHR, H., Uranvorkommen in Bayern. Atomwirtschaft **1957**, H. 6. — Erfahrungen bei der Uranprospektion in Bayern. Braunkohle, Wärme, Energie, 181 (1959). — Uranvorkommen in Europa. Umschau **1960**, S. 325, 360.

ZLATAROVIC, R., Wien. Sitz. Ber. IIa, **129**, 59 (1920).

ZUMACH, W., Abscheidung radioaktiver Aerosole mit Faserfiltern. Atompraxis **3**, 377 (1957).

ZUPANCIC, P. R., Messungen der Exhalation von Radium-Emanation aus dem Erdboden. S. A. Terr. Magn. **39**, 33 (1934).

Sachverzeichnis

Ablation 531
Abscheidegrad 72, 434, 437 f.
Abscheideverhältnis 483 ff.
Abscheide-Wirkungsgrad 74 ff.
Absinkprozesse 437
Absoluteichung von E, i 49 f.
Absplitterungsvorgänge an Eis-
  kristallen 344 f.
Adsorption von Rn an Kernen 73
Aerologie 16
Aerosol 1 f.
— -Aufladung 77 ff.
— -Bewegung, horizontal / vertikal
  99 ff.
— -Effekte 180 ff.
— -Konstitution 105, 180 f.
— -Radioaktivität 347 f., 383 f.
— -Struktur 106 f.
— -Volumen 64
Aggregatzustand des Niederschlags
  256 ff.
„Agitation" luftelektrischer Größen
  106
AITKEN-Kerne 93 f.
Aktivkohlefilter 85 f.
Alpine Messungen 7 f.
Alterung 63 f., 434, 437, 484 f.
Alterungsgeschwindigkeit 64 f.
Alterungsvorgang 484 f.
Alti-Electrograph 9 f., 277
Altocumulus mammatus 261 f.
Altostratus 339 ff., 353 f., 362
Altschnee 529 ff.
Aluminium-Gel 85
Anlagerung 63 f., 437 f., 485 f.
Anlagerungsgeschwindigkeit 64
Anlagerungskonstante 63 f.
Arktis 112 f.
Asymmetrie-Effekt 336 f.
Atemtrakt 426 f.
Atmospherics 53, 53 f., 239, 363 f.
Atomexplosion 68, 409, 442 ff., 459,
  465, 500 ff., 512 f., 551

Atomgesetz 427
Aufgleiten 362
Aufladung von Tropfen 336 ff.
Austausch 113, 116, 121. 209 ff.,
  405 f., 434 f., 451 ff.
— -Generator 142 f., 170 f.

Badereaktion 428
Badgastein 426, 428
Ballonaufstiege 10 f.
Barium 87 f., 137, 410, 542 ff., 544 ff.
barometrische Effekte 406
Bayerischer Wald 395 f.
BENNDORF-Elektrometer 45 f.
Bergspitze, luftelektrische Bedin-
  gungen 127, 130
Beta-Aktivitätsmessung 82 f.
Beweglichkeit von Ionen 40
Bewegungsprozesse 99 ff.
Bewuchs 70, 536 ff.
Bildung von Kondensationskernen
  171
Blitz 276 ff., 357
Blut 426
Bodenbedeckung (Wirkung auf Ex-
  halation) 63, 406 f.
bodennahe Lufthaut 67
Bodenstruktur 63
Böcksteinstollen 426
Brechen von Eiskristallen 359
Breitbandempfang 53 f.
BROWNsche Bewegung 76

Caesium 137 87 f., 410, 542 ff.
  544 ff.
Cer 144 87 f., 410, 430, 507, 535,
  540 ff., 542 ff.
chemische Trennungsverfahren 87 f.
chromosphärische Eruptionen 366 f.
Cirrus nothus 275 ff.
— uncinus 501
Cluster 1
COULOMBsche Kräfte 76

Dekontamination von Schnee- und Eis-Schmelzwasser 85f., 529ff.
Diffusion 453f.
— aus dem Boden 67, 406
Diffusionskonstante 64f.
Dispersionskerne 480ff.
Drachen 9f.
Dunst 361f., 384
—-Grenzen, -Schichten 127, 189f., 209f., 214, 384
Durchbruchfeldstärke 356f.
Durchflußzähler 82

Eichsonde 58
Eichung 58, 82
Einstell-Fallweg 337f.
Eis 84
Eis, Kontamination 84, 529
—-oberflächen, Radioaktivität 84ff.
—-kristall-Elektrizität 224ff., 358f.
— —-Reibung und -Brechen 224ff.
elektrische Aktivität der Wolken 334
Elektrizitätserzeugung 358f.
Elektrodeneffekt 146, 307, 355
elektromagnetische Wellen 208
elektrostatische Kräfte im Filter 79
Emanometer 70f.
Eruptivgestein 390
Exhalation 63f., 67, 406, 430f.
Exhalationsbedingungen 64f., 407f.
Explorer-Aufstieg 162ff.
Expositionsdauer 80f.

Fallgeschwindigkeit des Niederschlags 257f., 335
fallout 381ff.
Fallschirmsonde 10
Fallstreifen 261f., 341
Faserfilter 73f., 73ff.
Feldbegriff 15
Feldmühle 41f., 47
Fernpaß 391
Fesselballon 9f., 228
Fesselballon-Aufstiege 228
Feuchte, relative, Reg.-Verfahren 92
Filter-Abscheidegrad 434
—-Aufladung 77ff.
—-Bandgeräte 74
—-Material 75

Filter-Schwebstoff
Filtrierung von Niederschlag 84ff.
Firn 529ff.
Flugzeugmessungen 10f., 162ff., 169, 228
Föhn 231ff., 386, 432
Freiballon 9f.
freie Atmosphäre 161ff.
— Weglänge 64
Fremdfeld, Fremdpotentialgrad. 39
Frost (Wirkung auf Exhalation) 406f.

Gamma-Aktivitätsmessung 82f.
Ganz-Körperbestrahlung 426
Gaskinetik 63
Gebirgsbevölkerung 427
Gemsenknochen 549
Geologie der Nordalpen 389f.
geologische Bedingungen 386ff.
Geschwindigkeit der Luftmassenverfrachtung 99f.
gestörte Zeitabschnitte 5
Gewitter 274ff., 313, 327ff., 362
—-häufigkeit 363
—-prognosen 363
Glasfaserfilter 75, 83
Gleichgewicht, radioaktives 497ff.
Gletscher 70, 382
Gletscheroberfläche 382f.
Glimmerfenster-Stirnzählrohr 82f.
Gneis 390
Grasproben 87
Graupel 264, 270, 327ff., 345
GRIESS-ILOSVAY-Reagens 94f.
Großwettergeschehen 363
Grundpegel 71
Grundschicht 1

Hagel 327ff., 358
Halbwertshöhe 451, 451ff., 467ff.
Hangeffekte 8f., 115
Hangkonvektion 115
Hangwinde 100f.
harmonische Analysen 115f.
Hebung von Luftmassen 100f.
Hirschknochen 549
Hochnebel 191f., 199ff., 204f., 208f.
Horizontalbewegung von Luftmassen 98ff.

Humus 544
— -säure 544
Hysterese 134

indifferente Luft 440 ff.
Infra-Langwellen 41, 53 ff.
Inhalation von Radon 426 f.
Inversionen 100 f., 113, 127, 188, 384
Ionen, Definition 1
— -Austauscher 85 f.
— -Beweglichkeit 229 ff.
— -Einfang 336 ff., 343, 358 f.
— -Kombination 373 ff.
— -Spektrometer 53
Ionisation 40, 71, 372
Ionisationskammer 70 f.
Ionisierungsstärke 373 ff.
Ionosphärenpotential 124 f.
Isolationsfehler 41, 43

jahreszeitliche Einflüsse 113
Jet-stream 442 ff., 480, 500 ff., 547 f.
Jochfahnen 9
Jod 131 410
Jones-Reduktor 95 f.
Jungfraujoch 387

Kalium 40, 82, 87, 542 f.
— -Bestimmung 87
Kalkschotter 386
Kationenaustauscher 85 f.
Keimdrüsen von Tieren 549
Kernexplosionen 68, 409 f., 442 ff.,
    459, 465, 500 ff., 512 f., 551
Kernreaktor 459, 465
Kleinionen 130 ff., 134 ff., 245, 308 f.,
    384 f., 411
Klimabegriff 16
Kohlefilter 85
Kondensationskerne 63 f., 69, 93 f,
    105, 127, 170 f., 245 f. 273 ff.,
    384 f., 437 f., 486 f., 506
Kondensationsprozesse 228
Kontinentalluft 440 ff.
Konvektion 100 f., 348 f., 405 f., 451 ff.
Konvektionsschicht 1
Konvektionsstrom 39 f.
Konvektionswolken 355
Konvektionszellen 252

Korona-Abscheider 72 f.
— -Entladung 76
Kristall-Elektrizität 224 f.
kristallines Gestein 386 ff.

Labilität 346 f., 362 f.
Ladung Luft gegen Eis 358 f.
Lanthan 140 410
Lee-Effekte 8 f.
Leitungsstrom, Richtungsdefinition
    39 f.
Lenard-Effekt 341 f., 359
lichtelektrischer Effekt an Aerosol-
    partikeln 215 f.
lokale Störungen 8 f.

Luftdrucktendenz 63, 430 f.
Luftdruckverteilung 366
luftelektrische Aerologie 16
luftelektrische Synopsis 14 ff.
luftelektrisches Klima 16
Luftkörper 402 f., 439, 512
— -kalender 439 f.
— -wechsel 180 f.
Luftleitfähigkeit 131 ff., 134 ff., 151 ff.,
    245, 384 f.
Luftradioaktivität 374 f., 383 f.
Luftverunreinigung 90, 106 ff., 312,
    331, 334, 497
Luv-Effekte 8 f.

maritime Luft 440 ff.
Meßverstärker 51
Meteorobiologie 106
meteorologischer Dienst 361 f.
Mikrostruktur luftelektrischer Grö-
    ßen 106
Mineralgehalt von Gräsern 538
Mirror-image-Effekt 38, 293 ff., 336,
    346
Mischungsvorgänge in der Atmo-
    sphäre 410
mittlerer Austauschzustand 451
Motorflugzeuge, Messungen mit 10 f.,
    162 ff., 169, 228 f.

NaCl-Kerne 215
Naßschneefall 256
Nebel 184, 188 ff., 194 ff., 215 f., 228,
    247, 361 f.

Neodym 147 410
Niederschlagshabitus 256ff.
Niederschlagsstrom, Richtungsdef. 39f.
Niederschlagstypen 252
Nimbostratus 253f., 339f.
Niob 95 535
nitrose Gase 311ff.
Normalrichtung des luftelektrischen Feldes 38

Orientierungspolarisation 207f.
orographische Einflüsse 118f.
Orthogneis 387
Ortszeit-Gebundenheit 104
Ozon 548

Partikeldurchmesser 517, 522ff.
Patscherkofel 387
Pazifik 112f.
photochemische Bildung von N_2O 334
Photoelektronen 215f.
planetarische Grenzschicht 1
Polarisation 205ff.
— von Altostratus 258ff.
— von Tropfen 336f.
Polarität der Gewitterwolke 277
Polar-Jet stream 443ff.
—-kontinentale Luft 440ff.
—-Luft 440ff., 500
—-maritime Luft 440ff.
Porendurchmesser 76
Praseodym 144 87f., 410, 430, 542ff., 544ff.
Probenahme für Niederschlag 86
Prognose von Schichtwolken 209
Promethium 147 87f.

Quellwässer 391
Quellwolken 362

radioaktives Gleichgewicht 497ff.
Radioaktivität (natürliche) der Luft, Wirkung in Dunstgrenzen 214
Radio-Balneologie 426f.
—-sonden 10f.
—-sondenaufstiege 162ff., 169, 202, 228, 282f.
Radiumreihe 62

Radoninhalation 426f.
Radonquellen 391
Raumladungen 121f., 134ff., 153ff., 158ff.
Reduktionsfaktor 49f., 58
Reduktor 95f.
Reibungsschicht 347ff.
Rhodium 106 535
Richtungsdefinition von Feld usw. 38f.

Säntis 387
Saharastaub in Luft 226f.
Salpetersäure 312f.
salpetrige Säure 312f.
Samarium 151 87f.
Sauerstoffionen 214
Schauerniederschlag, Definition 252
Schauerzellen 271, 274
Scheindiffusion 453f.
Schiefer 390
Schmelzwasser-Filterung 529ff.
Schneefegen 5, 224ff.
Schneeflächen, Radioaktivität 84ff.
Schneeflocken 290ff.
Schneekristalle 290ff.
Schönwetter-Potentialgradient 38
SCHOLZ-Kondensations-Kern-Zähler 93f.
Schornsteinhöhe 459
Schwebstoffilter 83
Sedimentation 63, 410
Sedimentgneis 390
Seefeld 391
Segelflugzeug 10f., 228
Selbstreinigung von Trinkwassersystemen 530f.
Siebwirkung 76
Silikate 88
Solartätigkeit 365
Sondenträger 9ff.
Sondierungsmethoden 9ff.
Sonnblick 387
Sonnenaufgang 123, 170f.
Sonnenflecken-Relativzahlen 363, 369
Sonnenuntergang 123, 170ff.
SO_2-Spuren 171
Sperrschichten 100ff.

Spiegelbild-Effekt 293ff.
Spitzenentladungen, bodennahe 324f., 356f.
Spitzenentladungsstrom 48
Stabilität 362f.
Staub 2, 480ff., 511
Stickstoffionen 215, 311f.
Stirnzähler 82f.
Stöße, gaskinetische 63
Stoßionisation 333
Strahlströme 442ff., 480, 500, 547
Stratosphäre 410, 500ff.
stratosphärische Depots 442ff.
Strontium 89 410
— 90 87f. 410, 453ff., 544ff.
Subtropen-Jet stream 480
Synopsis 14ff., 97ff.
Szintillationszähler 82f.

Tagesgang 102f.
Talwind 145
Tauern 387
Tauerngneis 390
Teilchengröße 64, 75
Teilchengrößenspektrum 65
Thoriumreihe 62
Trägheitskraft 74
Trennungsgänge, chemische 87f.
treppenförmige Aerosol-Bewegungen 99f.
Tröpfchenbeladung 358f.
Tropfenladung 335ff.
Tropik-Luft 440ff., 500
tropisch-kontinentale Luft 440ff.
—-maritime Luft 440ff.
Tropopause 547f.
Tropopausenschicht 1
Troposphäre 410, 500ff.
Turbulenz 106ff.

Ultrastrahlung 13
Umfang des Datengutes 6
Umgebungsstrahlung 382f.
unipolare Aerosol-Aufladung 76ff.
Unruhe luftelektrischer Größen 106ff.
Uran in Braunkohle 395f.
—-gruben 426
UV-Strahlung 171, 215, 334

Veraschung 87
Verdampfung von Tropfen 341
Verschiebungsstrom 48f.
Vertikalaustausch 102f., 109f., 434f., 451ff.
Vertikalbewegung von Luftmassen 98ff.
Verweilzeit 500f.
Villacher Alpe 387
Vulkan-Rauchfahne 277

wash-out 63, 69, 406, 410, 443f., 506, 511, 516ff.
Wasserfallelektrizität 341, 359
Wassergehalt von Gräsern 538
Wellenausbreitung 208
weltzeitlicher Gang 102
weltzeitlich gebundene Gänge 112ff.
Wendelstein 387
Wettersteinkalk 386
WILSON-Prozeß 297
Windeinfluß 45ff. 130, 386ff., 394
— auf n_+/n_- 178f.
Windgeschwindigkeit 130, 411f., 432
Windregistrierung 93
Windschichtung 462f.
Windsichtung 271, 348f.
Windumlenkungen 8
Wolkenkammer 230
Wolkentröpfchen 229f.
Wolkentypen 252
Wüstenstaub in Luft 226f.

Yttrium 90 87f., 410 542ff., 544ff.

Zeitkonstante 49
Zellenstruktur der Atmosphäre 271, 274, 348f.
Zellulosefilter 75
Zenithelligkeit 93
Zentralalpen 387f.
Zentralgneis 390
Zerfallsreihen 62
Zersprühen von Tropfen 341f.
Zerstreuungsverfahren 51
zyklische Aerosol-Bewegungen 99f.

WISSENSCHAFTLICHE FORSCHUNGSBERICHTE

(Naturwissenschaftliche Reihe)

Herausgegeben vonW. Brügel-Ludwigshafen und R. Jäger-Bad Homburg v.d.H.

Seit 1945 erschienene Bände:

Band 52: **Psychologie.** Von Prof. Dr. W. Metzger-Münster/Westf. 3. Aufl. XX, 407 Seiten mit 42 Abb. 1963. Brosch. DM 32,—, gebd. DM 35,—

Band 58: **Die periphere Schmerzauslösung und Schmerzausschaltung.** Von Prof. Dr. A. Fleckenstein-Freiburg/Br. VIII, 92 Seiten mit 22 Abb. 1950. Gebd. DM 11,30

Band 59: **Die Glaselektrode und ihre Anwendungen.** Von Dr. L. Krátz †-Mainz. XII, 377 Seiten mit 77 Abb. 1950. Brosch. DM 41,50, gebd. DM 44,—

Band 60: **Die Staublungenerkrankungen.** Herausgeg. von Prof. Dr. K. W. Jötten †-Münster/Westf. und Prof. Dr. H. Gärtner-Kiel. Bericht über 1. Internat. Staublungen-Tagg. Münster 1949. XXIV, 338 Seiten mit 139 Abb. 1950 (Vergriffen).

Band 61: **Die unspezifischen Bluteiweißreaktionen.** Von Prof. Dr. F. Heepe-Stade. XVI, 241 Seiten mit 8 Abb. 1953. Brosch. DM 30,—, gebd. DM 32,—

Band 62: **Einführung in die Ultrarotspektroskopie.** Von Dr. W. Brügel-Ludwigshafen. 3. Aufl. XII, 462 Seiten mit 196 Abb. u. 35 Tab. 1962. Brosch. DM 62,—, gebd. DM 66,—

Band 63: **Die Staublungenerkrankungen, Band 2.** Herausgeg. von Prof. Dr. K. W. Jötten†, Priv.-Doz. Dr.W. Klosterkötter und Dr. G. Pfefferkorn-Münster/Westf. Bericht üb. 2. Internat. Staublungen-Tagg. Münster 1953. XXXV, 424 Seiten mit 273 Abb. 1954. Brosch. DM 40,—, gebd. DM 43,—

Band 64: **Einführung in die Mikrowellenphysik.** Von Prof. Dr. G. Klages-Mainz. XI, 279 Seiten mit 135 Abb. 1956. Brosch. DM 29,—, gebd. DM 31,—

Band 65: **Temperaturstrahlung.** Von Dr. W. Pepperhoff-Duisburg. XI, 281 Seiten mit 166 Abb. u. 26 Tab. 1956. Brosch. DM 37,50, gebd. DM 39,50

Band 66: **Die Staublungenerkrankungen, Band 3.** Herausgeg. von Prof. Dr. K. W. Jötten † und Priv.-Doz. Dr. W. Klosterkötter-Münster/Westf. Bericht üb. 3. Internat. Staublungen-Tagg. Münster 1957. XVI, 607 Seiten mit 319 Abb. u. 86 Tab. 1958. Brosch. DM 62,—, gebd. DM 65,—

Band 67: **Das Licht im Grundsystem des Kohlenhydratstoffwechsels.** Von Geheimrat Prof. Dr. Dr. Dr.-Ing. R. Schenck-Aachen. XIII, 136 Seiten mit 19 Abb. u. 16 Tab. 1960. Brosch. DM 35,—, gebd. DM 38,—

Band 68: **Einführung in die Halbleiterphysik.** Von Prof. Dr. H. A. Müser-Frankfurt/M. XVI, 237 Seiten mit 35 Abb. u. 2 Tab. 1960. Brosch. DM 40,—, gebd. DM 43,—

Band 69: **Grundlagen der Insektenpathologie.** Von Dr. A. Krieg-Darmstadt. XVIII, 304 Seiten mit 33 Abb., 3 Schemata u. 6 Tab. 1961. Brosch. DM 62,—, gebd. DM 65,—

Band 70: **Einführung in die Ramanspektroskopie.** Von Prof. Dr. J. Brandmüller-Bamberg und Dr. H. Moser-München. XVI, 515 Seiten mit 193 Abb. u. 72 Tab. sowie einem Tab.-Anhang. 1962. Brosch. DM 90,—, gebd. DM 94,—

DR. DIETRICH STEINKOPFF VERLAG · DARMSTADT